# ナノ空間材料 ハンドブック

ナノ多孔性材料、ナノ層状物質等が切り開く新たな応用展開

## Nanospace Materials Handbook

| 監 修 | 有賀 克彦 |
|---|---|
| 編集委員 | 徐 強 |
| | 木村 辰雄 |
| | 窪田 好浩 |
| | 山内 悠輔 |

**NTS**

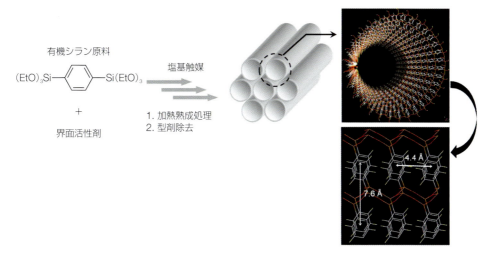

[1.3]図8　架橋型有機シラン化合物を用いた Ph-HMM の合成と細孔内部の有機基配列構造(p.38)

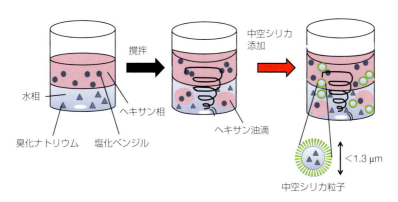

[1.7]図4　臭化ナトリウムと塩化ベンジルの二相系反応に中空メソポーラスシリカを添加したときの模式図(p.73)

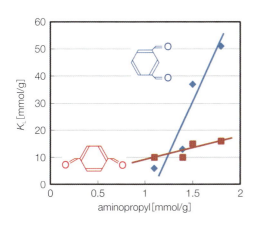

[1.9]図2　*m*-, *p*-ベンゼンジアルデヒドの AP/SBA-15 への吸着における Langmuir 定数(AP 密度の関数として)(p.87)

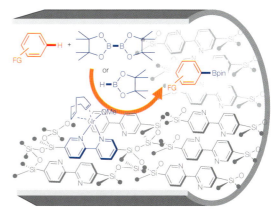

[1.10]図5　BPy-PMO の細孔表面にイリジウム錯体を固定化した Ir-BPy-PMO による C-H ホウ素化反応(p.100)

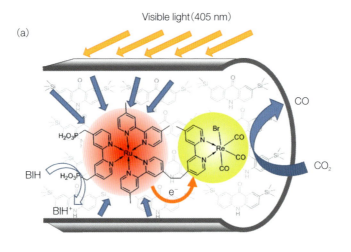
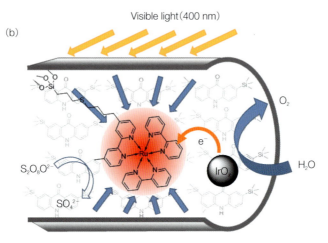

[1.10]図8　可視光吸収型 Acd-PMO の光捕集機能を利用した(a) $CO_2$ 還元反応と(b)水の酸化反応の模式図(p.102)

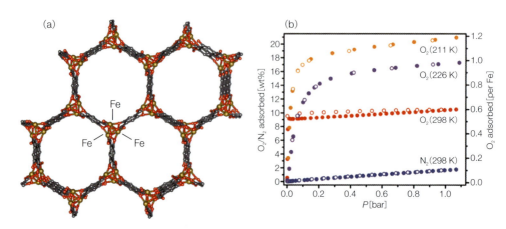

[2.4]図3　[$Fe_2$(dobdc)](MOF-74 or CPO-27)の結晶構造(黄色原子が $Fe^{II}$ イオン)(a)と $O_2$ と $N_2$ についての吸着等温線測定結果(b)(p.167)

(文献3)より引用)

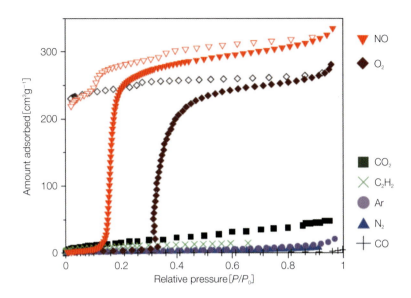

**[2.4]図6 [Zn(TCNQ)(bpy)]における各種ガスの吸着等温線測定結果**(p.169)

測定温度は以下の通り。NO：121 K, $O_2$：77 K, $CO_2$：193 K, $C_2H_2$：193 K, Ar：87 K, $N_2$：77 K, CO：77 K(文献10)より引用)

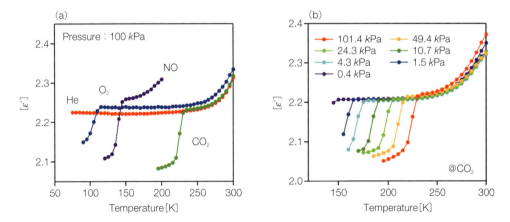

**[2.4]図10 ペレット形成した[$Ru_2$(4-Cl-2-OMePhCO$_2$)$_4$(phz)]一次元鎖化合物における誘電率実部($\varepsilon'$)の温度依存性**(p.173)

圧力一定(100 kPa)でガスの種類を変えた場合(a)と$CO_2$雰囲気下でガス圧を変化させた場合(b)(交流電場：0.1 kHz)

口絵-3

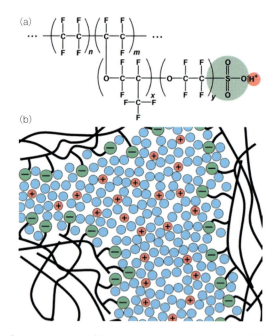

[2.5]図2 (a) Nafion® の化学式, (b) 水和構造の概念図[7] (p.177)

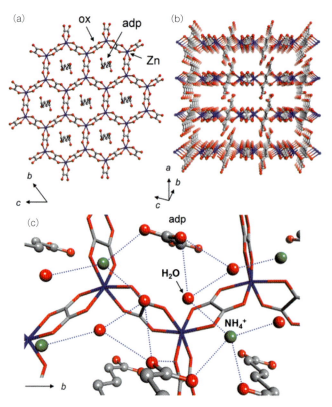

[2.5]図6 $(NH_4)_2(adp)[Zn_2(ox)_3]\cdot 3H_2O$ の (a) 蜂の巣状シュウ酸架橋骨格, (b) 層状構造, (c) 層間部分の水素結合ネットワーク[12] (p.180)

口絵-4

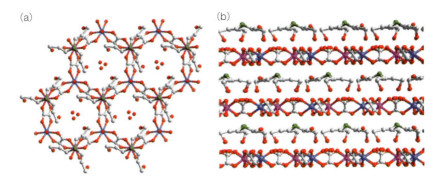

[2.5]図7　{NH(prol)$_3$}[M$^{II}$Cr$^{III}$(ox)$_3$]・nH$_2$O の(a)蜂の巣状シュウ酸架橋骨格，(b)層状構造[16]（p.180）

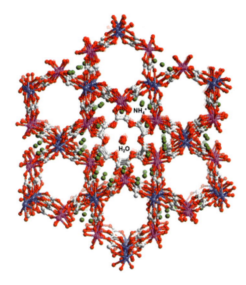

[2.5]図8　(NH$_4$)$_4$[MnCr$_2$(ox)$_6$]・4H$_2$O の一次元細孔構造および水分子の配置[20]（p.181）

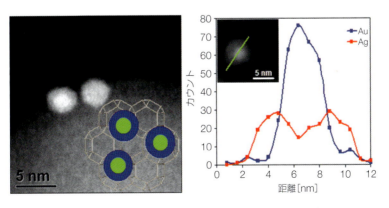

[2.6]図2　コア・シェル Au@Ag ナノ粒子@ZIF-8 複合体[10]（p.188）
（左）HAADF-STEM 像，（右）EDS ラインスキャン

口絵-5

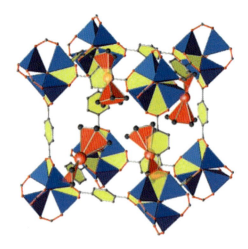

[2.6]図6　MOF-5のケージの中に導入された4つの$(\eta^3-C_3H_5)Pd(\eta^5-C_5H_5)$ [14] (p.191)

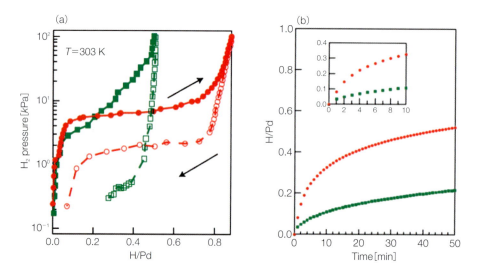

[2.6]図10　Pdナノキューブ(緑)およびPd@HKUST-1(赤)の(a)圧力-組成等温線と(b)水素吸蔵速度特性[23] (p.194)

口絵-6

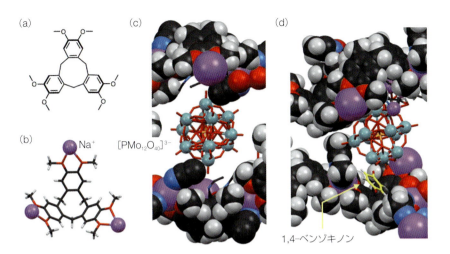

[2.8]図4 シクロトリベラトリレン(**CTV**)と **Na₃PMo₁₂O₄₀·nH₂O** からなる配位高分子 **CTV-POM**[26] (p.210)
(a)CTV の化学構造式　(b)配位高分子中における CTV とナトリウムイオンからなる錯体　(c)配位高分子 CTV-POM の結晶構造の一部　(d)1,4-ベンゾキノン(5)が取り込まれた配位高分子 Na₃·(CTV)₂·(PMo₁₂O₄₀)·(5)の結晶構造の一部

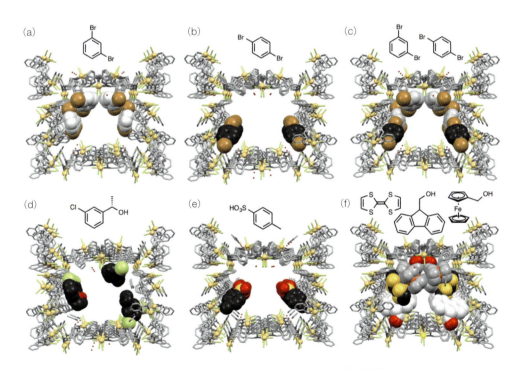

[2.8]図6 MMF 細孔での各種ゲスト分子の配列構造[29)-31)] (p.213)
(a)m-ジブロモベンゼン　(b)p-ジブロモベンゼン　(c)m-ジブロモベンゼンと p-ジブロモベンゼン　(d)(1S)-1-(3-クロロフェニル)エタノール　(e)p-トルエンスルホン酸　(f)TTF とヒドロキシメチルフェロセン(7), 9-フルオレニルメタノール(8)

口絵-7

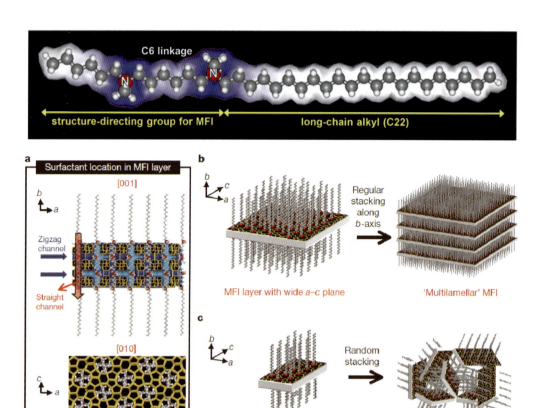

[3.6]図2 Gemini タイプ界面活性剤を用いる層状 MFI ゼオライトの合成 (p.271)

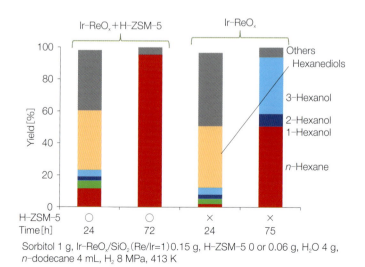

[3.7]図7 Ir-ReO$_x$+H-ZSM-5 および Ir-ReO$_x$ を用いたソルビトールの水素化分解反応結果 (p.285)

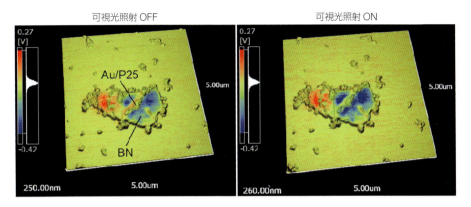

[4.8]図8 Au/P25とBNをエタノール中で混合，乾燥させた試料の可視光照射前後でのケルビンフォースプローブ顕微鏡像（p.383）

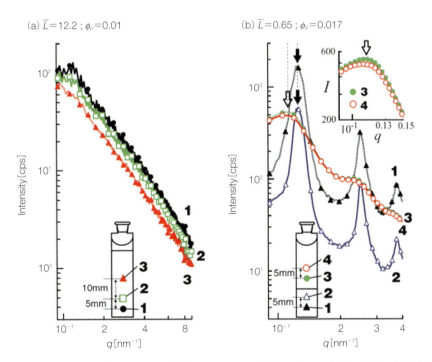

[4.9]図6 ナノシートの平均粒径（$\bar{L}$）と体積分率（$\phi_P$）が異なるニオブ酸ナノシート液晶の小角X線散乱プロファイル[30]（p.390）

(a)$\bar{L}$=12.2 nm，$\phi_P$=0.01，ネマティック相。(b)$\bar{L}$=0.65 nm，$\phi_P$=0.017，ラメラ相。1〜4は，それぞれの散乱プロファイルを得た試料の位置（容器底からの高さ）を示す。試料(b)はラメラ相と等方相とが混在しており，測定点1，2ではラメラ相，3，4では等方相を，それぞれ測定している。アメリカ物理学会より許可を得て引用。

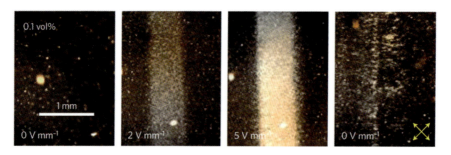

[4.9]図10 酸化グラフェンナノシート液晶への電場印加にともなう偏光顕微鏡像の変化[36](p.393)
(左→右)電場印加によってナノシートが配向して複屈折を生じ,電界強度の増加に伴って複屈折も大きくなるが,電場を切ると消失する。Nature Publishing Group より許可を得て引用。

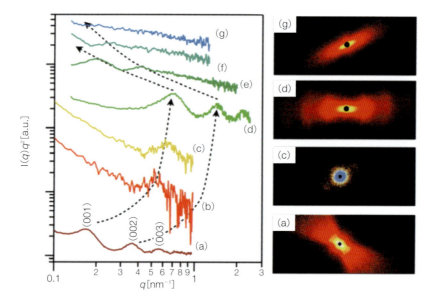

[4.9]図14 フルオロヘクトライト/pNIPAm ゲルの合成過程での SAXS パターン (p.396)
(a)は重合前,(b)(c)はそれぞれ重合開始後1分および10分後,(d)は重合終了時に測定した。さらに得られたゲルを水中で(e)15分,(f)30分,(g)60分膨潤し測定した。文献40)の図をもとに作成。

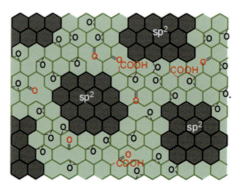

[4.11]図3 中の $sp^3$ マトリックス中の $sp^2$ ナノドメイン (p.412)

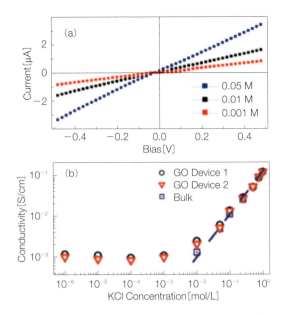

[4.11]図6　酸化グラフェン膜中でのKClのイオン伝導[16] (p.415)
(a)各KCl濃度条件で測定されたI-Vプロット，(b)水溶液中の塩濃度に対する酸化グラフェン膜中とバルク水溶液中でのイオン伝導度(Reprinted with permission from 16), Copyright 2012 American chemical society)

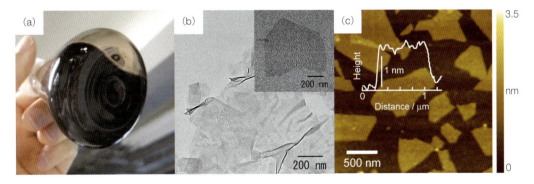

[4.12]図1　酸化ルテニウムナノシートの(a)コロイド溶液の写真，(b)TEM像，(c)AFM像(p.423)
(Adapted and reprinted with permission from Reference 1)

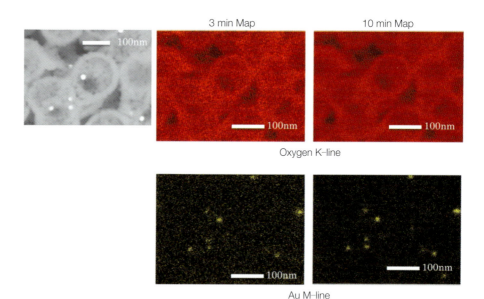

[5.1]図7　ヨークシェル材(Au@Carbon)のBSE像とEDSマッピング像(OK$\alpha$線, AuM$\alpha$線)(p.437)
検出面積150 mm$^2$のEDS検出器を2台利用。入射電圧＝4 kV, ビーム電流＝220 pA, マッピング時間＝3, 10分。試料バイアス＝-5 kV。測定には, JSM-7800F primeを用いた。図は許可を得た上で転載(文献6), copyright 2014 AIP publishing LLC)。

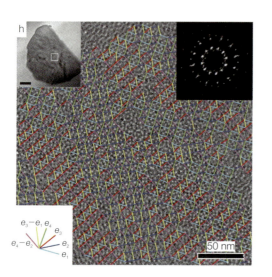

[5.2]図2　十二回対称性を持つケージ型シリカメソ多孔体のTEM像とフーリエ回折図形[10](p.443)

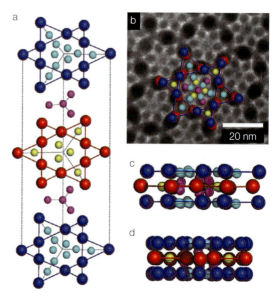

[5.2]図7　A$_6$B$_{19}$構造を持つ二元系ナノコロイド結晶の構造モデル(a, c, d)とTEM像(b)[27](p.448)

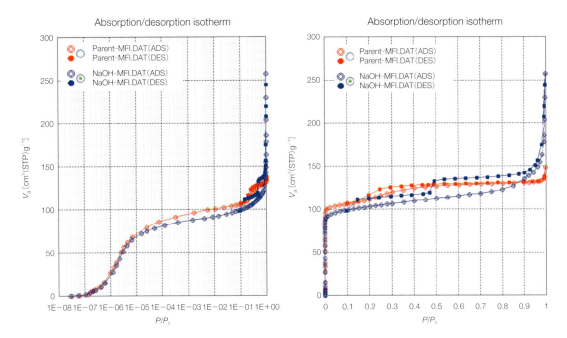

[5.5]図14　MFI型ゼオライトのN$_2$(77.4 K)吸着等温線(左:相対圧(対数)右:相対圧(線形))(p.484)
(赤:Silicalite-1,青:アルカリ処理silicalite-1)

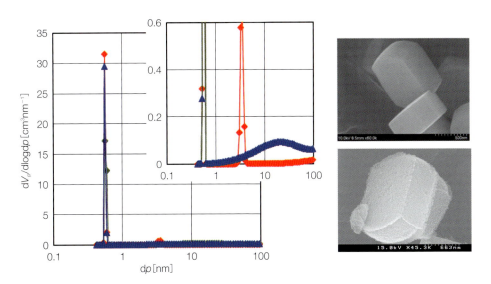

[5.5]図15　GCMC法による細孔分布(左)(赤:シリカライト,青:アルカリ処理)ならびにSEM画像(右)(p.484)
(SEM画像は上:シリカライト,下:アルカリ処理)

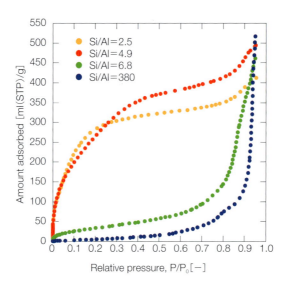

[5.6]図3　USYゼオライトへの水蒸気吸着等温線（298.15 K）(p.490)

# 発刊にあたって

　静寂なひと時，物体と物体の間の空虚な世界…日本人はそこに，調和を見出し，粋を感じ，時にむなしい影を感じ取る。何もないそこに大きな意味がある。これが，日本人の心の真髄である。

　さて，科学・技術ではどうだろうか？　何もない空間に絶縁性などの限られた機能は見出しうるであろう。しかし，根本的には何もない，そこにはたいした機能はない。けれどもである。その空間がナノレベルになると極めて多彩な機能が忽然と現れるのである。ナノという制限された大きさでは，原子や分子，あるいはその集合体が，運動性，異方性，配向性，相互作用などさまざまな摂動を受け，広い世界では見られない新しい機能を生み出す。

　ナノ空間の科学・技術は，日本人が世界の中でも稀有に持つ和の心に通じるものである。微細加工技術は器用な日本人にはお手の物だ…そんなうわべの優位さだけではない，何もない「間」の中に意味を感じ取る日本人は，このナノ空間科学を真に追及できる遺伝子を持っているのかもしれない。ナノ空間材料の科学は，日本人の特性を充分に生かしたニッポン再生の鍵となりうるのである。

　本書では，日本人の若手を中心とした精鋭たちと，心の通じる外国の友人達を交えて，最新技術と未来の可能性をまとめた。書いてある事実のみならず，その行間という「間」に潜んでいる重要な可能性にも注意を払いながら，本書をご覧いただければ幸いである。

2016 年 1 月

編集委員を代表して
有賀 克彦

# 執筆者一覧

## 監修者

有賀　克彦　　国立研究開発法人物質・材料研究機構 国際ナノアーキテクトニクス研究拠点
MANA 主任研究者

## 編集委員

徐　　　強　　国立研究開発法人産業技術総合研究所 エネルギー・環境領域電池技術研究部門
上級主任研究員
神戸大学 大学院工学研究科　客員教授
木村　辰雄　　国立研究開発法人産業技術総合研究所 材料・化学領域無機機能材料研究部門
主任研究員
窪田　好浩　　横浜国立大学 大学院工学研究院　教授
山内　悠輔　　国立研究開発法人物質・材料研究機構 国際ナノアーキテクトニクス研究拠点
MANA 独立研究者

## 執筆者 (執筆順)

有賀　克彦　　国立研究開発法人物質・材料研究機構 国際ナノアーキテクトニクス研究拠点
MANA 主任研究者
山内　悠輔　　国立研究開発法人物質・材料研究機構 国際ナノアーキテクトニクス研究拠点
MANA 独立研究者
木村　辰雄　　国立研究開発法人産業技術総合研究所 材料・化学領域無機機能材料研究部門
主任研究員
松本　明彦　　豊橋技術科学大学 大学院工学研究科　教授
中島　清隆　　北海道大学 触媒科学研究所　准教授
福岡　淳　　北海道大学 触媒科学研究所　教授
森　浩亮　　大阪大学 大学院工学研究科　准教授
山下　弘巳　　大阪大学 大学院工学研究科　教授
原　賢二　　東京工科大学 工学部　准教授
犬丸　啓　　広島大学 大学院工学研究院　教授
片桐　清文　　広島大学 大学院工学研究院　准教授
岡本　昌樹　　東京工業大学 大学院理工学研究科　准教授
呉　嘉文　　国立台湾大学 工学部　准教授
北海道大学 大学院工学研究院　特任准教授
白井　宏明　　北海道大学 大学院工学研究院
米澤　徹　　北海道大学 大学院工学研究院　教授
吉武　英昭　　横浜国立大学 大学院工学研究院　教授
前川　佳史　　株式会社豊田中央研究所 稲垣特別研究室　副研究員
稲垣　伸二　　株式会社豊田中央研究所 稲垣特別研究室　シニアフェロー
野村　淳子　　東京工業大学 資源化学研究所　准教授

| | | |
|---|---|---|
| 田中　俊輔 | 関西大学 環境都市工学部　准教授 | |
| 西山　憲和 | 大阪大学 大学院基礎工学研究科　教授 | |
| 堀毛　悟史 | 京都大学 大学院工学研究科　助教 | |
| 古川　修平 | 京都大学 物質－細胞統合システム拠点　准教授 | |
| 北川　進 | 京都大学 物質－細胞統合システム拠点　拠点長/教授 | |
| 田中　耕一 | 関西大学 化学生命工学部　教授 | |
| 高坂　亘 | 東北大学 金属材料研究所　助教 | |
| 宮坂　等 | 東北大学 金属材料研究所　教授 | |
| 貞清　正彰 | 九州大学 カーボンニュートラル・エネルギー国際研究所　助教 | |
| 北川　宏 | 京都大学 大学院理学研究科　教授 | |
| 徐　強 | 国立研究開発法人産業技術総合研究所 エネルギー・環境領域電池技術研究部門　上級主任研究員 | |
| | 神戸大学 大学院工学研究科　客員教授 | |
| 猪熊　泰英 | 東京大学 大学院工学系研究科　講師 | |
| 藤田　誠 | 東京大学 大学院工学系研究科　教授 | |
| 塩谷　光彦 | 東京大学 大学院理学系研究科　教授 | |
| 田代　省平 | 東京大学 大学院理学系研究科　准教授 | |
| 窪田　好浩 | 横浜国立大学 大学院工学研究院　教授 | |
| 稲垣　怜史 | 横浜国立大学 大学院工学研究院　准教授 | |
| 津野地　直 | 広島大学 大学院工学研究院　助教 | |
| 佐野　庸治 | 広島大学 大学院工学研究院　教授 | |
| 脇原　徹 | 東京大学 大学院工学系研究科　准教授 | |
| 吉岡　真人 | 東京工業大学 資源化学研究所　博士研究員 | |
| 横井　俊之 | 東京工業大学 資源化学研究所　助教 | |
| 呉　鵬 | 華東師範大学 化学与分子工程学院　教授 | |
| 徐　楽 | 華東師範大学 化学与分子工程学院　博士 | |
| 冨重　圭一 | 東北大学 大学院工学研究科　教授 | |
| 矢部　智宏 | 早稲田大学 大学院先進理工学研究科 | |
| 斎藤　晃 | 早稲田大学 大学院先進理工学研究科 | |
| 小河　脩平 | 早稲田大学 理工学術院先進理工学部　助教 | |
| 関根　泰 | 早稲田大学 理工学術院先進理工学部　教授 | |
| 西原　洋知 | 東北大学 多元物質科学研究所　准教授 | |
| 京谷　隆 | 東北大学 多元物質科学研究所　教授 | |
| Watcharop CHAIKITTISILP | | |
| | 東京大学 大学院工学系研究科　助教 | |
| 小池　夏萌 | 東京大学 大学院工学系研究科 | |
| 黒田　義之 | 早稲田大学 高等研究所　助教 | |
| 内田さやか | 東京大学 大学院総合文化研究科　准教授 | |
| 笹井　亮 | 島根大学 大学院総合理工学研究科　准教授 | |
| 富永　亮 | 山口大学 大学院医学系研究科 | |
| 鈴木　康孝 | 山口大学 大学院医学系研究科　助教 | |
| 川俣　純 | 山口大学 大学院医学系研究科　教授 | |
| 伊田進太郎 | 九州大学 大学院工学研究院　准教授 | |

| | |
|---|---|
| 井出　裕介 | 国立研究開発法人物質・材料研究機構 国際ナノアーキテクトニクス研究拠点 MANA 研究者 |
| 中戸　晃之 | 九州工業大学 大学院工学研究院　教授 |
| 宮元　展義 | 福岡工業大学 工学部　准教授 |
| 佐々木高義 | 国立研究開発法人物質・材料研究機構 国際ナノアーキテクトニクス研究拠点 フェロー |
| 長田　　実 | 国立研究開発法人物質・材料研究機構 国際ナノアーキテクトニクス研究拠点 MANA 准主任研究者 |
| 谷口　貴章 | 国立研究開発法人物質・材料研究機構 国際ナノアーキテクトニクス研究拠点 MANA 研究者 |
| 速水　真也 | 熊本大学 大学院自然科学研究科　教授 |
| 松本　泰道 | 熊本大学　理事/副学長 |
| 望月　　大 | 信州大学 環境・エネルギー材料科学研究所　准教授 |
| 杉本　　渉 | 信州大学 繊維学部　教授 |
| 作田　裕介 | 日本電子株式会社 Scanning 系事業部門 |
| 朝比奈俊輔 | 日本電子株式会社 Scanning 系事業部門　主務 |
| 須賀　三雄 | 日本電子株式会社 Scanning 系事業部門　主幹 |
| 阪本　康弘 | 国立研究開発法人科学技術振興機構 戦略的創造研究推進事業さきがけ研究者 大阪大学 大学院理学研究科　招へい准教授 |
| 吉田　　要 | 一般財団法人ファインセラミックスセンター ナノ構造研究所　上級研究員 |
| 佐々木優吉 | 一般財団法人ファインセラミックスセンター ナノ構造研究所 所長補佐/主席研究員 |
| 池田　卓史 | 国立研究開発法人産業技術総合研究所 材料・化学領域化学プロセス研究部門 主任研究員 |
| 吉田　将之 | マイクロトラック・ベル株式会社 営業部営業推進課　課長 |
| 遠藤　　明 | 国立研究開発法人産業技術総合研究所 材料・化学領域化学プロセス研究部門 研究グループ長 |

# ═══ 目 次 ═══

## 序 論 ナノ空間に何が期待できるか

有賀　克彦, 山内　悠輔

1. ナノというのはどのくらいすごいのか ······················································· 3
2. ナノ空間で起こること ······················································································· 4
3. ナノ空間科学・ナノ空間材料への期待 ····························································· 4

## 第1章　メソ多孔体類

### 1節　総　論

木村　辰雄

1. はじめに ··········································································································· 9
2. 界面活性剤を利用したメソ多孔体の合成 ················································· 10
3. メソ多孔体の構造分析 ················································································· 12
4. メソ多孔体の形態制御 ················································································· 15
5. メソポーラスシリカを利用した主な応用研究 ········································· 17
6. おわりに ······································································································· 19

### 2節　吸着現象とメソ多孔体の利用技術

松本　明彦

1. はじめに ······································································································· 24
2. 吸着と多孔体 ······························································································· 24
3. 物理吸着と化学吸着 ····················································································· 25
4. 固体−吸着質間の相互作用 ············································································· 26
   4.1 非特異的相互作用および反発相互作用 ················································· 27
   4.2 特異的相互作用 ··················································································· 28
5. メソ多孔体の吸着等温線 ··············································································· 29
6. まとめ ··········································································································· 31

### 3節　メソ多孔性酸塩基触媒

中島　清隆, 福岡　淳

1. はじめに ······································································································· 33
2. 表面修飾によるシリカ表面への有機官能基の導入法 ································· 33
3. メソポーラス固体酸触媒 ··············································································· 34
   3.1 メソポーラスシリカへのスルホ基導入 ················································· 34
   3.2 アルキルスルホ基を導入したメソポーラスシリカの合成 ··················· 34
   3.3 ベンゼンスルホ基を導入したメソポーラスシリカ ······························· 36

3.4　化学修飾によるメソポーラス有機シリカへのベンゼンスルホ基の導入 ················· 37
　4.　メソポーラス固体塩基触媒 ······················································································· 40
　　4.1　界面活性剤を含むメソポーラスシリカ前駆物質の固体塩基性質 ························· 40
　　4.2　アミンを固定したメソポーラスシリカの合成 ··············································· 40
　5.　おわりに ··················································································································· 43


## 4節　異種ユニット導入と触媒作用　　　　　　　　　　　森　浩亮, 山下　弘巳

　1.　はじめに ··················································································································· 45
　2.　シングルサイト光触媒の特異な反応性 ··································································· 45
　3.　ナノ多孔性材料と複合化した $TiO_2$ 光触媒 ·························································· 47
　4.　メソ細孔を利用した金属ナノ粒子・ナノロッド触媒の合成 ····························· 47
　5.　コアシェル型 $Pd/SiO_2/$@Ti 含有メソポーラスシリカ触媒 ······························ 48
　6.　メソポーラスシリカ細孔内に構築した Ir 錯体 ····················································· 49
　7.　メソポーラスシリカ細孔内に構築した Pt 錯体 ···················································· 51
　8.　シングルサイト光触媒を組み込んだメソポーラスシリカ薄膜 ·························· 52
　9.　おわりに ··················································································································· 53


## 5節　規則性メソ多孔体を活用した担持金属触媒　　　　　　　　原　賢二

　1.　担持金属触媒における規則性メソ多孔体の利用 ·················································· 55
　　1.1　担持金属触媒 ········································································································ 55
　　1.2　担持金属触媒における担体の表面積の効果 ················································· 55
　　1.3　規則性メソ多孔体上の担持金属触媒 ··························································· 56
　2.　規則性メソ多孔体を活用した担持金属触媒による反応例 ································· 56
　　2.1　メソポーラスシリカ担持白金触媒による PROX 反応 ································ 56
　　2.2　メソポーラスシリカ担持白金触媒によるエチレンの酸化的除去反応 ········ 57
　　2.3　メソ細孔材料に担持した金属触媒による CO 選択メタン化反応 ············· 58
　　2.4　メソ細孔材料に担持した金属触媒による FT 合成反応 ······························ 58
　3.　規則性メソ多孔体を活用した担持金属触媒の今後の展望 ································· 59


## 6節　粒子（触媒成分）との複合化　　　　　　　　　　犬丸　啓, 片桐　清文

　1.　はじめに ··················································································································· 61
　2.　酸化チタン粒子をメソポーラスシリカに埋め込んだ新規な複合体の合成と構造 ··· 61
　3.　酸化チタン粒子–メソポーラスシリカ複合体の分子選択的光触媒機能 ············ 64
　4.　$SrTiO_3$ ナノキューブを用いたメソポーラスシリカ複合体 ······························ 66
　5.　おわりに ··················································································································· 68


## 7節　中空や鈴型に構造を制御したメソポーラスシリカ　　　　岡本　昌樹

　1.　緒　言 ······················································································································· 70
　2.　中空メソポーラスシリカ ························································································· 71

|     | 2.1 | 中空メソポーラスシリカの合成 ······················································ | 71 |
|     | 2.2 | 薬物徐放容器としての利用 ·························································· | 72 |
|     | 2.3 | ミクロ反応容器としての利用 ······················································ | 73 |
| 3.  | 鈴型メソポーラスシリカ ································································· | | 75 |
|     | 3.1 | 鈴型メソポーラスシリカの合成 ···················································· | 75 |
|     | 3.2 | ミクロ反応容器としての利用 ······················································ | 75 |
| 4.  | まとめ ························································································· | | 76 |

# 8節　メソポーラスシリカナノ粒子の構造制御と DDS 応用

呉　嘉文, 白井　宏明, 米澤　徹

| 1.  | 緒　言 ························································································· | 78 |
|-----|----|----|
| 2.  | 粒径に影響を与えるパラメータ ························································ | 79 |
| 3.  | MSN の分散 ················································································· | 81 |
| 4.  | MSN を用いたナノ粒子 ···································································· | 82 |
| 5.  | 今後の展開 ··················································································· | 84 |

# 9節　有機分子や無機イオンの吸着におけるナノ空間構造の効果

吉武　英昭

| 1.  | はじめに ····················································································· | | 86 |
|-----|----|----|----|
| 2.  | 吸着サイトの高密度化による効果 ···················································· | | 86 |
|     | 2.1 | 有機分子吸着選択性の発現 ·························································· | 86 |
|     | 2.2 | 非晶質表面での吸着相の形成と相転移 ············································ | 87 |
| 3.  | 表面官能基間距離（分布）の測定 ···················································· | | 88 |
| 4.  | ナノ細孔内部の表面曲率の効果 ······················································ | | 91 |
|     | 4.1 | 分子インプリント法による芳香族位置異性体の吸着選択性の向上 ············ | 91 |
|     | 4.2 | グラフト法による遷移金属錯体シランの固定 ···································· | 93 |
| 5.  | まとめ ························································································· | | 94 |

# 10節　メソポーラス有機シリカの機能設計

前川　佳史, 稲垣　伸二

| 1.  | はじめに ····················································································· | | 96 |
|-----|----|----|----|
| 2.  | メソポーラス有機シリカの分類と構造 ··············································· | | 96 |
|     | 2.1 | 表面修飾型と骨格導入型 ····························································· | 96 |
|     | 2.2 | 構　造 ················································································· | 96 |
| 3.  | PMO の高機能化 ··········································································· | | 98 |
|     | 3.1 | 有機シラン原料の機能設計 ·························································· | 98 |
|     | 3.2 | 骨格有機基の化学修飾 ······························································· | 98 |
| 4.  | PMO の応用 ················································································· | | 99 |
|     | 4.1 | 金属錯体の固定化担体 ······························································· | 99 |
|     | 4.2 | 固体有機分子触媒 ···································································· | 100 |
|     | 4.3 | 光捕集アンテナ機能 ································································· | 100 |
|     | 4.4 | 固体分子系光触媒 ···································································· | 101 |

|  | | |
|---|---|---|
| 4.5 | 多色発光材料 | 102 |
| 4.6 | 光電変換素子 | 102 |
| 5. | 今後の展望 | 103 |

## 11節　非シリカ系酸化物，結晶と応用

野村　淳子

| | | |
|---|---|---|
| 1. | 非シリカ系酸化物 | 106 |
| | 1.1　はじめに | 106 |
| | 1.2　遷移金属酸化物メソ多孔体の合成 | 106 |
| 2. | 結晶と応用 | 109 |
| | 2.1　はじめに | 109 |
| | 2.2　メソ多孔構造を維持した結晶化手法 | 109 |
| | 2.3　結晶化前後での物性変化と触媒反応特性の変化 | 113 |
| 3. | 今後の展望 | 115 |

## 12節　有機鋳型法によるメソポーラスカーボンの合成

田中　俊輔，西山　憲和

| | | |
|---|---|---|
| 1. | はじめに | 116 |
| 2. | メソポーラスカーボンの合成 | 117 |
| 3. | メソポーラスカーボンの細孔構造制御 | 119 |
| 4. | メソポーラスカーボンの形態制御 | 121 |
| 5. | メソポーラスカーボンの EDLC 特性 | 123 |
| 6. | おわりに | 124 |

# 第2章　金属錯体系（MOF 類）

## 1節　総　論

堀毛　悟史

| | | |
|---|---|---|
| 1. | はじめに | 129 |
| 2. | MOF の特徴 | 129 |
| | 2.1　細孔構造，細孔表面積 | 129 |
| | 2.2　熱安定性 | 130 |
| | 2.3　化学安定性 | 130 |
| | 2.4　代表的な MOF と最近の注目すべき多孔性材料 | 130 |
| 3. | MOF の合成 | 132 |
| | 3.1　バルク試料 | 132 |
| | 3.2　固溶化，階層化，ナノ粒子化 | 133 |
| | 3.3　欠　陥 | 134 |
| 4. | 化学機能 | 134 |
| | 4.1　ガス吸着，分離，放出 | 134 |
| | 4.2　不均一触媒能 | 135 |
| | 4.3　高分子合成 | 135 |

5. 物理機能 ……………………………………………………………………………… 136
　　5.1 電子伝導 ……………………………………………………………………………… 136
　　5.2 イオン伝導 …………………………………………………………………………… 137
　　5.3 その他 ………………………………………………………………………………… 138
　6. 材料特性 ……………………………………………………………………………… 138
　　6.1 力学特性 ……………………………………………………………………………… 138
　　6.2 相転移 ………………………………………………………………………………… 138
　7. おわりに ……………………………………………………………………………… 139

# 2節　MOFのメゾスケール・マクロスケール構造化
古川　修平, 北川　進

　1. はじめに ……………………………………………………………………………… 142
　2. マクロ構造体の合成戦略 …………………………………………………………… 143
　　2.1 マクロ構造テンプレート（ハードテンプレート） ……………………………… 143
　　2.2 分子テンプレート（ソフトテンプレート） ……………………………………… 144
　　2.3 蒸発やゲル化による反応の空間的拘束法 ……………………………………… 144
　　2.4 固液界面における反応（犠牲反応） ……………………………………………… 145
　　2.5 液液界面における反応 ……………………………………………………………… 145
　　2.6 トップダウンプロセッシング …………………………………………………… 145
　3. ゼロ次元構造体 ……………………………………………………………………… 145
　　3.1 ハードテンプレートによるコンポジット材料創製 …………………………… 145
　　3.2 界面を利用したマイクロファブリケーションによる中空構造体創製 ……… 146
　4. 一次元構造体 ………………………………………………………………………… 147
　　4.1 エレクトロスピニング法によるPCP/MOFファイバー合成 ………………… 147
　　4.2 電場によるナノ結晶の一次元集積化 …………………………………………… 148
　5. 二次元構造体 ………………………………………………………………………… 148
　　5.1 ハードテンプレート ……………………………………………………………… 149
　　5.2 蒸発法によるパターンニング …………………………………………………… 149
　　5.3 犠牲テンプレートによる膜化 …………………………………………………… 150
　　5.4 PCP/MOF結晶の集積化 ………………………………………………………… 150
　　5.5 PCP/MOF結晶の剥離 …………………………………………………………… 150
　6. 三次元構造体 ………………………………………………………………………… 150
　　6.1 ソフトテンプレートによる階層的空間材料創製 ……………………………… 151
　　6.2 犠牲テンプレート法（配位レプリケーション法）による階層的空間材料創製 ……… 151
　7. おわりに ……………………………………………………………………………… 152

# 3節　ホモキラル多孔性金属有機構造体
田中　耕一

　1. はじめに ……………………………………………………………………………… 154
　2. ホモキラル金属有機構造体を用いた不斉触媒反応 ……………………………… 154
　　2.1 触媒活性な配位不飽和金属サイトを含むホモキラルMOFの合成と不斉触媒反応 ……… 154
　　2.2 ホモキラルMOFの合成後修飾による触媒活性なホモキラルMOFの合成と
　　　　不斉触媒反応 ………………………………………………………………………… 156

目－5

2.3 キラルな金属錯体をビルディングブロックに用いるホモキラル MOF の合成と
　　不斉触媒反応 ‥‥‥‥‥‥‥‥‥‥‥‥‥‥‥‥‥‥‥‥‥‥‥‥‥‥‥‥‥‥‥ 157
2.4 キラルテンプレートを用いるホモキラル MOF の合成と不斉触媒反応 ‥‥‥‥‥‥ 158
2.5 有機触媒サイトを持つホモキラル MOF の合成と不斉触媒反応 ‥‥‥‥‥‥‥‥ 158
3. ホモキラル金属有機構造体によるエナンチオ選択的ゲスト吸着 ‥‥‥‥‥‥‥‥‥ 158
4. ホモキラル金属有機構造体をキラル固定相に用いた HPLC による光学異性体分離‥‥ 160

# 4節　酸化還元活性 MOF ―選択的ガス吸着と物性制御― 　　　　高坂　亘, 宮坂　等

1. 緒　　言 ‥‥‥‥‥‥‥‥‥‥‥‥‥‥‥‥‥‥‥‥‥‥‥‥‥‥‥‥‥‥‥‥‥ 164
2. 配位不飽和な金属サイトを利用したガス吸着選択性の発現 ‥‥‥‥‥‥‥‥‥‥‥ 165
　2.1 格子中への配位不飽和金属サイトの導入 ‥‥‥‥‥‥‥‥‥‥‥‥‥‥‥‥‥ 165
　2.2 配位不飽和金属サイトでの電荷移動による小分子安定化 ‥‥‥‥‥‥‥‥‥‥ 166
　2.3 配位と同期した構造変化に基づく選択的 CO 吸着 ‥‥‥‥‥‥‥‥‥‥‥‥‥ 167
3. 酸化還元活性な構築素子からなる PCP/MOF の設計とガス吸着制御 ‥‥‥‥‥‥‥ 168
　3.1 酸化還元活性構築素子を用いる ‥‥‥‥‥‥‥‥‥‥‥‥‥‥‥‥‥‥‥‥ 168
　3.2 TCNQ を構築素子に用いた集積体における選択的 $O_2$, NO 吸着‥‥‥‥‥‥‥ 169
　3.3 水車型 Ru 二核（Ⅱ, Ⅱ）錯体を構築素子とする集積体の選択的 NO 吸着 ‥‥‥ 170
4. ガス吸着を摂動とするホスト骨格の物性制御 ‥‥‥‥‥‥‥‥‥‥‥‥‥‥‥‥‥ 172
　4.1 物性制御を目指した多孔性格子の設計 ‥‥‥‥‥‥‥‥‥‥‥‥‥‥‥‥‥ 172
　4.2 ゲートオープン型吸着に同期した誘電応答 ‥‥‥‥‥‥‥‥‥‥‥‥‥‥‥ 172
　4.3 NO 雰囲気下における交流電気伝導度の増大 ‥‥‥‥‥‥‥‥‥‥‥‥‥‥‥ 173
5. 結　　語 ‥‥‥‥‥‥‥‥‥‥‥‥‥‥‥‥‥‥‥‥‥‥‥‥‥‥‥‥‥‥‥‥ 174

# 5節　プロトン伝導性配位高分子 　　　　　　　　　　　　　　　貞清　正彰, 北川　宏

1. はじめに ‥‥‥‥‥‥‥‥‥‥‥‥‥‥‥‥‥‥‥‥‥‥‥‥‥‥‥‥‥‥‥‥ 176
　1.1 プロトン伝導体とプロトン伝導機構 ‥‥‥‥‥‥‥‥‥‥‥‥‥‥‥‥‥‥ 176
　1.2 プロトン伝導度の測定 ‥‥‥‥‥‥‥‥‥‥‥‥‥‥‥‥‥‥‥‥‥‥‥‥ 177
2. プロトン伝導性配位高分子 ‥‥‥‥‥‥‥‥‥‥‥‥‥‥‥‥‥‥‥‥‥‥‥‥ 177
　2.1 プロトン伝導性配位高分子の設計 ‥‥‥‥‥‥‥‥‥‥‥‥‥‥‥‥‥‥‥ 178
　2.2 シュウ酸架橋配位高分子のプロトン伝導性 ‥‥‥‥‥‥‥‥‥‥‥‥‥‥‥ 179
　2.3 さまざまな酸性基の導入とプロトン伝導性 ‥‥‥‥‥‥‥‥‥‥‥‥‥‥‥ 181
　2.4 配位子欠損の導入による高プロトン伝導性 ‥‥‥‥‥‥‥‥‥‥‥‥‥‥‥ 183
3. 非水型プロトン伝導性配位高分子 ‥‥‥‥‥‥‥‥‥‥‥‥‥‥‥‥‥‥‥‥‥ 184

# 6節　金属ナノ粒子@配位高分子複合体 　　　　　　　　　　　　　　　　徐　　強

1. はじめに ‥‥‥‥‥‥‥‥‥‥‥‥‥‥‥‥‥‥‥‥‥‥‥‥‥‥‥‥‥‥‥‥ 187
2. 金属ナノ粒子@MOF 複合体の合成 ‥‥‥‥‥‥‥‥‥‥‥‥‥‥‥‥‥‥‥‥‥ 187
　2.1 液相浸潤法 ‥‥‥‥‥‥‥‥‥‥‥‥‥‥‥‥‥‥‥‥‥‥‥‥‥‥‥‥‥ 187
　2.2 気相浸潤法 ‥‥‥‥‥‥‥‥‥‥‥‥‥‥‥‥‥‥‥‥‥‥‥‥‥‥‥‥‥ 190
　2.3 鋳型合成法 ‥‥‥‥‥‥‥‥‥‥‥‥‥‥‥‥‥‥‥‥‥‥‥‥‥‥‥‥‥ 191

3.　金属ナノ粒子@MOF複合体の応用 ……………………………………… 192
　　　3.1　水素貯蔵への応用 ……………………………………………………… 192
　　　3.2　不均一系触媒への応用 ………………………………………………… 193
　　　3.3　センシングへの応用 …………………………………………………… 196
　　4.　おわりに ……………………………………………………………………… 196


## 7節　結晶スポンジ法
猪熊　泰英, 藤田　誠

　　1.　はじめに ……………………………………………………………………… 198
　　2.　単結晶X線構造解析と細孔性錯体 ………………………………………… 198
　　3.　結晶スポンジ法の原理：細孔性結晶中のホスト－ゲスト化学 ………… 199
　　4.　結晶スポンジ法を用いた微量化合物の構造解析 ………………………… 201
　　5.　結晶スポンジ法の応用 ……………………………………………………… 203
　　　5.1　LC-SCD法 ……………………………………………………………… 203
　　　5.2　絶対立体配置の決定 …………………………………………………… 203
　　　5.3　合成化学における生成物の構造決定 ………………………………… 205
　　6.　将来展望 ……………………………………………………………………… 205


## 8節　環状化合物からなる多孔性物質
塩谷　光彦, 田代　省平

　　1.　序 ……………………………………………………………………………… 207
　　2.　環状ホスト化合物からなる多孔性配位高分子 …………………………… 208
　　3.　環状金属錯体からなる多孔性分子結晶 …………………………………… 211
　　4.　おわりに ……………………………………………………………………… 215


# 第3章　ゼオライト類

## 1節　総　論
窪田　好浩

　　1.　はじめに ……………………………………………………………………… 219
　　2.　ゼオライトの骨格タイプコード …………………………………………… 221
　　3.　ゼオライトの細孔径 ………………………………………………………… 222


## 2節　SDAを用いた新しいゼオライトの合成
稲垣　怜史, 窪田　好浩

　　1.　ゼオライト骨格とSDAとのホスト－ゲストケミストリー ……………… 226
　　2.　SDAとシリケート種との疎水性相互作用 ………………………………… 226
　　3.　大孔径ゼオライト合成のためのSDA ……………………………………… 229
　　4.　小細孔ゼオライト合成のためのSDA ……………………………………… 231
　　5.　最近のトピック ……………………………………………………………… 233


目－7

## 3節　ゼオライト水熱転換法
津野地　直, 佐野　庸治

1. はじめに ··········· 236
2. FAU-*BEA ゼオライト水熱転換 ··········· 237
3. ゼオライト水熱転換における OSDA の影響 ··········· 238
4. 出発ゼオライトの結晶構造の影響 ··········· 239
5. 種結晶存在下でのゼオライト水熱転換 ··········· 240
6. OSDA フリーでのゼオライト水熱転換 ··········· 240
7. OSDA/種結晶フリーでのゼオライト合成 ··········· 242
8. ゼオライト水熱転換過程 ··········· 243
9. おわりに ··········· 244

## 4節　粉砕・再結晶化法によるゼオライト微細粒子の調製
脇原　徹

1. 要　旨 ··········· 246
2. 緒　言 ··········· 246
3. 粉砕・再結晶化法 ··········· 247
4. 粉砕・再結晶化法を行うための必要条件 ··········· 248
5. 粉砕・再結晶化法の具体例 ··········· 250
6. 粉砕・再結晶化法の新展開 ··········· 252
　　6.1　高速再結晶化法の開発 ··········· 252
　　6.2　組成・耐久性制御の可能性 ··········· 252
7. まとめ ··········· 253

## 5節　金属ユニット導入ゼオライトと触媒
吉岡　真人, 横井　俊之

1. はじめに ··········· 255
2. 金属ユニット導入ゼオライトの合成 ··········· 255
　　2.1　水熱合成法 ··········· 255
　　2.2　フッ化物法 ··········· 256
　　2.3　ドライゲルコンバージョン法（DGC 法） ··········· 256
　　2.4　ポスト合成法 ··········· 256
3. 金属ユニット導入ゼオライトの構造解析 ··········· 257
　　3.1　NMR による分析 ··········· 257
　　3.2　IR および UV-vis による分析 ··········· 258
　　3.3　XRD による分析 ··········· 258
4. 注目されている金属ユニット導入ゼオライト ··········· 258
　　4.1　Ti ユニット導入 MFI 型ゼオライト ··········· 258
　　4.2　Ti ユニット導入 MWW 型, IEZ-MWW 型ゼオライト ··········· 260
　　4.3　Ti ユニット導入 MSE 型ゼオライト ··········· 262
　　4.4　Al あるいは Ga ユニット導入 CHA 型ゼオライト ··········· 263
　　4.5　Al ユニット導入 CON 型ゼオライト ··········· 263
　　4.6　Sn ユニット導入 *BEA 型ゼオライト ··········· 264

|   | 5. おわりに ……………………………………………………………………………… 265 |
|---|---|

## 6節　層状ゼオライトの創製と構造修飾
呉　鵬, 徐　楽

1. はじめに ……………………………………………………………………………… 268
2. 層状ゼオライトの合成 ……………………………………………………………… 269
　2.1　通常水熱合成 ………………………………………………………………… 269
　2.2　特殊鋳型剤による新規合成 ………………………………………………… 270
　2.3　ゲルマノシリケートの加水分解による層状ゼオライトのポスト合成 … 271
3. 層状ゼオライトの後処理による構造修飾 ……………………………………… 272
　3.1　層状ゼオライトの層間膨張 ………………………………………………… 272
　3.2　層状ゼオライトの層間剥離とピラール …………………………………… 273
　3.3　層状ゼオライトの部分的な層間剥離 ……………………………………… 274
　3.4　層状ゼオライトの層間拡張 ………………………………………………… 274
　3.5　層状ゼオライトの後処理によるほかのトポロジーへの転換 …………… 275
4. おわりに ……………………………………………………………………………… 275

## 7節　バイオマス
冨重　圭一

1. バイオマス資源とバイオマスリファイナリにおける基礎化学品について ……… 278
2. バイオマスリファイナリ関連の反応について：石油資源との比較 ……………… 280
3. ゼオライトを用いたバイオマス関連基質の触媒反応例 ………………………… 281
　3.1　糖類の合成や変換に関するもの …………………………………………… 281
　3.2　バイオオイルに関するもの ………………………………………………… 282
　3.3　炭素-酸素結合の水素化分解反応に関するもの …………………………… 283

## 8節　メタン転換・C1化学におけるゼオライト
矢部　智宏, 斎藤　晃, 小河　脩平, 関根　泰

1. はじめに ……………………………………………………………………………… 288
2. MTG・MTO・DTO …………………………………………………………………… 288
3. Fischer-Tropsch合成（FTS）……………………………………………………… 291
4. MTB …………………………………………………………………………………… 293
5. おわりに ……………………………………………………………………………… 294

## 9節　ゼオライト鋳型炭素の合成，特徴，応用
西原　洋知, 京谷　隆

1. はじめに ……………………………………………………………………………… 296
　1.1　鋳型炭素化法 ………………………………………………………………… 296
　1.2　鋳型炭素化法の歴史 ………………………………………………………… 297
2. ZTCの合成 …………………………………………………………………………… 299
　2.1　ゼオライトの選択 …………………………………………………………… 299
　2.2　ゼオライトへの炭素の充填 ………………………………………………… 300

目-9

3. ZTC の特徴 ·················································· 303
　3.1 分子構造 ·············································· 303
　3.2 規則性メソポーラスカーボン（OMC）との比較 ·········· 304
　3.3 機械的な柔軟性 ········································ 305
4. ZTC の応用 ················································· 305
　4.1 水素貯蔵 ·············································· 305
　4.2 電気二重層キャパシタ ·································· 307
5. おわりに ···················································· 308


# 第4章　その他のナノ空間材料

## 1節　多孔性有機シリカハイブリッド材料　　　Watcharop CHAIKITTISILP, 小池　夏萌

1. はじめに ···················································· 313
2. ミクロ孔を持つ有機シリカ多孔体 ····························· 313
3. メソ孔を持つ有機シリカ多孔体 ······························· 316
4. 多孔質有機シリカナノ粒子 ··································· 320
5. 有機シリカ多孔体の応用 ····································· 322
　5.1 ドラッグデリバリー ···································· 323
　5.2 触　媒 ················································ 323
　5.3 低誘電率材料 ·········································· 323
6. おわりに ···················································· 324


## 2節　コロイド鋳型, マクロポーラス多孔体　　　　　　　　黒田　義之

1. はじめに ···················································· 325
2. コロイド鋳型法による特異なナノ空間材料の調製 ············· 326
　2.1 形態制御されたナノ粒子を合成するための反応場 ········ 326
　2.2 コロイド結晶の劈開による二次元鋳型 ·················· 327
　2.3 非対称構造の形成 ······································ 328
3. コロイド鋳型法で得られるナノ空間材料の応用例 ············· 329
　3.1 ゼオライトナノ粒子およびゼオライト分離膜 ············ 329
　3.2 蓄電デバイス用電極 ···································· 331
4. おわりに ···················································· 332


## 3節　イオン結晶の階層的構築　　　　　　　　　　　　　内田　さやか

1. 分子性イオン結晶の特長 ····································· 334
2. ポリオキソメタレートアニオンを構成ブロックとしたイオン結晶 ·· 335
3. イオン結晶の階層的構築 ····································· 337
4. 今後の展望 ················································· 341

## 4 節　カーボン材料（ゼオライト転写以外）　　　　　　　　有賀　克彦

1. はじめに：炭素で規則性ナノ空間をつくる ···················· 342
2. デザインされたカーボンナノ空間材料 ······················· 343
3. 積層化されたカーボンナノ空間 ··························· 346
4. 階層構造を持つカーボンナノ空間 ························· 348
5. 超分子的につくられた多孔性ナノカーボン材料 ··············· 350
6. まとめ ············································· 351

## 5 節　層状物質を利用した検知センサーの開発　　　　　　　　笹井　亮

1. はじめに ··········································· 352
2. ガス中の特定物質を検知可能なセンサーの開発 ··············· 353
3. 溶液中での検知センサー ································· 357
4. おわりに ··········································· 359

## 6 節　非線形光学材料としての無機ナノシートおよびその関連物質
富永　亮, 鈴木　康孝, 川俣　純

1. 非線形分極と非線形光学効果 ···························· 361
2. 非線形光学効果とナノシート ···························· 362
3. 半導体ナノシートを利用した多重量子井戸構造の構築とその非線形光学特性 ········· 363
4. グラフェンナノシートの光制限素子としての利用 ·············· 363
5. 波長変換能を有する無機ナノシート—有機化合物ハイブリッド材料 ········· 363
6. 二光子吸収特性に優れた無機ナノシート—有機化合物ハイブリッド材料 ········· 364
7. おわりに ··········································· 365

## 7 節　層状化合物・ナノシート光触媒　　　　　　　　　　　伊田　進太郎

1. はじめに ··········································· 367
2. ナノシート光触媒 ····································· 367
   2.1 Rh−ドープ $Ca_2Nb_3O_{10}$ ナノシート光触媒 ··············· 368
   2.2 N−ドープ $AE_2M_3O_{10}$（AE：Ca, Sr, Ba, M：Nb, Ta）ナノシート光触媒 ··············· 369
   2.3 $Tb^{3+}$−ドープ $Ca_2Ta_3O_{10}$ ナノシート光触媒 ··············· 369
   2.4 p 型半導体ナノシート膜の作製と光電気化学的水素生成 ·········· 370
3. ナノシート pn 接合 ···································· 370
4. 光触媒反応中心の直接観察 ······························ 374

## 8 節　層状物質—光触媒反応促進剤—　　　　　　　　　　　井出　裕介

1. はじめに ··········································· 378
2. 生成物の分子認識 ····································· 378
3. 副生物の分子認識 ····································· 380

| 4. 電荷分離 | 381 |
|---|---|
| 5. その他 | 383 |
| 6. おわりに | 385 |

## 9節 ナノシート液晶と異方性ゲル

中戸 晃之, 宮元 展義

| 1. はじめに | 386 |
|---|---|
| 2. ナノシート液晶の基本的特徴 | 386 |
| 3. ナノシート液晶が形成する空間構造 | 388 |
| 3.1 液晶相の構造―ネマティック相とラメラ相 | 388 |
| 3.2 ラメラ相の階層構造 | 389 |
| 4. ナノシート液晶の配向制御による異方性空間 | 390 |
| 4.1 外場印加による液晶の配向制御 | 390 |
| 4.2 電場配向 | 391 |
| 4.3 電場印加の制御によるマルチスケール空間の構築 | 393 |
| 5. ナノシート液晶−高分子複合化による異方性ゲル | 395 |
| 6. おわりに | 399 |

## 10節 ナノシートでつくる新しい空間材料

佐々木 高義, 長田 実

| 1. はじめに | 402 |
|---|---|
| 2. 酸化物ナノシートの合成 | 402 |
| 3. ナノシートの集積化によるナノ構造ならびに空間構造の構築 | 404 |
| 4. ナノシートの誘電機能 | 407 |
| 5. ナノシートの積木細工で新しい電子デバイス | 409 |
| 6. おわりに | 410 |

## 11節 酸化グラフェン

谷口 貴章, 速水 真也, 松本 泰道

| 1. はじめに | 411 |
|---|---|
| 2. 酸化グラフェン | 411 |
| 2.1 酸化グラフェンの構造 | 411 |
| 2.2 酸化グラフェンの合成法 | 413 |
| 2.3 酸化グラフェンの還元法 | 414 |
| 3. ナノ空間材料としての酸化グラフェン | 414 |
| 3.1 グラファイト層間化合物 | 414 |
| 3.2 酸化グラフェン層間でのイオン伝導 | 415 |
| 4. GOを固体電解質とした電気化学デバイス | 418 |
| 4.1 GOを固体電解質とした燃料電池（GOFC） | 418 |
| 4.2 GOを固体電解質とした鉛蓄電池（GOLB） | 419 |
| 4.3 GOを用いたスーパーキャパシタ | 420 |
| 5. おわりに | 420 |

## 12節　ナノシートを利用した電気化学応用

望月　大, 杉本　渉

1. はじめに ……………………………………………………………………………… 422
2. 電極材料としてのナノシート ……………………………………………………… 422
3. ナノシートを使用した電極作製方法 ……………………………………………… 423
4. 電気化学デバイスへの応用 ………………………………………………………… 424
    4.1 スーパーキャパシタ応用 …………………………………………………… 424
    4.2 燃料電池電極触媒応用 ……………………………………………………… 425
    4.3 光電気化学応用 ……………………………………………………………… 427
5. まとめ ………………………………………………………………………………… 429

# 第5章　分　析

## 1節　最新型 FE-SEM による超高分解能観察と分析

作田　裕介, 朝比奈　俊輔, 須賀　三雄

1. はじめに ……………………………………………………………………………… 433
2. 最新の HRSEM 関連技術 …………………………………………………………… 433
    2.1 低電圧 HRSEM ……………………………………………………………… 433
    2.2 エネルギーフィルタ ………………………………………………………… 433
    2.3 クロスセクションポリッシャー …………………………………………… 434
    2.4 特性 X 線分析 ………………………………………………………………… 434
3. ナノ空間材料の観察例 ……………………………………………………………… 435
    3.1 メソポーラス LTA …………………………………………………………… 435
    3.2 メタルオーガニックフレームワークの細孔観察 ………………………… 435
    3.3 ヨークシェル材の材料別形態観察 ………………………………………… 436
    3.4 クロスセクションポリッシャー(CP) による断面形成 ………………… 437
    3.5 ヨークシェル材の組成分析 ………………………………………………… 437
    3.6 軟 X 線分光器 (SXES) による結合状態分析 …………………………… 438
4. まとめ ………………………………………………………………………………… 438

## 2節　透過電子顕微鏡法を用いたメソスケール構造解析

阪本　康弘

1. はじめに ……………………………………………………………………………… 440
2. 透過電子顕微鏡法を用いた微細構造解析 ………………………………………… 441
    2.1 シリカメソ多孔体と微細構造解析 ………………………………………… 441
    2.2 二元系ナノコロイド結晶の微細構造解析 ………………………………… 443
3. 電子線結晶学を用いた三次元構造解析 …………………………………………… 444
    3.1 結晶としてのシリカメソ多孔体 …………………………………………… 444
    3.2 シリカメソ多孔体と電子線結晶学 ………………………………………… 444
    3.3 新奇規則性多孔質材料の三次元細孔構造 ………………………………… 445
4. 電子線トモグラフィを用いた三次元構造解析 …………………………………… 446

目 - 13

|  |  |
|---|---|
| 4.1 メソ構造材料と電子線トモグラフィ | 446 |
| 4.2 メソ構造材料の三次元構造解析例 | 446 |
| 5. 球面収差補正走査透過電子顕微鏡法を用いた元素マッピング | 448 |
| 6. おわりに | 449 |

## 3節　電子顕微鏡法によるナノ空間材料の解析
吉田　要, 佐々木　優吉

|  |  |
|---|---|
| 1. はじめに | 451 |
| 1.1 ゼオライト観察における電子線照射損傷 | 451 |
| 1.2 収差補正技術 | 451 |
| 1.3 HRTEM 法と STEM 法の結像原理 | 452 |
| 2. ゼオライト骨格の高分解能観察 | 456 |
| 2.1 AC-STEM 法による骨格構造観察 | 456 |
| 2.2 AC-HRTEM 法による骨格構造観察 | 457 |
| 3. 細孔内カウンターカチオンの直接観察 | 458 |
| 3.1 AC-STEM 法によるカチオン観察 | 458 |
| 3.2 AC-HRTEM 法によるカチオン観察 | 459 |
| 4. まとめ | 460 |

## 4節　ゼオライトのX線結晶構造解析
池田　卓史

|  |  |
|---|---|
| 1. はじめに | 461 |
| 2. 粉末回折法による構造解析 | 461 |
| 3. リートベルト解析の進展 | 462 |
| 4. 非経験的構造解析 | 463 |
| 5. 固体 NMR と粉末 X 線回折の組み合わせによる構造決定 | 465 |
| 6. HR-TEM と PXRD のコンビネーション解析 | 467 |
| 7. 電子線回折トモグラフィーと PXRD のコンビネーション解析 | 470 |
| 8. おわりに | 473 |

## 5節　ガス吸着によるポーラス材料のキャラクタリゼーション
吉田　将之

|  |  |
|---|---|
| 1. はじめに | 476 |
| 2. 次世代型吸着等温線測定装置— BELSORPmax — | 476 |
| 3. GCMC 法 | 477 |
| 4. 活性炭素繊維の極低圧 $N_2$ 吸着等温線測定による GCMC 法ならびに $\alpha_s$ 法による細孔構造評価 | 480 |
| 5. メソポーラスゼオライトの $N_2$ (77.4 K), Ar (87.3 K) の極低圧吸着等温線によるキャラクタリゼーション | 483 |
| 5.1 メソポーラス MFI 型ゼオライト | 483 |
| 5.2 メソポーラス FAU 型ゼオライト | 485 |
| 6. おわりに | 485 |

# 6節 蒸気吸着

遠藤　明

1. はじめに ……………………………………………………………………………… 487
2. 蒸気吸着等温線の測定 ……………………………………………………………… 487
  2.1 定容法における留意点 …………………………………………………………… 487
  2.2 重量法における吸着等温線の測定と留意点 …………………………………… 488
3. 水蒸気吸着 …………………………………………………………………………… 489
  3.1 ゼオライトへの水蒸気吸着 ……………………………………………………… 489
  3.2 メソポーラスシリカへの水蒸気吸着 …………………………………………… 491
4. その他の蒸気吸着 …………………………………………………………………… 492
  4.1 VOC吸着 …………………………………………………………………………… 492
  4.2 低級アルコールの吸着 …………………………………………………………… 492
  4.3 その他の蒸気の吸着 ……………………………………………………………… 493
5. おわりに ……………………………………………………………………………… 493

# 序　論

## ナノ空間に
## 何が期待できるか

序　論

# 1　ナノというのはどのくらいすごいのか

　本書では，ナノ空間に関する最先端科学技術の粋を集積している。そこでこの序論では，ざっくり簡単にナノ，ナノ空間，ナノ空間材料について概観してみたい。さて，ナノとは何か，言うまでもなく10億分の1のことである。ただ，目に見えないものはいくら小さくてもその小ささには実感はわかない。そこで，10億分の1という倍率を大きな地球で考えてみる（図1）。例えば，地球の直径は12,742 km つまりおよそ $10^4$ km（$10^7$ m）である。この10億分の1（$10^{-9}$）の大きさは，$10^{-2}$ m すなわち1 cmである。人間の大きさが1 mオーダーだとすると1 nmの物体を研究するというのは，地球大の人間が地球上のコインを扱うのと同じである。サイズを10倍ずつ大きくして考えてみると，地球のもっと外から地上のゴルフカップの中にボールを入れるのと等しい芸当を成し遂げるのがナノ空間の科学・技術と言える。宇宙空間からのホールインワンを狙うのが，ナノテクノロジーあるいはナノ空間の科学と言えるのである。

　このようなナノに関わる科学技術は，われわれの身の回りの常識から考えるととんでもなく高度な技術であることは確かである。ナノテクノロジーを推進することが現代科学の発展に大きく寄与することは疑いようもないが，ある機能を非常に小さな構造やナノマシンとも呼ばれるような超微細機械で達成すると，情報や機能の超高密度の集積がなされ手に持てるようなデバイス構造の中にとてつもない量の情報が蓄積されることになる。アメリカ大統領のビル・クリントンが，米国の国家ナノテクノロジーイニシアティブ（NNI）での演説の際に述べた「国会図書館の情報を角砂糖の大きさのメモリに収容する」というのは，このナノテクノロジーの方向性を強く示している。

　ナノテクノロジーは，さまざまなものを極限的に小さくして利便性を得るということにとどまらない。機械を小さくするとどんないいことがあるか？それは，ナノテクノロジーには及ばないものの機械を小さくしてきた各種のマイクロテクノロジー技術（100万分の1技術）の成果に見ることができる。例えば，微細加工技術によって，固定電話はより高度の機能を持ち，手で持ち運ぶことができる携帯電話やスマホに進化した。固定電話の時代には，相手に連絡をつけようとすると，電話ボックスを探し相手の家に電話をする。ただし，相手はそのとき家にいるとは限らない。今考えると，大変不確実なことがのんびりとまかり通っていた。スマホを持ち運べる今の時代は，好きなときに相手に確実にメッセージを伝えられる。この生活様式の大きな変化は，機械のもとへ人間が出向くかということと，人間とともに機械が持ち運ばれるかということの差である。これを可能にしたのが，微細加工技術によってデバイスを小型化し，人間とのサイズ逆転をはかったという技術革新である。この効果の及ぶ範囲は，便利になったという表向きの変革にはとどまらない。人間が機械のもとに出向くのではなく，人間の行動に機械が付随するということは，機械の利用に人間の行動が制限されないということである。つまり，必要な機械を使うために人は特定の場所に集まらなくて良いことになり，人口集中や交通渋滞などの問題が解決されえる。また，小さな機械が，少ない資源か

図1　10億分の1の大きさとは？

− 3 −

序　論

ら効率よく作製できることになれば，エネルギー枯渇，環境汚染などを解決する大きな手段ともなるはずである。われわれが，現代社会で抱える多くの問題が解決されることになる。

さて，これまで達成されてきたマイクロサイズのテクノロジーの微細化をさらに進めてナノテクノロジーとすれば，さらに期待される恩恵は大きい。しかしながら，ナノはマイクロの延長ではなく，ナノサイズの空間にはまだ解き明かされていない秘密が隠されているのである。

## 2 ナノ空間で起こること

サイズごとに起こる現象や構造作製について非常にラフに考えたい。われわれの日常世界の構造作製，例えば家の建築と，マイクロファブリケーションによる微細加工は基本的な原理は変わらない，設計図があって，それを達成する技術があれば目的の機能構造をつくることができる。非常に決定論的な世界である。一方，原子や分子のように極限的に小さな世界ではどうだろうか？　いくつかの原子がつながって分子になる，分子と分子が反応して新しい分子ができる，あるいは特定の比の陽イオンと陰イオンが集まって塩ができる。これも，決定論的な世界である。その中間の，ナノサイズやもうちょっと大きなメソサイズでの構造形成はどうであろうか？実は，これは完全に決定論的ではないのである。設計図どおりには，事がうまく進まないというのが現実である。ナノサイズの構造体では構成要素の個性が強く現れる，熱揺らぎの影響を受ける，不確定性的な要素が機能に現れる，半導体などの物質では構造をナノサイズにしていくと量子サイズ効果のような新しい現象が現れ始めるなど，ほかのサイズでは見られない側面が全体の行動を決めていくのである。したがって，マクロサイズからマイクロサイズに構造を小さくしていった技法の延長にナノ加工技術は必ずしもない。もっと，さまざまな要因を加味してバランスさせ，ハーモニーを持たせるがごとく機能構造体を形づくっていくことが必要である。ナノテクノロジーは，決してマイクロテクノロジーの延長にはない。例えば，新たなパラダイム「ナノアーキテクトニクス（ナノ建築学）」を提唱すべきであると，青野らは主張している[1)2)]。

これと同様な考え方が閉鎖空間においても当てはめられる。分子やナノ物質よりもかなり大きいマクロスコピックやマイクロスコピックな空間においては，空間が構成要素に与える影響は微小であり，構成要素の性質がそのまま現れる単なる物質を閉じ込めた空間の科学に過ぎない。空間サイズが，構成要素の大きさに近くなるナノ空間では，ナノ空間内表面と包含物質の相互作用が顕著になり，また，内包された物質間の相互作用も強調され配向性が顕著になり，運動性が著しく制限される。機能物質は，制限された空間に閉じ込められると，われわれが普段接している大きな物質（バルクの物質）には見られないような未知の性質が発揮されることが極めて多い。ナノ空間に取り込まれたナノ物質や分子は特定の配向のみが可能になり，情報や電子・光の伝わり方，相互作用や化学反応性が劇的に変わるのである。その一方で，このようなナノ空間内では，外部環境からの外乱を排除することができ，外部の環境では打ち消されてしまっている特性が守られて発現することもありえる。しかもこのような独特な機能は，ナノメートルスケールに特有の不確実さや特異効果に伴って現れる。ナノ空間に閉じ込められた機能物質には，外界や大きな塊では見出せないような新物性・特異機能が発現される可能性が非常に高いのである。

## 3 ナノ空間科学・ナノ空間材料への期待

ナノ空間を舞台とした科学とそれを用いた機能材料の開発の詳細は，本書の各項にゆだねるとして，ここではそれらに対する期待をざっとまとめてみたい（**図2**）。ゼオライトのような天然に存在するナノ多孔性材料，各種メソポーラス物質などの鋳型合成によってつくられるナノ空間材料，多孔性配位高分子（Porous Coordination Polymers あるいは Metal-Organic Frameworks）など金属配位や超分子集合によって形成されるナノ空間材料は，サイズおよび配向の面で高い規則性を持っている[3)4)]。そのナノ空間に取り込まれるさまざまな物質はバルクとは全く異なる物性を示し，低次元の集合体を形成することによって異方性の高い新規特性を示す可能性が高い。また，これらのナノ空間ではサイズや形状による物質選択取り込みが可能であり，物質の分離や高度濃

— 4 —

縮も期待される。二酸化炭素などの高濃度捕捉は地球温暖化対策などの重要環境課題への解決策を与えてくれるに違いない。ナノ空間の内表面を化学修飾すれば，取り込まれた物質との密な相互作用や特定配向による特異反応などの促進が期待され触媒機能への展開，または異方性のきわめて高い材料の合成場としての利用も考えられる。つまり，ナノ空間は精密なナノサイズの反応容器として働くのである。

構造の精密さはやや劣るかもしれないが，高分子や超分子によって柔軟性に富むソフトなナノ空間物質の開発も可能である。そのようなナノ空間物質は，薬物を貯蔵して必要なときに放出するようなドラッグデリバリーシステムへの応用が期待できる。ソフトなナノ空間物質ではなくとも，前者の固いナノ空間物質の一つであるメソポーラス物質とソフト分子からなるゲート機能をハイブリッドさせれば，刺激に応じて薬物や遺伝子が細胞に供給されるようなシステムを構築することができる。

もっと単純にもっといい加減に考えてみると，バルクの素材をナノ空間材料に変換するということは，重さあたりの比表面積を格段に上げるということである。この事実には，素材の特異性などは全く含まれず，ありとあらゆる物質に適用できる利点である。つまり，ナノ空間物質の技術を開発することは，ありとあらゆる物質の表面積を格段に増大させる技術の開発でもある。例えば，メソポーラスシリカなどは耳かき一杯でテニスコート一面分の表面積を持つ物質と言われる。さまざまな相互作用や特異反応は物質の表面で他物質と接触することによって起こる。したがって，表面積を大きくすることはありとあらゆる機能の増進につながることになる。物質貯蔵，触媒反応の増進などは言うにおよばず，それらを巧みに利用した電極素材などの開発もなされる。それらの機能は，燃料電池や太陽電池のための素材から，環境浄化材料まで，社会適用性が高い分野に応用されると期待できるのである。

ナノテクノロジーとは，宇宙からホールインワン

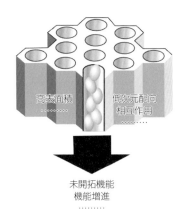

図2 ナノ空間材料に期待される機能

を決めるような高度な技術であるという話からはじめたが，本書の各項で示されるように，ナノ空間材料は分子の自己組織化などの過程を巧みに利用することによって非常に簡単な操作（混ぜて，ろ過して，焼くだけのような）で作製され得るのである。その機能は，高度なナノ科学から表面積の増大という汎用性の高い特性を利用した応用用途の高いものまで広く展開しえるのである。ナノ空間材料に多くの未来を期待しない理由は見つからない。

■引用・参考文献■

1) K. Ariga, Q. Ji, W. Nakanishi, J. P. Hill and M. Aono : *Mater. Horiz.*, **2**, 406 (2015).
2) M. Aono and K. Ariga : *Adv. Mater.*, in press.
3) K. Ariga, A. Vinu, Y. Yamauchi, Q. Ji and J. P. Hill : *Bull. Chem. Soc. Jpn.*, **85**, 1 (2012).
4) V. Malgras, Q. Ji, Y. Kamachi, T. Mori, F-K. Shieh, K. C.-W. Wu, K. Ariga and Y. Yamauchi : *Bull. Chem. Soc. Jpn.*, in press. DOI : 10.1246/bcsj.20150143.

〈有賀　克彦，山内　悠輔〉

# 第1章

# メソ多孔体類

1節　総　論

2節　吸着現象とメソ多孔体の利用技術

3節　メソ多孔性酸塩基触媒

4節　異種ユニット導入と触媒作用

5節　規則性メソ多孔体を活用した担持金属触媒

6節　粒子（触媒成分）との複合化

7節　中空や鈴型に構造を制御したメソポーラスシリカ

8節　メソポーラスシリカナノ粒子の構造制御とDDS応用

9節　有機分子や無機イオンの吸着におけるナノ空間構造の効果

10節　メソポーラス有機シリカの機能設計

11節　非シリカ系酸化物、結晶と応用

12節　有機鋳型法によるメソポーラスカーボンの合成

# 第1章 メソ多孔体類

## 1節 総論

### 1 はじめに

メソ多孔体とは，2〜50 nm の範囲に孔径分布を有する多孔質物質のことを指しており，特に，有機分子の自己集合能を利用して合成する均一メソ孔を有する多孔質物質は，その美しさ（均一性，対称性）ゆえ，世界中の研究者から関心を集めている。無機種と有機分子との間に相互作用を生じさせ[1,2]，有機分子の自己集合と無機種間の結合生成を協奏的に進行させることが重要である。シリカを初めとする無機酸化物や金属リン酸塩などのメソ多孔体前駆物質（メソ構造体）が得られる[3,4]。黒田らは，界面活性剤の分子集合体がメソ孔の生成に重要な役割を果たしていることを世界に先駆けて報告したが[5,6]，この実験が層状ケイ酸塩と界面活性剤との反応で見出されたことは驚きである。Mobil社の研究グループも，類似のメソポーラス物質を含む，いくつかの構造規則性を有するメソポーラスシリカの合成を報告し，界面活性剤の自己集合能が材料の微細構造制御に利用できることを実証した[7,8]。図1には，孔径制御したメソポーラスシリカ（2-d hexagonal MCM-41）の透過型電子顕微鏡（TEM）像を示したが，界面活性剤の集合体が構造規定剤になることを明示する実験結果である。異なる構造規則性を有するメソ多孔体（cubic MCM-48，lamellar MCM-50，等々）の合成も紹介されており[9-19]，その後，組成制御，形態制御など，幅広い物質群へと発展していく中で，吸着剤や触媒材料のような多孔質的特性を利用した応用展開だけでなく，電気的，磁気的，光学的な特性などを利用したさまざまな分野への適用可能性が調査されている。

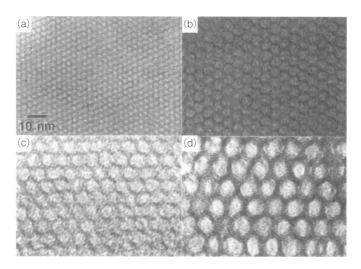

図1 種々の孔径（(a) 2.0 nm，(b) 4.0 nm，(c) 6.5 nm，(d) 10 nm）を有するMCM-41のTEM像[8]
Reprinted with permission from 8）．Copyright 1992 American Chemical Society.

第1章　メソ多孔体類

## ② 界面活性剤を利用したメソ多孔体の合成

　界面活性剤を利用したメソ多孔体の合成法を，シリカ系材料を中心に簡単に紹介する[20]。無機種の反応性，溶液中での電荷などを考慮した上で，界面活性剤を含む溶液にシリカ源を添加する。MCM-41，-48および-50の合成には，陽イオン性のアルキルトリメチルアンモニウム（$C_n$TMA）界面活性剤が用いられている[7)8]。$C_n$TMA界面活性剤にシリカ源やアルミナ源を混合し，塩基性条件下で合成する。酸性条件下でもMCM-41と同一の構造規則性を有するメソポーラスシリカ（SBA-3）の合成が可能であり，アルキルトリエチルアンモニウム界面活性剤やジェミニ型ジアンモニウム界面活性剤などを用いると，ケージ型のメソ孔が生成する[10)11]。界面活性剤分子の充填パラメータを考慮することで，ある程度はメソ構造の生成を解釈できるが，親水部と相互作用している無機種の影響も考慮した幾何学的な取り扱いが必要である。例えば，メソ構造体の間での相転移が起こることはこのことを反映した結果である[3)21]。

　アルキルアミンやポリオキシエチレンアルキルエーテル（$C_n$EO$_m$）などの非イオン性界面活性剤も，メソポーラスシリカの合成に利用できる[12)-19]。非イオン性界面活性剤は，抽出により容易に除去，回収，再利用することができ，特に，$C_n$EO$_m$やポリオキシエチレン-ポリオキシプロピレン-ポリオキシエチレントリブロック共重合体（EO$_m$PO$_n$EO$_m$）などは低コスト，無毒，生分解性という特徴がある。無機種との相互作用が弱いことも特徴であり，シリカ壁の厚みを増大させることができる。特に，ジェミニ型アルキルアミン界面活性剤（$C_nH_{2n+1}$NH$(CH_2)_2$NH$_2$）を用いて合成されたMSU-Gは，ケイ酸骨格の縮合度が高く構造安定性が大幅に向上する[16]。MSU-Gはラメラ相（L$\alpha$）とリオトロピック液晶のL$_3$相の中間のメソ構造を有しているが[16]，塩化ヘキサデシルピリジニウム塩を利用した合成でも，L$_3$相の存在は確認されている[22]。

　シリカ源以外にアミノ基などを含む有機シラン化合物を共存させることで，陰イオン性界面活性剤を利用した各種メソポーラスシリカ（AMS-$n$）の合成も報告されている[23)24]。汎用性の高い陰イオン性界面活性剤の利用が可能となったことで，アミノ酸系界面活性剤などを用いた合成なども行われ，ねじれたメソ孔を有するメソポーラスシリカが得られるようになった[25]。不斉炭素を有する界面活性剤を利用したことでキラルなメソ孔が生成したと報告されたが，ねじれた構造規則性は二次元六方（2-d hexagonal，$p6mm$）構造から表面自由エネルギーを最小化する相転移が起こったとする生成機構が提案されている[26]。陰イオン性のDNA（円柱状構造）との複合化によって二次元立方（$p4mm$）構造のメソポーラスシリカも得られている[27]。($S$)-(1-tetradecyl-carbonyl-2-phenylethyl) dimethylethyl-ammonium bromideのような複雑な分子構造を有する界面活性剤を利用して三連続的（tricontinuous）なメソ孔ネットワークを有する三次元ヘキサゴナル（6/$mmm$）構造のメソポーラスシリカ（IBN-9）が合成できることも報告されている[28]。双連続的（bicontinuous）なメソ孔ネットワークを有するシリカ多孔体（MCM-48）と二次元ヘキサゴナル構造（MCM-41）の中間に位置することが数学的に解釈されている。

　層状ケイ酸塩を利用した合成法も興味深く[5)6)9)29)-33]，有機分子の自己集合では生成しない構造規則性を有するシリカ多孔体（KSW-2）が合成される[32]。二次元空間内での有機分子の集合形態を予測することで，図2のように解釈されている[34]。通常はシート構造の制限からラメラ相が生成するはずであるが，ケイ酸シートが断片化するあるいは折れ曲がる条件では棒状ミセルが空間内に取り込まれたメソ構造の生成が可能になる。平坦なケイ酸シートは球状ミセルを完全に取り囲めず不規則なメソ孔が生成する。ほかの層状ケイ酸塩からの合成[35)-37]や異種元素の導入技術なども進んでおり[38)-40]，有機修飾技術と組み合わせることで骨格内に構造規則性を保持することも可能になっている[41]。シリカ骨格内に構造規則性を保持したメソポーラスシリカは，優れた触媒特性を示すことが期待されている[42]。

　界面活性剤のアルキル鎖長変化や有機助剤の添加により，孔径が1.5～10 nmのメソ多孔体が合成できる[7)8]。EO$_m$PO$_n$EO$_m$を用いた合成では，孔径が30 nmに迫るシリカ多孔体が合成できる[18)19]。Pluronic P123（EO$_{20}$PO$_{70}$EO$_{20}$）の希薄な塩酸酸性水溶液に有機助剤であるトリメチルベンゼン（TMB）

－ 10 －

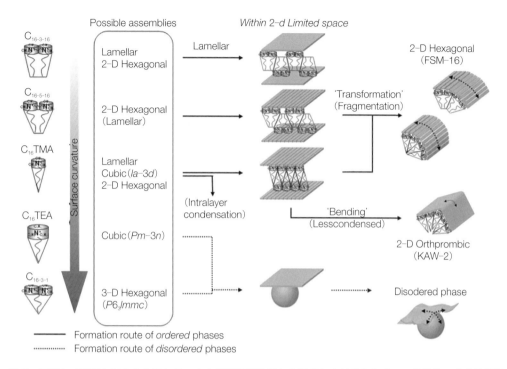

**図2** 層状ケイ酸塩とアルキルアンモニウム系界面活性剤との反応により得られるメソ構造体の生成機構[34]
(Bull. Chem. Soc. Jpn., 2004, 77, 585.)
Reprinted with permission from 34). Copyright 2004 Chemical Society of Japan.

を添加すると，孔径が30 nm 程度のフォーム状メソポーラスシリカ（MCF）が得られることも報告されている[43]。有機助剤を添加しなくても，珪藻土バイオシリカの生成を模倣したような緩衝溶液中で，孔径が100 nm 前後のシリカ多孔体が得られることも報告された[44]。バイオシリカの生成や形態制御，ペプチド類の構造規定剤としての利用など[45)-49)]，バイオミネラリゼーションに関する研究とも相互に理解を深めることは重要である。

大孔径メソポーラスシリカの合成には，各種ブロック共重合体[50)-52)]が利用されているが，ポリスチレン-$b$-ポリエチレンオキシド（PS-$b$-PEO）ブロック共重合体を利用した合成では，球状のメソ孔が生成しやすい[53)-57)]。ポリイソプレン-$b$-ポリエチレンオキシド（PI-$b$-PEO）ブロック共重合体を用いた合成では，メソ構造体がナノサイズの無機−有機複合前駆体へと分解する様子も示されている[58]。ポリエチレンオキシド-$b$-ポリメタクリル酸（PEO-$b$-PMAA）またはポリエチレンオキシド-$b$-ポリアクリル酸（PEO-$b$-PAA）という親水性ブロック

と親水性ブロックからなるブロック共重合体を利用した合成は環境に優しい合成法である[59]。乳酸オリゴキトサン（弱いポリ酸）の存在下，PEO-$b$-PMAA や PEO-$b$-PAA は pH を変化させるだけでミセル化したり解離したりするので，ブロック共重合体の回収，再利用を含めた合成サイクルが提案されている。π-π 相互作用が誘起する一次元の超分子集合体を利用してもメソポーラスシリカが合成できる[60)61)]。シリカマトリックス内部に規則的に機能性有機化合物の配列あるいは配向をデザインする手法になる。

油−水界面（エマルジョン）での界面活性剤集合体を利用した合成では，階層的な構造が得られるが，界面活性剤の自己集合体に由来するメソ孔に加えて，50 nm 以上の孔も形成させることができる[62)63)]。ポリジメチルアミノエチルメタクリレート-$b$-ポリジイソプロピルアミノエチルメタクリレートブロック共重合体を利用した中空状シリカナノ粒子も得られる[64]。ポリ-N-イソプロピルアクリルアミド（PNIPAAm）を利用すると μm オーダーの中空球状

シリカが得られ，C₁₆TMABr を共存させておくとシリカ壁をメソポーラス化することもできる[65]。PNIPAAm は熱応答型のブロック共重合体であり，熱刺激によって親水性と疎水性が制御できる。

## 3 メソ多孔体の構造分析

メソ多孔体に関するX線回折（XRD）パターンの特徴は，ナノメートルレベルでの繰り返し間隔に対応する1本以上の回折ピークが低角度領域に観察されることである。構造規則性が低い（disorder あるいは wormhole-like）メソ多孔体では，低角度領域に1本の回折ピークしか示さなくなる[12)13)17]。ただし，回折ピークが一見ブロードでも，低角度領域に複数の回折ピークが近接して存在している可能性もあるので慎重に評価しなければならない。図3および図4に示すように，構造規則性に対応した回折パターンが得られる[9)11)30)32)66)67]。各図中に指数づけの結果も示しておくので，今後の研究に役立てていただきたい。

構造規則性を判定するには，電子線回折（ED）図形の解釈が重要である。規則構造を直接観察する有効な手法がTEM観察であるが，試料の重なりや傾きなどで誤認する可能性があるので，試料の薄い部分の観察や ED 図形の対称性を確認する必要がある。一次元のものであれば，縞模様が観察され，その繰り返し間隔が XRD 測定から算出される面間隔と一致する。二次元のものになると，例えば，MCM-41，FSM-16，SBA-15 などでは，縞模様とメソ孔のハニカム状の集合形態の2種類の繰り返し構造が観察される。SBA-15 では，高倍率 TEM 観察によりシリカ壁中にミクロ孔の存在も確認されている[68]。三次元的なものはさらに複雑で，少なくとも3方位からの規則性を確認する必要がある[69)-72]。各結晶構造に応じて特徴的な繰り返し構造があるので，それらを参考にしながら慎重に判断することをお勧めしたい。

その一方で，ケージ状メソ孔の積層によって構築

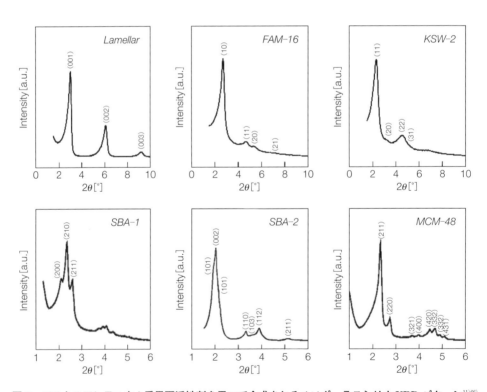

図3　アルキルアンモニウム系界面活性剤を用いて合成されるメソポーラスシリカ XRD パターン[11)66]
Reprinted with permission from 11), Copyright 1999 American Chemical Society.
Reprinted with permission from 66), Copyright 1996 American Chemical Society.

される三次元的な構造規則性の解釈を簡略化する試みも行われている[73][74]。充填率が同じ立方最密充填（$Fm\bar{3}m$）構造と六方最密充填（$P6_3/mmc$）構造は，ケージ状メソ孔の積層が"$a\,b\,c\,a\,b\,c$ along with [111]"か"$a\,b\,a\,b\,a\,b$ along with [001]"かの違いを判断する。それらに加えて，$Im\bar{3}m$構造も1種類の多面体（polyhedra）の最密充填構造で解釈できる。$Pm\bar{3}n$構造と$Fd\bar{3}m$構造は2種類の多面体，$P4_2/mmm$構造は3種類の多面体から構築されている。12面体（$5^{12}$），14面体（$5^{12}6^2$），15面体（$5^{12}6^3$）および16面体（$5^{12}6^4$）の積層構造で図解されている。図5で色分けした通り，$Pm\bar{3}n$構造は4つの12面体と6つの14面体から構築され，12面体は体心立方構造の位置に存在している。$Fd\bar{3}m$構造は2種類の多面体（12面体と16面体）で構成されているが，その詳細は，12面体のみからなる層A（B, C）と12面体と16面体からなる層α（β, γ）交互に積層した"AαBβCγ along with [111]"構造となる。さらに詳細なTEMによる構造評価の結果から，例えば，$Fm\bar{3}m$構造中の積層のずれを解釈するために13面体と15面体を利用する方法も提案されている[74]。ケージ状メソ孔を有するメソポーラスシリカ（FUD-12）の積層のずれやメソ孔間の連結の様子を電子線断層撮影で直接観察できており[75]，今後ま

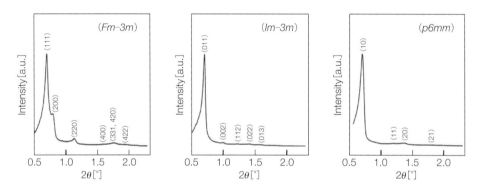

図4　トリブロック共重合体を用いて合成されるメソポーラスシリカのXRDパターン[67]
Reprinted with permission from 67), Copyright 2006 American Chemical Society.

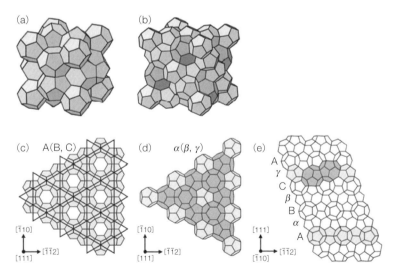

図5　多面体で表した(a) Pmn構造および(b) Fdm構造と(c)，(d)多面体から構成されるシート構造と(e)その積層構造[73][74]
Reprinted with permission from 73) 74), Copyright 2009 American Chemical Society.

すます電子線を利用した構造解析技術の発展が期待される。

走査型電子顕微鏡 (SEM) 観察は一般に粒子形態の観察に利用されるが，最近の高分解観察では直接メソ孔の存在が確認できるようになっている[76]。SEM観察ではメソ孔の構造規則性だけではなく，メソ孔の連結性に関する情報も得られる[77]。SBA-15の高分解SEM観察では，メソ孔の一部が粒子表面で連結している様子を観察することができる。全てのメソ孔を有効利用するためには，このような連結部分も制御できる合成法の開発が必要となってくるだろう。二次元六方構造 (MCM-41, SBA-15) 以外のメソポーラスシリカ (KIT-6) の高分解SEM観察についても報告があり，図6に示すように，$Ia\bar{3}d$ 構造に特徴的な双連続的なメソ孔の存在が直接観察できている[78]。合成温度を変化させると，それぞれのメソ孔を連結している孔のサイズが変化することも知られているが，その様子までもが観察できている。

メソ孔のサイズなどを評価する一般的な方法として窒素吸着等温線測定がある。吸着量から比表面積および細孔容量を算出でき，等温線の形状から孔径分布や孔の形状も解析できる。図7にSBA-15およびSBA-16のそれぞれの窒素吸着量-圧力等温線を示す。低分圧では試料表面への窒素分子の吸着がおこり，分圧を上げるにしたがって，多分子層吸着がおこり，その後，メソ孔の存在に対応した毛細管凝縮によるプラトー領域が観察される。孔径が4 nm未満のメソ多孔体では吸着および脱離圧力特性がほぼ一致する。さらに大きなメソ孔を有する多孔体では，ヒステリシスが観察されるようになる。メソ孔の形状が一次元 (シリンダー状など) であれ

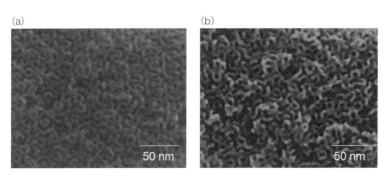

**図6** 異なる温度 (a) 40℃, (b) 100℃で合成した双連続構造の KIT-6 の高分解能 SEM 像[78]
Reprinted with permission from 78), Copyright 2008 American Chemical Society.

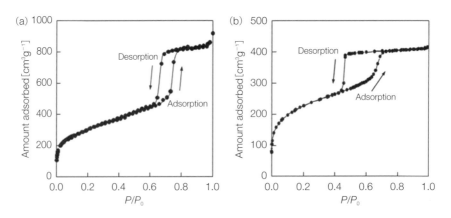

**図7** (a) SBA-15 および (b) SBA-16 の窒素吸着量-圧力等温線[80]
Reprinted with permission from 80), Copyright 2006 American Chemical Society.

ば，毛細管凝縮現象に由来する吸着量の増加および脱離時の減少量はほぼ平行となる[79]。メソ孔の形状がケージ状の場合には，メソ孔とその連結部の2種類の孔が存在するために，脱離時の特性がシリンダー状のものと大きく異なってくる。脱離時に小さい連結部の径に依存した急激な脱離現象が観察されることになる[80]。

メソ構造の決定は，総合的，多面的に判断する必要がある。例えば，SBA-15の2-d hexagonal構造は，XRD，TEMおよび窒素吸着測定で確認されるが[18)19)]，高分解能SEM観察からメソ孔の開閉の割合も確認でき，シリカ壁中に存在するミクロ孔は，直接高倍率のTEM観察で確認できるとともに[68]，その量は窒素吸着測定の低分圧領域での吸着量から算出できる。ケイ酸骨格内のミクロ孔は焼成温度を高くすると消失する[79)81)]。ケージ状メソ孔からなるメソポーラスシリカ（FDU-12, SBA-16）では，焼成温度を高くしていくと連結孔が徐々に小さくなり，最終的には孤立した球状メソ孔を含むシリカ多孔体へと変化する[82]。例えば，SBA-16の場合を図8に示すが，焼成温度を高くしても，XRD測定では構造規則性の存在は確認でき，メソ孔の収縮している様子が観察される。窒素吸着測定からは，800℃までは十分な窒素吸着量と脱離時に連結孔の存在を示すH2ヒステリシスが観察されるが，900℃を超えると窒素吸着量が急激に減少し，950℃ではケージ状メソ孔が完全に孤立した状態が確認できる。

## 4 メソ多孔体の形態制御

薄膜化を初めとする形態制御技術の開発は重要な取り組みである。テトラメトキシシランの加水分解および重縮合（ゾル-ゲル反応）と$C_nTMA$の自己集合の精密制御技術の開発がきっかけとなり[83]，メソポーラスシリカ薄膜の報告例が相次いだ。酸性条件下で調製した前駆溶液を成膜すれば簡単に構造規則性の高いメソポーラスシリカ薄膜が合成できる[84)85)]。溶媒揮発の過程で界面活性剤の自己集合（Evaporation-induced self-assembly, EISA）が誘起される[85]。水熱合成法によるメソポーラスシリカ薄膜の合成も同時期に報告された[86]。酸性の前駆溶液中に基板を設置しておけば基板表面に前駆体薄膜が析出してくるが，気液界面での自己保持膜の合成も

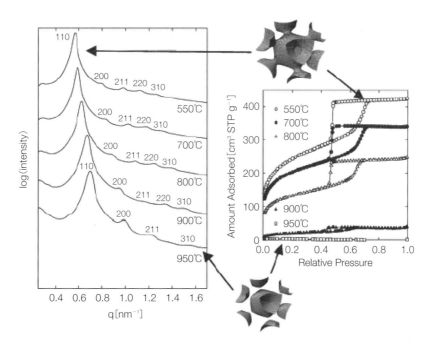

**図8** 異なる焼成温度で得られたSBA-16の低角度領域のXRDパターンと窒素吸着等温線[82]
Reprinted with permission from 82), Copyright 2008 American Chemical Society.

可能である[87]。

ゾル-ゲル法を利用したメソポーラスシリカ薄膜の合成法は汎用性が高く，界面活性剤の分子構造を変化させれば，真珠層類似の無機-有機複合体薄膜の合成が可能となったり[88]，ジアセチレン鎖を導入した界面活性剤を利用すると紫外線照射による色彩の制御が可能となる[89]。メソポーラスシリカのパターニングもできる[90,91]。噴霧乾燥機を利用すると球状ナノ粒子の合成や体積膜の作成も可能であり，他の材料との複合化もできる[92]。マイクロペンリソグラフィーやインクジェットプリントによるパターニング技術にも拡張されている[93]。フォトマスクを通した紫外線照射と未照射部の選択溶解によるパターニングも報告されている[94]。組織化した界面活性剤内部で，超臨界$CO_2$で希釈したシリコンアルコキシドを縮合させて，メソポーラスシリカをパターン化させるリソグラフィー技術もある[95]。ナノ結晶性セルロースのネマチック液晶相を利用すると，溶媒揮発をゆっくりするだけで自己保持性薄膜を得ることができる[96]。

メソ孔の配向制御技術も応用展開を拡張するためには重要である。一次元メソ孔をコーティング時の流れの方向にある程度は配向させられる[97,98]。強磁場中での配向制御の可能性についても報告されたが[99]，膜全体で任意に制御できるレベルではない。シリコン基板上でも特定の結晶面上で一次元メソ孔が整列する可能性が報告されたが[100]，ポリマーコート基板の利用が最良のようである。代表的なものとして，ポリイミドを利用した一軸配向メソポーラスシリカの製造工程を図9に示す。ポリイミドを基板上に成膜しラビング処理によりポリイミド分子を一方向に整列させる。その表面でメソポーラスシリカ薄膜を合成するとポリイミド分子の整列方向と垂直方向にメソ孔が一軸配向する[101]。このラビング処理したポリイミド基板上では，相転移を経て，三次元の構造規則性（$P6_3/mmc$）を有するメソポーラスシリカを単結晶状に成膜することもできる[102]。そのほか，光応答性を示すアゾベンゼン基を含むポリビニルアルコールを利用した一軸配向メソポーラスシリカ薄膜の合成も報告されている[103]。単分子膜化して紫外線照射するとアゾ発色団を面内に直行配列させ，ポリジヘキサシランで保護した後にメソポーラスシリカを成膜すると，基板に対して平行に一軸配向する。

垂直配向メソポーラスシリカ薄膜の合成法もまとめておく。陽極酸化アルミナメンブレンの膜面に対して垂直なシリンダー状空間の内部で一軸配向させることで垂直配向と類似した状態が実現された[104]。

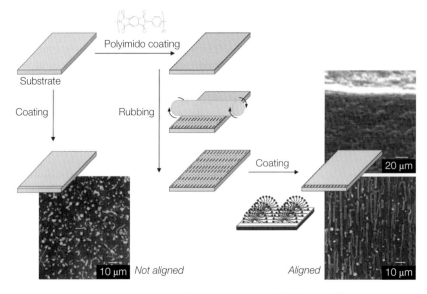

**図9　一軸配向メソポーラスシリカの調製技術の発展[101]**
Reprinted with permission from 101), Copyright 1999 American Chemical Society.

シリンダー状空間のサイズとメソ孔のサイズとの関係で一次元メソ孔の配列が支配されることが多いため[105]，孔径制御を視野に入れた応用には限定的かもしれない。ポリカーボネートメンブレンのシリンダー状空間を利用した合成も報告されており[106]，吸引ろ過しながら前駆溶液を導入すると一軸配向する[107]。電気化学的な手法も提案されているが[108]，導電性基板にしか適用できない。他方，エピタキシャル成長の概念を取り入れた合成もある。立方構造のメソポーラスチタニアを成膜し，ヘキサゴナル配列が露出した表面でメソポーラスシリカを垂直配向させている[109]。逆円錐状の空間を有する陽極酸化アルミナメンブレンを作成し，その空間内部に球状メソ孔を生成させると，その上部には一次元メソ孔が垂直方向に成長する[110]。ロッド状ミセルは基板と平行になるように強く相互作用してしまうが，界面活性剤以外の超分子構造であるディスク状リオトロピック液晶相を利用した垂直配向メソポーラスシリカ薄膜の合成法もある[111]。

## 5 メソポーラスシリカを利用した主な応用研究

ミクロ孔内では取り扱うことができない大きな有機分子が関与する触媒反応に展開できる可能性に注目が集まり，機能発現に必要不可欠な異種元素のシリカ骨格内への導入技術の開発が行われているが[112][113]，構造上の特徴を反映した機能検証はそれほど多くない。メソポーラスシリカ合成後に金属錯体を導入して骨格表面に固定化する方法[114]，メソ孔内で金属錯体を生成させる方法[115][116]，メソポーラスシリカ合成過程で直接ミセルに内包させる方法[117]など多様であり，特殊な例としては，金属ナノ粒子をメソポーラスシリカでコーティングしたコアシェル構造のナノ粒子を合成する方法もある[118]。骨格構造の結晶化が強く求められている一方，均一メソ孔の存在は触媒反応を行うための特殊反応場として魅力的である。ここでは，構造上の特徴を反映したいくつかの触媒材料としての展開を紹介したい。

Al-FSM-16の酸性質を利用したファインケミカル合成が初めて行われたのは1995年のことである[119]。図10に示すように，非常に嵩高い分子が生成する反応であり，最適な孔径が存在することが示された。メソ孔の均一性に由来する形状選択的合成の初めての報告例である。FSM-16を利用したタキソールの分離精製では，分子ふるい効果に加えて，有機化合物中の官能基とシリカ表面または溶媒との親和性との関係も重要であることも示された[120]。メソポーラスシリカが，アルミニウムなどの異種元素を導入しなくても，いくつかの反応が進行することも報告された。岩本らは，図11に示すように，シクロヘキサノンのメタノールによるアセタール化反応に関する研究の中で，反応速度定数が孔径によって変化することを見出した[121]。シクロヘキサノンの分子サイズが小さいので，形状選択性の概念だけでは解釈が難しく，メソ空間の提供する特異な現象としている。

メソポーラスシリカのメソ孔内部に種々の材料を内包しようとする試みも数多く行われており[122]，酸化重合による導電性ポリアニリンやラジカル重合で

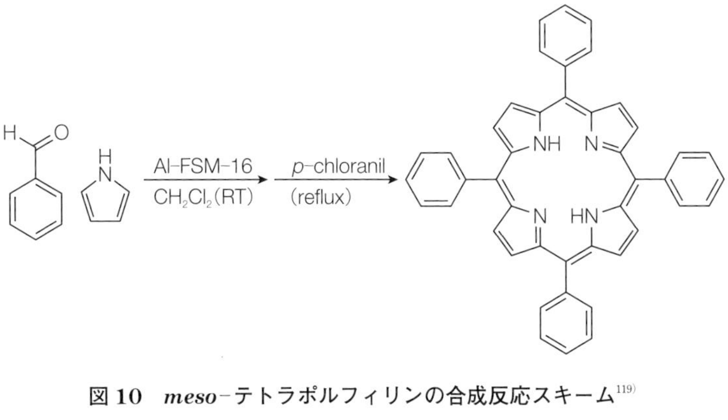

図10 *meso*-テトラポルフィリンの合成反応スキーム[119]

得られたポリアクリルの炭化による導電性炭素繊維が合成されている[123)124)]。チタノセン触媒によるポリエチレンの合成も報告されている[125)]。半導体的性質を示す poly[2-methoxy-5-(2′-ethylhexyloxy)-1,4-phenylene vinylene] (MEH-PPV) からのエネルギー移動が調査され[126)], 一軸配向メソポーラスシリカ薄膜内でのエネルギー移動が効率的であることが示された[127)]。低反射率を示すメソポーラスシリカ薄膜上でパターニングしたローダミン6Gを含有する複合体薄膜がミラーレス光導波路としての適用可能性が示された[128)]。陽極酸化アルミナメンブレン内で一軸配向させたメソポーラスシリカ膜が生体分子の膜分離に適用できる可能性も示されている[104)]。メソポーラスシリカのメソ孔内にさまざまな生体関連分子を固定化する試みが数多く行われている[129)]。一軸配向させたメソポーラスシリカ薄膜をプロトン伝導膜として利用する試みでは, シリカの等電点を境にしたゲート効果が見出されている[98)]。

メソポーラスシリカ表面にメルカプト基を固定化すると, 水銀のような有害な重金属イオンを極めて選択的に吸着, 除去できる[130)]。メソ孔の入り口付近のみに有機官能基を固定化することもできる。クマリンを含む有機シラン化合物でメソ孔の入り口のみを修飾すると, **図12**に示す模式図のように, クマリン分子の可逆的な2量化反応を利用した光応答性の開閉機能を付与できる[131)132)]。ドラッグデリバリーシステム (DDS) への展開を想定した研究のようであるが, 体内で動作させることが現実的な外部刺激の方法を検討する必要がある。キラル構造のメソポーラスシリカでは, 界面活性剤を抽出するとアンモニウム基を大量にケイ酸骨格表面に残存させることができるが, 陰イオン性の各種機能性分子の吸着を行うと, 高分子鎖がヘリックス構造を形成したり, ポルフィリン環の積層にねじれが見られたり, DNA分子の右巻き, 左巻きを認識しているような吸着挙動が観察されたりするので, シリカ骨格表面にキラル構造がインプリントされているような可能性も示されている[133)]。

各種粒子形態を示すメソポーラスシリカの合成も報告されているが[134)-138)], メソ多孔体ナノ粒子の合成も可能となっている[139)-143)]。アミノ基などの有機官能基を大量に含むメソポーラスシリカナノ粒子[144)]

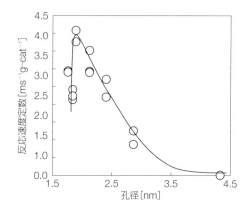

**図11** MCM-41を用いたシクロヘキサノンのアセタール化反応に関する速度定数と孔径の関係[121)]

Reprinted with permission from 121), Copyright 2003 American Chemical Society.

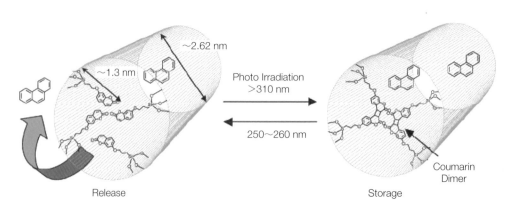

**図12** メソ孔入口のみを有機修飾した薬剤担体として利用可能なクマリン修飾メソポーラスシリカ[132)]
Reprinted with permission from 132), Copyright 2003 American Chemical Society.

やコアシェル構造のナノ粒子の合成まで可能となっている[145]。ポリカーボネートメンブレンを利用した合成では，界面活性剤とポリカーボネートメンブレンが焼成により同時に除去できるため，棒状あるいはロッド状のメソポーラスシリカ合成の方法としても興味深く[106][107]，繊維状のバクテリアやスポンジ状のポリウレタンなどを利用してマクロ空間を材料中に導入ようとする試みも数多く行われており[146][147]，拡散効率の向上が期待できるので，触媒や吸着材としての応用展開に向けて重要な取り組みである。

有機修飾技術と組み合わせた DDS 応用，薬剤の吸放出担体としての展開が盛んに行われている[148]。光応答性の薬剤放出機能については上述したが[131][132]，有機修飾メソポーラスシリカナノ粒子を利用した植物細胞中への DNA や化学物質の輸送も検討されている[149]。金ナノ粒子で入り口を閉じメソ孔内に化学物質を封入し，メソポーラスシリカナノ粒子を DNA でコーティングすることで，細胞膜の通過（DNA や化学物質の輸送）に成功している。蛍光色素で可視化する手法は，細胞の生存能力が向上している様子[150]，メソ孔内での分子の拡散の様子[151]，触媒反応における拡散状態[152]，シリル化を利用した有機官能基の分布状態[153][154]，などよりさまざまな方面で活用されている。

## 6 おわりに

有機分子集合体を利用するメソ多孔体の合成手法のさらなる多様化によって，触媒材料の開発を初めとした応用展開への可能性もますます拡がるものと期待している。メソポーラスカーボンを鋳型として合成されるメソポーラスゼオライト[155]，有機分子集合体表面で均一なゼオライトナノ粒子を精密に配列制御したメソポーラスシリカ[156]，長鎖アルキルシラン化合物をシリカ源として合成したメソポーラスゼオライト[157]など，シリカを基本とする骨格構造の結晶化も実現されつつある。ゼオライトナノシートの合成にも界面活性剤の利用が重要な役割を果たしている[158]。長鎖アルキルシラン化合物だけを利用したメソ多孔体の合成も報告例がふえつつあり，シラン化合物の無機種部分，有機基両方の分子構造をデザインすることができる[159][160]。有機架橋シラン化合物を利用したハイブリッドメソ多孔体に関する研究の

急速な拡がり[161]〜[164]もメソポーラスシリカと有機修飾技術の組み合わせが今後ますます重要になってくることを反映してのことだろう。さまざまな有機基が導入できるだけでなく[164][165]，骨格内の有機基を規則的に配列させることも可能になっており[166][167]，界面活性剤が規定するメソ孔のサイズを有効に利用できる。人工光合成システムを構築しようとする試みが典型例であろう[168]。

ここでは，メソポーラス物質の総論として，メソポーラスシリカを中心に，両媒性有機分子の溶液中での自己集合能を利用して合成法の多様性，一般的な構造解析手法，当時の応用トレンドを紹介して今後の方向性を示したつもりである。今では，メソ多孔体類をさまざまな側面から紹介する総説が数多く出版されているが，本編では，ここ数年（直近5年程度）の関連研究分野の進捗に関して個別の著者が紹介することになっているのでそれらも参考にして欲しい。また，さまざまな応用研究を進めるうえで，どのような機能が必要なのかということをしっかりと議論し，最適な骨格組成や形態は何か，メソ空間を最大限活用できているか，等々個々の研究者がしっかりと意識してこの材料を扱うことを期待したい。

■引用・参考文献■

1) Q. Huo, D. I. Margolese, U. Ciesra, P. Feng, T. E. Gler, P. Sieger, R. Leon, P. M. Petroff, F. Schüth and G. D. Stucky : *Nature*, **368**, 317（1994）.

2) Q. Huo, D. I. Margolese, U. Ciesla, D. G. Demuth, P. Feng, T. E. Gier, P. Sieger, A. Firouzi, B. F. Chmelka, F. Schüth and G. D. Stucky : *Chem. Mater.*, **6**, 1176（1994）.

3) A. Monnier, F. Schüth, Q. Huo, D. Kumar, D. Margolese, S. Maxwell, G. D. Stucky, M. Krishnamurty, P. Petroff, A. Firouzi, M. Janicke and B. F. Chmelka : *Science*, **261**, 1299（1993）.

4) A. Firouzi, D. Kumar, L. M. Bull, T. Besier, P. Sieger, Q. Huo, S. A. Walker, J. A. Zasadzinski, C. Glinka, J. Nicol, D. Margolese, G. D. Stucky and B. F. Chmelka : *Science*, **267**, 1138（1995）.

5) T. Yanagisawa, T. Shimizu, K. Kuroda and C. Kato : *Bull. Chem. Soc. Jpn.*, **63**, 988（1990）.

6) T. Yanagisawa, T. Shimizu, K. Kuroda and C. Kato : *Bull. Chem. Soc. Jpn.*, **63**, 1535（1990）.

第 1 章　メソ多孔体類

7) C. T. Kresge, M. E. Leonowicz, W. J. Roth, J. C. Vartuli and J. S. Beck : *Nature*, **359**, 710(1992).

8) J. S. Beck, J. C. Vartuli, W. J. Roth, M. E. Leonowicz, C. T. Kresge, K. D. Schmitt, C. T-W. Chu, D. H. Olson, E. W. Sheppard, S. B. McCullen, J. B. Higgins and J. L. Schlenker : *J. Am. Chem. Soc.*, **114**, 10834(1992).

9) S. Inagaki, Y. Fukushima and K. Kuroda : *J. Chem. Soc., Chem. Commun.*, 680(1993).

10) Q. Huo, R. Leon, P. M. Petroff and G. D. Stucky : *Science*, **268**, 1324(1995).

11) Q. Huo, D. I. Margolese and G. D. Stucky : *Chem. Mater.*, **8**, 1147(1996).

12) P. T. Tanev, M. Chibwe and T. J. Pinnavaia : *Nature*, **368**, 321(1994).

13) P. T. Tanev and T. J. Pinnavaia : *Science*, **267**, 865(1995).

14) G. S. Attard, J. C. Glyde and G. Göltner : *Nature*, **378**, 366 (1995).

15) P. T. Tanev and T. J. Pinnavaia : *Science*, **271**, 1267(1996).

16) S. S. Kim, W. Zhang and T. J. Pinnavaia : *Science*, **282**, 1302(1998).

17) S. A. Bagshaw, E. Prouzet and T. J. Pinnavaia : *Science*, **269**, 1242(1995).

18) D. Zhao, J. Feng, Q. Huo, N. Melosh, G. H. Fredrickson, B. F. Chmelka and G. D. Stucky : *Science*, **279**, 548(1998).

19) D. Zhao, Q. Huo, J. Feng, B. F. Chmelka and G. D. Stucky : *J. Am. Chem. Soc.*, **120**, 6024(1998).

20) Y. Wan and D. Zhao : *Chem. Rev.*, **107**, 2821(2007).

21) C. A. Fyfe and G. Fu : *J. Am. Chem. Soc.*, **117**, 9709(1995).

22) K. M. McGrath, D. M. Dabbs, N. Yao, I. A. Aksay and S. M. Gruner : *Science*, **277**, 552(1997).

23) T. Yokoi, H. Yoshitake and T. Tatsumi : *Chem. Mater.*, **15**, 4536(2003).

24) S. Che, A. E. Garcia-Bennett, T. Yokoi, K. Sakamoto, H. Kunieda, O. Terasaki and T. Tatsumi : *Nature Mater.*, **2**, 801(2003).

25) S. Che, Z. Liu, T. Ohsuna, K. Sakamoto, O. Terasaki and T. Tatsumi : *Nature*, **429**, 281(2004).

26) S. Yang, L. Zhao, C. Yu, X. Zhou, J. Tang, P. Yuan, D. Chen and D. Zhao : *J. Am. Chem. Soc.*, **128**, 10460(2006).

27) C. Jin, L. Han and Shunai Che : *Angew. Chem., Int. Ed.*, **48**, 9268(2009).

28) Y. Han, D. Zhang, L. L. Chng, J. Sun, L. Zhao, X. Zou and J. Y. Ying : *Nature Chem.*, **1**, 123(2009).

29) S. Inagaki, A. Koiwai, N. Suzuki, Y. Fukushima and K. Kuroda : *Bull. Chem. Soc. Jpn.*, **69**, 1449(1996).

30) T. Kimura, D. Itoh, N. Okazaki, M. Kaneda, Y. Sakamoto, O. Terasaki, Y. Sugahara and K. Kuroda : *Langmuir*, **16**, 7624(2000).

31) T. Kimura, D. Itoh, T. Shigeno and K. Kuroda : *Langmuir*, **18**, 9574(2002).

32) T. Kimura, T. Kamata, M. Fuziwara, Y. Takano, M. Kaneda, Y. Sakamoto, O. Terasaki, Y. Sugahara and K. Kuroda : *Angew. Chem., Int. Ed.*, **39**, 3855(2000).

33) T. Kimura and K. Kuroda : *Adv. Funct. Mater.*, **19**, 511 (2009).

34) T. Kimura, D. Itoh, T. Shigeno and K. Kuroda : *Bull. Chem. Soc. Jpn.*, **77**, 585(2004).

35) M. Kato, T. Shigeno, T. Kimura and K. Kuroda : *Chem. Mater.*, **16**, 3224(2004).

36) M. Kato, T. Shigeno, T. Kimura and K. Kuroda : *Chem. Mater.*, **17**, 6416(2005).

37) H. Tamura, D. Mochizuki, T. Kimura and K. Kuroda : *Chem. Lett.*, **36**, 444(2007).

38) T. Shigeno, K. Inoue, T. Kimura, N. Katada, M. Niwa and K. Kuroda : *J. Mater. Chem.*, **13**, 883(2003).

39) Y. Kitayama, H. Asano, T. Kodama, J. Abe and Y. Tsuchiya : *J. Porous Mater.*, **5**, 139(1998).

40) T. Kimura, M. Suzuki, T. Ikeda, K. Kato, M. Maeda and S. Tomura : *Micropor. Mesopor. Mater.*, **95**, 146(2006).

41) T. Kimura, H. Tamura, M. Tezuka, D. Mochizuki, T. Shigeno, T. Ohsuna and K. Kuroda : *J. Am. Chem. Soc.*, **130**, 201(2008).

42) T. Kimura, S. Huang, A. Fukuoka and K. Kuroda : *J. Mater. Chem.*, **19**, 3859(2009).

43) P. Schmidt-Winkel, W. W. Lukens Jr., D. Zhao, P. Yang, B. F. Chmelka and G. D. Stucky : *J. Am. Chem. Soc.*, **121**, 254 (1999).

44) H. Wang, X. Zhou, M. Yu, Y. Wang, L. Han, J, Zhang, P. Yuan, G. Auchterlonie, J. Zou and C. Yu : *J. Am. Chem. Soc.*, **128**, 15992(2006).

45) N. Kröger, R. Deutzmann and M. Sumper : *Science*, **286**, 1129(1999).

46) M. Sumper : *Science*, **295**, 2430(2002).

47) S. Kessel, A. Thomas and H. G. Börner : *Angew. Chem., Int. Ed.*, **46**, 9023(2007).

48) E. Pouget, E. Dujardin, A. Cavalier, A. Moreac, C. Valéry, V. Marchi-Artzner, T. Weiss, A. Renault, M. Paternostre and F. Artzner : *Nature Mater.*, **6**, 434(2007).

49) H. Ehrlich, R. Deutzmann, E. Brunner, E. Cappellini, H. Koon, C. Solazzo, Y. Yang, D. Ashford, J. Thomas-Oates, M. Lubeck, C. Baessmann, T. Langrock, R. Hoffmann, G. Wörheide, J. Reitner, P. Simon, M. Tsurkan, A. V. Ereskovsky, D. Kurek, V. V. Bazhenov, S. Hunoldt, M. Mertig, D. V. Vyalikh, S. L. Molodtsov, K. Kummer, H. Worch, V. Smetacek and M. J. Collins : *Nature Chem.*, **2**, 1084(2010).

50) M. Templin, A. Franck, A. D. Chesne, H. Leike, Y. Zhang, R. Ulrich, V. Schädler and U. Wiesner : *Science*, **278**, 1795 (1997).

51) C. G. Göltner, S. Henke, M. C. Weissenberger and M.

Antonietti : *Angew. Chem., Int. Ed.*, **37**, 613 (1998).

52) E. Krämer, S. Förster, C. Göltner and M. Antonietti : *Langmuir*, **14**, 2027 (1998).

53) K. Yu, A. J. Hurd, A. Eisenberg and C. J. Brinker : *Langmuir*, **17**, 7961 (2001).

54) B. Smarsly, G. Xomeritakis, K. Yu, N. Liu, H. Fan, R. A. Assink, C. A. Drewien, W. Ruland and C. J. Brinker : *Langmuir*, **19**, 7295 (2003).

55) K. Yu, B. Smarsly and C. J. Brinker : *Adv. Funct. Mater.*, **13**, 47 (2003).

56) Y. Deng, T. Yu, Y. Wan, Y. Shi, Y. Meng, D. Gu, L. Zhang, Y. Huang, C. Liu, X. Wu and D. Zhao : *J. Am. Chem. Soc.*, **129**, 1690 (2007).

57) E. Bloch, P. L. Llewellyn, T. Phan, D. Bertin and V. Hornebecq : *Chem. Mater.*, **21**, 48 (2009).

58) S. C. Warren, F. J. Disalvo and U. Wiesner : *Nature Mater.*, **6**, 156 (2007).

59) N. Baccile, J. Reboul, B. Blanc, B. Coq, P. Lacroix-Desmazes, M. In and C. Gérardin : *Angew. Chem., Int. Ed.*, **47**, 8433 (2008).

60) R. Atluri, N. Hedin and A. E. Garcia-Bennett : *J. Am. Chem. Soc.*, **131**, 3189 (2009).

61) H. O. Lintang, K. Kinbara, K. Tanaka, T. Yamashita and T. Aida : *Angew. Chem., Int. Ed.*, **49**, 4241 (2010).

62) S. Schacht, Q. Huo, I. G. Voigt-Martin, G. D. Stucky and F. Schüth : *Science*, **273**, 768 (1996).

63) A. Imhof and D. J. Pine : *Nature*, 389, 948 (1997).

64) J.-J. Yuan, O. O. Mykhaylyk, A. J. Ryan and S. P. Armes : *J. Am. Chem. Soc.*, **129**, 1717 (2007).

65) Q. Fu, G. V. R. Rao, T. L. Ward, Y. Lu and G. P. Lopez : *Langmuir*, **23**, 170 (2007).

66) M. Kruk, M. Jaroniec, R. Ryoo and J. M. Kim : *Chem. Mater.*, **11**, 2568 (1999).

67) F. Kleitz, T.-W. Kim and R. Ryoo : *Langmuir*, **22**, 440 (2006).

68) J. Fan, C. Yu, L. Wang, B. Tu, D. Zhao, Y. Sakamoto and O. Terasaki : *J. Am. Chem. Soc.*, **123**, 12113 (2001).

69) Y. Sakamoto, M. Kaneda, O. Terasaki, D. Y. Zhao, J. M. Kim, G. Stucky, H. J. Shin and R. Ryoo : *Nature*, **408**, 449 (2000).

70) M. Kaneda, T. Tsubakiyama, A. Carlsson, Y. Sakamoto, T. Ohsuna and O. Terasaki : *J. Phys. Chem. B*, **106**, 1256 (2002).

71) Y. Sakamoto, T.-W. Kim, R. Ryoo and O. Terasaki : *Angew. Chem., Int. Ed.*, **43**, 5231 (2004).

72) Y. Sakamoto, I. Díaz, O. Terasaki, D. Zhao, J. Pérez-Pariente, J. M. Kim and G. D. Stucky : *J. Phys. Chem. B*, **106**, 3118 (2002).

73) Y. Sakamoto, L. Han, S. Che and O. Terasaki : *Chem. Mater.*, **21**, 223 (2009).

74) L. Han, Y. Sakamoto, S. Che and O. Terasaki : *Chem. Eur.*

*J.*, **15**, 2818 (2009).

75) O. Ersen, J. Parmentier, L. A. Solovyov, M. Drillon, C. Pham-Huu, J. Werckmann and P. Schultz : *J. Am. Chem. Soc.*, **130**, 16800 (2008).

76) H. Miyata and K. Kuroda : *Adv. Mater.*, **11**, 857 (1999).

77) S. Che, K. Lund, T. Tatsumi, S. Iijima, S. H. Joo, R. Ryoo and O. Terasaki : *Angew. Chem., Int. Ed.*, **42**, 2182 (2003).

78) H. Tüysüz, C. W. Lehmann, H. Bongard, B. Tesche, R. Schmidt and F. Schüth : *J. Am. Chem. Soc.*, **130**, 11510 (2008).

79) R. Ryoo, C. H. Ko, M. Kruk, V. Antochshuk and M. Jaroniec : *J. Phys. Chem. B*, **104**, 11465 (2000).

80) F. Kleitz, T. Czuryszkiewicz, L. A. Solovyov and M. Linden : *Chem. Mater.*, **18**, 5070 (2006).

81) K. Miyazawa and S. Inagaki : *Chem. Commun.*, 2121 (2000).

82) M. Kruk and C. M. Hui : *J. Am. Chem. Soc.*, **130**, 1528 (2008).

83) M. Ogawa : *J. Am. Chem. Soc.*, **116**, 7941 (1994).

84) M. Ogawa : *Chem. Commun.*, 1149 (1996).

85) Y. Lu, R. Ganguli, C. A. Drewien, M. T. Anderson, C. J. Brinker, W. Gong, Y. Guo, H. Soyez, B. Dunn, M. H. Huang and J. I. Zink : *Nature*, **389**, 364 (1997).

86) H. Yang, A. Kuperman, N. Coombs, S. Mamiche-Afara and G. A. Ozin : *Nature*, **379**, 703 (1996).

87) H. Yang, N. Coombs, I. Sokolov and G. A. Ozin : *Nature*, **381**, 589 (1996).

88) A. Sellinger, P. M.Weiss, A. Nguyen, Y. Lu, R. A. Assink, W. Gong and C. J. Brinker : *Nature*, **394**, 256 (1998).

89) Y. Lu, Y. Yang, A. Sellinger, M. Lu, J. Huang, H. Fan, R. Haddad, G. Lopez, A. R. Burns, D. Y. Sasaki, J. Shelnutt and C. J. Brinker : *Nature*, **410**, 913 (2001).

90) M. Trau, N. Yao, E. Kim, Y. Xia, G. M. Whitesides and I. A. Aksay : *Nature*, **390**, 674 (1997).

91) P. Yang, T. Deng, D. Zhao, P. Feng, D. Pine, B. F. Chmelka, G. M. Whitesides and G. D. Stucky : *Science*, **282**, 2244 (1998).

92) Y. Lu, H. Fan, A. Stump, T. L. Ward, T. Rieker and C. J. Brinker : *Nature*, **398**, 223 (1999).

93) H. Fan, Y. Lu, A. Stump, S. T. Reed, T. Baer, R. Schunk, V. Perez-Luna, G. P. López and C. J. Brinker : *Nature*, **405**, 56 (2000).

94) D. A. Doshi, N. K. Huesing, M. Lu, H. Fan, Y. Lu, K. Simmons-Potter, B. G. Potter Jr., A. J. Hurd and C. J. Brinker : *Science*, **290**, 107 (2000).

95) R. A. Pai, R. Humayun, M. T. Schulberg, A. Sengupta, J.-N. Sun and J. J. Watkins : *Science*, **303**, 507 (2004).

96) K. E. Shopsowitz, H. Qi, W. Y. Hamad and M. J. MacLachlan : *Nature*, **468**, 422 (2010).

97) B. Su, X. Lu and Q. Lu : *J. Am. Chem. Soc.*, **130**, 14356 (2008).

第1章　メソ多孔体類

98) R. Fan, S. Huh, R. Yan, J. Arnold and P. Yang : *Nature Mater.*, **7**, 303(2008).

99) S. H. Tolbert, A. Firouzi, G. D. Stucky and B. F. Chmelka : *Science*, **278**, 264(1997).

100) H. Miyata and K. Kuroda : *J. Am. Chem. Soc.*, **121**, 7618(1999).

101) H. Miyata and K. Kuroda : *Chem. Mater.*, **11**, 1609(1999).

102) H. Miyata, T. Suzuki, A. Fukuoka, T. Sawada, M. Watanabe, T. Noma, K. Takada, T. Mukaide and K. Kuroda : *Nature Mater.*, **3**, 651(2004).

103) Y. Kawashima, M. Nakagawa, T. Seki and K. Ichimura : *Chem. Mater.*, **14**, 2842(2002).

104) A. Yamaguchi, F. Uejo, T. Yoda, T. Uchida, Y. Tanamura, T. Yamashita and N. Teramae : *Nature Mater.*, **3**, 337(2004).

105) Y. Wu, G. Cheng, K. Katsov, S. W. Sides, J. Wang, J. Tang, G. H. Fredrickson, M. Moskovits and G. D. Stucky : *Nature Mater.*, **3**, 816(2004).

106) Z. Liang and A. S.Susha : *Chem. Eur. J.*, **10**, 4910(2004).

107) Y. Yamauchi, N. Suzuki and T. Kimura : *Chem. Commun.*, 5689(2009).

108) A. Walcarius, E. Sibottier, M. Etienne and J. Ghanbaja : *Nature Mater.*, **6**, 602(2007).

109) E. K. Richman, T. Brezesinski and S. H. Tolbert : *Nature Mater.*, **7**, 712(2008).

110) Y. Yamauchi, T. Nagaura, A. Ishikawa, T. Chikyow and S. Inoue : *J. Am. Chem. Soc.*, **130**, 10165(2008).

111) M. Hara, S. Nagano and T. Seki : *J. Am. Chem. Soc.*, **132**, 13654(2010).

112) A. Corma : *Chem. Rev.*, **97**, 2373(1997).

113) J. Y. Ying, C. P. Mehnert and M. S. Wong : *Angew. Chem., Int. Ed.*, **38**, 56(1999).

114) T. Maschmeyer, F. Rey, G. Sanker and J. M. Thomas : *Nature*, **378**, 159(1995).

115) T. Yamamoto, T. Shido, S. Inagaki, Y. Fukushima and M. Ichikawa : *J. Am. Chem. Soc.*, **118**, 5810(1996).

116) W. Zhou, J. M. Thomas, D. S. Shephard, B. F. G. Johnson, D. Ozkaya, T. Maschmeyer, R. G. Bell and Q. Ge : *Science*, **280**, 705(1998).

117) H. Fan, K. Yang, D. M. Boye, T. Sigmon, K. J. Malloy, H. Xu, G. P. López and C. J. Brinker : *Science*, **304**, 567(2004).

118) S. H. Joo, J. Y. Park, C.-K. Tsung, Y. Yamada, P. Yang and G. A. Somorjai : *Nature Mater.*, **8**, 126(2009).

119) T. Shinoda, Y. Izumi and M. Onaka : *J. Chem. Soc., Chem. Commun.*, 1801(1995).

120) H. Hata, S. Saeki, T. Kimura, Y. Sugahara and K. Kuroda : *Chem. Mater.*, **11**, 1110(1999).

121) M. Iwamoto, Y. Tanaka, N. Sawamura and S. Namba : *J. Am. Chem. Soc.*, **125**, 13032(2003).

122) K. Moller and T. Bein : *Chem. Mater.*, **10**, 2950(1998).

123) C.-G. Wu and T. Bein : *Science*, **264**, 1757(1994).

124) C.-G. Wu and T. Bein : *Science*, **266**, 1013(1994).

125) K. Kageyama, J. Tamazawa and T. Aida : *Science*, **285**, 2113(1999).

126) T.-Q. Nguyen, J. Wu, V. Doan, B. J. Schwartz and S. H. Tolbert : *Science*, **288**, 652(2000).

127) I. B. Martini, I. M. Craig, W. C. Molenkamp, H. Miyata, S. H. Tolbert and B. J. Schwartz : *Nature Nanotechnol.*, **2**, 647(2007).

128) P. Yang, G. Wirnsberger, H. C. Huang, S. R. Cordero, M. D. McGehee, B. Scott, T. Deng, G. M. Whitesides, B. F. Chmelka, S. K. Buratto and G. D. Stucky : *Science*, **287**, 465(2000).

129) S. Hudson, J. Cooney and E. Magner : *Angew. Chem., Int. Ed.*, **47**, 8582(2008).

130) X. Feng, G. E. Fryxell, L.-Q. Wang, A. Y. Kim, J. Liu and K. M. Kemner : *Science*, **276**, 923(1997).

131) N. K. Mal, M. Fujiwara and Y. Tanaka : *Nature*, **421**, 350(2003).

132) N. K. Mal, M. Fujiwara, Y. Tanaka, T. Taguchi and M. Matsukata : *Chem. Mater.*, **15**, 3385(2003).

133) H. Qiu, Y. Inoue and S. Che : *Angew. Chem., Int. Ed.*, **48**, 3069(2009).

134) H.-P. Lin and C.-Y. Mou : *Science*, 273, 765(1996).

135) H. Yang, N. Coombs and G. A. Ozin : *Nature*, **386**, 692(1997).

136) J. M. Kim, S. K. Kim and R. Ryoo : *Chem. Commun.*, 259(1998).

137) S. Che, Y. Sakamoto, O. Terasaki and T. Tatsumi : *Chem. Mater.*, **13**, 2237(2001).

138) K. Miyasaka, L. Han, S. Che and O. Terasaki : *Angew. Chem., Int. Ed.*, **45**, 6516(2006).

139) S. Shio, A. Kimura, M. Yamaguchi, K. Yoshida and K. Kuroda : *Chem. Commun.*, 2461(1998).

140) K. Ikari, K. Suzuki and H. Imai : *Langmuir*, **20**, 11504(2004).

141) K. Suzuki, K. Ikari and H. Imai : *J. Am. Chem. Soc.*, **126**, 462(2004).

142) K. Ikari, K. Suzuki and H. Imai : *Langmuir*, **22**, 802(2006).

143) A. E. Garcia-Bennett, K. Lund and O. Terasaki : *Angew. Chem., Int. Ed.*, **45**, 2434(2006).

144) D. Niu, Z. Ma, Y. Li and J. Shi : *J. Am. Chem. Soc.*, **132**, 15144(2010).

145) T. Suteewong, H. Sai, R. Cohen, S. Wang, M. Bradbury, B. Baird, S. M. Gruner and U. Wiesner : *J. Am. Chem. Soc.*, **133**, 172(2011).

146) S. A. Davis, S. L. Burkett, N. H. Mendelson and S. Mann : *Nature*, **385**, 420(1997).

147) C. Xue, J. Wang, B. Tu and D. Zhao : *Chem. Mater.*, **22**, 494(2010).

148) M. Vallet-Regí, F. Balas and D. Arcos : *Angew. Chem., Int.*

*Ed.*, **46**, 7548(2007).

149) F. Torney, B. G. Trewyn, V. S.-Y. Lin and K. Wang : *Nature Nanotechnol.*, **2**, 295(2007).

150) H. K. Baca, C. Ashley, E. Carnes, D. Lopez, J. Flemming, D. Dunphy, S. Singh, Z. Chen, N. Liu, H. Fan, G. P. López, S. M. Brozik, M. Werner-Washburne and C. J. Brinker : *Science*, **313**, 337(2006).

151) A, Zürner, J. Kirstein, M. Döblinger, C. Bräuchle and T. Bein : *Nature*, **450**, 705(2007).

152) G. D. Cremer, M. B. J. Roeffaers, E. Bartholomeeusen, K. Lin, P. Dedecker, P. P. Pescarmona, P. A. Jacobs, D. E. D. Vos, J. Hofkens and B. F. Sels : *Angew. Chem., Int. Ed.*, **49**, 908(2010).

153) N. Gartmann and D. Brühwiler : *Angew. Chem., Int. Ed.*, **48**, 6354(2009).

154) Y. Fang and H. Hu : *J. Am. Chem. Soc.*, **128**, 10636(2006).

155) S. P. B. Kremer, C. E. A. Kirschhock, A. Aerts, K. Villani, J. A. Martens, O. I. Lebedev and G. V. Tendeloo : *Adv. Mater.*, **15**, 1705(2003).

156) M. Choi, H. S. Cho, R. Srivastava, C. Vankatesan, D.-H. Choi and R. Ryoo : *Nature Mater.*, **5**, 718(2006).

157) B. Cohen, F. Sanchez and A. Douhal : *J. Am. Chem. Soc.*, **132**, 5507(2010).

158) M. Choi, K. Na, J. Kim, Y. Sakamoto, O. Terasaki and R.

Ryoo : *Nature*, **461**, 246(2009).

159) A. Shimojima and K. Kuroda : *Chem. Rec.*, **6**, 53(2006).

160) S. Sakamoto, A. Shimojima, K. Miyasaka, J. Ruan, O. Terasaki and K. Kuroda : *J. Am. Chem. Soc.*, **131**, 9634 (2009).

161) S. Inagaki, S. Guan, Y. Fukushima, T. Ohsuna and O. Terasaki : *J. Am. Chem. Soc.*, **121**, 9611(1999).

162) T. Asefa, M. J. MacLachlan, N. Coombs and G. A. Ozin : *Nature*, **402**, 867(1999).

163) B. J. Melde, B. T. Holland, C. F. Blanford and A. Stein : *Chem. Mater.*, **11**, 3302(1999).

164) M. P. Kapoor and S. Inagaki : *Bull. Chem. Soc. Jpn.*, **79**, 1463(2006).

165) F. Hoffmann, M. Cornelius, J. Morell and M. Fröba : *Angew. Chem., Int. Ed.*, **45**, 3216(2006).

166) S. Inagaki, S. Guan, T. Ohsuna and O. Terasaki : *Nature*, **416**, 304(2002).

167) S. Fujita and S. Inagaki : *Chem. Mater.*, **20**, 891(2008).

168) S. Inagaki, O. Ohtani, Y. Goto, K. Okamoto, M. Ikai, K. Yamanaka, T. Tani and T. Okada : *Angew. Chem., Int. Ed.*, **48**, 4042(2009).

〈木村　辰雄〉

# 2節 吸着現象とメソ多孔体の利用技術

## 1 はじめに

メソ孔（mesopore）を持つメソ多孔体（mesoporous materials）や，ミクロ孔（micropores）を持つミクロ多孔体（microporous materials）は，細孔を持たない非多孔体（non-porous materials）と比較して単位質量あたりの表面積（比表面積，specific surface area）と細孔容量（pore volume）が極めて大きく，ナノ空間材料として分子の吸着・濃縮，触媒反応などのさまざまな用途に広く利用されている。メソ多孔体の吸着では，表面積や細孔容量は勿論，表面の化学的な組成や細孔構造が影響する。したがって気相や液相中の物質の選択的な吸着・分離や触媒反応への利用を指向したメソ多孔体の開発や選択では，細孔表面の化学組成，吸着分子と細孔表面の相互作用を理解することが重要である。本稿では，メソ多孔体を吸着に利用する場合の指針となる吸着の基礎について解説する。

## 2 吸着と多孔体

吸着（adsorption）は，異なる2つの相からなる系で，一方の相の成分が2相の界面近傍に濃縮される現象として定義される[1]。したがって多孔体への吸着は，図1に示すように，気相あるいは液相中の成分が固相である多孔体の表面近傍に濃縮される現象を示す。吸着した物質を吸着質（adsorbate）といい，吸着が起きる固体を吸着媒（adsorbent）という。吸着に類似した現象に吸収（absorption）があるが，吸収は一方の流体相の成分が他の相の内部に拡散する現象である（図1）。吸着と吸収をあわせて収着（sorption）という[1]。本稿では気体の吸着について解説するが，溶液からの吸着の場合も考え方は気体の吸着と同じであり，気体吸着のときの圧力・相対圧を濃度・相対濃度に置き換えて取り扱えばよい。

多孔体は表面上に無数の細孔を有する固体である。図2aに示すように，多孔体は見かけの表面（外表面，outer surface）だけでなく細孔内の表面（内

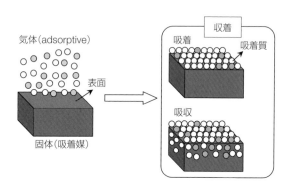

図1 吸着，吸収ならびに収着の概念図

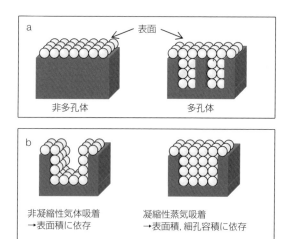

図2 非多孔体および多孔体への気体の吸着（a）と，細孔内への非凝縮性ならびに凝縮性気体の吸着（b）
球は吸着質を示す。

表面，inner surface）を持つ。この細孔内の表面積が極めて大きいため，非多孔体よりも大きな比表面積を持つ。この広い表面に分子が吸着するために吸着が観察される。吸着する気体が固体表面上の特定の官能基などに特異的に吸着する場合や，吸着するときの温度が気体の臨界温度（$T_c$）以上で細孔内に気体分子が凝縮しない場合は，吸着は固体表面のみで起こる（図2b 左）。したがって吸着量を大きくしたい場合は，比表面積の大きな多孔体を用いる。これに対して，吸着が気体の $T_c$ 以下で起きるときは，圧力の上昇により気体の蒸気が細孔内に凝縮し多量の分子が吸着する（図2b 右）。

細孔の構造は多孔体により異なり，気体の吸着性に影響する。例えば，結晶性アルミノケイ酸塩であるゼオライトは結晶構造に基づく一定の規則的な形状と孔径の細孔を持つ。細孔径は概ね 0.3 〜 0.7 nm 程度の分子次元のため，分子の大きさにより細孔内拡散が制限され，分子ふるい性を持つ。これに対して，MCM-41，SBA-15 などのメソ多孔性シリカは，非晶質のシリカからなる多孔体でありながら，規則的な細孔構造と均一な細孔径のメソ細孔を持ち，巨大分子の吸着，クロマトグラフの充填剤，触媒担体などへの応用が研究されている。

多孔体の細孔は細孔径の違いによって，表1に示すように3種類に分類される[2]。これらの細孔を持つ多孔体のうち，吸着現象に影響するのはミクロ孔（micropore）とメソ孔（mesopore）であり，マク

ロ孔はミクロ孔やメソ孔と比べて細孔径の大小が比表面積の大小に大きな影響を与えない。

## 3 物理吸着と化学吸着

吸着は固体と気体分子との間に働く相互作用によって起きる。この相互作用の種類の違いにより物理吸着（physisorption あるいは physical adsorption）と化学吸着（chemisorption あるいは chemical adsorption）に分類される[2]。

表2に物理吸着と化学吸着の特徴を示す[3][4]。物理吸着は，本質的に気体分子と固体を構成する粒子（原子，分子，イオン）との間に働く分子間力によって起こる。したがって物理吸着は，表面の化学的な構造の違いによらず起こる。吸着する気体分子と固体表面の化学構造や組成は吸着後も変化せず，物理吸着した後で加熱・真空排気などの処理をすることで吸着質が脱着し，吸着前と同じ気体分子と固体表面を再生することができる。物理吸着は熱力学的に発熱過程であり，発生する熱（吸着熱）は気体の凝

表1　IUPAC による細孔の分類

| 細孔の分類 | 細孔径の範囲 |
|---|---|
| ミクロ孔（micropore） | 約 2 nm 以下 |
| メソ孔（mesopore） | 約 2 nm から約 50 nm |
| マクロ孔（macropore） | 約 50 nm 以上 |

表2　物理吸着と化学吸着

| · | 物理吸着 | 化学吸着 |
|---|---|---|
| 吸着の原因 | 分子間力 | 化学反応<br>（共有結合，イオン結合） |
| 吸着前後での吸着質・吸着媒表面の化学構造 | 変化なし。ただし吸着質の分極が起こりうる | 吸着質，吸着媒間で電子が移動するため変化する |
| 吸着質と表面の相互作用 | 非特異的 | 特異的 |
| 吸着熱の大きさ | 吸着質の凝縮熱の 2 〜 3 倍以下 | 吸着質と吸着媒の反応熱程度 |
| 例：鉄への窒素の吸着熱 | 10 kJ/mol<br>（$N_2$ の凝縮熱 5.7 kJ/mol） | 150 kJ/mol |
| 吸着層の形成 | 単分子層吸着　多分子層吸着 | 単分子層吸着 |
| 吸着平衡に到達する時間 | 吸着の活性化エネルギーがいらないため早い | 反応の活性化エネルギーが必要な場合は遅い |
| 吸着温度の影響 | 気体の運動エネルギーが小さくなる低温で吸着し易い | 広い温度範囲で起こる |

第1章　メソ多孔体類

縮熱の2～3倍程度になる。また，分子間力による吸着のため，吸着は固体表面上だけでなく，吸着した分子の上にも起こりうる（多分子層吸着，multilayer adsorption）。物理吸着では吸着する際に活性化エネルギーがいらないため，吸着平衡に達する時間は短く，気体分子の運動エネルギーが小さくなる低温で吸着が顕著になる。

これに対して化学吸着は，吸着する気体分子と固体表面の間で電子のやり取りが起こり，化学結合が形成される。このため，化学吸着する気体と固体表面の組み合わせは特異的であり，吸着に伴って吸着質と固体表面の化学的な構造が変化する。吸着熱は化学反応熱程度であり，物理吸着と異なり発熱だけでなく吸熱が起きる場合もある。化学吸着は一般に不可逆吸着であり，表面と反応が起きる単分子層吸着に限られる。

ここでは分子間の相互作用により起こり，吸着質，吸着媒共に化学変化しない物理吸着について解説する。

## 4　固体−吸着質間の相互作用

物理吸着は，固体を構成する粒子（原子・分子・イオン）と吸着質分子とのあいだに働く求引的な相互作用によって起きる。求引相互作用（attractive interaction）には，あらゆる粒子間（原子，分子，イオン）について普遍的に作用する非特異的な相互作用（non-specific interaction）である分散相互作用（dispersion interaction），ならびに吸着質の分子構造に起因する双極子や四重極子などの多重極子と吸着媒表面の極性官能基やイオンサイトとの静電的な相互作用に基づく特異的相互作用（specific interaction）がある。吸着媒と吸着質の化学的な構造によって分散相互作用と特異的相互作用の大きさが異なるため，吸着の強さが変化する。吸着媒の構造と吸着質分子の構造の違いによる分類と，それらの組み合わせで生じる相互作用を表3に示す[5]。吸着媒と吸着質分子の両方に静電的な偏りがある場合は非特異的相互作用と特異的相互作用により吸着が起きる。非特異的相互作用には求引相互作用だけでなく，吸

表3　非特異的および特異的分子間相互作用の有無に基づく吸着質と吸着媒の分類

<table>
<tr><th colspan="2" rowspan="2"></th><th colspan="3">吸着媒の型</th></tr>
<tr><th>Ⅰ. イオン，活性官能基を持たない（例：黒鉛，BN，飽和炭化水素からなる表面）</th><th>Ⅱ. 正電荷の集中した部分を持つ（例：酸化物の表面水酸基，小さな半径の交換性陽イオン）</th><th>Ⅲ. 負電荷の集中した部分を持つ（例：エーテル，ニトリル，カルボニル，小さな半径の交換性陰イオン）</th></tr>
<tr><td rowspan="4">吸着質の分類</td><td>(a)球対称の電子殻やσ結合のみを持つ分子<br>例：希ガス，アルカン</td><td colspan="3">主として分散力に基づく非特異的相互作用</td></tr>
<tr><td>(b)結合の周辺に局在電子を持つ分子<br>例：π結合（$N_2$，不飽和・芳香族炭化水素），孤立電子対（エーテル，ケトン，3級アミン，ニトリル，ピリジン）</td><td>非特異的相互作用</td><td colspan="2">非特異的相互作用＋特異的相互作用</td></tr>
<tr><td>(c)結合の周辺に正電荷が局在する分子<br>例：有機金属化合物</td><td>非特異的相互作用</td><td colspan="2">非特異的相互作用＋特異的相互作用</td></tr>
<tr><td>(d)電子密度の高い部位と正電荷の集中した部位を持つ分子<br>例：OH，NH基を持つ分子</td><td>非特異的相互作用</td><td colspan="2">非特異的相互作用＋特異的相互作用</td></tr>
</table>

着質が表面に近づくことによる吸着分子と固体表面を形成する粒子の電子雲の重なりに対する反発相互作用がある。これらの相互作用が総合的に物理吸着に影響するため，それぞれの相互作用を理解することは多孔体の吸着剤として利用や，多孔体表面への化学官能基の導入による吸着質に対する親和性の制御などに有用である。以下にそれぞれの相互作用について述べる。

## 4.1 非特異的相互作用および反発相互作用

非特異的相互作用である分散相互作用の起源は量子力学の摂動論で説明されるが，定性的には次のように説明できよう[6)-8)]。図3aに示すように，分子内の電子は常に原子核の周囲を運動している。しかしある瞬間をとらえると図3bのように電子と原子核の配置が偏るために原子は極性を持ち，瞬間的な双極子モーメントを生じる。この電気の偏りが，近傍の分子（分子B）に瞬間的な双極子モーメントを誘起して，分子AとBそれぞれの瞬間的双極子間に求引的な相互作用が生じる（図3c）。電子は運動しているため瞬間的な双極子の方向は揺らぐが，誘起される双極子は常にそれに連動するため原子・分子が近接している限り求引相互作用は持続する。この分子AとBの間の分散相互作用ポテンシャル（分散エネルギー，$U_{dis}$）は，分子AとB間の距離を$r$として次式で表される[7)8)]。

$$U_{dis} = \frac{C_{dis}}{r^6} \quad (1)$$

ここで$C_{dis}$は定数であり，Londonによれば次式で表される[7)-9a)]。

$$C_{dis} = -\frac{3}{2} \frac{\alpha_A \alpha_B I_A I_B}{2(4\pi\varepsilon_o)^2 (I_A + I_B)} \quad (2)$$

ここで，$\alpha_A$, $\alpha_B$はそれぞれ分子A，Bの分極率［C・m$^2$・V$^{-1}$］，$I_A$, $I_B$はそれぞれ分子A，Bのイオン化ポテンシャル［J］，$\varepsilon_o$は真空の誘電率（8.85418782×10$^{-12}$ m$^{-3}$・kg$^{-1}$・s$^4$・A$^2$）である。式(1)で注目することは，$U_{dis}$が$r^6$に反比例することであり，吸着する分子が表面に接近したときに$U_{dis}$の絶対値は急激に大きくなることを示している。また式(2)より，$C_{dis}$は負の値で，分子A, Bの分極率が大きくなるほど大きくなる。したがって分極率の大きな分子ほ

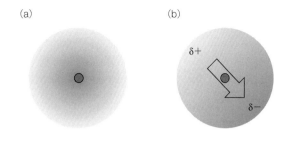

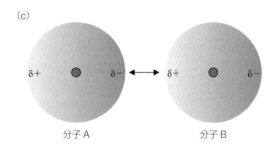

**図3** 分子(a)の瞬間的双極子(矢印)の発生(b)と分散相互作用(c)

瞬間的双極子(b)は電子の運動により，常に回転している。

ど$C_{dis}$が負に大きな値となり，$U_{dis}$が負に大きくなる。つまり吸着質は強く吸着する。主な分子の分極率を**表4**に示した。

一方，分子が表面に非常に接近すると，分子AとBの電子雲の重なりに基づく反発ポテンシャル($U_R$)の影響が顕著になる。$U_R$は次式で表される。

$$U_R = \frac{B}{r^{12}} \quad (3)$$

ここで，Bは経験的に定まる正の定数である。これは，式(1)の$U_{dis}$と同様にすべての分子の間で普遍的に作用する。$U_{dis}$と$U_R$の和はLennard-Jonesの6-12型ポテンシャルあるいは単にLennard-Jonesポテンシャル($U_{L-J}$)という。

$$U_{L-J} = \frac{C_{dis}}{r^6} + \frac{B}{r^{12}} \quad (4)$$

この$U_{L-J}$の深さを$\varepsilon$（つまり$U_{L-J}$の極小値は$-\varepsilon$）として，$\varepsilon$を与える粒子間距離$r$を$r_o$とする，つまり

$$\frac{dU_{L-J}}{dr} = 0 \quad (5)$$

第1章　メソ多孔体類

のときの $r$ を $r_o$ とすると，$U_{L\text{-}J}$ は，

$$U_{L\text{-}J} = \varepsilon\left\{-2\left(\frac{r_o}{r}\right)^6 + \left(\frac{r_o}{r}\right)^{12}\right\} \quad (6)$$

と表される[8]。

　式 (4)，(6) は1対の粒子の間の相互作用であり，実際に固体表面に気体分子が吸着する際は1つの気体分子に対して，固体を構成するすべての粒子（イオンや原子）が相互作用する。したがって，吸着分子－固体間の相互作用エネルギー（$U_{L\text{-}J,ads}$）はすべての粒子対についての $U_{L\text{-}J}$ の総和をとればよい。総和を積分に置き換えて $\varepsilon$ と $r_o$ を固体と吸着分子を構成する各粒子についての値の平均値とすると，$U_{L\text{-}J,ads}$ は次式で表される[8]。

$$U_{L\text{-}J,ads}(z) = \frac{\pi}{3}N\varepsilon r_0^{\,3}\left\{-\left(\frac{r_o}{z}\right)^3 + \frac{1}{15}\left(\frac{r_o}{z}\right)^9\right\} \quad (7)$$

ここで $N$ は単位体積当たりの吸着媒の原子数であり，$z$ は吸着分子と固体表面の垂直距離である。

## 4.2　特異的相互作用

　メソ多孔性シリカのように，骨格が主にシロキサン架橋（O-Si-O）により構成される多孔体の表面は非極性であるが，加水分解によりシラノール（Si-OH）が生成している場合や，**表3**に示した吸着媒でⅡ，Ⅲに分類されるような極性官能基，イオンを持つ場合はそこに電荷が集中して，周囲に静電場が形成される。こうした環境に気体分子が置かれると，気体分子内で分極が起こり誘起双極子モーメント（induced dipole moment, $\mu_{ind}$）を生じる。この，誘起双極子と電場が相互作用する。この相互作用のポテンシャル（$U_P$）は次式で表される[7)9b]。

$$U_P = -\frac{1}{2}\alpha E^2 = -\frac{1}{2}\mu_{ind}E \quad (8)$$

ここで $\mu_{ind}$ は誘起双極子モーメント[C·m]，$\alpha$ は吸着質の分極率（polaizability）[C·m$^2$·V$^{-1}$]，E は電場強度[V·m$^{-1}$]であり，$\mu_{ind}$ と

$$\mu_{ind} = \alpha E \quad (9)$$

の関係がある。したがって，$\mu_{ind}$ は $E$ と $\alpha$ が大きいほど大きくなり，それに伴い $U_P$ が増大する。**表4**に主な分子の分極率を示す。極性を持たない分子で

**表4　主な分子の分極率[9b]**

| 分子 | 分子量 | 分極率 $\alpha/(4\pi\varepsilon_0)\,10^{-30}$ m$^{3*}$ |
|---|---|---|
| ヘリウム　He | 4.0 | 0.2 |
| 水素　H$_2$ | 2.0 | 0.81 |
| 水　H$_2$O | 18.0 | 1.48 |
| 酸素　O$_2$ | 36.0 | 1.60 |
| アルゴン　Ar | 39.9 | 1.63 |
| 一酸化炭素　CO | 28.0 | 1.95 |
| アンモニア　NH$_3$ | 17.0 | 2.3 |
| メタン　CH$_4$ | 16 | 2.6 |
| 塩化水素　HCl | 36.5 | 2.6 |
| 二酸化炭素　CO$_2$ | 44.0 | 2.6 |
| メタノール　CH$_3$OH | 32.0 | 3.2 |
| キセノン　Xe | 131.3 | 4.0 |
| エチレン　CH$_2$=CH$_2$ | 28.0 | 4.3 |
| エタン　CH$_3$-CH$_3$ | 30.1 | 4.5 |
| 塩素　Cl$_2$ | 35.4 | 4.6 |
| クロロホルム　CHCl$_3$ | 119.4 | 8.2 |
| ベンゼン　C$_6$H$_6$ | 72.0 | 10.3 |
| 四塩化炭素　CCl$_4$ | 153.8 | 10.5 |

\* $(4\pi\varepsilon_0)\,10^{-30}$ m$^3 = 1.11\times10^{-40}$ C$^2$·m$^2$·J$^{-1}$

も，$\alpha$ が大きな分子は電場中で大きな $\mu_{ind}$ を生じる。イオンのような電荷 $ze$[C]（$z$ は価数，$e$ は電気素量，$1.60217\times10^{-19}$ C）から距離 $r$ だけ離れたところの $E$ は，

$$E = \frac{ze}{4\pi\varepsilon_o r^2} \quad (10)$$

であるから，$U_P$ は $r^{-4}$ に比例する。

　気体分子が極性分子の場合は永久双極子モーメント $\mu$ を持ち，電場中で電場－永久双極子相互作用ポテンシャル（$U_{E\mu}$）が生じる。

$$U_{E\mu} = -\mu E\cos\theta \quad (11)$$

ここで，$\theta$ は電場と永久双極子の軸のなす角度である。極性分子も一定の分極率を持つから，電場と極性分子が相互作用するときは $U_P$ と $U_{E\mu}$ が加算的に吸着に影響する。

　二酸化炭素（O$^{\delta-}$=$^{\delta+}$C$^{\delta+}$=$^{\delta-}$O）のように，分子が直線的な四重極子（一軸性四重極子）の場合は，次式で表される電場勾配－四重極子相互作用ポテンシャル（$U_{EQ}$）を持つ[10)11]。

$$U_{EQ} = \frac{1}{2}Q\left(\frac{\partial E}{\partial t}\right) \qquad (12)$$

ここで $Q$ は四重極子モーメント（直線四重極子モーメント，linear quadrupole moment）であり，$t$ は四重極子の対称軸に沿った座標である。

このほかに，電気的に陰性な原子（F, O, N, Cl）と，これらの原子に共有結合した水素原子との間に働く水素結合がある。水素結合は一種の静電的相互作用であり，水素結合エネルギー（$U_{HH}$）は大体 10 ～ 40 kJ/mol の大きさを持つ[9b]。

以上のそれぞれの相互作用を考慮すると，吸着にかかわる全相互作用（$U_{total}$）は，次式で表される。

$$U_{total} = U_{dis} + U_P + U_E + U_{EQ} + U_{H-H} \qquad (13)$$

吸着する気体にあった化学構造を持つ多孔体を選べば，選択的な吸着分離が期待できる。一方，化学吸着では表面に物理吸着した気体分子が表面と化学反応して吸着するため，気体と固体の化学反応性が吸着に大きく影響する。

## 5 メソ多孔体の吸着等温線

吸着等温線は，吸着質と固体の組み合わせでさまざまな形になり，国際純正および応用化学連合（IUPAC）によって**図4**で示した6つの型に分類されている[1)6)7]。横軸は相対圧（$P/P_o$；$P_o$ は飽和蒸気圧）を示している。このうち，メソ多孔体への気体分子の吸着ではⅠ，Ⅳ，Ⅴ型等温線が観測される。

Ⅰ型等温線は吸着分子の $T_c$ 以上の温度で，吸着分子が細孔表面の特定の吸着サイトに特異的に吸着する場合に観測される。この場合は，サイトへの吸着が平衡に達するとそれ以上の吸着が起こらない。吸着量の解析には Langmuir プロットを利用する。

Ⅳ型等温線はメソ多孔体に蒸気が吸着する際によく観察される[12)13]。メソ多孔体の細孔内での吸着は，細孔壁－吸着質分子間相互作用だけでなく，細孔内での吸着質－吸着質間相互作用も影響し，単分子層・多分子層吸着と毛管凝縮によって吸着が進行する。また，吸着等温線と脱着等温線が一致しないヒステリシスを示す場合がある。

**図5**にⅣ型等温線と吸着質の状態の概念図を示す[13]。低 $P/P_o$ 領域では $P/P_o$ の増加とともに吸着量

**表5 主な分子の永久双極子モーメントと四重極子モーメント**

| 分子 | 永久双極子モーメント（$\mu$）/D* | 四重極子モーメント（Q）/$10^{-40}$C・m$^2$ |
|---|---|---|
| 水素 H$_2$ | 0 | 2.1 |
| 窒素 N$_2$ | 0 | $-4.9$ |
| 酸素 O$_2$ | 0 | $-1.33$ |
| 一酸化炭素 CO | 0.112 | $-8.2$ |
| 一酸化窒素 NO | 0.158 | $-4.1$ |
| 塩化水素 HCl | 1.07 | 12.3 |
| 二酸化炭素 CO$_2$ | 0 | $-14.9$ |
| 水 H$_2$O | 1.855 | $Q_{xx}=8.7$, $Q_{yy}=-8.3$, $Q_{zz}=-0.4$ |
| 一酸化二窒素 N$_2$O | 0.161 | $-11.2$ |
| 二酸化イオウ SO$_2$ | 1.59 | $Q_{xx}=-16.2$, $Q_{yy}=-12.7$, $Q_{zz}=-3.4$ |
| アンモニア NH$_3$ | 1.47 | $-7.7$ |
| エタン CH$_3$－CH$_3$ | 0 | $-33.4$ |
| ベンゼン C$_6$H$_6$ | 0 | $-29.7$ |

*1D（Debye）$= 3.336 \times 10^{-30}$ C・m

は上に凸となって増加し，単分子層吸着が完成したのち（図5a），その後直線的に吸着量が増加しながら多分子層が形成されてゆく（図5b）。$P/P_o$ がさらに増加して，多分子層が安定に存在できる臨界吸着層厚みに達すると（図5c），細孔内に吸着質の凝縮（毛管凝縮）が起こり，吸着量が急激に増加する。後述する Kelvin 式によれば，毛管凝縮が起こる $P/P_o$ と毛管凝縮が起きる細孔の半径 $r_k$ は，$\ln P/P_o \propto r_k^{-1}$ の関係がある。したがって，メソ細孔径が小さいほど低 $P/P_o$ で凝縮が起きる。細孔径分布が均一であると一定の $P/P_o$ で毛管凝縮が起きるため，毛管凝縮による吸着等温線の立ち上がりが急になる。毛管凝縮によって細孔内が吸着質で満たされると（図5d），吸着質の凝縮は細孔外表面のみに起こる。外表面積は小さいために凝縮が起きても吸着量の顕著な増加は観察されない。外表面の凝縮が起きたの

第1章 メソ多孔体類

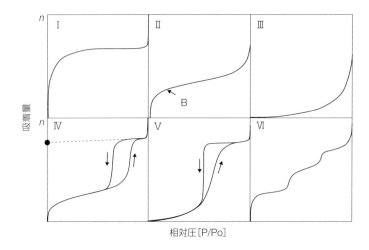

図4 IUPACによる吸着等温線の分類

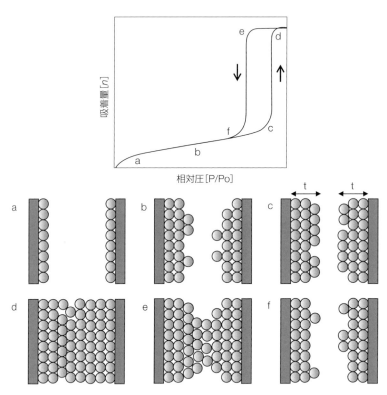

図5 メソ多孔体への蒸気の吸着等温線ならびに細孔壁への吸着の概念図
(a)単分子層吸着, (b, c)多分子層吸着, (d)毛管凝縮および(d〜f)ヒステリシス

ちに$P/P_0$を減じてゆくと, 吸着質の脱着がはじまり, 細孔入口にメニスカスを形成しながら吸着量が徐々に減少してゆき, ある$P/P_0$(図5e)で吸着量が急激に減少して吸着等温線と重なる(図5f)。この

吸着量の急激な現象が起こるときの$P/P_0$は吸着時の毛管凝縮圧と一致せずに低くなる場合がしばしば観察される。この現象はヒステリシスとよばれ, 吸着時の毛管凝縮と脱着の毛管蒸発で囲まれた吸脱着

― 30 ―

等温線部分をヒステリシスループという。ヒステリシスループの閉じるときの$P/P_0$では、細孔内の蒸気圧と吸着相が平衡になっている。

一方、吸着時の毛管凝縮のステップは、脱着時のステップと比較してエネルギー的に不安定な状態にある。Ⅳ型等温線の場合、毛管凝縮が起こる前までは単分子層・多分子層吸着をしているので、BETプロットを用いてみかけの飽和吸着量を見積もることができる。また、毛管凝縮の完了後の等温線を外挿して吸着量軸と交差する点の吸着量は、細孔内の吸着容量を示す（図4、Ⅳ型等温線図の●）。

Ⅳ型吸着等温線で毛管凝縮が観察される場合、毛管凝縮がおきる圧力（毛管凝縮圧）$P$は Kelvin 式により細孔半径$r$に関係づけられる。図6で示すように円筒細孔内に吸着質が液体として毛管凝縮しているとする。吸着質はメニスカスを形成し、このメニスカス上には液体の蒸気が存在する。この蒸気の飽和蒸気圧$P$は、液体－蒸気界面（つまり液面）が平らな場合の蒸気圧（すなわち飽和蒸気圧）$P_0$と異なる。いま、半径$r_p$の細孔に図5cのように統計的な厚さ$t$の吸着層が形成されている状態で毛管凝縮が起きたとすると、Kelvin 式から

$$\ln\left(\frac{P}{P_0}\right) = \frac{-2\gamma V_L}{RT}\frac{\cos\theta}{r_k} \quad (14)$$

となる[12)13)]。ここで、$\gamma$は吸着質がバルク液体のときの表面張力、$V_L$はモル体積、$\theta$は細孔壁に対する液体の接触角である。$r_k$は Kelvin 半径とよび、$t$および細孔径$r_p$と $r_p = r_k + t$ の関係がある。$\theta$は実測できないが、等温線の形状から吸着質と表面の親和性は良好であるから液体は表面を良く濡らすとみて$\theta = 0$と考えると、式（14）は

$$\ln\left(\frac{P}{P_0}\right) = \frac{-2\gamma V_L}{RT}\frac{1}{r_k} \quad (15)$$

となる。この式から吸着等温線の毛管凝縮圧$P$からメソ細孔径が見積もれるし、逆に特定の$P$を持つメソ多孔体が必要ならば、表面の化学修飾による吸着気体との親和性の制御（$\gamma$の制御）や、細孔径の制御（$r_k$の制御）を行えばよい。

Ⅴ型等温線は吸着分子と固体表面の相互作用が弱い場合に観察され、低$P/P_0$で上に凹の等温線となる。この等温線はBETプロットが使えないため、

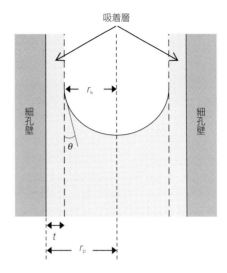

図6　円筒型細孔での毛管凝縮の概念図

飽和吸着量の評価はできない。この気体と多孔体の組み合わせが、吸着には適切でないことを示している。

## 6　まとめ

メソ多孔体の吸着への利用を考える上で重要な固体－吸着質間相互作用、メソ多孔体への気体吸着で得られる吸着等温線の解析について解説した。目的とする気体の吸着や吸着特性の制御には気体の化学的・物理的な性質を考慮して、メソ多孔体表面の化学的な構造や細孔径を適切に制御してゆくことが重要である。

■引用・参考文献■

1) F. Rouquerol, J. Rouquerol, K. S. W. Sing, P. Llywellyn, G. Maurin, In "Adsorption by Powders and Porous Solids : Principles, Methodology and Applications, 2nd Ed.", Chapter 1, Academic Press, London(2014).
2) D. H. Everett : *Pure and Appl. Chem.*, **31**, 579(1972).
3) D. J. Shaw, In "Introduction to Colloid and Surface Chemistry, 4th Ed.", Chapter 5, Butterworth-Heinemann, London(1992).
4) D. M. Ruthven, In "Principles of Adsorption and Adsorption Processes", Chapter 2, Wiley, New York(1984).

第1章　メソ多孔体類

5) A. V. Kiselev : *Dis. Faraday Soc.*, **30**, 205(1965).

6) K. S. W. Sing, D. H. Everett, R. A. W. Haul, L. Moscou, R. A. Pierotti, J. Rouquerol and T. Siemieniewska : *Pure and Appl. Chem.*, **57**, 603(1985)

7) S. J. Gregg, K. S. W. Sing, In "Adsorption, Surface Area and Porosity, 2nd Ed.", Academic Press, London(1980).

8) D. M. Young, A. D. Crowel, In "Physical Adsorption of Gases", Butterworth, London, Chapter 1 and 2", 1962(D. M. ヤング, A. D. クロウェル：ガスの物理吸着, 産業図書, 高石, 古山訳, 1967).

9) J. N. Israelachivili, In "Intermolecular and Surface Forces, 3rd Ed.", (a)Chapter 6, (b)Chapter 5, Academic Press, New York(2011).

10) M. Rigby, E. B. Smith, W. A. Wakeham, G. C. Maitland, In "The Forces between Molecules", Oxford University Press, Oxford(1986).

11) R. M. Barrer, In "Zeolites and Clay Minerals as Sorbents and Molecular Sieves", Chapter 4, Academic Press, London, (1978)

12) M. Thommes, In "Nanoporous Materials", G. Q. Lu and X. S. Zhao Eds, Chapter 11, Imperial College Press, London (2004).

13) S. Lowell, J. E. Shields, M. AS. Thomas, M. Thommes, In "Characterization of Porous Solids and Powders : Surface area, Pore size, and Density", Chapter 4, Kluwer, Dordecht (2004).

〈松本　明彦〉

第1章　メソ多孔体類

## 3節　メソ多孔性酸塩基触媒

### 1　はじめに

　酸塩基触媒は，化学工業でもっとも汎用的に使用されている触媒の一つである。液相反応における均一系酸塩基触媒の使用は，投入エネルギー削減の観点から中和処理によって不溶性金属塩として生成物と分離するのが一般的である。この方法では触媒の分離・回収に対する投入エネルギーの大幅削減は達成できるが，生成した不要な金属塩の環境負荷や触媒が繰り返し使用できないことが問題となっている。液相反応だけではなく，ガス成分の有機分子をターゲットにした高温気相反応が主流である石油化学工業においても"安定，高活性，かつ繰り返し使用できる"固体の酸塩基触媒が重要であり，特に連続生産プロセスにおける固体触媒の重要性は高い。このような背景から，ゼオライトを中心とした固体酸塩基触媒の研究が活発に推進されてきた。メソ多孔体は大きな表面積と細孔空間，規則的に配列した均一サイズの細孔構造という触媒担体としての優れた基本物性を有しており，ゼオライトでは対応できない大きなサイズの有機分子を対象にした新たな触媒材料として注目されてきた。酸塩基触媒への応用という観点では，シリカ表面への酸塩基性質を持つ有機基の固定や，それ自身が酸塩基性質を持つ酸化物を骨格成分としたメソ多孔体の合成が検討されてきた。本稿では，メソポーラスシリカに有機酸塩基性質を付与した固体酸塩基触媒の合成法について概説する。

### 2　表面修飾によるシリカ表面への有機官能基の導入法

　界面活性剤による鋳型合成法の確立とともに，その多様なミセル構造を反映した細孔構造を形成でき

るようになったが，触媒を含む機能性材料として応用するためには化学的反応性に乏しいシリカ骨格の機能化が並行して検討されてきた。現在では，有機官能基の多様な機能性を付与する手法として，有機シラン化合物（R'-Si(OR)$_3$）を用いた2種の固定化法（表面修飾法，共縮合法）が確立している（図1）[1]~[3]。

　表面修飾法では，鋳型合成によって得られたメソポーラスシリカ表面の水酸基と有機シラン化合物の縮合反応を利用しており，細孔構造の規則性を保持したまま機能性有機基をシリカ表面に固定できるのが特徴である。導入できる有機基量はシリカ壁の表面水酸基量と有機シラン化合物の反応性に依存しており，高密度化を図るためには適切な反応条件の選定が必要となる。また，有機基の分子サイズが大きくなると細孔内の拡散が制限され，細孔入口付近に有機基が固定され易くなる傾向があるため，導入する有機基の均一分散性の制御が大きな課題となっている。

　一方，共縮合法は構造形成剤であるテトラエトキシシラン（TEOS）と有機シラン化合物を界面活性剤水溶液に添加して加水分解・重縮合する方法である。シリカ骨格に導入した有機基の分解を防ぐため，共縮合法では一般的に空気焼成ではなく溶媒抽出によりシリカ前駆体から界面活性剤を除去する。100％有機シラン化合物に界面活性剤を作用させても規則的な細孔構造は形成されず，虫食い穴構造や非多孔質構造が形成される場合が多い。よって，規則性細孔構造と高表面積を併せ持った有機基修飾メソ多孔体を合成するためには，合成段階における仕込みの有機基量を制御する必要がある。導入する有機官能基の親水・疎水性や嵩高さなどにも依存するが，規則性メソポーラス構造を形成するためには，有機シラン化合物の含有量が20％以下になる場合

－ 33 －

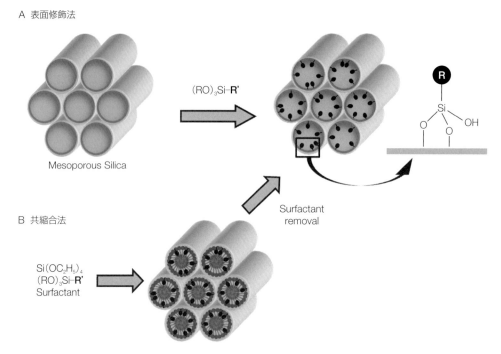

**図1 表面修飾法(A)および共縮合法(B)による有機基含有メソポーラスシリカの合成**

が多い。留意すべき事項は，TEOSとR-Si(OR)$_3$の加水分解・重縮合の速度に大きな差がある場合は相分離が起こること，また一部の有機基はシリカ骨格の形成過程で細孔壁内部に取り込まれるため有効有機基量は仕込み量と異なることである。

## 3 メソポーラス固体酸触媒

### 3.1 メソポーラスシリカへのスルホ基導入

スルホ基は硫酸に匹敵するブレンステッド酸性質を示すため，有機スルホン酸（$p$-トルエンスルホン酸，メタンスルホン酸など）は硫酸と同様に有用な均一ブレンステッド酸触媒として利用されてきた。スルホ基を固体表面に固定化して固体触媒として利用する研究は古くから取り組まれており，主に安定なポリマー骨格に固定したスルホン化ポリスチレン（例えばAmberlyst®やDIAION®）[4]やテフロン骨格にスルホ基を固定（-CF$_2$SO$_3$H）したナフィオン樹脂（Nafion®）[5)-7)]などが代表例である。これらの陽イオン交換樹脂は一般的に表面積が小さく，マクロ細孔構造を形成した状態でも50 m$^2$ g$^{-1}$程度であるため，ポリマー粒子内部に存在するようなスルホ基が活性サイトとして利用可能かどうかは基質の親水・疎水性に依存する。例えばマクロ細孔構造を持つAmberlyst-15は高いスルホ基含有量（約4.8 mmol g$^{-1}$）を示すが，スルホ基の大部分は粒子内部に存在している。一般的に水を含む親水性溶媒や基質はポリマー骨格の膨潤を伴いながら粒子内部に取り込まれるが，トルエンなどの疎水性基質や溶媒は粒子内部へ浸透しない。よって，基質や溶媒の親水・疎水性によって利用可能なスルホ基量は変化する。基質・溶媒によらず基質が容易にアクセスできる高表面積担体を利用したスルホ基固定触媒の開発は，さまざまな気相・液相反応に有効な固体酸を開発する有効な手法と考えられてきた。

### 3.2 アルキルスルホ基を導入したメソポーラスシリカの合成

メソポーラスシリカは高い表面積と大きな基質の拡散に有効な細孔空間を併せ持ったシリカ担体であるため，表面修飾法または共縮合法によりスルホ基を導入し固体酸としての応用が検討されてきた。最も代表的な導入法は，チオール基を持つ有機シラン化合物（(CH$_3$O)$_3$Si-CH$_2$CH$_2$CH$_2$SH，(3-Mercaptopropyl) trimethoxysilane, MPTMS）を用いた修飾法である。この方法では，シリカ表面に固定したチオール基を適切な酸化剤（HNO$_3$またはH$_2$O$_2$）で処理してプロピルスルホ基（-CH$_2$CH$_2$CH$_2$SO$_3$H）を生成させる（図2）。得られたアルキルスルホ基はブレンステッド酸として機能するが，より高活性なメソポーラス固体酸を合成するためには，①周期的な細孔構造と大きな表面積を保持したまま，②導入するスルホ基密度の最大化を図ることが重要となる。

　Stuckyらは，両親媒性ブロック共重合体であるP-123（EO$_{20}$PO$_{70}$EO$_{20}$，EO：ethylene oxide，PO：propylene oxide）を鋳型に用いた塩酸酸性溶液内でのメソポーラスシリカ（SBA-15）合成を報告しており[8)9)]，この手法に基づいて共縮合によるチオール基の導入と酸化処理によるスルホ基生成に成功している[10)]。メソ細孔の周期的な規則配列を保持したままスルホ基を形成するための基本条件を検討したところ，①TPTMS含有量の最適化，②TPTMSと純シリカ源（Tetramethyl orthosilicate, TEOS）の加水分解制御，③チオール基の酸化条件が重要なファクターとなることを見出している。SBA-15をベースとした共縮合法では，一般的にTEOSなどの純シリカ源とMPTMSなどの有機シラン化合物を界面活性剤が溶解した塩酸水溶液に同じタイミングで添加し，シリカ源の加水分解・脱水縮合と界面活性剤との協奏的な自己組織化を促進する。彼らはMPTMS含有率（仕込みのシリカ源に対するMPTMSの割合）2，5，10，20 mol％の条件にてチオール基含有SBA-15を合成した。試料の細孔構造を粉末X線回折にて評価したところ，10％含有試料ではヘキサゴナル構造に起因する（100）面の回折シグナル強度が大幅に低下し，20％含有試料ではこのシグナルが完全に消失することを確認した。これは，10％以上のMPTMS導入がメソ細孔構造の規則性低下を引き起こすことを示している。TEOSとMPTMSの同時添加によって得られる20％含有試料は規則的な細孔構造が形成されないのに対し，まずTEOSを界面活性剤水溶液に添加してあらかじめ加水分解を促進し，その後でMPTMSを添加することによって，規則的なメソポーラス構造を持ったチオール基含有SBA-15が得られる。試料の細孔構造規則性は加水分解時間によって変化しており，180分のTEOS加水分解処理をした試料では

**図2　MPTMSを用いたシリカ表面へのアルキルスルホ基の導入方法**

明確な（100）面の回折が確認された。よって，シリカ源の加水分解速度を制御することによって，高いチオール含有量と規則的細孔構造を併せ持つSBA-15が得られる。

　シリカ表面に付与されたチオール基を酸化処理によってスルホ基へと変換する場合，酸化剤として過酸化水素または硝酸が用いられる。しかし，界面活性剤を除去した後に過酸化水素水（30％）を用いたポスト処理によってチオール基からスルホ基へ変換すると，表面積および細孔容積の低下が見られた。一方，TEOSの加水分解後の水溶液にMPTMSと同時に過酸化水素水を添加してもチオール基の酸化は進行し，界面活性剤除去後のSBA-15にはスルホ基の存在が確認された。この方法で得られた試料は，過酸化水素によるポスト酸化処理した試料よりも大きな表面積および細孔容積を持っている。よって，アルキルスルホ基を高密度固定した高規則性メソポーラスシリカ（SBA-15）を合成するためには，MPTMS添加前のTEOS加水分解処理と，メソ細孔形成過程での過酸化水素によるチオール基の酸化処理が必須である。

　共縮合法による有機基導入では一部が細孔壁内部へ取り込まれるため，チオール導入量とスルホ基生成量は必ずしも一致しない。表面修飾法にてチオール基を固定した試料でも，スルホ基への変換効率はチオール基密度の増加に伴って連続的に低下していく傾向が見られた。Clarkらは，非多孔性シリカ表面に導入したチオール基の酸化効率を検討したところ，チオール基密度の上昇に伴って酸性質を持たないジスルフィド種（図3）の生成を確認している[11)]。共縮合法にて合成した試料の場合，スルホ基を高密度に導入したSBA-15（MPTMS含有量＝20％）のスルホ基量は2.2 mmol g$^{-1}$，試料中に含まれるイオウ量は3.3 mmol g$^{-1}$であるため，スルホ基への変換

効率は66%と見積っている。よって，スルホ基への効率よい酸化方法の開発もスルホ基の高密度化を図るうえで重要なファクターの一つになっている。

強酸性メソポーラス固体酸を合成する方法として，表面修飾法によってテフロン（−CF$_2$−）骨格に結合した強酸性スルホ基の導入例も報告されている（図4）[12)13)]。Cormaらは MCM−41 や SBA−15 などのメソポーラスシリカをスルトン化合物の一つである 1,1,2−trifruoro−2−hydroxy−1−trifluoromethylethane sulfonic acid sultone で処理することによって，シリカ表面に Nafion 樹脂に類似の強酸性フルオロアルキルスルホ基（−O−CF$_2$CF(CF$_3$)−SO$_3$H）を導入した[13)]。導入手法は非常に単純であり，真空加熱処理によって吸着水を取り除いたシリカに対して脱水トルエンとスルトン化合物を加え，還流処理することによって目的の強酸性スルホ基が導入される。この修飾反応はアクティブなスルトンの環状エーテル部位と表面水酸基によるものであるため，チオール基の酸化処理など煩雑な後処理は必要ないが，反応サイトとなる表面水酸基を露出させるためにシリカ担体の脱水処理がスルホ基導入量に対して重要なファクターとなる。SBA−15 に対して 1.5 倍量のスルトンを用いて修飾した場合，大きな表面積（780 m$^2$ g$^{-1}$）と有効なスルホ基量（0.51 mmol g$^{-1}$）を持つメソポーラス固体酸が得られる。類似のスルホ基を持つ Nafion 樹脂および Nafion−SiO$_2$ 複合体のスルホ基量と表面積は 0.7 mmol g$^{-1}$ と＜5 m$^2$ g$^{-1}$，0.13 mmol g$^{-1}$ と約 200 m$^2$ g$^{-1}$ であるため，得られたメソポーラス固体酸は疎水性基質に対する気相および液相反応などに対して樹脂よりも有効である。Cormaらは，長鎖カルボン酸であるオクタン酸とエタノールのエステル化にて触媒活性を評価しており，得られた試料が Nafion SAC−13 よりも 2 倍以上の高活性を示すことを報告している。この触媒はろ過によって容易に回収され，繰り返し使用しても活性低下が起こらない高い安定性を示している。この試料は，強酸性スルホ基を高密度に固定した高表面積型固体酸として多様な気相および液相反応に適用できる有効な固体酸になると期待できる。

## 3.3 ベンゼンスルホ基を導入したメソポーラスシリカ

*p*−トルエンスルホン酸に代表される芳香族スル

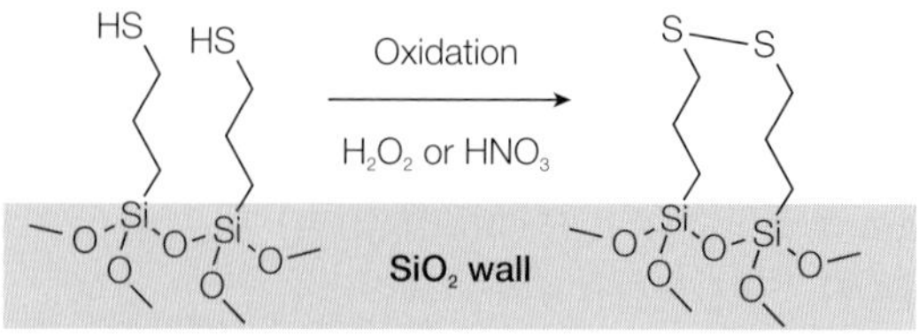

**図3** 高密度にチオール基を含有したシリカ表面でのジスルフィド種の生成

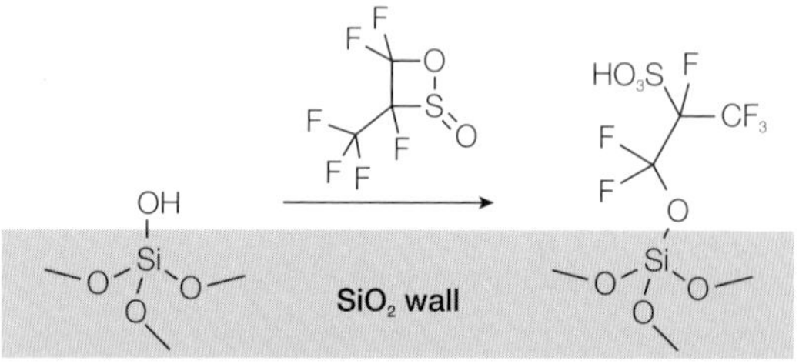

**図4** スルトン化合物を用いたシリカ表面への強酸性アルキルスルホ基の導入

ホン酸は，有用なブレンステッド酸として多様な有機合成に利用されてきた。酸触媒活性を支配する因子の一つがプロトンの酸強度であり，一般的にベンゼンスルホン酸はアルキルスルホン酸よりも酸強度が高い。よって，固体ブレンステッド酸の設計方法の一つとして，メソポーラスシリカの細孔壁へのベンゼンスルホ基の導入が検討されてきた。図5には，2−（4−クロロスルホニルフェニル）エチルトリメトキシシラン（(CH$_3$O)$_3$Si−CH$_2$CH$_2$−C$_6$H$_4$−SO$_2$Cl，以下 CSPTMS と表記）を用いたシリカ表面へのベンゼンスルホ基の導入方法を示す[13)]。共縮合または表面修飾によって導入した−CH$_2$CH$_2$−C$_6$H$_4$−SO$_2$Cl 基のクロロスルホニル（−SO$_2$Cl）部位は，過酸化水素または塩酸によって容易に分解してスルホ基（−SO$_3$H）へと変換される。例えば，共縮合法によって得られた試料（CPTMS含有量：10 mol%）は，メソ孔のヘキサゴナル配列構造，大きな表面積（646 m$^2$ g$^{-1}$），細孔容積（0.78 mL g$^{-1}$），および均一サイズのメソ孔（6.3 nm）などメソ多孔体としての特性に加え，1.3 mmol g$^{-1}$ のベンゼンスルホ基を有している。酸塩基滴定によって見積もったイオン交換容量（1.3 mmol g$^{-1}$）と元素分析によって算出したイオウ含有量（1.45 mmol g$^{-1}$）の比較から，導入した官能基の87%がイオン交換サイト（ブレンステッ

ド酸）として機能している。

導入したベンゼンスルホ基の酸性質は塩基性プローブ分子であるトリエチルフォスフィンオキシド（Triethylphosphine oxide：TEPO）を用いて評価されている。TEPO の P＝O 部位を固体表面のブレンステッド酸と相互作用すると，TEPO の $^{31}$P NMR における 1 本のシグナルは低磁場シフトする。このシフト幅がブレンステッド酸の酸強度と良い相関性を示すため，TEPO や TMPO（トリメチルフォスフィンオキシド）などのプローブ分子と $^{31}$P NMR 測定を組み合わせることにより，固体触媒の酸性質を評価することができる。**図 6** にはスルホ基含有メソポーラスシリカおよび参照試料（アルミ含有メソポーラスシリカ，未修飾 SBA−15）へ導入した TEPO の吸着概念図および $^{31}$P NMR における吸着 TEPO 種のシグナル変化を示す。未修飾の SBA−15 に吸着した TEPO は 57.9 ppm に物理吸着に由来するシグナルを示すのに対し，ベンゼンスルホ基を導入した試料ではスルホ基に相互作用した TEPO に由来するシグナルが 78.5 ppm に現れた。プロピルスルホ基固定 SBA−15（71.1 ppm）およびアルミノシリケート骨格を持つ Al−MCM−41（65.8 ppm）でも同様にブレンステッド酸と相互作用した TEPO によるシグナルが見られているが，そのシフト幅はベンゼンスルホ基よりも小さい。よって，ベンゼンスルホ基はこれらほかの酸触媒活性サイトよりも高い酸強度を有する。

導入したスルホ基の安定性についても定量的に評価している。試料を蒸留水に導入して還流処理をしたところ，導入したスルホ基の約 50% 程度が比較的短時間で溶出したが，トルエン中で加熱撹拌した場合はスルホ基の溶出は全く見られなかった。よって酸触媒として活用する場合は，繰り返し反応に対応できるような反応条件の制御が必要である。

## 3.4 化学修飾によるメソポーラス有機シリカへのベンゼンスルホ基の導入

有機基の両側にアルコキシドが結合した架橋型有機シラン化合物（$(RO)_3Si−R−Si(OR)_3$）は，ゾルーゲル反応により種々のキセロゲルが得られる。メソポーラス有機シリカは，この架橋型有機シラン原料の界面活性剤の存在下での加水分解・縮合反応によって合成される（**図 7**）[2)3)]。界面活性剤を溶解させた水溶液と架橋型有機シラン原料を混合し，酸または塩基触媒存在下で加水分解を誘起する。界面活性剤分子と加水分解した有機シランモノマーが相互作用して協奏的に自己組織化し，界面活性剤/有機シリカの超分子構造体が形成される。その後，適当な熟成処理によって有機シリカの縮合反応を促進して細孔壁を安定化させ，最終的には焼成や溶媒抽出などで鋳型を除去して均一な細孔構造を持ったメソ

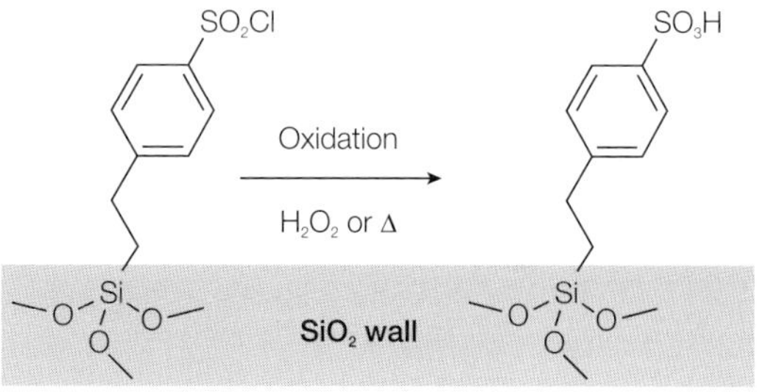

**図 5 CPTMS を用いたシリカ表面へのベンゼンスルホ基の導入**

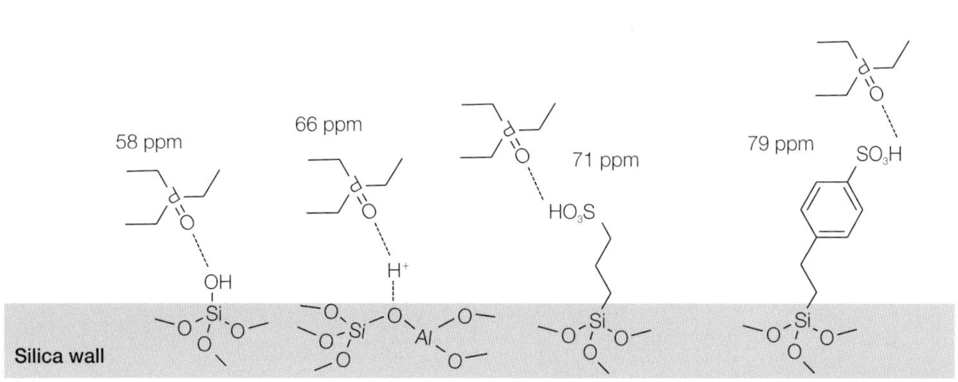

**図 6 シリカ系固体酸触媒に吸着した TEPO の構造と $^{31}$P NMR におけるシグナル**

− 37 −

第1章　メソ多孔体類

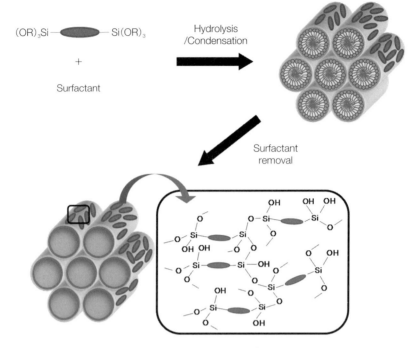

図7　架橋型有機シラン化合物を用いたメソポーラス有機シリカの合成

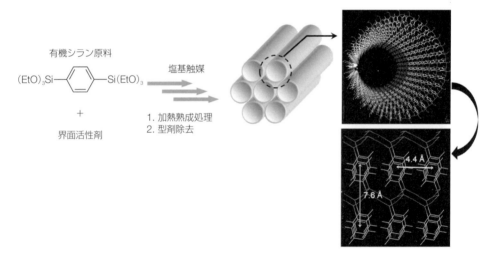

図8　架橋型有機シラン化合物を用いたPh-HMMの合成と細孔内部の有機基配列構造（口絵参照）

ポーラス有機シリカが得られる。有機基はSi-C結合を介してシロキサン骨格内に固定されており、その有機基含有率は全重量の40〜60％に達する。

稲垣らは、骨格内にベンゼン環が規則的に配列した結晶状の細孔壁を有するメソポーラス有機シリカの合成を報告した[14]。合成法は一般的なメソポーラス有機シリカと同様であり、1,4-位を置換したベンゼン架橋有機シランを出発原料とし、界面活性剤との協奏的な自己組織化を経てメソポーラス有機シリカ（Phenylene-bridged hybrid mesoporous material：Ph-HMM）が得られる（図8）。Ph-HMMは800 $m^2 g^{-1}$ を上回る大きな表面積を持ち、細孔直径

が 3.8 nm の二次元ヘキサゴナル構造を有する。透過型電子顕微鏡で細孔壁を観察すると，分子スケールの周期構造を示す 7.6 Å の格子縞が無数に観察された。詳細な構造解析の結果，骨格内のフェニレン基は細孔の円周に沿って規則的に配列しており，有機部位（ベンゼン環）とシリカ部位に分かれ層状構造を形成し，それが 7.6 Å の間隔で交互に配列している。Ph-HMM 表面にはアクセス可能なベンゼン環が高密度に固定されており，有機化学の分野で確立している求電子置換反応による官能基の導入法を利用した機能化が検討されてきた。その一例として，稲垣らは Ph-HMM を濃硫酸中で加熱処理すると，規則的な細孔構造と分子配列構造を保持したまま，骨格中のフェニレン基をスルホン化できることを見出した（図9）。スルホン化した Ph-HMM は固体酸触媒やプロトン伝導体としての応用が期待されているが，骨格内に埋め込まれたフェニレン基は立体障害や Si との直接結合に伴う電子的な影響によって反応性が低下しており，スルホン化が十分に進行しなかった（スルホ基密度：ca. 0.15 mmol g$^{-1}$）。よって，スルホン化によって有機シリカ骨格に固定されたベンゼン環にスルホ基を導入してメソポーラス固体酸を開発するためには，より反応性の高いベンゼン環を持ったメソポーラス有機シリカが必要となる。

　有機シリカ表面にスルホ基を固定する手法として，骨格表面エテニレン基の逐次化学修飾が提案されている[15]。図10 には，高密度にベンゼンスルホ基を固定したメソポーラス有機シリカの合成方法と表面官能基の変化を示す。まず，界面活性剤の鋳型合成によってエテニレン基（-CH＝CH-）を導入したメソポーラス有機シリカを合成し，その骨格表面のエテニレン部位を嵩高いフェニレン基へと変換する。具体的には，耐圧容器内に有機シリカとベンゾシクロブテンを導入して 200℃ で加熱処理すると，エテニレン基とベンゾシクロブテンとの間で Diels-Alder 反応が起こり，細孔表面のみにフェニル基が形成される。この修飾法の特徴は，Diels-Alder 反応性の高い o-キノジメタンが単純な加熱処理によってベンゾシクロブテンから生成すること，気相に生成した o-キノジメタンが細孔空間を効率よく拡散して細孔内部のエテニレン基を化学修飾することである。得られた試料を濃硫酸中で加熱処理すると，ベンゼンスルホ基を固定したメソポーラス有機シリカが得られる。導入したフェニレン基は骨格表面に突出しているために立体障害が少なく，効率的なスルホン化反応が進行した。導入したフェニル基に対して1個のスルホ基を導入したと仮定すると，すべてのフェニル基に対して定量的にスルホン化が進行しており，最終的なスルホ基密度は 1.44 mmol g$^{-1}$ となった。このスルホン化メソポーラス有機シリカは，転位反応，水和反応およびアルキル化反応など

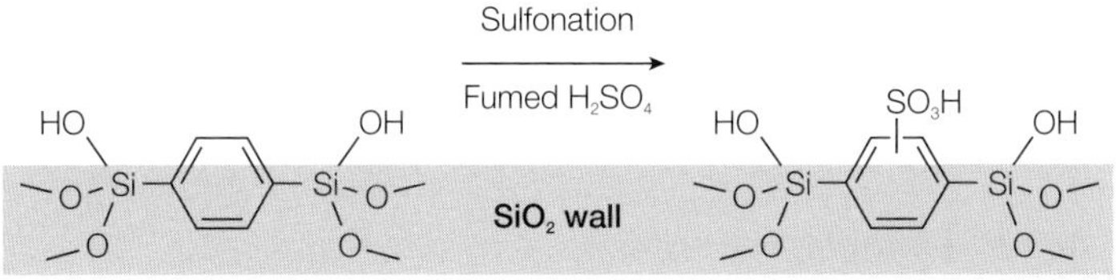

**図9　スルホン化による Ph-HMM への直接スルホ基導入**

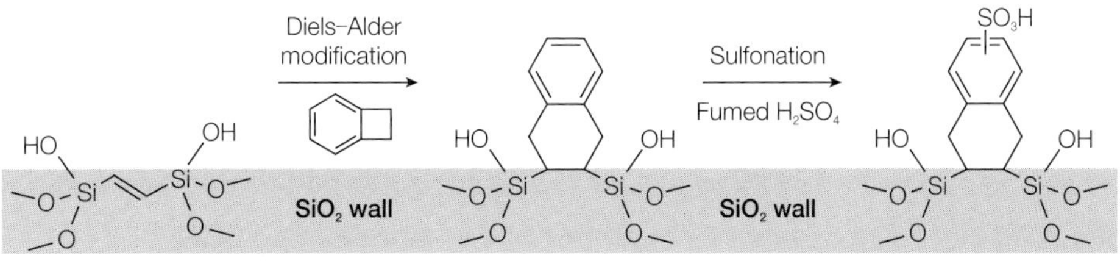

**図10　逐次的な化学修飾によるメソポーラスエテニレン-シリカへのスルホ基導入**

の工業的に重要な酸触媒反応に対して，硫酸に匹敵するような高い触媒活性を示した。

## 4 メソポーラス固体塩基触媒

### 4.1 界面活性剤を含むメソポーラスシリカ前駆物質の固体塩基性質

固体酸触媒と同様，メソポーラスシリカ表面に塩基性質を持った機能性有機基を付与することで固体塩基触媒の開発が進められてきたが，まず初めにカチオン性界面活性剤ミセルを含むメソポーラス前駆物質（焼成処理による界面活性剤除去前のMCM-41）の固体塩基性について紹介する[16)-18)]。MCM-41の前駆物質は塩基性触媒作用を示し，クネベナーゲル（Knoevenagel）縮合反応に高い活性を示す。前駆物質の塩基性は蒸留水による洗浄操作によって遊離の塩基サイトとなる塩，水酸化物イオン，アミンなどを除去しても保持されるが，界面活性剤を焼成処理によって除去するとその塩基性質は失われてしまう。界面活性剤にはクネベナーゲル縮合反応に対して有効な塩基性はないため，シリカと界面活性剤の複合体のときのみ塩基性サイトが発現すると考えられる。X線光電子分光分析による構造解析から，この試料の塩基性は格子酸素のルイス塩基性質によるものであり，界面活性剤のカチオン種（例えばオクタデシルトリメチルアンモニウムイオンなど）の対アニオン種として生成した格子酸素種に起因すると解釈されている。この試料は有効な塩基性を示す一方，反応過程で界面活性剤の溶出が起こるため，試料の触媒活性は徐々に低下する。よって，安定な固体塩基触媒を調製するためには，シリカ表面へ表面修飾または共縮合法による有機塩基性サイトの付与が有効な手段と考えられた。

### 4.2 アミンを固定したメソポーラスシリカの合成

アミンは有機塩基触媒として汎用的に利用されており，メソポーラスシリカへの塩基性サイト構築の際にも有用な有機サイトとなる。最も汎用的に利用されているアミン含有有機シラン化合物は3-アミノプロピルトリメトキシシラン（APTMS，3-aminopropyltrimethoxysilane）であるが，より嵩高いが6-アミノ4-アザヘキシルトリメトキシシラン（AATMS，6-amino-4-azahexyltrimethoxysilane）や9-アミノ-4,7-ジアザノニルトリメトキシシラン（ADTMS，9-amino-4,7-diazanonyltrimethoxysilane）など多官能性アミンを含むものも使用されている（図11）。アミン含有メソポーラスシリカの典型的な合成法は，APTMSを用いたメソポーラスシリカの表面修飾，またはTEOSなど他のシリカ源との共縮合である（図11）[19)-21)]。

横井らはMCM41をベースとした共縮合によるアミノ基含有メソポーラスシリカの合成条件を詳細に検討している[21)]。APTMSとシリカ源であるTEOSのモル比（APTMS/TEOS）が0.2を上回った場合，ヘキサゴナル構造に由来する複数本のX線回折パターンは1本のブロードなシグナルへと変化する。この変化は，導入量の増加に伴って細孔構造

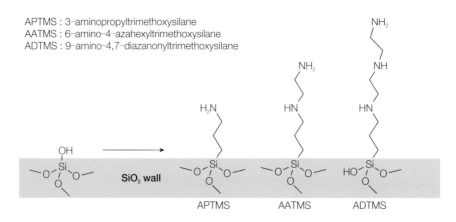

図11　アミン含有有機シラン化合物を用いたシリカ表面への塩基サイトの導入

の規則配列が低下していることを表している。さらに有機基含有比率を上昇させ0.7となると、沈殿生成が起こらなくなる。よって、規則的な細孔構造を保持したままアミノ基を導入する場合はAPTMS/TEOSが0.2以下とすることが望ましい。AATMSやADTMSとTEOSとの共縮合によっても同様にアミノ基含有メソポーラスシリカが得られるが、官能基サイズが大きくなるため、細孔構造の規則性を保持するためには官能基導入量の大幅な増加は達成できない。また、共縮合法で調製した試料では、有機基のサイズが大きくなると壁に埋め込まれてアクセスできない官能基も増加する。よって、共縮合法によるメソポーラスシリカへ導入できるアミノ基量も1～3 mmol g$^{-1}$程度となる。

SBA-15をベースとした酸性条件下での共縮合によるアミノ基含有メソポーラスシリカ合成では、アミノ基が塩酸塩（-NH$_3^+$Cl$^-$）になって固定化されるため、界面活性剤除去後の試料を強塩基性のトリメチルアンモニウムヒドロキシド（Trimethylammonium hydroxide）などで処理して活性アミノ基を再生する必要がある。塩基処理はアミノ基再生に対して必須のポスト処理だが、一方でシリカ骨格の溶解にも寄与するため、細孔構造の低下などを誘起しない処理条件を設定しなければならない。

表面修飾法でもアミノ基を導入可能だが、有機シラン化合物による水酸基との縮合反応を利用している限り、アミノ基導入量の大幅増加を図ることは難しい。表面シラノールを利用したアミノ基法として、反応性の高い第1級アミンの重合反応を利用したポリエチレンイミンの固定法が提案されている

（図12）[22]。カルボン酸を固定したSBA-15に対して、環状アミンであるアジリジン（Aziridine）を作用させると表面水酸基および生成したアミノ基と連鎖的な重合反応が起こる。細孔表面で生成したポリエチレンイミンは、表面水酸基を基礎とした安定なSi-O-C結合でシリカ表面に固定されている。またポリマー骨格に生成したアミノ基はフリーなモノマーとの間でさらに逐次的に重合するため、導入塩基量は水酸基とシンプルに反応したモノマー量ではなく、細孔表面で重合反応によって生成したポリマー量に依存する。この重合反応によって導入されたアミノ基量は最大で6.5 mmol g$^{-1}$となっており、このような極めて高いアミノ基導入量は、従来の表面修飾法または共縮合法では達成できない。高密度のアミノ基が導入された試料でも円筒形のメソ細孔形状は保持されており、ポリマー成分による細孔閉塞などは起こっていない。よって有効な塩基触媒の開発という観点からも、この重合反応を利用したアミノ基導入は重要な修飾法の一つである。

多様なアミンを導入する方法として、クロロ基を足場としたポスト処理が有効である（図13）[23]。この方法では、まず初めにアミンを固定するための足場となるアルキルクロロ基を共縮合法または表面修飾法でシリカ表面に導入する。汎用的なシランカップリング剤として、クロロプロピルトリメトキシシラン（Chloropropyltrimethoxysilane）が用いられており、導入したクロロ基に第1級または2級アミン（例えばピペリジン、ピロリジン、TBD：triazabicyclo［4,4,0］dec-5-ene、2,4,6-triaminopyrimidineなど）を固定することができる。アミン導入によっ

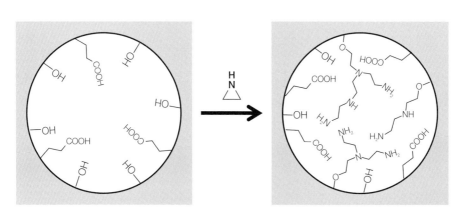

図12　水酸基との重合反応を利用したシリカ表面へのポリエチレンイミンの固定

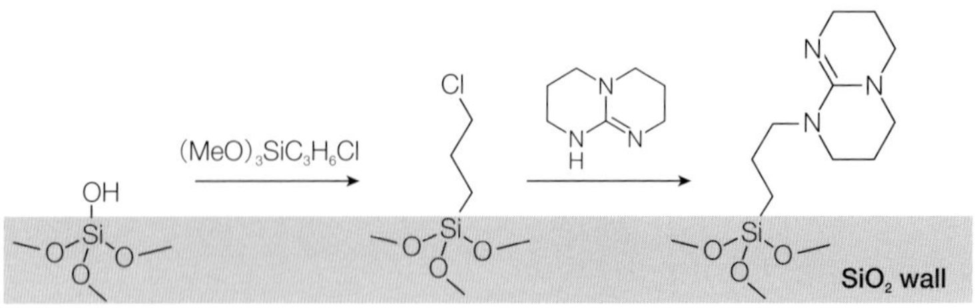

第1章　メソ多孔体類

図13　クロロプロピル基を足場とした強塩基性 TBD の導入

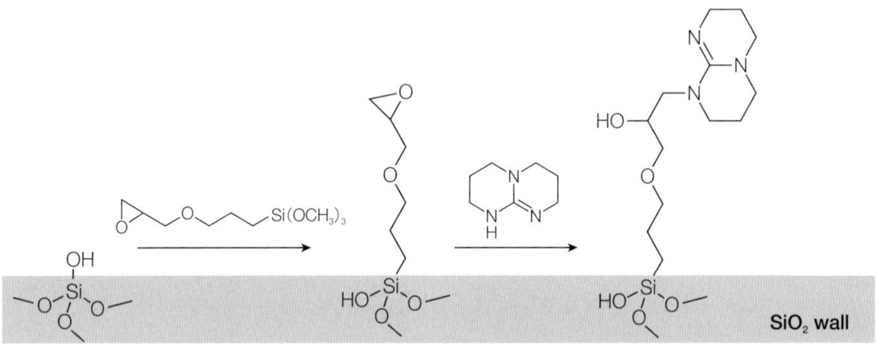

図14　プロポキシメチルオキシラン基を足場とした強塩基性 TBD の導入

て生成する塩酸は塩基サイトと反応して塩酸塩を形成するため，例えばトリメチルアンモニウムヒドロキシドなどの水溶性塩基を用いて塩酸の除去処理が必要になる[24]。導入するアミンが強塩基である場合，それを再生するためにはより強力な塩基を用いたポスト処理が必要になる。強塩基によるポスト処理はシリカ骨格の溶出を伴うため，細孔配列の構造規則性低下などを引き起こす。この塩基処理を避ける手段として塩素フリーな固定足場の利用が検討され，環状エーテルであるオキシラン骨格を利用した方法が提案されている（図14）。例えば，3-トリメトキシシリルプロポキシメチルオキシラン（3-trimethoxysilylpropoxymethyloxirane）を用いてシリカ表面にオキシラン部位を導入したメソポーラスシリカに対して強塩基サイトとなる TBP を作用させると環状エーテルと TBD 分子内の2級アミンが反応し，3級アミンを介して強塩基サイトを固定することができる[25]。この手法では塩酸の副生を伴わないため，導入したアミノ基の塩基性は反応前後でも保持される。このように，足場となる官能基の導入とポスト処理による塩基性サイトの形成は，活性サイトの多様化を図るうえで重要な手法となっている。

最後に，シリカ骨格表面にアミンを直接固定した例を紹介する。小倉らは，窒化処理によってメソポーラスシリカ骨格に直接導入した窒素原子に対し，ヨードメチルを作用させることにより塩基サイトとして機能するメチルアミンを形成できることを見出した（図15）[26]。具体的には，熱的に安定性の高い SBA-15 を窒化処理することによってシリカ骨格に窒素原子を導入する。細孔表面に露出した窒素原子に対して $K_2CO_3$ 存在下でヨードメタン（$CH_3I$）と作用させると，塩基性サイトとして機能するアミン（$Si-N(CH_3)-Si$）が形成される。小倉らは導入した窒素原子の約30％に対してメチル基を導入することに成功しており，その塩基量は 3.17 mmol $g^{-1}$ と算出されている。メチル化した触媒は強塩基性を示し，従来の固体塩基触媒では困難なマロン酸ジエチルとベンズアルデヒドのクネベナーゲル縮合反応を進行させた。メチル基導入前の窒化メソポーラスシリカでは反応が進行しないため，メチル基導入による塩基性強度の向上が活性発現の主要因である。

－　42　－

## 5 おわりに

メソ多孔体をベースとした酸塩基触媒の開発は現在も盛んに取り組まれている。固体触媒の応用範囲は，従来の石油化学をベースとした気相炭化水素の化学反応から，バイオマスのような反応性の高い含酸素炭化水素による低温液相反応など多様化する傾向が見られている。酸塩基性質を自由に制御可能な有機酸塩基を付与したシリカ多孔体は，それらの研究分野においても重要になる。

スルホ基やアミノ基など有機酸塩基サイトを付与したメソポーラスシリカが液相反応に対して有効である一方，高温気相反応への適用という観点では無機酸化物をベースとした触媒開発も重要となっている。メソポーラス物質開発の原点である"2 nm 以上の大きな細孔を持ったゼオライトのような多孔性触媒"を達成するためには，多様な無機酸化物骨格を持つメソ多孔体合成が大きく飛躍することが期待される。

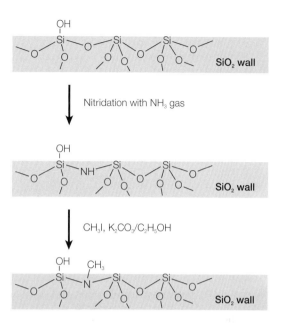

**図15** 窒化したメソポーラスシリカを利用した強塩基性アミン基の構築

### ■引用・参考文献■

1) W. J. Hunks and G. A. Ozin : *J. Mater. Chem.*, **15**, 3716-3724(2005).
2) M. P. Kapoor and S. Inagaki : *Bull. Chem. Soc. Jpn.*, **79**, 1463-1475(2006).
3) F. Hoffmann, M. Cornelius, J. Morell and M. Fröba : *Angew. Chem. Int. Ed.*, **45**, 3216-3251(2006).
4) M. A. Harmer and Q. Sun : *Appl. Catal. A-Gen.*, **221**, 45-62(2001).
5) G. A. Olah, S. I. Pradeep and G. K. S. Prakash : *Synthesis*, 513-531(1986).
6) M. A. Harmer, W. E. Farneth and Q. Sun : *J. Am. Chem. Soc.*, **118**, 7708-7715(1996).
7) M. A. Harmer, Q. Sun, A. J. Vega, W. E. Farneth, A. Heidekum and W. F. Hoelderich : *Green Chem.*, **1**, 7-14(2000).
8) D. Y. Zhao, J. L. Feng, Q. S. Huo, N. Melosh, G. H. Fredrickson, B. F. Chmelka and G. D. Stucky : *Science*, **279**, 548-552(1998).
9) D. Y. Zhao, Q. S. Huo, J. L. Feng, B. F. Chmelka and G. D. Stucky : *J. Am. Chem. Soc.*, **120**, 6024-6036(1998).
10) D. Margolese, J. A. Melero, S. C. Christiansen, B. F. Chmelka and G. D. Stucky : *Chem. Mater.*, **12**, 2448-2459(2000).
11) K. Wilson, A. F. Lee, D. J. Macquarrie and J. H. Clark : *Appl. Catal. A-Gen.*, **228**, 127-133(2002).
12) M. A. Harmer, Q. Sun, M. J. Michalczyk and Z. Yang : *Chem. Commun.*, 1803-1804(1997).
13) J. A. Melero, G. D. Stucky, R. van Grieken and G. Morales : *J. Mater. Chem.*, **12**, 1664-1670(2002).
14) S. Inagaki, S. Guan, T. Ohsuna and O. Terasaki : *Nature*, **416**, 304-307(2002).
15) K. Nakajima, I. Tomita, M. Hara, S. Hayashi, K. Domen and J. N. Kondo : *Adv. Mater.*, **17**, 1839-1842(2005).
16) Y. Kubota, Y. Nishizaki, H. Ikeya, M. Saeki, T. Hida, S. Kawazu, Y. Yoshida, H. Fujii and Y. Sugi : *Micro. Meso. Mater.*, **70**, 135-149(2004).
17) A. C. Oliveira, L. Martins and D. Cardoso : *Micro. Meso. Mater.*, **120**, 206-213(2009).
18) L. Martins, T. J. Bonagamba, E. R. de Azevedo, P. Bargiela and D. Cardoso : *Appl. Catal. A-Gen.*, **312**, 77-85(2006).
19) T. Yokoi, H. Yoshitake and T. Tatsumi : *Chem. Mater.*, **15**, 4536-4538(2003).
20) S. Che, A. E. Garcia-Bennett, T. Yokoi, K. Sakamoto, H. Kunieda, O. Terasaki and T. Tatsumi : *Nature Mater.*, **2**, 801-805(2003).
21) T. Yokoi, Y. Kubota and T. Tatsumi : *Appl. Catal. A-Gen.*, **421-422**, 14-37(2012).
22) J. M. Rosenholm, A. Penninkangas and M. Linden : *Chem. Commun.*, 3909-3911(2006).
23) X. Lin, G. K. Chuah and S. Jaenicke : *J. Mol. Cat. A-Chem.*,

第1章　メソ多孔体類

**150**, 287-294(1999).

24) D. Sachdev and A. Dubey : *Catal. Lett.*, **141**, 1548-1556 (2011).

25) Y. V. S. Rao, D. E. De Vos and P. A. Jacobs : *Angew. Chem. Int. Ed.*, **36**, 2661-2663(1997).

26) K. Sugino, N. Oya, N. Yoshie and M. Ogura : *J. Am. Chem. Soc.*, **133**, 20030-20032(2011).

〈中島　清隆, 福岡　淳〉

第1章　メソ多孔体類

## 4節　異種ユニット導入と触媒作用

### 1　はじめに

　自然環境の保全，再生可能エネルギーの利用，アメニティー居住環境に対するニーズや省エネルギープロセスの開発などへの社会的な関心が高まるにつれ，環境に調和した高選択的で高効率な触媒反応系の開発が望まれている。その達成には，選択的触媒反応を可能とする固体触媒の開発が，より環境に優しい自然共生型の化学プロセスの観点から重要な課題と言える。規則性ナノ細孔空間を有するメソポーラスシリカは，触媒，触媒担体，吸着材，物質分離材，光機能素子，電子機能素子など，規則性空間を巧みに利用した新規機能の発現への期待が高く，多方面で研究されている。例えば，ナノ細孔空間の立体的な制約を利用することで，クラスターやナノ粒子などの触媒活性金属を内包することができる。また，さまざまな官能基を有するシランカップリング剤や異種金属種の導入により表面修飾が可能であり，その大きな細孔構造ゆえ，ゲスト分子同士の相互作用を抑制しつつゼオライトには収容不可能な巨大分子を内包することができる。一方で，光触媒反応に必要な波長の光（〜 200 nm 以上）を吸収することがなく，光化学的に不活性な表面反応場を提供する。すなわち，規定されたミクロ分子環境場を提供し光を透過する透明な分子反応容器（ホスト）として機能する[1]。本稿では，ナノ多孔性材料に異種ユニットを導入して設計した触媒のユニークな特性について紹介する。

### 2　シングルサイト光触媒の　特異な反応性

　ナノ多孔性材料の合成段階において，Ti や V，Cr などを細孔骨格内に組み込むことで，各金属原子が高分散四配位構造をとるシングルサイト光触媒が調製できる（図1）。$TiO_2$ 光触媒では Ti は六配位構造を有し，紫外光照射下で生成する励起電子・正孔が反応に寄与する。これに対し，シングルサイト Ti 光触媒では，四配位構造の Ti に隣接した $O^{2-}$ から中心金属である $Ti^{4+}$ への局所的な電荷移動に基づき形成される電荷移動型励起状態が重要な役割を担い，ユニークな反応性を実現する[2]–[6]。高い分散性と四配位構造を保つため，ゼオライトやメソポーラスシリカへの Ti 導入量は Si/Ti>50 が望ましい。過剰に導入すると，Ti の配位構造は六配位構造へと変化する。細孔骨格内に導入した Ti の局所構造は X 線吸収微細構造（XAFS）測定より解析でき，電荷移動型の励起状態に関する情報はフォトルミネッセンス測定を用い，その光放射失活過程におけるりん光を観測することで得られる。窒素酸化物（NO）の直接分解において，紫外光照射下，シングルサイト Ti 光触媒では NO の光触媒分解により高選択的に $N_2$ が生成するのに対し，$TiO_2$ 半導体光触媒では主に $N_2O$ が生成し，その選択性は Ti の分散性と局所構造に大きく依存する。また，光エネルギーを化学エネルギーに直接変換し貯蔵可能なアップヒル反応の一つである二酸化炭素の水による還元固定化反応（人工光合成）も進行する[5]。シングルサイト Ti を含むゼオライト（TS-1）やメソポーラスシリカ（Ti-MCM-41，Ti-MCM-48）は $TiO_2$ 半導体光触媒に比べ，二酸化炭素の水による還元反応においてメタンやメタノールの生成に高い光触媒活性を示す（図2）。

　$CrO_3$ などの六配位構造の Cr 酸化物が光触媒活性を示さないのに対し，シングルサイト Cr 光触媒は，紫外光のみならず可視光下でも NO の分解，CO の酸化やオレフィンの部分酸化反応などに光触媒活性を示し，クリーンな光エネルギー利用推進の観点か

－　45　－

# 第1章 メソ多孔体類

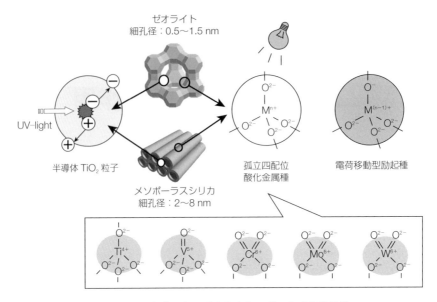

**図1 シリカ骨格に組み込まれたシングルサイト光触媒**

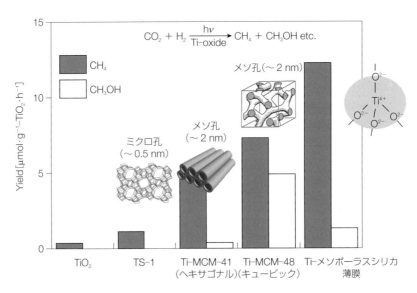

**図2 Ti含有シングルサイト光触媒による水を用いたCO$_2$の還元反応**

らもその応用が期待される。更に，シングルサイトTiおよびCr光触媒の調製法を工夫し，光析出法や逐次的な化学蒸着（CVD）法を用いることで，四配位構造を有するTiとCrを相互作用させたバイナリ酸化物クラスター光触媒をナノ多孔性材料中に調製でき，光触媒特性を高めることが可能である[7]。シングルサイトTiおよびCrのいずれかのみを含む触媒に比べ，Ti-Cr複合系は可視光照射下でのプロピレンの部分酸化やエチレンの重合反応などにおいて高い光触媒活性やユニークな選択性を示す。

## 3 ナノ多孔性材料と複合化したTiO₂光触媒

ナノ多孔性材料は紫外・可視領域の光を吸収せず表面積も大きく,光触媒材料の担体として望ましい。有機化合物を吸着する性質を示すため,TiO₂微粒子などの光触媒と組み合わせることで,水中または空気中に存在する希薄な有機物を吸着濃縮した後に光触媒作用により効率良く分解除去するための複合材料の設計に応用できる。疎水的なゼオライトとTiO₂の複合化は光触媒活性を高めるには効果的である。メソポーラスシリカでは,表面水酸基とシランカップリング剤の反応により表面特性を改質できる。筆者らは,反応物の拡散性や耐熱性を考慮し,無機官能基としてフッ素部位を有するトリエトキシフルオロシラン(TEFS:$(C_2H_5O)_3SiF$)を用いて表面改質したメソポーラスシリカとTiO₂との複合型光触媒を開発している(図3)[8)9]。TEFS修飾量が増えるにつれ,水中に希薄に存在するフェノールの吸着特性・光触媒分解活性共に大きく向上する。疎水的に改質することで,TiO₂光触媒近傍への有機物の吸着濃縮能が高められ,結果として効率の良い分解反応を実現する。さらに,メソポーラスシリカ表面をさまざまな有機基,グラフェン,あるいはリン酸カルシウム(CaP)で被覆し疎水化することで,有機化合物の吸着・濃縮性能が高まり,光触媒活性が向上することを見出している[10)-12]。

## 4 メソ細孔を利用した金属ナノ粒子・ナノロッド触媒の合成

自動車の排気ガスの処理や環境浄化,日常用いる化成品や医薬品などの合成に至るまで,白金やパラジウムなどの貴金属を含む触媒が幅広く用いられている。また,貴金属資源の使用量を低減するために,より微細かつ高分散に貴金属ナノ粒子を担持できる触媒調製法の開発が注目されている。筆者らは,微細で均一な貴金属ナノ粒子を含有した触媒材料の調製プロセスにおけるシングルサイトTi光触媒の応用を進めている[13)-18]。金属前駆体を含む溶液にシングルサイトTiを含むゼオライト(TS-1)やメソポーラスシリカ(Ti-HMS)を加えた後に光照射することで,光励起したTiと金属の前駆体との相互作用を通し,最終的に微細かつ高分散な金属ナノ粒子を担持できる(図4)。水素と酸素からの過酸化水素の直接合成,選択酸化や水素化などの各種反応系において,一般的な含浸法で調製した触媒に比べ優れた活性を示す。最近では貴金属ナノ粒子のみならず合金ナノ粒子の調製にも本手法を適用し,Pd-AuやPd-Niなどのナノ合金の担持に成功している[19]。

より微細な貴金属ナノ粒子の新しい担持方法とし

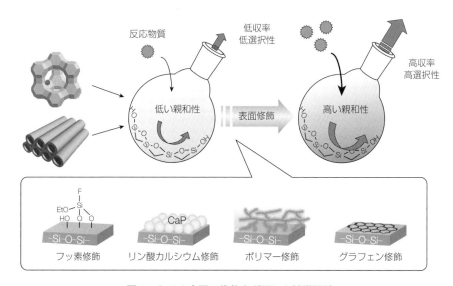

図3 シリカ表面の修飾を利用した触媒設計

第1章 メソ多孔体類

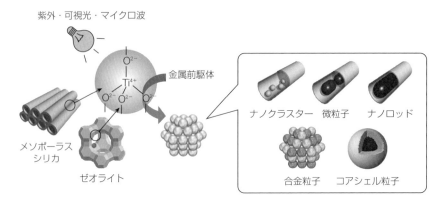

図4　光照射プロセスとシングルサイト光触媒を利用した金属ナノ粒子触媒の合成

てマイクロ波加熱の利用も進めている[20]。マイクロ波を用いた誘導加熱は電子レンジなどの形で一般家庭にも広く普及しており，通常加熱に比べ，均一に溶媒や担体を急速加熱することが可能である。一般家庭で使用される電子レンジと同一出力（2.45 GHz）で，金属前駆体とシングルサイト触媒を含む溶液にマイクロ照射することで，通常加熱による調製に比べより微細で高分散な貴金属ナノ粒子を担持できる[21]。さらに，この技術を発展させ，サイズ・色彩制御されたAgナノ粒子の合成も可能である[22]。表面配位子としてラウリン酸（Lau）を用いて，マイクロ波を3分間照射した試料では，約4 nmの球状Agナノ粒子が高分散状態で担持された。一方，表面配位子を用いない場合は，メソポーラスシリカの細孔構造に沿って直径約9 nmのAgナノロッドが生成し，そのアスペクト比は，照射時間を延ばすに従い増加した。サイズ・形状の制御されたAgナノ粒子は，色彩にも顕著な違いが確認され，黄色，赤色，青色に変化する。これらのAgナノ粒子触媒は，そのサイズに応じて異なる触媒活性を示すだけでなく，Ag-LSPRの誘起効果によって特異的な触媒性能の向上が確認された。アンモニアボランからの水素生成反応における活性の増加率は，照射した光をより吸収する色彩（Ag-LSPR吸収）を持つ試料であるほど，顕著な触媒性能の向上が確認された。光環境に応じた色彩を持つAgナノ粒子を創製することで，その触媒性能を最大限に発揮可能であることが明らかとなり，温和な光環境下での効率的触媒反応が達成された。

## 5 コアシェル型Pd/SiO₂@Ti含有メソポーラスシリカ触媒

水素と酸素から過酸化水素を合成し，これを酸化剤として直接有機物の酸化反応に利用するone-pot酸化反応が注目されている。one-pot酸化反応は2つ以上の反応ステップを1つの容器内で一度に行うことであり，これにより目的物の合成に要する時間を短縮できること，中間生成物の単離・生成の工程を省略できることなどから省資源で効率的な合成方法であることが特長である。筆者らはナノ多孔性材料に2種類の活性点を集積したコアシェル構造の触媒を合成し，one-pot酸化反応への応用を試みた[23]。本触媒は，過酸化水素の生成サイトであるPdナノ粒子を担持した球状シリカコアと，酸化反応の活性種であるTi含有メソポーラスシリカシェル（Ti-MS）を有するコアシェル構造から成る（Pd/SiO₂@Ti-MS）（図5(a)）。シェルであるTi-MSの細孔構造をコアの中心から放射状に拡がるよう調製することで，Pdナノ粒子を細孔の最奥部に配置できる。この構造により過酸化水素は細孔の奥深くで生成され，その後，濃度勾配により細孔の外側へと拡散する。この拡散の過程で，シェルであるTi-MSに含有されたTiサイトに接触し酸化反応に利用される。これにより，Pd上で生成した過酸化水素が再度Pdに接触することで進行する非生産的分解反応や逐次的な水素化反応を抑制でき，過酸化水素の利用効率が向上するため，one-pot酸化反応の効率を向上できると考えられる。

図5に示すように従来触媒構造のモデルとして

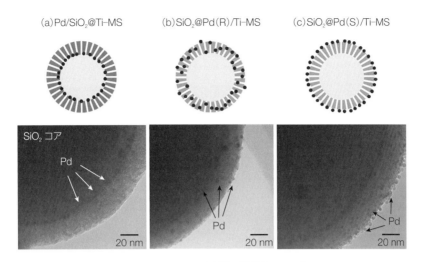

図5 コアシェル型触媒の構造とTEM像

Pd粒子の担持位置の異なるSiO₂@Pd(R)/Ti-MS（Pdナノ粒子が細孔内外にランダムに存在）（図5(b)），およびSiO₂@Pd(S)/Ti-MS（Pdナノ粒子は触媒表面のみに存在）（図5(c)）も作製した。XRD測定，窒素吸脱着測定によりシェル部分は平均細孔径2.6 nmのメソポーラス構造を有しており，TEM観察よりそれぞれの試料で狙いどおりの位置に担持されていることを観察した。

one-pot酸化反応条件下でのスルフィドの酸化反応において，ナノ構造を最適化したPd/SiO₂@Ti-MSは予想通り高い触媒活性を示した（図6）。本反応では，水素と酸素の反応によりPd上で生成した過酸化水素がシングルサイトTi触媒上に移動し反応に寄与する。Pd触媒が外表面に位置するSiO₂@Pd/Ti-MSでは，反応溶液中に生成した過酸化水素が溶媒中に容易に拡散してしまうのに対し，Pd/SiO₂@Ti-MSではPd触媒が内部に位置するため，シェルを形成するシングルサイトTi触媒に効率良く供給されることで反応活性が大幅に向上する。更に，シェル形成時に使用する界面活性剤の炭素鎖長をC16からC12，C14，C18に変えることでシェルの細孔径を制御でき，シェルの細孔径が大きいほど反応速度，選択性ともに向上した。一方，シェル厚も活性に影響を及ぼし，シェル厚の増加に応じて触媒活性および選択性は向上するが，厚くなりすぎると活性は低下する。最終的に，ナノ構造を高次制御し最適化することで約20倍の触媒活性向上を達成することができる[24]。また，基質と生成物の間の親疎水性に着目し，シリカ表面をフッ素で疎水化することで，基質を細孔内に選択的に吸着させ，生成物の拡散を促進することに成功した[25]。本触媒はTi-MSだけでなく，Fe-MSを用いることで，フェノールのone-pot酸化反応など，さまざまな酸化反応に対して有用であることも示している[26]。

## 6 メソポーラスシリカ細孔内に構築したIr錯体

光応答性金属錯体・有機触媒の光増感性を利用した可視光照射下での選択酸化反応や，多電子還元触媒と組み合わせた水素生成反応が数多く報告されている。均一系では，反応機構が比較的明確であり，分子軌道計算に基づいた配位子設計や分子設計により，より精密な触媒デザインが可能であることから，今後さらなる発展が期待できる分野である。しかしながら，これら金属錯体・有機系光触媒は均一系で用いることがほとんどであるため，その実用性を向上させることも課題の一つである。そこで，操作性，耐久性の向上を目的として，ナノ多孔性材料への固定化が検討されている。光励起された分子の反応過程は，励起分子を取り囲む環境場に支配されるため，このような無機ナノ多孔体に固定化されたゲスト分子は，液相や気相の均一分散系とは異なった光化学過程や，その他現象が発現する場合がある[27)-29)]。

第1章 メソ多孔体類

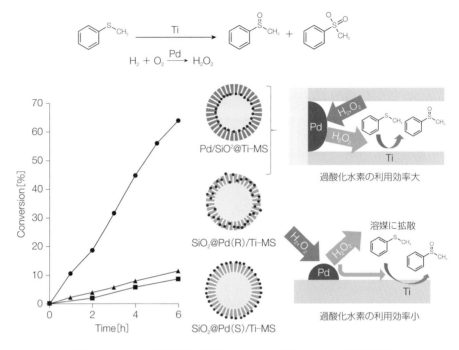

**図6** コアシェル型触媒を利用したスルフィドのone-pot酸化反応

TiO$_2$に代表される半導体光触媒は高い酸化活性を持つが，その利用は防汚・抗菌などのダウンストリームでの利用に留まっている。一方，可視光応答性金属錯体は，光を吸収することで励起一重項（$^1$MLCT）から項間交差を経て最低励起三重項状態（$^3$MLCT）になる。酸素非存在下の場合，基底状態に戻る際にりん光を発するが，酸素存在下ではエネルギーまたは電子移動により，一重項酸素（$^1$O$_2$）やスーパーオキサイドアニオン（O$_2^{*-}$）などの活性酸素種が生成し，選択的酸化反応を進行させる。近年，有機発光ダイオード（OLED）などにおける高効率発光材料として，$^3$MLCTからの高いりん光量子収率（～1），および高い放射速度（～$10^6$ s$^{-1}$）を持つIr（Ⅲ）錯体が注目されている。また，$^1$O$_2$を生成する光増感剤としても機能することが最近報告されており，光触媒としての利用も期待されている。

筆者らは，3-アミノプロピルトリメトキシシラン（3-APTMS）で修飾したメソポーラスシリカに，[Ir（Mebib）（ppy）Cl]（Mebib：bis（N-methylbenzimidazolyl）pyridine, ppy：phenylpyridine）の固定化を試みた[30]。メソポーラスシリカとしては，細孔構造の異なるMCM-41, SBA-15, MCM-48の3種類

を用いた。酸素非存在下，室温にて530 nm付近に$^3$MLCT由来の強いりん光発光が観測され，その強度はMCM-41＜MCM-48＜SBA-15の順に増大した。本触媒は$^1$O$_2$を生成し，液相でのtrans-スチルベンや1-ナフトールの選択酸化反応を進行させる。また，その活性は$^3$MLCTからのりん光強度の増加傾向に一致した。つまり，発光強度と光触媒活性の間には強い相関関係が存在し，高い発光強度を示す試料では$^3$MLCTから分子状酸素へのエネルギー移動，あるいは電子移動が促進され，結果としてより多くの活性酸素種が生成し高い触媒活性が得られたと考えられる。

また，メソポーラスシリカの細孔構造は，酸素分子の活性点近傍への拡散を支配する因子としても重要な役割をしている。MCM-41, SBA-15はともに一次元円筒状細孔構造を有するが，MCM-41の平均細孔径2.6 nmに対してSBA-15は6.3 nmと大きく，またその細孔壁も厚い。一方，MCM-48は三次元細孔構造を有し平均細孔径は2.5 nmである。消光剤としての酸素濃度依存性を調べたStern-Volmerプロットでは，消光速度定数$K_{sv}$はMCM-41＜MCM-48＜SBA-15の順に増大し，これは光

触媒活性と一致する（図7）。つまり，一次元かつ細孔径が小さい MCM-41 では，三次元細孔構造の MCM-48 や細孔径の大きな SBA-15 に比べ拡散が律速となり反応性が低下したものと考えられる。

## 7 メソポーラスシリカ細孔内に構築した Pt 錯体

$d^8$ 電子配置で平面四配位の Pt 錯体 [Pt(tpy)Cl]$^+$ は，$^3$MLCT($5d\pi-\pi^*$) からのりん光を発するが，Pt 錯体同士が近接した場合（<3.5Å），Pt の軌道（$d_z^2$）が重なり合ってシグマ性の分子軌道，すなわち $d\sigma$ と $d\sigma^*$ に大きく分裂する。その結果，単分子では観測されない錯体同士の相互作用に基づく電荷移動 metal-metal-to-ligand charge transfer（$^3$MMLCT，[$d\sigma^*$(Pt)-$\pi^*$(terpyridine)]）が長波長側に観測されるようになる。つまり固体表面上での分散性を制御することで，これら錯体の発光特性を任意に変えることが可能である（図8）[31)32)]。

Pt 錯体の固定化は，3-アミノプロピルトリメトキシシラン（3-APTMS）でメソポーラスシリカ MCM-48 の表面シラノール基を修飾した後に行った（Pt：0.2～2.4 wt％）。酸素非存在下にてりん光スペクトルを測定したところ，室温にて 530 nm 付近に $^3$MLCT 由来の強いりん光発光が観測され，0.4 wt％で最大となった。さらに担持量を増加して

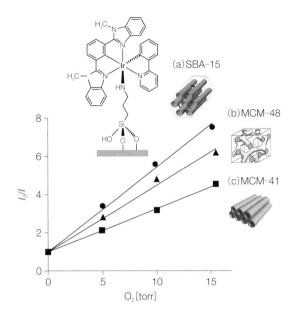

図7 Ir 錯体固定化触媒の酸素を消光剤にした Stern-Volmer プロット

いくと発光強度は減少し，逆に 640 nm 付近に観測される $^3$MMLCT 由来の発光が増大した。つまり，低担持量領域では Pt 錯体は完全に孤立した状態で存在しているのに対して，高担持量領域では Pt 錯体同士が一部相互作用していることが示された。

これら担持量を変えた試料を用いて分子状酸素存在下，スチレン類の光酸化反応を行ったところ，

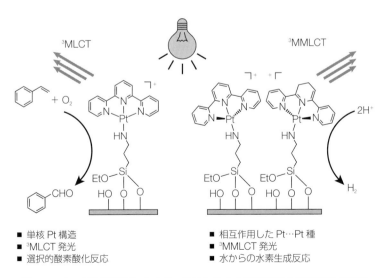

- 単核 Pt 構造
- $^3$MLCT 発光
- 選択的酸素酸化反応

- 相互作用した Pt…Pt 種
- $^3$MMLCT 発光
- 水からの水素生成反応

図8 Pt(tpy) 錯体固定化メソポーラスシリカの触媒活性と発光特性の関係

0.4 wt%で最大となり，さらなる担持量の増加に伴い活性が低下した。これは³MLCT由来の発光強度のものと一致する。つまり，酸素非存在下では³MLCTから基底状態（$S_0$）に戻る際にりん光を発するが，低濃度領域の発光強度が高い試料では効率良くそのエネルギーを酸素分子に移行することが可能となり，高い光触媒活性が発現したと考えられる。一方，可視光照射での水素生成反応にて活性を評価したところ，低担持量領域では活性を示さず，³MMLCT由来の発光が支配的である高担持量領域で高い活性が発現し，特に2.4 wt%で最も高い活性が得られた。金属錯体を用いた光触媒的水素発生反応では，EDTAから可視光捕捉部位（$Ru(bpy)_3^{2+}$），電子伝達剤であるメチルビオロゲン（$MV^{2+}$）を通して最終的に水素発生触媒であるPtコロイドから水中のプロトンへの電子リレーにより水素を発生させる3成分電子移動系が古くから知られている。本反応系では，$Ru(bpy)_3^{2+}$，$MV^{2+}$の添加の必要なく反応が進行することから上記機構とは異なるメカニズムで進行していると言える。また，反応後もその局所構造を維持し，反応中にPtコロイドは生成していないことをXAFS測定により確認している[33]。つまり，³MMLCT励起状態に起因する光増感作用と水素発生触媒作用を併せ持つ二機能複合型光触媒として機能していると考えられる。また，ニオブ酸カリウムに代表される層状化合物のナノ層間にPt錯体をインターカレートすると，活性，触媒耐久性が向上することも見出している[34]。

## 8 シングルサイト光触媒を組み込んだメソポーラスシリカ薄膜

通常は粉末である二酸化チタン光触媒を薄膜化して紫外光照射すると，薄膜表面の水の接触角が大幅に減少する「光誘起超親水性」が発現し，この特性を応用して酸化チタン薄膜は防曇・防汚のための新材料として利用されている。一方，通常の製法で合成したメソポーラスシリカは粉末状であり応用する対象が限定される。これを薄膜化し，さらにシングルサイト光触媒を組み込むことで，従来にはない新しい界面光機能特性の発現が期待できる。

石英基板上に前駆体溶液を滴下し，ゾル-ゲル/スピンコーティング法を用いてTi含有メソポーラスシリカ薄膜（Ti-MSF）を容易に作製できる。Ti含有メソポーラスシリカ薄膜は無色透明であり，石英基板に強く固定化されている（図9）[35)36)]。XRD測定の結果，Ti低濃度試料では多孔質なヘキサゴナル構造を持っていることがわかった。UV-vis吸収，XAFS測定の結果から，Tiはメソポーラスシリカ内の一部のSiと置き換わった四配位孤立Ti種として存在していることが確認できる。

薄膜試料上で水滴の接触角を測定した結果を図9に示す。紫外光照射前においても，メソポーラスシリカ薄膜（MSF）上での接触角は$TiO_2$薄膜に比べて小さい。メソポーラスシリカには多数の欠陥や表面OH基があることが親水性の原因と考えられる。また，メソポーラスシリカは細孔構造を持つため，その表面には凹凸がある。この表面の細かな凹凸により親水性のものはより親水性（疎水性のものはより疎水性に）を示すようになると思われる。

Ti-MSFではTiを含有しないMSFよりもより接触角が小さくなる。これは$SiO_2$骨格のSiの一部がTiと置換することによって電子の偏りができ，

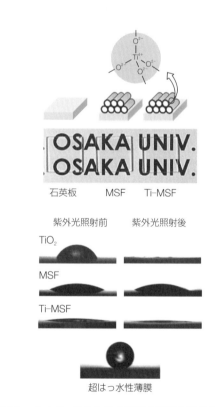

図9 メソポーラスシリカ薄膜の写真と接触角測定

水が引き寄せられて親水性が増したためと推測される。界面活性剤を加えていない場合，つまり細孔を持たない Ti 含有シリカ薄膜では高い親水性を示さない。すなわち，高い親水性を発現させるためにはメソポーラス構造が重要な役割をしていると考えられる。紫外光照射することで Ti-MSF 上では，光照射時間とともに水の接触角はさらに減少する。この結果は，Ti-MSF が光誘起超親水性を持つことを示す。また，Ti 以外にも Cr，V，Mo，W などを骨格に組み込んだメソポーラスシリカ薄膜を合成している[37]。なかでも W を導入した W-MSF は，光照射前で T-MSF よりも高い超親水性を示すことを見出している。さらに，Ti 種の光触媒作用により焼成することなくテンプレートを取り除くことで，耐熱性に乏しいプラスチックなどの基板上にも親水性のメソポーラスシリカ透明薄膜コーティングを施すことができる[38]。

親水性とは逆の特性である超はっ水性を示す材料の開発も重要である。水滴が丸くなり弾かれる超はっ水性表面の設計においては，表面エネルギーの低減と表面微細構造の構築が重要な役割を果たす。例えば Cr を組み込んだ Cr-MSF 薄膜上でエチレンからポリエチレンの合成を行ったところ，ポリエチレン合成後も膜の透明性が保たれていることを確認し，FT-IR 測定を用いてポリエチレンの合成を確認した[39]。ポリエチレン合成後ははっ水表面に改質できることを見出した。さらに，シングルサイト光触媒含有薄膜上にポリマーやカーボンナノチューブをコートすることで，水滴の接触角が 150° を超える超はっ水性表面を構築できる[40][41]。

# 9 おわりに

ナノ細孔空間物質の使い道は多種多様である。今回紹介した研究も，光やマイクロ波と組み合わせた金属ナノ粒子合成のツールとして，金属錯体のホストとして，あるいは薄膜化による新機能の発現など多岐にわたっている。規則性ナノ空間のユニークさゆえ現在もなお数多くの研究がなされているが，既存の材料の大表面積代替物質として，あるいは形の揃った触媒担体や反応場としての利用に留まった研究が多いのも事実である。構造と合成法が多様なナノ細孔空間物質にはまだまだ大きな可能性が秘め

られている。環境浄化やエネルギー変換に適用可能な複合材料をナノ細孔空間に導入し，固有の特徴を持つ新機能性触媒に関する基礎・応用研究が今後も進展することを期待する。

## ■引用・参考文献■

1) X. Qian, K. Fuku, Y. Kuwahara, T. Kamegawa, K. Mori and H. Yamashita : *ChemSusChem*, **7**, 1528(2014).
2) H. Yamashita and K. Mori : *Chem. Lett.*, **36**, 348(2007).
3) H. Yamashita, K. Mori, S. Shironita and Y. Horiuchi : *Catal. Surv. Asia*, **12**, 88(2008).
4) H. Yamashita and M. Anpo : *Curr. Opin. Solid State Mater. Sci.*, **7**, 471(2003).
5) K. Mori, H. Yamashita and M. Anpo : *RSC Adv.*, **2**, 3165(2012).
6) M. Che, K. Mori and H. Yamashita : *Proc. Royal Soc.* A, **468**, 2113(2012).
7) T. Kamegawa, T. Shudo and H. Yamashita : *Top. Catal.*, **53**, 555(2010).
8) Y. Kuwahara, J. Aoyama, K. Miyakubo, T. Eguchi, T. Kamegawa, K. Mori and H. Yamashita : *J. Catal.*, **285**, 223(2012).
9) Y. Kuwahara, K. Maki, Y. Matsumura, T. Kamegawa, K. Mori and H. Yamashita : *J. Phys. Chem.* C, **113**, 1552(2009).
10) T. Kamegawa, D. Yamahana and H. Yamashita : *J. Phys. Chem.* C, **114**, 15049(2010).
11) X. Qian, T. Kamegawa, K. Mori, H. Li, Hexing and H. Yamashita : *J. Phys. Chem.* C, **117**, 19544(2013).
12) Y. Kuwahara, K. Nishizawa, T. Kamegawa, K. Mori and H. Yamashita : *J. Am. Chem. Soc.*, **133**, 12462(2011).
13) H. Yamashita, Y. Miura, K. Mori, T. Ohmichi, M. Sakata and H. Mori : *Catal. Lett.*, **114**, 75(2007).
14) H. Yamashita, Y. Miura, K. Mori, S. Shironita, Y. Masui, N. Mimura, T. Ohmichi, T. Sakata and H. Mori : *Pure Appl. Chem.*, **79**, 2095(2007).
15) K. Mori, T. Araki, S. Shironita, J. Sonoda and H. Yamashita : *Catal. Lett.*, **131**, 337(2009).
16) K. Mori, T. Araki, T. Takasaki, S. Shironita and H. Yamashita : *Photochem. Photobiol. Sci.*, **8**, 652(2009).
17) S. Shironita, K. Mori, T. Ohmichi, E. Taguchi, H. Mori and H. Yamashita : *J. Nanosci. Nanotechnol.*, **9**, 557(2009).
18) Y. Horiuchi, M. Shimada, T. Kamegawa, K. Mori and H. Yamashita : *J. Mater. Chem.*, **19**, 6745(2009).
19) K. Fuku, T. Sakano, T. Kamegawa, K. Mori and H. Yamashita : *J. Mater. Chem.*, **22**, 16243(2012).

第 1 章 メソ多孔体類

20) S. Shironita, T. Takasaki, T. Kamegawa, K. Mori and H. Yamashita : *Catal. Lett.*, **129**, 404(2009).

21) K. Fuku, S. Takakura, T. Kamegawa, K. Mori and H. Yamashita : *Chem. Lett.*, **41**, 614(2012).

22) K. Fuku, R. Hayashi, S. Takakura, T. Kamegawa, K. Mori and H. Yamashita : *Angew. Chem., Int. Ed.*, **52**, 7446(2013).

23) S. Okada, K. Mori, T. Kamegawa, M. Che and H. Yamashita : *Chem. Eur. J.*, **17**, 9047(2011).

24) S. Okada, S. Ikurumi, K. Mori, T. Kamegawa and H. Yamashita : *J. Phys. Chem. C*, **116**, 14360(2013).

25) K. Nakatsuka, K. Mori, S, Okada, S. Ikurumi, T. Kamegawa and H. Yamashita : *Chem. Eur. J.*, **20**, 8348(2014).

26) S. Ikurumi, S. Okada, K. Nakatsuka, K. Mori and H. Yamashita : *J. Phys. Chem. C*, **118**, 575(2013).

27) K. Mori, M. Kawashima, M. Che and H. Yamashita : *Angew. Chem., Int. Ed.*, **49**, 8598(2010).

28) K. Mori, M. Kawashima, K. Kagohara and H. Yamashita : *J. Phys. Chem. C*, **112**, 19449(2008).

29) K. Mori, K. Watanabe, M. Kawashima, M. Che and H. Yamashita : *J. Phys. Chem. C*, **115**, 1044(2011).

30) K. Mori, M. Tottori, K. Watanabe, M. Che and H. Yamashita : *J. Phys. Chem. C*, **115**, 21358(2011).

31) K. Mori, K. Watanabe, K. Fuku and H. Yamashita : *Chem. Eur. J.*, **18**, 415(2012).

32) K. Mori, K. Watanabe, Y. Terai, Y. Fujiwara and H. Yamashita : *Chem. Eur. J.*, **18**, 11371(2012).

33) M. Martis, K. Mori, K. Kato, G. Sankar and H. Yamashita : *ChemPhysChem*, **14**, 1122(2013).

34) K. Mori, S. Ogawa, M. Martis and H. Yamashita : *J. Phys. Chem. C*, **116**, 18873(2012).

35) Y. Horiuchi, H. Ura, T. Kamegawa, K. Mori and H. Yamashita : *Appl. Catal., A*, **387**, 95(2010).

36) Y. Horiuchi, H. Ura, T. Kamegawa, K. Mori and H. Yamashita : *J. Phys. Chem. C*, **115**, 15410(2011).

37) Y. Horiuchi, K. Mori, N. Nishiyama and H. Yamashita : *Chem. Lett.*, **37**, 748(2008).

38) Y. Horiuchi, H. Ura, T. Kamegawa, K. Mori and H. Yamashita : *J. Mater. Chem.*, **21**, 236(2011).

39) K. Mori, S. Imaoka, S. Nishio, Y. Nishiyama, N. Nishiyama and H. Yamashita : *Micropor. Mesopor. Mater.*, **101**, 288 (2007).

40) Y. Horiuchi, K. Fujiwara, T. Kamegawa, K. Mori and H. Yamashita : *J. Mater. Chem.*, **21**, 8543(2011).

41) Y. Horiuchi, Y. Shimizu, T. Kamegawa, K. Mori and H. Yamashita : *Phys. Chem. Chem. Phys.*, **13**, 6309(2011).

〈森　浩亮，山下　弘巳〉

# 第 1 章　メソ多孔体類

## 5節　規則性メソ多孔体を活用した担持金属触媒

### 1　担持金属触媒における規則性メソ多孔体の利用

#### 1.1　担持金属触媒

不均一系触媒は，生成物からの触媒の分離・再利用が容易であることから実用面で大きなメリットを有している。不均一系触媒の最も代表的な例が担持金属触媒である。担持金属触媒では，担体と呼ばれる材料の上に触媒成分である金属が固定化（担持）されている（図1）。種々の担体と金属の組み合わせにより多種多様の担持金属触媒が調製される。また，同じ担体と金属の組み合わせであっても，異なる調製手法を適用することにより，金属粒子サイズ・金属の酸化度・担体の表面官能基の状態などの構造上の差異がある種々の触媒が得られる。

担持金属触媒の性能が金属の選択により異なることはいわば自明であるが，担体の選択によって触媒性能が大きく変化することもしばしば見受けられる。担体の選択においては，担体化合物の化学組成のみならず，その表面積および細孔構造が支配的な因子になる場合が多い。次に続く2つの項では，触媒担体の表面積および細孔構造が触媒の構造と性能に与える影響について述べる。

#### 1.2　担持金属触媒における担体の表面積の効果

触媒担体として用いる材料の表面積が小さい場合は，一般に，表面上に固定化（担持）可能な触媒成分（金属種）の絶対量に限界が存在する（図2）。限度を超えた量の触媒金属種を担持すると，触媒調製時あるいは触媒反応中に金属種どうしの凝集が進行し，活性の低下（失活）を招くことが多くある。一方で，触媒担体として用いる材料の表面積が大きい場合は，一般に，表面上により多くの金属種の担持が可能である（図3）。また，金属種どうしは微粒子のまま凝集せずに高分散に固定化された状態を保ちやすく，活性の発現や維持を効率良く達成できる傾向にある。そのため，高い表面積を有する材料が触媒担体として利用されることが多い。

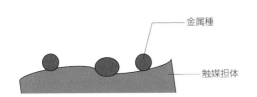

図1　担持金属触媒

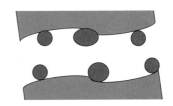

図3　表面積の大きな触媒担体を用いた担持金属触媒

図2　表面積の小さな触媒担体を用いた担持金属触媒

## 1.3 規則性メソ多孔体上の担持金属触媒

多孔性材料は高い表面積を有するため，担持金属触媒の担体として多用される。特に，メソ細孔材料は，細孔内に金属粒子を内包することが可能であるとともに，細孔内における多様な反応基質の移動（拡散）がミクロ孔材料を用いた場合と比較して容易であるという特長がある。

多孔性材料の中でも，規則性のない細孔材料に担持した触媒系では，さまざまな構造の金属触媒種が混在しているために，たとえ好ましい触媒機能が得られたとしても，どの金属種がその機能を担っているかを確定することは容易ではない。一方で，構造が規定されたメソ細孔構造を有する規則性メソ多孔体を触媒担体として用いる場合には，より均一な構造（粒子径・形状など）の金属粒子を担持した触媒の調製を行うことが可能である（図4）。そのため，規則性メソ多孔体上に金属種を担持した触媒系では，触媒の機能と金属種の構造との間の相関が得られ，反応機構の解明やさらなる触媒設計の指針を得る目的に活用される。触媒担体が電子的あるいは立体的に触媒機能を支配する場合もある。このような場合においても，規則性メソ多孔体を触媒担体として用いると，触媒の機能と担体構造との間の相関が得られ，触媒系の理解につながる。

## 2 規則性メソ多孔体を活用した担持金属触媒による反応例

### 2.1 メソポーラスシリカ担持白金触媒によるPROX反応

燃料電池用に用いられる水素は，主に炭化水素の改質によって得られ，一酸化炭素が微量に含まれる。一酸化炭素は1%程度の低い濃度であっても燃料電池の白金触媒を被毒し，燃料電池の性能を低下させる。そのため，少なくとも数ppm程度の濃度になるまで一酸化炭素除去する必要がある。その解決策の1つが，水素中に微量に含まれる一酸化炭素を選択的に二酸化炭素に酸化する反応であるPROX反応である。PROX反応用の触媒としては多数の報告例[1]があるが，水素中に微量に存在する一酸化炭素と酸素のみを反応させるのは一般に困難である。通常の固体触媒を用いた場合には，目的とする一酸化炭素の酸化反応（式1）のみならず，水素の酸化反応（式2）やメタン化反応（式3）も同時に進行する場合が多い（図5）。

福岡らは，メソポーラスシリカMCM-41に担持した白金ナノ粒子が，PROX反応において，高活性・高選択性を示し，かつ長寿命であることを見出した[2]。本触媒系では，同位体トレーサー法を利用した拡散反射赤外分光（DRIFT）測定などによって詳細な機構研究が行なわれた。その結果，この触媒系では，白金粒子近傍にシラノール基が存在することが重要であり，白金ナノ粒子とメソポーラスシリカ内表面との界面が高い触媒活性の鍵であることが明らかにされた。すなわち，活性の高い触媒では，白金粒子上に吸着した一酸化炭素が近傍のメソポーラスシリカ内表面上のヒドロキシル基と反応すること

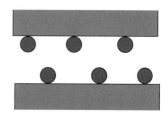

図4 規則性メソ多孔体を用いた担持金属触媒

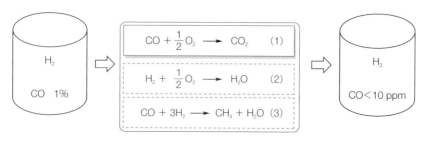

図5 PROX反応

によって二酸化炭素と水が生成し，白金表面上の解離した水素と酸素から水が生成してメソポーラスシリカ上にヒドロキシル基を再生するという反応機構が提案されている（図6）[3]。

触媒担体として用いるメソポーラスシリカの細孔径がPROX反応に及ぼす影響についても明らかになった。メソポーラスシリカFSMは，種々のサイズの細孔径を有するものが入手可能である。細孔による影響を系統的に調べたところ，細孔径4.0 nmのメソポーラスシリカFSM-22を触媒担体に用いて調製した触媒では一酸化炭素の転化率がほぼ100％となったのに対して，4.0 nmよりも小さいあるいは大きなほかの細孔径を有するメソポーラスシリカFSMを触媒担体として用いた場合には一酸化炭素が残存した[4]。なお，細孔径4.0 nmのFSM-22を触媒担体とした触媒は，反応ガス中の酸素/一酸化炭素の濃度比を0.5の量論条件としてもほぼ100％の一酸化炭素の転化率を与えることから，選択性が非常に高いと言える。

## 2.2 メソポーラスシリカ担持白金触媒によるエチレンの酸化的除去反応

メソポーラスシリカに白金ナノ粒子を担持した触媒が，低温下におけるエチレンの酸化的除去に対しても有効であることが見出された。われわれの身の回りにある果物や野菜などさまざまな植物から放出されるエチレンは，その量が微量であっても，果物，野菜，花の腐敗を進める作用を持つために効率的な除去方法の開発が求められてきた。特に，冷蔵下で果物，野菜，花の鮮度を保って保管や輸送を行う社会的な要請は大きく，0℃などの低温下においてもエチレンを除去できる技術の開発は重要である。これまでに，活性炭やゼオライトなどの多孔質材料にエチレンを吸着させて除去する手法，また，酸化力の強い金属成分によるエチレン分解除去剤の利用などが行なわれてきたが，これら吸着剤および分解除去剤いずれも，再利用することができず，効力を失った場合には交換をしなければならないという課題を有していた。紫外線や可視光を照射することで機能する光触媒を用いる手法[5]も開発されているが，光の照射をすることもなく機能する触媒の開発も望まれる。

このような背景の下，種々の担持金属触媒が開発

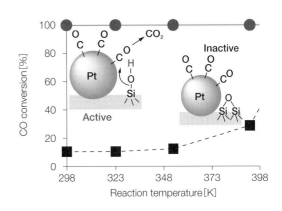

図6 PROX反応における触媒活性と界面構造の関係

された[6][7]。一例として，Hao，Qiaoらは，メソポーラスシリカKIT-6を鋳型にしてメソ細孔を有する酸化コバルトを作製し，金ナノ粒子を担持した。この触媒は，0℃という低温でもエチレンを除去する能力を示した[6]。しかしながら，このように開発された触媒には，有効に機能する温度域が高温である，低濃度のエチレンを完全には除去できない，などの課題が残されていた。近年，数nmの規則性細孔を有するメソポーラスシリカの細孔の中に担持した白金の微粒子が非常に高効率でエチレンを除去する触媒として機能することが見出された（図7）[8]。系統的なスクリーニングによって，白金とメソポーラスシリカの組み合わせは非常に重要であることが明らかとなった。メソポーラスシリカを触媒担体として用いていても金属がパラジウム，金，銀などほかのものになると著しく触媒の性能が劣る。一方で，同様の大きさの白金の微粒子が担持されていても，触媒担体がチタニア，アルミナ，ジルコニアなどシリカ以外の酸化物であると高い触媒活性が得られない。

本触媒系は，低温下における野菜や果物の鮮度を保つ機能を有するとして，大手家電メーカーが販売する家庭用冷蔵庫に搭載されて実用化されるに至った。われわれの身の回りには，エチレン以外にもさまざまな悪影響をもたらす揮発性有機化合物（VOC）が存在する。住宅資材から放出されるホルムアルデヒドやトルエンはシックハウス（室内大気汚染）の原因となる化合物であり，これらを除去する技術の開発が望まれている。これらのVOCの除去に対しても，本触媒系の開発で得られた知見が応

第1章 メソ多孔体類

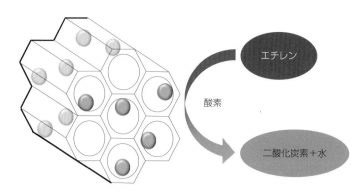

**図7 メソポーラスシリカ担持白金触媒によるエチレンの酸化的除去**

用できると期待される。

## 2.3 メソ細孔材料に担持した金属触媒によるCO選択メタン化反応

燃料電池用水素に微量に含まれる一酸化炭素を選択的に二酸化炭素に酸化する反応（PROX反応）について2.1項で述べたが，水素中に微量に含まれる一酸化炭素を選択的にメタンに変換することによって除去する手法[9]も重要である。CO選択メタン化反応では，PROX反応のように高精度で空気を供給する必要がなくなるために，燃料電池用水素を低コストで供給を可能にできると期待される。しかしながら，一酸化炭素を選択的にメタン化する触媒系の実現には多くの課題が存在した。この反応においては，目的とする一酸化炭素のメタン化反応（式3）のみならず，一酸化炭素よりも通常多く存在する二酸化炭素の水素化反応（式4）による水素の消費，および，二酸化炭素と水素から一酸化炭素を生成する逆水性シフト反応（式5）が同時に進行する場合が多い（図8）。

渡辺，東山らは，メソ細孔を有するニッケル－アルミニウムの複合酸化物を触媒担体としてルテニウムを担持した触媒がCO選択メタン化反応に非常に有効であることを見出した[10]。この検討により，触媒性能が発揮される温度範囲が拡大されるともに，長時間にわたる触媒性能の維持が確認され，従来の触媒における課題が解決された。さらに，貴金属を使用しない触媒系の探索が行なわれ，メソポーラスジルコニアを触媒担体としてニッケルを担持した触媒が見出された[11]。

## 2.4 メソ細孔材料に担持した金属触媒によるFT合成反応

バイオマスや石炭，非石油の天然ガス・シェールガスなどから得られる合成ガス（一酸化炭素と水素の混合ガス）を原料にして液体燃料を得る反応であるフィッシャー・トロプシュ（FT）合成反応は100年ほどの歴史を持つ反応であるが，石油資源への依存の見直しなどから，近年になって再び注目を集めている。また，硫黄成分や芳香族成分を多く含む石油由来の燃料と比較して，非石油資源由来のFT合成反応による燃料の利用は，硫黄酸化物やPM（粒

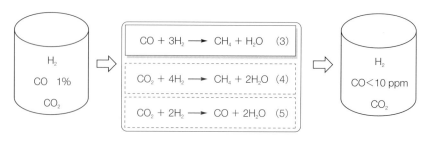

**図8 CO選択メタン化反応**

子状物質）の排出問題を軽減すると期待されている。

FT合成反応では，触媒の種類によることなく，ASF（Anderson-Schultz-Flory）分布と呼ばれる一定の規則に従い広い生成物分布が得られることが知られている。そこで，目的の生成物の選択性を増すために，酸性質を有するゼオライトを後段の反応容器あるいはFT合成用触媒と混在させることにより，いったんFT合成反応で得られた炭化水素を水素化分解・異性化する手法が採用されてきた。椿らは，より効率的な触媒設計方法として，アルミナに担持したコバルトからなるFT合成触媒をベータ型ゼオライトでコーティングしたコアシェル触媒を開発し，炭素数を制御したイソパラフィン類の選択合成に成功した[12]。続いてWangらは，ガソリン（炭素数5〜11）の製造用途には不要なメタンや炭素数2〜4のアルカンの生成を抑えるために，メソ細孔構造を導入したゼオライトを用いる触媒を開発した[13]。ゼオライトH-ZSM-5を水酸化ナトリウム水溶液で処理することによりメソ細孔構造を導入した後にルテニウムを担持した触媒は，最高80％近くの選択性で炭素数5〜11の炭化水素を生成した。

このようにFT合成反応の触媒は，ガソリン（炭素数5〜11）を高効率に生成する観点で大きな進展を果たしたが，ディーゼル車用の軽油（炭素数10〜20）を効率的に得るための触媒開発は立ち後れていた。Wangらは，メソ細孔を有するNaイオン交換Y型ゼオライトに担持したコバルト触媒が，従来に比べて著しく高い選択率で軽油成分を生成できること，長時間の使用にも耐える寿命を有することを見出した[14]。この触媒系において炭素数10〜20の軽油成分生成の高い選択性を得るには，適切な大きさ（最適平均値8.4 nm）のコバルト粒子[15][16]および15 nmほどの大きさのメソ細孔の存在が好ましいことが明らかとなった。

## 3 規則性メソ多孔体を活用した担持金属触媒の今後の展望

新たな規則性メソ細孔物質が開発されるとともに，担持される金属種の結晶相を制御する手法も進歩している中で，今後，規則性メソ細孔物質の細孔内に精密に構造を制御して金属種を担持した触媒の開発と応用はさらに進展すると見込まれる。資源・エネルギー面での課題がさらに重要視される時代を迎えるにあたり，規則性メソ多孔体を活用した担持金属触媒の果たす役割はこれまで以上に大きくなるであろう。目的とする物質変換やエネルギー変換を実現するための高効率かつ低環境負荷の触媒プロセスの開発の鍵となると期待される。1.3項では，担持金属触媒において規則性メソ多孔体を用いる利点として，触媒の機能と金属種および担体構造との間の相関が得られ，反応機構の解明やさらなる触媒設計の指針を得る目的に活用されることを述べた。課題とされる反応に対峙して論理的かつ着実にアプローチできるのが，規則性メソ多孔体を活用した担持金属触媒であろう。

しかしながら，規則性メソ細孔物質を緻密な設計を実現するための担体として活用するにあたり，留意すべき技術的な課題がある。その中の一つは，外表面の存在である。メソ細孔材料の大部分の表面はメソ細孔内の表面であるが，5〜20％程度は材料の外側に位置する表面である。割合こそ少ないものの，細孔内の表面とは全く異なる表面であるため，担持される金属種の構造や触媒機能が異なり，触媒反応において大きな影響を与える事例もある[17]-[19]。この解決策の一つとして，メソ細孔物質の細孔内表面と外表面を区別して選択的に化学修飾する手法がある。一般的なメソポーラスシリカの場合では，その合成段階における界面活性剤を除去する前の状態において，外表面を選択的に化学修飾し，その後に界面活性剤を除去することにより，細孔内の表面のみを未修飾のシリカ表面として活用することができる。ただし注意すべきことに，このようなプロトコルは知られており実施例も報告されている[18][20]-[22]ものの，固体NMRをはじめとするより詳細な構造解析を行ってみると，化学修飾に用いる試薬や反応条件を注意深く選択しなければならないことが判明した[23]。例えば，界面活性剤（cetyltrimethylammonium bromide，CATB）を除去する前のメソポーラスシリカMCM-41（as-synthesized MCM-41）に通常良く用いられるシランカップリング試薬 $MeSi(OEt)_3$ を用いた場合には，界面活性剤が細孔を埋めているにもかかわらず，細孔内への有機修飾が進行した。その一方で，同条件下でトリメシリルトリフラート $Me_3Si(OSO_2CF_3)$ を修飾剤として用いると，細孔内

# 第1章 メソ多孔体類

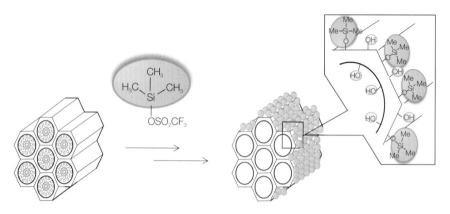

図9 メソポーラスシリカの外表面選択的シリル化

部への修飾を抑えて外表面選択的にシリル化が進行した（図9）。

このようなメソ細孔物質を精密に化学修飾する技術を導入することによって，規則性メソ細孔物質を活用した担持金属触媒の開発と応用が着実に進展するであろうと期待される。

■引用・参考文献■

1) K. Liu, A. Wang and T. Zhang：*ACS Catal.*, **2**, 1165(2012).
2) A. Fukuoka, J. Kimura, T. Oshio, Y. Sakamoto and M. Ichikawa：*J. Am. Chem. Soc.*, **129**, 10120(2007).
3) S. Huang, K. Hara and A. Fukuoka：*Chem. Eur. J.*, **18**, 4738(2012).
4) S. Huang, K. Hara, Y. Okubo, M. Yanagi, H. Nambu and A. Fukuoka：*Appl. Catal.* A, **365**, 268(2009).
5) D. R. Park, B. J. Ahn, H. S. Park, H. Yamashita and M. Anpo：*Kor. J. Chem. Eng.*, **18**, 930(2001).
6) C. Y. Ma, Z. Mu, J. J. Li, Y. G. Jin, J. Cheng, G. Q. Lu, Z. P. Hao and S. Z. Qiao：*J. Am. Chem. Soc.*, **132**, 2608(2010).
7) N. Imanaka, T. Masui, A. Terada and H. Imadzu：*Chem. Lett.*, **37**, 42(2008).
8) C. Jiang, K. Hara and A. Fukuoka：*Angew. Chem. Int. Ed.*, **52**, 6265(2013).
9) K. Urasaki, K. Endo, T. Takahiro, R. Kikuchi, T. Kojima and S. Satokawa：*Top. Catal.*, **53**, 707(2010).
10) A. Chen, T. Miyao, K. Higashiyama, H. Yamashita and M. Watanabe：*Angew. Chem. Int. Ed.*, **49**, 9895(2010).
11) A. Chen, T. Miyao, K. Higashiyama and M. Watanabe：*Catal. Sci. Technol.*, **4**, 2508(2014).
12) J. Bao, J. He, Y. Zhang, Y. Yoneyama and N. Tsubaki：*Angew. Chem. Int. Ed.*, **47**, 353(2008).
13) J. Kang, K. Cheng, L. Zhang, Q. Zhang, J. S. Ding, W. Hua, Y. Lou, Q. Zhai and Y. Wang：*Angew. Chem. Int. Ed.*, **50**, 5200(2011).
14) X. Peng, K. Cheng, J. Kang, B. Gu, X. Yu, Q. Zhang and Y. Wang：*Angew. Chem. Int. Ed.*, **54**, 4553(2015).
15) G. L. Bezemer, J. H. Bitter, H. P. C. E. Kuipers, H. Oosterbeek, J. E. Holewijn, X. Xu, F. Kapteijn, A. J. van Dillen and K. P. de Jong：*J. Am. Chem. Soc.*, **128**, 3956(2006).
16) Q. Zhang, J. Kang and Y. Wang：*ChemCatChem*, **2**, 1030(2010).
17) V. S.-Y. Lin, D. R. Radu, M.-K. Han, W. Deng, S. Kuroki, B. H. Shanks and M. Pruski：*J. Am. Chem. Soc.*, **124**, 9040(2002).
18) C. Y. Ma, B. J. Dou, J. J. Li, J. Cheng, Q. Hu, Z. P. Hao and S. Z. Qiao：*Appl. Catal.* B, **92**, 202(2009).
19) Q. Wei, Z.-X. Zhong, Z.-R. Nie, J.-L. Li, F. Wang and Q.-Y. Li：*Microporous Mesoporous Mater.*, **117**, 98(2009).
20) F. De Juan and E. Ruiz-Hitzky：*Adv. Mater.*, **12**, 430(2000).
21) L.-X. Zhang, J.-L. Shi, J. Yu, Z.-L. Hua, X.-G. Zhao and M.-L. Ruan：*Adv. Mater.*, **14**, 1510(2002).
22) Z. Zhang, S. Dai, X. Fan, D. A. Blom, S. J. Pennycook and Y. J. Wei：*Phys. Chem.* B, **105**, 6755(2002).
23) K. Hara, S. Akahane, J. W. Wiench, B. R. Burgin, N. Ishito, V. S.-Y. Lin, A. Fukuoka and M. Pruski：*J. Phys. Chem.* C, **116**, 7083(2012).

〈原　賢二〉

第1章　メソ多孔体類

## 6節　粒子（触媒成分）との複合化

### 1　はじめに

メソポーラスシリカ[1)-3)]は，均一なナノメートルサイズの細孔が規則的に配列している特徴あるナノ構造に着目したさまざまな材料研究がなされている。例えば，そのナノ空間中に触媒反応のための特徴ある反応場を構築できるため[4)]，ナノレベルの触媒設計を可能とするプラットフォームとなる。高表面積を有するため，触媒担体としての利用も多く研究されている。メソポーラスシリカに触媒・光触媒活性成分を組み合わせる場合，通常は細孔内に活性成分を担持するのが一般的であり，その場合，調製プロセスとしてはメソポーラスシリカを合成した後に細孔内に活性成分を担持することになる。したがって，活性成分は細孔径より小さくなることが必然となる。

一方，筆者らは，あらかじめ合成した活性成分の粒子の周りに後からメソポーラスシリカを生成させることによりそれらの粒子をメソポーラスシリカで包含した複合体を合成することができることを早くに報告した[5)6)]。このような複合体では，活性成分となる粒子は，メソポーラスシリカの細孔より大きな粒子であってもよい。さらに有利な点は，その粒子のサイズ，組成によらず，既存の粒子を幅広く利用することができることである。すなわち，このような複合体は，さまざまな機能を持つ，すでにある微粒子材料をそのままメソポーラスシリカと複合できる点で，極めて応用範囲が広い。

筆者らは，酸化チタン微粒子をメソポーラスシリカで包含した場合，分子選択的な光触媒機能を実現できることを報告した[5)6)]。その後，その分子選択性に与える細孔径の効果や，合成メカニズムとプロセスに関する検討を行い，微粒子の有機表面修飾によりメソポーラスシリカによる包含の仕方が大きく改

善し分子選択性が向上することを見出した[7)]。分子選択的光触媒の研究は，筆者らの研究[6)8)9)]の後に，多数の研究がおこなわれた[10)]。筆者らは，さらにその後，チタン酸ストロンチウムナノキューブ粒子のメソポーラスシリカによる被覆にも成功した[11)]。本稿では，これら，粒子をメソポーラスシリカで包含した複合体の合成プロセスと構造，並びに光触媒機能を有する粒子とメソポーラスシリカの複合体の合成と光触媒特性について紹介する。

### 2　酸化チタン粒子をメソポーラスシリカに埋め込んだ新規な複合体の合成と構造

筆者らは，ナノ細孔を持つメソポーラスシリカ中に，光触媒として高活性を有する $TiO_2$ 微粒子を埋め込んだ複合体（MPS-$TiO_2$）を合成し，分子選択的かつ高活性な複合体光触媒系の構築に成功した。

図1に，この複合体の合成スキームを示す。筆者らの実施した合成法は主に2種類あり，第一の方法は，酸化チタン粒子をそのまま用いる方法，第二の方法は，酸化チタン粒子の表面にあらかじめアルキルシラン化剤を用いて疎水化処理をしたものを用いる方法である。合成法の概略は，pHを調製した界面活性剤 $n$-ヘキサデシルトリメチルアンモニウムブロミド水溶液に酸化チタン粒子（P25）を添加し，さらにシリカ源のオルトケイ酸テトラエチルを一気に加えるというものである。オルトケイ酸エチルを加えると，ただちに加水分解脱水縮合が起こり，メソポーラスシリカが得られる。まず，第一の方法[5)6)]では，メソポーラスシリカが生成するときに酸化チタン粒子が居合わせるので取り込まれると期待される。この方法で合成した複合体のTEMおよびSEM観察では，メソポーラスシリカに包含されて

－ 61 －

第1章 メソ多孔体類

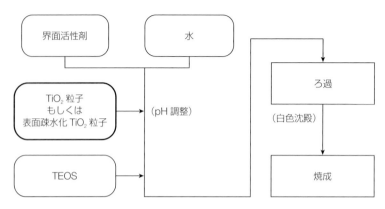

図1 粒子−メソポーラスシリカ複合体の合成スキーム

いる酸化チタン粒子も多数あるが，メソポーラスシリカの外部にある酸化チタン粒子も多く存在することがわかった。

第二の方法では，酸化チタン粒子表面をアルキルシランで疎水化してから，同様に合成する[7]。具体的には，オクタデシルトリエトキシシランをトルエン還流中酸化チタン表面の水酸基と反応させた。この，表面修飾酸化チタンを用いた方法では，酸化チタン粒子がほぼすべてメソポーラスシリカに包含され，メソポーラスシリカの外部にある酸化チタン粒子はほとんど観測されなくなった。この場合に推定される複合体の合成メカニズムを図2に示す。表面を疎水化すると，当然，水には分散しなくなる（図2a）。ところが，メソポーラスシリカの鋳型となる界面活性剤の存在下では，容易に分散する（図2b）。これは，界面活性剤が疎水基を内側に，親水基を外側に向け表面疎水化酸化チタン粒子の表面に吸着すれば，水に極めて分散しやすくなるためである。この場合，図2cのように，水中のミセルとも相互作用しやすくなり，粒子は棒状ミセルに取り囲まれる形で，ミセル集合体の中に取り込まれることが可能になると考えられる。合成プロセスでは，この状態でシリカ源であるテトラエトキシシランを添加する。これにより，ミセルの間にシリカの壁が形成さ

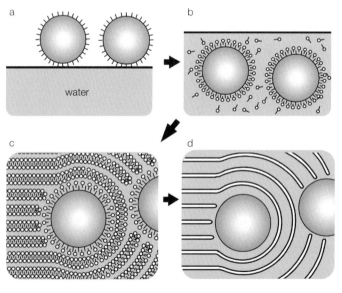

図2 複合体合成のメカニズム

れ，いわゆる as synthesized のメソポーラスシリカ－酸化チタン粒子複合体が固体として析出する。これを，ろ過，洗浄して焼成することにより界面活性剤を除去すると，図2dのように酸化チタン粒子がメソポーラスシリカに包含された複合体となる。このようにして合成した複合体を，octadecyl基を表面修飾したTiO$_2$（P25）粒子を用いたため，以下，C18-NC-2.7（細孔径2.7 nm）と呼ぶことにする。C18-NC-2.7のTEM像を図3に示す。蜂の巣状の細孔を持つメソポーラスシリカが酸化チタン粒子を包み込んでいる様子が観測される。

ここで，酸化チタン粒子とメソポーラスシリカの界面がどのような構造であるかには興味が持たれる。光触媒機能をはじめとする分子機能を発現するためには，メソ細孔が酸化チタン粒子表面につながって外部から分子が拡散していく経路が確保されている必要がある。すなわち，酸化チタン粒子に細孔が通じている必要がある。一方で，上に述べたメカニズムであると，メソ細孔が酸化チタン粒子の周囲に沿った方向に巻いた形で生成する可能性がある。このような詳細な構造を実験的に明確にすることは容易でないが，筆者らは，複合体に含まれる酸化チタン粒子のみを溶解し，残ったメソポーラスシリカをTEMで観察することを試みた。熱濃硫酸で処理すると，メソポーラスシリカを残したまま酸化チタン粒子だけを溶解除去することができる。

図4には，酸化チタン粒子を溶解除去した後の複合体のメソポーラスシリカのTEM像を示した。収納されていた場所と考えられるメソポーラスシリカに大きな多数の空洞が観察された。すなわち，細孔より大きい酸化チタン粒子が，表面に付着しているのではなくメソポーラスシリカの内部に包み込まれた複合構造ができている。ここで用いている酸化チタン粒子（P25）の粒径は，20～30 nm程度である。それに比べると，このTEM像で観測されている空洞は大きいが，これは，比較的近接して存在していた酸化チタン粒子が複数個取り除かれたためと考えられる。さて，このTEM像を詳細に観察すると，酸化チタン粒子の表面に沿って曲がりながら走っている細孔が観測された。一方，酸化チタン粒子があった空洞の部分に2D-ヘキサゴナルを細孔の方向からみた蜂の巣様のパターンが見える部分も確認でき，細孔が酸化チタンの方向を向いている部

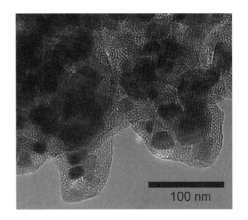

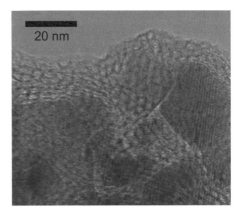

図3　TiO$_2$粒子－メソポーラスシリカ複合体（C18-NC-2.7）のTEM像

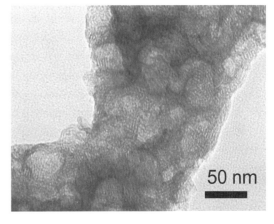

図4　TiO$_2$粒子－メソポーラスシリカ複合体（C18-NC-2.7）のTiO$_2$を溶解除去した試料のTEM像

分が少なからず存在することがわかる。このような知見を総合して，構造モデル図を図5のように描

第1章 メソ多孔体類

いた。酸化チタン粒子に向かっている部分があり，主にそこが分子のアクセス経路になると考えられる。

## 3 酸化チタン粒子-メソポーラスシリカ複合体の分子選択的光触媒機能

酸化チタン光触媒は，有機物の分解にも高活性を示すが，特定の分子を選択的に分解するような分子選択性はないと考えられている。筆者らは，以前に，酸化チタン微粒子の表面を直接アルキルシラン化剤により疎水化処理することにより，水中ノニルフェノールが夾雑物としてのフェノール共存下でも光触媒的に分解除去され，これは水中の疎水性分子に対する分子選択的光触媒作用によるものであることを報告した[8]。これは，酸化チタンの光触媒機能に，分子選択的な吸着機能を組み合わせたことによる複合機能である[8)9)]。この筆者らの研究の後，分子選択的光触媒系の構築の研究が盛んにおこなわれた[10]。筆者らは，酸化チタン微粒子-メソポーラスシリカ複合体においても，酸化チタンの光触媒機能とメソポーラスシリカの吸着能の組み合わせにより，分子選択的光触媒機能を発現した。

図6は，アルキル基の大きさの異なるアルキルフェノールの混合水溶液の光触媒分解を行った結果である[5)-7)]。4-Nonlyphenol (NP)，4-$n$-heptylphenol (HP)，4-$n$-propylphenol (PP)，phenol (PH) の4種のアルキルフェノールをそれぞれ $1.5 \times 10^{-5}$ mol L$^{-1}$ の希薄な濃度で混合した水溶液を反応液として用いた。

光触媒を溶液に投入すると，アルキルフェノール濃度の低下がみられ，これは触媒への吸着に対応する。NPとHPは触媒に明らかに吸着している。一方，PPとPHの吸着はほとんど見られない。光照射を開始すると，NPとHPが他の2種のフェノール類に比べてより早く分解した。

図7には，夾雑物として $1.5 \times 10^{-3}$ mol L$^{-1}$ のPH

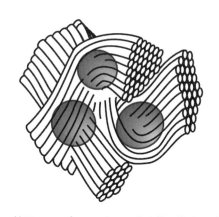

図5 粒子-メソポーラスシリカ複合体の構造モデル図

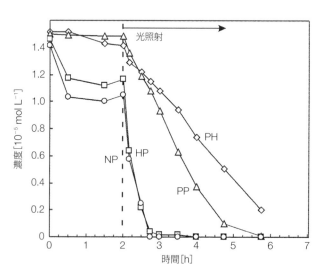

図6 混合アルキルフェノール水溶液の光触媒的分解反応の経時変化光触媒：TiO$_2$-メソポーラスシリカ複合体（C18-NC-2.7）
(NP：ノニルフェノール，HP：ヘプチルフェノール，PP：プロピルフェノール，PH：フェノール)

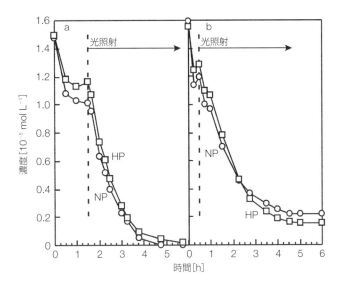

**図7** 高濃度のフェノール共存下のアルキルフェノールの光触媒的分解反応
a：TiO₂-メソポーラスシリカ複合体，b：TiO₂とメソポーラスシリカの混合物

の共存下，NPとHPの光触媒的分解をおこなった結果を示した。PHの濃度は，NP，HPの濃度の100倍である。図7(b)は，酸化チタンとメソポーラスシリカの機械的混合物による光触媒反応の結果である。この場合，混合物は分子選択性がないため，100倍濃度のPHの分解が主に起こる。そのため，この夾雑物が存在により，NPとHPを完全に濃度ゼロまで分解できておらず，残留してしまう。一方，複合光触媒では，分子選択性を有するため，夾雑物存在下でもNPとHPが完全に分解された（図7a）。この結果は，分子選択性の重要な効果を示している。すなわち，分子選択性がない場合にはできなかったことが，分子選択性があるために可能になったという事例を明示することができた。

酸化チタン粒子とメソポーラスシリカを単に機械混合した場合には分子選択性は発現しない。したがって，分子選択的光触媒機能の発現には，酸化チタンがメソポーラスシリカに包まれていることが重要である。前項で述べた第一の方法（酸化チタン粒子の表面を疎水化せずにそのまま用いる方法）で合成した複合体では，かなりの酸化チタン粒子がメソポーラスシリカの外部に存在する。このことは，この複合体の分子選択性に影響するはずである。

図8に，第一の合成法，第二の合成法による複合体の分子選択性を比較するため，混合アルキル

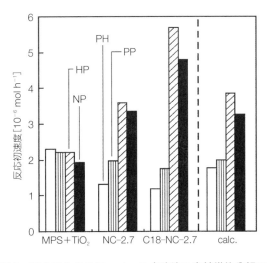

**図8** 混合アルキルフェノール水溶液の光触媒的分解における反応速度の比較

（NP：ノニルフェノール，HP：ヘプチルフェノール，PP：プロピルフェノール，PH：フェノール）

フェノールの反応の分解初速度を示した。メソポーラスシリカと酸化チタンの機械混合（MPS+TiO₂）では，分子選択性がないため，4種類のアルキルフェノールをほぼ同じ速度で分解している。一方，第一の方法，すなわち，酸化チタン粒子を疎水化処理しない合成法による複合体（NC-2.7と呼ぶ）では，NPとHPの分解速度が速く，分子選択性が表れて

第1章　メソ多孔体類

いる。さらに，第二の方法（酸化チタン粒子表面の疎水化）により合成した複合体（C18-NC-2.7）では，NC-2.7 より大幅に高い分子選択性が現れた。さて，NC-2.7 が C18-NC-2.7 より分子選択性が低いのは，酸化チタン粒子が一部メソポーラスシリカの外部に存在するためと考えれられる。したがって，NC-2.7 は，機械混合光触媒と，C18-NC-2.7 の混合物とみなせるはずである。そこで，機械混合光触媒における各分子の反応速度と C18-NC-2.7 のそれのそれぞれに係数をかけ算して足し合わせると，NC-2.7 の反応速度のパターンを再現できる可能性がある。図8の calc. の値は，C18-NC-2.7 の結果を 0.46 倍，機械混合の結果を 0.54 倍して足し合わせた結果である。この結果は，NC-2.7 の結果をよく再現する結果となった。すなわち，分子選択性の起源が，酸化チタンがメソポーラスシリカに包含されている結果，発現することを示している。さらにここで，機械混合に比べて，複合体光触媒では，全反応速度が上昇していることは注目すべき点である。すなわち，4種のフェノールの分解速度の総和が増加している。これは，メソポーラスシリカの細孔内に分子が吸着濃縮されることにより，光触媒反応自体が加速したためと考えられる。この濃縮加速効果も，本複合構造の重要な機能の一つと言える。上で紹介したアルキルフェノール類の分解のほか，アルキルアニリン類についても，この複合体の特異的な分子選択性が観測されている[11]。

## 4　SrTiO₃ナノキューブを用いたメソポーラスシリカ複合体

前項までで，光触媒能を有する酸化チタン粒子とメソポーラスシリカを複合化することで分子選択能など，酸化チタン粒子単独では発現しない機能が得られることを紹介してきた。これまでは P25 など既存の酸化チタン粒子を用いてきたが，複合体の生成メカニズムを考慮すると，それ以外の多様な粒子を用いたメソポーラスシリカ複合体への展開が期待できる。近年では，微粒子のなかでもナノ粒子と称される，粒径が数〜数十 nm の粒子への関心が集まっている。半導体ナノ粒子においては，ナノサイズとなることでバンド構造が変化し，それに由来する蛍光や光触媒機能を発現するなどの特徴を有する

ためである。ここでは粉砕によるトップダウン型のアプローチではなく，水熱合成法などの液相プロセスでそのサイズや形態を精緻に制御したナノ粒子の合成法が最近になって多く開発されていることが大きく研究の進展に寄与している。なかでも立方体構造を有する"ナノキューブ"は，特定の結晶面が露出していることから，触媒などへの応用が期待されているほか，自己集積性などでも高い注目を集めている[12]。これまでに開発された酸化物ナノキューブとしては CeO₂ ナノキューブなどが挙げられるが，単純酸化物のものがほとんどで，複合酸化物のナノキューブの合成は例が少なかった。一方チタンを含む複合酸化物にはペロブスカイト構造を有する BaTiO₃ や SrTiO₃ などがあり，誘電体としての利用に加え，近年では光触媒としても注目されている。

筆者らは，SrTiO₃ ナノキューブの合成法を開発し[13]，これをメソポーラスシリカ複合体としたものが光触媒材料として利用可能なことを明らかにしている[14]。SrTiO₃ ナノキューブは水熱合成法を応用して合成可能である。ここで特徴的な点の一つとしてチタン源として水溶性チタン錯体を利用する点があげられる。チタンアルコキシドやチタン塩化物が水と激しく反応し水溶液での取り扱いが困難なのとは対照的に，水溶性チタン錯体は幅広い pH で安定な水溶液として取り扱い可能である[15]。ここでは水溶性チタン錯体としてチタニウム（Ⅳ）ビス（アンモニウムラクタート）ジヒドロキシド（TALH）を用い，ストロンチウム源には水酸化ストロンチウムを用いた。今回は添加物としてオレイン酸とヒドラジンを選択した。図9 には何も添加しない系，オレイン酸を添加した系，オレイン酸およびヒドラジンを添加した系それぞれで 200℃ で 24 時間の水熱処理を行った試料の X 線回折測定の結果を示している。いずれにおいても SrTiO₃ の生成が確認された。オレイン酸を添加しなかった系では，ピークの半値幅は狭く，大きな結晶子径を持った粒子の生成が示唆される。また，副生成物の SrCO₃ も確認された。

一方，オレイン酸を添加した系では，ブロードなピークであることから，ナノサイズの結晶の生成が期待される。またこちらでは副生成物は認められなかった。図9 には得られた試料のヘキサン分散液の様子を示している。オレイン酸を添加せず調製した試料では，白濁した様子が観察され，粒子はすぐに

沈殿した。一方，オレイン酸を添加して調製した試料の分散溶液は無色透明であり，数ヵ月にわたって安定であった。このことから，この系ではSrTiO₃粒子は光を散乱しないナノサイズで分散し，かつ疎水的な表面を有していることがわかる。TEM観察によれば，オレイン酸を添加しなかった場合，粒子サイズは数百nmであったが（**図10a**），オレイン酸を添加した系ではおよそ10～20nmのナノ粒子となっていた。しかしながらその形態はほぼ球形であった。一方，オレイン酸とヒドラジンを添加した系では，およそ10～20nmのキューブ形状を有したナノ粒子が確認できる（図10b）。これらの粒子間には均一な隙間が存在しており，チタン酸ストロンチウム粒子がオレイン酸の炭化水素鎖で被覆されていることを示唆している。

これらの結果から，オレイン酸を添加することでSrTiO₃粒子表面がオレイン酸で修飾され，結晶成長を抑制してナノサイズになるように制御でき，また非極性有機溶媒に凝集することなく分散させることができることがわかった。さらにヒドラジンが粒子の形態がキューブ状になるための因子となっていることが考えられる。

このようにして合成したSrTiO₃ナノキューブは表面が疎水性の有機鎖で覆われていることで溶媒中での分散性を得ているが，光触媒など表面に由来する機能を得るうえでは障害となる。熱処理によって有機鎖を除去する手段が一見有用に思われるが，その過程でナノキューブ同士が焼結してしまう懸念がある。

筆者らは前述のように疎水的表面を有する粒子がメソポーラスシリカとの複合化に適していることを明らかにしており，これまでの手法を応用した複合化による光触媒への展開を試みた。まず合成したSrTiO₃ナノキューブはテトラヒドロフラン（THF）に分散させた。THFは非極性有機溶媒でありながら水と混和する特性を有している。この分散液をあらかじめ用意しておいた界面活性剤のミセル溶液中へ注入した。こうすると，THFは水中に拡散するため，SrTiO₃ナノキューブは疎水性相互作用によってミセルの疎水場に選択的に取り込まれる。これにアンモニア水とシリカ源を加えて生じた沈殿物を回

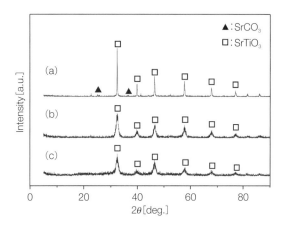

**図9** TALHとSr(OH)₂を含む水溶液を水熱処理して得られた試料のXRDパターン
(a)添加物なし，(b)オレイン酸添加，(c)オレイン酸およびヒドラジン添加

**図10** TALHとSr(OH)₂を含む水溶液を水熱処理して得られた試料のヘキサン分散液の写真およびTEM写真
(a)添加物なし，(b)オレイン酸およびヒドラジン添加

第1章 メソ多孔体類

収し，焼成することでSrTiO$_3$ナノキューブ－メソポーラスシリカ複合体が得られる。これとSrTiO$_3$ナノキューブのみを同条件で焼成した試料を電子顕微鏡にて観察したところ，ナノキューブのみを焼成したものでは非常に大きなサイズの凝集体となり，ナノキューブ形態を保持していなかったが，複合体を焼成したものでは，ナノキューブがメソポーラスシリカ中に高分散して存在し，キューブの形態とサイズは変化していないことが明らかになった（図11）。

このことからメソポーラスシリカとの複合化によりSrTiO$_3$ナノキューブの焼結による結晶成長を抑制することができたと考えられる。SrTiO$_3$ナノキューブ－メソポーラスシリカ複合体の光触媒能は色素であるメチレンブルーを用いた分解実験で評価した。メソポーラスシリカのみの試料は色素を吸着するが光照射による分解は確認できなかった。一方，SrTiO$_3$ナノキューブのみでは色素の吸着はみられず，光分解の反応も遅かった。これらに対し，SrTiO$_3$ナノキューブ－メソポーラスシリカ複合体では色素をすばやく吸着したうえ，光分解過程においても優れた分解速度を示した（図12）。これは800℃の焼成温度では通常焼結してしまうSrTiO$_3$ナノキューブがメソポーラスシリカマトリックスによって包含された構造になることで焼結を抑制してナノキューブ形態を保持しつつ，メソポーラスシリカマトリックスに高分散状態で固定化しているためであると考えられる。この結果より，複合光触媒は吸着と光分解の2つの機能を併せ持っていることが確認できた。今後キューブ形態，すなわち特定の結晶面の露出が光触媒性能に及ぼす効果を検証し，さらには金属イオンのドープや助触媒の担持などによってさらなる性能の向上を図っていくことが可能である。

## 5 おわりに

以上，酸化物粒子をメソポーラスシリカで包含した複合材料について，酸化チタン粒子，チタン酸ストロンチウムナノキューブを用いた例を中心に紹介した。SrTiO$_3$ナノキューブの例を紹介したが水熱法をはじめとする液相プロセスでは多様な有機鎖修飾ナノ粒子が開発されている。筆者らが開発した複

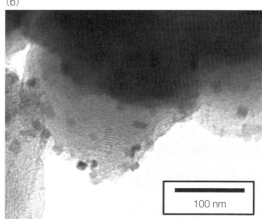

図11 (a)SrTiO$_3$ナノキューブのみを800℃で焼成した試料のSEM写真，(b)SrTiO$_3$ナノキューブ－メソポーラスシリカ複合体のTEM写真

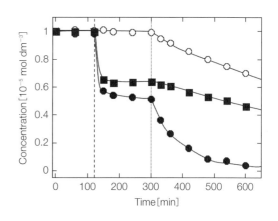

図12 メチレンブルーの吸着・分解実験
破線（120分）試料投入，点線（300分）光照射（λ＝252 nm）開始。○：SrTiO$_3$ナノキューブのみを焼成した試料，■：メソポーラスシリカのみ，●：SrTiO$_3$ナノキューブ－メソポーラスシリカ複合体

合化の手法はこれらの粒子に広範に適用可能であると考えられ，光触媒だけでなく多様な機能を有するナノ粒子−メソポーラスシリカ複合体を合成する手法となると期待できる。酸化物だけでなく，パラジウム金属粒子の集合体をメソポーラスシリカで包含した例も報告した[16]。さらには，複数のナノ粒子を同時にメソポーラスシリカに包含させることも可能である。すでに筆者らはその一例として，酸化鉄ナノ粒子と酸化チタン粒子を包含したメソポーラスシリカを試作している。この複合体は，磁場による回収が可能な光触媒として利用が可能なことが実証されている[17]。このように複数の機能を併せ持つ複合体や機能を連携させた複合体への展開も可能で，今後さらなる発展が期待できる。

### ■引用・参考文献■

1) T. Yanagisawa, T. Shimizu, K. Kuroda and C. Kato : *Bull. Chem. Soc. Jpn.*, **63**, 988(1990).

2) S. Inagaki, A. Koiwai, N. Suzuki, Y. Fukushima and K. Kuroda : *Bull. Chem. Soc. Jpn.*, **69**, 1449(1996).

3) T. Kresge, M. E. Leonowicz, W. J. Roth, J. T. Vartuli and J. S. Beck : *Nature*, **359**, 710(1992).

4) たとえば，K. Inumaru, T. Ishihara, Y. Kamiya, T. Okuhara and S. Yamanaka : *Angew. Chem. Int. Ed.*, **46**, 7625−7628 (2007).

5) 笠原隆，犬丸啓，山中昭司，第 42 回セラミックス基礎科学討論会 1F−04(2004)；特許第 5194249 号．

6) K. Inumaru, T. Kasahara, M. Yasui and S. Yamanaka : *Chem. Commun.*, 2131−2133(2005).

7) K. Inumaru, M. Yasui, T. Kasahara, K. Yamaguchi, A. Yasuda and S. Yamanaka : *J. Mater. Chem.*, **21**, 12117−12125(2011).

8) K. Inumaru, M. Murashima, T. Kasahara and S. Yamanaka : *Appl. Catal. B Environmental*, **52**, 275−280(2004).

9) T. Kasahara, K. Inumaru and S. Yamanaka : *Micropor. Mesopor. Mater.*, **76**, 123−130(2004).

10) M. A. Lazar and W. A. Daoud : *RSC Adv.*, **3**, 4130−4140 (2013).

11) M. Yasui, K. Katagiri, S. Yamanaka and K. Inumaru : *RSC Adv.*, **2**, 11132−11137(2012).

12) F. Dang, K. Kato, H. Imai, S. Wada, H. Haneda and M. Kuwabara : *Crystal Growth Des.*, **10**, 4537(2010).

13) K. Fujinami, K. Katagiri, J. Kamiya, T. Hamanaka and K. Koumoto : *Nanoscale*, **2**, 2080(2010).

14) K. Katagiri, Y. Miyoshi and K. Inumaru : *J. Colloid Interface Sci.*, **407**, 282(2013).

15) M. Kakihana, M. Kobayashi, K. Tomita and V. Petrykin : *Bull. Chem. Soc. Jpn.*, **83**, 1285(2010).

16) K. Inumaru, K. Nakamura, K. Ooyachi, K. Mizutani, S. Akihara and S. Yamanaka : *J. Porous Mater.*, **18**, 455−463 (2011).

17) 阿久根隆之，片桐清文，犬丸啓，日本セラミックス協会 2015 年年会，2G09(2015).

〈犬丸　啓，片桐　清文〉

第 1 章　メソ多孔体類

## 7節　中空や鈴型に構造を制御したメソポーラスシリカ

### 1　緒言

　ゼオライトやメソポーラスシリカなどの規則性多孔体は，均一な大きさの細孔を有し，それらが規則的に配列した魅力的な材料である。高表面積であることから触媒担体や吸着剤としての利用が多く報告されている。これら多孔体の構造や形状を制御し高機能化することにより，新たな用途が期待できる。例えば，粒子を微粒子にすることにより触媒として高活性を示すことや，膜にすることによって気体の分離が可能となる。また，コア−シェル構造のように内部と外部の組成を変えることにより，高選択性を示す触媒となる。

　特徴的な構造の一つに中空構造がある。粒子の内部の大きな空間にさまざまな物質を大量に内包することができる。また，多孔体を用いて中空構造体を合成すると，細孔を通して内包した物質が外部に出る，あるいは外部の物質が内部へ入ることができる。中空構造のメソポーラスシリカは，これまで主にポリスチレンビーズ (PS) などのハードテンプレートを用いて合成されてきた[1]。この方法では，例えば PS を覆うようにメソポーラスシリカを合成し，その後，焼成により PS を除去する。このようにして合成した中空材料では，細孔構造が不規則なメソポーラスシリカができやすく，規則的で放射状の細孔を有する中空メソポーラスシリカの報告は数例のみである[2]。また，この方法では中空部のテンプレートとなる PS などをあらかじめ調製しなければならない。一方，テンプレートを合成する必要のないソフトテンプレート法も報告されている[3]。ソフトテンプレートしてバブルやエマルションが用いられている。この方法では one−pot で中空の多孔体を形成できる利点があるが，細孔構造が規則的で放射状ではなく，多孔体の粒子の大きさを制御することは

難しい。

　筆者らは，シリカ粒子中の分解したい場所を親水性にし，それ以外を疎水性にして，選択的に親水性部分を除去することによって多孔体の形状制御を行っている。この方法により，ゼオライトの結晶の内部のみを親水性にし，その後に内部のみを除去して，中空ゼオライトを合成した[4]。まず，アルミニウムを含むゼオライト結晶を合成し，その周りにアルミニウムを含まないゼオライトを結晶成長させ，コア−シェル構造のゼオライト結晶を合成する。このとき中空ゼオライトに欠陥によるメソ孔を存在させないためには，コア−シェル構造中のシェルの部分に欠陥がない必要がある。コアおよびシェルともに欠陥がほとんど形成しない条件で合成するときのみシェルに欠陥が生じない[5]。このようにして合成したコア−シェル構造体のコアからアルミニウムを除き欠陥を生成させ，コアのみを親水性にする。親水性部分の除去には，炭酸ジメチル (DMC) によるシリカの分解反応を用いた。この反応では，分解触媒であるアルカリ金属塩が存在するところのみ，分解反応が進行する[6]。親水性の部分には塩が担持されやすいという性質を利用して，コアのみに塩を担持することによって中空部を形成した。

　本稿では，中空ゼオライト合成のときと同様に，規則的な細孔構造を有する中空メソポーラスシリカを，コア−シェル構造のメソポーラスシリカからコアを取り除くことにより合成する方法について述べる。コアを通常のメソポーラスシリカ粒子とし，その周りに有機基を有する疎水性のメソポーラスシリカを粒子成長させることにより，コア−シェル構造のメソポーラスシリカを合成した。その後，親水性のコアのみを選択的に除去することによって，中空部分を形成した。また，中空の多孔体は，内部に大きな空間があるため，さまざまな物質を内包するこ

－　70　－

とができる。この特長を生かした中空多孔体の新たな利用法について紹介する。

## 2 中空メソポーラスシリカ

### 2.1 中空メソポーラスシリカの合成

コアが親水性，シェルが疎水性のコア-シェル構造のメソポーラスシリカを合成した。コアにはYanoらが報告[7]した球状で単分散であり，細孔が放射状に規則的に並んでいるメソポーラスシリカを用いた。通常のメソポーラスシリカの細孔壁にはシラノールが存在するため，コアは親水性である。この球状粒子の周りに，プロピル基を有するアルコキシシランをケイ素源の一部に用いることによって，プロピル基を有する疎水性のメソポーラスシリカを粒子成長させた。ここまでの操作はone-potで行える。その後，抽出により，メソ孔の鋳型となる界面活性剤を取り除いた。得られたメソポーラスシリカの細孔径は約1 nmである。

得られたコア-シェル構造のメソポーラスシリカを用いて，中空化を行った。中空部の形成には**図1**に示す2つの方法を用いた。方法1として，中空ゼオライトの中空部形成に用いたDMCによる分解反応を用いた[8]。シリカ分解触媒として酢酸ナトリウムを，エタノール溶液を用いてincipient wetness法により担持した。このとき，塩は親水性のコアのみに担持される。少量の塩が粒子外表面にも担持されるため，シェルの細孔容積分のドデカンで細孔を完全に埋めた後に，水洗により外表面の塩を取り除いた。その後，残っている界面活性剤とドデカン，酢酸イオンを取り除くために400℃で6時間焼成し，80 kPaのDMCを360℃で供給することによってコアのシリカを分解した。分解生成物であるテトラメトキシシランの生成量を積算し，コアの部分に存在するケイ素の量と同量になったら分解反応を停止した。**図2**に中空メソポーラスシリカの電子顕微鏡像を示す。外見は球状の粒子である（図2(a)）が，透過電子顕微鏡像（図2(b)）から中空であることおよび細孔が放射状であることがわかる。しかし，DMC処理による中空化は，操作が煩雑で，大量に合成するには不適である。そこで，簡便で大量に合成できる中空化の方法（方法2）を開発した。

方法2では，アンモニア水によるシリカ分解反応を用いた[9]。コア-シェル構造のメソポーラスシリカをアンモニア水に加えて撹拌する操作のみの簡便な操作で大量の合成に適している。この方法では，通常のシリカである親水性のコアは塩基により溶解するが，プロピル基を有する疎水性のシェルでは塩基がプロピル基により細孔壁に接することができないために溶解しないという親，疎水性の違いを利用した。この方法でも中空メソポーラスシリカは合成できた。しかし，プロピル基の保護だけではシェルの一部も溶解し，元のメソポーラスシリカの規則性が崩れた。さらなるシェルの保護を目指し，アンモ

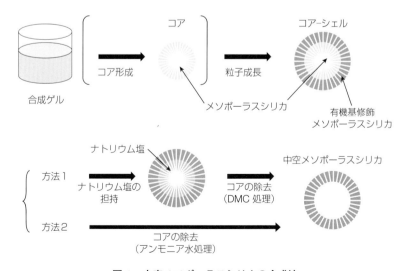

**図1 中空メソポーラスシリカの合成法**

ニア水処理の条件検討を行った。その結果，アンモニア水による処理時に界面活性剤である塩化ヘキサデシルトリメチルアンモニウムを加えることにより，ほとんどシェルが溶けなくなることを見出した。図2(c)に合成した中空メソポーラスシリカをアルゴンビームで表面を削った電子顕微鏡像を示す。全ての粒子内部に空洞が形成されていることがわかる。

アンモニア水を用いて合成する時の界面活性剤の役割を明らかにするために，通常のメソポーラスシリカとプロピル基で修飾したメソポーラスシリカの分解速度を測定した（**表1**）。同じ粒子径の球状メソポーラスシリカを用い，プロピル基の有無を比べた結果，界面活性剤を用いない場合，通常のメソポーラスシリカとプロピル基修飾メソポーラスシリカの分解速度の比は10であった。この速度差により中空部が形成された。しかし10倍程度の速度差ではシェルの分解もある程度起こり，規則性の低下を引き起こしたと考えた。界面活性剤存在下でアンモニア水処理を行うと，通常のメソポーラスシリカの分解速度は変化しなかったが，プロピル基を修飾したメソポーラスシリカ粒子の分解速度は減少した。その結果，分解速度比は24まで向上した。以上のことから，プロピル基と界面活性剤のアルキル基の保護によりシェル部の溶解が抑えられ，中空部が形成されることがわかった。

## 2.2 薬物徐放容器としての利用

中空メソポーラスシリカは粒子内部に広大な空間があるため，この空間部に大量の物質を内包することができる。薬物を中空部に内包し中空シリカを薬物容器として利用すると，薬物はメソ孔を通って外部に放出される。このとき，メソ孔という狭い通路を通るため，薬物が細孔内をゆっくり拡散し，徐放されることが期待できる。

薬物として9-フェニルアントラセンを用い，薬物を内包した中空シリカを窒素気流中，130℃に加熱して，蒸気となって放出される減少量の経時変化を測定した（図3）[8]。比較のために，細孔径が50 nm のシリカゲルの細孔に薬物をつめた試料も調べた。減少速度を比べると，初めの10時間ではシリカゲルと同じ速度で放出した。この速度は，薬物のみを用いたときの減少速度（点線）と同じである

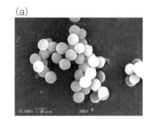
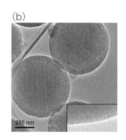
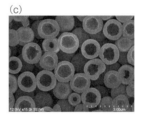

**図2 中空メソポーラスシリカの電子顕微鏡像**
(a)DMC処理により合成した中空メソポーラスシリカの走査電子顕微鏡像[8]，および(b)透過電子顕微鏡像[8]，(c)アンモニア水処理により合成した中空メソポーラスシリカをアルゴンビームで表面を削った走査電子顕微鏡像[9]。

**表1 アンモニア水中でのメソポーラスシリカの分解速度**[9]

| 界面活性剤<br>（C$_{16}$TMACl） | 球状<br>メソポーラス<br>シリカ | 初期分解速度<br>/mol L$^{-1}$ min$^{-1}$ | 分解<br>速度比 |
| --- | --- | --- | --- |
| なし | シリカ | $3.0 \times 10^{-4}$ | 10 |
| | プロピル基<br>修飾シリカ | $3.0 \times 10^{-5}$ | |
| 添加 | シリカ | $3.1 \times 10^{-4}$ | 24 |
| | プロピル基<br>修飾シリカ | $1.3 \times 10^{-5}$ | |

C$_{16}$TMACl：塩化ヘキサデシルトリメチルアンモニウム

ことから，薬物の飽和蒸気圧分の速度で減少したことがわかる。すなわち，初めの10時間に起こる減少は粒子の外表面についた薬物の減少であると考えた。10時間以降では，放出速度がほぼ半分になり，また減少速度は一定であった。中空メソポーラスシリカでは細孔径が1 nm程度であることにより，拡散律速になったと考えられる。メソポーラスシリカの細孔に薬物をつめて徐放剤とした研究がいくつか報告されている[10]。徐放が起こる理由は細孔内での拡散律速であると報告されているが，放出量は時間とともに減少する。これはFickの法則に従う

Higuchi拡散モデル[11]により説明されている。細孔内に薬物が蓄えられているため，細孔内の薬物濃度が時間とともに変化し，放出量が時間の平方根に比例する。時間とともに薬物の徐放量が変化するということは，通常のメソポーラスシリカは薬物容器として適していないことを示している。中空メソポーラスシリカでは，中空部に大量に薬物が内包できるということとともに，放出速度が一定であるという利点がある。このことは，Reservoirモデルを用いて説明できる[12]。中空内部の薬物濃度（分圧）は常に飽和蒸気圧であるため，中空部に薬物が残っている限り常に一定である。そのため外部と中空部の濃度差は常に一定であることから放出速度も一定となる。このモデルは液体中での放出にも適応できる。以上のことから，気体および液体中への薬物放出において中空メソポーラスシリカは薬物徐放容器として適していることを明らかにした。

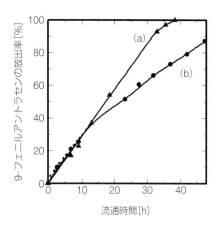

図3 内包した9-フェニルアントラセンの減少量の経時変化[8]
(a)細孔径が50 nmのシリカゲル，(b)中空メソポーラスシリカ，点線9-フェニルアントラセンのみ。条件：温度130℃，乾燥空気，40 mL min$^{-1}$，粒子30 mg，9-フェニルアントラセン40 mg。

## 2.3 ミクロ反応容器としての利用

中空多孔体を化学反応に用いる例はいくつか報告されている。その大半は，中空部に触媒である金属ナノ粒子を内包している中空多孔体である[13]。金属触媒を内包することにより，金属粒子のシンタリングを抑制することができる，あるいは，中空部での反応物の濃縮効果により反応速度が向上すると報告されている。しかし，これらの報告では中空部の広大な空間を有効に利用していない。筆者らは，中空多孔体の空間を有効に利用する方法として，ミクロ反応容器としての利用を考えた[9]。

二相系反応では，撹拌することにより油相と水相にそれぞれ溶解した反応物が界面付近で接触し，反応が進行する。例えば，水相に溶解している臭化ナトリウムと油相に溶解している塩化ベンジルとのハロゲン交換反応では，撹拌することによって水相中に油滴が生成し，二相の界面積が増加して反応が促進される。さらに界面積を増加させれば，さらなる反応速度の向上が期待できる。中空メソポーラスシリカに水相を内包させて二相系反応システムに添加すると，撹拌により中空シリカが油相へ移動することにより，二相間の界面積の増加が期待できる。図4に中空シリカを添加したときの模式図を示す。

臭化ベンジル収率の経時変化を図5に示す。中

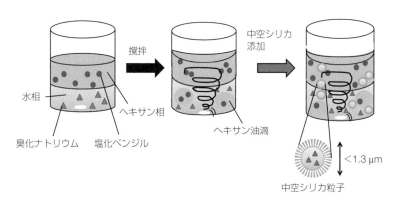

図4 臭化ナトリウムと塩化ベンジルの二相系反応に中空メソポーラスシリカを添加したときの模式図（口絵参照）

空メソポーラスシリカを用いなくても撹拌を行うと反応は進行する。中空シリカを添加すると反応速度が増加した。中空メソポーラスシリカと同数個のメソポーラスシリカ（粒子径と細孔径が中空メソポーラスシリカと同じ）を添加した場合も反応速度は増加したが，増加量は中空シリカの場合と比べて少なかった。このことは中空部の空間が反応速度の向上に寄与していることを示している。広大な空間があることにより，通常のメソポーラスシリカよりも多くの水相を有することができるため，油相に移動中に臭化ナトリウムが消費されても濃度の減少はそれほど大きくないと考えられる。通常のメソポーラスシリカでは水相の量が少ないため，水相に戻る前に臭化ナトリウムの濃度が直ぐに減少し反応速度の向上の割合が少ない。すなわち，中空メソポーラスシリカでは広大な空間が有効に使われている。油相へ相間を移動する中空シリカの量を多くすれば，さらに反応速度が増加すると考えられる。そこで，中空シリカの細孔表面を有機基で修飾することによって，疎水性を向上させた。メチル，プロピル，フェニル基修飾した中空メソポーラスシリカを用いるとさらに反応速度が向上し，最も高い疎水性を示したフェニル基修飾中空シリカを用いた場合には，用いない場合の約3倍の反応速度に達した。

このように，二相系反応の反応システムに中空シリカを加えるだけで，簡単に反応速度を向上させることができる。また，粒子であるため，再利用も容易である。二相系反応では相間移動触媒や界面活性剤が反応速度の向上のために用いられているが，これらについては反応システムからの分離が困難で，再利用が難しい場合がある。再利用の観点から，中空シリカの利用が優れている。

二相系反応において，一方の相に均一系触媒が存在し，油相に反応物と生成物が存在する反応系にも中空シリカをミクロ反応容器として加えて，反応速度の向上を目指した。反応として，1-オクテンのヒドロホルミル化を行った。Ruhrchemie/Rhône-Poulencプロセスではアルケンからのアルデヒド合成において水相にtriphenylphosphine-3,3′,3″-trisulfonateを配位子としたロジウム触媒が用いられている。反応物であるプロペンやブテン類は水への溶解度が比較的高いため反応速度は高いが，長いアルケンでは溶解度が低いため反応速度が低い[14]。し

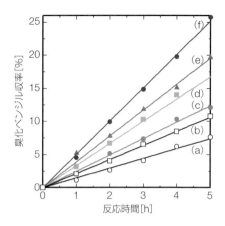

**図5** 水相に溶解している臭化ナトリウムとヘキサン相に溶解している塩化ベンジルとのハロゲン交換反応における臭化ベンジル収率の経時変化[9]

15 mmol NaBr（2 mLの水中），15 mmol 塩化ベンジル（9 mLのヘキサン中），オイルバス加熱100℃，撹拌 1,200 rpm。(a)シリカ粒子なし，(b)中実のメソポーラスシリカ添加(c)中空メソポーラスシリカ添加，(d)プロピル基修飾中空メソポーラスシリカ添加，(e)メチル基修飾中空メソポーラスシリカ添加，(f)フェニル基修飾中空メソポーラスシリカ添加。未修飾中空メソポーラスシリカ 0.26 g，他の粒子は中空シリカと同じ個数の粒子を使用。

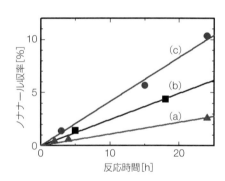

**図6** 1-オクテンのヒドロホルミル化におけるノナナール収率の経時変化[9]

1-オクタン（3.8 mmol），ロジウム触媒（7.5 µmol，1.5 mL 水中），合成ガス 1.5 MPa。反応温度120℃，撹拌 260 rpm。(a)中空シリカなし，(b)未修飾中空メソポーラスシリカ添加，(c)フェニル基修飾中空メソポーラスシリカ添加。未修飾中空メソポーラスシリカ 0.20 g，他の粒子は中空シリカと同じ個数の粒子を使用。

たがって，反応速度を上げるためには二相間の界面積を増やす必要がある。中空シリカを用いることによって，界面積を増加させ，反応速度の向上を目指した。二相を撹拌すると反応が進行したが，中空シリカを添加すると反応速度がほぼ2倍に増加した（**図6**）。二相間を移動する中空メソポーラスシリカ

粒子の数を増やす目的で，細孔壁のフェニル基修飾により疎水性にした中空シリカ粒子を用いると，3.7倍に速度が向上した。ノナナールへの選択性は86%で中空シリカを加えても変化はなかった。一方，二相系反応でよく用いられる界面活性剤や相間移動触媒などを使用する場合には，触媒性能への影響が懸念される。中空シリカには触媒性能に影響を及ぼさないという特長がある。

## 3 鈴型メソポーラスシリカ

### 3.1 鈴型メソポーラスシリカの合成

中空メソポーラスシリカの合成では，親，疎水性を制御することにより，中空部のみを選択的に除去することによって合成した。内部から，疎水性，親水性，疎水性の3層構造のメソポーラスシリカを用いれば，親水部のみを除去することによって，メソポーラスシリカのシェルの中に，球状メソポーラスシリカ粒子が存在する構造（鈴型構造）の粒子を合成できる。アンモニア水を用いて親水性部分を分解した粒子の写真を示す（**図7**）。外観は球状粒子であるが，アルゴンビームで表面を削るとシェルの中に球状の粒子が見える（図7a）。加速電圧を30 kVにしたSEM像（図7b）から，全ての粒子の内部に球状の粒子が存在することがわかる。

### 3.2 ミクロ反応容器としての利用

鈴型粒子についてもミクロ反応容器として利用した。スルホ基を有するメソポーラスシリカ粒子をシェルの中に持つ鈴型メソポーラスシリカを合成し，ミクロ容器の中に固体酸触媒が存在する反応容器とした。**図8**に合成スキームを示す。3-メルカプトプロピル基を有するコアを用い，鈴型にした後でメルカプトプロピル基を酸化し，スルホン酸とした。

この反応容器をシクロヘキサン溶媒中のプロパノールによる酢酸の一相系エステル化に用いた（**図9**）。鈴型シリカを用いない場合にはほとんど反応は進行しなかった。鈴型シリカを加えるとスルホン酸の触媒作用により反応が進行した。鈴型シリカの空間部分に水を充填し，ミクロ反応容器として反応システムに添加した。このとき，シクロヘキサン相と粒子内の水相との二相系反応となる。反応速度は水を充填しない場合と比べ大幅に増加した。粒子

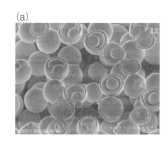
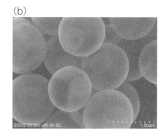

**図7　鈴型メソポーラスシリカの走査電子顕微鏡像[9]**
(a)アルゴンビームで表面を削った電子顕微鏡像，(b)加速電圧を30 kVにしたときの電子顕微鏡像。

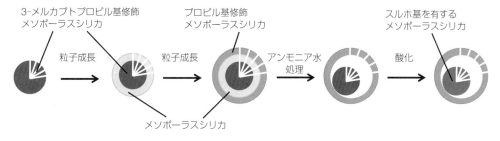

**図8　コアにスルホ基を有する鈴型メソポーラスシリカの合成スキーム[9]**

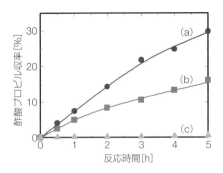

図9 シクロヘキサン溶媒中の1-プロパノールによる酢酸のエステル化における酢酸プロピル収率の経時変化[9]
(a)空間部に水を満たした鈴型メソポーラスシリカを添加，(b)鈴型メソポーラスシリカを添加，(c)鈴型メソポーラスシリカの空洞部の体積に相当する水のみ添加．

内の水相に親水性反応物であるプロパノールと酢酸が溶け込み，濃縮され，反応速度が増加することが考えられる．また，生成したエステルは疎水性であるため，シクロヘキサン相に溶出し水相内のエステル濃度が下がり，平衡反応であるエステル化がより進行したと考えられる．このように見かけ一相の反応においても，二相系反応にすることにより反応速度を向上させることができた．

## 4 まとめ

メソポーラスシリカ粒子の一部を疎水性にすることにより，親，疎水性の違いを利用して，中空および鈴型構造のメソポーラスシリカを合成した．アンモニア水により親水性部分を除去する手法は簡便であり，構造や形状の制御法として今後の展開が期待できる．また，得られた中空および鈴型構造のメソポーラスシリカは広大な空間を有している．この空間を有効に利用した利用例として，徐放用の薬物容器とミクロ反応容器としての利用を紹介した．これらはともに粒子内部の広大な空間を有効に利用した例であり，メソポーラスシリカの新たな利用法である．これらの構造以外にもさまざまな構造や形状の多孔体を合成することにより，新たな利用法を開発していきたい．

最後に電子顕微鏡観察，特に走査電子顕微鏡観察における最適な試料調製を行っていただいた東京工業大学分析支援センターに深謝する．

## ■引用・参考文献■

1) B. Tan, S. E. Rankin : *Langmuir*, **21**, 8180 (2005) ; W. Zhao, M. Lang, Y. Li, L. Li and J. Shi : *J. Mater. Chem.*, **19**, 2778 (2009) ; Y. Zhu, E. Kockrick, T. Ikoma, N. Hanagata, S. Kaskel, *Chem. Mater.*, **21**, 2547 (2009) ; G. Qi, Y. Wang, L. Estevez, A. K. Switzer, X. Duan, X. Yang, E. P. Giannelis : *Chem. Mater.*, **22**, 2693 (2010).

2) H. Blas, M. Save, P. Pasetto, C. Boissière, C. Sanchez and B. Charleux : *Langmuir*, **24**, 13132 (2008) ; Y. Yamada, M. Mizutani, T. Nakamura and K. Yano : *Chem. Mater.*, **22**, 1695 (2010) ; N. Kato, T. Ishii and S. Koumoto : *Langmuir*, **26**, 14334 (2010).

3) M. Ogawa, N. Yamamoto : *Langmuir*, **15**, 2227 (1999) ; C. E. Fowler, D. Khushalani and S. Mann : *Chem. Commun.*, 2028 (2001) ; R. K. Rana, Y. Mastai and A. Gedanken : *Adv. Mater.*, **14**, 1414 (2002) ; J.-G. Wang, F. Li, H.-J. Zhou, P.-C. Sun, D.-T. Ding and T.-H. Chen : *Chem. Mater.*, **21**, 612 (2009) ; Z. Feng, Y. Li, D. Niu, L. Li, W. Zhao, H. Chen, L. Li, J. Gao, M. Ruan and J. Shi : *Chem. Commun.*, 2629 (2008) ; W. J. Li, X. X. Sha, W. J. Dong and Z. C. Wang : *Chem. Commun.*, 2434 (2002) ; Y. Li, J. Shi, Z. Hua, H. Chen, M. Ruan and D. Yan : *Nano Lett.*, **3**, 609 (2003) ; Q. Sun, P. J. Kooyman, J. G. Grossmann, P. H. H. Bomans, P. M. Frederik, P. C. M. M. Magusin, T. P. M. Beelen, R. A. van Santen and A. J. M. Sommerdijk : *Adv. Mater.*, **15**, 1097 (2003) ; Y. Zhao, J. Zhang, W. Li, C. Zhang and B. Han : *Chem. Commun.*, 2365 (2009) ; Z. Teng, Y. Han, J. Li, F. Yan and W. Yang : *Microporous Mesoporous Mater.*, **127**, 67 (2010) ; Z. Chen, D. Niu, Y. Li and J. Shi : RSC Adv., 3, 6767 (2013) ; M. Li, C. Zhang, X.-L. Yang and H.-B. Xu : *J. Sol-Gel Sci. Technol.*, **67**, 501 (2013) ; X. Zhou, X. Cheng, W. Feng, K. Qiu, L. Chen, W. Nie, Z. Yin, X. Mo, H. Wang and C. He : *Dalton Trans.*, 11834 (2014).

4) 岡本昌樹, 尤 晶環, 岩元 弘 : 特開 2009-269788 ; M. Okamoto : *J. Jpn. Petro. Inst.*, **56**, 198, (2013).

5) M. Okamoto, Y. Osafune : *Microporous Mesoporous Mater.*, **143**, 413 (2011) ; M. Okamoto, L. Huang, M. Yamano, S. Sawayama and Y. Nishimura : *Appl. Catal. A*, **455**, 122 (2013).

6) E. Suzuki, M. Akiyama and Y. Ono : *J. Chem. Soc., Chem. Commun.*, 136 (1992) ; Y. Ono, M. Akiyama and E. Suzuki : *Chem. Mater.*, **5**, 442 (1993).

7) K. Yano, Y. Fukushima : *J. Mater. Chem.*, **13**, 2577 (2003) ; K. Nakamura, M. Mizutani, H. Nozaki, N. Suzuki and K. Yano : *J. Phys. Chem. C*, **111**, 1093 (2007).

8) M. Okamoto, H. Huang : *Microporous Mesoporous Mater.*, **163**, 102 (2012).

9) M. Okamoto, H. Tsukada, S. Fukasawa and A. Sakajiri : *J.*

*Mater. Chem. A*, **3**, 11880(2015).

10) S. Wang : Microporous Mesoporous Mater., 117, 1(2009) ; J. Zhang, M. Yu, P. Yuan, G. Lu and C. Yu : *J. Incl. Phenom. Macrocycl. Chem.*, **71**, 593(2011).

11) T. Higuchi : *J. Pharm. Sci.*, **50**, 874(1961) ; T. Higuchi : *J. Pharm. Sci.*, **52**, 1149(1963).

12) E. L. Cussler : Diffusion : Mass Transfer in Fluid Systems, third ed., Cambridge University Press : Cambridge p. 553 (2009).

13) T. Wang, W. Ma, J. Shangguan, W. Jiang and Q. Zhong : *J. Solid State Chem.*, **215**, 67(2014) ; X. Fang, Z. Liu, M.-F. Hsieh, M. Chen, P. Liu, C. Chen and N. Zheng : *ACS Nano*, **6**, 4434(2012) ; J. Liu, H. Q. Yang, F. Kleitz, Z. G. Chen, T. Yang, E. Strounina, G. Q. Lu, S and Z. Qiao : *Adv. Funct. Mater.*, **22**, 591(2012) ; J. Chen, Z. Xue, S. Feng, B. Tu and D. Zhao : *J. Colloid Interface Sci.*, **429**, 62(2014) ; C. Liu, J. Li, J. Qi, J. Wang, R. Luo, J. Shen, X. Sun, W. Han and L. Wang : *ACS Appl. Mater. Interfaces*, **6**, 13167(2014).

14) L. Obrecht, P. C. J. Kamer and W. Laan : *Catal. Sci. Technol.*, **3**, 541(2013).

〈岡本　昌樹〉

# 8節　メソポーラスシリカナノ粒子の構造制御とDDS応用

生物・医学や触媒などの分野において広く応用される可能性の高い，100 nm以下の粒径を持つメソポーラスシリカナノ粒子（Mesoporous silica nanoparticles；MSN）が，さまざまな手法によって合成されている。ここでは，この注目すべきナノ材料の最新の成果として，それらの粒径，メソ構造，形態の制御手法とその形成メカニズムなどMSNの持つ特徴と今後のさらなる展開について紹介する。

## 1　緒　言

メソポーラスシリカ材料[1)2)]は，均一で規則正しいメソポア（2～50 nm）やメソ構造（ラメラ，二次元六方晶，三次元六方晶，立方晶）を持っており，さらにはこうしたメソ構造や，その形態（バルク[3)4)]，ナノ粒子，ファイバー[5)6)]，フィルム[7)]）ならびに骨格組成（純シリカ，有機基含有シリカ[8)9)]）によって制御されうる興味深い特性を有していることから，幅広い分野で注目されている材料である。

こうしたメソポーラスシリカ材料の持つさまざまな形態の中で，特に粒子径が100 nm以下のメソポーラスシリカナノ粒子（MSN）[10)-17)]は，生物医学や触媒，分離，さらには光学などの分野で興味が持たれている。不規則な形状を持つ数 $\mu$m 以上の大きさのバルクのメソポーラスシリカと比較すると，この均一でナノスケールのMSNは，素早い物質輸送や効率の良い基板への付着，溶液への高い分散性を持つ点において優れている。

近年では，MSNのバイオイメージングや診断，ドラッグデリバリーシステムといった生物医学への応用に向けた研究が行われ，MSNの持つ優位性が示された。MSN内部のメソポアがつくる大きな表面積にデリバリーしたい薬物を吸着させ，MSNの外表面にターゲットへ導くための機能を持たせることで，MSNを細胞内ナノキャリアとして用いて薬物を届けることができる（図1）。この場合には，

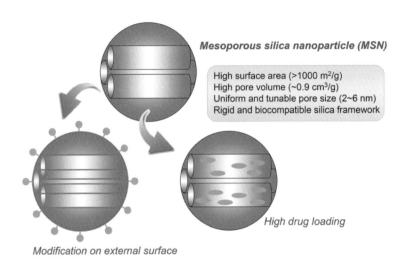

**図1　メソポーラスシリカナノ粒子（MSN）の重要な特徴**

優れたコロイドMSNの合成が重要であり，以下の3点がキーポイントとなる。それは，①ナノ粒子化，②ナノ粒子の分散性，③メソポアの形成である。例えば，細胞内取り込み作用はMSNの粒径に依存する。Luらは，粒径が30～280 nmのMSNを合成し，MSNががん細胞の1種類（ヒーラ細胞）に取り込まれる量がその粒径に依存することを見出した。粒径が50 nmのMSNsを用いた場合がヒーラ細胞に取り込まれる量が最も多かった[18]。また，Linらのグループは，球状やチューブ状のMSNを合成し，その形態が，がん性細胞や非がん性細胞内取り込み作用の効率性に影響を与えることを報告している[19]。

## 2 粒径に影響を与えるパラメータ

噴霧乾燥法（スプレードライプロセス）は，球状MSNを短時間で大量合成できる広く知られた工業的手法である（図2）[21)-24)]。この方法では，液体試料を高温ガス流体中にノズルを介して供給し，その液滴を即座に乾燥させる。その後，乾燥試料をサイクロン式収集機で回収する[21)-24)]。しかし，この方法では得られるMSNの粒径と分散性は均一ではなかった[25)-27)]。

噴霧乾燥法とは対照的に，液中合成法を用いれば均一な粒径と高い分散性を有するMSNが合成できる。一般的にはシリカナノ粒子を合成する手法であるストーバー法と同様，液中合成は塩基性条件で行う。塩基性条件では，シラノール基（Si-OH）が脱プロトン化し，シラノート（Si-O$^-$）を形成するため，シリカ表面が負の電荷を帯びる。そこで，合成時には一般にカチオン界面活性剤を利用する。

シリカ前駆体（例：オルトケイ酸テトラエチル，TEOS）の加水分解と縮合の速度はpHやシリカ前駆体，添加剤，温度などさまざまな要因に制御される。そのなかで特にpHの影響が大きい。塩基性条件では，TEOSの加水分解速度はpHの増加とともに速まるが，縮合速度は単調ではない。pH = 8.4のときに縮合の速度は最大となり，pHが8.4を下回っても上回っても縮合速度は減少する。そのため，MSNの粒径とpHは比例関係とはならない。Luらは，前駆体溶液のpHを調整し，MSNの粒径を30～280 nmという広い領域で制御できることを示した。pHを11から12へと増加させると，粒径は次第に大きくなった[18]。一方，Qiaoらは，pHを10から6へと減少させると，粒径が30～85 nmへと増加する傾向があることを発見した[28]。つまり，pHが9～10付近において，最小のMSNが合成できる。このことは，シリカ前駆体の加水分解速度よりも，縮合速度が粒径により大きな影響を与えることを示す。実際，Chiangらは，シリカ前駆体の量や反応時間よりも，pHがMSNの粒径制御に大きな影響を与えることを報告している（図3）[29]。

一方，酸性条件でMSNを合成した報告例はほとんどない[30]。酸性条件を用いてMSNを合成する利点の一つに，ブロック共重合体を用いることができることが挙げられる。これにより，5 nm以上の大きなメソポアを形成できる。しかしながら，塩基性条件での合成に比べて，100 nm以下の均一な粒径の球状MSNを得ることは難しい。

UrataとYamauchi, Kurodaらはシリカ前駆体が粒径に与える顕著な影響を見出した[31]。例えば，塩

図2　F127を用いて噴霧乾燥法で合成されたMSNの(a)SEM像と(b)TEM像[20]

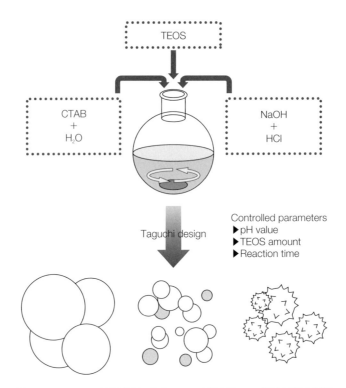

図3 Taguchiの実験手法によるMSNの粒径とメソ構造特性の制御

基性条件でオルトケイ酸テトラメチル (TMOS) を前駆体、$C_{16}$TMABrを界面活性剤として用いた場合、粒径20 nm以下のMSNsを合成できた。一方、TEOSを前駆体として同条件で合成した場合には、粒径は約30 nmであった。これらの粒径の違いは、シリカ前駆体の加水分解速度の差と、それに続く核生成および粒成長反応の違いに起因する。LinとTsaiは、ケイ酸ナトリウムを前駆体として用いて、粒径の均一性は低いものの、粒径約50 nmのMSNの合成に成功した[32]。MSNの粒径は、有機物やオルガノシランなどの添加剤を用いることで、調整できる。Andersonらは、さまざまな有機溶媒と水の混合溶液がMSNの粒径に与える影響を報告した[33]。例えば、エチレングリコール (EG) を加えると劇的に粒径を小さくできた。Guらは、EGがシリカと界面活性剤の相互作用を減少させるため、ナノ粒子の成長が抑制されると提言した[34]。

シリカ前駆体溶液中にオルガノシランを添加すると、メソポア表面に機能性を持たせるだけでなく、得られるMSNの形態にも影響を与える[35)-38)]。Sadasivanらはオルガノシランの添加によって誘発されるユニークな形態変化を報告した[35]。アミノプロピルトリエトキシシラン (aminopropyltriethoxysilane)、またはアリルトリエトキシシラン (allyltriethoxysilane) を添加剤として加えた場合、円筒形のメソポアが単軸方向に平行に並んだ扁球状MSNを得た。一方、メルカプトプロピルトリエトキシシラン (mercaptopropyltriethoxysilane) を用いた場合、棒状MSNが得られた。Linらのグループは、TEOSに一級アミノ基、二級アミノ基、尿素、イソシアニル基、ビニル基、ニトリル基を持つオルガノシランを添加して、さまざまな大きさの球状、チューブ状、棒状のMSNが合成できることを示した[36]。また、尿素を含むオルガノシランの添加量を制御して、直線状から、らせん状、放射状まで、二次元六角形メソチャンネルの配向制御が可能であることが見出されている (図4)[37]。この合成手順は、有機-無機ハイブリッドメソポーラス材料のメソチャンネルの配向制御のための新たな方法となりうる。MSNのメソチャンネルの配向や構造特性を制御できれば、生物・医学や触媒の分野での新機能を発現できるだろう。しかし、一般的にオルガノシランを

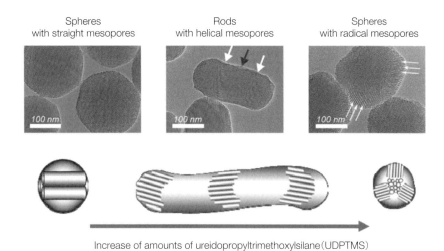

図4 ureidopropyltrimethoxylsilane (UDPTMS) の添加量を調整することによる，直線状かららせん状・放射状までの二次元六角形メソチャンネル構造の配向制御

過度に添加すると，MSNの規則正しいメソ構造は破壊されてしまう。にもかかわらず，Suteewongらが，非常に高いモル比（>50%）の3-アミノプロピルトリエトキシシランを用いて，立方多孔構造（Pm3n symmetry）の高アミノ化MSNの合成に成功したことは注目すべきである[39]。

## 3 MSNの分散

コロイド溶液中のナノ粒子はファンデルワールス力によって互いに引き寄せ合い凝集して大きな粒になる。これを凝集という。このような凝集は多くの場合界面活性剤を取り除く時や，遠心分離によってMSNを粉末として回収する時に起こり，MSNのメリットを大きく損なう。従来，酸を含むエタノールやメタノールなどのアルコール溶液で洗浄し，カチオン性界面活性剤とプロトンのイオン交換によってMSNから界面活性剤を除去してきた。しかし，50 nm以下のMSNから界面活性剤を除去しつつ，高い分散性を保ち続けることは難しい。Koberらは約15 nmの小さなMSNを合成したが，小さすぎてろ過や遠心分離で回収できなかった[40]。彼らは，高濃度の塩酸でMSNを弱く凝集させることで分散液中から粗大化したMSNを取り除こうとしたが，一度MSNが凝集すると，それらを再分散させるのは簡単ではない。さらに，Linらは，粒径約30 nmの

MSNは遠心分離と再分散を繰り返す過程で凝集すると報告した[41]。再分散性を確保するためにはMSNの遠心分離以外の回収方法が適している。

UrataとYamauchi，Kurodaらは，タンパク質の精製方法に則って，新たなMSN回収方法を提案した[31]。それは透析を利用したものであり，これによって彼らはMSNの分散性を保持しつつ界面活性剤の除去に成功した（図5）。さらに，このときの分散性は，MSNにゲスト分子を導入した場合でも変化しなかった。

図1に示すように，MSNの外表面を官能基修飾することでも均一な分散性を実現できる[42]。Luらは，アミノ基を含むオルガノシランでMSNの外表面を修飾し分散性を向上させた[43]。アミノ基で修飾したMSNは生体分子と高い親和性を持たせられる。しかし，アミノ基で修飾したMSNのゼータ電位は，生物内の環境（pH=7）で0に近いため，粒子は凝集しやすくなる。そのような凝集を防ぐためには，MSNをメチルホスホン酸基で修飾し，負に帯電したMSN間の静電反発を大きくさせることも有効である。Rosenholmらは最近，多分岐ポリエチレンイミン（PEI）で修飾したMSNが高い分散性を示したと報告している[44]。

KoberとBeinは有機オルガノシランで修飾したMSNが有機溶媒中で高い分散性を示すことを報告した。このように有機修飾したMSN表面は疎水性

第1章 メソ多孔体類

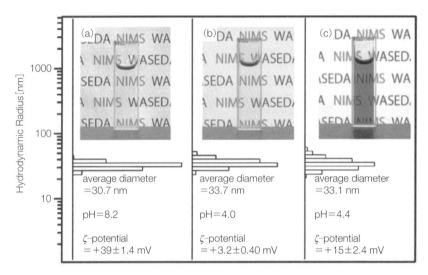

図5 動的光散乱法による粒径分布
(a)メソ構造シリカナノ粒子 (b)界面活性剤除去後のMSN (c)R6G-MSN
（挿入図：試料外観，pH，ゼータポテンシャル）[31]

を持つため，有機溶媒に分散できる[45]。KoberとBeinはこの有機修飾MSN分散液をシリコンウエハー上に滴下し，メソポーラスシリカフィルムを作製した。Okuboらは[46]Lentz法でのトリメチルシリル化と界面活性剤の除去を同時に行い，アルコール中に有機修飾MSNを安定に分散させている[46]。

## 4 MSNを用いたナノ粒子

$SiO_2$は不活性な特性を持つため，シリカ骨格の組成制御がMSNの特性を大きく支配する。このことを用い，MSNのさまざまな分野での応用が研究されてきた[47]。最近，MSNのシリカ骨格の機能化を実現するための研究がいくつか行われてきており，MSN由来の周期的なメソポーラス構造を持つオルガノシリカ(PMO)が得られている。Choらは，フェニレン架橋シルセスキオキサン骨格を用いてMSNを合成した[48]。彼らはPEO-PLGA-PEO (poly (ethyleneoxide) -poly (DL-lactic acid-co-glycolic acid) -poly (ethylene oxide))トリブロック共重合体とフッ素化界面活性剤の2種混合界面活性剤の系を用い，粒径を50〜1000 nmの範囲で制御した。しかし，残念ながらおそらくフェニレン架橋シルセスキオキサン骨格は疎水的性質を有するため，このMSNは水溶液に均一に分散しない。一方Urataらは，エテニレン架橋シルセスキオキサン骨格を用いて，高い分散性を持つ約20 nmのMSNの合成に成功した[49]。

ごく最近では，KimらがSBA-15型MSNの内表面上でのアクリレートモノマーの重合により，メソポーラス高分子－シリカハイブリッドナノ粒子(PSN)の合成に成功した[50]。PSNナノ材料は大きめのメソポアを有し，水素結合形成能を持つため，膜不透過性高分子の細胞内輸送に向けたナノデバイスとして用いることができる。

MSNを用いて，標的生体分子を選択的に輸送する系の構築のために，MSNの外表面上でラクトース[51,52]などのさまざまな糖や，シクロデキストリン[53]，ビオチン[54]などの生体分子が合成されている。これらの糖や生体分子は，ゲートキーパーとして働き，酵素やタンパク質と反応し（例えばラクトースは，ガラクトシダーゼによって消化される），MSN内に捕捉してあるゲスト分子を放出する。MSNを用いた細胞内放出制御システムは，生物医学分野で高性能デバイスとして期待される。

もう1つの生体分子MSNハイブリッドシステムとして，リポソーム被覆MSNが挙げられる。リポソームとMSNの相互作用はイオン（電荷）相互作

用[55)56)]，または疎水性相互作用[57)]によるものである。前者の場合は，リポソームとMSNをよく混合することで，負に帯電したMSN外表面上に，正に帯電したリポソームを結合させることができる。後者の場合は，疎水性リン脂質と相互作用を持たせるために，MSN表面の疎水化が必要である。こうしたリポソーム被覆MSNを用いる輸送システムの最大の利点は，水分散性の向上と，タンパク質非特異結合の減少である。さらに，細胞標的化配位子やイメージングプローブを持つリポソームによるMSNの修飾は，生物・医学用途における生体機能化MSNの可能性を示している。

MSNをハードテンプレートとして用いた複写法は，さまざまな組成のメソポーラスナノ粒子の合成を可能にする強力なツールとなりうる。Linらは，MCM-48型三次元ポーラス構造を持つMSNを用いて，メソポーラスカーボンナノ粒子（MCN）を合成した（図6）[58)]。トリブロック共重合体Pluronic F127を界面活性剤として用い，撹拌速度やシリカ前駆体と界面活性剤のモル比を正確に制御して，MCM-48型MSNを得ることができる。MCM-48型MSNを用いることで，MCNに加えて，$Fe_2O_3$，$Co_3O_4$，$CeO_2$，$In_2O_3$などのメソポーラス金属酸化物ナノ粒子の合成も可能である[59)]。

しかし，このハードテンプレートによる合成は，①メソポーラスシリカテンプレートの選択と形成，②標的前駆体のメソポア内への充てん，③前駆体の固体への変換，④メソポーラスシリカテンプレートの除去，といういくつかの合成ステップで前駆体の充填と焼成過程を繰り返すため，時間と労力がかかる。その上，この方法では，MSNテンプレートのメソポアに完全には金属酸化物前駆体が充てんされないため，小さく不規則な粒子の形成は避けられない。したがって，界面活性剤と骨格前駆体の相互作用を慎重に検討し，望ましい無機，有機，または重合体骨格を用いたメソポーラスナノ粒子の合理的設計と直接合成が強く求められる。

MSNの機能化に向けて，MSN内に金属または金属酸化物ナノ粒子を組み込む方法も検討されている。この方法では，MSNの粒径や形態を維持しつ

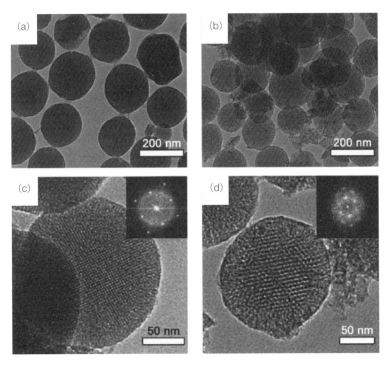

図6 MCM-48型MSN(a, c)とMCM-48型MSNsを用いて合成したMCM-48型MCN(b, d)の低倍率TEM像
挿入図はTEM像をフーリエ変換したもの[58)]

第1章　メソ多孔体類

つ MSN を機能化できる。金属酸化物や金属を MSN 内に組み込むと，触媒や生物・医学への応用が期待できる。例えば，生物・医学用途では，金，銀，酸化鉄がこうしたナノ粒子として用いられている。Liong らは，MRI や光学検出に向けて，酸化鉄と蛍光分子を組み込んだ多機能 MSN の合成に成功した[60]。Joo らは，白金@MSN コアシェル構造の形成に成功した[61]。メソポーラスシリカシェルの存在によって，白金ナノ粒子は他の白金ナノ粒子と隔離されるため，ゲスト分子の吸着を抑制することなく，熱による白金ナノ粒子の凝集を防ぐことができる。

## 5 今後の展開

　MSN の合成に関する研究には，シリカの無機化学，高分子化学さらには材料化学など多くの化学的技術が必要だ。これまで MSN の合成を通じて，MSN の粒径，ポアの大きさ，ポアの配向，形態などの MSN の構造的特性の精密制御方法が研究されてきた。しかし，望ましい構造的特徴を持つ MSN の設計と合成は依然として初期的な段階である。今後，ポアの大きさの拡大や機能性の付与など，MSN 合成に関するテーマでのさらなる研究の進展が必要であろう。例えば，MSN の内表面および外表面上の官能基の量と分布の精密制御が可能になると，薬剤輸送システムへの応用に向けて，疎水性薬剤充填量の増加が見込まれるし，薬剤の放出タイミングの制御を実現できる。同じ球状 MSN でのメソチャンネルの配向制御によって，充填および放出されるゲスト分子の拡散挙動を明らかにできる。また，MSN を他の金属や金属酸化物，高分子と組み合わせることで，生物・医学や触媒への応用に向けた新たな MSN ベースのハイブリッド材料が得られるだろう。

### ■引用・参考文献■

1) T. Yanagisawa, T. Shimizu, K. Kuroda and C. Kato : *Bull. Chem. Soc. Jpn.*, **63**, 988(1990).

2) C. T. Kresge, M. E. Leonowicz, W. J. Roth, J. C. Vartuli and J. S. Beck : *Nature*, **359**, 710(1992).

3) S. A. El-Safty, A. Shahat, K. Ogawa and T. Hanaoka : *Microporous Mesoporous Mater.*, **138**, 51(2011).

4) S. A. El-Safty : *J. Porous Mater.*, **18**, 259(2011).

5) S. Che, Z. Liu, T. Ohsuna, K. Sakamoto, O. Terasaki and T. Tatsumi : *Nature*, **429**, 281(2004).

6) Y. Yamauchi, N. Suzuki and T. Kimura : *Chem. Commun.*, 5689(2009).

7) K. C. W. Wu, X. Jiang and Y. Yamauchi : *J. Mater. Chem.*, **21**, 8934(2011).

8) X. Liu, P. Wang, Y. Yang, P. Wang and O. Yang : *Chem.-Asian J.*, **5**, 1232(2010).

9) M. P. Kapoor and S. Inagaki : *Bull. Chem. Soc. Jpn.*, **79**, 1463(2006).

10) B. S. Lee, L. C. Huang, C. Y. Hung, S. G. Wang, W. H. Hsu, Y. Yamauchi, J. Y. Lai and K. C. W. Wu : *Acta Biomater.*, **7**, 2276–2284(2011).

11) J. Zhu, H. Wang, L. Liao, L. Zhao, L. Zhou, M. Yu, Y. Wang, B. Liu and C. Yu : *Chem.-Asian J.*, **6**, 2332(2011).

12) L. Han, K. Miyasaka, O. Terasaki and S. Che : *J. Am. Chem. Soc.*, **133**, 11524(2011).

13) L. Han, P. Xiong, J. Bai and S. Che : *J. Am. Chem. Soc.*, **133**, 6106(2011).

14) D. P. Ferris, J. Lu, C. Gothard, R. Yanes, C. R. Thomas, J. C. Olsen, J. F. Stoddart, F. Tamanoi and J. I. Zink : *Small*, **7**, 1816(2011).

15) J. Lu, M. Liong, Z. Li, J. I. Zink and F. Tamanoi : *Small*, **6**, 1794(2010).

16) J. Liu, S. Z. Qiao, S. B. Hartono and G. Q. Lu : *Angew. Chem., Int. Ed.*, **49**, 4981(2010).

17) J. Liu, S. Z. Qiao, Q. H. Hu and G. Q. Lu : *Small*, **7**, 425 (2011).

18) F. Lu, S. H. Wu, Y. Hung and C. Y. Mou : *Small*, **5**, 1408 (2009).

19) B. G. Trewyn, J. A. Nieweg, Y. N. Zhao and V. S. Y. Lin : *Chem. Eng. J.*, **137**, 23(2008).

20) Y. Yamauchi, P. Gupta, K. Sato, N. Fukata, S. I. Todoroki, S. Inoue and S. Kishimoto : *J. Ceram. Soc. Jpn.*, **117**, 198 (2009).

21) Y. Yamauchi, P. Gupta, N. Fukata and K. Sato : *Chem. Lett.*, 78(2009).

22) Y. Yamauchi, N. Suzuki, K. Sato, N. Fukata, M. Murakami and T. Shimizu : *Bull. Chem. Soc. Jpn.*, **82**, 1039(2009).

23) Y. Yamauchi, P. Gupta, K. Sato, N. Fukata, S. Todoroki, S. Inoue and S. Kishimoto : *J. Ceram. Soc. Jpn.*, **117**, 198 (2009).

24) Y. Yamauchi, N. Suzuki, P. Gupta, K. Sato, N. Fukata, M. Murakami, T. Shimizu, S. Inoue and T. Kimura : *Sci. Technol. Adv. Mater.*, **10**, 025005(2009).

25) Y. Lu, H. Fan, A. Stump, T. L. Ward, T. Rieker and C. J. Brinker : *Nature*, **398**, 223(1999).

26) N. Andersson, P. C. A. Alberius, J. S. Pedersen and L.

Bergstr€om : *Microporous Mesoporous Mater.*, **72**, 175 (2004).

27) S. Areva, C. Boissiere, D. Grosso, T. Asakawa, C. Sanchez and M. Lind$en : *Chem. Commun.*, 1630 (2004).

28) Z. A. Qiao, L. Zhang, M. Guo, Y. Liu and Q. Huo : *Chem. Mater.*, **21**, 3823 (2009).

29) Y. D. Chiang, H. Y. Lian, S. Y. Leo, S. G. Wang, Y. Yamauchi and K. C. W. Wu : *J. Phys. Chem. C*, **115**, 13158 (2011).

30) A. Berggren and A. E. C. Palmqvist : *J. Phys. Chem. C*, **112**, 732 (2008).

31) C. Urata, Y. Aoyama, A. Tonegawa, Y. Yamauchi and K. Kuroda : *Chem. Commun.*, 5094 (2009).

32) H. P. Lin and C. P. Tsai : *Chem. Lett.*, 1092 (2003).

33) M. T. Anderson, J. E. Martin, J. G. Odinek and P. P. Newcomer : *Chem. Mater.*, **10**, 311 (1998).

34) J. Gu, W. Fun, S. Shimojima and T. Okubo : *Small*, **3**, 1740 (2007).

35) S. Sadasivan, D. Khushalani and S. Mann : *J. Mater. Chem.*, **13**, 1023 (2003).

36) S. Huh, J. W. Wiench, J. C. Yoo, M. Pruski and V. S. Y. Lin : *Chem. Mater.*, **15**, 4247 (2003).

37) S. G. Wang, C. W. Wu, K. Chen and V. S. Y. Lin : *Chem.-Asian J.*, **4**, 658 (2009).

38) D. R. Radu, C. Y. Lai, J. Huang, X. Shu and V. S. Y. Lin : *Chem. Commun.*, 1264 (2005).

39) T. Suteewong, H. Sai, R. Cohen, S. Wang, M. Bradbury, B. Baird, S. M. Gruner and U. Wiesner : *J. Am. Chem. Soc.*, **133**, 172 (2011).

40) J. Kobler, K. M€oller and T. Bein : *ACS Nano*, **2**, 791 (2008).

41) Y. S. Lin, N. Abadeer and C. L. Haynes : *Chem. Commun.*, **47**, 532 (2011).

42) J. M. Rosenholm, C. Sahlgren and M. Lind$en : *Nanoscale*, **2**, 1870 (2010).

43) J. Lu, M. Liong, J. I. Zink and F. Tamanoi : *Small*, **8**, 1341 (2007).

44) J. M. Rosenholm, A.Meinander, E. Peuhu, R. Niemi, J. E. Eriksson, C. Sahlgren and M. Lind$en : *ACS Nano*, **3**, 197 (2009).

45) J. Kobler and T. Bein : *ACS Nano*, **2**, 2324 (2008).

46) Y. Hoshikawa, H. Yabe, A. Nomura, T. Yamaki, A. Shimojima and T. Okubo : *Chem. Mater.*, **2**, 12 (2010).

47) I. I. Slowing, J. L. Vivero-Escoto, B. G. Trewyn and V. S. -Y. Lin : *J. Mater. Chem.*, **20**, 7924 (2010).

48) E. B. Cho, D. Kim and M. Jaroniec : *Microporous Mesoporous Mater.*, **117**, 252 (2009).

49) C. Urata, H. Yamada, R. Wakabayashi, Y. Aoyama, S. Hirosawa, S. Arai, S. Takeoka, Y. Yamauchi and K. Kuroda : *J. Am. Chem. Soc.*, **133**, 8102 (2011).

50) T. W. Kim, I. I. Slowing, P. W. Chung and V. S. Y. Lin : *ACS Nano*, **5**, 360 (2011).

51) A. Bernardos, E. Aznar, M. D. Marcos, R. Mart$ınez-M$a~nez, F. Sancen$on, J. Soto, J. M. Barat and P. Amor$os : *Angew. Chem., Int. Ed.*, **48**, 5884 (2009).

52) A. Bernardos, L. Mondrag$on, E. Aznar, M. D. Marcos, R. Mart$ınez-M$a~nez, F. Sancen$on, J. Soto, J. M. Barat, E. P$erez-Pay$a, C. Guillem and P. Amor$os : *ACS Nano*, **4**, 6353 (2010).

53) K. Patel, S. Angelos, W. R. Dichtel, A. Coskun, Y. W. Yang, J. I. Zink and J. F. Stoddart : *J. Am. Chem. Soc.*, **130**, 2382 (2008).

54) A. Schlossbauer, J. Kecht and T. Bein : *Angew. Chem., Int. Ed.*, **48**, 3092 (2009).

55) J. Liu, A. Stace-Naughton, X. Jiang and C. J. Brinker : *J. Am. Chem. Soc.*, **131**, 1354 (2009).

56) J. Pan, D. Wan and J. Gong : *Chem. Commun.*, **47**, 3442 (2011).

57) L. S. Wang, L. C. Wu, S. Y. Lu, L. L. Chang, I. T. Teng, C. M. Yang and J. A. Ho : *ACS Nano*, **4**, 4371 (2010).

58) T. W. Kim, P. W. Chung, I. I. Slowing, M. Tsunoda, E. S. Yeung and V. S. Y. Lin : *Nano Lett.*, **8**, 3724 (2008).

59) T. W. Kim, P. W. Chung and V. S. Y. Lin : *Chem. Mater.*, **22**, 5093 (2010).

60) M. Liong, J. Lu, M. Kovochich, T. Xia, S. G. Ruehm, A. E. Nel, F. Tamanoi and J. I. Zink : *ACS Nano*, **2**, 889 (2008).

61) S. H. Joo, J. Y. Park, C. K. Tsung, Y. Yamada, P. D. Yang and G. A. Somorjai : *Nat. Mater.*, **8**, 126 (2009).

〈呉　嘉文，白井　宏明，米澤　徹〉

第1章　メソ多孔体類

## 9節　有機分子や無機イオンの吸着におけるナノ空間構造の効果

### 1　はじめに

　微量濃度の毒物への暴露の効果が定量的に議論されるようになり，急速に経済成長を遂げる途上国のみならず低成長期に入っている先進国でも，飲料水の確保と排水の浄化は重要な問題となっている。生活で利用する水を地下水に依存しなくてはならない人口は大きいが，自然の状態では飲用規準を満たさない水準まで汚染されていることも多い。簡易型の水道を設置する場合や小規模な事業所からの産業廃水の場合，最も簡単な浄化方法は吸着である。

　単純に考えると優れた吸着剤とは，単位質量あるいは単位体積あたりの吸着点が多く，大きな吸着平衡定数を示す固体となる。したがって高表面積固体やペンダントポリマーなどがその候補になる。しかし固体の高表面積化は表面エネルギーの増大を招き，粒子は互いに結合，凝集する。また高分子は分子間で凝集するのが普通で，そのままでは多くの吸着点に吸着種および分散媒が到達しない。

　この点，数ナノメートルの細孔構造が発達しているナノ細孔性物質は，高い表面積と凝集を妨げる骨格構造を有しているため，吸着物質の基体として優れていると言える。1990年以降，高い構造規則性を持つメソ細孔性物質の合成法が発展したが，このことにより，均一な細孔径をもち高密度に配列する細孔を有するさまざまな固体を容易に得られるようになった。これに期を合わせて，これらのメソ細孔内部に吸着点，活性点を「調製する」方法が開発され，ナノ空間内での表面反応についての多くの知見が得られている[1)~6)]。

　メソ細孔をナノ反応容器として考えると，系のサイズの減少による凝縮相の物理的特性の変化，器壁表面の物理的，化学的な影響の効果が顕著に現れる。これは吸着剤の調製，作用においても例外でなく，さまざまな新しい現象が明らかになりつつある。吸着点密度が高いことで現れる効果，器壁の曲率の効果など，均一なナノ構造が発達している固体の出現により，初めて明らかになった現象が多い[7)~16)]。一方このような現象の解明には，物理化学的な分析法が有効とはいえない構造情報が重要になる場合が多く，さまざまな分析法が試みられている。ナノ反応容器を実用化するにあたって，反応プロセスによっては触媒の利用は避けて通れない。これには器壁の触媒化が不可欠であるため，メソ細孔中での吸着点の調製や作用に関する知見は必要不可欠となる。

　ここでは最近の研究成果をもとに，吸着サイトの高密度化によって現れる現象，官能基分布の均一性の分析，細孔壁のナノレベルでの曲率の効果について解説する。

### 2　吸着サイトの高密度化による効果

#### 2.1　有機分子吸着選択性の発現

　有機分子の位置異性体の選択吸着は，一般に困難である。官能基が同じなのでサイトに対する反応性や化学結合の強さが似ているものの，異性体によって結合平衡定数が決まってしまい，均一な孤立活性点では吸着平衡定数は逆転しない。

　メソ細孔性シリカ表面に有機シランを反応させる（i.e. グラフトする）と，均一に分布せず，一部に集中することが知られている[4)5)7)~9)12)]。（後述の3も参照）。さらに高表面密度領域で密度を変化させることが可能である。そこで細孔径が5.0 nm，細孔体積が0.86 mL/g，BET比表面積が733 m²/gというメソ細孔性シリカSBA-15と3-アミノプロピルトリエトキシシラン（APTES）を還流トルエン中で反応させた。この時APTESの量を変化させ，固体1 gあたり1.1, 1.4, 1.5, 1.8 mmolの官能基が存在す

－ 86 －

る4種の官能基化 SBA-15 を調製した。図1に示すとおりメソ細孔領域の窒素の毛管凝縮量は徐々に減少するが，その位置はほとんど変わらない。

これらの官能基化 SBA-15 を吸着剤に $p$-ベンゼンジアルデヒド（テレフタルアルデヒド）と $m$-ベンゼンジアルデヒド（イソフタルアルデヒド）の吸着を行い，Langmuir 式を用いて解析した。官能基密度を横軸に Langmuir 定数をプロットした結果が図2である。低アミノプロピル（AP）担持領域では $p$-体と $m$-体で吸着平衡定数はほとんど変わらない。AP 密度が増えると $m$-体の Langmui 定数は顕著に増大するのに対して，$p$-体の Langmuir 定数はほとんど変わらない[17]。

これは以下のように説明される。低吸着点密度の場合，それぞれの吸着点は独立に近いが，密度が上昇すると $m$-体は2つのアルデヒド基がそれぞれ AP 基と反応できるので吸着平衡定数が大きくなるのに対して，$p$-体はベンゼン環が表面 AP 基と衝突するため，2つのアルデヒド基で架橋する吸着種は生成しにくい。このため低表面 AP 密度の場合とほとんど吸着平衡定数が変わらない。このように，メソ細孔性シリカのように吸着点密度が高くなる固体表面の場合，異性体分子の形によって吸着選択性が生じる場合がある。

## 2.2 非晶質表面での吸着相の形成と相転移

トリアルコキシシランを重合させると，Siloxane 結合（Si-O-Si）がほぼ100% 形成し，組成式 RSiO$_{1.5}$ の固体を合成することが可能である（図3）。

$^{29}$Si-NMR でシラノール基がほとんど検出できない polysilsesquioxane の形式通りのポリマーを得ることもできる。合成条件によりさまざまな構造をとるが，シート状ミセルを形成する界面活性剤の存在下で合成，このミセルと交互積層する二次元ポリマーとする方法が容易である[18)-21)]。

例えば APTES の場合，等モルの長鎖カルボン酸（塩）と混合，塩基性水溶液中水熱合成を行う。この層状化合物は適当な条件下で層剥離を起こし，単層の polysilsesquioxane に変換することができる[22]。この時 NH$_2$CH$_2$CH$_2$CH$_2$SiO$_{1.5}$ が得られるが，この固体の AP 基の密度は 9.1 mmol/g と極端に大きい。この値はシリカ表面を AP 基で修飾する場合の官能基密度の最大値と見なすことができる。siloxane 結

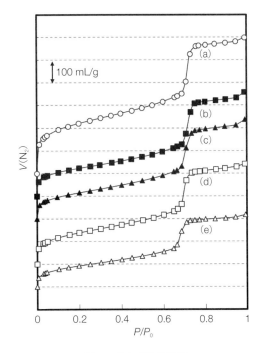

**図1 窒素吸着等温線**
(a) SBA-15，(b) 1.1 mmol-AP/SBA-15，(c) 1.4 mmol-AP/SBA-15，(d) 1.5 mmol-AP/SBA-15，(e) 1.8 mmol-AP/SBA-15，AP=3-アミノプロピル

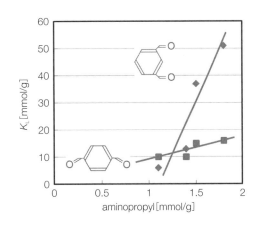

**図2 $m$-，$p$-ベンゼンジアルデヒドの AP/SBA-15 への吸着における Langmuir 定数**（AP 密度の関数として）（口絵参照）

合（Si-O-Si）のなす二次元の網は非晶質であるが，配座の自由度はほとんどない。また隣接する官能基間距離が小さいため，AP 基の配座の自由度も小さいと考えられる。このためアミノ基は二次元配列に近い状態に配置されていると予想できる。このよう

第1章 メソ多孔体類

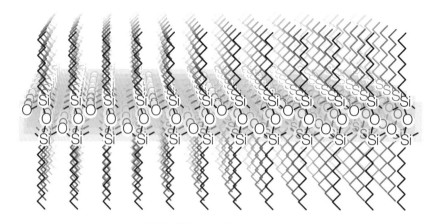

図3 単層 polysilsesquioxane

な表面での吸着現象は，高密度吸着点の特性を解明する上で重要である。Co(II)の吸着を行った結果，図4の吸着等温線が得られた。この等温線は明らかに測定点1から7が1つの吸着飽和を示し，測定点7から12が他の吸着飽和を示している。このような吸着特性は，吸着層の構造相転移に伴って生じる[23]。

被覆率の増大による相転移は，単結晶表面への小分子やイオンの吸着では広く見られる。しかしながら非晶質固体表面では稀である。図4の第一段階の吸着（点1から7）では吸着種間相互作用が一様であることを意味し，poly-3-aminopropylsilsesquioxane の吸着点の位置規則性が高いことを示唆する。Co K端 XANES の preedge ピークの強度は，この相転移と一致して変化し，第一段階の吸着では，濃度が増えるとともに強度が減少するが，点7で上昇，その後は再び徐々に減少する。吸着が進行すると，Co(II)の対称性は上昇する（配位子場が弱くなる）が，転移点で低下する（配位子場が強くなる）ことを意味し，転移点で Co(II)の配置が変化することを示唆する。

Cu(II)の吸着の場合には，このような吸着相転移は認められない。しかしながら飽和吸着時の $Cu^{2+}$ の EPR スペクトルにおいて，低磁場領域に共鳴ピークが出現する（図5）。この EPR スペクトルの測定温度は室温である。このピークは近接 $Cu^{2+}$ イオン間のスピン－スピン結合に帰属されるが，非晶質物質でも高密度に $Cu^{2+}$ が存在する時に出現することがある。しかしながら，分子性の試料を除い

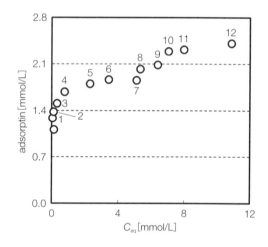

図4 poly-3-aminopropylsilsesquioxane への Co(II) 吸着の吸着等温線

て室温で観測されることは稀である。このことから poly-3-aminopropylsilsesquioxane に吸着した $Cu^{2+}$ は高密度に規則正しく配列していることが示唆される[23]。

## 3 表面官能基間距離（分布）の測定

細孔直径が数ナノメートルのメソ細孔性固体の表面修飾を行う場合，修飾を担う反応物（有機シランなど）の細孔内拡散が遅く，表面反応と拮抗すると予想されてきた。このことを示唆する多くの実験結果が報告されている[4]-[6]。したがって固体の分析によって修飾化学種の量を決定して，表面積を別法で

9節　有機分子や無機イオンの吸着におけるナノ空間構造の効果

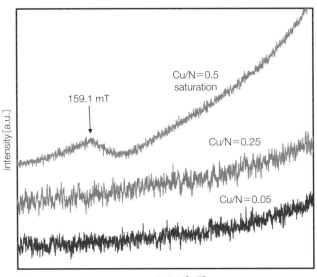

図5　室温で測定したpoly-3-aminopropylsilsesquioxaneに吸着したCu$^{2+}$のEPRスペクトル（Cu$^{2+}$の吸着量を示した）

測定しても，この修飾表面密度はわからない。表面の一部に修飾が集中するためである。すなわち表面官能基間距離は，固体の官能基密度（mmol/g）とBET比表面積（m$^2$/g）から計算できる平均距離より小さくなる。表面官能基間距離が小さいと，前述の2.1，2.2の例のようなサイト間の干渉が問題となるため，実験的な官能基間距離の決定法の開発が望まれる。

表面官能基と量論的に反応する部位を分子の両端に持ち，分子長が系統的に変化できる分子群を用意

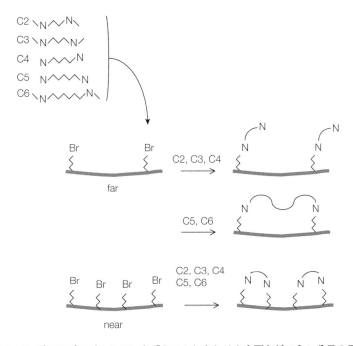

図6　3-ブロモプロピルシランをグラフトしたシリカ表面とジアミン分子の反応

― 89 ―

できれば，反応後の構造や組成を調べることにより，表面官能基間の距離を決めることができる。図6に示すように3-ブロモプロピル基で表面を修飾したシリカをさまざまな鎖長を持つ直鎖ジアミンと反応をさせる。表面官能基間距離が小さければ，短い鎖長のジアミンでも架橋型の表面種に転換する。表面官能基間距離が大きければ，長い鎖長のジアミンしか架橋型の表面種に転換しない。このことを利用して，これらのジアミンとの反応後の生成物を分析すれば，官能基間距離を決めることができる[24]。

次の3点は前提となる。①量論的な反応であること，②表面有機基間反応の方が気相分子と表面有機基との反応より速いこと，③架橋型表面種に変換しうる距離に多くの隣接官能基があるのにもかかわらず，それら全てが別の官能基と反応したため，「取り残される」官能基が出現しないこと。ところがSBA-15表面に関して実験を行うと，この3つの条件は全て満たされることがわかる。図7はジアミン分子の量を表面ブロモプロピル基に対して0から1.5まで変化させて，図6の置換反応を行った結果である。縦軸は反応後のBr量（EDXによるBrのカウント）を反応前のBr量で除したもので，ジアミン量を表面ブロモプロピル基量で除した値を横軸にプロットしてある。全てのアミンが表面官能基と1：1で反応する場合は，縦軸の1と横軸の1を結んだ直線上にデータは現れ，1：2で反応する場合（架橋する場合）は縦軸の1と横軸の0.5を結んだ直線上にデータは現れる。C2アミンでは1：1で反応する直線上に全データが現れるが，ジアミンの鎖長が伸びるにつれて，横軸が小さい領域でこの直線からのずれが大きくなる。しかし1：2で反応する直線より下にデータが現れることはない。横軸の0.5に近づくにつれ，後者の直線から上にずれるようになる。この場合，分子鎖長が長ければ長いほど，ずれが小さい。どのアミンの場合もジアミン量が表面ブロモプロピル量に近づくにつれて1：1反応の直線に近づき，横軸が1以上になると，縦軸はゼロになる。これらの結果は，このプローブ反応において上記①〜③のプロセスが支配的であることを示す。

図7のプロットの全データは，架橋反応を起こした表面官能基の割合に変換できる。表面生成物が架橋できる場合は全て架橋されなければならない。反応物の量がジアミン：表面ブロモプロピル＝0.5：1の時，誤差が最も小さくなる。ただし，分析法としてはBrの量をEDXで測定するより，CHNS元素分析によってC/Nの比を求めた方が簡単である。

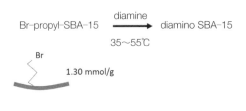

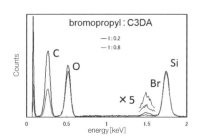

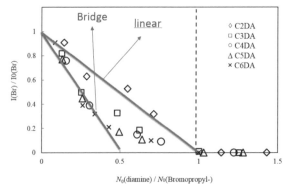

図7　置換反応後のEDXスペクトルにおける臭素の信号強度

これは架橋型表面種と非架橋型表面種でC/Nが異なることによる。ただしこの場合は，ジアミン：表面ブロモプロピル＝1：1で開始する。C2，C3，C4，C5，C6アミンに対する結果は0.43，0.75，0.93，0.97，0.97であった。この値は，ある密度で平面にランダムに点が分布する時の最近接点間距離の分布関数

$$\rho(r) = \frac{2\pi r}{S} N^2 \left(1 - \frac{\pi r^2}{S}\right)^N$$

を積分した関数と比較できる。$r$はジアミン分子のアミノ期間距離が該当するので，全てトランス型配座を取っている場合のN-N間距離を使う。3-ブロモプロピル基でSBA-15表面を修飾した場合についての結果は図8に示す。

理論関数からずれるが，SBA-15の細孔（直径7.6 nm）表面の曲率と3-ブロモプロピル基の大きさ，結合形成のための配座・配向などの因子が全て無視されているため，直接の比較は困難である。

そこで異なるシリカを利用して，相対的な比較を行う。非細孔性シリカのCab-O-sil M7Dでは，理論関数は測定値より有意に大きく，SBA-15の場合と逆である。官能基間距離はSBA-15よりも有意に大きいことを意味する。一方，細孔径が2.4 nmしかないMCM-41の場合は，SBA-15よりはるかに測定値が理論関数より大きくなる。官能基間距離はSBA-15よりも有意に小さいことを意味する。つまりこの3種のシリカを比較すると，3-ブロモプロピル基間距離はMCM-41≪SBA-15≪M7Dである。一方元素分析とBET比表面積をもとにした官能基密度（Br/nm²）は，MCM-41（0.8）＜SBA-15（1.1）＜M7D（1.2）である。均一分布では表面官能基間距離と表面密度は当然逆相関になるが，実験結果は順相関になっている。メソ細孔性シリカでは細孔表面の一部でシランのグラフトが起こっており，特にMCM-41ではその程度が著しいことを示す。

このことは，グラフト中に反応物であるシランの拡散は，細孔が小さくなると遅くなるという仮説を裏づける。

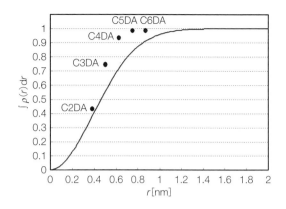

図8　最近接距離分布関数の積分と実験値の比較

## 4　ナノ細孔内部の表面曲率の効果

高表面積固体の構造をナノメートルの尺度で理解する時，表面が凸になるか凹になるかという幾何学的な特徴は最も単純なものである。しかしながら，正面からこの効果を扱った研究は少ない。ここでは2つの表面官能基の配向制御による位置異性体の選択吸着と多数の表面反応点を必要とするグラフト法に関する研究を紹介する。

### 4.1　分子インプリント法による芳香族位置異性体の吸着選択性の向上

有機分子を選択的に結合させるための分子インプリント法は，高分子材料で広く用いられる方法であるが，無機固体表面でも擬似的に適応可能である。しかしながらナノ細孔内だと，表面の曲率を利用でき，効率が上がる。凸面とどのぐらいの差が生じるか明らかにすることは，ナノ細孔の幾何学的特徴を理解する上で重要である。

ベンゼンジアルデヒドには$o$-体（フタルアルデヒド），$m$-体（イソフタルアルデヒド），$p$-体（テレフタルアルデヒド）の3つの異性体がある。これらのアルデヒドは室温でAPTESと量論的に反応を起こし，ジイミンになる。このビストリエトキシシランをSBA-15表面に還流トルエン中でグラフトし，固体を回収，乾燥後，希塩酸で処理してイミン結合を加水分解し，2つのAP基に再変換する。この時AP基は，ベンゼンジアルデヒドの構造を反映した配向を持つ（図9）。$o$-体は希塩酸処理で加水分解を起こさなかったため，検討できたのは$m$-体

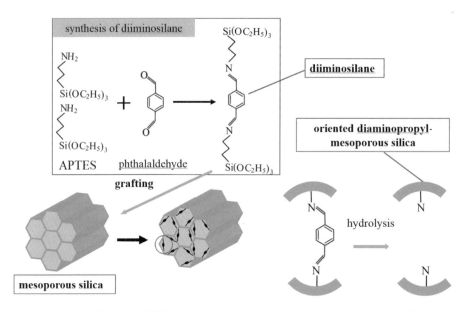

図9 分子インプリント法を利用したSBA-15上への3-アミノプロピルシランのグラフト

とp-体の場合のみである。表面有機基の変換が予想されるとおりに起きていることは，$^{13}$C-NMRで容易に確認できる。対照するため非細孔性シリカCab-O-sil M7DについてもSBA-15と全く同じ方法で表面修飾を行った[25]。

配向性の評価はイソフタルアルデヒドとテレフタルアルデヒドの吸着で行った。すなわち，分子インプリントの型剤として使ったm-体，p-体の異性体分子をそれぞれ吸着させ，Langmuir定数を比較するのである。結果を表1に示す。

シリカがSBA-15の場合，m-体を利用して調製した吸着剤ではm-体の吸着の方がp-体の吸着よりLangmuir定数は大きい。逆にp-体を利用して調製した吸着剤ではp-体の吸着の方がm-体の吸着よりLangmuir定数は大きい。したがって分子インプリント法による吸着剤は吸着種への明確な選択性を示している。一方，吸着種を基準に整理すると，m-体の吸着ではm-体利用の吸着剤の方が，p-体

表1 分子インプリント法を利用して3-アミノプロピルシランをグラフトしたSBA-15上へのm-，p-ベンゼンジアルデヒドの吸着
(Langmuir定数と飽和吸着量を示す)

| 吸着剤 || 吸着種 | $K_L$ [L/mmol] | $q_e$ [mmol/g] |
|---|---|---|---|---|
| シリカ | 分子型剤 | | | |
| SBA-15 | m-体 | m-体 | 31 | 0.50 |
|  |  | p-体 | 16 | 0.48 |
|  | p-体 | m-体 | 20 | 0.61 |
|  |  | p-体 | 29 | 0.55 |
| Cab-O-sil M7D | m-体 | m-体 | 95 | 0.16 |
|  |  | p-体 | 7.6 | 0.20 |
|  | p-体 | m-体 | 13 | 0.17 |
|  |  | p-体 | 8.1 | 0.19 |

m-体：イソフタルアルデヒド，p-体：パラフタルアルデヒド

利用の吸着剤よりもLangmuir定数が大きく，$p$-体の吸着では$p$-体利用の吸着剤の方が，$m$-体利用の吸着剤よりもLangmuir定数が大きい。結局，吸着剤，吸着質どちらから見ても分子インプリント法による選択性の発現は明らかである。

一方非細孔性シリカの場合，$m$-体の吸着は$p$-体の吸着よりも強い。これはベンゼンジアルデヒドとアミンとの反応の自由エネルギーの差がそのまま反映されたためと考えられる。しかしながら$m$-体の吸着は，$m$-体利用の吸着剤の方が$p$-体利用の吸着剤より，わずかに強くなる。$p$-体についても同様である。SBA-15において分子インプリントの効果が極めて強く観測される理由であるが，表面が凹面であるため，シランのグラフト後の加水分解で型剤ベンゼンジアルデヒドを除去した後も2つのアミノプロピル基は元の配向を保ちやすい。M7Dでは表面が凸面であるため，これが困難になると考えられる。

## 4.2 グラフト法による遷移金属錯体シランの固定

多点で固定される表面修飾子の場合，凹面の方が構造を保ちやすいことは4.1の分子インプリント法において明らかになったが，この現象は別の形でも現れる。遷移金属陽イオン$Fe^{3+}$，$Co^{2+}$，$Ni^{2+}$，$Cu^{2+}$が配位したアミン錯体は，シリカ表面上でAs(V)，Cr(VI)，Se(IV)，Mo(VI)などのオキシアニオンを強く吸着する吸着点として働く。配位子にもよるが配位反応は室温で速やかに量論的に起きる。エチレンジアミン構造を持つN-アミノエチル-3-アミノプロピルトリエトキシシラン(AeAPS)などはエチレンジアミンと同様の配位化合物を遷移金属陽イオンとの間で形成し，シリカ表面にグラフト可能である[26]（図10）。図10の$Cu^{2+}$錯体シラン，Cu(AeAPS)とCu(AeAPS)$_2$をSBA-15のシリカにグラフトし，2種の吸着剤を調製した。それらを用いてセレン(VI)酸の吸着を行った結果が図11である。配位子が1つの錯体から調製された吸着点はSe/Cu=0.5で，配位子が2つの錯体から調製され

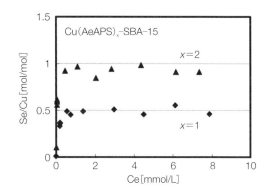

図11 Cu(AeAPS)$_x$をグラフトしたSBA-15セレン酸の吸着（吸着等温線を示す）

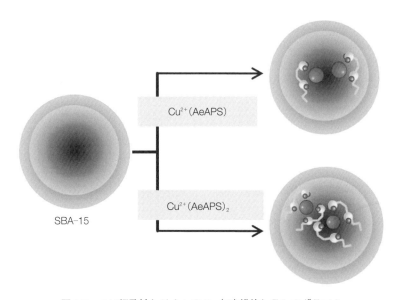

図10 メソ細孔性シリカへのCu(II)錯体シランのグラフト

第1章　メソ多孔体類

表2　Cu(AeAPS)$_x$ をグラフトした SBA-15 セレン酸の吸着における Langmuir 定数と飽和吸着量

| 吸着剤 | 吸着点数 Cu[mmol/g] | $K_L$ [L/mol] | Se/Cu で表す $q_e$ |
|---|---|---|---|
| Cu(AeAPS)/MCM-41 | 0.50 | 70 | 0.52 |
| Cu(AeAPS)$_2$/MCM-41 | 0.52 | 192 | 0.98 |
| Cu(AeAPS)/SBA-15 | 0.59 | 277 | 0.49 |
| Cu(AeAPS)$_2$/SBA-15 | 0.59 | 649 | 0.99 |
| Cu(AeAPS)/Cab-O-sil M7D | 0.54 | 76 | 0.56 |
| Cu(AeAPS)$_2$/Cab-O-sil M7D | 0.45 | 63 | 0.53 |

た吸着点は Se/Cu=1.0 で飽和する。セレン酸の吸着も量論的に起きることがわかった。UV-vis スペクトルから Cu(AeAPS) と Cu(AeAPS)$_2$ の構造はグラフト後も保たれていることが示され，セレン酸の吸着挙動は吸着点構造の違いに起因すると結論できる。

シリカに MCM-41，Cab-O-sil M7D を用いた場合も同様に吸着を行い，全て Langmuir 式で解析した。その結果を表2に示す。MCM-41 と SBA-15 の場合，飽和吸着量 $q_e$ は Cu(AeAPS) 錯体がグラフトされたシリカで Se/Cu=0.5，Cu(AeAPS)$_2$ 錯体がグラフトされたシリカで Se/Cu=1.0 である。また Langmuir 定数も後者は前者の 2.5±0.2 倍になっている。MCM-41 の方が SBA-15 より Langmuir 定数が小さいのは，吸着点が高密度になり吸着点同士の反発が顕著になったためと考えられる。重要な点は2つの錯体シランで吸着特性が大きく異なり，その違いは MCM-41 と SBA-15 でほとんど変わらないことである。

一方，非細孔性シリカの Cab-O-sil M7D にグラフトした場合，どちらの錯体をグラフトしても飽和吸着量，Langmuir 定数ともに違いが見られない。むしろ一致している。これは $Cu^{2+}$ の配位構造が保たれていないことを示唆する。シリカのナノ細孔中，遷移金属陽イオン錯体シランの構造が保たれ，グラフトされるのに対し，非細孔性シリカでは構造が保たれないという現象は，ナノ細孔壁がナノメートル領域で凹面であり，錯体シランが多くのシラノールサイトと反応可能であるからと考えられる。

他の陽イオンとしては，$Fe^{3+}$ が AeAPS と3種類の錯体をつくり，SBA-15 や MCM-41 では構造を保ってグラフとされるため，セレン(VI)酸やヒ酸

(V)の吸着で飽和吸着時の量論比，Se/Fe や As/Fe が錯体の配位子数に依存することが明らかにされている。これらについても Cab-O-sil M7D にグラフトした場合は，飽和吸着時の量論比は整数比から外れるとともに錯体シランによる差が全く見られない[27)28)]。

## 5　まとめ

ナノメートル領域で特徴的な構造を持つ表面の利用に関して，高密度活性点の効果，表面密度と官能基間距離の関係，表面曲率の効果について最近の研究成果を紹介した。高密度に吸着点が配置する表面は，Langmuir 理論が想定する孤立吸着点とは大きく異なる吸着特性を示す。吸着点密度を有機分子の構造異性体の選択吸着に利用できること，非晶質表面でも吸着層相転移が観測されることの2つの例を解説した。次にメソ細孔中へのグラフト法では，細孔径が小さいほど官能基間距離分布が小さい領域にシフトすることを明らかにした。最後にナノ細孔性固体の表面修飾，活性化，触媒化について，ナノメートル領域で表面が凹面である効果が顕著に現れる現象について解説した。メソ細孔の利用，ナノ反応容器の利用を進めるにあたって，ここで述べられた現象に留意する必要があることは，従来の粉体表面の化学と異なる点である。

■引用・参考文献■

1) K. Ariga, H. S. Nalwa, ed. : BOTTOM-UP NANO FABRICATION : Supramolecules, Self-Assemblies, and

Organic Film., vol. 6, Chapter 10, American Scientific Publishers, Stevenson Ranch CA, (2009).

2) 有賀克彦編：ナノ空間材料の創製と応用，第6章9節，フロンティア出版(2009)．

3) G. E. Fryxell, B. Cao ed. : Environmental Applications of Nanomaterials, Synthesis, Sorbents and Sensors. 2 nd Edition, Chapters 11 and 12, Imperial College Press, London, (2012).

4) H. Yoshitake : *New J. Chem.*, **29**, 1107-1117(2005).

5) H. Yoshitake : *J. Mater. Chem.*, **20**, 4537-4550(2010).

6) T. Kodate, K. Sato and H. Yoshitake : *Adv. Porous Mater.*, **1**, 323-336(2013).

7) H. Yoshitake, T. Yokoi and T. Tatsumi : *Chem. Mater.*, **14**, 4603-4610(2002).

8) H. Yoshitake, T. Yokoi and T. Tatsumi : *Bull. Chem. Soc. Jpn.*, **76**, 847-852(2003).

9) H. Yoshitake, T. Yokoi and T. Tatsumi : *Chem. Mater.*, **15**, 1713-1721(2003).

10) T. Yokoi, T. Tatsumi and H. Yoshitake : *Bull. Chem. Soc. Jpn.*, **76**, 2225-2232(2003).

11) T. Yokoi, H. Yoshitake and T. Tatsumi : *Chem. Mater.*, **15**, 4536-4538(2003).

12) T. Yokoi, H. Yoshitake and T. Tatsumi : *J. Mater. Chem.*, **14**, 951-957(2004).

13) T. Yokoi, T. Tatsumi and H. Yoshitake : *J. Colloid Interf. Sci.*, **274**, 451-457(2004).

14) H. Yoshitake, E. Koiso, T. Tatsumi, H. Horie and H. Yoshimura : *Chem. Lett.*, **33**, 872-873(2004).

15) H. Yoshitake, E. Koiso, H. Horie and H. Yoshimura : *Microporous Mesoporous Mater.*, **85**, 183-194(2005).

16) T. Yokoi, H. Yoshitake, T. Yamada, Y. Kubota and T. Tatsumi : *J. Mater. Chem.*, **16**, 1125-1136(2006).

17) T. Koizumi and H. Yoshitake : *Bull. Chem. Soc. Jpn.*, **86**, 657-662(2013).

18) T. Chujo, Y. Gonda, Y. Oumi, T. Sano and H. Yoshitake : *Chem. Lett.*, **35**, 1198-1199(2006).

19) T. Chujo, Y. Gonda, Y. Oumi, T. Sano and H. Yoshitake : *J. Mater. Chem.*, **17**, 1372-1380(2007).

20) H. Nakajima, Y. Oumi, T. Sano and H. Yoshitake : *Bull. Chem. Soc. Jpn.*, **82**, 1313-1321(2009).

21) H. Yoshitake, H. Nakajima, Y. Oumi and T. Sano : *J. Mater. Chem.*, **20**, 2024-2032(2010).

22) Y. Gonda, Y. Oumi, T. Sano and H. Yoshitake : *Colloids Surf. A*, **360**, 159-166(2010).

23) Y. Gonda and H. Yoshitake : *J. Phys. Chem. C*, **114**, 20076-20082(2010).

24) T. Miyajima, S. Abry, W. Zhou, B. Albela, L. Bonneviot, Y. Oumi, T. Sano, and H. Yoshitake : *J. Mater. Chem.*, **17**, 3901-3909(2007).

25) H. Yoshitake, T. Koizumi, I. Kawamura and A. Naito : *Phys. Chem. Chem. Phys.*, **15**, 3946-3954(2013).

26) H. Yoshitake and R. Otsuka : Langmuir, 29, 10513-10520 (2013).

27) R. Otsuka and H. Yoshitake : *J. Colloid Interf. Sci.*, **415**, 143-150(2014).

28) R. Otsuka and H. Yoshitake : *J. Nanosci. Nanotechnol.*, **14**, 6409-6417(2014).

〈吉武　英昭〉

第1章　メソ多孔体類

## 10節　メソポーラス有機シリカの機能設計

### 1　はじめに

　メソポーラスシリカ[1]の発見から6年が経過した1996年頃から，メソポーラス有機シリカの合成が報告されるようになった。当初は，メソポーラスシリカの細孔表面に有機基をグラフトした表面修飾型しかなかったが[2]，1999年には，架橋型有機シランを原料に用いることで，有機基とシリカがメソポーラス骨格中に均一に分散した骨格導入型メソポーラス有機シリカが合成されるようになった[3]。もともと，有機アルコキシシラン（R(SiOR')$_n$, $n=1\sim4$）のゾル−ゲル反応により，多様なキセロゲルが合成されていたが，構造はアモルファスであり，均一な細孔を有するものはなかった[4]。界面活性剤を鋳型分子として用いる合成法の適応により，均一なメソ細孔を持つ有機シリカ材料の合成が可能になった。

　均一なメソ細孔を持つ有機シリカには，明瞭に区別できる3つの領域が形成された。骨格，細孔表面，そして細孔空間である。これらの各領域に異なる機能を付与できるようになり，それらを連動させることで，これまでにない新しい機能の発現が可能となった。特に，骨格導入型メソポーラス有機シリカでは，骨格内に有機基の機能が付与できるため，細孔表面と細孔空間の機能との連動により高度な機能発現が可能となった。

　ここでは，メソポーラス有機シリカの合成方法と高機能化について概説した後に，その特長を活かした応用例について紹介する。

### 2　メソポーラス有機シリカの分類と構造

#### 2.1　表面修飾型と骨格導入型

　メソポーラス有機シリカは，有機基の導入形式により，表面修飾型と骨格導入型に分類される。前者

は，シランカップリング剤（R−Si(OR')$_3$, R−SiCl$_3$等）によるメソポーラスシリカの表面修飾（**図1a**），あるいは，有機モノシラン化合物（R−Si(OR')$_3$）と骨格形成助剤（Si(OEt)$_4$等）との共縮合反応による直接合成（図1b）により得られる[2][5]。表面修飾型メソポーラス有機シリカでは導入できる有機基の量が限られること（直接合成でも有機シラン/Si(OEt)$_4$（モル比）が通常は0.2以下），また有機基が細孔内に突出するため，細孔径の縮小や細孔容積の低下を引き起こすという問題がある。

　一方，後者の骨格導入型メソポーラス有機シリカは，有機基の両端に2個以上のアルコキシシリル基が結合した架橋型有機シラン化合物（R−[Si(OR')$_3$]$_n$, $n\geq2$, R'＝Me, Etなど）を界面活性剤存在下で加水分解・重縮合することにより合成される（図1c）[6]。架橋型有機シラン原料を用いる場合は，Si(OEt)$_4$などの骨格形成助剤を混合しなくても，メソポーラス構造の形成が可能になるため，多量の有機基を導入できる。また，有機基は均一分散した状態で，かつ細孔壁の内部に固定されているため，表面修飾型の問題点として挙げられた細孔径の縮小や細孔容積の低下を伴わない。さらに，細孔壁は薄いため，ほとんどの有機基が細孔表面に露出しており，細孔を通して有機基との直接のコンタクトが可能である。以下，骨格導入型メソポーラス有機シリカをPMO（Periodic Mesoporous Organosilica：PMO）と称し，その合成法と構造特性について概説する。

#### 2.2　構造

　1999年，エタン基（Et）を導入したEt−PMOの合成が世界で初めて報告された[3]。Et−PMOは，エタン基で架橋した有機シラン前駆体をカチオン性界面活性剤の存在下，塩基性条件で加水分解・重縮合することで得られた。これまでに，界面活性剤のア

－ 96 －

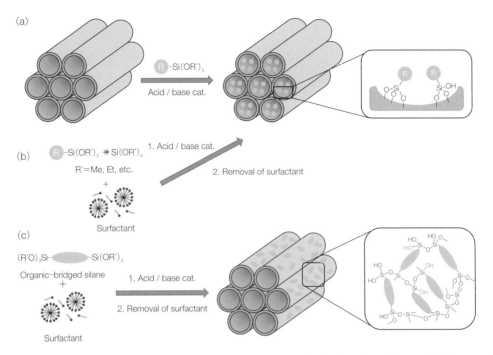

**図1** (a)表面修飾型，(b)直接合成型メソポーラス有機シリカ，および(c)骨格導入型メソポーラス有機シリカの合成方法

ルキル鎖長，界面活性剤濃度，反応温度，塩基性濃度を制御することで，二次元ヘキサゴナル ($P6mm$)[3]，三次元ヘキサゴナル ($P6_3/mmc$)[3]，およびキュービック ($Pm\bar{3}n$)[7]の対称性を有するEt-PMOの合成が報告されている。このように，同一の有機シラン前駆体を用いても，反応条件を制御することで，細孔構造の異なるPMOを得ることができる。

2002年には，フェニル基（Ph）を導入した結晶状の細孔壁を有するPh-PMOの合成が報告された（図2）[8]。Et-PMOの細孔壁は，エタン基がランダムに分散したアモルファス構造であったが，Ph-PMOの場合，ベンゼン層とシリカ層がチャンネルに沿って交互に積層した規則構造が形成され，その規則構造はX線回折において明瞭なピークとして観察された。その後，エチレン[9]，ビフェニル[10]，ナフタレン[11]，ジビニルベンゼン[12]，ジビニルピリジン[13]，フェニルピリジン[14]，ビピリジン[15]を導入したPMOについても結晶状の壁構造の発現が確認されている。

上記の結晶状PMOでは，有機基間の相互作用は比較的弱く，有機基の吸収バンドも原料の希薄溶液

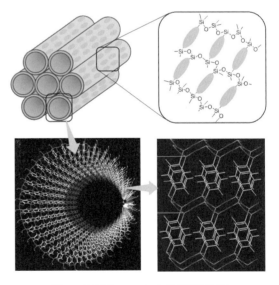

**図2** 結晶状Ph-PMOの構造概念図

とほぼ同じであった。最近，有機基が細孔壁内でπスタックした新しいタイプの結晶状PMOが報告された。ペリレンビスイミド（PBI）を導入したPMOは，PBIが3.5Åの周期でカラム状にπスタックしていることが，吸収スペクトル，X線回折，透

過電子顕微鏡により確認された[16]。πスタック型のPMOは，有機基同士の強い電子的相互作用によって，細孔壁内部でのエネルギー拡散や高速電荷輸送を実現できる可能性があり，新しい光触媒や電子デバイスを構築するための機能性プラットホームとして期待できる。

## 3 PMOの高機能化

### 3.1 有機シラン原料の機能設計

PMOの物性は，有機基の化学的性質に直結しているため，高機能性PMOを得るには，所望の有機基を備えた架橋型有機シラン原料を合成する必要がある。図3に，これまでにPMOの合成に成功した架橋型有機シラン原料の一例を示す。初期のPMOの骨格有機基としては，単純なアルキル基やフェニル基に限られていたが，架橋型有機シラン原料の合成法の進歩に伴い，有機基の種類が大きく拡張された。特に，ロジウム触媒を用いた芳香族ハロゲン化物の直接シリル化反応を利用することで，これまで導入が困難であったπ共役系有機基やヘテロ原子を含む有機基のシリル化が可能となった[17]。また，最近では，シリル基を含むビルディングブロックを用いたカップリング反応による架橋型有機シランの合成アプローチも報告されている[18]。

一方，PMOは酸性または塩基性条件で合成されるため，反応性の高い有機基を含む架橋型有機シランの利用が困難な場合がある。また，有機基の種類や置換位置によっては，PMO合成中にSi-C結合の開裂が起こる場合があり，反応条件の精密な制御が求められる[19]。さらに，有機基の分子サイズが大きくなると，規則的なメソ構造の形成が難しくなる傾向にある。この場合，有機シラン原料のシリル基数を増やすことや骨格形成助剤などを添加することで，規則性の高いメソ構造が得られやすくなる。

### 3.2 骨格有機基の化学修飾

所望の有機基を導入したPMOを直接合成することが困難な場合，PMOの骨格有機基の化学修飾により機能化する方法が有効である。図4に，ベンゼンで架橋したPh-PMOの誘導化例を示す。Ph-PMOのベンゼン環は，芳香族化合物の典型的な反応性を保持しているため，求電子置換反応による有機官能基化が可能である。例えば，スルホン化やニトロ化および還元反応を施すことで，スルホン酸基やアミノ基を導入したPh-PMOが得られる[8,20]。こ

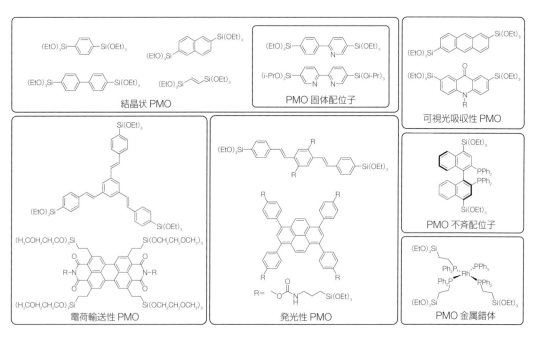

図3　PMO合成に用いられた架橋型有機シラン原料

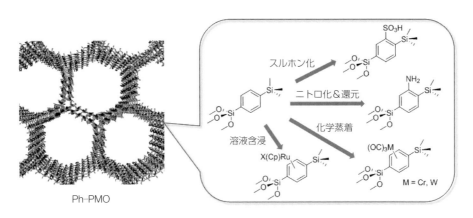

図4 化学修飾によるPh-PMOの高機能化

れらは，固体酸や固体塩基触媒として利用できる。また，Ph-PMOのアミノ基は，アミド化，イミド化，アルキル化を施すことで，さらなる化学修飾が可能である[21]。

Ph-PMOの細孔表面のベンゼン環は，配位子として利用することができ，細孔表面に金属錯体を固定化できる。これまでに，クロムやタングステンカルボニル錯体の化学蒸着によるベンゼン金属錯体の固定化が報告されている[22]。クロムカルボニル錯体の場合，骨格内の約15％のベンゼン環がベンゼンクロム錯体に変換される。また，Ph-PMOを金属錯体の溶液に含浸させることでメタロセン錯体を固定できる[23]。ルテニウム錯体の場合，含浸法により骨格内のベンゼン環の約7％をルテノセン錯体に変換できる。ルテノセン錯体は熱的に安定であり，Ph-PMOも耐熱性が優れているため，得られたルテノセンPMO錯体は気相反応の化学触媒として利用することができる。骨格有機基の化学修飾は，Ph-PMO以外にも，エチレンで架橋したPMOでも多数報告されている。この場合，二重結合に対してブロモ化，エポキシ化，オゾン分解やDiels-Alder反応を施すことで，反応性を有した官能基に変換することができる[24]。

## 4 PMOの応用

### 4.1 金属錯体の固定化担体

金属錯体触媒は，その優れた活性と選択性により，医薬品や化成品の工業生産に幅広く利用されているが，反応液に溶解するため，回収・再利用が困難である。触媒プロセスの経済性や安全性，さらに環境低負荷の観点から，金属錯体の固体担体への固定化が望まれている。しかし，従来の固定化担体（シリカゲルやポリマー等）は，アモルファスのため表面が不均一であったり，リンカーを介して金属錯体を固定化する必要があったため，金属錯体の周りに均一な触媒環境を形成することが難しく，均一溶液系で見られた本来の触媒性能が発揮できない場合が多かった。

PMOは，均一な細孔表面を有することに加え，壁内に有機配位子を導入できるため，金属錯体を細孔表面に直接固定することができる。これまでに，ホスフィン[25]やジアミン[26]，N-ヘテロ環状カルベン（NHC）[27]，ポルフィリン[28]などを組み込んだPMOが報告されている。また，フェニルピリジン[14]，ビピリジン[15]のようなキレート配位子を細孔壁に導入した結晶状PMOの合成も報告されている。なかでも，ビピリジン配位子（BPy）を組み込んだ結晶状BPy-PMOは，配位力に優れているため，多様な金属錯体を細孔表面に形成できる。また，ビピリジン基は細孔表面に規則配列しているため，固定された金属錯体の周りには比較的均一な触媒環境が整っている。さらに，細孔径は3.8 nmと大きいため，比較的大きな基質分子に対応できること，共有結合の安定な骨格を有するため，さまざまな反応条件で使用することができるというメリットを有する。

BPy-PMOを固体配位子とした不均一触媒反応の例として，イリジウム錯体によるC-Hホウ素化

反応が報告されている（図5）[29]。イリジウム錯体を固定化したBPy-PMO（Ir-BPy-PMO）は固体触媒でありながら，均一系触媒と同等レベルの触媒活性を示した。芳香族化合物やヘテロ芳香族化合物のC-Hホウ素化反応において有効に機能し，基質によっては複数回の回収・再利用が可能である。一方で従来の固定化担体を用いてグラフト法により調製した固体触媒は，Ir-BPy-PMOに比べて触媒活性が低く，触媒の再利用性を示さなかった。このように，BPy-PMOを固体配位子として用いることで，これまで困難であった高活性な均一系触媒の固体化を実現できる可能性が示された。また，BPy-PMOは金属種を孤立して固定化できるため，均一触媒系の失活過程である金属種の凝集を抑制することも確認されている。

### 4.2 固体有機分子触媒

PMOは，金属錯体触媒の固定化担体としてだけでなく，有機分子触媒の固体化担体としても活用されている。最も固定化が検討されているのは，酸触媒である。これまでにPMOの骨格有機基に対してスルホン化を施すことで，酸点を導入したさまざまな固体酸触媒が報告されている[30]。また，この固体酸触媒に対して，シランカップリング剤を用いて表面修飾することにより，シリカ層に塩基点を導入した酸・塩基二元機能触媒が開発されている[31]。均一反応系では酸・塩基触媒の共存は不可能であるため，PMOの細孔表面を活用した酸点と塩基点の固定は効果的である。酸・塩基触媒の同時固定により，アセタール基の脱保護に続くAza-Henry反応など，酸塩基逐次反応をワンポットで達成することができる（図6a）。

有機分子触媒として最も典型的なプロリン触媒やMacMillan触媒を固定化したPMO触媒を用いた不斉アルドール反応や不斉Diels-Alder反応が開発されている（図6b）[32)33)]。一般的に有機分子触媒は，反応を円滑に進めるために金属錯体触媒に比べて多い触媒量を必要とするが，回収・再利用性に優れたPMO固体触媒を用いることで，有機分子触媒の問題点を克服できる可能性がある。

### 4.3 光捕集アンテナ機能

光合成は，光子密度の低い太陽光を濃縮し，難しい多電子反応を促進するため，光捕集アンテナを利用している。図7aに，紅色光合成細菌の光捕集アンテナの模式図を示した。反応中心の周りに無数のクロロフィル分子がアンテナ状に張り出し，美しい

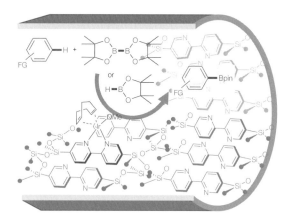

**図5** BPy-PMOの細孔表面にイリジウム錯体を固定化したIr-BPy-PMOによるC-Hホウ素化反応
（口絵参照）

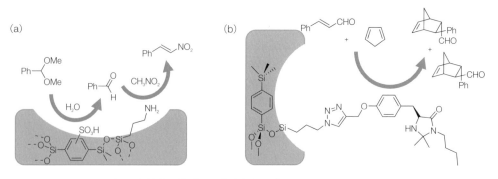

**図6** 有機分子触媒を骨格有機基に導入したPMO固体触媒

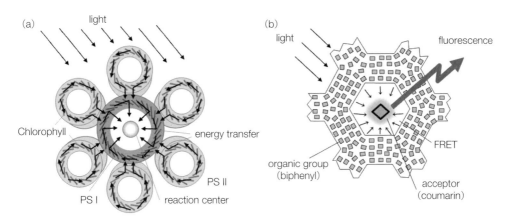

図7 (a)光合成(紅色光合成細菌)の光捕集アンテナと(b)PMOの光捕集アンテナ(Bp-PMO/クマリン)

二重のリング構造を形成している。このクロロフィル分子が太陽光を吸収し励起状態となり,その励起状態が隣接するクロロフィル分子間を次々と伝播し,最終的には反応中心に励起エネルギーが集約される。通常,1個の反応中心に対し,100〜200個のクロロフィル分子が配置されているので,アンテナの利用により反応中心の励起頻度を100〜200倍に高めることができる。

PMOは,光合成に匹敵する優れた光捕集アンテナ機能を示す。図7bに,クマリン色素を細孔に導入したビフェニル(Bp)-PMOの模式図を示した。壁に組み込まれた高密度のビフェニル基が光を吸収し励起状態となり,その励起エネルギーが細孔内のクマリン色素に集約される。クマリン色素の導入量を変化させた実験により,125個のビフェニル基が吸収した光エネルギーが1個のクマリン分子にほぼ100%の量子効率で集約されることが確認された[34]。この優れたアンテナ効果は,これまで報告された人工のアンテナ物質(デンドリマーや有機ゲルなど)のなかでもっとも高い。なお,PMOが捕集できる波長域は架橋有機基の選択により調節できる。可視光吸収性の有機基を骨格に導入したPMOは,可視光の光捕集が可能である[35]。

### 4.4 固体分子系光触媒

PMOは優れたアンテナ機能を示すだけでなく,光触媒(反応中心)との連動が容易であるという特長を有する。捕集された光エネルギーは細孔内に集約されるため,細孔内に光触媒を固定することにより連動化が可能である。次に光触媒と連動させたアンテナ型光触媒について紹介する。

図8aに,可視光吸収性のアクリドン基を導入したAcd-PMOの細孔内にルテニウム-レニウム超分子型錯体(Ru-Re)を固定化したアンテナ型二酸化炭素($CO_2$)還元光触媒の模式図を示す。ここで,Ru錯体は光増感部位として,Re錯体は$CO_2$還元触媒として機能する。まず,アクリドン基が可視光(405 nm)を吸収し,その励起エネルギーがRu-Re連結錯体のRuユニットに集約される。ここで,Acd-PMOの発光スペクトルとRuユニットの吸収スペクトルの重なりが大きいことが,効率的なエネルギー移動の条件の一つとなる。続いて,RuユニットからReユニットに電子移動が起こり,Re上で$CO_2$の還元反応が進行する。この時の触媒活性は,アンテナ機能を持たないメソポーラスシリカに固定化したRu-Reと比較して10倍程度高かった[36]。これは,405 nmの照射光がAcd-PMOアンテナにより効率的に吸収され,そのエネルギーが高効率でRu-Reに集約されたためである。

また,Acd-PMOを利用した水の酸化光触媒系の構築も報告されている。Acd-PMOの細孔表面に光増感剤となるRu錯体をグラフトし,さらに酸化イリジウム($IrO_x$)微粒子を光還元法により析出させた(図8b)。犠牲試薬($S_2O_8^{2-}$)を含む水中で,可視光(400 nm)を照射したところ,酸素の生成が確認された[37]。Acd-PMOからのエネルギー移動により励起されたRu錯体は,犠牲剤により酸化的に消光し,さらに酸化イリジウムより電子を引き抜くこと

第1章 メソ多孔体類

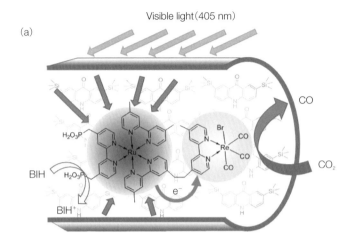

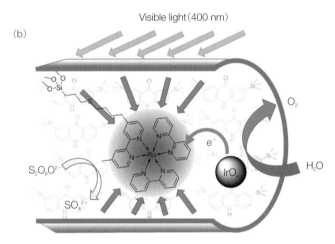

図8 可視光吸収型 Acd-PMO の光捕集機能を利用した (a) $CO_2$ 還元反応と (b) 水の酸化反応の模式図 (口絵参照)

で水の酸化反応が起こる。水の酸化光触媒は，犠牲剤フリーの $CO_2$ 還元や水からの水素生成などの光触媒系の構築に不可欠であり，酸化と還元反応系の連動が今後の課題である。

### 4.5 多色発光材料

PMO の骨格有機基から細孔内の色素へのエネルギー移動を制御することで，多色発光材料を作製することができる[38]。図9に，オリゴフェニレンビニレンで架橋した OPV-PMO 薄膜に色素 (ルブレン) をドープしたときの発光スペクトル変化と，色素ドープ量による発光色制御の様子を示す。色素未ドープの OPV-PMO 薄膜は，OPV に基づく青色発光 (発光量子収率：61%) を示す。一方，黄色蛍光色素のルブレンを少量ドープすると，OPV の励起エネルギーの一部がルブレンに移動し，OPV の青色発光に加えルブレンの黄色発光が観察される。ルブレンのドープ量を徐々に増加させると，PMO 薄膜の発光色は青色から白色，そして黄色へと連続的に変化した。白色発光体の発光量子収率は67%に達し，近紫外 LED 光源との組み合わせにより，白色発光薄膜としての利用が期待できる[39]。また，テトラフェニルピレンで架橋した TPPy-PMO にローダミン6Gをドープした系でも白色発光体を得ることができる[40]。

### 4.6 光電変換素子

ホール輸送性 PMO の細孔内に，電子輸送物質を

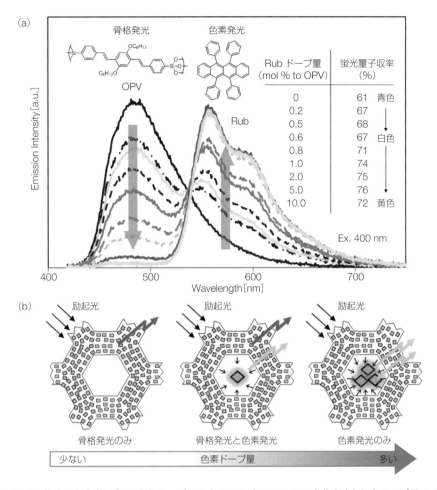

図9 (a) OPV-PMO薄膜に色素(ルブレン)をドープしたときの発光スペクトル変化と(b)色素ドープ量による発光色制御

充填することで,ナノサイズで制御された p-n 接合界面を有する光電変換素子を作製できる。これまでに,トリススチリルベンゼン[41]やジチエニルベンゾチアジアゾール(DTBT)[42]を含む架橋有機シラン原料からホール輸送性 PMO 薄膜の合成が報告されている。これらの PMO 薄膜のホール輸送性は,対応する低分子や高分子薄膜とほぼ同程度であり,絶縁性のシリカを含有してもホール輸送性を大きく低下させないことがわかった。この DTBT-PMO 薄膜を p 型,フラーレン誘導体 PCBM を n 型とする p-n 接合型光電変換素子が作製された(図10)。擬似太陽光照射下における光電変換性能を評価したところ,DTBT-PMO 薄膜が p 層として機能することが実証された[40]。現状の光電変換素子のパワー変換効率は低いが,PMO 薄膜の可視光吸収域の拡張とホール輸送能の向上,さらに PMO の細孔構造の制御により改善が期待される。このように,ホール輸送性 PMO の活用により,ナノメートルオーダーの p-n 接合界面を比較的容易に形成できる。

## 5 今後の展望

有機基を骨格内に導入したナノ空間材料として,PMO 以外に MOF(Metal-Organic Framework),COF(Covalent Organic Framework),そして多孔性ポリマーなどがある。これら有機系ナノ空間材料について,骨格有機基の機能を活用したさまざまな応用展開が行われている。その中で PMO は比較的大きな細孔を有しており,細孔内でのスムーズな物質拡散を利用した高効率な反応場や,細孔内の化学

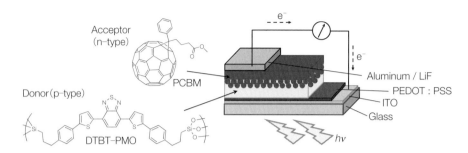

図 10　ホール輸送性 PMO を用いた光電変換素子の模式図

修飾による高度な反応場の設計が可能な点が特長である。タンパクがつくるナノ空間の代わりに，PMOを利用することで，人工酵素や人工光合成への展開も可能と考える。

　有機化学は，これまで溶液を中心に発展してきており，分子から超分子に展開することで，機能が大幅に拡張されてきた。今後は，実用性に優れ，機能の集積化が容易な固体系へと発展すると思われる。そのための土台としても，PMO を代表とする有機系ナノ空間材料は，重要な役割を果たすものと思われる。

■引用・参考文献■

1) (a) T. Yanagisawa, T. Shimizu, K. Kuroda and C. Kato : *Bull. Chem. Soc. Jpn.*, **63**, 988 (1990). ; (b) C. T. Kresge, M. E. Leonowicz, W. J. Roth, J. C. Vartuli and J. S. Beck : *Nature*, **359**, 710 (1992). ; (c) S. Inagaki, Y. Fukushima and K. Kuroda : *J. Chem. Soc., Chem. Commun.*, 680 (1993). ; (d) J .S. Beck, J. C. Vartuli, W. J. Roth, M. E. Leonowicz, C. T. Kresge, K. D. Schmitt, C. T. -W. Chu, D. H. Olson, E. W. Sheppard, S. B. McCullen, J. B. Higgins and J. L. Schlenker : *J. Am. Chem. Soc.*, **114**, 10834 (1992).
2) A. Cauvel, G. Renard and D. Brunel : *J. Org. Chem.*, **62**, 749 (1997).
3) S. Inagaki, S. Guan, Y. Fukushima, T. Ohsuna and O. Terasaki : *J. Am. Chem. Soc.*, **121**, 9611 (1999).
4) K. J. Shea, D. A. Loy : *Chem. Mater.*, **13**, 3306 (2001).
5) (a) M. H. Lim, A. Stein : *Chem. Mater.*, **11**, 3285 (1999) ; (b) B. Hatton, K. Landskron, W. Whitnall, D. Perovic and G. A. Ozin : *Acc. Chem. Res.*, **38**, 305 (2005).
6) (a) F. Hoffmann, M. Cornelius, J. Morell and M. Fröba : *Angew. Chem. Int. Ed.*, **45**, 3216 (2006). ; (b) S. Fujita, S. Inagaki : *Chem. Mater.*, **20**, 891 (2008). ; (c) N. Mizoshita, T. Tani and S. Inagaki : *Chem. Soc. Rev.*, **40**, 789 (2011).
7) (a) S. Guan, S. Inagaki, T. Ohsuna and O. Terasaki : *J. Am. Chem. Soc.*, **122**, 5660 (2000). ; (b) S. Guan, S. Inagaki, T. Ohsuna and O. Terasaki : *Microporous Mesoporous Mater.*, **44-45**, 165 (2001).
8) S. Inagaki, S. Guan, T. Ohsuna and O. Terasaki : *Nature*, **416**, 304 (2002).
9) Y. Xia, W. Wang and R. Mokaya : *J. Am. Chem. Soc.*, **127**, 790 (2005).
10) M. P. Kapoor, Q. Yang and S. Inagaki : *J. Am. Chem. Soc.*, **124**, 15176 (2002).
11) N. Mizoshita, Y. Goto, M. P. Kapoor, T. Shimada, T. Tani and S. Inagaki : *Chem.-Eur. J.*, **15**, 219 (2009).
12) (a) A. Sayari, W. Wang : *J. Am. Chem. Soc.*, **127**, 12194 (2005). ; (b) M. Cornelius, F. Hoffmann and M. Fröba : *Chem. Mater.*, **17**, 6674 (2005).
13) M. Waki, N. Mizoshita, T. Tani and S. Inagaki : *Chem. Commun.*, **46**, 8163 (2010).
14) M. Waki, N. Mizoshita, T. Tani and S. Inagaki : *Angew. Chem., Int. Ed.*, **50**, 11667 (2011).
15) M. Waki, Y. Maegawa, K. Hara, Y. Goto, S. Shirai, Y. Yamada, N. Mizoshita, T. Tani, W.-J. Chun, S. Muratsugu, M. Tada, A. Fukuoka and S. Inagaki : *J. Am. Chem. Soc.*, **136**, 4003 (2014).
16) N. Mizoshita, T. Tani, H. Shinokubo and S. Inagaki : *Angew. Chem. Int. Ed.*, **51**, 1156 (2012).
17) (a) M. Murata, M. Ishikura, M. Nagata, S. Watanabe and Y. Masuda : *Org. Lett.*, **4**, 1843 (2002). ; (b) Y. Maegawa, Y. Goto, S. Inagaki and T. Shimada : *Tetrahedron Lett.*, **47**, 6957 (2006).
18) (a) Y. Maegawa, T. Nagano, T. Yabuno, H. Nakagawa and T. Shimada : *Tetrahedron*, **63**, 11467 (2007). ; (b) Y. Maegawa, M. Waki, A. Umemoto, T. Shimada and S. Inagaki : *Tetrahedron*, **69**, 5312 (2013).
19) S. Shirai, Y. Goto, N. Mizoshita, M. Ohashi, T. Tani, T. Shimada, S. Hyodo and S. Inagaki : *J. Phys. Chem. A*, **114**,

6047 (2010).

20) (a) M. Ohashi, M. P. Kapoor and S. Inagaki : *Chem. Commun.*, 841 (2008). ; (b) M. A. O. Lourenço, J. R. B. Gomes and P. Ferreira : *RSC Adv.*, **5**, 9208 (2015).

21) M. A. O. Lourenço, R. Siegel, L. Mafra and P. Ferreira : *Dalton Trans.*, **42**, 5631 (2013).

22) T. Kamegawa, T. Sakai, M. Matsuoka and M. Anpo : *J. Am. Chem. Soc.*, **127**, 16784 (2005).

23) T. Kamegawa, M. Saito, T. Watanabe, K. Uchihara, M. Kondo, M. Matsuoka and M. Anpo : *J. Mater. Chem.*, **21**, 12228 (2011).

24) (a) B. J. Melde, B. T. Holland, C. F. Blanford and A. Stein : *Chem. Mater.*, **11**, 3302 (1999). ; (b) M. Sasidharan, S. Fujita, M. Ohashi, Y. Goto, K. Nakashima and S. Inagaki : *Chem. Commun.*, **47**, 10422 (2011) ; (c) S. Polarz, F. Jeremias and U. Haunz : *Adv. Funct. Mater.*, **21**, 2953 (2011). ; (d) K. Nakajima, I. Tomita, M. Hara, S. Hayashi, K. Domen and J. N. Kondo : *Adv. Mater.*, **17**, 1839 (2005).

25) T. Seki, K. McEleney and C. M. Crudden : *Chem. Commun.*, **48**, 6369 (2012).

26) D. M. Jiang, Q. H. Yang, H. Wang, G. R. Zhu, J. Yang and C. Li : *J. Catal.*, **239**, 65 (2006).

27) (a) T. P. Nguyen, P. Hesemann, P. Gaveau and J. J. E. Moreau : *J. Mater. Chem.*, **19**, 4164 (2009). ; (b) H. Yang, Y. Wang, Y. Qin, Y. Chong, Q. Yang, G. Li, L. Zhang and W. Li : *Green Chem.*, **13**, 1352 (2011).

28) (a) E. Y. Jeong, A. Burri, S. Y. Lee and S. E. Park : *J. Mater. Chem.*, **20**, 10869 (2010). ; (b) E. Y. Jeong , M. B. Ansari and S. E. Park : *ACS Catal.*, **1**, 855 (2011).

29) Y. Maegawa, S. Inagaki : *Dalton Trans.*, **44**, 13007 (2015).

30) P. Van der Voort, D. Esquivel, E. De Canck, F. Goethals, I. Van Driessche and F. J. Romero-Salguero : *Chem. Soc. Rev.*, **42**, 3913 (2013).

31) S. Shylesh, A. Wagener, A. Seifert, S. Ernst and W. R. Thiel : *Angew. Chem. Int. Ed.*, **49**, 184 (2010).

32) J. Gao, J. Liu, J. Tang, D. Jiang, B. Li and Q. Yang : *Chem.-Eur. J.*, **16**, 7852 (2010).

33) J. Y. Shi, C. A. Wang, Z. J. Li, Q. Wang, Y. Zhang, and W. Wang : *Chem.-Eur. J.*, **17**, 6206 (2011).

34) S. Inagaki, O. Ohtani, Y. Goto, K. Okamoto, M. Ikai, K. Yamanaka, T. Tani and T. Okada : *Angew. Chem. Int. Ed.*, **48**, 4042 (2009).

35) (a) H. Takeda, Y. Goto, Y. Maegawa, T. Ohsuna, T. Tani, K. Matsumoto, T. Shimada and S. Inagaki : *Chem. Commun.*, 6032 (2009). ; (b) Y. Maegawa, N. Mizoshita, T. Tani and S. Inagaki : *J. Mater. Chem.*, **20**, 4399 (2010).

36) Y. Ueda, H. Takeda, T. Yui, K. Koike, Y. Goto, S. Inagaki and O. Ishitani : *ChemSusChem*, **8**, 439 (2015).

37) H. Takeda, M. Ohashi, Y. Goto, T. Ohsuna, T. Tani and S. Inagaki : *Chem.-Eur. J.*, **20**, 9130 (2014).

38) T. Tani, N. Mizoshita and S. Inagaki : *J. Mater. Chem.*, **19**, 4451 (2009).

39) N. Mizoshita, Y. Goto, T. Tani and S. Inagaki : *Adv. Mater.*, **21**, 4798 (2009).

40) N. Mizoshita, Y. Goto, Y. Maegawa, T. Tani and S. Inagaki : *Chem. Mater.*, **22**, 2548 (2010).

41) N. Mizoshita, M. Ikai, T. Tani and S. Inagaki : *J. Am. Chem. Soc.*, **131**, 14225 (2009).

42) M. Ikai, Y. Maegawa, Y. Goto, T. Tani and S. Inagaki : *J. Mater. Chem. A*, **2**, 11857 (2014).

〈前川　佳史，稲垣　伸二〉

第 1 章 メソ多孔体類

## 11節 非シリカ系酸化物，結晶と応用

### 1 非シリカ系酸化物

#### 1.1 はじめに

MCM-41 や SBA-15 などに代表される，シリカ系多孔体（メソポーラスシリカ）材料は，ゼオライト類の細孔内に取り込むことのできない大きさの分子を対象とする目的で合成され，高い表面積に加えて非常に高い細孔構造規則性を有している[1]。このため，触媒の担体として用いた場合，通常のアモルファスシリカと比較して，触媒の物性や形状をより多種の分析手法で調べる事ができ，これまでに，均一で規則性の高いナノ空間を反応場として利用した研究が多く報告されている[2]。しかし，メソポーラシリカの無機骨格はアモルファス体であり，この点で結晶性のゼオライトとは大きく異なる。例えば，過酸化水素を用いたオレフィンの酸化反応では，骨格中のケイ素をチタンやスズで同形置換したゼオライト触媒は，上記反応に高い活性およびオキシドへの選択性を示すことが知られている。一方で，メソポーラスシリカのアモルファス骨格にドーピングレベルで異元素を取り込んだ類似触媒の場合，ゼオライトの細孔に侵入できない大きな分子に対して有効ではあるが，同一分子に対する活性は著しく低下する[3]。このような背景から，現在では，ゼオライト骨格由来の反応活性点とメソポーラス構造を共存させた，階層構造を有するメソポーラスゼオライトの開発が盛んに行われている[4]。

非シリカ系酸化物，特に遷移金属酸化物は，各々が個性的な性質を有した多様性に富んだ物質群である。シリカとは異なり，担体として用いられるだけでなく，そのもの自身の表面にさまざまな触媒活性点が存在する。また，バルクも半導体性質や電磁気特性を示し，種類も豊富である。このことから，当然，遷移金属酸化物を無機骨格としたメソ多孔体の

調製法も，メソポーラスシリカが報告されて以来，応用を期待して，検討されてきた[5]。しかし，各々の遷移金属酸化物原料の種類や性質が多様であることから，いずれの合成法も各論的で，再現性にも問題があった。現在では，基準的な手法とされている一般的な調製法があるが，それが初めて報告されたのが 1999 年である[6]。今日，各種の酸化物や複合酸化物が，この標準法をいろいろと工夫することで合成されている。

本稿では，メソポーラス遷移金属酸化物（アモルファス体）の調製法を先ず紹介し，続いてそれらのメソポーラス構造を維持したまま結晶化する手法を示す。最後に，メソポーラス遷移金属酸化物の応用として，「過酸化水素によるオレフィンの酸化触媒反応」および「水の光分解」を例に，結晶化前のアモルファス体と結晶体での触媒特性の違いを比較する。前者では表面特性，後者ではバルク特性の変化に起因した触媒特性変化となる。

#### 1.2 遷移金属酸化物メソ多孔体の合成

メソポーラス物質の合成法には，溶液中のミセルを構造鋳型（Structure Directing Agent，以下 SDA）として用いる「ソフトテンプレート法」と，規則的な構造を有するカーボンやシリカなどの固体物質を SDA とする「ハードテンプレート法」がある。まず，メソポーラスシリカでは，ソフトテンプレート法により，連続したシリカ骨格相内にさまざまな規則性多孔体配列構造を有する物質の調製が可能である。また，大きさの揃ったナノ粒子が規則的に配列した，シリカナノ粒子集合体も調製可能で，シリカネットワークは不連続であるが，それらの隙間も均一な大きさと規則的な周期構造を有している。遷移金属酸化物を骨格とした規則性メソポーラス材料は，メソポーラスシリカ合成に類似のソフトテンプレート

- 106 -

法，あるいはハードテンプレート法で合成される。ハードテンプレート法では比較的多様な種類の酸化物および規則構造からなる物質を得ることができ，カーボンあるいはシリカのハードテンプレートは，燃焼あるいは酸/アルカリでの溶解で除去し，メソ空間を得ることができる[7]。ここでは，ソフトテンプレート法によるメソポーラス遷移金属酸化物の合成方法に的を絞って紹介する。

メソポーラス遷移金属酸化物は，いくつかの例外を除いて多くの場合，二次元ヘキサゴナル（two dimensional hexagonal，以下 2D-hex）構造を有するものに限られている。2D-hex のメソポーラス構造を形成するための SDA を大別すると，長鎖アルキル基とイオン性ヘッドグループあるいはアミンからなるものと，中性のブロック共重合体がある。1998年までの初期の研究では前者を，また，1999年から現在ではほとんどの研究では後者の SDA を用いてメソポーラス遷移金属酸化物の調製が行われている。

長鎖アルキル基とイオン性ヘッドグループあるいはアミンからなる SDA を用いてメソポーラス遷移金属酸化物を調製する方法は，メソポーラスシリカでは MCM-41 の合成法に類似している。水溶液中にイオン性 SDA を加えると，界面活性剤である SDA は，臨界ミセル濃度およびクラフト温度以上でミセルを形成する。このミセルの形状は濃度と温度で変化し，一定温度では濃度の増加に伴って，球状，棒状，層状と変化する。この中で，棒状ミセルを形成する条件で金属イオン水溶液に SDA を導入し，水熱合成条件下で金属酸化物層を形成することで，メソ構造を持つ SDA-遷移金属酸化物コンポ

ジットが得られる。最後に SDA を燃焼・除去することでメソポーラス遷移金属酸化物が構築される。

以上が合成の原理で，実際にはさまざまな遷移金属酸化物メソポーラス材料が報告されたが，再現性や安定性等の問題から，現在にいたってはアルキルアミンを SDA として用いて調製される酸化ニオブと酸化タンタル以外はあまり研究されていない。メソポーラスシリカがこの方法で容易に調製できるのに対し，メソポーラス遷移金属酸化物の調製への適応は難しい。これは，水に溶解している出発原料である金属イオン種から酸化物相を形成する間の各反応段階の速度が，シリカと遷移金属酸化物とで異なるためである。すなわち金属イオンから出発する場合，第一段階の加水分解が速く，比較的早い時期に水酸化物が沈殿して液相から分離してしまう。したがって，SDA を含まずに固体となってしまう可能性が極めて高い。さらに生成した水酸化物が第二段階で脱水縮合反応を経て酸化物骨格を形成するが，この過程が遅いため，水熱処理後も一部水酸化物の残存した酸化物になっており，SDA の燃焼除去の際に構造が崩壊することがある。そのため，安定な酸化物相を得ることが難しい。

酸化ニオブと酸化タンタルでは，均一系でタンタルとニオブは，5価・6配位が安定なことを利用している[8]。この手法は LAT (ligand-assisted templating) 法とよばれ，長鎖のアルキルアミン（SDA）を金属アルコキシドに配位させることで，親水部と疎水部のコンポジットを作成することに始まる。まず，出発原料であるニオブあるいはタンタルのエトキシドは，5価・6配位構造を保ち，二量体として純液相で安定化している。ここへアルキルアミンを溶解

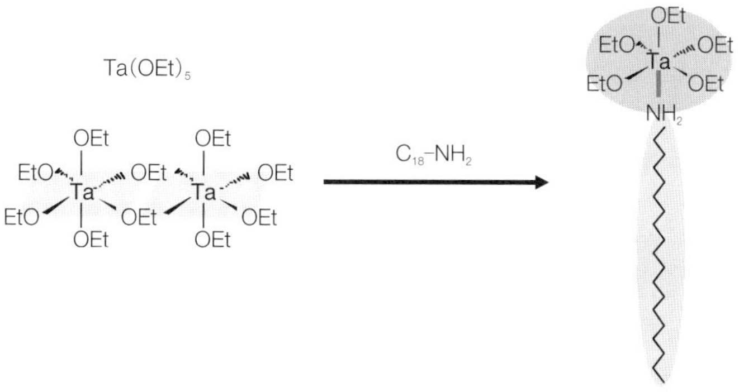

図1　タンタルエトキシド二量体とアルキルアミンが配位した単量体の構造

- 107 -

すると，アミンの配位したモノマーになり（**図1**），水を加えることで金属源とSDAが一体化したミセルを形成する。これを水熱熟成して酸化物とし，さらに酸処理でアミンと無機骨格との結合を切断して，最終的な構造を得ることができる。得られるメソポーラス材料は，比較的小さなメソ孔を有し，壁が薄いために熱的安定性に乏しい。

ブロック共重合体（BCP）をSDAとして用いるBCP法では，無水アルコールを溶媒とする。この手法の最適化された操作では，無水アルコールを溶媒としブロック共重合体を完全に溶解し，金属塩化物と適量の水を混入した後に，シャーレーに移して軽くラップをかけ，恒温槽中40℃で約一週間熟成する。最後に500℃で空気中焼成することでブロック共重合体SDAを燃焼除去してアモルファス遷移金属酸化物メソ多孔体を得ることができる。操作は簡単であるが，熟成中に起きていることを考慮しないと，調製の最適化は難しい。例えば，典型的な調製法では，10 gの無水エタノールに1 gのP123-SDAを溶解し，ここへ6〜10 mmolの金属塩化物を導入する。これを40℃で熟成することで，SDAとメソポーラス遷移金属酸化物のコンポジットが得られる。まず，無水エタノールにP123-SDAを溶解した溶液の濃度は10 wt%で，**図2**中の矢印濃度に匹敵する。これを40℃に保つと，アルコール溶媒の蒸発によって濃縮が起こり，液晶相が時間の経過とともに，図2の破線に沿って右側に移動する（ブロック共重合体のアルコール溶媒中での相図は報告されていないので，図2には水溶媒のものを参考に示してある[9]）。

一方，金属塩化物はアルコールに溶解した時点で塩酸を発生し，塩化物イオンの一部がエトキシドに置換される。また，熟成中には金属化合物モノマーは加えた少量の水によって加水分解され，さらに加水分解によってモノマーに生じた水酸基同士が脱水縮合をする。これによって，モノマー間での架橋が起こり，加水分解・脱水縮合の繰り返しによって無機相が形成されて最終的には酸化物となる。この間，少量の水は加水分解で消費された後に脱水縮合で再生成するので，触媒として働いている。このように，液晶相が濃縮されてメソ多孔体の鋳型構造を形成している過程で，タイミングよく無機相の反応が起きないと，欲しいメソポーラス材料は得られない。具体的には，溶液が濃縮して，液晶相がヘキサゴナル状態で，酸化物ネットワークが形成することが必要となる。調製に成功したメソポーラス遷移金属酸化物-SDAコンポジットは無色透明のフィルム上で得られる（図2写真）。酸化物相の反応が速すぎてごく初期の段階で固体となって沈殿してしまうと，液晶相が固体に取り込まれることはなく単なる非多孔体バルク相が得られる。また酸化物相のネットワーク形成が分離せずとも，若干速いとブロック共重合体の分散ミセルが自由に移動し，ロッド状ミセルを形成する過程が阻害され，欲しい鋳型構造の多孔体はできない。逆に無機相の形成が遅いと，ロッド状ミセルはさらに高濃度の安定相へと変化してしま

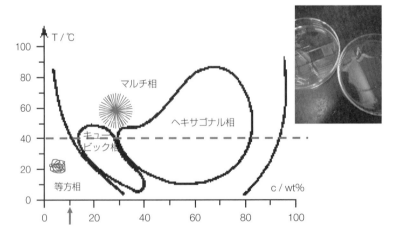

**図2　P123ブロック共重合体の水溶液中での相図とこれを用いたメソポーラス遷移金属酸化物の合成**
（写真はP123とメソポーラス遷移金属酸化物のコンポジット）

う。このように，無機相と液晶相の変化の速度を，加える水や金属塩化物の量によって微調整することが重要である。なお，アルコールの蒸発は完全密閉していては起こらないので，適度に密閉を破っておくことは必要である。

## 2　結晶と応用

### 2.1　はじめに

メソポーラス物質は表面積が大きいことから触媒の担体として適していることは一目瞭然で，実際にこの応用例が比較的早い時期から多く報告された。ところが，これではメソポーラス物質としての特徴が必ずしも十分に活かされてはいない。特徴とは，①孔のサイズが均一であること，②孔が連続した無機相の中に存在すること，③バルク相が極めて薄いこと，などである。これらの特徴に基づいて，既存のバルク体には存在しない機能を発揮することができれば，非常に興味深い応用例として取り扱うことができる。また，遷移金属酸化物は各々で個性が強く，固体触媒作用も固有なものが多い。さらに，その結晶系や表面に露出している結晶面などによっても固体触媒としての特性が異なり，磁性や導電性などの電磁気学的特性も固体内の電子構造に大きく依存する。したがって遷移金属酸化物の個性を引き出そうとする際に，結晶化は避けて通れない。

通常アモルファス構造で得られるメソポーラス遷移金属酸化物を，空気中での焼成によって結晶化すると，その構造が崩壊し，2 タイプの結晶体となる。一方はミクロンオーダーの非多孔体，すなわち通常の沈殿法で調製したものと同じ物質になり，界面活性剤ミセルによるメソ孔の痕跡が全く見られない。もう一方では，ナノサイズの微粒子集合体となり，壁を構成した箇所がメソ孔によってちぎられたようになっている。この場合，窒素ガス吸着測定を行うと微粒子間の隙間が比較的大きな（>8 nm）細孔として現れる。したがって，結晶化に伴う壁の収縮でアモルファス体にあったメソ孔口径が大きくなり，構造は保持されているかのように解釈されることもあるが，実際には電子顕微鏡（TEM）と電子線回折（ED）で，結晶子とメソ孔の関係を調べる必要がある。すなわち，TEM 像によって結晶子と孔の関係を直接観測し，ED パターンにより，単結晶子の大

きさをある程度認知したうえで，窒素ガス吸着測定で見られる細孔や低角度に現れる X 線回折（XRD）ピークが，粒子間隙によるものか，連続した無機相内に存在する細孔に帰属されるのかを，区別して認識する必要がある。

筆者らは光触媒作用に関しての研究を目的としていたため，酸化ニオブおよび酸化タンタルメソ多孔体の結晶化を詳しく調べた。何も処理せずにこれらを空気中で焼成，結晶化すると，酸化ニオブでは微結晶集合体となり，酸化タンタルでは非多孔体となった。しかしこれらを混合することで，サブミクロンの大きさの単結晶粒子内にメソ孔が存在している「メソポーラス酸化ニオブ・タンタル単結晶」が得られた[10]。図3 に広範囲にわたって 2D-hex 構造に配列したメソポーラス酸化ニオブ・タンタル（ニオブ：タンタル＝1：1）の結晶化を行った結果について示した。アモルファス前駆体（図3左）を 650℃で空気中焼成すると図3右のようなランダムに孔のあいた粒子が得られた。この多孔体の ED パターンを調べると，粒子全体から得られたもの（A）と，円で囲った B–E の各箇所から得られた結果が同じスポットパターンとなった。これは，酸化ニオブ・タンタル単結晶のなかに TEM 像で見られている多数のメソ孔が存在していることを示している。しかしその細孔構造はランダムで，細孔構造が揃った配列を維持するためには補強が必要である。

### 2.2　メソ多孔構造を維持した結晶化手法[11]

メソ多孔体の細孔内に補強材を充填あるいはコーティングすることによって構造を補強し，加熱・結晶化を行い最後に充填剤を除去することで，アモルファス前駆体にあった細孔配列規則性を保持した結晶性メソ多孔体を得ることができる。ただし，アモルファス前駆体調製過程での構造鋳型剤除去（500℃焼成）で，すでに結晶化が起こり構造破壊をしてしまう物質は対象とならない。

#### 2.2.1　炭素充填法

シリカ系メソ多孔体の細孔内に炭素を充填させ，後にシリカを溶解することで「ヘキサゴナルメソ構造を有するナノポーラス炭素材料」が得られることが，2000 年に報告された。対象となったシリカ系メソ多孔体は SBA-15 で，前記した非イオン性のブロック共重合体を SDA として合成される。した

第1章 メソ多孔体類

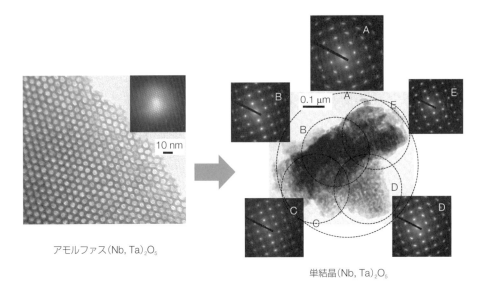

アモルファス(Nb, Ta)₂O₅　　　　　　　　　単結晶(Nb, Ta)₂O₅

図3　空気中での焼成による結晶化前(左図)と後(右図)のメソポーラス(Nb, Ta)₂O₅のTEM像およびEDパターン

がって，同じSDAを用いて調製した遷移金属酸化物メソ多孔体の細孔内に，同様の方法で炭素を充填させることができれば，炭素を補強材として，細孔構造を保持したままアモルファス壁を結晶化させることが可能である。まず，炭素充填補強の効果を確かめるために，図3で示したメソポーラス酸化ニオブ・タンタル（ニオブ：タンタル＝1：1）のアモルファス前駆体を試した。炭素充填は窒素気流下200℃でフルフリルアルコールを流通させ，さらに550℃で乾留することで行った。炭素充填したアモルファス前駆体は，650℃でヘリウム中の熱処理をすることで結晶化し，炭素除去は，空気中550℃で焼成することで行った。

炭素充填処理をして結晶化させたメソポーラス酸化ニオブ・タンタルのXRDパターンをアモルファス前駆体のものと比較した（図4）。一連の処理を行った材料には，広角度領域において，アモルファス材料にはなかった結晶化によるピークが出現している。また，低角度に現れる$d(100)$の回折ピーク強度は弱くなるが，確かに保持されているのが確認できる。$d(100)$の回折ピークから見積もった繰り返し周期は，結晶化によって7.4Åから6.8Åと減少した。窒素ガス吸着測定では，（図4(C)）約6nmの細孔径による相対圧力0.6付近の吸着量の増加が顕著でなくなり，BET表面積は184 m²g⁻¹から93 m²g⁻¹に，細孔容積は0.34 mLg⁻¹から0.23 mLg⁻¹

へと減少した。TEM観測では単結晶子の中に2D-hexに配列したメソ孔が観測されたが，規則的に配列したメソ孔を保持したまま結晶化に至った粒子は試料全体の約3分の1に止まった。

炭素充填で補強したメソ多孔体の結晶化では，ナノメートルサイズのメソ孔の規則配列と，結晶体に由来するサブナノメートルの周期配列が共存するような，理想的な物質の収率は低かった。これは，メソポーラス酸化ニオブ・タンタルの細孔内はSBA-15と比較して炭素を十分に充填することができなかったことに起因すると考えられる。また，この方法は，細孔内が親水性のメソポーラス物質への応用に限られ，水分解用光触媒として活性の高い酸化タンタル（後述）には無効であったため，次にシリコン化合物を用いて構造補強を行った結果を示す。

### 2.2.2　シリカコーティング

シリカコーティングによるメソポーラス酸化タンタルの細孔構造補強には，2種類のシリカ源を用いた。一方は，ビストリメチルシロキシメチルシラン（BTMS，Me₃Si-O-SiHMe-O-SiMe₃）で，もう一方はテトラメチルオルトシリケート（TMOS，Si(OMe)₄）である。これらによって細孔構造を補強した後に，いずれの場合も，840℃で1時間焼成することで，メソポーラス酸化タンタルの結晶化を行った。シリカ相の除去は14の水酸化ナトリウム溶液を用い，100℃にて行った。BTMSを用いる場

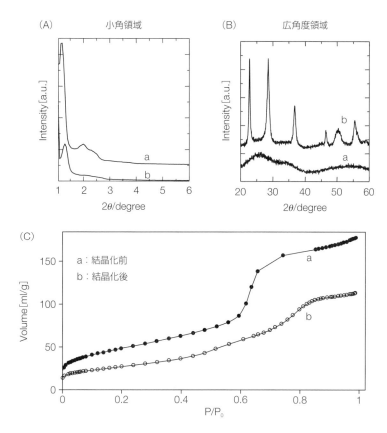

図4 結晶化前後のメソポーラス(Nb, Ta)$_2$O$_5$ のXRDパターン(A, B)とN$_2$吸着等温線(C)

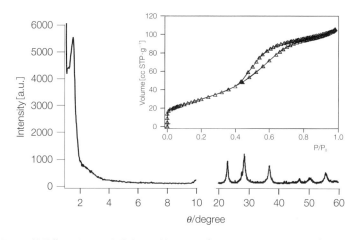

図5 シリカ補強材を用いて結晶化し、シリカを除去した後のメソポーラスTa$_2$O$_5$ のXRDパターンとN$_2$吸着等温線(内図)

合は、BTMSの純液体中に、軽く脱水処理したメソポーラス酸化タンタルを分散させ、70℃で撹拌した後、液体を除去し乾燥させる。この段階で未反応のBTMSが取り除かれ、表面で反応したものや、分子間反応によってオリゴマーとなったものが細孔内に残っている。続く結晶化のための昇温加熱処理中、500℃付近でシリカ源種のメチル基の燃焼が起こり、細孔壁にはシリカ相が形成される。このシリカ相が補強材となり、メソポーラス酸化タンタルの結晶化に伴う物質移動を抑え、結果として結晶化温

第1章 メソ多孔体類

表1 メソポーラス酸化タンタルの物性比較

|  | BET 表面積 /m$^2$·g$^{-1}$ | 細孔容積 /mL·g$^{-1}$ | 細孔径 /nm | 繰り返し周期 /nm |
| --- | --- | --- | --- | --- |
| (a)(b)を空気中焼成により結晶化 | 20 | 0.13 | − | − |
| (b)アモルファス前駆体 | 163 | 0.30 | 4.8 | 6.22 |
| (c)TMOS処理した(a) | 169 | 0.31 | 4.5 | 6.59 |
| (d)(c)を結晶化 | 96 | 0.14 | 3.7 | 6.59 |
| (e)(d)をアルカリ処理 | 115 | 0.14 | 3.7 | 5.73 |

度を770℃から845℃へ上昇させた。各段階で得られた物質の物性値は後述する。

TMOSを用いた場合も同様に脱水処理をし、その後TMOSを化学蒸着（CVD）法にて供給し、水処理とCVDを繰り返すことで細孔壁にシリカ相を形成させた。この場合も、結晶化温度が上昇し、シリカ相の補強効果が確認できた。TMOSで補強後、結晶化およびシリカ除去を行って得られた、結晶性メソポーラス酸化タンタルのXRDパターンと窒素ガス吸着測定結果を図5に示した。小角領域XRDパターンでは、ナノサイズでの繰り返し周期の存在を示すピークが観測され、20〜40°の領域では酸化タンタルが結晶化していることが確認できる。窒素ガス吸着測定では（図5内図）、相対圧力0.4〜0.8でメソ孔による吸着量の増加が見られた。TMOS補強法により調製した一連の試料の物性を表1に比較した。(b)のアモルファス前駆体を単純に空気中焼成により結晶化すると(a)、メソ孔はつぶれ、表面積は20 m$^2$g$^{-1}$となりX線回折では小角領域のナノサイズの周期構造に由来するピークが消失した。一方でTMOS処理(c)、次いで結晶化(d)、最後にシリカ除去(e)して得られた結晶化酸化タンタルメソ多孔体は、100 m$^2$g$^{-1}$以上の表面積を維持し、細孔容積やサイズなどからも規則的に配列した細孔構造を維持していることがうかがえる。規則的に配列したメソ孔を取り囲んでいる壁が確かに結晶化していることを確認する目的で、TEMによる分析を行った。図6に最終的に得られた結晶性メソポーラス酸化タンタルのTEM像(A)、(A)の領域から得られたEDパターン(B)、およびSEM像(C)を

図6 シリカ除去後の結晶性メソポーラス酸化タンタルのTEM像(A)、EDパターン(B)、およびSEM像(C)

示したが，（A）ではメソ孔の配列と結晶体由来のフリンジパターンが，交差するように共存していることが確認できる。さらに，（A）を含む領域からのEDパターン（B）をみると，単結晶子に起因する1つ1つの回折スポットが，（A）のメソ孔配列のパターン（層状パターン）からなっていることがわかる。これはナノメートル単位のメソ孔の規則配列とサブナノ単位の原子の規則配列，すなわち単結晶子が，同じ箇所に共存していることを示している。さらにSEMにより外表面を観測すると（C），粒子内で長周期にわたってメソ孔が一方向に配列している様子がわかる。したがって，この方法で調製した試料は，アモルファスなメソ多孔体と結晶性非多孔体の混合物ではなく，メソ孔が結晶性の壁に囲まれて規則的配列を維持している物質であることがわかる。

## 2.3 結晶化前後での物性変化と触媒反応特性の変化

メソポーラス遷移金属酸化物の応用のうち，結晶化前後での触媒特性変化について述べる。まず，表面特性変化の例として，過酸化水素によるオレフィン酸化反応を，次に，バルク特性変化の例として，水の光分解触媒活性の向上について説明する。

### 2.3.1 メソポーラス酸化ニオブ上での過酸化水素によるシクロヘキセンの酸化触媒反応の選択性変化[12]

表2に，各種酸化ニオブ触媒上での，過酸化水素を用いたシクロヘキセンの酸化反応の結果を示し

た。多孔体および非多孔体でそれぞれ，アモルファス体と結晶体を比較した。以下に結果をリストする。

① 表面積の違いから，非多孔体は5倍量の触媒を用いたが，活性はメソポーラス体の方が圧倒的に高かった。
② 多孔体および非多孔体どちらでも，アモルファス体の方が高活性であった。
③ 多孔体および非多孔体どちらでも，アモルファス体はジオールに，結晶体はオキシドを選択的に生成した。

メソポーラス体が高活性であったことと，結晶体の選択性がオキシドにあった頃をふまえて，反応条件を最適化したところ，メタノール溶媒を用いて40℃で反応することで，転化率とオキシド選択率はそれぞれ，12%および97%となった。

この反応は，先ずオキシドが生成し，さらに酸触媒反応で水和するとジールが生成する。水吸着実験の結果より，結晶体はアモルファス体に比べて細孔内が疎水的であることがわかった。また，赤外分光法からはアモルファス体の表面水酸基は酸性質を示すが，結晶体の場合酸性質が存在しないことが明らかになった。すなわち，結晶体ではオキシドが生成し，反応はストップする一方で，アモルファス体の場合，生成したオキシドが酸性水酸基によってさらに水和して，ジオールに選択的になったものと考察できる。

### 2.3.2 水分解用光触媒活性の向上[13]

遷移金属酸化物メソ多孔体は，アモルファス骨格からなるために，電子の移動が関与するような光触

表2　メソポーラス酸化ニオブ上での $H_2O_2$ によるシクロヘキセンの酸化反応

| Nb₂O₅触媒 | Conv. (%) | シクロヘキセン 選択性/% | | | | | H₂O₂ 転化率 (%) | Eff. (%) |
|---|---|---|---|---|---|---|---|---|
| アモルファスメソポーラス体[a] | 22 | 0 | 68 | 19 | 9 | 4 | 91 | 37 |
| 結晶性メソポーラス体[a] | 2 | 72 | 0 | 0 | 10 | 18 | 92 | 2 |
| アモルファス非多孔体[b] | 7 | 1 | 50 | 25 | 11 | 13 | 85 | 15 |
| 結晶性非多孔体[b] | 0.4 | 38 | 0 | 0 | 23 | 39 | 41 | 2 |

反応条件；触媒（a）100 mg（b）500 mg；シクロヘキセン2 mmol；$H_2O_2$，2 mmol；溶媒 $CH_3CN$，2.5 mL；時間2 h；温度60℃

- 113 -

媒反応では，結晶性バルク型触媒に比べて触媒活性が大きく低下することが酸化チタンで報告されている。これは，アモルファス骨格のために励起された電子とホールの移動度が低く，表面に到達して反応する前に再結合により失活する確率が高いためである。一方で，酸化タンタル系メソ多孔体材料を用いた光触媒反応の例では，紫外光照射下で水の完全分解反応に結晶性バルク型触媒を超える高い活性を示すことが見出された。以下ではまずその概要を解説し，さらに結晶化によるメソポーラス酸化タンタルの光触媒活性の向上について紹介する。

(1) アモルファス相で形成されたメソポーラス酸化タンタル

メソポーラス酸化タンタルは，前述のように2種類の調製法で得られ，それらの物性値を**表3**に比較した。LATでは，細孔が小さく，高表面積を有している。一方で，BCPでは比較的大きな細孔と厚い壁を有している。いずれのメソポーラス酸化タンタルも細孔壁は同じアモルファス体で構成されているので，異なる細孔系および壁の厚みが光触媒反応に与える影響について比較することができる。なお，水の光分解反応では水素生成の助触媒として酸化ニッケルを用いる。さらに，還元・再酸化処理をすることで，内部を金属ニッケルに，外表面を酸化ニッケルとし，生成した水素と酸素の水生成への逆反応を防いでいる。表3で示したように，いずれのメソポーラス酸化タンタルもアモルファス骨格から成るが，水素と酸素を量論比で生成し，高活性を示している。特にLAT酸化タンタルでは，結晶性の良い非多孔体試料（$H_2$ 389 mL·$h^{-1}$，$O_2$ 194 mL·$h^{-1}$）を上まわる活性がみられた。アモルファス物質が水の光分解反応に活性な光触媒になるという例はほかになく，メソポーラス物質において初めて見出された結果である。これは，無機骨格中に軌道がないために励起電子と正孔の移動は遅いものの，その表面

（反応場）への到達距離がバルク体に比べてきわめて短いため，有効に反応に使われた結果と考えられる。したがって，同じメソポーラス材料である場合，その壁が薄い方がより高い活性をもたらすことが予想される。実際，LATとBCPのメソポーラス酸化タンタルを比較すると，壁の厚いBCPメソポーラス酸化タンタルの活性の方が低い結果となっている。つまり，単に表面積を増加させただけではなくメソポーラス構造にすることで，アモルファス材料の壁の厚みの連続性を保ったまま均一に薄くした結果，高い光触媒能を発現させることができたと考えられる。

(2) 結晶化したメソポーラス酸化タンタル

**表4**に，アモルファス前駆体から結晶性メソポーラス酸化タンタルを調製する一連の過程で得られた物質を用いて，水の光分解活性を調べた結果についてまとめた。いずれの場合も助触媒として酸化ニッケルを3.0 wt%担持し，還元（400℃，2 h）・再酸化（200℃，1 h）処理を行った触媒を用いた。一番上のアモルファス前駆体の物性値は表3のBCP $Ta_2O_5$ に対応し，若干異なるが，水の光分解反応ではほとんど同じ活性が得られた。まずBTMSで処理したものは，BTMS層の形成により細孔径が小さくなり酸化タンタルが表面に露出していないため，光触媒活性を示さなかった。これを加熱により結晶化さ

**表4　メソポーラス酸化タンタルの物性と光触媒活性**

| 試料 | | 表面積 /$m^2g^{-1}$ | 細孔径 /nm | 活性 /$\mu$molh$^{-1}$ | |
|---|---|---|---|---|---|
| | | | | $H_2$ | $O_2$ |
| アモルファス前駆体 | | 131 | 4.8 | 383 | 171 |
| BTMS処理 | | 74 | 3.3 | − | − |
| 結晶化 | | 81 | 3.3 | 764 | 315 |
| NaOH処理 | 3回 | 109 | 3.7 | 1852 | 884 |
| | 5回 | 119 | 3.7 | 1445 | 667 |

**表3　メソポーラス酸化タンタルの物性と光触媒活性**

| 試料 | 表面積 /$m^2g^{-1}$ | 細孔径 /nm | 壁厚 /nm | 繰り返し周期 /nm | NiO /wt% | 活性/$\mu$molh$^{-1}$ | |
|---|---|---|---|---|---|---|---|
| | | | | | | $H_2$ | $O_2$ |
| LAT $Ta_2O_5$ | 488 | 2.6 | 1.2 | 3.8 | 4.0 | 515 | 272 |
| BCP $Ta_2O_5$ | 140 | 4.0 | 2.5 | 6.5 | 3.0 | 342 | 170 |

せると，昇温過程でBTMS層がシリカへ変化し，まだ酸化タンタルの表面を覆っているのにも関わらず，アモルファス前駆体の約2倍の活性を示した。これはおそらく加熱過程でシリカ相に亀裂が入り，結晶化した酸化タンタルが一部露出しているためであると考えられる。最後に水酸化ナトリウム溶液で3回処理しシリカ相を除去すると，アモルファス前駆体の約5倍の活性が得られた。ところがさらに水酸化ナトリウム処理を2回追加すると活性の低下がみられた。これはシリカ除去が十分に行われた後に，過剰のアルカリ処理により酸化タンタルの表面に格子欠陥が出現したためであると考えられる。

　結晶化することによって，メソポーラス酸化タンタルの光触媒活性は大きく向上したが，反応時間の経過とともに活性の低下が見られた。反応後も初期のメソ多孔体構造が保たれていたので，活性低下は触媒の構造劣化に由来するものではないことは確認できた。一方，TEMで担持し前処理した酸化ニッケル助触媒の状態を調べたところ，酸化ニッケルは10 nm以上の塊となりメソポーラス酸化タンタルの外表面に多く存在していることがわかった。またX線光電子分光（XPS）測定より，反応後に酸化ニッケルが一部水酸化ニッケルに変化していることが示唆された。すなわち助触媒の失活が活性低下であると考えられたので，その原料と担持法について検討を行った。いくつかの酸化ニッケル原料を検討したなかで，ギ酸ニッケルを用いることで失活を抑制することができ，活性も向上した。ギ酸ニッケルを含浸担持した触媒を350℃で熱処理し，同じ温度で水素還元を行った後，200℃で再酸化処理するのが最適条件であることがわかった。その結果，水素および酸素生成速度は，それぞれ2.15 μmolh$^{-1}$および1.05 μmolh$^{-1}$と，さらに高活性を示した。

## 3　今後の展望

　現在，さまざまな特徴のある形状を有した遷移金属酸化物が調製できるようになっている。本稿では単純に結晶化のみを取り扱ったが，アモルファス体あるいは結晶体を出発原料とし，窒化処理により，メソポーラス構造の無機相からなる窒化物やオキシナイトライドなどの合成も期待される。結晶性メソポーラス物質が光触媒反応に対して非常に有利な物質であることから，窒化物やオキシナイトライドなどは可視光応答型光触媒として有望であると考えられる。

■引用・参考文献■

1) 中島清隆，稲垣伸二：多孔体の精密制御と機能・物性評価，サイエンス＆テクノロジー，16-26(2008).
2) 藤原正浩：新時代の多孔性材料とその応用，シーエムシー出版，161-168(2004).
3) Y. Wang, T. Yokoi, R. Otomo, J. N. Kondo and T. Tatsumi : *Appl. Catal., A ; General*, **490**, 93 (2015).
4) T. C. Kelle, J. Arras, S. Wershofen and J. Pérez-Ramírez ; *ACS Catal.*, **5**, 734 (2015).
5) J. Y. Ying, C. P. Mehnert and M. S. Wong : *Angew. Chem. Int. Ed.*, **38**, 57 (1999).
6) P. Yang, D. Zhao, D. I. Margolese, B. F. Chmelka and G. D. Stucky : *Chem. Mater.*, **11**, 2813 (1999).
7) M. Tiemann : *Chem. Mater.*, **20**, 961 (2008).
8) D. M. Antonelli, J. Y. Ying : *Chem. Mater.*, **58**, 874 (1996).
9) G. Wanka, H. Hoffmann and W. Ulbricht : *Polymer Sci.*, **268**, 101 (1990).
10) B. Lee, T. Yamashita, J. N. Kondo, D. Lu and K. Domen, : *Chem. Mater.*, **14**, 867 (2002).
11) J. N. Kondo, K. Domen : *Chem. Mater.*, **20**, 835 (2008).
12) H. Shima, M. Tanaka, H. Imai, T. Yokoi, T. Tatsumi and J. N. Kondo : *J. Phys. Chem. C*, **113**, 21693 (2009). ; M. Tanaka, H. Shima, T. Yokoi, T. Tatsumi and J. N. Kondo : *Catal. Lett.*, **141**, 283 (2011).
13) 野村淳子，堂免一成：触媒，**49**, 560-566 (2007).

〈野村　淳子〉

## 12節 有機鋳型法によるメソポーラスカーボンの合成

### 1 はじめに

先端技術を支える素材の一つであるカーボン材料は，一般にもよく知られている物質でありながら，今なお基礎科学から工学の広範な分野にわたって注目されている。炭素原子の持つ sp，$sp^2$，$sp^3$ 結合の多様性ゆえに，フラーレン，カーボンナノチューブ，グラフェンなどさまざまなナノカーボンが見出され，その機能も化学，電気・電子，機械，医療，バイオと多様かつ多彩である。つまり，地球上に豊富でありふれた元素からなるカーボン材料を「ナノレベルで精緻に微視的構造や形態を設計・制御できる」ことは次世代の新素材開発を促進させる上で非常に重要である。

カーボン材料の微視的構造（特に，空間構造）を精緻に制御する方法として，鋳型炭素化法が有用である。鋳型炭素化法は，鋳型の持つ細孔空間内で有機化合物の炭素化を行った後，鋳型を除去することでカーボン材料に鋳型の制御された構造を転写する方法である。この方法では，使用する鋳型の構造を精密に転写することにより，通常では得られない特異的な空間構造や形態の設計・制御ができる。1995年，京谷らは一次元状のナノチャネルが膜面に垂直に多数貫通したアルミニウム陽極酸化皮膜を使用して，試験管状（片閉じ）のカーボンナノチューブを合成し，鋳型炭素化法を初めて実証した[1]。アルミニウム陽極酸化皮膜の厚さとナノチャネルの径を変化させることにより，カーボンナノチューブの長さや径を容易に制御することができる[2]。また，一次元状の鋳型に代えて，規則的な三次元細孔を持つゼオライトを使用すれば，ゼオライトの規則構造を反映したミクロポーラスカーボンを合成できる[3]。特に，Y型ゼオライトを鋳型として合成したミクロポーラスカーボンは，およそ1.2 nmの均一な細孔と，薬品などを用いた賦活処理をしなくても4000 $m^2$/g もの高比表面積を持つ[4]。さらに，構造周期性の繰り返し単位がゼオライトより一桁大きいメソポーラスシリカの登場[5]が，鋳型炭素化法によるポーラスカーボン材料の合成に対して大きな影響を与えた。規則性メソポーラスシリカを鋳型として使用すれば，メソポーラスシリカの持つ数ナノメートルサイクルの規則性とメソ細孔空間を転写した規則性メソポーラスカーボンを合成できる（図1）。1999年，Ryooら[6]とHyeonら[7]がそれぞれMCM-48を鋳型として規則性メソポーラスカーボンを合成し，これを契機として鋳型炭素化法が一層注目され，今日に至るまで数多くの研究が報告されている。最近では電気二重層キャパシタ（EDLC）用電極，Liイオン電池用負極としての用途開発に関心が高まってきている[8]。規則性メソポーラスカーボンは，ゼオライト鋳型の構造を転写したミクロポーラスカーボンに比べて比表面積は小さいが，細孔径が大きい（2 nm以上）ため粒子内拡散性に優れる。

しかしながら，鋳型炭素化法では，有機化合物を十分に充填することが難しい無機材料（細孔径が小さい，連結細孔を持たない，閉鎖孔構造であるなど）

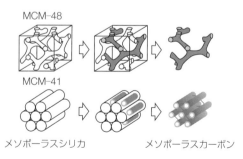

図1 メソポーラスシリカ鋳型から合成されるメソポーラスカーボン

を鋳型として使用することはできない。また，有機化合物の充填には繰り返し作業が必要であり，せっかく精緻に構造を設計・制御した無機鋳型を溶解して除去してしまわなければならない。鋳型炭素化法の問題点として，①多段階のプロセスであること，②スケールアップが簡単ではないこと，③鋳型の溶解除去が大変であること，④直接的な構造・形態の制御が実行不可能であること，が挙げられる。

アルミナ，ゼオライト，シリカなどの無機多孔質材料を使用する鋳型法を無機鋳型（ハードテンプレート）法とすれば，界面活性剤などの有機化合物を使用する鋳型法は有機鋳型（ソフトテンプレート）法と言える。規則性メソポーラスシリカを合成する場合と同様に，界面活性剤ミセルを鋳型として規則性メソポーラスカーボンを合成できれば，合成のプロセスを簡略化でき，合成コストも低く抑えることができる。なにより，規則性メソポーラスカーボンを大量に生産できることは用途開発を促進させる上で非常に重要である。2005年，筆者らはトリブロックコポリマーを鋳型として，レゾルシノール/ホルムアルデヒド樹脂をカーボン源に用いて，メソ構造ポリマー複合体を合成し，これを炭素化してメソポーラスカーボンを合成する方法を国内外で初めて報告した[9]。本手法はシリカ鋳型を用いずに，有機-有機相互作用を利用してメソポーラスカーボンをワンポットで合成する手法である。その直後にZhaoら[10]とDaiら[11]の2グループが独立に同様の論文を発表したように，ソフトテンプレート法に関する研究がまたたく間に広がった。

図2に従来法であるハードテンプレート法とソフトテンプレート法を比較した。一段階合成の基本コンセプトは，①鋳型となる易分解性高分子と難分解性（熱硬化性）樹脂との複合体形成，②有機-有機複合体の自己集合化と③それに続く易分解性鋳型の除去による規則的メソ孔の生成にある。ゾル－ゲル前駆体を用いて，有機-有機複合体の構造と形態を直接的に制御することもできる。本稿では，メソポーラスカーボンの合成，細孔構造・形態の制御，そしてその機能について紹介する。

## 2 メソポーラスカーボンの合成

カーボン源（レゾルシノール/ホルムアルデヒドなど），有機鋳型剤（トリブロックコポリマーPluronic®F127：$PEO_{106}$-$PPO_{70}$-$PEO_{106}$など），重合触媒を含む溶液を室温下にて混合すると規則的メソ構造を有する有機-有機複合体が形成される。レゾルシノール（RF）樹脂は，図3Aに示すようにトリブロックコポリマー分子の両端の親水性部（PEO鎖）に水素結合しているものと考えられる。RF樹脂の中に存在するトリブロックコポリマーは不活性雰囲気下における熱処理により熱分解する。トリブロックコポリマーの疎水性部（PPO鎖）には，RF樹脂は存在しないため，トリブロックコポリマーの熱分解除去によりメソ細孔が形成される。さらに，RF樹脂もガス化するため，メソ細孔の壁を形成するカーボンにはミクロ細孔が生成する。そのためメソポーラスカーボンは，ミクロ-メソ細孔の二元細孔構造を有する多孔体となる。不活性雰囲気下において，トリブロックコポリマーPluronic®F127はおよそ400℃で完全に分解される。RF樹脂が炭素化されて安定な骨格が形成される温度に達するまでの鋳型の安定性が重要であると言える。有機-有機複合体の組み合わせを選択する上で，有機鋳型剤の耐

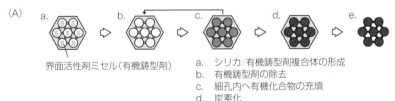

(A)
a. 界面活性剤ミセル（有機鋳型剤）
a. シリカ/有機鋳型剤複合体の形成
b. 有機鋳型剤の除去
c. 細孔内へ有機化合物の充填
d. 炭素化
e. シリカ鋳型の溶解除去

(B)
f. 熱硬化性樹脂/有機鋳型剤複合体の形成
g. 熱硬化性樹脂の炭素化と有機鋳型剤の除去

図2　ハードテンプレート法(A)とソフトテンプレート法(B)

熱性を考慮しなければならないであろう。図3Bには，これまでにソフトテンプレート法に使用された代表的なカーボン源を示した。

ソフトテンプレート法の初報では，ゾル-ゲル前駆溶液をシリコン基板上にスピン塗布，あるいは溶媒をドライアップした後，炭素化することにより，メソポーラスカーボン（COU-1）を合成した[9]。基板上に調製された生成物は容易に剥離し，剥離片を種々の分析測定に供した。図4には，800℃で炭素化したメソポーラスカーボンのPXRDおよび$N_2$吸着等温線を示した。細孔配列の周期性に起因する回折ピークが低角域に観察され，極めて高い秩序構造を有することがわかる。炭素化前は有機-有機複合体であり，電子密度の差が小さいために，回折強度を観察することは難しい。しかし，200～300℃の熱処理後にはメソ構造に起因する回折ピークを確認することができる。広角域に観察される炭素(002)および(10)のブロードな回折ピークは，骨格がアモルファスカーボンであることを示している。高温で熱処理するほどに低角の回折強度が広角度側にシフトしており，周期構造が熱収縮することがわかる。$N_2$吸着等温線は，メソポーラス物質特有のIV型に分類され，吸脱着のヒステリシスも観察される。等温線における$N_2$吸着量の急峻な立ち上がりは，高温で熱処理するほどに低相対圧側にシフトしており，PXRD結果の周期構造の熱収縮を裏付ける。BJH法により算出した細孔径は，炭素化を400，600，800℃で行ったCOU-1でそれぞれ7.4，6.8，5.8 nmであった。メソポーラスシリカ合成においても，界面活性剤の熱分解除去時に周期構造が収縮することは周知のことであるが，有効な前処理でシリカの熱安定性を向上させることや抽出で鋳型を除去することにより，周期構造の熱収縮を抑制することができる。しかし，メソポーラスカーボンの場合，熱処理による炭素化は必要不可欠であり，ガス化を

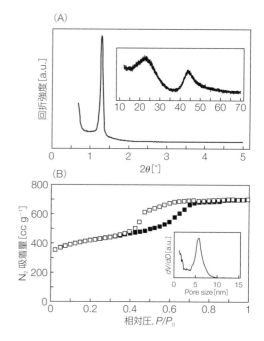

図4 メソポーラスカーボン（COU-1：800℃で炭素化）のPXRD（A）と$N_2$吸着等温線（B）

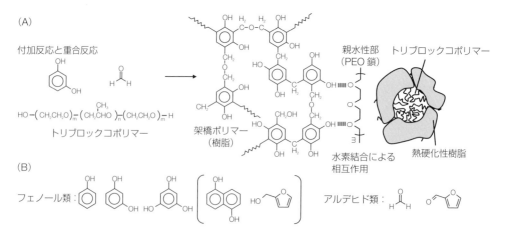

図3 有機-有機複合体の形成（A）とメソポーラスカーボンのソフトテンプレート法に使用される代表的なカーボン源（B）

伴う樹脂の熱収縮は避けられない。

図5には，メソポーラスカーボンのFESEM観察像を示した。COU-1はストレートなチャネル状細孔がヘキサゴナルに配列したメソ構造を持つ。ハードテンプレート法で得られるメソポーラスカーボンは，メソポーラスシリカの細孔と骨格を入れ替えた転写構造を有している。これに対して，トリブロックコポリマーの集合体の周りをRF樹脂で固めて骨格を形成するソフトテンプレート法では，メソポーラスシリカと同様な構造がカーボン骨格で実現できる。

## ③ メソポーラスカーボンの細孔構造制御

材料本来の機能を十分に発現させるためには，用途に応じて材料の構造を任意に制御することが非常に重要である。一般的に，鋳型法において鋳物の構造を制御するためには，鋳型は容易にしかも安価に目的とする形状・寸法につくることができ，正しい鋳物が得られるものでなければならない。

ハードテンプレート法を用いて，メソポーラスカーボンの細孔構造を制御するためには，目的とする構造ごとにシリカ鋳型を用意しなければならない。また，細孔連続性の乏しい構造体を鋳型に用いることはできないため，鋳型の種類は限定される。一方，ソフトテンプレート法では，メソポーラスシリカの合成で提唱されている界面活性剤分子の平均的（動的）充填形状とその分子集合体の形態（充填パラメーター；$g=V/al$，ここで，$V$：界面活性剤鎖ならびに鎖間の溶媒分子の全体積，$a$：ミセル界面における有効頭部面積，$l$：界面活性剤尾部の動的長さ）を因子としてメソ構造の制御に取り組むことができる。メソポーラスカーボンの合成においても，鋳型分子の充填パラメーターの考え方を適用できる。前述したように有機鋳型剤分子の親水性部が水素結合によりRF樹脂と相互作用し複合体を形成するため，有機鋳型剤分子とレゾルシノールのモル比が細孔径制御，細孔構造制御の重要なパラメーターとなる[12]。レゾルシノール/ホルムアルデヒド（RF）とPluronic®F127の全仕込み量（RF+F127）および沈殿物の質量をそれぞれ仕込み量比F127/RF（質量比）に対して図6にプロットした。ここで，全仕込み量と沈殿物の質量の差は溶液中に残存した未反応

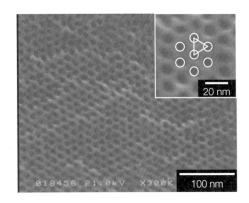

図5 メソポーラスカーボン（COU-1：800℃で炭素化）のFESEM写真

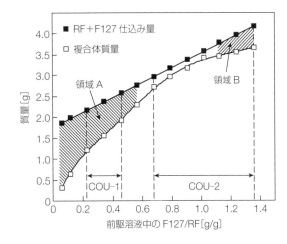

図6 合成溶液に含まれるRF+F127の質量（仕込み量）と有機－有機複合体沈殿物の質量の関係

RFあるいはPluronic®F127の質量である。F127/RF＝0.7〜1.0の範囲では，全仕込み量と沈殿物の質量の差が小さく，仕込んだ原料のほとんどが有機複合体（沈殿物）として回収される，つまり高い収率で樹脂を得ることができる。図6Aの領域における溶液内残存物質は，熱重量分析により，RF樹脂であることが確認された。つまり，領域Aでは，仕込んだPluronic®F127は全て有機複合体（沈殿物）の生成に消費され，過剰なRFは未反応のまま，溶液に残存する。一方，図6Bの領域における溶液内残存物質は，Pluronic®F127であることが熱重量分析により確認された。質量比F127/RFが0.2〜0.4の条件で得られるカーボンはストレートのチャネル状細孔がヘキサゴナルに配列した細孔構造（COU

-1），また質量比 F127/RF が 0.7 〜 1.4 の条件で得られるカーボンは三次元に細孔が発達した worm-hole 状細孔構造（COU-2）を有している。質量比 F127/RF が 0.2 以下，および 1.4 以上の条件では，規則構造体は得られない。また，F127/RF が 0.4 〜 0.7 の間の条件では，COU-1 と COU-2 の混合物が得られる。

図 6 に示した質量測定の結果を基に，Pluronic®F127，1 分子あたりに水素結合したレゾルシノール（R）の分子数を図 7 にプロットした。COU-1 では 140 〜 200 個，COU-2 では 90 〜 130 個のレゾルシノール分子と結合している試算になる。Pluronic®F127 の仕込み量を増やすと，Pluronic®F127 に水素結合するレゾルシノールの分子数が減少する。つまり，Pluronic®F127 の両端部分に結合した分子数が減るため，複合体として考えた場合の $g$ 値は増加する。そのため，Pluronic®F127 を増やすとヘキサゴナル構造よりも，三次元構造をとりやすくなったと考えられる。細孔径の制御法としては，Pluronic®F127 の仕込み量を変化させることのほかに，異なる鋳型剤を用いる，あるいは加える方法がある。例えば，Pluronic®F127 と Pluronic®P123（PEO$_{20}$-PPO$_{70}$-PEO$_{20}$）の混合物を鋳型剤として用いることで，細孔径は 6.8 nm まで大きくすることが可能である。現在も多くの研究者により，新しい有機-有機規則性メソ複合体の合成に関する研究が盛んに行われており，さらに広範囲で細孔径を制御することが可能になるものと期待している。

一方，有機鋳型剤を変更することなく，前駆溶液の溶媒組成（エタノール/水）のみを変化させることにより，メソポーラスカーボンの細孔構造を容易に制御することができる[13]。図 8 にメソポーラスカーボンの TEM 観察像を示した。溶媒のエタノール/水のモル比を 0.5，1.3 とした場合，worm-hole 状の細孔構造が得られる。一方，エタノール/水のモル比を増加（2.5 および 5.0）させると，生成物はヘキサゴナル構造を形成する。また，エタノール/水のモル比 5.0 で得られた生成物は 2.5 に比して，ヘキサゴナル構造周期性が長距離的に連続していることが TEM 観察に加えて ED 測定から確認された。溶媒組成の変化はメソ構造の転移とともに，細孔径を変化させることも確認された（図 9A）。これは，

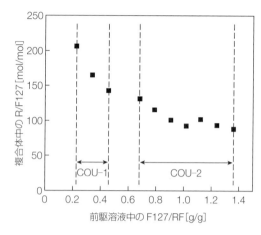

図 7　合成溶液の F127/RF モル比とトリブロックコポリマー（F127）1 分子あたりに水素結合するレゾルシノールの分子数の関係

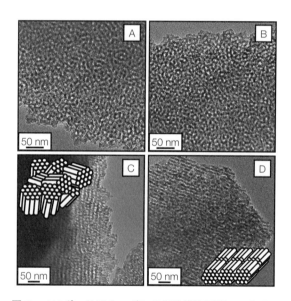

図 8　メソポーラスカーボンの細孔構造制御：エタノール/水のモル比 0.5（A），1.3（B），2.5（C），5.0（D）

エタノールが Pluronic®F127 分子集合体の疎水部（PPO 鎖）に疎水性相互作用し，分子集合体の界面曲率を増大させたと考えられる（図 9B）。また，エタノールは極性溶媒であるため，Pluronic®F127 の疎水部のみでなく，有機-有機界面にも存在し，界面安定性を向上させたと考えられる。

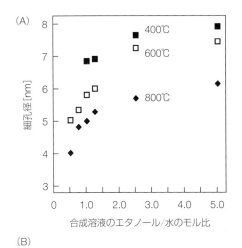

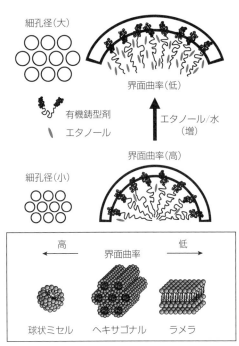

図9 エタノール/水のモル比,炭素化温度とメソポーラスカーボンの細孔径の関係(A)および構造転移の模式図(B)

## 4 メソポーラスカーボンの形態制御

ソフトテンプレート法では,メソポーラスカーボンの前駆体をゾル-ゲル溶液として取り扱えるため,直接的に形態を制御することができる。形態制御の一つとして薄膜化を目的とした場合,樹脂からつくるカーボン材料において避けられない大きな熱収縮のために炭素化後に形態が保持されないという問題点に直面する。樹脂の耐熱性を向上させるためには,カーボン源であるフェノール系モノマーの選択が非常に重要である。

フェノール系モノマーとしてレゾルシノールのみを用いて得られるCOU-1は,高い構造規則性を有するものの,基板との密着性の高い連続薄膜を得ることは難しい。一方,炭素源としてフロログルシノールのみを用いた場合では,周期構造を持たない均一な連続薄膜が得られる。熱重量分析から,フロログルシノールはレゾルシノールに比べて高い熱安定性を有することが確認され,レゾルシノールとフロログルシノールをモル比3:1で用いることにより,石英およびシリコン基板上に周期構造を有するメソポーラスカーボンを連続薄膜化できることが示された[14]。また,塗布条件を変化させることにより,膜厚を数百nmから数μmの範囲で制御することができる。

一般的に,基板上に作製したメソポーラス薄膜は,その規則構造が基板面に対して平行に配向することが知られている。PXRDでは,X線の入射面に対して平行な格子面間隔(配向性薄膜試料における面外規則性)を評価することはできるが,薄膜試料の面内規則性を評価することは困難である。一方,微小角入射X線散乱(GISAXS)法を用いれば,試料面内方向と法線方向の散乱パターンを測定し,異方性を含めた構造情報が得られる。図10に薄膜のGISAXSを示した。PXRDでは,一連の格子面からの一次およびそれに対応する副次ピークが得られるのみであったが(GISAXSパターンにおける$2\theta_f = 0°$に検出される回折に対応している),GISAXSパターンからは構造解析に十分な回折スポットが得られる。FESEM,TEM観察結果と合わせて,薄膜の内部構造は基板に対して(010)面が配向した斜方昌系 $Fmmm$(空間群 #69)に属することが確認された。また,より高温で炭素化処理すると,薄膜法線方向 $\alpha_f$ 軸の散乱角度は広角側にシフトするのに対して,面内方向 $2\theta_f$ 軸の散乱角度は変化しないことがわかる。つまり,メソポーラスカーボン薄膜は膜厚方向にのみ収縮し,膜面内方向には収縮していないことを示している(図11)。これは,薄膜と基板との良好な密着性とフロログルシノール添加による熱安定性の向上に起因していると考えられる。

第1章 メソ多孔体類

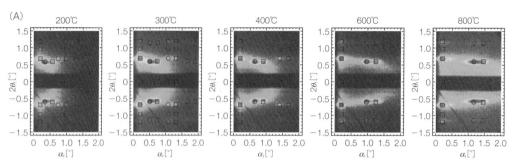

カーボン源として、レゾルシノールの代わりに1,5-ジヒドロキシナフタレンを用いて、炭素化過程における熱収縮が抑制される研究も報告されている[15]。一方、ジヒドロキシナフタレンのほかの異性体では、規則性の高いメソポーラスカーボンを得ることが難しい。ヒドロキシナフタレンにかかわらず、フェノール、レゾルシノール、フロログルシノールなど、炭素源の種類が自己集合体の形成に与える影響についてはまだ明らかにされておらず、今後、有機-有機メソ構造体の形成とフェノール性水酸基の数や位置との相関関係をより詳細に調べることが必要である。

ソフトテンプレート法を用いれば、非対称構造の多孔質アルミナ支持体(平均細孔径100 nm、空孔率40%)上にメソポーラスカーボンを製膜することもできる(図12)[16]。平滑基板上に作製した薄膜に比べて、アルミナ支持体上の薄膜は短距離秩序性の構造を有しており、支持体表面の凹凸がメソ構造形成に影響を与えていると考えられる。$N_2$ガスの透過はクヌーセン拡散が支配的であり、メソ細孔よりも大きなピンホールやクラックなどの欠陥がないことが示された。また、より高温で炭素化することにより透過率が増加するのは、膜の細孔容積が増加するためであると考えられる。得られたメソポーラスカーボン薄膜は耐水熱性、耐酸・アルカリ性に優れているため、シリカでは使用困難な分離系への応用が期待できる。

一方、カーボン源としてベンジルアルコール蒸気を用いれば、気相成長させて薄膜化することもできる[17]。あらかじめPluronic®F127を塗布した基板に$N_2$をキャリアガスとしてベンジルアルコールを供給し、その後800℃にて炭素化してメソポーラスカーボン薄膜が得られる。Pluronic®F127の塗布時

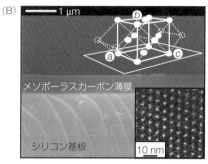

図10 メソポーラスカーボン薄膜のGISAXS(A)と断面FESEM、TEM写真、構造模式図(B)

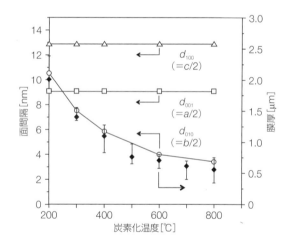

図11 炭素化温度とメソポーラスカーボン薄膜の格子定数の関係

格子は図10Bの挿入図と対応

に含有させた不揮発性の$H_2SO_4$が触媒となり、膜内に浸透したベンジルアルコールが反応し炭素骨格が形成するものと考えられる。炭素化前の面間隔は10.3 nmであるのに対し、炭素化後の面間隔は9.4 nmであった。気相成長させた薄膜の収縮率は9%程度に止まり、通常のソフトテンプレート法で得られるメソポーラスカーボンに比して構造収縮が

- 122 -

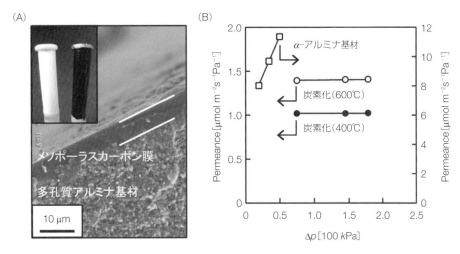

図12 多孔質アルミナ支持体上に製膜したメソポーラスカーボン
挿入図左：管状アルミナ支持体，右：カーボン膜(A)とN₂透過率(B)

小さいことが特長である。

ソフトテンプレート法が提案・実証されたことから，有機鋳型と無機鋳型を両方使用してメソ構造とマクロ形態の両方を一度に制御することも可能になった[13]。図13には，アルミニウム陽極酸化皮膜の細孔を用いて，ロッド状に形態制御したメソポーラスカーボンのN₂吸着等温線とTEM観察像を示した。BJH法により算出した細孔径は7.6 nmであり，薄膜試料の細孔径より大きく，粉末試料と同程度であった。これらの結果から，アルミナの平均細孔径200 nmの微細空間内でのメソ構造形成において，エタノールは膨潤剤として作用していることが示唆される。規則構造は，アルミナ細孔壁に対して平行に配向している。また，その配向構造は長軸方向にチャネル状に延びている部分と短軸方向に円状に周回している部分がある。

## 5 メソポーラスカーボンのEDLC特性

EDLCはバッテリーでは期待できない大きなパワー密度を発現できるため，さまざまな電子機器のバックアップ用電源から電気自動車の補助電源まで幅広い応用分野を拡げつつある。EDLCはイオン伝導性の電解液と活性炭などの分極性電極との界面に形成される電気二重層に蓄積される電荷を利用した蓄電デバイスであり，化学反応を伴わないため半永久的な寿命，安全性，急速大電流充放電が可能などの利点を有している。また，EDLCの正極とLiイオン二次電池の負極をハイブリッド化することにより，EDLCの弱点であったエネルギー密度が大幅に改善されたLiイオンキャパシタがエネルギー・環境分野で大きな期待を集めており，高性能化を目指した新規電極材料の研究が活発に行われている。

エネルギー密度を増加させるには二重層面積を広くするとともに，電極材料細孔内におけるイオンの拡散移動抵抗を低減することが重要である。構造周期性の異なるメソポーラスカーボンをモデル物質として，細孔構造とEDLC特性との関係が解析されている[18]。短距離にしか規則構造が連続していないものに比べて，長距離秩序性を有するメソポーラスカーボンが高い静電容量と良好なレート特性を持つことが示された。また，全てのカーボンにおいて，高温で炭素化することにより，静電容量が向上した。電荷蓄積機構について異なる電極素過程を分離して解析するために，電気化学インピーダンス法が有用である。インピーダンススペクトルから，高周波数域（分布定数域）における半円弧および低周波数域（集中定数域）における虚数軸と平行な軌跡が観測され，電荷移動およびイオン拡散抵抗について，①高温炭化により電荷移動抵抗が低減されること，②メソスケールの長距離秩序性の発達により電荷移動抵抗ならびにイオン拡散抵抗が低減されることが示唆された。電気二重層を形成する界面はミクロ孔が支配的であるため，チャネル状のメソ細孔が均一に

第1章 メソ多孔体類

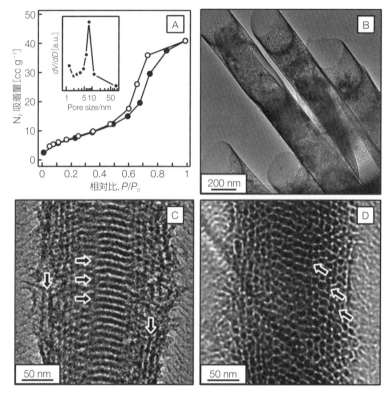

図13 チューブ状メソポーラスカーボンの$N_2$吸着等温線(A)とTEM写真(B, C, D)
$N_2$吸着等温線はアルミナ皮膜/カーボンのコンポジット,TEM写真はアルミナ溶解除去後

配列することにより,その炭素骨格に形成されるミクロ孔の径や深さの均一性の向上がキャパシタの高容量化に有効であると考えられる。

しかしながら,メソポーラスカーボンを使用したEDLCはエネルギー密度の点においていまだ改善の余地がある。エネルギー密度を増加させるには,高電圧作動に向けた電解液の耐電圧の向上ならびに比容量の向上を両立させることが重要である。エネルギー密度は印加電圧の二乗に比例するため,高エネルギー密度が要求される大型設備への用途には非水系(有機溶媒)電解質を用いることが有利である。一方,電解質の解離やイオン伝導率については,水系電解質の方が有利である。また,電極活物質が有効に電気二重層を形成するためには,電解液に対する親和性(濡れ性)も重要な要素の一つになりうる。高性能化のための製造技術で特に重要なのが細孔構造と空間場の雰囲気の制御であり,電解質に応じて最適なサイズの空間と表面特性を制御する技術,不必要なサイズの空間をできるだけ生成しない技術,

三次元構造および形態を制御する技術が求められる。メソポーラスカーボンの高表面積化ならびに高容量化にはKOHを用いた賦活が有効であることが報告されている[19]。また,有機-有機複合体の調製時にKOHを含有させ,有機鋳型剤を熱分解除去する過程で直接賦活することにより,3000 $m^2$/gを超える高比表面積メソポーラスカーボンを合成できることが報告されている[20]。しかし,賦活による比表面積の増大は見かけ密度の低下に繋がり,体積比容量としては不利である。一方,メソポーラスカーボンの水系電解質に対する濡れ性を向上させるため,液相酸化処理によりメソポーラスカーボンに酸性官能基を付与する試みもなされており,活物質の比表面積,細孔容積を保持したまま,比容量が向上することが報告されている[21]。

## 6 おわりに

規則性メソポーラスカーボンについて,その合成,

構造と形態制御を中心に概略をまとめた。熱収縮の際の規則構造の安定性がシリカに比べて低いものの，耐水性，耐酸・アルカリ性に優れているだけでなく，導電性骨格を有するため界面反応を電気化学的に制御したり，検知したりすることが可能であり，新しい用途展開が期待できる。また，均一・均質，かつ安定な構造を有することから，吸着・分離，触媒，電気デバイスなど幅広い用途における現象を解析するための基礎研究用材料として期待している。炭素源および有機−有機相互作用のバリエーションを考えるとソフトテンプレート法を利用したカーボン多孔体の合成はこれから大きく展開する可能性を秘めている。今後，メソポーラスカーボンにかかわる「サイエンス」とそれらを用いた材料開発にかかわる「テクノロジー」の発展に期待したい。

## ■引用・参考文献■

1) T. Kyotani, L. Tsai and A. Tomita : *Chem. Mater.*, **7**, 1427–1428(1995).

2) H. Orikasa, N. Inokuma, S. Okubo, O. Kitakami and T. Kyotani : *Chem. Mater.*, **18**, 1036–1040(2006).

3) Z. Ma, T. Kyotani and A. Tomita : *Chem. Mater.*, **13**, 4413–4415(2001).

4) H. Nishihara, Q.-H. Yang, P.-X. Hou, M. Unno, S. Yamauchi, R. Saito, J. I. Paredes, A. Martinez-Alonso, J. M. D. Tascon, Y. Sato, M. Terauchi and T. Kyotani : *Carbon*, **47**, 1220–1230(2009).

5) C. T. Kresge, M. E. Leonowicz, W. J. Roth, J. C. Vartuli and J. S. Beck : *Nature*, **359**, 710–712(1992).

6) R. Ryoo, S. H. Joo and S. Jun : *J. Phys. Chem. B*, **103**, 7745–7746(1999).

7) J. Lee, S. Yoon, T. Hyeon, S. M. Oh and K. B. Kim : *Chem. Commun.*, 2177–2178(1999).

8) H. Nishihara and T. Kyotani : *Adv. Mater.*, **24**, 4473–4498(2012).

9) S. Tanaka, N. Nishiyama, Y. Egashira and K. Ueyama : *Chem. Commun.*, 2125–2127(2005).

10) F. Zhang, Y. Meng, D. Gu, Y. Yan, C. Yu, B. Tu and D. Zhao : *J. Am. Chem. Soc.*, **127**, 13508–13509(2005).

11) C. Liang and S. Dai : *J. Am. Chem. Soc.*, **24**, 7500–7505(2006).

12) J. Jin, T. Mitome, Y. Egashira and N. Nishiyama : *Colloids Surf.* A, **384**, 58–61(2011).

13) S. Tanaka, A. Doi, N. Nakatani, Y. Katayama and Y. Miyake : *Carbon*, **47**, 2688–2698(2009).

14) S. Tanaka, Y. Katayama, M. P. Tate, H. W. Hillhouse and Y. Miyake : *J. Mater. Chem.*, **17**, 3639–3645(2007).

15) F. H. Simanjuntak, J. Jin, N. Nishiyama, Y. Egashira and K. Ueyama : *Carbon*, **47**, 2531–2533(2009).

16) S. Tanaka, N. Nakatani, A. Doi and Y. Miyake : *Carbon*, **49**, 3184–3189(2011).

17) J. Jin, N. Nishiyama, Y. Egashira and K. Ueyama : *Chem. Commun.*, 1371–1373(2009).

18) S. Tanaka, A. Doi, T. Matsui and Y. Miyake : *J. Power Sources*, **228**, 24–31(2013).

19) J. Jin, S. Tanaka, Y. Egashira and N. Nishiyama : *Carbon*, **48**, 1985–1989(2010).

20) T. Mitome, T. Uchida and N. Nishiyama : *Chem. Lett.*, **44**, 1004–1006(2015).

21) S. Tanaka, H. Fujimoto, J. F. M. Denayer, M. Miyamoto, Y. Oumi and Y. Miyake : *Micropor. Mesopor. Mater.*, **217**, 141–149(2015).

〈田中　俊輔，西山　憲和〉

# 第2章

# 金属錯体系（MOF類）

1節　総　論

2節　MOFのメゾスケール・マクロスケール構造化

3節　ホモキラル多孔性金属有機構造体

4節　酸化還元活性MOF ─選択的ガス吸着と物性制御─

5節　プロトン伝導性配位高分子

6節　金属ナノ粒子＠配位高分子複合体

7節　結晶スポンジ法

8節　環状化合物からなる多孔性物質

第 2 章　金属錯体系(MOF 類)

## 1節　総　論

### 1　はじめに

　錯体化学をベースとした多孔性材料の科学の発展は 90 年代後半から大きく進展した。金属イオンと配位子を組み合わせ，多彩な結晶構造をつくる超分子化学が興隆する中，配位結合からなる構造体が安定な細孔構造を有し，ガス吸着を可逆的に示すことが報告された[1][2]。これらは金属イオンと架橋性の有機配位子から組み上がる結晶構造であり，Metal organic framework（MOF）あるいは Porous coordination polymer（PCP）と呼ばれる。ここでは MOF という言葉を用いるが，その定義は 2015 年現在，未だ IUPAC による議論が続いている[3]。ただその名前が示すように，MOF と呼ばれるものにはいくつかの要請がある。すなわち

① 「骨格（Framework）」という名前にあるように，高い結晶性を有するものを指す。

② 多孔性骨格に有機部位が入っている。例えば多孔性の金属ホスフォネート骨格は昔から知られているが，それらが高い結晶性を有する場合，MOF に分類されると考えられる[4]。

③ MOF という言葉からは特に多孔性という括りでなくても良いが，「潜在的にガス吸着特性を示す」ものを MOF と呼ぶことが推奨されている。

　上に述べた金属ホスフォネート塩はいくつかの興味深い構造や機能をとるが，用いられる金属イオンの種類や結晶性（およびそれに起因する結晶構造の厳密性）に制限があった。そのような中，90 年代後半に報告された一連の「$Zn^{2+}$，あるいは $Cu^{2+}$」と「カルボン酸系配位子，あるいはジピリジル系配位子」の組み合わせからなる MOF は，その設計指針を大きく拡張したと言える。本稿では 90 年代後半から大きく広がった MOF の化学を中心に，最近までの流れを概観する。

### 2　MOF の特徴

　2013 年のレビューでは，MOF の報告は 20,000 を超えると述べている[5]。このように多くの構造が報告されているが，その約 80％は二価の第一遷移金属イオンである $Mn^{2+}$ 〜 $Cu^{2+}$，および $Zn^{2+}$ が用いられている。この理由はともに用いる架橋性配位子との相性，あるいは結晶化のしやすさに起因する。しかしこの数年の間に，合成に用いられる金属イオン種は拡大している。例えば $Be^{2+}$[6]，$Cr^{2+}$[7][8]，$Ru^{2+}$[9]，多価金属イオンである $Ti^{4+}$[10]，$Zr^{4+}$[11] など，一般的に反応性の高い金属イオンや，配位子との反応による結晶化速度が早いであろう金属イオンにおいても高い結晶性を有する構造が報告されている。すでに膨大な例が報告されてはいるが，厳密な嫌気下合成や常温常圧から大きくはずれた条件における合成などにより，興味深い構造（特に電気化学的に）はまだ多く見出せる。

　また固体材料として MOF のコストも重要であるが，ここでは踏み込んだ議論は行わない。例えば $Al^{3+}$ とフマル酸という安価な組み合わせでできる [Al (OH) (fumarate)] は水中で合成でき，1 kg 数百円で合成できるとされている[12]。以下に MOF の主だった構造および化学的特性をまとめた。

#### 2.1　細孔構造，細孔表面積

　金属イオンの配位構造と配位子のサイズを変えることによって，細孔の形状はさまざまに変えることができる。例えば細孔径においては，0.2 nm 〜 8 nm の幅を有し[13]，細孔構造も一次元から三次元までとりうる。最近までどれだけ高い BET 表面積を有する MOF を合成できるか世界的に競争があ

− 129 −

り，現時点で7,000 m²g⁻¹を超えるBET表面積を有する構造が報告されている[14)15)]。この高い表面積は細孔壁が有機分子1枚で構築される点や，ネットワーク同士が絡み合う相互貫入などを防げることによって達成される。図1に示すように，三方の平面性配位子を用いると，相互貫入を防ぐことができ，高い表面積を有する構造を合成できる。

## 2.2 熱安定性

MOFの熱安定性は熱重量分析（TGA）によって見積もることが多い。ただTGA測定は主に窒素ガスなどの不活性ガスを用いて評価を行うため，空気中における熱安定性と区別して扱うことが必要である。空気中の熱安定性については論文中に散見されるが，系統的な知見は数少ない。一方窒素下のTGAから見積もられるMOFの熱安定性は多数報告があり，多くの化合物が500℃程度まで重量減少が見られない高い安定性を有することが示されている[16)17)]。結晶構造の熱安定性はMOF結晶の焼成によるカーボン材料や酸化物の合成や，複合化などの材料研究（2章6節参照）において重要なパラメータである。

## 2.3 化学安定性

MOFの結合は加水分解によって構造が壊れやすく，一般的に耐水性は低く，これは応用の点において重要な課題である。しかしながら耐水性は大きな幅があり，例えば沸騰水中に数日放置しても全く多孔性構造が変化しない高い耐水性を有するものもある[18)]。耐水性は骨格を構築する結合の強さや構造自体の親水性・疎水性など複数の要素によって決定され，現在もその包括的理解が進められている。また耐水性の評価法においても，沸騰水などの液相を用いた評価と水蒸気を用いた気相による評価では大きく結果が変わってくるため，用途に合わせた評価法が必要である。一般的にカルボン酸系配位子からなるMOFの場合，$Al^{3+}$や$Zr^{4+}$，$Hf^{4+}$のような親酸素性の高い多価金属イオンとの組み合わせからなる構造が高い耐水性を有することがわかっている。後に示すが，$Zr^{4+}$とテレフタル酸からなるUiO-66は配位結合というよりむしろイオン結合性が支配的であり強固な構造のもととなっており[11)]，現在応用検討において最も重要な化合物の一つである。また酸，塩基に対する安定性も多彩であるが，加水分解と関連し，塩基性分子に対しての耐久性が低く，金属イオンの配位周りの構造を壊してしまうものは多い。

## 2.4 代表的なMOFと最近の注目すべき多孔性材料

これまで数多くのMOFが報告されているが，その中でも数多くの研究者がその対象とするいくつかの著名かつ有用な化合物について表1と図2にまとめている。

これらに共通するのは有機配位子が試薬として手に入るシンプルなものであり，配位子の機能化が容易であり，またある程度合成条件を変えても高い結晶性，収率で得られ，高い空隙率を有する美しい構造であること，である。以下，いくつかのMOFの

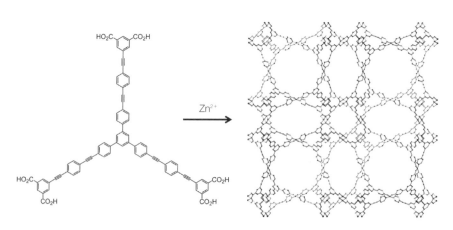

図1　7,000 m²g⁻¹のBET表面積を有するMOFの合成スキームと結晶構造

表 1 　代表的な MOF

| 汎用名 | 金属イオン | 配位子 | 特徴 | 文献 |
|---|---|---|---|---|
| HKUST−1 | $Cu^{2+}$ | | 不飽和金属サイト | 19 |
| JAST−1 | $Zn^{2+}$ | | 二種類の配位子 | 20 |
| MIL−101 | $Cr^{3+}$ | | 高安定性，メソ孔 | 21 |
| MOF−74 | $Zn^{2+}$ | | 不飽和金属サイト | 22, 23 |
| ZIF−8 | $Zn^{2+}$ | | 高耐水性，高耐アルカリ性 | 24, 25 |
| UiO−66 | $Zr^{4+}$ | | 高安定性 | 11 |

紹介は表1にある汎用名を用いて説明する。すべて 2010 年以前に報告されたものであり，そういう意味ではシンプルで有用な MOF は出揃った感がある。しかし単結晶構造解析にとらわれず，粉末 X 線による解析をより積極的に導入すれば，他の有用な化合物は見出せる。例えば $Al^{3+}$ とイソフタル酸からなる化合物は単結晶としては今のところ得られないが，高い安定性と拡張性を持つ系である[26]。

また分類的には MOF ではないが，そのコンセプトに準じた興味深い多孔性の化合物も数多く報告されている。半金属であるケイ素（Si），ホウ素（B）からなる多孔性構造として，$Li^+$ と $B^{3+}$ からなる構造[27]，Si と C からなる構造が挙げられる[28]。LiB（4−methylimidazolate）$_4$ で示される MOF は通常は 2 つの $Zn^{2+}$ イオンからつくられる骨格を $Li^+$ と $B^{3+}$

に置換することによって得られる。また Si と C からなる構造は図 3a にあるように，4,4′−ジブロモフェニレンとテトラエチルオルソシリケート（TEOS）から得られ，非晶質であるが，高い疎水性と BET 表面積（$780\ m^2g^{-1}$）を有する。主にカップリング反応を用いた共有結合からなる有機多孔性骨格（COF，Covalent organic framework とも呼ばれる）はその高い電子共役性から光伝導特性などの機能が見出されており，注目すべき多孔体である[29)30]。これらは，2005 年ごろに構造が見出されたが，2010 年以降，物性評価も含め，急激に発展している。結晶性は一般的に MOF ほど高くないが，十分な構造周期性は有する。一方，骨格構造ではない分子性の多孔性材料も最近は大きな展開がある[31]。以前より超分子化学，錯体化学の分野では多彩なホスト化

第 2 章　金属錯体系 (MOF 類)

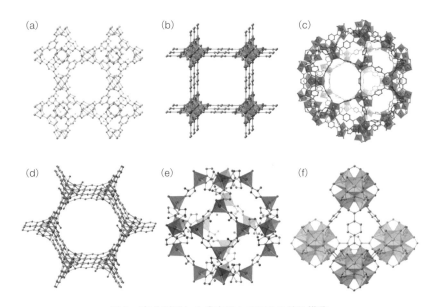

**図 2　表 1 で示した代表的な MOF の結晶構造**
それぞれ (a) HKUST-1, (b) JAST-1, (c) MIL-101, (d) MOF-74, (e) ZIF-8, (f) UiO-66

合物が知られているが，多孔性材料として機能に着目した最近の研究は新たな側面を示している．骨格構造と違い，ケージ状化合物はケージ内空間とケージ間空間があり，空間の捉え方，使い方も独自性が期待される．またケージ状化合物では多孔性材料としてガス吸着などの機能を示し，かつ融点が低い「Porous liquid」と呼ばれる化合物群も興味深い[32)33)]（図 3b）．固体状態しか有しない多くの多孔性材料とは一線を画する機能や応用が期待される．

## 3　MOF の合成

### 3.1　バルク試料

古典的な合成手法としては，室温で撹拌する場合と水熱合成がある．$Zn^{2+}$ とテレフタル酸などのカルボン酸配位子からなる MOF の多くは合成において DMF が最も用いられる．ほかには水，メタノールなどが合成溶媒としてよく利用される．また最近では合成法も多様化している．例えば溶媒をほぼ使わず MOF を合成する「溶媒アシスト固相合成」では，少量の溶媒を用いて合成試薬をスラリー状にし，ミキサーミルで撹拌することによって高純度の MOF の合成ができる[34)]．メカノケミストリーと呼ばれるこの合成法では，液相合成では得られない構造も見

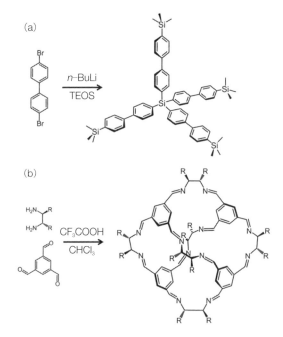

**図 3　(a) Si からなる多孔性高分子 (b) Porous liquid の例**
R = n-hexyl, n-pentyl, isohexyl, n-octyl

出されている．また水熱合成では長時間かかる場合の代替として，マイクロウェーブ合成装置を用いた例も多く報告されている．マイクロウェーブ装置では短時間で高温まで均一に上げることができ，反応

が加速される。その結果，数十分〜数時間で合成は完了し，時間の短縮において有用である。マイクロウェーブ合成では，得られる結晶粒子のサイズを制御できる，というメリットもある。多くのMOFナノ粒子は現在マイクロウェーブによって合成される。さらに電解合成や噴霧法による合成など[35]，さまざまな手法が提案されている。

## 3.2 固溶化，階層化，ナノ粒子化

これまで金属イオンと架橋性有機配位子の組み合わせで多くの構造がつくられることを述べてきたが，これらは均一なバルク構造をどう設計するか，という内容であった。一方MOFの結晶ドメインの構造に着目すると，より幅広い設計戦略が得られる。具体的には異なる結晶同士の固溶化，コア／シェル構造などの階層化，および結晶のダウンサイジングによるナノ結晶化などである。

「MOFの固溶体」という言葉の定義は，異なるMOF結晶が原子レベルで単一相に固溶している状態を指すのであろうが，実際多く検討がなされているのは単一の結晶相中に異なる配位子を複数導入した配位子固溶，あるいは異なる金属イオンを複数導入した金属固溶である。例えばテレフタル酸からなる構造においては，テレフタル酸の2位にNH$_2$やOCH$_3$などの異なる置換基をもった誘導体を共存させても，単相のMOF構造ができあがる[36]。この場合は配位子が均一に分布した配位子固溶の状態となる。用いる配位子の配位力とサイズがそれぞれ類似していれば，単相に組み入れることができるため，例えば8種類の配位子や，10種類の金属イオンを一度に導入した例が報告されている[37)38]。このような異なる配位子や金属イオンを結晶構造中に組み入れる合成法として複数の金属イオンや配位子を溶液中で混合し結晶化の過程で混ぜ合わせる方法がとられるが，この手法では結晶成長速度が金属イオンあるいは配位子によって異なれば，均一にそれらを分散させ，固溶化させることは難しくなる。言い換えると，溶液中で一度に合成して得られるMOF固溶体では似た特性の配位子や金属イオンしか共存できない。しかしながら固溶の化学において大切なのは，固溶によって価数の異なる金属イオンやサイズ的にミスマッチである配位子を導入することによる機能発現である。このようなエネルギー的に不安定とな

りやすい構造合成はOne potの溶液合成では依然難しい。

もう1つの手法はMOF結晶を合成，単離したのち，さらにその結晶の骨格に対して化学修飾を施すポスト合成法がある[39)40]。単離した結晶を交換したい金属イオンや配位子の溶液に浸漬させ静置することで徐々に骨格内の金属イオンあるいは配位子が交換され，その結果固溶体（あるいは相分離体）となる。この手法においても導入できる金属イオンや配位子の制限はあるが，例えばZn$^{2+}$とテレフタル酸からなるMOFにNi$^{2+}$の溶液を浸漬させ交換反応を行うと，四面体配位のNi$^{2+}$という比較的珍しい構造が得られる[41]。金属イオン周りの局所配位構造がエネルギー的に不安定であっても，骨格構造の形成による安定化を受けることでそのような構造をとりうる。これに関連し，ZIF-8ではZn$^{2+}$以外にCo$^{2+}$などの四面体構造を取りやすい金属イオンによる類似構造が報告されているが，金属水素化物を反応試薬として用いることで，極めて不安定であるMg$^{2+}$−N四面体構造からなるZIF-8構造が合成できる[42]。この例が示していることは，局所構造としてはエネルギー的に不安定であっても格子中に組み入れ安定化させることでMOFをつくることができるということである。

結晶のモルフォロジーを制御する試みも多くなされている。一般的な合成条件下ではMOFは溶液中で配位結合の生成，開裂を繰り返しながら骨格が徐々に構築されるため，結晶モルフォロジーの制御では配位結合の平衡を制御することが鍵となる。結晶成長を制御する最も一般的な方法は架橋性配位子と競合する界面活性剤を反応時に用いることである。プルシアンブルーなども古典的な配位高分子結晶の結晶子制御をポリビニルピロリドンによって行った例[43]，あるいはMOFにおいてはIn$^{3+}$やCu$^{2+}$とジカルボン酸配位子からなる化合物において，結晶成長をギ酸，酢酸，ピリジンなどの競合配位子によって抑制した例などがあり[44)46]，幅広いMOFの結晶成長において有用であることがわかっている。ナノ粒子化された結晶では，バルクに由来する機能（ガス吸着や触媒特性など）において大きなサイズの結晶と比べ大きな違いが見られ，うまく利用すれば細孔内部の基質拡散の高速化や活性サイトの表面露出など，構造設計とは異なる視点で機能化を図れる。

− 133 −

## 3.3 欠　陥

2010年あたりまではあくまでX線構造解析から得られる平均構造に基づく機能の報告が大勢を占めていたが，その以前から結晶構造中の欠陥構造を考慮しないと説明のつかないガス吸着や光の吸収などの特性は報告されていた．そしてここ数年，積極的にMOFの有する欠陥構造を理解し，制御する研究が進められている．例えばHKUST-1を構築する配位子である1,3,5-ベンゼントリカルボン酸（トリメシン酸）の一部をイソフタル酸で置換させると，図4にあるように金属イオン（ここでは$Cu^{2+}$）まわりはカルボキシル基による配位がなくなる．構造全体を見ると，このサイトは点欠陥と捉えることができ，メソ孔の分布が大きくなる，あるいは金属イオンまわりを利用した触媒特性などへの利用がなされている．またX線散乱とPDF (Pair distribution function，二対数関数) 解析を用い，欠陥のドメイン構造を評価する例も報告されている[47]．欠陥構造の理解と制御は触媒特性などの化学機能はもちろん，次に述べる伝導や磁性などの物理機能に多大な影響を及ぼす．現状ではMOFの欠陥を高度利用し，機能発現につなげた例はほとんどなく，これからの強く期待される領域である．そのためには既存の評価方法である単結晶あるいは粉末試料のX線解析や吸着測定，といった平均情報を得る分析手段に加え，X線散乱，XPS，陽電子測定，そして理論計算などの局所構造，動的情報を得る解析方法をより積極的に導入してゆかなければいけない．

## 4 化学機能

### 4.1　ガス吸着，分離，放出

MOFは多孔性材料であり多種多様なガス分子の吸着を示す．90年代後半にそのガス吸着特性が見出されて以降，さまざまな吸着特性が報告されてきた．詳細はほかの成書に譲るが，機能としてのガス吸着および分離の研究については，だいたい以下のように述べることができる．すなわち大きな流れとして2005～2010年あたりまで水素貯蔵の可能性が指摘され，多くの構造が報告された．低温(77 K)では物理吸着によりBET表面積に比例した吸着量を示し，高いものでは100 mg g$^{-1}$ (10 wt%) の吸着量を持つものが報告された[48]．しかしながら水素ガスを室温付近で貯蔵できる高い吸着エネルギーを持つ構造は見出されておらず，最近では大きな進展はない．また2007～2014年あたりまで温暖化ガスである$CO_2$ガスの貯蔵あるいは分離に向けた構造が多く報告され，特に$CO_2$分離においては高い特性を有する材料が多く報告された．2010年以降はシェールガスの技術革新とともに，メタン貯蔵向け

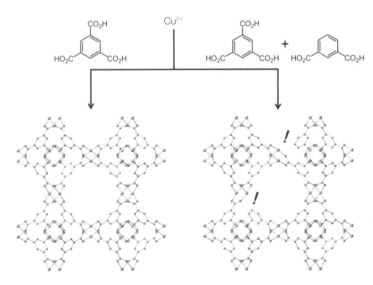

図4　(左)トリメシン酸のみを用いたHKUST-1，および(右)トリメシン酸とイソフタル酸を用いたHKUST-1
イソフタル酸周りに点欠陥が生成する

の構造設計が大きなターゲットとなっている[49]。米エネルギー省（DOE）の2012年のメタン貯蔵ターゲットは材料の体積ベースで350 $cm^3cm^{-3}$，重量ベースで699 $cm^3g^{-1}$（いずれもSTP）である。この値の達成は簡単ではないが，いくつかのMOFはトップクラスの性能の活性炭とともに高い貯蔵特性を示しており，材料としてのさらなる展開が期待されている。メタン貯蔵においては計算によるマテリアルインフォマティクス的なアプローチもとられており，MOFの構造化学によるメタン貯蔵の可能性と限界についての論文が提出されている[50]。$CO_2$分離やメタン貯蔵においては，地中貯留や天然ガス運用などのスケールが大きな応用が念頭にあるため，MOF材料が実用に資するか否かはわからないが，遠くない将来，その実現性が見極められると思われる。

分離においては化学特性，物理特性が似通ったガス同士を区別認識し，分離できる高度な構造設計が大切である。$CO_2$とアセチレン，COと$O_2$など，これまでの多孔性材料では分離が難しく，また深冷分離などの分離技術では多大なエネルギーを消費する分離ターゲットにおいて，MOFは高い可能性を示す[51][52]。ほかにも炭化水素ガスの分離[53]，希ガスの分離[54]，同位体ガスの分離などは一般的に困難であるが，多孔性構造の設計を多角的に行うことによってブレークスルーを生む実用材料となる可能性がある。また貯蔵だけではなく，もともとMOFの構造中に蓄えられたガス分子を人為的に放出する研究もなされている[55]。固体中にガス分子（あるいはガス分子となる部位）を封入し，化学的刺激や物理的刺激によって放出する材料は例えば医療やセンサーなどへの応用として可能性がある。NOやCOなどのガスの放出を行うMOF結晶などが報告されている[56]。金属イオンと有機物の複合固体材料であるMOFをどのように生体応用してゆくのか，その本質的な課題は未だ存在するが，骨格の空隙率と均一性を利用した分子の放出制御は，新たな機能のアイデアを与える。ちなみにMOFの多くは細孔ポテンシャルが小さく，内部のガス分子の拡散係数は高いことが知られている[57]。

## 4.2 不均一触媒能

MOFの有する高い細孔表面積，構造規則性を用いた不均一触媒特性への展開は以前からながく検討されてきた。不均一触媒においては，ゼオライトや触媒担持活性炭やポリマーなど，多彩な材料がある中で，MOFが本質的に有する優位性が模索されている[58]。高い設計性を持ち，複数の金属イオンや有機部位を制限空間の内部に配列させることのできる特徴から，以下の特徴的な試みがなされている。

・結晶構造に不斉点を導入したホモキラル触媒
・有機触媒や分子性錯体触媒の骨格への導入
・複数の触媒反応を連続的に行うカスケード式触媒
・高い表面積を利用した担持体としてのMOFの利用

ホモキラル触媒は2000年にすでにそのコンセプトは提示されており[59]，ビナフチル骨格の導入による高い不斉収率を可能とする骨格などが知られている（2章3節参照）[60]。有機触媒としてよく知られたプロリンなどの構造を骨格内部に組み入れた例も存在する[61]。また触媒と担持体としてのMOFの利用を行ったカスケード式触媒反応の例としては，MOF-5型の結晶中にPdナノ粒子を導入した複合触媒によって報告されており[62]，MOFの結晶骨格の特性をさまざまなスケールで把握し，利用した触媒調整が進められている。不均一触媒はその耐久性と繰り返し利用性（再活性化を含む）に均一触媒と比べた利があるため，後に述べる粉末触媒試料としての力学特性なども重要なパラメータとなるが，ガス分離同様，MOFのコストや耐久性などを鑑みても有用な触媒反応を見出すことができれば次のステップへと進むことができる。

## 4.3 高分子合成

通常高分子材料を合成する際は，フラスコや反応釜といった高分子1本からすると非常に大きなスケールであるため，構造が制御されていない無秩序に絡みあった高分子が生成してしまう。それに対してMOFが有するナノ細孔は高分子鎖が1本から数本鎖で包接できるサイズであり，さらにその形や表面環境を設計することができるため，内部で一次構造（反応位置，立体規則性，分子量など）だけでなく高次集積構造が制御された高分子が合成できる[63]。例えば架橋点としてジビニル基を有するMOFの一次元細孔内でスチレンを重合し，その後

第2章　金属錯体系（MOF類）

MOF骨格をキレート剤で除去することで，高分子鎖の配向が揃ったポリスチレン粒子が合成されている[64]。また異種高分子を細孔内で順次合成し，その後MOF骨格のみを除去することで，通常は混ざり合わない高分子同士が数nm以下のレベルで混ざり合ったブレンド体が得られている[65]。これらの材料は，従来の手法で合成される高分子と比べて高耐熱性や高耐溶媒性など優れた性能を示すことが示されている。

## 5　物理機能

### 5.1　電子伝導

　MOFの構造に電子伝導特性を持たせることは難しい。骨格が高い空隙率を有し，金属イオンと架橋性配位子の連結であるため，軌道の重なりが得られ

ず，一般的にMOFは絶縁体である。そのような中，いくつか電子伝導の獲得のための試みがなされている。例えば図5aに示すピラジン-2,3-ジチオールを用いた構造では[66][67]，硫黄原子による配位により，金属イオンとの軌道の重なりが一般的なOやNドナー配位子の時より大きくなるため，半導体的特性が発現する。このように数は少ないが，硫黄ベースの配位子からなるMOFはある程度の半導体的特性を有することがわかっている[68]。また図5bに示すNi$^{2+}$とベンゼンヘキサチオールからなる二次元状MOFは高い平面性を有し，室温で0.15 S cm$^{-1}$という高い電子伝導度を有する[69]。これらはその高い二次元性により薄膜化などが可能であり，平面四配位構造のモチーフが電子伝導において有用であることが示されている。Ni$^{2+}$の平面四配位構造においてはヘキサイミノトリフェニレンを用いても，ハニカム

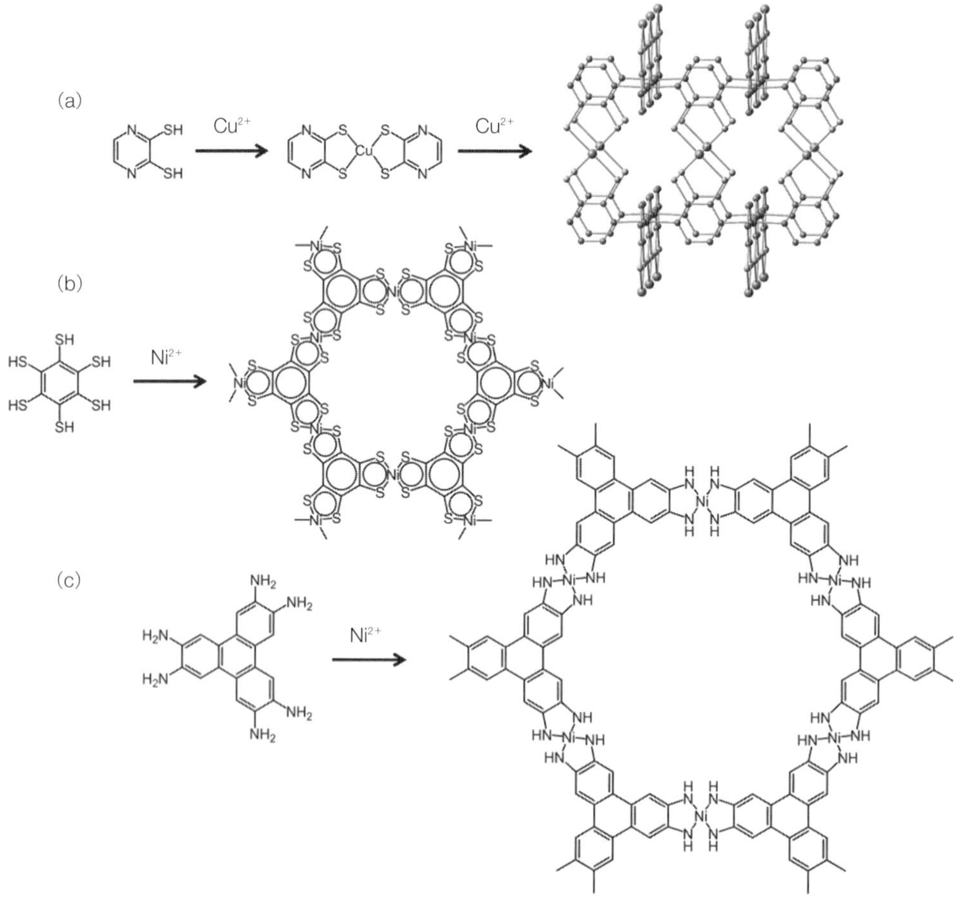

図5　(a)チオール配位子から得られる電子伝導性MOF結晶構造，(b)高い平面性を有するNi$^{2+}$からなる構造，(c)同様にNi$^{2+}$の平面性を利用した電子伝導性構造

状の伝導性構造が得られ（図5c），この化合物の場合は2 S cm$^{-1}$の高い伝導度を有する[70]。またHKUST-1の内部にTCNQ分子を導入した試料の薄膜が金属伝導を示す例も報告されている[71]。未だ金属伝導を持つバルク構造の例はないが，有機伝導体の化学など過去の知見を参考にし，MOFの金属伝導さらには超電導を示す構造の合成は大きな課題であろう。

## 5.2 イオン伝導

MOFの構造特性を利用したイオン伝導についても最近多くの報告がなされている。電子伝導と異なり，イオン伝導はイオンの体積を考えなければいけないため，配位子の配置や空隙の活用がより大切となる。詳細は2章5節に譲るが，例えばプロトン伝導は燃料電池電解質などへの応用がながく期待されており，MOFの構造特性を利用したプロトン伝導特性の報告は数多い[72)73]。固体においてプロトン伝導を得るためには，材料を問わず水分子，あるいは水分子以外をプロトンキャリアとして用いる二通り

がある。水分子を媒体としてMOFでプロトン伝導を得るには，細孔中において高い水分子の濃度と移動度を両立させることが大切である。例えば図6aに示すMg$^{2+}$と2,5-ジカルボキシ-1,4-ベンゼンジリン酸からなる構造では高い耐水性とプロトン伝導度（10$^{-2}$ S cm$^{-1}$以上）が加湿下で実現できており，バルクのプロトン伝導体として高い性能を示す[74]。

また加湿を必要としないプロトン伝導性構造では，水分子の代替としてイミダゾールなどのアゾール系分子やリン酸などのプロトンキャリア分子を用いる。図6bに示すZn$^{2+}$と1,2,4-トリアゾール，リン酸からなる二次元構造MOF [Zn(1,2,4-triazole)$_2$(H$_2$PO)$_2$]は多孔性構造ではないが，レイヤー上に配置されたH$_2$PO$_4^-$アニオンが連動して動くことによって，無加湿で10$^{-4}$ S cm$^{-1}$以上のプロトン伝導を示す[75]。これらを固体電解質として利用するには電極や触媒，燃料の界面構造の制御が必須である。バルクにおける高いイオン伝導度に加え，粉末試料をどう成形加工，複合化し，そのイオン伝導機能を最大限に発揮するか，工学的視点が必要となる。

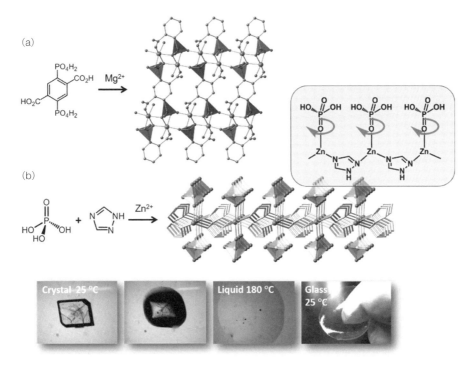

図6 (a)加湿下において高いプロトン伝導と耐水性を示す例，(b)無加湿下において高いプロトン伝導を示す例
プロトンキャリア部位が回転することによりイオン伝導が起こる。また下は当該MOFが加熱によって結晶融解を起こし，ガラス化する写真

第2章 金属錯体系（MOF類）

## 5.3 その他

誘電体の研究に関しては結晶構造の固体－固体相転移を利用した報告が盛んである[76)77)]。MOFの多彩な結晶構造は強誘電性を示す空間群を多く与え，また誘電挙動を担うイオンや分子がさまざまな形で導入されるため，誘電率のみならず，緩和温度や周波数応答性などいろいろな点において設計上の利点がある。

今後考えられる物理特性として，結晶骨格中に電子伝導とプロトン伝導を同時（同時，というのは同じ作動条件，という意味）に発現する構造や，プロトン伝導に代表されるイオニクス機能と金属イオン由来の磁気秩序を併せ持つ，いわゆるスピンイオニクス学問領域の開拓において，MOFを含めた金属－有機構造体はモデル化合物として貢献できるかもしれない。多重物性という言葉は気をつけて利用しなければいけないが，骨格中における異なる物性の本質的な両立は無機物や有機物では困難な新規物性に繋がる可能性がある。

# 6 材料特性

## 6.1 力学特性

結晶の力学特性は材料展開において重要な知見である。MOF結晶も他の固体材料と同様に弾性領域と塑性領域がある。これまで機能として述べてきた特性は主に粉末結晶で評価されたものがほとんどであるが，実際材料として利用する際に微粉末結晶は扱いづらく，何かしら成形加工を施す，あるいはバインダーなど他の材料と混合し利用することが必要となる。もともとの粉末結晶の機能を維持させるためには結晶構造が保持される弾性限界以下の領域で扱うことが必要である。

MOFの弾性限界は一般的に他の多孔性材料より低い。例えばZIF-8は，約1GPa以下の圧力で塑性変形をおこし，非晶質化する[78)]。これは，研究室のポンプによる圧力印加によって到達する圧力であり，頑強なペレットを作成しようとすると，非晶質化による吸着特性の低下が容易に起こりうることを指し示している。弾性限界圧は金属イオンと配位子の組み合わせ，あるいは結晶構造自体に大きく依存することがわかっており，また結晶構造の対称性にも依存する。固体材料の力学特性を評価する際に用いられる硬さ試験（ナノインデンテーション法）をバルク結晶や膜に適用した例も多く，その多くは弾性係数において$1 \sim 100$GPaの領域，すなわち組成からも示される通り，一般的に有機ポリマーなどの有機物と金属やセラミックスなどの無機物の中間に位置している[79)]。このような力学特性は材料としての把握において重要である。例えば興味深いMOFの一群に，ガス吸着前後によって結晶構造が可逆的に変化する柔軟性MOFがある[80)]。この構造柔軟性は主に金属イオンまわりの配位結合の再配列特性や配位子回転挙動によるものであり，ガス吸着によるわずかな歪みが多孔性構造全体として大きな吸着特性の変化を生み出す。この応答性も力学特性の影響下にあり，例えばZIF-8は1.47GPaの静水圧の印加において，細孔構造を決める配位子（2－メチルイミダゾレート）の配向が大きく変化する[81)]。このような現象は材料特性としては当たり前に聞こえるが，MOFの化学ではこのような力学特性評価はあまり進んでいなかった[82)]。今後の理解を深める上で，材料としての特性，とくに構成する金属イオンと配位子の組み合わせと力学特性の関連，そしてMOF特有の物性につながることが期待される。

## 6.2 相転移

MOFの化学は結晶解析の技術とともに進展してきた。そのためほとんどの研究は結晶構造の同定にもとづいて行われてきたため，逆に非結晶（アモルファス）相を持つMOFの研究は非常に少ない。しかしながら一般的に材料研究において非晶質相は極めて重要であり，最近はMOFにおいても非晶質の可能性について注目され始めている[83)]。

結晶の非晶質化にはいくつかのアプローチがある。金属や酸化物，硫化物等でよく用いられる液相を介した非晶質化，すなわち液相を急冷することによって非晶質固体を得る手法はMOFにおいてはほぼ適用できない。なぜならほとんどのMOF結晶は融解しないからである。そのためいくつかの非晶質化の試みは固相状態におけるボールミル処理や圧力印加処理などによって行われる。空隙率の高いMOFではこれら処理を行うことによって不可逆的に非晶質化し，BET表面積は小さくなる。しかし非晶質化することによっていくつかの興味深い機能が見出されている。例えば放射性物質であるヨウ素（$I_2$）

－ 138 －

の貯蔵特性が MOF の非晶質化によって向上することが知られている[84]。ただ非晶質化による本当の潜在的興味はその物理特性の変化にある。例えば上で述べた電気伝導性やイオン伝導性は非晶質化によって大幅に機能向上が考えられ，また非晶質化による力学特性の変化や物性の異方性の変化などが起こりうる。

　また上では MOF は一般的に融解しない，と述べたが，ごく最近その例外が示されている。プロトン伝導の項で紹介した [Zn (1,2,4-triazole) (H$_2$PO$_4$)$_2$] は二次元レイヤー状の非多孔性構造であるが，この結晶は 180℃ において，融解する（図 6b）[85]。この液体状態は数十℃の範囲で安定であり，この特性を利用すると材料として大きな広がりを生む。すなわち急冷によってガラス化が可能であり，また液体状態を介してほかの材料との複合化やプロセッシング（ワイヤー化や薄膜化など）も容易である。また Zn$^{2+}$ とイミダゾールからなる [Zn(imidazolate)$_2$] は多孔性構造であるが，この化合物も興味深い相転移挙動を示す[86]。すなわち温度を上げてゆくと結晶構造は非晶質化する。そしてさらに温度を上げると熱力学的に安定な非多孔性の結晶相が析出し，その後，その相は 577℃ において融解挙動を示す。融ける直前の構造は多孔性構造ではないが，金属イオンを有機配位子が架橋した MOF であり，これらの例に示されるように MOF 結晶は潜在的にさまざまな相転移（固体-固体，固体-液体）を示しうることが見出されている。特にガラス化は MOF の機能化学をこれまでと異なる視点から拡張しうる可能性を秘めている。透明化による光学特性の付与，そしてレーザー照射などの外部刺激によるスイッチングが期待でき，また材料としてのプロセッシングも既存のガラス加工技術を適用できる。ガラス状態において，どの程度配位結合によるネットワーク構造が保たれているのか，そして結晶相における機能がガラス化の後にどう反映されるのか，興味がもたれる。

# 7 おわりに

　90 年代後半に MOF/PCP が提唱されて以来，これまで多彩な構造と機能が見出されてきた。その合成研究の進展は急激であり，多孔性材料の化学の一端を担う分野となった。さまざまな成果が論文に掲載される一方で，その学術的価値のみならず応用展開が世界的に要求されている。これら要請に応えるためにも，今一度「材料」としての MOF の利点と欠点を冷静に理解する必要がある。十分な性能を保ちつつ，材料としての課題を克服してゆく地道な研究は，長期間にわたっても必ず必要である。同時に構造特性に立脚した機能の独自性を最大限に引き出す研究によって，産学連携を介した新たな応用が生まれることも期待される。すでに出現から 20 年に迫る MOF だけではなく，例えば本稿 2.4 で紹介した数多くの新しい多孔性材料をも分野にとらわれずシームレスに評価し，知見を共有し，力強く研究を進めてゆくことが不可欠である。

■引用・参考文献■

1) M. Kondo, T. Yoshitomi, H. Matsuzaka, S. Kitagawa and K. Seki : *Angew. Chem. Int. Ed.*, **36**, 1725 (1997).

2) H. Li, M. Eddaoudi, T. L. Groy and O. M. Yaghi : *J. Am. Chem. Soc.*, **120**, 8571 (1998).

3) S. R. Batten, N. R. Champness, X.-M. Chen, J. Garcia-Martinez, S. Kitagawa, L. Öhrström, M. O'Keeffe, M. Paik Suh and J. Reedijk : *Pure Appl. Chem.*, **85**, 1715 (2013).

4) K. J. Gagnon, H. P. Perry and A. Clearfield : *Chem. Rev.*, **112**, 1034 (2012).

5) H. Furukawa, K. E. Cordova, M. O'Keeffe and O. M. Yaghi : *Science*, **341**, 1230444 (2013).

6) K. Sumida, M. R. Hill, S. Horike, A. Dailly and J. R. Long : *J. Am. Chem. Soc.*, **131**, 15120 (2009).

7) L. J. Murray, M. Dincǎ, J. Yano, S. Chavan, S. Bordiga, C. M. Brown and J. R. Long : *J. Am. Chem. Soc.*, **132**, 7856 (2010).

8) K. Kongpatpanich, S. Horike, M. Sugimoto, T. Fukushima, D. Umeyama, Y. Tsutsumi and S. Kitagawa : *Inorg. Chem.*, **53**, 9870 (2014).

9) H. Miyasaka : *Acc. Chem. Res.*, **46**, 248 (2013).

10) M. Dan-Hardi, C. Serre, T. Frot, L. Rozes, G. Maurin, C. Sanchez and G. Férey : *J. Am. Chem. Soc.*, **131**, 10857 (2009).

11) J. H. Cavka, S. Jakobsen, U. Olsbye, N. Guillou, C. Lamberti, S. Bordiga and K. P. Lillerud : *J. Am. Chem. Soc.*, **130**, 13850 (2008).

12) E. Alvarez, N. Guillou, C. Martineau, B. Bueken, B. Van de Voorde, C. Le Guillouzer, P. Fabry, F. Nouar, F. Taulelle, D. de Vos, J. S. Chang, K. H. Cho, N. Ramsahye, T. Devic, M. Daturi, G. Maurin and C. Serre : *Angew. Chem. Int. Ed.*,

**54**, 3664(2015).

13) H. Deng, S. Grunder, K. E. Cordova, C. Valente, H. Furukawa, M. Hmadeh, F. Gandara, A. C. Whalley, Z. Liu, S. Asahina, H. Kazumori, M. O'Keeffe, O. Terasaki, J. F. Stoddart and O. M. Yaghi : *Science*, **336**, 1018(2012).

14) H. Furukawa, N. Ko, Y. B. Go, N. Aratani, S. B. Choi, E. Choi, A. O. Yazaydin, R. Q. Snurr, M. O'Keeffe, J. Kim and O. M. Yaghi : *Science*, **329**, 424(2010).

15) O. K. Farha, I. Eryazici, N. C. Jeong, B. G. Hauser, C. E. Wilmer, A. A. Sarjeant, R. Q. Snurr, S. T. Nguyen, A. O. Yazaydin and J. T. Hupp : *J. Am. Chem. Soc.*, **134**, 15016 (2012).

16) R. Q. Zou, R. Q. Zhong, M. Du, T. Kiyobayashi and Q. Xu : *Chem. Commun.*, 2467(2007).

17) D. Banerjee, L. A. Borkowski, S. J. Kim and J. B. Parise : *Cryst. Growth. Des.*, **9**, 4922(2009).

18) N. C. Burtch, H. Jasuja and K. S. Walton : *Chem. Rev.*, **114**, 10575(2014).

19) S. S. Chui, S. M. F. Lo, J. P. H. Charmant, A. G. Orpen and I. D. Williams : *Science*, **283**, 1148(1999).

20) D. N. Dybtsev, H. Chun and K. Kim : *Angew. Chem. Int. Ed.*, **43**, 5033(2004).

21) G. Férey, C. Mellot-Draznieks, C. Serre, F. Millange, J. Dutour, S. Surble and I. Margiolaki : *Science*, **309**, 2040 (2005).

22) P. D. Dietzel, Y. Morita, R. Blom and H. Fjellvag : *Angew. Chem. Int. Ed.*, **44**, 6354(2005).

23) A. R. Millward and O. M. Yaghi : *J. Am. Chem. Soc.*, **127**, 17998(2005).

24) X. C. Huang, Y. Y. Lin, J. P. Zhang and X. M. Chen : *Angew. Chem. Int. Ed.*, **45**, 1557(2006).

25) K. S. Park, Z. Ni, A. P. Cote, J. Y. Choi, R. Huang, F. J. Uribe-Romo, H. K. Chae, M. O'Keeffe and O. M. Yaghi : *Proc. Natl. Acad. Sci. USA*, **103**, 10186(2006).

26) H. Reinsch, M. A. van der Veen, B. Gil, B. Marszalek, T. Verbiest, D. de Vos and N. Stock : *Chem. Mater.*, **25**, 17 (2013).

27) T. Wu, J. Zhang, C. Zhou, L. Wang, X. Bu and P. Feng : *J. Am. Chem. Soc.*, **131**, 6111(2009).

28) M. Rose, W. Bohlmann, M. Sabo and S. Kaskel : *Chem. Commun.*, 2462(2008).

29) A. P. Cote, A. I. Benin, N. W. Ockwig, M. O'Keeffe, A. J. Matzger and O. M. Yaghi : *Science*, **310**, 1166(2005).

30) X. Feng, X. Ding and D. Jiang : *Chem. Soc. Rev.*, **41**, 6010 (2012).

31) A. G. Slater and A. I. Cooper : *Science*, **348**, 988(2015).

32) N. O'Reilly, N. Giri and S. L. James : *Chem. Eur. J.*, **13**, 3020 (2007).

33) J. Zhang, S. H. Chai, Z. A. Qiao, S. M. Mahurin, J. Chen, Y. Fang, S. Wan, K. Nelson, P. Zhang and S. Dai : *Angew.*

*Chem. Int. Ed.*, **54**, 932(2015).

34) S. L. James and T. Friščič : *Chem. Soc. Rev.*, **42**, 7494(2013).

35) A. Carne-Sanchez, I. Imaz, M. Cano-Sarabia and D. Maspoch : *Nat. Chem.*, **5**, 203(2013).

36) W. Kleist, F. Jutz, M. Maciejewski and A. Baiker : *Eur. J. Inorg. Chem.*, **2009**, 3552(2009).

37) H. Deng, C. J. Doonan, H. Furukawa, R. B. Ferreira, J. Towne, C. B. Knobler, B. Wang and O. M. Yaghi : *Science*, **327**, 846(2010).

38) L. J. Wang, H. Deng, H. Furukawa, F. Gandara, K. E. Cordova, D. Peri and O. M. Yaghi : *Inorg. Chem.*, **53**, 5881 (2014).

39) S. M. Cohen : *Chem. Rev.*, **112**, 970(2012).

40) O. Karagiaridi, W. Bury, J. E. Mondloch, J. T. Hupp and O. K. Farha : *Angew. Chem. Int. Ed.*, **53**, 4530(2014).

41) C. K. Brozek and M. Dincă : *Chem. Sci.*, **3**, 2110(2012).

42) S. Horike, T. Kadota, T. Itakura, M. Inukai and S. Kitagawa : *Dalton Trans.*, **44**, 15107(2015).

43) T. Uemura and S. Kitagawa : *J. Am. Chem. Soc.*, **125**, 7814 (2003).

44) K. Seki : *Chem. Commun.*, 1496(2001).

45) W. Cho, H. J. Lee and M. Oh : *J. Am. Chem. Soc.*, **130**, 16943(2008).

46) T. Tsuruoka, S. Furukawa, Y. Takashima, K. Yoshida, S. Isoda and S. Kitagawa : *Angew. Chem. Int. Ed.*, **48**, 4739 (2009).

47) M. J. Cliffe, W. Wan, X. Zou, P. A. Chater, A. K. Kleppe, M. G. Tucker, H. Wilhelm, N. P. Funnell, F. X. Coudert and A. L. Goodwin : *Nat. Commun.*, **5**, 4176(2014).

48) M. P. Suh, H. J. Park, T. K. Prasad and D. W. Lim : *Chem. Rev.*, **112**, 782(2012).

49) J. A. Mason, M. Veenstra and J. R. Long : *Chem. Sci.*, **5**, 32 (2014).

50) C. E. Wilmer, M. Leaf, C. Y. Lee, O. K. Farha, B. G. Hauser, J. T. Hupp and R. Q. Snurr : *Nat. Chem.*, **4**, 83(2012).

51) R. Matsuda, R. Kitaura, S. Kitagawa, Y. Kubota, R. V. Belosludov, T. C. Kobayashi, H. Sakamoto, T. Chiba, M. Takata, Y. Kawazoe and Y. Mita : *Nature*, **436**, 238(2005).

52) H. Sato, W. Kosaka, R. Matsuda, A. Hori, Y. Hijikata, R. V. Belosludov, S. Sakaki, M. Takata and S. Kitagawa : *Science*, **343**, 167(2014).

53) E. D. Bloch, W. L. Queen, R. Krishna, J. M. Zadrozny, C. M. Brown and J. R. Long : *Science*, **335**, 1606(2012).

54) D. Banerjee, A. J. Cairns, J. Liu, R. K. Motkuri, S. K. Nune, C. A. Fernandez, R. Krishna, D. M. Strachan and P. K. Thallapally : *Acc. Chem. Res.*, **48**, 211(2015).

55) B. Xiao, P. S. Wheatley, X. Zhao, A. J. Fletcher, S. Fox, A. G. Rossi, I. L. Megson, S. Bordiga, L. Regli, K. M. Thomas and R. E. Morris : *J. Am. Chem. Soc.*, **129**, 1203(2007).

56) S. Diring, D. O. Wang, C. Kim, M. Kondo, Y. Chen, S.

Kitagawa, K. Kamei and S. Furukawa : *Nat. Commun.*, **4**, 2684(2013).

57) F. Stallmach, S. Groger, V. Kunzel, J. Karger, O. M. Yaghi, M. Hesse and U. Muller : *Angew. Chem. Int. Ed.*, **45**, 2123 (2006).

58) A. Corma, H. Garcia and F. X. Llabres i Xamena : *Chem. Rev.*, **110**, 4606(2010).

59) J. S. Seo, D. Whang, H. Lee, S. I. Jun, J. Oh, Y. J. Jeon and K. Kim : *Nature*, **404**, 982(2000).

60) C. D. Wu, A. Hu, L. Zhang and W. Lin : *J. Am. Chem. Soc.*, **127**, 8940(2005).

61) M. Banerjee, S. Das, M. Yoon, H. J. Choi, M. H. Hyun, S. M. Park, G. Seo and K. Kim : *J. Am. Chem. Soc.*, **131**, 7524 (2009).

62) M. Zhao, K. Deng, L. He, Y. Liu, G. Li, H. Zhao and Z. Tang : *J. Am. Chem. Soc.*, **136**, 1738(2014).

63) T. Uemura, N. Yanai and S. Kitagawa : *Chem. Soc. Rev.*, **38**, 1228(2009).

64) G. Distefano, H. Suzuki, M. Tsujimoto, S. Isoda, S. Bracco, A. Comotti, P. Sozzani, T. Uemura and S. Kitagawa : *Nat. Chem.*, **5**, 335(2013).

65) T. Uemura, T. Kaseda, Y. Sasaki, M. Inukai, T. Toriyama, A. Takahara, H. Jinnai and S. Kitagawa : *Nat. Commun.*, **6**, 7473(2015).

66) S. Takaishi, M. Hosoda, T. Kajiwara, H. Miyasaka, M. Yamashita, Y. Nakanishi, Y. Kitagawa, K. Yamaguchi, A. Kobayashi and H. Kitagawa : *Inorg. Chem.*, **48**, 9048(2009).

67) Y. Kobayashi, B. Jacobs, M. D. Allendorf and J. R. Long : *Chem. Mater.*, **22**, 4120(2010).

68) L. Sun, T. Miyakai, S. Seki and M. Dincă : *J. Am. Chem. Soc.*, **135**, 8185(2013).

69) T. Kambe, R. Sakamoto, K. Hoshiko, K. Takada, M. Miyachi, J. H. Ryu, S. Sasaki, J. Kim, K. Nakazato, M. Takata and H. Nishihara : *J. Am. Chem. Soc.*, **135**, 2462 (2013).

70) D. Sheberla, L. Sun, M. A. Blood-Forsythe, S. Er, C. R. Wade, C. K. Brozek, A. Aspuru-Guzik and M. Dincă : *J. Am.*

*Chem. Soc.*, **136**, 8859(2014).

71) A. A. Talin, A. Centrone, A. C. Ford, M. E. Foster, V. Stavila, P. Haney, R. A. Kinney, V. Szalai, F. El Gabaly, H. P. Yoon, F. Léonard and M. D. Allendorf : *Science*, **343**, 66(2014).

72) S. Horike, D. Umeyama and S. Kitagawa : *Acc. Chem. Res.*, **46**, 2376(2013).

73) T. Yamada, K. Otsubo, R. Makiura and H. Kitagawa : *Chem. Soc. Rev.*, **42**, 6655(2013).

74) P. Ramaswamy, N. E. Wong, B. S. Gelfand and G. K. Shimizu : *J. Am. Chem. Soc.*, **137**, 7640(2015).

75) D. Umeyama, S. Horike, M. Inukai, T. Itakura and S. Kitagawa : *J. Am. Chem. Soc.*, **134**, 12780(2012).

76) D. F. Weng, Z. M. Wang and S. Gao : *Chem. Soc. Rev.*, **40**, 3157(2011).

77) W. Zhang and R. G. Xiong : *Chem. Rev.*, **112**, 1163(2012).

78) K. W. Chapman, G. J. Halder and P. J. Chupas : *J. Am. Chem. Soc.*, **131**, 17546(2009).

79) J. C. Tan, T. D. Bennett and A. K. Cheetham : *Proc. Natl. Acad. Sci. USA*, **107**, 9938(2010).

80) S. Horike, S. Shimomura and S. Kitagawa : *Nat. Chem.*, **1**, 695(2009).

81) S. A. Moggach, T. D. Bennett and A. K. Cheetham : *Angew. Chem. Int. Ed.*, **48**, 7087(2009).

82) J. C. Tan and A. K. Cheetham : *Chem. Soc. Rev.*, **40**, 1059 (2011).

83) T. D. Bennett and A. K. Cheetham : *Acc. Chem. Res.*, **47**, 1555(2014).

84) K. W. Chapman, D. F. Sava, G. J. Halder, P. J. Chupas and T. M. Nenoff : *J. Am. Chem. Soc.*, **133**, 18583(2011).

85) D. Umeyama, S. Horike, M. Inukai, T. Itakura and S. Kitagawa : *J. Am. Chem. Soc.*, **137**, 864(2015).

86) T. D. Bennett, J. C. Tan, Y. Yue, E. Baxter, C. Ducati, N. J. Terrill, H. H. Yeung, Z. Zhou, W. Chen, S. Henke, A. K. Cheetham and G. N. Greaves : *Nat. Commun.*, **6**, 8079 (2015).

〈堀毛　悟史〉

# 2節　MOFのメゾスケール・マクロスケール構造化

## 1　はじめに

多孔性金属錯体（Porous Coordination Polymer または Metal−Organic Framework，以下 PCP/MOF と省略する）は，近年新たな多孔性材料として注目を集めている[1)-3)]。PCP/MOF は金属イオンと有機配位子との間に形成される配位結合によって組みあがる金属錯体と呼ばれる材料である。特に，結節点となる金属イオンや金属クラスターを有機配位子が架橋することによって，フレームワーク構造が構築される。このフレームワークの内部空間が分子を取り込む空間として働くことで，多孔性材料となりうる。合成直後は，フレームワークの格子内部に合成溶媒の分子を包摂しているが，1997 年に北川らによって，この溶媒分子を取り除いても安定にフレームワーク構造を維持し，さらに別のガス分子をゲスト分子として吸着することが可能であることが報告され，PCP/MOF の多孔性材料としての歴史が始まった[4)]。

PCP/MOF がほかの多孔性材料と大きく異なる点として，フレームワーク構造の分子レベルでの設計性が挙げられる。金属イオンと有機配位子の組み合わせにより，構造のバリエーションは無数に存在し，数えきれないほどの化合物が報告されている。金属イオンや金属クラスターの配位数と有機配位子の配位形態を考慮することによって，合成前にでき上がりのフレームワーク構造を予想することも可能である。これによって，細孔と呼ばれるフレームワークの内部空間のサイズや形状を制御することが可能である。一方で，有機配位子に機能性置換基を導入することで，疎水性，親水性といった化学環境を設計することも可能であり，特に，ターゲットとするゲスト分子と特異的な相互作用を有する置換基を導入する試みも積極的に行われている。このような特徴は，吸着剤，分離材としての機能を向上させるだけでなく，触媒活性[5)]や光物性[6)]などのさまざまな特性を PCP/MOF に組み込むことを可能とする。PCP/MOF の研究は，合成化学者のみならず，材料科学，分析化学，固体物理などのさまざまな分野の研究者が参入することによって材料科学の一大領域となり，この 20 年の間に目覚ましい発展を遂げてきた。

PCP/MOF の歴史は他の多孔性材料に比べて浅く，発見当初からしばらくの間（現在においても），新規化合物の合成とその吸着特性の評価に関する研究が大多数を占めていた。一方で，材料的視点から PCP/MOF をさらにプロセッシング・エンジニアリングするという研究は最近になり発展してきている[7)-9)]。これは，PCP/MOF は，基礎的材料としての機能評価の段階から，実際に産業などで応用可能な材料であるとの認識が大きく広まったためである。特に，結晶サイズの制御に関する研究は，PCP/MOF の新しい応用を考えた際に重要な課題であり，近年になりかなりの論文が報告されている。これは，分子レベルでのフレームワーク構造制御を 1 つ越えたサイズである，メゾスケール領域やマクロ領域での構造制御であり，PCP/MOF の微小環境への応用を可能にする新しい研究展開である。例えば，ナノスケールの PCP/MOF を用いた薬剤や生理活性物質の生体内での運搬や，電子センサーデバイスとの融合などが挙げられる。

このような応用研究に加えて，結晶サイズの制御は全く新しい機能制御の手法になりうることが示されている。古川，北川らは，$Cu_2(bdc)_2(bpy)$ の組成をもち相互貫入構造を有し，ゲストの吸脱着により構造転移を示す PCP/MOF の結晶サイズを，メゾスケールまで小さくすることで全く新しい構造転移現象（形状記憶能の発現）を示すことを見出した（bdc = 1,4−benzenedicarboxylate, bpy = 4,4′−bipyridine)[10]。すなわち，マイクロメートルを超える粉末結晶では全く見られない新しい構造状態が，結晶サイズを小さくすることで達成された。このような新しい発見は，化学的組成を変化させることなく，見た目の大きさを変化させることで，PCP/MOFの機能制御が可能であることを示している。

実際に，このような観点から，結晶サイズや形態の制御のみならず，結晶自体をビルディングブロックとし，高次元で構造制御されたマクロ構造を構築する研究が近年盛んになってきている。そのマクロ構造は，カプセル状構造であるゼロ次元構造体，ワイヤーやファイバー構造を持つ一次元構造体，膜，フィルムなどの二次元構造体，モノリスなどの三次元構造体に分けることができる（図1）。このような高次構造体は，PCP/MOFの持つ機能を最大限に引き出すために必要な構造であり，応用によって適切な高次構造体を選択する必要がある。本稿では，このゼロから三次元の高次構造体を構築する合成戦略を紹介し，その後，それぞれの構造体における具体的な構造および機能を紹介する。

## 2 マクロ構造体の合成戦略

一般的に，PCP/MOFの合成は，溶液中での配位結合を介した分子会合によって行われる。すなわち，溶液中での金属イオンと有機配位子の衝突により核生成が起こり，その後表面での新たな配位結合を介した結晶成長により，最終的な結晶サイズ，形態が決定される。高次構造体を形成するためには，この配位結合を起こす錯形成反応を空間的に制御する必要がある。そのためには，化学反応を高い精度で必要な空間にいかに束縛するかが必要である。ここでは，以下の6つの合成戦略に分別した（図2）。

### 2.1 マクロ構造テンプレート（ハードテンプレート）

PCP/MOFの高次構造を構築するにあたり最も直接的かつシンプルな方法は，このハードテンプレート法である。すなわち，前もって形づくっておいた固体材料をPCP/MOFの反応溶液の中にいれることで，固体材料表面をテンプレートとして核生成を起こし，その後結晶成長により固体材料をすべて覆うことで目的の高次構造を形成させる。この方法では，金属イオン，有機配位子の入った混合溶液中にテンプレートを導入するため，すべての反応物が選択的にテンプレート表面で核生成を起こすわけではなく，溶液中のほかの場所においても核生成が起き，テンプレートに固定されていないPCP/MOFも生成する。しかしながら，テンプレートはマクロ構造を有しているため簡単に取り扱うことができ，不必

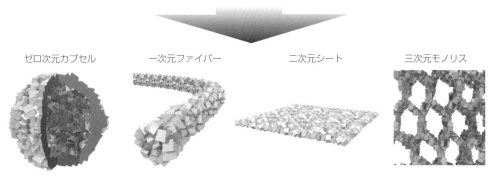

図1　ゼロ次元カプセル，一次元ファイバー，二次元パターン，三次元モノリス構造の模式図
文献7）より改変して引用

第2章 金属錯体系（MOF類）

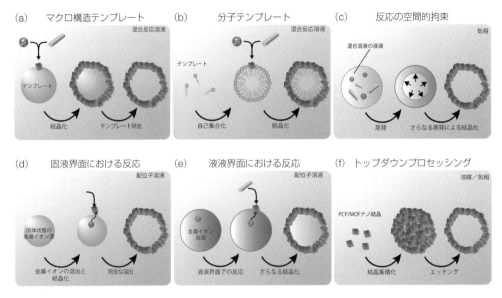

**図2 6つの合成手法の模式図**
文献7)より改変して引用

要な溶液中で生成したPCP/MOFは洗い流すことが可能である。最終的な高次構造体は，テンプレートとのコンポジット材料として，もしくはテンプレートをエッチングにより溶出させることで，純粋なPCP/MOFの高次構造体として単離することができる。

### 2.2 分子テンプレート（ソフトテンプレート）

ハードテンプレートのように前もって形成した固体材料ではなく，PCP/MOFの反応溶液中で自己集合的に決まった形をつくる分子を用いたテンプレート法である。最もよく使われているのが，両親媒性分子やブロックコポリマーなどの界面活性剤であり，溶液中で形成した分子集合体の表面において核生成が誘起され，ハードテンプレートの時と同様に表面を覆いつくすようにPCP/MOFの高次構造が構築される。多くの場合は，テンプレート分子はそのまま高次構造体に取り込まれるため，最終的な生成物はコンポジット材料となる。

### 2.3 蒸発やゲル化による反応の空間的拘束法

この方法は，上記2つの方法のようなテンプレートは必要としない。最もよく使われている方法は，蒸発誘起型の結晶化手法である。すなわち，PCP/MOFの反応溶液を蒸発させる場所や速度を制御することで，結晶化が気液界面で起こり，その界面の構造を反映した高次構造の構築が可能である。この手法は，マイクロドロップレットと呼ばれる微小液滴を生成するマイクロファブリケーション法との相性がよい。このような気液界面は，単なる蒸発だけではなく，超臨界二酸化炭素を反応溶液中に導入することでも達成できる。また，気体導入だけではなく，反応溶液中への貧溶媒の導入により液液界面で結晶化を起こすことも可能である。

上記3つの手法は，すべてPCP/MOFの反応混合溶液を用いた方法であり，均一の溶液が，金属イオン，有機配位子をともに溶解した状態からの反応であった。これまでの一般的なPCP/MOFの合成手法をそのまま用いて，いかに不均一な核生成を起こすかという手法であった。一方で，これから紹介する2つの手法は，PCP/MOFの前駆体（金属イオンと有機配位子）を2つの相に分け，その相界面でのみ錯形成反応を起こすという手法である。この手法では，金属イオンと有機配位子が界面でのみ衝突し反応を起こすため，局所的な核生成を制御することが容易である。

## 2.4 固液界面における反応（犠牲反応）

この反応は，金属イオンの前駆体を溶媒などに溶解させず，固体状態そのままで用いる反応である。一般的に用いられている金属イオン源である金属塩を用いる代わりに，金属や，金属酸化物，金属水酸化物を金属イオン源として用い，特別な条件下で固体表面から溶解させることで金属イオンを界面近傍でのみ溶出させる。一方で，有機配位子は溶液中に最初から溶解させておくことで，固液界面でのみ錯形成反応を起こし，界面局所的な核生成を起こすことが可能になる。金属，金属酸化物，金属水酸化物は，前もっていろいろな形を作成することができるため，同様にさまざまな次元性を有するPCP/MOFの高次元構造体を構築することが可能である。

## 2.5 液液界面における反応

この方法では，金属イオンを含んだ溶液と，有機配位子を含んだ溶液を別々に作成し，2つの液相間にきれいな界面を形成することで，錯形成反応を局所的に起こす手法である。このきれいな界面形成が最も重要であり，例えば，oil-in-water型のエマルションのように混ざらない2つの溶媒を用いる手法がある。また，マイクロ流体デバイスのように，流体制御を行うことできれいな界面を構築し，高次構造を構築することも可能である。

## 2.6 トップダウンプロセッシング

この手法は，上記5つの金属イオンと有機配位子の錯形成能を利用したボトムアップ型構築手法とは異なり，すでに構築したPCP/MOFのナノ結晶をビルディングブロックとし，なんらかの手法で組み上げるか，もしくは合成したPCP/MOFの結晶を剥離するといった方法である。

以上のような手法を用いてさまざまなPCP/MOFのメゾスケール/マクロスケール構造体が構築されており，以下にそれぞれの次元性における特徴的な例を示す。

## ③ ゼロ次元構造体

この構造体はカプセルなどに代表されるように，空間を材料で区画化する（コンパートメント化）するため，ほかの一次元，二次元，三次元構造体とい

う拡張した系に比べて，かなり特徴的であると言える。そのコンパートメント化の結果，内部空間と外部空間が完全に区別される。この時，内部空間になにもないと，中空構造となりカプセルとして機能させることが可能である。特に，PCP/MOFは固体材料であると同時に多数のナノサイズの細孔が存在し，まるで細胞膜のように内部空間に入ってくる分子を選別することが可能である。一方で，内部空間を完全に他の材料で埋めてしまうと，ゼロ次元構造体はシェルとして機能し，材料全体としてはコンポジット材料となる。ここでは，ハードテンプレート法が最も利用しやすく，PCP/MOFのシェルを構築することができる。

### 3.1 ハードテンプレートによるコンポジット材料創製

ハードテンプレートを用いたPCP/MOFコンポジットの例としては，アルミナやメソポーラスシリカのマイクロビーズを用いて，その表面にPCP/MOFを形成させることがすでに報告されている[11)12)]。一方で，ハードテンプレート法を用いた，yolk-shell構造（卵黄-卵殻構造）構築がTsungらにより報告されている[13)]。まず，60 nmのパラジウムナノ結晶を酸化銅（I）によりコートし，その後ZIF-8（Zn（Me-Im)$_2$，Me-Im=2-methylimidazolate）を酸化銅の表面に結晶化させた。このZIF-8の結晶化の過程において，酸化銅は自然にエッチングされ，最終的な生成物は，ZIF-8のゼロ次元構造体の中空にパラジウムナノ結晶が浮いているyolk-shell構造であるPd@ZIF-8となっていた（図3）。平均的なサイズは約500 nmであり，シェルの厚みは100 nm，中空の直径は約230 nmであった。この合成手法では，酸化銅がハードテンプレートとして働きつつ，自身が溶出して最終的なコンポジット材料には含まれていない。このyolk-shell構造では，実際にZIF-8が分子を選択できるシェルとして働くことが示されている。中空に閉じ込められたパラジウムナノ結晶は触媒として機能させることができ，ZIF-8の細孔より小さいエチレンの水素化反応を起こすことはできるが，細孔より大きいシクロオクテンへの水素化反応は起こらなかった。

一方で，PCP/MOF自体をハードテンプレートとして，さらに別のPCP/MOFをシェルとしたコン

第2章 金属錯体系(MOF類)

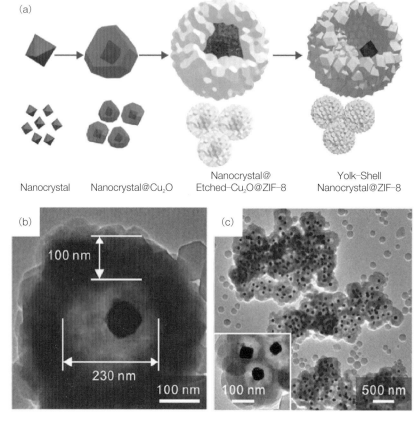

図3 Yolk-shell 構造の構築過程の模式図と，実際に合成した材料の電子顕微鏡図
文献13)より改変して引用

ポジット材料も合成されている。古川，北川らは，PCP/MOF をコアとし，その上に同様の結晶格子定数を有する PCP/MOF をエピタキシャル成長させることに成功している[14]。特に，大きな細孔を有する PCP/MOF である $Zn_2(bdc)_2(dabco)$ をハードテンプレートとし，その上に同様の格子定数であるが，細孔サイズが小さい $Zn_2(adc)_2(dabco)$ を成長させることに成功した（dabco = 1,4-diazabicyclo [2,2,2] octane, adc = 1,9-anthracene dicarboxylate）。このコアシェル型 PCP/MOF 結晶は，細孔サイズの違いをうまく利用することで，シェルでゲスト分離，コアで大量貯蔵の2つの機能を併せ持つことができ，ヘキサデカンの構造異性体である，直鎖状セタンの分岐鎖状イソセタンからの，選択的抽出を可能とした[15]。

## 3.2 界面を利用したマイクロファブリケーションによる中空構造体創製

中空構造を構築するためにはテンプレートを使わず，気液界面，液液界面における錯形成反応の拘束が効果的である。Maspoch らは，スプレードライ（噴霧乾燥）と呼ばれる手法により，簡便に中空構造を構築する手法を報告している[16]。ここでは PCP/MOF の反応溶液を微小液滴として霧状に噴出することで素早い蒸発を促し，溶液量減少に伴う濃度上昇により核生成が起き，結晶核が気液界面の付近に集積化していくことで，最終的には液滴の構造を反映したゼロ次元構造体が構築される（図4）。この方法は，非常に汎用性が高く，以下に示す種々の PCP/MOF の中空構造が合成されている：HKUST-1 ($Cu_3(btc)_2$, btc = 1,3,5-benzenetricarboxylate), Cu (bdc), NOTT-100 ($Cu_2(bptc)$, bptc = 3,3′,5,5′-biphenyltetracarboxylate), MIL-88A ($Fe_3O$(fuma-

2節 MOFのメゾスケール・マクロスケール構造化

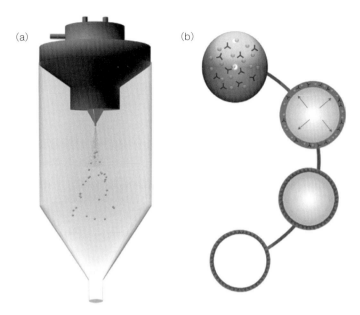

図4 スプレードライ法の模式図[16]

rate)$_3$),MIL-88B-NH$_2$ (Fe$_3$O(NH$_2$-bdc)$_3$,NH$_2$-bdc＝2-amino-1,4-benzene-dicarboxylate),MOF-74 (M$_2$(dhbdc),M＝Zn(Ⅱ),Mg(Ⅱ),Ni(Ⅱ),dhbdc＝2,5-dihydroxy-1,4-benzenedicarboxylate),UiO-66 (Zr$_6$O$_4$(OH)$_4$(bdc)$_6$),ZIF-8,MOF-5 (Zn$_4$O(bdc)$_3$),IRMOF-3 (Zn$_4$O(NH$_2$-bdc)$_3$)。その材料サイズは，液滴の大きさに依存するため，だいたい数マイクロメートルであるが，より高精度な装置を用いることでサイズをマイクロメートルよりも小さくすることも可能である。

また，液液界面を用いても同様に中空構造を構築することが可能である。De Vosらは，金属イオンと有機配位子を別々に溶解させ，この混ざり合わない2つの液相界面において錯形成することで，中空構造構築に成功している[17]。銅イオンを水に溶解し，マイクロシリンジを用いて，有機配位子が溶解している有機溶媒（オクタン）中に導入する。この際，水とオクタンは混ざり合わないため，水溶液が液滴として有機溶媒相の中に導入される。ここでは，銅イオンと有機配位子が二相界面でのみ衝突し，錯形成するため，核生成が界面でのみ起こり，最終的にはHKUST-1のゼロ次元構造体が構築される（図5）。この報告が，世界初のPCP/MOF中空構造構築であることを記しておく。

## 4 一次元構造体

ワイヤー状や，ファイバー状の構造を有する一次元構造体の合成は，さまざまな材料分野において注目されている構造体である。しかしながら，PCP/MOFの一次元構造体は，いまだ多くは存在せず，特に機能発現まで達成している例は非常に少ない。ここでは，一次元構造体に特異的な合成法であるトップダウン法を中心に紹介する。

### 4.1 エレクトロスピニング法によるPCP/MOFファイバー合成

エレクトロスピニング法はナノファイバーを構築する最も単純かつ効率的な方法であり（図6），PCP/MOFにおいてもコンポジット材料のナノファイバー化を行う研究が進んでいる。Smarslyらは，ZIF-8のナノ結晶を有機ポリマーであるPVP（Polyvinylpyrrolidone）を溶解したメタノール溶液中に分散し，エレクトロスピニングすることで，ZIF-8がPVPに閉じ込められたナノファイバーの合成に成功している[18]。条件を変化させることで，その直径は150から300 nmの間で制御することが可能であり，ZIF-8の量も50％まで導入することができる。このコンポジット状態においても，ガス

## 第2章 金属錯体系(MOF類)

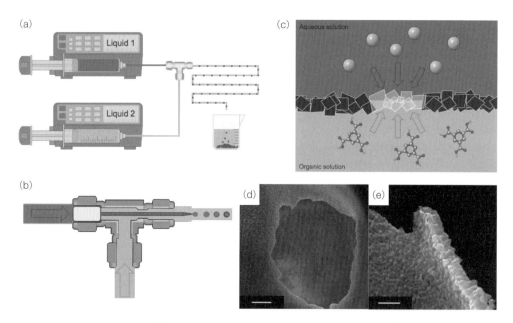

図5 液液界面を用いたゼロ次元構造体構築手法の模式図[17]

分子は ZIF-8 に問題なく吸着することが示されている。同様の研究は他の PCP/MOF でも示されており[19]〜[21]、この手法が非常に汎用性が高いことがわかる。

### 4.2 電場によるナノ結晶の一次元集積化

エレクトロスピニング法が有機ポリマーとのコンポジット材料化を目的としているのに対して、PCP/MOFのみを一次元構造体として構築する手法は未だ確立されていない。その数少ない手法の一つとして、楊井、Granick らは、外部電場による集積化を報告している[22]。マイクロメートルサイズの ZIF-8 の結晶をほぼ完全にサイズおよび形態制御し、さらに共焦点顕微鏡を用いて観察するために、結晶表面を蛍光プローブで修飾した。その後結晶を分散したエチレングリコール溶液を ITO 電極間にはさみ、交流電場を印加することで ZIF-8 結晶を電場に沿って一次元に配列することに成功した(図7)。興味深いことに、すべての結晶は同じ{110}の結晶面を貼り合わせるかのように集積しており、電場印加を止めた後でも、集積した状態を維持していた。

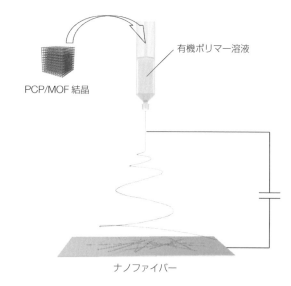

図6 エレクトロスピニング法の模式図

## 5 二次元構造体

膜、シート、パターン構造など、PCP/MOF の二次元構造体に関する研究は、他の次元性に比べて非常に多くの報告がなされており、すでにいくつかの総説にまとめられている[23]〜[25]。これは特に、さまざまな基板を用いた合成が容易であり、また分離膜と

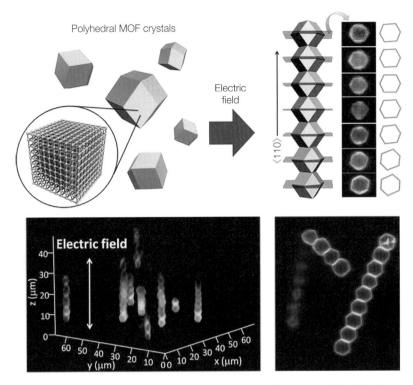

図7 交流電場による結晶配向の模式図と共焦点顕微鏡による蛍光画像図[22]

いった機能に直結した応用展開が可能である点があげられる。ここでは，最初に分類した合成手法がどのように用いられているかを概略的に説明する。

### 5.1 ハードテンプレート

二次元構造体においてハードテンプレートとは，基板を用いてその上にPCP/MOFを合成する手法であり最も一般的な方法であると言える。ここでは，いかに基板上で直接的に核生成反応を起こすかが重要であり，そのためには，PCP/MOFの前駆体である，金属イオンもしくは有機配位子を選択的に基板上に固定することが有用である。BeinやWöllらは，配位サイトを有する自己組織化膜（Self-assembled monolayer：SAMs）を基板上に形成し，その基板上に金属を集積することで基板選択的に結晶化を起こす手法を開発した[26)27)]。ここでは，ピリジンやカルボン酸末端を有するSAMsを形成することで，さまざまなPCP/MOFの基板上への構築が可能になるのみならず，結晶の軸を揃えて成長させることが可能である。またBeinらは，基板上にPEG（poly-ethylene glycol）などの有機ポリマーを含む金属イオン溶液をスピンコートすることで，金属イオンを基板表面近傍にトラップし，その後有機配位子を含む溶液と反応させることで，基板局所的に結晶化を起こすことに成功している[28)]。

これら手法が，PCP/MOFの結晶化反応の自主性にまかせている一方で，Layer-by-layer法という，より精密な制御が可能な手法が報告されている[29)]。ここでは，金属イオンと有機配位子を含む溶液を，交互に基板表面に導入することで段階的な錯形成を起こし，徐々に結晶成長を促す方法である。これにより，膜厚の制御が可能になる。種々のPCP/MOFがすでにこの手法により薄膜化されており，特にその成長を水晶子マイクロバランス法や，表面プラズモン法により同定する手法も確立されている。

### 5.2 蒸発法によるパターンニング

PCP/MOFの反応溶液をうまく蒸発させることでも，基板上での結晶化，特にパターニングが可能である。De VosらはPDMS（Poly（dimethylsiloxane））

を望みの形状に加工し，スタンプを作成した。この表面にPCP/MOFの反応溶液を表面張力によって固定し，ターゲットとする基板に押しつけることによって，スタンプと基板の間に反応溶液が挟まれる。その後，徐々に溶媒が蒸発する過程において，核生成が起こり，スタンプの下でのみPCP/MOFの結晶化を起こすことができる[30]。同様に，Maspochらは，ディップペンナノリソグラフィと呼ばれる手法を用いて，局所的結晶化に成功している。ここでは，スタンプの代わりに原子間力顕微鏡（AFM）の探針を用いて，反応溶液を基板上の望みの位置にフェムトリットルオーダーで固定し，同様に徐々に蒸発させることで，PCP/MOFの結晶化に成功している[31]。この蒸発法では，如何に反応溶液を望みの位置に拘束し，蒸発させるかが鍵であり，そのさらなる応用として，インクジェットプリンターなどを用いた結晶化もすでに報告されている[32]。

### 5.3 犠牲テンプレートによる膜化

基板を用いた合成において，基板自体から金属イオンを生成させる犠牲テンプレート手法も開発されている。Qiuらは銅メッシュを基板として用いると同時に，銅メッシュから銅イオンを溶出させることで，銅を含むPCP/MOFであるHKUST-1の局所的な合成に成功し，最終的には膜形成に成功している[33]。この銅イオンの溶出は電気化学的に起こすことも可能であり，De Vosらは電解合成によるPCP/MOF膜の合成に成功している[34]。これら手法はさまざまな金属イオン源へと拡張することが可能であり，銅，亜鉛，ニッケルなどの金属や金属水酸化物などを用いた局所的結晶化が報告されている。

### 5.4 PCP/MOF結晶の集積化

事前に結晶化させておいたPCP/MOFを各種のマイクロファブリケーション手法を用いて，二次元構造体を構築することが可能である。基本的には，PCP/MOF結晶を分散した溶液を，ドロップキャストまたはスピンコートすることで，二次元膜を得ることができる。しかしながら，結晶間は強く結合していないため，均一な膜を形成するためにはさまざまな条件を検討する必要がある。そこで，古川，北川らは，ラングミュア・ブロジェット（LB）法を用いて，均一な膜を形成することに成功した（図8）[35]。ここでは，水面上にPCP/MOFのナノ結晶を分散させ，LB法を行う際の圧力を制御することで，膜の均一性を制御可能であることを示した。また，ナノ結晶の形態をあらかじめ制御しておくことで，膜の配向を制御することも可能である。

### 5.5 PCP/MOF結晶の剥離

グラフェンの単離手法としても有名な，剥離を用いたPCP/MOFの二次元膜の形成も報告されている。XuらはPCP/MOFの結晶をアセトン中で超音波処理することで，剥離することに成功している[36]。また，Wöllらは，PMMA（poly (methyl metacrylate)）を接着剤として用いることで，基板に固定されたPCP/MOFを剥離することにも成功している[37]。

## 6 三次元構造体

反応溶液中での結晶化の空間制御において，最も高度な制御を要求されるのが三次元構造体の構築で

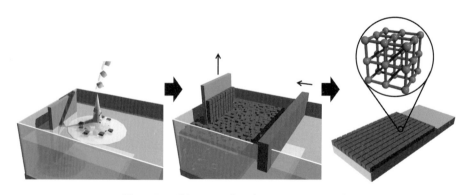

**図8 ラングミュア・ブロジェット法の模式図**[35]

ある。そのため，現状合成手法が非常に限られている。しかしながら，三次元構造体では，PCP/MOFが本質的に有するナノサイズの細孔に加え，三次元構造体に起因するマクロ空間空隙の利用が可能である。このナノ細孔とマクロ空間を併せ持つ階層的空間材料は，気相や液相を高速拡散させることができ，ガス吸着，分離，センシング，固体触媒といったPCP/MOFの応用において拡散が重要な要素となりうる機能において，パフォーマンスを向上させることができると期待される。

## 6.1 ソフトテンプレートによる階層的空間材料創製

この手法では，PCP/MOFの反応溶液中に，三次元的に自己集合するテンプレート分子を混合しておくことで，結晶化を空間的に制御する。Zhao, Cheethamらは，ポリスチレンとポリビニルピリジンからなるブロックコポリマーをソフトテンプレートとして用いた。このポリマーは溶液中で反応サイトとなるピリジン部位を外側にして超分子集合体を自己集合的に形成する。そこに金属イオンを導入し，過剰な量のイオンを洗い流した後，有機配位子を加えPCP/MOFの結晶化をソフトテンプレート表面上で起こす。最後に，THFやDMFを用いたエッチングによりブロックコポリマーを取り除くことで，三次元的に連結したPCP/MOF構造体を得ることに成功している（図9）[38]。

## 6.2 犠牲テンプレート法（配位レプリケーション法）による階層的空間材料創製

より高度な制御すなわち望みの三次元構造体を構築するため，犠牲テンプレート法を用いた新しい構築手法が開発されている。古川，北川らは，前もって望みの形にゾル－ゲル法を用いて金属イオン源を金属酸化物として固定化し，有機配位子溶液において，固体表面近傍で金属イオンを溶解させることで反応を局所化する合成方法を報告した（図10）[39]。ここでは特に，酸化アルミニウムを出発原料とし，さまざまな有機配位子と反応させることで，アルミニウムを含むPCP/MOFにマクロな形態を維持したまま変換することに成功していることから，「配位レプリケーション法」と名づけられている。実際に，酸化アルミニウムをゾル－ゲル法により，二次元ハニカムパターン，三次元逆オパール構造，エアロゾル化による三次元モノリス構造を構築し，有機配位子と反応させることで，すべてのマクロ構造を維持したまま，PCP/MOFへの変換に成功した。変換するためのポイントは，アルミニウムイオンの溶出速度よりも早いPCP/MOFの結晶化速度を達成することであり，実際にマイクロ波照射装置による素早い加熱の時にのみ，変換できることを示している。また，階層的空間材料としての優位性も，疎水性細孔を持つPCP/MOFであるAl(OH)(ndc)を用いて明らかにしている（ndc＝1,4-naphthalenedicarboxylate）。すなわち，エタノール/水の分離において，粉末状の結晶に比べて階層的空間材料である三次元モノリス構造の方が，分離能

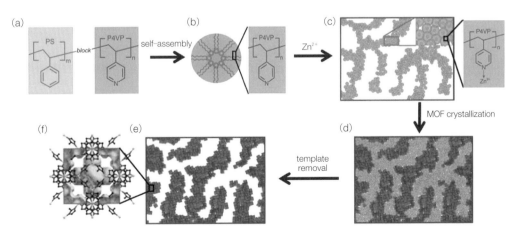

図9 ソフトテンプレート法による三次元階層的空間材料構築手法の模式図[38]

第 2 章 金属錯体系(MOF 類)

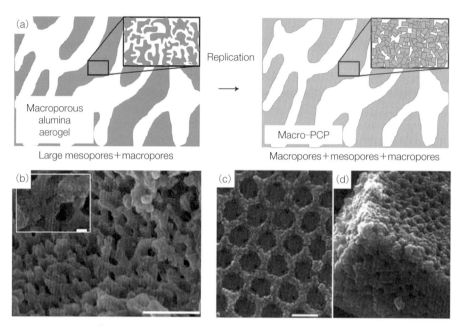

図 10 配位レプリケーション法による三次元階層的空間材料構築手法の模式図[39]

はそのままにより高速で分離できることを示した。この手法は，酸化アルミニウムのみならず，酸化亜鉛[40]，酸化バナジウム[41]，水酸化銅[42]へと拡張できることが示されている。ゾル-ゲル法により容易に成形できることから，三次元，二次元のみならず，一次元ナノファイバーを構築することもできる[43]。

## 7 おわりに

以上示したように，PCP/MOF のマクロスケール，メゾスケールでの構造化はこの数年で一気に研究が進んだ分野である。二次元膜に関しては，すでに 10 年以上前から報告があり，さまざまな合成手法が提案されている。また，機能発現に関しても，分離膜としての応用のみならず，種々のセンサーデバイスとの融合の観点から盛んに研究が行われている[44]。一方で，ゼロ次元カプセル，一次元ファイバー，三次元モノリス構造などは，構造構築に重きをおいた研究がほとんどであり，これから新しい応用展開が期待できる。特に，一次元ファイバーや三次元モノリス構造においては，微小環境のもう 1 つの応用対象である生物学的な応用が期待される。特に，一次元ファイバーは細胞接着などの基板として，三次

元モノリスは，細胞を三次元に集積する組織工学的な発展として期待され，今後このマクロ，メゾ構造化により，既存の応用におけるパフォーマンス向上のみならず，全く新しい分野での応用展開を可能にすると期待される。

■引用・参考文献■

1) O. M. Yaghi, M. O'Keeffe, N. W. Ockwing, H. K. Chae, M. Eddaoudi and J. Kim : *Nature*, **423**, 705(2003).
2) S. Kitagawa, R. Kitaura and S. Noro : *Angew. Chem., Int. Ed.*, **43**, 2334(2004).
3) 2012 Metal Organic Frameworks Issue, *Chem. Rev.*, **112**, 673-1268(2012).
4) M. Kondo, T. Yoshitomi, K. Seki, H. Matsuzaka and S. Kitagawa : *Angew. Chem. Int. Ed.*, **36**, 1725(1997).
5) J. S. Seo, D. Whang, H. Lee, S. I. Jun, J. Oh, Y. J. Jeon and K. Kim : *Nature*, **404**, 982(2002).
6) M. D. Allendorf, C. A. Bauer, R. K. Bhakta and R. J. T. Houk : *Chem. Soc. Rev.*, **38**, 1330(2009).
7) S. Furukawa, J. Reboul, S. Diring, K. Sumida and S. Kitagawa : *Chem. Soc. Rev.*, **43**, 5700(2014).
8) P. Falcaro, R. Ricco, C. M. Doherty, K. Liang, A. J. Hill and M. J. Stulys : *Chem. Soc. Rev.*, **43**, 5513(2014).

9) N. Stock and S. Biswas : *Chem. Rev.*, **112**, 933–969(2012).

10) Y. Sakata, S. Furukawa, M. Kondo, K. Hirai, N. Horike, Y. Takashima, H. Uehara, N. Louvain, M. Meilikhov, T. Tsuruoka, S. Isoda, W. Kosaka, O. Sakata and S. Kitagawa : *Science*, **339**, 193(2013).

11) S. Aguado, J. Canivet and D. Farrusseng : *J. Mater. Chem.*, **21**, 7582–7588(2011).

12) S. Sorribas, B. Zornoza, C. Téllez and J. Coronas : *Chem. Commun.*, **48**, 9388–9390(2012).

13) C. H. Kuo, Y. Tang, L. Y. Chou, B. T. Sneed, C. N. Brodsky, Z. Zhao and C. K. Tsung : *J. Am. Chem. Soc.*, **134**, 14345 (2012).

14) S. Furukawa, K. Hirai, K. Nakagawa, Y. Takashima, R. Matsuda, T. Tsuruoka, M. Kondo, R. Haruki, D. Tanaka, H. Sakamoto, S. Shimomura, O. Sakata and S. Kitagawa : *Angew. Chem., Int. Ed.*, **48**, 1766(2009).

15) K. Hirai, S. Furukawa, M. Kondo, H. Uehara, O. Sakata and S. Kitagawa : *Angew. Chem., Int. Ed.*, **50**, 8057(2011).

16) A. Carné-Sánchez, I. Imaz, M. Cano-Sarabia and D. Maspoch : *Nat. Chem.*, **5**, 203(2013).

17) R. Ameloot, F. Vermoortele, W. Vanhove, M. B. J. Roeffaers, B. F. Sels and D. E. De Vos : *Nat. Chem.*, **3**, 382(2011).

18) R. Ostermann, J. Cravillon, C. Weidmann, M. Wiebcke and B. M. Smarsly : *Chem. Commun.*, **47**, 442–444(2010).

19) Y. Wu, F. Li, H. Liu, W. Zhu, M. Teng, Y. Jiang, W. Li, D. Xu, D. He, P. Hannam and G. Li : *J. Mater. Chem.*, **22**, 16971 (2012).

20) E. F. de Melo, N. da C. Santana, K. G. B. Alves, G. F. de Sá, C. P. de Melo, M. O. Rodrigues and S. A. Júnior : *J. Mater. Chem. C*, **1**, 7574(2013).

21) K. Khaletskaya, J. Reboul, M. Meilikhov, M. Nakahama, S. Diring, M. Tsujimoto, S. Isoda, F. Kim, K. Kamei, R. A. Fischer, S. Kitagawa and S. Furukawa : *J. Am. Chem. Soc.*, **135**, 10998(2013).

22) N. Yanai, M. Sindoro, J. Yan and S. Granick : *J. Am. Chem. Soc.*, **135**, 34(2013).

23) D. Zacher, O. Shekhah, C. Wöll and R. A. Fischer : *Chem. Soc. Rev.*, **38**, 1418(2009).

24) D. Zacher, R. Schmid, C. Wöll and R. A. Fischer : *Angew. Chem., Int. Ed.*, **50**, 176(2011).

25) A. Bétard and R. A. FischerZ : *Chem. Rev.*, **112**, 1055 (2009).

26) E. Biemmi, C. Scherb and T. Bein : *J. Am. Chem. Soc.*, **129**, 8054(2007).

27) O. Shekhah, H. Wang, D. Zacher, R. A. Fischer and C. Wöll : *Angew. Chem., Int. Ed.*, **48**, 5038(2009).

28) A. Schödel, C. Scherb and T. Bein : *Angew. Chem., Int. Ed.*, **49**, 7225–7228(2010).

29) O. Shekhah, H. Wang, S. Kowarik, F. Schreiber, M. Paulus, M. Tolan, C. Sternemann, F. Evers, D. Zacher, R. A. Fischer and C. Wöll : *J. Am. Chem. Soc.*, **129**, 15118(2007).

30) R. Ameloot, E. Gobechiya, H. Uji-i, J. A. Martens, J. Hofkens, L. Alaerts, B. F. Sels and D. E. De Vos : *Adv. Mater.*, **22**, 2685(2010).

31) C. Carbonell, I. Imaz and D. Maspoch : *J. Am. Chem. Soc.*, **133**, 2144(2011).

32) J.-L. Zhuang, D. Ar, X.-J. Yu, J.-X. Liu and A. Terfort : *Adv. Mater.*, **25**, 4631(2013).

33) H. Guo, G. Zhu, I. J. Hewitt and S. Qiu : *J. Am. Chem. Soc.*, **131**, 1646(2009).

34) R. Ameloot, L. Stappers, J. Fransaer, L. Alaerts, B. F. Sels and D. E. De Vos : *Chem. Mater.*, **21**, 2580(2009).

35) M. Tsotsalas, A. Umemura, F. Kim, Y. Sakata, J. Reboul, S. Kitagawa and S. Furukawa : *J. Mater. Chem.*, **22**, 10159 (2012).

36) P.-Z. Li, Y. Maeda and Q. Xu : *Chem. Commun.*, **47**, 8436 (2011).

37) M. Darbandi, H. K. Arslan, O. Shekhah, A. Bashir, A. Birkner and C. Wöll : *Phys. Status Solidi RRL*, **4**, 197(2010).

38) S. Cao, G. Gody, W. Zhao, S. Perrier, X. Peng, C. Ducati, D. Zhao and A. K. Cheetham : *Chem. Sci.*, **4**, 3573(2013).

39) J. Reboul, S. Furukawa, N. Horike, M. Tsotsalas, K. Hirai, H. Uehara, M. Kondo, N. Louvain, O. Sakata and S. Kitagawa : *Nat. Mater.*, **11**, 717(2012).

40) I. Stassen, N. Campagnol, J. Fransaer, P. Vereecken, D. E. De Vos and R. Ameloot : *CrystEngComm*, **15**, 9308(2013).

41) J. Reboul, K. Yoshida, S. Furukawa and S. Kitagawa : *CrystEngComm*, **17**, 323(2015).

42) N. Moitra, S. Fukumoto, J. Reboul, K. Sumida, Y. Zhu, K. Nakanishi, S. Furukawa, S. Kitagawa and K. Kanamori : *Chem. Commun.*, **51**, 3511(2015).

43) M. Nakahama, J. Reboul, K. Kamei, S. Kitagawa and S. Furukawa : *Chem. Lett.*, **43**, 1052(2014).

44) L. E. Kreno, K. Leong, O. K. Farh, M. Allendorf, R. P. Van Duyne and J. T. Hupp : *Chem. Rev.*, **112**, 1105(2012).

〈古川　修平，北川　進〉

第2章　金属錯体系（MOF 類）

## 3節　ホモキラル多孔性金属有機構造体

### 1　はじめに

　ここ十数年の多孔性金属有機構造体（MOF）分野の発展により，調整可能で機能的なオープンチャネルを有する膨大な数の規則的多孔性物質が合成され，ガス貯蔵・分離，化学センシング，非線形光学材料，バイオメディカルイメージング，ドラッグデリバリー，不均一系触媒等への幅広い応用が展開されている。特に，触媒活性を持つキラル分子を体系的な方法で MOF 骨格に組み込むことで対応する均一系触媒に匹敵する活性や選択性を有する不均一系不斉触媒が得られ，さまざまなエナンチオ選択的有機反応に応用できる[1)-4)]。さらに，キラル MOF 骨格とキラルゲスト分子とのエナンチオ選択的な相互作用に基づく吸着[5)]やエナンチオマー分離[6)]を可能にする。本稿では，ホモキラル MOF の合成とそれらの不均一系不斉触媒，エナンチオ選択的なゲスト吸

着，キラル MOF を充填した HPLC カラムによるエナンチオマー分離への応用に関する最近のトピックスについて述べる。

### 2　ホモキラル金属有機構造体を用いた不斉触媒反応

#### 2.1　触媒活性な配位不飽和金属サイトを含むホモキラル MOF の合成と不斉触媒反応

　Tanaka[7)]らは，($R$)-2,2′-ジヒドロキシ-1,1′-ビナフタレン-5,5′-ジカルボン酸と硝酸銅を反応させて，ホモキラル ($R$)-MOF-1 を合成した（図1）。($R$)-MOF-1 は二次元層状構造をしており，Cu-Cu 間距離 15.6 Å の二核銅パドルホイールには水分子が配位しており，加熱により除去することでルイス酸触媒として機能する（図2）。たとえば，($R$)-MOF-1 触媒存在下アニリンによるシクロヘキサン

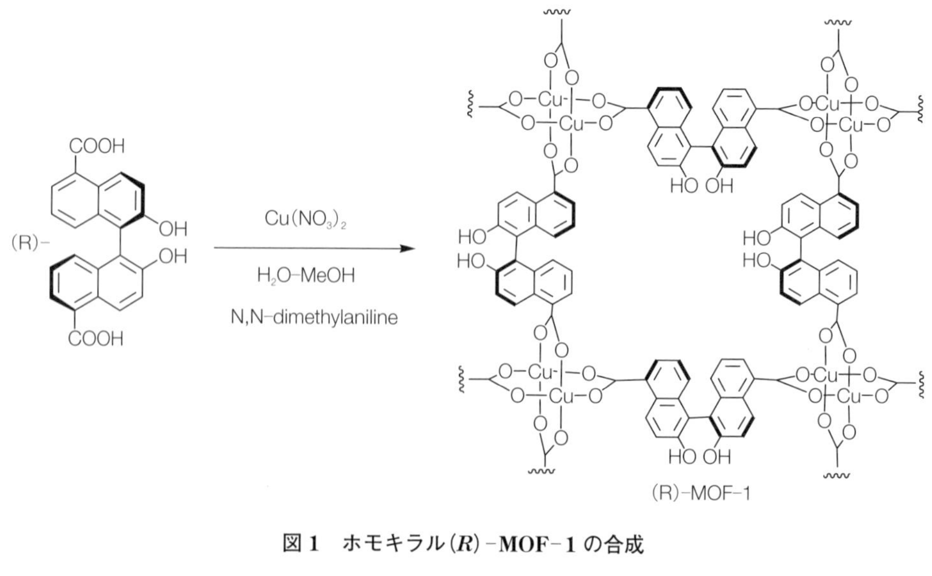

図1　ホモキラル($R$)-MOF-1 の合成

－ 154 －

3節 ホモキラル多孔性金属有機構造体

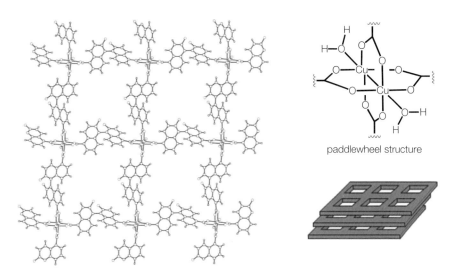

図2 ホモキラル(*R*)-MOF-1のX線結晶構造

エポキシドの不斉開環反応を行うと，光学活性なアミノアルコール(*S,S*)-2が収率54％，光学純度45％ ee で得られる（図3）。固体のキラル MOF 触媒はろ過により簡単に回収することができ，収率や不斉選択性の低下なしに少なくとも3回再利用できる。

最近 Zhao[8]らは，(*S*)-BINOL-*iso*-フタル酸誘導体（3）と硝酸亜鉛を反応させてホモキラル MOF（4）を合成し，これを *cis*-スチルベンオキシドのアニリンによる不斉開環反応の触媒に用いている（図4）。たとえば，触媒量の MOF（4）存在下 *cis*-スチルベンオキシドと 2.5 当量のアニリンを用いてトルエン中 50℃で反応を行うと，アミノアルコール（5）が収率 91％，光学純度 85％ ee で得られる。

Tanaka[9]らは，(*R*)-MOF-1 触媒存在下でメタノールによるスチレンオキシドの不斉開環反応の際

図3 ホモキラル(*R*)-MOF-1触媒を用いたアニリンによるシクロヘキサンエポキシドの不斉開環反応

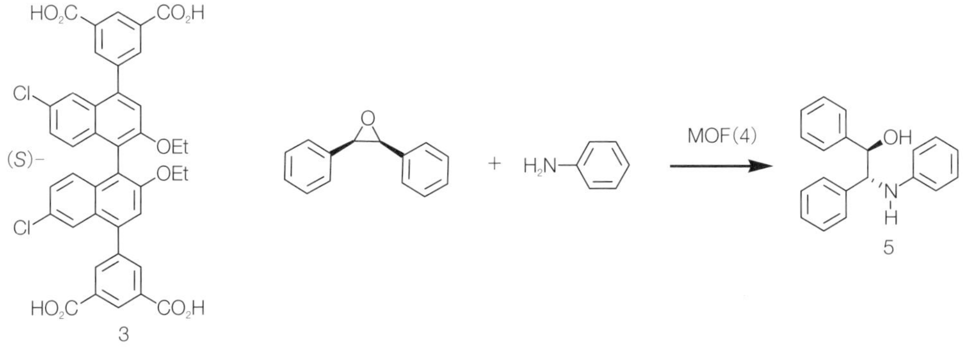

図4 ホモキラル MOF(4)触媒を用いた *cis*-スチルベンオキシドのアニリンによる不斉開環反応

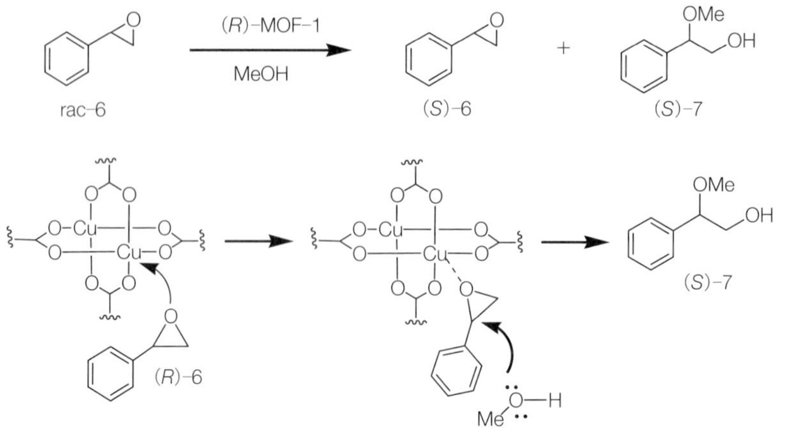
(R)-MOF-1
MeOH
rac-6
(S)-6
(S)-7
OMe
OH
(R)-6
Cu
Me
H

**図5　(*R*)-MOF-1触媒を用いたメタノールによるスチレンオキシドの不斉開環反応**

に，スチレンオキシドの速度論的光学分割が進行することを見出した(**図5**)。ラセミ体スチレンオキシド(6)と触媒量の(*R*)-MOF-1の混合物をMeOH中，25℃で24時間反応すると，81% eeの付加生成物(*S*)-7と5% eeの(*S*)-体リッチのスチレンオキシド(6)がそれぞれ収率5%と83%で得られる。反応温度を60℃に上げると，37% eeの付加生成物(*S*)-7と98% eeの(*S*)-6がそれぞれ収率66%と29%で得られる。また，エナンチオピュアーなスチレンオキシド(*R*)-および(*S*)-6から対応する付加生成物(*S*)-および(*R*)-7が収率48%と5%で生成することから，$K_{rel}$値は約10であった。この反応では，(*R*)-MOF-1のCuサイトにスチレンオキシド(*R*)-6がエナンチオ選択的に配位し，バックサイドからMeOHが付加して立体化学の反転した(*S*)-7が生成すると考えられる。

(*R*)-MOF-1は，過酸化水素によるスルフィドからスルホキシドへの不斉酸化反応の触媒としても有用である(**図6**)[10]。例えば，30% $H_2O_2$を用いるメチルフェニルスルフィドの酸化では56% eeのメチルフェニルスルホキシドが得られる。フェニル基のパラ位にMe，MeO，Cl基を導入すると相当するスルホキシドが40% ee前後のエナンチオ選択性で得られるが，オルト位にこれらの置換基を持つスルホキシドのエナンチオ選択性は10% ee程度に低下する。ナフチル基などの嵩高い基が置換すると生成物の光学純度が向上し，メチルベンジルスルフィドの場合に最も高いエナンチオ選択性(82% ee)を示した。なお，この反応では，ほとんどの場合に(*R*)-体エナンチオマーが生成する。

## 2.2　ホモキラルMOFの合成後修飾による触媒活性なホモキラルMOFの合成と不斉触媒反応

Lin[11]らは最近，(*S*)-BINOLの4,4′,6,6′-位に長さの異なるカルボキシル基を持つキラル配位子(8a-8d)(**図7**)を用いて，一連の等網状キラルMOFを合成した。これらをTi(O*i*-Pr)$_4$で処理すると，芳香族アルデヒドへのジエチル亜鉛付加反応に対して優れたエナンチオ選択性(～91% ee)を示すMOF触媒となる。Jeong[12]らは，キラルなビフェニルカルボン酸配位子(9)と硝酸銅の反応によりNbOトポロジーを持つホモキラルMOFを合成し，これをTi(O*i*-Pr)$_4$で処理すると，Danishefsky's

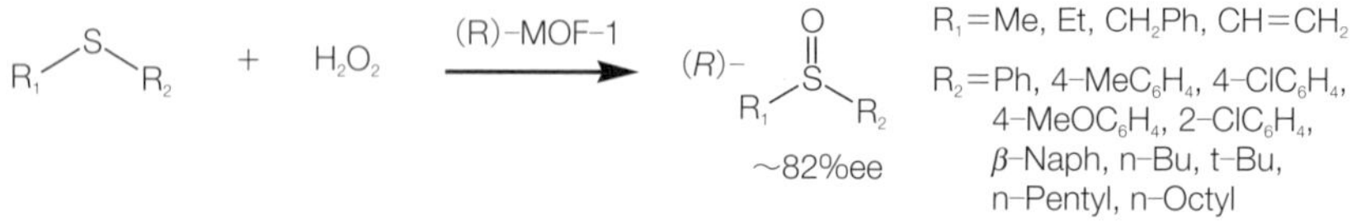
R1 S R2 + H2O2
(R)-MOF-1
(R)-
O
S
R1 R2
～82%ee
R1=Me, Et, CH2Ph, CH=CH2
R2=Ph, 4-MeC6H4, 4-ClC6H4,
4-MeOC6H4, 2-ClC6H4,
β-Naph, n-Bu, t-Bu,
n-Pentyl, n-Octyl

**図6　(*R*)-MOF-1触媒を用いる$H_2O_2$によるスルフィドの不斉酸化反応**

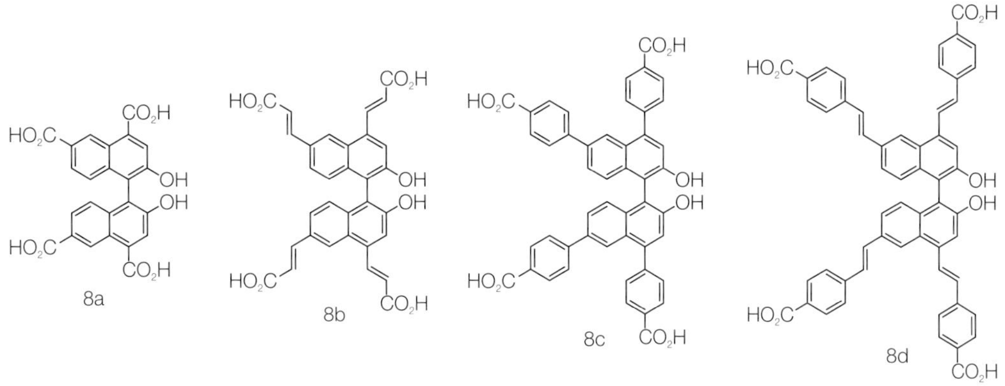

3 節　ホモキラル多孔性金属有機構造体

図7 (S)−BINOL の 4,4′,6,6′−位に長さの異なるカルボキシル基を持つキラル配位子

diene (10) とベンズアルデヒドの Diels−Alder 反応に対して活性な MOF 触媒が得られ，中程度のエナンチオ選択性（～ 55% ee）で Diels−Alder 付加生成物（11）を与える（図8）。

## 2.3　キラルな金属錯体をビルディングブロックに用いるホモキラル MOF の合成と不斉触媒反応

Hupp[13]らは Mn（サレン）錯体（12）ベースのキラル MOF を触媒に用いて 2,2−ジメチル−2H−クロメート（13）の不斉エポキシ化反応を行い，エポキシ化合物 (R,R)−14 を転化率 82%，光学純度 92%

ee で得た（図9）。一般に均一系ヤコブセン触媒は数分間で触媒活性を失うが，MOF ベースの不均一系ヤコブセン触媒は数時間にわたり活性を維持する。これは，触媒中心のサレン配位子の酸化が MOF 空間により妨げられるためと考えられる。

Cui[14]らは，Fe（サレン）錯体（15）ベースのホモキラル MOF がスルフィドからスルホキシドへの不斉酸化のための不均一触媒として有効であることを見出した（図10）。例えば，フェニルイソプロピルスルホキシドの 2−ヨードシル−1,3,5−トリメチルシクロヘキサンによる不斉酸化では，3 時間後に (R)−体のスルホキシド（16）が光学純度 60% ee，化学

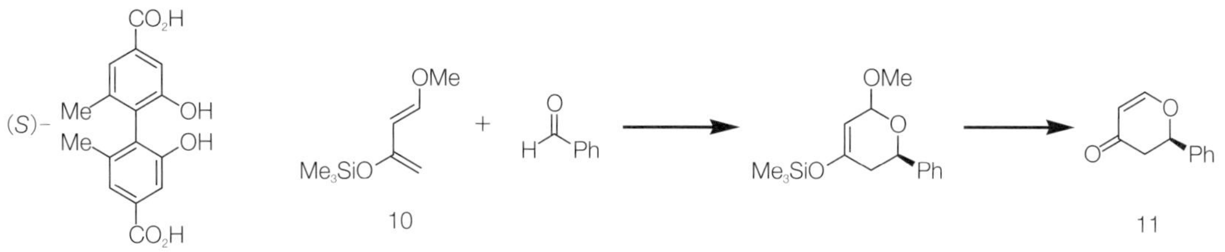

図8　キラル配位子 (9) の構造と Danishefsky's diene の不斉 Diels−Alder 反応

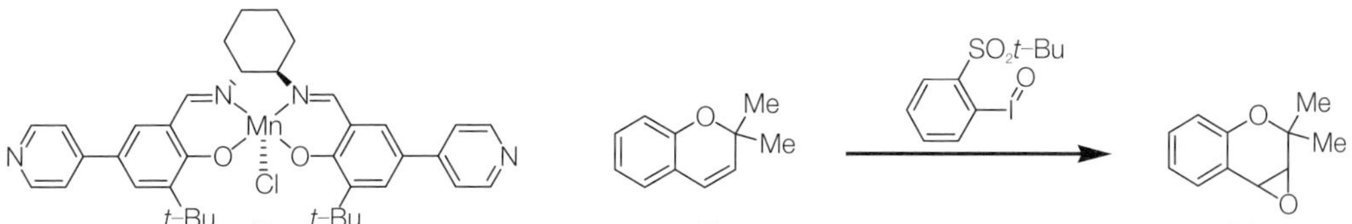

図9　MOF ベースの不均一系ヤコブセン触媒による不斉エポキシ化反応

− 157 −

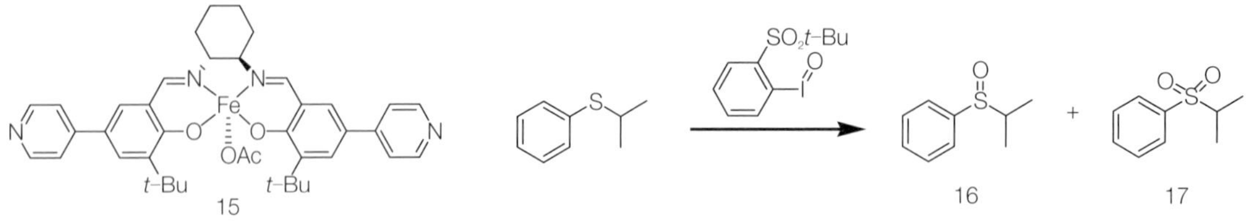

第2章 金属錯体系（MOF類）

図10 Fe（サレン）錯体ベースのホモキラル MOF 触媒によるスルフィドの不斉酸化

選択性 95% で生成した。30 時間反応後には，(R)-16 が光学純度 96% ee，化学選択性 27% で得られた。これは，一旦生成したスルホキシド（16）がスルホン（17）へ酸化される際に速度論的光学分割が進行するためと考えられる。

## 2.4 キラルテンプレートを用いるホモキラル MOF の合成と不斉触媒反応

Duan[15]らは，キラルテンプレート（18）の存在下，アキラル配位子（19）と Ce(NO_3)_2 のソルボサーマル反応によりルイス酸触媒機能を有するホモキラル MOF（Ce-MDIP）を得た。興味深いことに，この MOF 触媒を用いた芳香族アルデヒドの不斉シアノシリル化反応は，高い転化率（>95%）と優れたエナンチオ選択性（>91% ee）でシアノシリル化生成物（20）を与える（図11）。

## 2.5 有機触媒サイトを持つホモキラル MOF の合成と不斉触媒反応

Lin[16]らは，ブレンステッド酸触媒サイトを含む

(R)-テトラカルボン酸（21）から構築されるホモキラル MOF が，インドールと N-ベンジリデンベンゼンスルホンアミドの不斉 Friedel-Crafts 反応の触媒として有用であり，(R)-22 が光学純度 44% ee で得られることを報告している（図12）。興味深いことに，同じ反応を 21 のメチルエステルを均一系触媒に用いて行うと，逆の立体化学の (S)-22 が 40% ee で生成する。

## 3 ホモキラル金属有機構造体によるエナンチオ選択的ゲスト吸着

Fedin[17]らは，(S)-乳酸（23），テレフタル酸（24）および硝酸亜鉛を DMF 中で加熱反応することでホモキラル MOF（25）（空孔サイズ：5×5 Å）を，(R)-マンデル酸（26），4,4'-ビフェニルジカルボン酸（27）および硝酸亜鉛を DMF 中で加熱反応することでホモキラル MOF（28）（空孔サイズ：4×14 Å）を，(R)-マンデル酸（26），2,6-ナフタレンジカルボン酸（29）および硝酸亜鉛を DMF 中で加熱反応

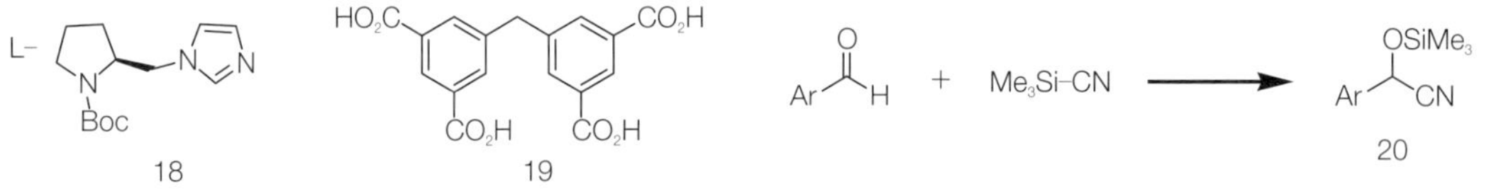

図11 ホモキラル MOF 触媒を用いた芳香族アルデヒドの不斉シアノシリル化反応

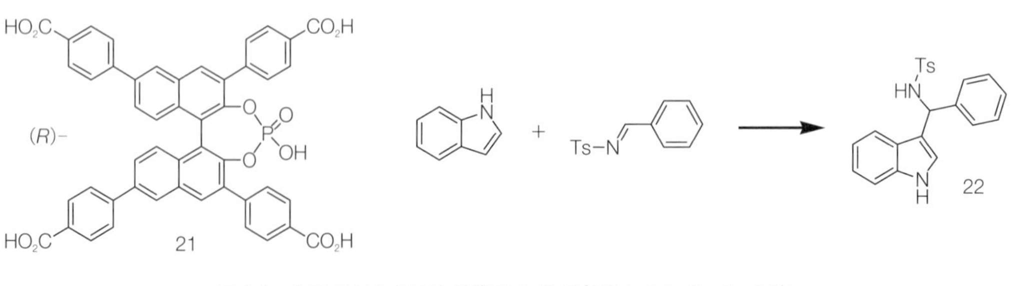

図12 ホモキラル MOF 触媒による不斉 Friedel-Crafts 反応

－ 158 －

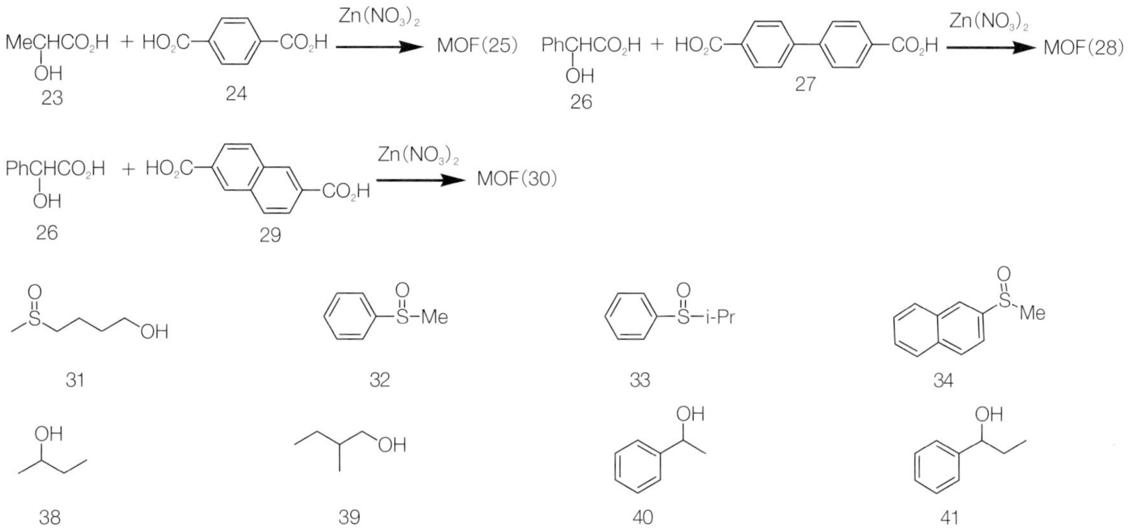

3節　ホモキラル多孔性金属有機構造体

MeCHCO₂H + HO₂C—⟨benzene⟩—CO₂H  →[Zn(NO₃)₂]  MOF(25)
 |
 OH
 23            24

PhCHCO₂H + HO₂C—⟨biphenyl⟩—CO₂H  →[Zn(NO₃)₂]  MOF(28)
 |
 OH
 26            27

PhCHCO₂H + HO₂C—⟨naphthalene⟩—CO₂H  →[Zn(NO₃)₂]  MOF(30)
 |
 OH
 26            29

31　　　　　32　　　　　33　　　　　34

38　　　　　39　　　　　40　　　　　41

**図13　(S)−乳酸およびマンデル酸を用いたホモキラル MOF の合成とゲスト分子の構造**

することでホモキラル MOF (30) (空孔サイズ：6 ×10 Å) をそれぞれ合成した (**図13**)。最も空孔サイズの小さいホモキラル MOF (25) は，立体的に小さいアルキルアリールスルホキシド (31, 32 および 33) をそれぞれ 20％ ee，60％ ee および 54％ ee で吸着するが，立体的に嵩高いメチル−2−ナフチルスルホキシド (34) は吸着しない。これに対して，大きな空孔サイズを持つホモキラル MOF (36 および 37) はメチル−2−ナフチルスルホキシド (34) をそれぞれ 27％ ee および 31％ ee で吸着する。一方で，アルコール類 (38 ～ 41) に対するエナンチオ選択性は低い (7 ～ 21％ ee)。

Cui[18] らは，キラルビフェニル配位子 (S)−42，DyCl₃·6H₂O および NaCl の混合物を DMF−AcOH 中で加熱することで，1.81×1.81 nm の空孔を持つ

ホモキラル MOF (43) を合成した (**図14**)。(S)−43 のマンデル酸エステル類 (44a ～ 44d) に対するエナンチオ選択的吸着能はそれぞれ 93.1％ ee，64.3％ ee，90.7％ ee，73.5％ ee であった。また，いずれの場合も D−エナンチオマーよりも L−エナンチオマーを選択的に吸着する。

Tanaka[19] らは，(R)−2,2′−ジメトキシ−1,1′−ビナフタレン−3,3′−ジカルボン酸 (45)，硝酸銅，ピリジンを DMF 中で反応させることにより，ホモキラル MOF (46) を合成した (**図15**)。MOF (46) は c 軸に沿って−[Cu(1)−(R)−45−Cu(2)−(R)−45]−ジグザグチェーン状の配位ネットワークにより直径 8.9 ～ 9.8 Å のチャンネル状空孔を形成する。ホモキラル MOF (46) の β−ラクタム類 (47a ～ 47d) に対する吸着のエナンチオ選択性はそれぞれ 10％ ee，

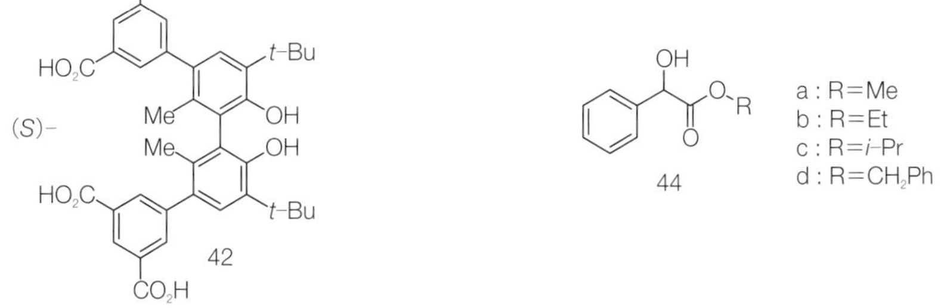

(S)−　42

44
 a : R=Me
 b : R=Et
 c : R=i-Pr
 d : R=CH₂Ph

**図14　ビフェニル配位子(42)とマンデル酸エステル類(44)の構造**

− 159 −

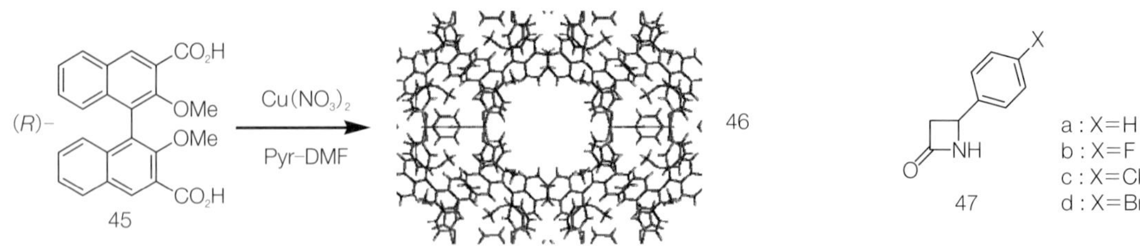

第2章　金属錯体系（MOF類）

図15　ホモキラル MOF（46）の合成と β-ラクタム類（47）の構造

29% ee, 40% ee および 26% ee であった。

## 4　ホモキラル金属有機構造体をキラル固定相に用いた HPLC による光学異性体分離

HPLC キラル固定相（CSPs）の最後の未開拓分野はホモキラル MOF をベースとするものであり，この分野の主要な研究は 2012 年に始まった。Tanaka[20]らは，剛直なキラルリンカーである (R)-2,2′-ジヒドロキシ-1,1′-ビナフタレン-6,6′-ジカルボン酸（56），硝酸銅，球状シリカゲル（7 μm）の混合物を DMF 中で加熱反応することにより (R)-MOF-silica 混合物を合成し，これをカラムに充填し MOF ベースのキラル HPLC カラムを調製した（図16）。このキラル MOF カラムを用いると，HPLC による各種の光学異性体（スルホキシド，第2級アルコール，β-ラクタム類，フラバノン類およびエポキシド）のエナンチオマー分離が効率よく行える。たとえば，メチルフェニルスルホキシド（57）は，溶離液（Hexane/EtOH＝50/50）を用いると分離係数 $\alpha = 4.40$ でベースライン分離できる。ベンゼン環の置換基の効果を調べた結果，o-異性体（58, $\alpha = 1.24$），m-異性体（59, $\alpha = 1.99$）に比べて p-異性体（60, $\alpha = 2.11$）が最も効率よく分離できることがわかった（図17）。また，多くの場合に R

体よりも S 体が先に溶出する。第2級アルコール（61）は極性の高い溶離液（Hexane/EtOH＝50/50）では全く分離できないが（$\alpha = 1.00$），極性の低い溶離液（Hexane/IPA＝99/1）を用いると効率よく分離できる（$\alpha = 1.95$）（図18）。β-ラクタム類の光学分割（溶離液：Hexane/EtOH＝50/50）においても，o-異性体（62, $\alpha = 1.42$），m-異性体（63, $\alpha = 2.03$）に比べて p-異性体（64, $\alpha = 5.01$）の分離効率が高い（図19）。その他，フラバノン（65）およびエポキシド（66）もそれぞれ，溶離液に Hexane/CH$_2$Cl$_2$＝10/90 および EtOH 100% を用いることでそれぞれ効率よくエナンチオマー分離が行える（図20）。

Yuan[21]らは，キラルテンプレート（L-ロイシン）の存在下，4,4′-ビフェニルカルボン酸と硝酸カドミウムを反応させることにより，ホモキラル MOF を合成し，3-ベンジルオキシ-1,2-プロパンジオール，1,1′-ビ-2-ナフトール，フロイン，フラバノン，トレーガー塩基等のエナンチオマー分離に適用しているが，カラム圧力が高い難点がある。また，D-ショウノウ酸，4,4′-ビピリジン，硝酸亜鉛を反応させて得られるホモキラル MOF を CSP に用いたカラムを用いるとより低いカラム圧力で上記のエナンチオマーを分離できることが報告されている[22]。

Tang[23]らは，L-ロイシンから誘導されるキラル配位子（67）と酢酸亜鉛を MeOH 水溶液中で反応させることにより，ホモキラル MOF（68）を合成し，

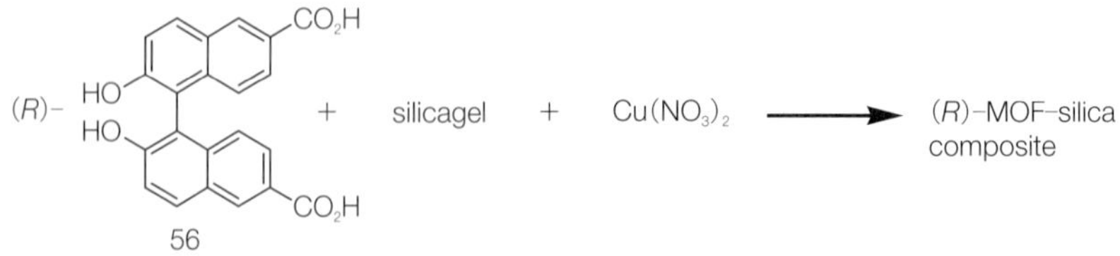

図16　(R)-BINOL-6,6′-ジカルボン酸を用いる (R)-MOF-silica の合成

－ 160 －

3節 ホモキラル多孔性金属有機構造体

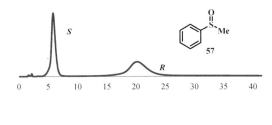
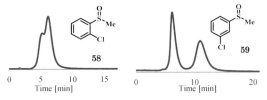
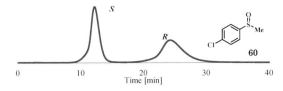

図17 (R)-MOF-silica 充填 HPLC カラムによるスルホキシド類のエナンチオマー分離

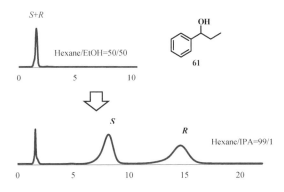

図18 (R)-MOF-silica 充填 HPLC カラムによる第2級アルコールのエナンチオマー分離

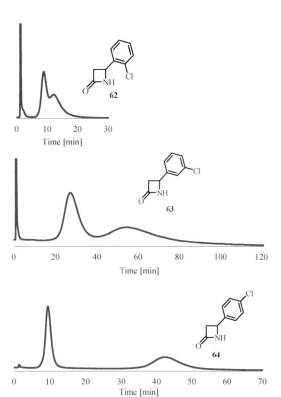

図19 (R)-MOF-silica 充填 HPLC カラムによるβ-ラクタム類のエナンチオマー分離

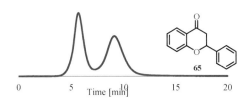
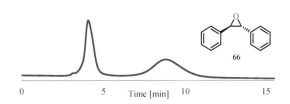

図20 (R)-MOF-silica 充填 HPLC カラムによるフラバノンとエポキシドのエナンチオマー分離

1-フェニルエチルアミン，ベンゾイン，1-フェニル-1-プロパノール，イブプロフェンのエナンチオマー分離に用いた（図21）。MOF（68）は一次元らせん状の直径 9.8 Å のオープンチャネルを有しており，このサイズよりも小さい動的分子径（MKD）を持つラセミ分子は効率よく分離できることが明らかにされた。たとえば，イブプロフェン（69）の MKD は 7.4 Å であり MOF 空孔の 9.8 Å より十分小さく，ベースライン分離された。これに対して，MKD が 9.7 Å のナプロキセン（70）は全く分離できない。

Cui[24]らは，キラル配位子 (S)-42 と塩化マンガンを DMF-H$_2$O 中で加熱することにより，1.0～1.5 nm のオープンチャネルを持つホモキラル MOF

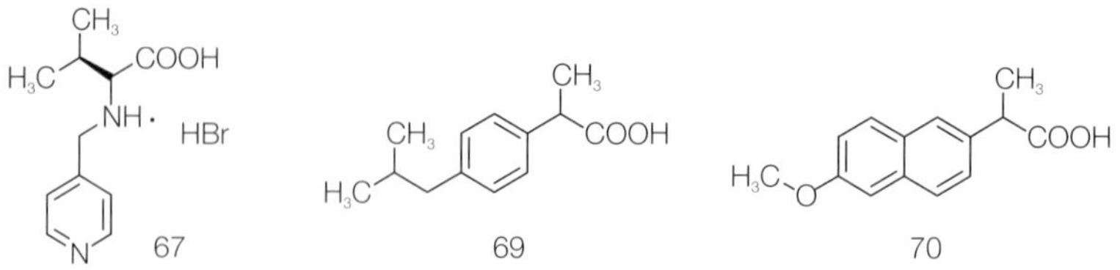

第2章　金属錯体系（MOF類）

図21　L-ロイシンから誘導されるキラル配位子（67）とキラル薬剤分子（69，70）の構造

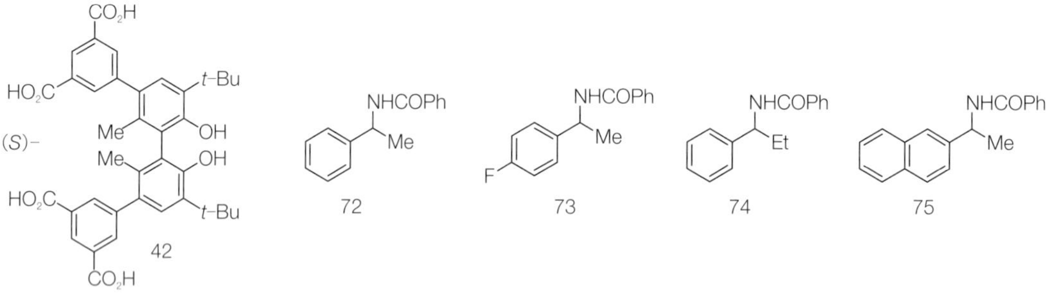

図22　キラル配位子（S）-42と N-ベンゾイルフェニルエチルアミン誘導体（72 ～ 75）の構造

（71）を合成した（図22）。71をCSPに用いてN-
ベンゾイルフェニルエチルアミン誘導体（72 ～ 75）
のエナンチオマー分離を行った結果，それぞれ分離
係数 $\alpha$ ＝1.4，1.2，1.3，1.2で分離できることが明
らかにされた。

■引用・参照文献■

1) L. Ma, C. Abney and W. Lin : *Chem. Soc. Rev.*, **38**, 1248
　(2009).
2) A. Corma, H. Garcia and F. X. Llabres i Xamena : *Chem.
　Rev.*, **110**, 4606 (2010).
3) M. Yoon, R. Srirambalaji and K. Kim : *Chem. Rev.*, **112**,
　1196 (2012).
4) J. Liu, L. Chen, H. Cui, J. Zhang, L. Zhang and C. Su :
　*Chem. Soc. Rev.*, **43**, 6011 (2014).
5) J. Li, J. Sculley and H. Zhou : *Chem. Rev.*, **112**, 869 (2012).
6) P. Peluso, V. Mamane and S. Cossu : *J. Chromatogr. A.*,
　**1363**, 11 (2014).
7) K. Tanaka, S. Oda and M. Shiro : *Chem. Commun.*, 820
　(2008).
8) S. Regati, Y. He, M. Thimmaiah, P. Li, S. Xiang, B. Chen
　and J. Zhao : *Chem. Commun.*, **49**, 9836 (2013).
9) K. Tanaka, K. Otani : *New J. Chem.*, **34**, 2389 (2010) ; K.
　Tanaka, K. Otani, T. Murase, S. Nishihote and Z.

Urbanczyk-Lipkowska : *Bull, Chem. Soc. Jpn.*, **85**, 709
　(2012).
10) K. Tanaka, K. Kubo, K. Iida, K. Otani, T. Murase, D.
　Yanamoto and M. Shiro : *Asian J. Org. Chem.*, **2**, 1055
　(2013).
11) L. Ma, J. M. Falkowski, C. Abney and W. Lin : *Nat. Chem.*, **2**,
　838 (2010).
12) K. S. Jeong, Y. B. Go, S. M. Shin, S. J. Lee, J. Kim, O. M.
　Yaghi and N. Jeong : *Chem. Sci.*, **2**, 877 (2011).
13) F. Song, C. Wang and W. Lin : *Chem. Commun.*, **47**, 8256
　(2011).
14) Z. Yang, C. Zhu, Z. Li, Y. Liu, G. Liu and Y. Cui : *Chem.
　Commun.*, **50**, 8775 (2014).
15) D. Dang, P. Wu, C. He, Z. Xie and C. Duan : *J. Am. Chem.
　Soc.*, **132**, 14321 (2010).
16) M. Zheng, Y. Liu, C. Wang, S. Liu and W. Lin : *Chem. Sci.*, **3**,
　2623 (2012).
17) D. N. Dybtsev, M. P. Yutkin, D. G. Samsonenko, V. P. Fedin,
　A. L. Nuzhdin, A. A. Bezrukov, K. P. Bryliakov, E. P. Talsi,
　R. V. Belosludov, H. Mizuseki, Y. Kawazoe, O. S. Subbotin
　and V. R. Belosludov : *Chem. Eur. J.*, **16**, 10348 (2010).
18) Y. Peng, T. Gong and Y. Cui : *Chem. Commun.*, **49**, 8253
　(2013).
19) K. Tanaka, Y. Kikumoto, N. Hota and H. Takahashi : *New J.
　Chem.*, **38**, 880 (2014).
20) K. Tanaka, T. Muraoka, D. Hirayama and A. Ohnishi :
　*Chem. Commun.*, **48**, 8577 (2012).
21) M. Zhang, Z. Pu, X. Chen, X. Gong, A. Zhu and L. Yuan :

－ 162 －

*Chem. Commun.*, **49**, 5201(2013).

22) M. Zhang, X. Xue, J. Zhang, S. Xie, Y. Zhang and L. Yuan :
*Anal. Methods*, **6**, 341(2014).

23) X. Kuang, Y. Ma, H. Su, J. Zhang, Y. B. Dong and B. Tang :
*Anal. Chem.*, **86**, 1277(2014).

24) Y. Peng, T. Gong, K. Zhang, X. Liu, J. Jiang and Y. Cui :
*Nature Commun.*, **5**, 4406(2014).

〈田中　耕一〉

第2章　金属錯体系（MOF類）

## 4節 酸化還元活性 MOF
### ―選択的ガス吸着と物性制御―

## 1 緒　言

活性炭やゼオライト等の多孔性材料は、ガス分子や溶媒蒸気などの小物質を効率よく補足することができるため、脱臭剤や乾燥剤など、身の回りの多くの用途で使われている。また昨今の環境問題と関連し、水素（$H_2$）などのクリーンエネルギー燃料の貯蔵や、逆に、二酸化炭素（$CO_2$）や窒素酸化物（$NO_x$）、硫黄酸化物（$SO_x$）などの有害物質の選択的分離・除去を目的とした技術発展のために、優れた多孔性材料の開発がますます重要な課題となっている。これらの課題に対して近年、多孔性配位高分子（PCP）、金属有機骨格体（MOF）に注目が集まっていることは本章総論に詳述のとおりであるが、これらの捕捉分子への選択性発現の鍵の一つは、細孔をつくる多次元格子と捕捉される物質との相互作用の設計である。

PCP/MOF は金属イオンと有機配位子の複合体であるため、金属イオンサイトを分子（配位）結合サイトとして利用することも可能であるし、また、金属錯体の特性としての高い酸化還元能を付加することもできる（金属イオンサイトへの結合に付随して酸化還元が起こることもあるだろう）。このように、金属錯体をもとにした格子であるがゆえの化学的柔軟性（化学的なホスト・ゲスト相互作用）を利用できることが PCP/MOF の主要な利点である。このような化学的相互作用は格子の電子状態に摂動を与えるため、格子バンドの電子状態の変化に伴う電子輸送や格子の軌道の重なりを介したスピン相関などの物性を選択的分子吸着と協奏的に制御することも可能になる。これは、言い換えれば、固体状態で新しい物質に変換していることを意味し、新たな材料開発の方法としても注目される。

PCP/MOF のもう1つの利点として、骨格が柔軟であることが挙げられる。骨格の柔軟性を示す好例が、ガス吸着に伴ってその構造を変える現象であり、これはまるで吸着物質が細孔の入り口の扉（ゲート）を開けて孔の中へと入っていくようであり、"ゲート型吸着"と呼ばれている。ゲート型吸着は構造相転移を伴うため、温度変化に対する誘電変位を示す可能性がある。この構造転移はその MOF 固有の相転移エンタルピーによると予想されるが、ゲートの開閉と細孔の化学的性質を組み合わせることで、特定の物質のみにゲートを開く、すなわち望んだ物質のみを選択的に吸着する多孔性材料を開発することができる。それにより、吸着物質に依存した誘電応答を得ることもできるようになり、選択的ガス吸着/誘電応答/電子物性誘導の多様な現象を協奏的に制御することも視野に入ってくる。

特定の物質と骨格の間の相互作用、つまりホスト・ゲスト相互作用の導入にあたっては、PCP/MOF の格子設計が最大の問題である。ここでは PCP/MOF 設計における"酸化還元能の付加"に焦点をあて、大きく2つの方法について紹介する。第2項では構築素子上に存在する配位不飽和な金属サイト（オープンメタルサイト）を利用した例について、第3項では酸化還元活性部位（配位子）を持つ構築素子を利用した PCP/MOF について紹介する。一方、前述したように、ホスト骨格とガス分子間の電荷移動相互作用が強い系においては、吸着ガス分子はホスト骨格の電子状態に対する摂動と見なすことができる。したがって、電子的に活性な格子からなる PCP/MOF（強相関系 PCP/MOF）を設計することにより、吸着選択性の発現と同時に、ガス吸着をホスト骨格の誘電・電子輸送・磁気秩序といった物性の変化として取り出すことが可能になると期待される。第4項では、ガス吸着に伴う電気物性の変化について観測した例を紹介する。

― 164 ―

## 2 配位不飽和な金属サイトを利用したガス吸着選択性の発現

### 2.1 格子中への配位不飽和金属サイトの導入

配位不飽和な金属サイトは，そのルイス酸性や触媒活性に起因するさまざまな機能の宝庫である。われわれの生命活動を支えているのも，血液中のヘモグロビンの配位不飽和鉄サイトにおける可逆的な酸素分子の吸脱着である。配位不飽和な金属サイトを利用した"吸着選択性の発現"において重要なのは，金属と吸着分子間の親和性の高さ，あるいは配位結合の形成されやすさである。そこには電荷移動や電子移動が関係する場合も多く，金属イオンの酸化還元能や電子移動後の分子保持の安定性などが設計段階の重要な観点になってくる。ヘモグロビンの例のように，酸素は比較的吸着選択性の発現を狙いやすい分子であり，PCP/MOFにおいても，配位不飽和な金属サイトと酸素の親和性を利用した，特異的な吸着選択性の発現例が報告されている。また，NOやCOといった配位能を持つ気体分子と配位不飽和金属サイトの間にも強い相互作用が働くと考えられる。

配位不飽和金属サイトは比較的配位活性の高い部位であるから，合成直後のPCP/MOFにおいては，合成溶媒の配位等によって配位飽和の状態となっていることがほとんどであるが，これを加熱・真空引き等の手法によって脱溶媒・活性化することで，配位不飽和金属サイトを備えたPCP/MOFが得られる。このようなPCP/MOFとしては，最もよく知られたPCP/MOFの一つ，$[Cu_3(BTC)_2(H_2O)_3]$（HKUST-1, $BTC^{3-}$ = benzene-1,3,5-tricarboxylate）が挙げられる[1]。本化合物は，4つのカルボン酸塩の架橋構造によって形成される水車型（あるいは，ランタン型）銅二核（II, II）ユニットが，三座の架橋配位子であるBTCによって連結された立方晶系の三次元格子を有しており，水車構造の軸位には水が配位している。この配位水を加熱真空引きにより取り除くことで，軸位に配位サイトを持つ骨格，$[Cu_3(BTC)_2]$が得られる（図1）。水分子が脱離することで，銅の配位環境変化に伴い，ライトブルーからコバルトブルーへ色彩の変化が見られる。しかし注目すべきは，$Cu^{II}$上に空きサイトが生まれたにも関わらず，この化合物で酸素の特異的な吸着は観測されないことである。これは，配位不飽和金属サイトの提供とともに，配位後の電荷移動による安定化が重要であることを示唆している。

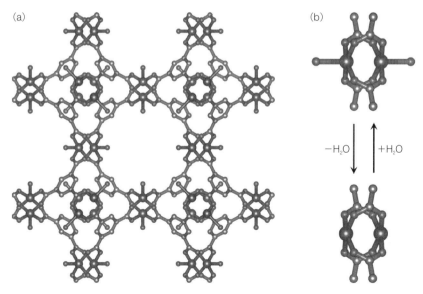

図1 $[Cu_3(BTC)_2(H_2O)_3]$の結晶構造(a)と水車型$Cu_2$ユニットにおける配位水の脱離に伴う配位不飽和金属サイトの生成の概略図(b)

## 2.2 配位不飽和金属サイトでの電荷移動による小分子安定化

Long らは，前述の [$Cu_3(BTC)_2$] における中心金属を $Cu^{II}$ から酸素との活性の高い $Cr^{II}$ に換えることで，室温での選択的な酸素吸着を実現した（図2）[2]。$Cr^{II}$ からなる化合物が酸素に対して不安定であることはよく知られているが，本系では，配位不飽和な $Cr^{II}$ サイトを MOF 中に組み込むことにより，$Cr^{II}$ サイト上での酸素の電荷移動による安定化と可逆的な吸脱着を実現している（50℃で加熱真空引きすることにより，酸素は脱離する）。赤外吸収スペクトルや X 線吸収スペクトルの結果から，$Cr^{II}$ から酸素分子への部分的な電荷移動が起きていることが明らかとなっているが，必ずしも過酸化物付加体（$C^{III}$-$O_2^{2-}$）が形成されているわけではないことが示唆されている。

Long らは，不飽和配位サイトを有する $Fe^{II}$ を含む PCP/MOF においても，酸素の吸着選択性が観測される事を報告した[3]。ヘモグロビン中の $Fe^{II}$ ポルフィリン誘導体部位で見られるように，しばしば配位不飽和サイトを持つ $Fe^{II}$ 錯体は酸素分子の配位に対して電荷移動による安定化をもたらす。[$Fe_2$(dobdc)]（MOF-74 or CPO-27, $dobdc^{4-}$ = 2,5-dioxido-1,4-benzenedicarboxylate）は大きな一次元チャンネルを持つハニカム構造体である（図3）。ハニカム骨格の頂点に鉄-酸素クラスターが位置しており，それぞれの鉄周りの配位環境は，合成直後には溶媒であるメタノール，あるいは DMF が配位した六配位八面体となっているが，加熱真空処理により配位溶媒は除去され，空きサイトが現れる。鉄-酸素クラスターは稜共有により螺旋状の一次元ロッドを形成しており，そのロッド同士が dobdc により架橋されることで，配位不飽和鉄サイトが高密度に露出した，一次元チャンネルを形成している。本化合物は低温において，可逆的な酸素選択吸着性（1つの Fe に対して1分子の酸素）を示すが（図3），これもまた，酸素分子と配位不飽和鉄サイト間の部分的な電荷移動に基づいていることが，粉末中性子線回折による構造解析の結果によって支持されている。一方で，本化合物は室温においても非常に強い酸素吸着能を示し，2つの Fe で1分子の酸素を吸着する（図3b の酸素分子吸着量を参照）。この状態は，鉄から酸素分子への完全な電荷移動，つまり安定な過酸化物付加体（($Fe^{III})_2$-$O_2^{2-}$）の形成に基づく

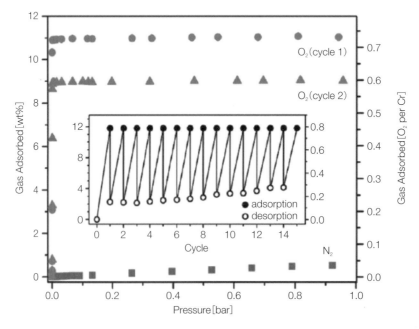

**図2** [$Cr_3(BTC)_2$] における $O_2$ と $N_2$ についての吸着等温線測定結果（298 K）
挿入図は酸素吸脱着におけるサイクル特性（文献2）より引用）

4節 酸化還元活性MOF ―選択的ガス吸着と物性制御―

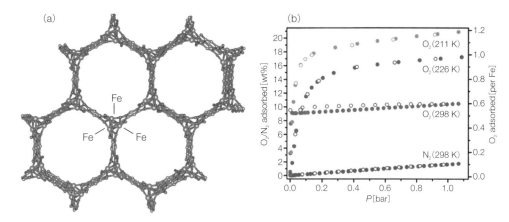

図3 [Fe₂(dobdc)] (MOF-74 or CPO-27) の結晶構造 (a) と O₂ と N₂ についての吸着等温線測定結果 (b) (口絵参照)
(文献3) より引用)

不可逆な過程によるものと確認された。本系では211Kという，従来に比べ高い温度で良好なN₂/O₂分離能を示すことが明らかにされたが，一方で，工業応用のためには，室温で可逆的に吸脱着稼働する方がより望ましいため，過酸化物付加体の形成を抑制するような設計が必要になってくる。いずれにしても，配位不飽和な鉄サイトをPCP/MOF中に生成させることで効果的に酸素分子を活性化することが可能となっており，今後触媒反応への応用などが期待される。

### 2.3 配位と同期した構造変化に基づく選択的CO吸着

以上の2例はいずれも配位不飽和金属サイトと吸着分子間の親和性を利用したものであるため，吸着分子数は金属上の空きサイト数によって制限されてしまい，PCP/MOFの持つ広い細孔表面積の利点がいきにくい。この点を克服するためには，第1項で述べたように，分子吸着に基づく骨格変化との協奏現象 (シナジー効果) を利用する方法が有効であろう。すなわち，ホスト分子と格子の特異的親和性に基づくゲート開閉を誘導する方法であり，金属サイトとの配位親和性やホスト・ゲスト相互作用などがゲート開閉の「鍵」となる。

以下に紹介する例は，上記のような配位不飽和金属サイトにおける (厳密な) 物質固定ではないが，吸着分子の選択的配位 (「鍵」である) とそれに伴い引き起こされる構造変化 (「ゲート開閉」である) が

吸着選択能の発現によく働いている例として紹介する。北川らによって報告された [Cu(aip)(H₂O)] (aip²⁻ = azidoisophthalate) は，水車型銅二核 (Ⅱ, Ⅱ) ユニットが，イソフタル酸で架橋されたカゴメ型二次元平面骨格を有する集積体であり，前出のHKUST-1と同様に，銅二核ユニットの軸位には水が配位している (図4a)。二次元平面同士は同位相で重なり合っており，平面とは垂直方向に大小2種類の一次元チャンネルが存在し，カゴメ型骨格を形成している[4]。加熱真空引きにより軸位の溶媒を除去すると，Cu Ⅱ 上の空サイトに隣接する二次元平面中のイソフタル酸の酸素分子が配位する。その結果，平面ネットワークの垂直方向に一次元鎖ネットワークを形成することによって三次元骨格を形成する (図4b)。

脱溶媒によって引き起こされた構造変化により，細孔体積は大きく減少し，またチャンネルの開口径の狭窄も起こるため，結果として本化合物はN₂に対してあまりよい吸着能を示さない。しかしながら，N₂と大きさも類似した二原子分子であるのにもかかわらず，COに対しては，ゲートオープン型で急激な吸着量の増加が観測された (図5)。

粉末X線結晶構造解析，および赤外吸収スペクトル測定の結果から，吸着量がジャンプする圧力を境にして，水車型銅二核ユニットの軸位にCOの配位が起こり，脱溶媒前の結晶構造に類似した構造へと変化していることが明らかとなっている。吸着量の増加は，COの配位によって引き起こされた結晶

第2章 金属錯体系(MOF類)

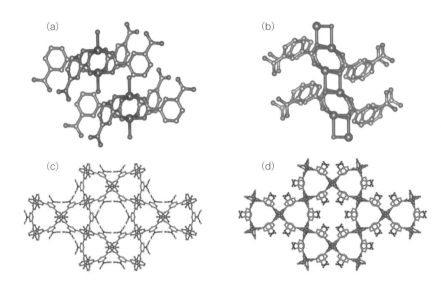

図4 カゴメ型二次元平面集積体[Cu(aip)]の合成直後(a, c)と脱溶媒相(b, d)におけるCu周りの配位構造および集積構造

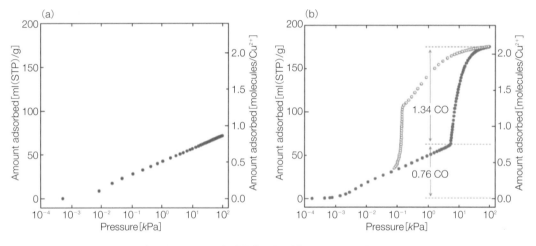

図5 カゴメ型二次元平面集積体[Cu(aip)]における吸着等温線測定結果
120KにおけるN₂(左図)およびCO(右図)の吸着等温線(文献4)より引用)

構造変化により,細孔の形状が多量のガス吸着に有利な形状となったことに起因する.なお,Cu$^{II}$イオンはCOの結合でも電荷はそのまま維持されていると考えられ,そのため,可逆的な吸脱着が起こっているのである(通常,COはCu$^{I}$との間であれば強固な結合を形成することが知られているが,Cu$^{II}$との結合は初めてである).一方で,N₂はCu$^{II}$に対する配位能が弱すぎるために結晶構造変化を誘起することができない.なお,本化合物では,COとN₂の混合ガスから効果的にCOを濃縮できることも見出されている.

## 3 酸化還元活性な構築素子からなるPCP/MOFの設計とガス吸着制御

### 3.1 酸化還元活性構築素子を用いる

前項では,配位不飽和金属サイトと吸着分子の配位結合形成に基づく吸着選択性についての例を紹介

したが,吸着分子との電荷移動相互作用を担うのは,必ずしも金属サイトである必要はない。PCP/MOFでは,もう一方の構築要素である有機配位子をもとに,骨格に電子受容的な,あるいは電子供与的な性質を付与することが可能であり,設計性は金属原子以上に多彩である。また,本稿では扱わないが,酸化還元能を持つPCP/MOFは,その細孔内部を反応場として利用することも可能であり,その細孔形状,大きさと反応性を活かして細孔内部に金属ナノ微粒子を生成させて,水素吸蔵能を高めたという報告などもある[5]。

## 3.2 TCNQを構築素子に用いた集積体における選択的 $O_2$, NO吸着

北川らは,電子受容体として著名な分子であるTCNQ (7,7,8,8-tetracyano-$p$-quinodimethan) を構築素子としたPCP/MOF, [Zn(TCNQ)(bpy)]・$n$solv (bpy=4,4′-bipyridyl) を報告している[6)7)]。TCNQは2−のジアニオン状態をとっており,骨格は電子供与的な性質を帯びていると考えられる。本化合物は脱溶媒に際して骨格の崩壊が誘起されるため,ガス吸蔵能の検討は行われていないが,溶媒に浸漬することで,細孔中の結晶溶媒を置換することが可能である。取り込まれた溶媒分子の電子供与性・求引性に応じて結晶の色には変化が見られ,骨格のTCNQ分子と結晶溶媒の間に電荷移動相互作用が働いていることが示唆されている。一方,$Zn^{II}$とTCNQの組み合わせでは,反応条件を変えることで二量化したTCNQを構築素子とする集積体,[Zn(TCNQ-TCNQ)(bpy)]も得られる[8)−10)]。この集積体は,$CO_2$, $C_2H_2$, Ar, $N_2$, COといったガス分子に対してはほとんど吸蔵能を示さないものの,$O_2$とNOに対してのみ,ゲートオープン型の急激な吸増量の増加(ゲート吸着)を示す(図6)。

本系において $O_2$ とNOに対してのみゲートの開閉を起こす要素は何なのであろうか。仮に四重極モーメントの大きさ,あるいは分極率の大きさが重要だとすれば,$CO_2$や$C_2H_2$に対して優先的にゲートオープンすると期待される。また,双極子モーメントが重要だとすれば,NOだけでなく,COに対してもゲートは開いてよいはずであり,また,$O_2$に対してゲートが開いた理由を説明できない。$O_2$とNOに共通している性質としては,電子親和力の大きさが挙げられる。$O_2$とNOの一電子還元に必要なエネルギー(分子軌道計算(MP2/6-311+$G^*$) による[10)])は,それぞれ4.1, 32.1 kJ mol$^{-1}$であり,$C_2H_2$やCOの172.0, 185.8 kJ mol$^{-1}$に比べてかなり低い値である。また,$O_2$雰囲気下におけるラマン

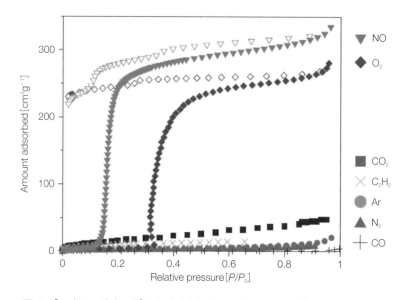

**図6 [Zn(TCNQ)(bpy)]における各種ガスの吸着等温線測定結果**(口絵参照)
測定温度は以下の通り。NO:121 K, $O_2$:77 K, $CO_2$:193 K, $C_2H_2$:193 K, Ar:87 K, $N_2$:77 K, CO:77 K(文献10)より引用)

第2章　金属錯体系（MOF類）

スペクトルでは，細孔内の酸素の二重結合に対応する振動ピークの低端数シフトが観測された。これらの事実は，吸着された $O_2$ 分子が骨格から電子供与的な相互作用を受けていることを示している。すなわち，高い電子供与性を持つ集積体骨格と，高い電子受容性を持つゲスト分子の組み合わせにおいてのみ，吸着能が発現しており，ホスト（格子の有機架橋基部分）とゲストの電荷移動相互作用が構造変化を誘起する鍵となっていることが示された。

## 3.3　水車型 Ru 二核（Ⅱ, Ⅱ）錯体を構築素子とする集積体の選択的 NO 吸着

水車型二核金属錯体ユニットは，これまでの例でも出てきたとおり，軸位にさまざまな配位子を配位させることが可能であるため，二座の直線型構築素子（配位受容体）として機能する。すなわち，その軸位に末端配位子として溶媒分子などを配位させ，孔中に位置させれば，その溶媒配位子の置換により軸位をガス分子の配位サイトに使用することができる。この格子設計法が前述の例にあたる。一方で，軸位配位子を架橋可能な配位子（架橋配位子）とした場合，架橋部位数や形状を考慮することによって，さまざまな形状，次元性を持つ集積体の合成が可能である[11)12)]。カルボン酸塩架橋の水車型錯体について，その中心金属をルテニウムとした場合では，金属－金属結合の形成により，中性の $[Ru_2^{Ⅱ,Ⅱ}]$ （S=1）と，一電子酸化されたカチオン性の $[Ru_2^{Ⅱ,Ⅲ}]^+$ （S=3/2）の二つがほぼ同構造の安定な状態として単離でき，また，そのどちらも高多重度の不対電子を持つ常磁性体である点が最大の特徴である（**図7**）[13)]。不対電子は，$[Ru_2^{Ⅱ,Ⅱ}]$ と $[Ru_2^{Ⅱ,Ⅲ}]^+$ でそれぞれ Ru－Ru 結合の $(\pi^*)^2$ と $(\pi^*)^2(\delta^*)^1$ にあり，両者とも $\pi^*$ 軌道に不対電子を持っている。そのため，TCNQ や DCNQI （$N,N'$-dicyanoquinodiimine）等のラジカル塩などの不対スピンを持ちうる $\pi$ 性有機配位子と組み合わせることで，長距離磁気秩序[14)-19)]や温度・圧力誘起による中性－イオン性転移[20)21)]など，興味深い物理現象を示す系が数多く見いだされてきた[22)]。中性状態とカチオン性状態の間の酸化還元電位（$[Ru_2^{Ⅱ,Ⅱ}]/[Ru_2^{Ⅱ,Ⅲ}]^+$ 間の $E_{1/2}$）は，ルテニウムを架橋しているカルボン酸塩の化学修飾により，幅広い電位にわたって細かく制御が可能である（例えば，カルボン酸塩の置換により $-228$ mV（$[Ru_2(o-$

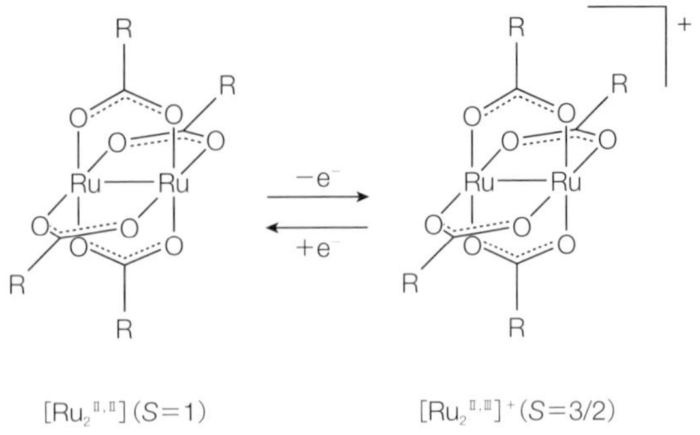

**図7　カルボン酸塩架橋水車型ルテニウム二核錯体の模式図**

OMePhCO$_2$)$_4$(THF)$_2$]）から $+688$ mV（$[Ru_2(CF_3CO_2)_4$ (THF)$_2$]）（テトラヒドロフラン中，vs. Ag/Ag$^+$）まで変えることができる）[23)-25)]。したがって，水車型ルテニウム二核ユニット（以下 $[Ru_2]$ ユニットと略す）は，酸化還元活性な PCP/MOF の構築素子としても非常に有用である。

筆者らは $[Ru_2^{Ⅱ,Ⅱ}]$ ユニットと直線二座の架橋配位子，フェナジンからなる一次元鎖状化合物 $[Ru_2(p-FPhCO_2)_4(phz)]$（$p$-FPhCO$_2^-$ = $para$-fluorobenzoate；phz = phenazine）のガス吸蔵特性について報告した[26)]。水車型二核金属錯体からなる一次元鎖状化合物のガス吸蔵特性はこれ以前にも，酸化還元不活性な $[Cu_2]$ や $[Rh_2]$ ユニットを用いて精力的に研究されてきており[27)-29)]，本研究でも比較のために $[Rh_2(p-FPhCO_2)_4(phz)]$ 一次元鎖についても検討を行った。その結果，$[Ru_2]$ 一次元鎖でのみ $CO_2$ に対する特異的なゲートオープン吸着が見られたものの，$O_2$ や NO の吸着等温線は $N_2$ の吸着等温線と比較しても異常は見られず，$[Ru_2]$ と $[Rh_2]$ 一次元鎖で比較しても，両者の吸着特性に，酸化還元能による違いは見られなかった。$[Ru_2]$ 鎖と $[Rh_2]$ 鎖における $CO_2$ に対する吸着能の違いは，鎖間の相互作用による構造変化のしやすさ（$[Ru_2]>[Rh_2]$）が原因であると推測され，本化合物において，$O_2$ や NO に対する特異的な吸着特性が観測されなかったのは，骨格の電子供与性が十分でなかったからであると結論づけた。

そこで，電子供与性を高めるため，架橋安息香酸塩上に電子供与性の置換基であるメトキシ基を導入した $[Ru_2]$ ユニットを用いて，同様な一次元鎖

－ 170 －

([Ru$_2$(4-Cl-2-OMePhCO$_2$)$_4$(phz)] (4-Cl-2-OMePhCO$_2^-$ = 4-chloro-2-methylbenzoate)) が合成された[30]。また，比較のために前回同様，[Rh$_2$]一次元鎖，[Rh$_2$(4-Cl-2-OMePhCO$_2$)$_4$(phz)] についても検討された。ちなみに，合成に用いた [Ru$_2$] ユニット [Ru$_2$(4-Cl-2-OMePhCO$_2$)$_4$(THF)$_2$] の酸化還元電位は $-131$ mV (in THF, vs. Ag/Ag$^+$) であり，その前の報告で用いられていた [Ru$_2$(p-FPhCO$_2$)$_4$(THF)$_2$] の酸化還元電位 ($-39$ mV in THF, vs. Ag/Ag$^+$) に比べてかなり電子供与性が高くなっているはずである。合成された一次元鎖は井桁構造をとってパッキングしており，中心金属の種類に関わらず，同構造をとっていた（図8a）。鎖間には鎖方向にそった一次元チャンネルに結晶溶媒としてジクロロメタン分子が取り込まれており（図8a），加熱真空引きで除去可能であったが，脱溶媒の前後では構造の変化が起こり，脱溶媒相では細孔はほぼ消失していた（図8b）。

しかしながら，本化合物は [Ru$_2$] 鎖，[Rh$_2$] 鎖ともにゲート型吸着を起こし，特に，両化合物ともにNOに対して二段階のゲートオープン挙動を伴って特異的な吸着挙動を示している。両化合物とも低圧領域では二核ユニットあたり4 mol 程度のNOを吸着したが，最終的な吸着量は，95 kPa にて [Ru$_2$] 鎖は 8.4 mol，[Rh$_2$] 鎖は 6.1 mol と明確な違いが現れている（図9）。また [Ru$_2$] 鎖に吸着されたNOの

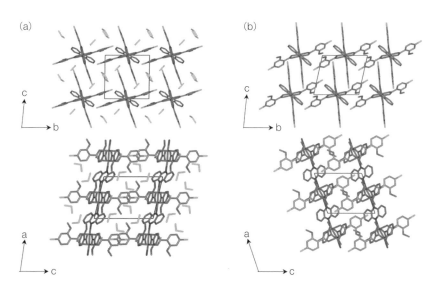

図8 [Ru$_2$(4-Cl-2-OMePhCO$_2$)$_4$(phz)]一次元鎖状錯体の合成直後(a)と脱溶媒相(b)の結晶構造

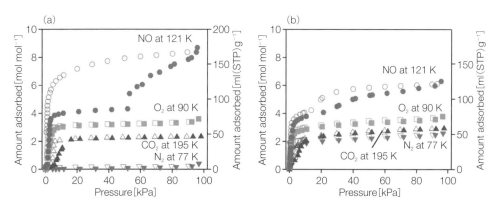

図9 [Ru$_2$(4-Cl-2-OMePhCO$_2$)$_4$(phz)] (a) および [Rh$_2$(4-Cl-2-OMePhCO$_2$)$_4$(phz)] (b) 一次元鎖化合物の吸着等温線測定結果

第2章 金属錯体系（MOF類）

一部は121 Kで減圧下（〜100 Pa）においても放出されずにいることから，[Ru₂]鎖の方がより強くNO分子と相互作用していることが示唆された。吸着されたNOの電子状態について，圧力制御されたNO雰囲気下での赤外吸収スペクトル測定により検討を行ったところ，NO伸縮振動の低エネルギーシフトが観測され，吸着されたNOが骨格から電子供与的な相互作用を受けていることが明らかとなった。吸着されたNOは，露出したフェナジンのπ平面を通じて骨格と相互作用していると考えられ，[M₂]ユニットからフェナジンのpπ*軌道へのπ電子逆供与により安定化されていると推測される。[Ru₂]ユニットと[Rh₂]ユニットのπ電子の供与性の差は，最終的なNO吸着量の差として現れている。なお，化学的なホスト・ゲスト相互作用による吸脱着に関しては，[M₂]ユニットの酸化還元電位に加えて，細孔の形状（電子リッチなサイトの近傍にゲスト分子が近づけるか）も重要な要素である[31]。

## 4 ガス吸着を摂動とするホスト骨格の物性制御

### 4.1 物性制御を目指した多孔性格子の設計

単に，"ゲスト分子の吸着によるPCP/MOF骨格の物性制御"で話を一括りにするならば，それは決して目新しい概念ではなく，水や溶媒分子の吸着に伴う磁気特性の変化やプロトン伝導度の増加などについてはすでに多くの報告がある。しかしながら，特に沸点の十分に低い，一般に"ガス"と呼ばれる分子の吸着に伴うホスト骨格の物性制御となると，これまでほとんど報告例はなかった。これは，吸着ガス分子とPCP/MOF骨格の間の相互作用が一般に強いものではないことを示唆している。加えて，現在精力的に研究されているPCP/MOFの化学では，主に無機ゼオライトなどのように，ゲスト分子を取り込む細孔の設計に重点が置かれ，（細孔を持ちつつ）物性を引き出す格子の設計，例えば，格子の軌道バンド設計や磁気相関設計については，ほとんど目を向けられてこなかったことも背景にある。もし，特定の吸着分子とそのような活性なホスト骨格との間の相互作用が強ければ，その吸着分子に対する特異的な吸着特性が発現する可能性がある。

一方で吸着分子と"相関格子"の間に働く電子的相互作用は，"相関格子"側の視点で見れば電子的摂動にほかならず，強い相互作用（例えば，電子フィリング制御や電子移動）は，格子の物性（電子輸送や磁気秩序）そのものにも影響を与えると考えられる。したがって，第1項でも述べたとおり，ホスト骨格とガス分子の電子的な相互作用に基づくガス吸着選択性の発現と，ホスト骨格の物性制御の間には密接な関係があると考えられる。

以上の観点から，ここまで紹介してきたPCP/MOFはいずれもガス吸着に伴い，興味深い物性変化を示すことが期待される。ここでは，筆者らのグループにおいて見出された[Ru₂]－フェナジン一次元鎖化合物のガス吸着に伴う誘電応答，ならびに電気伝導度の増加現象について紹介する[32]。

### 4.2 ゲートオープン型吸着に同期した誘電応答

筆者らは前出の一次元鎖状錯体，[Ru₂(4-Cl-2-OMePhCO₂)₄(phz)]をペレット形成し，誘電率の温度依存性測定を行った。ガス圧力を100 kPa（1気圧）に固定し，ガスの種類を変化させた結果を図10aに示す。それぞれのガス種に応じて，異なる温度で誘電率実部（$\varepsilon'$）の値が急激に減少していることが見出された。このような誘電率の変化は，同様の吸着挙動を示す[Rh₂(4-Cl-2-OMePhCO₂)₄(phz)]一次元鎖でも観測されたが，ガス吸蔵能を示さない化合物では観測されなかった。つまり，誘電率の減少が起こる温度において，物質に構造変化が起こり，ゲートオープン吸着が開始している事を示している。

続いて図10bに，ガス雰囲気をCO₂に固定し，その圧力を変化させた時の誘電率の温度依存性測定の結果を示す。CO₂の圧力に応じてゲートオープン温度の変化が見られるが，この変化はClausius－Clapeyronの関係式（$d(\ln P)/d(1/T) = \Delta H/R$，$\Delta H$：ゲートオープン時の構造変化に要するエンタルピー，$R$：気体定数）にしたがった変化を示しており，物質とガス種に固有の転移エンタルピーを決定することができる。これにより，ガス圧力によるゲートオープン温度の精密制御が可能となり，協奏的に誘電応答として情報を取り出すことが可能となる。ゲートオープン吸着に伴う結晶構造の変化は小さな物であるが，その変化を電気信号として取り出すことにより，少量の試料から，化合物のガス吸着挙動

– 172 –

4節 酸化還元活性 MOF —選択的ガス吸着と物性制御—

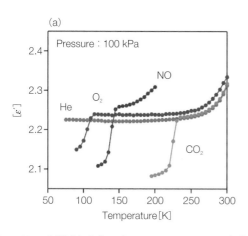
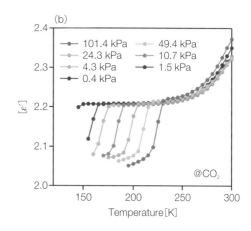

図10 ペレット形成した[Ru$_2$(4-Cl-2-OMePhCO$_2$)$_4$(phz)]一次元鎖化合物における誘電率実部($\varepsilon'$)の温度依存性（口絵参照）
圧力一定(100 kPa)でガスの種類を変えた場合(a)と CO$_2$ 雰囲気下でガス圧を変化させた場合(b)（交流電場：0.1 kHz）

に関する情報を得ることができ，本手法は，吸着等温線測定などのほかの測定法に比べると，迅速・簡便な点に特徴がある。また，本手法は，ゲート型吸着を起こす物質に対して広範に適用可能であり，ゲート開閉の挙動の違いが誘電応答に直接関わるため，ゲート型吸着の詳細を調べるには極めて有効な手段であると考えられる。

### 4.3 NO雰囲気下における交流電気伝導度の増大

ペレット形成した[Ru$_2$(4-Cl-2-OMePhCO$_2$)$_4$(phz)]のインピーダンス測定の結果，並びにフィッティングから求められた交流電気伝導度の温度依存

性(Arrheniusプロット)を図11に示す。本化合物では，同じ温度における電気伝導度を比較すると，NO雰囲気下においてのみ，ほかのガス雰囲気下に比べて1000倍程度の電気伝導度の増大が起こっていることがわかった。本現象は，酸化還元不活性な[Rh$_2$(4-Cl-2-OMePhCO$_2$)$_4$(phz)]一次元鎖においては観測されなかったことから，酸化還元活性な[Ru$_2$]一次元鎖と，高い電子受容性を持つ気体分子であるNOとの間の電荷移動相互作用が，電気伝導度増大の原動力であると考えられる。また，誘電率変化の結果と合わせると明らかなように，電気伝導度の増大はゲートオープンとは無関係の温度領域ですでに発現している。また，ガス吸着能を持たない

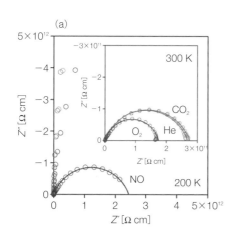
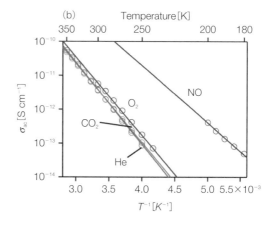

図11 ペレット形成した[Ru$_2$(4-Cl-2-OMePhCO$_2$)$_4$(phz)]一次元鎖化合物における 200 K での Nyquist プロット（挿入図：300 K での Nyquist プロット）(a)と交流電気伝導度($\sigma_{ac}$)の Arrhenius プロット(b)

第2章　金属錯体系（MOF類）

[Ru$_2$]一次元鎖においても電気伝導度の増加が観測されている。

　以上の結果から，NO分子は結晶表面，すなわち粒界表面を通して格子と電子的な相互作用をしており，この相互作用がホスト骨格の伝導バンドに対する摂動となることで，伝導度の増加を引き起こしていると考えられる。このように，本測定法は，電子的なホスト骨格とガス分子間の相互作用を電気的にとらえるには極めて便利であり，また，このようなPCP/MOFを利用することで，将来的に化学的な刺激により駆動する電子デバイスをつくることも可能になろう。

## 5　結　語

　本稿では，ゲスト分子に誘起される格子の"酸化還元特性"に焦点をあてたPCP/MOFという観点から，ガス分子の選択的吸着とそれにより誘起されるホスト骨格の物性変調について概説した。両者は一見すると接点がないように思われるが，"酸化還元"という電子的摂動が鍵であることを考えれば，両者の目指す設計指針には共通項が多く，むしろ，格子の設計面から言えば，両者は相補的なものである。ホスト・ゲストの電荷移動や酸化還元反応は，ホストの活性サイトとゲスト分子のHOMO/LUMOエネルギー準位の調整，および反応圏の提供が重要な要素となる。それらがほどよく合致すれば，電荷移動を起こしてホスト・ゲスト間のクーロン引力を誘起するため，直接ガス吸着能の"選択性"の呼び水となる。

　一方，格子の軌道バンドの設計が前提となるが，ガス分子の孔内導入による格子の電荷移動誘起は，電子フィリング制御の新しい手段となるに違いない。また，ホスト・ゲスト間の電子移動や両者間のフロンティア軌道の創成は，スピンの発生やスピン間の強力な磁気的相互作用の形成を誘起するため，磁気的制御にも極めて有効な手段である。本稿でも触れたが，ゲート開閉やゲスト誘起の構造変位，構造部位の秩序・無秩序変位などは骨格の誘電率の変化をもたらす。細孔に異方性を組み込めば，強誘電性を発現するプラットフォームになるかもしれない。

　"ガス吸着による物性制御"については，本稿ではガス雰囲気下における交流電場応答（誘電率と交流電気伝導度）のみの紹介にとどめたが，この分野はまだまだ未開拓の領域が多い。たとえば，常磁性の気体分子（O$_2$，NO）と強磁性PCP/MOFとの磁気的相関や，極性気体分子（NO，CO）とPCP/MOFによる強誘電発生といったガス吸着と物性制御の協奏的な組み合わせが挙げられ，PCP/MOF化学の中で今後ますます注目される研究領域である。

### ■引用・参考文献■

1) S. S.-Y. Chui, S. M.-F. Lo, J. P. H. Charmant, A. G. Orpen and I. D. Williams : *Science*, **283**, 1148(1999).

2) L. J. Murray, M. Dinca, J. Yano, S. Chavan, S. Bordiga, C. M. Brown and J. R. Long : *J. Am. Chem. Soc.*, **132**, 7856(2010).

3) E. D. Bloch, L. J. Murray, W. L. Queen, S. Chavan, S. N. Maximoff, J. P. Bigi, R. Krishna, V. K. Peterson, F. Grandjean, G. J. Long, B. Smit, S. Bordiga, C. M. Brown and J. R. Long : *J. Am. Chem. Soc.*, **133**, 14814(2011).

4) H. Sato, W. Kosaka, R. Matsuda, A. Hori, Y. Hijikata, R. V. Belosludov, S. Sakaki, M. Takata and S. Kitagawa : *Science*, **343**, 167(2014).

5) Y. E. Cheon and M. P. Suh : *Angew. Chem. Int. Ed.*, **48**, 2899 (2009).

6) S. Shimomura, R. Matsuda, T. Tsujino, T. Kawamura and S. Kitagawa : *J. Am. Chem. Soc.*, **128**, 16416(2006).

7) S. Shimomura, N. Yanai, R. Matsuda and S. Kitagawa : *Inorg. Chem.*, **50**, 172(2011).

8) S. Shimomura, S. Horike, R. Matsuda and S. Kitagawa : *J. Am. Chem. Soc.*, **129**, 10990(2007).

9) S. Shimomura, R. Matsuda and S. Kitagawa : *Chem. Mater.*, **22**, 4129(2010).

10) S. Shimomura, M. Higuchi, R. Matsuda, K. Yoneda, Y. Hijikata, Y. Kubota, Y. Mita, J. Kim, M. Takata and S. Kitagawa : *Nat. Chem.*, **2**, 633(2010).

11) M. A. S. Aquino : *Coord. Chem. Rev.*, **248**, 1025(2004).

12) M. Mikuriya, D. Yoshioka and M. Handa : *Coord. Chem. Rev.*, **250**, 2194(2006).

13) F. A. Cotton and R. A. Walton : Multiple Bonds Between Metal Atoms, 2nd ed., Oxford University Press, Oxford (1993).

14) H. Miyasaka, T. Izawa, N. Takahashi, M. Yamashita and K. R. Dunbar : *J. Am. Chem. Soc.*, **128**, 11358(2006).

15) H. Miyasaka, N. Motokawa, S. Matsunaga, M. Yamashita, K. Sugimoto, T. Mori, N. Toyota and K. R. Dunbar : *J. Am. Chem. Soc.*, **132**, 1532(2010).

16) N. Motokawa, H. Miyasaka, M. Yamashita and K. R. Dunbar : *Angew. Chem. Int. Ed.*, **47**, 7760(2008).

4節　酸化還元活性 MOF ─選択的ガス吸着と物性制御─

17) N. Motokawa, T. Oyama, S. Matsunaga, H. Miyasaka, M. Yamashita and K. R. Dunbar : *CrystEngComm*, **11**, 2121 (2009).

18) N. Motokawa, S. Matsunaga, S. Takaishi, H. Miyasaka, M. Yamashita and K. R. Dunbar : *J. Am. Chem. Soc.*, **132**, 11943 (2010).

19) H. Fukunaga and H. Miyasaka : *Angew. Chem. Int. Ed.*, **54**, 569 (2015).

20) H. Miyasaka, N. Motokawa, T. Chiyo, M. Takemura, M. Yamashita, H. Sagayama and T. Arima : *J. Am. Chem. Soc.*, **133**, 5338 (2011).

21) K. Nakabayashi and H. Miyasaka : *Chem. Eur. J.*, **20**, 5121 (2014).

22) H. Miyasaka : *Acc. Chem. Res.*, **46**, 248 (2013).

23) H. Miyasaka, N. Motokawa, R. Atsuumi, H. Kamo, Y. Asai and M. Yamashita : *Dalton Trans.*, **40**, 673 (2011).

24) W. Kosaka, M. Itoh and H. Miyasaka : *Dalton Trans.*, **44**, 8156 (2015).

25) W. Kosaka, T. Morita, T. Yokoyama, J. Zhang and H. Miyasaka : *Inorg. Chem.*, **54**, 1518 (2015).

26) W. Kosaka, K. Yamagishi, H. Yoshida, R. Matsuda, S. Kitagawa, M. Takata and H. Miyasaka : *Chem. Commun.*, **49**, 1594 (2013).

27) S. Takamizawa, E. Nakata, H. Yokoyama, K. Mochizuki and W. Mori : *Angew. Chem. Int. Ed.*, **42**, 4331 (2003).

28) S. Takamizawa, E. Nakata, T. Akatsuka, C. Kachi-Terajima and R. Miyake : *J. Am. Chem. Soc.*, **130**, 17882 (2008).

29) S. Takamizawa, E. Nakata, T. Akatsuka, R. Miyake, Y. Kakizaki, H. Takeuchi, G. Maruta and S. Takeda : *J. Am. Chem. Soc.*, **132**, 3783 (2010).

30) W. Kosaka, K. Yamagishi, A. Hori, H. Sato, R Matsuda, S. Kitagawa, M. Takata and H. Miyasaka : *J. Am. Chem. Soc.*, **135**, 18469 (2013).

31) W. Kosaka, K. Yamagishi, R. Matsuda, M. Takata and H. Miyasaka : *Chem. Lett.*, **43**, 890 (2014).

32) W. Kosaka, K. Yamagishi, J. Zhang and H. Miyasaka : *J. Am. Chem. Soc.*, **136**, 12304 (2014).

〈高坂　亘, 宮坂　等〉

第 2 章　金属錯体系(MOF 類)

# 5節　プロトン伝導性配位高分子

## 1 はじめに

### 1.1 プロトン伝導体とプロトン伝導機構

プロトン伝導体とは，プロトン（H$^+$）が電荷担体として物質中を伝播するイオン伝導体のことであり，多くの液体・固体がこれまでに報告されている。なかでも固体プロトン伝導体は，燃料電池の固体電解質として利用される有用な材料であることから，現在も盛んに研究が行われている。例として，固体高分子（例：Nafion®）[1]，固体酸（例：CsHSO$_4$）[2]，および不純物をドープした金属酸化物（例：SrCeO$_3$）[3]などが知られており，プロトン伝導度が最大となる温度・湿度などの最適条件が物質ごとにそれぞれ異なっている。例えば，固体高分子であるNafion® は常温〜80℃，高加湿下（〜100％相対湿度（Relative Humidity（RH）））において10$^{-2}$ S cm$^{-1}$以上の非常に高いプロトン伝導性を示すが，金属酸化物では800℃前後の高温が必要である。プロトン伝導体の電荷担体であるH$^+$は，表記上は電子をもたない原子核であるが，多くの場合水などの塩基性を有する分子と結合し，ヒドロニウムイオン（H$_3$O$^+$）やアンモニウムイオン（NH$_4^+$）などの化学種として系中に存在している。一般にイオン伝導度が10$^{-8}$ S cm$^{-1}$程度以上のものをイオン伝導体と呼ぶ。10$^{-4}$ S cm$^{-1}$以上のイオン伝導度を示すものは超イオン伝導体と呼ばれることがあり，そのため，10$^{-4}$ S cm$^{-1}$以上のプロトン伝導性を示す物質は，超プロトン伝導体と呼ばれることもある。

プロトン伝導体とその他のイオン伝導体とで大きく異なるのは，そのイオン伝導機構である。通常，イオン伝導体では，電荷担体であるイオン（例：Li$^+$，Na$^+$等）が物質中を拡散することによりイオンが移動する。しかし，プロトン伝導体の場合，水やイミダゾールなどのH$^+$の授受が可能な分子と上記の電荷担体とが共存すると，図1のように，隣接した分子間の水素結合を介して，分子間プロトンの移動と分子回転の連続によって，H$_3$O$^+$などのイオンが直接移動することなく，バトンリレーのようにH$^+$を遠くへ伝播することが可能となる。この伝導機構はGrotthuss機構と呼ばれ，プロトン伝導に特有のものである[4]。このとき，水のように，分子間の水素ネットワーク形成によりH$^+$の移動を助ける物質は伝導媒体（conducting media）と呼ばれる。Grotthuss機構に対し，前者のようなイオンの直接拡散による通常のイオン伝導は，H$^+$が他の分子に乗って移動している様から，Vehicle機構と呼ばれている[5]。イオン伝導体のイオン伝導度 $\sigma$（S cm$^{-1}$）は以下の式で与えられる。

$$\sigma = zen\mu$$

ここで，$z$ は移動種の電荷（H$^+$なら1），$e$ は素電荷，$n$ は単位体積中の移動種の数（電荷担体の濃度），$\mu$ は移動種の移動度を表す。Grotthuss機構によりH$^+$がほかのイオンより効率的に伝播され得ることは，水溶液中においてH$^+$がほかの陽イオンと比べ，10倍程度高い移動度（移動度 $\mu$（10$^{-8}$ m$^2$ s$^{-1}$ V$^{-1}$）：H$^+$ = 36.2，Li$^+$ = 4.0，Na$^+$ = 5.2）[6]を持つことから示されている。厳密には，水とH$^+$が共存する系では，水素結合ネットワークに沿ってH$^+$が同時に移動する図のような単純な機構とは若干異なり，H$^+$の隣

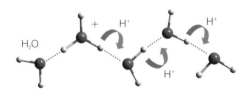

図1　Grotthuss 機構の概念図（H$_3$O$^+$ と H$_2$O の場合）

接サイトへの移動により $H_9O_4^+$ および $H_5O_2^+$ イオンが生成・消滅を繰り返すことによって $H^+$ が拡散していくという機構が提唱されているが，ここでは詳細は割愛する[7]。

上記のような特徴から，高いプロトン伝導性を有する物質には，高い電荷担体の濃度 $n$ と高い移動度 $\mu$ を併せ持つことが必要であると言える。前者は系中に解離性の酸（$H^+$）がどの程度存在するかに関係しており，後者は水素結合ネットワークなどが物質中に存在し，効率的なプロトン伝導経路が確保されているかどうかに関係する。例えば純水では，水素結合ネットワークを系中に多くもち，高い移動度 $\mu$ を有するが，$H^+$ の濃度 $n$ がきわめて低いため，$10^{-7}\,S\,cm^{-1}$ 程度のプロトン伝導性しか示さない。プロトン伝導の以上のような特徴から，固体においては，一般的に低温（室温領域）で高いプロトン伝導性を示す物質は酸や酸性基と，水などの水素結合ネットワークを形成し伝導を媒介する分子を同時に物質中に含有しているものがほとんどである。典型的な例として上記のNafion® があるが，Nafion® は強酸であるスルホン酸基（$-SO_3H$）を多量に有し，加湿下では水を吸着・内包し，図2に示すような水と解離した $H^+$ が共存するような構造を持っているとされている[7)8)]。

## 1.2 プロトン伝導度の測定

イオン伝導度は，交流インピーダンス法により測定することが可能であり，主に本稿で取り扱うプロトン伝導性配位高分子では，粉体成型ペレットまたは単結晶を用いた擬似四端子法により測定されている。交流インピーダンスの周波数依存を測定することにより，Nyquist図において，最も抵抗値の低い高周波成分をフィッティングすることにより，試料のバルク抵抗値を算出する。測定した抵抗値 $R$ の値から，イオン伝導度 $\sigma$ は下記の式を用いて算出される。

$$\sigma = \frac{1}{\rho} = \frac{L}{SR}$$

ここで $\rho$ は抵抗率，$L$ は試料の長さ，$S$ は試料の面積，$R$ は試料の抵抗値を表す。また，プロトン伝導体の場合，水の吸着量により伝導性が変化することが多いため，抵抗値の湿度依存性を測定することが

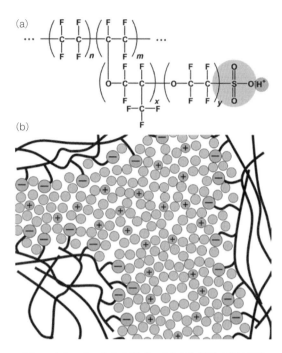

**図2** (a) Nafion® の化学式，(b) 水和構造の概念図[7]
（口絵参照）

ほとんどである。イオン伝導度 $\sigma$ と温度 $T$ との関係は，以下の式により表される。

$$\sigma T = \sigma_0 \exp\left(-\frac{E_a}{k_B T}\right)$$

ここで $\sigma_0$ は前指数因子，$k_B$ はボルツマン定数，$E_a$ はイオン伝導の活性化エネルギーを表す。$\ln(\sigma T)$ を $T^{-1}$ に対してプロットすることにより，その傾きの値からイオン伝導の活性化エネルギー $E_a$ を算出することができる。一般に 0.4 eV を下回る低い活性化エネルギーを持つ物質は，Grotthuss機構を介しているとされる物質がほとんどである。これは，すでに述べたGrotthuss機構において，水素結合間のプロトン移動に要するエネルギーが 0.11 eV 程度と低いことに起因しているとされる[4)9)]。

## 2 プロトン伝導性配位高分子

配位高分子は架橋有機配位子と金属イオンが交互に連なった無限構造を持つ錯体化合物であり，多孔性であることが多く，高い規則性や物質多様性を併せ持つ物質である。配位高分子を用いてプロトン伝

第 2 章　金属錯体系（MOF類）

導体を創製する研究の利点には主に以下2つが挙げられる。第一に，構造の可視化が容易であることである。一般に結晶性の高い配位高分子は，近年のX線結晶構造解析技術の進歩もあり，市販のX線回折装置を用いれば，簡単に新規物の構造を決定し，内部の水素結合ネットワークの様子などを可視化できる。そのため，構造とプロトン伝導性の関連を調べるのに大変有用である。第二に，構造の設計性が高く，伝導経路のデザインや，導入する酸性分子などを自在に選択できることである。これは新規なプロトン伝導体を開発するにあたり，大きな利点である。これらの特徴は配位高分子が，構造の規則性は高いが多様性に乏しい無機物と，構造の規則性は低いが多様性に富む有機高分子の特徴を折衷した，中間的な有機-無機ハイブリッド化合物の特徴を持っているためであると言える。配位高分子を用いたプロトン伝導体の研究は，1979年に神田らにより初めて報告されている[10]。図3に示すジチオオキサミド類縁体配位子と銅配位高分子を用いて，加湿下・室温で $2.2 \times 10^{-6}$ S cm$^{-1}$（27℃，100% RH）程度のプロトン伝導性を発現することが報告された。また，2003年には筆者らによって，ジチオオキサミド配位子を有する銅配位高分子におけるプロトン伝導性（〜$10^{-6}$ S cm$^{-1}$）が報告されている[11]。この例では，結晶性が低く，厳密な構造の決定には至っていなかったが，2009年に，筆者らを始めとして，北川進，George K. H. Shimizuのグループから結晶性のプロトン伝導性配位高分子が次々と報告されたのを境

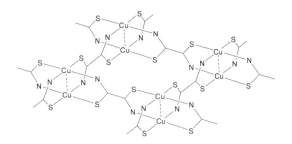

図3　ジチオオキサミド類縁体を配位子とした銅配位高分子骨格の概念図[10]

に，現在まで多くの研究者がさまざまな結晶性化合物を報告している。本稿では，近年のプロトン伝導性配位高分子の報告例について紹介する。

## 2.1　プロトン伝導性配位高分子の設計

高いプロトン伝導度を実現するには，電荷担体の高い濃度と高い移動度が必要である。端的には，より強い酸をたくさん細孔の中に配置し，水などの伝導媒体で細孔内を満たすとよい，と予測することができる。しかし，配位高分子は錯体化合物であり，電荷補償の関係から，単純に電荷担体であるH$^+$だけを細孔内に導入するということはできない。2009年に筆者らは，高プロトン伝導性配位高分子の合理的な設計指針を提案し，H$^+$を配位高分子の細孔内に導入する方法を図4に示すような3種類に分類し，提案している[12]。I型として，電荷担体である化学種（H$_3$O$^+$，NH$_4^+$）を対イオンとして細孔内に

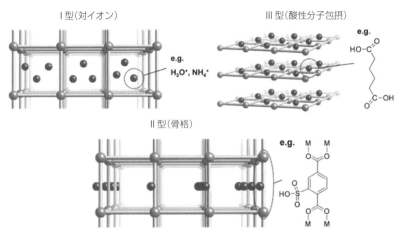

図4　酸性基を配位高分子に導入する手法[12]

導入する方法があり，例えば $H_3O^+$ の場合であれば，アニオン性の配位高分子骨格を用いる必要がある．次に，II 型として，$-COOH$ や $-SO_3H$ などの酸性基を骨格部分に配置する方法がある．この際，$H^+$ は酸性基の解離によって細孔内に供給される．最後に，III 型として，電気的に中性な酸性分子をそのまま細孔内に包接する方法があるとした．また，後述するように，イミダゾールなど，プロトン伝導性を示す物質を配位高分子の細孔内に包接することによっても高プロトン伝導性を発現することができることが報告されている．

## 2.2 シュウ酸架橋配位高分子のプロトン伝導性

2009 年以降，多くの結晶性プロトン伝導体が報告されているが，なかでもシュウ酸架橋骨格を用いた配位高分子はその報告数が多い．これは，シュウ酸架橋配位高分子が基本的にアニオン骨格であり，カチオンの電荷担体を取り込みやすい点や，シュウ酸配位子は対象性が高く，結晶性が高い新規配位高分子の合成に適していたことなどに起因している．以下にその報告例を紹介する．

2009 年に，図 5 に示すようなシュウ酸架橋一次元配位高分子 $Fe(ox)\cdot 2H_2O$ が，25℃高加湿下（98% RH）で $1.3\times 10^{-3}$ S cm$^{-1}$ のプロトン伝導性を示すことが報告された[13]．この物質は，$Fe^{2+}$ イオンとシュウ酸イオンが一次元鎖状に連なった化合物であり，$Fe^{2+}$ のエカトリアル位に 2 つのシュウ酸イオンが配位し，アキシアル位に 2 つ水分子が配位している．前述のように，水のみでは $H^+$ の濃度が低いため高いプロトン伝導性は示さないため，この化合物では，$Fe^{2+}$ のルイス酸性により配位水の酸性度が向上し，$H^+$ が多く生じていると考えられた．また，活性化エネルギーは 0.37 eV と比較的低く，一次元のカラム状に連なって水素結合している水カラムを伝って $H^+$ が伝導すると考えられた．

次に，シュウ酸架橋二次元配位高分子を用い，細孔内にカルボン酸とアンモニウムイオンを取り込んだ $(NH_4)_2[Zn_2(ox)_3]\cdot 3H_2O$（adp：アジピン酸，ox$^{2-}$：シュウ酸イオン）が報告された．この物質は 25℃加湿下（98% RH）において $0.8\times 10^{-2}$ S cm$^{-1}$ の高いプロトン伝導性を示す[12]．この化合物は，図 6 に示すような蜂の巣状のシュウ酸架橋二次元平面骨格から構成され，蜂の巣状の空孔内には直鎖状の酸性分子であるアジピン酸を垂直方向に包接している．骨格である $[Zn_2(ox)_3]^{2-}$ がアニオンであるため，カウンターイオンとして $NH_4^+$ イオンが存在し，アジピン酸の両末端の $-COOH$ 基イオン，$NH_4^+$ イオン，および層間に充填された $H_2O$ 分子が層間方向に水素結合ネットワーク構造を形成している．前述の分類によれば，カウンターイオンの含有と酸性分子の包接とで，I 型と III 型の両方の特徴を有している物質である．その構造から，伝導機構は層間部分に存在する水素結合ネットワークを用いた Grotthuss 機構であると考えられるが，活性化エネルギーは 0.63 eV と高い．これは，水素結合ネットワーク中に，水分子のディスオーダーサイトが存在し，水分子の直接的な移動が伝導機構に一部関与しているためではないかと予測されている．

また，この物質は湿度に応じて可逆に変化する無水物，二水和物，三水和物の 3 つの結晶相を持ち，水分子の含有量に応じて層間部分に存在する結晶性水素結合ネットワークの組み換えが起きることにより，プロトン伝導度が $10^{-12}$ ～ $10^{-2}$ S cm$^{-1}$ の範囲で変化することも報告されている[14]．さらに，同一の系において，同一の骨格構造を持つが水素結合ネットワーク中のアンモニウムイオンがカリウムイオンに置換された $K_2[adp][Zn_2(ox)_3]\cdot 3H_2O$ も報告されている[15]．この物質は，非水素結合性のカリウムイオンの導入によって，水素結合ネットワークが一部寸断されることにより，同一条件（25℃，98% RH）において伝導度は $1.2\times 10^{-4}$ S cm$^{-1}$ と 100 倍程度低い値を示す．これにより，アンモニウムイオンの存在は，水素結合形成やプロトン供与体として，高プ

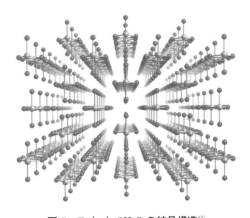

図 5　$Fe(ox)\cdot 2H_2O$ の結晶構造[13]

第2章 金属錯体系(MOF類)

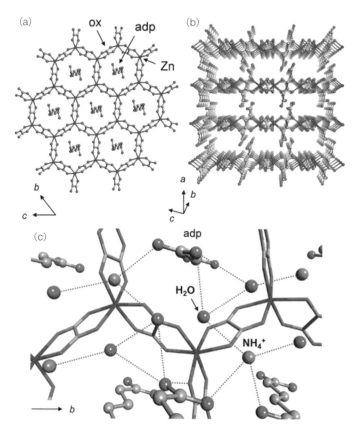

図6 $(NH_4)_2(adp)[Zn_2(ox)_3]\cdot 3H_2O$ の(a)蜂の巣状シュウ酸架橋骨格，(b)層状構造，(c)層間部分の水素結合ネットワーク[12]
(口絵参照)

ロトン伝導性の発現に重要な役割を担うことが明らかとなっている。

また，2009年に上記と同様の蜂の巣状シュウ酸架橋二次元配位高分子の骨格を用いて，図7に示すような，強磁性とプロトン伝導性が共存した配位高分子 $\{NH(prol)_3\}[M^{II}Cr^{III}(ox)_3]\cdot nH_2O$ (M = Mn, Fe, Co; $NH(prol)_3^+$ = Tri(3-hydroxypropyl) ammonium,) が報告されている[16]。これらの物質に用いられた混合原子価シュウ酸架橋二次元骨格 $[M^{II}Cr^{III}(ox)_3]^-$ は，1992年に大川らによって，分子磁性体

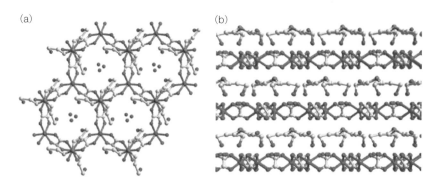

図7 $\{NH(prol)_3\}[M^{II}Cr^{III}(ox)_3]\cdot nH_2O$ の(a)蜂の巣状シュウ酸架橋骨格，(b)層状構造[16]

- 180 -

として報告されている[17]。シュウ酸イオンにより架橋されたCr[III]とM[II]からなる骨格部分は低温領域では，M=Mn化合物で5.5 K，M=Fe化合物で9.0 K，M=Coで10.0 Kにおいて強磁性秩序を示す。一方，細孔部分には親水性のカチオンであるNH(prol)$_3^+$と水分子が存在しており，加湿下において最大で1×10$^{-4}$ S cm$^{-1}$（25℃，75% RH）程度の高プロトン伝導性を示す。

2012年には，同一の混合原子価シュウ酸架橋二次元骨格を用いて，内部に包接されているカチオンをさまざまに変更することによって，低湿度においても高プロトン伝導性を発現する物質{NR$_3$(CH$_2$COOH)}[MCr(ox)$_3$]・$n$H$_2$O（R=Me, Et, Bu）が報告されている[18]。この物質は，前述の二次元化合物のカチオンを，より親水性と酸性度が高いものに変更したものである。水を伝導媒体として用いる場合，配位高分子もNafion®と同様，高湿度下でのみ高プロトン伝導性を示す。これは高湿度下で水分子が最大充填量になるためである。しかし，この化合物では，最大の親水性を持つR=Meのカチオンを用いた化合物では，65% RHの低湿度下においても10$^{-4}$ S cm$^{-1}$の高プロトン伝導性を示す。この低湿度における高プロトン伝導は，水吸着測定の結果より，細孔の親水性が非常に高く，～65% RHの低湿度においても組成式あたり6分子程度の多量の水を層間部分に内包することができるためである。さらに，2013年には，同一の骨格を用いて，骨格部分のCr[III]をFe[III]置換した混合原子価配位高分子{NEt$_3$(CH$_2$COOH)}[Fe[II]Fe[III](ox)$_3$]・2H$_2$Oが合成され，この化合物がN型フェリ磁性と高プロトン伝導性が共存する系であることも報告されている[19]。

2011年に，上記と同様に強磁性と高プロトン伝導性が共存するシュウ酸架橋配位高分子(NH$_4$)$_4$[MnCr$_2$(ox)$_6$]・4H$_2$OがM. Verdaguerらにより報告されている（$T_c$ = 3.0 K）[20]。この物質の骨格は前述の二次元骨格とは異なり，三次元のキラルな骨格を有している。また，図8に示すような一次元のチャネル状細孔を有し，高加湿下（22℃，96% RH）では1.1×10$^{-3}$ S cm$^{-1}$の高プロトン伝導性を示す。活性化エネルギーは0.23 eVと低く，空隙に存在するNH$_4^+$イオンとH$_2$Oによって，Grotthuss機構を介したプロトン伝導が発現していることが示唆されている。

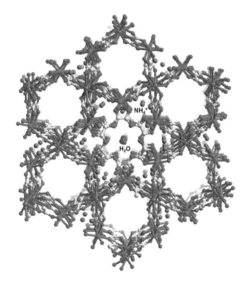

図8 (NH$_4$)$_4$[MnCr$_2$(ox)$_6$]・4H$_2$Oの一次元細孔構造および水分子の配置[20]（口絵参照）

## 2.3 さまざまな酸性基の導入とプロトン伝導性

強酸性基を有する物質を細孔内に導入し，水分子などの伝導媒体を充填すれば高プロトン伝導性が得られると予想されるため，可能な限り強い酸を配位高分子の細孔内に導入する試みが盛んに行われてきた。配位高分子は錯体化合物であり，ルイス酸である中心金属イオンと，ルイス塩基である配位子から成っており，強い酸や塩基による分解を受けやすいことが基本である。しかし，前述したカルボン酸を包接したIII型の配位高分子とは別に，いくつかの化合物では，骨格部分にさまざまな酸性基を配置したII型の特徴を持つプロトン伝導性配位高分子が報告されている。水溶液中での酸性基の酸性度 pKa は，Rの化学種により大きく異なるが，おおよそカルボン酸基 R-COOH で～4，リン酸基 R-PO$_3$H$_2$ で～2（第一解離），スルホン酸基 R-SO$_3$H で～-1程度であり，Nafion®などにも用いられる強酸である-SO$_3$Hを配位高分子中に導入することができれば，高プロトン伝導性の発現が期待される。そのため，スルホン酸基を配位高分子に導入する試みは以前から多くあったが，困難な課題であった。しかし近年では，スルホン酸基も配位高分子中に導入することが可能であることが示されており，プロトン伝導度もNafion®と同等に高い物質がすでに合成されている。以下にそれらの例を紹介する。

# 第2章 金属錯体系(MOF類)

2011年に,図9に示すMIL-53と呼ばれるCr$^{III}$と1,4-ベンゼンジカルボキシレートからなる配位高分子骨格[21]を用いて,骨格部分の1,4-ベンゼンジカルボキシレートにさまざまな酸性基を置換基として導入したⅡ型の特徴を持つ化合物M(OH)(bdc-R)(H$_2$O)$_n$(bdc=1,4-ベンゼンジカルボキシレート;R=H, NH$_2$, OH, (COOH)$_2$)のプロトン伝導性が報告されている。置換基の酸性度を変化させることで,同一骨格の化合物であっても,プロトン伝導性が$2.3\times10^{-8} \sim 2.0\times10^{-6}$ S cm$^{-1}$(25℃,98% RH)と広範囲で制御可能であることが示されている[22]。伝導度は-(COOH)$_2$>-OH>-H>-NH$_2$の順に高く,最も高い酸性度を有するR=(COOH)$_2$が最も高いプロトン伝導性を示し,最大で$0.7\times10^{-5}$ S cm$^{-1}$(80℃,98% RH)の伝導度を示す。活性化エネルギーは,R=(COOH)$_2$の化合物では0.21 eVと低く,Grotthuss機構を介した伝導であることが示唆されている。

2013年に,リン酸基を細孔内に有するプロトン伝導性配位高分子La(H$_5$L)(H$_2$O)$_4$(PCMOF-5;L=1,2,4,5-テトラホスホノメチルベンゼン)がG. K. H. Shimizuらにより報告された[23]。この化合物は,図10に示す骨格構造からなり,-PO$_3$H$^-$や-PO$_3^{2-}$のようにプロトンが脱離したものではなく,プロトンが脱離していないリン酸基-PO$_3$H$_2$を細孔内に有している。また,これらは金属イオンにも配位しておらず,非配位の-PO$_3$H$_2$基が細孔内に導入されている。一次元の細孔内には,-PO$_3$H$_2$基と水分子が存在し,両者から構成される水素結合ネットワークを介して,最大で$4\times10^{-3}$ S cm$^{-1}$(62℃,98% RH)の高プロトン伝導性を示す。活性化エネルギーは0.16 eVであり,報告されているプロトン伝導性配位高分子の中では最も低い値である。非常に高効率なプロトンの伝播がGrotthuss機構によって起きているとされている。

2015年に,UiO-66と呼ばれるジルコニウムイオ

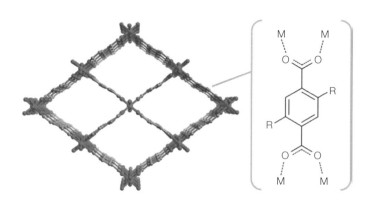

**図9** MIL-53の一次元細孔構造および置換基の配置[22]

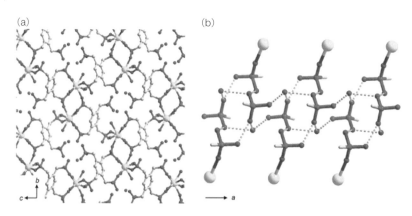

**図10** リン酸基を有するPCMOF-5の(a)結晶構造,(b)水素結合ネットワーク構造[23]

5節 プロトン伝導性配位高分子

ンと1,4-ベンゼンジカルボキシレート (bdc) からなる安定な配位高分子 $Zr_6O_4(OH)_4(bdc)_6$ の骨格を用い，図11に示すポストシンセシス法により，非配位のスルホン酸基 ($-SO_3H$) を細孔中に導入した配位高分子が C. S. Hong らにより報告された[24]。1,4-ベンゼンジカルボキシレートの側鎖に $-SH$ を有する 2,5-ジメルカプト-1,4-ベンゼンジカルボン酸を配位子として UiO-66 と同系の構造を持つ配位高分子を前駆体 UiO-66(SH)$_2$ として合成し，その後，配位高分子の構造を保持したまま，過酸化水素により細孔内のメルカプト基を酸化してスルホン酸基に変換した試料 UiO-66(SO$_3$H)$_2$ を合成している。スルホン酸を導入した UiO-66(SO$_3$H)$_2$ は，最大で $8.4\times10^{-2}$ S cm$^{-1}$ (80℃，90% RH) の伝導度を示し，現在報告されているプロトン伝導性配位高分子の中で，最も高いプロトン伝導度を有する。また，この値は市販の電解質である Nafion® と同等の値である。なお，スルホン酸化する前の前駆体である UiO-66(SH)$_2$ は $-SH$ の酸性度が低いことに起因して $2.5\times10^{-5}$ S cm$^{-1}$ (80℃，90% RH) のプロトン伝導性しか示さない。UiO-66(SO$_3$H)$_2$ の活性化エネルギーは 0.32 eV と低く，細孔内でスルホン酸の解離によって生じている $H_3O^+$ が隣接した $H_2O$ との水素結合を介して Grotthuss 機構により伝導していると考えられている。

骨格構造が同一ではないので一概には比較できないが，上記のように水分子および酸性度の異なる置換基が導入されたさまざまな配位高分子の伝導度は，概ね置換基の酸性度の序列 ($R-SO_3H > R-PO_3H_2 > R-COOH$) と相関しているように思われる。これは，前述したように，電荷担体である $H^+$ が系内に高い濃度で存在していることが，高プロトン伝導性の発現には重要であることを示唆している。

### 2.4 配位子欠損の導入による高プロトン伝導性

これまで述べた，酸や $R-SO_3H$ などの酸性基を配位高分子に導入するという方法とは異なる方法で高いプロトン伝導性を実現した例が，近年報告されている。2015年に筆者らは，前述の酸性基を持たない配位高分子である UiO-66 に，配位子の欠損を導入した配位高分子 $Zn_6O_4(OH)_{4+2x}(bdc)_{6-x}$ (x=0.3～1.4) を合成し，それらのプロトン伝導性を報告している[25]。UiO-66 は $Zr^{4+}$ と 1,4-ベンゼンジカルボキシレートからなる配位高分子であるが，金属イオンと配位子の原料比を変化させることや，酢酸やステアリン酸などのモノカルボン酸を原料に加えることによって，配位子の欠損の数 x を制御している。ジカルボン酸である架橋配位子 bdc が欠損すると，図12に示すように欠損箇所の細孔が拡張されるだけでなく，bdc 配位子と配位していない $Zr^{4+}$ イオンが開放金属部位として細孔中に露出する。$Zr^{4+}$ は非常に強いルイス酸として働くことが期待され，$H_2O$ が配位した場合，$Zr^{4+}-OH_2$ は $pK_a < 0.3$ の強酸として振る舞い，電荷担体である $H^+$ を供与することができると期待される。欠陥を導入していない UiO-66 は，$3.5\times10^{-7}$ S cm$^{-1}$ (25℃，90% RH) 程度であることが報告されているが[24]，欠陥を導入した UiO-66 を用いると，欠陥の数と細孔容積に応じて $10^{-5}$～$10^{-2}$ S cm$^{-1}$ の広範囲でプロトン伝導性

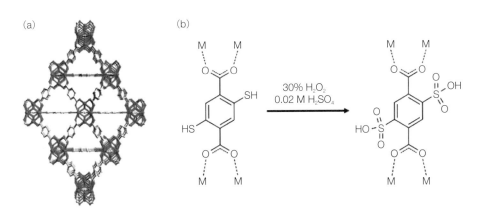

図11 (a) UiO-66 の結晶構造，(b) ポストシンセシス法による UiO-66 骨格へのスルホン酸基導入の概念図[24]

が制御可能であることが示された[25]。欠陥数 x = 1.0 の試料では最大で $6.9 \times 10^{-3}$ S cm$^{-1}$ (65℃, 95% RH) の高プロトン伝導性を示し、ルイス酸が加湿下において通常の酸と同様に、有用な H$^+$ の供与体として働くことが示された。活性化エネルギーは 0.2〜0.3 eV 程度と欠陥の数に関わらず低い値を示し、Zr$^{4+}$-OH$_2$ サイトから供与された H$^+$ が細孔中の水分子を介して Grotthuss 機構により伝導していると考えられている。

## 3 非水型プロトン伝導性配位高分子

水を伝導媒体として用いるプロトン伝導体は、水の含有量を増やし伝導度を増大させるために加湿する必要がある。また、水の沸点である 100℃ 以上では水が脱離するため高いプロトン伝導度を保つことができない。燃料電池電解質としての利用を考えた場合、燃料電池本体とは別に、加湿器の設置や、発電時の排熱除去のための冷却装置が必要となることから、無加湿・100℃ 以上においても高いプロトン伝導性を示すことができる非水型のプロトン伝導体の開発は重要である。非水系の伝導媒体として、イミダゾールやトリアゾールの分子を配位高分子の空の細孔内に導入して、高いプロトン伝導性の発現が可能であることが 2009 年に北川進、George K. H. Shimizu のグループによって報告されている。

2009 年に北川進らは、イミダゾール分子を、図13 に示す 2 つの異なる配位高分子 [Al($\mu$-OH)(1,4-ndc)] (1,4-ndc = 1,4-ナフタレンジカルボキシレート) および [Al($\mu$-OH)(1,4-bdc)] (1,4-bdc = 1,4-ベンゼンジカルボキシレート) にそれぞれ包接した化合物における高プロトン伝導性を報告している[26]。骨格となる配位高分子を合成し、いったん内部のゲスト分子を取り除いた後に、120℃ においてイミダゾール蒸気を吸着させることによって、細孔の内部にイミダゾールを導入している。骨格部分である [Al($\mu$-OH)(1,4-ndc)] と [Al($\mu$-OH)(1,4-bdc)] はそれぞれ一次元細孔を有しているが、[Al($\mu$-OH)(1,4-ndc)] では、ナフタレン部位の立体障害のため、3.0 × 3.0 Å$^2$ の小さな細孔と、7.7 × 7.7 Å$^2$ の大きな細孔の 2 種が存在し、イミダゾールはその分子サイズから、大きな細孔のみに吸着され得る。このため、イミダゾール吸着量は、[Al($\mu$-OH)(1,4-bdc)] 骨格の方が大きいが、イミダゾール導入後のプロトン伝導度は、[Al($\mu$-OH)(1,4-ndc)] の方が高く、最大で $2.2 \times 10^{-5}$ S cm$^{-1}$ (120℃, 0% RH) であり、[Al($\mu$-OH)(1,4-bdc)] の $1.0 \times 10^{-7}$ S cm$^{-1}$ (120℃, 0% RH) よりも高くなっている。このプロトン伝導度の差は、固体 $^2$H-NMR 測定の結果から、[Al($\mu$-OH)(1,4-ndc)] の細孔内に包接されたイミダゾール分子の方が、[Al($\mu$-OH)(1,4-bdc)] 内のイミダ

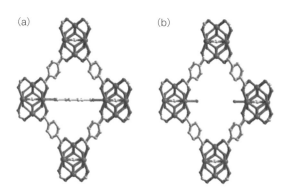

図12 (a) UiO-66 の細孔構造、(b) UiO-66 中の bdc 配位子欠陥 (OH$^-$ 欠陥)[25]

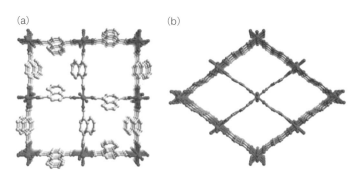

図13 (a) [Al($\mu$-OH)(1,4-ndc)]、(b) [Al($\mu$-OH)(1,4-bdc)] の細孔構造[26]

ゾール分子よりも運動性が高いことに起因しているとされている。

2009年にGeorge K. H. Shimizuらは，図14に示す2,4,6-トリヒドロキシ-1,3,5-ベンゼンスルホン酸を配位子とするナトリウム錯体β-PCMOF-2を報告した[27]。この錯体は一次元チャネル細孔を有しており，伝導媒体としてトリアゾール（=Tz）を導入した試料β-PCMOF-2(Tz)$_n$（$n$ = 0.3, 0.45, 0.6）が作製されている。この化合物は，トリアゾールを含まない場合，水分子を細孔内に含むため，30℃では$5.0 \times 10^{-6}$ S cm$^{-1}$程度のイオン伝導性を示すが，120℃において伝導度は$10^{-8}$ S cm$^{-1}$以下までイオン伝導性が低下する。一方で，トリアゾール導入を細孔内に導入した試料は，加熱によるイオン伝導度の低下は見られず，無加湿下・150℃において～$5 \times 10^{-4}$ S cm$^{-1}$の高プロトン伝導性を発現する。トリアゾール単体（固体）は無加湿下・100℃で～$10^{-6}$ S cm$^{-1}$程度のイオン伝導性であることから，トリアゾールが配位高分子の細孔中に存在することによって，より高いイオン伝導性が実現されている。また，H$_2$とD$_2$ガス中での伝導度測定の結果，H$_2$下でのイオン伝導度が1.5倍程度高いことから，プロトンが電荷担体であるとしている。さらに，実際にこの物質を電解質として用いた燃料電池（H$_2$, Pt | β-PCMOF-2(Tz)$_{0.45}$ | Pt, 空気）を作製し，100℃において1.18 Vの開回路電圧が長時間にわたり得られることを確かめている。

また，上記のように空の細孔内にプロトン伝導性を有するゲスト分子を包接するのではなく，骨格自体がプロトン伝導性を示す例も近年報告されている。2012年に，図15に示すリン酸二水素イオンと1,2,4-トリアゾール（=TzH）を配位子とする亜鉛配位高分子[Zn(H$_2$PO$_4$)$_2$(TzH)$_2$]$_n$のプロトン伝導性が北川進らにより報告された[28]。この配位高分子はZn$^{2+}$のエカトリアル位に配位した1,2,4-トリアゾールがZn$^{2+}$を架橋し，二次元層状骨格を有している。また，リン酸二水素イオン（H$_2$PO$_4^-$）はZn$^{2+}$のアキシアル位に配位しており，層間部分にはリン酸二水素イオンからなる水素結合ネットワークが存在しているが，前述のような非配位のゲスト分子を包接していない。この化合物は最大で$1.2 \times 10^{-4}$ S cm$^{-1}$（150℃・無加湿）を示す。また，単結晶を用いて層に対して平行方向と垂直方向の伝導度を評価している。平行方向では$1.1 \times 10^{-4}$ S cm$^{-1}$（130℃・無加湿）の高プロトン伝導性を示すが，垂直方向では$2.9 \times 10^{-6}$ S cm$^{-1}$（130℃・無加湿）と2桁程度低い伝導度しか示さず，結晶構造解析から予測されるように，水素結合ネットワークが存在する二次元層間方向に対して，効率的なプロトンの伝播が起こることが示されている。

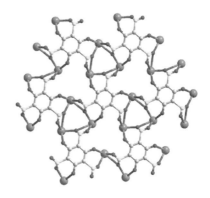

図14 β-PCMOF-2の細孔構造[27]

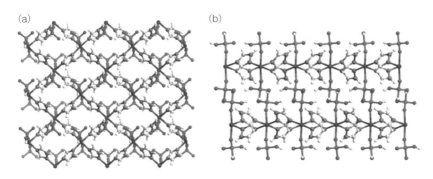

図15 [Zn(H$_2$PO$_4$)$_2$(TzH)$_2$]の(a)二次元骨格，(b)層状構造[28]

第 2 章　金属錯体系（MOF 類）

■引用・参考文献■

1) R. C. T. Slade, A. Hardwick and P. G. Dickens : *Solid State Ionics*, **9-10**, 1093 (1983).

2) B. C. Wood and N. Marzari : *Phys. Rev. B*, **76**, 134301 (2007).

3) H. Iwahara, T. Esaka, H. Uchida and N. Maeda : *Solid State Ionics*, **3-4**, 359 (1981).

4) N. Agmon : *Chem. Phys. Lett.*, **244**, 456 (1995).

5) K. D. Kreuer, A. Rabenau and W. Weppner : *Angew. Chem. Int. Ed.*, **21**, 208 (1982).

6) P. W. Atkins 著：アトキンス物理化学第 6 版, 東京化学同人, p.806.

7) K. D. Kreuer, S. J. Paddison, E. Spohr and M. Schuster : *Chem. Rev.*, **104**, 4637 (2004).

8) H. G. Haubold, T. V. H. Jungbluth and P. Hiller : *Electrochim. Acta*, **46**, 1559 (2001).

9) P. Ramaswamy, N. E. Wong and G. K. H. Shimizu : *Chem. Soc. Rev.*, **43**, 5913 (2014).

10) S. Kanda, K. Yamashita and K. Ohkawa : *Bull. Chem. Soc. Jpn.*, **52**, 3296 (1979).

11) H. Kitagawa, Y. Nagao, M. Fujishima, R. Ikeda and S. Kanda : *Inorg. Chem. Commun.*, **6**, 346 (2003).

12) M. Sadakiyo, T. Yamada and H. Kitagawa : *J. Am. Chem. Soc.*, **131**, 9906 (2009).

13) T. Yamada, M. Sadakiyo and H. Kitagawa : *J. Am. Chem. Soc.*, **131**, 3144 (2009).

14) M. Sadakiyo, T. Yamada, K. Honda, H. Matsui and H. Kitagawa : *J. Am. Chem. Soc.*, **136**, 7701 (2014).

15) M. Sadakiyo, T. Yamada and H. Kitagawa : *J. Am. Chem. Soc.*, **136**, 13166 (2014).

16) H. Ōkawa, A. Shigematsu, M. Sadakiyo, T. Miyagawa, K. Yoneda, M. Ohba and H. Kitagawa : *J. Am. Chem. Soc.*, **131**, 13516 (2009).

17) H. Ōkawa et al. : *J. Am. Chem. Soc.*, **114**, 6974 (1992).

18) M. Sadakiyo, H. Ōkawa, A. Shigematsu, M. Ohba, T. Yamada and H. Kitagawa : *J. Am. Chem. Soc.*, **134**, 5472 (2012).

19) H. Ōkawa, M. Sadakiyo, T. Yamada, M. Maesato and H. Kitagawa : *J. Am. Chem. Soc.*, **135**, 2256 (2013).

20) C. Train, M. Verdaguer et al. : *J. Am. Chem. Soc.*, **133**, 15328 (2011).

21) G. Férey et al. : *J. Am. Chem. Soc.*, **124**, 13519 (2002).

22) A. Shigematsu, T. Yamada and H. Kitagawa : *J. Am. Chem. Soc.*, **133**, 2034 (2011).

23) J. M. Taylor, K. W. Dawson and G. K. H. Shimizu : *J. Am. Chem. Soc.*, **135**, 1193 (2013).

24) C. S. Hong et al. : *Angew. Chem. Int. Ed.*, **54**, 1 (2015).

25) J. M. Taylor, S. Dekura, R. Ikeda and H. Kitagawa : *Chem. Mater.*, **27**, 2286 (2015).

26) S. Kitagawa et al. : *Nature Mater.*, **8**, 831 (2009).

27) G. K. H. Shimizu et al. : *Nature Chem.*, **1**, 705 (2009).

28) D. Umeyama, S. Horike, M. Inukai, T. Itakura and S. Kitagawa : *J. Am. Chem. Soc.*, **134**, 12780 (2012).

〈貞清　正彰，北川　宏〉

第2章 金属錯体系(MOF類)

## 6節 金属ナノ粒子＠配位高分子複合体

### 1 はじめに

配位高分子 (Coordination Polymer, CP[1] または Metal-Organic Framework, MOF[2]；本稿では MOF と略称) は，構造の多様性・多元性と優れた機能性 (多孔性・伝導性・磁性・光物性など) を有し，近年最も注目を集めている材料群の一つである[3)4]。本書で紹介されているように，多孔性 MOF は，金属イオンと架橋配位子の組み合わせによりさまざまな大きさ・形状・性質の細孔をナノレベルで設計・構築することができ，従来の多孔性材料では発現し得なかった特性が数多く見出されている。このような特性を利用して MOF は，ガス貯蔵・分離のほか，燃料電池をはじめとするエネルギー分野[5]や薬物送達システムなどのバイオ・医療分野[6]への応用研究も活発に展開されている。

MOF は，それ自身の特性に加えて，他の材料との複合化によって，さらに多様で高度な機能性が発現できる。これまで，金属ナノ粒子をはじめ，各種材料・物質と MOF との複合体が合成され (図 1)，その構造，機能と応用について研究が進められている[7)〜9]。特に，金属ナノ粒子＠MOF 複合体は，触媒としての応用が大変注目され，各種 MOF 複合体の中でも最も活発に研究されている[9]。本稿では，金属ナノ粒子＠MOF 複合体の合成と応用を中心に紹介する。

### 2 金属ナノ粒子＠MOF 複合体の合成

金属ナノ粒子＠MOF 複合体の合成には，液相浸潤法，気相浸潤法や鋳型合成法など，各種手法が開発されている[8]。

#### 2.1 液相浸潤法

液相浸潤法 (Solution infiltration method) は金属ナノ粒子＠MOF 複合体合成に最も用いられている手法である。一般的には，金属前駆体を含む溶液に脱溶媒処理を行った多孔性 MOF を接触させると，毛管力により金属前駆体は MOF の細孔に浸透し，その後 $H_2$ や $NaBH_4$ などを用いた還元によって，MOF の細孔中に金属ナノ粒子が形成される。通常の含浸法 (Impregnation method) は最も一般的に用いられる液相浸潤法であり，多くの金属ナノ粒子＠MOF 複合体がこれによって合成されている。

金属ナノ粒子＠MOF 複合体の中には，コア・シェル金属ナノ粒子と MOF との複合体も含まれている。これまで，コア・シェル金属ナノ粒子の合成は主に界面活性剤などの保護剤を用いた液相還元法によって行われていた。筆者らは，界面活性剤を用いない (Surfactant-free) コア・シェル金属ナノ粒子合成の珍しい例として，代表的な多孔性 MOF の一つである ZIF-8 ($Zn(MeIM)_2$, MeIM = 2-methyl-imidazole) を担体として用いて，Au@Ag/ZIF-8 複合体を合成した。この例では，異なる前駆体溶液への含浸と $NaBH_4$ を用いた還元を 2 回連続して行うことにより，コア・シェル構造を有する Au@Ag ナ

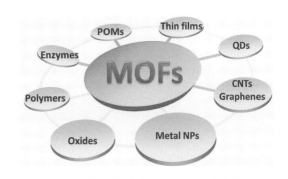

図 1 各種物質・材料と MOF との複合体[8]

## 第2章 金属錯体系(MOF類)

ノ粒子がZIF-8に固定化され，MOFの細孔および細孔に起因する表面構造が微細なAu@Ag粒子の高分散・固定化に重要な役割を果たしていることが明らかになった（図2）[10]。

通常の含浸法では，MOFへの金属種の担持量の制御が困難である。通常の含浸法の代わりに，MOFの細孔容積相当の少量の金属前駆体溶液を用いた初期湿潤法（Incipient wetness method）を用いることができる。筆者らは，初期湿潤法とCO/H$_2$混合ガス還元法を組み合わせることによって，代表的な多孔性MOFの一つであるMIL-101（Cr$_3$F(H$_2$O)$_2$O[(O$_2$C)C$_6$H$_4$(CO$_2$)]$_3$・nH$_2$O）に多面体の単金属や二金属ナノ結晶を固定化した複合体を合成した（図3）[11]。一般的には金属前駆体の還元に水素やNaBH$_4$を用いた場合，球状の金属ナノ粒子が形成されるが，この例では，MIL-101に浸潤した金属アセチルアセトネートM(acac)$_2$（M=Pt, Pd or Pt/Pd）をCO/H$_2$/He混合ガスを気相還元剤として用いて還元することによって，平均サイズがそれぞれ8.0，8.5および10.5 nmの立方体Pt，四面体Pdおよび八面体PtPdナノ結晶がMIL-101上に形成した。CO/H$_2$/He混合ガスの代わりにH$_2$/Heガスを還元剤として用いた場合は球状粒子しか得られなかった。PtとPdの多面体の形成は，COが優先的に(100)や(111)面に吸着し，結晶成長を特定の方向に仕向けたためである。また，PtへのCO吸着熱がPdへのそれよりも高いことから，PtPd二金属ナノ結晶では，Pd-richのコアとPt-richのシェルが形成された。

金属ナノ粒子をMOFに固定化するにあたっては，これまで液相浸潤法や後述する物理混合法やCVD法等の方法が用いられたが，いずれの場合も，MOFの外表面に金属が凝集し，触媒反応では活性が低下するなどの問題が生じていた。最近筆者らは，

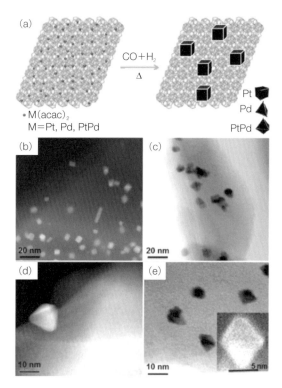

図3 CO/H$_2$混合ガス還元による多面体金属ナノ粒子@MIL-101複合体の合成[11]

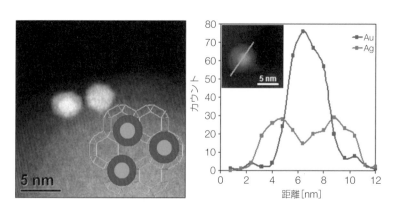

図2 コア・シェルAu@Agナノ粒子@ZIF-8複合体[10]（口絵参照）
（左）HAADF-STEM像，（右）EDSラインスキャン

金属前駆体を含む少量の親水性溶媒と大量の疎水性溶媒を併用する新しい「二溶媒法」(Double solvents method, DSM) を用いることによって，外表面に凝集することなく，多孔性 MOF のナノ細孔内へ金属ナノ粒子を完全に固定化することに成功した (図4)[12]。本合成法では，親水性ナノ細孔を持つ MIL-101 を大量の疎水性溶媒（ヘキサン）に分散させ，さらに，MIL-101 のナノ細孔容積よりも少ない量の $H_2PtCl_6$ 水溶液を加えることにより，Pt 前駆体をナノ細孔内に完全に取り込んだ。乾燥後に水素で還元することにより，細孔内に Pt ナノ粒子を形成させた。トモグラフィを含む透過型電子顕微鏡 (TEM) 観察の結果，MIL-101 の外表面に凝集することなく，超微細 Pt ナノ粒子（平均粒径～ 1.8 nm）は完全に MIL-101 の細孔内に固定化されていることが確認された（図4）。本合成法と従来の含浸法との主な違いの一つは，MIL-101 の細孔容積よりも少ない量の金属塩前駆体水溶液（親水性溶媒）を用いたことである。これにより，金属塩前駆体を親水性のナノ細孔内に完全に取り込むことができる。また本合成法のもう1つの重要なポイントは，大量の疎水性溶媒を用いたことである。わずかな体積の金属塩前駆体水溶液は完全に MOF 粉末試料の細孔にいき渡ることが困難であるため，大量の疎水性溶媒に MOF 粉末試料を分散させることによって，少量の金属塩前駆体水溶液を MOF 試料全体に容易に均

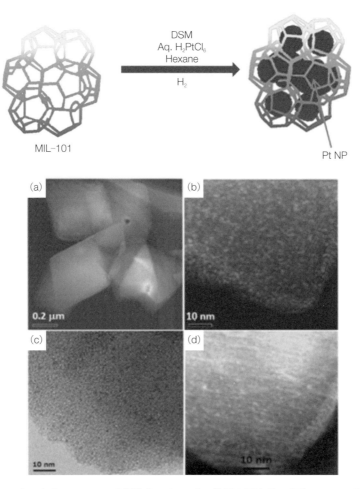

図4　(上) 二溶媒法 (DSM) による MIL-101 の細孔内への Pt ナノ粒子の固定化。(下) 2 wt% Pt@MIL-101 複合体の (a, b) HAADF-STEM, (c) TEM, (d) トモグラフィ断層写真[12]
超微細 Pt ナノ粒子は MIL-101 細孔内に分散・固定化されている。

一に分布させることができた。

二溶媒法 (DSM) は,金属塩前駆体を MOF のナノ細孔内へ完全に導入するための有効な方法であるが,ナノ細孔内へ金属ナノ粒子を固定化するためには,導入した金属塩前駆体の還元も重要なステップである。上述の Pt など貴金属の場合は,比較的低温でも気相で水素還元でき,再び金属塩前駆体が細孔外に流出することなく,ナノ粒子を細孔内に完全に固定化することができるが,還元しにくい非貴金属などの場合は,水素で還元するために,MOF の安定な温度範囲を超える高い温度を要する場合もあるため,常温に近い低温領域での有効な液相還元法が必要である。そこで筆者らは,二溶媒法と液相濃度制御還元 (Liquid-phase concentration-controlled reduction) 法を組み合わせることにより,非貴金属等の超微細ナノ粒子を MIL-101 細孔内部に均一に分散した状態で固定化した[13]。本方法では,MIL-101 細孔内に導入した $Ni^{2+}$,$Au^{3+}$ や $Ni^{2+}/Au^{3+}$ 前駆体を濃度の異なる $NaBH_4$ 水溶液を用いて還元したところ,$NaBH_4$ 水溶液の濃度に依存して,金属ナノ粒子のサイズや固定化位置が異なることが明らかになった (図5)。低濃度 $NaBH_4$ を用いた温和な還元 (Moderate reduction, MR) の場合は,外表面で大きな粒子を形成する一方,$NaBH_4$ 濃度が高い条件下では,金属ナノ粒子は外表面に凝集することなく,MIL-101 のナノ細孔内に完全に固定化された。低濃度 $NaBH_4$ を用いた場合は,細孔内に侵入した体積分の $NaBH_4$ では細孔内の金属前駆体を還元しきれず,金属前駆体の一部は再び溶液に溶け出し,外表面で還元・凝集することによって大きな粒子を形成したと考えられる。$NaBH_4$ 濃度が高い場合は,細孔内に侵入した体積分の $NaBH_4$ によって細孔内の金属前駆体は完全に還元 (Overwhelming reduction, OWR) され,金属ナノ粒子はナノ細孔内に完全に固定化できた。「二溶媒法」は,金属ナノ粒子に限らず MOF 細孔内への物質の導入・固定化に有効な手段として,多様な用途に用いることができる。

## 2.2 気相浸潤法

液相浸潤法のほかに,気相浸潤法 (Gas phase infiltration method) も金属ナノ粒子@MOF 複合体合成によく用いられている。Fischer らは,有機金属

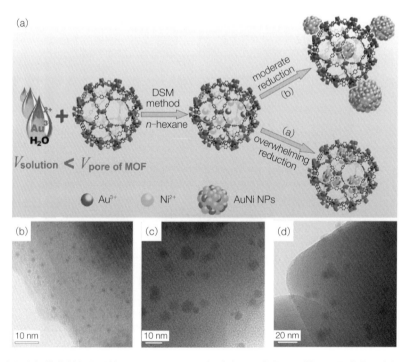

図5 (a) 二溶媒法と液相濃度制御還元法による MIL-101 細孔内への金属ナノ粒子の固定化,(b) 0.6,(c) 0.4 と (d) 0.2 M の $NaBH_4$ 水溶液を用いた還元によって合成した AuNi@MIL-101 複合体の TEM 像[13]

化学気相成長 (Metal organic chemical vapor deposition (MOCVD)) 法を用いて,揮発性有機金属錯体前駆体 ($\eta^3$-C$_3$H$_5$)Pd($\eta^5$-C$_5$H$_5$), (CH$_3$)Au(PMe$_3$) や ($\eta^5$-C$_5$H$_5$)Cu(PMe$_3$) をホスト材料である MOF-5 (Zn$_4$O(OOCC$_6$H$_4$COO)$_3$) に導入し (図6),前駆体の水素化分解によって,Pd@MOF-5,Au@MOF-5 や Cu@MOF-5 複合体を合成した[14]。同様に,Ru(cod)(cot) (cod = 1,5-cyclooctadiene, cot = 1,3,5-cyclooctatriene) を前駆体として用いて,Ru ナノ粒子の粒子径が 1.5～1.7 nm の Ru@MOF-5 複合体を合成した[15]。また [($\eta^3$-C$_3$H$_5$)Pd($\eta^5$-C$_5$H$_5$)]$_{10}$@MOF-177 や [($\eta^5$-C$_5$H$_5$)CuL]$_2$@MOF-177 (L = PMe$_3$, CNtBu) の光分解や水素化分解によって,Pd@MOF-177 や Cu@MOF-177 複合体が形成されることを報告した[16]。その他いくつかのグループでは MOCVD 法を用いて,Ni(cp)$_2$, Me$_3$Pt($\eta^5$-CH$_3$C$_5$H$_4$) や Mg($\eta^5$-C$_5$H$_5$)$_2$ 等の有機金属錯体前駆体を ZIF-8, MIL-177 や SNU-90' 等の MOF に導入し,多様な金属ナノ粒子@MOF 複合体を合成している[17)-19)]。

無溶媒固相研磨 (Solvent-free solid grinding method) 法も気相浸潤法の一つと考えることができる。混合・研磨の過程において,揮発性有機金属錯体が部分的に多孔性 MOF の細孔に浸潤し,のちの還元処理過程においても,MOF 細孔への浸潤が続くものと考えられる。春田らは,無溶媒固相研磨法によって,1-D チャンネルを持つ CPL-1 ([Cu$_2$(pzdc)$_2$(pyz)]$_n$, pzdc = pyrazine-2,3-dicarboxylate, pyz = pyrazine), CPL-2 ([Cu$_2$(pzdc)$_2$-(bpy)]$_n$, bpy = 4,40-bipyridine), MIL-53 (Al) ([Al(OH)(bdc)]), MOF-5 や HKUST-1 ([Cu$_3$(btc)$_2$(H$_2$O)$_3$]) などの MOF に,ジメチル金(Ⅲ)アセチルアセトナート錯体 (Me$_2$Au(acac)) を導入し,水素還元によって粒子径 2.2±0.3 nm の金ナノ粒子とこれらの MOF との複合体を合成した (図7)[20]。興味深いことに,無溶媒固相研磨法を用いた場合では,CVD 法の場合 (3.1±1.9 nm) よりも小さい金ナノ粒子が形成された。

### 2.3 鋳型合成法

鋳型合成法 (Template synthesis method) では,あらかじめ合成した金属ナノ粒子を MOF 合成用前駆体溶液中に導入することにより,金属ナノ粒子に MOF の層がコーティングされ,金属ナノ粒子をコアに,MOF をシェルに持つ複合体が形成される。あらかじめ合成する金属ナノ粒子は,通常界面活性剤などの保護剤によって安定化・分散されたものを用いる。この方法では,金属ナノ粒子が MOF の細孔を占有するのではなく,金属ナノ粒子の周りに MOF が成長するので,メリットとして,上述の金

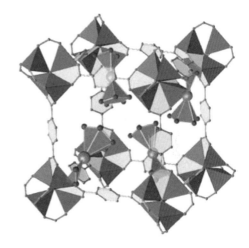

図6 MOF-5 のケージの中に導入された4つの ($\eta^3$-C$_3$H$_5$)Pd($\eta^5$-C$_5$H$_5$)[14](口絵参照)

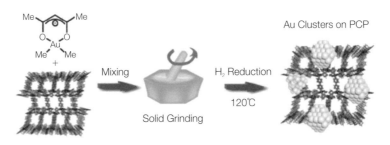

図7 CPL-2 と Me$_2$Au(acac) との混合物の固相研磨と水素還元による Au/CPL-2 複合体の合成[20]

属前駆体導入・還元過程で起こりうる MOF 外表面での金属ナノ粒子の凝集や還元過程における MOF ナノ構造体への損傷問題を回避することができ，かつ内包される金属ナノ粒子のサイズ，組成および形態を容易に制御することができる。その一方で，MOF が自己の核の上でなく，金属ナノ粒子表面上で成長するため，MOF と金属ナノ粒子との間の格子不整合が課題となる場合もある。

佐田らは，11-mercaptoundecanoic acid (MUA) に保護された金ナノロッドを bpdc (biphenyldicarboxylate)，$Zn(NO_3)_2 \cdot 6H_2O$ とともに DEF 溶液中で加熱することにより，金ナノロッド (AuNR) を内包した $MOF[Zn_4O(bpdc)_3]$ 複合体を合成した[21]。また Huo, Hupp らは，polyvinylpyrrolidone (PVP) に保護された金属ナノ粒子を硝酸亜鉛と 2-methyl-imidazole のメタノール溶液に室温で混合することにより，サイズ，形状，組成が制御された形で金属ナノ粒子を ZIF-8 結晶内に内包させた (図8)[22]。北川，小林らは Pd ナノキューブを $Cu(NO_3)_2 \cdot 3H_2O$ と 1,3,5-benzenetricarboxylic acid のエタノール溶液に導入し，室温での反応によって，Pd ナノキューブに HKUST-1 をコーティングした Pd@HKUST-1 複合体を形成させた (図9)[23]。

## 3 金属ナノ粒子@MOF 複合体の応用

金属ナノ粒子@MOF 複合体は，MOF マトリックスにおける金属ナノ粒子の成長抑制効果や MOF の高比表面積およびサイズ選択性等を利用して，水素貯蔵，不均一系触媒やセンシングなどへの応用研究が展開されている。

### 3.1 水素貯蔵への応用

MOF は高い比表面積を持つため，それ自身による水素貯蔵の研究も活発に行われているが，フレームワークと水素との相互作用が弱く，吸着エネルギーは一般的には 3～10 kJ mol$^{-1}$ と低いため，一定の吸蔵量を得るためには，低温 (77 K)，高圧条件が必要となる。最近，Pd や Pt 等の金属ナノ粒子のスピルオーバー効果を利用した MOF の水素貯蔵能の向上が提案されている。例えば，Pd@MIL-100(Al) では室温において，MIL-100(Al) と比べて，水素貯蔵能が 2 倍に向上したことが報告されている[24,25]。金属ナノ粒子のスピルオーバー効果による MOF フレームワークの水素貯蔵能の向上についての報告がある一方，Pd ナノ粒子を MOF コーティングすることによって，水素貯蔵能が向上したとい

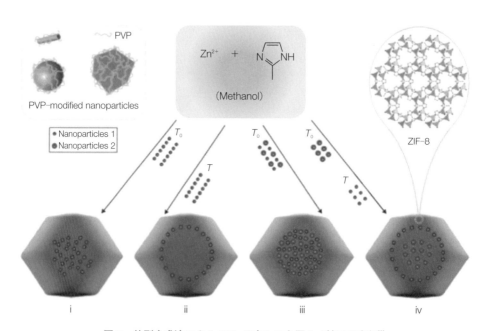

図8　鋳型合成法による ZIF-8 内への金属ナノ粒子の内包[22]
金属ナノ粒子は PVP に保護され，サイズ，形状，組成が制御された形で ZIF-8 結晶内に分散度よく内包される。

6節　金属ナノ粒子@配位高分子複合体

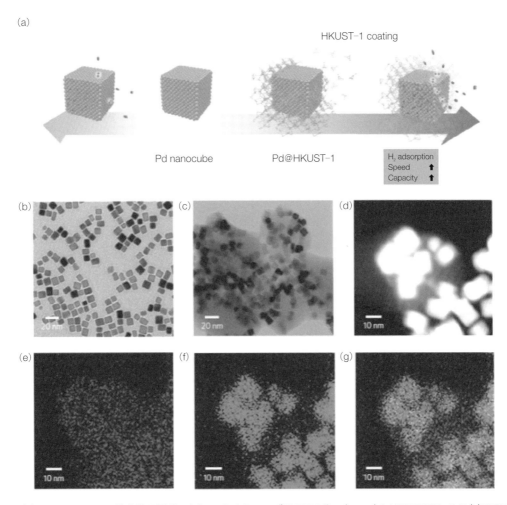

図9　(a) Pd@HKUST-1 複合体の形成，(b) Pd ナノキューブの TEM 像，(c〜g) Pd@HKUST-1 の (c) TEM 像，(d) HAADF-STEM 像，および (e) Cu，(f) Pd，(g) Cu/Pd 元素マッピング[23]

う報告もなされている．図10に示すように，HKUST-1 をコーティングした Pd ナノキューブは，Pd ナノキューブと比べて，水素貯蔵量が2倍に増加した上，水素吸蔵速度も著しく向上したことが圧力−組成等温線，in situ 粉末 XRD および固体 NMR 測定によって確認された[23]．

### 3.2　不均一系触媒への応用

金属ナノ粒子を MOF へ内包することによって，触媒反応中における金属ナノ粒子の凝集・活性低下が抑制され，また，MOF 細孔のサイズ選択性効果も触媒反応に生かすことができる．これまで，金属ナノ粒子@MOF 複合体は触媒として化学水素発生，光水素発生，CO 酸化反応および空気酸化，水素化やカップリング反応等各種有機合成反応に用いられている．

筆者らは，多孔性 MOF に固定化した Au, Pt, Au@Ag コア・シェルや AuNi, AuPd 合金等のナノ粒子が，CO 酸化，ニトロフェノール還元，ギ酸やアンモニアボランからの水素発生等の反応に高い触媒性能を示すことを見出した[10]-[13][26][27]．二溶媒法で合成された Pt@MIL-101 複合体は，液相反応であるアンモニアボラン (Ammonia borane (AB), $NH_3BH_3$) の加水分解・水素発生反応，および固相反応であるアンモニアボランの熱分解・水素発生反応，さらには気相反応である CO 酸化反応のいずれ

第2章 金属錯体系(MOF類)

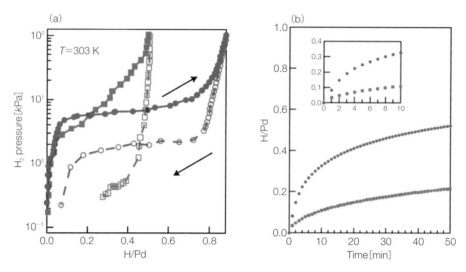

図10 Pdナノキューブ(四角)およびPd@HKUST-1(丸)の(a)圧力-組成等温線と(b)水素吸蔵速度特性[23](口絵参照)

にも高い触媒活性を示した。アンモニアボランの熱分解・水素発生反応では，超微細Ptナノ粒子の触媒活性のほかに，MIL-101のナノ細孔の閉じ込め効果(Confinement effect)によって，水素発生温度が低下した上，アンモニアやボラジン副生成物の発生も著しく抑制された(図11)。また，これらの反応においては，超微細Ptナノ粒子は反応後もMIL-101細孔内に保持され，高い触媒安定性・耐久性を示した[12]。

また，これまで光捕集性MOFは数多く報告されているが，金属ナノ粒子と光捕集性MOFとの複合体は，両者の協奏効果により，光触媒としての新しい機能性が期待できる。Linらは，Ptナノ粒子を光捕集性MOFである$Zr_6(\mu_3-O)_4(\mu_3-OH)_4(bpdc)_{5.94}$

$(L_1)_{0.06}$と$Zr_6(\mu_3-O)_4(\mu_3-OH)_4(L_2)_6 \cdot 64DMF$に内包させ，触媒として用いて，光照射による水からの水素発生に成功した。そして，光捕集性MOFからPtナノ粒子への電子の光子注入と協奏的効果が光触媒としての高い活性に寄与することを明らかにした(図12)[28]。

金属ナノ粒子@MOF複合体では，MOFに内包された金属ナノ粒子の触媒活性に加え，MOFナノ細孔の存在によって，基質のサイズに応じて選択的に反応を進行させることが可能である。Huoらは，Pt/UiO-66複合体を触媒として用いて，UiO-66の細孔と分子サイズの違いによるオレフィンのサイズ選択的水素化反応を報告した(図13)[29]。

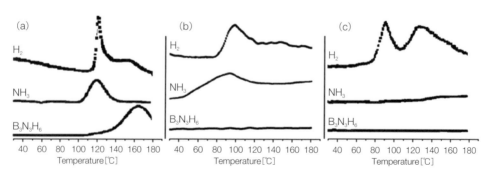

図11 (a)AB，(b)AB@MIL-101(AB/MIL-101=1:1 wt/wt)，(c)AB/Pt@MIL-101(AB/1% Pt@MIL-101=1:1 wt/wt)のTPD-MS測定結果[12]

6節 金属ナノ粒子·@配位高分子·複合体

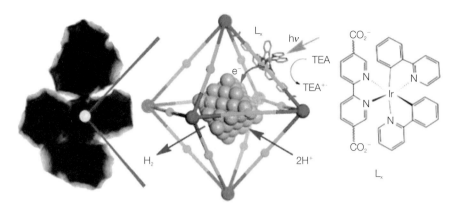

図12 光捕集性MOFである$Zr_6(\mu_3-O)_4(\mu_3-OH)_4(bpdc)_{5.94}(L_1)_{0.06}$と$Zr_6(\mu_3-O)_4(\mu_3-OH)_4(L_2)_6$·64DMFからPtナノ粒子への電子の光子注入と協奏的光触媒水素発生反応[28]

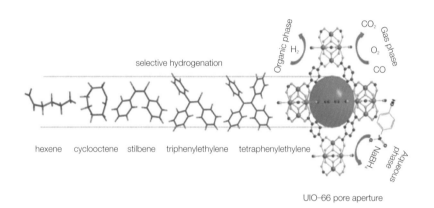

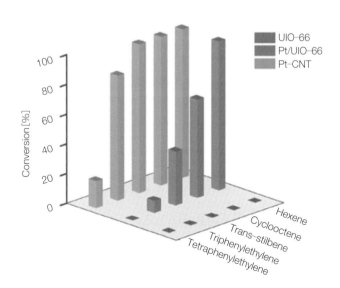

図13 Pt/UiO-66複合体触媒によるオレフィンのサイズ選択的水素化反応[29]

- 195 -

第2章　金属錯体系(MOF類)

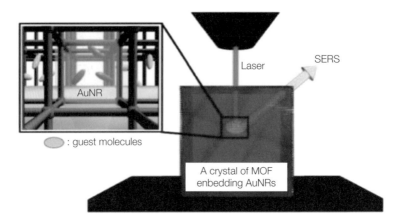

図14　AuNR@[Zn₄O(bpdc)₃]複合体を用いたゲスト分子のSERS法による検出[21]

## 3.3　センシングへの応用

分子が金属（通常はAgまたはAu）ナノ構造体の近傍にあるときにラマン強度が著しく増強される効果を利用した表面増強ラマン分光法（Surface-enhanced Raman scattering (SERS)）は標的分子の高感度検出にきわめて有効な手段として利用されている。本手法では、標的分子の金属表面への有効な吸着が不可欠である。MOFは細孔サイズの可制御性、高比表面積および特定分子に対する選択的吸着特性を有するため、金属ナノ構造体とMOFとの複合体は、SERS法のプローブとして用いることができる。AllendorfらはAgナノ粒子をHKUST-1, MOF-508 ([Zn(bdc)(bpy)₀.₅]) やMIL-68 (In) ([In(OH)(bdc)]) に内包させ、MOFの細孔径と相関関係を示す著しいSERS効果を観測した[30]。佐田らは、金ナノロッドAuNRを内包したMOF ([Zn₄O(bpdc)₃]) 複合体を用いて、ゲスト分子CHCl₃からDEFへの交換過程をSERS法を用いて追跡した（図14）[21]。そのほかにも近年、多くの金属ナノ構造体とMOFとの複合体によるガス分子の選択的検出が報告されている。

## 4　おわりに

多孔性配位高分子（MOF）はその多様性・機能性ゆえに、役に立つ材料として期待されている。MOF複合体は、MOF自身の特性に加えて、異種物質・材料との複合・協奏効果により、さらなる機能創出が可能である。今後も多様なMOF複合体を創成し、多くの新しい用途を見出していくものと期待される。

[謝　辞]
本稿内容には国立研究開発法人産業技術総合研究所、神戸大学、文部科学省や経済産業省からの財政的支援および共同研究者のご協力により得られたものが含まれている。各機関のご支援および共同研究者諸氏のご協力に対し深謝する。

■引用・参考文献■

1) R. Kitaura, K. Seki, G. Akiyama and S. Kitagawa : *Angew. Chem., Int. Ed.*, **42**, 428(2003).
2) J. L. C. Rowsell and O. M. Yaghi : *Angew. Chem., Int. Ed.*, **44**, 4670(2005).
3) R. Matsuda, R. Kitaura, S. Kitagawa, Y. Kubota, R. V. Belosludov, T. C. Kobayashi, H. Sakamoto, T. Chiba, M. Takata, Y. Kawazoe and Y. Mita : *Nature*, **436**, 238(2005).
4) K. Otsubo, Y. Wakabayashi, J. Ohara, S. Yamamoto, H. Matsuzaki, H. Okamoto, K. Nitta, T. Uruga and H. Kitagawa : *Nature Mater.*, **10**, 291(2011).
5) T. Yamada, K. Otsubo, R. Makiura and H. Kitagawa : *Chem. Soc. Rev.*, **42**, 6655(2013).
6) P. Horcajada, C. Serre, M. Vallet-Regi, M. Sebban, F. Taulelle and G. Frey : *Angew. Chem., Int. Ed.*, **45**, 5974 (2006).
7) H.-L. Jiang and Q. Xu : *Chem. Commun.*, **47**, 3351(2011).
8) Q.-L. Zhu and Q. Xu : *Chem. Soc. Rev.*, **43**, 5403(2014).
9) A. Aijaz and Q. Xu : *J. Phys. Chem. Lett.*, **5**, 1400(2014).

6節　金属ナノ粒子@配位高分子複合体

10) H. L. Jiang, T. Akita, T. Ishida, M. Haruta and Q. Xu : *J. Am. Chem. Soc.*, **133**, 1304(2011).

11) A. Aijaz, T. Akita, N. Tsumori and Q. Xu : *J. Am. Chem. Soc.*, **135**, 16356(2013).

12) A. Aijaz, A. Karkamkar, Y. J. Choi, N. Tsumori, E. Ronnebro, T. Autrey, H. Shioyama and Q. Xu : *J. Am. Chem. Soc.*, **134**, 13926(2012).

13) Q.-L. Zhu, J. Li and Q. Xu : *J. Am. Chem. Soc.*, **135**, 10210 (2013).

14) S. Hermes, M.-K. Schröter, R. Schmid, L. Khodeir, M. Muhler, A. Tissler, R. W. Fischer and R. A. Fischer : *Angew. Chem., Int. Ed.*, **44**, 6237(2005).

15) F. Schröder, D. Esken, M. Cokoja, M. W. E. van den Berg, O. I. Lebedev, G. Van Tendeloo, B. Walaszek, G. Buntkowsky, H.-H. Limbach, B. Chaudret and R. A. Fischer : *J. Am. Chem. Soc.*, **130**, 6119(2008).

16) M. Muller, O. I. Lebedev and R. A. Fischer : *J. Mater. Chem.*, **18**, 5274(2008).

17) P.-Z. Li, K. Aranishi and Q. Xu : *Chem. Commun.*, **48**, 3173, (2012).

18) S. Proch, J. Herrmannsdörfer, R. Kempe, C. Kern, A. Jess, L. Seyfarth and J. Senker : *Chem.-Eur. J.*, **14**, 8204(2008).

19) D.-W. Lim, J. W. Yoon, K. Y. Ryu and M. P. Suh : *Angew. Chem., Int. Ed.*, **51**, 9814(2012).

20) T. Ishida, M. Nagaoka, T. Akita and M. Haruta : *Chem.-Eur. J.*, **14**, 8456(2008).

21) K. Sugikawa, Y. Furukawa and K. Sada : *Chem. Mater.*, **23**, 3132(2011).

22) G. Lu, S. Li, Z. Guo, O. K. Farha, B. G. Hauser, X. Qi, Y. Wang, X. Wang, S. Han, X. Liu, J. S. DuChene, H. Zhang, Q. Zhang, X. Chen, J. Ma, S. C. J. Loo, W. D. Wei, Y. Yang, J. T. Hupp and F. Huo : *Nat. Chem.*, **4**, 310(2012).

23) G. Q. Li, H. Kobayashi, J. M. Taylor, R. Ikeda, Y. Kubota, K. Kato, M. Takata, T. Yamamoto, S. Toh, S. Matsumura and H. Kitagawa : *Nat. Mater.*, **13**, 802(2014).

24) Y. Li and R. T. Yang : *J. Am. Chem. Soc.*, **128**, 8136(2006).

25) Y. Li and R. T. Yang : *J. Am. Chem. Soc.*, **128**, 726(2006).

26) H.-L. Jiang, B. Liu, T. Akita, M. Haruta, H. Sakurai and Q. Xu : *J. Am. Chem. Soc.*, **131**, 11302(2009).

27) X. Gu, Z.-H. Lu, H.-L. Jiang, T. Akita and Q. Xu : *J. Am. Chem. Soc.*, **133**, 11822(2011).

28) C. Wang, K. E. deKrafft and W. Lin : *J. Am. Chem. Soc.*, **134**, 7211(2012).

29) W. Zhang , G. Lu , C. Cui , Y. Liu , S. Li , W. Yan , C. Xing , Y. Robin Chi, Y. Yang and F. Huo : *Adv. Mater.*, **26**, 4056 (2014).

30) R. J. Houk, B. W. Jacobs, F. E. Gabaly, N. N. Chang, A. A. Talin, D. D. Graham, S. D. House, I. M. Robertson and M. D. Allendorf : *Nano Lett.*, **9**, 3413(2009).

〈徐　強〉

# 7節 結晶スポンジ法

## 1 はじめに

細孔性結晶が分子を吸蔵する性質が最近，分子構造の解析においてブレークスルーをもたらした。「結晶スポンジ法」と呼ばれるこの手法は，単結晶X線構造解析を用いて分子構造を決定するための単結晶をわずか数マイクログラム以下の試料から調製することができる。細孔性材料を使って構造情報を得るという応用法は，吸蔵材料や触媒と違い 0.1 mm 角の結晶1粒というスケールで実用化が可能なため，研究の現場から産業界に至るまで大きな広がりを見せつつある。ここでは，結晶スポンジ法が溶液化学と固相化学の融合から生まれ，構造解析の新手法として利用されはじめるまでを詳しく述べる。

## 2 単結晶X線構造解析と細孔性錯体

単結晶X線構造解析は，結晶中で周期的に並んだ分子がX線を回折する現象を利用して分子構造を決定する手法である。この手法は，原子間の正確な距離や角度情報を与えるため，分子をあつかう化学にとってなくてはならない構造解析手法となっている。単結晶X線構造解析が対象とする試料は，合成有機分子から無機物，タンパク質に至るまで幅広く，現在では各分野で結晶学データライブラリが構築されるほど研究に深く浸透している。しかし，この手法にも，対象化合物が周期的に配列した単結晶を得なければ測定ができないという適用限界があった。当然のことながら，あらゆる化合物が単結晶になるとは限らず，油状のものや単結晶を作製するに足るサンプル量が確保できない化合物は測定の対象外とされてきた。単結晶を作製することが困難な化合物を結晶構造解析するために，結晶工学を駆使した共結晶化や化合物の誘導化などさまざまなアプローチがとられてきたが，広範な化合物に対して適用できる手法はほとんどなく，結晶が得られるまで試行錯誤を繰り返しているという現状があった。理由はさまざまであるが，その1つには，分子間の局所的な相互作用は官能基導入などによって制御できても，三次元的な周期性や空間充塡までデザインすることは非常に難解であるということが挙げられる。

もう一度，原理に立ち返ってみる。化合物を単結晶X線構造解析するのに必要な条件は，化合物が三次元的に周期配列していることである。この条件は，必ずしも「化合物自体が単独で結晶化しなければならない」という意味ではない。化合物を直接結晶化することが困難であれば，その化合物が三次元的に周期配列できるよう補助する役割のものをあてがったとしても，X線回折の条件はクリアできるのである。その“周期配列のための補助”の役割をするものが，結晶スポンジと呼ばれるものであり，より具体的に言えば，MOF や PCP に代表される細孔性錯体結晶なのである。

結晶スポンジ法において重要とされる細孔性錯体結晶が持つ性質は2つある。高い結晶性を有する孔の空いたネットワーク構造と化合物を結晶外から細孔内に導入できることである。すでに多くの研究がなされているように，細孔性錯体結晶は細孔内のゲスト化合物を接触溶液（あるいはガス）と交換することができ，条件を選べば，その過程を単結晶X線構造解析に十分な結晶性を維持したまま行う事ができる[1]。結晶スポンジ法は，解析対象化合物をゲスト分子として細孔性錯体結晶の外部から取り込み，三次元的な周期性を持ったネットワーク骨格に沿って並べることで，対象化合物を結晶化せずにX線回折の条件を満たすことができる手法である（**図1**）。しかし，一般にどのような MOF や PCP

7節 結晶スポンジ法

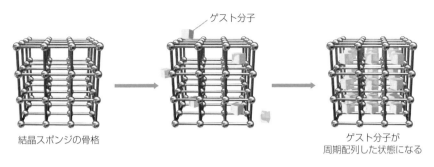

図1 細孔性錯体結晶を用いたゲスト分子の取り込みと周期配列

の結晶でも細孔に取り込まれた分子が骨格に沿って周期配列するかと言えば、そうではない。細孔性錯体結晶が、結晶スポンジ法に利用可能な結晶スポンジであるためには、単に分子を取り込むだけでなく、取り込んだ分子を並べる性質を有している必要がある。

## 3　結晶スポンジ法の原理：細孔性結晶中のホスト–ゲスト化学

細孔性結晶の細孔内に共有結合を介さずに取り込まれたゲスト分子は、細孔内を拡散することができる。そのため、ゲスト分子包接結晶を単結晶X線構造解析すると堅牢な錯体骨格がはっきりと決定されるのに対し、細孔内のゲスト分子はディスオーダーしてしまいどこにどんな形で存在しているのかがわからないこともしばしば見受けられる。MOFやPCPの結晶構造を見たときに、結晶格子が"何もない（ように見える）空間"に占められていることがあるのはそのためである。これは、1つの結晶の中に結晶性（周期性）の高い部分とそうではない部分が混在している状態とも言い換えることができる。しかし、このような現象が起こっていては外部から取り込んだゲスト分子を単結晶X線構造解析するという結晶スポンジ法の用途には使うことができなくなってしまう。ゲスト分子を細孔性錯体骨格の周期に沿って配列させ、その構造をX線回折によって解析するには、錯体骨格とゲスト分子を繋ぎ止めるための何らかの分子間相互作用（ホスト–ゲスト相互作用）が必要となってくる。

細孔性結晶内で働く分子間相互作用には、通常の溶液中や単結晶中と同様、静電相互作用、水素結合、π–π相互作用、CH–π相互作用、双極子–双極子相互作用などがある。結晶スポンジ法で必要とされる分子間相互作用は、結晶外からゲスト化合物を取り込む時には拡散を妨げず、X線回折を測定する低温下（通常−180℃を用いている）ではゲスト化合物を配向させられるだけの適度な強さを持ったものである。すなわち、ホスト–ゲスト相互作用による安定化エネルギーが大きすぎると、ゲスト化合物を細孔に取り込む段階で結晶表面と内部でムラが生じてしまうし、それが小さすぎてもゲスト分子の激しいディスオーダーが観測されてしまう。このように絶妙なバランスが要求される細孔性錯体内での分子間相互作用を設計するには、溶液中のホスト–ゲスト化学の考え方が必要不可欠であった。

三角形パネル状配位子1とパラジウムイオンから組み上がる正八面体ケージ2（図2）は、溶液中でさまざまな分子を内部に包接することができる。このゲスト包接は一般に平衡過程であり、NMR解析からその平衡は大きくホスト–ゲスト錯体側に偏っていることがわかっている[2]。例えば、ケージ2の水溶液に対し、ゲスト化合物としてテトラチアフルバレン（TTF）を加えると、ホスト–ゲスト錯体の電荷移動吸収のため溶液が暗緑色に変化する。この溶液から結晶化を行うと、ケージ内部にTTFが包接されたホスト–ゲスト錯体の構造を単結晶X線構造解析によって解析することができた。このようなホスト–ゲスト錯体は、必ずしもあらゆるゲスト化合物を用いて結晶が得られる訳ではないが、錯体の内部空孔に外部からゲスト化合物を取り込み、錯体ごと結晶構造解析してしまうという点では、結晶スポンジ法と全く同じ概念を用いている。一般に、疎水性内部空孔を持つホスト2にTTFのような疎水

− 199 −

第2章 金属錯体系(MOF類)

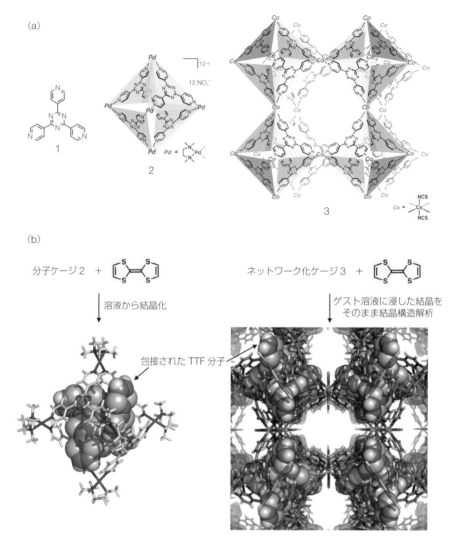

図2 (a)配位子1から構築される性質の同じナノ空間を持った分子ケージ2とネットワーク化ケージ3，(b)分子ケージ2とネットワーク化ケージ3によるTTF分子の包接挙動

性ゲストが包接される場合には，疎水性相互作用や溶媒放出によるエントロピー増加が駆動力として働くが，それに加えてホスト錯体とゲスト化合物の間には電子不足なπ平面を持つ配位子1との電荷移動相互作用やCH-π相互作用などが複合的に働くことでゲスト化合物を空孔内で配向させていることが結晶構造からわかる。すなわち，ホスト-ゲスト化学の基本である多点相互作用と求心的な相互作用場の条件が満たされることで単結晶X線構造解析が可能なまでのゲスト分子の周期配列を達成している。

このような溶液中で働くホスト-ゲスト相互作用を用いて結晶スポンジ法を行うために，最初に設計された細孔性錯体が，図2(a)に示すネットワーク化ケージ錯体3である[3]。この錯体3では，ケージ分子2で留め金として使われていたパラジウムイオンをコバルトイオンで置き換えることで，ケージ2と同型の正八面体構造がコバルトイオンの頂点を共有する形で連結され，無限のネットワーク構造を構築している。この錯体は配位高分子であるため，溶媒に不溶の橙色結晶として得られる。錯体3の単結晶をTTFのトルエン溶液に浸してみると，単結晶

性を保ったまま結晶の色が暗緑色へと変化し，最終的にはほぼ黒色の結晶となった．拡散反射スペクトルから，電子不足な配位子1とTTFの電荷移動相互作用が示唆された．そこで，TTF溶液に浸漬した結晶を−180℃で単結晶X線構造解析したところ，ゲージ分子2と同様，各正八面体カゴの中に4分子のTTFが包接されたネットワーク構造が得られた．ケージの中で，TTF分子は，電子不足なトリアジン環と約3.5Åの面間距離でスタックしており，電荷移動相互作用がTTF分子を配列させるための分子間相互作用として働いていることがわかった．

一方，この包接結晶を室温でX線測定したところ，錯体骨格までは構造を解析することができたが，ケージ内のゲスト分子は激しくディスオーダーしており，適切なモデルを当てはめることができなかった．この結果は，ゲスト分子が室温においては細孔内で激しく動き回っていることを示唆している．このような弱い分子間相互作用をうまく用いてゲスト分子の配向を促すことがゲスト化合物を単結晶X線構造解析するためのポイントとなる．

実用的な観点に立てば，1つの結晶スポンジの中でさまざまな分子間相互作用が働いた方が広範なゲスト化合物の配列に対応させることができる．そのため，多点での相互作用を効果的に誘起させるためには，複雑な表面形状の細孔の方が有利である．また，ゲスト化合物のディスオーダーを少なくするためには，単位格子内に化学的に等価な相互作用点をできる限り少なくした方が良いであろう．このような要請から，汎用的な解析を行うための結晶スポンジのプロトタイプとして細孔性錯体 $[(ZnI_2)_3(1)_2]_n$ (4) (図3(b)) が検討され，再現性の高いサンプル調整のための詳細な条件や実験手順が報告された．

## 4 結晶スポンジ法を用いた微量化合物の構造解析

単結晶X線構造解析は，それ自体が既にかなり微量の化合物から結晶構造を得られる微量分析手法である．ハウスマシンであってもローテーションア

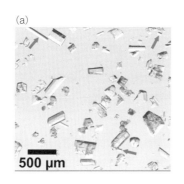

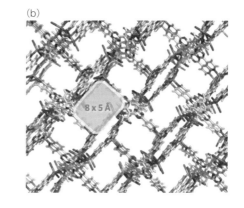

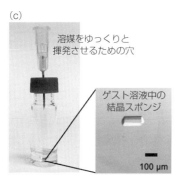

図3 (a) 結晶スポンジ法に適した結晶の選定(矢印で示したものがゲスト包接に対して耐性がある)，(b) 結晶スポンジ $[(ZnI_2)_3(1)_2]_n$ の構造，(c) 微量のサンプルからゲスト包接を行うためのセッティング

第2章 金属錯体系（MOF類）

ノード線源などの輝度の高いX線源を搭載した回折計を用いれば，一辺が0.1 mmほどの単結晶から結晶構造が得られる時代になっている。有機化合物を考えると，この大きさの単結晶中に含まれている量はわずか1 μgほどである。しかし，この解析手法が微量分析手法としてはあまり認識されていなかったのは，その単結晶を作製するために，実際に回折計に載せられるサンプルの何倍ものサンプル量が必要であったからに他ならない。結晶スポンジ法では，化合物を溶液から非常に効率高く単結晶の状態へと変換することができる。すなわち，1 μgの非晶質サンプルを単結晶1粒に目減りなしに変換するということが理論上可能なのである。

実際に結晶スポンジ法による微量化合物の解析を行うにあたっては，用いる回折計で測定可能な中でできる限り小さいサイズの結晶スポンジを1粒だけ用いて行う必要がある。そして，ゲスト包接が結晶スポンジの結晶性を劣化させずに，高効率で行えるための再現性を確保しておかなければならない。これまでの細孔性錯体結晶を用いたゲスト化合物の単結晶X線結晶構造解析では，細孔内のゲスト分子を交換した際に結晶に大きなストレスがかかり，クラックが入ってしまう事が主な失敗の原因であった。そこで，結晶スポンジ $[(ZnI_2)_3(1)_2]_n$ (4) を用いてクラックが入らないための条件を詳細に検討したところ，同じ組成，同じ構造の細孔性錯体であっても結晶の大きさと形によってゲスト交換に対する耐性が大きく異なることがわかった。結晶スポンジ(4)では，ブロック状の大きな結晶はクラックが入りやすいのに対し，図3（aおよびc）に示す板状のものは，ヒビが入りにくく安定であった[4]。

結晶スポンジ法では，結晶性の劣化を抑えた上で結晶スポンジをゲスト化合物の溶液に適切な溶媒，濃度，温度，および浸漬時間の条件下で浸すことでゲスト包接を行う[5]。結晶性が維持されたとしても，ゲスト包接が起こらなかったり包接量が少なかったりすれば，結果として目的とするゲスト分子の構造が得られなくなってしまう。ゲスト化合物としてグアイアズレンを用いた解析を例に示す。結晶スポンジ4の空隙率（結晶格子中に細孔が占める体積の割合）は，およそ50%であるため，この100 μm角の結晶スポンジ4の細孔内を全てゲスト化合物で埋め尽くしたとしても，サンプルの必要量はおよそ500 ngである。そこで，$60 \times 60 \times 70\ \mu m^3$の結晶スポンジ4を500 ngのグアイアズレンが溶解したシクロヘキサン溶液（50 μL）に浸し，その溶液を45℃で2日間かけて濃縮する操作を行った。すると，良好な結晶性を保ったまま無色の結晶スポンジがグアイアズレンの濃青色へと変化した（図4）。この結晶スポンジを単結晶X線構造解析したところ，細孔内に捕捉されたグアイアズレンの構造が錯体骨格とともに得られた。包接結晶の構造を詳しくみてみると，グアイアズレンは錯体骨格との Zn−I⋯H−C 間の弱い水素結合や C−H⋯π 相互作用が複合的に働くことで細孔内で並んでいることがわかった。そして，このような分子認識サイト以外の細孔空間は，ディスオーダーした溶媒分子（この場合はシクロヘキサン）やゲスト分子で占められていた。すなわち，必ずしもゲスト分子のみで細孔を埋め尽くさなくても，構造解析が可能であるということを示している。そこで，ハウスマシンで測定可能な限界の結晶サイズを用いてさらに微量の解析を行ったところ，50 ngでもグアイアズレンの構造を解析することができた。

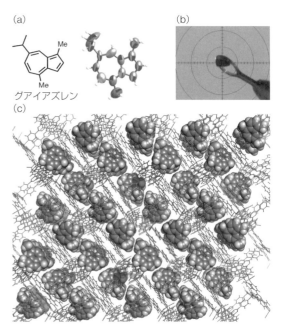

図4 (a)結晶スポンジ法により得られたグアイアズレンの構造，(b)実際の測定に用いた結晶スポンジの写真，(c)結晶スポンジ4（スティックモデル）内に配列したグアイアズレン（CPKモデル）

7節　結晶スポンジ法

ホスト−ゲスト相互作用はゲスト化合物によって千差万別であるため，結晶スポンジ法においてあらゆる化合物に適用できる包接条件を出すことはできないが，結晶スポンジ4に関して言えば，細孔（断面積約8×5Å）を通過できる大きさの疎水性分子であれば，対象化合物に合った包接条件を最適化することにより比較的広範な化合物を解析できている。

キラルなゲスト化合物としてサントニンを解析に用いた場合，ホスト−ゲスト相互作用によりアキラルな結晶スポンジ4の構造が歪み，その空間群がC2/cからP2₁へと変化した。結晶スポンジのネットワーク構造自体に変化はなかったが，対称心を持つホスト骨格が対称心を持たないキラルなゲスト化合物との相互作用により対称心を失うことで，ゲストの構造のみならず絶対立体配置を決定することができた。また，サントニンには臭素などの重原子が含まれていないにもかかわらず，結晶学的には，通常の有機分子の単結晶以上にX線の異常分散が観測されていた。これは，結晶スポンジ4の骨格にある亜鉛やヨウ素原子による効果であると考えられる。

ここで，現状の結晶スポンジ法における解析の精度について述べておく。結晶スポンジ法は，解析対象化合物が0％の状態から100％並んだ状態までさまざまな状態の包接結晶をうみ出しうる手法である。例えば，ある条件で作製した包接結晶が約50％のゲスト占有率だったとすると，得られる電子密度分布（フーリエマップ）は，目的の分子と溶媒等その他の分子の電子密度図の重ね合わせになる。時にはこれが多成分で激しくディスオーダーしたものになることもあるため，解析において適切なモデルを組むことが非常に困難となる。また，前述のようにホスト−ゲスト相互作用により結晶スポンジの骨格自体は多少の歪みを受けるため，ゲスト分子の入り方によっては1つの結晶の中で不均一な状態をつくり出しかねない。こういった場合には，結合長や結合角の精度に影響が生じることもある。例えば，フラボノイドの解析において，ゲスト化合物を単独で結晶化し単結晶X線構造解析を行った場合のC＝O二重結合の長さが1.268（4）Åと得られるのに対し，結晶スポンジ法では，1.24（2）Åと有効数字が1桁少なくなることもある。そのため，得られた結晶構造のデータからどこまでの議論をするかに応じて，より高い占有率でゲスト包接を行う条件の検討や精密な構造解析が必要になる。

## 5　結晶スポンジ法の応用

### 5.1　LC−SCD法

結晶スポンジ法でマイクログラム以下の量の微量化合物が結晶構造解析可能になったことで，高速液体クロマトグラフィー（HPLC）による化合物の分離と単結晶X線構造解析による構造決定を組み合わせることができるようになった。LC−SCD（Liquid Chromatography−Single Crystal Diffraction）法と呼ばれるこの手法では，HPLCによる単離と分光学スペクトルによる分析を経て得られるマイクログラム量以下のサンプルをマイクロバイアルに分取し，そこに結晶スポンジを加えることで包接結晶を作製する。LC−SCD法を用いた最初の構造解析例では，ミカンの果皮に含まれる3種類のフラボノイドを分離し結晶構造解析することに成功している。また，合成反応においても，微量の副生成物や反応サイトの特定を目的としてLC−SCD法が用いられている（図5）。

### 5.2　絶対立体配置の決定

キラルな化合物の絶対立体配置の決定法は，旋光度の比較，円偏光二色性スペクトルの測定，モッシャー法などさまざまあるが，比較参照となる化合物がなかったりシグナル強度が弱かったりといった理由から，既存の分析法が適用できない例も多い。結晶スポンジ法では包接さえできれば，中心不斉，軸性不斉，面性不斉，ヘリシティーなどあらゆる不斉要素をもつ化合物の絶対立体化学の判定に用いることができる。

結晶スポンジ4に対し，RおよびSの絶対立体配置を持つ軸不斉ビフェニルをそれぞれ包接すると，図6（a）のように完全な鏡面対称の結晶構造が得られた。さらに，これらの結晶学データからFlack parameterによる判定においてそれぞれの絶対立体配置が判別できることがわかった。そこで，Pd触媒によるC−H活性化を経て合成された軸不斉ビアリール化合物に対して，絶対立体配置の決定を行った。キラルカラムを用いたHPLCによる光学分割を経て，主および副生成物にあたるエナンチオマー

− 203 −

第2章 金属錯体系（MOF類）

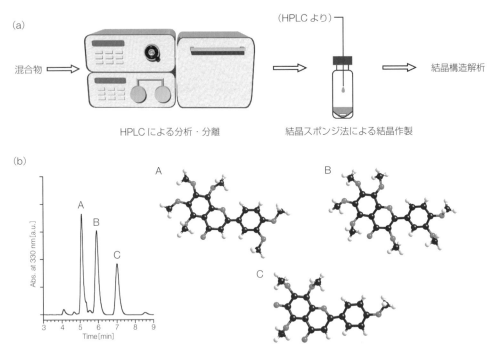

図5 (a) LC-SCD法の手順と(b) ミカンの果皮から得られた3種類のフラボノイド

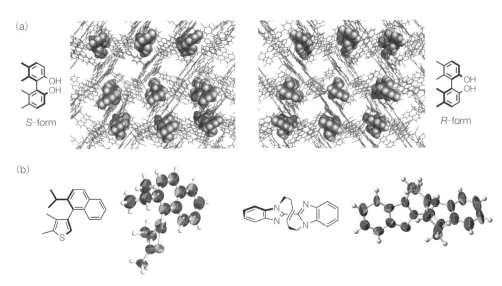

図6 (a) 結晶スポンジ法による軸不斉化合物の解析，(b) 最新の有機合成反応によって得られたキラルな化合物の絶対構造解析例

をそれぞれ約5μg分取し，結晶スポンジ法で解析すると，やはり2つのフラクションから鏡像関係にあたる2つの結晶構造を得ることができた。そして，それぞれがS および R 体であることを明らかにすることができた。このほかにも，軸不斉，面性不斉，ヘリシティーの3つの不斉要素を持つ環状化合物においても，全ての不斉要素に対する絶対立体配置を一挙に決定することに成功している[6]。

## 5.3 合成化学における生成物の構造決定

合成化学における生成物の構造決定は，一般的にNMRや質量分析を用いて行われるが，時としてNMRでは判断しにくい化合物にも直面することがある。そのような場合には，単結晶X線構造解析が威力を発揮するのだが，化合物の結晶構造が得られるかどうかは，装置というよりもむしろ研究者の"結晶化テクニック"に依存しているところが大きかった。結晶構造解析を利用したいが，結晶化の条件を探るほどのサンプル量や時間がない分野や本質的に結晶にならない化合物を扱う研究において，結晶スポンジ法は，構造解析の一助となりつつある。

Baran, Blackmondらは，電気化学酸化によるヘテロ芳香族化合物のトリフルオロメチル化において，構造のシンプルさゆえにNMRと質量分析だけでは決定打に欠いていた生成物におけるCF$_3$基の置換位置を結晶スポンジ法によって確かめている（図7）[7]。また，Buchwaldらは，トリフルオロメチルチオ化反応に用いる試薬を結晶スポンジ法により解析することで，この化合物がこれまで提唱されていた超原子価ヨウ素の構造ではないことを明らかにした[8]。井上らのグループは，独自に開発した反応の生成物において，NMRでは直接決定が困難であったシクロペンタノン環上の2つの置換基の相対立体配置を結晶スポンジ法により確かめている[9]。

藤田らは，テルペノイドの一種であるα-フムレンの骨格が結晶スポンジ4に包接されやすいという性質を利用して，α-フムレンの酸化反応によって生じる複数の酸素化生成物を網羅的に構造解析することに成功している。環状の脂肪族化合物ではNMRのシグナルが複雑に重複することから，酸化反応の起こった位置と生成物の立体配置を推定することが非常に困難で，かつ大半が液状で得られる。結晶スポンジ法を用いると，得られた結晶構造から反応を受けた位置が即座に判別できるのみならず，そこからNMRスペクトルも妥当に解析でき，立体化学まで含めた完全な構造決定が可能になった（図8）[10]。このように，多数の化合物の構造解析が常に必要とされる合成化学の現場において，どのような性状の化合物からでも単結晶が作製できる結晶スポンジ法は有用なツールとして利用が進んでいる。

## 6 将来展望

結晶スポンジ法は未だその原理が見つかった段階に過ぎず，新しい構造解析手法としての地位を確立し解析の応用範囲を広げてゆくためには今後さらなる発展が必要である。特に，官能基や分子サイズに応じた新たな結晶スポンジの開発は，その主軸となることが期待される。MOFやPCPといった細孔性錯体結晶に限らず細孔性有機結晶や単結晶ゼオライ

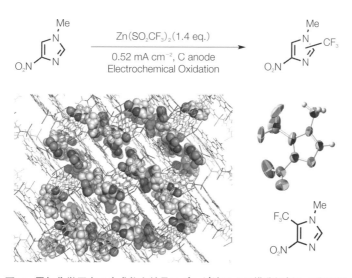

図7 電気化学反応の生成物を結晶スポンジ法により構造解析した応用例

第 2 章　金属錯体系（MOF 類）

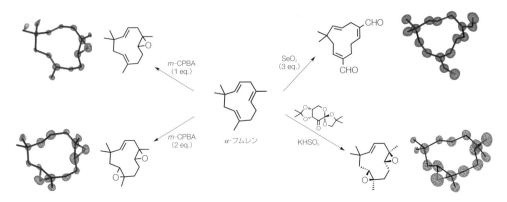

図 8　反応条件により異なる酸化生成物を結晶スポンジ法により解析することで得られた電子密度図 F

トなど幅広い分野に点在するナノ空間材料から結晶スポンジをつくり出すことで，解析対象化合物は増大してゆくと考えられる。一方で，結晶スポンジ法によって得られるデータの結晶学的取り扱いも細心の注意を払わなくてはいけない[11]。一口にディスオーダーと言っても，結晶構造解析の経験の浅い研究者にとっては非常に取り扱いの困難なものも含まれている[12]。ナノ空間を有する結晶の構造解析は，未だ確立された方針がないため，結晶学の専門家の指導も仰ぎながら解析を進める必要もあるだろう。そして，1つでも多くの未知化合物の構造が結晶スポンジ法により明らかになることを期待して，今後の動向に注目したい。

■引用・参考文献■

1) Y. Inokuma, M. Kawano and M. Fujita : *Nat. Chem.*, **3**, 349 (2011).
2) M. Fujita et al. : *Nature*, **378**, 469 (1995).
3) Y. Inokuma, T. Arai and M. Fujita : *Nat. Chem.*, **2**, 780 (2010).
4) Y. Inokuma et al. : *Nat. Protoc.*, **9**, 246 (2014).
5) Y. Inokuma et al. : *Nature*, **495**, 461 (2013).
6) S. Yoshioka et al. : *Chem. Sci.*, **6**, 3765 (2015).
7) A. G. O'Brien et al. : *Angew. Chem. Int. Ed.*, **53**, 11868 (2014).
8) E. V. Vinogradova et al. : *Angew. Chem. Int. Ed.*, **53**, 3125 (2014).
9) D. Kamimura et al. : *Org. Lett.*, **15**, 5122 (2013).
10) N. Zigon et al. : *Angew. Chem. Int. Ed.*, **54**, 9033 (2015).
11) T. R. Ramadhar et al. : *Acta Cryst.*, **A71**, 46 (2015).
12) Y. Inokuma et al. : *Nature*, **501**, 262 (2013).

〈猪熊　泰英, 藤田　誠〉

第2章 金属錯体系(MOF類)

## 8節 環状化合物からなる多孔性物質

### 1 序

多孔性配位高分子 (Porous Coordination Polymer: PCP) または金属-有機物構造体 (Metal-Organic Framework: MOF) は[1,2]、近年特に注目されている多孔性結晶材料である。これらは、結晶構造内に形成されるナノサイズの空隙（細孔）に分子やイオンを取り込むことにより、貯蔵や分離、触媒、輸送など実用化を志向したさまざまな機能化を可能にしている。また、これらは結晶であるためX線回折測定により三次元構造情報を容易に得ることができ、細孔内に取り込まれた分子・イオンの包接構造を決定できる。さらに、配位高分子の材料となる有機配位子に合目的的に官能基を導入することにより、結晶細孔内を設計通りに化学修飾できることも重要な特徴の一つである[3-5]。

このような背景の中、有機配位子として環状ホスト化合物を組み込んだ、あるいは環状ホスト化合物自体を有機配位子とした多孔性結晶が最近注目されている（以降、これらの物質群を環状多孔性結晶と呼ぶことにする）（図1）[6,7]。環状有機配位子は、その環状構造に由来するキレート効果や定まったサイズや形の分子・イオン認識部位の事前組織化により、非環状ホストに比べて高い分子認識能（高結合能、高選択性）を示す。例えば、代表的な環状ホスト化合物のクラウンエーテルは、同数の酸素原子を持つ非環状エーテルに比べて、約10,000倍もカチオンへの結合定数が高いものが存在する。さらに、環状ホスト化合物のバリエーションは豊かであり、多様な官能基、環サイズ、空孔形状を有するさまざまな環状ホスト化合物が発見・合成されている。上述のように、多孔性結晶を機能化する上で細孔内への分子・イオンの取り込みは必要不可欠であることから、環状ホスト化合物を新たな分子認識部位として構造内に組み込むことにより、空隙を形成する細孔壁においてゲスト分子・イオンを効果的に捕捉することが可能となる。このように、環状ホスト化合物の分子認識部位が結晶内に集積化されることにより、分子認識部位間の相乗効果に基づく空間機能が発現する可能性をも秘めている。

本稿では、金属錯体系の多孔性物質として、環状ホスト化合物からなる「環状多孔性結晶」に焦点をあてて本分野を概観する。はじめに、環状ホスト化合物を構成要素に持つ多孔性配位高分子について、環状ホスト化合物の種類によっていくつかのカテゴリーに分けて最近の研究例を紹介する。さらに、水

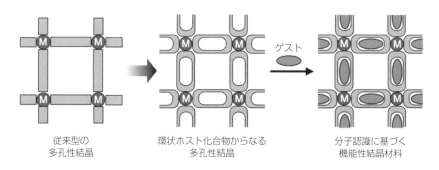

**図1 従来型の多孔性結晶と環状ホスト化合物からなる多孔性結晶**

第2章 金属錯体系(MOF類)

素結合やファンデルワールス力などで分子が集積化した多孔性分子結晶にも注目し，環状金属錯体をビルディングブロックとする多孔性分子結晶の例にも触れることにする．

## 2 環状ホスト化合物からなる多孔性配位高分子

代表的な環状ホスト化合物の一つとして，1967年にPedersenにより報告されたクラウンエーテルが挙げられる．クラウンエーテルは優れたカチオン認識能を示すとともに，電子豊富な芳香環を組み込むことで電子不足化合物に対しても優れたホスト化合物として機能する．クラウンエーテルが組み込まれた多孔性配位高分子はこれまでにいくつかの例が報告されてきた[8)9)]．例えばLiとZhangらは，MOFの柱となるジカルボン酸にクラウンエーテルを組み込んだ配位子1を合成し，これと硝酸亜鉛を反応させることにより，1と$Zn_4O$クラスターがジャングルジム状に配列したMOF-1001を報告した(図2a)[10)11)]．このMOF-1001は，導入したほぼすべてのクラウンエーテル部分で電子不足なメチルビオロゲン2を捕捉できる．一方，クラウンエーテル部位を持たないMOFは2をほとんど取り込まず，クラ

ウンエーテルがMOF内で有効な分子認識部位であることは明らかである．またSuhらは，クラウンエーテルが架橋配位子の中心に組み込まれたテトラカルボン酸3を合成し，硝酸亜鉛との反応により多孔性配位高分子SNU-200を開発した(図2b)．SNU-200は二重に相互貫入した複雑な配位高分子構造を持つが，クラウンエーテルの部分でカリウムイオンやアンモニウムイオンを捕捉できることが単結晶X線回折測定より明らかとなった．さらにカリウムイオンを取り込んだSNU-200では，ほかに比べて水素ガス吸着能が向上し，モンテカルロ計算から水素はカリウムイオンの近傍に存在している可能性が示された[12)]．本研究は，MOF内のクラウンエーテルのイオン認識により，新たな機能が付加された興味深い例である．

古典的なクラウンエーテルと同様に，ごく最近開

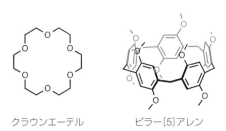

クラウンエーテル　　　ピラー[5]アレン

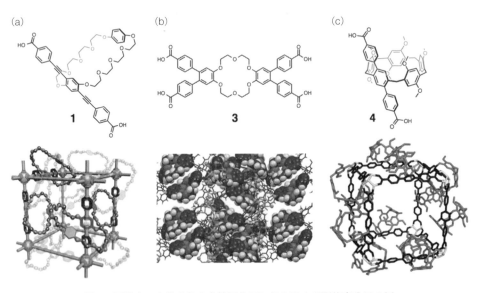

図2 環状ホスト化合物を有機配位子に組み込んだ配位高分子の例
(a)LiとZhangらによるクラウンエーテル[10)] (b)Suhらによるクラウンエーテル[12)] (c)ピラー[5]アレンが組み込まれた多孔性配位高分子[14)]．図2a, cの下図については，それぞれ文献11)14)より転載

## 8節 環状化合物からなる多孔性物質

発された環状ホスト化合物，ピラー[n]アレン[13]もMOFに組み込まれた．Stoddartらはピラー[5]アレン骨格を有するジカルボン酸4と硝酸亜鉛を反応させることにより，多孔性配位高分子P5A-MOF-1を合成した（図2c）．一般にピラー[5]アレンは電子豊富であるため，電子不足の芳香族化合物を効果的に包接できるが，P5A-MOF-1も同様に種々の芳香族ゲスト分子を取り込むことができる．さらに，P5A-MOF-1の結晶中でのゲスト取り込み選択性は，溶液中におけるピラー[5]アレン自身の結合定数の違いが反映されている[14]．さらに，ピラー[5]アレンが組み込まれた配位子4は，環を構成するベンゼン環の面不斉に由来するキラリティーを有するため，光学分割された4を用いたホモキラルなMOFは，ピラー[5]アレンの分子認識能に基づく不斉認識能が期待される[15]．

上記の例とは対照的に，環状ホスト化合物自体が配位高分子の配位子である例も多い．例えば，代表的な環状ホスト化合物としてシクロデキストリンやキューカービチュリル[16]，カリックスアレーン[17]，シクロトリベラトリレンが挙げられるが，これら自体が配位子として金属イオンと錯体形成することにより多孔性配位高分子を形成する．本稿では，これらの中から，配位高分子中で環状ホスト化合物が明確な分子認識部位として機能する例として，シクロデキストリンおよびシクロトリベラトリレンからなる配位高分子について紹介する．

シクロデキストリン（CD）は，D-グルコースが1,4位を介して環状に連結した化合物であり，グルコース構造に由来する一級，二級水酸基やエーテル基が金属配位部位として働く（図3a）．また，環を構成するD-グルコースの数によって，α-CD（六量体），β-CD（七量体），γ-CD（八量体）などと呼ばれ，環のサイズに応じてさまざまな有機分子を包接できる優れたホスト化合物である．Stoddartらは，γ-CDとカリウム塩から多孔性配位高分子CD-MOF-1を合成できることを報告した（図3）[18]．CD-MOF-1では，γ-CDの筒状構造の両縁にある水酸基がカリウムイオンと結合することによりγ-CDがネットワーク化され，配位高分子構造を形成する．

キューカービチュリル

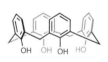
カリックスアレーン

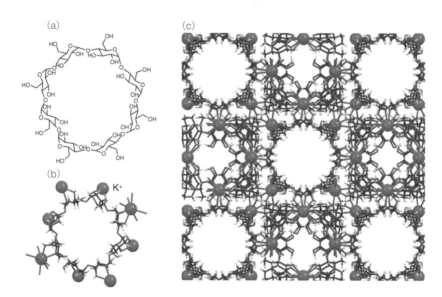

**図3** γ-シクロデキストリン（γ-CD）とカリウムイオンからなる多孔性配位高分子 CD-MOF-1[18]
(a) γ-CDの化学構造式　(b) CD-MOF-1を構成するγ-CDとカリウムイオンからなる錯体　(c) 結晶パッキング構造

## 第2章 金属錯体系（MOF類）

また構造内には、γ-CD の空孔に基づくナノチャネルが三次元的に存在し、ガスや色素の吸着が確かめられた。興味深いことに、CD-MOF-1 は食用の原料（γ-CD、KCl、水、エタノール）のみからつくることができるため、"Edible" MOF（食べられるMOF）とも名づけられている。また、カリウムだけでなく、ルビジウムイオンやセシウムイオンからも同様の構造を持つ多孔性配位高分子 CD-MOF-2 および CD-MOF-3 が合成できる[18)19)]。Stoddartらは、CD-MOF-1 および CD-MOF-2 が置換ベンゼン混合物の分離に活用できることを報告した。例えば、10～15μm の粒径分布からなる CD-MOF-1 を詰めたカラムを HPLC に用いたところ、最適条件下においては、原油の精製で得られるBTEX と呼ばれる混合物（ベンゼン、トルエン、エチルベンゼン、o-キシレン、m-キシレン、p-キシレン）をほぼベースライン分離できることを示した。彼らの計算により、CD-MOF を構成する γ-CD の空孔と各置換ベンゼンとの相互作用の違いが、保持時間に大きな影響を与えていることが示唆された[20)]。

シクロトリベラトリレン（CTV）は、ベラトロール（1,2-ジメトキシベンゼン）がメチレン基を介して三量化した環状ホスト化合物であり（図4a）、電子豊富なお椀状空孔をいかしてさまざまな分子認識に活用されている。また CTV は、各ベンゼン環の縁に2つのメトキシ基が配列しているため、アルカリ金属イオンなどにキレート配位することが可能であり、配位高分子の構成要素としても有望である。実際に、$Na^+$ や $K^+$、$Rb^+$、$Cs^+$ などのアルカリ金属イオンが CTV と配位高分子を形成し、CTV の分子認識部位がフラーレンやカルボラン類などを捕捉した共結晶が得られることが Raston[21)] や Hardie[22)-24)]、Konarev、齋藤[25)]らによって報告されている。

また塩谷らは、CTV とリンモリブデン酸ナトリウム水和物（$Na_3PMo_{12}O_{40}・nH_2O$）のアセトニトリル溶液から、$Na_3・(CTV)_2・(PMo_{12}O_{40})$ の組成を持つ配位高分子 CTV-POM の結晶が得られることを報告した（図4）[26)]。CTV の2つのメトキシ基がナトリウムイオンにキレート配位することにより $Na_3・(CTV)_2$ からなる配位高分子構造が形成されるが、$[PMo_{12}O_{40}]^{3-}$ は対アニオンとして配位高分子の隙間に存在し、CTV の分子認識部位には結晶溶媒であるアセトニトリルがディスオーダーして存在しているのみであった。そこで、この CTV の分子認識部位に着目して、種々のゲスト分子共存下におけるCTV-POM の結晶化が検討された。例えば、ゲスト分子として1,4-ベンゾキノン（5）を用いた場合、5の包接結晶 $Na_3・(CTV)_2・(PMo_{12}O_{40})・(5)$ が得られた。単結晶X線回折測定の結果、CTV-POM と同様に $Na_3・(CTV)_2$ からなる配位高分子の形成が確認されたが、ベンゾキノン5は π-π 相互作用を介し

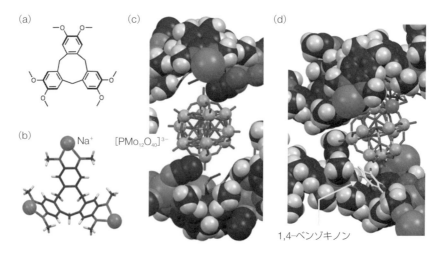

**図4 シクロトリベラトリレン（CTV）と $Na_3PMo_{12}O_{40}・nH_2O$ からなる配位高分子 CTV-POM[26)]（口絵参照）**
(a) CTV の化学構造式　(b) 配位高分子中における CTV とナトリウムイオンからなる錯体　(c) 配位高分子 CTV-POM の結晶構造の一部　(d) 1,4-ベンゾキノン（5）が取り込まれた配位高分子 $Na_3・(CTV)_2・(PMo_{12}O_{40})・(5)$ の結晶構造の一部

てCTVの分子認識部位に包接され，電子豊富なCTVと電荷移動錯体を形成していた（図4d）。ゲスト分子として1,4-ナフトキノンを用いた場合も，結晶を溶かした溶液の¹H NMR測定から包接結晶の形成が示唆されたが，一方で2,5-ジブロモ-1,4-ベンゾキノンやクロラニル，9,10-フェナントレンキノン，ニトロベンゼン，ベンゾニトリル，$I_2$などのほかの電子不足化合物は同結晶には取り込まれなかった。また，1,4-ベンゾキノン（5）の2電子還元体である1,4-ヒドロキノンも共結晶を形成しなかった。このように，CTVとリンモリブデン酸ナトリウムからなる配位高分子CTV-POMは，ゲスト分子の形状と電子的性質を認識して共結晶化する。

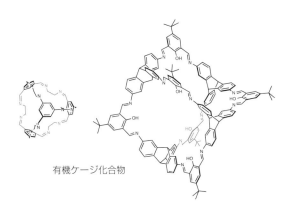

有機ケージ化合物

## 3 環状金属錯体からなる多孔性分子結晶

上述の多孔性配位高分子では，環状ホスト骨格を含む配位子，もしくは環状ホスト化合物自体が配位子となり，金属イオンと錯体形成することにより多孔性構造が得られる。一方で，配位結合ではなく，水素結合やファンデルワールス力などの非共有結合によって環状ホスト化合物が結晶化することにより，多孔性分子結晶が形成される場合もある。前項で述べたさまざまな環状ホスト分子は，それら自体が結晶化することによって多孔性分子結晶を形成することがよく知られている。これら有機結晶は本章の趣旨である金属錯体からは逸れるため詳細は紹介しないが，最近ではCooperやMastalerzらが，ナノサイズの空孔を有する有機ケージ化合物を用いて，ガス吸着などで優れた機能を示す多孔性分子結晶を多数報告している[27)28)]。

次に，環状金属錯体の自己集積による多孔性結晶を紹介する。塩谷らは，環状ヘキサアミン配位子 tris (o-phenylenediamine)（6）と3当量のPdCl$_2$(CH$_3$CN)$_2$からラセン型環状三核Pd（Ⅱ）錯体[Pd$_3$(6)Cl$_6$]が得られることを報告した[29)]。錯体[Pd$_3$(6)Cl$_6$]のねじれ方向によってP-およびM-異性体が，3つのPd（Ⅱ）イオンの相対位置によってsyn-およびanti-異性体がそれぞれ等量生成する（図5a）。すなわち，(P)-syn，(M)-syn，(P)-anti，(M)-antiの4つの異性体が同時に生成し，さらにこれらすべてが水素結合やPd（Ⅱ）-Pd（Ⅱ）相互作用を介して共結晶化することにより，多孔性分子結晶が収率よく形成されることが単結晶X線回折により明らかとなった。得られた結晶は環状金属錯体（metal-macrocycle）から構成されるため，metal-macrocycle framework（MMF）と名づけられた。MMFは1.4×1.9 nm²径のナノチャネル構造が平行に配列することによって，空隙率約44％の多孔性構造を形成する（図5b）。

MMFの最も特筆すべき構造特性はナノチャネルを構成する壁面構造であり，10種類の分子認識ポケットが配置されている（図5c, d）。すでに述べたように，MMFは三核環状錯体[Pd$_3$(6)Cl$_6$]の4つの異性体から構成され，さらに各異性体の表と裏はPd（Ⅱ）イオンの数により構造が異なるため，ナノチャネル細孔壁面には最大8種類［4（異性体の数）×2（表裏ポケットの数）］の認識ポケットが配列される可能性がある。実際には，8種類のうち6種類がナノチャネル壁面に露出しており，これに加えて錯体の間隙に形成された"すきま"の分子認識ポケットも4種類形成されている。ナノチャネルの細孔壁面の単位構造あたりに，5種類の分子認識ポケット（3種類が環状錯体，2種類が錯体間隙）がナノチャネル中心の映進面を挟んで鏡像異性体対として配列している（合計10種類）（図5c）。

これらの分子認識ポケットは，結晶場でさまざまなゲスト分子を位置選択的に捕捉できる。例えば，ベンゼン-アセトニトリルの混合溶媒（1：1）にMMFの結晶を浸漬すると，単結晶性は保たれたまま，ナノチャネル壁面の10種の分子認識ポケットのうち，側面ポケットと天井ポケットにベンゼン分子が捕捉される（図5e）。例えば側面ポケットは，

- 211 -

第2章 金属錯体系（MOF類）

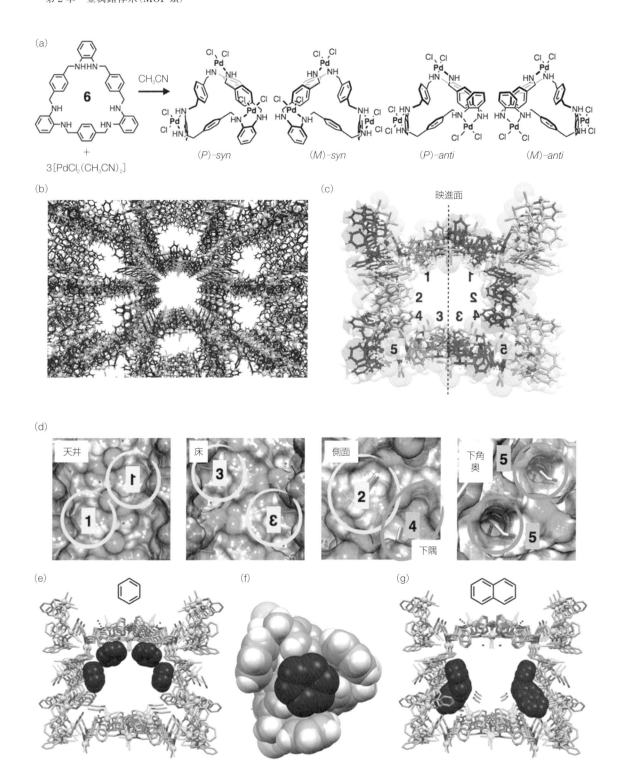

図5 Tris(o-phenylenediamine)(6)とPdCl$_2$(CH$_3$CN)$_2$からなる多孔性分子結晶 MMF[29]
(a)6の錯体形成反応と生成する4種の異性体 (b)結晶パッキング構造 (c)細孔構造と壁面上の10種の分子認識ポケット (d)細孔壁面の構造 (e)ベンゼンを配列したMMF細孔構造 (f)側面の疎水ポケットに取り込まれたベンゼン分子 (g)ナフタレンを配列したMMF細孔構造

- 212 -

8節 環状化合物からなる多孔性物質

(M)-syn体もしくは(P)-syn体のフェニレンジアミン環に囲まれた疎水ポケットであるが，ここにベンゼン環が多点CH-π相互作用を介して"はまり込む"ように捕捉される（図5f）。一方，より広いπ平面を持つナフタレンやアズレンの場合，いずれもベンゼンの場合とは異なり，側面ポケットと下隅ポケットに捕捉される（図5g）。この結果は，MMFナノチャネル壁面の各分子認識ポケットが，ゲスト分子の形状を認識することを示している。さらに，o-, m-, p-ジブロモベンゼン異性体の場合は，o-ジブロモベンゼンはナフタレンと同様に側面および下隅ポケットに，m-異性体はベンゼンと同じ側面および天井ポケットに，p-異性体は下隅ポケットのみに，それぞれ位置選択的に捕捉される（**図6a, b**）。また，m-およびp-ジブロモベンゼンをゲスト分子として同時に用いた場合，各々が単独の場合と同じポケットにそれぞれ包接され，これら2種の異性体がMMFナノチャネル内で位置選択的に同時配列することを示している（図6c）[29]。

上述のように，MMF細孔の分子認識ポケットはゲスト分子の形状を識別するが，さらに各ポケットはラセン性環状錯体由来のキラリティーを持つため，光学活性なゲスト分子をキラル識別することも可能である。例えば，光学活性な(1S)-1-(3-クロロフェニル)エタノールは，細孔の両側面にある(M)-syn体および(P)-syn体のうち，(M)-syn体の疎水ポケットのみにジアステレオ選択的に結合することが単結晶X線回折測定より明らかにされた（図6d）。一方，天井と下隅では，(P)-体由来のポケットのみがゲスト分子を捕捉する。当然予想されるように，(1R)-1-(3-クロロフェニル)エタノールの場合には，逆の鏡像異性体ポケットがゲスト分子と結合する。このようにMMF結晶を構成するラセン状環状錯体の特性をいかすことにより，キラルなナノ空間をデザインすることが可能となる[29]。

MMF細孔表面上の分子配列は，ナノチャネル内の化学修飾を可能にする。実際に，典型的な酸触媒であるベンゼンスルホン酸水和物やp-トルエンスルホン酸水和物はナノチャネル壁面の下隅ポケットに位置選択的に結合する（図6e）[30]。活性なスルホ

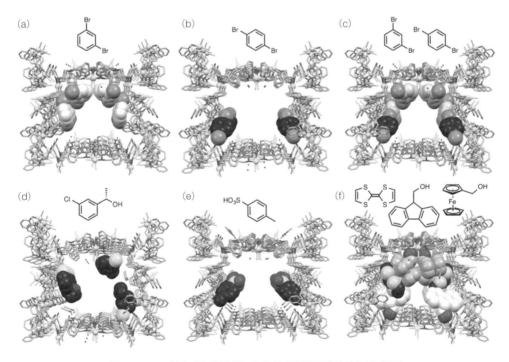

**図6 MMF細孔での各種ゲスト分子の配列構造**[29)-31)]（口絵参照）
(a) m-ジブロモベンゼン (b) p-ジブロモベンゼン (c) m-ジブロモベンゼンとp-ジブロモベンゼン (d) (1S)-1-(3-クロロフェニル)エタノール (e) p-トルエンスルホン酸 (f) TTFとヒドロキシメチルフェロセン(7), 9-フルオレニルメタノール(8)

第2章　金属錯体系(MOF類)

ン酸基がチャネル空間に露出しており，酸触媒反応やプロトン伝導などへの展開が期待されている。またスルホン酸類以外にも，優れた電子ドナー化合物であるテトラチアフルバレン(TTF)や，酸化還元活性な有機金属であるフェロセン誘導体，広いπ平面を有するフルオレン誘導体もチャネル表面に位置選択的に配列する[31]。例えば，ヒドロキシメチルフェロセン(7)や9-フルオレニルメタノール(8)は，各々のヒドロキシメチル基がMMF細孔表面のアミノ基やクロロ基と水素結合を介して結合するため，水酸基が分子配列のアンカーとして働く。また，異なる種類のゲスト分子の配列において，協働効果や競争効果が働く。例えば，TTFのみの場合，MMF細孔表面への吸着は観測されないが，TTFを化合物7もしくは8と混合して用いると，7もしくは8とともにTTFも協働効果により配列する。さらに，TTF，7，8をすべて混合した場合，3種のゲスト分子がチャネル内に位置選択的に同時配列することが単結晶X線回折測定により確認できる(図6f)。実際に得られたゲスト配列構造には，さまざまなゲスト間相互作用が観測され，分子配列における協働効果もしくは競争効果が明らかにされている。

さて，ゲスト分子はMMF細孔壁面の分子認識ポケットにどのように配列するのだろうか。これは，さまざまな固体表面もしくは界面に分子が配列する自己組織化と同様の現象であり，このような分子配列プロセスを明らかにすることは，自己組織化現象の解明に繋がる重要な課題である。塩谷らは，MMF細孔壁面での分子配列過程を単結晶X線回折測定で経時追跡することにより，ゲスト分子が細孔表面の分子認識ポケットに配列するプロセスをスナップショット撮影することに成功した[32]。

まず，光学活性ゲスト分子である$(1R)$-1-(3-クロロフェニル)エタノールのアセトニトリル溶液にMMFの結晶を通常より短時間(5分弱)浸したのち，取り出した結晶を$-180$℃に急冷して単結晶X線回折測定を行うと，ゲスト分子が最終的に結合するチャネル側面の$(P)$-syn体の疎水ポケットにはゲスト分子は結合せず，アセトニトリル分子のみが観測される(図7左)。なお，$-180$℃という低温下では，ナノチャネル内の分子配列はほぼ完全に停止していると考えられている。

次に結晶を$-40$℃まで温めて30分間静置したのち，再び$-180$℃に急冷してX線回折測定を行うと，$-40$℃という比較的高温下で分子配列が少し進行

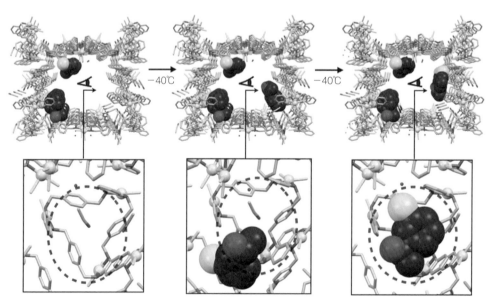

**図7　MMF細孔内におけるゲスト分子$(1R)$-1-(3-クロロフェニル)エタノールの段階的配列挙動の単結晶X線スナップショット観察[32]**
　下図は各段階における$(P)$-syn体ポケット周辺の拡大図であり，破線で囲まれたところがそのポケットを示している。

し，(*P*)−*syn* 体の疎水ポケットのすぐ隣にゲスト分子が捕捉されているのが観察される（図7中央）。再び−40℃に昇温してさらに分子配列を進行させると，ゲスト分子は移動して (*P*)−*syn* 体の疎水ポケット内に収まる（図7右）。この結果は，ゲスト分子が最終位置にたどり着く前に，隣の分子認識サイトへ過渡的に結合するという，段階的な分子配列過程が存在していることを示す。このような過渡的プロセスの単結晶X線回折による"可視化"は，自己組織化の分子レベルの理解に大きく貢献すると期待される。

## 4 おわりに

　本稿では，環状ホスト化合物を構成成分に持つ多孔性結晶について，最近の例を中心にそれらの構造と機能について説明した。このようなアプローチで得られた多孔性結晶は，環状ホスト化合物が明確な分子認識部位として機能することにより，従来型の多孔性結晶よりも優れた分子認識・分子配列能を示す。また，他節で述べられているように，藤田らが開発したケージ状錯体からなる多孔性配位高分子は，ケージ構造に基づいてさまざまな分子を効果的に包接できるとともに，極微量のゲスト分子の立体構造を単結晶X線回折により決定できるという画期的な分析手法へと展開されている[33)34)]。MMF も同様の機能を備えていることが期待されている。本稿の最後に示したように，異種複数の環状ホスト構造を同一結晶細孔内に組み込むことにより，異種環状ホストの協働効果に基づく多種分子の同時配列や，細孔壁面における段階的な分子配列挙動を直接観察できることが明らかになった。環状ホスト化合物は，本稿で紹介した多孔性結晶のみにとどまらず，ゲルや高分子など多様な機能性材料のビルディングブロックとしても注目されており[35)36)]，今後の環状多孔性物質の発展が期待される。

■引用・参考文献■

1) S. Kitagawa, R. Kitaura and S. Noro : *Angew. Chem., Int. Ed.*, **43**, 2334(2004).
2) O. M. Yaghi et al. : *Nature*, **423**, 705(2003).
3) S. Kitagawa, S. Noro and T. Nakamura : *Chem. Commun.*, 701(2006).
4) K. K. Tanabe and S. M. Cohen : *Chem. Soc. Rev.*, **40**, 498 (2011).
5) M. Yoon, R. Srirambalaji and K. Kim : *Chem. Rev.*, **112**, 1196(2012).
6) S. Tashiro and M. Shionoya : *Bull. Chem. Soc. Jpn.*, **87**, 643 (2014).
7) H. Zhang, R. Zou and Y. Zhao : *Coord. Chem. Rev.*, **292**, 74 (2015).
8) C. V. K. Sharma and A. Clearfield : *J. Am. Chem. Soc.*, **122**, 1558(2000).
9) H. L. Ngo and W. Lin : *J. Am. Chem. Soc.*, **124**, 14298 (2002).
10) Q. Li et al. : *Science*, **325**, 855(2009).
11) H. Deng, M. A. Olson, J. F. Stoddart and O. M. Yaghi : *Nat. Chem.*, **2**, 439(2010).
12) D.-W. Lim, S. A. Chyun and M. P. Suh : *Angew. Chem., Int. Ed.*, **53**, 7819(2014).
13) T. Ogoshi et al. : *J. Am. Chem. Soc.*, **130**, 5022(2008).
14) N. L. Strutt et al. : *J. Am. Chem. Soc.*, **134**, 17436(2012).
15) N. L. Strutt, H. Zhang and J. F. Stoddart : *Chem. Commun.*, **50**, 7455(2014).
16) J. Heo, S.-Y. Kim, D. Whang and K. Kim : *Angew. Chem., Int. Ed.*, **38**, 641(1999).
17) G. W. Orr, L. J. Barbour and J. L. Atwood : *Science*, **285**, 1049(1999).
18) R. A. Smaldone et al. : *Angew. Chem., Int. Ed.*, **49**, 8630 (2010).
19) R. S. Forgan et al. : *J. Am. Chem. Soc.*, **134**, 406(2012).
20) J. M. Holcroft et al. : *J. Am. Chem. Soc.*, **137**, 5706(2015).
21) M. J. Hardie and C. L. Raston : *Angew. Chem., Int. Ed.*, **39**, 3835(2000).
22) M. J. Hardie, C. L. Raston and B. Wells : *Chem. Eur. J.*, **6**, 3293(2000).
23) R. Ahmad, A. Franken, J. D. Kennedy and M. J. Hardie : *Chem. Eur. J.*, **10**, 2190(2004).
24) M. J. Hardie, R. Ahmad and C. J. Sumby : *New J. Chem.*, **29**, 1231(2005).
25) D. V. Konarev et al. : *Chem. Commun.*, 2548(2002).
26) S. Tashiro, S. Hashida and M. Shionoya : *Chem. Asian J.*, **7**, 1180(2012).
27) T. Tozawa et al. : *Nat. Mater.*, **8**, 973(2009).
28) M. Mastalerz, M. W. Schneider, I. M. Oppel and O. Presly : *Angew. Chem., Int. Ed.*, **50**, 1046(2011).
29) S. Tashiro, R. Kubota and M. Shionoya : *J. Am. Chem. Soc.*, **134**, 2461(2012).
30) R. Kubota, S. Tashiro, T. Umeki and M. Shionoya : *Supramol. Chem.*, **24**, 867(2012).
31) S. Tashiro, T. Umeki, R. Kubota and M. Shionoya : *Angew.*

第 2 章　金属錯体系（MOF 類）

*Chem., Int. Ed.*, **53**, 8310（2014）.

32）R. Kubota, S. Tashiro, M. Shiro and M. Shionoya : *Nat. Chem.*, **6**, 913（2014）.

33）Y. Inokuma, T. Arai and M. Fujita : *Nat. Chem.*, **2**, 780（2010）.

34）Y. Inokuma et al. : *Nature*, **495**, 461（2013）.

35）A. Harada, Y. Takashima and M. Nakahata : *Acc. Chem. Res.*, **47**, 2128（2014）.

36）Z. Qi and C. A. Schalley : *Acc. Chem. Res.*, **47**, 2222（2014）.

〈塩谷　光彦，田代　省平〉

# 第3章

# ゼオライト類

1節　総　論

2節　SDAを用いた新しいゼオライトの合成

3節　ゼオライト水熱転換法

4節　粉砕・再結晶化法によるゼオライト微細粒子の調製

5節　金属ユニット導入ゼオライトと触媒

6節　層状ゼオライトの創製と構造修飾

7節　バイオマス

8節　メタン転換・C1化学におけるゼオライト

9節　ゼオライト鋳型炭素の合成、特徴、応用

# 第3章 ゼオライト類

## 1節 総論

### 1 はじめに

ナノ空間材料として決して無視できない物質群にゼオライト類がある。ゼオライトはもともとは1750年代にスウェーデンの鉱物学者 A. F. Cronstedt が発見・命名したものであるが[1]、人工的な化学合成が最初になされ[2]、産業界で盛んに使われるようになったのは20世紀半ばであり、これ以降、その基礎的理解や応用技術が急速に進展した。

この物質の当初の定義は、$TO_4$四面体（例えば図1左上に示すもの；T は Si または Al）が頂点に位置する O 原子を共有した三次元ネットワークであり、水分子程度の大きさのゲストを取り込むとともに交換可能な陽イオンを持つものとされていた[3]。T は主として Si であり、Al の骨格内含有量が Si の量を超えることはないため、Si を主役として Al のことをヘテロ元素とする見方もできる。そして、ヘテロ元素が Al 以外のものを「ゼオライト」と呼ぶことを避ける立場[4]も以前はあったが、現在ではこれら（ボロシリケートや各種メタロシリケート）も広義のゼオライトとして表現されることが多くなっている。場合によっては、T が Al, P (Al/P=1) であるアルミノフォスフェート（$AlPO_4$）やその類縁体シリコアルミノフォスフェート（SAPO）など、シリケートでないものまでが広義のゼオライトに含まれる[1]。広義のゼオライトであり、狭義のゼオライトには含まれないものを zeolite-like material と呼ぶこともある[5)6]。International Zeolite Association の Structure

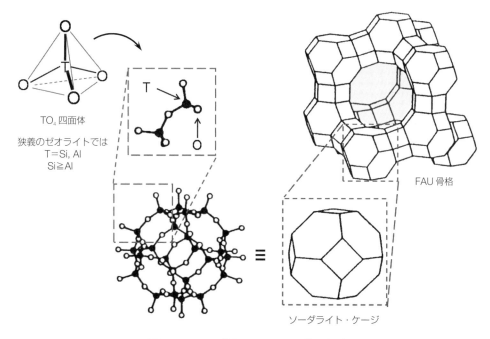

図1　$TO_4$四面体とゼオライト骨格の関係

Commission（IZA-SC）により構築されたデータベースは，「Atlas of Zeolite Framework Types[7]（旧 Atlas of Zeolite Structure Types）」（以降「アトラス」と呼ぶ）として出版され，骨格トポロジー（アルファベット三文字からなる骨格タイプコード；本稿2項参照）ごとに分類されている。同じ骨格でも，シリケート版もアルミノフォスフェート版もあるので，当然狭義のゼオライトでないものまで収録されることになる。また，外部への開口部（open-pore）を持たないクラスレート（clathrate）などの物質群も含まれている[8]。しかし，TO$_4$四面体ユニットから構成されることには例外がない。したがって，「アトラス」に収録され得る範囲であれば，広義のゼオライトと言ってもよい。

　一方で，メソ多孔体（第1章参照）に関する研究が1992年からの約15年間，隆盛を極めたが，この物質群はゼオライトとは一線を画するものであり，物質名に「ゼオライト」が付記されることは皆無である。実際にはメソ多孔体とゼオライトは空間構造と結晶性が異なるだけで，両者は互いに対応する化学組成を持ちうる点で関わりが深い。少なくとも，「有機ゼオライト[9]」として報告例のある有機の構造体よりは，メソ多孔体（特にメソポーラスシリケート）はずっとゼオライトに近い物質である。21世紀に入ってから爆発的に研究例が増えた物質群としては，多孔性有機金属錯体である metal organic framework（MOF）があり，本書の第2章で扱われているが，これらもやはり「ゼオライト」ではない。しかし，ゼオライト関連の学会で取り上げられる機会は増えている。なお，上記のTO$_4$という表し方において，隣接するTO$_4$同士は酸素原子を共有するため，各ユニットにおける原子比はT/O＝1/2となる。したがって，示性式としてTO$_{4/2}$と表記することもある[10]。

　さて，20世紀半ば以降のゼオライト科学の急速な発展に伴い，わが国でもゼオライトの定評ある教科書が1975年[11]，1987年[12]，2000年[13]に出版されており，今なおその価値を失っていない。高度経済成長時代のゼオライト分野の発展ぶりをこれらの成書からうかがい知ることができ，新たなブレークスルーのための古くて新しいヒントまでもが随所にちりばめられている。海外学術誌にも有用な総説[1][5][6]が掲載されており，特に総説6では，有機SDAのさらなる発展[14]，有機SDAを用いない合成[15]，二次元構造（ナノシート）と三次元構造の相互転換[16]，階層構造ゼオライト[17]，キラルなゼオライト類，T原子の特定の位置への配置など，ゼオライト研究の最近のトレンドが整理され，今後の展望についてのディスカッションがなされている。総説1，5は時の経過とともに古くなりつつあるものの，基本事項の有用性は変わっておらず，今でも非常に多く引用されている。本章では20年前には注目されていなかった（あるいはまだ存在しなかった）新しくて重要な題材（例えば，ナノ粒子，層状ゼオライト，バイオマス転換触媒，ゼオライト鋳型によるカーボンなど）や，革新的な環境触媒や非在来型化石資源からのC1化学など，従来の形からスパイラルアップした題材が扱われている。よって，ここ数年のゼオライト分野の進歩を概観するには本章は有用であろう。

　ゼオライトがさまざまな分野で機能性材料として活躍していることはかなり前から周知の事実である。触媒としては1950年代以来，石油化学工業に革新的な進歩をもたらしてきている。現存するいずれの応用例も，規則的なナノメーター領域の微空間が優れた物性の要因となることを実証するものであり，ゼオライトの今後の発展についても期待度は依然として高い。石油精製の中で重要な役割を果たしている流動接触分解（FCC）プロセスのうち，多くの場合 USY（Ultra Stable Y）型ゼオライトを含む触媒系が用いられている[18]ことは，ゼオライト研究が注目される大きな理由になっている。原料油や残油の重質化に対応するためにこれ以上有用な材料は今のところ見当たらない。生成物分布を調節するために加えるアディティブも ZSM-5を中心とするゼオライト触媒である。いわゆるシェールガス革命による基礎化学品の需給バランスの変化に迅速に対応していくために，ゼオライト類は今後も必要不可欠であるとともにさらなる進歩が求められる材料である。

　ゼオライトの工業利用およびそれを指向した合成については優れた成書[13][19]および解説[20]-[26]が存在するのでそちらへ譲り，この総論部分では，各セクションの理解の助けになる基礎知識や，熟練した研究者にも軽視されがちな学術的要素をそれぞれ簡単に紹介し，指摘していきたい。

## 2 ゼオライトの骨格タイプコード

ゼオライト骨格の表記法について説明する（図1）。図形の各頂点がT原子（骨格中のtertahedral原子）であり、各辺の中点付近が酸素原子に相当する。「ソーダライト・ケージ」と呼ばれるユニット同士の結合の仕方により、ソーダライト、A型、X型およびY型等の物質となる。X型、Y型の違いは化学組成のみで、骨格トポロジーは同一である。IZA-SCは、ゼオライトのさまざまな骨格トポロジーのうち、構造解析データが十分なものに対して三文字のコード（Framework Type Code；FTC）[7)27)]を与えている。例えば図2に示すように、ソーダライト（sodalite）のトポロジーはSOD、A型はLTA、Y型はFAU、EMC-2はEMTである。FTCは化学組成の情報を全く含まず、あくまで骨格トポロジーのみを表す。このことは2001年にIUPACにより明確に定義された[28)29)]。FTCが共通でも物質として異なるものが複数存在してよいことになる。例えば天然鉱物としてのフォージャサイト（faujasite）、X型、Y型はすべて、FAUの骨格トポロジーを持つ。因みにFTCが共通であるゼオライト類のうち、FTC命名のもととなった物質を「type material」と呼ぶ（例えば、FAUの場合はfaujasiteである）。FTCといくつかの記号を組み合わせて、ゼオライトの化学構造を的確に表現する統一的な方法が提案されている[30)]。

ゼオライト構造の数の目安としてFTCの種類を数えてみると、アトラスの初版（1978）で38種、第2版（1988）で64種、第3版（1992）で85種、第4版（1996）で98種、そして第5版（2001）では133種と着実に増加している。1992年から2015年までのFTC数の増加の様子を図3に示す。第5版の発行前後の2000〜2002年には数の増加が頭打ちになったようにも見られたが、その後登録数が急増し、今なお増加が続いている。いわば車の両輪である合

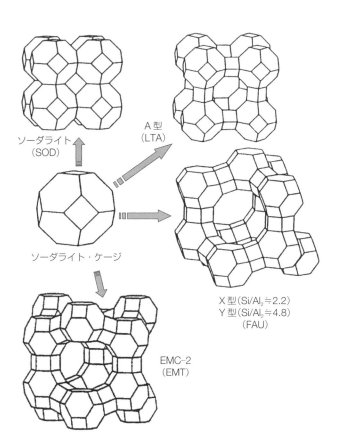

**図2 ゼオライト骨格の多様性**

成技術・解析技術がともに進歩した結果と言える。ただし、「大細孔 (large-pore) ないし超大細孔 (extra-large-pore)」かつ「高シリカ組成 (Si/Al>5)」のものはそれほど多くない。なお、2001年の第5版発行時に、6年に一度アトラスが改訂されることが決まり、予定通り2007年に第6版が出版されたが、その後は冊子体が印刷されないことになり、現在ではweb siteのみの更新となっている[7]。

## 3 ゼオライトの細孔径

ゼオライトの最大の特徴は「形状選択性 (shape-selectivity)[31][32]」であり、吸着、触媒反応、膜分離のいずれにおいても「形状選択性」は重要な概念である。また、有機の structure-directing agent (SDA ; 3章2節参照) を用いた合成の際は、有機SDAのサイズと細孔サイズの相対関係を注意深く考慮しなければならない。そこで、ゼオライトの細孔径についての注意事項を述べる。

T原子8, 10, 12個で囲まれた環をそれぞれ8員環、10員環、12員環と呼ぶ[1]。和文の教科書では、T原子でなく酸素でカウントして「酸素n員環」と表記されているが、いずれにしても同数である。酸素を強調するのは、細孔径が酸素によって決まるからである (ただし、後述のようにイオンモデルの場合)。より厳密に言えば、IUPACはゼオライトの員環数の呼び方を n-membered ring ではなく n-ring としている[5]。例えば、洗剤ビルダーや乾燥剤などとして用いられるA型ゼオライト (LTA) は 8-ring、Mobil法 MTG (methanol-to-gasoline) プロセスに用いられる ZSM-5 (MFI) は 10-ring、FCCに多用される USY (ultra-stable Y) 型ゼオライト (FAU) は 12-ring である。また、8, 10, 12-ring および 14-ring 以上からなる細孔をそれぞれ "small pore"(小細孔)、"medium pore"(中細孔)、"large pore"(大細孔) および "extra-large pore"(超大細孔) と呼ぶ習慣がある。アトラスによれば、結晶学的データから見積もられる細孔径はLTAが 0.41 nm、MFI が 0.53 〜 0.56 nm、FAU が 0.74 nm である。ただし、この値の扱いには注意を要する。以下に記述するとおり、基本物性値の多くが仮定に基づく上、高温反応では熱振動の影響が大きく、親水性の高い細孔では水和状態の影響も大きい[7]ため、データブック等に記載されている細孔径の数値の由来を知り、適切に扱うことが重要である。

細孔径の値は、該当する酸素同士の原子間距離から酸素 (イオン) の半径 ($r(O^{2-})$) の2倍を引いた値である。したがって、原子間距離がいくら精密であっても、酸素原子半径をどう見積もるかで細孔径の値は異なる。Flanigenら[33]は r = 0.130 nm、Olsonら[34]

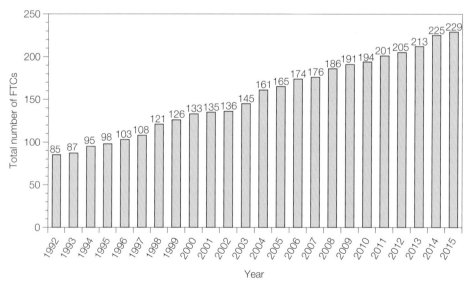

図3　最近約20年間の骨格タイプコード (FTC) 数の増加

は r = 0.135 nm, Ruthven[35]およびFreyhardtら[36]は r = 0.140 nm（ただしFreyhardtらはvan der Waals半径$r_{vdW}$とことわっている）を採用しているが，これだけでも細孔径の見積もりに0.02 nmの違いが出てくる。因みに，アトラスに記載されているのはr($O^{2-}$) = 0.135 nmと仮定した場合の値であり，最近の構造解析の論文でもこの値が多く用いられている[7)37]。また，イオンモデルが妥当かどうかにも議論の余地がある。酸素の場合，r($O^{2-}$) = 0.132 ~ 0.138 nm, van der Waals半径は0.140 nmとされる[38)39]ため，イオンモデルでも原子モデルでも大差はないがごくわずかに異なる。

一方，ケイ素はイオン半径r($Si^{4+}$) = 0.026 nm, van der Waals半径は0.20 nmなので，仮定の仕方で大きく異なる[38)39]。因みに，文献38と39の根拠になっているデータは文献40～43に含まれており，特にShannonらの文献40～42は広く引用されている。DekaとVetrivelはケイ素についてr = 0.045 nmを用いている[44]。AbramsとCorbin[45]はSi-O結合は共有結合の性格が強いとし，酸素のサイズは共有結合半径のr = 0.075 nmにごく近いr = 0.085 nmと推定している。もしそうであれば，アトラスに記載されている細孔径の値よりも実際には（0.135 nm - 0.085 nm）× 2 = 0.10 nm程度大きいことになる。なお，基質や吸着質などの有機物に関しては，van der Waals半径に基づくCorey-Pauling-Koltun（CPK）モデル[46]から大きさを見積もるのが普通であるが，こちらも共有結合の影響を考慮すべきかもしれず，CPKモデルの大きさが絶対的なものとは言えない。少なくとも原子はCPKモデルの材質のような剛体ではないはずである。とは言え，でたらめということは決してなく，このような古典的な方法で見積もったホスト・ゲスト（例えばSDAとして用いた有機コバルト錯体[$Cp_2^*Co$]$^+$とそれを包接したUTD-1[47)48]の14-ring）の大きさは，**図4**に示すようにかなり良く対応している。このゲスト分子のCPKモデルは，文献49のFigure 13にも図示されているが，そこではホスト側との関係性が表されていない。

ここで，カウンター・カチオンの効果について述べる。アルミニウムを多く含むゼオライトではイオン交換サイトに存在する金属イオンによって細孔径が大きな影響を受ける。A型ゼオライトでは，細孔入り口付近にカリウムイオンが存在するK-A（い

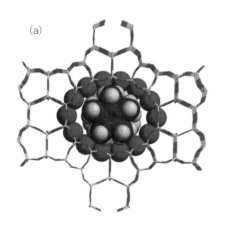 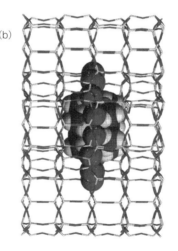

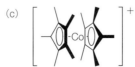

**図4** UTD-1細孔への有機SDAのフィッティング（富士通化合物分子設計統合支援ソフトCACheを用いて描画：[$Cp_2^*Co$]$^+$はCPKモデル，骨格側の球は酸素原子のvan der Waals半径に基づく）
(a)細孔に沿った方向から見た図，(b)細孔に垂直な方向から見た図，(c)SDAである[$Cp_2^*Co$]$^+$の構造式

第3章　ゼオライト類

わゆるモレキュラシーブ3A）よりも Na–A（モレキュラシーブ4A）の細孔入り口径がやや大きい。これはカチオンのサイズの違いによるものであり，Ca–A（モレキュラシーブ5A）ではカチオンの数が半減するだけでなく細孔入り口付近にカチオンが存在しないため，8–ring の本来の細孔径を示す[12]。

　以上，細孔径にかかわる諸事情について記述した。古典的な取扱いに終始したが，空間の大きさのみならずゼオライト類のさまざまな機能や相互作用について，DFT 法や ab initio 法など，量子化学に基づく計算化学手法を用いた研究も有効である[50]–[53]。今後は，ゼオライトの機能を最大限に発揮させるために，実験化学と計算化学の連携がますます重要になると考えられる。

■引用・参考文献■

1) M. E. Davis and R. F. Lobo : *Chem. Mater.*, **4**, 756–768 (1992).
2) R. M. Barrer : *J. Chem. Soc.*, 127–132(1948).
3) J. V. Smith : *Zeolites*, **4**, 309–310(1984).
4) Y. Kubota, M. M. Helkamp, S. I. Zones and M. E. Davis : *Micropor. Mater.*, **6**, 213–229(1996).
5) C. S. Cundy and P. A. Cox : *Chem. Rev.*, **103**, 663–701 (2003).
6) M. E. Davis : *Chem. Mater.*, **26**, 239–245(2014).
7) Ch. Baerlocher, L. B. McCusker and D. H. Olson : Atlas of Zeolite, Framework Types, 6th ed., Elsevier, Amsterdam, 2007; see also : http://www.iza-structure. org/databases/
8) F. Liebau : *Zeolites*, **3**, 191–193(1983).
9) K. Endo, T. Sawaki, M. Koyanagi, K. Kobayashi, H. Masuda and Y, Aoyama : *J. Am. Chem. Soc.*, **117**, 8341–8352(1995).
10) H. Koller, A. Wolker, H. Eckert, C. Panz and P. Behrens : *Angew. Chem. Int. Ed. Engl.*, **36**, 2823–2825(1997).
11) 原伸宜，高橋浩編：ゼオライト—基礎と応用，講談社(1975).
12) 冨永博夫編：ゼオライトの科学と応用，講談社(1987).
13) 小野嘉夫，八嶋建明編：ゼオライトの科学と工学，講談社(2000).
14) J. Li, A. Corma and J. Yu : *Chem. Rev. Soc.*, **44**, 7112–7127 (2015).
15) 伊與木健太，板橋慶治，大久保達也：ゼオライト，**30**, 52–60(2013).
16) W. J. Roth, P. Nachtigall, R. E. Morris and J. Čejka : *Chem. Rev.*, **114**, 4807–4837(2014).
17) D. P. Serrano, J. M. Escola and P. Pizarro : *Chem. Soc. Rev.*,

**42**, 4004–4035(2013).
18) 石油学会編：石油精製プロセス，講談社(1998).
19) 辰巳敬，西村陽一監修：ゼオライト触媒開発の新展開，シーエムシー(2004).
20) 板橋慶治：ゼオライト，**20**, 89–96(2003).
21) 大竹正之：ゼオライト，**20**, 97–103(2003).
22) 西村陽一：ゼオライト，**20**, 141–146(2003).
23) 渕上循：ゼオライト，**30**, 7–11(2013).
24) 瀬戸山亨：ゼオライト，**30**, 95–107(2013).
25) 室井髙城：ゼオライト，**30**, 142–154(2013).
26) 常木英昭：ゼオライト，**31**, 143–146(2014).
27) 辰巳敬：触媒，**40**, 185–190(1998).
28) L. B. McCusker, F. Liebau and G. Engelhardt : *Pure Appl. Chem.*, **73**, 381–394(2001).
29) L. B. McCusker, F. Liebau and G. Engelhardt : *Micropor. Mesopor. Mater.*, **58**, 3–13(2003).
30) M. M. J. Treacy : *Micropor. Mesopor. Mater.*, **58**, 1–2(2003).
31) S. M. Csicsery : *Pure & Appl. Chem.*, **58**, 841–856(1986).
32) Y. Sugi, Y. Kubota, T. Hanaoka and T. Matsuzaki : *Catal. Surv. Jpn.*, **5**, 43–56(2001).
33) E. M. Flanigen, J. M. Bennett, R. W. Grose, J. P. Cohen, R. L. Patton, R. M. Kirchner and J. V. Smith : *Nature*, **271**, 512 (1978).
34) D. H. Olson, G. T. Kokotailo, S. L. Lawson and W. M. Meier : *J. Phys. Chem.*, **85**, 2238(1981).
35) D. M. Ruthven : Principles of Adsorption and Adsorption Process, John Wiley & Sons, New York, (1984).
36) C. C. Freyhardt, R. F. Lobo, S. Khodabandeh, J. E. Lewis Jr., M. Tsapatsis, M. Yoshikawa, M. A. Camblor, M. Pan, M. M. Helmkamp, S. I. Zones and M. E. Davis : *J. Am. Chem. Soc.*, **118**, 7299(1996).
37) A. Burton, S. Elomari, C.-Y. Chen, R. C. Medrud, I. Y. Chan, L. M. Bull, C. Kibby, T. V. Harris, S. I. Zones and E. S. Vittiratos : *Chem. Eur. J.*, **9**, 5737(2003).
38) J. A. Dean(ed.): Lange's Handbook of Chemistry, 15th edition, McGraw-Hill, New York(1999).
39) J. Emsley : The Elements, 2nd edition, Oxford University Press, Oxford(1991).
40) R. D. Shannon and C. T. Prewitt : *Acta Crystallographica*, B**25**, 925(1969).
41) R. D. Shannon and C. T. Prewitt : *Acta Crystallographica*, B**26**, 1046(1970).
42) R. D. Shannon and C. T. Prewitt : *Acta Crystallographica*, A**32**, 751(1976).
43) M. C. Ball and A. H. Norbury : Physical data for inorganic chemists, Longman, London(1974).
44) R. Ch. Deka and R. Vetrivel : *J. Mol. Graph. Model.*, **16** 157–161(1998).
45) L. Abrams and D. R. Corbin : *J. Inclusion Phenom. Mol. Recognit. Chem.*, **21**, 1–46(1995).

46) F. R. N. Gurd : *Biochem. Education*, **2**, 27-29(1974).

47) C. C. Freyhardt, M. Tsapatsis, R. F. Lobo, K. J. Balkus Jr. and M. E. Davis : *Nature*, **381**, 295-298(1996).

48) R. F. Lobo, M. Tsapatsis, C. C. Freyhardt, S. Khodabandeh, P. Wagner, C.-Y. Chen, K. J. Balkus Jr., S. I. Zones and M. E. Davis : *J. Am. Chem. Soc.*, **119**, 8474-8484(1997).

49) S. I. Zones and M. E. Davis : *Curr. Opin. Solid State Mater. Sci.*, **1**, 107-117(1996).

50) N. Katada, K. Suzuki, T. Noda, G. Sastre and M. Niwa : *J. Phys. Chem.* C, **113**, 19208-19217(2009).

51) A. Oda, H. Torigoe, A. Itadani, T. Ohkubo, T. Yumura, H. Kobayashi and Y. Kuroda : *J. Phys. Chem.* C, **118**, 15234-15241(2014).

52) 織田晃, 鳥越裕恵, 黒田泰重 : ゼオライト, **31**, 88-95 (2014).

53) 岡秀行 : ゼオライト, **30**, 45-51(2013).

〈窪田　好浩〉

第3章　ゼオライト類

## 2節　SDA を用いた新しいゼオライトの合成

### 1　ゼオライト骨格と SDA とのホスト−ゲストケミストリー

　ゼオライトの構造のバリエーションはここ20年で100程度から200程度に着実に増加している。各分野で望まれるゼオライトの構造は「より細孔径が大きく，多次元であり，疎水性・熱安定性が高いもの」があげられる。一方，最近では自動車の排ガス浄化触媒の担体として酸素8員環ミクロ孔を持つ「小細孔ゼオライト」も注目されており，ますます構造の多様性が求められている。

　多様なゼオライト構造をつくり分ける，また新たな構造を有するゼオライトを得るためには，有機の鋳型分子（＝構造規定剤：structure-directing agent：SDA）の使用が有効である。SDA分子を包接したゼオライト体をホスト−ゲストケミストリーの視点で見ると，ゼオライト骨格が「ホスト」，SDAが「ゲスト」であり，ホスト−ゲスト複合体はホスト単独よりも熱力学的に安定であるため，SDAを利用するゼオライトの合成戦略は理に適っている。

　ホストとなるゼオライトの細孔を大きくするためにはSDAとなるゲスト化合物を大きくする必要がある。そのため嵩高い有機分子をSDAとして用いることで，酸素12員環（＝大細孔）およびそれより員環数の大きいミクロ孔（＝超大細孔）を持つゼオライト（これらを合わせて大孔径ゼオライトと呼ぶこともできる）の合成がさかんに取り組まれてきている。ここで，SDAとして用いられる有機分子の多くは第四級アンモニウム化合物であり，ゼオライト合成時のpHによってはアミン類が用いられることもある。また特殊例としては，UTD-1（DON）の合成時に用いられる有機コバルト錯体[1]があげられ，最近ではSSZ-13（CHA）の合成に銅アンミン

錯体を使用する[2]といった報告もある。

　1990年代と今世紀に入ってから10年間の合計約20年間に，有機SDAに関する知見と技術は大きく進歩した。その間，新たに合成された12員環以上で高シリカ組成のゼオライトと，その合成に用いられるSDAの組み合わせの一部を厳選して**表1**に示す（各ゼオライトの詳しい骨格構造と細孔径の根拠については International Zeolite Association（IZA）のウェブサイト http://www.iza-structure.org/databases/ およびその中の引用文献を参照されたい）。Chevron社のZonesらは，1980年代から現在にかけて，複雑な構造のSDAを合成し，水熱合成法で多くの新規ゼオライト構造体を世に送り出している。代表的な高シリカゼオライトとして，表1に挙げたものも含め，SSZ-24（AFI），SSZ-31（*STO），SSZ-35（STF），SSZ-42（IFR），SSZ-44（SFF），SSZ-48（SFE），SSZ-53（SFH），SSZ-55（ATS），SSZ-59（SFN），SSZ-60（SSY），SSZ-61（*-SSO），SSZ-65（SSF）などがある。これらをよくみると一次元細孔のものが多く，三次元細孔構造を持つゼオライトを得るのは容易ではないと言える。

### 2　SDA とシリケート種との疎水性相互作用

　疎水性である高シリカゼオライトの水熱合成時に，第四級アンモニウム化合物に代表される有機カチオンがSDAとして重要な働きをする（**図1**）。水中に存在する有機カチオンはその疎水基の周囲に水分子を配列させ，「水の構造化」を誘起する。一方，水中のシリケート種の疎水部分の周囲にも構造化した水の殻がつくられる。このことをDavisらは，有機カチオン種もシリケート種もそれぞれ「疎水的な水和」を受けている，と表現している[3)-5)]。水の構造

－ 226 －

2節 SDA を用いた新しいゼオライトの合成

表1 有機 SDA を用いて合成される高シリカ組成で大孔径のゼオライトの例

| 細孔タイプ | ゼオライト | 骨格コード | 員環数 | 主な細孔の細孔径(nm) | 有機 SDA |
|---|---|---|---|---|---|
| 一次元 | UTD-1 | DON | 14 | 0.95×0.74 | |
| | SSZ-53 | SFH | 14 | 0.88×0.66 | |
| | SSZ-59 | SFN | 14 | 0.85×0.65 | |
| | CIT-5 | CFI | 14 | 0.75×0.72 | |
| | SSZ-24 | AFI | 12 | 0.73 | |
| | SSZ-31 | *STO | 12 | 0.86×0.57 | |
| | ZSM-12 | MTW | 12 | 0.60×0.56 | |
| | VPI-8 | VFI | 12 | 0.59 | |
| | GUS-1 | GON | 12 | 0.68×0.54 | |
| | SSZ-42 | IFR | 12 | 0.72×0.62 | |
| | SSZ-48 | SFE | 12 | 0.76×0.54 | |
| | SSZ-55 | ATS | 12 | 0.75×0.65 | |
| | SSZ-60 | SSY | 12 | 0.76×0.50 | |
| | SSZ-61 | *-SSO | 18 | 1.28×0.60 | |
| 多次元 | Beta | *BEA | 12-12-12 | 0.73×0.71 | |
| | CIT-1 | CON | 12-12-10 | 0.70×0.64 | |
| | ITQ-7 | ISV | 12-12-12 | 0.65×0.61 | |
| | ITQ-17 | BEC | 12-12-12 | 0.75×0.63 | |
| | MCM-68 | MSE | 12-10-10 | 0.67 | |
| | ITQ-21 | – | 12-12-12 | 0.74 | |
| | ITQ-22 | IWW | 12-10-8 | 0.67×0.60 | |
| | ITQ-24 | IWR | 12-12-10 | 0.71×0.58 | |
| | ECR-34 | ETR | 14-8-8 | 1.01 | |
| | IM-12/ITQ-15 | UTL | 14-12 | 1.00×0.67 | |
| | SSZ-65 | SSF | 12-12 | 0.69×0.59 | |

- 227 -

第3章　ゼオライト類

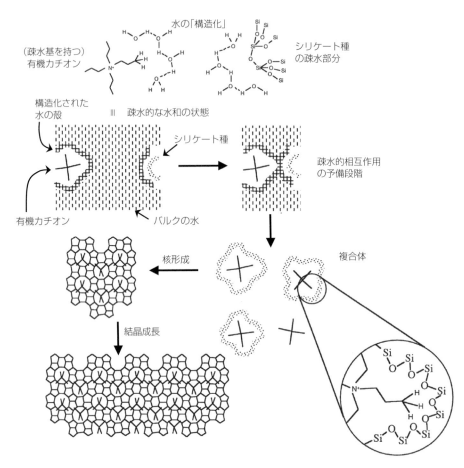

図1　水中での有機SDAカチオン（ここではテトラプロピルアンモニウムイオン）とシリケートの疎水性相互作用による複合体形成

化はエントロピー的に不利なので，これを最小限にするために，双方の疎水成分は会合して自由エネルギー的に安定化しようとする。その結果，シリケート種が有機カチオン種を取り囲んだ複合体を形成する。すなわち，有機カチオン種とシリケート種は水中で疎水性相互作用をすると言える。この複合体の形成は，続くゼオライトの核形成および結晶成長の予備段階であり，必要条件でもある。

有機カチオンの親水性が高すぎると水素結合により水和されてしまうため，シリケート種との相互作用を生じ得ない。一方，有機カチオンの疎水性が高すぎると有機カチオンどうしが水中で強く相互作用してしまうため，単独でゲストとしての役割を果たせず，規則性を有するホスト化合物（ゼオライト）の生成が困難となる。有機カチオンがSDAとして機能するには適度な疎水性を有する必要がある。こ の点を踏まえると，強い水素結合能を持つ官能基（例えば，－OH，－CHO，－COOH，－NH$_2$など）を含む化合物はSDAとして不向きであろう。第四級アンモニウム以外の部位は炭化水素のみで構成されている分子が適している。とりわけ有機分子のC/N$^+$比が親・疎水性の指標となり，8＜C/N$^+$＜17がSDAとして望ましいことが報告されている。

さまざまな第四級アンモニウム塩の水相・有機（クロロホルム）相への分配挙動（**図2**）と，ゼオライト合成のSDAとして機能するかどうかの相関を綿密に調査した研究[6]をここで紹介する。図2の横軸には第四級アンモニウムのヨウ化物のC/N$^+$比，縦軸には水相から有機相へのヨウ化物の移動度$Tr$（有機相への分配率）が示されている。アルキル鎖長の異なる単純なテトラアルキルアンモニウム塩（R$_4$N$^+$I$^-$；Rはメチル基，エチル基，$n$-プロピル基，

- 228 -

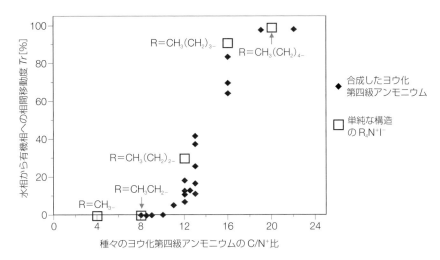

**図2** C/N⁺比の異なるヨウ化第四級アンモニウムの水相から有機（クロロホルム）相への相関移動度 $Tr$

$n$-ブチル基，$n$-ペンチル基）でも嵩高い構造を有する合成アンモニウム塩でも，それらのプロットはほぼ同一のシグモイド型カーブにのることが見出された。このことから官能基を含まないアルキル基から成る第四級アンモニウム塩の疎水性はC/N⁺比で普遍的に見積もることができると考えられる。またシグモイド型カーブの立ち上がりがC/N⁺=12あたりに見られ，ここを中心とする組成からなるSDAは種々の新たな高シリカゼオライトを生み出してきた[7]。また，さらに疎水性の高い領域に位置するSDAを用いると，条件によっては有望な高シリカゼオライトが合成されている[8][9]。

## 3 大孔径ゼオライト合成のためのSDA

大孔径ゼオライトを得るには嵩高いSDAを用いるのが有望な手法であるが，炭化水素部位を嵩高くしたSDAではC/N⁺比が大きくなってしまい，疎水性が高くなりすぎて結晶性の生成物を得ることができない。そのため，1つの分子に2つのN⁺を導入したdiquat型の第四級アンモニウム化合物が新たなSDAとしてたいへん有望である[10][11]。その際，カチオンが疎水基どうしの強い相互作用で集合するのを防ぐため，N⁺が偏在しないようバランスよく配置されていることが分子設計上，重要である。ここで以後の説明のため便宜上，さまざまな高シリカゼオライトの合成用に考案された種々の有機SDAおよび関連物質（1～32）を図3に示す。

嵩高いdiquat型SDAを設計するにあたって，SDAの①疎水性，②分子サイズ・形状，③分子内の電荷分布，④水熱条件下での化学的安定性の因子の制御が重要となる。これらの条件を満足しうる骨格分子として 1,4-diazabicyclo[2.2.2]octane（DABCO，1）を選び，これに修飾して得た一連の有機SDAを用いた高シリカゼオライトの合成例を紹介する[10]。

DABCOの窒素の四級化の様式として 2a（diquat型）と 2b（monoquat型）のパターンが考えられるので，これらの化学的安定性を検証する実験を行った。2a，2bをそれぞれSDAとして高シリカゼオライトの水熱合成を行うと，いずれの場合も一次元のねじれた12員環細孔を持つSSZ-42（IFR）が生成した。水熱合成直後のSSZ-42試料に含まれているSDAの様子を調べると，2a，2bいずれのSDAを用いた場合でも，細孔内には2bのみが包接されていることがわかった。アルカリ性の水熱条件下では2aから2bへの加水分解が非常に早く進行し，また同条件下で2bは非常に安定であることから，2aをSDAとして用いた場合にでも分解して生じた2bがSDAとして働くものと考えられる。したがって2bのパターンで四級化したdiquatを得るべく，DABCOユニットをメチレン鎖で結んだ有機カチオン3～11を設計した。これらのカチオンをSDAとして高シリカゼオライトの水熱合成を試みると，通

第3章 ゼオライト類

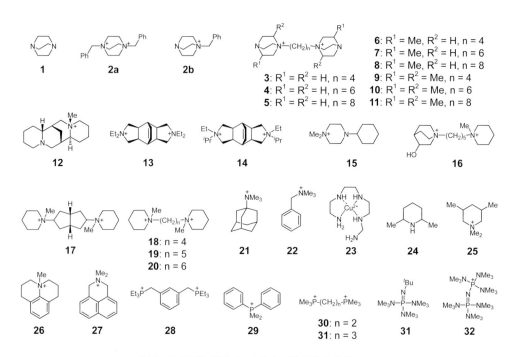

図3 DABCO系のSDAおよびその他の有機SDA

常の水熱合成ではZSM-12 (MTW) が生成しやすく，HFやフッ化物塩を合成系に加える，いわゆるフッ化物法ではbeta (*BEA) が結晶化しやすい傾向が見られている。ここで$R^1 = R^2 = CH_3$ (9～11) とするとZSM-12の生成が抑制され，特に9を用いたとき，すなわちn=4の場合，新しい結晶相であるGUS-1 (GON) が得られた。このGUS-1は一次元の12員環細孔を有し，日本の研究機関で合成された新規骨格構造体として初めての例である[12]。なお，FTCを与えられた新規ゼオライトのうち，日本発の構造はもう1つあり，層状ケイ酸塩を前駆体として合成されるCDS-1 (CDO) という8員環系のゼオライトである[13]。

ほかのジカチオン型のSDAの例も図3に示す。スパルテイン誘導体12をSDAとした高シリカゼオライトの合成では，一次元の14員環細孔を持つCIT-5 (CFI) が得られる[14]。一方，同一のSDAを含む合成原料にGe源を添加してフッ化物法で結晶化を試みると，三次元の12員環細孔を有するITQ-21 (no FTC) が生成する[15]。またSSZ-42が得られる2bをSDAとしてGe源を添加したフッ化物法での合成では，三次元の12員環細孔を有するITQ-17 (BEC) を得ることができる[16]。このようにGe源とフッ化物法を組み合わせた合成手法は，バレンシア工科大学 (Instituto de Technologia Qumica：ITQ) のCamblor，Cormaらによって開発された。このグループから，ITQ-4 (IFR), ITQ-7 (ISV), ITQ-22 (IWW), ITQ-24 (IWR), ITQ-15 (UTL) などの三次元大細孔を有する高シリカゼオライトの合成が続々となされている (表1参照)。これらのゼオライトの特徴は，立方体型のシリケートユニット，double 4-ring (D4R) をその骨格に含む点である。この合成法ではD4R中のSiの一部がGeに置換された構造体であること，またそのD4RにF⁻が内包されていることが明らかとなっている[17]。このようにして嵩高いSDAに加えてゼオライト骨格にもD4Rユニットを導入することで細孔径を拡大した三次元大細孔ゼオライトの合成がなされている。Geを含むゼオライトは一般に欠陥が少なく，疎水性が高いという利点を持つものの，粒子径が大きすぎる，Ge-O結合が加水分解を受けて骨格崩壊が起こりやすいといった欠点もあるため，この課題解決が望まれている。一方で，Ge-O結合の切れやすさを逆手にとった合成戦略も一部で注目を集めている[18]。後述するように，Ge含有ゼオライトの中にはキラルな30員環channelを持つITQ-37 (-

2節　SDAを用いた新しいゼオライトの合成

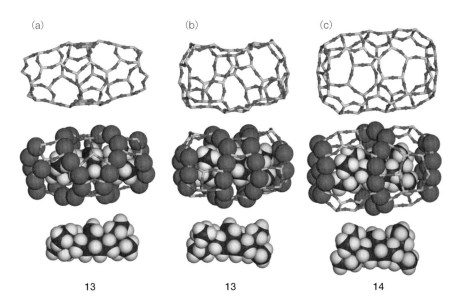

図4　(a) MSE ケージ (1.41 nm×0.61 nm) とカチオン 13, (b) AFT ケージ (1.35 nm×0.55 nm) とカチオン 13, (c) IFW ケージ (1.55 nm×0.67 nm) とカチオン 14 のフィッティングの様子
有機カチオンの構造式は図3に示すとおりであり，ここではケージ内で構造最適化を施した後のCPKモデルで表されている。一段目は骨格構造を示す図，二段目は一部の酸素のみを $O^{2-}$ 半径に相当する半径 0.14 nm の球（濃いグレー部）で示し，ケージ内に有機カチオンを閉じ込めた図，三段目は有機カチオンのみを取り出した図である。

ITV)[19] もあり，ゲルマノシリケート系のゼオライトは話題には事欠かない。

再び diquat 型の SDA に話を戻して，$N,N,N',N'$-tetraethylbicyclo [2.2.2] oct-7-ene-2,3:5,6-dipyrol-idinium (13, TEBOP$^{2+}$) に注目する。このカチオン 13 を SDA としてアルミノシリケートを水熱合成すると MCM-68 (MSE) を得ることができる[20]。この骨格は 12 員環と 2 つの 10 員環が交わった三次元細孔構造からなり，10 員環の入口の奥には 18 員環×12 員環のスーパーケージ（正式には cavity）が存在している[21]。この 1 つのスーパーケージ (1.41 nm×0.61 nm) にちょうど 13 が 1 個，タイトに包接されること（図4a）が明らかにされており[22]，ホスト-ゲストの相互作用により細孔構造が構築されたと考えられる好例である。なお，スーパーケージの大きさはケージ内で向かい合う酸素原子どうしの原子間距離から酸素のイオン半径 (0.14 nm)[23] を差し引いて見積もっている。このようなユニークな細孔構造を持つ多次元大細孔ゼオライトは吸着剤[24]・触媒[25]-[31] として高いポテンシャルが示されている。なお最近では，ジプロピルジメチルアンモニウム ($^nPr_2N^+Me_2$) を SDA として MSE 骨格を持つゼオラ

イト，UZM-35 が得られることも報告された[32]。また Mobil 社から図3中のカチオン 15〜20 をそれぞれ SDA とした場合にも，MCM-68 が得られるとの報告がある[33]-[36]。

## 4　小細孔ゼオライト合成のための SDA

ごく最近，diquat 13 を SDA として SSZ-16 (AFX) が得られることが見出された。SSZ-16 は，大きさや形が良く似た種々の diquat 型 SDA（図5 に示す 33〜36）を用いて合成可能であることが報告されている[37]。SSZ-16 は，8 員環を介して AFT ケージ (1.35 nm×0.55 nm) と GME ケージ (0.74 nm×0.33 nm) が三次元に連結した構造からなる。この AFT ケージに 13 が 1 個包接されていること（図4b）から，ここでもシリカ骨格と SDA 分子とのホスト-ゲストの相互作用がゼオライト骨格の構築にうまく働いたものと考えられる。Diquat 13 と共通の骨格を持ち，置換基が一部異なる 14 を SDA とすると，新しい骨格構造からなるボロシリケート SSZ-87 (IFW) が得られる[38]-[40]。SSZ-87 は 1 つの 10 員環と 2 つの 8 員環が

- 231 -

交わった三次元細孔を有し，IFW ケージと呼ばれるスーパーケージ（1.55 nm×0.67 nm）を内包している。ここでも SSZ-87 のスーパーケージと diquat 14 とのホスト-ゲスト相互作用が示唆されている（図4c）[39]。13 と 14 の共通骨格は大きな潜在能力を秘めており，この骨格の誘導体は，上述の ITQ-37 の合成にも用いられる。この SDA 骨格に関するより詳しい記述は他報に譲る[30]。

8員環からなる小細孔ゼオライトの合成では骨格構造と SDA 分子とのホスト-ゲスト相互作用をより強く意図して SDA の分子設計がなされている。小細孔ゼオライトの多くは8員環を介してケージが三次元に連結した構造からなる。例えば SSZ-13 に代表される CHA 構造を持つゼオライトには 0.82 nm×0.70 nm の CHA ケージが8員環（0.38 nm×0.38 nm）を介して三次元に連結している。アダマンチル基を持つ第四級アンモニウム 21 を SDA とした水熱合成で SSZ-13 を得ることができる[41]。またベンジルトリメチルアンモニウム（22）を SDA としても CHA 構造体を得られることが報告された[42]。Monoquat 型 SDA 21 および 22 いずれも CHA ケージに1個，包接されることがわかっており（図6），ここでもホスト-ゲストの相互作用が働いている。ごく最近では $Et_4N^+$ のみを SDA としても SSZ-13 が得られることが報告されている[43]。本稿の冒頭で紹介した通り，SSZ-13 に代表される小細孔ゼオライトは銅イオンを担持すると，$NH_3$ を還元剤とする $NO_x$ 選択還元（$NH_3$-SCR）の触媒として活性を示すようになる。ここで $Cu^{2+}$ とテトラエチレンペンタミンとの錯体 23 が CHA 構造を得るのに SDA として作用すること，また銅イオンが CHA ケージに高分散に担持された SSZ-13[2] ないし SAPO-34[44][45] を one-pot 合成できることが報告された。

SSZ-39（AEI）もまた小細孔ゼオライトの一つであり[46)-48)]，Cu-SSZ-39 は $NH_3$-SCR 触媒として有望視されている[48]。SSZ-39 の合成には環状アミンの誘導体 24, 25 などが SDA として用いられており，AEI 構造中のケージの大きさとこれらの SDA の分子サイズとの fitting の好例である。

図3に示す嵩高い第四級アンモニウム 26 を SDA とすると ITQ-29（LTA）[49] ないし SAPO 系の STA-6（SAS）[50] を得ることができる。この際，SDA 26 中のベンゼン環どうしの π-π スタッキングにより嵩

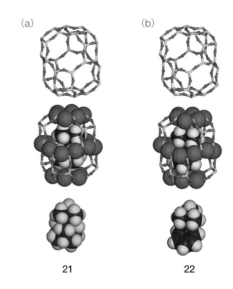

図5 SSZ-16 を合成するための種々の SDA の構造[37]

図6 CHA ケージ（0.82 nm×0.70 nm）への (a) カチオン 21 および (b) カチオン 22 のフィッティングの様子

有機カチオンの構造式は図3に示すとおりであり，ここではケージ内で構造最適化を施した後の CPK モデルで表されている。一段目は骨格構造を示す図，二段目は一部の酸素のみを $O^{2-}$ 半径に相当する半径 0.14 nm の球（濃いグレー部）で示し，ケージ内に有機カチオンを閉じ込めた図，三段目は有機カチオンのみを取り出した図である。

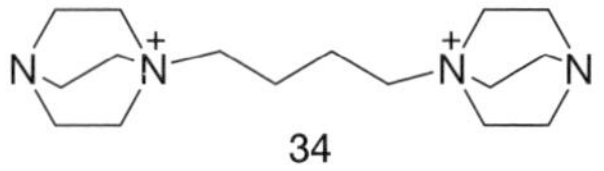

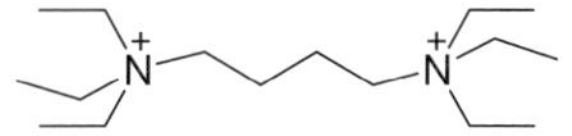

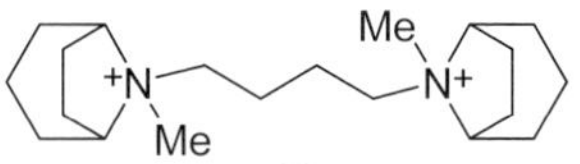

高いゲスト構造体が形づくられることが明らかとなっている。また類似の構造を持つ SDA 27 からは SAPO-42（LTA）[51] を得ることができ，他にも SAPO-18（AEI）[52] の合成も報告がある。

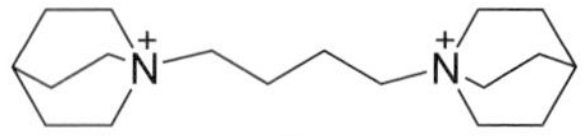

## 5 最近のトピック

嵩高い SDA を用いるほかに，比較的シンプルな第四級アンモニウム化合物を 2 種類，組み合わせて新たなゼオライト構造体を得る試みもなされている。その中で charge density mismatch（CDM）という手法を紹介する[53]。例えば，アルミノシリケート溶液に $Et_4N^+OH^-$ を加えて reactive precursor を形成した後に，別の第四級アンモニウム化合物または無機塩（$Li^+$，$Na^+$ などのハロゲン化物）を加えることで，アルミノシリケートと相互作用しているカチオン種を一部変化させることによって，さまざまなゼオライト構造体を得ることができる。$Et_4N^+$-アルミノシリケート溶液に対して，$Li^+/Me_4N^+$ を添加すると UZM-4（BPH）が得られ，$Na^+/Me_4N^+$ を添加するとその比率によって UZM-5（UFI）と UZM-9（LTA）をつくり分けることができ，$Na^+$ のみを添加すると UZM-14（MOR）が生成する。この中で UZM-5 は 8 員環細孔を持つとともに粒子内に 12 員環からなるスーパーケージを有し，粒子外表面にはカップ状のくぼみが存在する[54]。このようなユニークな構造を持つ UZM-5 はベンゼンのエチレンによるアルキル化で高い触媒活性とエチルベンゼン選択性を示すことが知られており，工業触媒としても有望である[55]。

最近では，第四級アンモニウムの代わりに対応する第四級ホスホニウム化合物（例えば図 3 の 28 ～ 31 あるいは $Et_4P^+$）を SDA とするゼオライト合成が試みられている[56)-59)]。先駆的な研究では，28 ～ 31 を用いて Ge 源と HF の共存下で ITQ-26（IWS）[56]，ITQ-27（IWV）[57]，ITQ-34（ITR）[58] といった新しい構造のゼオライトの合成が達成されている。また，ホスファゼン（phosphazene）誘導体が，置換基を自由自在に変更できる SDA として報告され，その一環として 32 を SDA とした水熱合成により ITQ-47（BOG）が合成されている[60]。32 の類縁体である 33 を用いると，冒頭に紹介した UTD-1（DON）のうち，従来は困難であった Al-UTD-1 の直接合成が可能となった[61]。その後，$Et_4P^+$ を SDA としたアルミノシリケート，AEI 型ゼオライトの合成も達成された[59]。$R_4P^+$ 系の SDA を内包するゼオライトを空気中で加熱すると，有機鎖は燃焼して除去できるが P 成分はリン酸種としてミクロ孔内に残ってしまう。水素雰囲気での加熱処理によりホスフィン（$PH_3$）として除去する手法も見出されているが，ホスフィンの毒性に注意しなければならない。一方，ミクロ孔内に残存した P 種をゼオライト骨格に取り込む，もしくは修飾剤として利用するといった研究[59]も進められており，今後の研究の進展が待たれる。

イオン液体にもなりうるイミダゾリウム誘導体[62)-69)]を SDA とした新しいゼオライト構造，IM-16（UOS），IM-20（UWY），HPM-1（STW），NUD-1（no FTC）の合成もなされている。なお，ここでは紹介できなかった最近の SDA 研究については総説[70)71)]を参照されたい。ここまで述べてきたように，第四級アンモニウム化合物を中心とする分子構造の多様性を活かした新たな SDA の開発が今後も進められると考えられる。特にゼオライトの細孔構造の fitting に注目した SDA の分子設計が重要であり，有機合成化学に通じた研究者との連携によるさらなる進展が望まれる。

■ 引用・参考文献 ■

1) C. C. Freyhardt, M. Tsapatsis, R. F. Lobo, K. J. Balkus Jr. and M. E. Davis : *Nature*, **381**, 295-298(1996).

2) L. Ren, L. Zhu, C. Yang, Y. Chen, Q. Sun, H. Zhang, C. Li, F. Nawaz, X. Meng and F-S. Xiao : *Chem. Commun.*, **47**, 9789-9791(2011).

3) S. L. Burkett and M. E. Davis : *J. Phys. Chem.*, **98**, 4647-4653(1994).

4) S. L. Burkett and M. E. Davis : *Chem. Mater.*, **7**, 920-928(1995).

5) S. L. Burkett and M. E. Davis : *Chem. Mater.*, **7**, 1453-1463(1995).

6) Y. Kubota, M. M. Helkamp, S. I. Zones, and M. E. Davis : *Micropor. Mater.*, **6**, 213-229(1996).

7) M. E. Davis and S. I. Zones, in M. L. Occeli and H. Kessler (eds.) : Synthesis of Microporous Materials : Zeolites, Clays and Nanostructures, Marcel Dekker, New York, 1 (1996).

8) M. Yoshikawa, P. Wagner, M. Lovallo, K. Tsuji, T. Takewaki, C.-Y. Chen, L. W. Beck, C. Jones, M. Tsapatsis, S. I. Zones and M. E. Davis : *J. Phys. Chem. B*, **102**, 7139-7147(1998).

9) K. Tsuji, P. Wagner and M. E. Davis : *Micropor. Mesopor. Mater.*, **28**, 461-469(1999).

10) Y. Kuobta, T. Honda, J. Plévert, T. Yamashita, T. Okubo and

第3章　ゼオライト類

Y. Sugi : *Catal. Today*, **74**, 271–279(2002).

11) T. Takewaki, L. W. Beck and M. E. Davis : *Micropor. Mesopor. Mater.*, **33**, 197–207(1999).

12) J. Plévert, Y. Kuobta, T. Honda, T. Okubo and Y. Sugi : *Chem. Commun.*, 2363–2364(2000).

13) T. Ikeda, Y. Akiyama, Y. Oumi, A. Kawai, and F. Mizukami : *Angew. Chem. Int. Ed.*, **43**, 4892–4896(2004).

14) P. Wagner, M. Yoshikawa, M. Lovallo, K. Tsuji, M. Taspatsis and M. E. Davis : *Chem. Commun.*, 2179–2180(1997).

15) A. Corma, M. J. Díaz-Cabañas, J. Martínez-Triguero, F. Rey and J. Rius : *Nature*, **418**, 514–517(2002).

16) A. Corma, A., M. T. Navarro, F. Rey, J. Rius and S. Valencia : *Angew. Chem. Int. Ed.*, **40**, 2277–2280(2001).

17) Z. Wang, J. Yu and R. Xu : *Chem. Soc. Rev.*, **41**, 1729–1741 (2012).

18) E. Verheyen, L. Joos, K. van Havenbergh, E. Breynaert, N. Kasian, E. Gobechiya, K. Houthoofd, C. Martineau, M. Hinterstein, F. Taulelle, V. van Speybroeck, M. Waroquier, S. Bals, G. van Tendeloo, C. E. A. Kirschhock and J. A. Martens : *Nature Materials*, **11**, 1059–1064(2012).

19) J. Sun, C. Bonneau, A. Cantin, A. Corma, M. J. Diaz-Cabañas, M. Moliner, D. Zhang, M. Li and X. Zou : *Nature*, **458**, 1154–1157(2009).

20) D. C. Calabro, J. C. Cheng, R. A. Crane, Jr., C. T. Kresge, S. S. Dhingra, M. A. Steckel, D. L. Stern and S. C. Weston : US-A 6049018(2000).

21) D. L. Dorset, S. C. Weston and S. S. Dhingra : *J. Phys. Chem. B*, **110**, 2045–2050(2006).

22) Y. Koyama, T. Ikeda, T. Tatsumi and Y. Kubota : *Angew. Chem. Int. Ed.*, **47**, 1042–1046(2008).

23) J. A. Dean : Lange's Handbook of Chemistry, 15th ed., McGraw-Hill, NewYork(1999).

24) S. P. Elangovan, M. Ogura, S. Ernst, M. Hartmann, S. Tontisirin, M. E. Davis and T. Okubo : *Micropor. Mesopor. Mater.*, **96**, 210–215(2006).

25) T. Shibata, S. Suzuki, H. Kawagoe, K. Komura, Y. Kubota, Y. Sugi, J. H. Kim and G. Seo : *Micropor. Mesopor. Mater.*, **116**, 216–226(2008).

26) T. Shibata, H. Kawagoe, H. Naiki, K. Komura, Y. Kubota and Y. Sugi : *J. Mol. Catal. A : Chem.*, **297**, 80–85(2009).

27) S. Inagaki, K. Takechi and Y. Kubota : *Chem. Commun.*, **46**, 2662–2664(2010).

28) Y. Kubota, S. Inagaki and K. Takechi : *Catal. Today*, **226**, 109–116(2014).

29) S. Park, Y. Watanabe, Y. Nishita, T. Fukuoka, S. Inagaki and Y. Kubota : *J. Catal.*, **319**, 265–273(2014).

30) Y. Kubota and S. Inagaki : *Top. Catal.*, **58**, 480–493(2015).

31) Y. Kubota, Y. Koyama, T. Yamada, S. Inagaki and T. Tatsumi : *Chem. Commun.*, 6224–6226(2008).

32) J. G. Moscoso and D. Y. Jan : US 7922997 B2(2011).

33) K. G. Strohmaier, S. C. Weston, J. C. Vartuli and J. T. Ippoliti : US 8025863 B2(2008).

34) S. C. Weston, K. G. Strohmaier and H. B. Vroman : US 8916130 B2(2011).

35) S. C. Weston, K. G. Strohmaier and H. B. Vroman : US 20130115163 B1(2013).

36) S. C. Weston, K. G. Strohmaier and H. B. Vroman : US 20150087841 A1(2015).

37) R. F. Lobo, S. I. Zones and R. C. Medrud : *Chem. Mater.*, **8**, 2409–2411(1996).

38) S. I. Zones : US 8545800 B1(2013).

39) S. Smeets, L. B. McCusker, C. Baerlocher, D. Xie, C.-Y. Chen and S. I. Zones : *J. Am. Chem. Soc.*, **137**, 2015–2022 (2015).

40) H. Koller, C.-Y. Chen and S. I. Zones : *Top. Catal.*, **58**, 451–479(2015).

41) S. I. Zones : US 4544538 A(1985).

42) M. Itakura, I. Goto, A. Takahashi, T. Fujitani, Y. Ide, M. Sadakane and T. Sano : *Micropor. Mesopor. Mater.*, **144**, 91–96(2011).

43) N. Martín, M. Moliner and A. Corma : *Chem. Commun.*, **51**, 9965–9968(2015).

44) R. Martínez-Franco, M. Moliner, C. Franch, A. Kustov and A. Corma : *Appl. Catal. B : Environmental*, **127**, 273–280 (2012).

45) R. Martínez-Franco, M. Moliner, P. Concepcion, J. R. Thogersen and A. Corma : *J. Catal.*, **314**, 73–82(2014).

46) S. I. Zones, Y. Nakagawa, S. T. Evans and G. S. Lee : US 5958370 A(1999).

47) P. Wagner, Y. Nakagawa, G. S. Lee, M. E. Davis, S. Elomari, R. C. Medrud and S. I. Zones : *J. Am. Chem. Soc.*, **122**, 263–273(2000).

48) M. Moliner, C. Franch, E. Palomares, M. Grill and A. Corma : *Chem. Commun.*, **48**, 8264–8266(2012).

49) A. Corma, F. Rey, J. Rius, M. J. Sabater and S. Valencia : *Nature*, **431**, 287–290(2004).

50) R. Martínez-Franco, Á. Cantín, M. Moliner and A. Corma : *Chem. Mater.*, **26**, 4346–4353(2014).

51) R. Martínez-Franco, Á. Cantín, A. Vidal-Moya, M. Moliner and A. Corma : *Chem. Mater.*, **27**, 2981–2989(2015).

52) R. Martínez-Franco, M. Moliner and A. Corma : *J. Catal.*, **319**, 36–43(2014).

53) M. Park, D. Jo, H. C. Jeon, C. P. Nicholas, G. J. Lewis and S. B. Hong : *Chem. Mater.*, **26**, 6684–6694(2014).

54) C. S. Blackwell, R. W. Broach, M. G. Gatter, J. S. Holmgren, D.-Y. Jan, G. J. Lewis, B. J. Mezza, T. M. Mezza, M. A. Miller, J. G. Moscoso, R. L. Patton, L. M. Rohde, M. W. Schoonover, W. Sinkler, B. A. Wilson and S. T. Wilson : *Angew. Chem. Int. Ed.*, **42**, 1737–1740(2003).

55) D.-Y. Jan, J. G. Moscoso, R. M. Miller, S. C. Koster and J. C.

– 234 –

Marte : US 8212097 B2(2012).

56) D. L. Dorset, K. G. Strohmaier, C. E. Kliewe, A. Croma, M. J. Díaz-Cabañas, F. Rey and C. J. Gilmore : *Chem. Mater.*, **20**, 5325–5331(2008).

57) D. L. Dorset, G. J. Kennedy, K. G. Strohmaier, M. J. Díaz-Cabañas, F. Rey and A. Corma : *J. Am. Chem. Soc.*, **128**, 8862–8867(2006).

58) A. Corma, M. J. Díaz-Cabañas, J. L. Jordá, F. Rey, G. Sastre and K. G. Strohmaier : *J. Am. Chem. Soc.*, **130**, 16482–16483(2008).

59) T. Sonoda, T. Maruo, Y. Yamasaki, N. Tsunoji, Y. Takamitsu, M. Sadakane and T. Sano : *J. Mater. Chem.* A, **3**, 857–865(2015).

60) R. Simancas, D. Dari, N. Velamazán, M. T. Navarro, A. Cantín, J. L. Jordá, G. Sastre, A. Corma and F. Rey : *Science*, **330**, 1219–1222(2010).

61) R. Simancas, M. T. Navarro, A. Cantín, J. Simancas, D. Dari, N. Velamazán, J. A. Vidal-Moya, J. L. Jordá, T. Blasco, J. Martínez-Triguero, A. Corma and F. Rey : ZMPC2015, 1–042(2015).

62) S. I. Zones : *Zeolites*, **9**, 458–467(1989).

63) P. A. Barrett, T. Boix, M. Puche, D. H. Olson, E. Jordan, H. Köller and M. A. Camblor : *Chem. Commun.*, 2114–2115(2003).

64) Y. Lorgouilloux, M. Dodin, J. L. Paillaud, P. Caullet, L. Michelin, L. Josien, O. Ersen and N. Bats : *J. Solid State Chem.*, **182**, 622–629(2009).

65) M. Dodin, J.-L. Paillaud, Y. Lorgouilloux, P. Caullet, E. Elkaïm and N. Bats : *J. Am. Chem. Soc.*, **132**, 10221–10223(2010).

66) L. Tang, L. Shi, C. Bonneau, J. Sun, H. Yue, A. Ojuva, B. L. Lee, M. Kritikos, R. G. Bell, Z. Bacsik, J. Mink and X. Zou : *Nat. Mater.*, **7**, 381–385(2008).

67) A. Rojas and M. A. Camblor : *Angew. Chem., Int. Ed.*, **51**, 3854–3856(2012).

68) A. Corma, F. Rey, J. Rius, M. J. Sabater and S. Valencia : *Nature*, **431**, 287–290(2004).

69) F. Chen, Y. Xu and H. Du : *Angew. Chem., Int. Ed.*, **53**, 9592–9596(2014).

70) Y. Li, and J. Yu : *Chem. Rev.*, **114**, 7268–7316(2014).

71) J. Li, A. Corma and J. Yu : *Chem. Rev. Soc.*, **44**, 7112–7127(2015).

〈稲垣　怜史，窪田　好浩〉

第3章　ゼオライト類

## 3節　ゼオライト水熱転換法

### 1　はじめに

　分子レベルの大きさの均一なミクロ細孔を有する結晶性アルミノケイ酸塩ゼオライトは，その"分子ふるい作用"，"イオン交換能"等により，石油改質および化学工業における固体酸触媒，窒素/酸素吸着分離剤，イオン交換剤，脱水剤等として古くから幅広く用いられている。1948年にBarrerらにより人工的にゼオライトが水熱合成されて以来，ゼオライト合成に関する研究は現在においても精力的に行われている。ゼオライトの合成はその骨格を構成する元素であるシリカ，アルミナおよびアルカリ金属カチオンを含む水性ゲルを水熱処理することで行われる。当初合成には無機カチオンのみが用いられていたが，1961年の有機カチオン（4級アンモニウムカチオン）を用いた新規ゼオライト合成の成功を機に，さまざまな分子構造の有機分子を構造規定剤（Organic Structure–Directing Agent，OSDA）として用いたゼオライト合成が試みられ，ゼオライトの構造は爆発的に増加した[1]。ゼオライトはその構造に由来したアルファベット3文字のコードが与えられるが（例えば，faujasiteはFAU構造を有する），2015年10月現在で国際ゼオライト学会から認定されているゼオライト構造は229種類にも達している。ゼオライトの多くはその細孔中にOSDAを内包した状態で得られるため，その構造がOSDAのみによって決まるという印象を与える。しかし，分子構造の異なるOSDAを用いても同一の結晶構造のゼオライトが得られたり，特定のOSDAからさまざまな結晶構造のゼオライトが得られるなど，ゼオライトの合成は原料となる水性ゲルの調製条件および組成に強く依存し，それらは決して無視できない要素である。OSDAを用いたゼオライト合成において，有機カチオン（OSDA）とシリケート種は水中で疎水性相互作用によりシリケート種が有機カチオン種を取り囲んだ複合体を形成し，続くゼオライトの核形成および結晶成長によってOSDAを内包したゼオライト骨格構造が形成されると考察されている（3章3.2図1を参照）。しかしながら，規則的秩序を持たない非晶質シリケート種がゼオライトの規則的結晶構造へと変換するというゼオライト形成過程のすべてが明らかになっているわけではない。

　ところで，一般にアモルファス原料を用いて行われるゼオライト合成は，その合成過程において最終的に生成するゼオライトとは異なるゼオライトが中間生成物として観察される[2]。これは合成過程で生成したゼオライトが熱力学的により安定な目的のゼオライトへ転換することを示しており，ゼオライトを原料に用いたゼオライト合成のきっかけと捉えることができる。実際に，Zones，Suboticおよび窪田らによりゼオライトを出発原料に用いたゼオライト合成がすでに行われ[3]-[7]，その有用性が予見されているが，既存の手法ではゼオライト以外にもアモルファス原料をSiおよびAl源として添加しており，ゼオライトのみを出発原料に用いたゼオライト合成に関する報告はほとんどない。

　このような観点から，筆者らはゼオライトを原料としたゼオライト合成「ゼオライト水熱転換法」に注目して研究を進めてきた。図1にはその概念図を示す。本手法は「原料ゼオライトの分解→局所的秩序構造を有する構造ユニット（ナノパーツ）の生成→目的ゼオライトの再構築」というプロセスにより進行する。なお，ゼオライトとのナノレベルでの構造類似性を有する層状ケイ酸塩を大きなナノパーツとして捉え，ゼオライトに変換するという相転移に似た手法による新規ゼオライト合成も試みられているが[8][9]，本稿では筆者らのゼオライト水熱転換のこれまでの成果を概説するとともに，ゼオライトの

－ 236 －

3節 ゼオライト水熱転換法

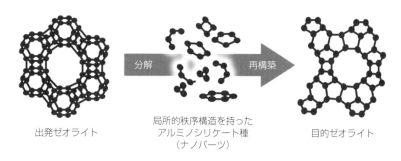

図1 ゼオライト水熱転換の概略図

自在設計・合成の可能性について述べる。

## 2 FAU-*BEA ゼオライト水熱転換

ゼオライトの中でも比較的大きな細孔径を持つ*BEA 型ゼオライト（12員環細孔，6.6×6.7 Å）は，その耐薬品性・耐熱性の高さから，石油化学工業用触媒や自動車排ガス浄化用吸着剤等として工業的に幅広く用いられている。そのため，この最も工業的価値の高いゼオライトの一つである*BEA 型ゼオライトをゼオライト水熱転換の目的物質とした。また，出発ゼオライトには骨格密度が 13.3 T/1000 Å (T/1000 Å = 1 nm³ 中のシリコンまたはアルミニウム原子の数）と小さく，結晶構造の分解が容易に進行することが予想される FAU 型ゼオライトを選定した。FAU 型ゼオライトは，強酸処理によってアルミニウムを溶出させることで，組成 (Si/Al 比) の調整が比較的簡単に行うことができ，このことも出発ゼオライトとしての利点である。

出発ゼオライトの分解→ナノパーツの集積→ゼオライト骨格の再構築を進行させるため，OSDA としてテトラエチルアンモニウム水酸化物 (TEAOH) を選択した。水熱処理時間 2 h で FAU 型ゼオライトは完全に分解した。その後，*BEA 相に基づくピークが観察され始め，そのピーク強度は処理時間とともに増大した。このことは，FAU 型ゼオライトは相転移により直接*BEA 型ゼオライトへ転換していないことを示している。図2にはこの結晶化曲線を示す[10]。なお，比較のため FAU 型ゼオライトの代わりにアモルファス原料 (SiO₂/γ-Al₂O₃) を用いた結果も併せて示す。図から明らかなように，アモルファス原料に比べ，FAU 型ゼオライトを出発原

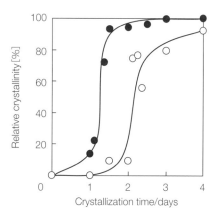

図2 （●）FAU (Si/Al=23) および（○）SiO₂/γ-Al₂O₃ からの*BEA 型ゼオライトの結晶化曲線
TEAOH/SiO₂ = 0.2, H₂O/SiO₂ = 5, Temp. = 140℃

料に用いた場合には誘導期が短縮され，結晶化速度も増大したため，結晶化が迅速に進行している。これらの結果は，FAU 型ゼオライトの分解により生成した局所的秩序構造を有するアルミノシリケート種 (構造ユニット (ナノパーツ)) が OSDA 存在下で*BEA 型ゼオライトへ再構築されていることを強く示唆している。なお，こうしたナノパーツはアモルファス原料からも生成するが，その形成には時間がかかるため，結晶化に必要な時間が長くなると考えられる。

このゼオライト由来のナノパーツの存在を確認するために，ゼオライト水熱転換過程の水性ゲルに界面活性剤セシルトリメチルアンモニウム臭化物 (CTAB) を添加 (CTAB/SiO₂ = 0.15) した後，再び水熱処理 (150℃, 5 d) を行い，メソポーラス物質中へのナノパーツの捕捉を試みた[11)12)]。図3に 2 h，

18 h および 24 h の TEAOH 処理時間後に CTAB を添加して得られた生成物の XRD パターンを示す。TEAOH 処理時間が長くなるにつれてメソポーラス物質に特徴的な低角度側のピーク強度は減少し，逆に *BEA 型ゼオライトに基づくピークが観察されるようになった。メソポーラス物質に特徴的な低角度側のピーク強度の減少は，TEAOH 処理時間とともにナノパーツが成長し大きくなり，界面活性剤ミセルとの相互作用が困難となるためであると考えることができる。

また，図 4 に得られたメソポーラス物質の水酸基の伸縮振動領域の FT-IR スペクトルを示す。*BEA 型ゼオライトの生成が確認できる TEAOH 処理時間 24 h のサンプルでは，3750 cm$^{-1}$ 付近の末端シラノール基に帰属されるピークとともに，ゼオライト骨格構造内に存在する橋掛け水酸基（Si(OH)Al）に帰属されるピークが 3610 cm$^{-1}$ 付近に明確に観察された。驚くことに，橋掛け水酸基由来の吸収ピークは，*BEA 型ゼオライトが生成していなかった TEAOH 処理時間 18 h のサンプルにおいても観察された。また，このピークはピリジンを吸着させることにより消失し，酸性水酸基由来であることが確認できた。この酸性橋掛け水酸基の存在は，FAU 型ゼオライトの分解によりゼオライト由来のナノパーツが生成したことを示している。

## 3 ゼオライト水熱転換における OSDA の影響

合成時に添加する有機構造規定剤（OSDA）は，出発ゼオライトの分解過程に大きく影響を及ぼすことは容易に類推できる。そこで，ゼオライトの分解過程において OSDA の種類を変えてゼオライト水熱転換を試みた。TEAOH 以外の OSDA としてテトラメチルアンモニウム水酸化物（TMAOH），ベンジルトリメチルアンモニウム水酸化物（BTMAOH）およびコリン水酸化物を用いることにより，FAU 型ゼオライト（12 員環）から RUT（6 員環），MTN（6 員環），CHA（8 員環），OFF（12 員環）および LEV（8 員環）が得られた（表 1）[13)-17)]。BTMAOH を用いた場合，170℃ で MTN 型ゼオライトが単一相で得られたが，より低温である 125℃ での合成では，FAU と類似した骨格構造を持つ CHA 型ゼオライトが得

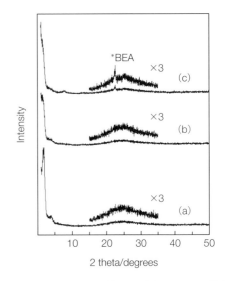

図 3　TEAOH 処理時間　(a) 2 h, (b) 18 h および (c) 24 h の生成物の XRD パターン

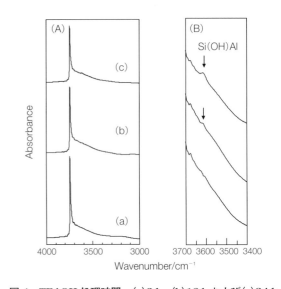

図 4　TEAOH 処理時間　(a) 2 h, (b) 18 h および (c) 24 h の生成物の水酸基領域の FT-IR スペクトル
(B) は (A) の拡大図

られた。また，NaOH を添加し高アルカリ性条件下で合成を行った場合には，OFF 型ゼオライトが単一相で得られた。これらの結果は OSDA の種類や水熱合成条件によって出発ゼオライトの分解により生成するナノパーツの構造が異なることを示しており，低温・低アルカリ性の比較的温和な合成条件下

表1 種々のOSDAを用いてFAUゼオライト水熱転換によって得られたゼオライト

| OSDA | Temp. /℃ | Zeolite | Framework structure | Ref. |
|---|---|---|---|---|
| TMAOH | 140 | RUT | | 13 |
| TEAOH | 140 | *BEA (6.6×6.7 Å) | | 10 |
| BTMAOH | 170 | MTN | | 14 |
| BTMAOH | 125 | CHA (3.8×3.8 Å) | | 15 |
| BTMAOH (+NaOH) | 125 | OFF (6.7×6.8 Å) | | 16 |
| Choline | 125 | LEV (3.6×4.8 Å) | | 17 |

では，ゼオライトの過度の分解が抑制され，出発原料であるFAU構造に類似した構造を有するゼオライトが合成できることを示している。

### 4 出発ゼオライトの結晶構造の影響

出発ゼオライトの骨格構造の違いも，ゼオライト水熱転換過程に影響を及ぼす重要な要素である。骨格密度が15.3 T/1000 Åと比較的小さく，FAU型ゼオライトと同様Si/Al比の調整が容易な*BEA型ゼオライトを出発ゼオライト原料に用いてゼオライト水熱転換を試みた。TMAOHをOSDAに用いた場合，FAU型ゼオライト水熱転換の場合に比べ厳しい水熱処理条件を必要としたが，FAU型ゼオライトの場合と同様に*BEAからRUTへのゼオライト水熱転換が進行した。RUT型ゼオライトが合成可能な出発ゼオライトのSi/Al比は，FAUでは15〜

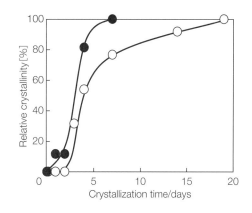

図5 Si/Al比77の(●)*BEAおよび(○)FAUからのRUT型ゼオライトの結晶化曲線

50，*BEAでは75〜105と異なっていた。図5にSi/Al比77のFAUと*BEAからのRUT型ゼオライトの結晶化曲線を示す[18]。*BEA-RUTゼオライ

第3章　ゼオライト類

水熱転換は7日間で終了し，FAUに比べ結晶化速度が速い。一方，FAU型ゼオライトの場合には水熱処理の初期段階で誘導期が明確に観察された。これらの結果は，FAUに比べ，*BEA型ゼオライトの分解により生成するアルミノシリケート種がRUT型ゼオライト生成に適した局所的秩序構造を維持しており，目的ゼオライトへの核形成および結晶成長が速やかに進行したことを示している。即ち，出発ゼオライトの種類を変えることによって，目的ゼオライトの生成に最適なナノパーツ種を選択できる可能性が示唆された。

## 5 種結晶存在下でのゼオライト水熱転換

ゼオライト合成では結晶化時間の短縮および得られるゼオライト結晶の純度向上の観点から，結晶化が完了したゼオライトが種結晶として添加される。そこで，TEAOHを含むさまざまなOSDA存在下において*BEA型ゼオライト種結晶を添加しその影響を調査した。TEAOH以外の3種のOSDA（TMAOH，BTMAOHおよびコリン水酸化物）の中で，BTMAOHを用いた場合でのみ*BEA型ゼオライトが単一相で得られたことから，TEAOH以外の構造規定剤でも*BEA型ゼオライトの合成が可能であることが明らかとなった[19]。また，種結晶無添加ではBTMAOHをOSDAに用いても*BEA型ゼオライトは得られずCHA型ゼオライトが生成したこと，およびFAU型ゼオライトの代わりにアモルファス原料を用いた場合には結晶化が全く起こらなかったことから，FAU型ゼオライトから生成したナノパーツが種結晶の表面あるいは溶出したアルミノシリケート種（核種）へ効率よく取り込まれていることが示唆された。図6にBTMAOHおよびTEAOH存在下での*BEA型ゼオライトの結晶化過程のXRDパターンを示す。TEAOHを用いた場合，水熱処理時間2hで，FAU型ゼオライトのピークは完全に消失し，12hで*BEA型ゼオライトが結晶化した。しかし，BTMAOHを用いた場合，水熱処理時間2hさらには水熱処理時間12hになってもFAU型ゼオライトに基づく回折ピークが観察された。このことは，TEAOHとBTMAOHを用いた場合では，FAU型ゼオライトの分解速度に大きな違いがあり，

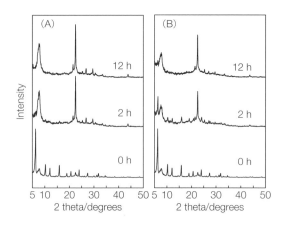

図6　種結晶存在下におけるFAU-*BEAゼオライト水熱転換に及ぼすOSDAの影響（Temp.=125℃）
（A）TEAOH，（B）BTMAOH

その違いが結晶化速度に影響を与えたことを示している。

## 6 OSDAフリーでのゼオライト水熱転換

ゼオライトの合成のためにOSDAは有益な働きをするが，一方，工業材料への応用の観点からは，そのコストや有毒性が大きな問題となる。そのため，OSDAを用いない（OSDAフリー）ゼオライトの合成はその用途を広げ，より実用的な材料とするために興味深い分野である。OSDAフリーのMFI型ゼオライト合成はすでに約30年前に報告されているが[20]，*BEA，RTHなどいくつかのOSDAフリーのゼオライト合成が最近報告されている[21)-23)]。OSDAフリー合成では種結晶の添加が重要な要素となっており，添加した種結晶表面が目的ゼオライトの結晶成長の場となっていると考えられている。このことは，ゼオライト水熱転換においても，原料ゼオライトを種結晶に取り込まれやすい構造ユニットに分解することができればOSDAフリー合成が可能であることを示している。図7にOSDA無添加でのFAU-*BEAゼオライト水熱転換過程におけるXRDパターンの経時変化を示す[19]。水熱処理前のXRDパターンには種結晶*BEA型ゼオライトとFAU型ゼオライトに基づくピークが観察されたが，処理時間2hでFAUは完全に分解し，その後処理時間と

3節 ゼオライト水熱転換法

ともに*BEA型ゼオライトに基づくピーク強度は増大した。図8（A）に得られた*BEA型ゼオライトのSEM写真を示す。なお，比較のため種結晶のSEM写真も併せて示す（図8（B））。得られた*BEA型ゼオライトの結晶径は種結晶に比べて増大しており，そのSi/Al比は7.3と種結晶の値25.9よりも大きく低下した。これは，高いアルカリ濃度（NaOH/SiO$_2$＝0.6）のため，ナノパーツ中のシリコンが過度に溶解し，アルミニウムを多く含むパーツが優先的に*BEA型ゼオライトに取り込まれたためと考えられる。

また，OSDAフリーでのFAU–LEVゼオライト水熱転換（Temp.＝125℃，NaOH/SiO$_2$＝0.6）についても検討した[24]。収率は低いものの結晶性の高いLEV型ゼオライトが単一相で得られた。図8（C，D）から明らかなように，得られたLEV型ゼオライトの結晶形態は種結晶とは大きく異なり，粒子径も増大している。LEV結晶のTEM写真には結晶内部に種結晶の一部と思われる粒子が観察され，TEM/EDX分析により算出した結晶内部と外周部分のSi/Al比の値には違いがあった（図9）。元素分析から求めたSi/Al比は結晶内部では5.5〜6.3であったが，結晶外部では4.0〜4.5とアルミニウム濃度の

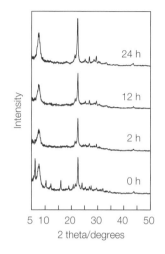

**図7** OSDAフリーのFAU–*BEAゼオライト水熱転換
NaOH/SiO$_2$＝0.6，9.1 wt％種結晶，Temp.＝100℃

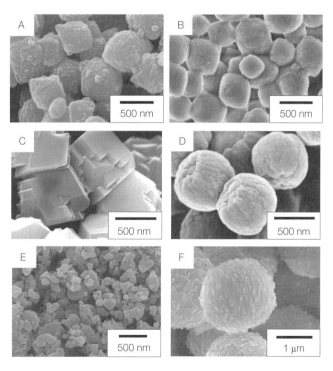

**図8** 未焼成種結晶存在下でのOSDAフリーゼオライト水熱転換により得られた（A）*BEA，（C）LEVおよび（E）MAZ型ゼオライトのSEM写真。（B），（D）および（F）はそれぞれの種結晶

分布が異なるコア-シェル構造が確認できた。本合成では未焼成のゼオライト種結晶を用いているが，水熱処理条件でその安定性を調査した結果，水熱処理30分後でも，種結晶が結晶性を保持していることが確認された。このことは，水熱転換中も種結晶は存在し，その表面が結晶成長の場となっていることを強く示している。

ところで，上述のOSDAフリーでのゼオライト水熱転換条件は非常に類似している（NaOH/SiO$_2$=0.6，H$_2$O/SiO$_2$=5）。このことは，*BEAおよびLEV種結晶表面での結晶成長に寄与しているナノパーツの一部は同じ構造をしていることを示唆している。こうした観点から，*BEAおよびLEV型ゼオライトの構成単位（コンポジットビルディングユニット）を比較すると，4員環から構成されるハシゴ状のユニットが共通していることに気づく（表2）。そのため，同様のはしご状ユニットを持つゼオライトのOSDAフリー合成の可能性が強く示唆される。そこで，*BEAおよびLEV型ゼオライトと同様にこのハシゴ状構造ユニットを有するMAZ型ゼオライトのOSDAフリー合成を試みた。予想通りFAU型ゼオライトの過度の分解が抑制できる低温（70℃，NaOH/SiO$_2$=0.6）でFAU−MAZゼオライト水熱転換が進行し，4員環から構成されるハシゴ状構造ユニットがゼオライト結晶成長過程に関与しているとする筆者らの仮説の妥当性が確認された[25]。なお，得られたMAZ型ゼオライト結晶のSEM写真を図8（E）に示す。

## 7 OSDA/種結晶フリーでのゼオライト合成

前述したOSDAフリーのゼオライト合成では，目的ゼオライトの結晶成長に対して，種結晶が重要な役割を担う。一方，添加する種結晶は得られるゼオライトの構造を強く規定してしまう。そこで，出発および目的ゼオライトの構造類似性の重要性を確認するため，OSDAおよび種結晶無添加でのLEV→CHAおよび*BEA→MFIゼオライト水熱転換を試みた。CHA型ゼオライトおよびLEV型ゼオライトはd6rの構造ユニットを持ち，高い構造類似性を有する。図10にLEV→CHAゼオライト水熱転換過程のXRDパターンを示す。原料であるLEV

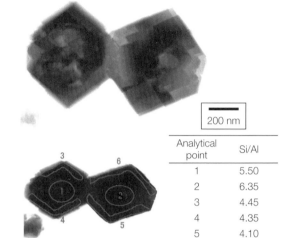

図9 OSDAフリーで得られたLEV型ゼオライトのTEM/EDX分析

表2 種々のゼオライトの構成ユニット

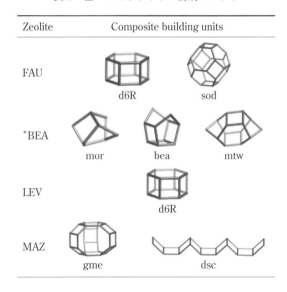

型ゼオライト→アモルファス相→CHA型ゼオライト→ANA型ゼオライトという転換過程が観察され，中間生成相としてCHA型ゼオライトが得られた。ところで，これらゼオライトの骨格密度はANA＞LEV＞CHAの順である。つまり，前述したゼオライト水熱転換では，いずれも骨格密度小→大の熱力学的に安定な生成物が得られていたが，このLEV→CHAの相転移は骨格密度大→小の速度支配

的な転換過程であり，熱力学的な制約に縛られないゼオライト水熱転換法の発展が期待される[26]。

*BEA 型ゼオライトと MFI 型ゼオライトは，5員環および4員環から成る mor という共通する構造ユニットを有し，この観点から，この2種のゼオライトに関しても OSDA/種結晶フリーのゼオライト水熱転換を試みた。予想通り，*BEA → MFI ゼオライト水熱転換に成功した。一方，生成ゼオライトと構造類似性のない FAU 型ゼオライトを出発原料に用いた場合，MFI 型ゼオライトは得られず，*BEA 型ゼオライトの分解によって生成したナノパーツが MFI の核生成および結晶成長に寄与していることがわかった。図11 の *BEA → MFI ゼオライト水熱転換過程の SEM 写真から明らかなように，水熱処理初期段階（合成時間2時間）の MFI 型ゼオライト結晶表面には大きなマクロ細孔がいくつも観察されたが，水熱処理時間とともに滑らかな表面を持つ MFI 型ゼオライトが得られた。このようにゼオライト水熱転換過程の制御によって，ゼオライト中にマクロ/メソ細孔を形成可能なことも明らかとなった[27]。

## 8 ゼオライト水熱転換過程

ゼオライト由来のナノパーツそのものの存在はメソポーラス物質中への捕捉・分析により明らかにしたが[12]，その構造に関する知見は全くなかった。ゼ

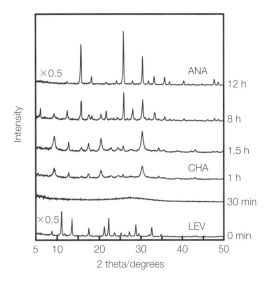

図10 OSDA/種結晶フリーでの LEV → CHA ゼオライト水熱転換

図11 OSDA/種結晶フリーでの *BEA → MFI ゼオライト水熱転換

- 243 -

オライトの結晶化過程の解明に関する研究は，TEM，AFM や高エネルギー XRD などを用いて現在でも盛んに行われている。最近，Schüth らはエレクトロスプレーイオン化質量分析（ESI-MS）を用いて MFI 型ゼオライトの結晶化過程で生成している化学種の構造を推測している[28]。測定できる質量数（m/z）は 2000 程度であるが大変興味深い試みであり，筆者らの TEAOH を用いた FAU-*BEA ゼオライト水熱転換過程における化学種の解明に ESI-MS 法を適用した。図 12 に水熱処理 2 時間後の液相の ESI-MS スペクトルを示す（Tx：x は化学種中の T 原子（アルミニウムまたはシリコン）の数，yW：y は脱水縮合によって生成する水分子（W）の数を表している）。アルミノシリケート種間の脱水重縮合によって種々の質量数の化学種が生成し，T6-4W，T8-3W および T8-5W の化学種は 4 員環を基本単位とする構造から形成されていることがわかる。これらは，松方らが高エネルギー XRD 分析によって指摘した *BEA 構造の形成メカニズムに用いられる 4 員環から構成されるクランクシャフト状構造ユニットと一致している[29]。表 2 から明らかなように FAU 型ゼオライトの構造中には d6r の構造ユニットが存在していることから，ゼオライト水熱転換過程ではこの d6r ユニットの分解により 4 員環から構成されるハシゴ状構造ユニットが生成し，*BEA 結晶の成長過程に関与していることを示している。

低温・OSDA フリーの条件下でも FAU 型ゼオライトと類似した結晶構造を有する *BEA，LEV および MAZ 型ゼオライトが得られた上述の結果をも考慮すれば，穏和な条件下でのゼオライト水熱転換により，出発ゼオライトの結晶構造を反映したゼオライトを設計・合成できることが明らかとなった。

## 9 おわりに

ゼオライト水熱転換法により得られるゼオライトは，用いる OSDA の種類および合成条件に大きく依存し，通常のアモルファス原料に比べて結晶化速度が増大したことから，原料ゼオライトの分解条件によってさまざまなナノパーツが生成しており，適切な構造のナノパーツを組み上げていくことで迅速なゼオライト合成が可能となった。ゼオライト由来のナノパーツの存在をメソポーラス物質中への捕捉・分析により明らかにした。また，ESI-MS 分析により，FAU 型ゼオライトを原料に用いた

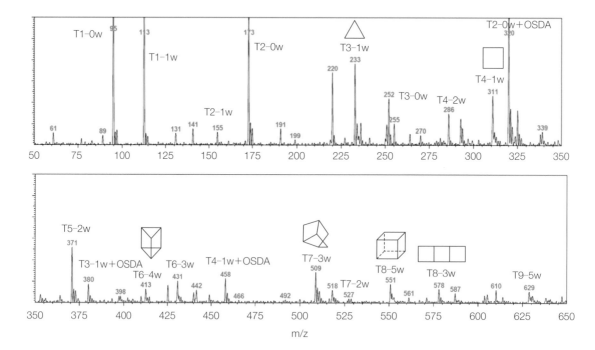

図 12 TEAOH を用いた FAU ゼオライト水熱転換における水熱処理 2 時間後の液相の ESI-MS スペクトル

OSDAフリーのゼオライト水熱転換では4員環から構成されているハシゴ状構造ユニットがゼオライト結晶成長過程に関与していることも見出した。

今後，ナノパーツの構造の詳細および分取が可能になり，構造の異なるナノパーツを化学的操作により組み立てていく手法が確立されれば，レゴ遊びのように新規構造を有するゼオライトを自由自在に設計することも近い将来可能になると期待している。また，このゼオライト水熱転換過程を詳細に解析することは，ゼオライト生成機構の解明にもつながる。

■引用・参考文献■

1) P. P. E. A. de Moor, T. P. M. Beelen, B. U. Komanschek, L. W. Beck, P. Wagner, M. E. Davis and R. A. Van Santen : *Chem. Eur. J.*, **5**, 2083(1999).

2) F. Fajula, M. Vera-Pacheco and F. Figueras : *Zeolites*, **7**, 203 (1987).

3) B. Subotić and L. Sekovanić : *J. Cryst. Growth*, **75**, 561 (1986).

4) S. I. Zones : *J. Chem. Soc. Faraday Trans.*, **87**, 3709(1991).

5) S. I. Zones and Y. Nakagawa : *Microporous Mesoporous Mater.*, **2**, 557(1994).

6) Y. Kubota, H. Maekawa, S. Miyata, T. Tatsumi and Y. Sugi : *Microporous Mesoporous Mater.*, **101**, 115(2007).

7) R. K. Ahedi, Y. Kubota and Y. Sugi : *J. Mater. Chem.*, **11**, 2922(2001).

8) T. Ikeda, Y. Akiyama, Y. Oumi, A. Kawai and F. Mizukami : *Angew. Chem. Int. Ed.*, **43**, 4892(2004).

9) S. Inagaki, T. Yokoi, Y. Kubota and T. Tatsumi : *Chem. Commun.*, **48**, 5188(2007).

10) H. Jon, K. Nakahata, B. Lu, Y. Oumi and T. Sano : *Microporous. Mesoporous. Mater.*, **96**, 72(2006).

11) S. Inagaki, M. Ogura, T. Inami, Y. Sasaki, E. Kikuchi and M. Matsukata : *Microporous Mesoporous Mater.*, **74**, 163 (2004).

12) H. Jon, N. Ikawa, Y. Oumi and T. Sano : *Chem. Mater.*, **20**, 4135(2008).

13) H. Jon, S. Takahashi, H. Sasaki and Y. Oumi, T. Sano : *Microporous Mesoporous Mater.*, **113**, 56(2008).

14) H. Sasaki, H. Jon, M. Itakura, T. Inoue, T. Ikeda, Y. Oumi and T. Sano : *J. Porous Mater.*, **16**, 465(2009).

15) M. Itakura, T. Inoue, A. Takahashi, T. Fujitani, Y. Oumi and T. Sano : *Chem. Lett.*, **39**, 908(2008).

16) M. Itakura, Y. Oumi, M. Sadakane and T. Sano : *Mater. Res. Bull.*, **45**, 646(2010).

17) T. Inoue, M. Itakura, H. Jon, A. Takahashi, T. Fujitani, Y. Oumi and T. Sano : *Microporous Mesoporous Mater.*, **122**, 149(2009).

18) M. Itakura, K. Ota, S. Shibata, T. Inoue, Y. Ide, M. Sadakane and T. Sano : *J. Cryst. Growth*, **314**, 274(2011).

19) K. Honda, A. Yashiki, M. Itakura, Y. Ide, M. Sadakane and T. Sano : *Microporous. Mesoporous Mater.*, **142**, 161(2011).

20) F.-Y. Dai, M. Suzuki, H. Takahashi and Y. Saito : *Proc. 7th International Zeolite Conference*, Eds. Y. Murakami, A. Ijima, J. W. Ward, Kodansha, Tokyo, 223(1986).

21) B. Xie, J. Song, L. Ren, Y. Ji, J. Li and F.-S. Xiao : *Chem. Mater.*, **20**, 4533(2008).

22) Y. Kamiyama, W. Chaikitlisilp, K. Itabashi, A. Shimojima and T. Okubo : *Chem. Asian J.*, **5**, 2182(2010).

23) T. Yokoi, M. Yoshioka, H. Imai and T. Tatsumi : *Angew. Chem., Int. Ed.*, **48**, 9884(2009).

24) A. Yashiki, K. Honda, A. Fujimoto, S. Shibata, Y. Ide, M. Sadakane and T. Sano : *J. Cryst. Growth*, **325**, 96(2011).

25) K. Honda, A. Yashiki, M. Sadakane and T. Sano : *Microporous Mesoporous Mater.*, **196**, 254(2014).

26) I. Goto, M. Itakura, S. Shibata, K. Honda, Y. Ide, M. Sadakane and T. Sano : *Microporous Mesoporous Mater.*, **158**, 117(2012).

27) K. Honda, M. Itakura, Y, Matsuura, A. Onda, Y. Ide, M. Sadakane and T. Sano : *J. Nanosci. Nanotechnol.*, **13**, 3020 (2013).

28) S. A. Pelster, W. Schrader and F. Schüth : *J. Am. Chem. Soc.*, **128**, 4310(2006).

29) S. Inagaki, K. Nakatsuyama, Y. Saka, E. Kikuchi, S. Kohara and M. Matsukata : *J. Phys. Chem. C*, **111**, 10285(2007).

〈津野地　直，佐野　庸治〉

第3章 ゼオライト類

## 4節 粉砕・再結晶化法によるゼオライト微細粒子の調製

### 1 要 旨

　ゼオライトを触媒や吸着材として用いる場合，ミクロ細孔中の拡散が触媒・吸着現象そのものに影響を与える場合があるため，微細粒子の調製を可能とする技術の開発は重要である。しかし，ゼオライト合成においてボトムアップ法，すなわち核生成と結晶成長の制御により，ナノサイズ結晶（〜 100 nm）を直接合成することは容易ではない。通常，ゼオライトは水熱条件下で数ミクロン程度の大きさに成長することが多く，これを粉砕により整粒化する方法もありえる。しかしながら緻密な金属酸化物に比べ，多孔体であるゼオライトは機械的な衝撃によりダメージを受けやすい。近年，筆者は機械的な負荷の少ないビーズミリング法とアルミノシリケート水溶液による再結晶化法を組み合わせた，ナノサイズのゼオライトの新規調製法を提案している（Wakihara et al., Cryst Growth Desig, 2011）。現在その対象は，当初の LTA 型ゼオライトからさまざまなゼオライト系に展開されている。本稿では，この"粉砕・再結晶化法"の最近の進展について解説する。

### 2 緒 言

　ゼオライトはミクロ孔領域（＜2 nm）に空間を有する結晶質物質として，18 世紀半ばに天然鉱物中で発見された。ゼオライトの骨格構造は，シリコンあるいはアルミニウムが酸素原子を介して結合し，構成されている。また骨格の負電荷を補償するため，アルカリ金属等のカチオンが含まれる。今日では年間 100 万トンを越えるゼオライトが製造されている。特にゼオライトの有する特異な固体酸性を利用した不均一触媒としての応用が多い。例えば，流動接触触媒（FCC 触媒：FAU 型ゼオライトを主成分

とする）は，原油成分中のそのままでは利用が困難な重質成分を，クラッキングによりガソリンやナフサに転換，さまざまなエネルギー源，化成品製造原料を供給している。ほかの用途としてはイオン交換材が挙げられる。例えば，LTA 型や GIS 型ゼオライトは世界中で洗浄が困難な硬水をイオン交換により軟水化しているビルダーとして利用されている。さらに，BEA 型ゼオライト，CHA 型ゼオライトはガソリン車の炭化水素の排出規制/ディーゼル車の NOx 排出規制に対し，吸着剤/触媒として用いられている。以上のように，ゼオライトは持続的社会の形成のために大きく貢献するキーマテリアルである。

　ゼオライトが実用に供されるためには，あるニーズに対して構造，組成，形態の3条件が同時最適化され，現実的な製造プロセス・コストで生産されなければならない。構造に関しては，過去 20 年間のゼオライト合成技術の進展はめざましく，現在では 229 種の骨格構造が見出されている（図1）[1]。特に，複雑な構造を有する有機構造規定剤（Organic Structure Directing Agent：OSDA）やフッ素イオンを用いる，あるいは化学的な安定性が考慮された金属種（例えば Ge）を Al の代わりに用いる手法が多いようである。現在においても年間数種類程度の新規構造が報告されている。

　組成に関しては，近年多くの研究がなされており，さまざまな組成を有するゼオライトが開発されている。例えば，Si/Al 比が 1 〜 2 近傍の構造しか合成できなかった LTA 型ゼオライト構造のピュアシリカタイプが合成された報告は大きな注目を集めた[2]。また，Ti や Sn など，ヘテロ金属元素を骨格構造内に含んだゼオライトを直接合成法，または後処理（Post-synthesis modification）により調製する報告が多くなされている[3]-[5]。なお，CHA 型ゼオライト

－ 246 －

4節　粉砕・再結晶化法によるゼオライト微細粒子の調製

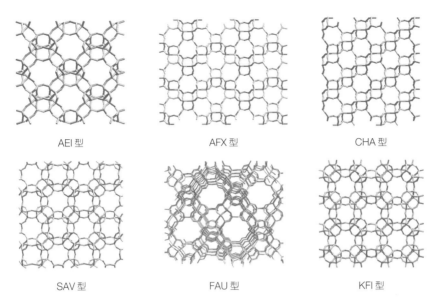

図1　ゼオライト骨格構造の例

は長らく Si/Al 比が2程度の組成しか合成できなかったが，Zones らが TMAdaOH（N,N,N-trimethyl-1-adamantanamine hydroxide）という特殊な OSDA を用いることにより，その Si/Al 比を15程度まで高めることに成功した[6]。その結果，上述のようにディーゼル車搭載用触媒としての道筋が開かれ，実用化に至っている。このようにゼオライト組成のブレイクスルーにより，実用化に成功した例は多く報告されている。

形態に関しても同様に多くの研究がなされている。通常の合成法により得られるミクロンサイズのゼオライト粒子に比べ，ゼオライトナノ粒子（〜100 nm）は外表面積が大きく，分子やイオンの拡散の観点から有利であり，拡散が律速する系を改善する可能性がある（図2）。よって現在，各種特性向上を目的としたゼオライトナノ粒子合成に関する研究が盛んに行われている[7)-13)]。例えばメタノールからハイドロカーボンを得る反応系では主として外表面近傍の細孔が反応に主に貢献しており，大きい粒子では失活が早々に起きてしまう。一方，ゼオライトナノ粒子を用いた場合，失活を抑えることが可能である[14)15)]。さらにゼオライトナノ粒子を光学用途やセンサー用途といった，これまでミクロンサイズのゼオライトでは実現できなかった応用へ適用することも考えられている[16)-18)]。既往のゼオライトナノ粒子合成に関する研究の多くはボトムアップ法，すなわち4級アンモニウム塩や特殊な有機物を用い，核発生・結晶成長を制御することにより達成されてきた[10)]。当然のことであるが，ゼオライト合成液中でより多くのゼオライト核が発生し，各々が少しずつしか成長しなければナノ粒子が得られることになる。ボトムアップ法によりゼオライトナノ粒子を合成する研究は非常に多くあり，本稿引用文献や他の総説を参照されたい。例えば，典型的なゼオライトである LTA 型，FAU 型，MOR 型，MFI 型ゼオライトのナノ粒子を合成する際には，核発生・結晶成長を制御する目的で OSDA である4級アミンを添加する[10)]。しかし，一般的に OSDA は他の原材料（水ガラスやアルミン酸ナトリウム）に比べはるかに高価である。さらに，4級アンモニウム塩は最終的に焼成して除去する必要があるが，排ガスは窒素酸化物（NOx）を含んでいるため，これを処理する施設を設置しなければならない。よってゼオライト合成時に有機物を使用しない新規ゼオライトナノ粒子製造プロセスの確立が望まれている。

## 3　粉砕・再結晶化法

本稿では，報告例の多いボトムアップ法ではなく，トップダウン法によるゼオライトナノ粒子調製法に

- 247 -

第3章 ゼオライト類

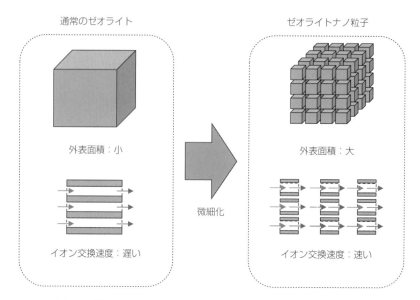

図2 通常のゼオライト（μmサイズ）とゼオライトナノ粒子の比較
（例えば，微細化により細孔内拡散が促進されイオン交換特性向上）

ついて解説する。これは筆者が世界に先駆け報告した，ミクロンサイズのゼオライトを粉砕法と再結晶化法を組み合わせたトップダウン法によりナノサイズ化させる新規手法である。筆者は，これまでにゼオライト合成およびセラミックス全般に関する研究を行ってきた。近年は両者の知見を融合させることにより，ゼオライトサイエンスに新しい合成法・ポスト処理法を導入することを試みている。本手法はそのような背景のもと見出されたものである[19)~24)]。具体的には，以下に示す通り，ゼオライト特性向上のためにニーズが多い，"ゼオライトナノ粒子"を全く新しい手法で調製する方法を開発した。ゼオライトはビーズミル等を用いて粉砕させると，微細化は可能であるがある程度非晶質化が進行する（特性が低下する）ことが知られている。しかし粉砕処理後，粉砕したゼオライトを希薄アルミノシリケート溶液中においてポスト処理すると，粉砕したゼオライトを溶解させずに，また粒成長させることなく非晶質化した部分を再結晶化できることを明らかにした（図3）。また，後処理したゼオライトは平均粒径約40～100 nmであり，イオン交換特性・触媒特性が大幅に向上することを明らかにした[22)~24)]。以下にその詳細について解説する。

## 4 粉砕・再結晶化法を行うための必要条件

筆者らはこれまでにLTA, FAU, MFI, AFI, CHA型ゼオライトに対し，ビーズミルにより微細化処理を行った。その結果，0.5～5 μmの原料ゼオライトが100 nm以下まで粉砕可能ではあるものの，粉砕による非晶質化により細孔がつぶれてしまい，結果として本来の特性である触媒作用・イオン交換能力が低下してしまうことを明らかにしてきた。特に高エネルギー放射光X線全散乱法による二体分布解析より，座屈による骨格構造の崩壊が非晶質化の原因であることを明らかにしている[25)]。ビーズミル以外にも，ボールミル，ピンミル，アトライター，ジェットミル，遊星ミルなどさまざまな粉砕法を試み，微細化の促進と非晶質化の抑制の両立を目指したが，多孔体であるゼオライトは粉砕による圧縮応力，せん断応力，おそらくは局所摩擦による加熱によって必ず一部は非晶質化するとの結論に至っている。よって，高結晶性ナノ粒子を得るという当初目的を達成するため，粉砕後に非晶質化した部分を再結晶化させ，結晶性の高いゼオライトナノ粒子を得るプロセスを開発することにした。

一般的にゼオライトはSi, Al源をアルカリ溶液に溶解させ，必要に応じてOSDAを添加し，オー

- 248 -

4節 粉砕・再結晶化法によるゼオライト微細粒子の調製

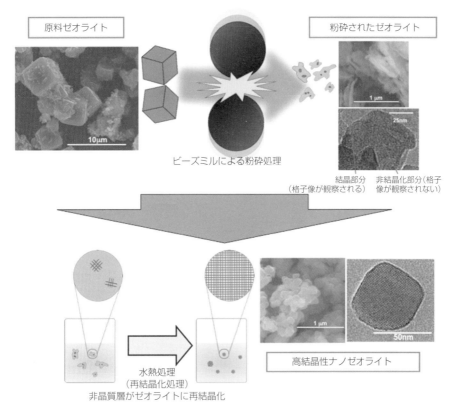

図3 粉砕・再結晶化法の模式図

トクレーブ中で加熱（〜250℃）することにより得られる。この際，生成したゼオライトは合成容器底部に沈殿する。厳密には長時間放置すると他の安定相に変化することも多いが，敢えて批判を恐れずに表現すると，ゼオライト合成後の上澄み溶液はゼオライトにとって成長も溶解もしないほぼ平衡状態の溶液とみなすことができる。すなわちゼオライト結晶化が終了した溶液中では，ゼオライトは上澄み溶液と接触しているものの，もはや成長もせず，また溶解もしない状況であるといえる（**図4**）。筆者はここで，もしこのような溶液に粉砕したゼオライトを投入したら？，と考えた。この着想こそが一連の研究の原点である。すなわち，このような溶液中では，

① 粉砕により一部非晶質化したゼオライトは，より不安定な非晶質部分が液相を介して非晶質化していない結晶部分に再析出し，結晶性を高めることができるかもしれない。
② 場合によっては液相を介さずに直接的に結晶化するかもしれない。

③ また，粉砕処理後はすべてが非晶質化しているわけではなく，一部残存したゼオライト結晶部分は成長も溶解もせずそのままである（粉砕処理後も結晶性は数十％は残存している）。よって核となるゼオライト結晶子は粉砕により多数生成しているため，各結晶子はそれほど成長しないで，ナノサイズのゼオライトが得られるかもしれない。

これらの仮説を検証すべく，粉砕したゼオライト粉末をゼオライト合成後上澄み溶液，もしくはあらかじめ組成を調べた上で調製した上澄み溶液と同組成溶液中で加熱することにより，非晶質層を再結晶化させ，結晶性の高いゼオライトナノ粒子を作製することを試みた。その結果，後述のように，本手法は30〜300 nm程度のゼオライトナノ粒子を調製する非常に優れた手法であることが明らかになった。

粉砕・再結晶化法を実現するためのキーポイントは以下の通りである。

第3章 ゼオライト類

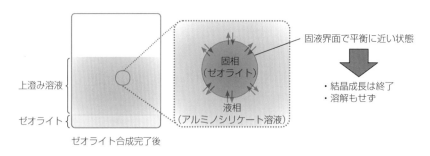

図4　ゼオライト結晶化完了時点の模式図

・ゼオライト表面がゼオライト合成終了直後の合成母液と似たような組成の液体でぬれており、溶解・再析出が促進される状態（温度）であること

これを実現するためには、以下の条件、

・ゼオライト合成後にゼオライトが沈殿した上澄み溶液に粉砕したゼオライトを投入
・ゼオライト合成時と同様の温度で保持
・もしくは上澄み溶液の組成を調べ、あらかじめ調製した同組成の溶液中に粉砕したゼオライトを投入。合成時と同様の温度で保持

が有効である。

また、上述の通りゼオライトの溶解・再析出が促進されるような状態が実現すればいいので、固体-液体比はゼオライト合成時と同じである必要はない。すなわち、下記のような条件、

・極少量のアルカリ溶液やアルミノシリケート溶液を粉砕したゼオライト粉末と混合、ゼオライト表面が粉砕・再結晶化が促進するような状態に保持

においても、再結晶化は進行する。

興味深いことに、粉砕・再結晶化法を行うためには、必ずしも上澄み溶液や上澄み溶液と同組成の溶液を調製する必要はないことが明らかになっている。例えば少量のNaOH溶液をゼオライト粉末と混合すると、表面に濡れたNaOH溶液はゼオライト部分から溶出したアルミノシリケート成分と混合し、アルミノシリケート溶液へと変化する。この表面に濡れた溶液は溶解・再析出を促進するため、ドライゲル転換法に類似した条件でも粉砕・再結晶化法を行うことができる。本手法による再結晶化はすでに報告されている文献21を参照されたい。

## 5　粉砕・再結晶化法の具体例[24]

原料粉末にはLTA型ゼオライト（LTA型ゼオライト、Si/Al = 1, Cation : Na$^+$）を用いた。水100 mLを分散媒とし、原料ゼオライト60 gを投入し、スラリーを調製した。ビーズミル処理に際し、粉砕メディアとしてジルコニアビーズを用いた。アルミナビーズも市販されているが、コンタミとしてAlが最終生成物に混在し、ゼオライト分野では重要な値であるSi/Al比に影響を及ぼすことを恐れ、使用しなかった。まず、Φ300 μmのビーズをビーズミル装置（アシザワファインテック㈱：LMZ015）のベッセル内に70%充填し、粉砕室内および配管内を水で満たした。およそ150 mLの水が必要であったことから結局60 gのゼオライトを250 mLの水で分散させたスラリーを粉砕させることになった。このベッセル内のローターを3000 rpmで回転させ、30～480分間粉砕処理を行った。所定の時間粉砕させた後、スラリーを回収し、60～100℃の恒温槽にて乾燥させ、得られた粉末を回収した。

次に粉砕により生じた非晶質層を再結晶化させるため、以下の操作を行った。

粉砕処理済みゼオライト粉末をアルミノシリケート溶液中（溶液の調製：Na$_2$SiO$_3$；1.961 g, Al(OH)$_3$；0.056 g, NaOH；11.57 g, イオン交換水；190 mL）で80～120℃、1～24時間、撹拌条件下もしくは静置条件下で水熱処理した。溶液/ゼオライトの重量比は10～100とした。

本稿ではごく限られた例のみを紹介するが、上記実験はとても簡便なものである。特に粉砕時間を長くすればするほど、より微細な粒子が得られる。再結晶化操作では顕著な粒成長が起こらないため、事実上最終生成物の粒径は粉砕処理時間によって決定

されるといっても過言ではない。すなわち，粉砕・再結晶化法は最終生成物の平均粒径を任意に決定できることを意味し，核発生と結晶成長のバランスにより生成物の粒径を制御する既往の手法とは大きく異なる。

原料および得られたサンプルの電界放出型走査型電子顕微鏡（FE-SEM）写真を図5に示す。図5より，原料粉末が120分間のビーズミル粉砕処理により微細化していることがわかる。FE-SEM写真を解析すると粒径はおよそ200～400 nmであった（粉砕により板状に変形するため正確に評価することは困難）。以上より，ビーズミル粉砕はゼオライトの微細化に有効であることがわかった。一方，粉砕したゼオライトを再結晶化処理させたサンプルは，粒径が約100 nmであった。上述のとおり再結晶化処理により，粒成長が進行していないことがわかる。粒成長の駆動力はオストワルト成長に起因すると思われるが，本系ではすべての粒子が微細であるため，粒子間の表面エネルギー差が小さく，結果として溶解再析出を通じたオストワルト成長は進行しなかったと考えられる。なお，再結晶化時間を極端に長くすると粒成長が確認されることから，適切な再結晶化時間でサンプルを回収することが重要であることも強調したい。投入したゼオライトに対してビーズミル粉砕処理後の回収率は99％以上，再結晶化処理後の回収率は95％以上であった。つまり，投入したゼオライトのほぼ全量をナノサイズのゼオライトとして回収できることを意味し，この点は投入した原料のすべてを結晶化できない通常の水熱合成法によるアプローチ（ボトムアップ法）よりも優れていると思われる。

原料および得られたサンプルのXRDプロファイルを図5に示す。図5より粉砕処理後サンプルは $2\theta = 25～30°$ 付近の非晶質バックグラウンドの増加および回折強度の減少が確認されたことから，非晶質化が進行したと考えられる。なお，典型的な粉砕法であるボールミルを用いた場合，平均粒径200 nm以下まで粉砕することは困難である。また，粒度分布が極めて大きくなってしまうという問題点もある。さらに，遊星ボールミルを用いた粉砕ではゼオライト構造が容易に非晶質化してしまい，ゼオライト由来の回折ピークは完全に失われてしまう。これに対し，本実験で用いたビーズミルによる粉砕

原料

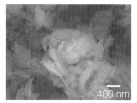 
粉砕後　　　　　　再結晶化後

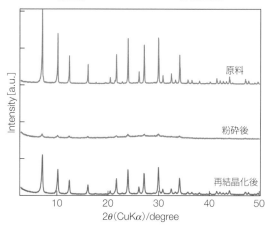

**図5　LTA型ゼオライトの粉砕・再結晶化**

では，200～400 nmまで粉砕したにもかかわらず，結晶性を残すことができる。したがって，ビーズミル粉砕法はゼオライトの非晶質化を最低限に抑えた粉砕手法として有効であると考える。

一方，再結晶化処理により，回折強度の向上および非晶質由来のブロードピークの減少が確認されたことから，結晶性が向上していることがうかがえる。回折ピークの面積から生成物の結晶性を評価すると原料とほぼ同じ，すなわちほぼ100％であることがわかった。水吸着測定からも同様にミクロ孔が回復していることを確認している。なお，図5では回折ピークの高さが原料と比べて低くなっているが，これは結晶がナノサイズ化したことで回折ピークがブロード化したことに起因する。なお，粉砕処理後サンプルのTEM写真から粒子の大部分は非晶質化しているが，一部に格子縞が存在しており，部分的に

第3章　ゼオライト類

結晶が残存していることが確認された（図3参照）。これはXRDの結果と対応している。これら結晶部分がアルミノシリケート溶液中では成長も溶解もせず，一方で非晶質化した部分はこの結晶部分を核（いや種結晶という表現の方が適切か）として再結晶化するものと考えられる。水熱処理後のTEM写真から，粒子はほぼ完全に再結晶化していることも確認されている（図3参照）。なお，遊星ボールミルにより24時間以上粉砕処理し，完全に非晶質状態にさせたゼオライト粉末を同様に水熱処理すると，大きい再結晶化粒子（0.5 µm以上）が得られることもわかっている。つまり，本技術のポイントとして，粉砕処理後にある程度ゼオライトの結晶性を残存させることが挙げられる。結晶部分を核（種結晶）として成長するため，その起点が失われてしまうと数少ない核が大きく成長してしまうためである。以上のようにビーズミル粉砕と再結晶化処理を組み合わせることにより，ゼオライトナノ粒子の調製が可能であることが明らかになった。

## 6 粉砕・再結晶化法の新展開

### 6.1 高速再結晶化法の開発

　近年，筆者の所属するグループ（東京大学大学院工学系研究科，大久保・脇原研究室）ではゼオライトを極短時間で合成する手法を開発している。一般的にゼオライト合成には数時間～数日必要とされる。筆者らはゼオライト合成の結晶化時間を決定する，数々の因子（ボトルネック）を理解・制御することにより，ゼオライトを1～10分という極めて短時間で合成することに成功した。特に，下記の①～③の要素：

① 超高速昇温により系の非平衡度を高めた状態から一気に結晶化

② OSDA構造が崩壊する前に極力高温で結晶化

③ 非晶質前駆体が最終生成物と類似のネットワーク構造（リング分布）を有しており，ゼオライトが合成する条件下において適度に分解・ゼオライト化

が必要条件であることを見出した。これらの成果は2014～2015年にかけて，複数の論文誌に掲載されている[26)~28)]。特に工業的に重要なゼオライト（AFI，CHA型）の高速合成に成功しており，本手法のゼ

オライト構造種によらない一般性が示唆されている。また，本手法は，耐圧容器を用いたバッチプロセスにより大量生産している現行システムを流通合成プロセスへと一変させる可能性を秘めており，工業的価値は極めて高いと考える。

　このゼオライト高速合成手法は粉砕・再結晶化プロセスにも応用できる。これまでの粉砕・再結晶化法において，再結晶化操作は1～24時間程度かかっていた。これを上述の手法により短時間で再結晶化できるか検証することにした[29)]。対象とするゼオライトはAFI型，CHA型ゼオライトとした。なお，粉砕・再結晶化法はこれまでOSDAを用いない合成系にのみ適用してきたが，AFI型，CHA型ゼオライトはそれぞれtetrapropylammonium hydroxide，N,N,N-trimethyl-1-adamantanamine hydroxideというOSDAを用いて合成する。OSDAを含有する系で粉砕・再結晶化法を試みた最初の例でもある。

　AFI型，CHA型ゼオライトを既報にのっとり合成した。この際，合成後の上澄み溶液は分離・保管した。次に得られたゼオライトはビーズミルを用いて粉砕した。粉砕時間は60分とした。得られた，スラリーは乾燥させ，粉砕粉末を得た。得られた粉末を再結晶化処理する際に，通常用いるようなオートクレーブではなく，伝熱に優れたステンレスチューブ管を用い，あらかじめ加熱したオイルバス中に投入した（**図6**）。その結果，図6に示すように，AFI型ゼオライトは5分程度で，CHA型ゼオライトは10分程度で再結晶化を完了させることに成功した。そもそも既報ではAFI型，CHA型ゼオライトをそれぞれ1分，10分で合成することに成功している。また流通合成にも成功している。すなわち，既往の成果と本成果を組み合わせれば，①流通合成でゼオライトを高速合成，②ビーズミル粉砕，③流通条件下高速再結晶化，という一連の操作で微細ゼオライトを生産できるようになるかもしれない。

### 6.2 組成・耐久性制御の可能性

　粉砕・再結晶化法は微細ゼオライトの組成を調製する手法としても有用である。再結晶化させるための溶液をあえて上澄み溶液の組成からずらすことにより，再結晶化したゼオライトの組成を変化させることも可能である。一例としてMFI型ゼオライトの再結晶化の際，原料のSi/Al比は19.7であったが，

再結晶化溶液組成を制御させることにより Si/Al 比を 18～26 まで変化させることに成功している[23]。

さらに，粉砕・再結晶化法により得られたゼオライトの耐熱性は原料ゼオライト同等に優れていることが挙げられる。すなわち，通常の水熱合成で得られたゼオライト構造中には多くの欠陥が存在し，これがゼオライトの耐熱性を決定している。一方，粉砕処理（＝あえて欠陥を導入）後，粉砕により生じたナノパーツ（前駆体）を再結晶化処理により組み上げることにより，欠陥の少ない結晶性の高いゼオライトが得られたためと考えられる。

以上のように粉砕・再結晶化法は積極的にゼオライトの組成や耐久性を制御する新規手法としても有用である。

## 7 まとめ

過去20年間のゼオライト合成技術の進展はめざましく，現在では229種もの骨格構造が見出され，またさまざまな組成を有するゼオライトの合成が可能である。トップジャーナルに取り上げられる機会も多い。しかしながら，形態制御の自由度は決して大きくなかった。このような背景のもと筆者は粉砕・再結晶化法を開発するに至った。粉砕したゼオライトを希薄アルミノシリケート溶液中においてポスト処理すると，粉砕したゼオライトを溶解させずに，また粒成長させることなく非晶質層を再結晶化できる。この解釈として，粉砕後に部分的に残存した結晶部分は再結晶化処理中に無数に存在する種結晶（結晶核）の役割を果たし，不安定な非晶質層がこの残存結晶表面で結晶成長したことにより結晶性の高いナノ粒子が得られたと考えられる。粉砕により生じた非晶質相が容易に他の安定相（ゼオライトや層状化合物など）へ変化してしまう例もあり，万能の手法と言い切ることはできないが，これまでのところ挑戦したすべてのゼオライト種に対して粉砕・再結晶化法が適用可能であることを確認している。

ここ数年の研究により，粉砕・再結晶化法の本質がより明らかになってきた。本手法を積極的に応用することにより，組成・形態の同時制御も現実的になってきた。特に，非晶質化を極力抑えた粉砕パラメータの検討，収率を極大化させる再結晶化条件の

(a) 通常オートクレーブ　　チューブ型反応器

 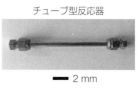

(b) AFI 型ゼオライトの高速再結晶化

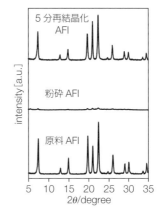 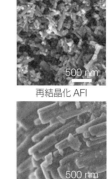

(c) CHA 型ゼオライトの高速再結晶化

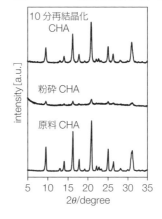  

図6　AFI，CHA 型ゼオライトの高速再結晶化

探索が重要な要素となる。これら条件を最適化させれば，原料ゼオライト以上の耐久性を有し，必要に応じてヘテロ金属等を積極的に導入させたゼオライトの調製も可能になると考えられる。現在，いくつかのゼオライトについては実用化を見据えた検討を進めている段階であり，吸着材や触媒としての実用化が数年の内に実現することが期待される。ゼオラ

第3章　ゼオライト類

イトは現在においても持続可能な社会を実現するためのキーマテリアルとして，構造・物性・機能の精密制御に関する研究がなされている。今後，化石原料の多様化に伴い，さまざまなアプローチによるゼオライト合成に関する研究はますます重要性を増してくるものと考えられる。大きく変動する世界・日本の資源・エネルギーおよび環境事情を鑑みるに，より優れたゼオライト触媒・吸着材が必要となることは確実であろう。そのためには，新規骨格構造を持つゼオライトの創製が必ずしも不可欠ではなく，むしろ既存のゼオライト構造をいかに使いこなすか，という観点も重要となる。本稿で取り上げた新規形態制御法もまたその１つであると考える。目の前に多くある社会的課題の解決に資するため，今まさに現実的な合成処理・プレ処理・ポスト処理プロセスを背景とするゼオライト基礎科学領域を創出することが重要であり，筆者もそれに貢献したいと考えている。本稿がそのような研究の一助となれば幸いである。

■引用・参考文献■

1) http://www.iza-structure.org/databases/
2) A. Corma, F. Rey, J. Rius, M. J. Sabater and S. Valencia : *Nature*, **431**, 287(2004).
3) T. Iida, A. Takagaki, S. Kohara, T. Okubo and T. Wakihara : *Chem. Nano Mat.*, **1**, 155(2015)
4) W. Fan, R.-G. Duan, T. Yokoi, P. Wu, Y. Kubota and T. Tatsumi : *J. Am. Chem. Soc.*, **130**, 10150(2008).
5) K. Yamamoto, S. E. Borjas García and A. Muramatsu : *Micropor. Mesopor. Mater.*, **101**, 90(2007).
6) S. I. Zones and S. F. Calif : U. S. Patent, 4544438(1985).
7) W. Fan, M. A. Snyder, S. Kumar, P. S. Lee, W. C. Yoo, A. V. McCormick, R. L. Penn, A. Stein and M. Tsapatsis : *Nature Mater.*, **7**, 984(2008).
8) M. Choi, K. Na, J. Kim, Y. Sakamoto, O. Terasaki and R. Ryoo : *Nature*, **461**, 246(2009).
9) S. Mintova, N. H. Olson, V. Valtchev and T. Bein : *Science*, **283**, 958(1999).
10) L. Tosheva and V. P. Valtchev : *Chem. Mater.*, **17**, 2494 (2005).
11) V. Valtchev and L. Tosheva : *Chem. Rev.*, **113**, 6734(2013).
12) L. Chen, X. Li, J. C. Rooke, Y. Zhang, X. Yang, Y. Tang, F. Xiao and B. Su : *J. Mater. Chem.*, **22**, 17381(2012).
13) S. Mintova, J. Gilson and V. Valtchev : *Nanoscale*, **5**, 6693 (2013).
14) B. P.C. Hereijgers, F. Bleken, M. H. Nilsen, S. Svelle, K. Lillerud, M. Bjørgen, B. M. Weckhuysen and U. Olsbye : *J. Catal.*, **264**, 77(2009).
15) D. Mores, E. Stavitski, M. H. F. Kox, J. Kornatowski, U. Olsbye and B. M. Weckhuysen : *Chem. Eur. J.*, **14**, 11320 (2008).
16) C. Minkowski, R. Pansu, M. Takano and G. Calzaferri : *Adv. Funct. Mater.*, **16**, 273(2006).
17) V. Vohra, G. Calzaferri, S. Destri, M. Pasini, W. Porzio and C. Botta : *ACS Nano*, **4**, 1409(2010).
18) V. Vohra, A. Bolognesi, G. Calzaferri and C. Botta : *Langmuir*, **26**, 1590(2010).
19) S. Inagaki, K. Sato, S. Hayashi, J. Tatami, Y. Kubota and T. Wakihara : *ACS Appl. Mater. Interfaces*, **7**, 4488(2015).
20) N. L. Torad, M. Naito, J. Tatami, A. Endo, S.Y. Leo, S. Ishihara, K. C-W Wu, T. Wakihara and Y. Yamauchi : *Chem. Asian J.*, **9**, 759(2014).
21) T. Wakihara, S. Abe, J. Tatami, A. Endo, K. Yoshida and Y. Sasaki : *Adv. Por. Mater.*, **1**, 214(2013).
22) T. Wakihara, K. Sato, K. Sato, J. Tatami, S. Kohara, K. Komeya and T. Meguro : *J. Ceram. Soc. J.*, **120**, 341(2012).
23) T. Wakihara, A. Ihara, S. Inagaki, J. Tatami, K. Sato, K. Komeya, T. Meguro, Y. Kubota and A. Nakahira : *Cryst. Growth Desig.*, **11**, 5153(2011).
24) T. Wakihara, R. Ichikawa, J. Tatami, A. Endo, K. Yoshida, Y. Sasaki, K. Komeya and T. Meguro : *Cryst. Growth Desig.*, **11**, 955(2011).
25) K. Sato, T. Wakihara, S. Kohara, K. Ohara, J. Tatami, A. Endo, S. Inagaki, I. Kawamura, A. Naito and Y. Kubota : *J. Phys. Chem. C*, **48**, 25293(2012).
26) Z. Liu, T. Wakihara, D. Nishioka, K. Oshima, T. Takewaki and T. Okubo : *Chem. Commun.*, **50**, 2526(2014).
27) Z. Liu, T. Wakihara, D. Nishioka, K. Oshima, T. Takewaki and T. Okubo : *Chem. Mater.*, **26**, 2327(2014).
28) Z. Liu, T. Wakihara, K. Oshima, D. Nishioka, Y. Hotta, S. P. Elangovan, Y. Yanaba, T. Yoshikawa, W. Chaikittisilp, T. Matsuo, T. Takewaki and T. Okubo : *Angew. Chem. Int. Ed.*, **54**, 5683(2015).
29) Z. Liu, N. Nomura, D. Nishioka, Y. Hotta, T. Matsuo, K. Oshima, Y. Yanaba, T. Yoshikawa, K. Ohara, S. Kohara, T. Takewaki, T. Okubo and T. Wakihara : *Chem. Commun.*, **51**, 12567(2015).

〈脇原　徹〉

第3章　ゼオライト類

## 5節　金属ユニット導入ゼオライトと触媒

### 1　はじめに

　ゼオライトは主としてシリカ骨格を持ち，均一なミクロ細孔を有した結晶性多孔体である。シリカ骨格中に異種金属を同型置換することで，その金属特有の触媒特性を示すことから，工業的にも利用されている材料である。本稿ではその概略を述べるとともに，最近の研究により開発された材料をいくつかピックアップし，紹介する。

　ゼオライトの触媒としての特徴は，多様な細孔構造と性質にある。ゼオライト骨格中に Al を含む場合，$Si^{4+}$ を $Al^{3+}$ に同型置換しているため骨格は負電荷を持ち，電気的中性を保つためには，ほかのカチオンで補うことが必要となる。ゼオライト中のカチオンは比較的自由に結晶細孔内を移動でき，カチオン種が $H^+$ となれば固体酸触媒となる。ゼオライトを触媒として用いる反応の多くはこの性質を利用している。

　通常のゼオライトは Si，Al，O 原子からなるアルミノケイ酸塩であるが，シリカ骨格の一部を Al 以外の金属原子（B, Ga, Ti, V, Mn, Cr, Fe, Zn, Sn など）で置換したタイプのゼオライト，すなわち金属ユニット導入ゼオライト（メタロシリケートあるいはメタロケイ酸塩ゼオライトとも呼ばれる）が合成されており，これらの元素に固有の活性を利用した触媒系が構築されている。ゼオライト骨格中において金属ユニットは ≡ SiO によって囲まれ高度に孤立しているために，通常の担持金属酸化物種にはない触媒機能が期待される。さらに，ゼオライト骨格内への導入は金属ユニット種の安定化をもたらし，通常の担持金属種と比べて，液相反応における溶出や高温気相反応での凝集あるいは揮散が起こりにくくなると期待される。

　ゼオライト構造の基本単位は，四面体構造を持つ $(SiO_4)^{4-}$ および $(AlO_4)^{5-}$ 単位（あわせて $TO_4$ とし，Si や Al またほかの金属が入る T を T サイトと呼ぶ）である。ゼオライト骨格中に導入される金属原子の条件としては，4 配位（4 面体配位）をとりうることと，適度な大きさ（イオン半径）であることである。金属のイオン半径が小さすぎるとまわりの酸素イオン同士がぶつかってしまい 4 配位をとれなくなり，大きすぎるとゼオライト骨格に金属イオンが収容できなくなると同時により高い配位数を好むようになるためである。4 配位をとる金属のイオン半径は，$B^{3+}$ 0.25 Å，$Cr^{6+}$ 0.40 Å，$V^{5+}$ 0.50 Å，$Ge^{4+}$ 0.53 Å，$Al^{3+}$ 0.53 Å，$Ga^{3+}$ 0.61 Å，$Fe^{3+}$ 0.63 Å，$Ti^{4+}$ 0.64 Å，$Sn^{4+}$ 0.69 Å，$Zn^{2+}$ 0.74 Å と見積もられる[1]。ただし，実際には T-O-T の結合角は変化しうるので，T-O-T 角度が小さくなることにより大きなイオンは収容可能になると考えられている。遷移金属を含むメタロシリケートは酸化触媒として有望である[2]。

### 2　金属ユニット導入ゼオライトの合成[3]

#### 2.1　水熱合成法

　メタロシリケートは一般的には通常のゼオライトと同様に塩基性条件下で Si 源とヘテロ金属源を混合し，水熱合成法で合成される。Si 源としてはケイ酸ナトリウムやコロイダルシリカが用いられることも多いが，触媒として使用する場合に Na が悪影響を及ぼす場合もあり，そうした場合にはヒュームドシリカやオルトけい酸テトラエチルのようなアルコキシドが用いられる。

　メタロシリケートの水熱合成における結晶化挙動やヘテロ原子の導入量に関する研究はあるが，未知の部分も多く残されている。一般にメタロシリケートの合成には時間がかかるものが多い。Ruren らは MFI 型メタロシリケートの結晶化挙動を検討して

－ 255 －

おり，それによれば結晶核の生成速度は B＞Al ≒ Ti＞Cr＞Ga＞Fe の順であり，また結晶成長速度は B，Al および Ga－MFI で大きく，Ti，Cr および Fe－MFI ではかなり遅くなるとされている[4]。Inui らはゼオライトの水熱処理における温度履歴と結晶化挙動の関連について検討し，結晶前駆体を加熱することにより結晶化時間を短くできることを見出し「迅速結晶化法」と命名しメタロシリケートの合成にも適用している[5]。MFI 型ゼオライトに Ti を導入したチタノシリケート "TS－1" に関して，結晶化過程，Ti の導入過程について詳細に検討されている[6]。

## 2.2 フッ化物法

通常のゼオライト水熱合成では塩基条件で行われるが，$Ti^{4+}$，$Zr^{4+}$ あるいは $Fe^{3+}$ などのヘテロ原子イオンの場合は溶解性の低い酸化物や水酸化物を形成することがある。そのため $OH^-$ 以外の鉱化剤が利用されることがある。代表的なものが Guth によって提案された $F^-$ イオンであり，これを利用するフッ化物法である。この方法は水熱合成法の一種だが，鉱化剤として水酸化物アニオンを用い高い pH で合成される一般的な水熱合成と異なり，$F^-$ イオンを存在させ中性付近で合成する方法である[7][8]。$F^-$ イオンの添加効果としては，鉱化作用（比較的低い pH 領域において $OH^-$ と同じようにゲルを溶解，結晶化させる効果），構造制御作用（特定構造のゼオライトを結晶化させる効果），テンプレート作用（有機テンプレートと同じように結晶化後の構造を安定化させる効果）がある。フッ化物法により塩基性媒体中で溶解性のない元素が導入可能となるほか，欠陥が少なく大きな結晶が得られる，アンモニウムイオンあるいは遷移金属イオンを含むゼオライトを直接合成することができる。$F^-$ 源としてはフッ化水素酸のほかにフッ化アンモニウム，フッ化ナトリウムや三フッ化ホウ素などの塩類が使用される。チタノシリケートを触媒とする場合，残存する Al や格子欠陥に由来する親水性により反応活性が低下する，さらに Al 由来の酸点により目的生成物の選択率が低下するといった問題がある。この 1 つの解決法がフッ化物法であり Blasco らは HF を含むゲル中で Al を含まず欠陥の少ない Ti－Beta の合成に成功している[9][10]。この Ti－Beta は 950℃ での熱処理，

湿度 100％ で 750℃ での水熱処理条件下で安定であることがわかっており，加えて水の吸着量も通常の Ti－Beta より少ない[11]。最近ではフッ化物法による Sn－Beta の合成法が開発された。これに関しては 4.6 で詳しく述べる。

## 2.3 ドライゲルコンバージョン法（DGC 法）

水熱合成法が原料を混ぜて得られる湿潤ゲルをそのままオートクレーブに仕込む液相合成であるのに対し，DGC 法とは，湿潤ゲルから水を除去することにより得られる乾燥ゲル（dry gel）を出発物とした固相合成法である[12]。ドライゲルコンバージョン法は大別して SAC 法（steam－assisted－crystallization）と VPT 法（vapor－phase－transport）の 2 種類に分けられる。前者は 4 級アンモニウム塩等を構造規定剤として用いる場合に使用される方法であり，ドライゲルの調製の段階で構造規定剤も加えてから乾燥させ，水だけをドライゲルと接触しないようにオートクレーブに仕込む方法である[13]。

一方 VPT 法は揮発しやすいアミン等を構造規定剤とする場合に用いられる方法で，構造規定剤は加えずにドライゲルを調製し，水と構造規定剤をドライゲルと直接接触しないようにオートクレーブに仕込む方法である[14]。この方法では構造規定剤を気相で供給するためその名がある。

Tatsumi らは SAC 法で Ti－Beta を合成し，ゲル組成や合成時の熱処理の影響およびそれらと酸化触媒活性との関連を報告している[15][16]。それによれば BEA 核の生成には 130℃ 程度の低い温度が有効であり，結晶成長時には 175℃ 程度のやや高い温度が好ましいとされている。なお，合成の際に Al と Na を含まないと生成物はアモルファスになるとされた。そののち Matsukata らは Al フリーでの Ti－Beta の合成が DGC 法でも可能であることを示している[17]。高い結晶化度を得るためにはゲルの乾燥に 80℃ 以上の温度が必要とされている。なおこの場合においても Na の存在は Beta の結晶化に必須であるとされる。

## 2.4 ポスト合成法

合成されたゼオライトに後から種々のヘテロ原子を含む試薬を作用させてメタロシリケートを合成する方法がポスト合成法である。Liu らは初めてポス

ト合成法によりメタロシリケートを合成した[18]。彼らは silicalite-II（MEL, Si/Al = 1050）を Ga₂O₃と NaOH の混合水溶液に 100℃，24 時間さらしてガロシリケートを調製している。骨格への Ga の導入が ⁷¹Ga-MAS-NMR によって確認され，温和な条件のもとでヘテロ原子の導入が固液界面で起こっていることが示唆された。さらに彼らは Al-Beta（Si/Al = 10.3）を NaGaO₂ 水溶液に加え，60℃で処理することで Ga-Beta を調製し，その生成機構を検討している[19]。もともと存在する骨格外の 6 配位 Al 種はポスト処理により溶解し，そののち 4 配位 Al 種として表面の欠陥サイトに取り込まれるが，同時に Ga も取り込まれてゆく。Ga は初めに外表面に取り込まれ，次第に内部へと導入される。

Yashima らは気相法によるポスト合成に関する先駆的な研究を行い「atom-planting 法」と名づけた[20]。彼らは高シリカ MFI（Si/Al = 870）を 500℃で脱水したのち，650℃で所定の金属塩化物をヘリウム気流中で気化・接触させることでメタロシリケートを合成しており，ヘテロ原子の骨格への導入が格子定数の変化や架橋水酸基の IR ピークシフトから確認されている。Al，Ga および In で導入量を比較すると Al＞Ga＞In となっており，この原因としてはイオンの大きさやそれらを収容するネストの環境が Ga や In の導入に有利でないためか，それを収容できるネストの数が少ないためとされている。

## 3 金属ユニット導入ゼオライトの構造解析[3]

合成された金属ユニット導入ゼオライトにヘテロ原子が導入されているかを確認するためにさまざまな方法が開発されてきたが，現在では主に固体 NMR や紫外可視（UV-vis.）吸収スペクトルによる配位状態解析や赤外（IR）吸収スペクトルによる格子振動の解析，XRD による格子定数解析などにより分析されている。

### 3.1 NMR による分析

固体高分解能 NMR はゼオライトの配位状態等に関する情報を直接与える方法である。対象核の環境の違いは NMR のケミカルシフトとして観測される。例えば ²⁹Si-MAS-NMR では Si 原子の周りに O 原子を介していくつの Al 原子が結合しているかがケミカルシフトから判別できる。また，Si/Al＜10 程度であれば各ピークのエリアを用いて下の式より骨格中の Si/Al 比を算出できる[21]。

$$Si/Al_{framework} = 4\,I_{total}/[4\,I_{Si(4\,Al)} + 3\,I_{Si(3\,Al)} + 2\,I_{Si(2\,Al)} + I_{Si(1\,Al)}]$$

ゼオライトの Si/Al 比の算出は ICP を用いて行うのが一般的であるが，こちらはバルク全体を分析対象とするため骨格外の金属量も含めた値が得られる。そのため ²⁹Si-MAS-NMR による Si/Al 比の算出は利用できる組成が限定されるものの，ICP の分析と相補的な関係にある。

²⁷Al MAS NMR は導入された Al の配位数を容易に評価できるため古くから多用されてきた。骨格内 4 配位と骨格外 6 配位の区別はもちろん，5 配位種やアルミノホスフェートのように酸素を介して P と結合した種などもケミカルシフトから判別することができる[22]。最近では Ferrierite に関して Co²⁺ イオンをプローブとして導入し NMR および分光分析を行うことにより，どの T サイトに Al が導入されているかを解明した報告がなされた[23]。また MFI 型や *BEA 型等の構造でも Al の骨格内分布を解き明かす試みが行われており，今後その範囲が拡大することが期待される[24]。

ガロシリケートにおいても MAS NMR は有力な分析方法である。Ga には ⁶⁹Ga と ⁷¹Ga があり同位体存在比はおおよそ 6：4 となっている。どちらの核種も NMR 測定が可能であり，測定が行われているが，⁶⁹Ga は四重極ブロードニングが ⁷¹Ga に比べて大きいため一般には ⁷¹Ga を測定核種とすることが多い[25]。ただ ⁷¹Ga MAS NMR による Ga の定量値は化学分析による定量値と比べて少なくなることが多いと言われている。この原因としては四重極カップリングによる広幅化や，より高い四重極カップリング定数を持つ Ga 種が存在するためであるとされる。

¹¹B MAS NMR はシリカ骨格中の B の状態を知る有力分析方法である。Fild らは水熱合成法によって合成した Si/B = 72 の Na-B-MFI および H-B-MFI を ¹¹B-MAS-NMR で解析し，Na-B-MFI における骨格中の 4 配位の B のピークと 3 配位の B のピーク強度から B が主として 4 配位であること

− 257 −

第3章 ゼオライト類

を示した[26]。一方，H−B−MFI においては $^1$H MAS NMR に現れる 2 つのピークから欠陥シラノール基と架橋水酸基が定量され，B が 3 配位をとりやすいことが示されている。

## 3.2 IR および UV−vis による分析

TS−1 に現れる 960 cm$^{-1}$ の IR ピークは Ti を骨格に含まないゼオライトでは基本的に現れないことから TS−1 の指紋ピークとなっている[27]。このピークの帰属に関してはさまざまな議論があり，Tatsumi らの解説に詳しく記載されている[28]。Boccuti らによればこのピークはチタニル基ではなく O$_3$SiOTi 種に関係するものとされているが，その正確な帰属はいまだ明らかではない[27]。ただし，Beta，メソ多孔性モレキュラーシーブなどのシラノール基を多く含む物質では，もともとこの付近に吸収が存在するので，金属導入の判断にはならない[29]。960 cm$^{-1}$ の IR ピークの絶対強度から Ti 含有量を見積もることは困難であり，ほかのピークとの相対強度から議論されることが多い。Thangaraj らは広い Ti 含有量の範囲で 960 cm$^{-1}$ の IP ピークと MFI 構造に特有の 550 cm$^{-1}$ のピークとの強度比を検討しており，Ti/(Si+Ti)＝0.9 程度までの直線関係を得ている[30]。

UV−vis は Ti の環境を確認する手法の中でも最も簡便なものであり，ゼオライトの構造により若干異なるものの 210 〜 230 nm に骨格内 4 配位 Ti 種，260 nm 付近に骨格外 6 配位 Ti 種，330 nm 付近にアナターゼの Ti 種の吸収が現れる。測定も短時間で終了するためチタノシリケートの分析に多用されるが，各吸収の吸光係数が異なるため定量性は期待できず，試料間の相対的な比較にとどまる。なお，Fe, Zn, Zr, Sn などの分析にも UV−vis は使用され，Ti と同様に 210 〜 230 nm 付近が骨格内 4 配位種であるとされるが，正確に帰属ができておらず，ほかの分析手法と併せて分析する必要がある[31]。

## 3.3 XRD による分析

Si 原子と大きさの異なるヘテロ原子が骨格内に取り込まれるとその導入量に応じて単位格子容積や格子定数が変化する。それを利用してヘテロ原子の導入量を推定することができる。Millini ら，Lamberti らは 550℃ で焼成した TS−1 を酢酸アンモニウム水溶液で処理し再度焼成したのちに XRD を

測定した結果，単位格子容積と［Ti/(Si＋Ti)］との間に直線関係が成立することを報告している[32][33]。なお，酢酸アンモニウム処理は大気中で測定される格子定数の散乱を小さくする効果を持つと言われる。また，ほかのメタロシリケートでも類似した関係が指摘されており，B のように Si よりも小さい原子を導入すると単位格子容積は減少し，Ga や Fe などでは単位格子容積は増加する[34]-[36]。ただし TOT 角などの骨格の結合角は金属の導入によって変化するため，ヘテロ原子の原子半径と格子定数の変化が直接相関するわけではない。

## 4 注目されている金属ユニット導入ゼオライト

以下に，触媒として優れた性能を示す金属ユニットゼオライトの具体例，最近のトピックを紹介する。

### 4.1 Ti ユニット導入 MFI 型ゼオライト

Ti ユニット導入 MFI 型ゼオライト，すなわちチタノシリケートは過酸化水素を酸化剤とした液相酸化反応において，ユニークな酸化活性を示すために活発な研究が続けられている。過酸化水素はほかの酸化剤に比べ有効酸素含有率が高く，水以外の副生成物を生じないうえ，有機溶媒を必要としないため，環境を損なうことのない理想的な酸化剤といえる[37]。しかし，通常使用される過酸化水素水溶液は過酸などに比べて酸化力が低く，触媒を用いて活性化する必要がある[38]。たとえば，Ti−O−Ti 結合を有するアナターゼ (TiO$_2$) は過酸化水素分解活性が高く，酸化活性は低いため，過酸化水素を用いた液相酸化反応のよい触媒とはならない。一方，TS−1 (ZSM−5 と同じ MFI 構造でケイ素のみからなるゼオライト Silicalite−1 の Si の一部を Ti に置換したゼオライト) は，過酸化水素分解をほとんど起こすことなく，さまざまな液相酸化反応を進行させることができる[39]。

TS−1 は Si(OEt)$_4$ と Ti(OEt)$_4$ を原料とし，構造規定剤 (SDA) として Pr$_4$NOH を用いて，イタリア ENI 社の研究者によってはじめて合成された[40]。フェノールからの $o$ 位の水酸化によるカテコールおよび $p$ 位のヒドロキノンの製造は，ENI により工業化された。TS−1 の合成時，アルカリイオンの存在

− 258 −

5節 金属ユニット導入ゼオライトと触媒

過酸化水素法

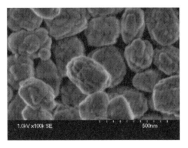
炭酸アンモニウム添加法

図1 過酸化水素法ならびに炭酸アンモニウム添加法により調製したTS-1のSEM像

はアナターゼ生成の促進やTiの骨格への導入の妨害となり、Ti量はSi/Ti比で40が限界だった[32]。インド国立化学研究所(NCL)の研究者は、$Si(OEt)_4$の加水分解を部分的に行っておくこと、加水分解がTi$(OEt)_4$より遅いTi$(OBu)_4$を使い、かつ2-PrOHで希釈した水を用いて母液を調製する方法により、アナターゼの副生なしにできるだけ多量のTi(Si/Ti比が40以上)を骨格に導入できるとしている[30]。このほかに、あらかじめTiのアルコキシドと過酸化水素を反応させておき、反応性の低いTiのペルオキシド種をTi源とする過酸化水素法がある。この手法により、骨格外6配位Ti種やアナターゼの生成を抑制することができる。過酸化水素法によるTS-1の合成機構によると、まずほとんどTiを含まないMFI型のゼオライト(シリカライト-1のようなもの)ができる[6)41]。その後、Tiが徐々に骨格内に導入され、TS-1ができることがわかっている。

2008年に、TatsumiらはTS-1の合成ゲル中に炭酸アンモニウムを添加する手法を報告した[6]。上記の過酸化水素法と組み合わせることにより、Tiを骨格内に効率的に導入できるだけでなく、より疎水性なTS-1を調製できる。炭酸アンモニウムの添加はTEOSの加水分解反応が完了した後に行う。炭酸アンモニウムの緩衝作用により、脱水縮合反応過程($OH^-$を生じる)でのpHの上昇が抑制される。このため、シリケート種およびTi種の脱水縮合反応が速やかに起こり瞬時に固体状のヒドロゲルが生成する。この際、Ti種がシリケート種やTPAカチオンとともに分離することなく一挙に取り込まれるため、骨格内により多くのTiが取り込まれると考えられている。瞬間的なヒドロゲルの生成は多くの核発生をもたらし、結果として炭酸アンモニウム添加法ではナノクリスタルが得られる(図1)。

TS-1は、過酸化水素を酸化剤とした芳香族およびアルカンの水酸化、アルケンのエポキシ化、アルコールの酸化反応などのよい触媒となる[39]。アルカンの水酸化ではアルコール、ケトンを与え、末端メチル基の酸化は起こらない。直鎖アルカンに比べて環状や分枝アルカンの酸化は遅いという形状選択性が観察されている[42]。アルケンのエポキシ化においても同様な形状選択性がみられる。エポキシ化は電子供与性置換基により加速され、立体化学は保持される[43)-45]。二級アルコールはケトンに、一級アルコールはアルデヒドにそれぞれ酸化される。一級アルコールの酸化は遅く、メタノールはほとんど酸化されない。二級アルコールでは、2-オールの酸化が3-オールの酸化より速く[46]、遷移状態規制選択性によると考えられる。二級アルコールの酸化は一級アルコールの存在下では遅くなり、この現象は競争吸着によるものと説明されている[47]。不飽和アルコールでは、アルコールの酸化とアルケンのエポキシ化が起こりうる。非晶質$TiO_2-SiO_2$と異なり、この触媒系ではアルケンのエポキシ化が優先して起こる。末端の炭素-炭素二重結合がある場合はエポキシ化のみが起こる[48]。

チタノシリケートの液相酸化反応における活性は、Tiの配位環境、細孔径と基質大きさの関係により影響を受けるが、ゼオライトの結晶径にも大きく依存する。液相酸化反応では、拡散支配となることが多く、一般に小さな結晶子からなる触媒がより活性であることがしばしば観察される[43)49]。疎水性も大きな影響を及ぼす因子である。TS-1が過酸化水素酸化に活性なのは疎水性による。親水的なゼオライトでは、水の吸着が基質の吸着に優先して起こ

るため酸化が起こらない。親水性を大きくする原因はAlの存在とシラノール基である。親水性の非晶質TiO₂-SiO₂では，過酸化水素（30%）によってはアルケンのエポキシ化は起こらないが，Shell法で知られているように，水の含有量の少ない tert-ブチルヒドロペルオキシド（TBHP）は酸化剤として働く。しかし，親水的な不飽和アルコールは水の存在下でもTiO₂-SiO₂に吸着できるため，過酸化水素を酸化剤としてもエポキシ化が起こる[50]。アルカリイオン（M⁺）も酸化活性を抑制する。Davisら[51]は，アルカリイオンの存在下で合成したTS-1では，図2の右の構造となっているため酸化活性が低いとした。また，彼らはENIの研究者らの主張と異なり，少量のアルカリ存在下での合成ではアナターゼの生成が問題になることはないとしている。また酸処理により，図2のように骨格内Tiサイトからアルカリカチオンが容易に除けるので，活性な触媒になると結論している。

チタノシリケートは，1983年にイタリアENIのTaramassoらによって報告されたTS-1にはじまり，インドNCLのTS-2，酸素12員環の三次元細孔構造を有するTi-Beta，そのほか12員環を持つTi-ZSM-12，ETSシリーズなどが合成されている。TS-1やTS-2は，過酸化水素を酸化剤としたフェノールおよびアルカンの水酸化，アルケンのエポキシ化，環状ケトンのアンモオキシメーション，アルコールの酸化などに活性を示す。Ti-Betaは，10員環ゼオライトでは反応させにくい大きな基質でも反応させることができるものと期待されており，実際シクロドデカンの過酸化水素酸化やシクロヘキセンのエポキシ化に活性を示す。ごく最近，有機構造規定剤を用いないTi-Betaの合成に関する論文が発表されている[52]。なお，Tiが6配位で線状に繋がり，かつ12員環のメインチャンネルに面していないETSシリーズは酸化活性を示さない。

## 4.2 Tiユニット導入MWW型，IEZ-MWW型ゼオライト

Tiを含有したMWW型ゼオライトの直接合成は困難を極めたが，シリカの1.3倍もの多量のH₃BO₃を共存させるという特殊な組成が見出されたことでその直接合成が可能となった[53]。こうして得られた材料はアルミノシリケートと同様MWW型ゼオラ

図2　アルカリイオン（M⁺），酸処理による骨格内Tiの構造の変化

イト層状前駆体であり，MWWの層と層の間に構造規定剤を含んだ状態で合成される。この層状前駆体を空気下で高温焼成し，層間の構造規定剤を除去することでTiを含有したMWW型ゼオライトが得られる。このことはXRDより，層構造に起因する(002)面のピークが6.6°から7.3°に高角度シフトし(100)面のピークと重なって見えなくなることから理解される。

チタノシリケートのTiの状態を評価する分析手法としてUV-visは簡便であることもあって多用されるが，Ti-MWWに関してはTS-1やTi-Betaと挙動が異なる。TS-1等の場合，as-madeの状態で骨格内4配位Ti種に由来する210 nm付近にピークが現れるが，Ti-MWWの場合UV-visのピークは260 nm付近に現れる。このピークは骨格外6配位種に由来するとされる。これを酸処理した後に焼成を行うことで220 nm付近にピークを有するものになる。つまり，Ti-MWWではas-madeの状態ではTiは骨格外に存在しているが，酸処理と焼成を行うことで骨格内4配位Tiを有したMWW型ゼオライトを得ることができる[54]。

直接合成したTi-MWWは先に述べたとおり多量のH₃BO₃を共存させる点が特徴である。酸化触媒として利用する上では酸処理が必須となるため，触媒として使用する段階ではほとんどのホウ素は酸処理によって除去されているが，もともとホウ素が存在していたサイトは欠陥となっているためシラノールが多く，親水的である。にもかかわらずTi-MWWはオレフィンの過水酸化に高い活性を示す[55]。それゆえにホウ素を含まないTi-MWWはより高い性能を示し得ることが期待された。

しかしながら直接合成ではホウ素を加えずにMWW型ゼオライトを結晶化させることは難しかった。そのためポスト合成法によるホウ素フリーのTi-MWWの合成が試みられた。Tiのポスト処

理的導入法としてはゼオライトを加熱しながらTiCl₄を含んだ蒸気を流すというものであったが，MWW型ゼオライトに対しては不適であった[56]。この理由としてはTiCl₄の分子径に比べ，MWWの細孔サイズが小さく，Ti源が細孔内にアクセスできなかったためと考えられている。この問題はMWWの構造を巧みに利用した別法が開発され解決を見た（図3）[57]。B-MWWをあらかじめ酸処理して欠陥を形成させたのち，オートクレーブ中で有機構造規定剤であるピペリジンもしくはヘキサメチレンイミンをTi源と共存させて加熱することで構造規定剤が再度MWWの層間に導入されて層間が12員環サイズとなり，その細孔を通ってTiが欠損サイトにアクセスし，置き換わったとされている。こうして合成されたポスト合成Ti-MWWは直接合成したTi-MWWよりもシクロヘキセンおよびアリルアルコールの過水酸化反応に高い活性を示す。なお，直接合成したTi-MWWに対して構造規定剤をオートクレーブ中で作用させることで疎水性が向上することも報告されており，ポスト合成Ti-MWWが高活性となった原因はより活性の出やすい（基質がアクセスしやすい）サイトにTiが導入された可能性と，ポスト合成過程で疎水性が向上した可能性の2つが考えられる[58]。

先に述べたとおりMWW型ゼオライトMCM-22は，合成直後は層状前駆体MCM-22(P)として得られる。このことを利用してさまざまな類縁構造体がこれまでに合成されてきた（図4）。MCM-22(P)に界面活性剤を作用させることで層間に構造規定剤の代わりに界面活性剤を導入することが可能であり，これを剥離処理することでITQ-2と呼ばれる厚さ2.5nm程度の構造が得られる[59]。剥離処理の代わりにテトラエトキシシランを加えることで層間にSiのピラーを形成させメソ孔としたMCM-36を合成することも可能である[60]。ITQ-2とMCM-36はアルミノシリケートでまず開発されたが，のちにチタノシリケートを原体としてそれぞれの構造が合成できることが見出されており，いずれも通常のTi-MWWと比べてオレフィンの過水酸化反応に対し高い活性を示すことが報告されている[61,62]。またTi-MWW(P)を酸処理後焼成すると条件によっては層間細孔が12員環サイズに維持されることがあることが見出され，Ti-YNU-1と名づけられた[63]。細孔サイズが大きいため通常のTi-MWWに比べ嵩高い基質の過水酸化反応に対し高い活性を示す。

Ti-MWWに関して，層状前駆体MCM-22(P)をエタノールで洗浄し，部分的に有機構造規定剤を除去してから焼成することで疎水性の高いTi-MWWが得られることがごく最近報告された[64]。また同じく層状前駆体で得られることを利用してCDO型ゼオライト層状前駆体RUB-36をシリル化によって層間拡張したCOE-4が最近報告された[65]。この構造にはAlのほかTiやGaやFe，Bを導入することができるとされている[66,67]。またこのRUB-36を界面活性剤により層間膨潤させたのち，界面活性剤を塩酸/エタノール溶液により取り除くことで層構造を維持しつつ積層の異なるFER型ゼ

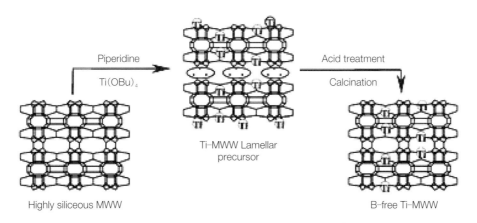

図3　ポスト合成Ti-MWWの合成スキーム[57]

- 261 -

第3章 ゼオライト類

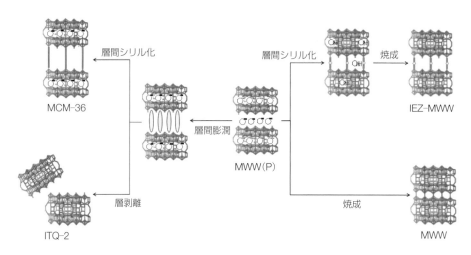

図4 多様な MWW 類縁構造群

オライトへと変化させることができることも報告された[68]。今後は MCM-22 (P) や RUB-36 だけでなく，ほかのゼオライト層状前駆体に関してもその構造の多様性を生かした機能化が期待される。

### 4.3 Ti ユニット導入 MSE 型ゼオライト

チタノシリケートで最近注目を集めているのが MSE 型ゼオライトである。MSE 型ゼオライトは 12 員環と 2 つの 10 員環が三次元的に交差した構造を持つ。Type Material はアメリカ Mobil 社（現 ExxonMobil 社）の開発した MCM-68 であり，これは 4 級アンモニウム塩の $N,N,N',N'$-tetraethyl-exo,exo-bicyclo[2.2.2]oct-7-ene-2,3：5,6-dipyrrolidinium diiodide を構造規定剤として水熱合成により合成される[69]。このゼオライトは Si/Al 比 9〜12 と極めて限定的な組成でのみ得られることが特徴である。

Kubota らは MCM-68 を酸処理により脱 Al することで欠陥をつくり，気相で $TiCl_4$ を供給する方法で Ti を骨格に含有した Ti-MCM-68 を合成した[70]。この Ti-MCM-68 は 1-ヘキセンの過水酸化反応のほか，フェノールの過水酸化反応に対しても TS-1 や Ti-Beta と比べて高い活性を示す。加えて Ti 導入後に焼成をすることで活性が向上することも報告されている。この原因としては水の吸着量が焼成後には減少しており，疎水性が向上したことに起因するのではないかと推測されている。さらに YNU-2 を原体とする方法も最近報告された。YNU-2 は DGC 法によって合成されるピュアシリカ組成の MSE 型ゼオライトの YNU-2P を焼成し，細孔内の有機物を除去した材料である[71]。ただし YNU-2P には非常に多くの欠陥があり，そのまま焼成すると構造が崩壊してしまうため硝酸中で Si 源を作用させるか，水蒸気処理による Si のマイグレーションを起こさせることで骨格の安定化をはかる必要がある[72]。YNU-2 骨格に Ti を導入するにあたっては，まず温和な条件で水蒸気処理を行い，構造維持のための最低限のマイグレーションを起こし，残存した欠陥に $TiCl_4$ を作用させて Ti の導入を行うというものである。250〜300 度の処理温度で水蒸気処理することで骨格が安定化でき，これに Ti を導入することで触媒化したところ，フェノールの過水酸化反応に対し，上で述べた Ti-MCM-68 焼成体や TS-1 を比べて高い活性とパラ選択性を示した[73]。

この高活性要因は UV-vis 測定により説明されている（図5）。TS-1 や T-MCM-68 では真空排気前後でいずれも 210 nm 付近の吸収が確認された。一方 Ti-YNU-2 では 250〜290 nm 付近に吸収が確認されており，5 配位，6 配位種のほかに Ti にヒドロキシ基が 1 つ以上結合した 4 配位 Ti 種が存在していることが示唆された。またそれぞれ排気後の試料に水を加えて測定を行うと，Ti-YNU-2 は TS-1 と Ti-MCM-68 とは異なり，300〜400 nm 付近に大きくブロードなピークが確認された（図 5A）。このピークは各触媒に過酸化水素を加えた時

に現れるピーク（図5B）であることから，Ti-YNU-2はほかのチタノシリケートよりも活性化状態になりやすいために高い触媒活性を示すとされる。

## 4.4 AlあるいはGaユニット導入CHA型ゼオライト

小細孔ゼオライトは4Å程度の細孔を持った多孔体であり，吸着剤やイオン交換剤として汎用的に使用されている。一方その細孔の小ささのため，触媒としての利用は極めて限定的である。メタノールから低級オレフィンを製造するMTO反応はその小さい細孔をうまく利用した例であり，反応により生成した芳香族等，嵩高い物質は細孔を通ることができず，嵩の小さいエチレンやプロピレンが選択的に得られる。この反応にはCHA型ゼオライトのシリコアルミノホスフェートのSAPO-34およびアルミノシリケートのSSZ-13が優れた触媒であることが知られている[74)75)]。なお，同じ構造でありながら名称が異なるのはゼオライトの骨格を構成する元素が異なることに起因する。

前者はAl-O-P-Oの結合が三次元的に繰り返された構造であり，一部のPがSiと置換することで電荷バランスが崩れ，それを補償するためにプロトンが入ることで酸点を発現し，これが活性点となる。後者はSi-Oの結合が繰り返された構造で，一部のSiがAlに置換し，その電荷補償としてプロトンが入り，こちらも酸点を発現する。いずれもエチレンとプロピレンの選択率の合計が80％程度に及び，なおかつ小細孔ゼオライトとしては長寿命であることが優れているとされる。

これらの合成に際しては各種原料のほか，構造規定剤としてアミンや有機アンモニウム塩を加えることが必要となる。とりわけSSZ-13の合成に必要となる$N,N,N$-トリメチルアダマンタンアンモニウムは非常に高価であることが工業的な利用を妨げる大きな要因の一つとなっている。CHA型アルミノシリケートの合成は古くからY型ゼオライトをKOH水溶液中で加熱処理することで得られることが知られているが，その組成はSi/Al=2～2.5程度で極めてローシリカであり，MTO反応に用いてもコーキングによる細孔閉塞が速やかに起こり失活してしまう[76)]。筆者らは合成ゲル中に種結晶を20 wt％加えることで構造規定剤フリーでCHA型アルミノシリ

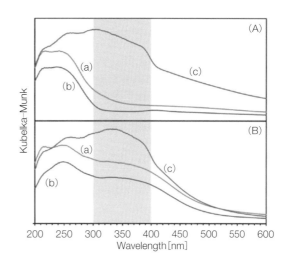

図5 (A) $H_2O$ あるいは(B) 31％ $H_2O_2$ 水溶液処理後の(a) TS-1，(b) Ti-MCM-68，および(c) Ti-YNU-2の擬似in-situ UV-vis.スペクトル[73)]

ケートを合成することに成功した[77)]。加えて，KOHやCsOH，$H_3BO_3$を共存させることでSi/Al=6程度までハイシリカな組成で合成できることも見出している。構造規定剤を用いるケースに比べればローシリカであるもののY型ゼオライトを原料とする方法と比べて骨格中のAl量は半分以下になっており，工業的な利用が期待される。

GaやBはAlと同族の金属であり，比較的ゼオライト骨格への導入例が多い。Bに関しては発現する酸性が極めて弱いためにそれ自体の触媒性能はあまり期待できない。ただしBは酸性溶液中で容易に除去が可能であるため，2.4で示した後処理により金属を導入するための原体としては非常に重要である。対してGaはAlと同様に電荷補償のために入ったプロトンが酸性質を発現するため酸触媒として機能する。ZhuらはAlの代わりにGaを導入したSSZ-13の合成を行い，これがMTO反応に対してアルミノシリケートと同様高い低級オレフィン選択率と比較的長い寿命を示すことを見出している[78)]。また，AlやGaと比べると性能は低いもののFeに関してもSSZ-13の骨格に導入し，それがMTO活性を有することを報告している[79)]。

## 4.5 Alユニット導入CON型ゼオライト

4.4で述べたようにメタノールから低級オレフィンを製造する触媒としてこれまでCHA型および

MFI 型ゼオライトが注目されてきた[74)75)80)]。しかしながら最近では中東のエタンや北米のシェールを原料として安価にエチレンを製造することが可能になってきている[81)]。ただこれらを原料とした場合エチレン以外はほとんど生成しないため，ナフサクラッキングの競争力が低下するとプロピレンやブタジエン，芳香族は不足することになる。とりわけプロピレンはエチレンに次いで需要が大きい。それゆえにプロピレン選択的なプロセスが望まれてきており，エチレンを製造しやすい小細孔ゼオライトは最近のニーズにはそぐわないものとなってきた。そうした状況の変化に伴い注目されてきたのが大細孔ゼオライトである。4.5 で触れた MCM-68 も水熱合成直後は Si/Al＝9 〜 12 と Al 含有量が多いために早期に失活してしまうが，酸処理により脱 Al をすることでエチレン生成の少ない触媒となることが報告されている[82)]。

最近 Al を含有した CON 型ゼオライトがこの反応の触媒として有用であることが報告された[83)]。CON 型ゼオライトは 2 つの 12 員環と 10 員環が三次元的に交差した構造を持つゼオライトでこれまでに骨格に B を含んだボロシリケートが合成され，さらにポスト処理的に Al を導入することができることが知られていた[84)]。筆者らは Al を含有した CON 型ゼオライトを直接合成しこれを MTO 用触媒として用いたところ，ポスト合成品と比べて長寿命かつ高プロピレン選択率であった。またエチレン選択率が低く，プロピレンとブテンの選択率の合計は 80 ％程度であることから最近のニーズに合った触媒であるといえる。$^{27}$Al-MAS-NMR および $^{27}$Al-MQMAS-NMR から高磁場側にポスト合成品にはない Al に由来するピークが確認されており，この Al 種が高性能を示す要因ではないかと推測されている。また回転下で結晶化を行うことで微粒化が起こり，長寿命化することも報告されている。

## 4.6 Sn ユニット導入 *BEA 型ゼオライト

［$SnO_4$］ユニットを導入したゼオライトは主に，MFI 型 Sn-MFI と *BEA 型 Sn-Beta が報告されている[85)86)]。Sn-MFI は $Pr_4NOH$ を含む出発混合物に Sn 源（例えば，$SnCl_4$）を加えて水熱合成される。このとき，Si/Sn＝20 程度まで［$SnO_4$］ユニットが骨格内に取り込まれる[87)]。一方，Sn-Beta の合成で

は，一般的に $Et_4NOH$ を含む出発混合物に HF または $NH_4F$ の添加が必須となる。これはシリカのみで構成される *BEA 型構造の結晶化に鉱化剤として HF が必要となることに起因する。この方法では，［$SnO_4$］ユニットの導入量は Si/Sn＝125 程度までが報告されている[88)]。Sn-Beta の合成には 3 週間程度（種結晶を添加すると 2 週間程度）の長期間が必要となり，実用化には合成期間の短縮が望まれる。さまざまな取り組みによってその短縮が検討されているが，例えば種結晶を添加する方法を調節すると 2 日間で Sn-Beta を合成できる[89)]。また，Dry-gel conversion 法による結晶化は数時間程度で進行することが報告されており[90)]，従来法と比べて大幅に改善されている。

Sn-Beta に含まれる［$SnO_4$］ユニットは脂肪族・芳香族化合物中のカルボニル基，特にケトンやアルデヒドを活性化することが知られている。Corma らは $H_2O_2$ を酸化剤に用いた Baeyer-Villiger（BV）酸化反応において Sn-Beta がよい触媒となり，Cyclohexanone は高選択的（約 98 ％）に ε-Caprolactone へ変換されることを報告している[88)]。［$SnO_4$］ユニットは特異な化学選択性を示すことも報告されている。ケトンと炭素二重結合を含む Dihydrocarvone は *meta*-Chloroperbenzoic acid（mCPBA）を用いて酸化すると，ケトンの BV 酸化と炭素二重結合のエポキシ化が併発するのに対し，Sn-Beta を触媒とした $H_2O_2$ による酸化では BV 酸化のみが進行する。$H_2O_2$ を酸化剤としたときにも，触媒を Methyltrioxorhenium（MTO）に変更すると，やはり BV 酸化とエポキシ化の併発となる[91)]。これらの結果は Sn-Beta に含まれる［$SnO_4$］ユニットがカルボニル基を選択的に活性化することを示唆するものである。

［$SnO_4$］ユニットによるカルボニル基活性化のもう 1 つの触媒応用例として Meerwein-Ponndorf-Verley and Oppenauer（MPVO）反応がある。例えば，2-Propanol からの移動水素化によって Cyclohexanone などを，対応する Cyclohexanol 類に還元する反応である[92)]。4-*tert*-Butylcyclohexanone を還元すると，熱力学的に不利な cis-4-*tert*-Butylcyclohexanol のみが生成する。この原因は，細孔内の［$SnO_4$］ユニット上に cis 体のつくる遷移状態は，*trans* 体のそれに比べて立体障害が小さいことに起

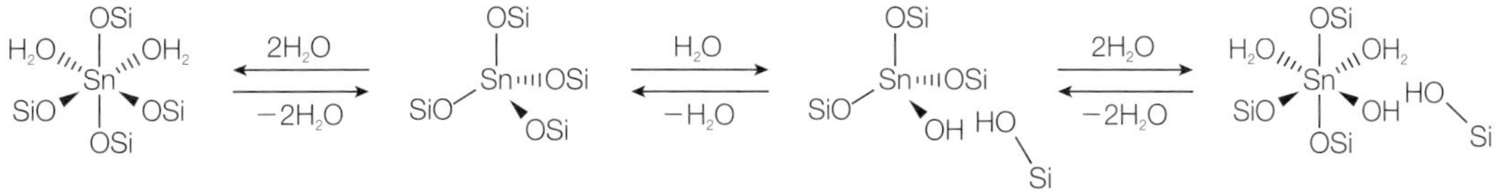

**図6　シリカ骨格中に取り込まれた[SnO₄]，[SnO₆]ユニットの構造**

因する形状選択性で説明されている[93]。近年，この MPVO 反応における触媒作用を応用した研究例が注目を集めている。MPVO 反応は分子間移動水素化であるが，分子内に2°アルコールとカルボニル基両方を有する化合物では，分子内で移動水素化が進行する。Davis らは，Glucose の分子内移動水素化によって異性体である Fructose が生成することを報告している[94]。また，重水素で標識された Gluocse を用いて分子内移動水素化による反応機構を明らかにしている[95]。

ゼオライト骨格中に取り込まれた[SnO₄]ユニットの構造には open site と close site の2種類（**図6**）が提案されている[96]。これらは $CD_3CN$ をプローブ分子とした赤外分光法によって判別できる。すなわち，open site と close site 上の吸着種はそれぞれ $2316 \mathrm{~cm}^{-1}$ と $2308 \mathrm{~cm}^{-1}$ に観測される。$2316 \mathrm{~cm}^{-1}$ の吸光度は，2-Adamantanone の BV 酸化活性とよく相関し，open site の[SnO₄]ユニットが活性点であると提案されている。[SnO₄]ユニットは核磁気共鳴分光法（NMR）によっても観察できる。Sn 原子は[SnO₄]ユニットのほかに，水和された[SnO₆]ユニットでもゼオライト中に存在することがわかっている。$^{119}$Sn MAS NMR においてそれぞれ−450，−700 ppm 付近に観測される[91]。$^{119}$Sn $\{^1H\}$ CP/MAS NMR を駆使して，[SnO₄]ユニットの中で open site と close site を判別することも可能である。近傍（二結合隣）に水素原子を有した open site は比較的短いパルスコンタクト時間で励起されるので，open site を選択的に観測できる[97]。今後は，[SnO₄]，[SnO₆]ユニット構造のより詳細な解析と，触媒活性発現のメカニズムの解明が期待される。

## 5　おわりに

本稿ではアルミノシリケートを含めた広義の意味でのメタロシリケートに関して，概要と最近の展開について述べた。ゼオライトの歴史は合成ゼオライトに限ってもかなり古いが，いまだアカデミックはもちろん企業でも研究が継続されていることはその利用価値と期待度の高さを示す何よりの証左であろう。一方で合成のメカニズムや活性点の位置制御とその分析法等，明確な回答が得られておらず，それゆえに研究開発を難しいものにしている。今後はこれらの点を含めた技術開発が進捗し，ゼオライトが今以上に有効に活用されることを願って結びとする。

■引用・参考文献■

1) J. H. C. van Hooff and J. W. Roelofsen : *Stud. Surf. Sci. Catal.*, **58**, 241 (1991).

2) 辰巳敬監修：機能性ゼオライトの合成と応用，シーエムシー (1999).

3) 吉田弘之監修：多孔質吸着ハンドブック，フジ・テクノシステム (2005).

4) X. Ruren and P. Weiqin : *Stud. Surf. Sci. Catal.*, **24**, 27 (1985).

5) 乾智行：有機合成化学協会誌，**44**，60 (1986).

6) W. Fan, R.-G. Duan, T. Yokoi, P. Wu, Y. Kubota and T. Tatsumi : *J. Am. Chem. Soc.*, **130**, 10150 (2008).

7) J. L. Guth, H. Kessler and R. Wey : *Stud. Surf. Sci. Catal.*, **28**, 121 (1986).

8) J. L. Guth : Zeolite synthesis (M. L. Occelli and H. E. Robson, Eds.) ACS Symposium Series 398, ACS Washington DC, 176 (1989).

9) T. Blasco, M. A. Camblor, A. Corma, M. Patricia, P. Agustin, C. Prieto and S. Valencia : *Chem. Commun.*, 2367 (1996).

10) T. Blasco, M. A. Camblor, A. Corma, P. Esteve, J. M. Guil, A. Martinez, J. A. Perdigon-Melon and S. Valencia : *J. Phys. Chem.* B, **102**, 75 (1998).

11) M. A. Camblor, M. Constantini, A. Corma, L. Gilbert, P. Esteve, A. Martinez and S. Valencia : *Chem. Commun.*, 1339 (1996).

12) 松方正彦，稲垣怜史：化学工学，**66**，351 (2002).

13) M. Matsukata, M. Ogura, T. Osaki, P. R. H. P. Rao, M. Nomura and E. Kikuchi : *Top. Catal.*, **9** ,77(1999).

14) M. H. Kim, H. X. Li and M. E. Davis : *Micropor. Mesopor. Mater.*, **1**, 219(1993).

15) T. Tatsumi, Q. Xia and N. Jappar : *Chem. Lett.*, 667(1997).

16) N. Jappar, Q. Xia and T. Tatsumi : *J. Catal.*, **180**, 132(1998).

17) M. Ogura, S. Nakata, E. Kikuchi and M. Matsukata : *J. Catal.*, **199**, 41(2001).

18) X. S. Liu and J. M. Thomas : *J. Chem. Soc. Chem. Commun.*, 1544(1985).

19) X. Liu, J. Lin and J. M. Thomas : *Zeolites*, **12**, 932(1992).

20) K. Yamaguchi, S. Namba and T. Yashima : *Bull. Chem. Soc. Jpn.*, **64**, 949(1991).

21) T. Tatsumi : Handbook of Porous Solids(F. Schüth, K. S. W. Sing and J. Weitkamp Eds.)2 WILEY-VCH 916(2008).

22) 小野嘉夫，八嶋建明編：ゼオライトの化学と工学，講談社サイエンティフィク 63(2000).

23) J. Dědeček, M. J. Lucero, C. B. Li, F. Gao, P. Klein, M. Urbanova, Z. Tvaruzkova, P. Sazama and S. Sklenak : *J. Phys. Chem. C*, **115**, 11056(2011).

24) J, Dědeček, Z. Sobalík and B. Wichterlová : *Catal. Rev.*, **54**, 135(2012).

25) H. Kyung, C. Timken and E. Oldfield : *J. Am. Chem. Soc.*, **109**, 7669(1987).

26) C. Fild, H. Eckert and H. Koller : *Angew. Chem. Int. Ed.*, **37**, 2505(1998).

27) M. R. Boccuti, K. M. Rao, A. Zecchina, G. Leofanti and G. Petrini : *Stud. Surf. Sci. Catal.*, **48**, 133(1989).

28) 辰巳敬：触媒，**37**，598(1995).

29) 辰巳敬：季刊化学総説，（日本化学会編），**41**，120(1999).

30) A. Thangaraj, R. Kumar, S. P. Mirajkar and P. Ratnasamy : *J. Catal.*, **130**, 1(1991).

31) D. Goldfarb, M. Bernardo, K. G. Strohmaier, D. E. W. Vaughan and H. Thomann : *J. Am. Chem. Soc.*, **116**, 6344 (1994).

32) R. Millini, E. P. Massara, G. Perego and G. Bellussi : *J. Catal.*, **137**, 497(1992).

33) C. Lamgerti, S. Bordiga, A. Zecchina, A. Carati, A. N. Fitch, G. Artioli, G. Petrini, M. Salvalaggio and G. L. Marra : *J. Catal.*, **183**, 222(1999).

34) R. Fricke, H. KosslickG. Lischke and M. Pichter : *Chem. Rev.*, **100**, 2303(2000).

35) T. Inui, H. Nagata, T. Takeguchi, S. Iwamoto, H. Matsuda and M. Inoue : *J. Catal.*, **139**, 482(1993).

36) R. Millini, G. Perego, D. Berti, W. O. Parker, A. Carati and G. Bellussi : *Micropor. Mesopor. Mater.*, **35**, 387(2000).

37) 辰巳敬：触媒，**47**，3(2005).

38) 辰巳敬，西村陽一監修：ゼオライト触媒開発の新展開，シーエムシー(2004).

39) G. Bellussi and M. S. Rigutto : *Stud. Surf. Sci. Catal.*, **85**, 177(1994).

40) M. Taramasso, G. Perego and B. Notari : U.S. Pat., 4, 410, 501(1983).

41) M. Tamura, W. Chaikittisilp, T. Yokoi and T. Okubo : *Micropor. Mesopor. Mater.*, **112**, 202(2008).

42) T. Tatsumi, M. Nakamura, S. Negishi and H. Tominaga : *J. Chem. Soc. Chem. Commun.*, 476(1990).

43) T. Tatsumi, K. Asano and K. Yanagisawa : *Stud. Surf. Sci. Catal.*, **84**, 1861(1994).

44) T. Tatsumi, M. Nakamura, K. Yuasa and H. Tominaga : *Chem. Lett.*, 297(1990).

45) M. Clerici and P. Ingallina : *J. Catal.*, **140**, 71(1993).

46) F. Maspero and U. Romano : *J. Catal.*, **146**, 476(1994).

47) H. Hayashi, K. Kikawa, Y. Murai, N. Shigemoto, S. Sugiyama and K. Kawasioro : *Catal. Lett.*, **36**, 99(1996).

48) T. Tatsumi, M. Yako, M. Nakamura, Y. Yuhara and H. Tominaga : *J. Mol. Catal.*, **78**, L41(1994).

49) T. Tatsumi and N. Jappar : *J. Catal.*, **161**, 570(1996).

50) T. Tatsumi, K. Yanagisawa, K. Asano, M. Nakamura and H. Tominaga : *Stud. Surf. Sci. Catal.*, **83**, 417(1994).

51) C. B. Khow and M. E. Davis : *J. Catal.*, **151**, 77(1995).

52) J. Wang, T. Yokoi, J. N. Kondo, T. Tatsumi and Y Zhao : *Chem. Sus. Chem.*, **8**, 2476–2480(2015).

53) P. Wu, T. Tatsumi, T. Komatsu and T. Yashima : *J. Phys. Chem. B*, **105**, 2897(2001).

54) T. Tatsumi : Zeolites and ordered porous solids : fundamentals and applications, (C. Martínez, J. Pérez-Pariente Eds.) 359(2011).

55) P. Wu, T. Tatsumi, T. Komatsu and T. Yashima : *J. Catal.*, **202**, 245(2001).

56) D. Levin, A. D. Chang, S. Luo, G. Santiestebana and J. C. Vartuli : U.S. patent, 6, 114, 551(2000).

57) P. Wu and T. Tatsumi : *Chem. Commun.*, 1026(2002).

58) L. Wang, Y. Liu, W. Xie, H. Wu, X. Li, M. He and P. Wu : *J. Phys. Chem. C*, **112**, 6132(2008).

59) A. Corma, V. Fornes, S. B. Pergher, Th. L. M. Maesen and J. G. Buglass : *Nature*, **396**, 353(1998).

60) W. J. Roth, C. T. Kresge, J. C. Vartuli, M. E. Leonowicz, A. S. Fung and S. B. McCullen : *Stud. Surf. Sci. Catal.*, **94**, 301 (1995).

61) P. Wu, D. Nuntasri, J. Ruan, Y. Liu, M. He, W. Fan, O. Terasaki and T. Tatsumi : *J. Phys. Chem. B*, **108**, 19126 (2004).

62) S.-Y. Kim, H.-J. Ban and W.-S. Ahn : *Catal. Lett.*, **113**, 160 (2007).

63) W. Fan, P. Wu, S. Namba and T. Tatsumi : *Angew. Chem. Int. Ed.*, **43**, 236(2004).

64) H. Zhao, T. Yokoi, J. N. Kondo and T. Tatsumi : *Applied Catal. A*, **503**, 156–164(2015).

65) H. Gies, U. Müller, B. Yilmaz, M. Feyen, T. Tatsumi, H.

Imai, H. Zhang, B. Xie, F.-S. Xiao, X. Bao, W. Zhang, T. De Baerdemaeker and D. De Vos : *Chem. Mater.*, **24**, 1536 (2012).

66) H. Li, D. Zhou, D. Tian, C. Shi, U. Müller, M. Feyen, B. Yilmaz, H. Gies, F.-S. Xiao, D. De Vos, T. Yokoi, T. Tastumi, X. Bao and W. Zhang : *Chem. Phys. Chem.*, **15**, 1700 (2014).

67) F.-S. Xiao, B. Xie, H. Zhang, L. Wang, X. Meng, W. Zhang, X. Bao, B. Yilmaz, U. Mller, H. Gies, H. Imai, T. Tatsumi and D. De Vos : *Chem. Cat. Chem.*, **3**, 1442-1446 (2011).

68) Z. Zhao, W. Zhang, P. Ren, X. Han, U. Müller, B. Yilmaz, M. Feyen, H. Gies, F.-S. Xiao, D. De Vos, T. Tatsumi and X. Bao : *Chem. Mater.*, **25**, 840 (2013).

69) D. C. Calabro, J. C. Cheng, R. A. Crane Jr, C. T. Kresge, S. S. Dhingra, M. A. Steckel, D. L. Stern and S. C. Weston : U.S. Patent, 6, 049, 018 (2000).

70) Y. Kubota, Y. Koyama, T. Yamada, S. Inagaki and T. Tatsumi : *Chem. Commun.*, **44**, 6224 (2008).

71) Y. Koyama, T. Ikeda, T. Tatsumi and Y. Kubota : *Angew. Chem. Int. Ed.*, **47**, 1042 (2008).

72) T. Ikeda, S. Inagaki, T. Hanaoka and Y. Kubota : *J. Phys. Chem. C*, **114**, 19641 (2010).

73) M. Sasaki, Y. Sato, Y. Tsuboi, S. Inagaki and Y. Kubota : *ACS Catal.*, **4**, 2653 (2014).

74) J. Q. Chen, A. Bozzano, B. Glover, T. Fuglerud and S. Kvisle : *Catal. Today*, **106**, 103 (2005).

75) Q. Zhu, J. N. Kondo, R. Ohnuma, Y. Kubota, M. Yamaguchi and T. Tatsumi : *Micropor. Mesopor. Mater.*, **112**, 153 (2008).

76) H. Robson : Verified syntheses of zeolitic materials 2nd revised edition, 123 (2001).

77) H. Imai, N. Hayashida, T. Yokoi and T. Tatsumi : *Micropor. Mesopor. Mater.*, **196**, 341 (2014).

78) Q. Zhu, M. Hinode, T. Yokoi, J. N. Kondo, Y. Kubota and T. Tatsumi : *Micropor. Mesopor. Mater.*, **116**, 253 (2008).

79) Q. Zhu, M. Hinode, T. Yokoi, M. Yoshioka, J. N. Kondo and T. Tatsumi : *Catal. Commun.*, **10**, 447 (2009).

80) C. D. Chang, C. T.-W. Chu and R. F. Socha : *J. Catal.*, **86**, 289 (1984).

81) 室井髙城監修 : 新しいプロピレン製造プロセス—シェールガス・天然ガス革命への対応技術—, Ｓ＆Ｔ出版, 2

(2013).

82) S. Park, Y. Watanabe, Y. Nishita, T. Fukuoka, S. Inagaki and Y. Kubota : *J. Catal.*, **319**, 265 (2014).

83) M. Yoshioka, T. Yokoi and T. Tatsumi : *ACS Catal.*, **5**, 4268 (2015).

84) R. Lobo and M. E. Davis : *J. Am. Chem. Soc.*, **117**, 3766 (1995).

85) N. K. Mal, A. Bhaumik, V. Ramaswamy, A. A. Belhekar and A. V. Ramasway : *Stud. Surf. Sci. Catal.*, **94**, 317-324 (1995).

86) S. Valencia and A. Corma : U.S. Patent, 6, 306, 364, B1 (2001).

87) E. Janiszewska, S. Kowalak, W. Supronowicz and F. Roessner : *Microporous Mesoporous Mater.*, **117**, 423-430 (2009).

88) A. Corma, L. T. Nemeth, M. Renz and S. Valencia : *Nature*, **412**, 423-425 (2001).

89) C.-C. Chang, Z. Wang, P. Dornath, H. J. Cho and W. Fan : *RSC Adv.*, **2**, 10475-10477 (2012).

90) Z. Kang, X. Zhang, H. Liu, J. Qiu and K. L. Yeung : *Chem. Eng. J.*, **218**, 425-432 (2013).

91) M. Renz, T. Blasco, A. Corma, V. Fornés, R. Jensen and L. Nemeth : *Chem. Eur. J.*, **8**, 4708-4717 (2002).

92) A. Corma, M. E. Domine and S. Valencia : *J. Catal.*, **215**, 294-304 (2003).

93) E. J. Creyghton, S. D. Ganeshie, R. S. Downing and H. van Bekkum : *J. Mol. Catal. A-Chem.*, **115**, 457-472 (1997).

94) M. Moliner, Y. Román-Leshkov and M. E. Davis : *Proc. Natl. Acad. Sci. USA*, **107**, 6164-6168 (2010).

95) Y. Román-Leshkov, M. Moliner and M. E. Davis : *Angew. Chem. Int. Ed.*, **49**, 8954-8957 (2010).

96) M. Boronat, P. Concepción, A. Corma, M. Renz and S. Valencia : *J. Catal.*, **234**, 111-118 (2005).

97) R. Bermejo-Deval, R. S. Assary, E. Nikolla, M. Moliner, Y. Román-Leshkov, S.-J. Hwang, A. Palsdottir, D. Silverman, R. F. Lobo, L. A. Curtiss and M. E. Davis : *Proc. Natl. Acad. Sci. USA*, **109**, 9727-9732 (2012).

〈吉岡　真人，横井　俊之〉

第3章　ゼオライト類

## 6節　層状ゼオライトの創製と構造修飾

### 1 はじめに

　ゼオライトは触媒作用，イオン交換と吸着分離などさまざまな機能性を持ち，多分野で幅広く応用される多孔性物質である。特に触媒として石油精製，石油化学，ファインケミカルズ合成および排ガス浄化に大いに役に立つ。1950年代以来，ゼオライト触媒は流動接触分解（FCC）プロセス（Y型），芳香族の形状選択的な合成（ZSM-5）および液相選択酸化（TS-1チタノシリケート）を実現し，触媒工業に一里塚とも言える画期的な応用成果を成し遂げてきた[1]-[3]。言うまでもなく，それを支えるのは人工合成による新規ゼオライト構造の発現である。工業への強い応用を背景にゼオライト合成研究が世界中で盛んに行われ，化学合成技術の進歩につれ，現在国際ゼオライト学会（IZA）に認められた結晶構造は約230種類にも増えた[4]。そのうち大孔径の材料も多数現れ，規則的な微空間は従来のサブナノメーターを突破してナノメーター領域に到達し，重油分解ならびに大分子物質の触媒転換に大いに期待される。

　ゼオライトは主に水熱合成という化学製法でつくられ，新規構造の形成には有機アミンなど型剤の使用が欠かせない。一方，ゼオライト骨格を構成する特定の金属イオンが結晶構造指定機能の役割を果たすこともある。例えばゲルマニウムあるいはゲルマニウムとケイ素の合成系でアルミノシリケートと，シリカライト系で形成の困難な複4員環（D4MR）ユニットが容易に形成され，さらに有機アミン鋳型剤との組み合わせにより数多くの新規ゼオライトを生み出した。ゼオライトの合成に関する優れた成書および解説がでており[5]-[7]，それらも参照されたい。

　ゼオライトの三次元結晶構造は水熱合成の段階ですでにできていることが多く，その後焼成の主な目的は結晶に取り込まれた型剤としての有機物を除去し，ナノ細孔空間を空けるためである。一方，一部のゼオライトの三次元結晶構造は水熱合成段階での二次元構造の層状先駆体を経由して焼成で形成される。層状先駆体にはゼオライトのナノシートが有機鋳型剤分子を介在して層状配列する。層間構造はナノシート表面上のシラノールと有機分子との水素結合などの形で形成される。焼成による有機物質の除去でシラノールが脱水縮合し，層間にSi-O-Siが生じて三次元結晶構造または細孔構造を構成する。これらのものは層状ゼオライトと総称され，その種類と数が合成技術の進歩により確実に増えている。今まで報告された層状ゼオライトの中で，結晶トポロジーがすでに国際ゼオライト学会の構造委員会（International Zeolite Association, Structure Commission, IZA-SC）に認定され，三文字コード（Framework Type Code）を与えたものはMWW，MFI，FER，HEU，SOD，CDO，NSI，OKO，CAS，RWR，AFO，PCR，RROなどがある。そのうち，一部の層状ゼオライトの構造は直接水熱合成でもできる三次元のものと重なる。また，一種のトポロジーは骨格構成または合成方法の異なる何種類の層状前駆体に対応する場合もある。例えば，MWW結晶構造を有する層状前駆体はMCM-22（P），SSZ-25，PSH-3，ERB-1（P），ITQ-1（P）などが報告されている[8][9]。表1に各種層状ゼオライトの前駆物質，結晶構造と細孔情報などを示す[10]-[33]。

　通常ゼオライトの三次元結晶構造は比較的リジッドで再構成することが困難である。それに対し，層状ゼオライト先駆体はナノシートが平面方向に二次元にのび広がり，その直垂方向にSi-O-Siのような強い化学結合がなく周期的な連続構造が柔軟な水素結合と層と層の間に存在する有機分子で断たれるため，構造の多様性と可塑性を有する。ポスト構造

－ 268 －

修飾による層状ナノシートの配列と連結方式を制御することにより，構造と細孔開放度の異なる多孔性物質を創製することが可能である。また，原子と分子レベルで触媒活性点導入または構造修飾をはかり，直接水熱合成でつくれない新規触媒を生み出すことも不可能ではない。層状ゼオライト構造修飾に関しては完全なまたは部分的な層間剥離（Full Delamination と Partial Delamination）[34)~37)]，層間ピラール（Pillaring）[38)39)]，シリル化層間拡張（Interlayer Zeolite Expansion）[40)]など各種の方法が見出された。これによって生まれたゼオライト類縁物には構造配列が従来と比べて大きく変化し，特殊な規則性を持つものと規則が完全に失われるものがある。層状ナノシートの基本構造を保ちながら，細孔微空間の大きさと開放度を改善する一族の特殊な多孔性材料であるとも言える。

## 2 層状ゼオライトの合成

二次元構造を有する特殊な多孔材料として，多くの層状ゼオライトは通常水熱合成探索の過程で偶然に出会ったものである。その層状構造の形成はまさにゼオライト構造そのものの生成メカニズムと同じように未知の部分が多い。層状構造の形成は基本構造の結晶学的な特異性と結晶成長の熱力学ともに制御された結果によるものと推測される。最近の研究から，層状ゼオライトの新規な調整法として，ミクロ構造とメソ構造を同時に指定できる特殊な鋳型剤を用いる方法[29)]，またはあらかじめ合成した三次元ゼオライト結晶構造中の特定な構成ユニットを除去する方法が開発された[30)]。したがって，その合成は直接水熱合成による Bottom Up 法とポスト処理 Top Down 法とに大まかに分類できる。直接製法には比較的小さい有機鋳型剤分子を用いる通常水熱合成と特殊な界面活性剤タイプ鋳型剤を使用する合成法がある。

### 2.1 通常水熱合成

MWW，FER，CDO，NSI，CAS など多くの層状ゼオライトは一般的に水熱合成される。そのうち，最も研究された層状ゼオライトは MWW 構造である。図1に示すように，水熱合成二次元構造前駆体 MCM-22（P）は焼成により層間脱水縮合で三次元結晶構造の MCM-22 ゼオライトへ転換される[10)]。MCM-22（P）の中に MWW ナノシートが[001]方向に有機鋳型剤分子をはさみ規則的に積み重ねる。二次元構造が三次元構造に変化する過程で層間距離が約 0.2 nm 縮む。同時に層間柔軟な水素結合が強い Si-O-Si 結合に変わり，安定な三次元結晶構造が生まれる。水熱合成の組成（型剤の種類，アルカリ金属鉱化剤）と結晶化条件（時間，pH など）を変化させることにより，MWW ナノシートの規則的な配列が失うもの，例えば MCM-56[41)]，EMM-10P[42)]と SSZ-70[43)]を合成することも可能である。また，場合によっては後焼成しなくても三次元 MWW 結晶構造を持つ MCM-49 ゼオライトを直接合成することもできる[44)]。

層状ゼオライトにほかの典型例として FER と

**表1 代表的な層状ゼオライト**

| 層状ゼオライト | 骨格コード | 細孔 | 文献 |
|---|---|---|---|
| MCM-22 | MWW | 10*10MR | 10) |
| SSZ-25 | MWW | | 11) |
| ITQ-1 | MWW | | 12) |
| PSH-3 | MWW | | 13) |
| ERB-1 | MWW | | 14) |
| SSZ-70 | unknown | – | 15) |
| EMM-10P | unknown | – | 16) |
| PREFER | FER | 10*8MR | 17) |
| PLS-3 | FER | | 18) |
| MCM-47 | FER/CDO | – | 19) |
| MCM-65 | CDO | 8*8MR | 20) |
| PLS-1 | CDO | | 21) |
| PLS-4 | CDO | | 18) |
| EU-19 | CAS/NSI | 8MR | 22) |
| Nu-6(1) | NSI | 8MR | 23) |
| RUB-15 | SOD | 6MR | 24) |
| RUB-18 | RWR | 8//8MR | 25) |
| RUB-51 | RWR | 8//8MR | 26) |
| RUB-39 | RRO | 10*8MR | 27) |
| PreAFO | AFO | 10MR | 28) |
| Layered MFI | MFI | 10*10MR | 29) |
| IPC-1P | PCR | 10*8MR | 30) |
| HPM-2 | MTF | 8MR | 31) |
| HUS-2 | unknown | – | 32) |
| HUS-3 | unknown | – | 32) |
| MCM-69(P) | unknown | – | 33) |

第3章 ゼオライト類

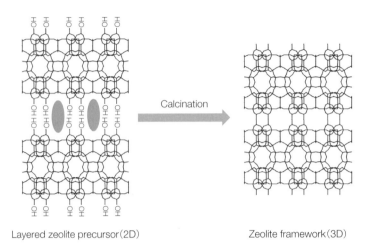

Layered zeolite precursor(2D)    Zeolite framework(3D)

**図1 焼成による層状前駆体二次元構造から三次元ゼオライト結晶構造への変換**

CDO構造がある。三次元構造のFER型ゼオライトは天然鉱物として自然界にも存在する。また，鋳型剤なしあるいはピリジンとピペリジンを鋳型剤に用いる合成条件では三次元FER構造しか得られない。しかし，4-アミノ-2,2,6,6-テトラメチルピペリジンを鋳型剤に用いる合成系，またはカネマイト層状ケイ酸塩とテトラエチルアンモニウムヒドロキシド(TEAOH)の組み合わせによる合成系では層状FER前駆物を水熱合成できる。得たFER構造の前駆物質はそれぞれPREFER[17]とPLS-3[18]と名づけられる。X線回折解析からPREFERとPLS-3この2つの前駆物質は一見大きく違う結晶構造を持つように見えるが，焼成後ほとんど同じXRDパターンになる。それは単純に嵩高さの異なる有機型剤分子による層間距離の相違が生じるものである。

一方，CDO構造の先駆体PLS-1はテトラメチルアンモニウムヒドロキシド(TMAOH)を鋳型剤に用いて水熱合成される[21]。FERとCDOゼオライトの層状前駆体は同じくFER型ナノシートを持つが，層間に存在する有機分子嵩高さと形状の相違により配列が異なる。それによって，PREFERとPLS-1から焼成で生成した三次元結晶構造にはFERナノシート間の連結の仕方と細孔構造が異なる。FER構造の10MR×8MR細孔チャンネルに対し，CDO構造が8MR×8MR細孔チャンネルを持つ。FERとCDOのトポロジーはFERナノシートが層間細孔を形成する結晶面に沿って結晶単位胞が半分移動した構造関係にあたる。

ほかのゼオライトにもFERナノシートが異なる積み重ねでできた層状構造が存在する[45]。例えば，MCM-47ゼオライトはナノシートがFER/CDO構造で交錯連結する方式で形成するものであると思われる[19]。PLS-4はPLS-1と同様なCDOトポロジーを持つ[18,46]。また，ZSM-52とZSM-55層状ゼオライトもCDO結晶構造である[20]。

### 2.2 特殊鋳型剤による新規合成

多くの層状ゼオライトが水熱合成過程で偶然にできたため，その生成機構がまだ完全には解明されていないのは事実である。それに対して，ミクロ構造とメソ構造を指定できるGeminiタイプ四級アンモニウム界面活性剤分子を意図的に設計し水熱合成を行う場合，MFI構造の層状前駆体を得ることができる。通常，MFIゼオライトは三次元結晶構造として存在し，二次元層状構造が報告された例がなかった。しかし，2009年にRyoo研究グループは初めて図2に示す方法で層状MFIゼオライトの合成に成功した。この特殊の多機能性鋳型剤分子には，親水的な四級アンモニウムカチオンがMFI構造のac面の結晶化と成長を指定し，疎水的なハイドロカーボンチェーンが[010]面またはb軸方向の成長を抑制する。結局，厚さが単位胞程度であるナノシートがb軸方向に配列する層状MFIゼオライトが合成される[29]。普通の層状ゼオライトと異なり，層状MFIゼオライトは焼成で層間の脱水縮合が完璧に起こらず，結晶内にメソ細孔を残してミクロ孔

6節 層状ゼオライトの創製と構造修飾

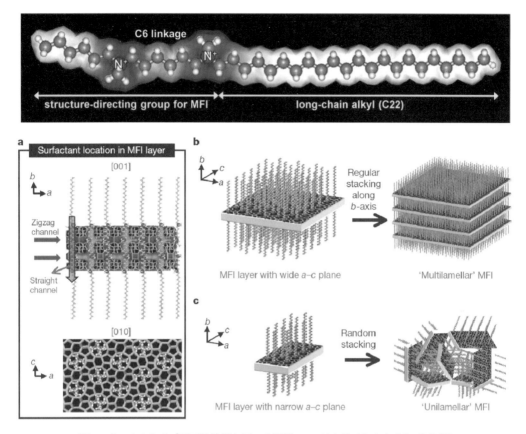

図2 Geminiタイプ界面活性剤を用いる層状MFIゼオライトの合成（口絵参照）

とメソ孔を共有する多孔物質をもたらす。また，合成過程をうまく制御すれば，完全に剥離されたMFIナノシートまたはピラールされた層状物を合成することも可能である[47]。最終に形成したものは"Card House"構造を持ち，交互に積み重なるゼオライトシートの間に大量のメソ空間をつくり出す。

一方，Cheグループは Geminiタイプ界面活性剤分子にベンゼン環官能基をつけ，分子間ベンゼン環のπ-π作用を利用し水熱合成系における鋳型剤分子の空間配置を制御することができた[48],[49]。MFI層状シートをb軸方向だけではなく，a, c軸方向に配列することも可能にし，MFI層状ゼオライトの構造多様性があらわれた。これらのメソゼオライトは分子の拡散と骨格に位置する活性点への接近を有利にし，サイズの大きい基質と反応物を含む触媒反応を早く促進することができる。

## 2.3 ゲルマノシリケートの加水分解による層状ゼオライトのポスト合成

多くの層状ゼオライトはピュアシリケート，アルミノシリケートとチタノシリケートであり，Bottom Up法で層状前駆体をあらかじめつくり，二次元構造から三次元結晶への転換を図るいわゆる直接合成法で得られる。しかし，ゲルマニウムを含有するゲルマノシリケートは三次元構造を持ちながら，特定構造ユニットの加水分解に Top Down 法で二次元構造をつくることが可能である。

ゲルマノシリケートは骨格の Ge-O 結合が Si-O 結合より弱く，耐水熱安定性が低いため酸性条件化で容易に加水分解される。また，比較的含有量の多い Ge は骨格中に不均一に分布し，複4員環（D4MR）構造ユニットを容易に形成する。Ge を多く有するD4MRがゼオライト基本構造を連結する特定の結晶面に位置するため，ゲルマノシリケートを潜在的な層状物質であるとみなせる。弱酸性条件下で骨格

第3章 ゼオライト類

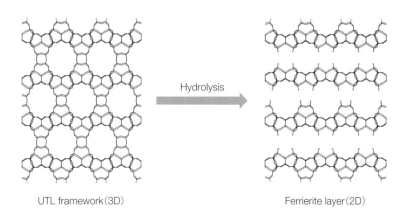

図3 複4員環の加水分解によるUTL型ゲルマニウムゼオライトの三次元構造が二次元層状物に変わるイメージ図

Geの抽出によりD4MR所在の特定結晶面を分解して層状物質が得られる。この技術はADOR法（Assembly-Disassembly-Organization-Reassembly）と名づけられる。ADOR技術を用いて結晶構造と組成など都合のよいゲルマノシリケートを選び，処理条件を検討すれば新規層状ゼオライトを創製することが可能になる。

ADORポスト法に基づき，Čejka研究グループはUTL型 IM-12 ゲルマノシリケートを出発原料とし，選択的にD4MRユニットを加水分解させてFerrieriteナノシートが形成する二次元層状物の合成に成功した（図3）[30]。また，ゲルマノシリケートのこのような潜在的な層状物性を利用し，UTLのD4MR構造ユニットの加水分解程度を制御することで細孔系の小さいゼオライトを後処理方法で合成することもできる[50)51)]。さらに，Geを多く有するD4MR構造ユニットの柔軟性を利用し，強い酸性条件下でGeをSiで同系置換することで耐水熱安定性の高いハイシリカゼオライトの合成に成功している[52)]。

## 3 層状ゼオライトの後処理による構造修飾

層状ゼオライトの層間に水素結合など比較的弱い連結は後処理による構造修飾に便利な条件を提供できる。現在，図4に示すように，層間膨張，剥離，支柱と層間拡張などの合成が開発された。後処理後，ゼオライトナノシートの配列の仕方が著しく変化し，特定の規則性配列または無秩序の積み重ねで多孔性をつくり出す。得た多孔性物質は，細孔の開放度と触媒活性点の露出度が増加し，分子の拡散律速を和らげ，従来のゼオライトより大きい基質分子の触媒作用に有利である。現在，この領域の研究活動はゼオライト骨格への破損の強い処理法から比較的温和な条件で実用性と有効性のよりいい後処理法の開発に移りつつある。層状ゼオライトとその後修飾で得たものの強い応用性を背景に，構造修飾研究は依然高い関心を集めている。

### 3.1 層状ゼオライトの層間膨張

ナノシートの間に存在する密な連結を打ち破り層間距離を広げることができることは層状物質の構造修飾の前提である。塩基性条件下で，カチオン性界面活性剤分子を層間に挿入する膨張法が一般的に利用されている。この方法はゼオライト，粘土，珪酸塩，金属酸化物など層状物質の層間拡張に成功している。

層状ゼオライトは層間シラノールが化学縮合していないながら水素結合と静電作用などの強い結合で層分離が容易ではない。最初報告された層間膨張は，MCM-22（P）前駆体に対して高濃度のテトラプロピルヒドロキシド（TPAOH）とセチルトリメチルアンモニウムブロミド（CTAB）混合水溶液を用いる強い塩基と高温条件で行われる。この方法で層間膨張が確かに確認されたが，比較的過酷な処理条件のため，ゼオライト骨格の一部を溶解し界面活性剤の自己組織化でメソ構造相も混成してしまう欠点を持

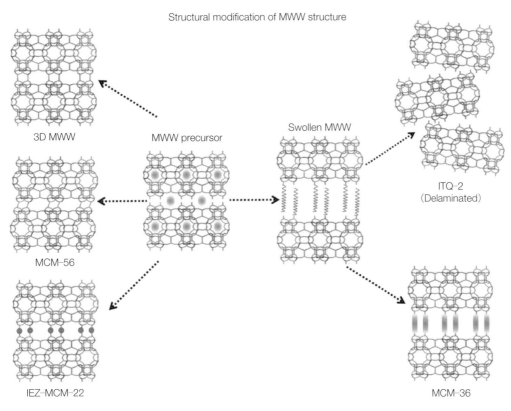

図4 ゼオライト層状前駆体のポスト処理による構造転換と再構成(MWWを例として)

つことも否定できない。また，触媒材料を調製する観点においても，この後処理はあらかじめ導入された骨格触媒活性点の化学環境に大きく影響を与える[34]。この問題を解決するため，温和な室温条件でのMCM-22(P)前駆体を層間膨張する方法も開発された[53]。この方法はMWW骨格への破壊性は小さいが，高濃度の四級アンモニウムと界面活性剤の使用が依然欠かせない。MCM-22(P)前駆体膨張用と同様な方法で，FER[54]とNSI[55]構造層状前駆体の層間膨張も成功している。

後処理による膨張と異なり，前述したGeminiタイプ界面剤を用い直接水熱合成した層状MFIゼオライトを層間膨張物質とみなすことができる。上下のMFIナノシートを支える鋳型剤の長鎖アルキル基は膨張機能を果たす。層状MFIゼオライトは今まで唯一の直接合成膨張ゼオライトであると言えよう。

## 3.2 層状ゼオライトの層間剥離とピラール

層間剥離はゼオライトナノシートを互いに分離し単層の多孔物質をつくり出せる。単層ナノシートは厚さがゼオライト単位胞程度であるため，分子への拡散制限を最小限に抑えることができる。あらかじめ膨張を行ったものにおいては層間距離の増大により層と層の間の水素結合などの連結が弱くなり，適切なpH条件下で超音波処理のような外力を加えると容易に層分離する[34]。最近の研究から，通常の膨張処理系にテトラブチルアンモニウムフッ化物とテトラブチルアンモニウム塩化物を添加することによりそれぞれSi-O-SiとSi-O-Al結合を選択的に切り離し層間を膨張できることが報告されている[36]。層剥離ゼオライトの例としてITQ-2とUCB-1(ともにMWW構造)[34)36)]，ITQ-6とUCB-2(ともにFER構造)[54)56)]，ITQ-18(NSI構造)[55]などがあげられる。層剥離ゼオライトは真の二次元多孔物質であるといえるだろう。

膨張ゼオライトの層間にシリカなどのピラーを挿

第3章　ゼオライト類

入し，上下ナノシートを支えることにより層間にメ
ソ空間を構成できる。焼成処理で有機物を取り除い
てもナノシートが縮合せず，永久に層分離の状態に
なる。一般的に層間に挿入されるシリカピラーは無
定形であるが，層状 MFI 前駆体を出発源とした場
合，シリカピラーが再結晶化されナノシート板と同
じ結晶になりうる。また，直接合成で得た自己ピラ
リング型 MFI ゼオライトは MFI 結晶化層を支柱と
して互いに支えることにより構成される[47)48)]。ピラー
ルゼオライトの例として MCM-36（MWW 構
造）[57)]，MCM-39 (Si)（NSI 構造）[58)]などが知られる。
ミクロ細孔しか持たない通常の三次元ゼオライトと
比べ，ピラールゼオライトはミクロ細孔とメソ細孔
を共有するハイブリッド多孔物質である。剥離型
ITQ-2 とピラール型 MCM-36 ゼオライトは骨格
中の活性点がより多く露出するため，明らかな触媒
活性増加を示す。例えば，ITQ-2 は真空オイルの
触媒分解に対して通常の MCM-22 と MCM-36 よ
り高い活性だけではなく，高いガソリン収率も示
す[34)]。また，ITQ-2 と MCM-36 のディーゼル収率
は同程度である。

## 3.3　層状ゼオライトの部分的な層間剥離

　膨張と超音波処理を組み合わせる完全剥離に対
し，より温和な酸処理でナノシートの配列を無造作
にずらすことで層間を部分的に剥離することができ
る。得られた材料は Sub-Zeolite とも称され[37)]，典
型例として MCM-56 の類縁物がある。MCM-22
(P) を室温で低濃度の硝酸を用いて短時間処理する
と，層間に位置する有機物を部分的に取り除くこと
ができ，ナノシートの規則的な配列が撹乱され，直
接水熱合成の MCM-56 に非常に似るものが得られ
る。さらに，焼成しても MCM-56 類縁物に部分的
な層間剥離構造が保たれる。三次元結晶構造の
MCM-22 と比べ，MCM-56 類縁物がより広い外
表面と露出の活性点を持ち，Al, Ti, Sn などを含
有するメタルシリケートは多数の嵩高い分子の酸触
媒反応ならびに選択酸化反応に優れた活性を示
す[37)59)]。この後処理方法は簡単かつコントロールし
易い特徴を有し，FER と NSI 構造の層状前駆体の
部分的な層間剥離にも適応できる[60)61)]。

## 3.4　層状ゼオライトの層間拡張

　層状前駆体または層間膨張物を出発源とし，層間
に化学組成と構造の明確なシラン剤を挿入し，新規
三次元結晶構造を創製できる。得たものを層間拡張
ゼオライト（Interlayer-Expanded Zeolite, IEZ）と
名づける。前述の無定形なシリカによるピラール法
と比べ，層間シリル化処理は分子サイズと単位胞大
きさのレベルで構造を修飾し，結晶性の高い IEZ
型ゼオライトを創製し，異なるシラン剤を用いて層
間細孔の大きさも制御できる。

　ゼオライト層間拡張は偶然に発見した現象であ
る。MWW 型チタノシリケート（Ti-MWW）の層状
前駆体を酸処理する過程で，場合によって層による
拡張構造が焼成後でも消失せず，普通の三次元構造
を有する 3D Ti-MWW より層間距離が約 0.25 nm
広くなった Ti-YUN-1 を生成してしまう。X 線回
折，高分解能透過電顕と理論計算研究から，Ti-
YUN-1 の層間拡張構造が結晶骨格から酸で洗い出
したケイ素が層間に挿入され，上下のナノシートを
連結する結果であると推測される[62)63)]。それに基づ
き，ゼオライト前駆体を酸処理する系に外からモノ
シラン剤を添加し，新規結晶構造を有する層間拡張
型ゼオライトを後処理方法で合成する一般的な方法
が見出された[40)]。この方法は高温での酸処理条件が
欠かせないため，ゼオライト骨格から Al と Ti など
の活性点を一部抜く欠点がある。したがって，固相
でゼオライト先駆体をシラン剤の気相蒸気で処理す
る改善シリル化法も開発され，層間拡張と触媒活性
点の保持を両立させた[64)]。モノシラン剤を用い，
FER[65)]，Nu-6 (1)[66)]，PLS-3[67)]，PLS-4[68)]，RUB
-36[69)]，RUB-39[70)]などの層状ゼオライトの層間拡
張に成功し，直接水熱合成で得がたい新規結晶構造
を創製することができた。

　層間により大きいシランカップリング剤分子を導
入すれば大孔径ゼオライトを得ることが期待されて
いる。しかし，直接合成の層状先駆体の層間入り口
が比較的狭く，モノシランよりサイズの大きいゲス
ト分子を層間に挿入することが困難である。代わり
に，MWW 前駆体を界面活性剤であらかじめ膨張
し，二量体型シラン剤でシリル化処理すると，層間
細孔の員環数を 10MR から 14MR に拡張すること
ができる[71)]。また，ベンゼン環を持つシラン剤も
MWW 型アルミノシリケートの層間に導入してさ

らにアミン官能基をつけることで固体酸塩基二元機能触媒を調製することもできる[72]。

## 3.5 層状ゼオライトの後処理によるほかのトポロジーへの転換

UTL 型ゲルマノシリケートを出発し，構造を三次元－二次元－三次元で交互に変換することができる。酸処理で Ge リーチの D4MR ユニットを加水分解し，三次元結晶構造が二次元層状物 IPC-1P に変わる[30]。この層状物に対してモノシラン剤でシリル化すると層間に新たな Si-O-Si 結合による単 4 員環 (S4MR) ユニットを形成し，12MR と 10MR 細孔が交差する三次元新規構造ゼオライト IPC-2 が合成される[51]。また，Sigma 転換ルートでこの構造を得ることもできる[50]。さらに，オクチルアミンで IPC-1P を処理すると，ナノシート配列が微調整され，10MR と 8MR 細孔が交差する三次元構造ゼオライト IPC-4 が合成される。このように構造次元数の交互転換と層間連結仕方の変化をはかり，新しいトポロジー OKO (IPC-2 と IPC-4 の構造コード) をポスト法で創出した[51]。

最近，UTL 型ゼオライトを後処理する際の酸濃度をコントロールすれば，新規構造を有する IPC-6 と IPC-7 に転換できることも報告された[73]。これらのゼオライトは層間細孔サイズの異なる方式でナノシートが積み重ねる中間物である。後処理で得た IPC-2，IPC-4，IPC-6，IPC-7 材料のいずれも UTL ゼオライトと同じナノシート構造を持ち，層間連結が変化しただけである。

## 4 おわりに

層状構造を有するゼオライトはすでに十数種類にのぼり，MFI 層状前駆物質の直接合成法と三次元ゲルマノシリケートの加水分解法といった合成技術の進歩により，より多くのゼオライトを層状物の範疇に取り込み，種類がさらに豊富になっている。二次元層状構造の加工性と可塑性はゼオライトに三次元ものが持たない多様性を付与し，細孔開放度と活性点の露出度の高い多孔体触媒のポスト調製を可能にする。今後，より温和，クリーンかつ実用性のある構造修飾法が開発されれば，石油精製とファインケミカルズ合成に適用できる高機能触媒が創製され

ると期待できる。

### ■引用・参考文献■

1) J. Cejka, G. Centi, J. Perez-Pariente and W. J. Roth : *Catal. Today*, **179**, 2 (2012).

2) A. Corma : *Chem. Rev.*, **95**, 559 (1995).

3) M. E. Davis : *Chem. Mater.*, **26**, 239 (2014).

4) www.iza-structure.org/databases/

5) 小野嘉夫，八嶋建明編：ゼオライトの科学と工業，講談社サイエンティフィク (2000).

6) C. S. Cundy and P. A. Cox : *Chem. Rev.*, **103**, 663 (2003).

7) 辰巳敬，西村陽一監修：ゼオライト触媒の開発技術，シーエムシー出版，pp.3-18 (2010).

8) W. J. Roth, P. Nachtigall, R. E. Morris and J. Cejka : *Chem. Rev.*, **114**, 4807 (2014).

9) W. J. Roth and J. Cejka : *Catal. Sci. Tech.*, **1**, 43 (2011).

10) M. E. Leonowicz, J. A. Lawton, S. L. Lawton and M. K. Rubin : *Science*, **264**, 1910 (1994).

11) S. I. Zones : Eur. Pat., 231060 (1987).

12) M. A. Camblor, A. Corma, M.-J. Diaz-Cabanas and C. Baerlocher : *J. Phys. Chem. B*, **102**, 44 (1998).

13) L. Puppe and J. Weisser : US Pat., 4439409, (1984).

14) R. Millni, G. Perego, W. O. Parker, G. Bellussi and L. Carluccio : *Micro. Mater.*, **4**, 221 (1995).

15) R. Archer, J. R. Carpenter, S.-J. Hwang, A. W. Burton, C.-Y. Chen, S. I. Zones and M. E. Davis : *Chem. Mater.*, **22**, 2563 (2010).

16) W. J. Roth, D. L. Dorset and G. J. Kennedy : *Micro. Meso. Mater.*, **142**, 168 (2011).

17) L. Schreyeck, P. Caullet, J. C. Mougenel, J. L. Guth and B. Marler : *Micro. Mater.*, **6**, 259 (1996).

18) T. Ikeda, S. Kayamori and F. J. Mizukami : *Mater. Chem.*, **19**, 5518 (2009).

19) A. Burton, R. J. Accardi, R. F. Lobo, M. Falcioni and M. W. Deem : *Chem. Mater.*, **12**, 2936 (2000).

20) D. Dorset and G. Kennedy : *J. Phys. Chem. B*, **108**, 15216 (2004).

21) T. Ikeda, Y. Akiyama, Y. Oumi, A. Kawai and F. Mizukami : *Angew. Chem. Int. Ed.*, **43**, 4892 (2004).

22) B. Marler, M. A. Camblor and H. Gies : *Micro. Meso. Mater.*, **90**, 87 (2006).

23) S. Zanardi, A. Alberti, G. Cruciani, A. Corma, V. Fornes and M. Brunelli : *Angew. Chem. Int. Ed.*, **43**, 4933 (2004).

24) U. Oberhagemann, P. Bayat, B. Marler, H. Gies and J. Rius : *Angew. Chem. Int. Ed.*, **35**, 2869 (1996).

25) T. Ikeda, Y. Oumi, T. Takeoka, T. Yokoyama, T. Sano and T. Hanaoka : *Micro. Meso. Mater.*, **110**, 488 (2008).

第3章　ゼオライト類

26) Z. Li, B. Marler and H. Gies : *Chem. Mater.*, **20**, 1896(2008).

27) Y. Wang, H. Gies and J. Lin : *Chem. Mater.*, **19**, 4181(2007).

28) P. Wheatley and R. E. Morris : *J. Mater. Chem.*, **16**, 1035 (2006).

29) M. Choi, K. Na, J. Kim, Y. Sakamoto, O. Terasaki and R. Ryoo : *Nature*, **461**, 246(2009).

30) W. J. Roth, O. Shvets, M. Shamzhy, P. Chlubna, M. Kubu, P. Nachigall and J. Cejka : *J. Am. Chem. Soc.*, **133**, 6130 (2011).

31) A. Rojas and M. A. Camblor : *Chem. Mater.*, **26**, 1161 (2014).

32) N. Tsunoji, T. Ikeda, Y. Ide, M. Sadakane and T. Sano : *J. Mater. Chem.*, **22**, 13682(2012).

33) L. D. Rollmann, J. L. Schlenker, S. L. Lawton, C. L. Kennedy and G. J. Kennedy : *Micro. Meso. Mater.*, **53**, 179(2002).

34) A. Corma, V. Fornes, S. B. Pergher, T. L. M. Maesen and J. G. Buglass : *Nature*, **396**, 353(1998).

35) I. Ogino, M. M. Nigra, S. Hwang, J. Ha, T. Rea, S. I. Zones and A. Katz : *J. Am. Chem. Soc.*, **133**, 3288(2011).

36) E. A. Eilertsen, I. Ogino, S. Hwang, T. Rea, S. Yeh, S. I. Zones and A. Katz : *Chem. Mater.*, **23**, 5404(2011).

37) L. Wang, Y. Wang, Y. Liu, L. Chen, S. Cheng, G. Gao, M. He and P. Wu : *Micro. Meso. Mater.*, **113**, 435(2008).

38) W. J. Roth, C. T. Kresge, J. C. Vartuli, M. E. Leonowicz, A. S. Fung and S. B. McCullen : *Stud. Surf. Sci. Catal.*, **94**, 301 (1995).

39) K. Na, M. Choi, W. Park, Y. Sakamoto, O. Terasaki and R. Ryoo : *J. Am. Chem. Soc.*, **132**, 4169(2010).

40) P. Wu, J. Ruan, L. Wang, L. Wu, Y. Wang, Y. Liu, W. Fan, M. He, O. Terasaki and T. Tatsumi : *J. Am. Chem. Soc.*, **130**, 8178(2008).

41) A. S. Fung, S. L. Lawton, W. J. Roth : US Pat., 5362697 (1994).

42) W. J. Roth, D. L. Dorset and G. J. Kennedy : *Micro. Meso. Mater.*, **142**, 168(2011).

43) R. H. Archer, S. I. Zones and M. E. Davis : *Micro. Meso. Mater.*, **130**, 255(2010).

44) S. L. Lawton, A. S. Fung, G. J. Kennedy, L. B. Alemany, C. D. Chang, G. H. Hatzikos, D. N. Lissy, M. K. Rubin, H. K. C. Timken, S. Steuernagel and D. E. Woessner : *J. Phys. Chem.*, **100**, 3788(1996).

45) W. J. Roth and D. L. Dorset : *Struct. Chem.*, **21**, 385(2010).

46) T. Ikeda, S. Kayamori, Y. Oumi and F. Mizukami : *J. Phys. Chem. C*, **114**, 3466(2010).

47) X. Zhang, D. Liu, D. Xu, S. Asahina, K. A. Cychosz, K. V. Agrawal, Y. Al Wahedi, A. Bhan, S. Al Hashimi, O. Terasaki, M. Thommes and M. Tsapatsis : *Science*, **336**, 1684(2012).

48) D. Xu, Y. Ma, Z. Jing, L. Han, B. Singh, J. Feng, X. Shen, F. Cao, P. Oleynikov, H. Sun, O. Terasaki and S. Che : *Nature Comm.*, **5**, 4262(2014).

49) B. K. Singh, D. Xu, L. Han, J. Ding, Y. Wang and S. Che : *Chem. Mater.*, **26**, 7183(2014).

50) E. Verheyen, L. Joos, K. Van Havenbergh, E. Breynaert, N. Kasian, E. Gobechiya, K. Houthoofd, C. Martineau, M. Hinterstein, F. Taulelle, V. Van Speybroeck, M. Waroquier, S. Bals, G. Van Tendeloo, C. E. A. Kirschhock and J. A. Martens : *Nature Mater.*, **11**, 1059(2012).

51) W. J. Roth, P. Nachtigall, R. E. Morris, P. S. Wheatley, V. R. Seymour, S. E. Ashbrook, P. Chlubna, L. Grajciar, M. Polozĳ, A. Zukal, O. Shvets and J. Čejka : *Nature Chem.*, **5**, 628(2013).

52) H. Xu, J. Jiang, B. Yang, L. Zhang, M. He and P. Wu : *Angew. Chem. Int. Ed.*, **53**, 1355(2014).

53) S. Maheshwari, E. Jordan, S. Kumar, F. S. Bates, R. L. Penn, D. F. Shantz and M. Tsapatsis : *J. Am. Chem. Soc.*, **130**, 1507(2008).

54) A. Corma, U. Diaz, M. E. Domine and V. Fornes : *Angew. Chem. Int. Ed.*, **39**, 1499(2000).

55) A. Corma, V. Fornes and U. Diaz : *Chem. Comm.*, 2642 (2001).

56) E. A. Eilertsen, I. Ogino, S. Hwang, T. Rea, S. Yeh, S. I. Zones and A. Katz : *Chem. Mater.*, **23**, 5404(2011).

57) W. J. Roth, C. T. Kresge, J. C. Vartuli, M. E. Leonowicz, A. S. Fung and S. B. McCullen : *Stud. Surf. Sci. Catal.*, **94**, 301 (1995).

58) W. J. Roth and C. J. Kresge : *Micro. Meso. Mater.*, **144**, 158 (2011).

59) G. Liu, J. Jiang, B. Yang, X. Fang, H. Xu, H. Peng, L. Xu, Y. Liu and P. Wu : *Micro. Meso. Mater.*, **165**, 210(2013).

60) B. Yang and P. Wu : *Chin. Chem. Lett.*, **25**, 1511(2014).

61) H. Xu, L. Jia, H. Wu, B. Yang and P. Wu : *Dalton Trans.*, **43**, 10492(2014).

62) W. Fan, P. Wu, S. Namba and T. Tatsumi : *Angew. Chem. Int. Ed.*, **43**, 236(2004).

63) J. Ruan, P. Wu, B. Slater and O. Terasaki : *Angew. Chem. Int. Ed.*, **44**, 6719(2005).

64) S. Inagaki and T. Tatsumi : *Chem. Comm.*, 2583(2009).

65) J. Ruan, P. Wu, B. Slater, Z. Zhao, L. Wu and O. Terasaki : *Chem. Mater.*, **21**, 2904(2009).

66) J. Jiang, L. Jia, B. Yang, H. Xu and P. Wu : *Chem. Mater.*, **25**, 4710(2013).

67) B. Yang, H. Wu and P. Wu : *J. Phys. Chem. C*, **118**, 24662 (2014).

68) H. Xu, B. Yang, J. Jiang, L. Jia, M. He and P. Wu : *Micro. Meso. Mater.*, **169**, 88(2013).

69) H. Gies, U. Mueller, B. Yilmaz, M. Feyen, F. Xiao, X. Bao, W. Zhang, T. Baerdemaeker and D. E. D. Vos : *Chem. Mater.*, **24**, 1536 (2012).

70) H. Gies, U. Mueller, B. Yilmaz, T. Tatsumi, B. Xie, F. Xiao, X.

Bao, W. Zhang and D. D. Vos : *Chem. Mater.*, **23**, 2545 (2011).

71) H. Xu, L. Fu, M. He and P. Wu : *Micro. Meso. Mater.*, **189**, 41 (2014).

72) A. Corma, U. Diaz, T. Garcia, G. Sastre and A. Velty : *J. Am. Chem. Soc.*, **132**, 15011 (2010).

73) P. S. Wheatley, P. Chlubna-Eliasova, H. Greer, W. Zhou, V. R. Seymour, D. M. Dawson, S. E. Ashbrook, A. B. Pinar, L. B. McCusker, M. Opanasenko, J. Cejka and R. E. Morris : *Angew. Chem. Int. Ed.*, **53**, 13210 (2014).

〈呉　鵬，徐　楽〉

第3章　ゼオライト類

## 7節　バイオマス

### 1　バイオマス資源とバイオマスリファイナリにおける基礎化学品について

　再生可能エネルギーは持続的な発展に必要不可欠であるため，多くの注目を集めている。再生可能エネルギーには，風力，地熱，水力，波力等さまざまなものが知られているが，そのほとんどが発電のために用いられる。これに対して，バイオマスは再生可能エネルギーの中で唯一の有機性資源である。そのため，バイオマス資源は他の再生可能エネルギーと異なる役割が期待されている。

　一方で，炭化水素系の化石資源である天然ガス，石油，石炭は，役割分担をしながら用いられてきており，それぞれ，天然ガス火力の燃料や都市ガス，液体燃料や化学原料製造，石炭火力・鉄鋼製造に用いられてきている。これらの炭化水素系化石資源の中で，最も近い将来，価格の高騰や資源の枯渇といった問題にさらされるのは石油であり，石油が果たしてきた液体燃料や化学原料の製造を，その他の炭化水素系資源で補うことが必要になると考えられている。天然ガスや石炭から合成ガス（一酸化炭素と水素の混合ガス）を経由し，C1ケミストリーにより液体燃料や化学品を得る方法もその一つである。さらに，バイオマス資源を液体燃料や化学品に変換する方法は，二酸化炭素の排出削減や持続可能性という意味でこの石油代替法の一つとして期待されている。

　バイオマス資源を石油代替資源として用いる場合の大きな問題点は，食料との競合である。例えば，食料となる作物から得られる糖分を原料として，発酵によりエタノールを得てガソリンとして利用するというものである。現実問題，エネルギーと食料のどちらが重要か，という問いに対する答えを出すことは極めて困難であるため，現在においては，バイオマス資源としては，廃棄物なども含めた非可食なものを対象とすべきであるというコンセンサスが得られている。

　バイオマス資源は図1のように分類されている。これらの中で有望視されているものとしては，木質系バイオマス，非可食な植物油，微細藻類が産生するバイオマス，廃棄物に含まれる糖類などになるであろう。これらの化合物について，化学的な構造や性質を表1に示す[1]。

　バイオマス資源に関連する化合物の多くは，表1から重合物であることが多いことがわかる。一方で，燃料や基礎化学品として用いられている化合物は，比較的小さな分子であるため，これら重合物を加水分解などで小さくしていく必要があり，加水分解などで小さくなった分子をさらに変換して，基礎化学品（ビルディング・ブロック）などへと誘導していくことになる。これらのプロセスは，バイオマスリファイナリで行われることが想定されている。石油精製（ペトロリウムリファイナリ）では，原油からナフサ（C5～C8のアルカンの混合物）を製造し，ナフサを熱分解して，エチレン・プロピレンを，ナフサを接触分解して，BTX（ベンゼン，トルエン，キシレン）などを合成している。ここで得られるエチレン，プロピレン，BTXは石油化学産業の基礎化学品として位置づけられ，これらの基礎化学品からさまざまな製品が誘導されている。これに対して，バイオマスリファイナリにおける基礎化学品として，図2に示すようなものがリストアップされている[2]。

　これらの化合物は総じて，生物学的な方法か化学的な方法で単糖類などから比較的容易に誘導できるものとなっている。エタノールはグルコースの発酵により得られるし，ヘミセルロースの加水分解により得られるペントースの脱水反応により得られる。

－ 278 －

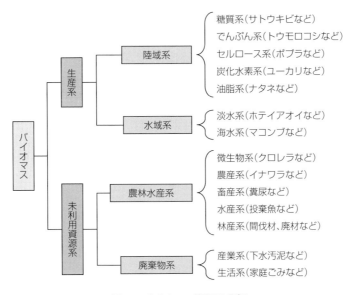

**図1 バイオマス資源の分類**

表1 バイオマス資源の例と構造と性質

| バイオマス資源 | 化合物分類 | 化学構造 | 性質 |
|---|---|---|---|
| 木質系バイオマス 藁, おがくず, バガス, トウモロコシ茎葉など | セルロース | グルコースの直線状重合物, 水素結合 | 結晶性, 加水分解困難 |
|  | ヘミセルロース | C5糖, C6糖の枝分かれを持つ重合物 | アモルファス, 複雑な構造 |
|  | リグニン | アルキルフェノール類の枝分かれを持つ重合物 | アモルファス, 加水分解困難 |
| 非可食植物油 | トリグリセリド | 高級脂肪酸のグリセリンエステル | バイオディーゼル |
| 微細藻類バイオマス | トリグリセリド | 高級脂肪酸のグリセリンエステル | 次世代バイオディーゼル |
| 製糖の廃棄物 | でんぷん, 糖類 | グルコースのポリマー, 単糖類, 二糖類 | アモルファス |

フルフラールは樹脂原料などとして用いられているが, 現在においても石油ではなくバイオマス資源から製造されているものである。ヒドロキシメチルフルフラールは, フルクトースを経由してグルコースから得られる。また, ヒドロキシメチルフルフラールの$-CH_2OH$基を酸化することにより, フラン-2,5-ジカルボン酸が得られる。グリセリンは, 植物油からバイオディーゼルを得るプロセスにおいて, メタノールを用いたトランスエステル化反応を行うが, グリセリンはこのプロセスにおける副生成物として得られるものである。乳酸, コハク酸, 3-ヒドロキシプロピオンアルデヒドについては, 糖やグリセリンなどの発酵により誘導可能な化合物である。レブリン酸はヒドロキシメチルフルフラールがさらに分解することで得られる化合物である。キシリトールおよびソルビトールは, キシロースおよびグルコースの水素化により得られる糖アルコールである。

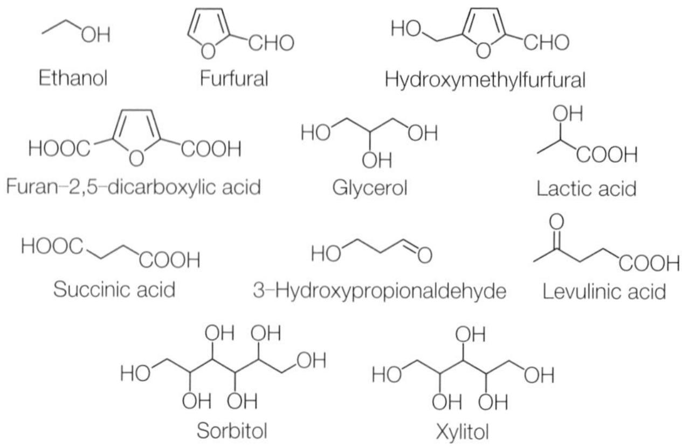

第3章 ゼオライト類

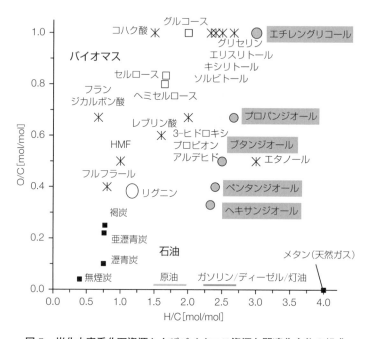

図2 バイオマスリファイナリにおけるビルディング・ブロック

図3 炭化水素系化石資源およびバイオマス資源と関連化合物の組成

## 2 バイオマスリファイナリ関連の反応について：石油資源との比較

多くのゼオライトの細孔径を踏まえると，あまり大きな分子の変換ではなく，小さな分子まである程度分解された段階の反応に有効であると考えることができる。特に，上記で示したビルディング・ブロックの周辺で用いられる可能性が極めて大きくなる。

ゼオライトはよく知られているように，石油精製産業や石油化学産業の中で極めて重要な役割を果たしてきた。図3に炭化水素系化石資源として，石炭，石油，天然ガス，そして，バイオマス原料，バイオマスリファイナリのビルディング・ブロック，さらに，ターゲット化学品の例としてジオール類の元素組成についてプロットした図を示す。

石油は組成からわかるようにほぼ炭素原子と水素原子からなるのに対して，バイオマス関連化合物は酸素原子の含有量が相対的に大きいことがわかる。

- 280 -

現在，石油化学産業においてよく製造されている化学品としてジオールを例として，石油資源から合成する場合と，バイオマス資源から合成する場合の違いについて説明したい。石油資源および石油化学におけるビルディング・ブロックはいずれも，炭素原子と水素原子からなるため，含酸素化合物のような，より機能を持った材料合成のための原料をつくるためには，炭化水素分子中に酸素原子を導入していくことになる。具体的な酸素原子の導入方法の例としては，酸化反応や水和反応などが挙げられる。

一方で，バイオマス資源からこのターゲット品を製造することになると，酸素含有率を下げる，すなわち，酸素含有率の高い分子内から，酸素原子を取り除いていく反応を進行させる必要がある。酸素原子を取り除く典型的な反応としては，還元反応や脱水反応などが挙げられる。このように，用いられる反応が，石油資源とバイオマス資源では大きく異なることを認識する必要がある。これと同時に反応システムも大きく変えていく必要があるであろう。

石油資源の変換では，炭素原子と水素原子からなる分子に酸素原子を導入していくことになるが，この反応における反応物は炭素原子と水素原子からなるため，分子の極性が小さく，沸点が比較的低い。そのため，これらに関連する反応は，反応物を気化し，固定床流通反応器に充填した固体触媒層に導入して反応を進行させるような方法をとることが多い。この場合には，触媒と生成物の分離が自動的に行われるという利点もある。一方で，バイオマス資源を用いる場合，関連する反応物には含酸素官能基が複数種類，複数個含まれているものも多く，そのため，反応分子の極性が大きくなり，石油系の場合と比較して沸点は顕著に高くなってしまう。この場合，高い沸点まで無理やり加熱して気化して反応させることは，投入エネルギーの増加につながるため，通常行われない。これは，バイオマス資源に関連する反応は液相で行われることが予想され，関連基質を溶かす極性溶媒の選択なども重要となるであろう。また，バイオマス関連基質は，官能基化されすぎている（over-functionalized）ため，反応性が高く，副反応も進行しやすい。ターゲットとなる生成物を選択的に与えるためには，保持する官能基と変換する官能基を認識する機能が触媒に必要とされる。

# 3 ゼオライトを用いたバイオマス関連基質の触媒反応例

## 3.1 糖類の合成や変換に関するもの

HClなどの無機酸を少量含む水溶液にでんぷんまたはセルロースを加え，Ru/H-USYを触媒として用い190℃程度で反応をさせると，ソルビトールを主とするヘキシトールが高い収率で得られることが報告されている[3)4)]。この反応系では，HCl等の均一系の酸触媒により，重合物がオリゴマーへと加水分解され，オリゴマーが細孔内の酸点により，グルコースの単量体まで加水分解され，細孔内に存在するRu金属微粒子によって，単糖類が糖アルコールへと水素化する触媒となり，反応が進行するという反応スキームが提案されている[1)]。セルロースのグルコースへの糖化反応にゼオライトを用いた例も報告されているが，グルコースへの選択性は20％程度と低く，副反応の抑制が容易でないことがわかる[5)]。セルロース糖化のための固体酸触媒の開発はバイオマス変換における重要な課題となっており，ゼオライトを含めた種々の固体酸触媒の活性評価の一例を表2に示す[6)]。ゼオライトもある程度の効果があるものの，アルカリ活性化炭素がセルロースの糖化に有効な触媒であることが報告されている[6)]。

糖類の変換において，ゼオライトが大きな役割を果たした例として，Sn-Betaがグルコースのフルクトースへの異性化反応に対して有効な触媒であることが報告されている[7)]。グルコースのフルクトースの異性化反応は，バイオマスからHMFやレブリン酸を得るための一つの反応段階であるため，重要な反応の一つと認識されている。提案されている反応スキームを図4に示す[7)]。

また，Sn-Beta触媒が，下記に示すような，ジヒドロキシアセトンやヘキソースを乳酸エステルへ変換することも報告されている[8)~10)]。

表2 Mixed-milling前処理をしたセルロースの加水分解[a]

| Entry | 触媒 | 反応温度[K] | 反応時間[h] | 転化率[%] | グルコース | オリゴマー[b] | フルクトース | マンノース | レボグルコサン | HMF | その他[c] |
|---|---|---|---|---|---|---|---|---|---|---|---|
| 1 | 無触媒 | 453 | 0.33 | 12 | 1.3 | 6.6 | 0.2 | 0.2 | <0.1 | 0.2 | 3.4 |
| 2 | K26(アルカリ活性化炭素) | 453 | 0.33 | 93 | 20 | 70 | 0.6 | 0.7 | 0.7 | 1.0 | 0.1 |
| 3 | 水蒸気賦活活性炭(BA) | 453 | 0.33 | 35 | 6.7 | 27 | 0.7 | 0.7 | 0.2 | 0.2 | 0.2 |
| 4 | 水蒸気賦活活性炭(SX) | 453 | 0.33 | 24 | 4.2 | 18 | 0.8 | 0.5 | 0.1 | 0.3 | 0.1 |
| 5 | Amberlyst 70 | 453 | 0.33 | >99 | 82 | 1.9 | 0.5 | 1.4 | 2.6 | 2.8 | 8.8 |
| 6 | H-ZSM-5 | 453 | 0.33 | 19 | 4.0 | 11 | 0.4 | 0.3 | 0.1 | 0.2 | 3.2 |
| 7 | H-MOR | 453 | 0.33 | 21 | 4.9 | 11 | 0.4 | 0.3 | 0.2 | 0.5 | 4.0 |
| 8 | $SiO_2$-$Al_2O_3$ | 453 | 0.33 | 6.8 | 0.9 | 4.8 | 0.2 | 0.2 | <0.1 | 0.2 | 0.5 |
| 9 | $SiO_2$ | 453 | 0.33 | 16 | 3.4 | 11 | 0.3 | 0.3 | 0.1 | 0.3 | 0.1 |
| 10 | $TiO_2$ | 453 | 0.33 | 13 | 1.6 | 7.1 | 0.5 | 0.3 | <0.1 | 0.4 | 2.6 |
| 11 | K26(アルカリ活性化炭素)[d] | 418 | 24 | 97 | 72 | 2.8 | 1.4 | 1.5 | 1.4 | 4.9 | 13 |

(a)Mixed-milling前処理(324 mg セルロース + 50 mg 触媒 + 蒸留水 40 mL), (b)水溶性オリゴ糖(重合度=2~6程度),
(c)転化率―帰属できた化合物の収率合計, (d)81 mg セルロース + 13 mg 触媒 + 蒸留水 10 mL

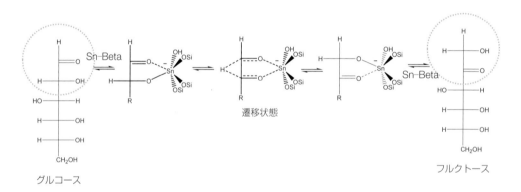

図4 Sn-Betaを用いたグルコースのフルクトースへの異性化反応経路

## 3.2 バイオオイルに関するもの

リグノセルロース系バイオマスは，500℃程度の温度で1秒程度の非常に短い滞留時間で熱分解する(flash pyrolysis 急速熱分解と呼ぶ)ことにより，高い収率（例えば70~75%）で液体生成物へと変換される。これをバイオオイルと呼ぶ。バイオオイルの成分としては，非常に多岐にわたっており，カルボン酸，ケトン，アルデヒド，炭化水素などが含まれており，そのため，pHが2~2.5と低く，アルデヒドやケトンのアルドール縮合が進行したりするため，腐食性，安定性などの問題でそのまま燃料として用いることは難しい。そこで，燃料としての特性を向上させる方法として，ゼオライトを用いるアップグレーディングが検討されており，ゼオライトとしては，H-ZSM-5が有効であることが知られている[11)12)]。例えば，バイオオイルに対して重量で34 wt%の有機物が得られ，その中の87%がトルエンやキシレンを主成分とする炭化水素であった。バイオオイルに含まれる成分があまりに多岐にわたるため，モデル基質を用いた研究が行われ，反応ルー

トやゼオライトの役割や問題点がより明確になった[13)-15)]。アルコールは容易に脱水され、オレフィンへと変換され、反応温度が350℃以上になると、芳香族へとさらに変換される。

　一方、フェノールは、反応性が低い。また、アルコールやフェノールからの炭素析出速度は大きなものではなかった。アセトンの反応性はアルコールほど高くはないものの、イソブテンへ変換され、さらに芳香族化合物へと変換される。酢酸は、ケトナイゼーション反応により、アセトンに変換され、以降の反応ルートはアセトンと同様である。アセトアルデヒドの反応性は低かった。特に、アセトンや酢酸からの炭素析出速度は大きく、炭素析出による可逆的な劣化の要因となっている。炭素析出は、流動接触分解プロセスでも知られているように、注意深く燃焼除去することで触媒を再生することが可能である。一方、実際には反応、再生の間に脱アルミニウムが進行し、酸点が減少し、不可逆的な劣化が観測される。ここまでは、急速熱分解で得られたバイオオイルを、触媒を用いてアップグレーディングする方法について述べてきた。

　これに対して、熱分解する反応場に触媒を共存させ、接触急速熱分解（Catalytic fast pyrolysis）により炭化水素を得る研究も行われている。一段で反応を進行させられるというメリットと同時に、化学的に不安定なバイオオイルという状態を瞬間的に通過させ、安定な炭化水素という形で生成物を得ることが可能になる。この接触急速熱分解においても、H－ZSM−5がほかのゼオライトと比較して有効であることが示されている[16)17)]。基質として、キシリトール、グルコース、セロビオース、セルロースなどが検討されており、キシリトールでは、約50%程度の芳香族化合物収率で、一方、グルコース、セロビオース、セルロースを基質とした場合には、約30%程度の収率であった。また、これらの基質いずれの場合においても、芳香族化合物中での生成物分布は類似しており、ナフタレン≫トルエン＞キシレン＞ベンゼン＞置換ベンゼン〜インダンとなった。結果として、H−ZSM−5は他のゼオライトなどと比較して芳香族収率が極めて高く、一方でコーク収率は相対的に低かった。とはいえ、コーク収率は30%程度であり、バイオマス中の1/3程度がコークとなっている点は問題点である。

## 3.3　炭素−酸素結合の水素化分解反応に関するもの

　酸素含有率の高いバイオマス関連基質の還元反応としてよく知られているものが炭素−酸素結合水素化分解反応である。典型的な反応としては、下式に示すようなグリセリンの水素化分解反応が知られている[18)]。

　グリセリンの水素化分解反応は、一見すると1段階で反応が進んでいるように見えるが、通常の触媒系では、脱水反応＋水素化反応ルートまたは、脱水素＋脱水＋水素化反応ルートのどちらかで進行する。特に、固体酸触媒を用いる系では、下記のようなグリセリンの脱水反応によって生成するアセトールを中間体として進行する。

　水素化触媒として活性炭担持貴金属触媒を用いて、酸触媒として固体酸触媒と組み合わせて、グリセリンの水素化分解反応について検討が行われている。水素化触媒としては、Ru/C触媒が優れており、固体酸触媒としては、Amberlyst 15が優れていることが報告されている。その中で、ベータ、H−ZSM−5、USYなどについてもRu/Cに対して添加することで1,2−プロパンジオールの収率がある程度向上することは見出されているが、その効果はセルロースの加水分解の際と同様に、Amberlyst 15ほどではなかった[19)]。グリセリンの水素化分解、セルロースの加水分解、いずれの場合も水中で行われる反応であり、水溶液中でどの程度固体酸性を示せるかが大きなポイントになっているのかもしれない。

　グリセリンの水素化分解用触媒の開発が進む中で、Rh−ReO$_x$やIr−ReO$_x$触媒が従来の水素化分解触媒と比較して、圧倒的に高活性・高選択的である

－ 283 －

ことが見出されてきた[20]。特に、Ir-ReO$_x$/SiO$_2$触媒は、2 nm程度の粒子径のIr金属微粒子表面上にReO$_x$の三次元的なクラスターが固定化された構造を持ち、Ir金属とRe酸化物クラスター界面が触媒活性点となっていることが示唆されている[20)21)]。図5にIr-ReO$_x$触媒上のグリセリンの1,3-プロパンジオールの水素化分解反応のスキームを示す。この触媒では、これまでと異なる、一段で水素化分解反応が進行する直接機構で進行していることが示唆されている。

この触媒の特徴として、-CH$_2$OH基に隣接するC-OH結合の水素化分解に高い活性を示すことがわかっている。一方で、C-C結合の水素化分解には極めて低い活性を示す。この性質を利用して、糖類、セルロースに存在する炭素-炭素結合を維持したまま、C-O結合を水素化分解し、アルカンを得ることが検討されてきた。具体的な反応スキームは図6に示す[22)]。

図7にIr-ReO$_x$触媒のみ、Ir-ReO$_x$触媒とH-ZSM-5を混合した触媒を用いたソルビトールの水素化分解反応の結果を示す。反応時間24時間後については、Ir-ReO$_x$触媒のみを用いた場合とIr-ReO$_x$+H-ZSM-5で生成物の収率分布に大きな差はない。ここで、othersとしてまとめて示している生成物は主としてOHを3つ以上含むポリオール類である。一方で、Ir-ReO$_x$触媒のみを用いた場合の75時間反応後の生成物については、3-ヘキサノールや2-ヘキサノールのような2級のモノアルコールが残留していた。これに対して、Ir-ReO$_x$+H-ZSM-5の場合には、モノアルコールのような反応中間物質はほとんど残留せず高い収率で$n$-ヘキサンが得られた。ここでのothersは、C5以下の炭化水素などを含んでいる。これらの結果の比較から、ポリオールの水素化分解には、Ir-ReO$_x$が活性を持つのに対して、2級のモノアルコールのアルカンへの変換にH-ZSM-5が重要な役割を果たしていることがわかる[22)]。

そこで、1-ペンタノール、2-ペンタノール、3-ペンタノールを基質として、Ir-ReO$_x$のみ、H-ZSM-5のみ、Ir-ReO$_x$+H-ZSM-5の比較を行った結果を示す(図8)。1-ペンタノールはH-ZSM-5では全く反応せず、Ir-ReO$_x$触媒上で進行し、生成物として$n$-ペンタンを与えた。一方で、2-ペンタノールおよび3-ペンタノールでは、Ir-ReO$_x$のみでは反応が進行せず、H-ZSM-5のみではアルケンが生成したことから、2-および3-ペンタノー

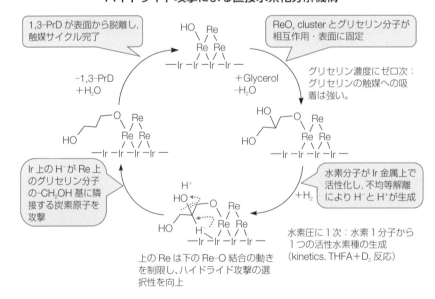

図5 Ir-ReO$_x$触媒上のグリセリンの1,3-プロパンジオールの水素化分解反応のスキーム

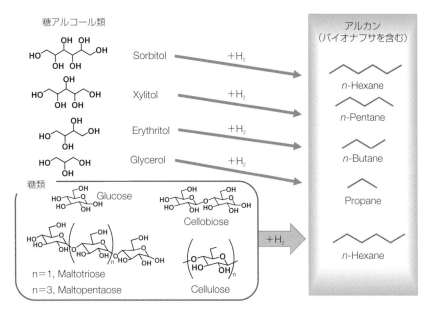

図6 糖アルコール，糖類などからのC−C結合を水素化分解することなくC−O結合のみを水素化分解することによるバイオナフサなどのアルカン合成

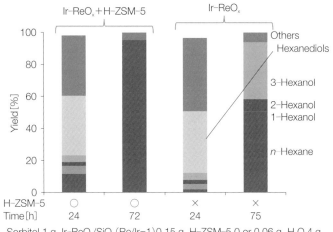

図7 Ir−ReO$_x$+H−ZSM−5およびIr−ReO$_x$を用いたソルビトールの水素化分解反応結果（口絵参照）

ルの脱水反応が進行したことがわかる。Ir−ReO$_x$+H−ZSM−5では，$n$−ペンタンが生成していることから，H−ZSM−5により生成したペンテンがIr−ReO$_x$により水素化されて$n$−ペンタンとなったことがわかる。これは，2−ペンタノールと3−ペンタノールの場合には，固体酸+金属の二元機能型触媒上での脱水+水素化反応ルートで水素化分解が進行している

ことを意味している[22]。

このような触媒系はセルロースから$n$−ヘキサンを得る反応系にも用いられており，そのスキームとして，図9が提案されている[23]。セルロースの加水分解は熱水により進行するが，H−ZSM−5があることで，多少促進効果がある。ここで生成したグルコースはIr−ReOxにより水素化され，ソルビトー

第3章 ゼオライト類

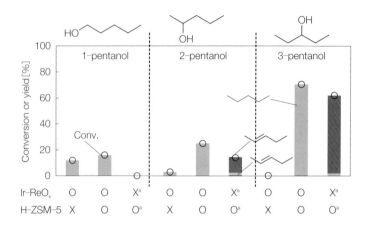

図8 ペンタノールの水素化分解反応：Ir−ReOₓのみ，H−ZSM−5のみ，Ir−ReOₓ＋H−ZSM−5の比較

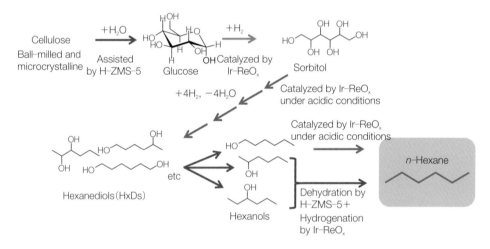

図9 Ir−ReOₓ＋H−ZSM−5を用いたセルロースからn−ヘキサンへの反応スキーム

ルが得られる。ソルビトールの水素化分解はIr-ReOₓ上の直接水素化分解機構で進行し，OHの数が次第に減少してきて，H−ZSM−5は特に2−ヘキサノールや3−ヘキサノールをn−ヘキサンに変換するステップで極めて重要な役割を果たしている。

■引用・参考文献■

1) P. A. Jacobs, M. Dusselier and B. F. Sels : *Angew. Chem. Int. Ed.*, **53**, 8621 (2014).
2) J. J. Bozell and G. R. Petersen : *Green Chem.*, **12**, 539 (2010).
3) P. A. Jacobs and H. Hinnekens : EPA 0329923 (1989).
4) J. Geboers, S. Van de Vyver, K. Carpentier, P. Jacobs and B. Sels : *Chem. Commun.*, **47**, 5590 (2011).
5) P. Lanzafame, D. M. Temi, S. Perathner, A. N. Spadaro and G. Centi : *Catal. Today*, **179**, 178 (2012).
6) M. Yabushita, H. Kobayashi, K. Hara and A. Fukuoka : *Catal. Sci. Technol.*, **4**, 2312 (2014).
7) M. Moliner, Y. Roman-Leshkov and M. E. Davis : *Proc. Natl. Acad. Sci.*, **107**, 6164 (2010).
8) E. Taarning, C. M. Osmundsen, X. Yang, B. Voss, S. I. Andersen and C. H. Christensen : *Energy Environ. Sci.*, **4**, 793 (2011).

9) E. Taarning, S. Shunmugavel, M. S. Holm, J. Xiong, R. M. West and C. H. Chrsitensen : *ChemSusChem*, **7**, 625(2009).

10) M. S. Holm and S. Saravanamurugan : *E. Taarning, Science*, **328**, 602(2010).

11) R. K. Sharma and N. N Bakhshi : *Energy Fuels*, **7**, 306 (1993).

12) J. D. Adjaye, S. P. R. Katikaneni and N. N. Bakhshi : *Fuel Process. Technol.*, **48**, 115(1996).

13) A. G. Gayubo, A. T. Aguayo. A. Atutxa and R. Prieto : *J. Bilbao, Energy Fuels*, **18**, 1640(2004).

14) A. G. Gayubo, A. T. Aguayo, A. Atutxa and R. Prieto : *J. Bilbao, Ind. Eng. Chem. Res.*, **43**, 2610(2004).

15) A. G. Gayubo, A. T. Aguayo, A. Atutxa, R. Prieto and J. Bilbao : *Ind. Eng. Chem. Res.*, **43**, 2619(2004).

16) T. R. Carlson, T. P. Vispute and G. W. Huber : *ChemSusChem*, **1**, 397(2008).

17) T. R. Carlson, G. A. Tompsett, W. C. Conner and G. W. Huber : *Top. Catal.*, **52**, 241(2009).

18) Y. Nakagawa and K. Tomishige : *Catal. Sci. Technol.*, **1**, 179 (2011).

19) Y. Kusunoki, T. Miyazawa, K. Kunimori and K. Tomishige : *Catal. Commun.*, **6**, 645(2005).

20) Y. Nakagawa, Y. Shinmi, S. Koso and K. Tomishige : *J. Catal.*, **272**, 191(2010).

21) Y. Amada, Y. Shinmi, S. Koso, T. Kubota, Y. Nakagawa and K. Tomishige : *Appl. Catal.* B : *Environ.*, **105**, 117(2011).

22) K. Chen, M. Tamura, Z. Yuan, Y. Nakagawa and K. Tomishige : *ChemSusChem*, **6**, 613(2013).

23) S. Liu, M. Tamura, Y. Nakagawa and K. Tomishige : *ACS Sustain. Chem. Eng.*, **2**, 1814(2014).

〈冨重　圭一〉

# 第3章 ゼオライト類

## 8節 メタン転換・C1化学におけるゼオライト

### 1 はじめに

近年のエネルギー消費の増大と石油化学製品の需要の増加に伴って，石炭・天然ガス・重質炭化水素・バイオマス等の石油以外の炭素資源を利用するプロセスの開発が重要課題となっている。これら炭素資源は水蒸気改質や部分酸化によって合成ガス（CO＋H$_2$）を得ることができ，そこからさまざまな石油化学原料を合成できる。一方でメタンを直接転換し，エチレンやベンゼン等の種々の化学原料を合成する試みも随所で進められており，選択的な合成のために触媒の果たす役割は重要なものとなっている。これらC1化学の体系を図1に示す。

さまざまな触媒反応の中で，特にゼオライトなどによる空間制御が重要となるものはメタノール・DME（ジメチルエーテル）を出発原料とするMTG（Methanol-To-Gasoline）・MTO（Methanol-To-Olefins）・DTO（DME-To-Olefins），合成ガスから燃料を得るFischer-Tropsch合成，メタンから直接ベンゼンを得るMTB（Methane-To-Benzene）であるので，本稿ではこれらを総括する。

### 2 MTG・MTO・DTO

MTG・MTOは，1970年代の2度の石油危機を契機に注目が集まり，多くの研究開発がなされた。代表的な触媒としては，Mobil社が開発したH-ZSM-5触媒やUnion Carbide社（現UOP）が開発したH-SAPO-34触媒が有名であり，今までに多くの総説で論じられてきた[1]-[5]。反応機構についてもこれらの総説で論じられており，ゼオライト等の固体触媒上で（：CH$_2$）$_n$のような中間体を経由して反応が進行していると言われている。オレフィンの生成機構としては，オキソニウムイリド機構・カルベン機構・カルボカチオン機構・フリーラジカル機構等が提唱されてきた。その後90年代にはDahlとKolboe[6][7]により，"hydrocarbon-pool"メカニズムが提唱され，さらに修正された"dual-cycle mechanism"[8]-[10]が現在の主流となっている。"hydrocarbon-pool"メカニズムは(CH$_2$)$_n$の吸着種が連続的に増炭してオレフィンが生成する。しかし"hydrocarbon-pool"メカニズムから予想される水素消費量と実験値が合わず，さらに詳細な活性点の

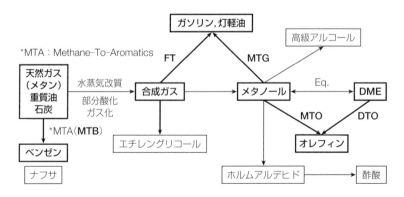

図1　C1化学の体系（太字は本稿で紹介）

構造は不明であった。そこで当時 Mole ら[11]によって提唱されていた,少量のトルエンや p-キシレンを添加することでオレフィン収率が向上する"aromatic co-catalysis"をもとに,メタノールにベンゼンやトルエンを反応させることでアレン由来の中間体が生成し,プロピレン生成に重要な役割を果たすことを見出した[12]。さらに H-SAPO-34 触媒の細孔内にてメチルベンゼンが安定にトラップさせることが重要であると報告している[13]。また Haw らは, H-ZSM-5 触媒においてはメチル化されたシクロペンテニルカチオンがオレフィン生成にとって重要な中間体であることを見出した[14)15]。メチルベンゼン類の中間体からオレフィンが生成する具体的なメカニズムとして 2 つの仮説が提唱されている。Sullivan ら[16]により提唱されている "paring model" と Mole ら[11]によって提唱され Haw ら[17]によって補強された "side chain methylation scheme" である(図 2)。

本モデルにおいて,生成したオレフィンが気相に放出される際に細孔のトポロジーによって拡散に差異が生じ生成物に分布ができることが示唆される[19]。例えば Svelle のグループは細孔トポロジーの異なる 4 つのゼオライトを用いて MTO 反応を行った[20]。比較的小さい細孔径(4 Å 程度)を有する H-SAPO-34 触媒においてはエチレンやプロピレンが主生成物であり,最も大きい分子でも直鎖状ペンテンである。一方で inter-section を持たない 10 員環一次元細孔を有する TON 型ゼオライトである H-ZSM-22 においては高いプロピレン/エチレン比を示すため,aromatics-based cycle を介さないメカニズムで進行する。比較的大きな三次元細孔を有する H-ZSM-5 や H-Beta では生成物にメチルベンゼン類が含まれており,aromatics-based cycle とプロピレン類中間体が同時に反応する "dual-cycle mechanism"(図 3)で進行していることが示唆される。また Song ら[21]プロピレン/エチレン比に関しては,プロピレンは 4〜6 個の methyl groups がメチルベンゼンにトラップされることによって生じやすく,エチレンは 2〜3 個の methyl groups がトラップされることによって生じやすいと述べている。

その他のトポロジーを有するゼオライトも古くから研究が進められており,各々の生成物分布等は Stöcker[3]によってよくまとめられている。その他のゼオライトについても概ね大きな細孔径を有する(Y 型等)ゼオライトでは $C_5$〜$C_{11}$ 炭化水素が生成するのに対し,小さな細孔径を有するゼオライト(CHA 型や ERI 型等)では $C_2$〜$C_4$ 炭化水素の選択性が高くなる。一方でトポロジーとともにゼオライトの重要な性質である酸点と軽質オレフィン選択性についても相関があり,SAPO-34 のようにマイル

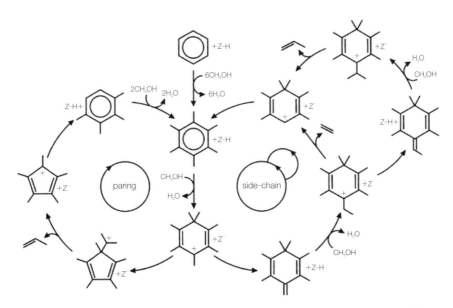

図 2　MTO 反応における "paring model" と "side chain methylation scheme"[18]

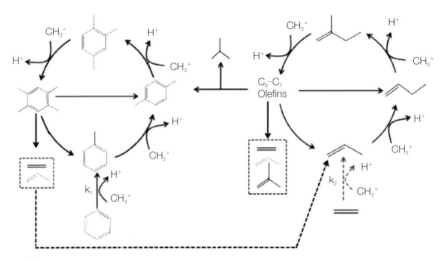

図3　H-ZSM-5触媒における"dual-cycle mechanism"[22]

ドな酸点を有する場合や脱Al抑制，カチオン交換等により酸点の制御を行うことにより軽質オレフィン選択性を高めることが可能[23)24)]であり，トポロジーと酸点を両方制御することにより自在に生成物分布を決めることが可能になるだろう．以下，最近のMTOにおける触媒の空間制御を紹介する．

H.-K. Minら[25)]は，二次元シヌソイド状10員環（4.1×5.1 Å）細孔と大きな円筒状のsupercage（直径7.1 Å，高さ18.2 Å）を有するMWW型ゼオライトであるH-MCM-22と，H-MCM-22から層を剥離させsupercageを含まないゼオライトであるH-ITQ-2[26)]を用いMTO反応を行った．その結果，supercageよりもシヌソイド状チャネルでの反応が支配的であり，メチル化とクラッキングによってプロピレンが選択的に得られると述べている．

Teketelら[27)]は，aromatics-based cycleがほとんど進行せず低エチレン・高$C_{5+}$収率を示すことが知られているZSM-22のトポロジーに注目し[20)]，さらなる触媒の安定性・高$C_{5+}$収率を得るために同じ10員環細孔を有するMTT型ゼオライトであるZSM-23，*MRE型ゼオライトであるZSM-48，比較的大きなside-pocketを有するEUO型ゼオライトであるEU-1においてMTO反応を行った．その結果，生成物に芳香族を含まず高い$C_{5+}$収率を示したのはZSM-22とZSM-23であり，ZSM-22の方が比較的重い炭化水素が得られた．これはZSM-22の方が大きな細孔径を持つためと考えられるが，その場合より大きな細孔径を有するZSM-48においてC$_{5+}$収率が上がるはずである．そこでこれらの触媒を反応後にフッ酸で溶解しGC/MSイオンクロマトグラムで残留物を分析したところ，ZSM-48とEU-1においては分子量の大きな芳香族が検出されなかったことから，芳香族中間体が気相に放出される場合は$C_{5+}$収率が低下すると述べている．

Jangら[28)]は，MFI型ゼオライト（Si/Al=25）に水溶液による含浸法によってLaやCeを担持し，外表面や細孔内の酸点の分布を変化させたりRedox能を付加することによってオレフィン生成に違いが生じるかを検討した結果，Ceを担持させた際には外表面に酸化物が凝集しRedox能や酸点の減少は起こらずオレフィン生成に違いはあまり現れなかった．一方でLaを担持させた際には外表面とミクロ孔に分散しブレンステッド酸点が減少し，芳香族成分が減少することを見出した．

Liら[29)]は8員環細孔を有する3つのSAPO（SAPO-35（LEV, 6.3×7.3 Å），SAPO-34（CHA, 6.7×10 Å），DNL-6（α, 11.4×11.4 Å））を用いて細孔径とオレフィン選択率の相関について検討したところ，オレフィン選択性は細孔径の小さい方から順にエチレン，プロピレン，ブテンが最も多く生成した．これは"side chain methylation scheme"における中間体のカルベニウムカチオンが嵩高くなるほど大きな空間を必要とするため，小さい細孔ではエチレンの選択率が高くなると述べている．さらにDFT-

D2 法[30][31]を用いて，中間体であるテトラメチルベンゼン (TMB)，ペンタメチルベンゼン (PMB)，ヘキサメチルベンゼン (HMB) の細孔内における自由エネルギー障壁を求め，実験結果とよく一致することを報告している。

DME を転換してオレフィンを合成しようという動きも 2000 年代から報告されている[32]。DME はそれ自体が高セタン価を有し，C–C 結合を持たないことから煤煙がほとんど発生せず優れたディーゼル燃料となり得るが，メタノールと同様のメカニズムで DTO によってオレフィンに転換することでさまざまな石油化学原料を合成可能である。水素キャリアとしての機能も有するため，C1 化学の代表的な出発物質となり，最近では総説も出ている[33]。

Zhu ら[34]は，大細孔 (7.6×6.4 Å) を有する H–Beta とイオン交換により調製した Pd–Beta を用いて DTO を行ったが，Si/Al＝200 のときに $C_6$ 以上のオレフィンがほとんど生成せず $C_3$ 〜 $C_5$ オレフィンが選択的に得られることを報告している。大細孔を有するにもかかわらず高選択率を示す理由については，細孔内に [001] 方向に垂直なチャネル (7.6×6.4 Å) と平行なチャネル (5.5×5.5 Å) が存在しており，小さい方のチャネルにおいてオレフィンが生成すると説明している。

椿ら[35]は，MTO に用いられる H–ZSM–5 は酸点とトポロジーの観点から比較的重いオレフィンが生成することを指摘し，ジルコニアとリン酸を担持した $H_3PO_4/12.5％ZrO_2/H–ZSM–5$ を用いて DTO を行ったところ，担体の H–ZSM–5 の細孔が 5.5 Å から 5.3 Å に縮み，酸点の密度が増大し Zr–OH や P–OH の弱い酸点が形成されることで高いプロピレン収率が得られると報告している。

## 3 Fischer–Tropsch 合成 (FTS)

FTS[36]は触媒表面で吸着 CO の水素化によって形成された CHx 種が重合し，さまざまな鎖長の炭化水素を得るプロセス[37][38]であり，これまで多くの総説が出されている[39]-[47]。反応メカニズムは，まずメチル基が付加した表面アルキル基が $\beta$–脱離によって直鎖 $\alpha$–オレフィンを形成するか，水素付加されて $n$–パラフィンを形成する。ここで $\alpha$–オレフィンが再び表面アルキル基として CH 種が付加し，よ

り大きな炭化水素を形成する機構が提唱されている[48][49]。この時得られる FTS 生成物はさらに二次反応（水素化，水素化分解，ヒドロホルミル化）によってパラフィンや含酸素化合物へと転換できる。活性金属は Fe，Co，Ni，Ru が多く報告されているが，Ni は副生成物として $CH_4$ が大量に発生し，Ru は高価な貴金属であるため，実用上は Fe，Co が選択されており Shell（SMDS プロセス，マレーシアの Bintulu やカタールの Pearl）や SASOL（SSPD プロセス，カタールの Oryx）等がいくつか実プラントを稼働させている。FTS には主生成物によって大きく分けて 2 つのプロセスがある。1 つは Fe 触媒をベースとした高温プロセス（HTFT，573 〜 623 K）であり，主生成物はガソリンや低分子の直鎖オレフィンであり，二次反応によって含酸素化合物も生成する。もう一方は Fe，Co 触媒をベースとした低温プロセス（LTFT，473 〜 513 K）であり，分子量の大きな直鎖のワックスが主成分である。近年では Co 触媒をベースとした LTFT が主流となっている[46]。

FTS は重合反応であるため，Anderson–Schulz–Flory (ASF) 則 (1) に従う生成物分布を示す。

$$W_n = n\alpha^{n-1}(1-\alpha)^2 \tag{1}$$

ここで $W_n$ は炭素数 $n$ の炭化水素の重量分率，$\alpha$ は連鎖成長確率を表す。これまでに報告されている多くの触媒はこの ASF 則に従い，特定の炭化水素を選択的に合成することはできない。そこでゼオライト等ナノ空間制御によって非 ASF 則を実現する触媒の開発が期待される[50][51]。

Bessell らは，FTS において非 ASF 則を実現するために 10 wt％ Co を含浸担持した多孔質アルミナやシリカ，Kieselguhr（ダイアトマイト，珪藻土）とゼオライトである Y，Mordenite，ZSM–5 を用いて比較を行った[50]。その結果，酸点や細孔を持たないシリカや Kieselguhr では FTS 生成物の二次反応が起こらずガソリン成分（高オクタン価を示す炭化水素）があまり得られなかったのに対して，酸点を多く有する 3 つのゼオライトではガソリン成分が主成分となり，特に ZSM–5 が最も選択率が高かった。一方で比較的酸点が多い多孔質アルミナにおいてはあまりガソリン成分が得られなかったことから，FT 成分の酸点へのアクセシビリティが重要である

第3章　ゼオライト類

と述べている。

　一方で結晶サイズを変えた ZSM-5 を担体に用いた[52]ところ，結晶サイズが小さいほど二次反応は促進されたため，細孔に近いところにある外表面の酸点で二次反応が起こると述べている。そこで同様の酸強度を有するハイシリカペンタシルゼオライトであり，異なる細孔構造を有する ZSM-5（10員環，5.3×5.6Å，5.1×5.5Å，MFI），ZSM-11（10員環，5.3×5.4Å，MEL），ZSM-12（12員環，5.7×6.1Å，MTW），ZSM-34（3.6×4.9Å と 3.6×5.1Å の8員環チャネルと 6.7Å の12員環チャネルが混在，OFF/ERI連晶）において比較した結果[53]，細孔径と CO 転化率に相関があり，最も大きい細孔を有する ZSM-12において最も高い CO 転化率が得られた。また $CH_4 \cdot C_{2+}$ 選択率は変わらないことから Co の電子状態は全て同じであると考えられ，最初の FTS は表面の Co 上で同様に起こると予想している。一方で二次反応により得られる生成物に違いが生じるため，細孔内の酸点へのアクセシビリティが重要であることを示した。さらに細孔内に複雑なチャネルがあることで，長鎖の $n$-パラフィンが得られることも言及している。

　Martínez ら[54]は，20 wt% $Co/SiO_2$ と4つのトポロジーの異なるゼオライト（USY, Beta, Mordenite, ZSM-5）を物理混合したハイブリッド触媒を調製し，FTS 生成物の二次反応を比較した。また USY については Si/Al 比（2.6 と 15.0）を変えて酸性度の異なるサンプルを調製し比較したところ，細孔径が最も大きい USY においては芳香族（アルキルナフタレン，アルキルフェナントレン）の生成が細孔内にて見られたと報告している。一方細孔径が小さい ZSM-5 では長鎖の $n$-パラフィンが生成しており，$Co/SiO_2$ 上で生成した軽質 FT オレフィンがゼオライトの酸点で二次反応を起こす際にトポロジーが関係することを示した。一方で酸性度の異なる USY では生成物に違いが見られないことから，酸点へのアクセシビリティが生成物分布に関係すると述べている。

　Kang ら[55]は，Si/Al 比の異なる3つの ZSM-5（Si/Al＝25，50，140）に Fe-Cu-K[56]を共含浸し，酸点と細孔径の違いと生成物分布を比較したが，酸強度が同じ（Si/Al＝25，50）でも生成物に違いが見られ，弱い酸点の分布が Fe 活性点の再構築に重要であると述べている。また細孔径が大きいほど Fe が細孔内に広く分散し，FTS 条件で還元され微粒子化することで高い CO 転化率とオレフィン選択率を示すと述べている。

　Sartipi らは，オクタン価の高いガソリン成分を得るには Co 上でできた FTS 生成物が水素化する前にクラッキングや異性化することが必要であり，そのためには Co 活性点とゼオライト酸点が近くに存在することが重要であると述べた[57]上で，H-ZSM-5 に $NaOH_{aq}$ と $HNO_{3aq}$ で十分に脱金属しメソ孔を導入した階層型メソポーラス H-ZSM-5 に 8～10 wt%の Co を担持したハイブリッド触媒を用いてFTS と $n$-ヘキサンをモデルとした酸触媒反応を行った[58]。その結果，$Co/SiO_2$ と比較して $C_{11+}$ が抑制されたガソリン成分が得られたと報告している。これは炭素を含有する前駆体によるゼオライト酸点の部分的な分解によって iso/$n$-パラフィン比が減少し，ガソリン成分の選択率が減少したことから，FTS の反応中に酸点の分解が起こり iso-パラフィンの選択率が減少すると述べている。またメソ孔を導入することで Co とゼオライトの相互作用が強まり，水素化分解が促進されることを見出した。

　Peng らは，従来は Co の還元を抑制し FTS の触媒毒となっている[59]Na を Y 型ゼオライトに加えることでアニオニックなフレーム[60]を有する Na-Y とメソ孔を導入した Na-meso-Y を用いて FTS を行った[61]ところ，$Co/Na$-meso-Y において 10～25 nm の Co とメソ孔によって水素化分解を制御して $C_{10}$～$C_{20}$ のディーゼル燃料成分を選択的（60％程度）に得ることに成功した。また椿のグループも同時期に階層型メソポーラス Y に Co を担持した触媒において，メソ孔の量を変化させて Co の分散性や酸点分布，FTS 生成物の拡散について検討している[62]。結果，メソ孔が多くなるほど CO 転化率と $C_{5+}$ 選択率が向上し iso-パラフィンが選択的（52％程度）に得られると報告している。

　また $Co/SiO_2$ と ZSM-5 のハイブリッド触媒として，最近椿・西山らによって「カプセル触媒」（コアシェル触媒）が新たに提案されている[63][64]。カプセル触媒においては，合成ガスがゼオライト膜を通って $Co/SiO_2$ に到達し，コアで生成した炭化水素は全てゼオライト細孔で水素化分解や異性化を受けるため未反応成分を抑制できる。$Co/SiO_2$ と ZSM-5 を

－ 292 －

8節　メタン転換・C1化学におけるゼオライト

物理混合した触媒とZSM-5膜の厚さを変えた「カプセル触媒」のFTSにおける比較を行った[65]結果，物理混合と比較してiso-パラフィン選択性が向上し，$C_{11+}$生成物が抑制されることを報告している。これは2つの反応場での連続的な反応と空間・形状選択性がうまく機能しているからであると述べている。シェル層としてH-Betaを用いた「コアシェル触媒」も検討[63]しており，ZSM-5と同様に選択的にiso-パラフィンが得られ，$C_{15+}$生成物も抑制されることを報告している。またZSM-5シェル層と比べて$CH_4$選択率を抑制していることからシェル層によって生成物のコントロールが可能である。

## 4 MTB

　メタンは天然ガスの主成分であり，大量に存在する化石資源である。しかしながら，その安定性やC-Hの大きな結合エネルギーゆえに反応性に乏しい。それゆえに，メタンの工業的利用は高温が求められる傾向にあり，エネルギー多消費型のプロセスとなることが考えられる。現状，メタンの利用は燃料あるいは水蒸気改質や部分酸化により生成した合成ガスを介した間接的なものに留まっている。そこで，メタンを直接的に有用な化学物質へ転換するプロセスの開発が行われている。

　MTBはメタンから一段でベンゼンを生成する反応であり，反応式は以下のようになる。

$$6CH_4(g) \rightarrow C_6H_6(g) + 9H_2(g)$$

$$\Delta_r H^\circ (298\ K) = 532\ kJ\ mol^{-1}$$

$$\Delta_r G^\circ (298\ K) = 434\ kJ\ mol^{-1}$$

この反応は大きな吸熱反応であることから高温が必要であり，熱力学的にも不利であることがわかる。Bijaniらが行った熱力学的解析[66]では1000 Kにおいてメタン転化率が約15%となっており，比較的高温でもメタン転化率は低い水準である。そのため，ベンゼン収率を向上させるためには高い選択性を示す触媒が必要となる。

　MTBの概要についてはいくつかの文献でまとめられている[67]-[69]。MTBに用いられる触媒はWangらによってMo/HZSM-5が高活性かつ高選択性を示す[70]ことが報告されて以来，この触媒について多

くの検討がなされてきた。ベンゼン選択性が高いことはZSM-5がベンゼンの大きさに近い細孔径を有しているためと考えられており，MCM-22でも高選択性であることが知られている[71]。反応機構としてはMo上でのメタンの活性化が起こり，エチレンを経由した後にブレンステッド酸によりオリゴマー化し，環化するというものが広く知られているが[72][73]，中間体はアセチレンであり，ブレンステッド酸の存在はさほど重要でないという報告もある[74][75]。Moの状態についてはIglesiaのグループによって多くの検討がなされている[76]-[79]。Mo/HZSM-5は反応初期に誘導期が確認でき，細孔内の$MoO_x$が$MoC_{xy}$へと変化し$CH_4$を活性化すると考えられている[80]-[82]。また，ZSM-5外表面に存在するMoは$Mo_2C$や$Al_2(MoO_4)_3$を形成し活性が低下することが報告されている[76]。Zhengらは，$^{95}Mo$ MAS NMRの結果からイオン交換されたMo量が芳香族炭化水素の生成速度と相関関係があり，活性点はイオン交換された細孔内のMo種であることを報告している[83]。一方で，$^{13}C$ MAS NMRからメトキシ基の存在[84]や，細孔内のMoは部分的に還元されており$MoO_x$，$MoO_xC_y$である[85][86]といった指摘もされている。最近では計算化学的手法を用いてカーバイド種の構造決定もされている[87]。

　Mo/HZSM-5の問題は活性が低いこと，炭素析出によって活性劣化が起きることである。析出した炭素にはMo由来とブレンステッド酸由来の2種類が存在し，細孔内のブレンステッド酸から生じる炭素が活性の劣化の要因と考えられている[88]-[90]。これらの問題に対しては第2金属の添加やゼオライトの修飾，共反応物の導入が行われている。第2金属についてはFe，Co，Ga，Ag，Ptなどが触媒性能の向上につながることが報告されている[91]-[95]。ゼオライトの修飾としてはシラネーションによる過剰なブレンステッド酸の除去[96][97]やメソ孔の導入[98]-[100]などが行われている。共反応物の導入ではCO，$CO_2$，$H_2$，$H_2O$，および$O_2$などが用いられている[101]-[105]。また，$C_2 \sim C_4$オレフィンやプロパン，$n$-ヘキサンをメタンとともに供給することにより反応温度の低温化と転化率の向上を達成できることがChoudharyらによって報告されている[106]。これはパラフィンとオレフィンの間で水素移行反応が起こり，標準反応ギブズエネルギー変化が大きく減少す

－ 293 －

第3章　ゼオライト類

るためとされている。この報告以降，炭化水素を共反応物に用いた反応温度の低温化についていくつかの報告がされている[107)108)]。Luzgin らは $^{13}CH_4$ を用いたメタンとプロパンの芳香族転換において $^{13}C$ MAS NMR と GC-MS から解析を行った結果，メタンはプロパン由来の芳香環にアルキル化することで反応に関与することを報告している[109)-112)]。

ゼオライト以外の触媒では GaN が MTB に有効であることが報告されている[113)]。GaN は反応温度が 723 K で平衡転化率 0.56％ に到達し，ベンゼン選択率 89.8％ を達成している。また，1 原子の Fe をシリカにドープした触媒を用いることで，1223 K においても炭素析出なしにメタンをエチレン，ベンゼン，ナフタレンに転換できることが報告されている[114)115)]。

## 5　おわりに

本稿ではゼオライトやメソポーラス材料を中心に，最近注目されているコアシェル触媒などのハイブリッド触媒も含めて用いた C1 化学について俯瞰した。MTG・MTO・DTO では，細孔トポロジーによって "dual-cycle mechanism" における中間体の空間制御によってオレフィンの生成物分布のカスタマイズが可能になる。さまざまな "ナノ空間材料" において本反応は行われているが，いまだ ZSM-5 や SAPO-34 以外の触媒では実験室スケールに留まっているため，商業化するためのより大きなスケールの検討と系統化が必要になる。FTS では，活性金属である Fe や Co において初期の FTS 生成物ができた後に，酸点で連続的に水素化分解・クラッキングする際に細孔トポロジーやナノコンポジットによって非 ASF 分布のガソリン成分・ワックス成分を選択的に得られる可能性がある。一方で生成物選択性はいまだ改善の余地が大きいにあり，また空間制御にフォーカスした系統的理解もいまだ不十分であるため，より精密に制御されたトポロジーを有する触媒の開発が求められる。MTB では，現時点では比較的高温においてもメタン転化率が低いためベンゼン収率は商業化できるレベルに達していない。現状では，液化しやすいプロパンとブタンを用いる CYCLAR プロセスが UOP によって稼働している程度である[116)]。プロセスの低温化によるエネルギー効率の改善やメタン転化率の向上が必須である。そのためにも，継続的な触媒の改良と天然ガス組成に近い条件での研究開発が必要である。

現状では，C1 化学において今回紹介した反応以外では "ナノ空間材料" を用いた触媒プロセスはほとんど検討されていない。例えばメタンから一段でメタノールや DME，酢酸，低級オレフィン（プロピレン，ブタジエン）を直接製造するプロセスにも大きな可能性があり，さらなる研究開発が期待される。

## ■引用・参考文献■

1) C. D. Chang : *Catal. Rev. -Sci. Eng.*, **26**, 323 (1984).
2) C. D. Chang et al. : *Stud. Surf. Sci. Catal.*, **61**, 393 (1991).
3) M. Stöcker : *Microporous Mesoporous Mater.*, **29**, 3 (1999).
4) F. J. Keil : *Microporous Mesoporous Mater.*, **29**, 49 (1999).
5) U. Olsbye et al. : *Angew. Chem. Int. Ed.*, **51**, 5810 (2012).
6) I. M. Dahl et al. : *Catal. Lett.*, **20**, 329 (1993).
7) I. M. Dahl et al. : *J. Catal.*, **149**, 458 (1994).
8) S. Svelle et al. : *J. Am. Chem. Soc.*, **128**, 14770 (2006).
9) M. Bjørgen et al. : *J. Catal.*, **248**, 195 (2007).
10) M. Bjørgen et al. : *Stud. Surf. Sci. Catal.*, **167**, 463 (2007).
11) T. Mole et al. : *J. Catal.*, **84**, 435 (1983).
12) Ø. Mikkelsen et al. : *Microporous Mesoporous Mater.*, **40**, 95 (2000).
13) B. Arsted et al. : *J. Am. Chem. Soc.*, **123**, 8137 (2001).
14) J. F. Haw et al. : *J. Am. Chem. Soc.*, **122**, 4763 (2000).
15) J. F. Haw : *Phys. Chem. Chem. Phys.*, **4**, 5431 (2002).
16) R. F. Sullivan et al. : *J. Am. Chem. Soc.*, **83**, 1156 (1961).
17) A. Sassi et al. : *J. Phys. Chem. B*, **106**, 2294 (2002).
18) D. Lesthaeghe et al. : *Chem. Eur. J.*, **15**, 10803 (2009).
19) M. Bjørgen et al. : *J. Catal.*, **221**, 1 (2004).
20) S. Teketel et al. : *Microporous Mesoporous Mater.*, **136**, 33 (2010).
21) W. Song et al. : *J. Am. Chem. Soc.*, **123**, 4749 (2001).
22) X. Sun et al. : *J. Catal.*, **317**, 185 (2014)
23) A. M. Al-Jarallah et al. : *Appl. Catal. A : Gen.*, **154**, 117 (1997).
24) G. F. Froment et al. : *A review of the literature, Catalysis*, **9**, 1 (1992).
25) H.-K. Min et al. : *J. Catal.*, **271**, 186 (2010).
26) A. Corma et al. : *Nature*, **396**, 353 (1998).
27) S. Teketel et al. : *ACS Catal.*, **2**, 26 (2012).
28) H.-G. Jang et al. : *Appl. Catal. A : Gen.*, **476**, 175 (2014).
29) J. Li et al. : *ACS Catal.*, **5**, 661 (2015).

8節　メタン転換・C1化学におけるゼオライト

30) S. Grimme : *J. Comput. Chem.*, **27**, 1787 (2006).

31) J. P. Perdew et al. : *Phys. Rev. Lett.*, **77**, 3865 (1996).

32) W. Song et al. : *J. Am. Chem. Soc.*, **124**, 3844 (2002).

33) J. Sun et al. : *ACS Catal.*, **4**, 3346 (2014).

34) W. Zhu et al. : *Catal. Lett.*, **120**, 95 (2008).

35) T.-S. Zhao et al. : *Catal. Commun.*, **7**, 647 (2006).

36) F. Fischer and H. Tropsch : *Brennst. Chem.*, **18**, 274 (1923).

37) P. Bilolen et al. : *J. Catal.*, **58**, 58 (1979).

38) R. C. Brady et al. : *J. Am. Chem. Soc.*, **103**, 1287 (1981).

39) H. Koelbel et al. : *Catal. Rev. Sci. Eng.*, **21**, 225 (1980).

40) M. E. Dry et al. : *Catal. Rev. Sci. Eng.*, **23**, 265 (1981).

41) E. Iglesia : *Appl. Catal. A : Gen.*, **161**, 59 (1997).

42) A. K. Dalai and B. H. Davis : *Appl. Catal. A : Gen.*, **348**, 1 (2008).

43) O. O. James et al. : *Fuel Proc. Technol.*, **91**, 136 (2010).

44) J. R. Rostrup-Nielsen : *Catal. Rev. Sci. Eng.*, **46** : 3-4, 247 (2011).

45) H. M. T. Galvis and K. P. de Jong : *ACS Catal.*, **3**, 2130 (2013).

46) E. Jin et al. : *Appl. Catal. A : Gen.*, **476**, 158 (2014).

47) J. Yang et al. : *Appl. Catal. A : Gen.*, **470**, 250 (2014).

48) E. Iglesia et al. : *J. Catal.*, **129**, 238 (1991).

49) R. J. Madon et al. : *J. Phys. Chem.*, **95**, 7795 (1991).

50) S. Bessell : *Appl. Catal. A : Gen.*, **96**, p253 (1993).

51) V. U. S. Rao and R. J. Gormley : *Catal. Today*, **6**, 207 (1990).

52) S. Bessel : *Stud. Surf. Sci. Catal.*, **64**, 158 (1994).

53) S. Bessel : *Appl. Catal. A : Gen.*, **126**, 235 (1995).

54) A. Martínez et al. : *J. Catal.*, **249**, 162 (2007).

55) S.-H. Kang et al. : *Fuel Proc. Technol.*, **91**, 399 (2010).

56) N. Lohitharn et al. : *J. Catal.*, **255**, 104 (2008).

57) S. Sartipi et al. : *Appl. Catal. A : Gen.*, **456**, 11 (2013).

58) S. Sartipi et al. : *J. Catal.*, **305**, 179 (2013).

59) A. H. Lillebø et al. : *Catal. Today*, **215**, 60 (2013).

60) S. Buttefey et al. : *J. Phys. Chem. B*, **105**, 9569 (2001).

61) X. Peng et al. : *Angew. Chem. Int. Ed.*, **54**, 4553 (2015).

62) C. Xing et al. : *Fuel*, **148**, 48 (2015).

63) J. Bao et al. : *Angew. Chem. Int. Ed.*, **47**, 353 (2008).

64) J. He et al. : *Langmuir*, **21**, 1699 (2005).

65) J. He et al. : *Chem. Eur. J.*, **12**, 8296 (2006).

66) P. M. Bijani et al. : *Chem. Eng. Technol.*, **35** (10), 1825 (2012).

67) Y. Xu et al. : *J. Catal.*, **216**, 386 (2003).

68) Z. R. Ismagilov et al. : *Energy Environ. Sci.*, **1**, 526 (2008).

69) J. J. Spivey and G. Hutchings : *Chem. Soc. Rev.*, **43**, 792 (2014).

70) L. Wang et al. : *Catal. Lett.*, **21**, 35 (1993).

71) Y. Shu et al. : *Catal. Lett.*, **70**, 67 (2000).

72) S. Liu et al. : *J. Catal.*, **181**, 175 (1999).

73) K. S. Wong et al. : *Microporous Mesoporous Mater.*, **164**, 302 (2012).

74) P. Mériaudeau et al. : *Catal. Lett.*, **64**, 49 (2000).

75) V. T. T. Ha et al. : *J. Mol. Catal. A : Chem.*, **181**, 283 (2002).

76) Y. Kim et al. : *Microporous Mesoporous Mater.*, **35-36**, 495 (2000).

77) W. Li et al. : *J. Catal.*, **191**, 373 (2000).

78) W. Ding et al. : *J. Phys. Chem. B*, **105**, 506 (2001).

79) H. S. Lacheen and E. Iglesia : *J. Catal.*, **230**, 173 (2005).

80) D. Wang et al. : *J. Catal.*, **169**, 347 (1997).

81) D. Ma et al. : *J. Catal.*, **194**, 105 (2000).

82) H. Liu et al. : *Appl. Catal. A : Gen.*, **295**, 79 (2005).

83) H. Zheng et al. : *J. Am. Chem. Soc.*, **130**, 3722 (2008).

84) A. A. Gabrienko et al. : *J. Phys. Chem. C*, **117**, 7690 (2013).

85) D. Ma et al. : *J. Catal.*, **189**, 314 (2000).

86) H. Liu et al. : *J. Catal.*, **239**, 441 (2006).

87) J. Gao et al. : *J. Phys. Chem. C*, **118**, 4670 (2014).

88) D. Ma et al. : *J. Catal.*, **208**, 260 (2002).

89) H. Liu et al. : *Appl. Catal. A : Gen.*, **236**, 263 (2002).

90) Y. Song et al. : *Appl. Catal. A : Gen.*, **482**, 387 (2014).

91) B. Liu et al. : *Appl. Catal. A : Gen.*, **214**, 95 (2001).

92) M. W. Ngobeni et al. : *J. Mol. Catal. A : Chem.*, **305**, 40 (2009).

93) Y. Xu et al. : *Appl. Catal. A : Gen.*, **409-410**, 181 (2011).

94) T. E. Tshabalala et al. : *Appl. Catal. A : Gen.*, **485**, 238 (2014).

95) V. Abdelsayed et al. : *Fuel*, **139**, 401 (2015).

96) Y. Xu et al. : *Catal. Today*, **185**, 41 (2012).

97) W. Ding et al. : *J. Catal.*, **206**, 14 (2002).

98) H. Liu et al. : *Catal. Today*, **93-95**, 65 (2004).

99) L. Su et al. : *Catal. Lett.*, **91**, 155 (2003).

100) A. Martínez et al. : *Catal. Today*, **169**, 75 (2011).

101) C. H. L. Tempelman et al. : *Microporous Mesoporous Mater.*, **203**, 259 (2015).

102) Z. Liu et al. : *Catal. Lett.*, **81** (3-4), 271 (2002).

103) S. Liu et al. : *J. Catal.*, **220**, 57 (2003).

104) P. L. Tan et al. : *Appl. Catal. A : Gen.*, **253**, 305 (2003).

105) M. C. J. Bradford et al. : *Appl. Catal. A : Gen.*, **266**, 55 (2004).

106) H. Ma et al. : *Catal. Lett.*, **104** (1-2), 63 (2005).

107) V. R. Choudhary et al. : *Science*, **275**, 1286 (1997).

108) O. A. Anunziata et al. : *Catal. Commun.*, **5**, 401 (2004).

109) M. V. Luzgin et al. : *Angew. Chem. Int. Ed.*, **47**, 4559 (2008).

110) M. V. Luzgin et al. : *Catal. Today*, **144**, 265 (2009).

111) M. V. Luzgin et al. : *J. Phys. Chem. C*, **114**, 21555 (2010).

112) M. V. Luzgin et al. : *J. Phys. Chem. C*, **117**, 22867 (2013).

113) L. Li et al. : *Angew. Chem. Int. Ed.*, **53**, 14106 (2014).

114) X. Guo et al. : *Science*, **344**, 616 (2014).

115) M. Ruitenbeek and B. M. Weckhuysen : *Angew. Chem. Int. Ed.*, **53**, 11137 (2014).

116) G. Giannetto et al. : *Catal. Rev. Sci. Eng.*, **182**, 92 (1994).

〈矢部　智宏，斎藤　晃，小河　脩平，関根　泰〉

# 9節 ゼオライト鋳型炭素の合成，特徴，応用

## 1 はじめに

ゼオライトや多孔性有機金属構造体（PCP or MOF）の多くは結晶性のミクロポーラス材料であり，その細孔構造をÅオーダーで厳密に規定でき，また分子制御技術による細孔修飾および機能化との相性も良い。一方で活性炭に代表される多くのミクロポーラスカーボン材料は，低結晶性もしくはアモルファスの骨格から成る極めて乱雑な構造体であり，細孔構造を緻密に制御することは困難である。しかしながら，炭素材料には疎水性，化学的安定性，導電性など，炭素以外のミクロポーラス材料では実現困難な特性があるため，疎水性の吸着剤や電極材料として利用されている。本稿で紹介する「ゼオライト鋳型炭素」は，まさにこの両者の利点を併せ持つスーパー多孔質炭素である。

### 1.1 鋳型炭素化法

ゼオライト鋳型炭素（Zeolite-Templated Carbon：ZTC）はその名が示す通り，ゼオライトを犠牲的鋳型とする「鋳型炭素化法」によって合成される。図1にこの鋳型炭素化法の基本的スキームを示す。原理は単純であり，一次元の鋳型からは一次元のカーボン（ナノチューブやナノロッド），二次元の鋳型からは二次元のカーボン（グラフェンや多層グラフェン），三次元の鋳型からは三次元のカーボン（多孔質炭素）が得られる。鋳型の空間が数十nm以上と大きい場合は比較的簡単に合成することができるが，空間サイズが小さくなるに従い合成の難易度は高くなる。本稿で紹介するZTCは図1の下段，三次元の鋳型であるゼオライトを利用するものであるが，その空間サイズはわずか1nm程度と極めて小さいため，鋳型炭素化法の中でも最も合成の難易度

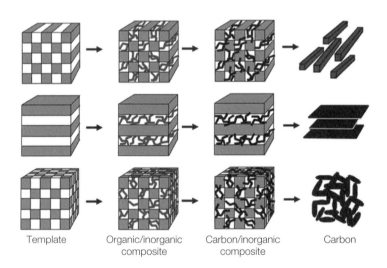

図1 鋳型炭素化法のスキーム[1]
（上段）一次元空間を持つ鋳型からの一次元カーボンの合成，（中段）二次元空間を持つ鋳型からの二次元カーボンの合成，（下段）三次元空間を持つ鋳型からの三次元カーボンの合成。
日本化学会より許可を得て転載（Copyright 2006 The Chemical Society of Japan）。

が高い部類に入る。

## 1.2 鋳型炭素化法の歴史

　鋳型炭素化法を用いて合成される材料，いわゆる「鋳型炭素（templated carbons）」に関する研究報告は非常に多いが，その中でも特に ZTC は多くのユニークな特徴を持つ。ZTC の鋳型炭素としての位置づけを読者に理解してもらうため，図2に鋳型炭素化法の発展の歴史をまとめた。

　1982年，Knox らのグループはシリカゲルや多孔質ガラスにフェノール樹脂を含浸してこれを炭素化，さらにシリカ（or ガラス）成分を溶解除去した後，2000〜2800℃で黒鉛化することで，クロマトグラフ固定相に利用できる多孔質炭素を合成した[2]。また1987年，Pekala らのグループは粒径数 $20\,\mu m$ の NaCl 粒子を焼結した多孔質モノリスを鋳型として利用し，熱硬化性ポリマーを含浸させて炭素化し，NaCl を溶解除去することで，多孔質の炭素フォームを調製した[3]。鋳型物質に構造規則性はないため，得られる鋳型炭素も規則性のない多孔質炭素であったが，これらは鋳型炭素化法の草分け的研究と言える。

　規則性のある鋳型を用いた先駆的な研究は，筆者らのグループにより1988年に発表された，層状粘土鉱物の1種であるモンモリロナイトを用いた薄層グラファイトの調製である[4]。ポリアクリロニトリルを炭素化すると，普通は難黒鉛化炭素しか得られない。ところが，モンモリロナイトの持つ二次元ナノ空間の内部でポリアクリロニトリルを炭素化したところ，平面状の多環芳香族分子が成長し，鋳型除去後にはこれが積層した薄層グラファイトが得られた。この研究が近年における鋳型炭素化法発展の起点となった。

　二次元の鋳型であるモンモリロナイトでの成功から数年後の1995年，筆者らのグループは鋳型炭素化法を一次元の鋳型に拡張することに成功した[5][6]。鋳型として用いたのは Al 陽極酸化被膜（AAO）である。AAO は薄膜状のポーラスアルミナであり，膜面に対して垂直に配向した直径の揃ったシリンダー状細孔を持つ。1994年当時，Martin らグループは AAO を鋳型とし，金属やポリマーのナノチューブおよびナノロッドの調製に成功していたが[7][8]，筆者らのグループは世界で初めて AAO を鋳型とする多

層カーボンナノチューブを調製した。当時この方法は大きく注目され，Martin らのグループも1998年に同様の調製法を報告している[9][10]。

　次に筆者らは三次元の鋳型材料として，三次元配列ナノ空間を持つゼオライトに着目した[11]。しかし細孔径がわずか 1 nm 程度のゼオライトの粒子内部に炭素を均一に充填することは容易ではなく，研究は困難を極めた。多くの失敗を重ねながらも徐々に改良を重ね，1997年に世界で初めて ZTC の調製に関する論文を発表した[12]。同じく1997年，筆者らの発表のわずか数ヵ月後に，Mallouk らのグループが[13]，さらに翌1998年には Rodriguez らのグループが[14]それぞれ別々に ZTC の調製を報告している。しかしこの時，いずれのグループも残念ながらゼオライトの構造規則性が ZTC に転写されているかについては確認していなかった。

　1990年代後半になると鋳型炭素化法は世界的に注目されるようになり，多くの研究グループがさまざまな鋳型を用いた新規カーボン材料の調製を報告するようになった。1998年，Zakhidov らは単分散シリカナノ粒子が最密充填したシリカオパール（またはコロイド結晶）を鋳型とし，炭素逆オパールを調製した[15]。これが，世界初の規則性マクロポーラスカーボンである。さらに翌1999年，韓国の Ryoo ら[16]のグループと Hyeon ら[17]のグループはそれぞれ独自にメソポーラスシリカを鋳型とした規則性メソポーラスカーボン（Ordered Mesoporous Carbon : OMC）の調製を報告した。メソポーラスシリカのように X 線回折（XRD）で長周期の規則構造が確認できる初めての炭素材料として，世界に大きなインパクトを与えた。OMC から遅れること1年，筆者らのグループは ZTC にも XRD で確認可能な長周期規則構造が存在することを2000年に報告した[18][19]。すなわち，ZTC はその合成から3年後に，ようやく「規則性ミクロポーラスカーボン」であることが判明した。

　2000年代になると，より安価で簡便な鋳型を用いた調製法が次々と報告されるようになった。2004年，田門・向井らのグループは氷晶を鋳型として熱硬化性樹脂をハニカム状に成型し，これを炭素化することで，開口径数十 µm の一次元チャンネルを持つ炭素マイクロハニカムの調製を報告した[20]。これまでさまざまな鋳型物質が報告されているが，氷は

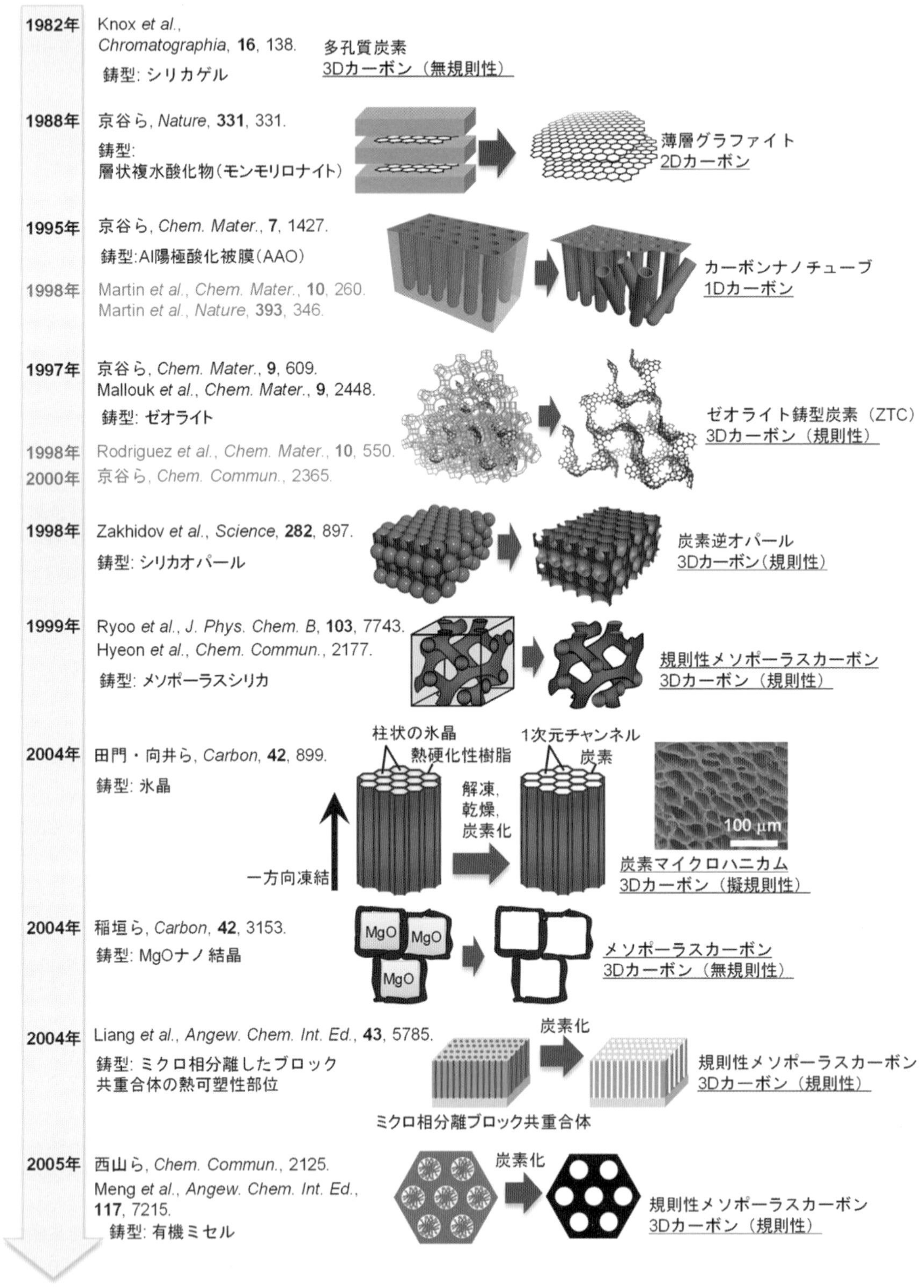
1982年 Knox et al., Chromatographia, 16, 138.
鋳型: シリカゲル
多孔質炭素
3Dカーボン（無規則性）
1988年 京谷ら, Nature, 331, 331.
鋳型:
層状複水酸化物（モンモリロナイト）
薄層グラファイト
2Dカーボン
1995年 京谷ら, Chem. Mater., 7, 1427.
鋳型:Al陽極酸化被膜（AAO）
1998年 Martin et al., Chem. Mater., 10, 260.
Martin et al., Nature, 393, 346.
カーボンナノチューブ
1Dカーボン
1997年 京谷ら, Chem. Mater., 9, 609.
Mallouk et al., Chem. Mater., 9, 2448.
鋳型: ゼオライト
1998年 Rodriguez et al., Chem. Mater., 10, 550.
2000年 京谷ら, Chem. Commun., 2365.
ゼオライト鋳型炭素（ZTC）
3Dカーボン（規則性）
1998年 Zakhidov et al., Science, 282, 897.
鋳型: シリカオパール
炭素逆オパール
3Dカーボン（規則性）
1999年 Ryoo et al., J. Phys. Chem. B, 103, 7743.
Hyeon et al., Chem. Commun., 2177.
鋳型: メソポーラスシリカ
規則性メソポーラスカーボン
3Dカーボン（規則性）
2004年 田門・向井ら, Carbon, 42, 899.
鋳型: 氷晶
柱状の氷晶
熱硬化性樹脂
1次元チャンネル
炭素
解凍,
乾燥,
炭素化
一方向凍結
100 μm
炭素マイクロハニカム
3Dカーボン（擬規則性）
2004年 稲垣ら, Carbon, 42, 3153.
鋳型: MgOナノ結晶
MgO
MgO
MgO
メソポーラスカーボン
3Dカーボン（無規則性）
2004年 Liang et al., Angew. Chem. Int. Ed., 43, 5785.
鋳型: ミクロ相分離したブロック共重合体の熱可塑性部位
炭素化
ミクロ相分離ブロック共重合体
規則性メソポーラスカーボン
3Dカーボン（規則性）
2005年 西山ら, Chem. Commun., 2125.
Meng et al., Angew. Chem. Int. Ed., 117, 7215.
鋳型: 有機ミセル
炭素化
規則性メソポーラスカーボン
3Dカーボン（規則性）

**図2　鋳型炭素化法の発展の歴史**

究極的に安価な鋳型と言える。同じく 2004 年，稲垣らのグループは弱酸で容易に溶解除去できる MgO を鋳型とする高比表面積のメソポーラスカーボンの合成法を考案した[21]。本手法で合成される炭素は，東洋炭素株式会社より「CNovel®」の商品名で販売されている。また Liang らは熱硬化性ブロックと熱可塑性ブロックから成るブロック共重合体のミクロ相分離構造を利用したユニークな OMC 合成方法を報告している[22]。さらに 2005 年には，西山らのグループが界面活性剤ミセルを鋳型とする極めてシンプルな OMC 調製法を報告した[23]。この方法はメソポーラスシリカを合成する手法と原理が同じであり，さまざまな形態の細孔構造を形成することができる。ほぼ同じ調製方法は数ヵ月後に Meng らによっても報告されている[24]。

図 2 からわかるように，ZTC は鋳型炭素の中でも比較的初期の段階で合成されたものであるが，それより後発の炭素逆オパールや OMC に比べて関連研究の論文数が少なく，筆者らとしては大変残念に感じている。これは次項で述べるように，調製の難易度が比較的高いことが理由の一つであるように思われる。しかしながら後で述べるように，ZTC は炭素逆オパールや OMC とは分子レベルの構造が全く異なる，いわば分子性のナノカーボン材料であり，新規ナノカーボンとしての多くの可能性がある。そこで以降ではまず ZTC 合成のメカニズムについて詳しく解説する。なお，詳細な実験手順についてはすでにいくつか解説を書いているのでそちらを参照されたい[25)26)]。適正な手順を踏みさえすれば，ZTC の合成はそれほど困難ではない。ZTC に興味を持った読者には，ぜひとも合成に挑戦していただきたい。

## 2 ZTC の合成

ZTC 合成の基本的なスキームを図 3 に示す。ゼオライトの細孔に炭素を均一に充填した後にフッ化水素酸によりゼオライトを溶解除去することで ZTC は合成できる。以下にその原理を詳しく説明する。

### 2.1 ゼオライトの選択

これまでに 200 種類以上の構造の異なるゼオライトが報告されているが，ZTC を合成する鋳型として利用するためには，細孔径，細孔構造，Si/Al 比，カチオンの種類，熱安定性などいくつかの条件を満たす必要がある。

#### 2.1.1 細孔径，細孔構造

ZTC を合成するには，以下の理由により細孔入口径の十分大きなゼオライトを選択する必要がある。

① 炭素充填中の細孔閉塞をなるべく避けるため（細孔径が小さいとすぐに細孔が閉塞するため粒子内部まで炭素を充填できない）
② 太くて強い炭素骨格を形成するため（炭素骨格が細くて弱いと，鋳型を除去した際に構造が自立できずに収縮して崩れる）

ゼオライトの細孔入口部は一般的に O-M-O 鎖（M は Si などの原子）から成り，その直径は O-M-O 鎖に含まれる酸素原子の数で表現される。例えば，A 型ゼオライト（LTA 型），ZSM-5（MFI 型）はそれぞれ細孔入口サイズが酸素 8 員環，10 員環であるが，これらの細孔入口サイズは炭素を充填するには小さ過ぎる[27]。一方，細孔入口サイズが酸素 12 員環である Y 型（or X 型）ゼオライト，$\beta$ 型ゼオ

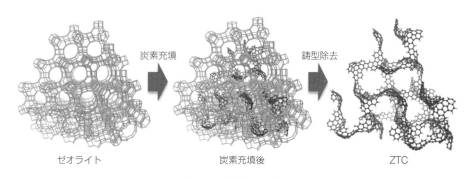

図 3　ZTC 合成のスキーム

第3章 ゼオライト類

ライト，L型ゼオライト，モルデナイトには比較的大量の炭素を充填することができる[27]。しかし，L型ゼオライト，モルデナイトの細孔は一次元であるため，得られる炭素も一次元状となり，鋳型を除去するとゼオライトの規則構造は維持されない[27]。ゼオライトの規則構造を保ったZTCを得るためには，酸素12員環以上で連結された三次元細孔構造を持つゼオライトを用いる必要がある。今までにZTC合成が報告されているのは，Y型（or X型）ゼオライト[18)27)28]，β型ゼオライト[27)29]，EMT[30]を鋳型に使った場合のみである。

### 2.1.2 Si/Al 比

ゼオライトは骨格内のAlに強酸点を持つことから固体酸触媒として利用されているが，触媒として長期間使用していると，次第に強酸点に「コーク」と呼ばれる多環芳香族が析出するため徐々に触媒活性が低下する。いわゆる触媒の「被毒」である。ZTCの合成では，ゼオライトの持つこれらの触媒能を巧みに利用して細孔内部に均一に炭素を充填する。2.2.1で述べるゼオライト細孔内部での高分子重合においては，固体酸触媒能を利用して細孔内部でモノマーを重合する。2.2.2で述べる化学気相蒸着（CVD）法での炭素充填においては，ゼオライトのコーク析出の触媒能を利用し，細孔内部のみに選択的かつ均一に炭素を析出させる。したがって，Si/Al比の大きい（Al含有量の低い）ゼオライトに炭素を充填することは困難である。筆者らの経験では，Si/Al比が20以下のゼオライトであれば比較的簡単に炭素を充填できる。しかし，X型ゼオライトのようにAl含有量が多いものは熱安定性が若干低いため，炭素充填後に850℃より高い温度で処理するとゼオライトの結晶構造が壊れる。

### 2.1.3 カチオンの種類

ゼオライトのAlサイトは交換カチオンを持ち，このカチオンの種類によってゼオライトの触媒能は大きく変化する。一般にゼオライトを触媒として利用する場合には，固体酸性が高いプロトン型を用いるが，ZTC合成の際には触媒活性が高過ぎて均一に炭素を充填できない場合がある。ZTCの合成には，Na$^+$型が適している[18]。一方，Ni$^{2+}$やCo$^{2+}$といった遷移金属カチオンを持つゼオライトにCVDを行うとカーボンナノチューブが生成するため，ZTC合成には適さない[31)32]。

## 2.2 ゼオライトへの炭素の充填

ゼオライトへの炭素充填には，以下の3通りの方法が提案されている。

① ゼオライト細孔内部での高分子重合とその炭素化[12)13)33-36]

② サイズの小さい分子を炭素源とするCVD[12)14)29)37)38]

③ ①と②を組み合わせた2段階法[18)39]

以下に，それぞれの方法について説明する。

### 2.2.1 ゼオライト細孔内部での高分子重合とその炭素化

ゼオライトの細孔内部にモノマーを充填し，これを重合して高分子化した後に炭素化することで，ある程度の量の炭素をゼオライト細孔内部に充填することができる。フルフリルアルコールのように，酸触媒で重合するモノマーは，ゼオライトの酸触媒を利用して簡単に細孔内部で重合することができる。また，アクリロニトリルをゼオライト細孔内に充填した後に，γ線重合によりポリアクリロニトリルを合成した例もある[12]。しかし，ゼオライト細孔内部での高分子の炭素化収率は約30％程度と低いため，この方法で充填できる炭素の量はそれほど多くはなく，ゼオライトを溶解除去すると骨格が崩壊し高比表面積のZTCを合成することはできない（図4）。本手法は，より細孔径の大きいメソポーラスシリカやシリカオパールを鋳型に用いる場合に一般的に利用されている。細孔径が大きい場合は1回で導入できる炭素の量が少なくても，複数回処理を繰り返すことで炭素の充填量を増加できるからである。ゼオライトの場合は，1回炭素を充填すると細孔径が極めて小さくなるため，2回目以降の導入は困難である。高分子の充填および炭素化後にさらに炭素充填量を増加させる場合には，小分子を炭素源とするCVDを用いる。これが，2.2.3で述べる2段階法である。

### 2.2.2 CVDによる炭素充填

CVDを用いると，2.2.1で述べた高分子の炭素化よりも大量の炭素をゼオライト細孔内部に充填することができる。鋳型を除去した後にも規則構造を保持するにはゼオライト細孔内部で十分に強いカーボンの骨格を形成する必要があり，そのためにはCVDが必須である。CVDでは，ゼオライト細孔よりも小さい分子を高温でゼオライトに接触させ，細

− 300 −

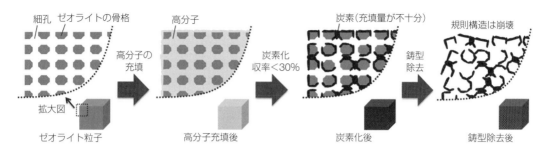

**図4** ゼオライト細孔へ高分子充填し，炭素化と鋳型除去により ZTC を合成した場合の模式図

孔内部で炭素化させる。なお，2.1.1 で述べたように，ゼオライトの細孔入口部は酸素 12 員環以上の大きさが必要となる。

炭素源に用いる分子のサイズは，なるべく小さい方が都合がよい。鋳型に使用するゼオライトの細孔サイズより小さいことはもちろん，炭素が析出して狭くなった細孔でも通過できる必要があるためである。Y 型ゼオライトの細孔入り口部分の酸素 12 員環と，いくつかの炭化水素の分子模型を**図5**に示す。アセチレンやプロピレンは分子サイズが小さいため，炭素が析出した後でも細孔を通過することができる。一方，ベンゼンより大きい分子は炭素が析出すると細孔を通過することが困難になる。これまで，プロピレン，アセトニトリル，アセチレンによる CVD で ZTC の合成が報告されている。この中で分子サイズの最も小さいアセチレンを用いると，CVD のみでも規則性の高い ZTC を得ることができる[37]。一方，含窒素化合物であるアセトニトリルを炭素源に用いると，骨格内に N 原子を含有する ZTC を合成することができる[29)41)42]。

2.1.2 で述べたように，CVD ではゼオライトのコーク生成の触媒活性を利用し，活性点に選択的に炭素を析出させる。したがって，Si/Al 比の大きいゼオライトの場合には，細孔内に炭素がほとんど析出しない。もちろん，原料ガスの分解温度以上で CVD を行えば無触媒でも原料ガスは気相で分解して炭素となるため，ゼオライトに炭素を析出させることは可能であるが，この場合は**図6**に示すようにゼオライト外表面近傍にのみ炭素が析出し，細孔の内部には均一に充填できない。

ゼオライト内部に均一に炭素を充填するには，Si/Al 比は 20 以下であることが望ましい。なおかつこの場合にも，CVD の温度には注意が必要である。原料ガスの分解温度以上で CVD を行うと，**図7**に示すように，ゼオライト細孔の内部のみならず，外部にも大量の炭素が析出する。このため，鋳型を除去すると粒子内部には規則構造を持つ炭素骨格が残るが，粒子外部には無触媒で気相成長した炭素の厚い層が堆積する。このようにして合成した ZTC の XRD パターンには，粒子内部の規則構造に由来す

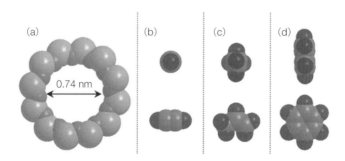

**図5** Y 型ゼオライトと種々の炭化水素の分子模型（2 つの異なるアングルから見た図）[40]
(a) Y 型ゼオライトの細孔入り口部分，(b) アセチレン，(c) プロピレン，(d) ベンゼン。炭素材料学会より許可を得て転載（Copyright 2007 The Carbon Society of Japan）。

第3章 ゼオライト類

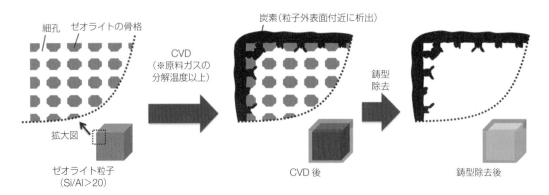

図6 Si/Al＞20のゼオライトに，原料ガスの分解温度以上でCVDを行いZTCを合成した場合の模式図

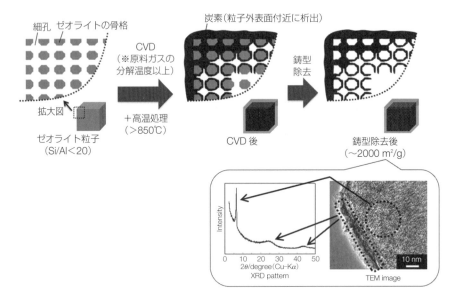

図7 Si/Al＜20のゼオライトに，原料ガスの分解温度以上でCVDを行いZTCを合成した場合の模式図

る$2\theta=6.4°$のシャープなピークのほかに，粒子外部の炭素層に由来する炭素(002)および(10)のブロードな回折ピークがそれぞれ$2\theta=25°$，$43°$付近に現れる（図7）。粒子外部に析出した炭素は比表面積をほとんど持たないため，試料全体の比表面積を低下させてしまう。このようにして合成したZTCの比表面積は1000～2000 m²/g程度となる。例えば，アセチレンの分解温度は約650℃，プロピレンの分解温度は約750℃であるため，CVDの温度はそれぞれ600℃以下，700℃以下にする必要がある。また，CVD後には不活性雰囲気で高温処理（＞850℃）を行う必要がある点にも注意が必要である。

800℃以下の温度でCVDを行った段階では，ゼオライト細孔内部の活性点近傍にコロネン程度のサイズの多環芳香族が成長する。しかし，多環芳香族分子同士は完全に連結していないため，三次元的に強固な炭素ネットワーク構造は構築されておらず，この段階で鋳型を除去してもゼオライトの規則構造を保った炭素は得られない。不活性雰囲気で850℃以上の温度で高温処理を行うことにより，多環芳香族同士が縮合し連結して強固な炭素骨格が形成される。なお，高温処理はゼオライトの結晶構造が壊れる温度以下で実施する必要がある。

Si/Al比が20以下のゼオライトに原料ガスの分解

- 302 -

# 9節 ゼオライト鋳型炭素の合成, 特徴, 応用

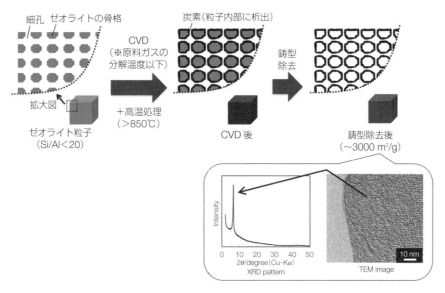

図8 Si/Al<20のゼオライトに, 原料ガスの分解温度以下でCVDを行いZTCを合成した場合の模式図

温度以下でCVDを行うと, 図8に示すように規則性が高く不純物炭素を含まない高品質のZTCが得られる。ZTC合成成功の一つの判断は, XRDパターンがゼオライトに由来する長周期規則構造のピークのみを示し, 炭素 (002), (10) およびほかの不純物のピークを示さないことである。図8に示すような適切な条件でCVDにより合成したZTCは約3000 m²/g程度の高い比表面積を持つ。なお, CVD温度, CVD時間, 原料ガスの濃度は, 用いるゼオライトの結晶性, 細孔径, 細孔構造, Si/Al比, カチオンの種類, 粒径などに合わせて微調整する必要がある[43]。

### 2.2.3　2段階法

ゼオライトの細孔内部にフルフリルアルコールを充填し, ゼオライト細孔内部で重合した後にこれを炭素化し, さらにプロピレンCVDにより炭素をゼオライト細孔内部に充填する2段階法を用いると, 極めて規則性が高く, 比表面積の大きいZTCを合成することができる。筆者らのグループではこの2段階法により, BET法で計算される比表面積が最大で4080 m²/gのZTCをこれまでに合成している[39]。以下の項ではとくに断らない限りこの2段階法で合成したZTCの特徴とその応用について述べる。

## 3　ZTCの特徴

### 3.1　分子構造

筆者らのグループでは1997年にZTCの合成[12], 2000年にZTCがゼオライト由来の規則構造を持つ[18)19)]ことを報告したが, その分子構造はしばらく不明であった。その後, さまざまな分析手法を駆使することで, 2009年にZTCの構造を明らかにした (図3)[44]。ZTCは導電性を有し黒色であるが, ZTCを構成する炭素原子のほとんどはsp²炭素であることが固体¹³C-NMRと電子エネルギー損失分光法からわかっている[44]。ラマンスペクトルは鋭いGバンドを示すため炭素原子はグラフェンシートから構成されており, また大量のエッジサイトを持つためDバンドも強く現れる[44]。さらに, ラマンスペクトルで曲率の小さいグラフェンシートに現れるブリージングモードに似たブロードなピークが現れることから, ZTCのグラフェンシートが湾曲していることもわかっている[44]。また, 図8に示したXRDパターンから明らかなようにZTCには通常の炭素にみられるグラフェンシートの積層がなく, グラフェンシート1層で炭素骨格が構成されている。このような特性を有し, なおかつゼオライト細孔に沿った炭素骨格を描こうとすると, 必然的に図3に示すような, 幅の狭いグラフェンシートがジャングルジム状

— 303 —

第3章　ゼオライト類

に規則的に連結した構造となる。本来平面であるグラフェンシートが湾曲し，三次元的に連結しているため，ZTC には炭素5員環や7員環が含まれていると考えられる。

近年，還元酸化グラフェン（RGO）およびグラフェン類材料の応用研究が活発である。そのような論文の緒言には大概，「グラフェンの比表面積は 2627 m²/g であり高性能が期待できる…」といったくだりがある。ところがこれは分子構造から幾何学的に計算される比表面積の値であって，RGO やグラフェン類材料で実際に 2627 m²/g を達成するのはほぼ不可能である。しかし，ZTC ではこれが可能となる。この点をわかりやすく説明するため，フラーレン（C₆₀），単層カーボンナノチューブ（CNT），グラフェン，ZTC の構造と比表面積を**表 1** にまとめた。これらはそれぞれ，〇，一，二，三次元のグラフェン構造体である。グラフェンの両面の幾何学的比表面積が 2627 m²/g であることはすでに述べたが，実は C₆₀ や単層カーボンナノチューブの幾何学的比表面積もそれぞれ 2625 m²/g，〜 1760 m²/g と極めて大きい。ところが実際に C₆₀，単層 CNT，グラフェン（RGO）の比表面積を窒素脱着測定により評価すると，それぞれ〜 0 m²/g，〜 1000 m²/g[45]，〜 700 m²/g[46]となり，幾何学的比表面積に到底及ばないことがわかる。これは表 1 下段に示すように，実

際にはこれらの分子はファンデルワールス力により密に凝集（積層）しているためである。表 1 から，〇，一，二次元のグラフェン構造体においては分子同士の集合は原理的に不可避であることが理解できよう。グラフェンシートの両面を完全に露出させるには，自立する三次元的な骨格が必要不可欠である。ZTC はまさにこの構造を有している。しかも，大量のエッジ面を持つため幾何学的比表面積は 3470 m²/g と極めて大きい。実際の材料の比表面積を測定すると，3730 m²/g（SPE 法[47]にて計算）となり，幾何学的比表面積とかなり近い値になる[44]。間違いなく世界一比表面積の大きな炭素材料である。しかも，ZTC の細孔径は 1.2 nm 前後と極めて均一である。4 項で述べるように，この巨大な比表面積と均一な細孔が水素吸蔵材料[42,48]や電気二重層キャパシタ電極材料[49,50]として好都合である。

## 3.2　規則性メソポーラスカーボン（OMC）との比較

ZTC はしばしば，メソポーラスシリカを鋳型として合成される OMC[16,17]（1.2 項参照）と混同されることがある。しかし，これらの材料の分子レベルの構造は図 9 に示すように全く異なる。ZTC を合成する場合，細孔径がわずか約 1 nm のゼオライトの細孔内部で炭素を成長させるため，細孔の空間サイ

**表 1 フラーレン（C₆₀），単層 CNT，グラフェン，ZTC の構造と比表面積**

| | C₆₀ | 単層 CNT | グラフェン | ZTC |
|---|---|---|---|---|
| | 0D | 1D | 2D | 3D |
| 分子構造 | 1 nm | 1〜3 nm | | |
| 幾何学的比表面積 | 2625 m²/g（外表面のみ） | 1460 〜 1760 m²/g（外表面のみ） | 2627 m²/g（両面） | 3470 m²/g（両面＋エッジ面） |
| 実際の構造 | fcc 結晶 | バンドル | 積層 | そのまま！ |
| 実際の比表面積 | 〜 0 m²/g | 〜 1000 m²/g[44] | 〜 700 m²/g[45] | 〜 3730 m²/g[43] |

ズの制約からグラフェンシートは積層することができず，単層のグラフェンシートしか生成しない（図9a）。このため，ZTCはユニークなスピンおよび磁性特性を持つことが実験的に確認されている[51)52)]ほか，図9aに示す理想的な分子構造はユニークなバンド構造を持つことも理論的に計算されている[53)]。これに対し，メソポーラスシリカの細孔径は数nm程度と大きいため，その細孔内で生成する炭素はグラフェンシートの積層構造を持つ。言い換えると，OMCを構成する炭素骨格は活性炭のように乱雑で積層した「普通の」炭素である。

### 3.3 機械的な柔軟性

図9aからわかるように，ZTCは細い帯状のグラフェンシートが三次元的にしかも規則的に連結した構造をしており，いかにもバネのように伸縮できそうである。実際，水銀圧入法を利用した粉末試料の応力－歪み測定からZTCの体積弾性率を求めると0.51 GPaとなり，ゼオライト（13 GPa）に比べて極めて柔軟である[54)]。近年，MOF/PCPがしばしば「柔軟な多孔体」と表現されるが，これは"ホスト分子包接や光など外部刺激により骨格構造が変化（変形）する"[55)56)]という意味であって，必ずしも"機械的に柔軟"という意味ではない。MOF/PCPの一種であるZIF-8の体積弾性率は9.2 GPaであり[54)]，確かにゼオライトに比べれば機械的に柔軟である[57)]がその差はわずかであり，ZTCの方が圧倒的に柔軟である。ZTCの体積弾性率は代表的な有機高分子であるポリスチレン（4 GPa）やポリメタクリル酸メチル（6 GPa）[58)]と比べてもかなり小さい。現段階において，ZTCは世界で最も"機械的に"柔軟なミクロポーラス材料であると言える。したがって，ZTCに機械的な力を加えると簡単に圧縮することができる一方で，ZTCはグラフェン特有の強靭さも兼ね備えており，力を開放するとバネのようにもとの構造に復元する。すなわち，ZTCは可逆的に弾性変形させることが可能である。この特性を利用すると，機械的な応力によってその均一な細孔径（1.2 nm）をÅオーダーで連続的かつ可逆的に制御することが可能となる[54)]。実際，筆者らはZTCへ応力を印加して細孔を変形させ，そのガス吸着特性を変化させることに成功している[54)]。すなわち，ZTCのように極めて柔軟な多孔質材料においては，そのガス吸着特性を「応力印加」という極めて単純な方法で制御することが可能となる。

## 4 ZTCの応用

### 4.1 水素貯蔵

2014年12月，トヨタ自動車㈱より燃料電池自動

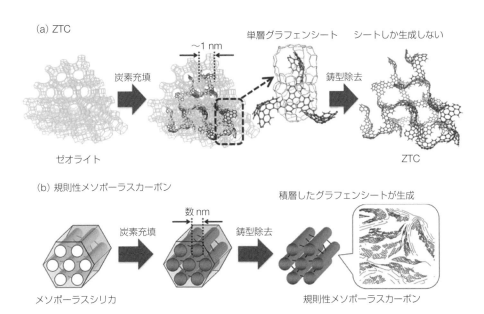

**図9** （a）ZTCおよび（b）規則性メソポーラスカーボンの合成スキームと分子構造の違い

第3章 ゼオライト類

車「ミライ」が発売され，とうとう燃料電池自動車の一般への普及が開始された。現在の燃料電池自動車は燃料である水素ガスを貯蔵する容器として，大型の高圧水素ボンベ（70 MPa級）を搭載しているが，これを小型化・軽量化するため，室温近辺で利用可能な水素貯蔵材料の開発が求められている。水素貯蔵材料として，水素吸蔵合金や化学水素化物系の材料は貯蔵量が4〜6 wt%程度と大きいが，耐久性が低く，水素の放出に加熱が必要といった欠点がある。一方で，活性炭やMOF/PCPのような高比表面積の材料は物理吸着により水素を貯蔵するため，耐久性が高く加熱が不要であるが，肝心の貯蔵量が室温では1 wt%程度と低いため，その大幅な増加が求められている[59]。

ZTCは極めて比表面積が大きいため，世界最高レベルの水素物理吸着量を示す[42]。図10に，30℃の温度で水素の圧力を34 MPaまで増加させていった際のZTCに吸蔵した水素量を示す。比較のため通常の活性炭（MSC30：比表面積2680 m$^2$/g）の結果も併せて示す。どちらの場合も圧力とともに吸蔵量は増加していくが，10 MPa以上でのZTCの優位性は明らかである。水素分子は，ZTCにしろ活性炭にしろ，炭素の細孔の中に貯まっていく。しかし，ZTCの細孔のサイズは約1.2 nmと均一であり，このサイズが10 MPa以上の圧力で水素吸蔵に有利となる。ZTCの水素吸蔵量（34 MPaで2.2 wt%）は純炭素材料では最高の値である。しかしながら図10のデータは，世界最高レベルの材料をもってしても，物理吸着のみでは実用化の指標である6 wt%を達成することは極めて困難であることを物語っている。

そこで筆者らが注目しているのが，スピルオーバーによる貯蔵量の増加[60]である。多孔性炭素などの担体にPt等の金属ナノ粒子を担持すると，気相のH$_2$が金属表面に解離吸着し，Hラジカルが担体へ移動し貯蔵される。これがスピルオーバーである（図11）。ミシガン大のR. T. Yangらのグループによる報告によれば，活性炭に金属ナノ粒子を担持すれば，室温での水素貯蔵量が約2倍に増加するとされている[61]。すなわち，スピルオーバーによる貯蔵量は物理吸着による貯蔵量に上乗せされる形となる。しかも，スピルオーバーにより貯蔵されるHラジカルは，物理吸着の場合と同様に加熱不要で可

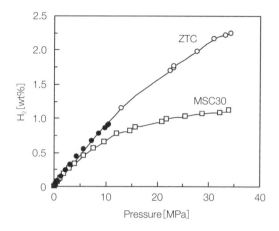

図10 ZTCと活性炭（MSC30）の30℃における水素吸着等温線[42]

黒塗のプロットは信頼性の高い10 MPaが上限の別の装置で測定した結果。34 MPaまでの結果と一致しており，測定の信頼性の高さを示すものである。American Chemical Societyの許可を得て転載（Copyright 2009 American Chemical Society）。

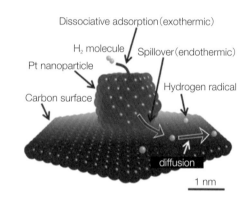

図11 スピルオーバーによる水素貯蔵の模式図[48]
American Chemical Societyの許可を得て転載（Copyright 2014 American Chemical Society）。

逆的に取り出すことができると言われている。このような「物理吸着＋スピルオーバー」の貯蔵方式には大きな可能性があるが，スピルオーバーによる貯蔵メカニズムに不明な点が多いため，研究グループ間での実験の再現性に乏しく，材料設計の指針が立てられないのが現状である[60]。筆者らは，活性炭に比べて構造が理解しやすいZTCをモデルPt担体として，Ptナノコロイド担持ZTCを調製し，室温付近でのH$_2$のスピルオーバーによる貯蔵・放出特性を詳細に検討した。

筆者らはまず，水素吸脱着測定の条件を徹底的に検討し，0.1 MPa以下の低圧領域では極めて再現性の高い測定方法を確立した。このように信頼性の高い手法で水素吸脱着等温線測定を行うことで，得られた曲線から水素のPtへの化学吸着量と，物理吸着量を差し引き，スピルオーバーによる貯蔵量だけを精度よく抽出することができる[48]。Ptコロイド担持ZTCの0，25，50，80℃におけるスピルオーバー水素貯蔵量を**図12**に示す。スピルオーバーによる貯蔵量は，圧力および温度とともに上昇していることがわかる。100 kPa，0℃において，Ptコロイド1個あたりにスピルオーバーによって貯蔵された水素原子の数を計算したところ58個となり，Ptコロイド粒子に隣接する炭素原子数（52個）を上回った。スピルオーバー貯蔵量は「Ptから炭素へ送り込まれた水素の数」であるため，これが隣接炭素原子数を上回るとはすなわち，炭素に送り込まれた水素ラジカルが炭素原子間を移動していることを意味する。温度を増加させた際のスピルオーバーの貯蔵量の増加傾向は，物理吸着量の減少傾向を上回っており，トータルでの貯蔵量は80℃で最大となった。室温近辺でのスピルオーバーを利用した水素貯蔵の温度依存性についての報告は，筆者らが知る限りこれが初めてである。今後は，高圧領域までスピルオーバーを持続させ水素貯蔵の向上を目指すつもりである。

### 4.2 電気二重層キャパシタ

電気二重層キャパシタ（Electric Double Layer Capacitor：EDLC）は，電極中の細孔にイオンが物理吸着することで電気を蓄えるので，充電時間が短い上，大きな電流も一瞬で取り出すことが可能である。しかも充放電のサイクルを繰り返しても劣化しない。筆者らは，CVD法で合成したZTCのEDLC電極としての性能を，市販の活性炭（MSC30）および活性炭素繊維（A20）と比較した（**図13**）[50]。図13の縦軸が電気容量で，横軸が充放電速度に相当する。どんな炭素電極でも充放電速度を上げていくと必ず電気容量が減少していく。活性炭電極がその典型例である。しかしZTCの場合，充電速度を上げても電気容量がほとんど低下しない。有機電解質を用いたEDLCでは炭素の細孔径が2 nm以下になると性能が低下すると一般には言われていた。しかしこの

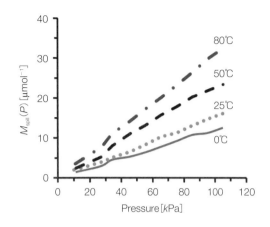

**図12** PtコロイZ担持ZTCにおけるスピルオーバーによる水素貯蔵量の温度依存性[48]

縦軸の単位はμmol-H₂/g。American Chemical Societyの許可を得て転載（Copyright 2014 American Chemical Society）。

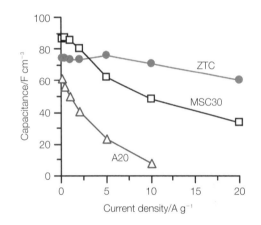

**図13** CVD法で合成したZTC，活性炭（MSC30），活性炭素繊維（A20）の電流密度に対する電気二重層容量（単位体積当たり）の変化[50]

1 M Et₄NBF₄/PC中，25℃にて測定。American Chemical Societyの許可を得て転載（Copyright 2011 American Chemical Society）。

実験から，両端が開口した細孔が規則正しく直線状に配列していれば，サイズが約1.2 nmのミクロ孔だけであっても性能が極めて高いことがわかり，従来の常識を覆した。しかも，ZTCにはメソ孔などの大きな細孔がないので体積当たりの電気容量も高く，理想的な炭素電極となり得る。

筆者らはまた，ZTCが硫酸電解液中，極めて低い電位で酸化されること[62]，さらに疑似容量を発揮

# 第3章 ゼオライト類

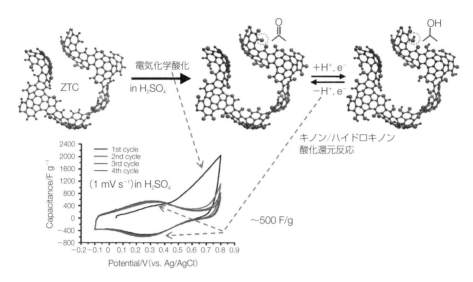

**図14** ZTCの1 M H₂SO₄電解液中でのサイクリックボルタモグラムと，各段階におけるZTCの構造変化の模式図

するキノン基が高選択で導入されることを見出した[63]。しかも，電気化学的に酸化されるのはエッジサイトのみでありベーサル面に変化がないため，酸化後にもZTCは導電性を保ち，キノン/ハイドロキノンの酸化還元反応に基づく疑似容量の寄与のため，約500 F/gもの高容量を発揮する（**図14**）。しかし一方で，ZTCは卑な電位で水を電気分解してしまうため，水系電解液のキャパシタの負極には適さない。そこで，卑な電位で不活性でありなおかつ高比表面積であるスペイン産無煙炭由来のKOH賦活活性炭を負極，ZTCを正極にした非対称キャパシタを構築したところ，有機系電解液を用いる一般的なキャパシタに匹敵するエネルギー密度を達成した[64]。

## 5 おわりに

ZTCは単層グラフェンシートから成る三次元規則性構造体であり，フラーレン（〇次元），カーボンナノチューブ（一次元），グラフェン（二次元）に次ぐ三次元のナノカーボン同素体と筆者らは考えている。近年，グラフェンの理論比表面積である2627 m²/gを引き出そうと，グラフェンに三次元的な骨格構造を付与しようとする研究がなされているが，ZTCがまさにそのゴールである。ZTCにはまた，ナノカーボンに特有の，従来の炭素材料とは異なる「異常な物性」がしばしば見られ，活性炭やメソポーラスカーボン，マクロポーラスカーボンとは根本的に異なる物質である。さらに，最大約4000 m²/gに達する比表面積などの特性に基づき，水素貯蔵やキャパシタの電極材料として高いポテンシャルを秘めている。唯一の欠点は，製造コストが高い点である。現状では，大量生産したとしてもアルカリ賦活活性炭と同程度の製造コストがかかる。したがって，安価な大量生産法の開発か，もしくは高い製造コストをしてもなお魅力的となる用途開発が求められる。

■引用・参考文献■

1) T. Kyotani : *Bull. Chem. Soc. Jpn.*, **79**, 1322 (2006).
2) M. T. Gilbert, J. H. Knox and B. Kaur : *Chromatographia*, **16**, 138 (1982).
3) R. W. Pekala and R. W. Hopper : *J. Membr. Sci.*, **22**, 1840 (1987).
4) T. Kyotani, N. Sonobe and A. Tomita : *Nature*, **331**, 331 (1988).
5) T. Kyotani, L. F. Tsai and A. Tomita : *Chem. Mater.*, **7**, 1427 (1995).
6) T. Kyotani, L. F. Tsai and A. Tomita : *Chem. Mater.*, **8**, 2109 (1996).
7) C. R. Martin : *Science*, **266**, 1961 (1994).

8) R. V. Parthasarathy and C. R. Martin : *Nature*, **369**, 298 (1994).

9) G. Che, B. B. Lakshmi, C. R. Martin, E. R. Fisher and R. S. Ruoff : *Chem. Mater.*, **10**, 260(1998).

10) G. L. Che, B. B. Lakshmi, E. R. Fisher and C. R. Martin : *Nature*, **393**, 346(1998).

11) T. Kyotani, T. Nagai and A. Tomita : *Extended Abstracts of Carbon* '92, 437(1992).

12) T. Kyotani, T. Nagai, S. Inoue and A. Tomita : *Chem. Mater.*, **9**, 609(1997).

13) S. A. Johnson, E. S. Brigham, P. J. Ollivier and T. E. Mallouk : *Chem. Mater.*, **9**, 2448(1997).

14) J. Rodriguez-Mirasol, T. Cordero, L. R. Radovic and J. J. Rodriguez : *Chem. Mater.*, **10**, 550(1998).

15) A. A. Zakhidov, R. H. Baughman, Z. Iqbal, C. X. Cui, I. Khayrullin and S. O. Dantas, et al. : *Science*, **282**, 897 (1998).

16) R. Ryoo, S. H. Joo and S. Jun : *J. Phys. Chem. B*, **103**, 7743 (1999).

17) J. Lee, S. Yoon, T. Hyeon, S. M. Oh and K. B. Kim : *Chem. Commun.*, 2177(1999).

18) Z. X. Ma, T. Kyotani and A. Tomita : *Chem. Commun.*, 2365 (2000).

19) Z. X. Ma, T. Kyotani, Z. Liu, O. Terasaki and A. Tomita : *Chem. Mater.*, **13**, 4413(2001).

20) H. Nishihara, S. R. Mukai and H. Tamon : *Carbon*, **42**, 899 (2004).

21) M. Inagaki, S. Kobayashi, F. Kojin, N. Tanaka, T. Morishita and B. Tryba : *Carbon*, **42**, 3153(2004).

22) C. D. Liang, K. L. Hong, G. A. Guiochon, J. W. Mays and S. Dai : *Angew. Chem. Int. Ed.*, **43**, 5785(2004).

23) S. Tanaka, N. Nishiyama, Y. Egashira and K. Ueyama : *Chem. Commun.*, 2125(2005).

24) Y. Meng, D. Gu, F. Q. Zhang, Y. F. Shi, H. F. Yang and Z. Li, et al. : *Angew. Chem. Int. Ed.*, **44**, 7053(2005).

25) 京谷隆, 折笠広典, 西原洋知：炭素, **235**, 307(2008).

26) 西原洋知, 京谷隆：触媒調製ハンドブック, エヌ・ティー・エス, 257-259(2011).

27) T. Kyotani, Z. X. Ma and A. Tomita : *Carbon*, **41**, 1451 (2003).

28) F. B. Su, H. J. Zeng, Y. J. Yu, L. Lv, J. Y. Lee and X. S. Zhao : *Carbon*, **43**, 2368(2005).

29) Z. X. Yang, Y. D. Xia and R. Mokaya : *J. Am. Chem. Soc.*, **129**, 1673(2007).

30) F. O. M. Gaslain, J. Parmentier, V. P. Valtchev and J. Patarin : *Chem. Commun.*, 991(2006).

31) K. Hernadi, A. Fonseca, J. B. Nagy, D. Bernaerts, A. Fudala and A. A. Lucas : *Zeolites*, **17**, 416(1996).

32) K. Mukhopadhyay, A. Koshio, T. Sugai, N. Tanaka, H. Shinohara and Z. Konya, et al. : *Chem. Phys. Lett.*, **303**, 117

33) A. Garsuch and O. Klepel : *Carbon*, **43**, 2330(2005).

34) A. Garsuch, O. Klepel, R. R. Sattler, C. Berger, R. Glaser and J. Weitkamp : *Carbon*, **44**, 593(2006).

35) F. B. Su, L. Lv, T. M. Hui and X. S. Zhao : *Carbon*, **43**, 1156 (2005).

36) F. B. Su, X. S. Zhao, L. Lv and Z. C. Zhou : *Carbon*, **42**, 2821 (2004).

37) P. X. Hou, T. Yamazaki, H. Orikasa and T. Kyotani : *Carbon*, **43**, 2624(2005).

38) Z. X. Yang, Y. D. Xia, X. Z. Sun and R. Mokaya : *J. Phys. Chem. B*, **110**, 18424(2006).

39) K. Matsuoka, Y. Yamagishi, T. Yamazaki, N. Setoyama, A. Tomita and T. Kyotani : *Carbon*, **43**, 876(2005).

40) 西原洋知, 折笠広典, 京谷隆：炭素, **230**, 345(2007).

41) P. X. Hou, H. Orikasa, T. Yamazaki, K. Matsuoka, A. Tomita and N. Setoyama, et al. : *Chem. Mater.*, **17**, 5187(2005).

42) H. Nishihara, P.-X. Hou, L.-X. Li, M. Ito, M. Uchiyama and T. Kaburagi, et al. : *J. Phys. Chem. C*, **113**, 3189(2009).

43) H. Nishihara and T. Kyotani : Novel Carbon Adsorbents, Elsevier, 295-322(2012).

44) H. Nishihara, Q.-H. Yang, P-X. Hou, M. Unno, S. Yamauchi and R. Saito, et al. : *Carbon*, **47**, 1220(2009).

45) D. N. Futaba, K. Hata, T. Yamada, T. Hiraoka, Y. Hayamizu and Y. Kakudate, et al. : *Nat. Mater.*, **5**, 987(2006).

46) M. D. Stoller, S. J. Park, Y. W. Zhu, J. H. An and R. S. Ruoff : *Nano Lett.*, **8**, 3498(2008).

47) K. Kaneko, C. Ishii, M. Ruike and H. Kuwabara : *Carbon*, **30**, 1075(1992).

48) H. Nishihara, S. Ittisanronnachai, H. Itoi, L.-X. Li, K. Suzuki and U. Nagashima, et al. : *J. Phys. Chem. C*, **118**, 9551 (2014).

49) H. Nishihara, H. Itoi, T. Kogure, P-X. Hou, H. Touhara and F. Okino, et al. : *Chem.-Eur. J.*, **15**, 5355(2009).

50) H. Itoi, H. Nishihara, T. Kogure and T. Kyotani : *J. Am. Chem. Soc.*, **133**, 1165(2011).

51) K. Takai, T. Suzuki, T. Enoki, H. Nishihara and T. Kyotani : *Phys. Rev. B*, **81**, 205420(2010).

52) Y. Kopelevich, R. R. da Silva, J. H. S. Torres, A. Penicaud and T. Kyotani : *Phys. Rev. B*, **68**, 92408(2003).

53) T. Koretsune, R. Arita and H. Aoki : *Phys. Rev. B*, **86**, 125207(2012).

54) M. Ito, H. Nishihara, K. Yamamoto, H. Itoi, H. Tanaka and A. Maki, et al. : *Chem.-Eur. J.*, **19**, 13009(2013).

55) A. Kondo, H. Noguchi, S. Ohnishi, H. Kajiro, A. Tohdoh and Y. Hattori, et al. : *Nano Lett.*, **6**, 2581(2006).

56) H. Sato, R. Matsuda, K. Sugimoto, M. Takata and S. Kitagawa : *Nat. Mater.*, **9**, 661(2010).

57) J. C. Tan, B. Civalleri, C. C. Lin, L. Valenzano, R. Galvelis and P. F. Chen, et al. : *Phys. Rev. Lett.*, **108**, 095502(2012).

第3章　ゼオライト類

58) P. H. Mott, J. R. Dorgan and C. M. Roland : *Journal of Sound and Vibration*, **312**, 572(2008).

59) 西原洋知, 京谷隆, 伊藤仁, 内山誠：燃料電池, **9**, 37(2009).

60) 西原洋知, 京谷隆, 伊藤仁, 内山誠：水素製造・吸蔵・貯蔵材料と安全化, サイエンス＆テクノロジー, 182-192(2010).

61) A. J. Lachawiec, G. S. Qi and R. T. Yang : *Langmuir*, **21**, 11418(2005).

62) R. Berenguer, H. Nishihara, H. Itoi, T. Ishii, E. Morallon and D. Cazorla-Amoros, et al. : *Carbon*, **54**, 94(2013).

63) H. Itoi, H. Nishihara, T. Ishii, K. Nueangnoraj, R. Berenguer-Betrian and T. Kyotani : *Bull. Chem. Soc. Jpn.*, **87**, 250(2014).

64) K. Nueangnoraj, R. Ruiz-Rosas, H. Nishihara, S. Shiraishi, E. Morallon and D. Cazorla-Amoros, et al. : *Carbon*, **67**, 792(2014).

〈西原　洋知, 京谷　隆〉

# 第4章

# その他のナノ空間材料

1節　多孔性有機シリカハイブリッド材料

2節　コロイド鋳型、マクロポーラス多孔体

3節　イオン結晶の階層的構築

4節　カーボン材料（ゼオライト転写以外）

5節　層状物質を利用した検知センサーの開発

6節　非線形光学材料としての無機ナノシートおよびその関連物質

7節　層状化合物・ナノシート光触媒

8節　層状物質 ―光触媒反応促進剤―

9節　ナノシート液晶と異方性ゲル

10節　ナノシートでつくる新しい空間材料

11節　酸化グラフェン

12節　ナノシートを利用した電気化学応用

第4章 その他のナノ空間材料

## 1節 多孔性有機シリカハイブリッド材料

### 1 はじめに

　有機および無機の構成単位が組み合わせられた有機−無機ハイブリッド材料は，無機構造体の熱的安定性や機械的強度と，有機物の多様な性質を併せ持つ。単なる有機物と無機物の混合物ではなく，ナノオーダーで，もしくは分子レベルで構造中に複合的に組み込まれることでそれぞれ単独では得られない新たな特性が生み出され，近年高機能性材料として注目を集めている。

　1950年代後半から盛んとなった有機シランやシリコーンの研究を受け，特に1990〜1995年頃，架橋型または立方体型ポリシルセスキオキサンの化学が大きく発展し，合成可能な有機−シリカ複合体材料（有機シリカ）の組成や構造上の幅が大きく広がった。酸性や塩基性などの特性や疎水性など新たな物性の付与，またさらなる修飾の足場となるアンカーの導入等，さまざまな目的のもとに有機シリカ多孔体の研究が行われてきた。

　有機シリカ源としては，R'Si(OR)$_3$または(RO)$_3$Si−R'−Si(OR)$_3$で表されるモノマー，さらに種々の構造を持ったオリゴシロキサンが用いられる。シロキサン化合物は比較的フレキシブルな特性を持ち，さまざまな応用に対応することができる。近年では分子レベルで有機シリカ多孔体の精密な設計が可能となり，材料特性の飛躍的な向上や，興味深い特異的な現象が多く報告されている。

　本稿では，有機シリカ多孔体についてミクロ孔を持つものとメソ孔を持つものに分類し，それぞれ多種多様な合成手法や特性，期待される応用等についてまとめていく。

### 2 ミクロ孔を持つ有機シリカ多孔体

　架橋型有機シラン(RO)$_3$Si−R'−Si(OR)$_3$を用いて合成された有機シリカ多孔体の初期の報告は，キセロゲルやエアロゲルなど網目状のランダムなシリカネットワークを持つミクロ多孔体である。架橋型有機シランモノマーは，エタノールやテトラヒドロフラン中で酸または塩基触媒によってアルコキシシランの加水分解が進む。それに次ぐシラノール基の縮重合によってシロキサン結合が形成されることで，ランダムな高分岐ポリシルセスキオキサンが生成したゾルとなる。さらに重合を進めることでゲルが生成する[1]。1992年にSheaらによって最初の報告がなされて以来[2]，特にアリレン架橋型のポリシルセスキオキサンゲルは，細孔径2nm以下のミクロ孔を持ち高比表面積，大細孔容量を有する合成例が多く報告されている。なかでもSheaらはフェニレン架橋型有機シランを用いて比表面積1880m$^2$g$^{-1}$のミクロ孔を持つエアロゾルを報告した[3]。

　この様な架橋型有機シランのゾルゲル反応を利用してつくられる有機シリカミクロ多孔体は，高比表面積を有し，吸着剤や低誘電率材料として優れた特性を持つものの，シリカ骨格の構造および細孔分布はランダムであり，構造の規則性を制御することはできない。

　より秩序だったシリカ骨格構造を形成するために，構造ユニットとしてシロキサンオリゴマーユニットを利用するアプローチが近年注目されている。ボトムアップ的に構造ユニットを組み上げ骨格構造や配向をつくり上げる手法は，任意の構造や機能を持った多孔体を形成するに望ましい。戦略的に設計された構造ユニットの自己集合により目的構造をつくるアプローチには，金属有機構造体（MOF）や共有結合性有機骨格構造（COF）等があげられる。

− 313 −

## 第4章 その他のナノ空間材料

また,小さな構造ユニットの間に有機反応によって共有結合を形成し,それをビルディングユニットとして多孔体を組み上げる手法は,より堅固な構造を精密に設計することができる手法として注目されているものである。特に,近年,かご型のシロキサンユニットをあらかじめ合成し,それらを温和な条件で三次元的に連結するアプローチが多く報告されている[4]。アルコキシシランやクロロシランの加水分解・縮重合を特定の条件で行うと,一般式 $(XSiO_{1.5})_n$ $(X = O^-, H, 有機基;n = 6, 8, 10\cdots)$ で示されるかご型シロキサン化合物が生成する。特に,二重4員環(Double Four-membered Ring;以下 D4R)構造のケイ酸8量体は,LTA型ゼオライトのビルディングユニットでもあり,その合成の容易さや高い対称性・安定性からナノ構造単位として特に有用とされている。頂点の Si に酸素,水素やさまざまな有機基が結合したタイプは,それぞれ顕著に異なった性質を有する。

黒田らのグループでは,D4R の8つの頂点 Si をアルコキシシリル基($SiMe_2(OEt)$, $SiMe(OEt)_2$, $Si(OEt)_3$)で修飾し,頂点アルコキシ基の加水分解と縮重合によって Si-O-Si 結合でつながった D4R のネットワークを形成した[5]。前述のエアロゲル等の合成と同様にゾルゲル法を利用したアプローチであるが,多孔体ネットワークは完全にランダムではなく,D4R 構造を骨格中に導入することができる。$SiMe_2(OEt)$, $SiMe(OEt)_2$ による修飾を用いた場合,骨格中にメチル基が高分散で導入される。同様のアプローチによる多孔体形成は二重3員環(Double Three-membered Ring;D3R)[6]に対してもなされ,また加水分解および縮重合反応を界面活性剤などの構造規定剤存在下で行うことで,メソ多孔体が形成されることもそれぞれ報告されている[5,6]。

大久保らのグループは,D4R の8つの頂点 Si のうち1つにアダマントキシ基を結合,他の頂点をメトキシ基としその加水分解・縮重合によりメソ多孔体を形成したのち,アダマントキシ基の焼成によりミクロ孔を形成することに成功した(図1 上)[7]。D4R に修飾されたアダマントキシ基が分子鋳型となるため,ミクロ孔の制御が可能となり,ミクロ孔分布の狭い細孔構造が形成されることが示された。さらに,同報告ではアダマントキシ修飾 D4R の結晶化後に塩化水素(塩酸)蒸気と反応させ,固相反応により縮重合を進めるという手法をとっている。固相反応を用いることで D4R 配列の規則性をより維持することが可能となった。

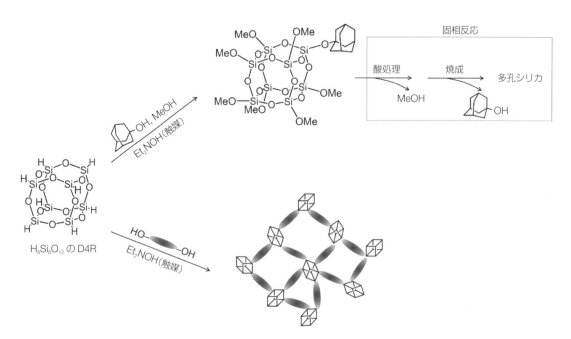

**図1** 上:アダマントキシ基修飾 D4R を用いた多孔体の合成スキーム,下:ジオールを D4R のリンカーとして用いた多孔体の合成スキーム

## 1節 多孔性有機シリカハイブリッド材料

　より高度にD4Rの配列を制御することを目指し，D4R同士を有機リンカーを用いて結合し，組み合わせる合成手法の研究が盛んとなっている。有機リンカーによる連結は，結合の方向が規定されるため，前述のSi-O-Si結合を用いたネットワークに比べて，比較的規則性の高い骨格を形成することができる。大久保らのグループは，各種ジオールとSi-H基を有するD4Rユニットを反応させることで，脱水素反応によりミクロ多孔体が得られることを見出した（図1下）[8]。特に剛直なアダマンタンジオールを用いた場合に高い熱的安定性と加水分解耐性を示し，細孔壁中でD4Rユニットが一定の周期で配列していることが示唆されている。この報告では，剛直なリンカーを用いているために比較的高い規則性が達成されたものの，D4R同士をつなぐSi-O-C結合は加水分解に弱いということが課題となっている。より高い安定性を達成するためには，ユニット間をC-C結合でつなぐアプローチが望ましい。

　1990年代から，ビニル基を有するD4Rユニットと，Si-H基を有するD4Rユニット間のヒドロシリル化反応によりSi-C結合を形成し，D4Rユニットを組み上げる手法が数多く報告されている[4]。D4Rユニットとビニル基またはSi-H基の間に，さまざまな長さの官能基を結合させることでD4Rユニット間の有機架橋基の長さが変化，細孔形態が制御可能である[9]。トリフリン酸とシクロペンタジエニルチタントリクロリド（CpTiCl$_3$）を用いたTiによる修飾[10]等，種々の研究が報告されている。これらの報告においては，より安定な結合を形成することが可能であるものの，リンカー部分はフレキシブルであるために配列の方向性を規定することができず，細孔分布は広くなってしまうことが課題である。

　Chaikittisilpらは，エチニル基を有する3種類の有機リンカーを利用して8つの頂点Siが$p$-ブロモフェニル基で修飾されたD4Rユニットを Sonogashiraクロスカップリング反応を用いて連結した。D4Rユニットを接続するリンカー部の剛直性が非常に高いために，850〜1040 m$^2$ g$^{-1}$ の高いBET比表面積を持った多孔体を得ることが可能となった[11]。

　また，Chaikittisilpらは，D4Rユニットの$p$-ブロモフェニルエテニル基同士をNi(0)錯体を用いたYamamoto反応によって結合させた場合，より規則的な多孔体が得られることを見出した（**図2**

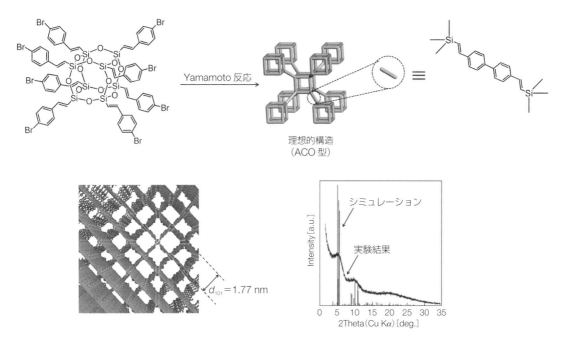

**図2**　上：$p$-ブロモフェニルエテニル基で修飾されたD4Rを用いた有機シリカ多孔体の合成スキーム，下：骨格構造のモデル図とXRDパターン

- 315 -

第4章　その他のナノ空間材料

上）[12]。得られた多孔体は，1050 $m^2 g^{-1}$ の高い比表面積を持ち，さらに興味深いことに，粉末X線回折（XRD）によってACO型構造に帰属される回折ピークが見られることがわかった（図2下）。さらに，Chaikittisilp らはクロロベンジル基で修飾されたD4Rユニットを三塩化アルミニウム（$AlCl_3$）触媒を用いたフリーデルクラフツ反応により架橋すると，非常に大きな比表面積（2500 $m^2 g^{-1}$）と細孔容量（3.2 $cm^3 g^{-1}$）を持った多孔体が生成されることを見出した[13]。シロキサン結合の開裂が起こるため，前述の例と異なり生成物はアモルファスとなるが，架橋反応が高度に進行することによって，多孔体化が有効に進んだと考えられる。

さらに，より規則性が高く，高比表面積・大細孔容量の有機シリカ材料を目指し，ゼオライト骨格に有機基を導入することができないか，という取り組みが行われるようになった。Jones らは，フェニルトリメトキシシランなど R'Si(OR)$_3$ タイプの末端有機基を持つ有機シリカをシリカ源の一部として用い，*BEA型ゼオライトが合成できることを報告した[14]。さらに骨格外に導入されたフェニレン基をスルホ化することにより，形状選択性を持った酸触媒の開発にも成功した[15]。

2003年に辰巳らのグループは，(RO)$_3$Si-R'-Si(OR)$_3$ タイプの架橋型有機シランをシリカ源として用い，ゼオライト骨格中にメチル基が導入された有機ゼオライト（Zeolite with organic group as lattice；以下 ZOL）の合成を報告した[16]。メチレン基によって架橋されたアルコキシシランであるビストリエトキシシリルメタン（Bis (triethoxysiklyl) methane；以下 BTEM）をオルトケイサンテトラエチル（Tetraethyl orthosilicate；以下 TEOS）とともにシリカ源として用いることで，ゼオライト骨格中 Si-O-Si 結合の一部が最大25%程度 Si-C-S により代替され，LTA型，MFI型，*BEA型ゼオライトと同様の骨格構造を持った ZOL の合成が報告されている。Si-C 結合長（約1.9Å）は Si-O 結合長（約1.6Å）より長いが，Si-C-Si 結合角は約109°と一般的なゼオライト骨格中の Si-O-Si 結合角（例えば MFI型ゼオライトにおいて140〜170°[18]）より小さいため，骨格中への導入が可能であったと考えられる[17]。ゼオライト骨格由来の物理的性質を持ちながら高い疎水性など特徴的な性質を示し，今後の発展が期待される。

## 3 メソ孔を持つ有機シリカ多孔体

メソポーラスシリカ材料は1992年に Mobil 社によって報告[19]された，細孔径2〜50 nmのメソ孔を持ったシリカ系多孔体であり，広範な応用が期待できる材料としてさまざまな研究が行われてきた。表面積が大きく（数百〜千数百），メソ細孔表面への修飾や細孔内部への分子等の導入が容易であることから，吸着剤，触媒，ドラックデリバリーやバイオイメージング等多種多様な応用を目的とした研究が行われている。一般的な合成手法はアルコキシシラン（Si(OR)$_4$）の加水分解と脱水縮合を界面活性剤との協奏的相互作用の下で行うことでシリカ−界面活性剤複合体を形成し，さらに焼成や酸処理によって界面活性剤を除去するというものである。しかし，シリカ骨格は化学的に安定，不活性であるため，材料の機能向上や特性の改善には骨格組成の拡張が重要である。そのため，これまで有機基が骨格内に導入されたメソポーラス有機シリカの研究が活発に行われてきた。本稿ではメソポーラス有機シリカについて，①主要な有機基が三次元のシリカ骨格外に存在するもの，②有機基がシリカ骨格のネットワークの中に存在するものに分けて述べる。

まず，主要な有機基が三次元シリカ骨格外に存在するメソポーラス有機シリカについて，グラフティングおよび共縮合を用いた合成アプローチを紹介する。グラフティングは，メソポーラスシリカ骨格の形成後に，R'$_x$Si(OR)$_{4-x}$ 型の有機シランや，クロロシラン（Cl$_x$SiR$_{4-x}$）等を用いてメソポーラスシリカ表面のシラノール基を修飾する手法である（図3上）。メソポーラスシリカ形成プロセスに有機シラン類が加わる影響がないことから，メソ構造が保たれやすいことが利点の一つである。スルホン酸誘導体やアミン類のグラフティングを利用した固体触媒としての利用[20]，また光応答性有機分子で細孔の開口端を修飾することにより光化学的にコントロールされたドラックデリバリーキャリアの開発等，多くの研究が行われてきた[21]。しかしながら，特に嵩高い有機基による修飾を目指す場合には，細孔内への均一な修飾が困難であること，有機基の割合をふやすと細孔がふさがれてしまうこと等が課題となっている。

1節 多孔性有機シリカハイブリッド材料

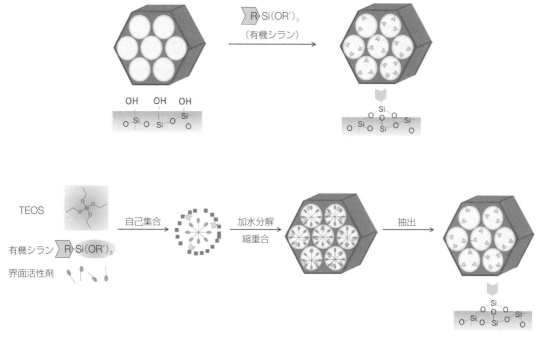

図3 上：グラフティングによる有機シリカメソ多孔体の作製スキーム，下：共縮合による有機シリカメソ多孔体の合成スキーム

　次に，共縮合（co-condensation）とは，グラフティングのようにメソ構造を形成した後に修飾を行うのではなく，TEOS，オルトケイ酸テトラメチル（Tetramethyl orthosilicate；TMOS）などのSi(OR)$_4$型テトラアルコキシシランと，R'Si(OR)$_3$型の有機シランを界面活性剤等の構造規定剤とともに混合，有機基が導入されたメソ多孔体をワンポットで合成する手法である（図3下）。この場合有機基R'がシリカ骨格外に残り，機能性を発揮する。R'の選択により，アルキル基やアミノ基，芳香族基，シアノ基などさまざまな官能基の導入が報告されており，グラフティングと比べ細孔が修飾によりふさがれるおそれがなく，比較的均一に有機基を導入できるという利点があり，盛んに研究が行われている。

　さらに，R'Si(OR)$_3$型の有機シランを戦略的に分子設計することにより，テンプレートフリーのメソ構造体合成も報告されている。下嶋らは有機シランの無機部と有機部の設計により，いろいろな規則構造，機能を有するシリカ系ハイブリッド材料の合成に成功した（図4）[22)-24)]。設計された有機シランは，R'（アルキル鎖）が疎水部，シラントリオールが親水部である両親媒性分子となり，自己組織化によりメソ構造体が形成される。メソ孔は有機基を焼成により除去することにより形成される。一般に両親媒性分子は水中で分子会合し，球状ミセルやヘキサゴナル液晶，ラメラ液晶，キュービック液晶などさまざまな自己組織体を形成するが，どのように分子会合するかは，$g=V/a_0L$（$V$：アルキル基（疎水基）の体積，$a_0$：親水基の頭部面積，$L$：アルキル基の臨界鎖長）で表されるパッキングパラメーター$g$によって決まる[25)]。例えば，$g$値が小さくなるにつれて，両親媒性分子の湾曲率は高まり，ラメラ構造からキュービック（$Ia3d$）構造，ヘキサゴナル（$p6m$）構造へと変化する。下嶋らは親水部のシロキサン部の設計により，パッキングパラメーターを調製し，さまざまなメソ構造を形成した。トリアルコキシ（またはトリクロロ）シランの加水分解と縮重合によりラメラ構造が形成されるのに対し[26)]，より大きな親水部であるテトラシロキサンユニットを持った前駆体$C_nH_{2n+1}Si[OSi(OMe)_3]_3$を用いると2Dヘキサゴナル構造（$n=6〜10$），2Dモノクリニック構造（$n=12, 13$），ラメラ構造（$n=14〜18$）をつくり分

第4章　その他のナノ空間材料

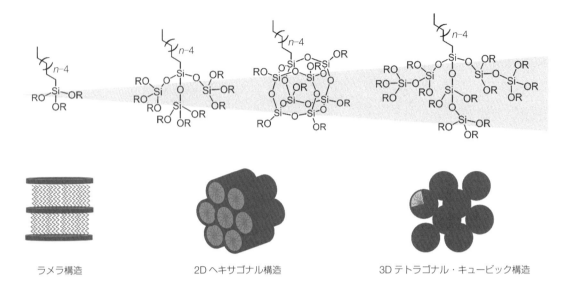

図4　有機シランの分子設計によるテンプレートフリーメソ構造体の合成

けられることを示した[22]。また，下嶋らは親水シロキサン部としてD4Rユニットを用いても自己集合によりメソ多孔体を形成することができることを報告した[23]。この手法では，D4Rの8つの頂点Siのうち1つに疎水基として長鎖アルキルを結合，他の頂点をエトキシ基とし，疎水的アルキル基と親水的エトキシ基により修飾されたかご型シロキサン分子（$C_nH_{2n+1}Si_8O_{12}(OEt)_7$, $n=16〜20$）を設計して用いる。アルコキシ基の加水分解に伴う自己集合を利用することでアルキル基の長さを反映したメソ孔を保持した2Dヘキサゴナル構造を形成することが可能となる。形成過程でかご型シロキサン構造は保たれアルキル基の焼成によりメソ多孔体が得られることが明らかにされている。

さらに，下嶋らは，より大きな親水頭部を実現するために特異なアルコキシシロキサンオリゴマー$C_nH_{2n+1}Si[OSi(OMe)_2OSi(OMe)_3]_3$を設計し，ラメラ，2Dヘキサゴナル，さらに3Dテトラゴナル構造のメソ構造体を選択的に合成することに成功した[24]。

細孔表面の有機基の環境，分布の仕方の制御は触媒等の利用において重要な因子であるが，テトラアルコキシシランと有機シランの加水分解速度の違い等から，共縮合によって高濃度で有機基を導入することは課題となっていた。そのため，有機基の密度の上昇など環境の制御を目指し，さまざまな合成法が工夫されてきた。相田らのグループは，テンプレートとして働く長鎖アルキル基とエステル結合でつながったペプチド鎖を有し，ヘッドグループ近傍に縮合可能なアルコキシシリル基を有する界面活性剤をTEOSとともに用いてメソ多孔体を形成した[27]。長鎖アルキル基は酸性条件でペプチドユニットから切断することができるため，内壁がペプチドで完全にコーティングされたメソ構造複合体を得ることに成功した。表面が官能基で完全に覆われていながらゲスト取り込みの空孔を有するチャネルが形成されており，触媒等の利用に有用であると考えられる。

また，下嶋らは前述の有機修飾D4Rの自己集合を用いた多孔体形成において，アルキル基の代わりにカルボン酸のアルキルエステルで修飾したかご型シロキサンを用いた場合，エステルの加水分解により焼成を経ずともメソ構造多孔体を得ることに成功した[28]。この多孔体はカルボン酸により修飾されたD4Rユニットからなっており，高密度かつ均一な修飾を実現することが可能となった。

さらに，辰巳らは，アニオン性界面活性剤を用いたメソポーラスシリカ（Anionic surfactant template Mesoporous Silica；以下AMS）の合成に初めて成功した[29]。正電荷を帯びた有機官能基を有する有機シランがアニオン性界面活性剤と静電相互作用しうることに着目し，TEOSとアミノ基を持つ有機シランの混合物をシリカ源として用いることにより，

AMS が合成できることを見出した。シリカ-アミノ基-界面活性剤からなる AMS の前駆体から界面活性剤のみを抽出除去することにより，固体塩基触媒や吸着剤として応用可能なアミノ基含有メソポーラスシリカを合成することにも成功した。

また，近年，メソポーラスシリカ表面へのポリペプチド等のポリマーによる修飾が注目を集めている。シリカ表面に重合開始点となる有機基が突出するよう共縮合またはグラフティングを行い，モノマーを供給し重合を進めるアプローチが一般的である。ニトロキシドを媒介したラジカル重合を利用した MCM-41 の細孔内へポリスチレンの修飾，原子移動ラジカル重合方法によるポリスチレン，ポリアクリロニトリルの SBA-15 への修飾等多く報告例がある[30)31)]。モノマーの開環反応を利用した重合反応も $N$-カルボン酸無水物（NCA）の開環を利用したポリペプチドの修飾（図5上）[32)]，アジリジンの開環反応を利用したポリエチレンイミン修飾（図5下）[33)] 等が報告されている。これらのポリマー修飾は通常，液相反応によって行われているが，近年 Chaikittisilp らは比較的沸点の低い含窒素複素環を蒸気として供給，気相反応により重合を進めるアプローチを開発した[34)]。液相における反応では通常液中の反応物を濃縮する必要があり複雑な多孔体の修飾が困難であったが，気相反応を実現することでそれらの課題を解決することが可能となった。

さらに，デンドリマーによる修飾も報告されている。Jan らはポリアミドアミン系デンドリマーをMCM-41 細孔内へ修飾することに成功し，ロジウムとの複合体がオレフィンのヒドロホルミル化に高い活性を示すことを報告した[35)]。また Shantz らはメラミン系デンドリマーをアミン修飾後に MCM-41 および SBA-15 表面に固定し，ニトロアルドール反応における活性を示した[36)]。

ここまで，シリカ骨格の外に有機基が存在する有機シリカメソ多孔体について述べてきたが，次に，シリカ骨格の中に有機基が組み込まれた多孔体合成について述べる。

有機基で架橋されたアルコキシシラン $(RO)_3Si-R'-Si(OR)_3$ の加水分解と縮重合を用いて有機-無機ハイブリッド材料を合成する手法は，前述の2つの手法と異なり，有機基を三次元的なシリカネットワーク中へ完全に均一かつ高密度に導入できるという利点がある（図6）。このような架橋型有機シラ

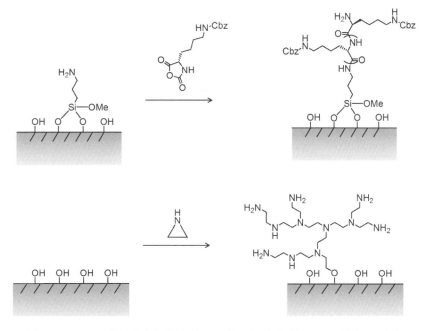

図5 モノマーの開環反応を利用したメソポーラスシリカ表面へのポリマー修飾
上：ポリペプチド，下：ポリエチレンイミン

第4章　その他のナノ空間材料

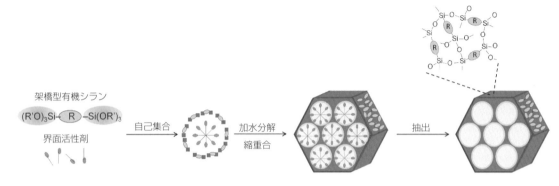

図6　架橋型有機アルコキシシランを用いた有機シリカ多孔体の合成スキーム

ンを骨格原料とするメソポーラス有機シリカ（PMO）は，1999年に報告されて以来[37)-39)]，多種の応用への利用が期待され盛んに研究が行われてきた。

フェニル基等特定の架橋基R'を有するPMOでは，骨格内に分子スケールで秩序構造がうまれることも報告されている[40)41)]。骨格内に秩序構造が形成されることで，有機基の高密度化や特殊な相互作用が生まれることによる新たな機能性の発現等が期待できる。例えば，2.6-ナフチレンにより架橋された骨格構造を持つPMOは，骨格内秩序の有無が発行挙動に大きく影響することが報告されている[42)]。PMOに関する詳細な記述については，他稿に譲るものとする。

## 4 多孔質有機シリカナノ粒子

材料の機能向上や特性の改善を実現させるためには，多孔質有機シリカ材料の形態制御も重要な要素である。特に，粒系100 nm以下の多孔質シリカナノ粒子は触媒，ドラッグデリバリー等の応用に有用であり，高い分散性と粒径の制御が性能改善に重要である。通常マイクロオーダーの不規則な形状を持つバルクの多孔質シリカに比べて，ナノ粒子化により，物質輸送の効率化，基材への接着性向上，分散性の上昇等さまざまな利点が挙げられる[43)]。有機による修飾はこれらの応用において新たな機能性の発現，性能向上につながることから近年各用途において注目されている。これまで述べたように各種手法によるハイブリッド化が考えられるが，ここでは主に骨格内に有機基を持つ有機シリカナノ粒子の合成について述べる。

メソポーラス有機シリカナノ粒子はストーバー法の応用による報告が多くなされている。ストーバー法は，TEOS，水酸化アンモニウム，および加水分解のための水をエタノールに加え，TEOSの反応終了まで撹拌することにより単分散シリカナノ粒子を得る手法である。その手法を有機シランに応用することで，pHやシリカ源加水分解の触媒となる塩濃度，反応物濃度などの調製により，球状，立方体状，六角柱型など有機シリカナノ粒子のさまざまな合成が報告されてきた[44)45)]。しかし，この手法では小さな粒径範囲において粒径を制御することが難しく，特に粒径100 nm以下で単分散有機シリカナノ粒子を得ることは困難である。

黒田らは，エテニレン架橋型有機シランを$C_{16}$TABrが存在した塩基性溶液中で加水分解・縮重合を行い，透析により$C_{16}$TABrを除去することで粒径20 nm以下の高分散性メソポーラス有機シリカナノ粒子が得られることを報告し，同様のメソポーラスシリカナノ粒子は塩基性水溶液中での安定性が優れ，溶血活性（赤血球の細胞膜の崩壊を引き起こす性質）が低いことを示した[46)]。この手法では，エタノール中で水とシリカ源を均一にして反応されるストーバー法に比べて，シリカ源の加水分解が水相との境界のみでおこるため，粒径のコントロールを比較的精密に行うことができる。

また，中空構造および多孔質のシェルを持った中空有機シリカナノ粒子は，中空部に多量の物質を保持できること，除放性を持つこと等から，ドラッグデリバリーシステムのキャリアとして有用であり，さらに，内部に導入した金属活性種と粒子のシェル

の性質を組み合わせ，反応場などへの応用も期待されている。中空シリカナノ粒子の合成は，球形鋳型のまわりにシリカのシェルを形成した後，鋳型を除去するという手法が一般的である。特に中空有機シリカ粒子の合成では，界面活性剤やブロックコポリマーなどのミセルを鋳型とするソフトテンプレート法が用いられてきた（図7上）。2006年に，Luらは炭化フッ素系界面活性剤とエチレン架橋型有機アルコキシシランであるビストリメトキシシリルエタン（Bis (trimethoxysilyl) ethane；以下BTME）の球状複合体を液晶鋳型として，カチオン性界面活性剤とBTMEの複合体シェルを形成することにより，中空有機シリカナノ粒子を得ることに成功した[47]。それ以来，さまざまな界面活性剤や合成条件が工夫され，多くの報告がなされてきた。ポリエチレンオキサイドユニットを持つブロックコポリマーは，メソポーラスシリカ合成において，アルキルアンモニウムやアミン系界面活性剤を代替するテンプレートとして知られている。特にポリエチレンオキサイド−ポリプロピレンオキサイド−ポリエチレンオキサイド（PEO−PPO−PEO）ブロックコポリマーは，非イオン性界面活性剤として有用なテンプレートである。水溶液中で，疎水性PPOブロックがコア，親水性PEOブロックが周辺となるミセルが形成される。中空有機シリカナノ粒子のソフトテンプレートとして用いられたとき，有機シリカ源はPEO鎖のまわりに複合体を形成し，焼成や透析により鋳型である界面活性剤を除去することによって，中空構造および有機シリカシェルの細孔が生成する。Liらは，プルロニックF127（$EO_{106}PO_{70}EO_{106}$）ブロックコポリマーとエチレン架橋型のBTMEを用いて，pH 7の中性条件において，粒径12～20 nmでシェルに0.5～1.2 nmのミクロ孔を持った中空有機シリカナノ粒子の合成を報告した[48]。シリカ−界面活性剤複合体の形成は，反応溶液のpH，界面活性剤濃度などの合成条件に大きく影響を受ける。例えば，疎水性であるシリカ源が過剰となると界面活性剤の疎水部と相互作用し，ミセルの形態が変わることが報告されている。Krukらは，プルロニックF127ブロックコポリマーを用いて，有機シリカ源−界面活性剤の比を下げることで，生成される有機シリカの形状は規則的な面心立方構造から単分散中空ナノ粒子に変化することを見出した[49]。

このように，ソフトテンプレートを用いた中空有機シリカナノ粒子は，求める形態を生成するには合成条件の精密なコントロールが必要であるといえる。また，この手法は，粒径の小さな中空粒子の合成には適する一方，粒径30 nm以上の粒子の合成が困難であること，焼成等を伴う合成プロセスが複雑であること，ミセルを除去する際に粒子が凝集してしまうなどの課題が存在する。触媒や吸着材など中空粒子の利用が期待される多くの分野では，粒径が揃って分散性が良い粒子を任意の粒径で合成できる，ということが不可欠であり，また，量産のためには合成プロセスが簡便かつ低コストである必要がある。

金属ナノ粒子などのハードテンプレートを用いた手法はこれらの課題を解決できる可能性を持ち，近

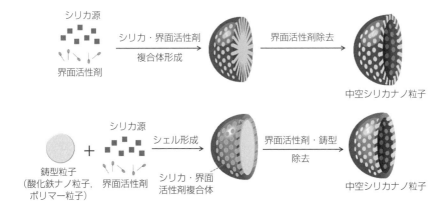

図7 上：ソフトテンプレート法を用いた中空有機シリカナノ粒子の合成スキーム，下：ハードテンプレート法を用いた中空有機シリカナノ粒子の合成スキーム

年注目されている（図7下）。Shi らは酸化鉄ナノ粒子を鋳型として粒径 100～200 nm の中空有機シリカナノ粒子の合成し，ディールズアルダー反応等への応用を報告し[50]，Ha らはポリマーラテックス球を鋳型として，エチレン架橋型有機シランを用いて中空ナノ粒子を合成した[51]。しかし，これらの方法では，鋳型粒子を特に小さな粒径範囲において精密に粒径制御することが困難であり，合成可能な中空有機シリカナノ粒子の粒径は限られていた。近年，小池らによって，中空有機シリカナノ粒子の鋳型として無機シリカナノ粒子（以下単にシリカナノ粒子と表記）を用いる合成手法が開発された（図8上）[52]。小池らは，鋳型となるシリカナノ粒子分散液に架橋型有機シランを添加し，油（有機シリカ源）－水（シリカナノ粒子分散液および加水分解を触媒する塩基）二相系で反応を進めることで，鋳型となるシリカナノ粒子表面に微粒子状に有機シリカシェルが形成されることを見出した。シリカは有機シリカに比べ塩基性水溶液中での溶解度が極端に大きいため[46]，水酸化ナトリウム水溶液を投入し粒子分散液の pH を上げることで単分散性を保ったまま鋳型シリカナノ粒子を溶出除去することができる。シリカナノ粒子は，単分散な粒子を任意の粒径で合成する簡便な方法が確立されている[53]。そのため，鋳型として用いるシリカナノ粒子の粒径を変えることにより，任意の直径の中空有機シリカナノ粒子を合成することができ，中空有機シリカナノ粒子の粒径制御の問題を解決することが可能となった。

図8下に鋳型シリカ粒子と有機シリカシェル形成後の粒子，および鋳型除去後の中空有機シリカナノ粒子の SEM 像・TEM 像を示す。数ナノメートルサイズの微粒子状に有機シリカシェルが形成しているが，これは，有機シリカ源の加水分解の遅さから，シェルとして析出する際に，溶解－再析出がおこりにくいためと考えられ，この特徴により，中空粒子のシェルには微粒子間の細孔が生まれ，より高い比表面積と空隙率を達成している。通常メソ孔の形成には界面活性剤が欠かせないのに対して，界面活性剤フリーでメソ構造を形成することができる特異なアプローチであるといえる。また，有機シリカシェルの形成時に，有機シリカ源の加水分解速度が鋳型シリカナノ粒子表面への有機シリカ析出速度を上回った場合，有機シランモノマーの水中濃度が増加し新たな粒子生成が起こってしまうことから，鋳型シリカナノ粒子濃度や塩基濃度の調製によりそれぞれの速度をコントロールすることが重要であることがわかった。さらに，有機基として，エチレンではなくプロピレンやフェニレンなど他の有機基を導入することも可能であり，さらなる修飾により触媒等への応用が期待される。

## 5　有機シリカ多孔体の応用

有機シリカ多孔体は，大細孔容量および高比表面

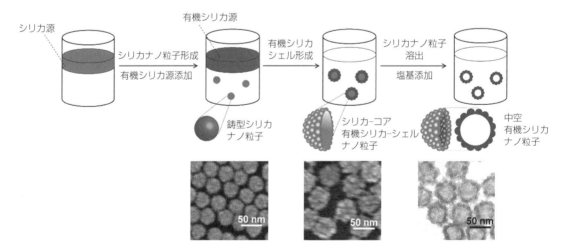

図8　上：シリカナノ粒子を鋳型とした中空有機シリカナノ粒子の合成スキーム，下：鋳型シリカナノ粒子およびシリカ－コア/有機シリカ－シェルナノ粒子の SEM 像，中空有機シリカナノ粒子の TEM 像

積，制御された細孔構造と，有機基による多様な性質を併せ持つことから，さまざまな応用が期待されている。ここでは，ドラッグデリバリー，触媒，低誘電率材料としての応用のみを取り上げる。

## 5.1 ドラッグデリバリー

ドラッグデリバリーシステム (DDS) とは，薬物が持つ副作用を最小限に抑えるために体内の薬物分布を，量的・空間的・時間的にコントロールし，薬物投与を最適化することを目指したアプローチである。特に薬物の体内での行く先（体内動態）をコントロールし，薬物本来の薬効をより効率的に患部に働かせようとする試みは，ターゲティング療法と呼ばれ，メソポーラスシリカは，薬物のキャリアとして有効とされているる。Lu らが，HeLa 細胞へのメソポーラスシリカナノ粒子の取り込みは粒径 50 nm で最大となることを示した[54]ように，キャリアの形態は効率のよい輸送に重要であり，粒径のよく制御された多孔質シリカナノ粒子はキャリアとして優れているといえる。また，シリカ材料はポリマーミセルやデンドリマー等を用いたアプローチと比較して強固であること，生体に対して毒性を持たないことに特長がある。有機修飾基を持つ有機シリカは，刺激応答性などの望ましい特性を付与することもできるため，DDS 応用に望ましい。特に pH 応答性は薬物放出の仕組みとして最も一般的に使われる。メソ孔内に薬物を導入した後，グラフティングにより表面を修飾し開口をふさぐアプローチは多く報告されている。例えば，Kim らは，シクロデキストリン/PEI 複合体を細孔表面に修飾，酸性条件でシクロデキストリン複合体が分解することを利用して内包薬物を放出する仕組みを報告した[55]。また，Zink らは，アミノ基により修飾されたメソポーラスシリカナノ粒子に pH に応答して形状を変えるポリマー（キューカービチュリル）を修飾することで，リゾチームおよび細胞内に酸性条件で内包した薬剤を放出するシステムを開発した[56]。このほか，酵素の存在に応答した放出，その他各種化学物質に応答した放出等さまざまなシステムが報告されている[57]。

## 5.2 触　媒

有機シリカ多孔体へのアミン修飾，スルホ化による固体酸性・塩基性の導入により形態が精密制御さ

れた触媒を創製することができる。ゼオライトへ導入されたフェニル基のスルホ化により，ゼオライト構造由来の形状選択性を持った触媒が開発された[14)15)]。また，段階的に異なる官能基によって修飾を行い階層的な構造を形成することで，カスケード反応に適した触媒を創製することができる。例えば，Liu らのグループは，中空シリカナノ粒子の外壁をカルボン酸基，内壁をアミン基で修飾することにより，それぞれに触媒される脱アセタール化反応，ヘンリー反応のカスケード反応を効率よく進めることができることを報告した[58]。さらに，活性金属種ナノ粒子を中空部に内包したナノ粒子は Yolk-shell 型と呼ばれ，金属ナノ粒子の分散性の保持，活性の向上などが報告されている。中空壁をアミン等で修飾することにより，理想的なカスケード反応触媒となると考えられる。また，酸化鉄など磁性を持った粒子を内包することにより，磁力によって回収可能な触媒とすることもできる[59]。

## 5.3 低誘電率材料

低誘電率材料（Low-$k$ 材料）は，歴史的には空隙率を上昇させることでさらなる Low-$k$ 化が目指されてきたが，空隙率の上昇は同時に機械的強度の減少につながるため，有機シリカを用いて骨格の頑健性を上昇させることが注目されてきた[60]。さらに，シリカ骨格内に有機基が導入されると，構造中に，Si-O に比べて分極の小さい Si-C 結合や C-C 結合を導入することができるため Low-$k$ 材料として理想的であるといえる。前述の有機シリカエアロゲルを用いた Low-$k$ フィルムの作成は，架橋型有機シランを用いて作成したゾルをゲル化する前にスピンコーティング等でフィルム化することにより容易に得ることができる[1]。また，Low-$k$ 材料としてのメソポーラス有機シリカフィルムは，界面活性剤等のテンプレートとともにシリカ源をスピンコートまたはディップコートする手法，固-液界面または気-液界面における水熱反応や化学気相蒸着のような気相反応等さまざまな手法が報告されてきた。Ozin らは，スピンコーティングにより，メタン，エタン，エチレンおよび芳香族架橋型のメソポーラス有機シリカ薄膜を作成し，誘電率の違いについて検討した[61]。また，これら架橋型シランを TMOS と混合して薄膜を作成し，有機シリカ割合が上昇するほど

第 4 章　その他のナノ空間材料

誘電率が低くなることを示した。

## 6 おわりに

　多孔性有機シリカハイブリッド材料について，さまざまな合成手法や特性，期待される応用等について述べてきた。機能性多孔体に求められる特性として，任意の目的に応じた細孔（サイズ，構造）の制御，シリケート骨格の制御，さらに形態の制御があげられる。本稿では，ミクロ多孔体およびメソ多孔体に分けて有機シリカ多孔体合成について述べた。また，シリケート骨格を制御するアプローチについて，D4R などの構造ユニットを用い，いかに強固に規則的な配列をつくることが可能となるかについて紹介した。また，最後に形態制御の例としてナノ粒子化，中空ナノ粒子化についてソフトテンプレート法およびハードテンプレート法についてまとめた。

　有機シリカ多孔体は，これらの制御が精密に行えることに加えて，有機基による多種多様な機能付与が可能であり，大きな可能性を秘めている。応用について一部のみ紹介したが，さらに光や pH に応答してよりダイナミックに骨格構造がコントロールできるような多孔体が形成可能となれば，より広範な応用へつながっていくと考えている。

■引用・参考文献■

1) D. A. Loy and K. J. Shea : *Chem. Rev.*, **95**, 1431 (1995).
2) D. A. Loy et al. : *J. Am. Chem. Soc.*, **114**, 6700 (1992).
3) D. W. Schaefer et al. : *Chem. Mater.*, **16**, 1402 (2004).
4) P. G. Harrison : *J. Organomet. Chem.*, **542**, 141 (1997).
5) Y. Hagiwara et al. : *Chem. Mater.*, **20**, 1147 (2008).
6) H. Kuge et al. : *Chem. Asian J.*, **3**, 600 (2008).
7) K. Iyoki et al. : *J. Mater. Chem. A*, **1**, 671 (2013).
8) Y. Wada et al. : *Chem. Eur. J.*, **19**, 1700 (2013).
9) C. Zhang et al. : *J. Am. Chem. Soc.*, **120**, 8380 (1998).
10) J. J. Morrison et al. : *J. Mater. Chem.*, **12**, 3208 (2002).
11) W. Chaikittisilp et al. : *Chem. Eur. J.*, **16**, 6006 (2010).
12) W. Chaikittisilp et al. : *Chem. Mater.*, **22**, 4841 (2010).
13) W. Chaikittisilp et al. : *J. Am. Chem. Soc.*, **133**, 13832 (2011).
14) C. W. Jones et al. : *Nature*, **393**, 52 (1998).
15) C. W. Jones et al. : *Microporous Mesoporous Mater.*, **42**, 21 (2001).
16) K. Yamamoto et al. : *Science*, **300**, 470 (2003).

17) I. Petrovic et al. : *Chem. Mater.*, **5**, 1805 (1993).
18) K. Yamamoto and T. Tatsumi : *Chem. Mater.*, **20**, 972 (2008).
19) C. T. Kresge et al. : *Nature*, **359**, 710 (1992).
20) N. A. Brunelli and C. W. Jones : *J. Catal.*, **308**, 60 (2013).
21) N. K. Mal et al. : *Nature*, **421**, 350 (2003).
22) A. Shimojima et al. : *J. Am. Chem. Soc.*, **127**, 14108 (2005).
23) A. Shimojima et al. : *Chem. Eur. J.*, **14**, 8500 (2008).
24) S. Sakamoto et al. : *J. Am. Chem. Soc.*, **131**, 9634 (2009).
25) Q. Huo et al. : *Chem. Mater.*, **4756**, 1147 (1996).
26) A. Stein et al. : *Adv. Mater.*, **12**, 1403 (2000).
27) Q. Zhang et al. : *J. Am. Chem. Soc.*, **126**, 988 (2004).
28) R. Goto et al. : *Chem. Commun.*, **44**, 6152 (2008).
29) S. Che et al. : *Nature Mater.*, **2**, 801 (2003).
30) M. Lenarda et al. : *J. Mater. Sci.*, **41**, 6305 (2006).
31) M. Kruk et al. : *Macromolecules*, **41**, 8584 (2008).
32) J. D. Lunn and D. F. Shantz : *Chem. Mater.*, **21**, 3638 (2009).
33) J. M. Rosenholm et al. : *Chem. Mater.*, **20**, 1126 (2008).
34) W. Chaikittisilp et al. : *Chem. Mater.*, **25**, 613 (2013).
35) J. P. K. Reynhardt et al. : *Chem. Mater.*, **16**, 4095 (2004).
36) Q. Wang et al. : *J. Catal.*, **269**, 15 (2010).
37) S. Inagaki et al. : *J. Am. Chem. Soc.*, **121**, 9611 (1999).
38) B. J. Melde et al. : *Chem. Mater.*, **11**, 3302 (1999).
39) T. Asefa et al. : *Nature*, **402**, 867 (1999).
40) A. Sayari, and W. Wang : *J. Am. Chem. Soc.*, **127**, 12194 (2005).
41) S. Inagaki et al. : *Nature*, **416**, 304 (2002).
42) N. Mizoshita et al. : *Chem. Eur. J.*, **15**, 219 (2009).
43) K. C.-W. Wu and Y. Yamauchi : *J. Mater. Chem.*, **22**, 1251 (2012).
44) M. P. Kapoor and S. Inagaki : *Chem. Mater.*, **14**, 3509 (2002).
45) A. Sayari et al. : *Chem. Mater.*, **12**, 3857 (2000).
46) C. Urata et al. : *J. Am. Chem. Soc.*, **133**, 8102 (2011).
47) H. Djojoputro et al. : *J. Am. Chem. Soc.*, **128**, 6320 (2006).
48) J. Liu et al. : *Chem. Mater.*, **20**, 4268 (2008).
49) M. Mandal and M. Kruk : *Chem. Mater.*, **24**, 123 (2012).
50) J. Y. Shi et al. : *Chem. Eur. J.*, **17**, 6206 (2011).
51) W. Guo et al. : *Chem. Eur. J.*, **16**, 8641 (2010).
52) N. Koike et al. : *Chem. Commun.*, **49**, 4998 (2013).
53) T. Yokoi et al. : *Chem. Mater.*, **21**, 3719 (2009).
54) F. Lu et al. : *Small*, **5**, 1408 (2009).
55) C. Park et al. : *Angew. Chem. Int. Ed.*, **46**, 1455 (2007).
56) S. Angelos et al. : *J. Am. Chem. Soc.*, **131**, 12912 (2009).
57) A. Popat et al. : *Nanoscale*, **3**, 2801 (2011).
58) J. Gao et al. : *Chem. Eur. J.*, **21**, 7403 (2015).
59) Q. Yue et al. : *J. Mater. Chem. A*, **3**, 4586 (2015).
60) W. Volksen et al. : *Chem. Rev.*, **110**, 56 (2010).
61) B. D. Hatton et al. : *Adv. Funct. Mater.*, **15**, 823 (2005).

〈Watcharop CHAIKITTISILP，小池　夏萌〉

# 第4章 その他のナノ空間材料

## 2節 コロイド鋳型，マクロポーラス多孔体

### 1 はじめに

コロイド結晶とは，サイズの揃った球状の単分散コロイド粒子が，結晶のように規則的に配列した物質である。コロイド結晶を鋳型とし，規則的な球状細孔を有する多孔体を調製する方法はコロイド鋳型法と呼ばれている[1]。コロイド鋳型法では界面活性剤やブロックコポリマーでは制御が難しい，細孔径の大きなナノ空間材料を容易に調製できる。また，コロイド粒子は種々の反応条件において安定なハードテンプレートであるため，さまざまな構造，組成，形態を有する多孔体の調製に利用することができる。本稿では，コロイド鋳型法による種々のナノ空間材料の合成法やコロイド鋳型法で調製されるナノ空間材料の応用について，近年の研究動向を中心に紹介する。

コロイド鋳型法は，①コロイド鋳型の調製，②コロイド鋳型への骨格成分の導入・骨格形成，③コロイド鋳型の除去の3段階からなる（**図1**(a)）。鋳型となるコロイド粒子には，多くの場合ポリスチレンやポリメタクリル酸メチルからなるポリマービーズやコロイダルシリカが用いられる[2]。粒子径の均一なコロイド粒子は溶媒揮発[3]や遠心分離[4]，毛管現象[5,6]等の過程で自己組織化的に規則的配列構造を形成し，コロイド結晶となる。コロイド結晶中ではコロイド粒子が面心立方構造や六方最密構造に配列している。サイズの異なるコロイド粒子を混合し，自己組織化させることで，複雑な構造を形成させることもできる[7]-[10]。鋳型合成法では骨格成分は鋳型除去の際に安定な物質が選ばれる。ポリマービーズは焼成や有機溶媒を用いた抽出により除去されるため，金属酸化物[4,11]，金属[12]，非酸化物セラミックス[13]，金属炭酸塩[14]等を利用できる。一方，コロイダルシリカは水酸化ナトリウム水溶液やフッ酸を用

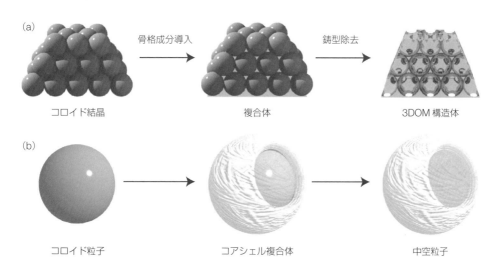

**図1 コロイド鋳型法の概念図**
(a)コロイド結晶を鋳型とした3DOM構造体の形成，(b)分散したコロイド粒子を鋳型とした中空粒子の形成

第4章　その他のナノ空間材料

いて除去されるため，金属[15]，カーボン[16]，ポリマー[17]等を骨格に選択することができる。

鋳型除去により得られる生成物は，コロイド粒子の規則的配列構造を反映した三次元規則的マクロ多孔構造（three-dimensionally ordered macroporous, 3DOM）を有する。3DOM構造体の細孔は比較的大きく，多くの連結孔によりつながっているため，多孔体内部での分子の拡散性に優れている。そのため，触媒担体[18]，分離媒体[19]，電極材料[20]等に利用されている。また，コロイド結晶は光の波長程度のスケールの周期構造を有するため，フォトニック結晶となるが，これを鋳型として得られる3DOM構造体も同様にフォトニック結晶となる[21]。フォトニック結晶中では光の群速度が低下するスローフォトン効果が発現するため，光子が3DOM構造体を通過する際の実効距離が増大する。これを利用し，色素増感太陽電池や光触媒における高効率化が報告されている[22)-24]。

一方，コロイド粒子を集合させずに用い，中空粒子を調製することもできる（図1(b)）。コロイド粒子は溶媒に分散させた状態で用い，その表面にほかの成分からなるシェルを形成させる。この際，静電相互作用を利用した交互積層法[25)26]や，ゾル-ゲル法による粒子表面のコーティングなどが利用される。中空粒子は粒子内部に多くの物質を保持することができ，刺激応答性の薬物キャリア等への応用が検討されている。

コロイド鋳型法は，階層構造を制御するための方法としても優れている。階層構造とはスケールの異なるナノ空間が階層的に集積された構造であり，マクロ孔の壁にミクロ孔やメソ孔が存在するようなものを指す。コロイド鋳型法は規則性の高いマクロ多孔構造を形成することができ，鋳型の構造が種々の添加物の影響をほとんど受けないという利点がある。したがって，コロイド結晶の粒子間隙に界面活性剤等の鋳型を用いてメソ多孔体を形成したり[27)28]，粒子間隙でゼオライトを水熱合成[29]するといった方法により，階層構造材料が調製されている。このような物質は，メソ多孔体やゼオライトが有するメソ孔，ミクロ孔のアクセシビリティを向上させることができ，触媒反応等に伴う細孔の閉塞も低減することができる。

## 2 コロイド鋳型法による特異なナノ空間材料の調製

近年，コロイド鋳型法では鋳型の単純なレプリカ形成ではない，興味深いナノ空間材料の合成例が報告されている。それらの研究では，コロイド結晶における粒子の規則配列を巧みに利用することで，従来にはないユニークな構造制御を実現している。

### 2.1 形態制御されたナノ粒子を合成するための反応場

Steinらは3DOM構造を有するメソポーラスシリカを規則的に分解することで，球状，立方体状の粒子に転換できることを報告している[30]。面心立方構造のコロイド結晶は4個のコロイド粒子に囲まれた四面体空間と6個のコロイド粒子に囲まれた八面体空間を有し，これらの空間はより小さい空間により相互連結している（図2(a)）。したがって，レプリカである3DOMは四面体空間や八面体空間に対応する粒子が細いネックで三次元的に結合した構造を有すると解釈できる。コロイド結晶の粒子間隙にメソポースシリカを形成し，熱処理をすると，シリカの縮合に伴い骨格が収縮する。これにより，各粒子をつなぐネックが切断され，3DOM構造は多数のナノ粒子に分解された（図2(b)）。得られたナノ粒子は四面体空間と八面体空間の形状を転写しているが，熱処理により多面体の角が丸まっていた。そのことにより，四面体空間からは球状の粒子が，八面体空間からは立方体状[31]の粒子が得られた。球状粒子と立方体状粒子の個数比はおよそ1：2であり，コロイド結晶の面心立方構造における四面体空間と八面体空間の存在比と良く一致していた。したがって，コロイド結晶は形態および個数比が制御されたナノ粒子を合成するための反応場を提供すると言える。反応場の形状や個数比は，コロイド結晶の集合構造により制御できる。さらに，多面体生成物の頂点に選択的に有機修飾することにも成功している[32]。3DOMシリカを分解する前に，あらかじめマクロ孔表面をアルキル基やエチレンオキシド基で修飾しておく。分解生成物の頂点をチオール等の異なる官能基で修飾することで，多面体の頂点に金ナノ粒子等の異種物質をさらに複合化することができる。

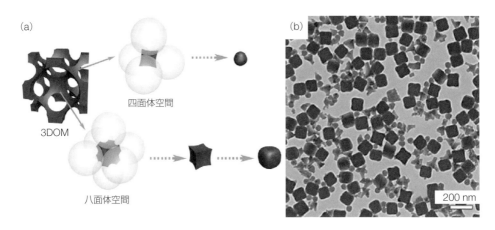

図2 (a)3DOMにおける四面体空間と八面体空間およびそれらから得られる粒子の模式図，(b)3DOMの分解により形成された多面体粒子のTEM像

文献30）より許可を得て転載（Copyright 2007 Wiley-VCH Verlag GmbH & Co）。

## 2.2 コロイド結晶の劈開による二次元鋳型

従来，主に数百nm以上のサイズのコロイド粒子がコロイド鋳型法のために用いられてきたが，近年では粒子径12nm程度の単分散シリカナノ粒子およびそのコロイド結晶が報告され，メソ多孔体に分類されるような細孔径の小さいナノ空間材料の合成にもコロイド鋳型法が利用されている[20)33)〜35)]。

筆者らは，このように粒子間空隙の小さなコロイド結晶を用いた場合，粒子間での結晶成長に由来するコロイド結晶の劈開が生じることを明らかにした。さらに，そのような劈開面の間に形成される二次元ナノ空間が，板状のユニークなナノ構造体の鋳型となることを報告した[36)37)]。鋳型には，粒子径約40nmのシリカナノ粒子が面心立方構造に配列したコロイド結晶を用いた。粒子の間隙に塩化金酸を導入し，これを40℃で昇華したジメチルアミンボラン（DMAB）と反応させ，鋳型内部で金を析出させた（図3（a））[36)]。鋳型をフッ化水素酸で除去したところ，表面に凹凸状ナノ構造を有するナノプレートが得られた（図3（b, c））。このような生成物はコロイド結晶がわずかに劈開してできた劈開面の間に金が二次元的に成長して生成したと考えられる。

また，興味深いことに，金ナノプレートの表面に形成されるナノ構造配列はそのほとんどが面心立方構造の｛111｝面に対応する6回対称構造であり，コロイド結晶の劈開に一定の選択性があることが示唆された。そこで，粒子サイズの異なるシリカナノ粒子を同時に自己組織化させることでAlB$_2$型構造やNaZn$_{13}$型構造といった構造の二成分系コロイド結晶を調製し，鋳型として用いた[37)]。この場合，AlB$_2$型構造の鋳型からは｛100｝面に対応する4回対称構造が選択的に転写され（図3（d）），NaZn$_{13}$型構造の鋳型からは不規則な構造が形成された。これらの傾向は各鋳型の劈開の傾向とよく一致しており，面心立方構造やAlB$_2$型構造の鋳型では，最も結合の弱い面（単位面積あたりの粒子間結合本数が最も小さい面）が選択的に転写されていた。NaZn$_{13}$型構造の鋳型は，ほかの鋳型と異なり表面SEM像において明瞭な劈開面を観察することができなかった。これは，粒子が複雑な配列をなしており，クラックが特定の方位に平面的に伝播しなかったためと考えられる。コロイド結晶の劈開はコロイド粒子の結晶学的な配列に強く相関があり，これを利用することで複雑なナノ構造・形態の制御が可能となる。このような現象は粒子1つ1つは剛直だが集合構造は容易に変化するという，コロイド結晶に特有のものであると言える。

また，こういった興味深い生成物の変化は，コロイド結晶を鋳型とした単結晶NbドープTiO$_2$を形成する際にも見られた。近年，Crosslandらはコロイド結晶にあらかじめアモルファスTiO$_2$を結晶発生点として担持しておき，水熱合成法により鋳型中でTiO$_2$を結晶成長させ，3DOM型単結晶TiO$_2$が形成されることを報告している[38)]。筆者らはこの合

第4章　その他のナノ空間材料

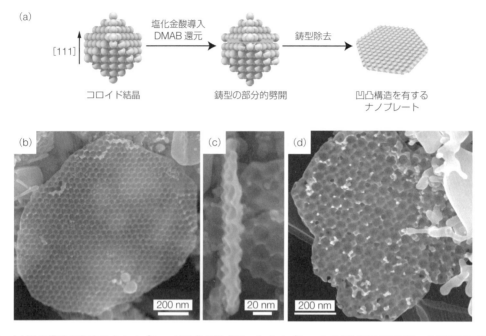

図3　(a)凹凸構造を有する金ナノプレート形成の模式図，金ナノプレートの(b)表面 SEM 像，(c)断面 SEM 像，(d) AlB₂ 型コロイド結晶を用いて調製された金ナノプレートの表面 SEM 像
(b, c)文献36)より許可を得て転載(Copyright 2010 Wiley-VCH Verlag GmbH & Co), (d)文献37)より許可を得て転載(Copyright 2012 American Chemical Society)。

成法をより電気伝導性に優れた Nb ドープ TiO₂ に展開した[39]。Nb のドープ量増加にしたがい，TiO₂ の結晶相はルチルとブルッカイトの混合相からアナターゼ単相（Nb ドープ量 7.4 mol%）へと変化していった。この際，生成物の構造も 3DOM 構造から表面に規則的な凹凸構造を有する板状に変化していった。金を用いた場合[36)37)]と異なり，板状の粒子の片面にのみ凹凸構造が観察されていた。板状試料形成のメカニズムの解明にはより詳細な検討が必要であるが，TiO₂ が鋳型の外表面に選択的に析出したことに由来すると考えられる。

### 2.3　非対称構造の形成

粒子のある面と反対側で，異なる組成，構造，表面官能基等を有するような粒子は，ヤヌス粒子と呼ばれ，近年注目を集めている[40]。黒田，下嶋らは，これに鋳型合成法を組み合わせ，キャップ状の異方形状を有するシルセスキオキサンナノ粒子を報告した[41]。コロイド状メソポーラスシリカは，高濃度のカチオン性界面活性剤水溶液中で調製されるメソポーラスシリカであり，粒径が非常に小さく，均一で，水に高分散するという特徴がある。まず，テトラエトキシシラン，カチオン性界面活性剤，トリエタノールアミン，水からなる前駆溶液を用い，コロイド状メソポーラスシリカを水中で調製し，粒子の分散溶液を得た。さらにこの溶液にフェニルトリエトキシシランを加え，80℃で12 h 撹拌を継続した。フェニルトリエトキシシランは加水分解し，コロイド状メソポーラスシリカの表面を被覆するように縮合し，シェルを形成すると想定されるが，実際にはコロイド状メソポーラスシリカの一部の表面のみを無孔質のフェニルシルセスキオキサンが覆った様子が観察された（図4 (a)）。

このようなヤヌス粒子の形成メカニズムについて，次のように考察されている。フェニルトリエトキシシランは反応溶液中で油滴として分散しており，加水分解種をゆっくりと供給する。このような条件下では，一度コロイド状メソポーラスシリカの表面にフェニルシルセスキオキサンの核が形成されると，新たな核は形成されずに成長のみが進行すると考えられる。また，コロイド状メソポーラスシリカが水とフェニルエトキシシランの油滴との間に存

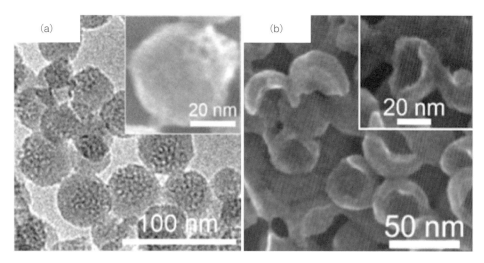

図4 (a)ヤヌス型メソポーラスシリカナノ粒子のTEM像(挿図:SEM像), (b)メソポーラスシリカの選択溶出による帽子型粒子のSEM像(挿図:拡大図)
文献41)より許可を得て転載(Copyright 2015 Royal Society of Chemistry)。

在し, 粒子の片面のみがフェニルトリエトキシシランと反応した可能性もある。

興味深いことに, こうして得られたヤヌス粒子は帽子型粒子に転換することができる。メソポーラスシリカを構成するシロキサン骨格はフェニルシルセスキオキサン骨格に比して溶解しやすいため, 炭酸ナトリウムを用いて選択的に溶出させることができた。残存したフェニルシルセスキオキサン部は, ヤヌス粒子の構造を反映した帽子型であった(図4(b))。このように, コロイド状メソポーラスシリカナノ粒子を鋳型として用いることで, 異方形状のナノ粒子が得られた。

## 3 コロイド鋳型法で得られるナノ空間材料の応用例

### 3.1 ゼオライトナノ粒子およびゼオライト分離膜

ゼオライトは2 nm以下の微小な規則的ナノ空間を有する多孔質物質であり, 固体酸, 分離媒体, 低誘電率材料等に利用されている[42]。ゼオライトの微細なナノ空間は触媒反応や有機分子の選択的取り込みに有用であるが, 触媒反応の際に副生成物として生成する炭素質により閉塞してしまったり, 内部での物質拡散が遅いために効率的な利用が難しいと

いった問題がある。これらの諸問題を解決するために, 近年ゼオライトを主骨格に持つ階層構造体の調製が検討されており, コロイド鋳型法も重要な役割を担っている。ここでは, コロイド鋳型法を利用した2段階の構造転写法による階層構造ゼオライトの調製と, その性能について紹介する。

Tsapatsisらはコロイド鋳型法を用いて調製したthree-dimensionally ordered mesoporous (3DOm)構造のカーボンをさらに鋳型に用い, 3DOm-imprinted (3DOm-i)ゼオライトの合成を報告している[43]。まず, シリカナノ粒子からなるコロイド結晶を鋳型として3DOmカーボンを調製しシリカライト-1の鋳型として用いた。鋳型の内部に水, エタノール, 水酸化テトラプロピルアンモニウム, 水酸化ナトリウム, テトラエトキシシランからなる前駆溶液を導入し, 前駆体ゲルを調製した。これをオートクレーブ中で高温高圧の水蒸気と反応させることで, 鋳型中にシリカライト-1の結晶を成長させた(steam-assisted crystallization, SAC)。鋳型である3DOmカーボンはシリカナノ粒子からなるコロイド結晶のレプリカであり, 球状細孔が規則的に配列した構造を有する(図5)。3DOmカーボンを鋳型に調製された3DOm-iシリカライト-1は, 再びシリカナノ粒子と同様の球状粒子となり, これらがコロイド結晶と同様に規則的に配列していた。1つ1

第4章　その他のナノ空間材料

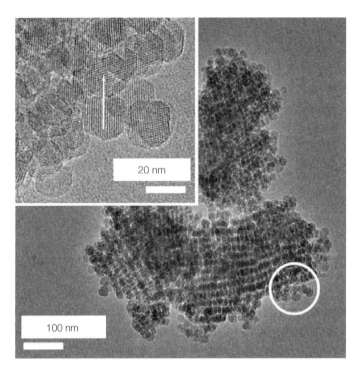

図5　シリカライト-1ナノ粒子集合体の TEM 像（挿図：拡大図）
文献43)より許可を得て転載（Copyright 2008 Nature Publishing Group）。

つのシリカライト-1ナノ粒子の大きさは，最初に用いたシリカナノ粒子のサイズに依存しており，20 nm，40 nm と制御できた。シリカライト-1ナノ粒子の間隙にはメソスケールの細孔が形成されており，ミクロ-メソ階層構造を有していた。

上述の3DOm-iゼオライトはSAC法により調製されているため，ゼオライトのさまざまな構造，組成への適用範囲拡大が課題であった。Tsapatsis, Wanらは，汎用的な合成法である水熱合成法を用い，BEA型，LTA型，FAU型，LTL型構造の3DOm-iの合成，Si/Al比の制御も可能となった[44)45)]。このように，ゼオライトの構造，組成を制御することで，3DOm-iゼオライトを触媒として利用する上で有効である。FanらはSnドープMFI型ゼオライトからなる3DOm-iゼオライトを用い，セルロース由来の単糖類（ジヒドロキシアセトン）の異性化反応を報告している[46)]。

さらに，Stein, Tsapatsisらはこのようにして得られたシリカライト-1ナノ粒子配列体を40 nm程度の一次粒子に分解し，ゼオライト膜を形成するた

めのシード層として利用する方法を提案している。1つの方法は，シリカライト-1ナノ粒子配列体をポーラスアルミナ基板にこすりつけ，粒子配列体を一次粒子に分解しつつ基板表面にコーティングする方法である[47)]。この方法は Yoonらにより，数百ナノメートルからマイクロメートル程度の大きさのゼオライト結晶を基板表面にコーティングするために開発された方法[48)]であるが，シリカライト-1ナノ粒子配列体を用いることで，40 nm程度の微細な粒子をコーティングすることが可能となった。まず，シリカライト-1ナノ粒子配列体をポリエチレンイミンで修飾した基板にこすりつけた。さらに，表面のシードレイヤーを硬い基板に押しつけ，分解していないシリカライト-1ナノ粒子配列体の分解を促進し，表面の平滑化を行った。こうして調製されたシードレイヤーを，水熱合成法により厚さ400～500 nmのゼオライト膜に転換した。また，シリカライト-1ナノ粒子配列体は，pH9.0～10.0の塩基性水溶液に対して透析することで一次粒子に分解することもできた[49)]。分解したシリカライト-1ナノ

粒子の懸濁液をアルミナ基板上に塗布してシードレイヤーを作製したものを用いると，300 〜 400 nm の薄いシリカライト-1 薄膜が形成された。この薄膜は，キシレンの異性体の分離に対し，高い気体透過性（150℃で$3.5 \times 10^{-7}$ mol m$^{-2}$ s$^{-1}$ Pa$^{-1}$），分離係数（94 〜 120）を示した。以上のように，コロイド鋳型法はゼオライトに規則的なナノ構造を付与し，その機能向上に有効であると言える。近年ゼオライトの基本骨格を有するさまざまな階層構造材料が報告されてきているが，それらは層状構造体[50]，ピラー化された層状構造体[51]，ポーラス構造体[52]等であり，長周期の規則構造を精密に制御するためには，コロイド鋳型法に優位性がある。

## 3.2 蓄電デバイス用電極

リチウムイオン電池等の二次電池やスーパーキャパシタ等のエネルギー貯蔵材料は，携帯電話等のポータブルデバイスや電気自動車への高い需要のため，盛んに研究されている[53]。コロイド鋳型法は蓄電材料に用いられるようなさまざまな組成の物質のナノ空間制御に有効である。3DOM は骨格と空孔の両方が三次元的に連続した共連続構造であることから，電子伝導性と空間内部における物質拡散の両面において有用な物質であり，電池反応における拡散過程の制御に貢献することができる。ここでは，コロイド鋳型法や 3DOM を用いた蓄電材料開発の新しい展開について概説する。

### 3.2.1 3DOM 構造を利用した高速放電リチウムイオン電池

リチウムイオン電池は正極，負極，電解質からなる二次電池であり，正極，負極には層状物質，多孔体等のホスト化合物が用いられ，トポタクティックなリチウムイオンの脱挿入反応により，可逆的な充放電サイクルを繰り返すことができる[53]。一方，Ni－水素化物電池は正極の NiOOH と負極の金属水素化物が電解液中のプロトンを脱挿入することで可逆的充放電がなされる二次電池である[54]。これらの二次電池は高いエネルギー密度を有するが，高速な充放電を行おうとすると，高い過電圧により容量が著しく低下してしまうという問題があった。これは主として電極内における電子，イオンの輸送速度が低いことに由来しているため，共連続構造を有する 3DOM 構造体は理想的な材料の一つである。

Braun らは 3DOM 構造を正極の基本構造とした Ni－水素化物二次電池およびリチウムイオン二次電池の作製と，それらを用いた高速充放電を報告している[55]。3DOM 正極を形成するため，まず導電性基板上にポリスチレン粒子からなるコロイド結晶を形成し，その内部に Ni を電解めっきにより析出させた。鋳型を除去した後，3DOM 構造の Ni を電解研磨により一部溶解させ，正極活物質を析出させるための空間をつくり出し，マクロ孔間のウィンドウを拡大させた。最後に正極活物質（リチウムイオン電池の場合 MnO$_2$，Ni－水素化物電池の場合 NiOOH）を Ni 骨格上に析出させ，3DOM 構造の複合電極を調製した。正極活物質の表面にはポリスチレンを鋳型として形成されたマクロ孔（〜 500 nm）が存在しているため，リチウムイオンやプロトンを速やかに輸送することができる。また，活物質のサイズが小さいため，固体内拡散距離を短く抑えることができ，電極の表面積も大きい。Ni からなる骨格は正極活物質へ速やかに電子を輸送することができる。

上述の通り形成した NiOOH 電極を用い，Ni－水素化物二次電池の充放電を行った結果，305C（1C は理論容量を 1 h で充放電する際の電流密度であり，$n$C はその $n$ 倍の電流密度を示す）の条件でも 1C の際の 90％に相当する放電容量が観測された。さらに，1017C の条件でも 1C の際の 75％の放電容量を示し，3DOM 構造の電極が極めて高い速度特性を有することが示された。充電も同様であり，0.45 V の定電圧を印可して充電すると，385C に相当する大きな電流密度が観測され，約 20 s で電流密度は大きく減少した。1C の定電流充電の際の容量の 85％が 10 s で，90％が 20 s で充電されていた。また，120 s の充電で容量の 99.0％の充電が確認された。6C の充放電を 100 サイクル繰り返した後も初期容量の 95％の容量が利用可能であり，高いサイクル特性も有していた。MnO$_2$ 電極を用い，リチウムイオン二次電池の充放電を行った場合も同様に，185C の放電で 1C の際の 76％の容量，1114C の放電で 38％の容量を示し，高い速度特性を有していた。いずれの結果も，3DOM 構造により，二次電池の電極特性が著しく向上することを示している。

### 3.2.2 ザクロ構造シリコンアノード電極

一方，リチウムイオン二次電池の負極には，グラファイト負極が用いられるが，近年ではより理論容

－ 331 －

量の高いシリコン負極（理論容量 4200 mAh/g）が注目されている。しかし，シリコン負極は充放電に伴う体積変化が大きく，それに伴う構造崩壊と固体－電解質界面（solid-electrolyte interphase, SEI）の不安定性により，サイクル特性が低いという問題がある[56]。さらに，電極と電解質における副反応，ナノ構造化することによる体積エネルギー密度の低下がもたらされる。この問題を解決するため，Cui らは中空カーボン粒子にシリコン粒子が閉じ込められたユニークな形状のリチウムイオン電池アノードを報告している[57]。このアノードは，中空カーボンの集合体からなり，それぞれの中空カーボンの内部にはシリコン粒子が1つずつ内包されており，ザクロ型構造と呼ばれている。この構造は，シリコン粒子を内部に有するシリカナノ粒子を鋳型として中空カーボンを調製し，シリカのみを選択除去することで調製されている。シリコンナノ粒子をシリカで被覆する際のシリカ層の厚みを制御することで，結果として中空粒子内の空隙の大きさを制御することができる。

このようなザクロ構造の電極中では，シリコンナノ粒子が中空カーボンに閉じ込められ，内部に充分な隙間を形成することで，シリコンナノ粒子が膨張しても，二次粒子の大きさを変えないような材料設計がなされている。また，シリコンナノ粒子は電解液と接触しないため，SEI はシリコンナノ粒子の表面ではなく，中空カーボンの外表面に形成される。これにより SEI の量が減少するだけでなく，シリコンナノ粒子が膨張できる空間が維持されている。中空カーボンは三次元的に集合しており，有効な電子伝導パスを形成している。

ザクロ型電極を用い充放電を検討した結果，1/20C の条件で 2350 mAh/g（重量にはカーボンも含む），体積エネルギー密度は 1270 mAh/cm$^3$ という高い値が得られた。また，1/2C の条件では，1000 サイクルの充放電が検討されており，1000 サイクルの後も 1160 mAh/g という高い容量が残存しており，その容量保持率は 97% であった。通常，SEI がシリコンアノードの表面に形成されると，体積変化に伴い SEI が再形成されるため，クーロン効率が低下する。ザクロ型構造の電極では，SEI を中空カーボンの外表面に形成させることで，1000 回のサイクルにおけるクーロン効率の平均値は 99.87% に達した。

## 4 おわりに

以上のように，近年ではコロイド鋳型法は単純なレプリカ構造体の調製のみならず，鋳型の部分的な構造転写や，鋳型の構造変化を利用した複雑なナノ空間材料の合成にも利用されるようになってきた。この際，コロイド粒子の規則配列を反映した生成物が得られることは大変興味深い。コロイド粒子の配列は，2成分の利用や，球以外の異方性粒子を利用することで，さらなる多様化が期待できる。これらを用い，ほかの合成法には見られないようなユニークな物質の合成が可能になると思われる。

一方，コロイド鋳型を用いて調製されるナノ材料は構造制御の自由度が高く，均一，高規則的といった特徴を有しており，分離膜や電極材料を調製するための素材として極めて優れていることが示されてきた。現状では，コロイド鋳型法における最も典型的な構造である 3DOM 構造の生成物が応用分野でよく用いられている。今後はこれら応用面での成果を合成にフィードバックしつつ，より理想的なナノ空間材料の構造設計が望まれる。

■引用・参考文献■

1) A. Stein, F. Li and N. R. Denny : *Chem. Mater.*, **20**, 649(2008).

2) Y. Xia, B. Gates and Y. Yin, Y. Lu : *Adv. Mater.*, **12**, 693(2000).

3) F. Yan and W. A. Goedel : *Adv. Mater.*, **16**, 911(2004).

4) B. T. Holland, C. F. Blanford and A. Stein : *Science*, **281**, 538(1998).

5) Y.-H. Ye, F. LeBlanc, A. Haché and V.-V. Truong : *Appl. Phys. Lett.*, **78**, 52(2001).

6) Z.-Z. Gu, A. Fujishima and O. Sato : *Angew. Chem. Int. Ed.*, **41**, 2068(2002).

7) J. V. Sanders and M. J. Murray : *Nature*, **275**, 201(1978).

8) J. V. Sanders : Philos. Mag. A, 42, 705(1980).

9) S. Wong, V. Kitaev and G. A. Ozin : *J. Am. Chem. Soc.*, **125**, 15589(2003).

10) Y. Sakamoto, Y. Kuroda, S. Toko, T. Ikeda, T. Matsui and K. Kuroda : *J. Phys. Chem. C*, **118**, 15004(2014).

11) O. D. Velev, T. A. Jede, R. F. Lobo and A. M. Lenhoff : *Nature*, **389**, 447(1997).

12) O. D. Velev, P. M. Tessier, A. M. Lenhoff and E. W. Kaler : *Nature*, **401**, 548(1999).

13) I.-K. Sung, Christian, M. Mitchell, D.-P. Kim and P. J. A.

Kenis : *Adv. Funct. Mater.*, **15**, 1336(2005).

14) C. Li, L. Qi : Angew. Chem. Int. Ed., 47, 2388(2008).

15) R. Szamocki, S. Reculusa, S. Ravaine, P. N. Bartlett, A. Kuhn and R. Hempelmann : *Angew. Chem. Int. Ed.*, **45**, 1317(2006).

16) A. A. Zakhidov, R. H. Baughman, Z. Iqbal, C. Cui, I. Khayrullin, S. O. Dantas, J. Marti and V. g. Ralchenko : *Science*, **282**, 897(1998).

17) S. H. Park and Y. Xia : *Adv. Mater.*, **10**, 1045(1998).

18) R. C. Schroden, C. F. Blanford, B. J. Melde, B. J. S. Johnson and A. Stein : *Chem. Mater.*, **13**, 1074(2001).

19) H. He, M. Zhong, D. Konkolewicz, K. yacatto, T. Rappold, G. Sugar, N .E. David, J. Gelb, N. Kotwal, A. Merkle and K. Matyjaszewski : *Adv. Funct. Mater.*, **23**, 4720(2013).

20) A. Vu, X. Li, J. Phillips, A. han, W. H. Smyrl, P. Buhlmann and A. Stein : *Chem. Mater.*, **25**, 4137(2013).

21) G. I. N. Waterhouse, J. B. Metson, H. Idriss and D. Sun-Waterhouse : *Chem. Mater.*, **20**, 1183(2008).

22) Y. A. Vlasov, K. Luterova, I. Pelant, B. Hönerlage and V. N. Astratov : *Appl. Phys. Lett.*, **71**, 1616(1997).

23) S. Nishimura, N. Abrams, B. A. Lewis, L. I. Halaoui, T. E. Mallouk, K. D. Benkstein, J. van de Lagemaat and A. J. Frank : *J. Am. Chem. Soc.*, **125**, 6306(2003).

24) J. I. L. Chen, G. von Freymann, S. Y. Choi, V. Kitaev and G. A. Ozin : *Adv. Mater.*, **18**, 1915(2006).

25) E. Donath, G. B. Sukhorukov, F. Caruso, S. A. Davis and H. Möhwald : *Angew. Chem. Int. Ed.*, **37**, 2202(1998).

26) F. Caruso, R. A. Caruso and H. Möhwald : *Science*, **282**, 1111(1998).

27) T. Sen, G. J. T. Tiddy, J. L. Casci and M. W. Anderson : *Angew. Chem. Int. Ed.*, **42**, 4649(2003).

28) D. Kuang, T. Brezesinski and B. Smarsly : *J. Am. Chem. Soc.*, **126**, 10534(2004).

29) V. Valtchev : *Chem. Mater.*, **14**, 4371(2002).

30) F. Li, Z. Wang and A. Stein : *Angew. Chem. Int. Ed.*, **46**, 1885 (2007).

31) 八面体空間は6つのコロイド粒子に囲まれているため，空間の形状は八面体では無く立方体に近い。

32) F. Li, W. C. Yoo, M. B. Beernink and A. Stein : *J. Am. Chem. Soc.*, **131**, 18548(2009).

33) T. Yokoi, Y. Sakamoto, O. Terasaki, Y. Kubota, T. Okubo and T. Tatsumi : *J. Am. Chem. Soc.*, **128**, 13665(2006).

34) Y. Kuroda, Y. Yamauchi and K. Kuroda : *Chem. Commun.*, **46**, 1827(2010).

35) Y. Fukasawa, K. Takanabe, A. Shimojima, M. Antonietti, K. Domen and T. Okubo : *Chem. Asian J.*, **6**, 103(2011).

36) Y. Kuroda and K. Kuroda : *Angew. Chem. Int. Ed.*, **49**, 6993

37) Y. Kuroda, Y. Sakamoto and K. Kuroda : *J. Am. Chem. Soc.*, **134**, 8684(2012).

38) E. J. W. Crossland, N. Noel, V. Sivaram, t. Leijtens, J. A. Alexander-Webber and H. J. Snaith : *Nature*, **495**, 215 (2013).

39) M. Kitahara, M. Shimasaki, T. Matsuno, Y. Kuroda, A. Shimojima, H. Wada and K. Kuroda : *Chem. Eur. J.*, **21**, 13073(2015).

40) A. Perro, S. Reculusa, S. Ravaine, E. Bourgeat-Lami and E. Duguet : *J. Mater. Chem.*, **15**, 3745(2005).

41) H. Ujiie, A. Shimojima and K. Kuroda : *Chem. Commun.*, **51**, 3211(2015).

42) M. E. Davis : *Nature*, **417**, 813(2002).

43) W. Fan, M. A. Snyder, S. Kumar, P.-S. Lee, W. C. Yoo, A. V. McCormick, R. L. Penn, A. Stein and M. Tsapatsis : *Nat. Mater.*, **7**, 984(2008).

44) H. Chen, J. Wydra, X. Zhang, P.-S. Lee, Z. Wang, W. Fan and M. Tsapatsis : *J. Am. Chem. Soc.*, **133**, 12390(2011).

45) Z. Wang, P. Dornath, C.-C. Chang, H. Chen and W. Fan : *Microporous Mesoporous Mater.*, **181**, 8(2013).

46) H. J. Cho, P. Dornath and W. Fan : *ACS Catal.*, **4**, 2029(2014).

47) W. C. Yoo, J. A. Stoeger, P.-S. Lee, M. Tsapatsis and A. Stein : *Angew. Chem. Int. Ed.*, **49**, 8699(2010).

48) J. S. Lee, J. H. Kim, Y. J. Lee, N. C. Jeong and K. B. Yoon : *Angew. Chem. Int. Ed.*, **46**, 3087(2007).

49) P.-S. Lee, X. Zhang, J. A. Stoeger, A. Malek, W. Fan, S. Kumar, W. C. Yoo, S. A. Hashimi, R. L. Penn, A. Stein and M. Tsapatsis : *J. Am. Chem. Soc.*, **133**, 493(2011).

50) M. Choi, K. Na, J. Kim, Y. Sakamoto, O. Terasaki and R. Ryoo : *Nature*, **461**, 246(2009).

51) X. Zhang, D. Liu, D. Xu, S. Asahina, K. A. Cychosz, K. V. Agrawal, Y. Al Wahedi, A. Bhan, S. Al Hashimi, O. Terasaki, M. Thommes and M. Thapatsis : *Science*, **336**, 1684(2012).

52) K. Na, C. Jo, J. Kim, K. Cho, J. Jung, Y. Seo, R. J. Messinger, B. F. Chmelka and R. Ryoo : *Science*, **333**, 328(2011).

53) J. B. Goodenough and Y. Kim : *Chem. Mater.*, **22**, 587(2010).

54) Y. Morioka, S. Narukawa and T. Itou : *J. Power Source*, **100**, 107(2001).

55) H. Zhang, X. Yu and P. V. Braun : *Nat. Nanotechnol.*, **6**, 277 (2011).

56) U. Kasavajjula, C. Wang and A. J. Appleby : *J. Power Source*, **163**, 1003(2007).

57) N. Liu, Z. Lu, J. Zhao, M. T. McDowell, H.-W. Lee, W. Zhao and Y. Cui : *Nat. Nanotechnol.*, **9**, 187(2014).

〈黒田 義之〉

# 第4章 その他のナノ空間材料

## 3節 イオン結晶の階層的構築

### 1 分子性イオン結晶の特長

　イオン結晶は，異符号のイオン同士が等方的かつ長距離まで働くクーロン力により結びつけられることにより，密で対称性が高い構造（例．図1の塩化セシウム）をとる。したがって，イオン結晶は，多孔体のモチーフとしては不向きであると考えられる。ところが，単核イオン（例えば図1の$Cs^+$，$Cl^-$）の代わりにナノサイズの分子性イオンを構成ブロックとすると，イオン間の隙間がサブナノサイズの細孔になり，イオン結合に加えて水素結合や$\pi$-$\pi$相互作用なども活用できることから，細孔や空隙が構築される（図1）。

　このような分子性イオン結晶の特長を，ゼオライトやMOF，層状化合物などの既存の多孔体と比べると，①結晶格子内に働く電場がゲスト分子やイオンの吸着状態に影響を及ぼすこと，②構成ブロック間に強い結合（例．共有結合）がないため，あらかじめ構成ブロックに構築した吸着点や反応活性点を，結晶化後も活用できること，③結晶構造の柔軟性（構成ブロックの配列がゲスト分子の吸着脱離により変化する），が挙げられる。

　分子性イオン結晶の構造と物性に関する最近の研究例を以下に挙げる。1,3,5-トリベンゼンカルボン酸とコバルト錯体（$[Co(III)(H_2bim)_3]^{3+}$，bim = 2,2′-biimidazolate）から成るイオン結晶（化合物1）は，イオン結合と水素結合を介して異符号のイオンが交互にヘキサゴナル状に配列し，水分子を含んだ一次元チャネルを有している（図2）[1]。チャネルの中心に存在する水分子は，チャネルの縁に位置する水分子と比べて高い運動性を有し，化合物1の室温加湿下におけるプロトン伝導度は$10^{-2}$ S cm$^{-1}$程度[2]とバルクの氷（〜$10^{-8}$ S cm$^{-1}$）よりかなり高く，固体高分子電解質として実用化されているナフィオンに匹敵する値である。

　コバルト8核クラスターの硝酸塩$[Co_8(\mu_4\text{-}O)Q_{12}](NO_3)\cdot16H_2O$（HQ = 8-hydroxyquinoline）（化合物2）は[3]，隣接するクラスター間に働く$\pi$-$\pi$相互作用により，隙間の多いダイヤモンド型構造へと集積し，その隙間には対アニオン（硝酸イオン）と水分子が存在する。化合物2は，室温で二酸化炭素を吸着するが分子サイズのより大きなメタンを吸着せず，形状選択的なガス吸着特性を示す。

　フラーレンと金属カルコゲナイドクラスターをト

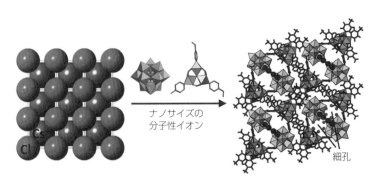

図1　塩化セシウム（CsCl）と多孔体として機能する分子性イオン結晶の一例

3節　イオン結晶の階層的構築

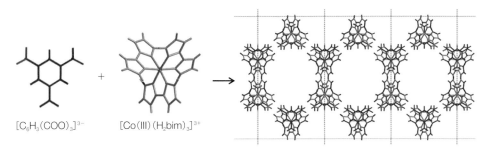

図2　化合物1の構成イオンと結晶構造

ルエン中で混合すると，両者の間で電荷移動がおこり，ヨウ化カドミウム型構造（六方晶系）をとる $[Co_6Se_8(PEt_3)_6][C_{60}]_2$（Et = $C_2H_5$）（化合物3）や塩化ナトリウム型構造（立方晶系）をとる $[Ni_9Te_6(PEt_3)_8][C_{60}]$ などが生成する（図3）。化合物3はイオン結晶であるにもかかわらず電子伝導性を示す[4]。

## 2　ポリオキソメタレートアニオンを構成ブロックとしたイオン結晶

分子性イオンのなかでもポリオキソメタレートアニオンは，結晶性固体の構成ブロックとして古くから用いられている[5]。ポリオキソメタレートは，一般式 $M_xO_y^{n-}$（Mは前期遷移金属：Mo, V, W, など）で表される酸素酸イオンであり，pH，濃度や共存

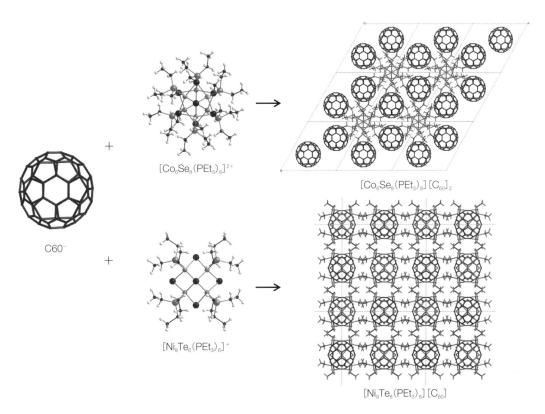

図3　フラーレンとカルコゲナイドクラスターを構成ブロックとするイオン結晶

第4章　その他のナノ空間材料

イオンに応じた脱水縮合反応により生成する。例えば，ケイ酸イオンとタングステン酸イオンを酸性条件下で反応させると，α-Keggin型シリコタングステート[α-SiW$_{12}$O$_{40}$]$^{4-}$が生成する。

$$SiO_4^{4-} + 12WO_4^{2-} + 24H^+ \rightarrow SiW_{12}O_{40}^{4-} + 12H_2O$$

ポリオキソメタレートは，金属に酸素が四ないし六配位した四面体あるいは八面体を基本単位とし，稜または頂点を共有して結合している。図4aにα-Keggin型ポリオキソメタレートの一つである[α-SiW$_{12}$O$_{40}$]$^{4-}$の分子構造を示す。WO$_6$八面体が互いに縮合してW$_3$O$_{13}$ユニットを形成し，SiO$_4$四面体と1つの酸素を共有している。[α-SiW$_{12}$O$_{40}$]$^{4-}$は高い対称性を有し(正四面体型：$T_d$対称)，直径約1nmの球とみなすことができる。また，水溶液のpHが増加すると加水分解してWO$_6$ユニットが外れた欠損型となり(図4b)，欠損部位には種々の金属原子を導入することができる(図4c)。置換金属に対し，欠損型ポリオキソメタレートは配位子とみなすことができる。無機配位子である欠損型ポリオキソメタレートは，有機配位子と比較すると耐酸化雰囲気性，熱安定性が高いという利点があるため，金属置換型ポリオキソメタレートの触媒作用は広く研究されている。

分子内に金属原子(主にモリブデン)を100個以上をも含むポリオキソメタレートも合成されている。これらは，酸性水溶液にモリブデン酸ナトリウムを溶解し，ヒドラジンや塩化スズ等の還元剤を加えることにより，自己組織化集合体として得られる。図4dに[Mo(VI)$_{124}$Mo(V)$_{28}$O$_{429}$($\mu_3$-O)$_{28}$H$_{14}$(H$_2$O)$_{66.5}$]$^{16-}$(Mo$_{152}$：Mo$_{xx}$のxxは分子ユニット内のモリブデン原子数)の構造を示す[6]。Mo$_{152}$は，Mo$_8$ユニットがMo$_1$およびMo$_2$ユニットとオキソ架橋により連結することにより構築され，内径約2.5nmのリング構造をとる。このように，電荷，サイズ，形状や構成元素の異なる種々のポリオキソメタレートアニオンが合成されており，以下に挙げるように，適切な対カチオンとの複合化により結晶化し，分子そのものあるいは結晶構造に起因した機能を発揮することが報告されている。

$T_d$対称を有するε-Keggin型ポリオキソメタレート[ε-VMo$_{9.4}$Mo$_{2.6}$O$_{40}$]$^{n-}$は，4つのBi$^{3+}$を介して隣接するポリオキソメタレートと結合し，隙間の多いダイヤモンド型構造へと集積する(化合物4，図5)[7]。その隙間には，アンモニウムイオンや水分子が存在し，加熱により構造を破壊することなく脱離する。加熱後，化合物4はガス吸着やカチオン交換機能を示し，アンモニウムイオンからアンモニアが脱離することにより残存するプロトン(H$^+$)により，アルコールの脱水などの不均一系酸触媒としても機能する。

α-Keggin型ポリオキソメタレート[α-XMo$_{12}$O$_{40}$]$^{n-}$(X=Si, Ge)は，ランタノイド錯体[Ln(H$_2$O)$_4$(pdc)$_4$]$^{4+}$(H$_2$pdc=pyridine-2,6-dicarboxylate, Ln=La, Ce, Nd)が構築する三次元ネットワークのテンプレートアニオンとして働く(図6)。得られた化合物5(Ln=La)のフォトルミネセンス特性を検討したところ，原料と比べて発光極大波長が短波長側にシフトしていた[8]。上述のMo$_{xx}$クラスターは，分子構造が不安定であるため，物性研究は発展途上である。Mo$_{154}$はナトリウムやアンモニウム塩として得られるが，これらのカチオンを，両親媒性を有するジメチルジ

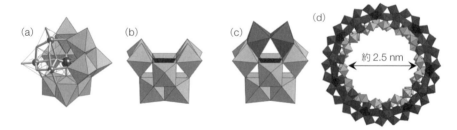

図4　(a)[α-SiW$_{12}$O$_{40}$]$^{4-}$，(b)[γ-SiW$_{10}$O$_{36}$]$^{8-}$(欠損型)，(c)[γ-H$_2$SiV$_2$W$_{10}$O$_{40}$]$^{4-}$(置換型)，(d)Mo$_{152}$の分子構造
(a)のball-and-stickモデルは，SiO$_4$ユニットとW$_3$O$_{13}$ユニットを示す。(a)〜(c)の黒色，灰色，濃灰色の多面体は，それぞれ，SiO$_4$，WO$_6$，VO$_6$ユニットを示す。(d)の黒色，灰色の多面体は，それぞれ，Mo$_8$，Mo$_2$ユニットを示す。

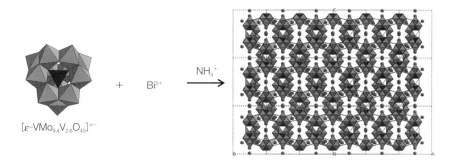

図5 化合物4の構成イオンと結晶構造
黒色,灰色の多面体は,それぞれ,VO$_4$,MoO$_6$(あるいはVO$_6$)ユニットを示す。黒色の球はNH$_4^+$を示す。

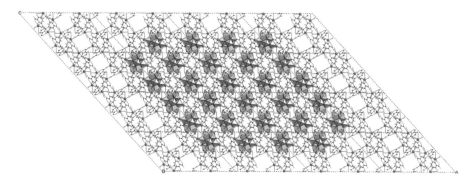

図6 化合物5の結晶構造
多面体はポリオキソメタレートユニットを示す。灰色の球はLa$^{3+}$を示す。ランタノイド錯体が形成する三次元ネットワークを見やすくするため,図の縁に存在するポリオキソメタレートは削除してある。

オクタデシルアンモニウムイオン(DODA)と交換すると,各種溶媒中や加熱脱水処理後も分子構造が保持される(化合物6)[9]。化合物6は,リング内部に窒素や二酸化炭素等のガスを吸着し,酢酸エチルの加水分解反応に対して,ゼオライト(H-ZSM-5)に匹敵する触媒活性を示す。

## 3 イオン結晶の階層的構築

筆者らは,①ポリオキソメタレートアニオンの設計[10],②ポリオキソメタレートと分子性カチオンとの自己組織化によるナノ構造体の創製,③構造体生成過程の素反応制御による粒子形態制御,といったサブナノ・ナノからマイクロメートルに至るイオン結晶の階層的構築を行っている(図7)。得られた構造体は,ガスやイオンの吸着分離,イオン伝導,不均一系触媒などとして機能を発揮する。本項では②③に焦点を絞り,以下にその概要を紹介する。

液相均一系で過酸化水素を酸化剤としたアルケン類のエポキシ化の触媒として働く欠損型シリコタングステートについて(図4b),不均一系への適用を目的としてテトラ-n-ブチルアンモニウム(TBA)と水溶液中で複合化させると,TBA$_4$[$\gamma$-SiW$_{10}$O$_{34}$(H$_2$O)$_2$](化合物7)が得られる(図8)[11)12)]。シリコタングステートは正方晶格子を形成し,結晶格子内ではシリコタングステートとTBAが密に配列しており,細孔は存在しない。化合物7の窒素比表面積は5 m$^2$ g$^{-1}$程度と小さく,細孔が見られないことと合致する。化合物7のゲスト分子吸着特性を検討したところ,無細孔であるにもかかわらず酢酸エチル等の中極性分子をバルク内に吸着し,酢酸エチル共存下でアルケン類や過酸化水素も吸着できることが明らかとなった。また,7の結晶格子は,酢酸エチルの吸着に伴い正方晶から立方晶へと変化し,組成

第4章　その他のナノ空間材料

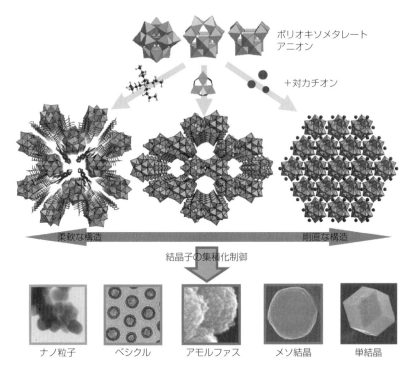

図7　ポリオキソメタレートアニオンを構成ブロックとしたイオン結晶の階層的構築

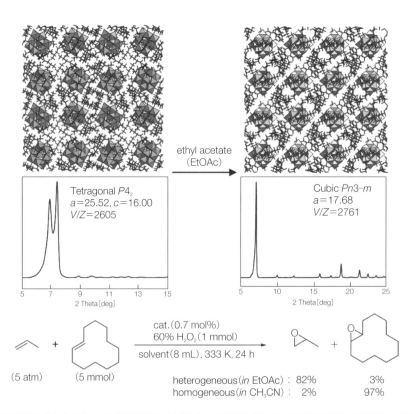

図8　酢酸エチルの吸着に伴う化合物7の結晶構造および粉末X線回折パターンの変化と不均一系協奏エポキシ化反応の結果

- 338 -

式あたりの格子体積が150Å³程度増加し，この増加量は吸着された酢酸エチルの体積とおおよそ合致している。以上の結果より，酢酸エチル溶媒中で7を触媒としてアルケン類の過酸化水素によるエポキシ化が進行すると予想した。実際に7は触媒として機能し，例えば，プロピレンとシクロドデセンの不均一系競争エポキシ化反応では，1,2-エポキシプロパンと1,2-エポキシシクロドデカンの収率がそれぞれ82％，3％であったのに対し，均一系反応では1,2-エポキシシクロドデカンが収率97％と優先的に得られる。アルケンのみならず，スルフィドやシランの酸化反応においても，より小さな基質が優先的に対応するスルホキシドとシラノールへと酸化される。以上の結果より，本研究では，上述のイオン結晶の特長2（分子構造の保持）および3（構造柔軟性）が機能発現の鍵となったといえる。

例えば $[\alpha\text{-SiW}_{12}\text{O}_{40}]^{4-}$ を，芳香族配位子を有する分子性イオン $[\text{Cr}_3\text{O}(\text{OOCH})_6(\text{mepy})_3]^+$（mepy＝4-メチルピリジン）および $\text{K}^+$ と複合化すると，カチオン間に働く π-π 相互作用により一次元細孔が構築される（化合物8，図9）[13]。細孔内には $\text{K}^+$ が存在し，化合物8を $\text{ANO}_3$ 水溶液中（A＝Na, Rb, Cs）で一日撹拌すると $\text{K}^+$ が $\text{Na}^+$，$\text{Rb}^+$，$\text{Cs}^+$ に交換され，ゼオライトに類似したイオン交換機能を示す。イオン交換後の化合物の分子吸着特性を検討したところ，水吸着量は Cs 交換体＜Rb 交換体＜K 交換体＜Na 交換体の順に増加し，アルカリ金属イオンのイオン電位（電荷/半径）を反映している。また，化合物8の mepy を etpy（etpy＝4-エチルピリジン）に代えた化合物9[14]は8と同様の一次元細孔を有し，低圧から二酸化炭素を吸着するものの，分子径と沸点が似通ったアセチレンの吸着量は少ない。室温1気圧におけるアセチレンに対する二酸化炭素の吸着量の比は4.8に達し，これは，ゼオライトやMOFとは逆の選択性である。この理由として，アセチレンと比べて分子内の分極がより大きな二酸化炭素は，電場が働く空間そのものおよびイオン性の吸着サイト（$\text{K}^+$ など）とより強く相互作用できることが挙げられる（イオン結晶の特長1）。

最近，化合物8の $[\alpha\text{-SiW}_{12}\text{O}_{40}]^{4-}$ を酸化還元活性な $[\alpha\text{-PMo(VI)}_{12}\text{O}_{40}]^{3-}$ に代えた化合物10が得られている[15]。化合物10に還元剤（アスコルビン酸水溶液）を加えると，$[\alpha\text{-PMo(VI)}_{12}\text{O}_{40}]^{3-}$ が $[\alpha\text{-PMo(VI)}_{11}\text{Mo(V)}_1\text{O}_{40}]^{4-}$ へと一電子還元され，還元に伴い水溶液中からアルカリ金属イオンを吸着する（図10）。イオン吸着には高い選択性（$\text{Cs}^+ \gg \text{Rb}^+, \text{K}^+$）が見られ，これは一次元細孔内を協奏的に電子とアルカリ金属イオンが拡散するメカニズムに起因する（図10）。

上述の化合物7から10は，ポリオキソメタレートの対カチオンとして有機カチオンや有機金属錯体を用い，「有機官能基の特長」を活用した構造制御，機能発現の例である。一方，ポリオキソメタレートの対カチオンとして，単純な無機イオン（アルカリ金属イオン，銀イオンやアンモニウムイオン）を用いた場合，ポリオキソメタレートが体心立方構造をとりその隙間にカチオンが位置するという単純な結晶構造をとることが知られている（図11b）[16]。し

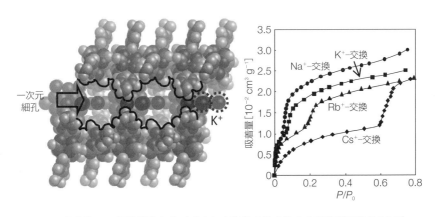

図9　化合物8の細孔構造およびイオン交換後の化合物の水吸着等温線（298 K）

# 第4章 その他のナノ空間材料

かしながら，合成条件の工夫により，結晶構造はそのままで粒子形態のみが変化し，形態に応じた物性が観測されることが明らかとなってきた。以下では，粒子形態制御と物性発現に関する筆者らの取り組み

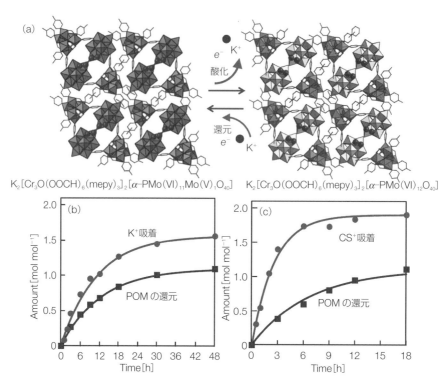

図10 (a)還元的イオン吸着と酸化的イオン脱離(化合物10)。(b)K$^+$，(c)Cs$^+$の化合物10への還元的吸着とそれに伴うポリオキソメタレート(POM)の還元の経時変化

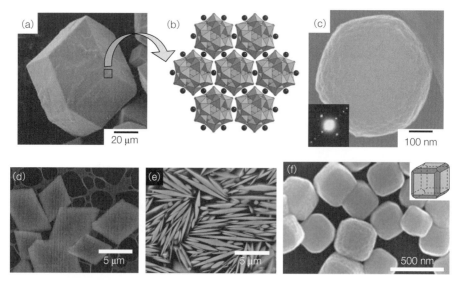

図11 (a)化合物11のSEM写真，(b)ポリオキソメタレートの無機塩の結晶構造，(c)化合物12のSEM写真(左下は電子線回折)，(d)(e)扁平八面体粒子のSEM写真，(f)立方体粒子のSEM写真

について紹介する。

アンモニウム塩（$NH_4)_3[\alpha-PW_{12}O_{40}]$は，合成温度が473 Kでは|110|面に囲まれた菱形十二面体の単結晶（化合物11，図11a），298 Kでは100～400 nm程度の球状粒子（化合物12，図11c）をとして得られる[17]。化合物11および12の77 Kにおける窒素吸着等温線を測定したところ，12のみミクロ細孔を有する化合物に特徴的なⅠ型の等温線を示した。化合物12の窒素比表面積（91 $m^2 g^{-1}$）は球状粒子の外表面積（4 $m^2 g^{-1}$）よりはるかに大きく，結晶子径は10 nmと算出される。このようなナノ結晶子の存在は，走査電子顕微鏡（SEM）および原子間力顕微鏡（AFM）観察によって直接観測されている。したがって，化合物12はナノ結晶子の自己組織化集合体であり，細孔の起源はナノ結晶子の間隙であると考えられる。また，298 Kにおいてアンモニウムイオンを銀イオンに代えて合成を行うと菱形十二面体の単結晶が得られ，セシウムイオンに代えるとアモルファス粒子が得られる。以上の結果から，カチオンのイオン電位が大きいほど粒子の溶解再析出が進行し，結晶性および対称性の高い粒子形態へと変化することがわかる。

セシウム塩$Cs_3[\alpha-PW_{12}O_{40}]$について，$[\alpha-PW_{12}O_{40}]^{3-}$を$[\alpha-SiW_{12}O_{40}]^{4-}$に変えて合成を行うと，アニオン/カチオンのサイト比（1：3）と電荷比（1：4）の間にずれが生じるため，結晶格子内にアニオンのサイト欠損が生成する。サイト欠損の存在により結晶成長メカニズムが変化し，扁平八面体粒子（図11d, e）や立方体粒子（図11f）が得られる[18)19)]。ナノサイズのアニオンのサイト欠損には水分子やカチオンが出入りし，イオン交換機能や高いプロトン伝導性が生じる。

## 4 今後の展望

本稿では，分子性イオン結晶の構造と機能，機能性イオン結晶の階層的構築に関する最近の取り組みについて紹介した。イオン結晶は，等方的かつ長距離まで働くクーロン力により組み上がるため，金属イオンの配位数と有機配位子の形状と官能基の選択により合理的な構造設計が可能なMOFと比べ，構造設計の戦略が立てづらいことが問題である。さらに，サブナノサイズの微小細孔の構築に関する報告は多く存在するが，物質の拡散に有利なメソ細孔（＞2 nm）の構築例はほとんどない。現状では，分子性イオン結晶の合成（カチオンとアニオンの組み合わせ，溶媒や温度等の合成条件の選択）はおおよそ経験学に基づくものである。今後，結晶子の生成・凝集・成長・再配列といった素反応に影響を与えるパラメーター（原料濃度，合成温度，溶媒の粘度，極性や誘電率）を整理することにより合理的な構造設計が可能となれば，結晶格子内に働く電場や構造柔軟性を活かし，イオン結晶に特有な機能（吸着分離，触媒，イオンや電子伝導，光学特性など）が多く発見されると期待される。

### ■引用・参考文献■

1) M. Tadokoro et al. : *Chem. Commun.*, **42**, 1274-1276 (2006).
2) 松井広志，田所誠，固体物理，**46**(5)，31-39(2011).
3) X. N. Cheng et al. : *Chem. Commun.*, **46**, 246-248(2010).
4) X. Roy et al. : *Science*, **341**, 157-160(2013).
5) 日本化学会編：季刊化学総説ポリ酸の化学 — 金属酸化物分子と集合体の構造と機能 — (1993).
6) A. Müller et al. : *Chem. Eur. J.*, **5**, 1496-1502(1999).
7) Z. Zheng et al. : *Inorg. Chem.*, **53**, 903-911(2014).
8) C. H. Li et al. : *Inorg. Chem.*, **48**, 2010-2017(2009).
9) S. Noro et al. : *Angew. Chem. Int. Ed.*, **48**, 8703-8706(2009).
10) N. Mizuno et al. : *Catal. Today*, **117**, 32-36(2006).
11) N. Mizuno et al. : *Angew. Chem. Int. Ed.*, **49**, 9972-9976 (2010).
12) S. Uchida et al. : *Dalton Trans.*, **41**, 9979-9983(2012).
13) S. Uchida et al. : *Angew. Chem. Int. Ed.*, **49**, 9930-9934 (2010).
14) R. Eguchi et al. : *Angew. Chem. Int. Ed.*, **51**, 1635-1640 (2012).
15) R. Kawahara et al. : *Chem. Mater.*, **27**, 2092-2099(2015).
16) T. Ito et al. : *Chem. Lett.*, **30**, 1272-1273(2001).
17) K. Okamoto et al. : *J. Am. Chem. Soc.*, **129**, 7378-7384 (2007).
18) Y. Ogasawara et al. : *Chem. Mater.*, **25**, 905-911(2013).
19) S. Uchida et al. : *Cryst. Growth Des.*, **14**, 6620-6626(2014).

〈内田　さやか〉

第4章 その他のナノ空間材料

# 4節　カーボン材料（ゼオライト転写以外）

## 1　はじめに：炭素で規則性ナノ空間をつくる

　炭素は（水を構成する水素と酸素を除けば）生物界に最もありふれた元素である。したがって，炭素材料の開発はバイオマスの有効活用にもつながる。また，炭素は単純なようで簡単な元素でないことは，多様性に富む同素体（炭から，フラーレン，カーボンナノチューブ，グラフェンまで）の存在をみてもわかる。つまり，炭素材料というのは，将来を支えるバイオマスの主要生産物となりうるのと同時に，ナノテクを支える中心物質の役割も果たす。この炭素材料を，構造制御し多孔構造などのナノ空間材料とすることが多彩な機能材料を生むことは想像に難くない。

　原料となる有機物質をある条件下で炭化して多孔性カーボン材料とすることは広く行われている。例えば，多孔性炭素の一大有用物質である活性炭の生産である。しかしながら，そのような規則性のない多孔性の炭素材料をつくるのではなく，メソポーラス物質に見られるような規則性高い多孔構造を持つ炭素材料を作製することがより高度な新機能の開発につながる。作製手法として，規則的な構造を鋳型としてその周囲で炭素源物質を炭化し鋳型物質を取り除いて規則的な多孔性を得ることが有用な方法論として考えられるが，炭素源物質は一般に有機物であるため鋳型物質を区別して焼成することが難しい。そこで，有機物の集合体以外の鋳型構造を用いることになる[1)2)]。

　一例を図1に示した。ここでは，メソポーラスシリカを鋳型構造として用いている。メソポーラスシリカの孔の中に炭素源となる物質を充填し炭化した後，フッ化水素酸などでシリカ成分を選択的に除けば，レプリカとして得られる炭素材料は規則的なナノ構造を持つことになる。この図の例では，ヘキサゴナル型のメソポーラスシリカをレプリカとして用いているが，メインの孔構造は小さなチャネル細孔でつながっており，シリカ成分を除いた後もレプリカ構造は分離せずに保持される。得られた多孔性炭素材料はメソポーラスカーボンといわれる。また，キュービック型でシリカと空孔が相互に連続相となるメソポーラスシリカを鋳型として，異なる細孔配置を持つメソポーラスカーボン材料も得られる。

　メソポーラスカーボン作製の基礎は上記の通りであるが，炭素とともに他の元素を混合したり，より

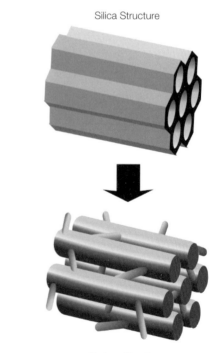

図1　メソポーラスシリカを鋳型とするメソポーラスカーボン作製の例

特異な形状の鋳型から多孔性カーボンを得たり，それらをカプセル状に成型したり，さらにはそれらの物質を積層して階層的な構造にしたりなどの，さまざまな構造作製法が可能である。本稿では，それらの特徴を持つ代表的な多孔性炭素材料，あるいはそれに関係するカーボンナノ構造材料について，その作製方法と機能開発に関して簡単に述べたい。

## 2 デザインされたカーボンナノ空間材料

鋳型としてのメソポーラスシリカの孔の中に炭素源物質とともに他元素を含む物質を封入しともに炭化することによって，純炭素以外の物質を構成材料として持つ多孔性材料を作製することができる。例えば，メソポーラス窒化炭素の合成は下記のようにして行う（**図2**）[3]。まず，鋳型物質としてのメソポーラスシリカ SBA-15 をエチレンジアミンと四塩化炭素の混合液中にけん濁し，これらの物質をメソポーラスシリカの孔に充填させた後，得られたコンポジットを 90℃で6時間反応させ，さらに窒素下で高温処理することにより窒化炭素構造を作製した。次に，鋳型であるシリカをフッ化水素酸で溶出することによって，規則的なメソポーラス構造を持つ窒化炭素を得た。物質の熱分析によれば，この方法で作製されるメソポーラス窒化炭素材料中に残存するシリカの量は1%にも満たない。窒化炭素は，結晶系によってはダイヤモンドより硬い材料となりうることのほか，誘電材料，半導体材料，光学材料などに応用されることが期待される。この素材を比表面積が極めて大きい多孔性構造とすることによって，機能の増進も期待される。

このメソポーラス窒化炭素材料の中には塩基性の窒素元素が含まれていることから，金属イオンの固定やそれをもとにした金属ナノ粒子の作製場としても用いられる。例えば，メソポーラス窒化炭素のナノ空間中に，金の前駆体物質を安定して固定化することができ，自発的な還元反応によって金のナノ粒子を合成することができた（**図3**）[4]。生成した金のナノ粒子の直径は約7 nm であり，ほぼ均一であった。通常のメソポーラスカーボンを担体に使うと金が孔の外側に形成され，そのサイズは制御不可能になる（直径20～140 nm の範囲に分布する）。金のナノ粒子は，その大きさを制御することによって優

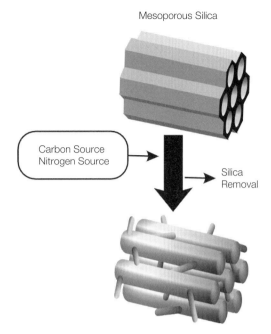

図2　メソポーラス窒化炭素の合成法

図3　金ナノ粒子を固定化したメソポーラス窒化炭素

れた触媒能を示すが、窒化炭素のナノ空間を生成場として用いることによって適当なサイズの金のナノ粒子を得ることができると同時に、ナノ空間内に固定化されているため凝集して活性を失う恐れはない。例えば、生理活性物質あるいは医薬品として知られるプロパルギルアミンを、ベンズアルデヒド、ピペリジン、およびフェニルアセチレンの結合反応により、メソポーラス窒化炭素上に固定化した金ナノ粒子を触媒として合成できることが示された。触媒はメソポーラス物質の内部に固定されているため、洗浄によって反応溶液中に流出することもなく、簡単に洗浄するだけで何回も繰り返し用いることができる。

炭素以外の素材のメソポーラス物質を作製する手法として、メソポーラス構造を保ったまま炭素をほかの元素で置き換えていく手法も用いられる。例えば、メソポーラス窒化ホウ素は、メソポーラスカーボンを酸化ホウ素（ホウ素源）と窒素気流（窒素源）下で、1750℃で45分間加熱することによって作製することができる（**図4**）[5]。合成過程において加熱条件をややマイルド（1450℃, 30分）にすることにより、炭素を完全に置換することなく、置換度の調節されたメソポーラス炭窒化ホウ素を合成することもできる。

メソポーラス構造の素材を変えるのではなく、メソポーラスカーボンの孔構造を鋳型となるメソポーラスシリカを適宜選択することにより変えることができる。例えば、ケージ型構造を持つメソポーラスシリカKIT-5を鋳型に用いることによって、ケージ型の孔構造を持つメソポーラスカーボン「カーボンナノケージ」を得ることができた（**図5**）[6]。高解像度透過型電子顕微鏡写真（HRTEM）によって観察したところ、カーボンナノケージは大変規則的な孔構造を持ち、また、窒素吸着測定から、孔径は5.2 nm、ケージ径は15.0 nmであることがわかった。さらに、比表面積は1600 $m^2 g^{-1}$であり、比孔容積は2.10 $cm^3 g^{-1}$であることが決定された。後者の二つの値は、従来の代表的なメソポーラスカーボンCMK-3の値である比表面積1260 $m^2 g^{-1}$および比孔容積1.1 $cm^3 g^{-1}$に比べて極めて大きい。これは、

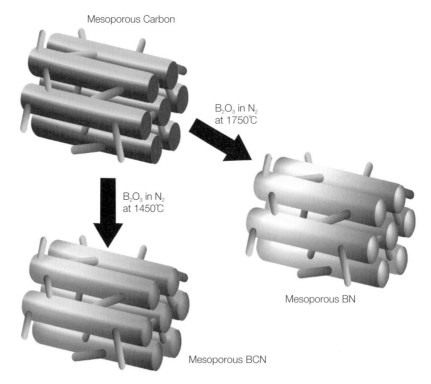

**図4** メソポーラス窒化ホウ素とメソポーラス炭窒化ホウ素の合成法

4節 カーボン材料(ゼオライト転写以外)

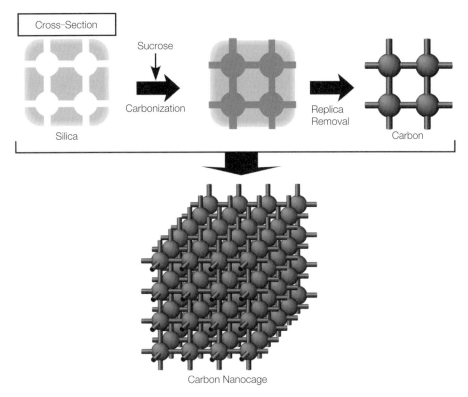

図5 カーボンナノケージの合成法(構造は簡略化して記してある)

カーボンナノケージが入り組んだ孔構造を持つことの現れである。

カーボンナノケージは大きな比表面積と孔容積を持つので,物質吸着に特異な機能を発揮する。図6に示したデモンストレーションの例では,色素水溶液からの色素の除去の例を示している[7]。このデモ実験では,ピペット中間に綿をつめその上に所定量のカーボン素材を封入し,色素であるアリザリンイエローの水溶液を単純に流した。炭素材料としては,汎用の活性炭,代表的なメソポーラスカーボンであるCMK-3,カーボンナノケージを比較した。時間をかければ,活性炭は本来水溶液から色素を取り除くことができるが,このような短時間の透過実験では色素は活性炭によって除かれない。CMK-3の場合は,色素の吸着が部分的に除かれるがその効果は顕著ではない。一方,カーボンナノケージをろ過素材に用いた場合には,簡単な操作でほぼ完璧に色素を取り除くことができた。カーボンナノケージの持つ大きな吸着容量と三次元的に入り組んだ孔内での拡散によって,このような優れた物質吸着能が発揮されたものと考えられる。

またこのように構造制御されたカーボンナノ空間では,物質の選択吸着を行うこともできる(図7)。この例では,お茶に含まれる成分であるカテキンとタンニンの選択吸着を活性炭とカーボンナノケージを用いて比較した。これらのゲスト物質は,いずれも茶の主成分であり,芳香族環と水酸基からなる化合物で元素組成は似たようなものである。ただし,それらの大きさが大きく異なり,分子モデルからは,カテキンは$0.8 \times 1.3$ nm,タンニンは直径3 nmの円盤として考えることができる。吸着実験はきわめて簡単であり,カテキンとタンニンを1 g/Lの等しい濃度で溶かした水溶液中に,これらの炭素材料を所定量別途混合し一定時間後に吸着量を定量するものである。2つの物質の吸着量の比を検討したところ,活性炭の場合にはカテキンの吸着量が優勢であった。これは,ミクロ孔を持つ活性炭は分子形の小さいカテキンを選択的に吸着しているものと考えられる。CMK-3の場合には,2つの基質間の吸着優位性が明確ではないが,カーボンナノケージの場合は

第4章 その他のナノ空間材料

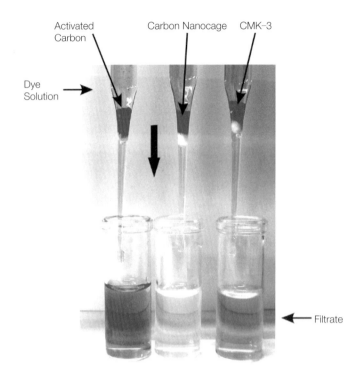

図6 活性炭，カーボンナノケージ，メソポーラスカーボン(CMK-3)を用いた色素除去実験

95％程度の選択性で大きいサイズのタンニンを選択吸着できることが明らかとなった。これは，カーボンナノケージの孔の大きさにタンニンの分子径が比較的よくフィットするということによるものであると考えられる。これらの物質はポリフェノールとしても注目され，異なる薬効を示す成分としても知られており，実用面からも意義深い分離対象である。ナノ空間材料の穴のサイズを制御することにより，単純な省エネルギー型のプロセスで重要物質の分離を実現したことは注目に値する。

## 3 積層化されたカーボンナノ空間

多孔性物質をそのまま用いると，物質吸着，物質選択分離，ドラッグデリバリーなどの機能が主用途として考えられる。一方，これらの物質を超薄膜としてセンサーなどに表面に固定化することができれば，より高度な応用にカーボンナノ空間材料を用いることができる。さまざまな物質を薄膜化できる方法として，交互吸着法が有力である。交互吸着法は，静電的相互作用，水素結合，配位結合などのさまざ

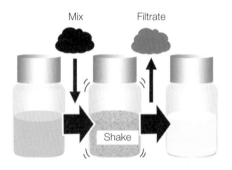

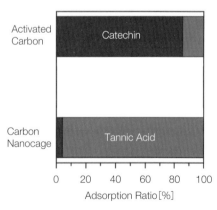

図7 カテキンとタンニンの分離実験：活性炭とカーボンナノケージの比較

- 346 -

4節 カーボン材料（ゼオライト転写以外）

まな相互作用で，物質を層状に固定化する手法である[8]。静電的相互作用の場合を例にとると，次のように簡単に説明することができる。基板表面が正の電荷を帯びていたとすると，そこに負の電荷を持った物質ナノ薄膜として吸着し，表面電荷は負に反転する。そこには，正の物質の吸着が可能になる。この過程を繰り返すことによって，任意の層数と任意の積層順のナノ薄膜が表面上に固定化できる。この交互吸着法により，各種ポリマー，ナノチューブ，ナノシート，グラフェン，ナノ粒子，量子ドット，タンパク質，DNA，多糖類，分子集合体などのナノ薄膜化が可能になる。しかも，操作はビーカーとピンセットを用いるような簡便かつ安価な方法でできる点にも利点がある。

メソポーラスカーボンのようなカーボンナノ空間材料を交互吸着法によってセンサー上に固定化することは，これらの材料の高度な機能開発を行う上で魅力的なアプローチである。カーボン材料は表面電荷を十分に持っていないので，静電相互作用による交互吸着法を行うため，メソポーラスカーボン（CMK-3）の表面を部分酸化してカルボキシル基を導入した。このようにして修飾された負電荷を帯びたメソポーラスカーボンを水中に分散し，正電荷を持つ高分子電解質（ポリカチオン）との間の交互吸着により，質量分析デバイスである水晶発振子（Quartz Crystal Microbalance, QCM）上に薄膜として固定化した（図8）[9]。メソポーラスカーボン薄膜でコーティングしたQCM基板を，さまざまな物質を含む水溶液中に浸漬したところ，タンニンに対して高い応答性を示すことがわかった。ゲストであるタンニンの濃度を詳細に変化させ，吸着挙動を解析したところ，ある濃度領域において吸着応答が急激に増大することが明らかになった。この結果は，センサー機能としても重要であるが，ナノ空間における物質吸着挙動の理解にもつながる。ある濃度域での吸着量の急激な増大は，吸着挙動に高い協同性があるということである。

タンニンのカーボンナノ孔に対する吸着は，疎水性相互作用やゲスト間のπ-π相互作用に基づいていると考えられるが，吸着分子の運動の自由度が制限され近接位置におかれる場合，ゲスト分子間やゲスト-カーボン間のこれらの相互作用が増幅され協同吸着が起こっていると考えられる。ナノメートル

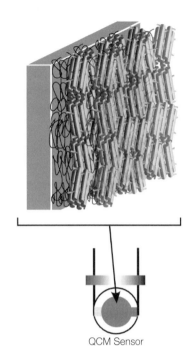

図8 メソポーラスカーボンをQCM上に交互吸着して作製したセンサー

スケールの孔内（ナノ空間）においては，通常空間では見られないさまざまな異常物性が発現される。例えば，ある特定の蒸気圧下で気体分子の濃縮液化によるナノ孔への吸着が急激に起こる気体分子のキャピラリー濃縮である。本系の結果は，固体物質のナノ空間への吸着においてもキャピラリー濃縮と同様な現象が起こりうることを示している。ナノ空間における物質吸着が高い協同性を利用して，より特異性が高く感度が高い物質の認識・センシングシステムを開発することが期待できる。

このような積層型のナノ空間材料作製手法は，メソポーラスカーボンのような典型的な多孔性物質以外にも適用することができる。図9に示したのは，二次元のナノカーボンであるグラフェンをイオン液体とともに交互吸着してQCMセンサー基板上に固定化したものである[10]。この積層法では，初めにグラファイトを酸化し，グラフェンオキサイドのナノシートとして水溶液中に分散する。この分散液をイオン液体を形成するイミダゾリウム塩の存在下還元すると，グラフェンオキサイドがグラフェンナノシートに変換されるのと同時に，イオン液体の分子

- 347 -

第4章　その他のナノ空間材料

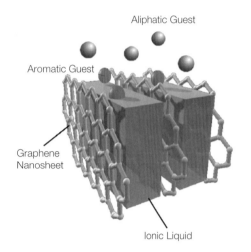

図9　グラフェンとイオン液体の交互吸着膜による気体選択吸着

が表面に吸着したコンプレックスが得られる。このようにして得られたイオン液体とグラフェンのコンポジットは正電荷を持っているので，負の電荷を持つ高分子電解質（ポリアニオン）と交互吸着することによって，QCM基板上に薄膜として固定化できる。この薄膜を水で洗浄しても乾燥しても，イオン液体はグラフェン層間に残存する。このQCMセンサーをさまざまな溶媒のガスにさらしたところ，ベンゼンなどの芳香族ガスに対して特に高い感度を示すことがわかった。グラフェンと芳香族性のイオン液体の積層構造からなるカーボンナノ空間は，π-電子に満ちたナノ空間になっており，芳香族ゲスト分子がπ-π相互作用によって選択的に吸着するものと考えられる。このように，π-電子に満ちたカーボンナノ空間の作製は芳香族分子のような環境問題分子の鋭敏なセンサーの開発にもつながることが期待できる。

## 4 階層構造を持つカーボンナノ空間

カーボンナノ空間をさらなる高次構造に組み込む手法は，より複雑な階層構造へと展開することができる。階層構造の重要さは生体構造や機能に普遍的に見ることができる。光合成や呼吸などのエネルギー変換系における色素やタンパク質は，生体膜上に階層的に配置されて連携して働いている。われわれは，機能系を設計するときに，機能と構造を1：1に単純化して考えがちだが，生体に類似するような高機能の開発を考えるときには構造の階層化が必須となる。しかしながら，生体系のようにすべての要素が精巧に設計されており，それらが自発的に組織化するような階層構造の形成を人工系で再現・模倣するのは難しい。したがって，特別な構造のナノ構造体を別途溶液で調整しておき，それをさらに積み上げてより大きな組織体にするなどの手法で，段階的に構造をつくっていく方法が現実的である。ここでは，メソポーラス構造を外壁に持つカーボンマイクロカプセルを積層膜に階層構造化する例を紹介する。

メソポーラスカーボンカプセルは，図10のようなゼオライトクリスタルを鋳型として用いる方法で得られる[11]。第一段階として，ゼオライトクリスタルをコア物質として用い，アルコキシシリカを用いたゾル-ゲル反応を行うことによってメソポーラス構造をゼオライトコアの周囲に形成する。ここで作製されたメソポーラスシリカの孔に炭素源であるポリマー前駆体を封入し，それを炭化することにより，メソレベルで入り組んだ炭素とシリカのコンポジット構造ができる。ゼオライトコアと壁のシリカ成分をコンポジットから選択的に溶出させて除けば，中心にマイクロメートルのサイズの大きな空間を持ち周囲にナノメートルの細孔を階層的に持つメソポー

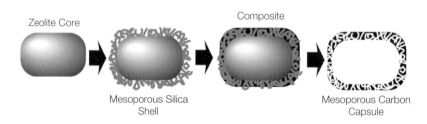

図10　メソポーラスカーボンカプセルの作製

4節 カーボン材料(ゼオライト転写以外)

ラスカーボンカプセルを得ることができる。

次の段階として，このようにして合成したメソポーラスカーボンカプセルを積層することによってさらなる階層構造を作製した[12]。このメソポーラスカーボンカプセルは表面電荷を十分に持っていないため，交互吸着に必要な表面電荷を得るため，電荷を持つ界面活性剤でカプセル表面をコーティングした。その後，反対電荷の高分子電解質と交互吸着することにより，最終的に，ナノメートルサイズの細孔，マイクロメートルサイズの中心空間を持つカプセル構造，さらにそれらが層状になった大構造という階層構造を得ることに成功した。

このカーボンナノ空間階層構造を前例と同様にしてQCMセンサー上に固定化した。各種溶媒蒸気にさらしてその応答挙動を観測したところ，極性の高い溶媒よりも非極性の溶媒に対する感度が概して高く，特に芳香族系の溶媒に対する応答が顕著に高かった。例えば，同じ6員環の単純炭素分子であるシクロヘキサンとベンゼンを比べたところ，その分子径や分子量，蒸気圧の間には大きな差はないにもかかわらず，ベンゼンに対して約5倍高い感度を示した。これは，メソポーラスカーボンカプセルに含まれる炭素が$sp^2$性を持ち，芳香族ゲストとの間に強い$\pi-\pi$相互作用があるためであると考えられる。

階層的な構造の特徴は，センサーの選択性を自由に変えることができるという新機能に反映することができた。つまり，カプセルの内部空間に新たな認識要素を加えることによって，センサーのゲスト選択性を変えることができるのである。図11に，さまざまなゲストを蒸気にさらしたときのセンサーの応答挙動をまとめた。カプセル内空間に何も含まれないもとのメソポーラスカーボンカプセルをセンサー膜の成分として用いた場合には，アニリンやピリジンなど芳香族分子に対する感度が高い。一方，内部カプセル空間に，カルボン酸であるラウリン酸を封入すると，アンモニアやブチルアミンなどの脂肪族アミンに対する感度が高くなった。さらに，封入第二成分をアミンであるドデシルアミンに代えた場合には，酸性のゲストである酢酸に対する感度がよくなった。つまり，階層的な構造を利用して，$\pi-\pi$相互作用，酸-塩基相互作用の組み合わせを変えることによって，センサーの選択性を変えられる

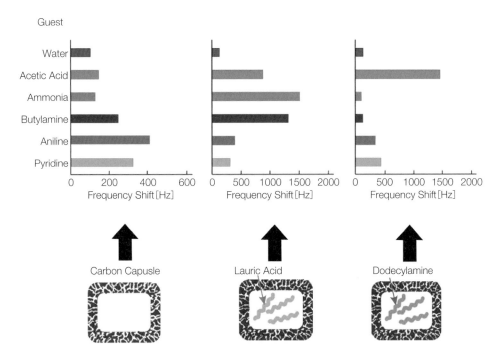

図11 メソポーラスカーボンカプセル，ラウリン酸をドープしたカプセル，ドデシルアミンをドープしたカプセルのゲスト認識能

第4章　その他のナノ空間材料

のである。もちろん，第二認識成分は自由に変えることができ，また追加の認識要素を加えることもできる。つまり，カーボンナノ空間をベースにして，変幻自在に応答性を変えることができるセンサー膜となるのである。

## 5　超分子的につくられた多孔性ナノカーボン材料

上述の各例は，炭素源物質は炭化されて物質としてのカーボンになってしまうので，構成成分の個性は画一的なものに集約されることになりやすい。今後の機能展開として構成成分の化学的な個性を生かしたい場合には，炭化のような過程を得るのではなく，ナノカーボンを超分子的に集合させてそのときに形成されるナノ空間を利用するという手法が考えられる。最後の項では，フラーレンを構成成分の素材として用いた超分子的なコンセプトで合成される多孔性ナノカーボン材料について簡単に紹介したい。

ノーベル賞受賞対象でありサッカーボール型構造で知られるフラーレン（$C_{60}$）は，有機半導体材料の中で優れたn型半導体特性を示すことが知られており，グラフェンやカーボンナノチューブなどと並び，現在のナノテクノロジー研究において重要な電子材料に位置づけられている。その特長を生かしたまま，多孔性構造やナノ空間材料とすることには，高度機能材料を開発する上で大きな意義がある。フラーレン結晶の露出する割合が大きい内部にナノ細孔を持つ高表面積フラーレン材料の開発は，ほかの物質の有効な接触面積を持つハイブリッド材料を開発したり外部からのゲスト種との反応場を増やす上でも極めて重要である。例えば，高活性な二次電池の炭素電極や，高いホール輸送性をいかした電気化学キャパシタなどの基盤材料として応用が期待できる。

図12に示した方法では，異なる溶媒を用いてその溶液界面でフラーレンの結晶を析出させるという極めて低コストで簡単な手法を用いている[13]。以下のように，この手法によって無数のナノ細孔を持つフラーレン結晶をつくり出すことに初めて成功した。まず，フラーレンを溶かすことのできる四塩化炭素やベンゼンなどの溶媒にフラーレンを溶かしておき，そこにフラーレンを溶かしにくいイソプロピルアルコールなどの溶媒を静かに加えて放置する。この簡便な操作だけで，六角形などの形を持つフラーレンの結晶が超分子的な集合で得られる。この際，フラーレン結晶に取り込まれた微量の溶媒が蒸発することにより，多孔性構造となるのである。このフラーレン材料は，薄いプレート状の形をしているのだが，その結晶表面には50 nm以上の多くのマクロ細孔があり，その内部においては無数のナノメートルスケールの細孔が存在している。これらの構造は溶媒組成などを変えることによって，簡単に調整することもできる。さらに同様な手法で，チューブ状やロッド状のフラーレン結晶やそれらの多孔性

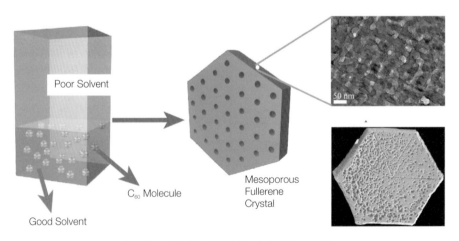

図12　メソポーラスフラーレン結晶の合成

炭素材料化も可能であり[14]，センサー機能や細胞分化制御などの機能が検討されている[15]。このような超分子的な手法は，素材の構造・特性を損ねることなく材料作製できる手法であるとともに，複雑な合成プロセスや高価な製造装置などを必要とせず，自由にかつ大量に成型加工できる手法でもある。

## 6 まとめ

さまざまな形態のカーボンナノ空間材料について簡単に紹介した。鋳型を巧みに選ぶことによって精密に設計したサイズの空間を作製できること，交互吸着などの手法によって階層化できること，超分子的な手法を組み込むことによって素材の特性を生かすなどの取り組みが可能である。ここで，カーボンという物質の意義は大きい。カーボン材料は，バイオマスなどのあらゆる有機物を炭化することによって得ることができる。一方で，カーボンは，活性炭のようなバルク素材としてばかりではなくグラフェンなどのナノカーボンとしての利用も可能である。つまり，大量の天然素材を最先端のデバイス・材料に変貌させる可能性がある物質がカーボンなのである。その鍵は精巧な構造化であり，ナノ空間材料としての展開はその一面を担っているのである。

■引用・参考文献■

1) R. Ryoo, S. H. Joo and S. Jun : *J. Phys. Chem.* B, **103**, 7743 (1999).

2) J. Lee, S. Yoon, T. Hyeon, S. M. Oh and K. B. Kim : *Chem. Commun.*, 2177 (1999).

3) A. Vinu, K. Ariga, T. Mori, T. Nakanishi, D. Golberg and Y. Bando : *Adv. Mate.*, **17**, 1648 (2005).

4) K. K. R. Datta, B. V. S. Reddy, K. Ariga and A. Vinu : *Angew. Chem. Int. Ed.*, **49**, 5961 (2010).

5) A. Vinu, M. Terrones, D. Golberg, S. Hishita, K. Ariga and T. Mori : *Chem. Mater.*, **17**, 5887 (2005).

6) A. Vinu, M. Miyahara, V, Sivamurugan, T. Mori and K. Ariga : *J. Mate. Chem.*, **15**, 5122 (2005).

7) K. Ariga, A. Vinu, M. Miyahara, J. P. Hill and T. Mori : *J. Am. Chem. Soc.*, **129**, 11022 (2007).

8) K. Ariga, Y. Yamauchi, G. Rydzek, Q. Ji, Y. Yonamine, K. C.-W. Wu and J. P. Hill : *Chem. Lett.*, **43**, 36 (2014).

9) K. Ariga, A. Vinu, Q. Ji, O. Ohmori, J. P. Hill, S. Acharya, J. Koike and S. S. Shiratori : *Amgew. Chem. Int. Ed.*, **47**, 7254 (2008).

10) Q. Ji, I. Honma, S.-M. Paek, M. Akada, J. P. Hill, A. Vinu and K. Ariga : *Angew. Chem. Int. Ed.*, **49**, 9737 (2010).

11) J. S. Yu, S. B. Yoon, Y. J. Lee and K. B. Yoon : *J. Phys. Chem.* B, **109**, 7040 (2005).

12) Q. Ji, S. B. Yoon, J. P. Hill, A. Vinu, J.-S. Yu and K. Ariga : *J. Am. Chem. Soc.*, **131**, 4220 (2009).

13) L. K. Shrestha, Y. Yamauchi, J. P. Hill, K. Miyazawa and K. Ariga : *J. Am. Chem. Soc.*, **135**, 586 (2013).

14) L. K. Shrestha, R. G. Shrestha, Y. Yamauchi, J. P. Hill, T. Nishimura, K. Miyazawa, T. Kawai, S. Okada, K. Wakabayashi and K. Ariga : *Angew. Chem. Int. Ed.*, **54**, 951 (2015).

15) M. Minami, Y. Kasuya, T. Yamazaki, Q. Ji, W. Nakanishi, J. P. Hill, H. Sakai and K. Ariga : *Adv. Mater.*, in press, DOI : 10.1002/adma.201501690.

〈有賀　克彦〉

第4章 その他のナノ空間材料

## 5節 層状物質を利用した検知センサーの開発

### 1 はじめに

センサーとは,「さまざまな物理量の変化を検知・検出し,この変化を何らかの科学的原理を用いて信号に置き換える装置」と定義されるデバイスである。温度計,湿度計,気圧計,人感センサー,ガスセンサー,煙検知器,マイクロフォンなどのような身近なものから,サーミスタ,ガス流量計,水量計,熱量計,ガスセンサー,磁気センサー,ひずみ計,音波計,光学センサーなどのような産業用など,多種多様なセンサーが実用化されている。さらに最近では,超高速・超高感度でさまざまな物理量を検知・検出したいという要望や,いくつかの物理量を同時に検知・検出したいという要望などに対応するために,それに応じた新規のセンサーデバイスが切望され,精力的に研究・開発されている。

その中でも,特定の分子を認識し検知・検出できるセンサーは,私たちが安心して過ごせる安全な生活を支えるデバイスの一つとして,欠かせないものとなっている。現在実用化されている分子検知センサーには,①素子の電気抵抗値の変化により検出する半導体センサー,②電極間の電位差や電気伝導度の変化により検出する電気化学センサー,③検知片上での燃焼反応による温度昇降により検出する接触燃焼式センサー,④物質の色調変化により検出する比色センサー(検知管)などがある(図1)。ここに示したセンサーはいずれも素子を構成する部材の表面に検出対象となる分子が吸着し,場合によっては化学反応を示すことで,検出・検知を実現している(図2)。しかし,部材表面への分子吸着の多くは物理吸着であるため,検知対象としたいある特定の分子を特異的に吸着させることは難しい。したがって,明確な分子検知能を有する分子検知センサーの実現は,社会的にも工業的にも切望されているにもかかわらず,いまだ開発が十分とは言えないのが現状である。加えて,リアルモニタリングへの要望に応えるための超高速応答化や極低濃度で毒性を示す物質の検知に対応するための高感度化も,同時に要望されている。これら①特異的な吸着現象の実現,②超高速応答化および③高感度化を実現できる物質系の一つとして,層状物質の構成要素である"ナノシート"が広い比表面積と活性な表面を持つことから,

半導体ガスセンサー

電気化学式ガスセンサー

接触燃焼式ガスセンサー

検知管式ガスセンサー

**図1 各種方式のガスセンサーの実用製品の外観例**

5節 層状物質を利用した検知センサーの開発

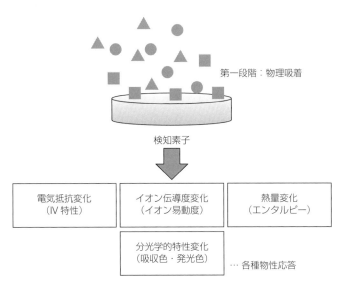

図2 分子検知センサーの検知機構の概要

大きな期待が寄せられている。そこで本稿では，特定の分子，化合物やイオンなどを検知・検出を目的としたセンサーの研究開発の中で，ナノシートを用いた研究を紹介する。

## 2 ガス中の特定物質を検知可能なセンサーの開発

1960年代に社会問題となった環境汚染の解決のために，環境基本法や大気汚染防止法などにより気相中のガス状化学物質の濃度基準が決定された（**表1**）。それら対象化学物質のモニタリングやセンシングが切望され，実際にさまざまなデバイスが開発されてきた。その後2000年ごろには，室内の空気環境の化学物質による健康被害（シックハウス症候群）が新聞紙上を騒がすようになり，その原因物質である揮発性有機化合物(Volatile Organic Compounds：VOC)の検知・検出に対する要望が高まった。検出対象となるVOCの濃度が非常に低いため，$SnO_2$を用いた既存のセンサーでは検知・検出が困難であるため，高感度化を目指した種々の取り組みがなされている。伊藤ら[1]は，陽イオン交換特性を示す層状モリブデン酸の層間にポリアニリンを複合化した有機-無機ハイブリッドが，数十ppbレベルのアルデヒドを電気抵抗値の変化により検知できる感度を持つセンサーとしての性能を有す

表1 気相中の濃度基準が決められている化学物質

| 化学物質 | 濃度基準 |
| --- | --- |
| 二酸化硫黄 | 日平均値：≤0.04 ppm/hr |
| 一酸化炭素 | 日平均値：≤10 ppm/hr |
| 二酸化窒素 | 日平均値：0.04〜0.06 ppm/hr |
| 光化学オキシダント | ≤0.06 ppm/hr |
| ベンゼン | 年平均値：≤0.003 ppm |
| トリクロロエチレン | 年平均値：≤0.2 ppm |
| テトラクロロエチレン | 年平均値：≤0.2 ppm |
| ジクロロメタン | 年平均値：≤0.15 ppm |
| ダイオキシン類 | 年平均値：≤0.6 pg-TEQ/$m^3$ |
| ホルムアルデヒド | 0.08 ppm |
| アセトアルデヒド | 0.03 ppm |
| トルエン | 0.07 ppm |
| キシレン | 0.20 ppm |
| エチルベンゼン | 0.88 ppm |
| スチレン | 0.05 ppm |
| パラジクロロベンゼン | 0.04 ppm |
| テトラデカン | 0.04 ppm |
| クロルピリホス | 0.07 ppb |
| フェノブカルプ | 3.8 ppb |
| ダイアジノン | 0.02 ppb |
| フタル酸ジ-n-ブチル | 0.02 ppm |
| フタル酸ジ-2-エチルヘキシル | 7.6 ppb |

ることを報告している。この系では，層内にアルデヒドが取り込まれることにより酸化モリブデン層の

第4章 その他のナノ空間材料

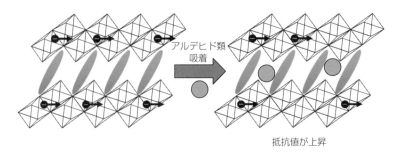

図3　AIST伊藤らの有機−無機ハイブリッドセンサーのアルデヒド検知機構

電子伝導性が変化することで検知できることになる。さらにこの吸着は層間に存在するカチオン性高分子の種類によって制御されることを報告している[2)-4)]（図3）。この結果は，半導体特性を示すナノシート表面への分子吸着を界面に分子を共存させることで選択性を付与できることを示すものである。さらにこの結果は，層状物質の層間を分子吸着ならびに検知空間として利用可能であることを示すものでもある。

このような層状物質と有機化合物との複合材料によるガスセンシングに関する研究については，伊藤らのように層自体の物性変化を用いるのではなく，粘土鉱物のような電子的にも，光学的にも不活性な層をホストして，その層間に吸着場を形成するための有機化合物を導入したり，外場（電場や光）印加時の応答変化を誘発できる有機物質を複合化したりした複合材料についても研究が進められている。白鳥ら[5)-6)]は，粘土鉱物やリン酸ジルコニウムを基材とし交互積層法で高分子電解質と複合化した薄膜の対象分子の吸着により生じる質量変化を，水晶発振子マイクロバランス（QCM）法で検知することで，ガスセンサーとしての能力を示すことを報告している。このセンサーは，ほかのセンサーのように吸着と吸着に伴う層状物質の特性変化を同時に制御する必要がなく，吸着に伴う微量な質量変化を検出するものなので，対象物質に特化した吸着場を形成し，さらにその吸着場の容量（表面積や細孔容積）を大きくすればよいという，もっとも単純な機構を持つものである。しかしこのセンサーの感度は質量測定の装置の精度のみに依存するので，材料科学者が高感度化を積極的に行うことは難しいと考えられる。

層自身の電気抵抗変化や材料への対象分子吸着に

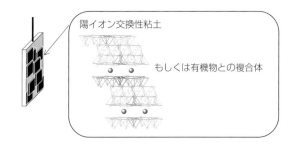

図4　粘土もしくは粘土−有機複合体で被覆した電極のモデル図

よる質量変化による分子検出のほかに，電極への分子吸着に伴う電気化学的な応答（電気化学セルにおける電流や電位差の変位など）によるセンシングがある。例えばPinnavaiaら[7)-8)]は，両親媒性分子で層間を修飾した粘土で作製した電極（図4）を用いて，2,4-dichlorophenoxyacetic acid および 2,4-dichlorophenolを電気化学的応答により検知できること，さらには層間に導入する両親媒性分子の量により検知能力が変わることを報告した。これは，両親媒性分子を無機イオンである$Na^+$と共存させた方が，$Na^+$の解離反応により電気化学的応答が顕著になるためである。関根らは，Coを中心金属として持つポルフィリンを複合化した粘土を用い，これと銀コロイドと高分子で修飾した電極を用いた電気化学セルが，酸素センサーとしての特性を示すことを報告し，その場合に用いる粘土としてはモンモリロナイトやバーミキュライトが安定性向上に寄与することを明らかにした。

さまざまなナノシートをナノ部品として階層構造体を形成したり，ほかの化合物と複合化したりすることにより形成される素材をガスセンサーに利用し

ようという試みも多くなされている[9]。用いられるナノシートとしては，酸化亜鉛[10]-[13]，硫化モリブデン[14]，酸化インジウム[15]，酸化タングステン[16]，四酸化三コバルト[17]，酸化銅[18]などが報告されている。これらの研究のほとんどは，層自身の半導体特性変化を利用した分子検知であり，それを効率化するためにナノシートを部品として多孔体化や花弁状階層組織体形成による大表面積を有する薄膜を製作し，その分子検知能の評価を行っている。また対象となっているガス種も，VOCs[19]，CO[20]，アルコール[12][18]，窒素酸化物[14]-[16]，アセトン[17]，硫化水素[11]など多岐にわたっている。

筆者らもガス中，特に高湿度下で分子検知能を示す素材の創製を目指し，イオン交換性層状化合物（ラポナイト[21]，チタン酸ナノシート[22]や層状複水酸化物[23]）の層間に発光性色素を界面活性剤とともに挿入した複合体を作製し，分子吸着に伴う発光特性の応答変化を評価した[24]-[28]。その結果として，ラポナイトとローダミン 6G（R6G）の複合粉末の発光量子収率（φ）が周辺環境の乾湿に応じて可逆的に変化すること（図5）を明らかにした。またこの応答性は，共存させる界面活性剤種により制御可能であることも明らかとなった。さらにこの発光量子収率の湿度応答性は，層間への水の吸脱着に伴い層間でR6Gの会合乖離が誘発され再配置が起こるためであることを明らかにした。

チタン酸ナノシートを用いた系では，ローダミン 3B（R3B）をデシルトリメチルアンモニウム塩とともに複合化し得られた複合体が，①周囲の乾湿に応じた色調変化を示すこと，②高湿度下でガス中アンモニア濃度に応じた発光消光を示し，定量検知が可能である素材であることが明らかとなった。①の湿度変化に伴う色調の変化機構は，図6に示すように湿度増加に伴いチタン酸ナノシートとR3Bとの隙間に水分子が吸着し，そのためにチタン酸ナノシートとR3B間の距離が大きくなり，静電相互作用が低下したためと考えられる。これは，高湿度でのR3Bの色調が希薄水溶液中の色調と一致したことからも明らかである。②の高湿度下でのアンモニア吸着に伴う発光消光の機構は，水が吸着している層間にアンモニアが吸着することによりR3B分子の分子内環化反応が進行するとともに，生成した中性型R3B分子はデシルトリメチルアンモニウム分子が層内で形成する疎水場へ移動し安定化するためと考えられる。さらにこの分子内環化率は吸着したアンモニアの濃度に応じるため，この素材が定量的

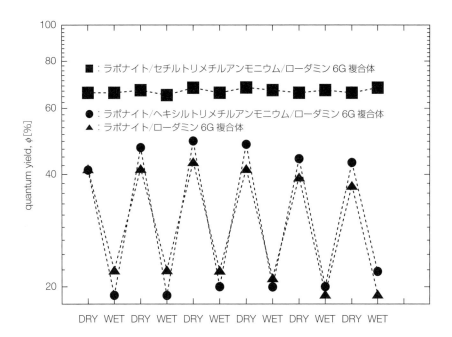

図5　粘土もしくは粘土-有機複合体で被覆した電極のモデル図

第4章　その他のナノ空間材料

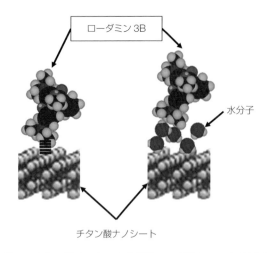

図6　チタン酸ナノシート表面とローダミン3Bとの間の静電相互作用へ水分子吸着が与える影響のモデル図

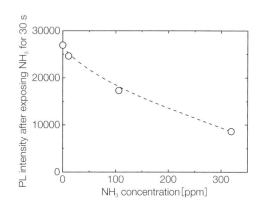

図7　チタン酸ナノシート/デシルトリメチルアンモニウム/ローダミン3B複合体の発光強度とアンモニア分子の空間濃度に対する変化
湿度：50%，励起波長：365 nm

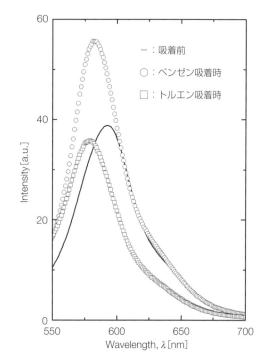

図8　チタン酸ナノシート/ベンジルデシルジメチルアンモニウム/ローダミン3B複合体の発光スペクトル変化
湿度：90%，励起波長：365 nm

な応答を示すものと考えられる（図7）。さらにこのチタン酸ナノシートの複合系では，複合化する界面活性剤としてベンジルデシルジメチルアンモニウム塩を採用することで，高湿度下においてベンゼンとトルエンを識別できる可能性が見出されている（図8）。これらの結果は，用いる界面活性剤により分子吸着の制御が可能であるとともに，それに伴う発光特性変化も制御可能であることを示唆するものである。

層状複水酸化物（LDH）の層間にブタンスルホン酸と陰イオン性のフルオレセインを複合化した素材についても，チタン酸ナノシートの場合のような湿度ならびに塩基性分子の吸着に対する顕著な発光応答性が観測されることを報告した。LDHの系の場合には，チタン酸ナノシートの場合と異なり，湿度の上昇やアンモニア濃度の上昇に伴い，発光強度の増加が観測される。この複合系の場合，複合化されたフルオレセインが共存するブタンスルホン酸が形成する疎水場により，乾燥状態でフルオレセインがラクトン体として安定化され，可視領域の吸収の消失と発光消光が観測される。このような分光学的な特性を示す複合体に水分子が吸着することにより，ラクトン体がジカチオン体化し，可視領域の吸収と発光性が出現することになる。さらに水が吸着した状態でアンモニア分子が吸着（層間の水中へ溶解）するとフルオレセインの周囲環境が塩基性となり，さらにフルオレセインのジカチオン化反応が進行

し，発光性フルオレセインの濃度が上昇することとなり，したがって，発光強度の増大が観測されることになると考えられる（図9）。

ここまで示してきたとおり層状物質をホストとし

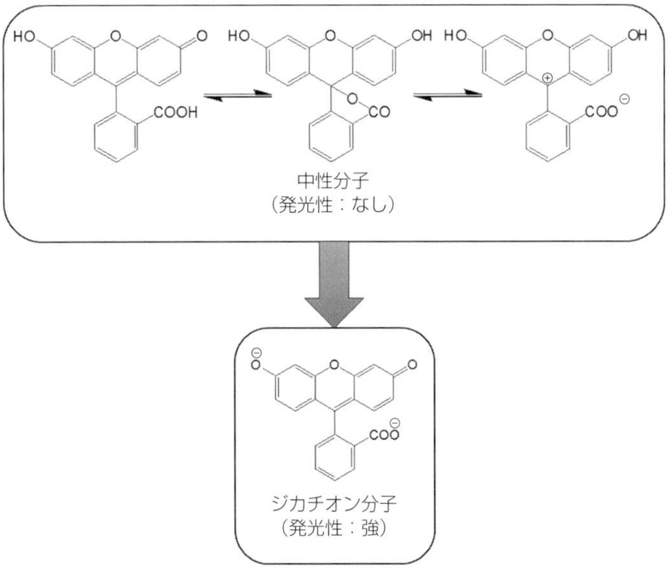

5節　層状物質を利用した検知センサーの開発

**図9**　**層状複水酸化物の層間に取り込まれた陰イオン性発光色素フルオレセインが水分子や塩基性分子を吸着した場合に示す分子内開環反応**

て用いることで，ガス中に含まれる対象分子に対する高い分子認識性や高感度検知が達成できることが報告されてきた。層状化合物の有する二次元空間がさまざまな物質により修飾可能であることを考慮すると，今後さらなる分子認識性や高感度検知の達成が可能と考えられる。

### 3　溶液中での検知センサー

前述した大気中の対象分子を検知することを目的としたガスセンサーに対して，水環境モニタリングや産業排水や下水処理場の水質管理などで必要となる溶液中で利用可能なイオンや分子を検知するためのセンサーに対する需要も高い。これも前述した1960年代に社会問題となった環境汚染の解決のために政府が設定した各種環境基準（**表2**）の遵守のためである。また，2000年代に入り，環境ホルモンなど極めて低濃度でも生態に影響を与える化学物質の問題も顕在化したため，そのような化学物質を検知するためのセンサー開発も精力的に行われている。

水質汚染の原因の一つとなるため，その排出管理が必要となる重金属イオン類を選択的に検知するために，有機化合物で修飾した粘土の重金属イオン選

択吸着性やそれを用いた電極による検知が研究されている。Celisらは，チオール基を有する有機シラノール化合物を粘土表面にグラフト化した材料が水銀イオン，鉛イオン，亜鉛イオンに対する吸着剤となることを報告している[29]（**図10**）。Fihoらはヘキサデシルトリメチルアンモニウムイオンで層間修飾したモンモリロナイトにジチオール化合物を導入した複合体の重金属イオンの吸着特性の評価と，この材料で作製した電極を用いた電気化学的水銀イオン検知を報告している[30]。特に水銀イオンが選択的に検知できることがこの材料の特徴である。ここまで示したように電気化学的なセンシングが多い中，Sunらは溶液中の水銀イオンをアミノナフトールジスルホン酸と層状複水酸化物の複合体の分光特性の変化により検知できることを報告した[31]。

ここまで示したように有害性の高い重金属イオンのセンシングに加えて，溶液中に溶け込んでいるさまざまな化合物を選択的に検知できるセンサーに関する研究も進められている。Zenら[32]は，粘土の一種であるノントロナイトとナフィオンで修飾したグラッシーカーボン電極を用いれば，選択的に水溶液中の尿素酸（定量下限：0.2 µM）やドーパミン（定量下限：2.7 nm）を電気化学的に検知できることを報告した。Kroningら[33]は，タンパク質であるミオ

－ 357 －

第4章　その他のナノ空間材料

表2　水質汚濁法で決められている主な化学物質の一律排水基準

| 化学物質 | 濃度 |
|---|---|
| 水素イオン（pH） | 5.8 〜 8.6（海域以外）　5.0 〜 9.0（海域） |
| ノルマルヘキサン | 5 mg/L（鉱油類）　30 mg/L（動植物油脂類） |
| フェノール類 | 5 mg/L |
| 銅 | 3 mg/L |
| 亜鉛 | 2 mg/L |
| 鉄 | 10 mg/L |
| マンガン | 10 mg/L |
| 燐 | 16 mg/L（日間平均 8 mg/L） |
| カドミウムおよびその化合物 | 0.03 mg-Cd/L |
| シアン化合物 | 1 mg-CN/L |
| 有機燐化合物 | 1 mg/L |
| 鉛およびその化合物 | 0.1 mg-Pb/L |
| 六価クロムおよびその化合物 | 0.5 mg-Cr(VI)/L |
| 砒素およびその化合物 | 0.1 mg-As/L |
| 水銀およびアルキル水銀その他の水銀化合物 | 0.005 mg-Hg/L |
| ポリ塩化ビフェニル | 0.003 mg/L |
| トリクロロエチレン | 0.3 mg/L |
| テトラクロロエチレン | 0.1 mg/L |
| ジクロロメタン | 0.2 mg/L |
| 四塩化炭素 | 0.02 mg/L |
| 1,2-ジクロロエタン | 0.04 mg/L |
| 1,1-ジクロロエチレン | 1 mg/L |
| シス-1,2-ジクロロエチレン | 0.4 mg/L |
| 1,1,1-トリクロロエタン | 3 mg/L |
| 1,1,2-トリクロロエタン | 0.06 mg/L |
| 1,3-ジクロロプロペン | 0.02 mg/L |
| ベンゼン | 0.1 mg/L |
| セレンおよびその化合物 | 0.1 mg-Se/L |
| ホウ素およびその化合物 | 10 mg-B/L（海域以外）　230 mg-B/L（海域） |
| フッ素およびその化合物 | 8 mg-F/L（海域以外）　15 mg-F/L（海域） |
| アンモニア，アンモニウム化合物，亜硝酸化合物および硝酸化合物 | 100 mg/L |
| 1,4-ジオキサン | 0.5 mg/L |

グロビンを複合化した粘土で修飾した電極を用いることで，水溶液中の窒素酸化物を電気化学的に検知できることを報告した。Tonle ら[34]は，チオール基を有する有機修飾粘土を用いて電気化学的に溶液中の色素（メチレンブルー）を $10^{-6}$ mol/L オーダーで高感度検知できることを報告した。また，層状複水酸化物修飾グラッシーカーボン電極で環境ホルモン物質の一つとして知られるビスフェノール A を電気化学的に nM オーダーで検知できることを Yin らは報告している[35]。

ここまで示したように多くの場合層状化合物として粘土鉱物を電気化学セルの電極材料として用いた電気化学センサーの開発が進められている。このセンサーの場合の長所は，粘土鉱物が種々の機能性分子などで表面や層間を修飾でき，それによりさまざまな物質に対する選択性を実現できる点にある。今後も，このような研究が推進されることと考えられる。また，電気化学センサーとは異なり複合化する分子として色素を用いることで，溶液の pH を色調変化により検知できるセンサーとすることも可能で

あることから，このようなセンサー開発も今後進むものと期待できる[36]。

# 4 おわりに

本稿ではここまでに私たちの日常生活を安全・安心に保つために必要不可欠となるガス状物質検知のためのセンサー開発および安全・安心な水資源の確保のために必要となる水質をモニタリングするためのセンサー開発のうち，層状物質を利用した素材・デバイスについて，筆者らの成果も含めて紹介してきた。本稿で紹介した多くの素材は，ほとんど検知対象が存在する媒体（排ガス，空気，環境水，下水や排水など）を特定したものではなく，乾燥窒素などの理想的な条件で検知機能を発揮するものである。しかし実際の系では，検知阻害を起こす多くの物質が共存するため，その影響をどのように回避するかが研究開発の鍵となる。現時点では特に層状物質を利用した研究については，素材の特性評価の研究が主であり，実際の系での利用のためのデバイス化に特化したものはいまだに例が少ない。一方で層状物質はさまざまな物理および化学修飾が可能なナノ空間を有することから，分子検知において高い認識性および選択性を実現できる可能性は非常に高い。このように層状物質のセンサーへの利用は，まだ始まったばかりであり，今後研究人口の増加と，高性能センサーの研究開発が今まで以上に推進されることを大いに期待する。

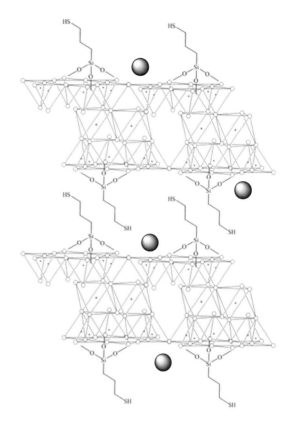

図10 チオール基を持つ有機化合物で表面修飾した粘土ナノシートの構造モデル
有害金属イオンは，吸着予想位置

■引用・参考文献■

1) T. Itoh, I. Matsubara, W. Shin, N. Izu and M. Nishibori : *Sensor Actuators* B: *Chemical*, **128**, 512 (2008).
2) J. Wang, T. Itoh, I. Matsubara, N. Murayama, W. Shin and N. Izu : *IEE J. Trans. SM.*, **126**, 548 (2006).
3) T. Itoh, I. Matsubara, W. Shin and N. Izu : *Bull. Chem. Soc. Jpn.*, **80**, 1011 (2007).
4) T. Itoh, I. Matsubara, W. Shin, N. Izu and M. Nishibori : *J. Ceram. Soc. Jpn.*, **115**, 742 (2007).
5) M. Kikuchi, K. Omori and S. Shiratori : The 3rd IEEE Conference of Sensors, Oct. 24-27 (2004).
6) S. Kushida and S. Shiratori : Proceedings of the 19th Sensor Symposium, 145 (2002).
7) D. Ozkan, K. Kerman, B. Meric, P. Kara, H. Demirkan, M. Polverejan, T. J. Pinnavaia and M. Ozsoz : *Chem. Mater.*, **14**, 1755 (2002).
8) M. Ozsoz, A. Erdem, D. Ozkan, K. Kerman and T. J. Pinnavaia : *Langmuir*, **19**, 4728 (2003).
9) Z. Zeng, Z. Yin, X. Huang, H. Li, Q. He, G. Lu, F. Boey and H. Zhang : *Angew. Chem.*, **50**, 11093 (2011).
10) F. Meng, N. Hou, S. Ge, B. Sun, Z. Jin, W. Shen, L. Kong, Z. Guo, Y. Sun, H. Wu, C. Wang and M. Li : *J. Alloys Compd.*, **626**, 124 (2015).
11) Y. Zhu, Y. Wang, G. Duan, H. Zhang, Y. Li, G. Liu, L. Xu and W. Cai : *Sensors Actuators* B: *Chemical*, **221**, 350 (2015).
12) B. Yuliarto, S. Julia, N. L. Wulan, S. Muhammad Iqbal, F. Ramadhani and N. Nugraha : *J. Eng. Tech. Sci.*, **47**, 1 (2015).
13) Y. Zeng, L. Qiao, Y. Bing, M. Wen, B. Zou, W. Zheng, T. Zhang and A. Zou : *Sensors Actuators* B: *Chemical*, **173**, 897 (2012).

14) S. Cui, Z. Wen, X. Huang, J. Chang and J. Chen : *Small*, **11**, 2305(2015).

15) L. Gao, Z. Cheng, Q. Xiang, Y. Zhang and J. Xua : *Sensors Actuators B: Chemical*, **208**, 436(2015).

16) C. Wang, X. Li, C. Feng, Y. Sun and G. Lu : *Sensors Actuators B: Chemical*, **210**, 75(2015).

17) Z. Zhang, Z. Wen, Z. Ye and L. Zhu : *RSC. Adv.*, **5**, 59976 (2015).

18) M. Faisal, S. B. Khan, M. M. Rahman, A. Jamal and A. Umar : *Mater. Lett.*, **65**, 1400(2011).

19) F. Meng, N. Hou, S. Ge, B. Sun, Z. Jin, W. Shen, L. Kong, Z. Guo, Y. Sun, H. Wu and M. Li : *J. Alloys Compd.*, **626**, 124 (2015).

20) Y. Zeng, L. Qiao, Y. Bing, M. Wen, B. Zou, W. Zheng, T. Zhang and G. Zou : *Sensors Actuators B: Chemical*, **173**, 897(2012).

21) R. Sasai, T. Itoh, W. Ohmori, H. Itoh and M. Kusunoki : *J. Phys. Chem. C*, **113**, 415(2009).

22) R. Sasai, N. Iyi and H. Kusumoto : *Bull. Chem. Soc. Jpn.*, **84**, 562(2011).

23) 笹井亮, 森田理夫：粘土科学, **49**, 1(2011).

24) 笹井亮：ゼオライト, **28**, 2(2011).

25) R. Sasai : 3rd International Congress on Ceramics(ICC3): Hybrid and Nano-Structured Materials, 18, (2011).

26) 笹井亮：粉体工学会誌, **51**, 37(2014).

27) 笹井亮：セラミックス, **45**, 622(2010).

28) 笹井亮：材料の科学と工学, **46**, 112(2009).

29) R. Celis, M. Carmen Hermosin and J. Cornejo : *Environ. Sci. Tech.*, **34**, 4593(2000).

30) N. L. D. Filho and D. R. do Carmo : *Talanta*, **68**, 919(2006).

31) Z. Sun, L. Jin, S. Zhang, W. Shi, M. Pu, M. Wei and D. G. Evans : *Anal. Chim. Acta*, **702**, 95(2011).

32) J.-M. Zen and P.-J. Chen : *Anal. Chem.*, **69**, 5087(1997).

33) S. Krning, F. W. Scheller, U. Wollengverger and F. Lisdat : *Electroanalysis*, **16**, 253(2004).

34) I. K. Tonle, E. Ngameni, H. L. Teheumi, V. Tchieda, C. Carteret and A. Walcarius : *Talanta*, **74**, 489(2008).

35) H. Yin, L. Cui, S. Ai, H. Fan and L. Zhu : *Electrochimica Acta*, **55**, 603(2010).

36) W. Shi, S. He, M. Wei and D. G. Evans : *Adv. Functional Mater.*, **20**, 3856(2010).

〈笹井　亮〉

第4章　その他のナノ空間材料

## 6節　非線形光学材料としての無機ナノシートおよびその関連物質

### 1　非線形分極と非線形光学効果[1]

　物質にその物質が吸収しない波長の光を入射した場合，物質中には光の電場により分極が誘起される。誘起される分極 $P$ は，入射光の電場 $E$ に対して，

$$P = \varepsilon_0 \left( \chi^{(1)} E + \chi^{(2)} EE + \chi^{(3)} EEE + \cdots \right)$$

と書き表すことができる。ここで，$\varepsilon_0$ は真空の誘電率 $\chi^{(1)}$，$\chi^{(2)}$，$\chi^{(3)}$，はそれぞれ一次，二次，および三次の電気感受率である。一次以外の電気感受率により生じる分極は，入射光の電場の強度の累乗に比例して，すなわち，非線形に増加するので，非線形分極と呼ばれる。この非線形分極に起因して生じる効果を非線形光学効果と呼ぶ。電気感受率は，次数が大きくなるにつれ極端に小さくなっていくため，太陽やランプなどの光で非線形光学効果は生じないが，レーザー光のように電場の強度が大きい光を入射すると非線形光学効果が観察できるようになる。

　二次の電気感受率は3階のテンソルであるから，対称中心を持つ系では全ての成分が0である。したがって，二次の非線形光学効果は，対称中心を持たない系からのみ生じる。二次の非線形光学効果の代表的な例は，入射したレーザー光の2倍の周波数の光を発生する光第二高調波発生（SHG）と呼ばれる現象である。例えば，緑色のレーザーポインターは，波長 1064 nm のレーザー光を SHG 結晶により2倍の周波数である 532 nm に変換することで動作している。周波数の異なる2つのレーザー光，$\omega_\alpha$，$\omega_\beta$ から $\omega = \omega_\alpha + \omega_\beta$ の光をつくり出す和周波発生，周波数の異なる2つのレーザー光，$\omega_\alpha$，$\omega_\beta$ から $\omega = \omega_\alpha - \omega_\beta$ の光をつくり出す差周波発生，周波数 $\omega$ のレーザー光から $\omega = \omega_\alpha + \omega_\beta$ に対応する $\omega_\alpha$ と $\omega_\beta$ の光をつくり出すパラメトリック発振も，二次の非線形光学効果を利用した波長変換の例である。このよ

うに二次の非線形光学効果は，レーザー光の波長を任意に変換するために広く用いられている。そのほかの二次の非線形光学効果としては，印加した電場に比例して屈折率が変化するポッケルス効果があり，光変調器[2]-[5]や光スイッチ[6]-[8]に応用されている。

　三次の電気感受率は，4階のテンソルであるため，全ての物質が三次の非線形光学効果を示す。三次の非線形光学効果には，入射したレーザー光をもとの周波数の3倍の周波数の光に変換する第三高調波発生（THG），入射した光の強度に比例して屈折率が変化する光カー効果などがある。

　数ある非線形光学効果の中で，現在最も応用上の注目が集まっているのは，三次の効果の一つである二光子吸収である。二光子吸収は，物質が基底状態と励起状態のエネルギー差の半分のエネルギーを持った光子2つを同時に吸収して励起状態へと遷移する現象である。二光子吸収過程における光吸収レートは，入射光強度の二乗に比例する。そのため，レーザー光をレンズで集光し，焦点付近のみの光強度を二光子吸収が生じるレベルにまで高くすることで，図1（b）に示すように焦点付近だけを空間選択的に励起することが可能である。この空間選択性を利用することで，三次元ミクロ造形[9][10]，多層光記録[11]-[14]，三次元バイオイメージング[15]-[19]，光線力学治療[20]-[21]，光制限素子[22]などの応用が実現している。

　近年の情報化社会の進展に伴い，データ通信・IT分野におけるエネルギー消費は大きく伸びている。IT機器は，2009年時点でもすでに日本の電力の5%[23]を消費していた。これらの機器に用いられている非線形光学素子の効率向上は，エネルギー問題の観点からも重要な課題である。

－ 361 －

第4章　その他のナノ空間材料

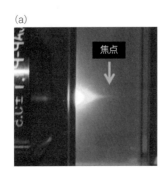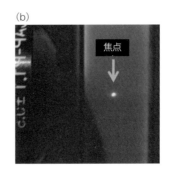

**図1**　蛍光色素を入れた光学セル(1 cm)に対物レンズ(20倍)で集光したレーザー光を左側から入射した際の蛍光の様子
(a)一光子励起，(b)二光子励起。一光子励起では入射光が奥に進むにつれて励起が徐々に弱くなっているが，二光子励起では焦点近傍のみで励起が生じている。

## 2　非線形光学効果とナノシート

　高効率に非線形光学応答を示す材料として，量子井戸構造を持った物質が注目されている[24)-34)]。量子井戸とは，図2(a)に示すように，励起子の有効ボーア半径（数nm～数十nm）程度かそれ以下の厚さを持つ半導体からなる層の両側を，エネルギーギャップの大きな半導体，あるいは誘電体の層で挟んだナノ構造体である。量子井戸中では，励起子の束縛エネルギーが大きくなるため，安定な励起子が生じる。そのため，遷移双極子モーメントが大きくなり，大きな非線形光学応答を示す。その代表例としては，1980年代の初めから研究がなされているGaAs/AlGaAs量子井戸があげられる[35)-37)]。量子井戸構造を持つ非線形光学材料は，高速光スイッチや量子井戸レーザーなどに使われている。これまで，分子線エピタキシー法や有機金属気相成長法などを中心とする結晶成長法により構築されてきた量子井戸構造を，半導体ナノシートを利用して簡便に作製し，高効率な非線形光学材料を作製する試みが続けられている。図2(b)に示すように，単層まで剥離した半導体ナノシートを誘電体で挟めば，量子井戸構造を常温・常圧というマイルドな環境下でも構築できる。

　また，分子レベルでの光学的非線形性に優れた有機化合物を，その能力が最大限に引き出せる形で固体化するためのホスト材料としてナノシートを利用した例も報告されている。有機化合物の中には，無機化合物よりも大きな非線形光学応答を示すものが数多く存在する[38)]が，素子として実用化するに必要な大きさの単結晶を作製することには大きな困難が伴う。この問題を解決するために，無機ナノシート

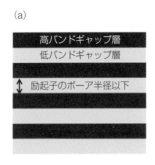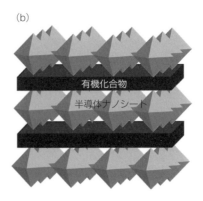

**図2**　(a)一般的な量子井戸構造と(b)量子井戸構造を持つようにデザインされた無機ナノシート-有機化合物ハイブリッド材料の模式図

をホスト材料として用い，その層間に有機化合物を取り込ませることで，素子としての十分な大きさと，優れた非線形光学特性とを両立した無機ナノシート－有機化合物ハイブリッド材料が開発されている。それらの中には，取り込まれた有機化合物の配向制御にも成功し，二次の非線形光学効果を発現させている例もある。

以下の項では，ナノシートの特徴を巧みにいかした非線形光学材料の開発状況について概観する。

## 3 半導体ナノシートを利用した多重量子井戸構造の構築とその非線形光学特性

Papagiannouli らは，$(PbI_6)^{4-}$ の八面体構造が二次元的に拡がった半導体ナノシートの間にプロトン化した 4-fluorophenethylamine を取り込むことで，半導体ナノシートと有機カチオンが交互に積層した多重量子井戸構造を構築している。多重量子井戸構造を持つ二次元ハイブリッドの三次の非線形光学効果は，$PbI_6$ からなる量子ドットと比べて 5 桁大きくなることが報告されている[39]。

石原らは，量子井戸構造を持つ $(C_{10}H_{21}NH_3)_2PbI_4$ の励起子が大きな束縛エネルギーとそれに由来する大きな遷移双極子モーメントを持ち，非線形光学材料としての大きな可能性がある物質であることを報告している[40]。ほかにも，$(R-NH_3)_2MX_4$ 型（R＝長鎖アルキル基；$M = Pb^{2+}$, $Sn^{2+}$, $Ge^{2+}$, $Cu^{2+}$, $Ni^{2+}$, $Mn^{2+}$, $Fe^{2+}$, $Co^{2+}$, $Eu^{2+}$；$X = Cl^-$, $Br^-$, $I^-$）の多重量子井戸構造を持つハイブリッド材料が得られており，非線形光学特性などの量子井戸構造に由来する物性について議論されている[41]-[46]。

## 4 グラフェンナノシートの光制限素子としての利用

光制限素子は，ある一定の強度（閾値）以上の光は吸収し，閾値以下の光はほとんど吸収せずに透過させる。この性質を利用することにより，レーザー機器中で偶発的に発生する非常に強い光パルス（ホットスポット）から，機器内部の光学素子やセンサーを守ることができる。そのため，光制限素子は大出力レーザーには欠かせないパーツの一つに

なっている。グラフェンや酸化グラフェンなどのナノシートは，パルスレーザーに対して強い光制限特性を持つことが報告されている[47]-[49]。

Anand らは，酸化グラファイトを水素ガス存在下で還元することで剝離した還元型酸化グラフェン（rGO）を酸処理しナノシート中の欠陥を増やすことで，光制限特性が向上することを報告している[50][51]。グラファイトや酸化グラファイトを液相で剝離させることで得られるグラフェンや，化学気相成長により得られた欠陥の多いグラフェンも，高い光制限特性を持つことが報告されている[52]-[56]。

金属ナノ粒子を修飾した rGO は，rGO と金属との間に大きな電荷移動が生じるため，修飾が施されていない rGO と比べてさらに大きな光制限特性を示すことが報告されている。Basanth らは銀ナノ粒子[57]を，Anand らは酸化銅ナノ粒子[58]を，Kavitha らは酸化亜鉛ナノ粒子[59]を rGO に修飾し，光制限特性に優れた材料を得ている。

## 5 波長変換能を有する無機ナノシート－有機化合物ハイブリッド材料

パラニトロアニリンのように，強いドナー基（D）と強いアクセプター基（A）が π 電子系の両末端に備わった，いわゆる D-π-A 型の有機化合物は，分子レベルでの二次の非線形光学定数が大きい[38]。しかし，D-π-A 型の分子の多くは双極子モーメントも大きく，その双極子モーメントを互いに打ち消し合うように対称中心をもって結晶化するため，二次の非線形光学効果は発現しない。

黒田らのグループは，非対称な層間空間を持つカオリナイトにパラニトロアニリンをインターカレートすることで，図 3 に示すようにパラニトロアニリンに SHG 活性な配向をもたらすことに成功している[60]。また，層間空間が対称なナノシートを用いた場合にも，キラルな有機化合物を層間にインターカレートすることで，SHG 活性な材料が得られている。筆者らのグループは，図 4 に示すように，粘土鉱物の一種である合成サポナイトの層間にキラルなルテニウム錯体 [Ru(1,10-phenanthroline)_3]^{2+} をゲスト分子として取り込ませることで SHG 活性を示す材料を得ている[61]。

二次の非線形光学効果を示すほかのナノシート－

第4章 その他のナノ空間材料

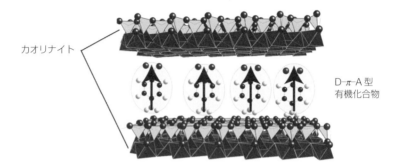

図3 非対称な層間空間を持つカオリナイトの層間にインターカレートされた大きな双極子モーメントを持つ有機化合物の配向の模式図

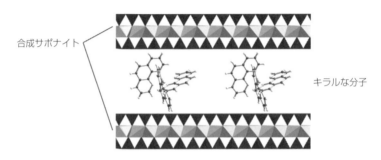

図4 対称な層間空間を持つ粘土鉱物にインターカレートされたキラルな分子(この図では金属錯体)の配列の模式図

有機化合物ハイブリッドとしては,鉛と亜リン酸からなるナノシートの亜リン酸部位に有機化合物を直接結合させて配向制御を行った例や,二次の非線形光学定数の大きな有機化合物を組成式 MPS$_3$ (M は二価の金属) で表されるナノシートにインターカレートさせた例なども報告されている[62)-73)]。

## 6 二光子吸収特性に優れた無機ナノシート-有機化合物ハイブリッド材料

有機化合物の二光子吸収断面積(二光子吸収の効率を表す量)を大きくするための定石は,遷移双極子モーメントを大きくすること[74)]である。その実現に,粘土鉱物の層間空間を巧みに利用した例がある。

筆者らのグループは,tetrakis(1-methylpyridinium-4-yl) porphyrin (TMPyP; 図5) や 1,4-bis(2,5-dimethoxy-4-{2-[4-(N-methyl)pyridinum]ethenyl}phenyl)butadiyne (MPPBT; 図6) などのカチオン性有機化合物を粘土鉱物の層間に取り込ませると,二光子吸収断面積が溶液中と比べてそれぞ

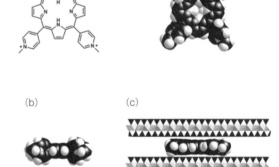

図5 TMPyP の(a)化学構造式と Space filling 表記,(b)溶液中で想定される形,(c)粘土鉱物の層間に取り込まれた際に想定される形

れ13倍,5倍にまで大きくなることを報告している[75)-77)]。溶液中の TMPyP の π 電子共役系は,図5(b)に示すように,ピリジニウム環の3位に存在す

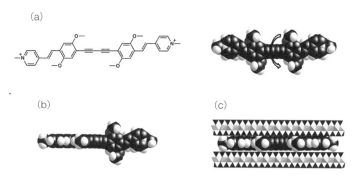

図6 MPPBTの(a)化学構造式とSpace filling表記，(b)溶液中でねじれたときの形，(c)粘土鉱物の層間に取り込まれた際に想定される形

る水素原子とポルフィリン環中のピロール部位との立体反発によりねじれている[78]。また，溶液中のMPPBTでは，図6(a)右側の図に示した矢印の位置のジアセチレン結合が回転している[79]。そのため，TMPyPやMPPBTは，大きなπ電子共役系を持つにもかかわらず，分子全体にわたってπ電子が十分に非局在化することができず，π電子共役系の大きさに見合った遷移双極子モーメントを示さない。しかし，粘土鉱物層間の二次元空間にこれら分子が取り込まれると，TMPyPでは平面性の向上（図5(c))，MPPBTでは分子内回転運動の抑制（図6(c))が生じ，分子全体にわたってπ電子が非局在化できるようになる。その結果，遷移双極子モーメントが大きく増加し，二光子吸収断面積が顕著に増強される。有機化合物の遷移双極子モーメントを大きくするために効果的な分子設計は，π電子共役系をその平面性を保ったまま拡張することである。しかしながら，そのような分子設計を施した化合物は，強いπ-π相互作用のため合成や取り扱いが難しく，また，たとえ合成できたとしても大きさと重さゆえにπ電子系に歪みが生じてしまい，分子量の増加に見合った二光子吸収断面積の増加がもたらされないという問題があった。合成や取り扱いが比較的容易な，大きなπ電子共役系を持ちながらもそのπ電子系が多少歪んだ有機化合物を粘土鉱物の層間に取り込み，その有機化合物が平面化したときに示す優れた二光子吸収特性を引き出すという方法論は，極めて大きな二光子吸収応答を示す材料を創出するために有効な手段と言える[80]–[83]。

## 7 おわりに

以上述べてきたように，無機ナノシート，および無機ナノシートと有機化合物からなるハイブリッド材料により，高効率な非線形光学材料が種々得られている。これら材料を実際に素子として活用するためには，光散乱が無視でき，cmオーダーのサイズを有する固体材料をつくり上げることが必須である。無機ナノシートを基盤とする材料は，ともすると散乱体としてとらえられ，光学材料としては適さないと考えられてきた。しかし，低散乱で，かつサイズの大きい材料の作製技術も，近年長足の進歩を遂げている[84]。光学デバイスとして利用しうる材料の作製技術が確立すれば，無機ナノシートを基盤とする非線形光学材料は広く社会で用いられることになるだろう。

■引用・参考文献■

1) Y. R. Shen : The Principles of Nonlinear Optics, Wiley-Interscience(2002).
2) V. R. Almedia et al. : *Nature*, **431**, 1081(2004).
3) Q. Xu et al. : *Nature*, **435**, 325(2005).
4) M. Roussey et al. : *Appl. Phys. Lett.*, **89**, 241110(2006).
5) B. Chmielak et al. : *Opt. Express*, **19**, 17212(2011).
6) P. Gütlich et al. : *Angew. Chem. Int. Ed. Engl.*, **33**, 2024(1994).
7) H. Kind et al. : *Adv. Mater.*, **14**, 158(2002).
8) E. Sarailou et al. : *Appl. Phys. Lett.*, **89**, 171114(2006).
9) S. Maruo et al. : *Opt. Lett.*, **22**, 132(1997).
10) F. Guo et al. : *Phys. Stat. Sol.*(a), **13**, 2515(2005).

第 4 章　その他のナノ空間材料

11) D. A. Parthenopoulos et al. : *Science*, **245**, 843(1989).

12) B. H. Cumpston et al. : *Nature*, **398**, 51(1999).

13) S. Kawata et al. : *Chem. Rev.*, **100**, 1777(2000).

14) T. Shiono et al. : *Jpn. J. Appl. Phys.*, **44**, 3559(2005).

15) W. Denk et al. : *Science*, **248**, 73(1990).

16) C. Xu et al. : *Proc. Natl. Acad. Sci. USA*, **93**, 10763(1996).

17) W. Zipfel et al. : *Biotechnol.*, **21**, 1369(2003).

18) M. Tominaga et al. : *Chem. Lett.*, **43**, 1490(2014).

19) Y. Niko et al. : *J. Mater. Chem. B*, **3**, 184(2015).

20) J. D. Bhawalkar et al. : *J. Clin. Laser Med. Surg.*, **15**, 201 (1997).

21) K. Ogawa et al. : *J. Med. Chem.*, **49**, 2276(2006).

22) G. D. L. Torre et al. : *Chem. Rev.*, **104**, 3723(2004).

23) 財団法人新機能素子研究開発協会：電力使用機器の消費電力量に関する現状と近未来の動向調査(2009).

24) C. Weisbuch et al. : *Solid State Commun.*, **38**, 709(1981).

25) Y. Arakawa et al. : *Appl. Phys. Lett.*, **40**, 939(1982).

26) Y. Arakawa et al. : *Appl. Phys. Lett.*, **40**, 950(1984).

27) L. Schultheis et al. : *Appl. Phys. Lett.*, **47**, 995(1985).

28) H. Yamamoto et al. : *Electron. Lett.*, **21**, 579(1985).

29) L. Schultheis et al. : *Phys. Rev. B*, **34**, 9027(1986).

30) 山西正道：応用物理, **55**, 210(1986).

31) E. Hanamura et al. : *J. Mater. Sci. Eng.*, **1**, 255(1988).

32) Y. Arakawa et al. : *Electron. Lett.*, **25**, 169(1989).

33) J. Faist et al. : *Science*, **264**, 553(1994).

34) S. Zhang et al. : *Acta Mater.*, **57**, 3301(2009).

35) 榊裕之：超格子ヘテロ構造デバイス, 工業調査会, 105 (1988).

36) S. Schmitt-Rink et al. : *Adv. Phys.*, **38**, 89(1989).

37) V. D. Jovanović et al. : *Appl. Phys. Lett.*, **86**, 1(2005).

38) P. Günter : Nonlinear Optical Effects and Materials, Springer(2002).

39) I. Papagiannouli et al. : *J. Phys. Chem. C*, **118**, 2766(2014).

40) T. Ishihara et al. : *Solid State Commun.*, **69**, 933(1989).

41) Y. Kato et al. : *Solid State Commun.*, **128**, 15(2003).

42) S. Zhang et al. : *J. Mater. Chem.*, **21**, 466(2011).

43) J. Calabrese et al. : *J. Am. Chem. Soc.*, **113**, 2328(1991).

44) T. Dammak et al. : *J. Phys. Chem. C*, **113**, 19305(2009).

45) G. C. Papavassiliou et al. : *Adv. Mater. Opt. Electron.*, **9**, 265 (1999).

46) C. Xu et al. : *Solid State Commun.*, **79**, 245(1991).

47) M. Feng et al. : *Appl. Phys. Lett.*, **96**, 033107(2010).

48) W. Song et al. : *Phys. Chem. Chem. Phys.*, **17**, 7149(2015).

49) D. Tan et al. : *Adv. Optical Mater.*, **3**, 836(2015).

50) B. Anand et al. : *J. Mater. Chem. C*, **1**, 2773(2013).

51) F. Ma et al. : *Chem. Phys. Lett.*, **504**, 211(2011).

52) Y. Hernandez et al. : *Nature Nanotechnology*, **3**, 563(2008).

53) A. V. Murugan et al. : *Chem. Mater.*, **21**, 5004(2009).

54) Z. Lin et al. : *J. Phys. Chem. C*, **114**, 14819(2010).

55) J. N. Coleman et al. : *Science*, **331**, 568(2011).

56) B. Anand et al. : *AIP Conf. Proc.*, **1536**, 735(2013).

57) S. Basanth et al. : *J. Opt. Soc. Am. B*, **29**, 669(2012).

58) B. Anand et al. : *J. Mater. Chem. C*, **2**, 10116(2014).

59) M. K. Kavitha et al. : *J. Mater. Chem. C*, **1**, 3669(2013).

60) R. Takenawa et al. : *Chem. Mater.*, **13**, 3741(2001).

61) Y. Suzuki et al. : *Chem. Commun.*, **45**, 6964(2009).

62) P. G. Lacroix et al. : *Science*, **263**, 658(1994).

63) T. Coradin et al. : *Chem. Mater.*, **8**, 2153(1996).

64) S. Bénard et al. : *Adv. Mater. Weinheim*, **9**, 981(1997).

65) S. Bénard et al. : *J. Am. Chem. Soc.*, **122**, 9444(2000).

66) M. E. van der Boom et al. : *Langmuir*, **18**, 3704(2002).

67) T. Yi et al. : *J. Lumin.*, **110**, 389(2004).

68) T, Yi et al. : *Adv. Mater. Weinheim*, **17**, 335(2005).

69) E. Cariati et al. : *J. Am. Chem. Soc.*, **129**, 9410(2007).

70) E. Cariati et al. : *Chem. Mater.*, **19**, 3704(2007).

71) T. Morotti et al. : *Dalton Trans.*, 2974(2008).

72) Q. Liu et al. : *Chem. Phys. Lett.*, **447**, 388(2009).

73) Z.-Y. Du et al. : *Eur. J. Inorg. Chem.*, 4865(2010).

74) 渡辺敏行：高効率二光子吸収材料の開発と応用, シーエムシー出版(2011).

75) Y. Suzuki et al. : *J. Phys. Chem. C*, **115**, 20653(2011).

76) K. Ohta et al. : *J. Chem. Phys.*, **124**, 124303(2006).

77) K. Kamada et al. : *J. Phys. Chem. C*, **111**, 11193(2007).

78) Y. Ishida et al. : *J. Phys. Chem. C*, **116**, 7879(2012).

79) K. Kamada et al. : *J. Phys. Chem. C*, **111**, 11193(2007).

80) Y. Suzuki et al. : *Clay Science*, **14**, 229(2010).

81) Y. Suzuki et al. : *Chem. Asian J.*, **7**, 1170(2012).

82) Y. Suzuki et al. : *Appl. Clay Sci.*, **96**, 116(2014).

83) 富永亮ほか：粘土科学, **53**(2), 63(2015).

84) J. Kawamata et al. : *Phil. Mag.*, **90**, 2519(2010).

〈富永　亮, 鈴木　康孝, 川俣　純〉

第4章　その他のナノ空間材料

## 7節　層状化合物・ナノシート光触媒

### 1　はじめに

　光触媒を利用して水から水素を得る試みは，クリーンなエネルギー製造技術として期待される分野の一つである[1,2]。高効率の光触媒を開発するための材料設計方針としては，高表面積かつ高い結晶性を持つ材料の合成が必要である。そのほか，再結合や逆反応を防ぐため光酸化・還元サイトを分離することも重要な設計方針の一つである。二次元の結晶構造を持つナノシートは，このような材料設計を可能にする材料の一つである[3-5]。特に層状化合物の剥離反応を経由して得られるナノシートは，厚さ1 nm 程度，四方の大きさが数百 nm の広さを持つ表面アモルファス層がない単結晶であるため，光励起したキャリアなどが散乱されにくく，優れた光触媒になり得る可能性がある。さらに，異種ナノシート積層構造により pn 接合を作製できれば，接合間に生じた電位勾配を駆動力として光酸化サイトと光還元サイトを空間的に分離でき，ナノシート単層よりも再結合や逆反応を抑えることができると予想される。

　また，ナノシートを用いると通常のバルク触媒では難しかった光触媒の活性中心の直接観察や反応場となる表面の結晶構造を具体的に決定することができるため，計算化学を利用することで光触媒反応の経路を分子サイズで精度よく考察できる可能性がある。本稿では，このようなナノシート光触媒の特徴[6-8]，ナノシート pn 接合における光酸化還元反応サイトの分離機構および[9]，光触媒反応の活性中心の直接観察の試みについて紹介する[10]。

### 2　ナノシート光触媒

　バルク光触媒粒子内部で励起されたキャリアが触媒反応に利用されるためには表面まで移動する必要がある。しかしながら，粒子内に欠陥サイトがあると，励起キャリアは表面へ移動する途中で欠陥サイトに補足されやすい。一方，高い結晶性を持つナノ粒子では，粒子径がナノサイズであるため電子や正孔がほとんど移動することなく表面に到達できるため，上記の理由による活性の低下が抑制できると考えられている。しかしながら，太陽光を利用した光エネルギー変換反応では，単位面積あたりに降り注ぐ光子の数が十分でないため，ナノ粒子では，水の光酸化反応（4電子反応）などの多電子が関与する反応は難しいと予想される。例えば，1 nm のナノ粒子では4個の光子と衝突するのに理論的には数マイクロ秒を必要とするが，励起したキャリアの寿命は一般的にそれよりも短いため，ナノ粒子では反応に必要な光励起したキャリアの数を準備できない。一方，本誌で紹介する厚さ1 nm，四方の大きさが数マイクロメートルのナノシートは，単位時間あたりに数多くの光子と衝突でき，かつ，光励起した電子や正孔が表面に移動するまでの距離が短いため多電子反応が関与する光反応には理想的な構造であると言える。また，光触媒の活性を向上させるには助触媒を触媒表面上に担持する必要があり，この担持方法によっても触媒活性は大きな影響を受ける[11]。これは，助触媒が水分解をする活性サイトとして働き，電荷分離等を促進していると考えられている。

　そのほか，触媒活性を向上させる別のアプローチとしては，触媒内のキャリア濃度を制御する（電子濃度を低くする）方法が検討されている。例えば，Zr を Ta サイトにドープした $KTaO_3$ は，未ドープのものよりも活性が向上する。これは，Zr ドープによって n 型半導体である $KTaO_3$ 中の電子密度（欠陥濃度）が，減少し移動度が向上したためであると考えられている[12]。

－ 367 －

また，光触媒内に遷移金属をドープすることで，可視光応答が付与される場合もある。例えば，RhをドープしたSrTiO$_3$はRhが不純物準位として生じ，新たな価電子帯が生じる。こうすることで，もともと3.2 eVであったバンドギャップが，2.4 eVまでせばまることが報告されている[13]。しかし，これらの遷移金属のドーパントは一般的に助触媒として働かない。これは，ドープされた遷移金属の多くは表面近傍に存在しておらず，触媒内部に存在しているため，水と接触する機会が確率的にほとんどないためである。一方，ナノシートはその薄さから構成原子の多くは表面近傍に存在していることから，ドープをすることでも，遷移金属が助触媒としてはたらく可能性がある。このような光触媒としてのナノシートの利点を図1にまとめておく。

## 2.1 Rh-ドープ Ca$_2$Nb$_3$O$_{10}$ ナノシート光触媒[6]

水素生成側の助触媒として知られているRhを結晶中にドープした（Nbサイトにドープ）層状酸化物 KCa$_2$Nb$_{3-x}$Rh$_x$O$_{10}$ とそのナノシートの光触媒活性を紹介する。図2に示すように，ナノシートの出発層状酸化物であるRh-ドープ KCa$_2$Nb$_3$O$_{10}$ の光触媒的水素生成（犠牲剤：メタノール）の活性は非常に低いが，そのナノシートでは，その活性が大きく向上する[6]。300 nmの波長における見かけの水素生

1) 光励起で生じたキャリアの移動距離が短い

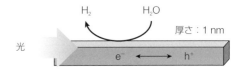

2) 多くのフォトンと衝突することができる

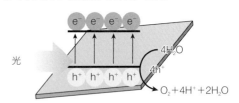

3) ドーパントが助触媒として機能する

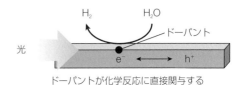

図1　ナノシート光触媒の特徴

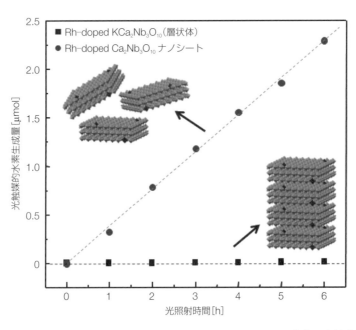

図2　Rh(x=0.03)-ドープ Ca$_2$Nb$_{3-x}$O$_{10}$ ナノシートとその出発層状体の光触媒活性
触媒量：5 mg，反応溶液：10 vol%メタノール水溶液　200 mL，光源：500 W Xe-ランプ

成の効率は 65 % であった。これは表面積が向上した効果ではなく，ドープした Rh が水の光還元反応サイトとして働くことによる寄与が大きい。つまり，出発の層状体では多くのドープされた Rh は結晶内部に存在するため，水の還元反応に直接関与できないが，剥離が起こると多くのドープサイトが表面に露出し反応に直接関与できる環境になる。実際，Rh をドープしていない $KCa_2Nb_3O_{10}$ から剥離したナノシートでは大きな光触媒活性の向上は得られない。この結果は Rh ドープサイトのような，単原子ドープサイトが光触媒の活性点となっていることを示唆しており，ナノシートは助触媒担持を必要としない新しい水分解光触媒になり得ることを示唆している。

## 2.2　N-ドープ $AE_2M_3O_{10}$（AE：Ca, Sr, Ba, M：Nb, Ta）ナノシート光触媒[7]

$KCa_2Nb_3O_{10-x}N_y$（黒色粉末）や $CsA_2Ta_3O_{10-x}N_y$（A：Ca, Sr, Ba）（橙色粉末）などの窒素ドープ層状酸化物を剥離することで可視光に吸収を持つナノシートを得ることができる[7][14]。作製した層状化合物中の窒素量を HNO 分析装置で確認すると窒素量は酸素量に対して 2～3 % であった。また，窒化処理後の X 線回折パターンは出発の層状酸化物と同じであり，この窒化反応は構造変化を伴わないことが明らかとなった。また，窒化処理前後の層状酸化物結晶の SEM 観察により，処理前後で結晶形状が変化していないことも確認している。図 3 は作製したナノシート分散溶液，原子間力顕微鏡像と高さ断面プロファイルである。

しかしながら $Ca_2Ta_3O_{9.7}N_{0.2}$ ナノシートの光触媒活性は非常に低く，可視光照射下で水の完全分解を達成することはできなかった。そこで，ナノシートのペロブスカイト構造の A site を Ca ではなく，Sr, Ba に置換し，A site の元素の最適化を行ったところ，$Sr_{2-x}Ba_xTa_3O_{9.7}N_{0.2}$ ナノシートが高い活性を示した。このナノシートに $RhO_x$ を光担持して光触媒活性を評価したところ，可視光照射下で水の完全分解を達成している。

## 2.3　$Tb^{3+}$-ドープ $Ca_2Ta_3O_{10}$ ナノシート光触媒[8]

$Tb^{3+}$-ドープ $Ca_2Ta_3O_{10}$ ナノシートは発光特性と光触媒特性を示すナノシートである。通常，光触媒

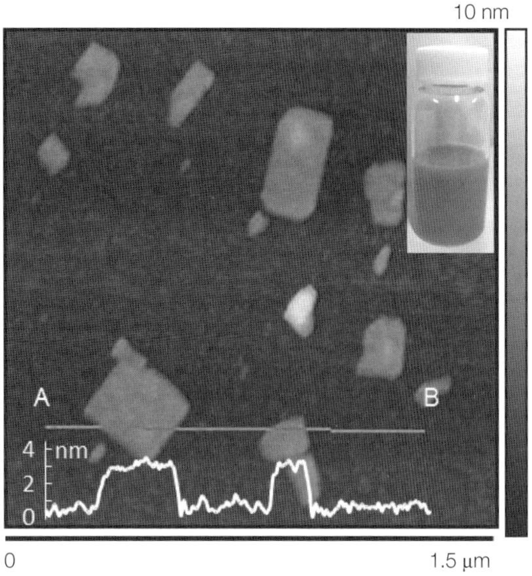

図 3　N-doped $Ca_2Ta_3O_{10}$ ナノシートの AFM 像とナノシート分散溶液の写真

に発光中心である希土類イオンをドープしていくと励起エネルギーが発光に消費されるため光触媒活性は低下するが，このナノシートでは発光強度と光触媒特性の両方が向上する結果が得られた。図 4a は助触媒未担持の $Tb^{3+}$-ドープ $Ca_2Ta_3O_{10}$ ナノシートの相対発光量子効率と光触媒的水素生成の見かけの量子効率（犠牲剤：メタノール存在下）の Tb ドープ依存性である。$Tb^{3+}$ のドープ量が増えるにつれ，発光量子収率は増大し，逆に光触媒の量子効率は減少した。しかしながら，助触媒として Rh を光担持した $Tb^{3+}$-ドープ $Ca_2Ta_3O_{10}$ ナノシートの光触媒活性は，$Tb^{3+}$ のドープとともに光触媒の量子効率も増大し，ドープ量 x = 0.005 のときに 71 %@270 nm と非常に高い光触媒的水素生成活性（犠牲剤：メタノール存在化）を示した（図 4b）。

なぜ，このような高い光触媒活性を示すのか詳細はまだ解明できていないが，$Tb^{3+}$ の $^5D_4$ というエネルギー準位が $Ca_2Ta_3O_{10}$ ナノシートの伝導体下端付近に存在し，$^5D_4$ 準位に落ちた電子の寿命が数ミリ秒と長いことが DFT 計算と蛍光寿命測定により明らかとなった。おそらく，$^5D_4$ 準位に長く留まっている電子が水の還元触媒である Rh 助触媒に引っ張られて，光触媒反応に使用されるため光触媒活性が向上したと考えている。また，ナノシートの層状体

－ 369 －

第4章 その他のナノ空間材料

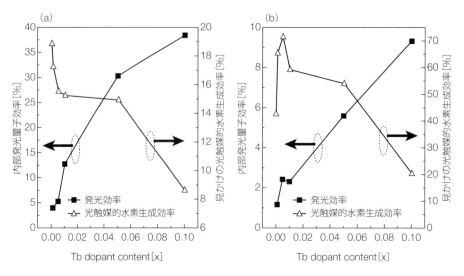

図4 Tb-doped Ca$_{2-x}$Ta$_3$O$_{10}$ナノシートとその出発層状体の光触媒的水素生成の見かけの量子効率(光源：270 nm, 犠牲剤：メタノール存在化)とTb$^{3+}$の発光効率($\lambda_{em}$：545 nm, $\lambda_{ex}$：270 nm)
(a)助触媒なし, (b)助触媒としてRhOx(0.1 wt%)を担持

ではTb$^{3+}$をドープしても上記のような大きな活性の向上は観察されなかったことから, 本結果はナノシートに特徴的な光触媒活性と言える。

### 2.4 p型半導体ナノシート膜の作製と光電気化学的水素生成[15]

n型半導体特性を示すナノシートは比較的多く報告があるが, p型半導体特性を示すシートはほとんどない。本稿ではp型半導体特性を示すNiOナノシート膜について次に紹介する。NiOナノシート膜は水酸化ニッケルナノシート, もしくはLB法によって積層した水酸化ニッケルナノシート膜を熱処理することで得ることができる。図5a, bにNiO単層膜のAFM像と高さ断面プロファイルを示す。AFM測定により見積もられたNiOナノシートの高さは0.3～0.4 nmであった。図5c, dにNiOナノシート膜(7層)のAFM像とFE-SEM像を示す。熱処理後もナノシートは密にしきつまっており, ナノシートの六角形状も維持している。図6aにNi(OH)$_{2-x}$ナノシート分散溶液を遠心分離して得られたナノシート沈殿物を400℃で焼成した後の粉末XRDパターンを示す。すべてのピークがNiOに帰属された。図6b～eにNi(OH)$_{2-x}$ナノシート積層膜(n＝1, 3, 5, 7)を400℃で焼成した後のXRDパターンを示す。ナノシート沈殿物を熱処理した場合と異なり, 回折ピークは37°のみに現われた。これは, NiOの(111)面ピークに対応する。つまり, 生成したNiOナノシート膜は(111)方向に配向していることがわかる。(111)回折の面間隔は0.24 nmであり, AFMによって観察された膜厚(0.3～0.4 nm)と大体一致した。(001)方向に配向した膜の焼成により(111)面に配向した膜が得られるという結果は, 層状水酸化コバルトや希土類層状水酸化物の単層膜においてすでに報告がされており, トポタクティック変換と理解されている。今回の水酸化ニッケルナノシートの場合も同じ原理による見かけ上のトポタクティック変換であると言える。また, 作製したNiOナノシートはp型半導体に典型的な光カソード電流を示し, 光電流値はナノシートの積層数とともにおおよそ線型的に増加した。NiOナノシート膜をカソード, RuO$_2$をアノードとして, 0.1 M Na$_2$SO$_4$電解液中, 外部電圧1.0 Vで水の光電気分解を実施したところ, 水素と酸素の発生を確認している。

## 3 ナノシートpn接合[9]

pn接合は太陽電池や発光デバイスなどの電子デバイスにおいてその利用が先行しているが, 最近では触媒などの化学反応が関与する分野にもその利用

7節　層状化合物・ナノシート光触媒

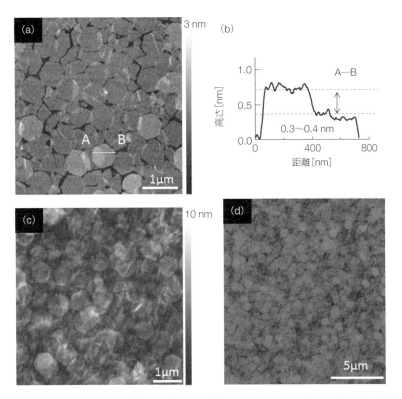

図5　(a) NiOナノシート単層膜のAFM像，(b) AFM像の高さ断面プロファイル，(c) NiOナノシート膜 (7層) のAFM像，(d) FE-SEM像

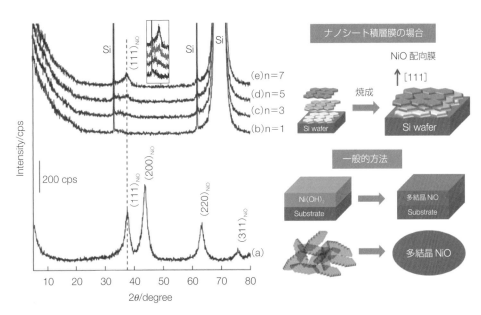

図6　NiOナノシートのXRDパターン，(a) ナノシート粉末，(b) ナノシート単層膜，(c) ナノシート積層膜 (層数n=2)，(c) n=3，(d) n=5，(e) n=7

- 371 -

第4章 その他のナノ空間材料

が広がりつつある[16]。接合部付近では電位勾配が形成されているため，光吸収により生成した電子と正孔は電位勾配を駆動力として，正孔はp型半導体側，電子はn型半導体側に移動する（図7a）。実際，p型とn型半導体を接合した触媒は，未接合の粒子に比べて触媒活性が向上するという報告が多く存在する。しかしながら，粒子同士の接合は原子レベルで平滑な表面同士の接合でないため，その接合界面の位置は曖昧であり，さらに粒子最表面はアモルファス層が形成されやすく界面付近では結晶性の低下が予想される。また，このような界面では，接合付近に空乏層が形成されているか疑問な点もあり，触媒活性の向上が，接合に由来するものなのかよくわかっていない。ナノ粒子からpn接合を形成した場合，その接合は点と点であるが，ナノシートを用いると面と面の接合を形成できるため，より正確かつ広い範囲の接合界面の評価が実施可能という利点がある（図7b）。

一方，ナノ半導体を光エネルギー変換に用いる場合，ナノ粒子を接合させても，空乏層を形成するための空間的スペースがなく，接合間で電荷分離をもたらす十分な電位勾配が形成されないため，ナノレベルのpn接合は光エネルギー変換素子として利用できないという指摘もなされている。このような課題に対して筆者らは，表面にアモルファス層がなく結晶表面が原子レベルで平滑なp型-NiOシートとn型-$Ca_2Nb_3O_{10}$シートを接合させることで極薄（1.7 nm）のpn接合体を作製しその接合間の電位勾配を評価したところ，確かに接合間で電位勾配が形成されることをこれまでに確認し，その電位勾配に基づいて光エネルギー変換反応である光酸化・還元反応のサイトが明確に分離されることを確認している[9]。以下その内容について紹介する。

上記のナノシートpn接合は水酸化ニッケルナノシート[17]と$Ca_2Nb_3O_{10}$（CNO）ナノシートをラングミュアブロジェット（LB）法を用いて接合した後，基板を空気中で400℃1時間焼成することで作製した。この熱処理により，水酸化ニッケルナノシートが酸化ニッケルに変化する[15]。

図8aはNiO（0.3 nm）シートとCNO（1.4 nm）シートを積層させて作製したpn接合のモデル構造であり，図8bは実際に作製したpn接合のAFM像である。六角形のシートはNiOシートであり，多角形のシートはCNOシートである。シートの形状が異なるために，プローブ顕微鏡でもどこがp型でどこがn型シートであるかを評価することができ

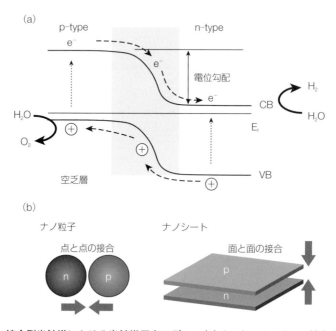

図7 （a）pn接合型光触媒における光触媒反応モデル，（b）ナノシートからpn接合をつくる利点

る。接合箇所の膜厚は単独箇所と比較して高く約 2 nm 程度であることがわかる。接合箇所の TEM 像を測定すると，うっすらと CNO シートと NiO シートの形状を確認することができ，接合部ではスポット状の電子線回折パターンを得ることができる。この pn 接合の場合，六角形状に配列したスポットと碁盤の目状に配列したスポットが確認できる。前者は NiO の (111) 面，後者は CNO シートの (001) 面の回折パターンであり，単結晶同士が接合していると判断することができる。このように単結晶ナノシートを接合することで超薄膜ヘテロ pn 接合を形成することができる。

ナノシート接合界面に電位勾配が形成できているかの評価はケルビンフォースプローブ顕微鏡 (KFPM) により評価した。KFPM 測定では表面電位（フェルミ準位）の位置を相対的に評価することができる。例えば n 型と p 型半導体を接合させた場合，両者のフェルミ準位を一致させようと半導体内の動けるキャリアが動く。これにより接合部では動けないキャリアが残り空乏層が形成され，接合部に電位勾配が形成される。真空準位を基準にすると n 型半導体側のフェルミ準位は接合することにより，接合前に比べて深くなり，p 型半導体側では浅くなる。つまり，表面電位の変化を観察することで接合部に電位勾配が形成されているかどうかを判断することができる。図 8c は CNO/NiO ナノシート

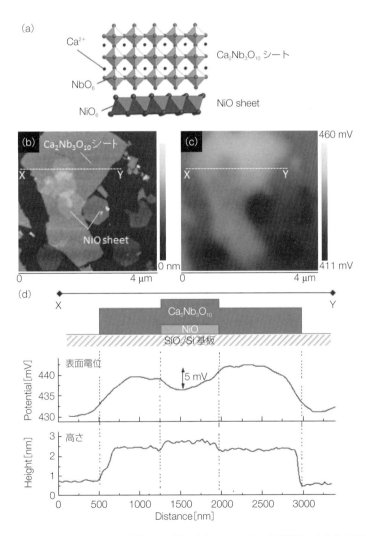

図 8 $Ca_2Nb_3O_{10}$/NiO ナノシート np 接合の (a) AFM 像，(b) KFPM 像，(c) 断面の高さと表面電位プロファイル

第4章　その他のナノ空間材料

np接合のKFPM像を示している。この像において，六角形のNiOシートの上にCNOシートが覆いかぶさるように作製している。測定表面はすべてn型のCNOシートであるにもかかわらず，下地にp型-NiOシートがあるところは表面電位が低下している（図8d）。これは，接合箇所で$Ca_2Nb_3O_{10}$のキャリアの一部がNiO側に移動することにより表面電位が変化し，接合部に電位勾配が形成されていることを示している。つまり，非常に薄いpn接合でも接合部には電位勾配が形成され，pn接合として動作しうることを意味している。

次に，電位勾配により光エネルギー変換反応の酸化と還元サイトが分離されるかどうかは光堆積法を用いて確認した。酸素や水素などの気体が発生する光酸化・還元サイトを特定することは非常に難しいが，光酸化・還元により固体の堆積物を生成する反応を用いるとどこで光酸化・還元反応が起こっているか特定することができる。この評価は銀イオンやマンガンイオン（Ⅱ）などを含む水溶液中に目的のサンプルを浸漬し，光を照射することで実施する。

この反応では，1価の銀イオンは光生成した電子によって還元されメタルの銀として電子が出てきた箇所に堆積し，2価のマンガンイオンは光生成した正孔によって酸化され$Mn_2O_3$，もしくは$MnO_2$として正孔が出てきた箇所に堆積する。また，この実験では，ナノシート表面への各金属イオンの吸着の効果を同じにするため，表面にCNOシート，第二層目にNiOシートが位置するnp接合を作成した。このサンプルではNiOと接合していないCNO表面とNiOと接合しているCNO表面が存在する。反応面はすべてCNO表面であり，結晶面や組成はすべて同じであるとみなせるため，金属イオンの吸着効果はどこも同じであると考えられる。

**図9**は$Ag^+$と$Mn^{2+}$が存在する水溶液中にCNO/NiO接合体を入れて紫外線を照射した後のFE-SEM像である。Ag（光還元サイト）はNiOと接合していないCNO上に析出し，$MnO_x$（光酸化サイト）は下層にNiOがあるCNO上に優先して析出した。このような光堆積が起こる位置は接合によって生じた電位勾配と対応することが明らかとなった。

ここまでは，接合部の環境をわかりやすく紹介するため，意図的にまばらな密度で接合したpn接合を用いてナノシートpn接合を紹介してきたが，上記に示したLB法を用いると密につまったナノシート接合膜を作製することができる。しかしながら，非常に薄いpn接合膜が形成されているかどうかの分析は，実は非常に難しい。X線光電子分光法（XPS）や飛行時間型二次イオン質量分析法（TOF-SIMS）は表面の分析装置としてよく知られているが，NiO（0.3 nm）/n型-CNOシート接合膜を分析した場合，表面のNiOの信号だけでなく，3原子層下層のCaやNbのシグナルも検出されてしまう。そのため，筆者らは目的の原子レベルの積層構造ができているかどうかを，低エネルギーイオン散乱（LEIS）法を用いて評価している。この手法を用いると最表面の組成分析が可能である。LEISは数keV程度の低エネルギーのヘリウムなどのイオンを用いる表面最近傍に極めて敏感で，かつ元素分析と構造解析が同時にリアルタイム観測できる手法である[18]。**図10**はNiO/CNO積層膜のLEIS組成デプスプロファイルである。表面層の厚さが0.3 nmと分子レベルの膜厚にもかかわらず，明瞭に最表面ではNi：Oのシグナルが1：1で現れ，その後，Ca：Nb：Oが2：3：10のシグナル強度比で観察でき，目的のpn接合薄膜が広範囲に形成されていることが確認できる。今後はLEISも表面分析の一般的な装置になってくるであろう。

## ④ 光触媒反応中心の直接観察[10]

光触媒において表面に担持された助触媒は，水の還元サイトや酸化サイトとして機能すると考えられているが，どういう機構で反応サイトとして機能しているかについては不明な点が多い。その理由の一つに助触媒ナノ粒子が多結晶である光触媒粒子上に複雑に担持されており，吸着サイトや電荷分離状態を議論するには構造が複雑すぎる点があげられる。つまり，助触媒の効果を議論するためには，もっとシンプルな結晶系や表面状態が必要である。

反応機構を考察しやすい光触媒としてわれわれはナノシートに注目している。基本的にナノシートの厚さは完全に均一であり，また，このような単結晶シート構造では，エッジ部分を考慮しなければ，反応溶液と接している結晶面は1つに限定できる。さらによいことに，上記に紹介したように，Rhをドープした酸化物ナノシートは助触媒を担持しなくても

－ 374 －

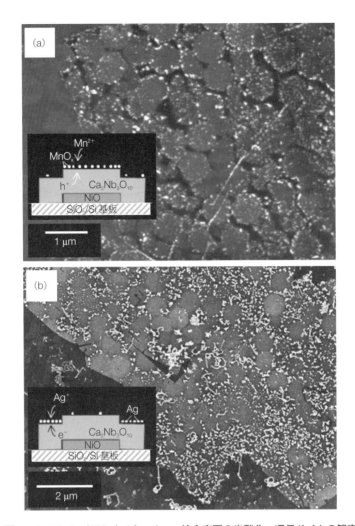

**図9 Ca$_2$Nb$_3$O$_{10}$/NiO ナノシート np 接合表面の光酸化・還元サイトの観察**
(a)MnO$_x$ の堆積反応後(酸化反応サイト)の SEM 像，(b)Ag の堆積反応後(還元反応サイト)の SEM 像

光触媒的水素生成に対して高い活性を持つことがわかっている。

通常の光触媒で高い光触媒活性を得るためには助触媒の担持を必要とするが，この結果は，結晶格子内に1原子ドープされた Rh サイトが光触媒の活性点になっていることを示唆するものである。水の還元は2分子2電子反応で進むと考えられており，吸着サイトを限定することができれば，反応の活性化状態を考察しやすくなると考えられる。そのため，Rh がどういう状態で結晶内にドープされているかの環境を明瞭にイメージ化することができれば，反応機構の考察の精度を著しく向上させることができる。

そこで筆者らは現在，透過電子顕微鏡を用いて光触媒の活性中心であろう Rh 元素の直接観察によりドープサイトの直接観察と分散状態を具体的に明らかにすることに挑戦している[10]。図11a, 11b は Rh ドープチタニアナノシートの HAADF-STEM 像とモデル構造である。また，Ti サイトと Rh サイトの HAADF-STEM の信号強度プロファイルもほぼシミュレーション結果と一致している(図11c)。次に STEM 観察で得られた構造をモデル構造として，ナノシート表面に水がどのように解離吸着するかを DFT 計算により求めた。その結果，Rh をドープしたサイトでは，OH と H に解離して吸着した水分子の状態が未ドープの表面よりも安定であることがわ

第 4 章　その他のナノ空間材料

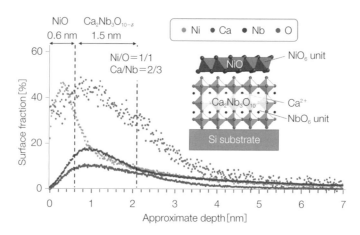

図 10　NiO/Ca$_2$Nb$_3$O$_{10}$ ナノシート pn 接合膜の断面 LEIS スペクトル

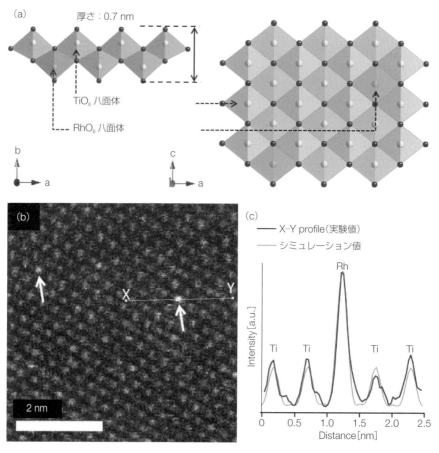

図 11　Rh ドープチタニアナノシートの (a) HAADF-STEM 像, (b) モデル構造, (c) HAADF-STEM シミュレーション像, (d) HAADF-STEM 信号強度の断面プロファイル

かった.さらに，フリーの水に戻る逆反応の障壁も未ドープの表面に吸着した水分子よりも大きいことが示された.この結果は Rh サイトが水の解離吸着を安定化させていることを示唆しており，助触媒の

新しい役割を示唆する結果と考えている。現在，Rhドープサイトの具体的な役割をさらに明らかにすべく，水が水素になるまでの全反応経路のエネルギーを計算している。

　本稿では，無機のナノシートを利用すると従来の手法では作製が非常に難しい極限の触媒構造やデバイス構造等を作製・評価できることを紹介した。今後，機能性ナノシートの応用はさらに発展すると期待している。

■引用・参考文献■

1) A. Kudo and Y. Miseki : *Chem. Soc. Rev.*, **38**, 253(2009).

2) A. Fujishima and K. Honda : *Nature*, **238**, 37(1972).

3) Y. Ebina, T. Sasaki, M. Harada and M. Watanabe : *Chem. Mater.*, **14**, 4390(2002).

4) R. Abe, K. Shinohara, A. Tanaka, M. Hara, J. N. Kondo and K. Domen : *Chem. Mater.*, **9**, 2179(1997).

5) S. Ida and T. Ishihara : *J. Phys. Chem. Lett.*, **5**, 2533(2014).

6) Y. Okamoto, S. Ida, J. Hyodo, H. Hagiwara and T. Ishihara : *J. Am. Chem. Soc.*, **133**, 18034(2011).

7) S. Ida, Y. Okamoto, M. Matsuka, H. Hagiwara and T. Ishihara : *J. Am. Chem. Soc.*, **134**, 15773(2012).

8) S. Ida, S. Koga, T. Daio, H. Hagiwara and T. Ishihara : *Angew. Chem. Int. Ed.*, **53**, 13078(2014).

9) S. Ida, A. Takashiba, S. Koga, H. Hagiwara and T. Ishihara : *J. Am. Chem. Soc.*, **136**, 1872(2014).

10) S. Ida, N. Kim, E. Ertekin, T. Takenaka and T. Ishihara : *J. Am. Chem. Soc.*, **137**, 239(2015).

11) K. Maeda and K. Domen : *J. Phys. Chem. Lett.*, **1**, 2655(2010).

12) T. Ishihara, H. Nishiguchi, K. Fukamachi and Y. Takita : *J. Phys. Chem. B*, **103**, 1(1999).

13) R. Konta, T. Ishii, H. Kato and A. Kudo : *J. Phys. Chem. B*, **108**, 8992(2004).

14) S. Ida, Y. Okamoto, S. Koga, H. Hagiwara and T. Ishihara : *RSC Advances*, **3**, 11521(2013).

15) S. Ida, A. Takashiba and T. Ishihara : *J. Phys. Chem. C*, **117**, 23357(2013).

16) F. Meng, J. Li, S. K. Cushing, M. Zhi and N. Wu : *J. Am. Chem. Soc.*, **135**, 10286(2013).

17) S. Ida, D. Shiga, M. Koinuma and Y. Matsumoto : *J. Am. Chem. Soc.*, **130**, 14038(2008).

18) H. H. Brongersma, M. Draxler, M. de Ridder and P. Bauer : *Surf. Sci. Rep.*, **62**, 63(2007).

〈伊田　進太郎〉

# 第4章 その他のナノ空間材料

## 8節 層状物質—光触媒反応促進剤—

### 1 はじめに

　TiO₂などの固体光触媒は，太陽光エネルギーを駆動力として，反応物質の酸化・還元反応を引き起こすため，安定性と低コストもあいまって，有害有機物の分解・無害化や水の分解による水素製造，化成品の合成などのグリーンプロセスとして幅広く研究されている。光触媒活性の向上のために，光触媒の改良と新規合成が世界中で活発に研究されている（例えば，本書「層状物質・光触媒」項を参照していただきたい）。一方で，光の照射方法[1]や温度[2)3)]，添加物の有無[4)-6)]，雰囲気[7)-11)]など，反応（作動）環境が活性に及ぼす影響も調査されている。

　添加物の効果は，簡便で，特別な装置を必要としないなどの利点もあり，古くから，比較的研究例が多く，TiO₂光触媒系に粘土鉱物を添加（あるいは，あらかじめ両粒子を複合化させる）した好例がある[12)]。これらの研究では，粘土鉱物は，主に，微粒子化（高活性化）して用いる光触媒を液相から回収しやすくするために，あるいは，吸着能を利用して反応物質を光触媒付近へ濃集し，もって分解速度を向上させるために用いられてきた。筆者らは，層状物質の精密な分子認識機能，半導体機能などを利用し，光触媒反応系内での反応物や生成物の挙動，電荷分離状態を制御し，従来の光触媒系では困難，不可能であった高い収率や特異な選択性を実現した。本稿では，これらの成果を，層状物質の機能ごとに概説する。なお，個々の材料や反応の背景や課題については，それぞれの項にて説明する。

### 2 生成物の分子認識

　よく知られているようにフェノールは最も重要な化成品の一つであるが，現在は，主に，ベンゼンから高温を要する3段階のプロセス（クメン法）を経て合成されているため，ベンゼンからフェノールを直接合成（ベンゼン/フェノール部分酸化）できる触媒プロセスが切望されている。TiO₂などの光触媒によるベンゼン部分酸化が困難な最大の要因は，強い酸化力を持つ活性酸素種を生成するため，生成したフェノールが容易にCO₂などの副生物へ逐次・完全酸化されてしまうことであった。そこで，筆者らは，TiO₂によってベンゼンを酸化させる系に，フェノールを精密に認識する（迅速かつ選択的，大容量に吸着できる）層状ケイ酸塩を添加することで，フェノールが逐次酸化される前に光触媒中心から分離蓄積され，反応後，吸着材を洗浄するだけで，同生成物を選択的かつ効率的に回収できると考えた（図1）[13)]。

　図2aに示すように，層状アルカリケイ酸塩の一種，マガディアイト（Na-magと略）の層間NaイオンをHイオンで交換したH-magは，ベンゼン水溶液からフェノールを迅速に吸着した。また，H-magへのベンゼンを含む水溶液からのフェノール

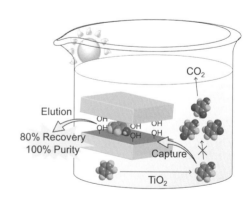

図1　フェノールを精密に認識する層状ケイ酸塩（H-mag）を利用した，TiO₂光触媒による水中のベンゼンの部分酸化によるフェノール合成

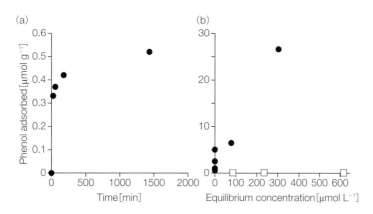

図2 (a)ベンゼンを含む水溶液からのフェノールのH-magへの吸着の経時変化，(b)ベンゼンを含む水溶液からのフェノールのNa-mag(□)およびH-mag(●)への吸着等温線

表1 水中のベンゼンのTiO₂による酸化に対するH-magおよびNa-magの添加効果

|  | 反応上澄液 |  |  | 洗浄溶出液 |  |
| --- | --- | --- | --- | --- | --- |
|  | フェノール収量/μmol | フェノール選択率/% | ベンゼン転換率/% | フェノール回収量/μmol | フェノール純度/% |
| TiO₂のみ | 4.9 | 4.1 | 77.4 | — | — |
| +H-mag | 0.3 | 0.2 | 76.2 | 119.2 | 100 |
| +Na-mag | 26.6 | 22.7 | 76.1 | 13.0 | 100 |

の吸着等温線はH型を示し，H-magとフェノールとの強い相互作用が示された一方，Na-magはフェノールをほとんど吸着しなかった（図2b）。

表1に，市販のTiO₂による水中のベンゼンの酸化への吸着材の添加効果をまとめて示す。TiO₂だけを用いてベンゼン（154 μmol）の酸化を行うと，ベンゼン転換率が80％程度と高いにも関わらず，少量のフェノールしか得られず（収量4.9 μmol，選択率4.1％），ほとんどのフェノールは逐次・完全酸化されたことがわかる。一方，同じ反応をH-magを添加して行うと，ベンゼン転換率は80％程度であったが，反応上澄液中にはフェノールがほとんど検出されなかった（収量0.3 μmol，選択率0.2％）。しかし，H-magを回収し，水とエタノールとの混合液で洗浄すると，フェノールのみが大量に溶出した（119.2 μmol）。図3に示すように，光触媒反応中，液相（反応上澄液中）にはほとんどフェノールが検出されなかったこと，また，Na-magを添加してベンゼン酸化を行った場合にはフェノールが効率的

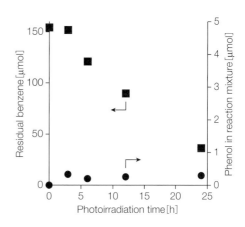

図3 H-mag存在下でのTiO₂によるベンゼンの酸化反応中の水中のベンゼン(■)およびフェノール(●)量の変化

には回収できなかったことを考慮すると，期待通り，TiO₂によって生成したフェノールが直ぐにH-mag内へ分離蓄積されたため，逐次酸化されずに効率的かつ選択的に回収できたと考えられた。光触媒と吸

第4章　その他のナノ空間材料

着材を自由に組み合わせられる本手法は，最近，ほかの部分酸化反応にも応用できることがわかっており，通常では困難，不可能な有機物の部分酸化を"グリーンに"実現できるプロセスとして期待できる。

### 3 副生物の分子認識

$TiO_2$ による有機物の分解・無害化は，すでに一部実用化されている技術ではあるものの，$TiO_2$ は紫外線に応答する半導体であるので，屋外や室内など，紫外線をわずかにしか含まない，あるいはほとんど含まない環境下で高活性を発現させるために，紫外光活性を高めた，あるいは可視光応答化させた $TiO_2$ の開発がいまだ盛んに行われている（例えば筆者らの最近の論文[14]を参照いただきたい）。

筆者らは，$TiO_2$ や，高活性な可視光応答光触媒の一つである Au 微粒子担持 $CeO_2$（Au@$CeO_2$）[15]による水中の有機物の $CO_2$ への完全酸化を，密閉反応容器の気相に $CO_2$ 吸着材（ソーダライムやアミノプロピルシランで表面修飾した SBA-15（$NH_2$-SBA）など既知の材料）を設置して行うと，分解速度が加速することを見出した[16]。加速効果の機構は不明ではあったが，分解速度が設置した吸着材の量や $CO_2$ 吸着容量に依存したことから，吸着材が気相 $CO_2$ を低減させ，これにより，$CO_2$ の気相への放出が促進され，結果的に水中での有機物の完全酸化（$CO_2$ 生成）が促進されたことが一因と考えた（図4）。

そこで，さらに高い加速効果を得るために，より高機能な新規 $CO_2$ 吸着材を合成した[17]。マガディアイトをアミノプロピルシラン，オクタデシルシランと反応させることで，同一層間にアミノ基とオクタデシル基が固定された誘導体（$NH_2$-$C_{18}$-mag，図5下）が得られた。$NH_2$-$C_{18}$-mag の $CO_2$ 吸着等温線（298 K）を，アミノ基だけで表面修飾したマガディアイト（$NH_2$-mag），および代表的な $CO_2$ 吸着材の一つである $NH_2$-SBA と比較したところ，$NH_2$-$C_{18}$-mag は，アミノ基の固定量（2 mmol g$^{-1}$）を同じに調整した $NH_2$-mag よりも相当多い $CO_2$ 吸着容量を示し，$NH_2$-SBA（アミノ基固定量：1.5 mmol g$^{-1}$）と同様の吸着容量（1.2 mmol g$^{-1}$）を示した（図5，ともにⅠ型の吸着等温線）。また $NH_2$-$C_{18}$-mag は $NH_2$-SBA に比べ $N_2$ を吸着しにくく，$CO_2$，$N_2$ それぞれ

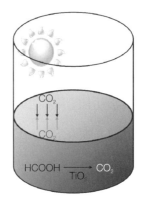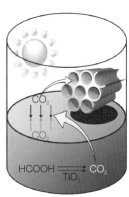

図4　光触媒による水中の有機物の $CO_2$ への完全酸化に対する，密閉容器の気相部に設置した $CO_2$ 吸着材の影響

の吸着等温線より，$CO_2$/$N_2$ 選択性（$CO_2$：0.15 atm，$N_2$：0.75 atm，298 K）は 101 と算出され，この値は（金属交換型）ゼオライトや金属-有機構造体（MOF）など $CO_2$ 選択性の高い材料で報告されているものよりも高かった。さらに $NH_2$-$C_{18}$-mag は水蒸気も吸着しにくいことがわかった（低相対圧下では効率的に吸着）。

つまり同材料は，大量の $N_2$ および $H_2O$ を含む混合ガスから低濃度の $CO_2$ を効率的かつ選択的に吸着する材料とみなすことができ，上述の光触媒による水質浄化の添加材としてだけでなく，燃料ガスからの $CO_2$ の分離・回収材としても有用な材料であると期待できる。$NH_2$-$C_{18}$-mag の優れた $CO_2$ 吸着容量および選択性は，オクタデシル基だけで表面修飾したマガディアイト（$C_{18}$-mag，基本面間隔（3.2 nm）は $NH_2$-$C_{18}$-mag（2.6 nm）よりも大きい）が $CO_2$ をほとんど吸着しなかったことからも（図5），アミノ基と長鎖アルキル基との協奏効果によるものと考えた。つまり，狭い層空間によって $N_2$ の吸着は制限される一方，アミノ基によって $CO_2$ と $H_2O$ は吸着し，さらにオクタデシル基の疎水性により $H_2O$ の吸着はある程度制限されるため，近接して固定されたアミノ基および少量の水の存在によって，$CO_2$ 吸着が促進される（乾燥状態では，理論上，アミンは2分子が1分子の $CO_2$ と反応する一方，水の存在下では，$CO_2$ と 1：1 で反応する）と考えた。実際，水蒸気存在下での $NH_2$-$C_{18}$-mag の $CO_2$ 吸着容量（315 K）は 7.4 mmol g$^{-1}$ にもおよ

8節　層状物質—光触媒反応促進剤—

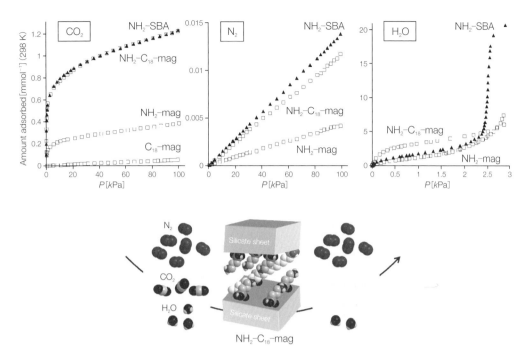

図5　さまざまな材料の$CO_2$，$N_2$，$H_2O$ ガス吸着等温線（298 K）
挿図：$NH_2-C_{18}-mag$ による $CO_2$ の選択的吸着

び，これは MOF で得られる値にも匹敵した。

$NH_2-C_{18}-mag$，$NH_2-mag$，および $NH_2-SBA$ を，それぞれ $Au@CeO_2$ による水中のギ酸の $CO_2$ への分解に用いると，光触媒だけを用いた場合に比べ分解速度は加速し，期待通り，$NH_2-C_{18}-mag$ を添加した際に最も高い分解速度が得られた（**図6**）。注目すべきことに，$NH_2-C_{18}-mag$ を設置した場合，吸着材を用いずに反応容器を開放して光触媒反応を行った場合に比べ，分解速度が相当早く（図6），気相中の $CO_2$ を吸着材によって効率的に（作為的に）除去する本手法の有用性が示された。ゼオライトやアミン担持シリカ・シリケート，MOF など固体 $CO_2$ 吸着材の開発には目覚ましい進歩があり，その性能次第では既存の光触媒でも実用レベルの分解活性が期待できる。

## 4　電荷分離

金微粒子担持 $TiO_2$ は最も幅広く研究されている可視光応答型 $TiO_2$ の一つであり，化成品の合成や有機物の分解，水の分解による水素，酸素製造への応用などが検討されている[18)19]。この光触媒に可視光を照射すると，局在表面プラズモン共鳴によって，金微粒子中で励起された電子が $TiO_2$ 伝導体へ注入され，この伝導体電子によって，$TiO_2$ 上の分子状酸素が比較的安定なスーパーオキサイドアニオンに還元されるため，電荷分離が促進され，光触媒活性が発現する（電子不足となった金微粒子上で反応物が酸化されるか，分子状酸素が存在しない場合は，適当な電子供与体の存在下では，$TiO_2$ 上で反応物が還元される）[20)21]。今までに，金微粒子の粒径や担持位置，酸化チタンの種類など，触媒の構造設計による光触媒活性の最適化が盛んに行われてきた[21)-26]。われわれは，この光触媒系に，$TiO_2$ 伝導体の電子を受容しスーパーオキサイドアニオンを生成できる材料を添加することで，光触媒活性の劇的な向上を目指した。

六方晶窒化ホウ素（h-BN）は，グラファイトと類似の構造を持ち，熱伝導性や機械的強度，化学的・熱的安定性に優れることから，ポリマー充填剤などへの応用が研究されている[27]。h-BN は，本来，バンドギャップ 7 eV 以上にもおよぶ絶縁体ではある

第4章　その他のナノ空間材料

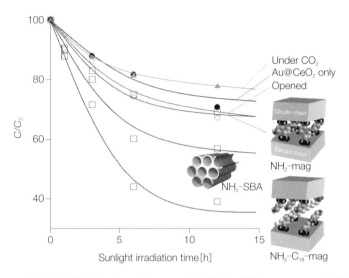

図6　さまざまな環境下でのAu@CeO₂による水中のギ酸のCO₂への完全酸化

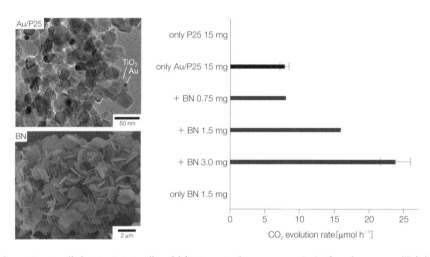

図7　(左)Au/P25のTEM像とBNのSEM像，(右)P25，Au/P25，BN，およびAu/P25-BN混合物の可視光照射下での水中のギ酸のCO₂への光触媒酸化活性

が[27]，最近の研究では，構造や形態（単層ナノシートやナノリボンなど），表面の化学状態（末端官能基の種類など）によっては，半導体特性を示すことがわかってきた[28][29]。筆者らは，最も高活性な金微粒子担持TiO₂の一つであるAu/P25（図7，担体としてアナターゼとルチル粒子からなるTiO₂(P25)を用い，両粒子の界面に金微粒子を析出させたもの[23]）の，可視光照射下での，水中のギ酸のCO₂への完全酸化に対する，h-BNナノシート（図7，以下BNと略）の添加効果を調査した[30]。

図7に，P25，Au/P25，BN，およびAu/P25-BN混合物のCO₂発生速度を示す。P25が活性を示さなかったのに対し，Au/P25はある程度の活性を示したことから，局在表面プラズモン共鳴によってギ酸の光触媒酸化が進行したことがわかる[21]。混合物は，Au/P25よりも高い活性を示し，添加量に応じて最大で3倍もの高活性を示した。BNは不活性であったことから，相乗効果的に活性が向上したことは明らかである。ESR分析より，混合物は，Au/P25よりも大量のスーパーオキサイドアニオンを生成する

- 382 -

ことがわかり，Au/P25（のTiO$_2$）からBNへの電子注入，BN上での電子の消費によって電荷分離が促進されたことが示された．なお，Au/P25とBNとを水中で混合，乾燥させた試料の，可視光照射前後での表面電位を，ケルビンプローブフォース顕微鏡によって測定すると図8のようになり，光照射に伴い，Au/P25粒子付近のBNが，より負に帯電することがわかる．これは，Au/P25からBNへの電子移動の結果であると考えている．

液相中で，2種類のTiO$_2$粒子（アナターゼ，ルチルなど）をただ混合しただけでも，それぞれの伝導帯ポテンシャルによっては，両粒子が接触して粒子間で電子移動が起こり，光触媒活性が相乗効果的に向上することが知られている[31)-33)]．今回の場合も，P25やTS-1ゼオライトなどの，伝導体ポテンシャル（後者の場合はTi$^{4+}$/Ti$^{3+}$還元ポテンシャル）がP25と同等か負に位置する材料を添加した際は，活性の向上が見られなかったことを考慮すると，BNとAu/P25（P25のアナターゼ[23)]）との伝導体ポテンシャル差の大きさが，活性向上の重要な役割を果たしていると考えられる．さらに，図9に示すように，表面が滑らかな板状のBN粒子と板状のAu/P25とは比較的均一に混合されている（接触箇所が多い）一方で，表面が凸凹な立方体状粒子であるTS-1とAu/P25は不均一に混合されていることから，両粒子の形状の類似性も重要であると考えている．

## 5 その他

スメクタイトなどの膨潤性粘土を水に懸濁させた，あるいは有機修飾粘土を有機溶媒に懸濁させて得られる粘土懸濁液は，チキソトロピー性などを応用し多方面で実用化されている一方，ナノシート粒子の分散状態の解明や，ナノシート液晶として新規

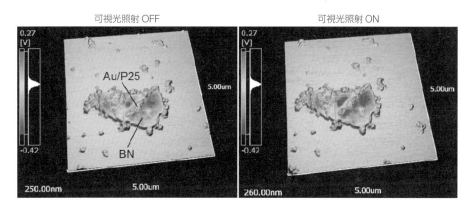

図8 Au/P25とBNをエタノール中で混合，乾燥させた試料の可視光照射前後でのケルビンフォースプローブ顕微鏡像
(口絵参照)

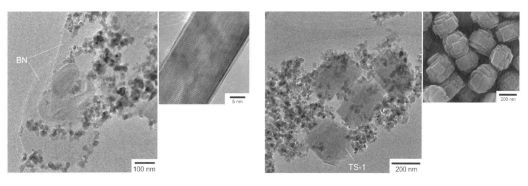

図9 （左）Au/P25とBN，（右）Au/P25とTS-1を水中で混合，乾燥させた試料のTEM像
挿図は，BNのTEM像，およびTS-1のSEM像

材料応用など，今なお，物性から機能まで幅広く研究されている[34]（第4章9節も参照していただきたい）。筆者らは，水と，粘土を懸濁させた水との物性（粘性や沸点など）の違いに注目し，液相光触媒反応を，溶媒を水とした場合と，粘土懸濁液とした場合とで比較した[35]。

図10に，P25によるベンゼンの酸化を，水中，あるいは，膨潤性粘土であるサポナイト（クニミネ工業㈱製のスメクトンSA）を懸濁させた水中で行った際の，ベンゼンおよび酸化生成物濃度の経時変化を示す。サポナイトの添加量が多いほど，ベンゼン転換率が大きく，部分酸化生成物の量が少なかったため，ベンゼンの$CO_2$への完全酸化が進行したことがわかる。

同様の粘土効果を，他の粘土（膨潤性のモンモリロナイト（クニミ工業㈱製のクニピアF）と非膨潤性のタルク（関東化学㈱製））を用いて調査した（表2）。モンモリロナイトを用いた際は，サポナイトを用いた際に比べ程度は小さいものの，ベンゼンの完全酸化が促進された。一方で，タルクを用いた際には，カテコールの選択率が高く（部分酸化生成物中の60％がカテコール），完全酸化が抑制されていた。つまり，同一の光触媒系であっても，溶媒となる粘土懸濁液の種類（添加する粘土の量と種類）によって，環境浄化用，あるいは化成品合成用の両方のプロセスへ応用できる可能性がある。

この非常に興味深い現象の機構は不明であるが，膨潤性，非膨潤性の粘土の添加に関わらず，ベンゼン転換率がほぼ一定であることからも示唆されるように，粘土粒子へのベンゼン分子の吸着の影響は無視できると考えられる。一方，粘土の種類や添加量によって懸濁液の物性が異なるので，例えば，懸濁液の親疎水性によってベンゼン部分酸化生成物が安定化（不安定化）され，逐次酸化が抑制（促進）されるといった機構を推測した。

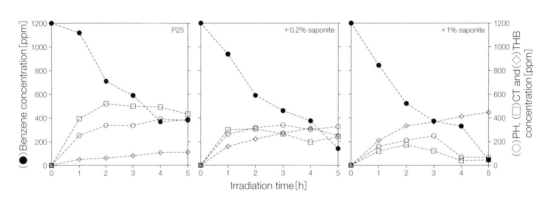

図10　水中，サポナイト懸濁液中でのTiO$_2$(P25)光触媒によるベンゼン酸化活性
PH：phenol, CT：catechol, THB：1,2,4-trihydroxybenzene

表2　TiO$_2$(P25)によるベンゼンの酸化に対する溶媒の影響

|  | ベンゼン転換率/％ | 生成物収率/％ CO$_2$ | 部分酸化物 | 部分酸化物分布*/％ PH | CT | THB |
|---|---|---|---|---|---|---|
| 水 | 68 | 16 | 84 | 38 | 37 | 8 |
| +0.2％サポナイト | 93 | 46 | 54 | 24 | 15 | 14 |
| +1％サポナイト | 96 | 69 | 31 | 4 | 3 | 24 |
| +1％モンモリロナイト | 87 | 56 | 44 | 18 | 9 | 17 |
| +1％タルク | 92 | 62 | 38 | 9 | 22 | 7 |

＊PH：phenol, CT：catechol, THB：1,2,4-trihydroxybenzene

# 6 おわりに

層状物質を添加材としてうまく利用することで，既存の光触媒系を大幅に改良できた研究例を紹介した。組成や構造，形態の異なるさまざまな層状物質を利用できるため[36]，今後も，どのような添加促進効果が発現するか，検討を続けたい。また，今回紹介した添加材の中だけでも，併用できるものが多く，それらの組み合わ次第では，さらなる高活性化も期待できる。

■引用・参考文献■

1) S. Tabata, H. Nishida, Y. Masaki and K. Tabata : *Catal. Lett.*, **34**, 245(1995).

2) E. Borgarello, J. Kiwi, E. Pelizzetti, M. Visca and M. Grätzel : *J. Am. Chem. Soc.*, **103**, 6324(1981).

3) M. Matsuoka, Y. Ide and M. Ogawa : *Phys. Chem. Chem. Phys.*, **16**, 3520(2014).

4) K. Sayama and H. Arakawa : *J. Chem. Soc. Chem. Commun.*, 150(1992).

5) Y. Ide, M. Matsuoka and M. Ogawa : *J. Am. Chem. Soc.*, **132**, 16762(2010).

6) Y. Ide and K. Komaguchi : *J. Mater. Chem.* A, **3**, 2541(2015).

7) Y. Ide, N. Nakamura, H. Hattori, R. Ogino, M. Ogawa, M. Sadakane and T. Sano : *Chem. Commun.*, **47**, 11531(2011).

8) Y. Ide, H. Hattori, S. Ogo, M. Sadakane and T. Sano : *Green Chem.*, **14**, 1264(2012).

9) H. Hattori, Y. Ide, S. Ogo, K. Inumaru, M. Sadakane and T. Sano : *ACS Catal.*, **2**, 1910(2012).

10) Y. Ide, R. Ogino, M. Sadakane and T. Sano : *Chem. Cat. Chem.*, **13**, 623(2013).

11) Y. Ide, H. Hattori and T. Sano : *Phys. Chem. Chem. Phys.*, **16**, 7913(2014).

12) J. Liu and G. Zhang : *Phys. Chem. Chem. Phys.*, **16**, 8178(2014).

13) Y. Ide, M. Torii and T. Sano : *J. Am. Chem. Soc.*, **135**, 11784(2013)

14) Q. Weng, Y. Ide, X. Wang, X. Wang, C. Zhang, X. Jiang, Y. Xue, P. Dai, K. Komaguchi, Y. Bando and D. Golberg : *Nano Energy*, **16**, 19(2015).

15) H. Kominami, A. Tanaka and K. Hashimoto : *Chem. Commun.*, **46**, 1287(2010).

16) Y. Ide, N. Kagawa, S. Ogo, M. Sadakane and T. Sano :

*Chem. Commun.*, **48**, 5521(2012).

17) Y. Ide, N. Kagawa, M. Sadakane and T. Sano : *Chem. Commun.*, **49**, 9027(2013).

18) A. Primo, A. Corma and H. Garcia : *Phys. Chem. Chem. Phys.*, **13**, 886(2011).

19) H. Cheng, K. Fuku, Y. Kuwahara, K. Mori and H. Yamashita : *J. Mater. Chem.* A, **3**, 5244(2015).

20) Y. Tian and T. Tatsuma : *J. Am. Chem. Soc.*, **127**, 7632(2005).

21) E. Kowalska, O. O. P. Mahaney, R. Abe and B. Ohtani : *Phys. Chem. Chem. Phys.*, **12**, 2344(2010).

22) S. Naya, A. Inoue and H. Tada : *J. Am. Chem. Soc.*, **132**, 6292(2010).

23) D. Tsukamoto, Y. Shiraishi, Y. Sugano, S. Ichikawa, S. Tanaka and T. Hirai : *J. Am. Chem. Soc.*, **134**, 6309(2012).

24) K. Kimura, S. Naya, Y. Jin-Nouchi and H. Tada : *J. Phys. Chem. C*, **116**, 7111(2012).

25) A. Tanaka, A. Ogino, M. Iwaki, K. Hashimoto, A. Ohnuma, F. Amano, B. Ohtani and H. Kominami : *Langmuir*, **28**, 13105(2012).

26) Z. Bian, T. Tachikawa, P. Zhang, M. Fujitsuka and T. Majima : *J. Am. Chem. Soc.*, **136**, 458(2014).

27) D. Golberg, Y. Bando, Y. Huang, T. Terao, M. Mitome, C. Tang and C. Zhi : *ACS Nano*, **4**, 2979(2010).

28) H. B. Zeng, C. Y. Zhi, Z. H. Zhang, X. L. Wei, X. B. Wang, W. L. Guo, Y. Bando and D. Golberg : *Nano Lett.*, **10**, 5049(2010).

29) Y. Ide, F. Liu, J. Zhang, N. Kawamoto, K. Komaguchi, Y. Bando and D. Golberg : *J. Mater. Chem.* A., **2**, 4150(2014).

30) Y. Ide, K. Nagao, K. Saito, K. Komaguchi, R. Fuji, A. Kogure, Y. Sugahara, Y. Bando and D. Golberg : *Phys. Chem. Chem. Phys.*, in Press(DOI : 10.1039/c5cp05958e).

31) T. Ohno, K. Tokieda, S. Higashida and M. Matsumura : *Appl. Catal.* A, **244**, 383(2003).

32) C. Wang, C. Böttcher, D. W. Bahnemann and J. K. Dohrmann : *J. Mater. Chem.*, **13**, 2322(2003).

33) Y. Park, W. Kim, D. Monllor-Satoca, T. Tachikawa, T. Majima and W. Choi : *J. Phys. Chem. Lett.*, **4**, 189(2013).

34) 小川誠監修：機能性粘土素材の最新動向，シーエムシー出版(2010).

35) Y. Ide, M. Matsuoka and M. Ogawa : *ChemCatChem*, **4**, 628(2012).

36) T. Okada, Y. Ide and M. Ogawa : *Chem. Asian J.*, **7**, 1980(2012).

〈井出　裕介〉

# 第4章 その他のナノ空間材料

## 9節　ナノシート液晶と異方性ゲル

### 1 はじめに

　無機層状結晶を剥離させることで，厚さ約1 nm，幅数十 nm～数 μm の結晶性超薄層が得られる。これが無機ナノシートで，ナノ材料の構成部材としてさまざまに研究されている[1)-4)]。このとき，層状結晶の剥離は，一般に，溶媒中で行われる。よって無機ナノシートは，たいていの場合，分散コロイドとして得られる。無機ナノシートなど異方性の大きい粒子の分散コロイドは，一般的な球形粒子のコロイドにはみられない性質を示す。その1つが液晶性である。われわれは，この液晶を，ナノシート液晶と呼んでいる[5)-8)]。

　ナノシート液晶は，無機ナノシートをコロイドの溶媒（分散媒）とあわせ見て，はじめて立ち現れる物質系である。そこでは，硬い無機結晶の構成単位である無機ナノシートが，溶媒を抱き込んで，柔らかい物質（ソフトマター）としてふるまう。柔らかさは，自在な構造制御につながり，無機ナノシートを空間材料として用いる新しい道筋を提供する。また，従来からある有機ソフトマター，例えばゲル，有機液晶，生体膜などと組み合わせた材料開発も可能になる。本稿では，このような考えに基づき，ナノシート液晶を単独で，もしくは有機ソフトマターと複合させて用いることによる，新たな空間材料の開発に関して，われわれの研究中心に解説する。

### 2 ナノシート液晶の基本的特徴

　液晶とは，結晶と液体の中間の状態にある物質（または状態そのもの）をいう。構造と流動性とを併せ持つ物質である。ナノシートのコロイドにあっては，溶媒中で無機ナノシートが一定の秩序で配向するため，液晶性を発現する。この液晶は，リオト

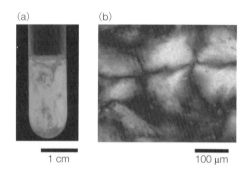

**図1**　ニオブ酸ナノシート液晶の(a)偏光下での実体写真，および(b)偏光顕微鏡像
文献24)の図をもとに作成。

ロピック（濃度誘起）液晶で，粒子濃度が低いときはナノシートが無秩序分散した等方相であるが，濃度が高くなると等方相－液晶相二相共存となり，さらに濃度を高くすると完全な液晶相へと転移する[5)7)9)]。

　液晶相への転移が起こると，系は複屈折を示すようになる。このとき，偏光顕微鏡で観察すると独特の模様がみられる。これは光学組織と呼ばれ，液晶の構造を反映する。一例として，われわれが研究しているニオブ酸ナノシート液晶のクロスニコル下での実体および顕微鏡写真を図1に示す[10)]。液晶が明るく見えるのは複屈折のためであり，偏光顕微鏡像には光学組織の一種であるシュリーレン組織が認められる。

　ナノシートなどの異方性粒子コロイドが示す液晶形成の基本原理は，1949年に Onsager によって提唱された，粒子の排除体積にもとづくエントロピー的な安定化である[11)-14)]。排除体積とは，粒子1個の実効的な体積，つまり粒子そのものと粒子が自由回転するために必要な粒子周囲の領域とを含めた体積のことで，球形粒子では粒子1個の実体積の4倍で

ある。異方性粒子では，形状が異方的であるほど大きく，たとえば厚さと直径の比が 100 の円板では実体積の約 80 倍になる。Onsager 理論では，コロイド中の粒子の排除体積の合計と系の体積とを比較し，粒子濃度が十分に低く排除体積の合計の方が小さいときは，粒子は自由な配向をとれるとする。しかし，粒子濃度が高くなると，排除体積の合計が系の体積を上回るようになる。これは，粒子の回転の自由度が制限された状態であり，系にエントロピー損失を生じる。このとき，粒子の一部が規則的に配列すると，配列した粒子は並進の自由度をもち，残余粒子については回転の自由度が回復する。粒子が規則配列した相が液晶相である。この様子を模式的に図 2 に示す。

無機ナノシートは，1 nm の厚さに対して数百～数千倍の横幅を持つ，異方性の非常に大きな粒子であるので，そのコロイドは非常に低い粒子濃度で液晶相を発現する。このことは，しばしば"安定な液晶相挙動を示す"と表現される。図 3 は，主要なディスク状粒子およびナノシート液晶の液晶相転移濃度をまとめたものである[15]。縦軸が相転移濃度（ナノシート種の化学組成の影響を除くため体積分率で表

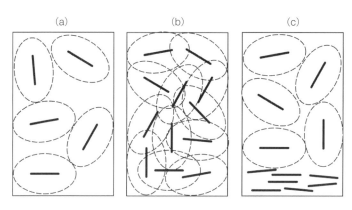

**図 2　異方性粒子コロイドの液晶相形成の模式図**
粒子（棒で表記）濃度が低い場合と粒子は自由に運動して無秩序な配向をしているが（a），粒子濃度が高くなると各粒子の排除体積（棒の周囲の点線）が十分に確保されないためエントロピーを損失する（b）。このとき，一部の粒子が規則的な配向をとると，系全体のエントロピーが最大化され，熱力学的に安定な状態になる（c）。

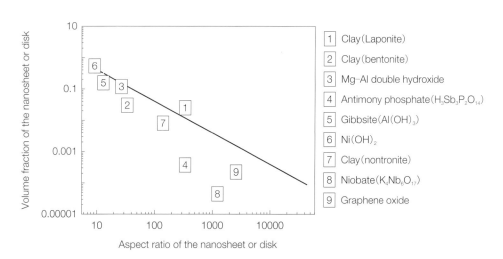

**図 3　主なディスク状粒子のコロイド液晶およびナノシート液晶の相図。等方相から等方−液晶二相共存状態への転移濃度**
図中の線は Onsager 理論より求められる相転移濃度の計算値。文献 15) の Supporting Information の図をもとに作成。

第4章 その他のナノ空間材料

している），横軸は粒子の粒径を厚さで割った比（アスペクト比，ナノシート種ごとの結晶層の厚さの違いを規格化する）で，この比が大きいほどナノシートの異方性も大きい．粒子の異方性が大きいほど液晶相が低濃度で出現し，Onsager 理論から求めた相転移濃度の理論値ともおおむね一致することが見て取れる．

液晶形成は，理論的には粒子形状のみを原因とする，異方性粒子コロイドに普遍的な現象である．そのため，図3からもわかるように，さまざまな無機ナノシートから液晶が得られている．これらの無機ナノシートの構造を図4に示す[8]．ナノシート液晶の研究は，歴史的には1938年までさかのぼることができるが[16]，曖昧さのない形で液晶性が確立されたのは2001年であり[17]，ほとんどのナノシート液晶はそれ以降に見出されたものである．それでも，無機ナノシートそのものの研究の活発化と相俟って，これまでに，粘土鉱物[18)-20)]，金属リン酸[17)21)22)]，ニオブ・チタン酸[10)13)23)24)]，ペロブスカイト型ニオブ酸[25)]，グラフェンおよび酸化グラフェン[15)26)-28)]といった，多様な無機ナノシートの液晶が開発されている．研究は，粘土鉱物などの物理化学的に不活性なナノシートから始まり，ワイドギャップ半導体（ニオブ・チタン酸塩）やグラフェン類のような機能性ナノシートへと拡張されてきた．それとともに，液晶形成の基本は2000年代にほぼ確立され，2010年代に入ってからは液晶の操作や機能性の探究に研究の重点が移っている．

## 3 ナノシート液晶が形成する空間構造

### 3.1 液晶相の構造 ── ネマティック相とラメラ相

ナノシート液晶は，コロイド全体として構造を持つ系であり，構造内に何らかの空隙を持つ物質というよりも連続体として理解される．しかし，結晶性無機粒子と溶媒とからなる系としてとらえれば，無機ナノシートが動的な空間構造を形成している物質であると認識することができる．ナノシートは，配向秩序をもってブラウン運動しながらコロイド中に分散するとともに，系内を割し，その結果，ナノシー

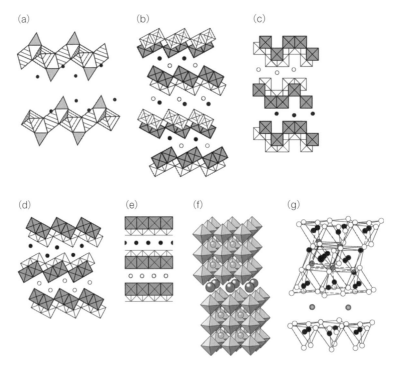

図4 剥離によってナノシート液晶を形成する層状酸化物の構造
(a) $H_3Sb_3P_2O_{14}$, (b) $K_4Nb_6O_{17}$, (c) $KNb_3O_8$, (d) $KTiNbO_5$, (e) $Cs_{1.07}Ti_{1.73}O_4$, (f) $KCa_2Nb_3O_{10}$, (g) スメクタイト粘土（バイデライト，ノントロナイト，フルオロヘクトライト，四ケイ素フッ素雲母）[8]．

− 388 −

トどうしの間に，時々刻々と形を変える緩やかな空間が形成される。

この空間は，基本的には，ナノシートによって板状に区切られた空間である。これは，無機ナノシートの形状を考えれば理解できる。ナノシートが溶媒中で配向秩序をもって分散するとき，ナノシートどうしは互いにおおむね平行に配向するのが自然であるからで，そうなるとコロイドは板状の空間に分割される。ただし，液晶中の粒子の秩序には，配向秩序と位置秩序がある。配向秩序はすべての液晶に存在するが，位置秩序の有無は液晶相の種類による[29]。ナノシート液晶では，位置秩序はナノシート重心位置の規則性を意味し，位置秩序を持たない液晶相はネマティック相，秩序を持つ相はラメラ相に帰属できる。ナノシート液晶について，ネマティック相とラメラ相の構造を模式的に示すと**図5**のようになる[30]。

このようなナノシート液晶の構造は，主にX線や中性子の小角散乱によって確認されている。それらの研究によると，ネマティック相になるかラメラ相になるかは，ナノシート種によって異なり，さらには粒径分布や濃度の影響も受ける。粘土鉱物と酸化グラフェンのナノシート液晶は，基本的にネマティック相である[18)31]。粘土鉱物については，ラメラ相である例も報告されている[19]。これに対して，金属リン酸のナノシート液晶では，ラメラ相が観察される[21)22]。このうち，$H_3Sb_3P_2O_{14}$のナノシート液晶では，10次以上までの高次散乱ピークを伴う，規則性の非常に高いラメラ相が観察されている[17]。ペロブスカイト型ニオブ酸のナノシート液晶も，ラメラ相である[25]。

## 3.2 ラメラ相の階層構造

ラメラ相の液晶では，底面間隔すなわちナノシート相互の面間隔が，構造の評価因子となる。理論的には，ナノシートがコロイド全体にわたって均一に分布してラメラ構造を形成するなら，底面間隔は，ナノシートの種類を問わず，シートの体積分率（濃度）の−1乗に比例する。たとえば，リン酸アンチモン$H_3Sb_3P_2O_{14}$のナノシート液晶では，低ナノシート濃度領域でこの関係が成立している[17]。このとき，300 nm以上の底面間隔を持ち構造色を示すラメラ相が得られている。ラメラ相の構造色は，リン酸ジ

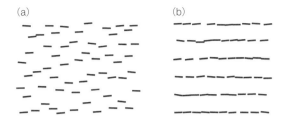

**図5　ナノシート液晶の構造モデル**
(a)ネマティック相（ナノシートに配向秩序はあるが位置秩序はない構造），(b)ラメラ相（ナノシートが配向秩序，位置秩序ともに持つ構造）。シートは棒で示す。文献30)の図をもとに作成。

ルコニウムのナノシート液晶でも観察される[32]。これに対し，粘土鉱物やペロブスカイトのナノシート液晶では，数十nmレベルの底面間隔が得られている[19)25]。この底面間隔は，ラメラ配列したナノシートが，コロイドの一部にだけ分布していることを意味する。これは，コロイド中にナノシート分布の粗密がある，あるいはコロイドがナノシートの存在する部分と溶媒だけの部分とに相分離していることを示唆する。

われわれが研究しているニオブ酸ナノシート液晶では，液晶相の種類はナノシートの粒径に依存している[30]。この系の典型的な小角X線散乱パターンを**図6**に示す。粒径の小さい（sub−μm）ナノシートの液晶は規則的な散乱プロファイルを示し，ラメラ相を形成していると判断される。一方，粒径が大きい（>1 μm）試料は，1本の幅広の散乱ピークを有しネマティック相であると結論される。ただし，ネマティック相でもラメラ的なナノシート配向が存在し，底面間隔はネマティック相もラメラ相も同様に，ナノシートの濃度に依存して30〜70 nmの値を取る。また，より大きなレベルの構造に関する情報が超小角領域の散乱から得られていて，ナノシートが空間で不均一に分布するフラクタル構造の存在が示唆されている[33]。このことは，コロイド中にナノシート分布の粗密が存在することと辻褄が合う。すなわち，ニオブ酸ナノシート液晶中では，ナノシートが数十nm程度の面間隔で並んで液晶ドメインを形成し，ここで，液晶ドメインとそれ以外の領域との間にナノシート分布の粗密を生じる。そして，液晶ドメインがさらに集まることで，sub−μmから数μmレベルに至る自己相似的な階層構造を形成している

第4章 その他のナノ空間材料

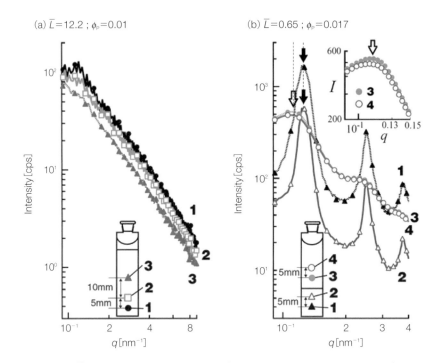

図6 ナノシートの平均粒径($\bar{L}$)と体積分率($\phi_P$)が異なるニオブ酸ナノシート液晶の小角X線散乱プロファイル[30]（口絵参照）
(a)$\bar{L}$=12.2 nm，$\phi_P$=0.01，ネマティック相．(b)$\bar{L}$=0.65 nm，$\phi_P$=0.017，ラメラ相．1～4は，それぞれの散乱プロファイルを得た試料の位置（容器底からの高さ）を示す．試料(b)はラメラ相と等方相とが混在しており，測定点1,2ではラメラ相，3，4では等方相を，それぞれ測定している．アメリカ物理学会より許可を得て引用．

と推定される．

## 4 ナノシート液晶の配向制御による異方性空間

### 4.1 外場印加による液晶の配向制御

ナノシート液晶へ電場や磁場などの外場を印加することで，液晶中で無機ナノシートが形成する空間構造を，制御・変調することができる．外場による容易な構造変化は，液晶の特性の一つである．つまり，外場による構造制御は，ナノシートが液晶状態にあるがゆえに生じる性質である．これをナノシートのほかの集合状態，たとえば累積膜で実現するのは相当難しい．液晶の外場応答は，液晶の構成単位（メソゲン）の異方的な形状と，それに起因する物性（誘電率，磁化率など）の異方性に基づいている．

液晶の配向制御に用いられる外場としては，剪断，磁場，電場がある．また，界面を利用した配向制御も行われる．ナノシート液晶についても，これらの外場や界面を利用した配向制御が行われている．剪断，磁場，電場の印加では，ナノシートの長手方向が外場と平行になるように配向することが多い．界面による制御では，ナノシートは界面に沿って配向する．表1に，それぞれの配向制御手法がどのナノシート液晶に対して用いられているかをまとめた[9)17)18)22)28)31)34)-37)]．

剪断による配向制御では，ナノシートの配向をcmスケールで揃えることが行われている．ニオブ酸ナノシート液晶では，試験管内のコロイドに重力に沿って流れが誘起され，これによりナノシートの向きが重力方向に揃う[9)]．その模様を図7に示す．また，酸化グラフェンのナノシート液晶では，エレクトロスピニング法によるナノシートのマクロ配向が実現されている．これは，液溜に接続したノズルと基板との間に高電圧をかけ，液溜中の溶液を電圧によってノズルから基板に向けて射出する方法である．射出の際に，溶液に強い剪断がかかる．繊維溶液に酸化グラフェンの液晶を混ぜて本技術を適用することで，繊維中で長距離にわたってナノシート配向が揃った機能性ナノファイバーの作成が，試みら

表1 外場によるナノシート液晶の配向制御の例

| 外場 | ナノシート種 | 配向[a] | 文献 |
|---|---|---|---|
| 剪断 | 粘土鉱物 | 剪断方向//シート長手方向 | 31) |
|  | リン酸ジルコニウム($Zr(HPO_4)_2$) |  | 22) |
|  | ニオブ酸($K_4Nb_6O_{17}$) |  | 9) |
|  | 酸化グラフェン |  | 34) |
| 磁場 | 粘土鉱物 | 磁場方向//シート長手方向 | 18)31) |
|  | リン酸アンチモン($H_3Sb_3P_2O_{14}$) |  | 17) |
|  | 酸化グラフェン |  | 28) |
| 電場 | 粘土鉱物 | 電場方向//シート長手方向 | 31) |
|  | $K_4Nb_6O_{17}$ |  | 35) |
|  | 酸化グラフェン |  | 36) |
| 界面 | 粘土鉱物 | 界面//ナノシート表面 | 31) |
|  | K4Nb6O17 |  | 9) |
|  | 酸化グラフェン |  | 34) |

[a]：もっとも一般的な配向様式を記す。例外もある（本文参照）。

れている[38]。

　剪断による配向制御は，電場印加せずとも，基板への吹きつけや溶媒の注意深い蒸発乾固などによっても可能で，リン酸ジルコニウムや酸化グラフェンのナノシート液晶で行われている[22)34)]。この方法では，液晶配向を維持した状態のナノシートを，薄膜やモノリスなどの自立構造体として取り出すことができる。酸化グラフェンで多くの研究がある[15)26)34)37)39)]。

　磁場による配向制御は，磁性元素を含むナノシートであれば，比較的容易に行うことができる。鉄を含む粘土鉱物であるノントロナイトのナノシート液晶で，磁場によるmmスケールのマクロ配向ドメインが得られている[18]。磁場による配向制御は，剪断や電場印加を行う際に不可避な装置上の制約（たとえば，剪断であれば試料を流動させる容器などの設計，電場印加であれば導電基板やリード線などの設備）がない。そのため，試料を任意の容器内でそのままの状態で配向制御できる利点がある。反磁性のナノシートでも，数T以上の強磁場を用いれば配向を制御でき，リン酸アンチモン[17]，バイデライト（鉄を含まない粘土鉱物）[31]，あるいは酸化グラフェン[28]のナノシート液晶で，行われている。ただし，強磁場の印加には強力な電磁石が必要なので，他の外場に対する優位性は低くなる。

図7　試験管（直径1cm）内でマクロ配向したニオブ酸ナノシート液晶のクロスニコル下での実体写真[9]

偏光子・検光子が重力と45°傾いて配置されている場合（左）は，ナノシートの向きと偏光子・検光子の向きとが一致しないため，強い複屈折が観察されるが，偏光子または検光子の向きを重力と一致させると（右），ナノシートが重力と平行にマクロスケールで配向しているため，複屈折はほぼ消える。John Wiley and Sonsより許可を得て引用。

### 4.2　電場配向

　電場による配向制御は，液晶の配向制御手法としてもっとも一般的なものである。最近，いくつかのナノシート液晶で，電場による配向制御が報告されるようになってきた。粘土鉱物のナノシート液晶では，バイデライトを用いた系で，交流電場による配

向制御が報告された[31]。電場印加は，厚さ 0.2 mm の扁平ガラス管内で，管の長手方向に 1 mm の距離で電極を置き，この間に 700 V cm$^{-1}$, 500 Hz の交流電場を印加することにより行っている。その結果，粘土ナノシートは，電場と平行に配向し，ナノシートの向きが 2 mm にわたって揃ったマクロ配向が達成されている。その様子を図 8 に示す。粘土鉱物のナノシート液晶では，このほか，フルオロヘクトライトを用いた系で電場配向が達成されている[40]。この系では，後述するように，電場で配向させた粘土ナノシートを有機高分子と複合化させている。

ニオブ酸ナノシート液晶への電場印加でも，中戸らによって，粘土鉱物ナノシートと類似の結果が得られている[35]。この研究では，厚さ 100 μm のサンドイッチ型 ITO セルを用い，セルの短手方向に 500 ～ 2000 V cm$^{-1}$, 50 kHz の交流電場を印加している。ニオブ酸ナノシートも，粘土と同様に，電場と平行に配向する。その様子を図 9 に示す。この系では，電場応答速度，配向変化の可逆性，電界強度への依存性といった電場配向の基本特性が明らかにされており，たとえば応答速度は，一般的な有機分子の液晶とくらべて 3 桁以上低い。これはメソゲンのサイズが有機液晶とくらべて著しく大きいことで説明される。また，ナノシート濃度が高い試料では，電場印加を停止した後に配向が保持される（すなわち配向変化は可逆ではない）現象も見られている。ただ

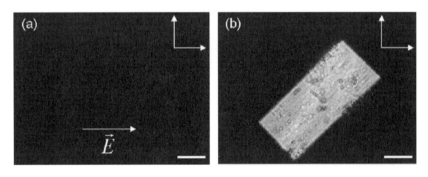

図 8 交流電場によってマクロ配向した粘土（バイデライト）ナノシート液晶の偏光顕微鏡像[31]
(a)偏光子と電場($\vec{E}$)の向きを一致させると，ナノシートが電場と平行にマクロスケールで配向しているため，複屈折は見えないが，(b)偏光子と電場が 45°傾いて配置されると，ナノシートの向きと偏光子・検光子の向きとが一致しないため，強い複屈折が観察される。アメリカ化学会より許可を得て引用。

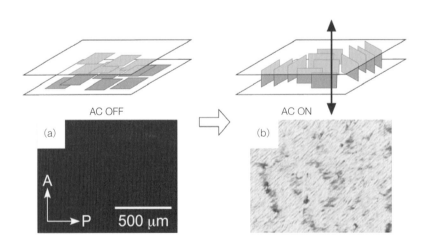

図 9 ニオブ酸ナノシート液晶への電場印加に伴うナノシートの配向変化
(a)電場印加前，(b)電場印加後の偏光顕微鏡像とそれぞれの場合のナノシート配向のモデル。文献 35)の図をもとに作成。

9節 ナノシート液晶と異方性ゲル

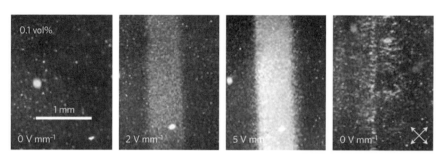

図10 酸化グラフェンナノシート液晶への電場印加にともなう偏光顕微鏡像の変化[36]（口絵参照）
（左→右）電場印加によってナノシートが配向して複屈折を生じ，電界強度の増加に伴って複屈折も大きくなるが，電場を切ると消失する．Nature Publishing Group より許可を得て引用．

し，配向変化を起こす閾値電圧は有機液晶とくらべて低い．

最近，韓国のグループが，酸化グラフェンのナノシート液晶への電場印加を報告した[36)41)]．一連の研究では，厚さ数百 μm の薄層セルを用い，セル内に数 mm の間隔で微小電極を設置し，数十 V cm$^{-1}$，10 kHz の交流電場を印加している．電場配向挙動は，ニオブ酸ナノシート液晶とほぼ同じである．その様子を図10に示す．電場応答速度や電解強度への依存性も似たような結果が得られている．共存塩の効果も調べられており，塩の種類によっては，その濃度を $10^{-3}$ mol L$^{-1}$ レベルにすると，電場応答をほとんど示さなくなる．これは，共存塩の種類や濃度によってナノシートの表面電荷が変化し，それによりシートの分極が変わり，それゆえ液晶の電場応答も変化するため，と説明されている[41)]．

## 4.3 電場印加の制御によるマルチスケール空間の構築

これまで述べてきたナノシート液晶の配向制御は，すべて単一の外場の印加によるものである．ここで，無機ナノシートが二次元形状を持つことを考えてみると，単一の外場では，シートの向きを一意に決められないことがわかる．なぜなら，ナノシートは2つの長辺を持つので，1つの長辺を外場に沿って配向させても，もう一方の長辺の向きを規定できないからである．これを逆に言えば，ナノシートは，一次元の棒状粒子とくらべて粒子配向に多様性がある．したがって，外場印加の条件を工夫すれば，ナノシートの配向制御を深度化させ，より多様な空間構造を液晶内に構築できるはずである．この

とき，ナノシート液晶のメソゲン（ナノシート）が一般的な有機液晶のそれ（分子）よりも格段に大きいことを考え合わせると，ナノシート液晶による特徴的な構造は，幅 μm レベルのナノシートから出発してマクロスケールに至る階層構造として現れると予想される．

中戸らは，このようなナノシート液晶による階層的マクロ構造の構築を，液晶の外場配向とドメインの成長制御を組み合わせることで，達成している[42)]．ここでドメインとは，液晶中でナノシートが集合してできる二次的な組織のことで，液晶を薄層セルに注入して室温で静置する（この過程をインキュベーションと呼んでいる）ことで成長する．図11の蛍光顕微鏡像に示すように，液晶のインキュベーションによって，濃色の線に囲まれた淡色の領域が観察されるようになる．これが液晶ドメインで，そのサイズはインキュベーションに伴って増大する．

ドメインが成長した液晶に対して，重力と同じ方向に交流電場を印加すると，図12aに示すように，網状の組織が形成される．網目の一辺の長さはドメインのサイズと同程度である．ナノシート液晶のインキュベーションによって一辺 2 μm 程度のナノシートが集積して sub-mm サイズのドメインを形成し，これが二次構造単位となって電場配向して，ドメインのサイズを反映するマクロ構造を形成するという，階層的組織化が起こったと考えられる．

電場を重力と垂直に印加すると，図12bのように，縞状の組織構造が得られる．縞は重力に沿って生じる．電場によってナノシートが基板と垂直に配向し，その上で基板の面内方向の配向が重力によっ

- 393 -

第4章 その他のナノ空間材料

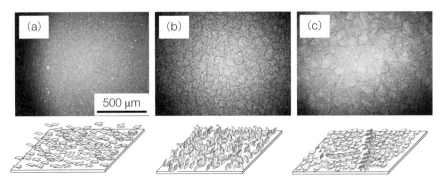

**図11 ニオブ酸ナノシート液晶のインキュベーションに伴う蛍光顕微鏡像の変化**
(a) 0 分, (b) 60 分, (c) 120 分のインキュベーション。条件は,ナノシート濃度 5 g L$^{-1}$, 100 μm 厚サンドイッチ型 ITO セル。文献 42) の図をもとに作成。

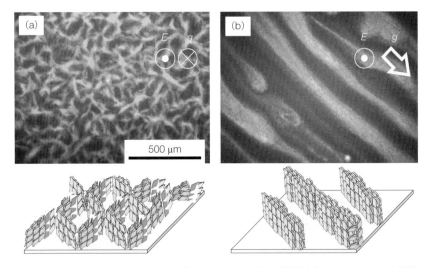

**図12 120 分のインキュベーションを行ったニオブ酸ナノシート液晶へ電場印加して得られる組織体の蛍光顕微鏡像**
(a) 電場を重力と平行に印加, (b) 電場と重力をたがいに垂直に印加。$E$, $g$ はそれぞれ電場と重力の印加方向を示す。電場印加条件は,ナノシート濃度 5 g L$^{-1}$, 100 μm 厚サンドイッチ型 ITO セル,交流 50 kHz, 500 V cm$^{-1}$。文献 42) の図をもとに作成。

て規制され,最終的にナノシートが一方向に配列したと考えられる。この電場印加では,ドメインは縞の粗密に影響しており,ドメインを十分に成長させた後に配向させた試料では,ナノシートが集積して縞ができると推測される。

ナノシート液晶が形成するこのような階層構造は,マルチスケールの空間構造である。網状組織にしても縞状組織にしても,液晶内のナノシートの粗密によって形成されているので,ナノシート分布の疎な領域が空間で,密な部分は一般の空間材料でいうところの壁にあたる。しかし,壁にあたる部分はナノシート液晶のドメインであるので,それ自体が空間構造をもっている。ゆえに,空間構造の階層性が生じている。しかも,この空間構造は外場印加下でのみ保たれる。このようなマクロスケールで階層的なメタ空間構造は,ナノシートを液晶として扱うことでのみ得られるものである。

## 5 ナノシート液晶－高分子複合化による異方性ゲル

前項までに述べてきたように，ナノシート液晶ではナノメートルスケールから巨視的スケールまで階層的な構造制御が可能であり，さまざまな機能材料創製への応用が期待される。流動性の高いコロイド状態での利用ばかりでなく，この構造を固定化して利用することにも興味が持たれる。ここでは，ナノシート液晶の構造を，高分子ゲル中に固定化した例を紹介する。高分子ゲルは生体親和性，物質拡散性，刺激応答性などから，医用材料や化学アクチュエーターなど多くの新しい応用が可能であり，ナノシート液晶との複合化によって，異方的な物性の付与や機械的物性の向上が期待される。

まず，液晶性を持たないナノシートと高分子ゲルの複合化について述べる。ナノシートと複合化した高分子ゲルは，原口らによって初めて報告された[43)44)]。この複合ゲルは，粘土鉱物のヘクトライトナノシートとポリ(N-イソプロピルアクリルアミド: pNIPAm)とからなり，水溶性のモノマー(N-イソプロピルアクリルアミド)やラジカル重合開始剤をヘクトライトナノシート/水コロイドに溶解してそのまま重合するという簡便な方法で合成されている。本項で紹介するほとんどの複合ゲル合成は，原口らとほぼ同様の方法で行われており，非常に先駆的な研究と言える。このゲルの特徴は，ナノシートが高分子鎖を多点で物理的に架橋することによって，優れた機械的強度を示す点である。原口らの報告を皮切りに，同様のコンセプトで，酸化グラフェンナノシート[45)-49)]などを用いた多くの報告がなされた。その後，光重合開始剤[50)]を用いた合成法，光触媒性を持つ酸化チタンナノシート自体が光重合の開始剤として作用するユニークな合成法[46)]も報告されている。

ナノシートの液晶性や巨視的な配向を意識した複合ゲルの最初の報告はPaineauらによるものである[51)]。彼らは，等方相状態のバイデライトコロイドを用い，電場印加による一時的な配向を利用している。電場印加と停止を繰り返しながら，アクリルアミドモノマーの部分的な光重合・架橋を繰り返し行うことで，1つのゲルシート内に配向した部分と無配向の部分が交互に現れるマイクロパターンを持っ

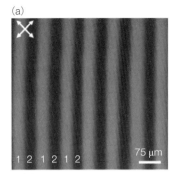

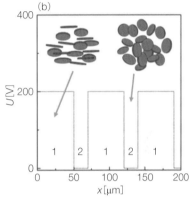

図13 (a)配向部分と無配向部分の繰り返しパターンを持つ複合ゲル試料の偏光顕微鏡像(白矢印で示したクロスニコル下での観察)，(b)このゲルを合成したときの電荷印加パターン

図中の模式図は1.異方的または2.無配向のナノシートを示している。文献51)の図をもとに作成。

たゲルを合成した。図13は得られたゲルをクロスニコル下で観察した結果である。配向したナノシートの複屈折によって明るく見える部分と，無配向で暗い部分が交互に現れており，20 μmスケールのパターン形成に成功している。

以上に述べてきた系では，等方相状態のナノシートコロイドを用いていた。それに対して宮元らは，液晶状態のナノシートコロイドが形成する構造を固定化した異方性ゲルの合成を初めて報告し，またそのゲルの種々の異方的な物性を明らかにした[52)]。液晶性のフルオロヘクトライトコロイドにモノマーや開始剤などを混合した液をガラスキャピラリー管に流し込むと，ナノシート液晶が壁面に沿って年輪状に配向し，そのまま重合と架橋が進み，異方性複合ゲルが得られた。この報告では，ゲルの合成過程をSAXSで観察している(図14)。重合前では底面間

第4章 その他のナノ空間材料

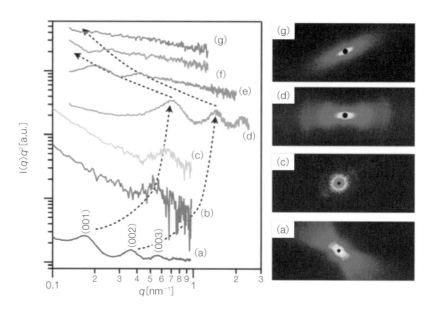

図14 フルオロヘクトライト/pNIPAmゲルの合成過程でのSAXSパターン(口絵参照)
(a)は重合前,(b)(c)はそれぞれ重合開始後1分および10分後,(d)は重合終了時に測定した。さらに得られたゲルを水中で(e)15分,(f)30分,(g)60分膨潤し測定した。文献40)の図をもとに作成。

隔35nmのラメラ構造を持つ液晶相が形成されていることがわかる。重合が進むと底面間隔が若干減少するが,液晶の構造は維持されている。さらに重合後のゲルを純水中に置くと,ゲルが平衡膨潤状態になるまで巨視的に膨潤する。この際,同時に底面間隔が100nm以上にまで大きく広がり,構造秩序性は若干低下することがわかった。得られたゲルをクロスニコルで観察すると強い光学異方性が確認されたことからも,ナノシート液晶の構造がほぼそのままゲル中に固定化されていることがわかった。一方,このような構造異方性に起因して,ゲル物性にも異方性が生じた。ゲルの温度を上昇させるとpNIPAmゲル特有の可逆的な体積変化を起こすが,その体積変化もナノシートの配向を反映して異方的となった。さらには,ゲルの弾性率や,ゲル内での分子拡散,また色素を吸着させた際の吸光スペクトルも異方的となった。

このような異方的なゲルは得られたものの,年輪状の配向では,より詳細な物性の検討や,応用は困難である。そこで,宮元らはさらに電場による配向処理を行うことで,ナノシートの配向が2つの軸に沿って完全に制御された数cmスケールのモノドメイン配向ゲルの合成を行った[40]。クロスニコル観察の結果,図15の模式図に示すように,ナノシートが電場印加方向に沿って配向したゲルが得られたことがわかった。このようにして得られたシート状ゲルにはアニオン性のナノシートが均一に分散しており,多価カチオン性色素の安定なパターンを数十µmの解像度で「印刷」することができた(図16A)。色素吸着ゲルに光照射すると,色素が光を吸収して熱を放出し,ゲルを収縮させる光熱応答が見られた。光熱応答は可逆的で,色素吸着部位のみで起こるため,ゲル上の特定の部分のみに光熱応答を持たせることができる。例えば光に応答して非対称に変形させることができる(図16B)。さらに,温度に応答したゲルの膨潤収縮挙動に異方性があるばかりでなく(図17A),光照射後に一時的に膨潤してから収縮を始める異常な挙動も観察された(図17B)。ナノシートの配向制御は磁場や剪断によっても可能であるが,電場を用いると,より簡便・安価な装置で,より大きなスケールや小さなスケールにも対応でき,電極を自由に配置したさまざまな配向制御も可能である。

ほぼ同時期に,Mejiaらは,リン酸ジルコニウム系のナノシート液晶を,ポリアクリルアミドとpNIPAmの共重合ゲル中に固定化した系を報告し

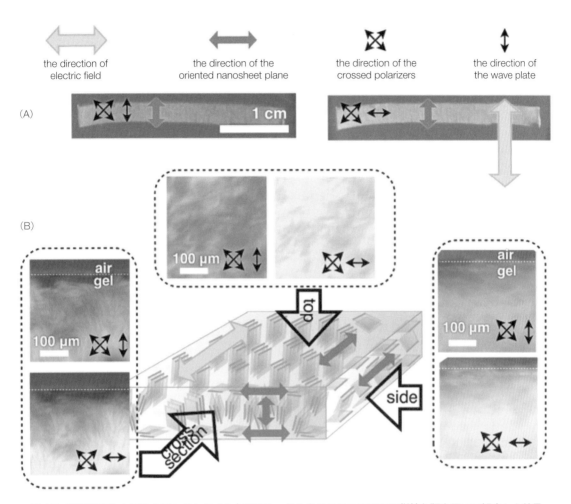

**図 15** 電場配向したフルオロヘクトライト/pNIPAm ゲルをクロスニコル下で鋭敏色版を用いて観察した結果
(A)はデジタルカメラ，(B)は偏光顕微鏡で3方向から観察した。(B)には，ナノシートの配向状態の模式図も示してある。文献40)の図をもとに作成。

た[53]。ナノシート濃度，重合時の触媒，および開始剤の濃度が低い場合に，mmスケールの配向ドメインが大きくなりやすいことや，ナノシートとの複合化によって平衡膨潤率が大きくなることなどを明らかにしている。

さらに最近 Liu らは，チタン酸ナノシートまたはペロブスカイト型ニオブ酸 $KCa_2Nb_3O_{10}$ のナノシートと pNIPAm との複合ゲルについて報告した[54]。磁場によって巨視的な配向処理を行っているため，宮元らの報告と同様，ゲルの光学的性質や粘弾性に大きな異方性が生じている。興味深いのは，ナノシートの種類に依存して，ゲルの弾性率異方性が全く逆の傾向を示している点である。チタン酸系の場合で は，ナノシートの配向ベクトルと垂直の方向で，水平方向よりも大きな圧縮弾性率を示している（図18A）。対照的に，ペロブスカイト系では水平方向の方が大きな圧縮弾性率を示している（図18B）。ちなみに宮元らが報告したフルオロヘクトライト系[52]は，後者と同様の傾向である。図18の模式図で示されているように，チタン酸系ナノシートはcofacial 配向（膨潤ラメラ構造）をとるが，層状ペロブスカイト系では配向軸に沿ってナノシートが自由回転する構造（ネマティック配向）をとるため，このような違いが現れるものと考察されている。磁化率異方性の違いのために，前者の場合は磁場方向に対してナノシート面を垂直にして配向するが，後者

第4章 その他のナノ空間材料

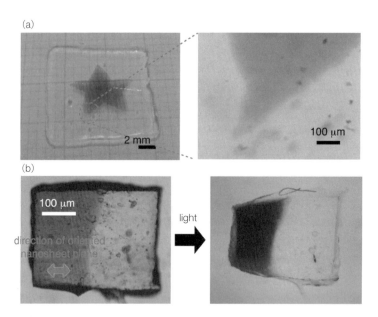

図16 (a)色素を星形のパターンで吸着させたフルオロヘクトライト/pNIPAmゲルの写真, (b)部分的に色素を吸着したゲルの非対称な光熱応答変形(文献40)の図をもとに作成)

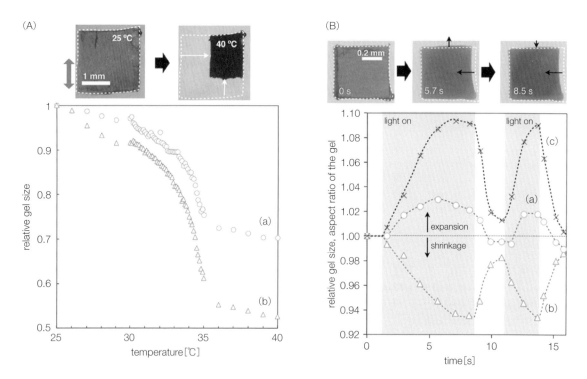

図17 面内配向したフルオロヘクトライト/pNIPAmゲルの(A)温度に応答した異方的な変形, (B)光に応答した異常な膨潤・収縮挙動(文献40)の図をもとに作成)

9節 ナノシート液晶と異方性ゲル

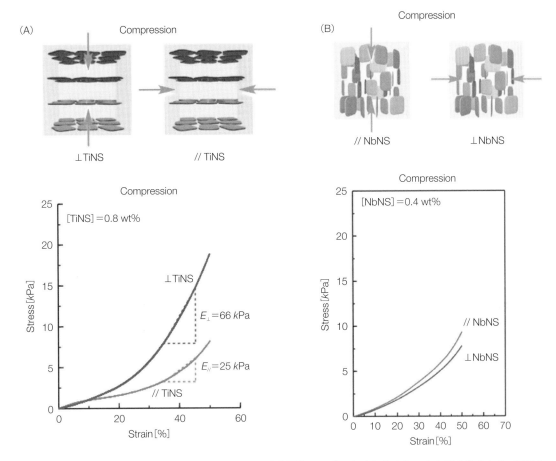

**図18** 磁場配向した(A)層状チタン酸ナノシートまたは(B)層状ペロブスカイトナノシートと複合化されたpNIPAmゲルを圧縮した際の歪み-応力曲線とそのゲル中のナノシート配向の模式図
ナノシートの配向ベクトルに対して平行方向に圧縮した場合を//，垂直方向の場合を⊥の印で示してある。文献55)の図をもとに作成。

の場合では水平に配向することが論文中で明らかにされており，このことが両者の構造の違いの原因と考えられている。

## 6 おわりに

以上に述べたように，10年ほど前から始まったナノシート液晶の研究は，さまざまな物質系の開拓，構造や形成原理の基本的な理解を経て，さまざまな応用に向けた配向制御や複合材料合成の研究にまで広がりを見せてきている。しかし，ナノシートの剥離現象自体やコロイドの粗密構造の形成など，さらなる基礎研究が必要な部分も多く残されている。応用に向けた研究は，いくつか紹介はしたが，まだ緒に着いた段階である。無機ナノシート液晶は，無機合成化学，液晶科学，コロイド科学，高分子物理など，さまざまな分野に関連する新しいマテリアルである。異分野間での連携を深めながら，研究を発展させていくことができれば，さまざまな魅力的な機能材料として結実していくだろう。

■引用・参考文献■

1) 佐々木高義，海老名保男，長田実：セラミックス，**41**, 290(2006).
2) T. Sasaki : *J. Ceram. Soc. Jpn.*, **115**, 9(2007).
3) M. Osada and T. Sasaki : *J. Mater. Chem.*, **19**, 2503(2009).

第4章　その他のナノ空間材料

4) I. Y. Kim, Y. K. Jo, J. M. Lee, L. Wang and S.-J. Hwang : *J. Phys. Chem. Lett.*, **5**, 4149 (2014).

5) 中戸晃之，宮元展義：液晶，**14**，108 (2010).

6) 中戸晃之，毛利恵美子：未来材料，**12** (7)，10 (2012).

7) T. Nakato and N. Miyamoto : *Materials*, **2**, 1734 (2009).

8) N. Miyamoto and T. Nakato : *Isr. J. Chem.*, **52**, 881 (2012).

9) N. Miyamoto and T. Nakato : *Adv. Mater.*, **14**, 1267 (2002).

10) T. Nakato, N. Miyamoto and A. Harada : *Chem. Commun.*, 78 (2004).

11) L. Onsager : *Ann. N. Y. Acad. Sci.*, **51**, 627 (1949).

12) G. J. Vroege and H. N. W. Lekkerkerker : *Rep. Prog. Phys.*, **55**, 1241 (1992).

13) J.-C. P. Gabriel and P. Davidson : *Top. Curr. Chem.*, **226**, 119 (2003).

14) 今井正幸：ソフトマターの秩序形成，シュプリンガー・ジャパン (2007).

15) Z. Xu and C. Gao : *ACS Nano*, **5**, 2908 (2011).

16) I. Langmuir : *J. Chem. Phys.*, **6**, 873 (1938).

17) J.-C. P. Gabriel, F. Camerel, B. J. Lemaire, H. Desvaux, P. Davidson and P. Batail : *Nature*, **413**, 504 (2001).

18) L. J. Michot, I. Bihannic, S. Maddi, S. S. Funari, C. Baravian, P. Levitz and P. Davidson : *Proc. Natl. Acad. Sci. USA*, **103**, 16101 (2006).

19) N. Miyamoto, H. Iijima, H. Ohkubo and Y. Yamauchi : *Chem. Commun.*, **46**, 4166 (2010).

20) J.-C. P. Gabriel, C. Sanchez and P. Davidson : *J. Phys. Chem.*, **100**, 11139 (1996).

21) A. Mejia, Y.-W. Chang, R. Ng, M. Shuai, M. Mannan and Z. Cheng : *Phys. Rev. E*, **85**, 061708 (2012).

22) M. Wong, R. Ishige, K. L. White, P. Li, D. Kim, R. Krishnamoorti, R. Gunther, T. Higuchi, H. Jinnai, A. Takahara, R. Nishimura and H. J. Sue : *Nat. Commun.*, **5**, 3589 (2014).

23) T. Nakato, Y. Yamashita and K. Kuroda : *Thin Solid Films*, **495**, 24 (2006).

24) N. Miyamoto and T. Nakato : *J. Phys. Chem. B*, **108**, 6152 (2004).

25) N. Miyamoto, S. Yamamoto, K. Shimasaki, K. Harada and Y. Yamauchi : *Chem. Asian J.*, **6**, 2936 (2011).

26) Z. Xu and C. Gao : *Acc. Chem. Res.*, **47**, 1267 (2014).

27) N. Behabtu, J. R. Lomeda, M. J. Green, A. L. Higginbotham, A. Sinitskii, D. V. Kosynkin, D. Tsentalovich, A. N. G. Parra-Vasquez, J. Schmidt, E. Kesselman, Y. Cohen, Y. Talmon, J. M. Tour and M. Pasquali : *Nat. Nanotechnol.*, **5**, 406 (2010).

28) J. E. Kim, T. H. Han, S. H. Lee, J. Y. Kim, C. W. Ahn, J. M. Yun and S. O. Kim : *Angew. Chem. Int. Ed.*, **50**, 3043 (2011).

29) 液晶便覧編集委員会：液晶便覧，丸善 (2000).

30) D. Yamaguchi, N. Miyamoto, T. Fujita, T. Nakato, S. Koizumi, N. Ohta, N. Yagi and T. Hashimoto : *Phys. Rev. E*,

85, 011403 (2012).

31) E. Paineau, K. Antonova, C. Baravian, I. Bihannic, P. Davidson, I. Dozov, M. Impéror-Clerc, P. Levitz, A. Madsen, F. Meneau and L. J. Michot : *J. Phys. Chem. B*, **113**, 15858 (2009).

32) M. Wong, R. Ishige, T. Hoshino, S. Hawkins, P. Li, A. Takahara and H.-J. Sue : *Chem. Mater.*, **26**, 1528 (2014).

33) D. Yamaguchi, N. Miyamoto, S. Koizumi, T. Nakato and T. Hashimoto : *J. Appl. Crystallogr.*, **40**, s101 (2007).

34) F. Guo, F. Kim, T. H. Han, V. B. Shenoy, J. Huang and R. H. Hurt : *ACS Nano*, **5**, 8019 (2011).

35) T. Nakato, K. Nakamura, Y. Shimada, Y. Shido, T. Houryu, Y. Iimura and H. Miyata : *J. Phys. Chem. C*, **115**, 8934 (2011).

36) T.-Z. Shen, S.-H. Hong and J.-K. Song : *Nat. Mater.*, **13**, 394 (2014).

37) Z. Xu and C. Gao : *Nat. Commun.*, **2**, 571 (2011).

38) R. Jalili, S. H. Aboutalebi, D. Esrafilzadeh, R. L. Shepherd, J. Chen, S. Aminorroaya-Yamini, K. Konstantinov, A. I. Minett, J. M. Razal and G. G. Wallace : *Adv. Funct. Mater.*, **23**, 5345 (2013).

39) R. Jalili, S. H. Aboutalebi, D. Esrafilzadeh, K. Konstantinov, S. E. Moulton, J. M. Razal and G. G. Wallace : *ACS Nano*, **7**, 3981 (2013).

40) T. Inadomi, S. Ikeda, Y. Okumura, H. Kikuchi and N. Miyamoto : *Macromol. Rapid Commun.*, **35**, 1741 (2014).

41) S.-H. Hong, T.-Z. Shen and J.-K. Song : *J. Phys. Chem. C*, **118**, 26304 (2014).

42) T. Nakato, Y. Nono, E. Mouri and M. Nakata : *Phys. Chem. Chem. Phys.*, **16**, 955 (2014).

43) K. Murata and K. Haraguchi : *J. Mater. Chem.*, **17**, 3385 (2007).

44) K. Haraguchi, H.-J. Li, L. Song and K. Murata : *Macromolecules*, **40**, 6973 (2007).

45) X. Ma, Y. Li, W. Wang, Q. Ji and Y. Xi : *Eur. Polymer J.*, **49**, 389 (2013).

46) M. Liu, Y. Ishida, Y. Ebina, T. Sasaki and T. Aida : *Nat. Commun.*, **4**, 2029 (2013).

47) J. Liu, G. Song, C. He and H. Wang : *Macromol. Rapid Commun.*, **34**, 1002–1007 (2013).

48) J. Fan, Z. Shi, M. Lian, H. Li and J. Yin : *J. Mater. Chem. A*, **1**, 7433 (2013).

49) J. Shen, J. Yan, T. Li, Y. Long, N. Li and M. Ye : *Soft Matter*, **8**, 1831 (2012).

50) K. Haraguchi and T. Takada : *Macromolecules*, **43**, 4294 (2010).

51) E. Paineau, I. Dozov, I. Bihannic, C. Baravian, M.-E. M. Krapf, A.-M. Philippe, S. A. h. Rouziere, L. J. Michot and P. Davidson : *ACS Appl. Mater. Interfaces*, **4**, 4296 (2012).

52) N. Miyamoto, M. Shintate, S. Ikeda, Y. Hoshida, Y. Yamauchi, R. Motokawa and M. Annaka : *Chem. Commun.*,

**49**, 1082（2013）.

53) A. F. Mejia, R. Ng, P. Nguyen, M. Shuai, H. Y. Acosta and M. S. Mannan, Z. Cheng : *Soft Matter*, **9**, 10257（2013）.

54) M. Liu, Y. Ishida, Y. Ebina, T. Sasaki, T. Hikima, M. Takata and T. Aida : *Nature*, **517**, 68（2015）.

〈中戸　晃之，宮元　展義〉

第4章　その他のナノ空間材料

## 10節　ナノシートでつくる新しい空間材料

### 1　はじめに

　層状化合物を剥離して層1枚を取り出すことにより原子～分子レベルの厚みの極薄二次元結晶が得られ，そのユニークな形状に由来した斬新な物性や反応性を示すことから高い注目を集めている。これらナノシートの代表選手は言うまでもなくグラフェンであり，高速電子伝導や特異な量子現象の観測などの画期的な報告が次々となされ，過去10年あまりにわたって材料科学分野を席巻してきた。その中で最近さらなるバラエティーを追求して，カルコゲン化物，酸化物，窒化物，炭化物，水酸化物などのグラフェン以外の二次元物質に関する関心が急速に高まってきており，"Post graphene"，"Beyond graphene"と銘打った研究が進展している[1]。これらの中で酸化物ナノシートはとりわけ組成，構造，機能の多様性が高く，魅力に富んだ二次元物質群を形成している。さらにこれらナノシートは単層状態で単分散したコロイドとして高収率で合成可能であるため，さまざまな溶液合成プロセスを適用することにより，ナノシートをビルディングブロックとして，ナノ薄膜やナノ複合体，多孔体，中空シェルやナノチューブなど多彩なナノ構造ならびに空間材料を合成することができる[2]。本稿ではこのような酸化物ナノシートの合成，その集積化によるナノ構造ならびに空間材料の構築，誘電機能を中心とした機能開発，応用展開について述べる。

### 2　酸化物ナノシートの合成

　酸化物ナノシートは図1の概念図に示した通り，出発物質となる層状ホスト化合物を水溶液中で大きく水和膨潤させ，これに機械的シアを加えて層1枚にまでバラバラに剥離することにより合成される。以下に，優れた光触媒，誘電機能を有する酸化チタンおよび酸化ニオブナノシートの合成を具体例にとって説明する。これらのナノシートの出発物質は組成式 $K_{0.8}Ti_{1.73}Li_{0.27}O_4$，$KCa_2Nb_3O_{10}$ で示される層状化合物（図1参照）であり，それぞれの成分となる適切な炭酸塩，酸化物の試薬粉末を化学量論比で混合し，1000℃前後で加熱する方法（固相合成法）により簡単に合成することができる。その場合，サンプルは通常横サイズ1μm内外の板状微結晶が集合した多結晶体として得られる。

　一方，上記結晶成分にフラックス（$MoO_3$ など）を加えて，高温から徐冷することにより，単結晶サンプルを育成することもできる。特に大型ナノシートを合成するためには，最適化した条件のもとで数十μm角の単分散結晶を育成し，出発物質に用いる。このようにして合成した出発層状化合物を酸水溶液中で撹拌するとアルカリ金属イオンが溶脱し，層間に交換性水素イオンを含む $H_{1.07}Ti_{1.73}O_4\cdot H_2O$，$KCa_2Nb_3O_{10}\cdot 1.5H_2O$ が生成する。このサンプルにアミンを含む水溶液を適切な条件のもとで作用させると，板状結晶がアコーディオンのように一方向に数十倍から百倍にまで膨潤し，長細いひものような外形にまで大きく変化する。X線小角散乱測定をはじめとしたさまざまな解析により，この膨潤現象は結晶全体にわたって均一に，層と層の間に大量のアミン水溶液が侵入した結果であることが明らかにされた[3][4]。この膨潤構造では酸化物層の間隔が反応前の百倍前後にまで非常に大きく広がっており，その間に働く相互作用は極端に低下した状態となっている。そのため溶液全体を振り混ぜるなど，機械的シアを与えると層1枚にまでバラバラに剥離される。この巨大水和膨潤はさまざまなアミン水溶液中で誘起されるが，単層剥離の目的には4級アンモニウムイオン（テトラメチルイオン（TMA$^+$）やテトラブチ

－ 402 －

10節　ナノシートでつくる新しい空間材料

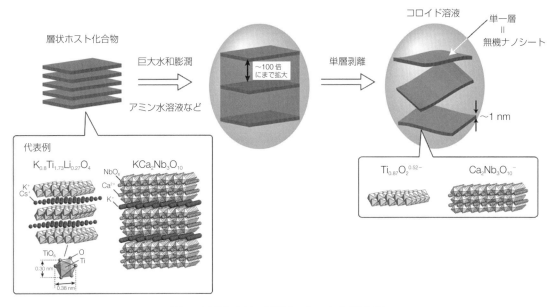

**図1　層状化合物の剥離ナノシート化（概念図）**

ルイオン（TBA$^+$））が特に有効である[4]。

以上のプロセスにより，出発層状物質の層1枚，すなわち $Ti_{0.87}O_2^{0.52-}$，$Ca_2Nb_3O_{10}^-$ の組成で示される二次元結晶が得られる。**図2**に得られたナノシートのAFM像を示す。厚みは前者が $1.1 \sim 1.3$ nm，後者が2 nm前後であり，単層シートであることを示している。一方横サイズは出発物質として用いた層状結晶のサイズと剥離過程において加えた機械的シアに依存し，通常数百 nm から数十 μm の範囲の値をとる。この剥離法はさまざまな層状金属酸化物において有効に働くことが確認されており，これま

でに**表1**に示した代表的なナノシートをはじめとして多様な組成，構造を持つ数十種類の酸化物ナノシートの合成が達成されている。これらのナノシートは組成，構造に依存して，広範な機能性，反応性を示す。例えば $Ti^{4+}$，$Nb^{5+}$，$Ta^{5+}$ をベースとする酸化物ナノシートは $d^0$ 電子系酸化物であり，ワイドギャップ半導体〜絶縁体として振る舞い，光触媒性や誘電性を示す。

一方 Mn，Co，Mo，Ru など複数の安定な価数を持つ金属イオンの場合は混合原子価状態の酸化物ナノシートとなり，顕著なレドックス性を示したり，

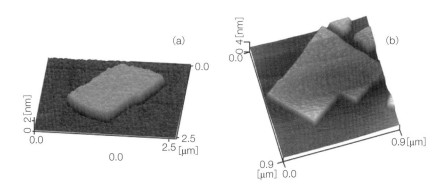

**図2　ナノシートのAFM像**
(a)：$Ti_{0.87}O_2^{0.52-}$，(b)：$Ca_2Nb_3O_{10}^-$

## 表1　代表的な酸化物ナノシート

| | | |
|---|---|---|
| Ti系 | $Ti_{0.91}O_2^{0.36-}$, $Ti_{0.87}O_2^{0.52-}$, $Ti_3O_7^{2-}$, $Ti_4O_9^{2-}$, $Ti_5O_{11}^{2-}$, $Ti_2O_3$, $Ti_{(5.2-x)/6}Co_{x/2}O_2^{((1.6-x)/3)-}$, $Ti_{(5.2-2x)/6}Fe_{x/2}O_2^{((3.2-x)/6-}$, $Ti_{(5.2-2x)/6}Mn_{x/2}O_2^{((3.2-x)/6)-}$, $Ti_{0.8-x/4}Fe_{x/2}CoO_{0.2-x/4}O_2^{0.4-}$ | 光触媒性，誘電性，強磁性 |
| Nb，Ta，Ti/Nb系 | $Nb_3O_8^-$, $Nb_6O_{17}^{4-}$, $TiNbO_5^-$, $Ti_2NbO_7^-$, $Ti_5NbO_{14}^{3-}$, $TaO_3^-$ | 光触媒性，誘電性 |
| ペロブスカイト系 | $LaNa_{n-2}Nb_nO_{3n+1}^-$ ($n=2, 3, 4$), $ANa_{n-3}Nb_nO_{3n+1}^-$ ($A=$ Ca, Sr; n=3, 4, 5, 6), $La_{2/3-x}Eu_xNb_2O_7^-$, $SrTa_2O_7^-$, $Eu_{0.56}Ta_2O_7^{2-}$, $SrNb_2O_6F^-$ $(K_{1.5}Eu_{0.5})Ta_3O_{10}^{2-}$ | 光触媒性，誘電性，蛍光特性 |
| Mn，Co系 | $MnO_2^{0.4-}$, $Mn_{1-\delta}Co_\delta O_2^{x-}$ ($\delta<0.4$), $Mn_{1-\delta}Fe_\delta O_2^{x-}$ ($\delta<0.2$), $CoO_2^{x-}$ | レドックス性，エレクトロクロミック性 |
| Mo，W系 | $MoO_2^{x-}$, $W_2O_7^{2-}$, $Cs_4W_{11}O_{36}^{2-}$, $Rb_{3-\delta}W_{11}O_{35}$ | レドックス性，フォトクロミック性 |
| Ru系 | $RuO_{2.1}^{x-}$, $RuO_2^{x-}$ | 電子伝導性 |

一部は電子伝導性を示す。またこれらのナノシートに磁性元素や希土類元素をドープすることにより，強磁性や蛍光特性を発現させることもできる。これらのナノシートの機能は，そのユニークな二次元構造を反映して，バルク材料に比べて大幅な増強がしばしばみられる。

## 3　ナノシートの集積化によるナノ構造ならびに空間構造の構築

ここで示したナノシート合成法の最大の特徴は上記の巨大水和膨潤状態を経由するため，単分散の単層ナノシートが高収率で得られることであり，収量，品質に関してスコッチテープ法や超音波照射による劈開法と比べて明らかな差があり，特にナノシートを部材に用いたナノ構造材料あるいは空間材料の合成に関して優位性を有しているといえる。すなわち酸化物ナノシートは負に帯電した二次元結晶として水中に単分散したコロイド溶液として得られるため種々の溶液合成プロセスを適用することにより，ナノシートをビルディングブロックとして，ナノ〜メソ領域で多種多様に配列，集合，あるいは異種物質と複合化することが可能であり，多様なナノ構造あるいは空間構造を人工的に構築できる。図3にその代表例をまとめた。ナノシートコロイド溶液に凍結乾燥あるいは噴霧乾燥を適用することにより厚みが数十nmで制御された薄片状ならびに中空状酸化物粒子を合成できる[5)6)]。またナノシートをさまざまな基材表面にレイヤーバイレイヤー累積することにより，ナノ薄膜やコア・シェル粒子，さらには中空シェルを構築することも可能である[7)8)]。

一方ナノシートコロイド溶液を適切な溶液と混合するという簡便な操作で，加えた溶液中に含まれるイオン，分子，金属錯体などをナノシート間に挟み込んで再積層させたナノ複合体を誘導することもできる。さらにはナノシートコロイド溶液に強磁場を印加することでナノシートを数十nm間隔で平行に配列できることが最近見出され，これにビニル系モノマーを加えて系全体を重合することにより，異方的な機能，運動性を示すヒドロゲルも開発されている[9)]。これらの材料においてはナノシートの持つ素機能とナノシートの配列，集積化によるナノ空間制御が相まって，幅広い機能発現，制御が可能となり，エレクトロニクスからエネルギー材料，さらには生物医学向けのソフトマテリアルまで広範な材料開発を行うことができる。これらの中で本稿では誘電機能を中心としたエレクトロニクス応用に焦点を絞り，そのための高品位ナノ薄膜形成技術となるナノシートのレイヤーバイレイヤープロセスについて以下に記述する。

酸化物ナノシートのレイヤーバイレイヤー累積には交互吸着法またはラングミュア・ブロジェット（LB）法が適用される。前者は酸化物ナノシートコロイド溶液とカチオン性高分子水溶液にガラスやシリコン基板を交互に浸漬することを繰り返す簡便な方法であり，反対電荷を持つナノシートとカチオン性高分子で自己組織化的に基板表面を被覆するという原理に基づいたプロセスである[7)]。実際には数百

nm 以上の横サイズを持つナノシートを隙間，重なりを生じさせずに理想的な単層吸着を実現することは困難であり，40〜50％の重なりを持った膜となることが多い（図4a）。これに対して数十μmサイ

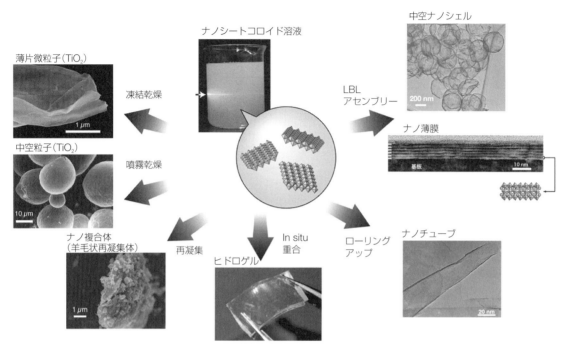

図3　ナノシートをビルディングブロックに用いて合成されるナノ構造ならびに空間材料

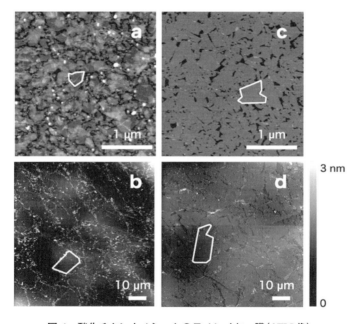

図4　酸化チタンナノシートのモノレイヤー膜（AFM像）
a，cは横サイズが数百nm，b，dは数十μmのナノシートを使用し，交互吸着法（a，b），LB法（c，d）により製膜。

- 405 -

第4章 その他のナノ空間材料

ズのナノシートを意図的に過剰に吸着させた後，TBAOH水溶液中でサンプルに適切な強度の超音波を照射することにより，ナノシートの重なり部分を選択的にトリミングして高品質のナノシート膜を形成することができる（図4b）[10]。ナノシートがカチオン性高分子を介して基板に吸着した領域と比べて，ナノシート同士が重なった部分の結合力が弱いことを利用した方法であるが，超音波強度の細かなコントロールが必要となる。

一方LB法はナノシートコロイド溶液表面に両親媒性分子を展開してナノシートを気液界面に吸着させた後，その二次元パッキング状態を制御し，基板表面に転写する方法である[8]。具体的には展開した両親媒性分子の親水基に相互作用して酸化物ナノシートが気液界面に浮遊する状態となるため，液面に設置したバリアを，液面の面積を縮小する方向に移動させてこれらを集合させる。その表面圧縮の度合を制御することで，ナノシートを気液界面で隙間，重なりを極力抑制した状態で配列させることがで

き，あらかじめ液内に沈めておいた基板をゆっくり引き上げることにより，ナノシートの単層膜を基板上に転写できる（図4c, d）。なおTBA$^+$を作用させて剥離したナノシートコロイド溶液では，TBA$^+$が一定の界面活性効果を示すため，改めて両親媒性分子を展開する必要がない点が利点となる。

以上のプロセスを反復することにより，多層ナノ薄膜を構築することができる。図5aはTi$_{0.87}$O$_2^{0.52-}$ナノシートをLB法により石英ガラス基板上に転写する操作を繰り返した際の紫外・可視光吸収スペクトルである。ナノシートに由来した吸収バンドの吸光度が転写を繰り返すことによりほぼリニアに増大しており，ナノシート単層膜の堆積が毎回起こっていることを意味している。10回堆積後のサンプルのXRDデータ（図5b）にはシャープな回折線系列が高次まで現れ，高い積層秩序を持ったナノシート多層膜の形成が確認できる。

このようなナノシート膜のレイヤーバイレイヤー成長は原理的にさまざまな種類のナノシートに適用

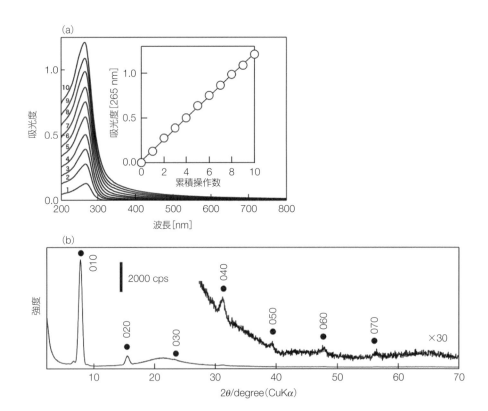

図5 (a)酸化チタンナノシートのレイヤーバイレイヤー累積過程（LB法）における紫外・可視光吸収スペクトル，(b)10層膜のXRDパターン

でき，実際製膜条件の微調により多くのナノシート多層膜の構築が達成されている。さらにこれらの技術がレイヤーバイレイヤー累積を基本としていることから，異種のナノシートを用いて多種多様なナノ構造膜の構築が可能であることが重要な点として指摘される。すなわちナノシートの厚みの1～2 nm単位で全体の厚み，内部構造を制御した人工格子的構造構築，制御が可能であり，それらを高価な大型装置を用いることなく，簡便，低環境負荷のプロセスで行うことができる。また上記の交互吸着法，LB法で形成されるナノシート膜は必然的にカチオン性高分子や両親媒性分子を含んだ有機・無機ハイブリッド膜となるが，$Ti_{0.87}O_2^{0.52-}$，$Ca_2Nb_3O_{10}^-$を初めとする多くの酸化物ナノシートは強い光触媒性を有するので，形成した膜に紫外光を照射すると有機物を分解することができ，無機膜に変換できる。さらには交互吸着法においてはカチオン性高分子の代わりに，金属錯体，クラスターイオン，さらには反対電荷を示すナノシート（水酸化物など）を用いて累積することも可能であり，ユニークなヘテロ集積体を構築することができる。これらは高度な機能発現，制御を目指すにあって，重要な利点として利用できる。

## 4 ナノシートの誘電機能

　ナノシートの最大の魅力といえるのが，二次元状態や極薄という特徴を利用した機能性材料の応用にある。酸化物ナノシートは組成，構造の多様性に起因し，他の二次元物質にない多彩な物性を示す。またナノシートは，三次元のバルク体から孤立二次元系となることで，高い電子閉じ込め，ワイドバンドギャップ化，シート面内方向への高い電子伝導などが期待され，各種電子材料，エネルギー材料の応用に好適である。

　酸化物ナノシートの重要な応用の一つに，優れた誘電性，絶縁性を利用した誘電体素子への応用がある[11]。誘電体を利用したコンデンサ，メモリ，トランジスタは今日のエレクトロニクスを支える重要な電子部品である。これらの誘電体素子の高機能化のためには，100以上の高い誘電率を持つ誘電体をナノオーダーまで薄膜化し，キャパシタを高容量化する必要がある。Ti，Nbを内包した酸化物ナノシートはこうした応用に好適であり，誘電体素子の薄膜化と高容量化を同時に実現できる[11]。特に，図1で紹介したペロブスカイトナノシート（$Ca_2Nb_3O_{10}^-$）は重要なターゲットであり，分子レベルの薄さとともに，高い電子分極に起因した高誘電率（100～300）を示す[12]。チタン酸バリウム（$BaTiO_3$）をはじめ，金属−酸素八面体を内包したペロブスカイト構造は広く高誘電体，強誘電体として知られているが，$Ca_2Nb_3O_{10}^-$は高誘電体のキーユニットであるニオブ−酸素八面体（$NbO_6$）が3個積層のみで構成される究極の薄さのペロブスカイト結晶である。さらに$Ca_2Nb_3O_{10}^-$では表面効果により，$NbO_6$八面体が大きく歪み，高いイオン分極が実現している。

　ナノシートのデバイス作製には，前述のLB法が好適である。LB法の適用によりナノシートがタイルのように基板表面に隙間なく被覆した高品位薄膜を形成し，さらに積層後に紫外線照射でTBAOHを光分解する工程を導入することで，室温プロセスで良好な界面状態を有する積層誘電体素子の作製が可能となる。**図6a**はナノシートを基本ブロックにして原子平滑$SrRuO_3$基板上に作製した金属/誘電体/金属（MIM）素子の断面透過型電子顕微鏡像である。基板上にナノシートが原子レベルで平行に累積した積層構造が確認されており，高品位のMIM素子が実現している。

　このように作製した素子は膜厚5～20 nmの超薄膜領域で優れた誘電特性を示し，周波数，積層数によらず210という高い比誘電率を維持する。図6bはナノシート多層膜と$Ba_{1-x}Sr_xTiO_3$系薄膜における極薄膜領域での誘電特性を比較したものである。$Ba_{1-x}Sr_xTiO_3$系薄膜では，良好な誘電特性を得るために膜厚100 nm程度が必要であり，膜厚100 nm以下に薄膜化すると誘電率が劇的に下がり，安定に動作しない。それに対し，ナノシート膜は，5～20 nmでも200以上の高い比誘電率を持ち，5 nmでは$Ba_{1-x}Sr_xTiO_3$系薄膜の10倍高い誘電率を示す。以上の特性を利用すれば，従来のチタン酸バリウム系薄膜と比較し，小型化と1桁以上の大容量化を同時に実現する高性能の薄膜コンデンサ素子の開発が可能となる。またこの素子は，高誘電特性に加え，優れた周波数特性，低い誘電損失（約2%），良好な絶縁特性（リーク電流特性$10^{-7} A/cm^2$以下），高い絶縁破壊電界（4 MV/cm）など，応用上重要な

第4章　その他のナノ空間材料

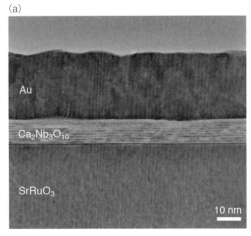

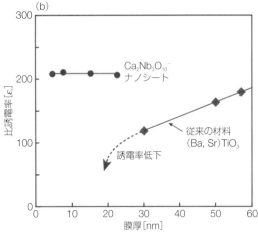

図6　(a)原子平滑SrRuO₃基板上に作製したペロブスカイトナノシート多層膜の断面透過型電子顕微鏡像，(b)ペロブスカイトナノシート多層膜とBa₁₋ₓSrₓTiO₃系薄膜における極薄膜領域での誘電特性

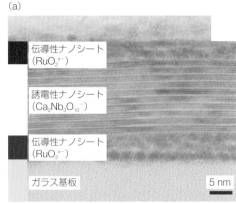

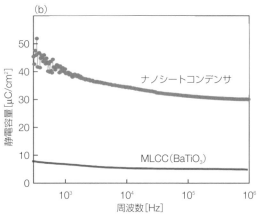

図7　(a)ナノシートキャパシタ素子の断面透過型電子顕微鏡像，(b)静電容量の周波数依存性

特性も併せ持つ。さらにごく最近の結果では，ナノシート膜は250℃までの高温環境下でも安定に動作し，高い誘電率（190）と静電容量（11.2 μF/cm²）を保持することが明らかになっている[13)14)]。

以上は誘電体層としてナノシートを利用した典型的なMIM素子をつくった例であるが，誘電性ナノシートと伝導性ナノシートとの超格子集積により，機能ブロックがナノシートのみから構成されるオールナノシート・コンデンサの作製も可能となる。図7は誘電層としてペロブスカイトナノシート（Ca₂Nb₃O₁₀⁻），電極として酸化ルテニウムナノシート（RuO₂ˣ⁻）を採用し，コンデンサ素子を作製した例である[15)]。ナノシートの利用により誘電体層，電極層

のナノサイズの薄膜化が可能であり，さらに全て室温・水溶液プロセスで高品位のコンデンサ素子を実現している。この素子はトータルの厚みが30 nm弱と世界最小ながら，広い周波数範囲（10³〜10⁶ Hz）で安定な誘電特性を示し，現行の積層セラミックコンデンサ（MLCC）と比べて1000倍以上の高い静電容量（>30 μF/cm²）を有する。これらの結果は，ナノシートの特異な二次元ナノ構造に起因した高い分極特性，絶縁性，熱安定性を利用することにより画期的な性能を発揮するコンデンサの開発に成功したものであり，次世代のコンデンサ，高温デバイスの開発につながる重要な技術になるものと期待される。

## 5 ナノシートの積木細工で新しい電子デバイス

前項では，ナノシートのコンデンサ応用を紹介したが，異なる特性のナノシートを組み合わせたヘテロ集積により，高次機能デバイスの創製も可能となる。実際，超格子的アプローチにより，光電変換素子，電界効果トランジスタ，人工強誘電体，磁性超格子，磁気光学素子，スーパーキャパシタなど，多彩な機能デザインや応用が示されている。例えば，高誘電性ナノシートに加え，半導体性ナノシート，グラフェンを組み合わせた超格子は，高誘電性ナノシートがゲート絶縁層，半導体性ナノシートあるいはグラフェンがチャネル層として機能し，機能ブロックがナノシートのみから構成されるオールナノシートの電界効果トランジスタが実現する[16]。

また最近実現したユニークな機能デザインに，ナノシートから作製した人工強誘電体がある[17]。自然人工格子構造を有する強誘電体としては，$Bi_{4-x}La_xTi_3O_{12}$，$SrBi_2Ta_2O_9$ などの Bi 層状構造ペロブスカイトが知られるが，ナノシートプロセスでは強誘電体の基本ブロックとなるペロブスカイト層の合成が可能であり，組成および八面体層数をさまざまに変化させることができる。さらに望みの順番で積層することで，通常のプロセスでは合成できない交代層構造を設計，構築することが可能となる。例えば，ペロブスカイトナノシート（$A=Ca_2Nb_3O_{10}^-$）をベースに，異種誘電体ナノシート（$B=LaNb_2O_7^-$，$C=Ti_{0.87}O_2^{0.52-}$）とのヘテロ集積により作製した人工超格子では，室温で安定な強誘電ヒステリシスを示

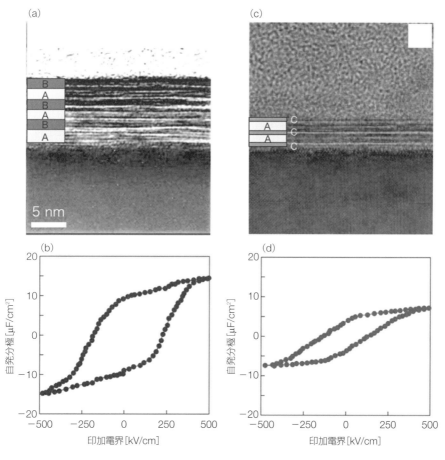

図8 ペロブスカイトナノシート（$A=Ca_2Nb_3O_{10}^-$，$B=LaNb_2O_7^-$）および酸化チタンナノシート（$C=Ti_{0.87}O_2^{0.52-}$）から作製した人工超格子の断面透過型電子顕微鏡像と分極ヒステリシス特性
(a)(b)：$(A/B)_3/SrRuO_3$ 基板，(c)(d)：$(C/A/C/A/C)/SrRuO_3$ 基板

第4章　その他のナノ空間材料

し，従来の強誘電体膜で最小レベルの膜厚 10 nm ながら極めて強固な強誘電性を示す（**図8**）。この結果は，非鉛系強誘電体ナノ材料の開発に向けて新たな設計指針を与えると同時に，強誘電体ナノ薄膜が持つ低電圧動作という特徴を利用した低消費電力メモリへの応用が期待される。

## 6 おわりに

　本稿では，酸化物ナノシートの合成，その集積化によるナノ構造ならびに空間材料の構築，誘電機能を中心とした機能開発，応用展開について紹介した。グラフェンの単層剥離成功以降，得られる物質，物性の面白さも手伝って，さまざまな層状化合物の剥離ナノシート化が試みられており，ナノシートのライブラリーが充実してきている。二次元物性という点ではグラフェンは巨人であるが，その一方で酸化物などの無機ナノシートは機能の宝庫であり，未開拓ともいえる無機ナノシートにはグラフェンを超える逸材が潜んでいるものと期待される。またナノシートは薄さゆえにレゴブロックのように積み重ねるだけで層間，空間の設計や電子状態を自在に制御できるため，新しい機能性材料の設計・構築手法としても興味深い。

■引用・参考文献■

1) S. Z. Butler et al. : *ACS Nano*, **7**, 2898（2013）.

2) R. Ma and T. Sasaki : *Adv. Mater.*, **22**, 5082（2010）.

3) F. Geng, R. Ma, A. Nakamura, K. Akatsuka, Y. Ebina, Y. Yamauchi, N. Miyamoto, Y. Tateyama and T. Sasaki : *Nat. Commun.*, **4**, 1632（2013）.

4) F. Geng, R. Ma, Y. Ebina, Y. Yamauchi, N. Miyamoto and T. Sasaki : *J. Am. Chem. Soc.*, **136**, 5491（2014）.

5) T. Sasaki, S. Nakano, S. Yamauchi and M. Watanabe : *Chem. Mater.*, **9**, 602（1997）.

6) M. Iida, T. Sasaki and M. Watanabe : *Chem. Mater.*, **10**, 2044（1998）.

7) T. Sasaki, Y. Ebina, T. Tanaka, M. Harada, M. Watanabe and G. Decher : *Chem. Mater.*, **13**, 4661（2001）.

8) K. Akatsuka, M. Haga, Y. Ebina, M. Osada, K. Fukuda and T. Sasaki : *ACS Nano*, **3**, 1097（2009）.

9) M. Liu, Y. Ishida, Y. Ebina, T. Sasaki, T. Hikima, M. Takata and T. Aida : *Nature*, **517**, 68（2015）.

10) T. Tanaka, K. Fukuda, Y. Ebina, K. Takada and T. Sasaki : *Adv. Mater.*, **16**, 872（2004）.

11) M. Osada and T. Sasaki : *Adv. Mater.*, **24**, 210（2012）.

12) M. Osada, K. Akatsuka, Y. Ebina, H. Funakubo, K. Ono, K. Takada and T. Sasaki : *ACS Nano*, **4**, 5225（2010）.

13) B.-W. Li, M. Osada, Y. Ebina, K. Akatsuka, K. Fukuda and T. Sasaki : *ACS Nano*, **8**, 5449（2014）.

14) Y. H. Kim, H. J. Kim, M. Osada, B. W. Li, Y. Ebina and T. Sasaki : ACS Appl. Mater. Interfaces, 6, 19510（2014）.

15) C. Wang, M. Osada, Y. Ebina, B.-W. Li, K. Akatsuka, K. Fukuda, W. Sugimoto, R. Ma and T. Sasaki : *ACS Nano*, **8**, 2658（2014）.

16) M. Osada and T. Sasaki : *J. Mater. Chem.*, **19**, 2503（2009）.

17) B. W. Li, M. Osada, T. C. Ozawa, Y. Ebina, K. Akatsuka, R. Ma, H. Funakubo and T. Sasaki : *ACS Nano*, **4**, 6673（2010）.

〈佐々木　高義，長田　実〉

# 第4章 その他のナノ空間材料

## 11節 酸化グラフェン

### 1 はじめに

　グラファイトを構成する1枚のナノシートであるグラフェンは，高電子移動度など多くの驚くべき物性を有し，シリコンに代わる次世代半導体材料としての国内外で極めて活発に研究が行われている。一方，酸化グラフェン（GO）はグラファイトを酸化して剥離することにより，グラフェンシート上に酸素官能基が結合した単層ナノシートとして得られる。グラフェン膜の作製方法としてCVDなどの高コスト・高エネルギーが必須となる気相法が主に使われるが，GOは出発原料として極めて安価な天然グラファイト（100円/kg程度）がそのまま使用でき，溶液法を用いて容易に大量合成できる。さらにGOの酸素官能基を取り除き還元することで電気伝導度を飛躍的に増加させることも可能である。

　GOの単層剥離が報告されて以来，GOを還元しグラフェンデバイスを作製するという研究が盛んに行われてきた。しかしながら，GOを還元した酸化グラフェン還元体（rGO）は，グラフェンに似て非なる物質である。還元により電気伝導度は上昇するもののrGOには多くの欠陥と完全には取り除かれない酸素官能基が存在し，このため電子物性としてグラフェンに遠く及ばない。しかしながら，GOやrGOは安価かつ，グラフェンにはない多くの化学的機能が発見されてきており，国外でのGOに関する研究はグラフェンに匹敵するほど活発である。GOやrGOの化学的多機能は，それが有する多くの欠陥と多種類の酸素官能基に基づいている。ここでは，まず，酸化グラフェンの構造，合成法，および還元手法について述べ，次にGO多層膜の層間ナノ空間に着目した金属イオン伝導性とプロトン伝導性について筆者らが明らかにしてきた成果を中心に解説する。

### 2 酸化グラフェン

#### 2.1 酸化グラフェンの構造

　酸化グラフェンはグラファイトの酸化物である酸化グラファイトの単相剥離により得られる。代表的な酸化グラファイトの合成法であるHummers法は1958年に報告されており[1]，2006年にRoufらが酸化グラフェンへの剥離に初めて成功した[2]。酸化グラフェンシートの一般的な構造モデルを図1に示す。代表的な酸素官能基としてエポキシ基（C-O-C），カルボニル基（C=O），ヒドロキシル基（C-OH），カルボキシル基（-COOH）が存在する。この中で，エポキシ基はグラフェンシート面上に，カルボキシル基はシートのエッジに選択的に存在すると考えられている。

　図2に剥離GOと種々の手法で還元したrGOのXPSスペクトルを示す[3]。酸素官能基として，COC（エポキシ基），COOH（カルボキシル基），CO（カルボニル基），COH（ヒドロキシ基）に加えて，非酸素炭素結合としてC-C（$sp^3$），C-H（$sp^3$）の欠陥，グラフェン（$sp^2$）ドメインとしてのC=C（π共役）からのピークが検出される。これらの存在は，NMRとFT-IRによっても明らかにされている。通常，GOのRamanスペクトルでは，ブロードなGバンド（～1600 cm$^{-1}$）とDバンド（～1350 cm$^{-1}$）が同程度の強度で検出される。このことは，GO中に

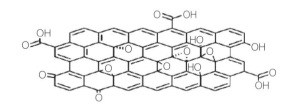

図1　酸化グラフェンの構造モデル図

- 411 -

第4章 その他のナノ空間材料

存在する $sp^2$ ドメインはナノサイズであることを意味する。これらの解析結果からGOシート上には酸化されていない $sp^2$ ナノドメインがあり，その周りを主に $sp^3$ の酸素官能基や欠陥が取り囲んでいる状態となっていると考えられる（図3）。実際にこのような構造をTEMやSTMを用いて観察した例も報告されている[4)5)]。酸素官能基部は親水性，電子絶縁性である。

一方，$sp^2$ ドメイン部は，疎水性，電子伝導性である。$sp^2$ ナノドメインでは量子閉じ込め効果により $\pi-\pi^*$ 準位間にバンドギャップが生じ，発光特性や光触媒特性などのグラファイトやグラフェンにはない半導体的性質をもたらす。酸素官能基を介してさらに化学修飾することや還元によりこれらの特性をコントロールすることも可能である。このように，GOは1枚のナノシートにさまざまな官能基や欠陥，また相反する特性を示す $sp^2$ と $sp^3$ 領域がナノスケールで混在する特異な物質であるといえる。さらに，還元することにより，酸素官能基は減少し，一般に $sp^2$ ドメイン領域が増加するので，GOからrGOへの還元過程で，さまざまな結合状態を制御でき，それに伴って機能を制御できる特徴がある。

ここで，酸化グラフェンのエポキシ基は特殊であることを述べる。通常，分子のエポキシ基は酸性溶液中では非常に不安定であり，プロトンとの反応により容易に開環しジオールが生成する（図4）。したがって，エポキシ基が硫酸溶液中での酸化により生成すること，酸性のGO分散液中でエポキシ基が比較的安定であることは一般的な有機化学反応では説明できない。

生成されたエポキシ基とグラフェン面との結合状態もまた特殊である。最近，KumarらはGO分散液を80℃程度で熱することにより，グラフェン面上に離散的に存在するエポキシ基が拡散・集合し，エポキシ基からなるナノドメインを形成するという実験結果を報告している[6)]。理論研究からも $sp^2$ ドメイン上のエポキシ基の結合は弱く移動しやすいことが報告されている。

筆者らの研究では，エポキシ基がpHの変化により可逆的に消滅・生成する反応を見いだした[7)]。GOがもともと分散している水溶液のpHは濃度にも依存するがpH 2～3の範囲にある。この溶液のpHを上昇させるとGOはrGOへと還元され，エポキ

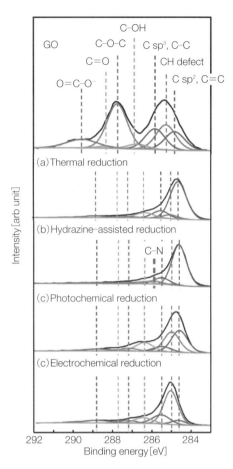

図2 GOと種々の還元法で作製したrGOのXPSスペクトル

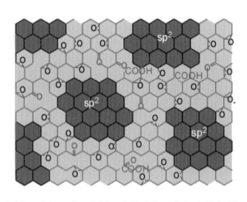

図3 中の $sp^3$ マトリックス中の $sp^2$ ナノドメイン
（口絵参照）

シ基も消滅する。室温より高い温度でpHが12以上になると不可逆的にエポキシ基は消滅したままで，溶液をもとのpH 3程度に下げてもエポキシ基

- 412 -

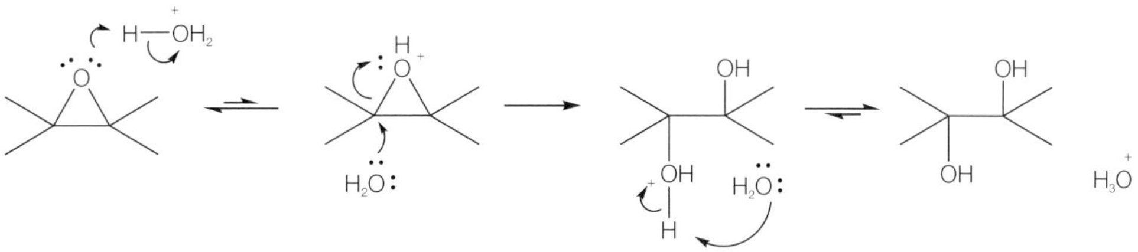

11節 酸化グラフェン

**図4 酸性中でのエポキシ開環反応**

は生成しない。ところが，室温でpHを12程度まで上昇させるとエポキシ基は消滅するが，再び3へ減少させるとエポキシ基が生成するのである。このように，分子のエポキシ基では見られない特異な可逆反応は，**図5**(e)に示したように，比較的安定なカルボカチオンが生成するためと考えている。エポキシ基が酸性溶液中で安定に存在する機構として，後述するプロトン伝導が寄与しているのではないかと推測する。すなわち，GO上のプロトンは非局在化しており反応性が低いため，エポキシ基が酸性溶液中でも安定化される可能性がある。

### 2.2 酸化グラフェンの合成法

GOの合成では，まずグラファイトを溶液中で酸化させ，酸化グラファイトを中間物質として合成する。次に酸化グラファイトを超音波処理等により単層シートへと剥離させる。この際，適当な条件で剥離・遠心分離することにより，単層シートからなるGO分散液を得ることができる。筆者らの経験上，Hummers法を用いた場合，単層シートの収率は高く，さらにシート径も大きい良質のGOが得られる。

Hummers法は多段階プロセスであり，各段階の反応時間・試薬量，または剥離条件・手法により，酸素官能基濃度，シートサイズ，および収率は大きく変化する。ここでは，われわれが実際に用いてい

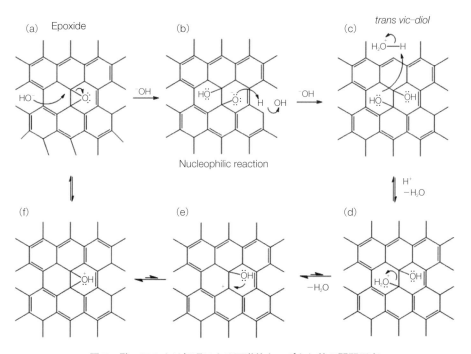

**図5 酸・アルカリ処理による可逆的なエポキシ基の開閉反応**

第4章　その他のナノ空間材料

る GO 合成法の詳細を示す。

　まず硝酸ナトリウム 0.5 g とグラファイト 0.5 g を秤量し混合する。これに氷水浴中で濃硫酸 23 mL を加え氷水浴中で 30 分撹拌する。30 分たった後，氷水浴中で過マンガン酸カリウム 3 g をゆっくり加える。これを 35℃の水浴に移し 60 分撹拌する。これに水 40 mL をゆっくり加えた後，90℃の油浴に移して 30 分間かき混ぜ，30 分後，100 mL の水を油浴中で加える。これに 30%過酸化水素を 2 mL 加え冷えるまで常温放置する。これを 3000 rpm で 10 分間遠心分離し，上澄みを捨て，約 5 mol%にうすめた塩酸を加え，十分に撹拌したのち 3000 rpm で 10 分間遠心分離し，酸化グラファイト沈殿物を得る。この塩酸での洗浄を 3 回繰り返し，次に水を加え同じように遠心分離を用い 3 回洗浄する。この沈殿を含んだ分散液に 2 時間の超音波処理を行うことにより酸化グラファイトを剥離する。この溶液を 10000 rpm で 30 分遠心分離し，未剥離の粉末を除去する。本合成条件では O/C 比が 0.3 程度の高酸化度単層 GO シート（シート幅数ミクロン）が得られる。

## 2.3　酸化グラフェンの還元法

　理想的なグラフェン構造を得るためには，酸素官能基を取り除くだけでは不十分であり，酸化過程で生成した欠陥を修復する必要もある。これまで化学還元，熱還元，光還元，電気化学還元等，さまざまな GO 還元手法が検討されてきた。しかし，1000℃以上の高温プロセスを用いた場合でも，完全なグラフェン構造を得ることは非常に困難とされている。それでも，安価かつ，高比表面積と電子伝導性を有する rGO は電極や導電性薄膜として有用である。

　ここでは筆者らが行った XPS 解析をもとに種々の還元手法により得られた rGO の特徴を示す（図 2）[3]。まず，300℃の熱還元後，最も不安定なエポキシ基が大幅に減少し，$sp^2$ 結合由来のピークが最も強く検出される。しかし，水酸基や OH 基由来のピークは残存する。ヒドラジンで還元した場合でも同様の傾向にあるが，新たに C-N 結合が検出される。これは，ヒドラジン還元の場合では，GO 骨格がダメージを受け一部では窒素原子がドープされるからである。光還元ではエポキシ基はかなり減少するが，$sp^2$ ピークは隣の CH ピークと同程度とな

る。したがって光還元ではエポキシ基の分解により $sp^2$ と CH 欠陥の生成が同時に進行すると考えられる。電気化学還元の場合は，還元によるエポキシ基の減少とともに $sp^2$ ピークもほぼ消滅し，CH ピークが主となる。この相対ピーク強度の変化は，$COC + 4H^+ + 4e^- \rightarrow 2CH + H_2O$ で記述される還元反応が起きたと解釈できる。

　上記のように rGO の化学結合状態は還元手法により大きく異なるが，還元後に残存する酸素官能基や還元により導入される異種元素や欠陥は必ずしも rGO の機能性を低下させるものではない。例えば，酸素官能基がなくなれば，rGO 表面は完全な疎水性となり，結果として水溶液系での電気二重層容量を低下させる。また，窒素ドープによる触媒活性[8]，CH 欠陥による磁性[9]や疑似キャパシタンス[10]等，還元時に導入される構造欠陥がグラフェンにはない機能性をも発現させる。

## 3 　ナノ空間材料としての酸化グラフェン

### 3.1　グラファイト層間化合物

　酸化グラフェン層間の機能性について述べる前にグラファイトがナノ空間材料として，古くから研究されてきた物質であることを紹介する。スコッチテープ法で容易にグラファイトが単相グラフェンへと剥離されることからもわかるように，グラファイトは層間結合力が弱い。したがって，層間にさまざまな原子や分子などを挿入できるため，電極やガス吸着・吸蔵材料として応用されている。例えば，リチウムイオン電池の負極には高比表面積のグラファイト材料が用いられる。充電状態ではグラファイト層間にリチウムイオンがインターカレートされ，放電により層間リチウムイオンが層外に放出される。

　リチウムイオンの場合のように，グラファイトの平面層状構造を維持したまま反応物質が層間に侵入した物質はグラファイト層間化合物（Graphite-Intercalation-Compound, GIC）と呼ばれる。特に，レドックスを伴ったインターカレーションにより生成されるグラファイト層間化合物は，ユニークな電子物性を示す。例えば，カリウムやルビジウムなどのアルカリ金属および，カルシウムやイッテルビウムなどをインターカレートした層間化合物が超伝導体になることが発見されている。これまでに得られ

－ 414 －

たグラファイト層間化合物のうちでは，$C_8K$ の臨界温度が 0.14 K，$C_2Li$ が 1.9 K，$C_2Na$ が 5 K などである。これらと比べると，$C_6Ca$ の臨界温度が 11.5 K，$C_6Yb$ の臨界温度が 6.5 K というのは，極めて高い値である[11]。近年，カリウムが層間にドープされた数層グラフェンが 4 K 程度の臨界温度を示すことが報告されており，この値はバルクの $C_8K$ に比べると一桁以上高い[12]。このことは，グラフェン数層からなる層間化合物の物理・化学特性はバルク体とは異なり，層数と化学組成を精密に制御することによりグラフェンがナノ空間材料として活用できることを示唆する。

### 3.2 酸化グラフェン層間でのイオン伝導

酸化グラフェンの層間は下記の特徴により，グラファイト層間とは全く異なった化学的性質を示す。

① グラファイトは疎水性であるのに対し，酸化グラフェンの官能基は親水性である。
② 酸化グラフェンは酸素官能基の存在によりマイナスチャージを帯びている（グラファイト結晶内のグラフェン層は中性）。
③ 酸化グラフェン多層膜の層間距離は酸素官能基や層間水分子の存在により 1 nm 程度であり，グラファイト（層間距離が 0.335 nm）に比べて約 3 倍大きい。

上記の特徴から酸化グラフェン層間はさまざまなイオンや分子の貯蔵・輸送に適した興味深い二次元ナノ空間であると言える。以下では酸化グラフェンの層間での金属イオン伝導，並びにプロトン伝導とその応用について解説する。

#### 3.2.1 GO の金属イオン伝導

GO 多層膜の機能性として，金属イオンの選択的透過性がある。さまざまな機構が考えられているが，筆者らは GO 膜上へ金属をスパッタ蒸着することにより作製した金属が室温でも素早く表面から消失する現象を見出した[13]。特に，Ni, Ag, Cu については，高湿度下で金属が素早くバルクへ移動する。XPS による分析から，金属は GO 表面上で酸化還元反応（金属の酸化（イオン化）と GO の rGO への還元）を起こし，イオン化した金属が水和した状態で GO の層間を移動する。さらに，興味深い現象として，Au や Pt などイオン化しない金属も極めて遅い速度（数日必要）であるが，室温でバルクへ浸透する現象も見出した。これは，これらの金属が原子として GO 内の欠陥を介してバルク内へ移動していることによると考えている。

Sun らは GO 膜におけるアルカリ金属イオン，アルカリ土類金属イオン，および遷移金属イオンの透過性について系統的な実験結果を報告している。遷移金属イオンはカルボニル基と強固に共有結合するため，アルカリ金属イオンと比べて一桁程度イオン伝導度が小さくなる。また，DFT 計算からアルカリ金属イオンとアルカリ土類金属イオンの場合，cation-π 相互作用が働くことを提案している[14]。

Haung らは GO 層間距離（約 1 nm）が電気二重層の厚さ以下であり，層間イオン伝導においてナノ流体効果が発現することを見出した[15]。図 6 に KCl 伝導度の濃度依存性を示す[16]。水溶液中でのイオン伝導度は KCl 濃度に比例するのに対し，酸化グラフェン中でのイオン伝導度は KCl 濃度が $10^{-2}$ mol/L 以下の場合，減少せず一定となる。酸化グラフェン層間ではマイナス電荷の酸素官能基が $K^+$ イオンを引きつけるために，溶液中の $K^+$ イオン濃度が減少しても層間には一定量の $K^+$ イオンが存在する。

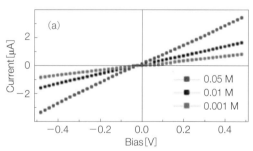

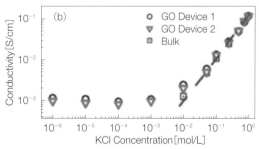

**図 6 酸化グラフェン膜中での KCl のイオン伝導**[16]
（口絵参照）

(a) 各 KCl 濃度条件で測定された I-V プロット，(b) 水溶液中の塩濃度に対する酸化グラフェン膜中とバルク水溶液中でのイオン伝導度（Reprinted with permission from 16), Copyright 2012 American chemical society）

第4章 その他のナノ空間材料

したがって，低KCl濃度領域でイオン伝導が減少せず一定になると解釈される。通常，ナノ流体デバイスの作製には電子線リソグラフィー等の高度な技術が必要とされる。一方，酸化グラフェン膜はGO分散液を濾過するという簡便な手法で作製できる。しかも，マイクロスケール厚さのGO膜には膨大な数のナノチャンネルが含まれることからも，イオン分離膜や固体電解質として実用レベルの応用が期待される。

### 3.2.2 GO のプロトン伝導

一般に，固体の酸化物はその表面の酸素イオンと水分子が相互作用しプロトン（$H_3O^+$）を生成しているために，室温でも表面や粒界でプロトン伝導が生じる。この考えからすれば，酸化物粒子が極めて小さい場合には，その焼結体は比較的高いプロトン伝導体になり得ることになる。ただし，粒子間界面において水分子が侵入できる隙間が存在する必要がある。酸化物系層状体の場合には，層間において類似の隙間があり，水分子の層間への出入りが速ければ当然プロトン伝導を示すはずである。ところが，これまでに酸化物層状体で高いプロトン伝導度を示す材料は見つかっていない。

このような背景のもと，酸化グラファイト（GOがランダムに配列した物質）が室温で，比較的高いプロトン伝導を示すという報告がなされた[17]。筆者らは重水を使用してそれがプロトン伝導であることを確かめ，さらにGOのプロトン伝導の特性を調べるために，櫛形電極上にGO薄膜を作製し，その膜の平行方向のプロトン伝導度を測定した[18]。その結果を図7に示した[19]。図7の中には，1枚のGOナノシートおよびエチレンジアミン修飾したGO薄膜（enGO）の伝導度も示している。これらの結果を比較してまとめると以下のようになる。

① GOシングルシートの伝導度はGO多層膜のそれに比べて著しく小さい。これは，GO膜中でプロトンが層間を移動していることを意味している。

② ①と関連して，プロトン伝導度は膜厚が数100 nmまでの範囲において，膜厚の増加とともに高くなる。

③ enGOのプロトン伝導度は著しく小さい。エチレンジアミンはGOのエポキシ基と反応し，エポキシ基を消滅する働きを持つ。す

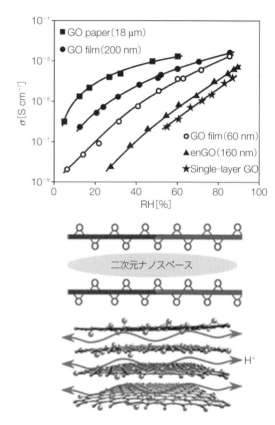

**図7** GO膜の相対湿度（RH）に伴うプロトン伝導度の変化と層間ナノスペースにおけるプロトン伝導の模式図[19]

(Reprinted with permission from 19), Copyright 2014 WILEY-VCH Verlag GmbH & Co. KGaA, Weinheim)

なわち，GO膜のプロトン伝導はエポキシ基を介して移動していると解釈できる。

上記の①と③の結果を合わせて考えれば，結局GO膜中で，プロトンは層間のエポキシ基と水分子が相互作用しながら移動していると結論できる。②に関しては今のところ不明であるが，膜厚の増加に伴って層間の水分子の平衡濃度が増加することが考えられる。GOの微妙な表面とバルクの組成，結合，構造の違いが生じている可能性もある。

高湿度の室温でGOのプロトン伝導度は，約$10^{-3}$ S cm$^{-1}$程度であり，ナフィオンのそれ（$10^{-2}$～$10^{-1}$ S cm$^{-1}$）より小さい。筆者らは層間に$SO_4^{2-}$イオンを添加することにより，高湿度で大幅にプロトン伝導度を上昇させることに成功した[20]。高湿度で，その値は$10^{-1}$ S cm$^{-1}$程度であり，ナフィオンよりや

や勝っている。SO$_4^{2-}$イオンの添加により，GO膜の層間距離は，添加量に依存するが最大で0.9 nm程度増加する。熱分析によると，同時に膜に含まれる水分子の量も増大していた。AFMの観察から，GO膜の表面はSO$_4^{2-}$添加により膨れあがった状態になっていた。これらの結果を合わせて考えると，層間でSO$_4^{2-}$イオンは多量の水分子と共存し，正に層間に硫酸溶液が存在している状態に相当し，プロトン伝導は希硫酸のプロトン伝導に近い。実際，得られた高いプロトン伝導度は希硫酸の値に近い。

結局，筆者らはナフィオンのプロトン伝導度に匹敵するあるいは越えるGO膜を開発した事になる。極めて安価で簡単に作製できるGO膜は，実用的にナフィオンを越えるプロトン伝導体として優れていると結論できる。しかしながら，100℃以上の温度では，次第に還元が進み，後述するようにプロトン伝導が減少し，電子伝導が生じるという欠点がある。しかし，100℃以下の室温程度で作動する燃料電池，鉛蓄電池，スーパーキャパシタの固体電解質としては，充分に機能する。これらの応用に関しても詳しく後述する。

### 3.2.3 GOのプロトン/電子混合伝導

GOを還元すると電子（ホール）伝導が増大することはよく知られている。その伝導度の大きさは還元の度合いに大きく依存し，還元の度合いが大きくなるほど電子伝導は増す。熱還元の場合，GOは100℃以上で明確に還元が進む。一方，プロトン伝導の還元に伴う変化については全く知られていない。前述したように，プロトン伝導がエポキシ基に依存しているならば，還元によりエポキシ基の量が低下するために，プロトン伝導度が低下することは容易に想像できる。筆者らは，熱還元と光還元において，熱還元では温度に対して，光還元では光照射時間に対して，室温における電子伝導度とプロトン伝導度を測定し，それらの結果をそれぞれ図8に示した[21]。いずれの場合とも，還元に伴って電子伝導度が増大し，プロトン伝導度は減少した。当然のことであるが，プロトン伝導度は湿度依存性が大きく，一方，当然であるが電子伝導度は湿度依存性がない。プロトン伝導度と電子伝導度がほぼ一致するGOの還元体（rGO）は，正しくプロトン/電子混合伝導体になっているのである。その混合伝導モデルを図8に示した[22]。電子は，rGOのGOシート面

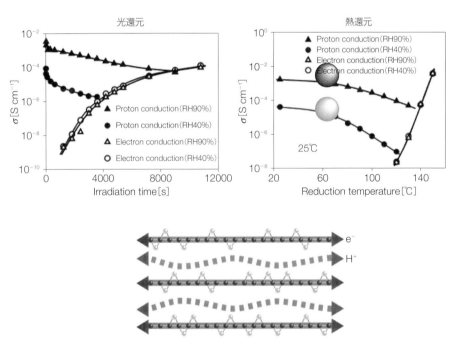

**図8** 還元によるプロトンおよび電子伝導度の変化と混合伝導モデル図[22]
(Reprinted with permission from 22), Copyright 2014 American Chemical Society)

第4章　その他のナノ空間材料

上を流れ，プロトンは各シートの層間を流れている。このような機能およびメカニズムを持っている材料は，ほかには見られないrGO特有のものである。GOはrGOまでに至る還元の程度を制御することで，プロトン伝導体から混合伝導体を経て電子伝導体へと簡単に制御することができる材料なのである。

ところで，気になるのが混合伝導度（プロトン伝導度と電子伝導度の値が一致する点）の値が還元方法によって異なり，光還元処理したサンプルの方が熱還元処理したものより高いことである。90% RHのもとで測定したプロトン伝導度は，光還元の場合が，約$6 \times 10^{-5}$ Scm$^{-1}$であり，熱還元の場合が，$5 \times 10^{-5}$ Scm$^{-1}$，40% RHのもとでは，光還元で約$2 \times 10^{-6}$ Scm$^{-1}$，熱還元で約$9 \times 10^{-8}$ Scm$^{-1}$であった。電子伝導度は，両者のサンプルともにGOやrGOの酸素総量に依存して，酸素総量が減少するのにほぼ比例して増加した。一方，プロトン伝導度は，逆に酸素総量（特にエポキシ基の総量）の減少に伴って減少したのであるが，その傾向は異なっていた。同時に層間距離を求めるとプロトン伝導度は層間距離の減少（主に酸素総量の減少に基づく）にほぼ比例して減少した。光還元処理と熱還元処理したサンプルの酸素総量が同じ場合でも，前者の方が層間距離は大きく，そのために前者のプロトン伝導度がより大きくなり，結果として混合伝導度が大きくなったと考えられる。層間距離が大きいほど，水分子が多く存在し，プロトンは移動しやすいとも考えられるが，この新しいタイプの混合伝導体の場合，層間に存在するプロトンと層の電子との静電的相互作用は大きいに違いない。このとき，プロトンと電子の静電相互作用は単純に考えても距離に反比例する。すなわち，層間距離が大きくなるとその分の静電相互作用が弱くなり，プロトンの移動度がより速くなるとも考えられる。この点の物理化学的解明は，学術的にも大いに関心のあるところである。同じ酸素総量で層間距離に相違が見られるのは，rGOの生成物に原因している。光還元の場合には，還元によりCH欠陥が多く生成され，一方，熱還元の場合にはC＝C（π共役系）が増加している。後者はπ-π相互作用で層間距離が小さくなるのに対して，前者ではCH生成のため層間距離があまり小さくならないのではないかと考えられる。

室温で，比較的高いプロトン/電子混合伝導度を示す単一相材料は，このrGOだけであるが，その応用範囲は広い。まず，水溶液中では広大な界面を持つ電極材料としてスーパーキャパシタや燃料電池の電極として有用であろう。理由は，プロトン伝導体/電子伝導体界面が層間にあり，ナノレベルで混合した広大な界面になり得るからである。また，室温で作動する水素分離膜としての可能性もある。今後これらの分野での実用化が期待できる。

## **4** GOを固体電解質とした電気化学デバイス

### 4.1　GOを固体電解質とした燃料電池（GOFC）[23]

上記したようにGOの多層膜は室温でプロトン伝導体として機能する。最初に思いつくのは，PEFC（Polymer Electrolyte Fuel Cell）のプロトン伝導固体電解質として使用されている高価なナフィオンの代替材料としてGO膜を利用することである。ナフィオンと比較して一桁伝導度が低いが，膜を10 μm程度まで薄くすることができるので，全体の膜の内部抵抗はほぼ同じにすることができる。さらに，ガス遮断性[24]と低湿度でもプロトン伝導度が高いところから，低温・低湿度でも性能を発揮できるはずである。このようにGO膜を固体電解質に用いた燃料電池（Graphene Oxide Fuel Cell, GOFC）のモデル図を図9に示した[25]。またその性能を，従来のナフィオンを電解質として用いるPEFCのそれと比較して図5に示した。低湿度，室温の条件の下で，ほぼ同じ性能が得られているが，全体のパワーはむしろGOFCの方がよい。電極として，よく知られているPt/Cを用いているが，筆者らはrGO/鉄フタロシアニンハイブリッド電極がPt/Cより優れた触媒活性を有することを見いだしており[26]，近い将来貴金属不使用の電極触媒を開発する予定である。これが成功すれば，電極と電解質がほとんど全てrGOとGOからなるオールカーボン燃料電池を構築することが可能になる。そのようになれば，極めて安価な小型から大型の燃料電池が開発できたことになり，燃料電池界にイノベーションをもたらすであろう。GO膜を固体電解質として使用する際の問題点は，100℃程度の温度になってくるとGOの還元が生じる事である。このようになれば，電子伝導が生じ，

－ 418 －

固体電解質としての性能が劣化する．高温でも安定なGOに改善するためには，エポキシ基が主成分でないGOへの改質が必要であり，現在このことにも取り組んでいる．

## 4.2 GOを固体電解質とした鉛蓄電池(GOLB)

GO膜のプロトン伝導は，プロトン伝導を有する水溶液を電解質として使用している電池にも応用できるはずであると考え，鉛蓄電池の硫酸水溶液電解質の代わりにGO膜を応用した[27]．そのGOLB (Graphene Oxide Lead Battery)のモデル図を図10に示した[28]．活物質としては，Pbを陰極，PbO2を正極として用いる事になるが，電気化学反応（正極：$PbO_2 + SO_4^{2-} + 4H^+ + 2e^- = PbSO_4 + 2H_2O$，負極：$Pb + SO_4^{2-} = PbSO_4 + 2e^-$）を生じさせるために活物質にわずかな量の硫酸を混合しておく必要がある．実際には，Pbの粉末と硫酸からなるペーストでGOを挟み充放電を繰り返して上記の活物質の形態にする．充放電特性を図7に示した．明確な充放電曲線が得られており，GOがプロトン伝導体として機能していることを示す．充放電サイクルにおける寿命測定では現段階で数十サイクル程度にとどまっており，さらなる改善が必要になる．通常の鉛蓄電池にはさまざまな添加物が含まれており，今後寿命を延ばし，利用率を高める添加物の探索が必要にな

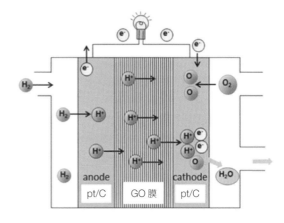

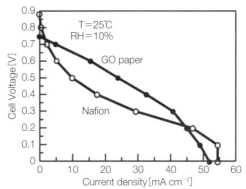

図9　GOFCのモデル図と発電特性[25]

(Reprinted with permission from 25), Copyright 2014 The Electrochemical Society)

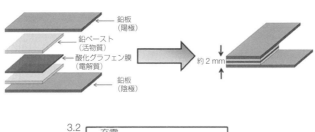

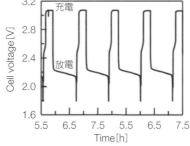

図10　GOLBのモデル図と充放電特性[28]

(Reprinted with permission from 28), Copyright 2013 The Electrochemical Society)

第4章 その他のナノ空間材料

る。にもかかわらず，GOLB は比較的単位セル電圧の高いドライな薄膜型鉛蓄電池であり，超小型電池として Li イオン電池にない，安全な電池として有用であると考えられる。

## 4.3 GO を用いたスーパーキャパシタ

GO を電解質とし，電極を rGO としたいわゆる rGO/GO/rGO の完全オールカーボン固体型スーパーキャパシタ，GOSC (Graphene Oxide Super Capacitor)，が構築できるのではないか，と考えるのは当然の成り行きである。ここで，GO はプロトン伝導体，rGO は電子伝導体として働くのである。このモデル図を図11 に示した。この作製方法は実に簡単である。まず GO 膜をつくり，両サイドの表面部分だけを rGO にすればよい。例えば，GO 膜の両面に光照射すると簡単にこのサンドイッチ構造が作製できる。そのキャパシタ特性を図9 に示した。確かにキャパシタ特性が得られたが，その値は，単極式で 1.0 mF cm$^{-2}$ 程度であり，現在実用化されているスーパーキャパシタに比べて三桁程度低い。Ajayan らのグループも同様の研究を進めており，彼らの最近の報告によると，いわゆる電極 (rGO) と電解質 (GO) 界面に基づくいわゆる電気化学二重層キャパシタではない，層間の水分子の分極が容量に直接影響する新規なメカニズムを提案している[29) 30)]。

## 5 おわりに

GO はフラーレン，カーボンナノチューブやグラフェンとは化学的・物理的性質が大きく異なるだけでなく，圧倒的に安価なナノカーボン材料である。ここ10年間で GO について膨大な数の研究がなされ，電子デバイス応用からバイオ応用までその可能性は大きく広がっている。その中で本稿は GO 層間二次元ナノ空間におけるイオン伝導と固体電解質応用に焦点をあて解説した。今後，GO 膜を膜固体電解質や金属イオン除去膜として実用化させるためには，層間修飾が重要な制御技術となるであろう。疎

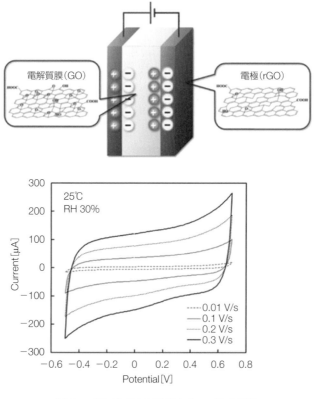

図11　GOSC のモデル図とキャパシタ特性

水部と親水部の両方を有する GO はさまざまな分子や無機材料とのハイブリッド化が可能であり，これらを有効に使って層間ナノ構造を制御することにより，イオン伝導度，イオン選択性，熱安定性等をさらに高めることができると期待する。

■引用・参考文献■

1) W. S. Hummers and R. E. Offeman : *Journal of the American Chemical Society*, **80**, 1339(1958).

2) S. Stankovich, R. D. Piner, S. T. Nguyen and R. S. Ruoff : *Carbon*, **44**, 3342(2006).

3) M. Koinuma, H. Tateishi, K. Hatakeyama, S. Miyamoto, C. Ogata, A. Funatsu, T. Taniguchi and Y. Matsumoto : *Chemistry Letters*, **42**, 924(2013).

4) C. Gomez-Navarro, J. C. Meyer, R. S. Sundaram, A. Chuvilin, S. Kurasch, M. Burghard, K. Kern and U. Kaiser : *Nano Letters*, **10**, 1144(2010).

5) K. N. Kudin, B. Ozbas, H. C. Schniepp, R. K. Prud'homme, I. A. Aksay and R. Car : *Nano Letters*, **8**, 36(2008).

6) P. V. Kumar, N. M. Bardhan, S. Tongay, J. Wu, A. M. Belcher and J. C. Grossman : *Nature Chemistry*, **6**, 151(2014).

7) T. Taniguchi, S. Kurihara, H. Tateishi, K. Hatakeyama, M. Koinuma, H. Yokoi, M. Hara, H. Ishikawa and Y. Matsumoto : *Carbon*, **84**, 560(2015).

8) L. Qu, Y. Liu, J.-B. Baek and L. Dai : *ACS Nano*, **4**, 1321(2010).

9) T. Taniguchi et al. : *Journal of Physical Chemistry* C, **118**, 28258(2014).

10) H. Tateishi, M. Koinuma, S. Miyamoto, Y. Kamei, K. Hatakeyama, C. Ogata, T. Taniguchi, A. Funatsu and Y. Matsumoto : *Carbon*, **76**, 40(2014).

11) G. Csanyi, P. B. Littlewood, A. H. Nevidomskyy, C. J. Pickard and B. D. Simons : *Nature Physics*, **1**, 42(2005).

12) M. Xue, G. Chen, H. Yang, Y. Zhu, D. Wang, J. He and T. Cao : *Journal of the American Chemical Society*, **134**, 6536(2012).

13) C. Ogata, M. Koinuma, K. Hatakeyama, H. Tateishi, M. Z.

Asrori, T. Taniguchi, A. Funatsu and Y. Matsumoto : *Scientific Reports*, **4**, 3647(2014).

14) P. Sun et al. : *Acs Nano*, **8**, 850(2014).

15) K. Raidongia and J. Huang : *Journal of the American Chemical Society*, **134**, 16528(2012).

16) K. Raidongia at al. : *J. Am. Chem. Soc.*, **134**(40), 16528-16531(2012).

17) A. Buchsteiner, A. Lerf and J. Pieper : *Journal of Physical Chemistry* B, **110**, 22328(2006).

18) K. Hatakeyama, M. R. Karim, C. Ogata, H. Tateishi, A. Funatsu, T. Taniguchi, M. Koinuma, S. Hayami and Y. Matsumoto : *Angewandte Chemie-International Edition*, **53**, 6997(2014).

19) T. Taniguchi et al. : *Angew. Chem. Int. Ed.*, **53**, 6997-7000(2014).

20) K. Hatakeyama, M. R. Karim, C. Ogata, H. Tateishi, T. Taniguchi, M. Koinuma, S. Hayami and Y. Matsumoto : *Chemical Communications*, **50**, 14527(2014).

21) K. Hatakeyama, H. Tateishi, T. Taniguchi, M. Koinuma, T. Kida, S. Hayami, H. Yokoi and Y. Matsumoto : *Chemistry of Materials*, **26**, 5598(2014).

22) K. Hatakeyama et al. : *Chem. Mater.*, **26**(19), 5598-5604(2014).

23) H. Tateishi et al. : *Journal of the Electrochemical Society*, **160**, F1175(2013).

24) R. R. Nair, H. A. Wu, P. N. Jayaram, I. V. Grigorieva and A. K. Geim : *Science*, **335**, 442(2012).

25) H. Tateishi et al. : *Journal of The Electrochemical Society*, **160**(11), F1157-F1178(2013).

26) T. Taniguchi et al. : *Particle & Particle Systems Characterization*, **30**, 1063(2013).

27) H. Tateishi, T. Koga, K. Hatakeyama, A. Funatsu, M. Koinuma, T. Taniguchi and Y. Matsumoto : *Ecs Electrochemistry Letters*, **3**, A19(2014).

28) H. Tateishi et al. : *ECS Electrochemistry Letters*, **3**(3), A19-A21(2014).

29) W. Gao et al. : *Nature Nanotechnology*, **6**, 496(2011).

30) Q. Zhang, K. Scrafford, M. Li, Z. Cao, Z. Xia, P. M. Ajayan and B. Wei : *Nano Letters*, **14**, 1938(2014).

〈谷口　貴章，速水　真也，松本　泰道〉

第4章　その他のナノ空間材料

## 12節 ナノシートを利用した電気化学応用

### 1 はじめに

　近年，ナノ材料科学は目覚しい進歩を遂げ，ナノ構造を自在に制御するのみではなく，結晶構造のようなミクロ構造や薄膜のようなマクロ構造を階層的に制御し，新たな機能を持った材料が提供されるようになってきた。特に，グラフェンを代表とするナノシート物質群は，近年多くの注目を集めている。二次元ナノシートの物質群の中でも，粘土鉱物のような層状金属水酸化物や層状金属酸化物塩，層状金属カルコゲナイドなどの層状無機化合物を出発物質として作製される数原子層の厚さで構成されるナノシートは，その特異な構造に由来する新たな物性・機能が発現することが見出されている。本稿では，その中でも特に，層状金属酸化物の剥離により得られたナノシートを利用した固体高分子形燃料電池やスーパーキャパシタなどの電気化学デバイスへの応用例を中心に紹介する。

### 2 電極材料としてのナノシート

　電極材料として電気化学デバイスへ応用するためには，下記の3点の物性を有していることが望ましい。

① 電気化学活性比表面積が大きいこと
② 電気化学的に安定であること
③ 材料自体に電気伝導性を有すること

　電気化学反応は，電極表面近傍で反応が起こるため，その反応の活性は，電気化学活性比表面積に大きく依存することが知られている。また，固体高分子形燃料電池の電極やスーパーキャパシタなどの実用化に向けては，繰り返し安定性は必須である。燃料電池自動車を例にとってみても，作動時間・回数の大幅な改善が急務な開発課題としてNEDOの研究開発プロジェクトとして進められる（2015年8月現在）など，より高活性かつ高安定性の両方を満足する材料の開発が必須である。最後に，より効率的に電気エネルギーを活用するためには，電極でのロスを極端に低減させる必要がある。そのためには，電極上での電気抵抗は極力低くすべきであり，電極材料自体に電気伝導性を有することが望ましい。材料に電気伝導性がない場合は，カーボンブラックなどの導電補助剤を添加することで，電極として利用することも可能なので，必須条件というわけではない。また，デバイス応用という観点からは，量産性も考慮したシステムを構築する必要がある。

　上記の要件を満たす材料の1つとして，ナノシートは有望である。ナノシートは，厚さ数nmで幅数百nm以上と，非常に大きなアスペクト比（面サイズ/厚さ）を有する材料である。近年，ゾル−ゲル法やソルボサーマル法などのようなさまざまな合成法で，ナノシートの厚さや面サイズなどを制御することも可能となっている。さまざまな合成方法の中でも，層状金属酸化物塩や層状金属水酸化物塩を出発物質として，金属（水）酸化物層を単層に剥離しナノシートを得る手法は，1〜数原子層で均一な厚みを有するナノシートを得ることができる[1]（図1）。層状金属酸化物塩や層状金属水酸化物塩は，結晶性の金属（水）酸化物層とその層間にイオン交換可能なイオンから構成されている。その層間イオンを有機イオンとイオン交換し，溶媒分子との親和性を高めることで層間を膨潤させることができ，その結果，金属（水）酸化物層は，一層ずつに剥離したナノシートを形成する。

　たとえば，層状遷移金属酸化物塩の場合には，$MO_6$ 八面体（M は，Ti，W，Nb，Ru など）が二次元に結合し，負に帯電した1〜数原子厚の層が形成され，その層間には，層の負電荷を補償するように

－ 422 －

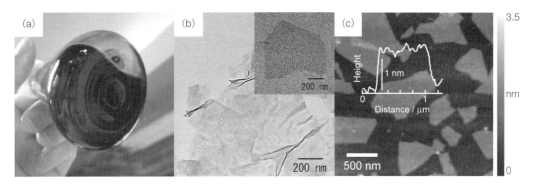

図1 酸化ルテニウムナノシートの(a)コロイド溶液の写真，(b)TEM像，(c)AFM像(口絵参照)
(Adapted and reprinted with permission from Reference 1)

カチオン（Na, K, Csなど）が存在している。このMO₆八面体層が剥離されることにより得られるナノシートは，層状構造で有していた結晶構造をそのまま保持しており，結晶構造に起因する導電率などの物性をナノ構造に由来する効果を付加した形で発現する。このような粉末の層状結晶の物性とナノ構造によって発現する物性との両方を機能化することで，新たな機能材料として有用である。また，出発物質である層状金属酸化物塩の剥離により得られるナノシートは，液相プロセスであるため，比較的幅広い材料への複合化や大量合成が可能といったメリットもあり，電極材料としての利用に有利となる。

## 3 ナノシートを使用した電極作製方法

層状金属（水）酸化物から得られるナノシートは，コロイドとして水溶液などに均一に分散しているため，液相プロセスにより，電極を作成することができる。また，金属酸化物ナノシートは，シート面全体にわたって高密度に負に帯電しているため，静電相互作用を利用することで形態を制御することが可能である。制御方法には以下の4つの方法がある。

1つ目はナノシートを凝集させ，凝集体を作製する方法である[2]。金属酸化物ナノシートは，層状金属酸化物の金属酸化物層は負に帯電しており，テトラブチルアンモニウム（TBA）イオンなどの有機カチオンと水分子により層間が膨潤し，撹拌や超音波などの外場により剥離することにより得られる。この剥離したナノシート分散液を塩酸などで酸処理することでTBAイオンをプロトンに交換すると層間に大量に存在していた水分子が排除され，ナノシートが凝集した粉末が得られる。この凝集させて作製した粉末は，出発物質である層状金属酸化物塩と比較すると積層に乱れが生じているため，表面積が増加する傾向にある。また，乱れた積層状態に由来する細孔があるため，電解質などがその空間に入り込み，物質移動が向上する可能性がある。凝集によって得られた粉末は，導電助剤としてカーボンブラックやナフィオンなどを加えて製膜することで，電気化学デバイスなどへ応用が可能となる。

2つ目は，ナノシートコロイドをキャスト，スピンコート，ディップコート，スプレーなどの溶液塗布法により，ナノシートを基板に堆積させ，薄膜を作製する方法である[3]。その手法では，厚み数十nm～数百nmに均一な薄膜を作製できる。作製条件によっては，透明な薄膜を作製可能であるため，光学応用に適した方法である。この方法では，一般的にナノシートの高いアスペクト比から基板に水平な方向にナノシートは堆積することが知られている。

3つ目は，塗布法の応用として，静電相互作用を利用したLayer-By-Layer (LBL)法である[4]。負の電荷を持つ金属酸化物ナノシートを分散させたコロイド溶液と正の電荷を持つ有機高分子を溶解させた溶液に基板を交互に浸漬することで，基板に金属酸化物ナノシートと高分子が一層ずつ積層した薄膜を得ることができる。本手法の特長は，積層させる金属酸化物ナノシートの積層枚数を浸漬する回数で制御できることおよび浸漬させる液を交互に変えることで異種金属酸化物の交互積層体を得られることと

いえる。この浸漬させるコロイド溶液を順番に変化させることで得られる積層構造は，新たな光学・磁性・電気化学特性などを発現させることができる。

最後は，ナノシートコロイドに電場をかけて，基板に析出させる方法である[5]。金属酸化物ナノシートは，シート全体が負に帯電しているため，コロイド溶液に電極を浸漬し静電場を印加することで，ナノシートが電気泳動する。上述の塗布法と電気泳動法の大きな違いは，ナノシートに対して存在する有機カチオンやカチオン性高分子を含まない点である。この有機カチオンやカチオン性高分子は，ナノシート分散や交互積層には重要な役割を担うが，アプリケーションによっては，電極の不純物となってしまうため，除去する必要性があり，プロセスが多くなってしまう。電気泳動法では，そのプロセスと排除できるため，有用な方法といえる。

## 4 電気化学デバイスへの応用

### 4.1 スーパーキャパシタ応用

現在，燃料電池，太陽電池，二次電池，キャパシタのような環境負荷の小さいかつ使い勝手のよいエネルギー変換/貯蔵デバイスが世界中で注目を集めている。キャパシタは，これらの中でも，大きな電力密度と急速充放電を可能とするデバイスとして，ハイブリッド自動車や電気自動車などの起動時のパワーソースとしての応用が期待されている。しかしながら，リチウムイオン電池と比較すると，大容量化に向けた開発が必要であり，また，急速充放電性能のさらなる向上も求められている。このようなより高性能なキャパシタをスーパーキャパシタもしくはウルトラキャパシタといい，近年多くの研究が行なわれている（**図2**）。

スーパーキャパシタは，充放電に関し，2つの電気化学プロセスが関与している。1つは，イオンの挿入/脱離による充放電プロセスであり，電極と電解液界面に形成される電気二重層による充電と言える。このプロセスは，すでに市販されているキャパシタにも利用され，充電容量は表面積に依存するため，高い比表面積・高い導電率を有する活性炭などの炭素材料が使用されている。もう1つの電気化学プロセスは，電極表面での酸化還元反応を伴うファラデー原理による電気化学的な吸着を利用した充電

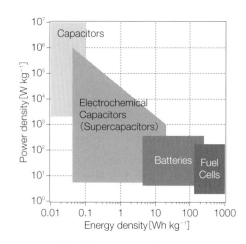

**図2** 各種蓄電デバイスの性能（ラゴーンプロット）

である（擬キャパシタと呼ばれることもある）。このプロセスは，炭素材料では観測されず，酸化物材料などで起こるため，酸化物材料を用いることにより大きな充電容量を得ることができる。これらの2つのプロセスは，電極表面と電解質との界面で起こるため，界面の面積をできるだけ大きくし，かつ物質・イオンの拡散を考慮した材料設計が重要である。

界面を大きく，物質もしくはイオンの拡散抵抗を低くするために，ナノシートは最適な材料の1つである。層状物質の剥離から得られるナノシートは，その厚みが1nm程度の1～数原子層の厚みで構成されているため，元素全てが表面に露出しているかのような構造であるため，界面を非常に大きくとれる。また，シート表面には水酸基が高密度で存在しているため，プロトン伝導が起こり，イオン拡散に有利となる。

さまざまな元素種のナノシートの中でも，酸化ルテニウムナノシートは，電気化学スーパーキャパシタとして最適な材料の1つである[6]。その理由は，ナノシート自体に導電性を有すること，また酸化ルテニウムや水和酸化ルテニウムは，擬キャパシタ容量が大きく，酸化還元反応の繰り返し安定性が比較的高いためである。擬キャパシタ容量の起源となっている酸化ルテニウムの酸化還元反応は，以下の式(1)のとおりと考えられている。

$$Ru^{IV}O_2 + H^+ + e^- \leftrightarrows Ru^{IV}Ru^{III}O_2H \qquad (1)$$

層状酸化ルテニウム（$H_{0.2}RuO_{2.1} \cdot nH_2O$）およびこれを層剥離させた酸処理して得られたナノシートの凝集体のサイクリックボルタモグラムを図3に示す。図中の斜線部分は，電気二重層による充放電挙動を示し，それに加えて観測されている酸化波・還元波が酸化ルテニウムの酸化還元反応を示している。層状酸化ルテニウムおよびナノシート凝集体においてもおよそ$200\,F\,g^{-1}$と同程度の電気二重層容量を示したことから，層間およびナノシート凝集体の酸化ルテニウムシートの表面が二重層の充放電に関与していることがわかる。一方で，酸化波・還元波に関しては，その大きさが大きく異なり，その結果，得られる静電容量は，層状酸化ルテニウムがおよそ$400\,F\,g^{-1}$であるのに対し，ナノシート凝集体は，およそ$700\,F\,g^{-1}$と極めて大きな値を示した。この凝集体の静電容量の増加は，酸化還元反応によるものであり，これは，ナノシート凝集体に存在する乱れた積層状態がイオンの拡散を増加させたためであると推測される。

また，キャパシタのエネルギー密度は，電位差の二乗に比例するため，エネルギー密度を上げるためには，電圧を上げることが望ましい。しかし，溶媒に水を用いると水の電気分解に対応する電圧に制限がかかる。電圧を上げるために，有機溶媒やイオン液体などが用いられるが，安全性やコストなどの面で改善の余地が残っている。そこで，リチウムイオン電池のリチウム負極の高蓄電容量特性とキャパシタの高速充放電特性を合わせたハイブリッドキャパシタが提案されている。

このハイブリッドキャパシタにおいて，水に対して安定なリチウム路伝導性ガラスセラミックスを固体電解質に用いることにより，水系で4V級のハイブリッドキャパシタの構築にも成功している[7]（図4）。そして，この正極に酸化ルテニウムナノシート凝集体を使用することにより，酸化ルテニウムナノシートの持つ大きい充電容量といった特性を反映させたハイブリッドキャパシタが構築可能となっている。一方で，ルテニウムは希少金属であり，コストが高くなってしまう問題も抱えている。コストのかからない元素から構成されるナノシートを利用した，キャパシタ応用も検討されている。酸化マンガンナノシートとカーボンを複合化を利用することで，酸化ルテニウムとほぼ同等の充電容量が得られている[8]。

### 4.2 燃料電池電極触媒応用

水素と酸素で発電する固体高分子形燃料電池は，家庭用の定置用電源としてすでに広く普及され，また近年では，燃料電池自動車が一般発売されるなど，実用化が進んできている。固体高分子形の燃料電池の心臓部といえるのが，高分子電解質膜を挟み込むようにして設置されている電極触媒部である。電極触媒の空気極（カソード）と燃料極（アノード）の触媒には，それぞれ白金が使用されているが，現在よ

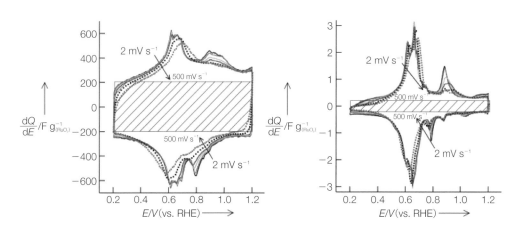

**図3** 0.5 M 硫酸中でのサイクリックボルタモグラム（走査速度＝2，5，20，50，200，500 mVs$^{-1}$）
（左：層状酸化ルテニウム（$H_{0.2}RuO_{2.1} \cdot nH_2O$），右：ナノシート凝集体）
(Adapted and reprinted with permission from Reference 6)

第4章　その他のナノ空間材料

り格段に高活性かつ高耐久性の両方を具備した触媒の開発が，未来の水素社会実現に向けて必要となっている。多様なアプローチによる触媒開発が進行している中で，従来の実績ある材料をベースにした触媒の高性能化は，複雑な燃料電池の触媒反応において，着実な研究開発の方向性の一つといえる。層状金属酸化物の剥離ナノシートは，そのコロイド溶液を現行触媒に単純に混ぜるだけで助触媒としてより高い機能を付与できるため，燃料電池における触媒設計に適している。

燃料電池の触媒活性は活性サイトとなる白金の表面積に大きく依存するため，白金の微粒子化が求められるが，ナノサイズの白金触媒は，質量活性は高いものの，比活性が低く，また容易に肥大化してしまうという問題がある。そのために，2～3 nm のある程度安定な白金ナノ粒子を導電性のカーボン担体に担持させた Pt/C 複合体が用いられている。現在標準的に用いられている平均粒径3 nm 程度の白金ナノ粒子でさえも燃料電池カソードの過酷な環境および負荷変動により短時間で肥大化し，活性が低下してしまう。また，燃料電池アノードでは，一酸化炭素による白金の被毒による活性劣化も問題であり，両極での耐久性の向上が必須である。

燃料電池アノードにおける，現行の Pt/C 複合体の問題点は，反応ガス中に微量に含まれている一酸化炭素（CO）ガスによる白金表面の被毒である。白金と Ru などの異種金属との複合化により，CO の被毒耐性の向上が図られているが，CO 高濃度化での耐久性などに改善点が残されている。そこで，Pt/C 複合体に無機酸化物を助触媒として担持した触媒が開発されている。この無機酸化物は，CO の結合状態を変化させる，または，CO を酸化物表面に吸着させるなどの効果により，白金への被毒を抑制すると考えられている。しかし，白金表面全体を覆ってしまうと活性サイトへの水素のアクセスが制限されてしまうため，実際には白金表面は CO に曝露していることになる。より高い耐久性を得るためには，無機酸化物を白金触媒近傍に存在させながら，水素などのガス拡散を阻害しない構造を必要となる。

そこで，酸化ルテニウムナノシートを Pt/C 触媒と複合させた新たな複合触媒が開発された[9]。特に，この複合触媒は，既存の Pt/C 粉末触媒をルテニウム酸ナノシートコロイドに添加し，撹拌，蒸発乾固

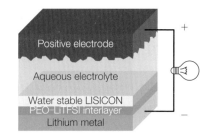

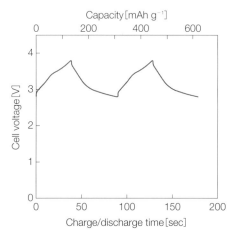

図4　(上)水系ハイブリッドキャパシタのイメージ，(下)酸化ルテニウムナノシートを正極に用いたハイブリッドキャパシタの充放電カーブ
(Adapted and reprinted with permission from Reference 7)

という簡便なプロセスで合成される。この複合触媒の CO 耐性は，CO ストリッピングボルタモグラム（図5）により検証されている[10]。酸化ルテニウムナノシート被覆 Pt/C の CO 酸化開始電位は Pt/C と比べ約 200 mV 低電位にシフトしていた。このことは，酸化ルテニウムナノシートは，Pt 上に強吸着した CO の酸化を促進する助触媒として機能することを示唆している。また，CO 酸化電気量から算出した露出金属表面積は Pt/C が 75 m$^2$(g-Pt)$^{-1}$ であったのに対し，酸化ルテニウムナノシート被覆 Pt/C 複合触媒では 85 m$^2$(g-Pt)$^{-1}$ と増加していたことから，プロトン・電子混合導電体である酸化ルテニウムナノシートの被覆により三相界面が増大し，Pt 利用率が向上したことを示唆している。また，高濃度 CO 存在下での触媒耐久性についても，酸化ルテニウムナノシートを従来触媒と複合化することで，耐久性の向上が見出され，より実用的な環境下でナノシートが機能することが示されている[11,12]。

 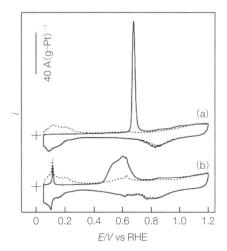

図5 （左）酸化ルテニウムナノシート被覆 Pt/C 複合触媒の SEM 像と（右）CO ストリッピングボルタモグラム
(a) Pt/C, (b) 酸化ルテニウムナノシート被覆 Pt/C 複合触媒 in 0.5M $H_2SO_4$ (60℃) at v = 10 mVs$^{-1}$
(Adapted and reprinted with permission from Reference 10)

　一方で，燃料電池カソードにおける Pt/C 複合体は，強酸・高温・高電位といったカソード環境下で急激に劣化するという問題がある。Pt/C の劣化要因は主に3つで，① Pt イオンの溶解・再析出，② シンタリングによる Pt 粒子の凝集・肥大化，③ カーボン担体の酸化劣化による Pt 粒子の埋没である。この劣化問題の解決と触媒活性の向上を達成するために，ナノシートを添加した酸化ルテニウムナノシート被覆 Pt/C 複合触媒が開発されている。酸化ルテニウムナノシート被覆 Pt/C 複合触媒は，市販の Pt/C よりも大きなカソード電流が対流ボルタモグラムにおいて観測されたことから，酸化ルテニウムナノシートが酸素還元反応の助触媒として働いていることが示された[13]。活性向上のメカニズムを検証するため，HOPG 基板上に酸化ルテニウムナノシートを部分的に堆積させ，白金を真空蒸着したサンプルを作製した。AFM 観察より，蒸着させた白金は HOPG の上では凝集し不規則な堆積物となるが，酸化ルテニウムナノシート上では均一な連続膜を形成することがわかった[14]（図6）。この蒸着させた白金の形態の違いは，白金と酸化ルテニウムナノシートとの強い相互作用の影響と考えられ，この相互作用が触媒活性の向上に寄与していると予測される。

　また，添加するナノシートのサイズは，触媒の活性向上に大きく影響を及ぼすことが示され，平面サイズおよそ 90 nm のナノシートが一番高い活性を示し，市販の触媒と比べ初期活性でおよそ2.5倍となった[15]。触媒の耐久性についても，酸化ルテニウムナノシート被覆 Pt/C 複合触媒は，1.3倍の向上が観測された[16]。この複合触媒による耐久性向上は，白金の露出金属表面積が保持されているためである。これは，酸化ルテニウムナノシートが白金ナノ粒子を覆うことで白金の凝集が抑制された，もしくは，負に帯電した酸化ルテニウムナノシートが溶解した白金カチオンをトラップし，溶解再析出が抑制されたためと考えられている。

## 4.3　光電気化学応用

　光エネルギーの有効活用の手段として，光電気化学デバイスが注目を集めている。酸化チタンや酸化タングステンのように多くの遷移金属酸化物は，n 型半導体として光電気化学材料すなわち色素増感型太陽電池や光触媒に応用可能である。層状チタン酸塩や層状ニオブ酸塩などの層剥離により得られるナノシートは，バンドギャップに対応する光により励起することにより，高い光量子収率で水の完全分解が達成されている[17]。また，層状タングステン酸塩から得られるナノシートは，可視光で水を酸化することができる。ナノシートの二次元平面が光誘起された電荷分離を促進するため，電荷の再結合を抑制し，光触媒反応が進行していると考えられている。

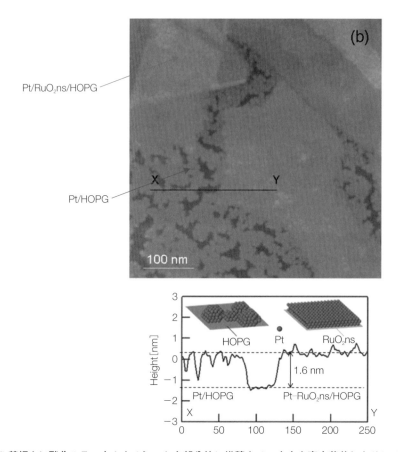

**図6 HOPG基板上に酸化ルテニウムナノシートを部分的に堆積させ，白金を真空蒸着したサンプルのAFM像**
(Adapted and reprinted with permission from Reference 14)

たとえば，層状ニオブ酸塩の剥離により得られたナノシートを凝集させる際に，白金ナノクラスターを同時に複合化することで水の完全分解反応が格段に向上することが示されている[18]。(**図7**)。また，ナノシートの存在により，長時間の反応後でも白金ナノクラスターの凝集が抑制されていることが示されており，燃料電池触媒応用の際と同様に耐久性の向上につながっている。また，金属酸化物ナノシートを透明電極上に塗布し，焼結することで電極が作製されている。この電極にバイアス電圧をかけながら，光照射することで，光触媒の反応メカニズムなどをより詳細に検証することができるようになっている。

層状金属酸化物の剥離によって得られるナノシートを交互に積層させた場合，その積層構造間での光電荷分離が形成される。チタン酸ナノシートコロイドとマンガン酸ナノシートコロイドとのLBL法で作製した交互積層体は，電子移動挙動に影響を与えることが示された[19]。また，このような特異な光電荷分離を引き起こす交互積層体の新たな合成法がクリック反応を利用した手法により提案されている[20]。アルケン基とアルキルチオール基でそれぞれ修飾した層状チタン酸と層状タングステン酸を一層ずつに剥離した後，二重結合部とチオール部でクリック反応させ，無機酸化物がナノメートルで交互に積層した構造体を合成した(**図8**)。この方法により得られた交互積層体ではチタン酸とタングステン酸がナノレベルで接合するため，それらの間で電荷分離が起こり，層間の距離に応じて光誘起電荷分離量が変化することがわかっている[21]。また，交互積層の層間に有機色素を導入することにより，可視光で層間に導入した色素を光誘起し，電荷分離を制御することに成功している[22]。

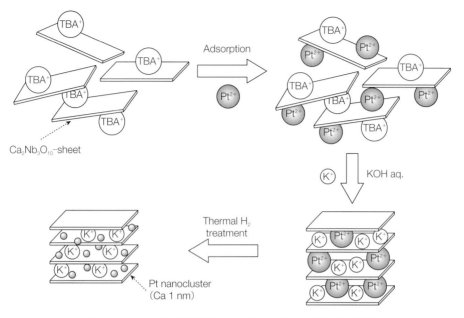

図7　白金ナノ粒子導入酸化ニオブ酸ナノシート凝集体の調整
(Adapted and reprinted with permission from Reference 18)

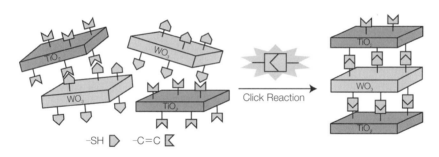

図8　クリック反応を利用した交互積層体の調整
(Adapted and reprinted with permission from Reference 20)

## 5 まとめ

　ナノシートを利用した電極材料は，溶液プロセスでありながら，さまざまな機能を自在に設計できる可能性がある。金属酸化物の持つ物性とナノシートの示す構造多様性の特長を具備することで，従来よりも飛躍的に高い機能を示す電極を作製することが可能となるであろう。ナノシートのさらなる巧みな操作法を確立していくことで，エネルギーデバイスなどにこのような機能を社会ニーズに合わせて柔軟に対応していくことが期待される。

■引用・参考文献■

1) J. W. Long, D. Bélanger, T. Brousse, W. Sugimoto, M. B. Sassin and O. Crosnier : MRS Bull., **36**, 513 (2011).
2) (a) Y. Ebina, T. Sasaki, M. Harada and M. Watanabe : Chem. Mater., **15**, 636 (2002), (b) L. Li, R. Ma, Y. Ebina, K. Fukuda, K. Takada and T. Sasaki : J. Am. Chem. Soc., **129**, 8000 (2007).
3) (a) H. Kanoh, W. Tang, Y. Makita and K. Ooi : Langmuir, **13**, 6845 (1997), (b) K. K. Manga, Y. Zhou, Y. Yan and K. P. Loh : Adv. Funct. Mater., **19**, 3638 (2009).
4) T. Sasaki, Y. Ebina, T. Tanaka, M. Harada, M. Watanabe and G. Decher : Chem. Mater., **13**, 4661 (2001).

第4章 その他のナノ空間材料

5) W. Sugimoto, O. Terabayashi, Y. Murakami and Y. Takasu : *J. Mater. Chem.*, **12**, 3814(2002).

6) W. Sugimoto, H. Iwata, Y. Yasunaga, Y. Murakami and Y. Takasu : *Angew. Chemie Int. Ed.*, **42**, 4092(2003).

7) S. Makino, Y. Shinohara, T. Ban, W. Shimizu, K. Takahashi, N. Imanishi and W. Sugimoto : *RSC Adv.*, 12144(2012).

8) (a) S. Makino, T. Ban and W. Sugimoto : *Electrochemistry*, **81**, 795(2013), (b) S. Makino, T. Ban and W. Sugimoto : *J. Electrochem. Soc.*, **162**, A5001(2015).

9) Y. C. Chen, Y. K. Hsu, Y. G. Lin, Y. K. Lin, Y. Y. Horng, L. C. Chen and K. H. Chen : *Electrochim. Acta*, **56**, 7124(2011).

10) W. Sugimoto, T. Saida and Y. Takasu : *Electrochem. commun.*, **8**, 411(2006).

11) (a) T. Saida, W. Sugimoto and Y. Takasu : *Electrochim. Acta*, **55**, 857(2010), (b) T. Saida, Y. Takasu and W. Sugimoto : *W. Electrochemistry*, **79**, 371(2011).

12) D. Takimoto, T. Ohnishi and W. Sugimoto : *ECS Electrochem. Lett.*, **4**, F35(2015).

13) C. Chauvin, Q. Liu, T. Saida, K. S. Lokesh, T. Sakai and W. Sugimoto : *ECS Trans.*, **50**, 1583(2013).

14) (a) Q. Liu, K. S. Lokesh, C. Chauvin and W. Sugimoto : *J. Electrochem. Soc.*, **161**, F259(2013), (b) Q. Liu, C. Chauvin and W. J. Sugimoto : *J. Electrochem. Soc.*, **161**, F360(2014).

15) (a) C. Chauvin, Q. Liu, T. Saida, K. S. Lokesh, T. Sakai and W. Sugimoto : *ECS Trans.*, **50**(2), 1583(2013), (b) C. Chauvin, T. Saida and W. Sugimoto : *J. Electrochem. Soc.*, **161**, F318(2014).

16) D. Takimoto, C. Chauvin and W. Sugimoto : *Electrochem. commun.*, **33**, 123(2013).

17) A. Kudo and Y. Miseki : *Chem. Soc. Rev.*, **38**(1), 253(2009).

18) T. Oshima, D. Lu, O. Ishitani and K. Maeda : *Angew. Chemie Int. Ed.*, **54**(9), 2698(2015).

19) N. Sakai, K. Fukuda, Y. Omomo, Y. Ebina, K. Takada and T. Sasaki : *J. Phys. Chem. C*, **112**, 5197(2008).

20) D. Mochizuki, K. Kumagai, M. M. Maitani and Y. Wada : *Angew. Chemie-Int. Ed.*, **51**, 5452(2012).

21) D. Mochizuki, K. Kumagai, M. M. Maitani, E. Suzuki and Y. Wada : *J. Phys. Chem. C*, **118**(40), 22968(2014).

22) F. Kishimoto, D. Mochizuki, K. Kumagai, M. M. Maitani, E. Suzuki and Y. Wada : *Phys. Chem. Chem. Phys.*, **16**(3), 872 (2014).

〈望月　大，杉本　渉〉

# 第5章

# 分　析

1節　最新型FE-SEMによる超高分解能観察と分析

2節　透過電子顕微鏡法を用いたメソスケール構造解析

3節　電子顕微鏡法によるナノ空間材料の解析

4節　ゼオライトのX線結晶構造解析

5節　ガス吸着によるポーラス材料のキャラクタリゼーション

6節　蒸気吸着

第5章 分析

## 1節 最新型 FE-SEM による超高分解能観察と分析

### 1 はじめに

　ナノ空間材料はナノサイズの空間を持つことによりさまざまな機能を有するが，その機能を高めるためには構造の最適化が必要である。そのためにはナノ構造を調べることが重要であり，X線・電子線回折，透過電子顕微鏡法，および，原子間力顕微鏡法などが複合的に用いられてきた[1]。これらは，いずれもナノから原子サイズの空間分解能を有するために，ナノ空間材料を観察するための強力なツールである。しかしながら，回折法では局所的な情報を得ることが容易でなく，また，透過電子顕微鏡法では試料の電子線透過方向の情報が積算されるため表面近傍の選択的な観察は容易でない。原子間力顕微鏡法では，表面近傍を選択的に観察できるが，表面の凹凸が激しい材料への適用は限定され，かつ，探針が有限の大きさであるためナノサイズの構造を観察するには制限がある。ナノ空間材料の機能は，特に表面近傍の構造に依存することが多く，例えばポーラス材料の機能は細孔が試料の外部に接続されているかに大きく依存する。このため，表面近傍の構造を観察することが必須である。また，表面近傍の凹凸が激しい場合も多い。

　従来用いられてきた評価法の欠点を補うため，加えて，近年急速に空間分解能が向上したことにより，ナノ空間材料の評価に高分解能の走査電子顕微鏡（HRSEM）を用いることが多くなってきた[2)3)]。特に，電界放出型走査電子顕微鏡（FE-SEM）の性能向上がめざましい。また，形態の観察だけでなく，特性X線検出器の性能向上により，ナノ空間材料の元素分析もできるようになった。ここでは，HRSEMに関連した最新技術を説明するとともに，これを用いてナノ空間材料をどのように評価できるようになったかを示す。

### 2 最新の HRSEM 関連技術

#### 2.1 低電圧 HRSEM

　前述したように，ナノ空間材料の評価では表面近傍の構造観察が重要な場合が多い。また，ナノ空間材料が，電子線照射によりダメージを受けやすい材料，あるいは，絶縁体材料の場合も多い。これらのナノ空間材料を観察するためには，入射電圧を低くしたSEM観察が有効である。表面近傍からの信号の選択的な検出，ダメージの低減，および，チャージの低減ができるためである。しかしながら，磁場レンズのみを用いる多くの汎用SEMでは，入射電圧を低くすると入射電子線のビーム径が太くなり空間分解能が劣化する[4]。この空間分解能劣化を抑制するため，Peaseらは試料に負のバイアス電圧を印加した[5]。これにより，磁場と電場の両方を用いた強力な対物レンズを形成可能であり，レンズの収差が低減され空間分解能劣化が抑制される。詳細については，文献に記載したので参照いただければ幸いである[3]。

　最近のHRSEMには，この技術を高度化し，試料に高い負のバイアス電圧を印加できるようにしているものがある。図1に，入射電圧を一定（500 V）とした場合におけるSEM像の試料バイアス電圧依存性を示す。印加電圧の絶対値が高くなるにつれて空間分解能が改善し，入射電圧が500 Vと低い場合でも高い空間分解能が得られることがわかる。

#### 2.2 エネルギーフィルタ

　最新のHRSEMには，エネルギーフィルタを配置することにより，特定のエネルギーを有する信号電子を選択的に検出できるものがある。図2にこのようなHRSEMの代表例として，JSM-7800F prime（日本電子）の対物レンズと検出システムの

－ 433 －

第5章 分析

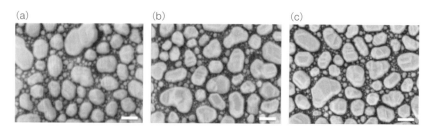

図1 SEM像の試料バイアス電圧依存性

入射電圧は，全て500Vとした。(a)試料バイアス電圧＝0V，(b)試料バイアス電圧＝－2kV，(c)試料バイアス電圧＝－5kV。測定には，JSM-7800F primeを利用。

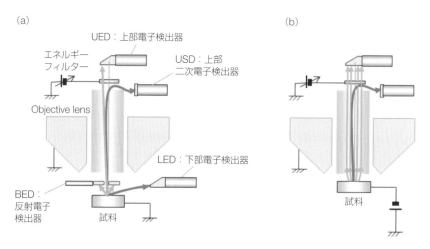

図2 JSM-7800F primeの対物レンズと検出システムの模式図および典型的な二次電子(SE)と反射電子(BSE)の軌道
(a)試料バイアスなし，(b)試料バイアス印加。試料に負のバイアス電圧を印加することにより，照射電子のビーム径を細くできる。また，SEとBSEは，エネルギーフィルタを用いることにより分離して同時に検出できる。図は許可を得た上で修正して転載(文献3)，copyright 2014 Elsevier)。

模式図を示す。これにより，エネルギーが50eV以下の二次電子(SE)を主成分とする信号，および，50eV以上の反射電子(BSE)を主成分とする信号を選択的に同時検出できる。SE信号からは形態の情報が得られ，BSE信号からは試料を構成する元素の原子番号や密度に依存した情報が得られる。これにより，複数の化合物を含むナノ空間材料について，それぞれの化合物の形態を調べることができるようになってきた[3]。

### 2.3 クロスセクションポリッシャー

ナノ空間材料の表面近傍を観察することは重要であるが，試料の内部構造を観察したい場合もある。このような場合は，試料の断面を形成し，断面観察することが有効である。この際に，ダメージを極小化した断面形成をすることが重要である。断面形成にはイオンビームが広く使われているが，クロスセクションポリッシャー(CP)と呼ばれるアルゴンのブロードイオンビームを用いた断面形成装置を用いることが有効で，特に加工中の温度上昇などに敏感な試料は120K程度まで冷却できるステージを搭載したものがダメージ低減に有効である[6]。

### 2.4 特性X線分析

ナノ空間材料を評価するためには，形態だけでなく，材料を構成する元素や結合状態を調べることも大切である。SEMを用いて試料に収束電子線を照射し，試料より発生する特性X線のエネルギーを検出することにより元素分析や結合状態分析が可能である。

近年，特性X線検出器の高性能化がめざましく，これにより新たな分析ができるようになった。1つは，シリコンドリフト検出器 (SDD) と呼ばれる新型のエネルギー分散型X線検出器 (EDS) の実用化である[7]。これにより，微弱な特性X線の検出が可能となり，ナノ領域の元素分析ができるようになった。特に，前記した試料バイアス電圧印加と組み合わせることにより，詳細な分析が可能となった。詳細については，文献に記載したので参照いただければ幸いである[3]。もう1つは，軟X線分光器 (SXES) の実用化である。SXES では，回折格子と二次元のX線検出素子を用いることにより，金属アルミニウムの Al-L のフェルミエッジにおいて 0.3 eV のエネルギー分解能が得られる[8,9]。これにより，このエネルギー領域にて，結合状態の評価が可能であるとともに，EDS では不可能な特性X線スペクトルにおけるピーク分離や元素の検出ができる。

## 3 ナノ空間材料の観察例

### 3.1 メソポーラスLTA

メソポーラス LTA は，Ryong Ryoo のグループにより四元系アンモニアタイプの有機シランの界面活性剤を含む熱水生成条件の下で合成された[10]。CP で形成したメソポーラス LTA の断面を，HRSEM で観察した。マイクロポーラスなゼオライト結晶に入るメソポーラスなチャネルの無秩序なネットワークの存在が示された[10]。

入射電圧が 80 V の画像では，相互作用する領域が小さいためにあまりエッジ効果が見られなかった[11]。入射電圧が 1 kV あるいはそれ以上の場合は，ビームダメージが見られた (図3)。

上記したように，80 V の極低入射電圧で観察をすることにより，ダメージとチャージを回避した測定を行うことができた。また，電場と磁場を組み合わせた対物レンズを用いることにより，低入射電圧でも高い空間分解能の観察を実現できた。これらにより，チャネルが表面に到達していることを確認できた。これらのチャネルは，試料内部のミクロな孔に接続されていると考えられる。したがって，本材料を吸蔵・分離・触媒に使えることが示唆された。一方で，図3 (a) では，表面にチャネルが存在しない領域も多かった。吸蔵・分離・触媒の効率を高めるためには，これらの領域を増やすことが有効である。今後さまざまな条件下で試料を形成し，本 HRSEM 技術を用いて表面におけるチャネル領域を定量的に評価することにより，材料を最適化できると期待される。

### 3.2 メタルオーガニックフレームワークの細孔観察

メタルオーガニックフレームワーク (MOF) は，金属を有機物のフレームワークで繋ぐものであり，従来形成が困難であった多孔性の構造を形成できる。Omar Yaghi のグループにより，細孔の開口が 1.4 から 9.8 nm の MOF-74 構造の等網目状シリーズ (isoreticular series; IRMOF-74-I から XI と名づけられている) が合成された[12]。その代表的な構造，および，TEM 像を図4 (a), (b) に示す。図4 (c) に，入射電圧が 300 V，試料バイアス電圧が -5 kV の条件で取得した HRSEM 像を示す。六角形に並んだ直径が約 3.5 nm の細孔が明瞭に観察された。

このように，TEM と SEM の両方を用いることにより，細孔がどのような形態であるのかを明らか

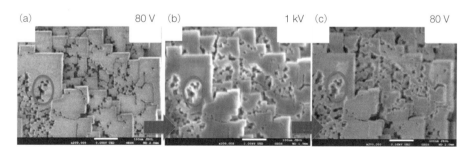

図3 ビームダメージを低減するために，低ランディングエネルギーで取得したメソポーラス LTA の SEM 像
試料バイアス電圧を -5 kV として測定した。図は許可を得た上で転載 (文献3)，copyright 2014 Elsevier)。

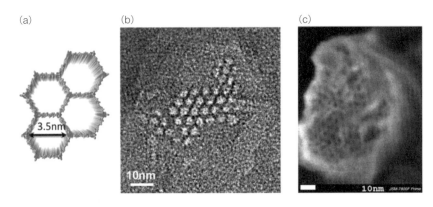

**図4 IRMOF-74-VII の構造と電子顕微鏡写真**
(a)IRMOF-74-VII の模式図，(b)TEM 像，(c)HRSEM 像。直径 3.5 nm の細孔が明瞭に観察された。TEM 像は，CEOS 社の球面収差補正装置を搭載した電界放出型 TEM JEM-2010F を用いて，加速電圧が 120 kV の条件で取得した。SEM 像は，ビーム電流 = 2.0 pA，入射電圧 = 300 V，試料バイアス = －5 kV で測定した。測定には，JSM-7800F prime を用いた。図は許可を得た上で転載(文献3)，copyright 2014 Elsevier)。

にできた。特に，HRSEM 観察により，上記の細孔が試料表面まで到達しているのを確認できた。これらの結果は，本研究で観察した IRMOF を吸蔵，分離，触媒に使えるか議論するのに有効である。

### 3.3 ヨークシェル材の材料別形態観察

ヨークシェル材は，中空の多孔質の殻に金属のナノ粒子をキャスティングすることにより合成した[13][14]。これらの材料は，多孔質の壁の触媒作用と金ナノ粒子固有の触媒作用を有する。ここでは，殻に $TiO_2$ ナノ粒子に金を用いたヨークシェル材（Au@$TiO_2$）の観察結果を紹介する。

JSM-7800F prime を用いた HRSEM 観察では，フィルターのバイアス電圧を －500 V とした TTL 検出により，上部二次電子検出器（USD）と上部電子検出器（UED）でエネルギーの低い電子と高い電子を同時に検出できた。これらの電子は，それぞれ主に形態情報を持つ二次電子（SE）と組成情報を持つ反射電圧（BSE）である（図2）。

図5(a) の USD 像からは，主に詳細な形態の情報が得られる。また，図5(b) では，コントラストの高い金粒子の部分と $TiO_2$ の部分を分離できる。このようにして，2つの材料を分離するとともに，両者の形態を詳細に観察することができた。今後，さまざまな条件で試料を作製し，それぞれに対する観察を行うことにより，材料の構造を最適化できると期待される。

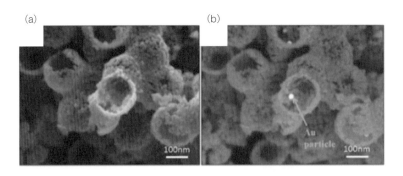

**図5 ヨークシェル材（Au@$TiO_2$）の SEM 像**
入射電圧 = 2 kV，UED フィルターバイアス = －0.5 kV。(a)主に SE より成る USD 像，(b)主に BSE より成る UED 像。図は許可を得た上で転載(文献3)，copyright 2014 Elsevier)。

## 3.4 クロスセクションポリッシャー(CP)による断面形成

ここではCPで断面を形成し、SEMで観察を行った(図6)。試料には、3種のヨークシェル材(Ru/Pt@Carbon, Au@Carbon, Pt@Polymer)を用いた[14)15)]。

CPでは、形成する断面にブロードなイオンビームをほぼ平行に入射する。また、試料を120 K程度まで冷却している。これらの結果、広い領域にわたり一様で、かつ、低ダメージの断面を形成できた。試料の形態や組成は試料の場所に依存している可能性があるため、このように広い領域の断面を簡単に形成できるCPはナノ空間材料の断面形成法として有効である。

## 3.5 ヨークシェル材の組成分析

SDDを用いてナノ空間材料の元素分析をできるか調べるため、前項(3.4)のCPで加工したヨークシェル材(Au@Carbon)のBSE像とEDSマッピング像を取得した(図7)[6)]。BSE像では、3.3と同様に、

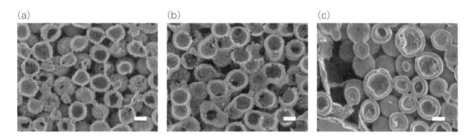

**図6** ヨークシェル材をクロスセクションポリッシャー(CP)で加工した断面の低電圧HRSEM像
(a) Ru/Pt@Carbon, (b) Au@Carbon, (c) Pt@Polymer。全てのサンプルは、アルゴンイオンビーム照射に伴うダメージを低減するため、液体窒素で冷却したホルダに配置した。全ての観察で、試料バイアス電圧は-5 kVとした。入射電圧は、(a) 0.5 kV, (b) 2 kV, (c) 0.5 kVとした。スケールバーは、100 nm。図は許可を得た上で文献6)より修正して転載(copyright 2014 AIP publishing LLC)。

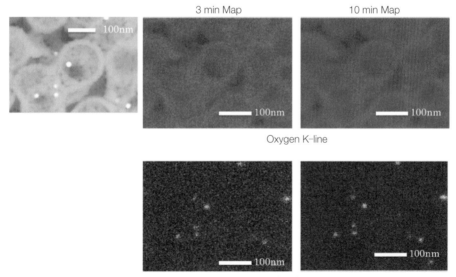

**図7** ヨークシェル材(Au@Carbon)のBSE像とEDSマッピング像(OKα線, AuMα線)(口絵参照)
検出面積150 mm² のEDS検出器を2台利用。入射電圧=4 kV, ビーム電流=220 pA, マッピング時間=3, 10分。試料バイアス=-5 kV。測定には、JSM-7800F primeを用いた。図は許可を得た上で転載(文献6), copyright 2014 AIP publishing LLC)。

第5章 分析

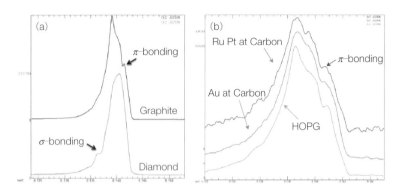

**図8 SXESを用いて取得したさまざまな試料のC-Kαのスペクトル**
(a)ダイヤモンドとグラファイトのC-Kαの標準スペクトル，(b)コアシェル材(Au@Carbon)，コアシェル材(Ru/Pt@Carbon)，およびHOPGのスペクトル．図は文献6)より転載(copyright 2014 AIP publishing LLC)．

金粒子はTiO$_2$の殻の中で明るく観察された．また，図7のEDSマッピング像でも，金粒子は観察された．ここでは，検出面積が150 mm$^2$のSDD検出器を2台用い，検出立体角を約0.1 sradとした．また，一次電子の電流は220 pA，入射電圧は4 kVであり，試料バイアス電圧は-5 kVである．大きな検出面積のおかげで，ナノ空間材料からの微弱なX線信号を検出可能であり，わずか3分のEDSマッピング測定で金粒子を見ることができた．さらに，測定時間を10分とすることにより，より明瞭なマッピング像が得られた．

### 3.6 軟X線分光器(SXES)による結合状態分析

図8に，SXESで取得したC-Kαのエミッションスペクトルを示す．スペクトルは，いくつかのσバンドとΠバンドから成る外側の分子軌道の影響を強く受ける(図8(a))．図8(b)に，Au@CarbonとRu/Pt@CarbonのスペクトルをHOPG (highly oriented pyrolytic graphite) のスペクトルと比較して示す．これらのスペクトルには，いくつかのhumpが見られた．図にマークした高エネルギー側のhumpは，π結合の影響を受ける．これらからわかるように，Ru/Pt@CarbonとAu@Carbonは電子状態にグラファイトと同様な特徴がある．SXESをSEMに設置することにより，このように結合状態に関する情報を得ることができる．

## 4 まとめ

上記したように，低加速HRSEMの高分解能化，電子検出システムの高性能化，および，特性X線検出システムの高性能化により，ナノ空間材料の形態と元素分析を実現できた．また，結合状態に関する情報も得られるようになりつつある．HRSEMは，TEMと比較して試料作製が簡単な場合が多く，さまざまな条件で形成したナノ空間材料を比較しながら観察・分析することが比較的得意である．今後，ナノ空間材料形成プロセスの最適化への適用が拡大していくと予測される．

［謝 辞］

ナノ空間材料のHRSEM観察については，Stockholm大学/KAIST大学の寺崎治教授に多大なご指導をいただいた．軟X線分光については，日本電子㈱の高橋秀行博士にご指導いただいた．また，共同研究をしていただいた先生方に感謝いたします．

■引用・参考文献■

1) Z. Liu et al. : A review of fine structures of nanoporous materials as evidenced by microscopic methods, *Microscopy*, **62**(1), 109-146(2013).

2) S. Asahina et al. : A new HRSEM approach to observe fine structures of novel nanostructured materials, *Microporous*

*and Mesoporous Materials*, **146**(1), 11–17(2011).

3) M. Suga et al. : Recent progress in scanning electron microscopy for characterising fine structural details of nano materials, *Progress in Solid State Chemistry*, **42**, 1(2014).

4) L. Reimer : Scanning Electron Microscopy, 2nd ed. Springer-Verlag(1998).

5) R. F. Pease : Low voltage scanning electron microscopy. Proc. of the 9th Symp. on Electron, Ion and Laser Beam Technology, San Francisco Press, San Francisco, 176–187 (1967).

6) S. Asahina et al. : Direct observation and analysis of york-shell materials using low-voltage high-resolution scanning electron microscopy : Nanometal-particles encapsulated in metal-oxide, carbon, and polymer, *APL materials*, **2**(11), 113317(2014).

7) P. Lechner et al. : Silicon drift detectors for high resolution room temperature X-ray spectroscopy. Nuclear Instruments and Methods in Physics Research Section A : Accelerators, Spectrometers, *Detectors and Associated Equipment*, **377** (2), 346–351(1996).

8) M. Terauchi et al. : Ultrasoft-X-ray emission spectroscopy using a newly designed wavelength-dispersive spectrometer attached to a transmission electron microscope, *Journal of electron microscopy*, **61**(1), 1–8(2012).

9) H. Takahashi et al. : A Soft X-ray Emission Specrometer

with High-energy Resolution for Electron Probe Microanalysis, *Microscopy and Microanalysis*, **16**(S2), 34–35(2010).

10) K. Cho et al. : Mesopore generation by organosilane surfactant during LTA zeolite crystallization, investigated by high-resolution SEM and Monte Carlo simulation, *Solid State Sciences*, **13**(4), 750–756(2011).

11) D. C. Joy and C. S. Joy : Low voltage scanning electron microscopy, *Micron*, **27**(3–4), 247–263(1996).

12) H. Deng et al. : Large-pore apertures in a series of metal-organic frameworks, *Science*, **336**(6084), 1018–1023 (2012).

13) C. Galeano et al. : Yolk-Shell gold nanoparticles as model materials for support-effect studies in heterogeneous catalysis : Au, @C and Au, @ZrO$_2$ for CO oxidation as an example. *Chemistry-A European Journal*, **17**(30), 8434–8439 (2011).

14) S. Ferdi : Encapsulation Strategies in Energy Conversion Materials, *Chemistry of Materials*, **26**(1), 423–434(2014).

15) C. Galeano et al. : Carbon-Based Yolk-Shell Materials for Fuel Cell Applications, *Advanced Functional Materials*, **24** (2), 220–232(2014).

〈作田　裕介，朝比奈　俊輔，須賀　三雄〉

# 第5章 分 析

## 2節 透過電子顕微鏡法を用いた メソスケール構造解析

### 1 はじめに

シリカメソ多孔体に代表されるメソ多孔質材料の構造解析を行なう上で電子顕微鏡法は現在必要不可欠な評価手法となっている。それは，メソ多孔質材料がメソスケール（数 nm から数百 nm の領域）に相当する大きさの細孔（メソ孔）や周期構造を持つことにある。例えば，直径 4 nm の一次元メソ孔が二次元ヘキサゴナル状に配列したシリカメソ多孔体 MCM-41（格子定数 a = 4.6 nm）の粉末 X 線回折（PXRD：powder X-ray diffraction）パターンは，CuKα 線を用いた場合 2 ～ 6°[2θ] の低散乱角領域に数本の Bragg 反射を示す[1]。また，ケージ型シリカメソ多孔体 AMS-9（空間群 $P4_2/mnm$，a = 16.8 nm，c = 8.4 nm）は，単位格子あたり 30 個ものケージ型メソ孔が規則配列したより複雑な構造を持つが，その PXRD パターンは散乱角の近い反射が重なり合いブロードなピークが観察されるのみである[2]。このように PXRD パターンから得られるシリカメソ多孔体の構造情報は限られており，ましてや三次元構造（例：シリカメソ多孔体の三次元細孔構造）を PXRD パターンのみから明らかにすることは非常に困難である。同様のことはナノコロイド結晶などメソスケールに特徴的な構造を有するほかのメソ構造材料にもあてはまり，メソスケールの構造解析をゼオライトなど原子スケールに周期性を示す材料の構造解析と全く異なったものにしている。

電子は X 線や中性子線と比べて物質との相互作用が 4 桁程度大きく，それをプローブとして用いる電子顕微鏡法は nm オーダーという極微小領域から十分な構造情報を与える。特に透過電子顕微鏡（TEM：transmission electron microscopy）法は，同一領域から像と回折図形の両方が得られること，観察倍率に応じて sub-Å から μm オーダーの構造情報が得られること，積層欠陥や表面構造などの局所構造を実像観察できることなど，メソ構造材料の構造解析を行なう上で多くの利点がある（本稿 2 項）。また，逆格子空間の情報しか得られない X 線回折法では結晶構造因子の振幅情報は得られるが，その位相を実験的に決めることはできない（いわゆる「位相問題」）。

一方，TEM 法を用いることにより結晶構造因子の位相を像から実験的に決定することができる。特に，TEM 像をもとに電子線結晶学（electron crystallography）を用いた三次元構造の再構築法は，シリカメソ多孔体の三次元細孔構造を決めるための非常に強力な手段である（3 項）。また，メソ構造材料の TEM 観察は 10 万倍以下の倍率で行うことが多く，多孔質材料に特有の電子線照射ダメージを低減した観察が可能で，電子線トモグラフィのような同一試料から多数の TEM 像が必要な三次元再構築法の適用も可能である（4 項）。

本稿では，TEM 法を用いたメソスケール構造解析として，シリカメソ多孔体を中心にメソ構造材料の構造解析について紹介する。また近年，走査透過電子顕微鏡（STEM：scanning transmission electron microscopy）法と呼ばれる観察手法が注目されているが，この STEM 法と電子エネルギー損失分光（EELS：electron energy-loss spectroscopy）法を組み合わせた STEM-EELS 法を用いることによってシリカメソ多孔体とそのメソ孔中に存在するゲスト物質の元素マッピングについても紹介する（5 項）。電子顕微鏡法を用いた多孔質材料の構造解析に関する文献は，本解説以外にも近年いくつか報告されているのでそちらも参考にして頂きたい[3)-5)]。

– 440 –

## 2 透過電子顕微鏡法を用いた微細構造解析

### 2.1 シリカメソ多孔体と微細構造解析

　界面活性剤やブロック共重合体などの両親媒性物質は水溶液中で自己組織化能を持ち数 nm から数十 nm の大きさの集合体（ミセル）を形成し，さらにその集合体が規則配列した特徴的なメソ構造を示す。このような水/両親媒性物質系が示す集合体は，メソスケールのパターン形成としてみることができ，焼成前のシリカメソ多孔体前駆体（シリカ/水/両親媒性物質系有機無機複合体）と焼成して両親媒物質を取り除いたシリカメソ多孔体との間に多くの対応関係をみることができる。

　一般にミセルの形状は充填パラメータ（$g = V/a_0l$）を用いて表すことができる。ここで $V$ は界面活性剤のアルキル鎖の体積，$a_0$ は頭部の有効面積，$l$ はアルキル鎖長である。この充填パラメータを用いると，$1/2 < g \leq 1$ で界面活性剤ミセルは二分子層（bilayer），$1/3 < g \leq 1/2$ でシリンダー状（cylindrical），$g = 1/3$ で球状（spherical）となる。その結果，充填パラメータの減少とともに，界面活性剤ミセルの集合体がつくるメソ構造は，二分子層が積層したラメラ構造，シリンダー状ミセルが配列したロッド構造（二次元ヘキサゴナル構造など），球状ミセルが規則配列した構造へと変化する。また，ラメラ構造とロッド構造の間には，共連続構造（bicontinuous 構造）と呼ばれるメソ構造が存在する。

　このような特徴を示すシリカメソ多孔体は，メソスケールに対応する数本の反射で構造の基本が与えられる。そのため TEM 観察を行う場合は，低波数領域（1 nm$^{-1}$ 以下）の構造情報を十分取り込み結像させるために大きくアンダーフォーカスする必要がある。さらに原子スケールに周期性（高波数領域の構造情報）を有する結晶と比べてデフォーカス量依存性が小さく，TEM 像の解釈が比較的容易なため，大まかなフォーカス設定により像観察を行うことができる。その一方で両親媒性ミセルが示すソフトマテリアルとしての性質に由来した構造ゆらぎ（メソ構造のゆらぎ）が大きく，構造解析や像シミュレーションの際にその構造ゆらぎを考慮した計算が必要になる[6]。

　以下に TEM 法を用いたシリカメソ多孔体の微細構造解析の例を示す。

#### 2.1.1 四面体最密充填構造を持つケージ型シリカメソ多孔体

　ケージ型シリカメソ多孔体は，充填パラメータ $g = 1/3$ の球形の界面活性剤ミセルとシリカオリゴマーが協奏的に自己組織化した有機-無機複合体を焼成することにより作製され，鋳型となる球形ミセルの形状と配列を反映した細孔構造（ケージ型メソ孔）を有する。これまでに多種多様なケージ型シリカメソ多孔体が報告されているが，その中でも $Pm\bar{3}n$ 構造（SBA-1），$Fd\bar{3}m$ 構造（AMS-8），$P4_2/mnm$ 構造（AMS-9）を持つケージ型シリカメソ多孔体は，結晶学的に独立な複数のサイトに特定の多面体が配列した構造として記述することができる。ここで，多面体中心にメソ孔（ケージ）が位置する。そのような多面体は 4 種類あり，12 個の五角形（$[5^{12}]$）と，それぞれ 2 個（$[5^{12}6^2]$），3 個（$[5^{12}6^3]$），4 個（$[5^{12}6^4]$）の隣り合わない六角形から形成される（**図 1**）。メソ構造を構成する隣接した多面体は，各々の面を共有し，全ての頂点が 4 つ多面体の頂点の交点として形成された構造（つまり全てのケージ型メソ孔が四面体配置した構造）を持ち，四面体最密充填（TCP：tetrahedrally close-packed）構造と呼ばれる。この TCP 構造はもともと，Frank と Kasper によって合金構造（Frank-Kasper 相）を説明するために提案された。彼らが用いた多面体は配位多面体（coordination polyhedra）と呼ばれ，ここで紹介した 4 つの多面体とは双対（dual）の関係にある。そのためシリカメソ多孔体で観察されている TCP 構造と合金構造にはスケールは大きく異なるものの多くの類似性がみられる。例えば $Pm\bar{3}n$ 構造と $Fd\bar{3}m$ 構造は，合金の A15 相と C15 相の構造にそれぞれ対応する。また，合金以外にも同様の構造をとるものとして，結晶性アルミノケイ酸塩であるゼオライト MEP と MTN（多面体頂点に Si もしくは Al が，辺上に O が配置），クラスレート化合物の I 型構造や II 型構造がある。

　TCP 構造を持つケージ型メソ多孔体の構造多形について TEM 法を用いた構造解析がいくつか報告されている[7]。前述した $Fd\bar{3}m$ 構造（Frank-Kasper 相の C15 相）やその多形である $P6_3/mmc$ 構造（C14 相）は，2 種類の多面体（$[5^{12}]$ と $[5^{12}6^4]$）から形成されるレイヤー構造の積層として記述することがで

第 5 章　分　析

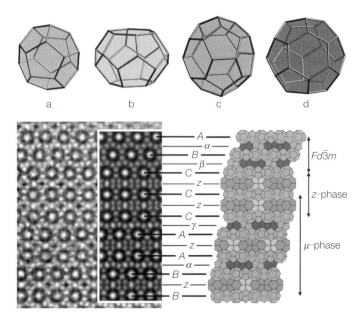

図1　TCP 構造を記述する多面体(a：[$5^{12}$]，b：[$5^{12}6^2$]，c：[$5^{12}6^3$]，d：[$5^{12}6^4$])と TEM 像および構造モデル[8]

きる．両構造の場合，2種類のレイヤー構造（layer A と layer α）が交互に積層しそのパターンが |AαBβCγ| もしくは |AαBα'| となる．また，その layer α が [$5^{12}6^2$] と [$5^{12}6^4$] 多面体から形成されるレイヤー構造（layer z）を介して |Az| と積層した P6/mmm 構造（Z 相）も観察されている．2011 年，阪本らは新たなレイヤー構造（$R\bar{3}m$ 構造）から形成されたケージ型シリカメソ多孔体を報告した（図1）[8]．この構造は非常に大きな単位格子を持ち，上述の3種類のレイヤー構造を全て含んだ積層パターンを形成し，そのパターンは |AzAαBzBβCzCγ| となる．この $R\bar{3}m$ 構造に対応する合金構造（Frank–Kasper 相）は μ 相である．配位多面体で記述できるレイヤー構造からなる合金構造（Frank–Kasper 相）は C15 相や μ 相以外にも多数報告があり，対応する TCP 構造を持つシリカメソ多孔体の存在も十分考えられその発見が期待される[9]．

### 2.1.2　準周期構造を持つケージ型シリカメソ多孔体

ケージ型シリカメソ多孔体として報告されている TCP 構造としては，他に $Pm\bar{3}n$ 構造や1項で紹介した $P4_2/mnm$ 構造がある．$Pm\bar{3}n$ 構造は，2種類の多面体（[$5^{12}$] と [$5^{12}6^2$]）からなり [001] 方向から観察すると c 軸方向に沿った [$5^{12}6^2$] 多面体カラムに相当する明るいコントラストがつくる正方格子のパターンを示す．また，$P4_2/mnm$ 構造を持つシリカメソ多孔体は TEM 像（[001] 方向）に $Pm\bar{3}n$ 構造と同様の正方形と [$5^{12}6^3$] 多面体を含んだ正三角形が規則配列したパターンを示す．この正方形と正三角形が配列した2つの二次元パターンは 11 あるアルキメデスタイリングの $4^4$ と $3^2.4.3.4$ タイリングに相当し，$Cmmm$ 構造（$3^3.4^2$ タイリング）[10]を含めた一連の TCP 構造を形成する．

2012 年 Xiao らは，十二回対称性を示す準周期構造をケージ型シリカメソ多孔体で発見した[10]．その結晶外形は正十二角柱を示し，TEM 法による内部構造の観察から正十二角柱の中心部分で正方形と正三角形がランダムに配列した準周期構造（図2），周縁部分がアルキメデスタイリング（$4^4$ や $3^2.4.3.4$）に相当する周期構造が扇状に配置したメソ構造を形成していることが明らかになった．特に中心部分は理想的な十二回対称性を示す準周期構造の正方形と正三角形の比（$4/\sqrt{3} \approx 2.31$）[11]とほぼ一致した．Xiao らはさらに，正方形・正三角形タイリングがつくる準周期性の解析を行うとともに，結晶成長のシミュレーションを行い，二重極小型の粒子間対相互作用を用いたときに結晶外形を再現することを示した．

### 2.1.3　共連続構造中に形成された欠陥構造

シリカメソ多孔体としてこれまでに報告されてい

る共連続構造として，$Ia3d$ 構造，$Pn\bar{3}m$ 構造，$P6_3/mcm$ 構造がある。$Ia3d$ 構造と $Pn\bar{3}m$ 構造は，二種類のメソ孔がつくる互いに交わらないネットワークからなり，それら細孔を仕切るアモルファスシリカの壁が Gyroid 曲面（G-surface）または Diamond 曲面（D-surface）という極小曲面にそれぞれ沿って形成されている。また，$P6_3/mcm$ 構造は三種類のメソ孔が同様に 3etc[12]と呼ばれる極小曲面上に形成されたアモルファスシリカに仕切られたメソ構造を形成する（正確には tricontinuous 構造）。

2011 年に Han らと Garcia-Bennett らの 2 つのグループからそれぞれ共連続構造（$Ia\bar{3}d$ 構造と $Pn\bar{3}m$ 構造）が形成する欠陥構造の微細構造解析に関する報告があった。Han らはアニオン性界面活性剤と非イオン性界面活性剤の混合系からシリカメソ多孔体を作製し，二次元ヘキサゴナル（$p6mm$）構造を含んだ一連のメソ構造変化を詳細に調べた。その結果，$p6mm$ 構造の細孔方向と $Pn\bar{3}m$ 構造の〈110〉方向，および $p6mm$ 構造の細孔方向と $Ia3d$ 構造の〈111〉方向がそれぞれ一致するようなエピタキシャル成長したメソ構造を形成していることを明らかにした[13]。一方，Garcia-Bennett らはアニオン性界面活性剤を構造規定剤として用い，そこに非極性溶媒を加えることにより同様の構造変化とエピタキシャル成長を示すシリカメソ多孔体を発見した。彼らはその結果から，$Pn\bar{3}m$ 構造が $Ia3d$ 構造と比較してより低温で安定であること，$Ia3d$ 構造がより長い水熱処理によって安定化されることを明らかにした[14]。また，Han らは $Pn\bar{3}m$ 構造を持つ多重双晶をシリカメソ多孔体で初めて合成し，その双晶面が (111) 面であることを明らかにした。このシリカメソ多孔体は内部空隙が正二十面体の形をした中空構造となっており，多重双晶に由来した結晶面（facet）からなる[15]。

## 2.2　二元系ナノコロイド結晶の微細構造解析

ナノ粒子が規則配列することにより形成されるコロイド結晶は，シリカナノ粒子からなる天然オパールやラテックス球を用いたフォトニック結晶までさまざまな物質系が知られている。一般に単一のナノ粒子が規則配列した場合，立方最密充填（CCP：cubic close-packed）構造や六方最密充填（HCP：hexagonal close-packed）構造をとることが知られ

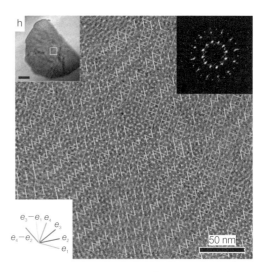

図2　十二回対称性を持つケージ型シリカメソ多孔体の TEM 像とフーリエ回折図形[10]（口絵参照）

ているが，大きさの異なる 2 種類のナノ粒子から形成される二元系ナノコロイド結晶は，その構造がサイズ比や粒子数比に依存して変化し多種多様である。例えば，サイズ比 $d_S/d_L = 0.5$，粒子数比 $n_L/n_S = 1:13$ の二種類のナノ粒子から形成される構造として $AB_{13}$ 構造がある（A は大きい粒子を，B は小さい粒子を示す）。これまでに報告されている $AB_{13}$ 構造には，大きい粒子（A）が単純立方構造に配列しそのすき間に小さい粒子（B）が正二十面体クラスター（icosahedral cluster）をつくっている $ico$-$AB_{13}$ 構造（空間群 $Fm\bar{3}c$）と，同様に配列した A 粒子のすき間に B 粒子が立方八面体（cuboctahedral cluster）配列した $cub$-$AB_{13}$ 構造（空間群 $Pm\bar{3}m$）があるが，TEM 法を用いた微細構造解析に関する報告はなかった。2014 年阪本らは，大きさの異なる二種類のシリカナノ粒子（$d_S/d_L = 0.526$）を粒子数比 $n_L/n_S = 1:13$ で混合したコロイド溶液から二元系ナノコロイド結晶作製し，その微細構造解析を TEM 法を用いて行った（図3）。その結果，観察されたメソ構造が空間群 $Fm\bar{3}c$ と一致する回折図形（消滅則）を示すこと，$ico$-$AB_{13}$ 構造を仮定して行った TEM 像シミュレーションが実験像と非常によく一致することからその二元系ナノコロイド結晶が $ico$-$AB_{13}$ 構造を持つことを明らかにした[16]。

## 3 電子線結晶学を用いた三次元構造解析

シリカメソ多孔体は，メソスケールでは周期性を持つが原子スケールではアモルファスという構造上の特異性から，従来のX線を用いた原子座標を精密化していくような構造評価法は十分な威力を発揮しない。同様なことはミクロからメソスケール（さらにはマクロスケール）に階層構造を有するメソ構造材料にもあてはまり，その三次元未知構造解析を原子スケールに周期性を持つ結晶と異なるものにしている。現在，これらの三次元構造解析法としては，電子線結晶学と電子線トモグラフィによる方法がある[17]。電子線結晶学は，TEM像やED図形，もしくはその両方から構造を決定する手法で，物質（結晶）が有する周期成分を結晶学に基づいて解析しその三次元構造を再構築する。電子線結晶学を用いた三次元構造解析は構造生物学の分野で主に用いられてきた手法で，無機材料への適用例は限られている。本稿では，電子線結晶学を用いたシリカメソ多孔体の三次元構造再構築について紹介する。

### 3.1 結晶としてのシリカメソ多孔体

一般に結晶構造は（crystal structure）は，空間格子（lattice）の各格子点上に単位構造（basis）が配列したものとして記述できる。数学的には以下のように表現される。ここで⊗はコンボリューションを表す。

$$\{crystal\ structure\} = \{lattice\} \otimes \{basis\} \quad (1)$$

この空間格子は三次元空間における周期的な点の配列であり3つの並進ベクトル $\mathbf{a}_1$，$\mathbf{a}_2$，$\mathbf{a}_3$ によって定義され，各格子点は任意の整数 $t_1$，$t_2$，$t_3$ を用いて，

$$\mathbf{r} = \mathbf{r}_0 + t_1\mathbf{a}_1 + t_2\mathbf{a}_2 + t_3\mathbf{a}_3 \quad (2)$$

と表すことができる。一方，単位構造は原子や分子に限らず連続体など仮想的な物体を考えることもできる。この定義にしたがうとシリカメソ多孔体は，「メソスケールの規則性を有する空間格子」と「連続体として近似できる単位構造」によって記述される「結晶」としてみることができる。このシリカメソ多孔体が周期性を持つ「結晶」であることを利用し，その三次元構造をTEM法により決定する方法が，

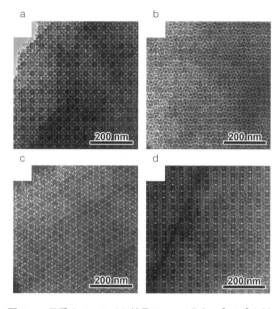

図3 二元系ナノコロイド結晶のTEM像（a：[100]入射，b：[211]入射，c：[111]入射，d：[110]入射）[16]

次に紹介する電子線結晶学を用いた方法である。

### 3.2 シリカメソ多孔体と電子線結晶学

シリカメソ多孔体の電子線結晶学に基づいた三次元構造の再構築においては，TEM像が大きな役割を果たす。つまり，TEM像を用いることによりそこに含まれている結晶構造因子の振幅と位相の情報を用い，X線解析の際に必要な初期モデルを仮定することなく三次元構造を決めることができる。実際の手順は，①TEM像をコンピュータ上でフーリエ変換して得られるフーリエ回折図形（FD図形：Fourier diffractogram）上の各反射から振幅と位相を取り出す。②異なった方位から撮影したTEM像についても①の手順で構造因子を取り出し，各方位の構造因子を共通な反射を用いて規格化し，全逆格子空間の結晶構造因子を決める。③対物レンズによる影響（位相コントラスト伝達関数CTF：contrast transfer function）を補正した結晶構造因子を逆フーリエ変換することによって実格子空間の結晶構造（単位胞内の静電ポテンシャル分布（EPM：electrostatic potential map））を決定する。その後，④このEPMをもとに，窒素吸着実験から得られる細孔体積とアモルファスシリカの密度からメソ孔とシリカ骨格の境界となる等ポテンシャル面（EPS：equipotential surface）を決定した後，シリカメソ多孔体の三次元細孔構造（細孔の配列や大きさ，シリカ壁の厚さ）を見積もる．この手法を用いこれまでさまざまなシリカメソ多孔体の三次元細孔構造が報告されている[17]．

ところが三次元細孔構造の再構築を行う過程でメソ孔とシリカ骨格の境界となるEPSを決めるにあたって，窒素吸着実験から得られる細孔体積とアモルファスシリカの密度が必要になる．そのため，窒素吸着実験ができない試料（例えば，焼成して界面活性剤を取り除く前の有機無機複合体や，窒素分子が到達できない閉塞したメソ孔を有する試料等）については，電子線結晶学によりそれらのEPMを決めることはできるが，細孔体積が得られずEPSが決められないためその三次元細孔構造を決めることができない．

2010年宮坂らは，この問題を解決するために電子線結晶学をもとに得られたEPMからシリカ骨格表面の曲率を評価することで，自己無撞着にEPSを決定する手法を提案した[18]．この手法を用いることにより細孔体積やアモルファスシリカ密度を必要とせずにシリカ骨格の三次元構造が決定できる．具体的にはHelfrichの自発曲率モデルを考え，曲率弾性エネルギー[19]を最小にするようなEPSをシリカ骨格と界面活性剤ミセルが形成する界面とする．そこでは界面の自発曲率を平均曲率一定曲面（CMC：constant mean curvature）とおく．

## 3.3 新奇規則性多孔質材料の三次元細孔構造

ここでは，近年新たに合成されたHCP構造を持つケージ型シリカメソ多孔体，および数百nmの大きさの格子定数を有するシリカマクロ多孔体の三次元細孔構造評価について紹介する．

2013年Maらはカチオン性ジェミニ型界面活性剤を構造規定剤として用い，界面活性剤が非常に希薄な条件下で初めてHCP構造単相のケージ型シリカメソ多孔体（空間群 $P6_3/mmc$）を合成した[20]．HCP構造は同じ最密充填構造であるCCP構造と積層欠陥をつくりやすく，これまでHCP構造単相のケージ型シリカメソ多孔体の報告はなかった．Maらが作製したシリカメソ多孔体はきれいな正六角柱の結晶外形を持ち，そのメソ構造がHCP構造に典型的な|AB|積層パターンを形成することをTEM観察より明らかにした．また彼らは，界面活性剤を焼成によって取り除く前後の試料について，その三次元構造を上述の自己無撞着な電子線結晶学を用い明らかにした．その結果，ケージ型メソ孔がサイトの点群（6m2）を反映した形状を持ち上下の層の隣接したメソ孔とのみ窓を介して繋がっていることがわかった．その一方，焼成後の試料に関して従来の窒素吸着実験データを用いた三次元再構築構造と自己無撞着な電子線結晶学を用いたときのEPSが異なる結果となったことを報告している．この相違は電子線結晶学を用いて得られたEPMが含む誤差から来るものと考えられ，三次元再構築を行う上で，特により低対称の正方晶系や六方晶系を持つシリカメソ多孔体については，その定量解析法に改善の余地が残されていると思われる．

2014年HanらはABCトリブロック共重合体とシリカ源を水とテトラヒドロフラン中で反応させることにより，格子定数が240 nmにもおよぶシリカマクロ多孔体を合成した（図4）[21]．TEM観察および電子線結晶学を用いた三次元再構築の結果，このシリカマクロ多孔体はDouble-diamond構造に由来する互いに交わらない中空のシリカ骨格からなり，そのシリカ骨格が互いにc軸方向にずれた三次元構造（空間群 $I4_1/amd$）を形成していることを明らかにした．このシリカマクロ多孔体はその大きな周期性から構造色（紫から青）を示しフォトニック結晶としての特性を示す．

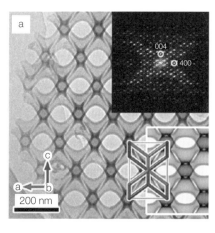

図4 シリカマクロ多孔体のTEM像とフーリエ回折図形[21]

第5章　分析

## 4 電子線トモグラフィを用いた三次元構造解析

前項で紹介した電子線結晶学を用いた三次元構造解析が周期構造を持つ物質（結晶）にしか適用できないのに対して，ここで取り上げる電子線トモグラフィを用いた三次元構造解析は周期構造のみでなく，非周期構造を持つ物質にも適用可能な手法である。観察は電子顕微鏡内で対象となる同一の試料を傾斜しながら一連のTEM像（またはSTEM像）を撮影し，そのTEM像から重みつき逆投影法等を用い三次元構造を再構築する。例えば傾斜範囲±70°，傾斜ステップ1°で撮影した場合，合計141枚のTEM像を必要とし，数枚のTEM像から再構築が可能な電子線結晶学とその再構築方法が大きく異なる。

### 4.1 メソ構造材料と電子線トモグラフィ

電子線結晶学を用いてシリカメソ多孔体の三次元再構築を行う場合，再構築されたメソ構造（メソ孔のサイズ，形状，配列やメソ孔間の繋がり）は観察領域の平均構造として得られる。一方，電子線トモグラフィを用いた場合，メソ孔の形状やサイズ，メソ孔間の繋がり（周期的メソ構造）のみでなく，それらの構造ゆらぎや欠陥等の非周期構造（局所メソ構造）を三次元的に明らかにすることができる。

一般に，電子線トモグラフィを用いた三次元構造解析は電子線結晶学を用いたものに比べて空間分解能が低く，その原因として以下の点が挙げられる。①試料ホルダーや試料形状の制約からくる「missing wedge」と呼ばれる高傾斜角領域の情報（TEM像）の欠如，②電子線照射による試料ダメージや形状（構造）の変化，③TEM像の像質（コントラストやS/N比）に起因する情報の劣化，④取得した一連のTEM像間の位置や傾斜軸合わせに起因する誤差，特に，シリカメソ多孔体に代表されるメソ構造材料の場合，②の電子線照射ダメージの影響と③の低電子線照射量下での観察に起因する像質の低下がより顕著になる。

近年の傾向として再構築された三次元構造を定量解析した報告が多数あるが，その解析にあたっては適切な画像データの取得と三次元再構築が必要不可欠である。2014年Chenらは，TEM像取得時の観察条件（傾斜角範囲，傾斜ステップ，照射電子線量等）が三次元再構築構造に与える影響（空間分解能やS/N比等）をモデル計算により調べた[22]。そこで彼らは，再構築構造の空間分解能に与える最も大きな要素が傾斜角範囲であることを明らかにし，分解能の方位依存性がなくなる（電子線入射方向の分解能とそれに垂直な二方向の分解能が同じになる）傾斜角範囲が±75°であること，そして，その分解能が電子線照射量や傾斜ステップに依存しないことを報告した。特に，定量的な体積分率等の評価にはより大きな傾斜角範囲（±80°以上）をとる必要があることが明らかになった。また，ポリマーなどの電子線照射ダメージの大きい材料を観察する低電子線照射量の条件下では，傾斜ステップを大きくする（全取得TEM像の数を減らす）ことにより，再構築構造の改善がみられた。これは電子線照射によるダメージが大きい試料の観察をする上で利点になると考えられる。

### 4.2 メソ構造材料の三次元構造解析例
#### 4.2.1 ケージ型メソ多孔体の三次元構造と構造ゆらぎ

両親媒性物質が形成するミセルを鋳型にして作製されるシリカメソ多孔体は，それらミセルが示すソフトマテリアル的な特徴を反映し，メソスケールに大きな構造ゆらぎが存在する。2011年Klingstedtらは，異なったブロック共重合体を用いEvaporation Induced Self Assembly（EISA）法で作製された2つの規則性ケージ型カーボンメソ多孔体の三次元細孔構造とメソ構造ゆらぎを電子線トモグラフィを用いた三次元再構築によりそれぞれ評価した[23]。その結果，Pluronic F127を構造規定剤に用いたFDU-16（$Im\bar{3}m$構造，格子定数 $a=13.5$ nm）は，ほぼ球状のメソ孔を保ちながらその位置（サイト）が格子位置から大きくゆらいでいること，そのために隣り合ったメソ孔が重なり図5Aに示すような大きな空隙を形成したり，メソ孔間の繋がり（形状やサイズ）が不規則なこと（図5B）を明らかにした。一方，$PEO_{125}-PS_{230}$を構造規定剤に用い作製されたFDU-18（$Fm\bar{3}m$構造，格子定数 $a=45.5$ nm）は，メソ孔の形状が球形から大きく変形し不規則であるが，メソ孔の重なりはなく窓を介して繋がっていることが再構築構造から示された。

また，2015年Yuanらは，Pluronic F127を構造規定剤に用いたFDU-12（$Fm3m$構造，格子定数 $\mathbf{a}$ = 29.0 nm）と呼ばれるケージ型シリカメソ多孔体が持つメソ孔やそれらを繋ぐ窓のサイズや形状が水熱処理温度によりどのように変化するかを電子線トモグラフィを用いた三次元構造解析により明らかにした[24]。彼らは再構築構造からケージ型メソ孔のサイズや形状，それらの繋がりを定量的に見積もり，窒素吸着実験から得られる細孔サイズの解析モデル依存性の精度を評価した。その結果，より球形に近いメソ孔のとき（低い水熱処理温度のとき）はNonlocal Density Functional Theory（NLDFT）法が，ケージ型メソ孔の重なりが大きくケージ間の窓が大きいとき（高い水熱処理温度のとき）はBarret-Joyner-Halenda（BJH）法が，より電子線トモグラフィを用いた三次元再構築構造と一致し，メソ孔の形状やそれらの繋がりに依存してその精度が解析モデル間で大きく異なることを明らかにした。

### 4.2.2 ゼオライト中に形成されたメソ孔の三次元構造

　ミクロ多孔質材料であるゼオライトを触媒として用いる場合，ミクロ孔自身がその触媒活性に影響を及ぼす拡散に制限をもたらすことが多く，結晶中の拡散距離を短くして分子拡散を改善する試みが多数行なわれている。例えば，ゼオライト結晶にメソ孔を導入したり層状ゼオライト前駆体を剥離しナノシート化することによって，単位体積あたりの外表面積を増やすことにより触媒活性を挙げる方法がある。このようなメソ構造を有するゼオライトの構造評価にあたり電子顕微鏡観察（特に三次元構造解析）は有用な構造情報を与える。以下にその解析例を挙げる。

　2012年Zecevicらは，ゼオライトY中に導入したメソ孔を電子線トモグラフィを用い三次元構造解析した（図6）[25]。その結果，結晶外部に通じたチャネル型メソ孔（5～25 nm）以外に，アクセスが制限された2種類のメソ孔が存在することを明らかにした。1つは完全に閉じたメソ孔で外部からアクセスができない空間，もう1つは非常に狭い窓（4 nm以下）を介して外部とのアクセスが可能な空間である。これら2つの制限された空間は窒素吸着実験からは得られない構造情報で，電子線トモグラフィを用いた三次元構造解析法によってのみ明らかにすることができる。

　また，2015年Arslanらは，STEM法を用いた電子線トモグラフィによる三次元構造解析を行い，剥離によるゼオライトナノシートの形成過程を調べた[26]。彼らは，MCM-22ゼオライト前駆体を膨潤，酸処理しさらにそれを焼成したときに，①剥離がどの過程で起きるかや②どのような形状変化が起きるかを合成途中の試料を取り出し三次元構造解析を行

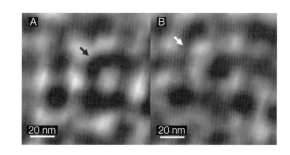

図5　三次元再構築したFDU-16（左）とFDU-18（右）の断面[23]

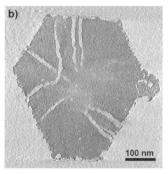

図6　メソ孔を導入したゼオライトYのTEM像（左）と三次元再構築構造の断面（右）[25]

なった。その結果，まずバルク状の層状ゼオライト前駆体を膨潤，酸処理することによって層間が拡張しナノ空間を形成する。そしてそれを焼成することによって層状ゼオライトが剥離されナノシートとなることを実験的に明らかにした。

#### 4.2.3 二元系ナノコロイド結晶の新奇三次元構造

電子線トモグラフィはナノコロイド結晶の三次元未知構造解析を行なう際も強力な解析手法となる。2013年Boneschanscherらは，電子線トモグラフィを用い二元系ナノコロイド結晶の三次元構造を明らかにした（図7）[27]。このナノコロイド結晶は，PbSe（6.5±0.4 nm）とCdSe（3.4±0.3 nm）のナノ粒子が粒子数比6：19で規則配列した非常に複雑な構造を形成し，カゴメ格子に配列した大きい粒子（PbSe）からなるレイヤーのすき間に小さい粒子（CdSe）が配置していることを明らかにした。この構造の空間群は$P6m2$，格子定数は$a=23.36$ nm，$c=11.21$ nm，単位格子中に25個の結晶学的に独立なサイトが存在する。

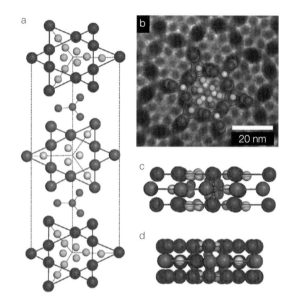

図7　$A_6B_{19}$構造を持つ二元系ナノコロイド結晶の構造モデル（a，c，d）とTEM像（b）[27]（口絵参照）

## 5　球面収差補正走査透過電子顕微鏡法を用いた元素マッピング

近年，STEM法と呼ばれる電子顕微鏡法が注目されている。TEM法が平行電子ビームを試料に照射し結像系レンズ（対物レンズ等）を用いて拡大像を形成するのに対して，このSTEM法は試料上に収束させた電子プローブを走査し，試料によって散乱された透過電子を検出することによりその強度（$I$）を位置（$x, y$）の関数として二次元画像化する手法である。その像形成にあたってTEM法のように結像系レンズを使用しないためデフォーカス量に起因する対物レンズの影響を受けず，像解釈が比較的容易である。特に環状検出器を用いて高角度に非弾性散乱された電子を選択的に検出し画像化する高角度散乱暗視野（HAADF：high-angle annular dark-field）法は，回折コントラストの影響を減らし原子番号（$Z$）に依存した構造情報を得ることができるため，シリカなどの軽元素からなるマトリックス中に分布した重い元素（金属など）を効果的に観察できる。

STEM法の空間分解能は電子プローブのサイズで決まり，球面収差補正をした最先端のSTEMではsub-Åの空間分解能が比較的容易に得られる。

一方，シリカメソ多孔体に代表されるメソ構造材料の電子顕微鏡観察は，電子線照射によるダメージが常に大きな問題となるが，極微小の電子プローブを用いた球面収差補正STEM法はプローブを置いた部分以外にはダメージを与えないためそのプローブ電流を適切な量に設定することによりシリカメソ多孔体などのメソ構造材料の観察にも非常に有用な評価手法である。さらには，次に紹介するようにSTEM法と元素分析法を組み合わせた観察は，高空間分解能を保ちながら組成マッピングが可能になる。

2013年Mayoralらは，これまでTEM法では困難であったシリカメソ多孔体のメソ孔中に存在する酵素分子を球面収差補正STEM法とEELS法を組み合わせることにより初めて観察した[28)-30)]。シリカメソ多孔体を用いた酵素分子の固定化は，メソ孔のサイズと高比表面積というシリカメソ多孔体の特徴を活かし酵素分子を安定化かつ高分散化させ酵素反応の効率化させる。そのため関連した研究が盛んに行われているが，実際に酵素分子がメソ孔中にどのように固定化されているかは窒素吸着法による吸着量の減少から酵素の存在を推定するなど間接的な手法しかない。また，TEM法を用いた直接観察でも細孔中の軽元素（炭素や水素）からなる分子がつく

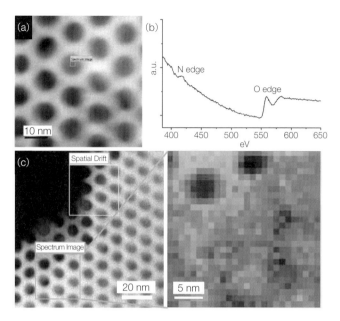

図8 酵素分子を固定化したシリカメソ多孔体のHAADF-STEM像(a, c), EELスペクトル(b), 窒素の元素マッピング(d)[30]

るコントラストは非常に小さく困難であった。そのような中、Mayoralらはsub-Åのプローブサイズを持つ球面収差補正STEM法（加速電圧80 kV）とEELS法を組み合わせ、酵素分子（ラッカーゼ）を構成する炭素または窒素の元素マッピングを行い、一次元細孔が二次元ヘキサゴナル構造に配列したSBA-15のメソ孔中に酵素分子が固定化されていることを直接明らかにした（図8）。元素マッピングからはメソ孔中の酵素分子有無の違いが明瞭に観察され、不規則に分子が分布していることを示唆する結果を得た。

## 6 おわりに

電子顕微鏡法はメソスケールに特徴的な構造を持つメソ構造材料の平均構造（周期構造）および局所構造（非周期構造）に関する情報を実空間（像）と逆空間（回折図形）で与える非常に強力な解析手法である。その構造解析は単なるTEM像（投影像）の解釈に留まらず三次元再構築法によって得られた構造を定量解析を行うことができるレベルに現在なってきている。今後はその定量性をより高めるとともに、特に電子線照射ダメージの大きいメソ構造材料

に適用可能な観察手法とそれに対応した解析手法の開発が期待される。また、エネルギー分散型X線分光（EDS：energy dispersive X-ray spectroscopy）法やEELS法などの元素分析法と三次元再構築法を組み合わせた構造解析や、Cryo-TEM法やその場観察法を用いた実際の合成過程や反応過程に近い状態の観察など、より高度な解析手法の開発とそこから得られる構造情報をもとにメソ構造材料のより精密な構造制御と機能化が可能になればと考える。

■引用・参考文献■

1) C. T. Kresge, M. E. Leonowicz, W. J. Roth, J. C. Vartuli and J. S. Beck : *Nature*, **359**, 710 (1992).
2) A. E. Garcia-Bennett, N. Kupferschmidt, Y. Sakamoto, S. Che and S. O. Terasaki : *Angew. Chem., Int. Ed.*, **14**, 5317 (2005).
3) CSJ Current Review 03. 革新的な多孔質材料：空間をもつ機能性物質の創成「18章：電子顕微鏡法を用いた構造評価」、日本化学会編、化学同人 (2010).
4) Z. Liu, N. Fujita, K. Miyasaka, L. Han, S. M. Stevens, M. Suga, S. Asahina, B. Slater, C. Xiao, Y. Sakamoto, M. W. Anderson, R. Ryoo and O. Terasaki : *Microscopy*, **62**, 109

第5章　分　析

5) L. Han, T. Ohsuna, Z. Liu, V. Alfredsson, T. Kjellman, S. Asahina, M. Suga, Y. Ma, P. Oleynikov, K. Miyasaka, A. Mayoral, I. Díaz, Y. Sakamoto, S. M. Stevens, M. W. Anderson, C. Xiao, N. Fujita, A Garcia-Bennett, K. B. Yoon, S. Che and O. Terasaki : *Z. Anorg. Allg. Chem.*, **640**, 521 (2014).

6) T. Ohsuna, Y. Sakamoto, O. Terasaki and K. Kuroda : *Solid State Sci.*, **13**, 736–744 (2011).

7) 阪本康弘 : 日本結晶学会誌, **57**, 116 (2015). およびその参考文献を参照のこと.

8) Y. Sakamoto and O. Terasaki : *Solid State Sci.*, **13**, 762–767 (2011).

9) M. D. Sikiric, O. Delgado-Friedrichsb and M. Deza : *Acta Cryst.*, A**66**, 602 (2010).

10) C. Xiao, N. Fujita, K. Miyasaka, Y. Sakamoto and O. Terasaki : *Nature*, **487**, 349 (2012).

11) H. Kawamura : *Physica* A, **17**, 773 (1991).

12) S. T. Hyde, L. de Campo and C. Ogney : *Soft matter*, **5**, 2782 (2009).

13) L. Han, K. Miyasaka, O. Terasaki and S. Che : *J. Am. Chem. Soc.*, **133**, 11524–11533 (2011).

14) A. E. Garcia-Bennett, C. Xiao, C. Zhou, T. Castle, K. Miyasaka and O. Terasaki : *Chem. Eur. J.*, **17**, 13510 (2011).

15) L. Han, P. Xiong, J. Bai and S. Che : *J. Am. Chem. Soc.*, **133**, 6106–6109 (2011).

16) Y. Sakamoto, Y. Kuroda, S. Toko, T. Ikeda, T. Matsui and K. Kuroda : *J. Phys. Chem.* C, **118**, 15004–15010 (2014).

17) 阪本康弘 : 顕微鏡, **49**, 40–46 (2014). およびその参考文献を参照のこと.

18) K. Miyasaka and O. Terasaki : *Angew. Chem. Int. Ed.*, **49**, 8867–8871 (2010).

19) W. Helfrich : *Z. Naturforsch.*, **28**c, 693 (1973).

20) Y. Ma, L. Han, K. Miyasaka, P. Oleynikov, S. Che and O. Terasaki : *Chem. Mater.*, **25**, 2184–2191 (2013).

21) L. Han, D. Xu, Y. Liu, T. Ohsuna, Y. Yao, C. Jiang, Y. Mai, Y. Cao, Y. Duan and S. Che : *Chem. Mater.*, **26**, 7020–7028 (2014).

22) D. Chen, H. Friedrich and G. de With : *J. Phys. Chem.* C, **118**, 1248–1257 (2014).

23) M. Klingstedt, K. Miyasaka, K. Kimura, D. Gu, Y. Wan, D. Zhao and O. Terasaki : *J. Mater. Chem.*, **21**, 13664 (2011).

24) P. Yuan, J. Yang, H. Zhang, H. Song, X. Huang, X. Bao, J. Zou and C. Yu : *Langmuir*, **31**, 2545–2553 (2015).

25) J. Zecevic, C. J. Gommes, H. Friedrich, P. E. de Jongh and K. P. de Jong : *Angew. Chem. Int. Ed.*, **51**, 4213–4217 (2012).

26) I. Arslan, J. D. Roehling, I. Ogino, K. Joost Batenburg, S. I. Zones, B. C. Gates and A. Katz : *J. Phys. Chem. Lett.*, **6**, 2598–2602 (2015).

27) M. P. Boneschanscher, W. H. Evers, W. Qi, J. D. Meeldijk, M. Dijkstra and D. Vanmaekelbergh : *Nano Lett.*, **13**, 1312–1316 (2013).

28) A. Mayoral, R. Arenal, V. Gascon, C. Marquez-Alvarez, R. M. Blanco and I. Diaz : *ChemCatChem*, **5**, 903 (2013).

29) A. Mayoral, R. M. Blanco and I. Diaz : *J. Mol. Catal.* B: *Enzym.*, **90**, 23 (2013).

30) A. Mayoral, V. Gascón, R. M. Blanco, C. Márquez-Álvarez and I. Díaz : *APL Mat.*, **2**, 113304 (2014).

〈阪本　康弘〉

第5章 分 析

## 3節 電子顕微鏡法によるナノ空間材料の解析

### 1 はじめに

　原子スケールでの構造情報を直接取得することが可能な透過型電子顕微鏡（TEM）法は，非常に強力な解析手法として今日の材料科学の分野で必要不可欠な技術である。しかしゼオライトにおいては電子線照射損傷といった制約が非常に大きいため，必ずしもTEMの性能を十分に生かした解析が行われているとはいえない。一方で電子光学の分野においては近年になって球面収差補正装置が実現され，電子顕微鏡の空間分解能は飛躍的に向上している。従来の装置における空間分解能では細孔と骨格構造が分離して観察されるに留まっていたが，収差補正の適用によってより高精度な構造情報の抽出が可能となることが期待されている。本稿では収差補正技術を用いたゼオライトイメージングについていくつかの結像法を紹介し，それぞれの有効性と注意点について整理したい。

### 1.1 ゼオライト観察における電子線照射損傷

　電子顕微鏡は光速近くまで加速された非常に波長の短い電子線を光源として利用するため，原子スケール観察においても回折限界による制約を受けない[1)2)]。一方で十分に波長の短いX線なども可視光に代わる光源としてその利用も試みられているが，それらを集光可能なレンズの形成が容易ではないため，顕微鏡法として利用は限定されてしまっているというのが現状である[3)-5)]。つまり電子顕微鏡法は原子スケールで結晶試料内の構造観察を行えるほぼ唯一の手法とも言える。しかしその反面，電子顕微鏡観察では試料が電子線との強い相互作用によって大なり小なり損傷を受けている[6)]ということに留意する必要がある。金属材料などの場合では電子線損傷が問題になることは稀であるが，多孔性共有結合

結晶であるゼオライトでは電子線への耐性が低いために観察時における電子線損傷が常に問題となる[7)-9)]。例えば高倍率な観察ほど試料にはより高密度な電子線照射が必要とされるため，観察可能な最大倍率は試料の耐性によって自ずと決定されてしまう。**図1**にはTEMによって連続観察したMFI型ゼオライトの電子線照射損傷過程の例[9)]を示した。

　照射量が少ない段階では数種類のストレートチャンネル（12員環，6員環，5員環）がそれぞれに明るいドット状のコントラストとして明瞭に観察されるが，照射量が増加とともに結晶端の薄い部分から構造が崩壊し徐々に非晶質化していく様子が確認される。電子線損傷のメカニズムは非常に複雑であり加速電圧[10)-12)]や試料温度[13)14)]といった要因によって複雑に変化する。しかし，電子線損傷を抑える上で最も肝要なことは試料に注入される電子線の総量をとにかく抑えることである。像取得に必要となる分の電子線量は高感度な記録媒体の使用によってある程度減らすことも可能であり，場合によっては適正露光以下でも撮影を行い，得られた像に適宜画像処理を加えるといったことも行う。近年ではシンチレータを介さない，非常に高感度な電子数計測カメラも市販されるようにもなり，その有効性の検証も盛んに行われている[15)-17)]。ただし現実問題として視野探し・試料傾斜合わせ・フォーカス合わせなどといった撮影前の調整における電子線照射が無視できないことから，観察の可否は装置の性能以上にオペレーターの手際にも大きく影響を受ける。

### 1.2 収差補正技術

　1930年代初頭にTEMが開発されて以降，常に性能向上がはかられ空間分解能はÅレベルにまで達していたが，対物レンズの球面収差による制約が顕著となりTEMの空間分解能向上は頭打ちとなりつ

－ 451 －

第5章 分析

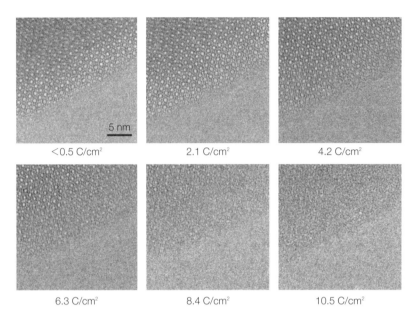

図1　MFI型ゼオライトの連続HRTEM像（加速電圧：300 kV）
画像下の数値は試料への電子線照射量を示している。

つあった。ポールピース形状の設計によってある程度まで球面収差を小さくすることは可能であったが，観察試料が配置される等といった機械的な制約によって収差係数はサブmm程度までで限界となっていた。そのため高分解能化には加速電圧を極限まであげるといった超高電圧電子顕微鏡（UHVEM）[18]によるアプローチも以前には盛んに行われていた。しかし，2000年代に入って多極子レンズによって負の球面収差を精密にコントロールする収差補正技術が確立され，それがブレークスルーとなりTEMの空間分解能が飛躍的に向上した[19]。原理的に軸対称な磁場レンズは必ず正の球面収差を有することが知られており，負の球面収差を持つレンズを組み合わせることでそれを打ち消すことは困難であると考えられていたが，軸対称でない複数の多極子を精度よく組み合わせることが可能となり負の球面収差係数を持つレンズが実現された。こうした技術の背景にはレンズの収差をその場で計測可能なカメラとコンピュータの発展があった。図2には球面収差補正技術を模式的に示した。

ここでは電子線の波動性を無視した幾何光学によって簡易的に示している。図2左に示すような収差補正のない対物レンズの場合では，広角に散乱さ

れた電子線は正の球面収差によって理想的な像面よりも短い距離で焦点を結び，像面で一点に集光することができない。非常に大雑把にいえばこれが像ボケに相当する。一方，図2右に示す球面収差補正の場合には，凹レンズに相当する多極子組レンズによって負の球面収差が新たに導入され対物レンズの正の球面収差を打ち消すことが可能となる。その結果像面では電子線が一点に収束され像がシャープとなり，空間分解能が向上する。

### 1.3　HRTEM法とSTEM法の結像原理

原子スケールでのTEM観察を行う重要な観察手法としては大きく分けて2種類の観察手法があり，それらを図3に模式的に示した。

まず1つが図3右に示す走査透過電子顕微鏡（Scanning Transmission Electron Microscope；STEM）法である。STEM法では対物レンズによって試料上に非常に微小な電子プローブを形成し，走査コイルによってそれを二次元的になぞりながら各点での透過電子線強度を測定することで像を形成する。STEM法ではどのような散乱角の電子線を用いて結像するかによって得られる情報が異なってくるが，空間分解能は電子プローブの径によってほぼ決

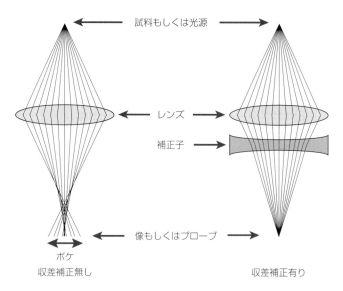

図2 幾何光学的に示した球面収差と収差補正技術

定されている。つまり球面収差補正技術によって原子サイズ以下の電子プローブ形成が可能となり，分光法との相性の良さも相まって収差補正(Aberration Corrected；AC)-STEM法は今日の原子直接観察手法として主流となりつつある[20)21)]。特に高角度散乱暗視野(High-Angle Annular Dark Field；HAADF)-STEM法ではほぼ非干渉性(インコヒーレント)の結像法となることから，像から直接構造情報を得ることが可能である[22)]。

一方で図3左に示した高分解能透過電子顕微鏡(HRTEM)法では，STEM法とは対照的に一様な平行ビームが試料に照射され，透過した電子線をレンズによって拡大し像を得る手法である。干渉性(コヒーレント)な結像法であるHRTEM法によって得られる像はいわゆる干渉パターンであるため，結像条件に対して敏感に像は変化する。そのためHRTEM法の場合直感的に原子位置を知ることはできず，構造モデルから計算したシミュレーション像との比較が不可欠である。HRTEM法における像コントラスト形成機構は幾分複雑であるが，以下にその原理を簡単に説明する。

電子波が非常に薄い試料を通過する際には，振幅は変化せず原子核のポテンシャルによって位相のみがわずかに変化すると見なすことができ，これを弱位相物体近似(Weak Phase Object Approximation；WPOA)と呼ぶ。しかしカメラや写真フィルムなど

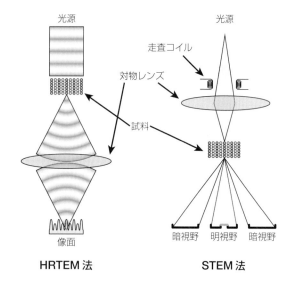

図3 HRTEM法とSTEM法の結像原理

といった電子線検出器において検出されるのは電子線の強度であり位相情報を検出することができないので，透過波をそのまま拡大したところで像コントラストは得られないという問題が生じる。そのためHRTEM法では像コントラストを形成するために対物レンズの収差を積極的に利用している。電子線が弱位相物体を通過する際には，透過波と位相が$\pi/2$(90°)ずれた散乱波が生じるが，レンズを通した場合には収差により散乱角に応じた位相変化がさらに

付与され,像面での干渉パターンが複雑な振幅変化パターンへと変換される。このようにして生じた像コントラストは位相コントラストと呼ばれる。高次の収差による寄与を無視するとレンズによって付与される位相変化 $\chi$ はデフォーカス量 $\Delta f$ と球面収差 $C_S$ によって(1)式のように示される。

$$\chi(\theta) = \frac{\pi}{\lambda}\Delta f \theta^2 + \frac{\pi}{2\lambda}C_S \theta^4 \tag{1}$$

上記における $\lambda$ は電子線の波長,$\theta$ は散乱角を示しており,$\Delta f$ は不足焦点(アンダーフォーカス)側を負,過焦点(オーバーフォーカス)側を正としている。これを便宜的に空間周波数 $u = \theta/\lambda$ の関係を用いて(1)式を $u$ の関数で表すことが可能であり,これを被関数とした正弦関数は位相コントラスト伝達関数(PCTF)と呼ばれ,(2)式のように示される。

$$\text{PCTF}(u) = \sin\left(\pi \Delta f \lambda u^2 + \frac{\pi}{2}C_S \lambda^3 u^4\right) \tag{2}$$

理想的な位相板の条件とは散乱波のみに $+\pi/2$(同位相側)もしくは $-\pi/2$(逆位相側)の位相を付加するものであり,任意の球面収差係数に対してできる限り広い空間周波数でこのような位相変調を与えるデフォーカス設定を考案したのがScherzerである。Scherzerによるデフォーカス値 $\Delta f_{\text{Sch}}$ は式(3)のように示される[23]。

$$\Delta f_{\text{Sch}} = \begin{cases} -\sqrt{\frac{4}{3}|C_S|\lambda} & (C_S > 0) \\ +\sqrt{\frac{4}{3}|C_S|\lambda} & (C_S < 0) \end{cases} \tag{3}$$

ただしここでは当時不可能であった負の球面収差の場合にも拡張して表記してある。**図4**には典型的な200 kVのTEMにおけるScherzer条件でのPCTFを例として示した。

この光学条件の場合,空間周波数がおおよそ5 nm$^{-1}$ 程度まではPCTFは同符号となるが,それ以上の高周波数部分では大きく振動してしまい位相コントラストが複雑に変化することがわかる。そのためこうしたコントラストの振動は像に寄与しないように対物絞りによってカットされ,そこで分解能が制限されることとなる。Scherzerの最適PCTFがはじめに0になる空間周波数 gSch がHRTEM法における空間分解能の一つの指針であり,(4)式のように示される。

$$g_{\text{Sch}} = \left(\frac{3}{16}|C_S|\lambda^3\right)^{-1/4} \tag{4}$$

上式をみてわかるようにHRTEMにおいては球面収差と電子線の波長によって空間分解能が決定されることから,UHVEMを用いた短波長化は高分解能化への一つのアプローチであった。しかし

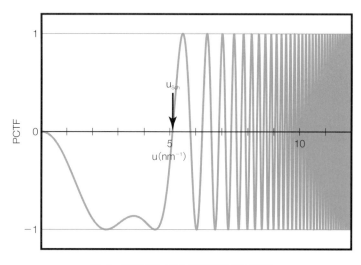

**図4** 典型的な 200 kV TEM の PCTF
($C_S = +0.5$ mm, $\Delta f_{\text{Sch}} = -41$ nm)

200 kVにおいても光速の70%程度まで電子は加速されており，そのアプローチにも限界があった。そのため球面収差を可変可能なパラメータの一つとすることが可能な球面収差補正技術は電子顕微鏡法においては大きなブレークスルーとなった。ただしHRTEM法では位相コントラスト形成のために収差を利用する必要があることから，AC-HRTEM法として最適な結像条件に対していくつかのモードが提案されている。それらのPCTFの例を図5に示す[24]。

AC-HRTEM法でのこれらの光学設定では，それぞれ情報限界$g_{max}$と呼ばれる可干渉領域の限界が重要となる。実際の顕微鏡で利用される電子波は装置安定性の限界などから高周波数成分の干渉性は減衰しており，AC-HRTEM法での空間分解能は主に$g_{max}$によって決定される。拡張$C_S$モードと呼ばれる光学条件では$g_{max}$と$g_{Sch}$が一致するように設定されており，そのときの球面収差$C_{S,ext}$の値は(5)式のように示される。

$$C_{S,ext} = \pm \frac{16}{3} \lambda^{-3} g_{max}^{-4} \quad (5)$$

拡張$C_S$モードは高い位相コントラスト条件に対応するが，ある程度の幾何光学的な収差を含むため，界面などの非周期構造部分では高角散乱波のにじみが生じる。

一方，ゼロ$C_S$モードと呼ばれる条件ではデフォーカスのみで位相変調を行っており，拡張$C_S$モードと比較すると幾何学的収差のにじみをかなり抑えることが可能となる。しかし，このような条件においては特に低周波数成分の位相コントラストが減少するため，比較的大きなユニットセルを持ち入射電子線も制限されるゼオライトでは非常に不利となる。これに対してLentzenは位相コントラストを維持し

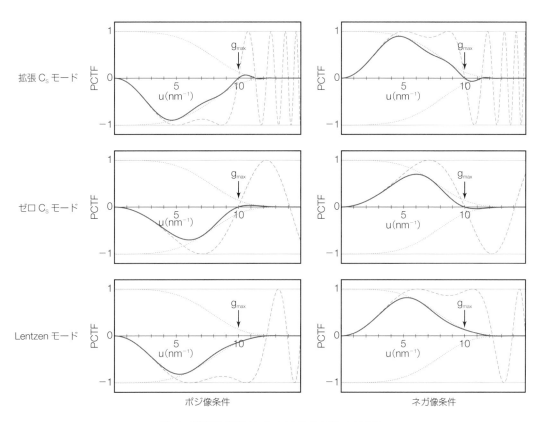

図5 球面収差補正した200 kV TEMのPCTF
実線が部分干渉性による減衰を考慮したPCTFであり，破線は減衰関数，波線は減衰を考慮しないPCTFを示している（拡張$C_S$モード：$C_S = \pm 34\ \mu m$, $\Delta f = \mp 11$ nm, ゼロ$C_S$モード：$C_S = 0\ \mu m$, $\Delta f = \mp 4.0$ nm, Lentzenモード：$C_S = \pm 15\ \mu m$, $\Delta f = \mp 7.0$ nm）

第5章 分析

つつ幾何学的収差を最小にする条件を提唱した[25]。これを(6)式に示す。

$$C_{S,opt} = \pm \frac{64}{27} \lambda^{-3} g_{max}^{-4} \quad (6)$$

この場合幾何学的な収差は非常に小さく抑えられ，図5において示されたように低周波成分の位相コントラストもある程度維持されている。幾何光学的な像ボケの大きさに対応する，錯乱円半径Rは(7)式で示される。

$$R = |f\lambda u + C_S \lambda^3 u^3|_{max} \quad (7)$$

表1には加速電圧200kVで$g_{max}$が10 nm$^{-1}$の場合の光学設定値と錯乱円半径Rの大きさを示した。

また図5ではそれぞれのモードにおいてPCTFの符号を反転させたものも併記しているが，これらは位相コントラストの反転を意味しており，負の場合は原子カラムが暗いコントラスト（ポジ像），正では原子カラムが明るいコントラスト（ネガ像）となることを示している。詳しくはここで述べないがネガ像での条件においては，位相コントラストに加えて振幅コントラストが相乗的に働くため，原子カ

表1

| モード | $C_S$(μm) | $\Delta f$(nm) | R(nm) |
|---|---|---|---|
| ゼロ$C_S$モード | 0 | ±4.0 | 0.1 |
| 拡張$C_S$モード | ±34 | ∓11 | 0.27 |
| Lentzenモード | ±15 | ∓7.1 | 0.059 |

ラムがシャープに観察されるといったメリットがある[26)-28)]。

## 2 ゼオライト骨格の高分解能観察

収差補正技術を用いた観察事例としてまずはゼオライトの骨格構造をターゲットとした場合の成果をご紹介する。補正がないTEMの場合においてもゼオライト解析の実績はこれまでに数多く存在するが，それらの多くはそれぞれの細孔の配列を分離観察しているにとどまっていた。

### 2.1 AC-STEM法による骨格構造観察

図6には比較的電子線への耐性が高いMFI型ゼオライトについて行った，200kVでのAC-STEM観

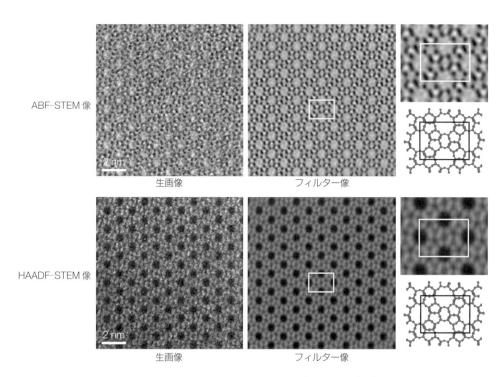

図6 200 kV AC-STEMによるMFI型ゼオライト観察像

- 456 -

察の結果を示した。観察試料は Si/Al 比が 1000 程度と高く，カウンターカチオンとして H+ を含む構造であることから，観察としてカチオンの存在は無視できるものである。また試料は粉末結晶を乳鉢で粉砕することによって薄片化を行っている。

透過電子線としては環状明視野（ABF）と HAADF の検出器によって 2 種類の像を同時に取得している。ゼオライト観察においては電子線損傷の問題から試料に照射可能な電子線量が大きく制限されるため，図 7 で示す観察生画像では非常にノイズの多いものとなっている。しかしこれに周期性を利用した画像処理を加えランダムノイズを除くとゼオライト骨格の微細構造がどちらの像においてもよく観察されているのが確認される。HAADF-STEM 法は原子番号のおおよそ 2 乗に比例したコントラストを与える[29]ため重い元素の観察には非常に有利な手法である。一方で ABF-STEM 法は明視野検出器の中心部分を除いたシグナルによって結像する特殊な技法[30)-32)]であり，軽元素観察などの観察において非常に強力なツールであることが近年示されている。しかしこれまでの観察においてはゼオライトの観察において ABF-STEM による軽元素観察のメリットは特に得ることができていない。

ここで電子線損傷の問題をみた場合，STEM 法は集光された強烈な電子線を試料に照射するため低損傷観察には不利に働くとも考えられるが，今日の AC-STEM におけるプローブ径は原子サイズ以下にしぼられていることから，観察部位以外には余計な電子線が照射されず HRTEM 法よりも低損傷観察に有効だとする見解もある。実際ビーム電流を低くすることにより，AC-STEM 法においても低損傷で骨格構造をとらえた例も報告[33)]されてきている。ただしどの例においても観察されるのは主に Si や Al といった T 原子であり，やはり酸素を直接観察した例は今のところない。低損傷化についての議論は今後も必要であり，定量的な解析による比較が必要となっている。

### 2.2 AC-HRTEM 法による骨格構造観察

図 7 に示したものは，図 6 に示したものと同様なサンプルについて 200 kV の AC-HRTEM 観察を行った結果[24)]である。

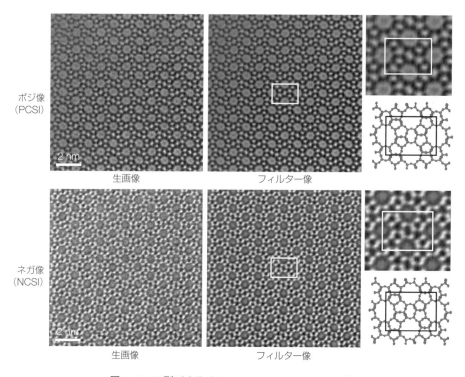

**図 7　MFI 型ゼオライトの 200 kV AC-HRTEM 像**
（ポジ条件：$C_s = +15\ \mu m$，$\Delta f = -7\ nm$，ネガ条件：$C_s = -15\ \mu m$，$\Delta f = +7\ nm$）

第5章 分析

ここでのC_s設定としてはLentzenの最適値（±15 μm）を用いており，デフォーカスとの組み合わせによってPCTFの符号を反転させたポジ像とネガ像を取得している。AC-HRTEM観察ではフォーカス調整時に照射条件を任意に設定することが可能であることから，AC-STEM法と比べて低損傷観察が容易となる。その結果として試料への電子線照射量を像記録により集中させることができ，像のS/N比が改善されている。特にネガ像での観察においては原子カラムのコントラストが非常にシャープとなり骨格内の微細構造が明瞭に観察されている。

しかし像シミュレーションによる考察からは，こうした構造像が得られる条件としては試料厚さを数nm程度以内に抑える必要がある[24]。これは電子線が試料を通過する際に容易に多重散乱をおこし，試料下面における出射波の形状が原子構造を反映したものではなくなってしまうことに起因している。つまり，試料厚さに対して像変化が鈍感であるSTEM法と比べて，HRTEM法では試料加工の点で条件が厳しくなるといった難点がある。

## 3 細孔内カウンターカチオンの直接観察

ゼオライトの最大の特徴は規定されたナノ細孔を有することであるが，それに加えて比較的自由に運動可能なカウンターカチオンを細孔内に含んでいることも重要な特徴の一つである。ゼオライトはこうしたカチオンによりイオン交換能や，触媒能を有することが可能であり，カチオンを選択することにより細孔径を制御することも可能となる。しかし，カチオンの構造情報を得ることは非常に困難な場合が多く，解析手法の確立が求められている。またカチオンの位置から骨格内のAlサイトを探ろうとする試みもあり，カチオンの構造情報解析はゼオライトの材料設計において非常に重要である。

### 3.1 AC-STEM法によるカチオン観察

AC-STEM法によるゼオライト内カチオンの観察例は多くないがこれまでにいくつかのゼオライトについて報告[34)-36)]されている。図8にはNaAゼオ

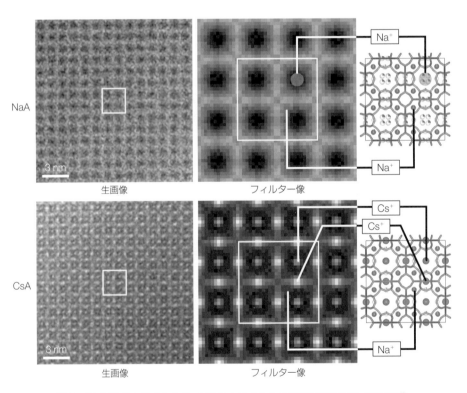

図8　NaA型ゼオライトとCsA型ゼオライトの200 kV HAADF-STEM像

- 458 -

ライトとCs⁺交換A型ゼオライトのHAADF-STEM像を示した。

既述の通りHAADF-STEMは原子番号の大きな元素の観察において有利であり，Cs⁺がA型ゼオライトの8員環内でのみ保持されている様子が明瞭に観察されている。しかし比較的原子番号の小さいNa⁺については，全く観察できていない。またMFI型と比較するとA型ゼオライトの耐性はかなり低いため，骨格構造の詳細はほとんど結像できていない。

## 3.2 AC-HRTEM法によるカチオン観察

図9にはNaAゼオライトとCs⁺交換A型ゼオライトについてAC-HRTEM法により得たネガ像を示した[36]。

これらの像からは6員環中心に局在したNa⁺と8員環内で非局在化したNa⁺が観察されるが，その見え方は大きく異なっている。8員環内でのNa⁺はイオン半径と細孔内径との関係からドーナツ状に非局在化しており，像自身もぼんやりしたドーナツ状に観察される。一方で6員環内ではNa⁺はほぼ一点に局在化しているにも関わらず，その像コントラストはストリーク状となっているが，これは6員環を形成する骨格原子から生じる偽像が重畳しているためである。こうした偽像は実際には8員環内に位置したNa⁺の像コントラストにも重畳しており，定量的な構造情報を得るためには像シミュレーションとの比較がどうしても不可欠である。Cs⁺については8員環の中心に局在して存在していることからAC-HRTEM像においては非常にシャープな像が形成されている。

以上のことからAC-HRTEM観察がカウンターカチオンについてもかなり有効に働くことが期待される。しかしその像コントラストの定量性は低く，シミュレーションと像強度が一致しないといった問題をしばしばおこす。実際CsA型ゼオライトの観察結果においては骨格構造と重なって投影されるCs⁺サイトのコントラストは大きく欠落しておりシ

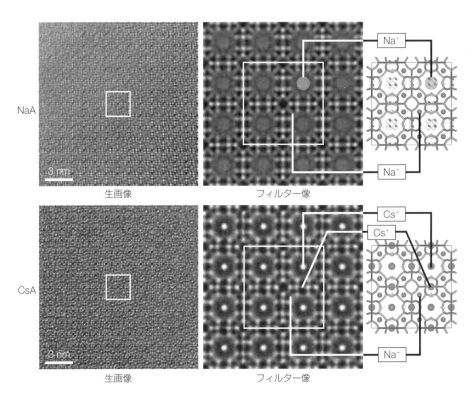

図9 NaA型ゼオライトとCsA型ゼオライトの200 kV AC-HRTEM像
($C_s = -15\ \mu m$, $\Delta f = +7\ nm$)

第5章　分　析

ミュレーション像とは一致しない。HAADF–STEMではこうしたコントラストの欠落は見られず，AC–HRTEM観察における特有な問題である。

# 4 まとめ

　以上述べてきたようにゼオライトの観察においても，ほかの材料と同様に収差補正技術の適用が十分有効に機能することがわかる。ただし電子線損傷といった問題は避けられないため，完全に装置性能を維持した観察を行うことは困難である。特にAC–HRTEM法では低空間周波数成分のコントラストが大きく低下することから，電子線照射量が限られるゼオライトでは不利な場合が生じると考えられる。つまり，原子構造観察が目的でない場合やより耐性の低いタイプのゼオライトなどの場合には，収差補正を適用しない観察がかえって有利に働くことがあり得る。カメラなどといった検出器の高感度化が進んでいることから，観察可能な限界が拡張されつつあるが，電子線損傷の問題は電子顕微鏡観察おいては避けることはできない課題である。耐性が低い材料の観察を行うにはそれぞれのモードの特徴をより深く理解し，最適な条件設定を選択することが肝要である。

　またここで紹介した研究の一部は科学技術振興機構CRESTの支援を受けて行われたものである。

■引用・参考文献■

1) J. C. H. Spence : Experimental High-Resolution Electron Microscopy, 2nd edition, Oxford University Press (1988).

2) P. Buseck et al. : High-Resolution Transmission Electron Microscopy and Associated Techniques, Oxford University Press (1988).

3) G. Möllenstedt et al. : X-Ray Optics and X-Ray Microanalysis, Academic Press, p.73 (1963).

4) 矢田慶治 : 電子顕微鏡，**26** (1), 72 (1991).

5) H. Yoshimura et al. : *Journal of Electron Microscopy*, **45** (5), 621 (2000).

6) L. Reimer : *Transmission Electron Microscopy*, 4th edition, **36**, 463 (1997).

7) M. Pan : *Micron*, **27**, 219 (1996).

8) O. Ugurlu et al. : *Physical Review* B, **83** (11), 113408 (2011).

9) K. Yoshida et al. : *Microscopy*, **62** (3), 369 (2013).

10) G. Alejandra et al. : *Ultramicroscopy*, **146**, 33 (2014).

11) R. F. Egerton : *Ultramicroscopy*, **101**, 161 (2004).

12) P. Li : *Ultramicroscopy*, **146**, 33 (2014).

13) B. E. Bammes et al. : Journal of Structural Biology, 169 (3), 331 (2010).

14) E. R. Wright et al. : *Journal of Structural Biology*, **153** (3), 241 (2006).

15) N. Guerrini et al. : *Journal of Instrumentation*, **6** (3), C03003 (2011).

16) A.-C. Milazzo et al. : *Journal Structural Biology*, **176** (3), 404 (2011).

17) B. E. Bammes et al. : *Journal of Structural Biology*, **177** (3), 589 (2012).

18) P. R. Swan et al. : High Voltage Electron Microscopy, Academic Press (1974).

19) P. W. Hawked : Aberration-Corrected Electron Microscopy, Elsevier (2009).

20) T. Vogt et al. : Modeling Nanoscale Imaging in Electron Microscopy, Springer US, 11 (2012).

21) S. J. Pennycook et al. : *Journal of Electron Microscopy*, **58** (3), 87 (2009).

22) S. J. Pennycook et al. : *Annual Review of Materials Science*, **22** (1), 171 (2003).

23) O. Scherzer : *Journal of Applied Physics*, **20** (1), 20 (1949).

24) K. Yoshida et al. : *AIP Advances*, **3** (4), 042113 (2013).

25) M. Lentzen et al. : *Ultramicroscopy*, **92** (3-4), 233 (2002).

26) C. L. Jia et al. : *Science*, **299**, 870 (2003).

27) C. L. Jia et al. : *Microscopy and Microanalysis*, **10** (2), 174 (2004).

28) C. L. Jia et al. : *Ultramicroscopy*, **110** (5), 500 (2010).

29) S. J. Pennycook et al. : *Journal Electron Microscopy*, **45** (1), 36 (1996).

30) S. D. Findlay et al. : *Ultramicroscopy*, **136**, 31 (2014).

31) 柴田直哉ほか : 顕微鏡，**46** (1), 55 (2011).

32) S. D. Findlay et al. : *Ultramicroscopy*, **110** (7), 903 (2010).

33) A. Mayoral et al. : *Micron*, **68**, 146 (2015).

34) A. Mayoral et al. : *Microporous and Mesoporous Materials*, **166**, 117 (2013).

35) A. Maypral et al. : *Angewandte Chemie International Edition*, **50** (47), 11230 (2011).

36) K. Yoshida et al. : *Scientific Reports*, **3**, 2457 (2013).

〈吉田　要，佐々木　優吉〉

第5章 分 析

## 4節 ゼオライトのX線結晶構造解析

### 1 はじめに

X線結晶構造解析は，材料研究や構造物性研究等，結晶性物質をあつかうにおいて欠かせない基礎ツールである。ゼオライトでは，言うまでもなく幾何学的で複雑な構造と，分子篩，吸着や触媒反応などの機能が密接に関係している。そして，cage, cavity, channel で表される規則配列したナノ細孔を有する骨格構造は，本稿の執筆時点で229種類ものトポロジーが有り，それらは IZA (International Zeolite Association) によって詳細定義されている[1][2]。そして，それぞれのトポロジーは，SBU (Secondary Building Unit) や CBU (Composite Building Unit) で定義される構成単位を使って組み立てることができる。細孔の形状は，サイズの異なる細孔（窓）が互い違いに並んでいたり，直交して連結していたり，ジグザグであったりなど多彩である。また骨格だけでなく，細孔に吸着している原子・分子（団）は，物理・化学的特性や合成過程の構造安定性などと関連していることから，格子欠陥や置換サイトなどの細部の構造情報が要求されるようになってきている。

ゼオライトの結晶構造解析は，ソフト・ハードの著しい進歩によって，以前よりは容易になった。それでも複雑な構造である以外に単結晶が得にくいという大きな問題があり，数多の無機化合物の中では解析が難しい部類である。また細孔内のゲストイオンや分子は，一般的に不規則な分布となるため平均構造では表しづらい。現在の粉末構造解析では，新しいアルゴリズムや手法の開発により，それらの問題を一歩ずつ克服し，構造決定だけでなく，試料に混在するアモルファス相や副生成物相の定量や，ナノ材料での粒径（結晶子）の評価，結晶歪みの解析など，さまざまな評価が可能になっている。さらに

近年，透過型電子顕微鏡法（TEM）や固体核磁気共鳴法（NMR）を粉末X線回折法（PXRD）と組み合わせた新しい手法が確立し，筆者も驚くような難解な構造が報告されている。本稿では，ゼオライトの粉末構造解析の概要を説明し，併せて最新の構造研究について述べる。

### 2 粉末回折法による構造解析

粉末回折法は言うまでもなく多結晶試料のための測定法だが，使用する光源（線源）によって特徴や適性が異なる。最も一般的な封入管球を用いた特性X線や，SPring-8 に代表される共同利用施設で得られる放射光X線を用いた場合，粉末回折データが得られる。実験室系では，近年検出器開発の著しい進展によって測定効率が2桁以上も向上し，さまざまな光学素子も開発され，高分解能測定も十分可能になった。

一方，放射光X線は波長可変で，輝度と平行度が極めて高く，かつ使用する回折装置も高分解能なため，あらゆる構造解析において最も理想的である。とくに構造未知のゼオライトの場合，格子定数や初期モデルの探索には高分解能（高いピーク分離能を指す）が必要なため，モノクロメータで Kα1 に単色化した特性X線や放射光X線の利用が好ましい。また，数は少ないが粉末中性子回折による構造研究もある。中性子回折では，X線回折で苦手なリチウムや，炭素・窒素・酸素といった軽元素の散乱能（中性子散乱長）が相対的に大きいため，見えやすいというメリットがある。また原子核との散乱であるため，イオン伝導体などの拡散しているイオンの分布を調べるのに適している。ただし，水素を多量に含む試料では非干渉性散乱によりデータの S/N が著しく悪化するので，ゼオライトの測定では細孔内

– 461 –

第5章 分 析

の水分子や有機物はあらかじめ除去するか重水素置換を行うなど注意が必要である。

近年，J-PARC に代表される次世代パルス中性子施設が稼働し，高強度で放射光並みに高分解能な回折装置が利用できることから，今後の展開が期待される。例えば，Si と Al の中性子散乱長は2割ほど異なり，X線での散乱能に比べ差が大きいので[3]，超高分解能データであれば骨格中の Al サイトの分布が解明できる可能性がある。

次に，得られた粉末回折データによる構造解析では，"何らかの初期モデルがあるかどうか"で解析のスタート地点が異なる。初期モデルがある場合，最もよく知られるリートベルト法でモデルを改良・精密化する。大半は既知のゼオライトが対象であるので，リートベルト法だけで十分対処できる。しかし，骨格構造が未知の場合はリートベルト法だけで構造解析するのはほぼ困難である。また初期モデルがない場合は，近年発展が著しい非経験的構造解析によって初期モデルを探索・構築する。国内ではまだ研究例が少ないが，欧米で次々と新規ゼオライトが報告される背景には，構造研究のレベルが高く活発であることと強く関連しているといっても過言ではない。同じミクロ多孔体でも単結晶合成が可能なMOF や PCP では，ゼオライトよりも複雑な結晶構造が容易に実験室装置で解析可能なことから，すでにゼオライトをはるかに上回る種類の新化合物が報告されている。

構造精密化は初期モデルとリートベルト解析ソフトがあれば実行可能であるが，非経験的構造解析ではさまざまなソフトを組み合わせで行うのが一般的である。それは粉末回折データの持つ情報量が単結晶回折に比べ脆弱なことが主な原因で，粉末回折パターン特有のデータ処理が必要だったり，ソフトウェアの得意不得意があるなども影響している。ただし，粉末構造解析用ソフトウェアは基本的なものは全てフリーウェアとして入手可能で，種類も充実しているので好みに合わせて選ぶと良い（粉末構造解析の概論は文献4を参照）。

## ③ リートベルト解析の進展

リートベルト法は H.M. Rietveld[5]が考案した構造精密化法であり，今日では粉末回折データ解析にお

ける最も基本的な技術である。一次元の観測データを，格子定数，プロファイル関数，構造モデル，バックグラウンド関数，装置関数などいくつもの因子を関数として組みこんだ計算プロファイルにあてはめ，その残差＝観測値－計算値が最小となるように非線形最小二乗法で各パラメータを精密化し解を求めていく。構造パラメータの標準偏差を導けるのもリートベルト法だけで，解析過程の進捗を信頼度因子（R因子）と呼ばれる数値で評価しながら解析を進め，最終の結晶構造データに仕立て上げる重要な役割を担う。

ゼオライトのような低密度で複雑な構造の解析では，うまく収束させるためにコツがいる。非対称単位包内の原子サイト数が多くなるにつれ，精密化する構造パラメータ（座標，席占有率，原子変位パラメータ）が増えるので，解析の初期段階ではパラメーターに制約・抑制条件を加え，解の発散を避ける必要がある。主なものに原子間距離と結合角があり，例えば $d(Si-O) = 0.162 \pm 0.002$ nm，$d(Al-O) = 0.170 \pm 0.004$ nm，$\angle O-T-O = 109.47 \pm 3.0°$ の範囲に収まるように，骨格を構成する $SiO_4$ や $AlO_4$ 等の四面体（T）サイトに抑制条件を施しながら精密化を進める。細孔内にベンゼン環などを含む有機物が含まれる場合は，さらに二面角 $\angle C_1-C_2-C_3-C_4$ の抑制条件を果たし，不自然な分子構造の歪みを防ぐことも必要である。

現在までに複雑な骨格構造を有するゼオライトとして，IM-5（IMF 型）[6]，TNU-9（TUN 型）[7]，単斜晶系の ZSM-5（MFI 型）[8]，SSZ-74（-SVR 型）[9]などがある。どれも T サイトの数が24で，O サイト数はそれぞれ47，52，48，48にも達する。つまり **図1** に示す TNU-9 では T,O サイトの座標だけで228のパラメータがある。放射光を用いても大半の回折ピークは複数の異なる指数 $hkl$ の反射が大なり小なり重なることから，抑制条件なしでは解析が最小二乗法の限界を越えており，パラメータが収束しなくなることを意味する。TNU-9 では T サイトに関する $d(T-O)$ と $\angle O-T-O$ の制約条件だけでも240（結合距離 $4 \times 24$ ＋ 結合角 $6 \times 24$）もの組み合わせが必要となる。ゆえに拘束条件の設定の簡便さや，非線形最小二乗解析の収束安定性が極めて重要になる。

国内では泉富士夫博士による RIETAN-FP[10]が，

4節 ゼオライトのX線結晶構造解析

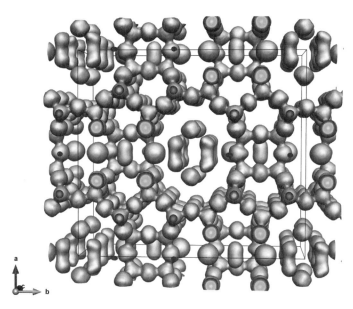

**図1 Rb含有MOR型ゼオライトRMA-1のMEMによる電子密度分布イメージ**
等電子密度面は0.9 e/Å³として表示。矢印はRbイオンを，中心部の丸で囲った部分は吸着水を指す。T-Oの共有結合からなる骨格構造が理解でき，一部のRbや水のサイトは，球状ではなく棒状に歪んだ不規則分布であることを示唆している。

最も使われているソフトウェアで，リートベルト法以外にLe Bail法[11]，それを拡張したハイブリッドパターン分解法[10]，最大エントロピー(MEM)法[12]による電子密度解析なども行える。また直接法や後述のcharge flipping法[13]のソフトウェアとの連係プレーが可能で，さまざまな解析を容易にするための支援環境まで組みこまれている。海外製ではGSAS-II[14]やFullProf-Suite[15]が代表的なソフトウェアで現在でも開発が継続されている。どのプログラムも複雑なゼオライト構造の解析に十分対応できるだけでなく，複数のプログラムとの連携や多機能化も進んでいて，一長一短はあるものの回折パターンから構造情報を最大限に引き出すための工夫が施されている。RIETAN-FPの特徴の1つとして，MEMと組み合わせた精密化技術であるMEM-based pattern fitting (MPF)法[16]がある。MPFでは，最も確からしくノイズの少ない電子密度分布を得ることが可能である。またMEM自体に構造推定する性質があり，細孔内のカチオンや分子の分布を示唆してくれることから，モデル修正に大変有効である。MPF解析の例として，図1にRb含有MOR型ゼオライトRMA-1の電子密度イメージを示す[17]。共有結合からなる骨格構造や，細孔内のゲスト分子の様子が鮮明に可視化され，有効細孔径の評価や静的または動的な不規則構造の視覚的理解を可能にしてくれる。

## 4 非経験的構造解析

非経験的構造解析の詳細は文献4を参照いただくとして，ここでは初期モデルを得るための位相解析に重点をおいて述べる。基本的には，①ピークサーチから始まり，②指数づけ（格子定数の決定），③空間群の推定，④観測積分強度の抽出，⑤位相解析（モデル探索），⑥構造精密化，のような流れで進めていく。このうち単結晶解析にはないプロセスが④で，これは全ての反射の回折ピークの強度をプロファイルフィッティングによって求めていく。一般にはLe Bail法[11]やPawley法[18]と呼ばれるパターン分解法が用いられている。なおRIETAN-FPで導入されたハイブリッドパターン分解[10]は，Le Bail解析に各反射の積分強度のみを精密化するスキームを加えたもので，フィッティングレベルをほぼ限界まで高めることができる。複数の反射が1つのピークにほぼ重なる場合には，便宜的にそれぞれの反射に強度を等分配するなどして，データセット $h, k, l,$

第5章　分析

$|F_{obs}|^2$ を作成する。$F_{obs}$ は観測積分強度である。このパターン分解でどこまで $|F_{obs}|^2$ を正確に求められるかが重要で，リートベルト解析と同じくフィッティングの善し悪しが結果を左右する。ただし，求まった観測積分強度は重なった反射については厳密な値でないことに注意する。

⑤の位相解析には，直接法や実空間法が最もポピュラーな解析法として用いられる。粉末回折データ専用の直接法プログラムとして EXPO2014[19] や XLENS_PD6[20] が有名で，ゼオライトの構造解析の実績もある。EXPO2014 には，指数づけ，空間群の推定，実空間法，多彩なモデルの可視化機能なども組みこまれており，カラフルで洗練された GUI 環境があるので扱いやすく優れた統合ソフトである。

また dual space method である FOCUS[21] や実空間法に属する ZEFSAII[22] といったゼオライトに特化したソフトもある。FOCUS では電子密度マップから骨格トポロジーを徹底探索する。通常，位相解析ではフーリエ合成で得られる電子密度マップの極大値をピックアップして原子位置を割り出していくが，FOCUS では弱い電子密度ピークでもゼオライト構造のフラグメントになり得るならば採用する。次にフラグメント構造を使って構造因子の位相を改良して再度フーリエ合成する。この操作を繰り返しながら，徐々に位相の改善を行い骨格構造を求めていく。

一方，ZEFSAII では，骨格の隣接するTサイト間の距離 $d(\text{T–T})$ や角度 $\angle\text{T–T–T}$ とその平均値，粉末回折強度における計算値と観測値の一致度などの因子を含んだ費用関数を定義し，それを最小化するようにモンテカルロ法でTサイトの位置を探索する。あらかじめ，格子定数と密度から適切なT原子の数を見積もり，ユニットセルに入れておく必要がある。

最近最も注目されているのが Oszlányi と Süto によって提案された charge flipping（CF）法である[13]。これはアルゴリズムとしてはフーリエ反復法の一種で，適当な位相を与えた観測構造因子 $|F_{obs}|$ を初期値とし，フーリエ合成（$\rho_{電子密度}$）$\leftrightarrows$ フーリエ変換（$F_{obs}$）を反復計算して解を求める。その反復計算のサイクルごとに，ある閾値以下の低い電子密度 $\rho$ の符号を反転させたり，特定の条件を満たす構造因子の位相をずらす操作を加えている。物質によらず高い位相回復能力があり，高い割合で構造が解けるの

が最大のメリットである。入力するのは，②，③で得た格子定数，空間群に基づく対称操作のリストおよび④で得たデータセット $h, k, l, |F_{obs}|^2$ のみで，解析後の電子密度分布として得られる。

さらに Baerlocher らは，図2に示すように CF 法を粉末回折データ用に最適化し，重なった反射のグループ化とそれら $|F_{obs}|$ の再分配，およびヒストグラムマッチングと呼ばれる電子密度修正法を加えた powder charge flipping（pCF）を考案した[23]。上記のゼオライト IM–5 は，pCF 法によって解かれた最初の新規ゼオライトである。筆者も pCF 法を用いて構造解析を行っているが，経験的には PXRD データやゼオライトとの相性はよく，よほど不規則的な分布をしていない限りアルカリカチオンなどの分布も解明する能力を持っている。CF（pCF）法はプログラム Superflip[24] で使うことができ，最新の RIETAN–FP では Superflip 用の入力ファイルを作成できるため使い勝手もよい。

図3に，特性X線を用いて解いた Sr 含有新規多孔体 AES–19（$Pnma$, $a = 1.394$ nm, $b = 2.348$ nm, $c = 0.676$ nm）について，Superflip で得た初期モデルと最終的な構造モデルを示す[25]。Si 原子，Sr および K イオンの位置がたった数十秒で得られ8員環サイズの細孔構造を有する骨格構造が判明した。次に，直接法と pCF の組み合わせで解いた例を示す。有機–無機ハイブリッド多孔体 KCS–2（$P6/m$, $a = 1.410$ nm, $c = 2.515$ nm）は，$Q^2$（$\equiv$Si–(OH)$_2$）構造で示される Si サイトと，シリカ源に用いた bis(triethoxysilyl) benzene（BTEB）由来のフェニレン基を有するアルミノシリケート骨格からなり両親媒性を特徴とする[26]。まず直接法により c 軸方向から見て AFI 構造のトポロジーに似たレイヤー構造を持つことが判明した（図4(A)）。次に，この部分構造情報を初期値にして再度パターン分解を行い pCF 解析したところ，$Q^2$ に相当するTサイトおよび Si–C 結合している炭素サイトが見つかった（図4(B)）。最後にフェニレン基が中間層にあると仮定して，各種分析結果に合致するようリートベルト解析でモデルを改良し，最終解を得た（図4(C)）。

このような異種の解析法と結晶化学的知識を組み合わせることで，かなり難解な構造を実験室レベルの PXRD データで解き明かすことができる。Superflip では，解析の過程で電子密度分布の対称

− 464 −

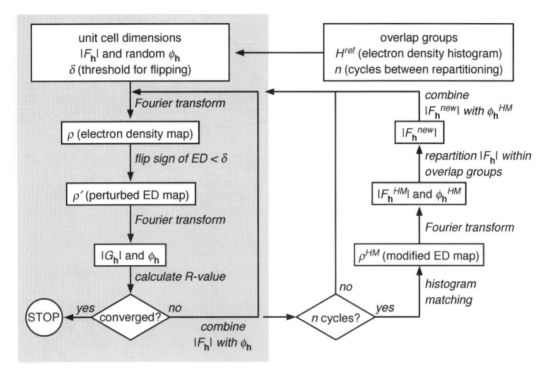

**図2　pCF法の解析フローチャート[23]**
左側はCF法解析のパートを，右側はヒストグラムマッチングによる電子密度を修正し，重なった反射の位相改良を行うパートをそれぞれ示す。

性を調べて空間群を推定する機能があり，設定した空間群の確からしさを検証することができる。なおCF法はTOPAS（ブルカー）やPDXL2（リガク）などの商用ソフトウェアでも利用できる。pCF法は直接法，実空間法に次ぐ第三の位相決定法として，今後広く普及していくであろう。

## 5　固体NMRと粉末X線回折の組み合わせによる構造決定

固体NMRは古くからゼオライト骨格の局所構造解析に用いられている重要な分析手段である。近年，高感度かつ高速回転可能なMAS（magic angle spinning）プローブや安定性の高い分光器が開発され，固体でも二次元多核NMRが普及してきている。ゼオライトについて，Tサイトと隣接する原子との結合状態や欠陥の有無，観測核の運動状態など豊富な情報を得ることができる。通常，粉末X線構造解析では原子位置はわかるがSiとAlのように原子番号が隣接する場合には散乱能の差が小さいため，それらの配置を正確に識別することは難しい。そこで，固体NMRからTサイト同士の連結性（connectivity）を明らかにし，各Tサイトに正しい元素をラベリングして構造モデルを構築する試みが報告されている。

まずAfeworkiらのアルミノリン酸塩であるゼオライトEMM-3の研究について述べる[27]。EMM-3は空間群と格子定数は放射光粉末回折データから，$I2/m11$（$C2/m$），$a = 1.0313$ nm，$b = 1.2698$ nm，$c = 2.1866$ nm，$\beta = 89.656°$の斜方晶系と定まり，プログラムFOCUSを使って10個のTサイトの座標が求められた。次に$^{27}$Al→$^{31}$P 3QHETCOR MAS NMR測定により，AlとPサイトの連結性を表す二次元マップ（図5（A））を得た。このマップから各AlとPサイトのつながりがどうなっているかが判別できる。また各々のピーク強度はそのサイトに帰属される原子数におおよそ比例するため，結晶学的な位置対称性＋多重度と比較することで最も原子数の多い

第5章 分析

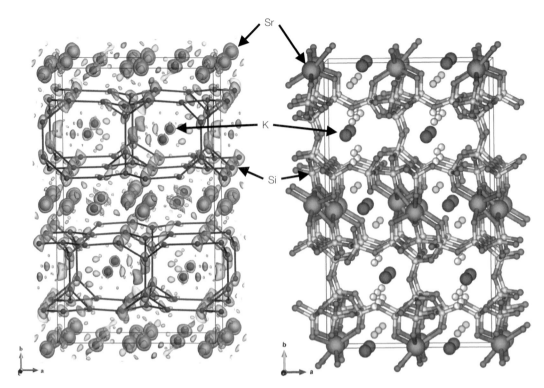

**図3** Sr–Kを含むメカノケミカル法で合成した新規多孔体AES-19について，pCF法で得た初期構造モデル（左）[25]と精密化終了後の最終構造モデル（右）

（少ない）サイトの元素が識別できる。通常AlとPは交互に配置することから，結果10個のTサイトにAl, Pのラベルを割り振ることができる。最後に各Tサイト間にO原子を加えて構造精密化すれば骨格モデルが完成する（図5（B），（C））。この方法では，全てのTサイトが一般等価位置にある対称性の低いゼオライトでは適用困難と思われるが，$^{27}$Al核と$^{31}$P核は感度が高く比較的短時間で測定可能なためAlPO系では有効な手段である。

Al等を含まない高シリカゼオライトについては，固体NMRデータから初期構造モデルを構築するBrouwerらの先駆的な研究があるので紹介する[28)–31)]。粉末X線回折により格子定数と空間群を求めるまでは先と同じである（図6（A））。彼らは，$^{29}$Si核について$^{29}$Si double-quantum (DQ) dipolar recoupling NMRと呼ばれる測定法を考案した（図6（B），（C））。まず，基本的なサイト情報とサイト間の関連性を調べるために，一般的な1D CP/MAS NMR測定および上記の双極子リカップリングシーケンスを加えた2D DQ-NMR測定を行う。また，Si

–Si間の距離情報を得るために，2Dスペクトル中の各ピークの信号強度とリカップリング時間の依存性をDQ曲線として測定する（図6（C））。以上の測定から，Siサイトの数，各Siサイトの占有率，Si–Siの組み合わせ（連結状態）およびSi–Si距離の4つの情報を得ることができる。

次に格子定数と空間群から定義される非対称単位胞内において，Si–Si距離以外の3つの情報を満たすように，Grid Search法を使ってSi原子の位置を探索する。最後に，骨格中のSi–O–Si結合に則してSi–Si距離が0.30～0.32 nmに収まるように，最小二乗法を使って全DQ曲線に対するカーブフィッティングを行いSiサイトの座標を最適化しトポロジーを構築する[28)]。

テストに用いたゼオライト構造では，粉末X線構造解析で求めたTサイトとほぼ一致する解が得られている（図6（D））。さらに彼らは密度汎関数（DFT）計算を組み合わせることで，結晶化度の低い層状シリケートの構造決定できることも報告している[32)]。本手法は，NMR測定に数日レベルを要し，

− 466 −

4節 ゼオライトのX線結晶構造解析

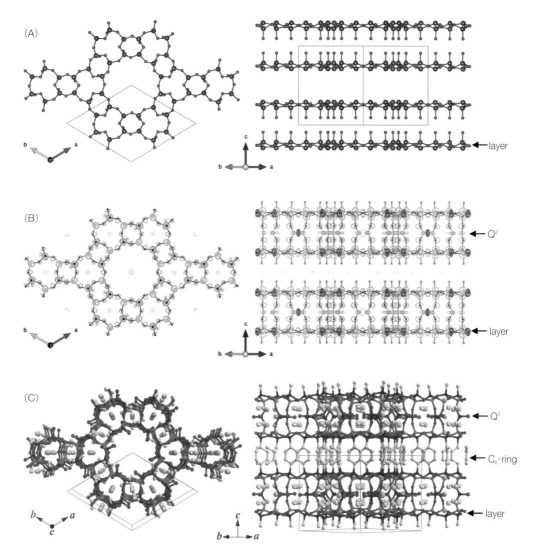

図4 有機-無機ハイブリッド多孔体KCS-2の，(A)直接法，(B)pCF法で抽出された部分構造モデル，および(C)[26]構造精密化して得た最終構造モデル(段階的に構造情報が増えていることがわかる)

パルスプログラムの作成・最適化が必要など敷居は高い．また不純物相が多く含まれる場合はNMRスペクトルにも大きく影響し，解析が困難になる．しかし，PXRDだけでは構造決定が困難な結晶性の低い高シリカゼオライトでは強力な解析手段になり得ると考えられる．

## 6 HR-TEMとPXRDのコンビネーション解析

高分解能透過型電子顕微鏡(HR-TEM/STEM)は，あらゆる材料研究において，原子レベルで構造を直接観察できる強力なツールである．一般にゼオライトは電子線に弱く高分解能観察には十分なスキルを要するが，近年の進化は著しく，球面収差補正器のついた200 kVクラスでも0.1 nmの空間分解能を持つSTEM観察が可能になった．ここでは，非

— 467 —

第5章 分析

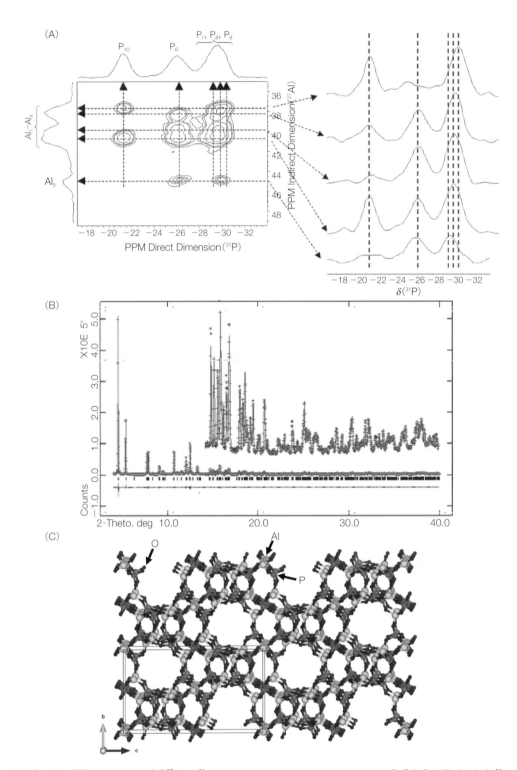

図5 アルミノリン酸塩 EMM-3 の (A) $^{27}$Al → $^{31}$P 3QHETCOR MAS NMR スペクトルとそれをスライスした $^{31}$P の一次元スペクトル[27]，(B) 放射光回折データによるリートベルト解析で得た残渣プロット[27]，および (C) EMM-3 の結晶構造モデル（Al と P はそれぞれ 5 サイトずつある）

4節 ゼオライトのX線結晶構造解析

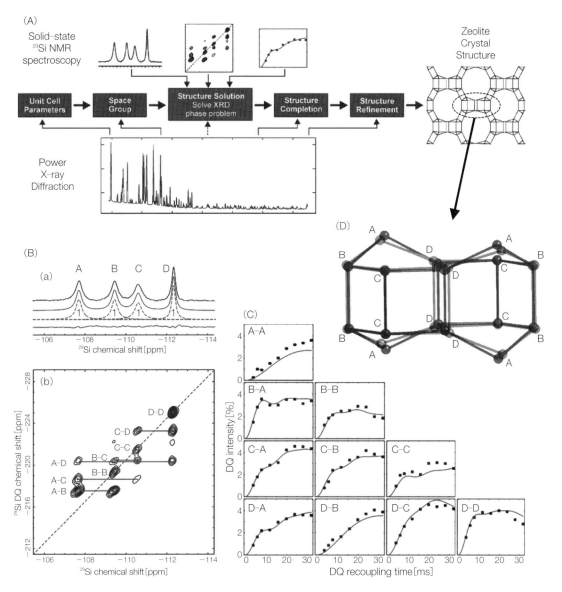

**図6 PXRDと²⁹Si DQ recoupling NMRを組み合わせた高シリカゼオライトの構造解析の例[29]**
(A)解析フローチャート，(B)(a)²⁹Si MAS NMRの一次元スペクトルとそのピーク分離，(b)²⁹Si DQ recoupling NMRの二次元スペクトル，(C)(B)で示される各ピークの強度のリカップリング時間に対する依存性を示すDQ曲線，(D)4つのTサイトA-Dの連結性を示す。NMR(グレー線)で求めた骨格構造はPXRD(黒線)で求めたものによく一致している。

常に大きなユニットセルと複雑な骨格構造を持つゼオライトについてHR-EMとPXRDを組み合わせた解析例について述べる。

ゼオライトIM-5 ($Si_{288}O_{576}$：空間群 $Cmcm$, $a=1.430$ nm, $b=5.679$ nm, $c=2.029$ nm) とTNU-9 ($H_{9.3}Al_{9.3}Si_{182.7}O_{384}$：空間群 $C2/m$, $a=2.786$ nm, $b=2.002$ nm, $c=1.960$ nm, $\beta=93.2°$) は，既存の骨格構造の中で最も多くの24Tサイトから構成され，ユニットセル体積がそれぞれ16.472 nm³と10.904 nm³とかなり大きい[6)7)]。これは粉末回折で扱われる一般的な無機化合物とくらべざっと100倍ほどに相当する。従って，いくら高分解能な放射光データであっても格子面間隔 $d \leq 0.1$ nm の測定範囲にある大半の反射について複数の反射が重なった状態にある。

- 469 -

第5章 分析

文献6) によれば，IM-5 の放射光 PXRD データでは 4120 の反射のうち 3499 の反射が隣接する反射と重なっていて，低次の反射同士でも重なりが起こっていた。これほどになると，どのような解析法を用いても PXRD データだけから構造モデルを決定するのは困難である。この反射の重なりによる情報の欠落を補うため，HR-TEM が用いられている。手順として，まず薄片部位から結晶の主方位である [100]，[010]，[001] 方位に沿って投影した高精度な高分解能像 (図7) を収集する。次に，フーリエ変換などを使って画像解析し，95 の位相情報を含む構造因子を得る。これを PXRD データからの観測構造因子に加え pCF 法で解析する。このようにして大半の Si と O 原子の位置を割り出すことに成功している (図8)。重畳反射の数に比べ追加した位相情報が 95 と少ないように思われるが，初期モデルの探索では，低次指数の強い回折ピークに重なりがあるだけで解は得られなくなる。よって，それらを独立反射として正確に分離できれば解が求まる確率も高まる。(図8(A)) で示されるように，pCF 解析で得た電子密度マップから骨格構造が大体見えているので，不足している Si と O サイト位置を推定・追加し，トポロジーの最適化とリートベルト解析を行うことで，最終モデルにたどり着くことができる (図8(B)，(C))。

## 7 電子線回折トモグラフィーと PXRD のコンビネーション解析

近年，パソコンの演算能力が飛躍的に向上したことから，HR-TEM 像のトモグラフィー技術が進化し，結晶性材料や生態組織の構造を立体的に観察できるようになった。TEM トモグラフィーは，ある 1 軸方向に沿って像を 1°ステップで回転させ 100～200 枚以上の画像データを取得し，それをデータ処理によって結合し 1 つの立体画像に再構築する技術である。Ute らはこの技術を電子線回折 (ED) に適用して Automated electron Diffraction Tomography (ADT) という新しい手法を開発した[33)-37)]。これは一言で言えば，単結晶X線回折を電子線に置き換えたものとなる。1°ステップでゴニオステージを回転させながら，多数の方位の ED 図形を収集し，結合して三次元的に再構築すると，膨大な数の逆格子

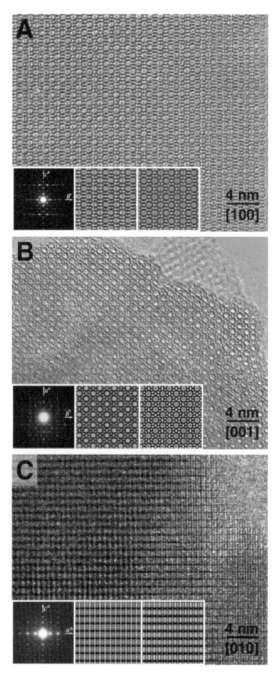

図7 IM-5 の (A) [100], (B) [010], (C) [001] の各方位の高分解能電子顕微鏡像[6)]
各図の内挿図は左から順に，制限視野電子線回折，対称性を平均化した像，および構造モデルからシミュレーションして得た像をそれぞれ示している。(A)，(B) では 10 員環細孔が鮮明に見えている。

- 470 -

4節 ゼオライトのX線結晶構造解析

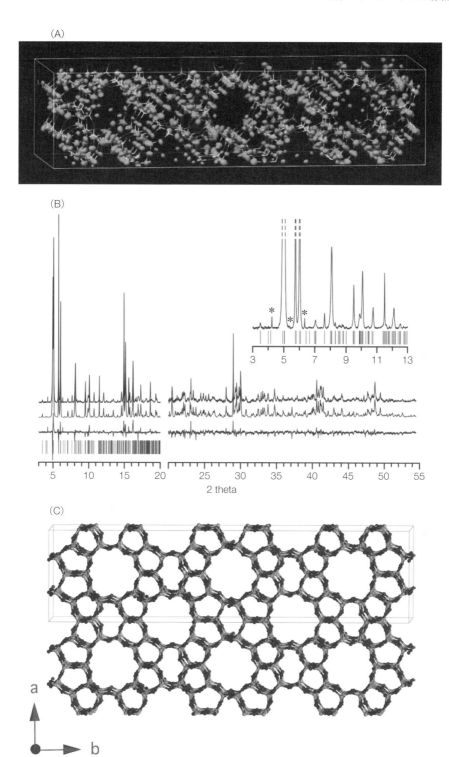

図8 図7の高分解能像から位相情報を抽出し，PXRDデータと組み合わせることで構造決定されたIM-5について，(A) pCF法で得られた電子密度分布[6]，(B) リートベルト解析で得られた残渣プロット（内挿図は低角側を拡大したもので，波長λ=0.99995Å，＊印は不純物由来のピークを指す）[6]，および(C) 結晶構造モデル

第5章 分析

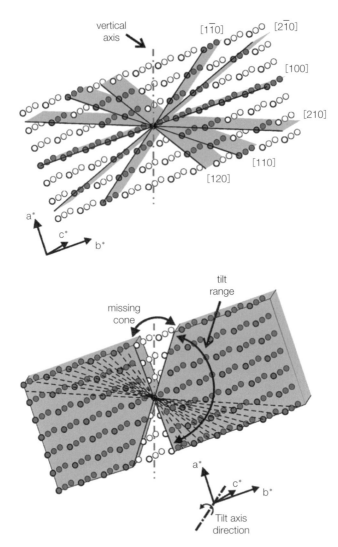

図9 (上)通常のED測定の逆空間における観測領域を示したもの。中心軸周りに傾斜させて，スポットが最も綺麗にでる低次指数面のED図形を収集する。これに対して(下)ADTでは，中心軸周りに1°ステップで傾斜させながら可能な限りゴニオメーターを回転させて広範囲のEDデータを収集する。グレイで示す領域は，測定された範囲を示し，黒丸は観測された逆格子点を，白丸はその逆を示す。ADTでは膨大な数の逆格子点を取り込むことができる[37]。

点上に現れる回折スポットが含まれた立体像が得られる (図9)[37)38)]。それら回折スポットの強度(大きさ)が，個々のhkl反射の観測積分強度に対応する。つまり反射の重なりがほとんどない単結晶回折データが100 nm未満の結晶1個から得られることを意味する。このあとは，直接法やCF法を用いて初期構造モデルを求めていく。

類似の研究はHovmöllerとZouらによっても行われていて，Rotation Electron Diffraction (RED) と命名されている[39)-41)]。両者は，EDデータの収集方法に幾分違いがあるが原理的なところは同じである。REDでは，ゴニオステージの回転を2～3°ステップと少しラフにする代わりに，0.05～0.2°の非常に細かいステップで電子ビームをTiltさせ，両者を連動させて多数のEDデータを得る仕組みになっている(図10)。そのため，REDでは汎用TEMさえあれば，ソフトウェア制御のみで全自動データを収集できることがメリットとされている[41)]。

難点をあえて言えば，広範囲な視野の膨大なEDデータを精度よく収集する必要があるので，試料ホ

- 472 -

4節 ゼオライトのX線結晶構造解析

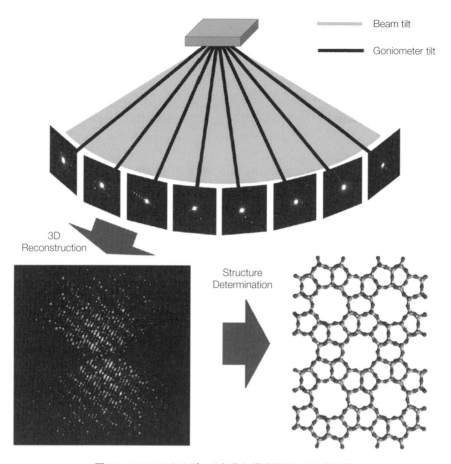

**図10 REDによるデータ収集と構造解析までの概念[41]**
REDではビームTiltとゴニオメーターの回転の両方を用いて多数のEDデータを収集する．ADTと同様，三次元の逆空間データに再構築して，単結晶X線構造解析と同様にして構造決定する．

ルダーやゴニオメーターには高い機械精度が要求される（とくにADTでは）．またEDでは動力学的効果による多重散乱があるため，回折強度の定量性に問題がある．しかし，電子顕微鏡のハード面の改良は劇的に進化しており，動力学的効果についてもX線回折におけるプリセッションカメラと原理を同じくするPrecession Electron Diffraction（PED）法[42]を用いることでほぼ除去できることが実証されていることから，さほど問題にはならないであろう．

ADT（+PED）やREDはゼオライトの構造研究における問題（単結晶ができない，構造の複雑に起因する粉末回折法の解析限界）を一気に解消し，既存の概念を変えてしまうほどのインパクトを持っている．実際に，ここ数年の間に多くに報告がなされ，キラル構造を有するゲルマノシリケートITQ-37

（-ITV型）[43]や，メソ-ミクロの階層化構造を持ったゲルマノシリケートITQ-43[44]，また有機-無機ハイブリッド多孔体のECS-3[45]など次々と複雑な構造が解明されていてる．ITQ-43では，ADTにより2735もの独立反射の観測積分強度が得られており，これは粉末回折では太刀打ちできない情報量である．この独立反射の数が増えることこそADTの最大の強みでもある．最新の電子線結晶学と粉末回折に関する専門書もあるので興味のある方は一読して欲しい[46]．

## 8 おわりに

pCF等の新手法により粉末X線構造解析がかなり高度化していること，ゼオライトの構造研究が随

第5章　分　析

分と進歩していることがご理解していただけただろうか。雑駁な説明しかできなかったが，Li と Yu によるゼオライトの構造定義・解析法・構造予測についての詳しい解説論文もあるのでそちらも参照して欲しい[2]。ただ本稿で示した例にあるように，近年の大口径ゼオライトでは構造の複雑さが一段と増しており，粉末 X 線回折だけでは解くことが困難なケースが今後も増えていくと思われる。また有機－無機ハイブリッド多孔体，ヘテロ金属含有多孔体，層状化合物など新しい無機系ナノ空間化合物も次々とつくり出されていることから，より一層強力で柔軟性の高い解析技術とその開発が必要であると感じている。

筆者は，結晶性がほどほどあるゼオライトについては HR－EM（ADT & RED）＋PXRD が，また結晶性が低い場合には固体 2D MAS－NMR＋PXRD が，それぞれ進化しながら大きく発展すると予想している。一方で，残念ながら国内ではこれらの技術を使った研究例はまだ報告されていない。X 線回折，固体 NMR，電子顕微鏡の研究・開発は従来より日本でも活発であり，装置環境は世界屈指であると言ってよい。互いの専門家同士が協力して，技術開発とその応用研究を早急に進めていく必要があると強く感じている。またゼオライト分野の構造研究者が非常に少ないことも危惧している。本書を読んで構造解析にも関心を持ってもらえたら幸いである。

■引用・参考文献■

1) Ch. Baerlocher, W. M. Meier and D.H. Olson (Eds.): Atlas of Zeolite Framework Types, sixth ed., Elsevier (2007).

2) Y. Li and J. Yu : *Chem. Rev.*, **114**, 7268 (2014).

3) https://www.ncnr.nist.gov/resources/n-lengths/

4) 中井泉，泉富士夫編著：粉末 X 線解析の実際（第 2 版），朝倉書店 (2009).

5) H. M. Rietveld : *J. Appl. Crystallogra.*, **2**, 65 (1969).

6) Ch. Baerlocher, F. Gramm, L. Massüger et al. : *Science*, **315**, 1113 (2007).

7) F. Gramm, Ch. Baerlocher, L. B. McCusker et al. : *Nature*, **444**, 79 (2006).

8) G. T. Kokotailo, S. L. Lawton, D. H. Olson, W. M. Meier : *Nature*, **272**, 437 (1978).

9) Ch. Baerlocher, D. Xie, L. B. McCusker et al. : *Nat. Mater.*, **7**, 631－635 (2008).

10) F. Izumi and K. Momma : *Solid State Phenom.*, **130**, 15 (2007).
http://fujioizumi.verse.jp/download/download_Eng.html

11) A. Le Bail, H. Duroy and J. L. Fourquet : *Mater. Res. Bull.*, **23**, 447 (1988).

12) D. M. Collins : *Nature*, **298**, 49 (1982).

13) G. Oszlanyi and A. Suto : Acta Crystallogr., A60, 134 (2004).

14) B. H. Toby and R. B. Von Dreele : *J. Appl. Crystallogra.*, **46**, 544 (2013).
https://subversion.xor.aps.anl.gov/trac/pyGSAS

15) J. Rodriguez-Carvajal : *Physica* B, **192**, 55 (1993).
https://www.ill.eu/sites/fullprof/index.html

16) F. Izumi and T. Ikeda : *Commission on Powder Diffraction, IUCr Newsletter*, **26**, 7 (2001).

17) K. Itabashi, A. Matsumoto, T. Ikeda et al. : *Micropor. Mesopor. Mater.*, **101**, 57 (2007).

18) G. S. Pawley : *J. Appl. Cryst.*, **14**, 357 (1981).

19) A. Altomare, C. Cuocci, C. Giacovazzo et al. : *J. Appl. Cryst.*, **46**, 1231 (2013).
http://www.ic.cnr.it/icnew/site/index.php

20) J. Rius : *Acta Cryst.*, A**67**, 63 (2011).
http://icmab.cat/crystallography/

21) R. W. Grosse-Kunstleve, L. B. McCusker and Ch. Baerlocher : *J. Appl. Cryst.*, **30**, 985 (1997).
http://www.crystal.mat.ethz.ch/research/Zeolites PowderDiffraction/FOCUS

22) M. Falcioni and M. W. Deem : *J. Chem. Phys.*, **110**, 15 (1999).
http://www.mwdeem.rice.edu/zefsaII/

23) Ch. Baerlocher L. B. McCusker and L. Palatinus : *Z. Kristallogr.*, **222**, 47 (2007).

24) L. Palatinus : *Acta Crystallogra.*, A**60**, 604 (2004).
http://superflip.fzu.cz

25) K. Yamamoto, T. Ikeda and C. Ideta : *Micropor. Mesopor. Mater.*, **172**, 13 (2013).

26) T. Ikeda, K. Yamamoto, A. Irisa et al. : *Angew. Chem., Int. Ed.*, **54**, 7994 (2015).

27) M. Afeworki, G. J. Kennedy, D. L. Dorset and K. G. Strohmaier : *Chem. Mater.*, **18**, 1705 (2006).

28) D. H. Brouwer, P. E. Kristiansen, C. A. Fyfe and M. H. Levitt : *J. Am. Chem. Soc.*, **127**, 542 (2005).

29) D. H. Brouwer, R. J. Darton, R. E. Morris and M. H. Levitt : *J. Am. Chem. Soc.*, **127**, 10365 (2005).

30) D. H. Brouwer : *J. Am. Chem. Soc.*, **130**, 6306 (2008).

31) C. Martineau : *Solid State Nucl. Mag. Reson.*, **63**, 1 (2014).

32) D. H. Brouwer, S. Cadars, J. Eckert et al. : *J. Am. Chem. Soc.*, **135**, 5641 (2013).

33) U. Kolb, T. Gorelik, C. Kübel, M. T. Otten and D. Hubert : *Ultramicroscopy*, **107**, 507 (2007).

34) U. Kolb, T. Gorelik and M. T. Otten : *Ultramicroscopy*, **108**, 763 (2008).

35) E. Mugnaioli, T. Gorelik and U. Kolb : *Ultramicroscopy*, **109**, 758(2009).

36) U. Kolb, E. Mugnaioli and T. E. Gorelik : *Cryst. Res. Technol.*, **46**, 542(2011).

37) E. Mugnaioli and U. Kolb : *Micropor. Mesopor. Mater.*, **166**, 93(2013).

38) M. Gemmi, A. Galanis, F. Karavassili et al. : *Microscopy and Analysis*, **27**, 24(2013).

39) S. Hovmöller : WO Patent WO/2008/060237(2008).

40) D. L. Zhang, P. Oleynikov, S. Hovmöller and X. D. Zou : *Z. Kristallogr.*, **225**, 94(2010).

41) W. Wan, J. Sun, J. Su, S. Hovmöller and X. Zou : *J. Appl. Cryst.*, **46**, 1863(2013).

42) R. Vincent and P. A. Midgley : *Ultramicroscopy*, **53**, 271(1994).

43) J. Sun, C. Bonneau, A. Cantin, A. Corma et al. : *Nature*, **458**, 1154(2009).

44) J. Jiang, J. L. Jorda, J. Yu et al. : *Science*, **333**, 1131(2011).

45) G. Bellussi, E. Montanari, E. Di Paola et al. : *Angew. Chem. Int. Ed.*, **51**, 666(2012).

46) U. Kolb, K. Shankland, L. Meshi, A. Avilov, W. I. F. David (Eds), Uniting Electron Crystallography and Powder Diffraction, Springer, 2012, ISBN 978-94-007-5579-6.

〈池田　卓史〉

第5章 分 析

## 5節 ガス吸着によるポーラス材料のキャラクタリゼーション

### 1 はじめに

　吸着等温線は一定温度における固体材料（吸着剤）とある圧力（濃度・相対圧・相対湿度）での気体もしくは液体（吸着質）のインターラクション（分子間力等）の大きさを表し，どの程度の吸着質を吸着できるか（吸着量）を判断することができる重要な基礎物性の一つである。材料開発の観点において，液体窒素（$LN_2$：77.4 K）や液体アルゴン（LAr：87.3 K）温度下での窒素やアルゴンの吸着等温線により材料の比表面積や細孔分布（マイクロポアからマクロポア）の情報，クラウジウス-クラペイロン式を用いた等量微分吸着熱，またこれら吸着熱から得られる表面特性，さらには，水蒸気吸着等温線による親水性・疎水性の把握，アンモニア吸着やCO吸着等による触媒評価方法の一つである金属分散度等の情報を得ることができる。この吸着等温線を取得する方法には定容量法，重量法，流通法やパルス法等があるが，測定が簡便で，基本原理が理解しやすく，正確な測定が可能なことから定容量法がよく用いられている。

　これまで，材料のキャラクタリゼーションにおける吸着等温線の測定（主に$LN_2$温度（77.4 K）における窒素吸着等温線）の際にはサンプル部での到達真空度の限界等から，平衡圧（P）で0.1 Pa程度（$LN_2$温度での飽和蒸気圧$P_0$が101.3 kPaであることを考慮した際の相対圧ではP/$P_0$＝1E－6）からの測定，ならびに測定中の冷媒（$LN_2$）の蒸発による死容積（$V_d$）の変化をできるだけ少なくするという技術を主としていたことからデータの再現性等に問題があった。このため，本稿ではより低圧からの正確な吸着等温線測定において必要不可欠な各技術を備えた次世代型吸着等温線測定装置のご紹介を行うとともに，極低相対圧からの吸着等温線測定範囲が広がったことによる，最大のメリットとなったマイクロからメソ・マクロ孔まで単一理論で解析可能な，GCMC法の解説ならびに本法を用いた最新の各種材料の解析例とあわせて記載する。

### 2 次世代型吸着等温線測定装置 ― BELSORPmax ―

　定容量法は圧力計とバルブで囲まれた，基準容積部（$V_s$）と試料管が備えつけられた死容積部（$V_d$）に分けられる。通常，前処理を終えた試料管を装置に取りつけ，真空ポンプにより系内を真空排気し，一定量のガス（$P_i$）を$V_s$部に導入する（初期導入量$n_i$）。その後，試料管直上のバルブを開け，$V_s$部に入れたガスを$V_d$部に拡散させ，吸着が進行した後，平衡時の圧力（$P_e$）を読み取り，気相に残っているガス量（$n_e$）を気体の状態方程式より算出し，吸着量は$n_i$と$n_e$の差から求められる。このように原理は非常に簡単ではあるが，より低圧からの正確な吸着等温線を取得するためには，重要な技術がいくつもある。例えば，固体材料の適切な前処理，試料の秤量誤差，$V_s$の正確さ，$V_s$，$V_d$部の温度管理，圧力計の精度（飽和蒸気圧測定，平衡圧測定），正確なガス導入，ガス放出や透過のない部材の選択，サンプル部での素早い到達真空度の達成，サーマルトランスピレーションや非理想性の吸着量補正ならびに$V_d$の正確さである。なかでも，より低圧での平衡をとるために，素早くサンプル部の到達真空度をあげ，高真空下においてできるだけ各種部材からの放出ガスの影響をなくす弊社独自のマニホールドおよび各種バルブは空圧弁を採用している。また，上記のとおり死容積（$V_d$）をいかに正確に測定するかは精度の高い等温線を測定する上で一番のポイントとなる。なぜなら，$V_d$は試料管や試料重量が変わ

－ 476 －

5節 ガス吸着によるポーラス材料のキャラクタリゼーション

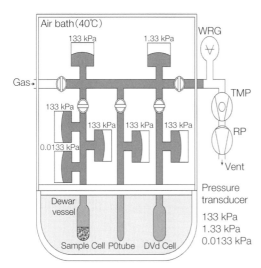

図1 次世代型吸着等温線測定装置の概要

図2 BELSORPmax 外観

ると変化する値であり，また，LN$_2$ や LAr 等の冷媒を用いた測定の際には，大気圧変動，酸素等の冷媒への溶解や室温変化により冷媒の蒸発量が測定中随時変化しているためである。これまで各吸着装置メーカーは吸着等温線測定中に V$_d$ の値を変化させないような工夫（冷媒の液面レベルコントロール等）もしくは吸着測定中の V$_d$ の変化を補償することを行っているが，極低圧でのデータの安定性等が問題となっていた。そこで，弊社ではこれらの問題を克服すべく，死容積連続測定法（AFSM™：Advanced Free Space Measurement）を開発し[1]-[3]，新たに次世代型の定容法型吸着量測定装置 BELSORPmax（図1（流路図）図2（外観））に本方法を採用した。max は業界初の 13.33 Pa (F.S) センサーを備え，極低相対圧（P/P$_0$ = 1E-8 〜）からの吸着等温線測定が可能となり，メソ孔やマクロ孔のみならずマイクロ孔評価を単一理論の GCMC 法で可能とし，低比表面積測定精度が 10 倍に向上（全表面積 0.75 m$^2$ の再現性 ±2% 以内）することが可能となった。また，これらの測定は最大 2 検体同時に行う事ができ，蒸気吸着量評価ならびに化学吸着量を考慮した金属分散度評価をも可能としている。

## 3 GCMC 法

GCMC 法による吸着等温線のシミュレーションは，細孔径や形状，吸着分子，吸着材表面原子などのパラメーターを決め，実際にその細孔仮想空間に吸着分子を入れ，吸着分子の移動・生成・消滅を行い，系のグランドポテンシャルがマイナス（安定）になれば受け入れ，逆であればもとに戻すという操作を繰り返す。

通常このステップを 100 〜 500 万回繰り返し，その後，系のグランドポテンシャルが小さくなり安定（吸着平衡）であるかを確認し，ある細孔径のある圧力における吸着量をシュミレーションし，入れる分子数を増やし，系内の圧力を上げ次の圧力における平衡吸着量を推算する。つまり実際の吸着実験をコンピューター上で行い吸着等温線を製作する手法である。GCMC 法と NLDFT 法との違いは，グランドポテンシャルを Lagrangian multiplier 法[4]等により近似計算するのではなく，上記のとおり，平衡状態を実計算により求めるという点と，NLDFT 法は吸着分子を球形近似しているのに対し，GCMC 法は N$_2$ や CO$_2$ 分子を LJ2 中心，LJ3 中心とし，また 4 重極モーメント（電荷）をもそれぞれ扱い実際の分子（原子）間相互作用を計算していることにある（図3）。NLDFT は必ず系のグランドポテンシャルが最小になる点が近似により計算されるが，GCMC は設定条件により必ずしも正しい平衡状態を与えるとはかぎらず，トライアンドエラー（シミュレーションセルサイズの変更）が必要となる。一例

第5章 分析

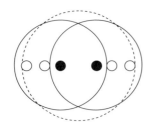

**図3 N₂分子モデル，⋯⋯NLDFT，――GCMC**
(●: LJ center lx, ○: charge center lq)

として，スリット型カーボン細孔（H = 4 nm）への窒素吸着等温線（77.3 K）（local isotherm）をGCMC法により計算した結果を**図4**に示す。

細孔-流体間相互ポテンシャルは，流体相互作用ポテンシャル Lennard-Jones 12-6 と固体-流体相互作用ポテンシャル，Steel 10-4-3 を用いて計算され，各パラメーターは $\sigma_{ff} = 0.3615$ nm, $\varepsilon_{ff}/k_B =$ 101.5 K, lx = ±0.05047 (nm), lq = ±0.1044 (nm), $\varepsilon_{sf}/k_b = 53.72$ (K), $\sigma_{sf} = 0.3494$ (nm), $\rho_s$: グラファイトの炭素原子数密度（11.4 nm⁻³）Δ: グラフェンシート間距離（0.335 nm）を用いた。シミュレーションセルサイズは $H \times L_x \times L_y$ とし，$x$-$y$ 方向に周期境界条件を課し，$L_x = L_y = 10\sigma_{ff}$ を基本とした。なお，図内点AからBへの吸着平衡過程のスナップショット（平衡点A（0回）→5000回→5万回→50万回→平衡点B（500万回））を**図5**に示す。このようにGCMCシミュレーションは各点の平衡までの計算には上記のとおり数百万回程度の計算が必要となる。

また，GCMCによって得られた吸着等温線には，吸着側と脱着側とが一致しない吸着ヒステリシスが見られる。そのヒステリシスループの吸着側は熱力学的準安定経路を経由した気相→液相転移によるものであり，脱着側は熱力学的準安定経路を経由した

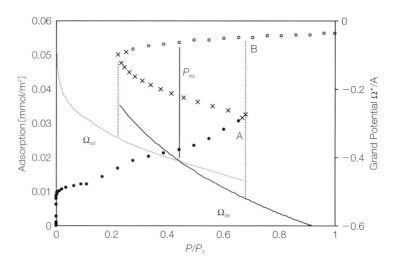

**図4** GCMCによるカーボンスリット型細孔への窒素吸着等温線（○，●），Gauge Cell法による準安定限界点（×最右点，最左点）ならびに熱力学的気-液平衡転移点（$P_{eq}$）およびオープンセル法による熱力学的気-液平衡転移点（$P_{eq}$）

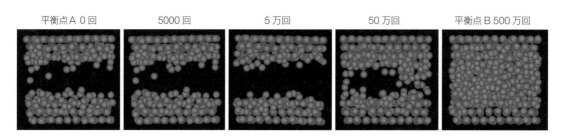

**図5** 図4内平衡点Aから平衡点BへのGCMCによる平衡過程のスナップショット

― 478 ―

液相→気相転移に対応している。基本的に，kernelを構成する local isotherm は全て熱力学的安定経路を通るものでなくてはならないが，GCMC シミュレーションでは熱力学的に安定な気液相転移点（熱力学的気-液平衡転移点）を直接的に決定することができない。この熱力学的気-液平衡転移点の決定法としては，GCMC シミュレーションによって計算される吸着等温線を用いた「熱力学的積分法」[5]や Gauge Cell 法[6]があるが，計算コストが高く，kernel 計算への応用には不向きである。このため，熱力学的気-液平衡転移点を容易に，かつ低い計算コストで決定する新規手法である開放セル法[7]の開発を京都大学宮原研究室とともに行った[8]。本手法では，Gauge Cell 法とは対照的に，系を直接的に熱力学的平衡状態に導くことを目的とし，図6 のように，吸着相セルの両端に仮想的気相との境界面を設け，これと細孔内ポテンシャル場（FPF：Full Potential Field）とをつなぐポテンシャル緩衝場（PBF：Potential Buffering Field）を設定した。

このように吸着相セルは気相に向けて「開放」され，長さ方向に非一様な部分を組み合わせた細孔場を設定することで，凝縮状態では必ず気液界面（メニスカス）がセル内に存在することになり，準安定領域がほとんど生じないことが大きな利点で，系は速やかに熱力学的平衡状態に達すると予想される。つまり，熱力学的気-液平衡転移点圧力 $P_{eq}$ を一度のシミュレーションによって容易に決定することができる。このようにして，世界で初めて開放セル法を用いた GCMC 法による熱力学的気-液平衡転移点を経たカーボンスリット型細孔に対する kernel を開発した（図7）。

ここで，細孔分布とカーネルとの関係は，式 (1) で表され，$N(P)$ はスリット型細孔モデルにおける積分吸着等温式（Integral Adsorption Equation）であり，$\rho(P,H)$ は GCMC から算出されたカーネルである。多孔性材料の細孔分布は，IAE が実測された吸着等温線に近くなるように細孔分布関数（$f(H)$）を変化させ，最小二乗法により分布関数を最適化し決定することができる。

$$N(P) = \int_0^\infty dH f(H)\rho(P,H) \qquad (1)$$

スリット細孔分布を算出する古典的な細孔分析解析理論（マイクロ孔：吸着ポテンシャル理論（HK法）やメソ・マクロ孔：毛管凝縮理論（INNES法）は，吸着等温線の相対圧と吸着量から細孔分布を求めるので結果は基本的に変化することはないが，本方法は細孔分布を仮定し積分吸着等温線を実測吸着等温線にフィッティングするため，ソフトウェアのフィッテングアルゴリズムにより結果が変化する可能性がある。よって，解析された IAE と実験値を比較し，さらには材料のほかの情報と照らし合わせ結果の妥当性を吟味する必要がある。材料情報がない未知材料の場合は，従来の等温線から直接計算する古典的な理論を適用し，十分な情報のある既知材料である場合，これらの解析方法を使用することを推奨する。また，各 local isotherm において，相対圧（$P/P_0$）1E-9 からの吸着量を計算しているため，

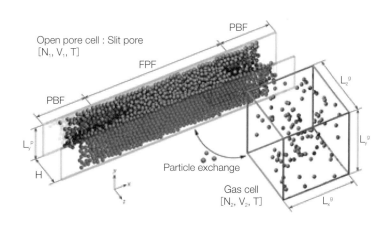

図6　開放セル法のシミュレーションセル

第5章 分析

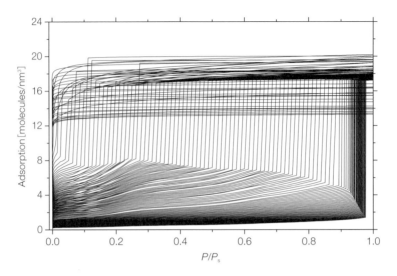

図7 カーボンスリット型細孔モデルに対するGCMC kernel
(窒素吸着,温度77 K, local isothermの本数:136本)

実測等温線の取得においても同オーダーからの測定が可能な吸着測定装置によりデータを得,両者のフィッティングを行う事がより正確な細孔構造評価を行う点において重要となる。

### 4 活性炭素繊維の極低圧 $N_2$ 吸着等温線測定によるGCMC法ならびに$α_s$法による細孔構造評価

クラレケミカル製の活性炭素繊維FT300-25(ACF)を,300℃,12 hで高真空排気前処理を行った後,$N_2$(77.4 Kならびに87.3 K)の吸着等温線を極低圧領域($P/P_0$=1E-8~)からBELSORPmaxにて測定した。また,上記温度は温度安定性±0.01℃が可能なクライオスタット:BELCryoにて制御した。GCMCカーネルによる細孔分布評価を正確に行うためには先に述べたように,カーネル内local isothermは相対圧$P/P_0$=1E-9~から計算しているため,測定においても同オーダーから測定が必要不可欠となる[9)10)]。なお,$α_s$法により細孔構造評価を行うにあたり,基準$α_s$カーブ(各相対圧における,相対圧0.4での吸着量に対する各相対圧での吸着量の比;$α_s=V/V_{0.4}$)は無孔性カーボンブラック#51(旭カーボン)を300℃,3 hで真空前処理し,極低圧から同装置にて測定したものを使用

した。CB比表面積は$S_{BET}$=18.9 m$^2$/g($C_{BET}$=142)となった。

ACFの$N_2$(77.4 K, 87.3 K)の吸着等温線測定結果(横軸:相対圧(線形)$P/P_0$(-)・縦軸:吸着量$V$(cc(STP)/g))を図8に示す。4回の測定を行い各測定の再現性は非常によい結果となった。77.4 Kの等温線はいわゆるⅠ型の等温線であり,$P/P_0$=0.05~0.99において徐々に吸着量が増加していることから,メソ孔の存在がわかる。また,表面状態の違いを検討するために,ACFとCBの$α_s$カーブ(片対数)を図9に示す。吸着温度77.4 Kならびに87.3 Kにおいて,ACFの$α_s$カーブはCBの$α_s$カーブを平行移動した形となっていることから,ACFの表面状態はCB表面によく類似していることがわかった。77.4 Kの吸着等温線をスリットカーボンのGCMCカーネルを用いてシミュレーションを行ったフィッティング結果を図10に,これにより得られた細孔分布(体積分布ならびに累積容積)を図11に示す。

図10において実測等温線とフィッティングにより得られた理論吸着等温線はよく一致しており,本結果から得られる細孔分布は信憑性が高いといえる。図11の細孔分布より$N_2$分子が1~2個程度入る(0.4~0.7 nm程度)ウルトラマイクロ孔,2~8分子程度入る(0.7~3 nm程度)スーパーマイクロ

5節 ガス吸着によるポーラス材料のキャラクタリゼーション

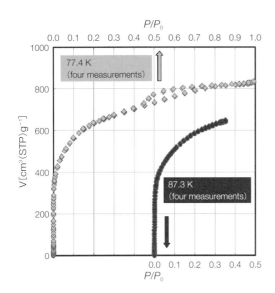

図8 ACF(FT300-25)N₂吸着等温線

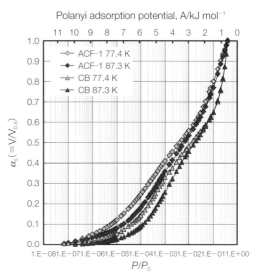

図9 ACF(FT300-25)ならびにCBの$α_s$カーブ比較

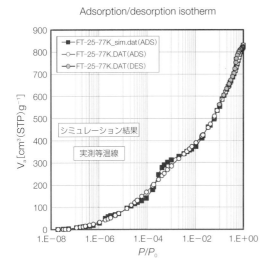

図10 ACF(FT300-25)N₂吸着等温線ならびにGCMCによる積分吸着等温線(シミュレーション結果)比較

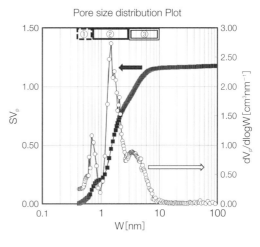

図11 ACFのGCMCによる細孔分布

孔,さらに8個以上入る(3nm以上)メソ孔の存在があることがわかり,各細孔径範囲における細孔容積ならびに全細孔容積から細孔容積比をまとめた結果を表1に示した。

ACF各温度における$α_s$法(SPE法)に基づく$α_s$プロット(基準$α_s$カーブ:CB使用)を図12に示す。図内それぞれの温度における吸着側の$α_s$プロッ

トにおいて,いわゆるウルトラマイクロポア存在時に現れるFilling swing(Fスイング)とスーパーマイクロポア存在時に現れるCondensation swing(Cスイング)が見られた。

さらに77.4Kの脱着側の$α_s$プロットにおいて,メソ孔存在時に現れる毛管凝縮によるスイング(CC-Swing)も合わせて確認することができた。各

- 481 -

## 第5章 分析

表1 図11 GCMC 細孔分布から得られる各細孔評価

| | 細孔容積<br>[cm³(liq.)g⁻¹] | 細孔容積比率<br>[%] | (dw)<br>細孔幅<br>[nm] |
|---|---|---|---|
| ウルトラマイクロ孔①<br>($N_2$ 分子 1～2 個) | 0.15 | 13 | 0.4～0.7 |
| スーパーマイクロ孔②<br>($N_2$ 分子 2～8 個) | 0.76 | 65 | 0.7～3 |
| メソ孔③<br>($N_2$ 分子 8 個以上) | 0.26 | 22 | 3～10 |
| 全細孔容積<br>(～100 nm) | 1.19 | – | – |

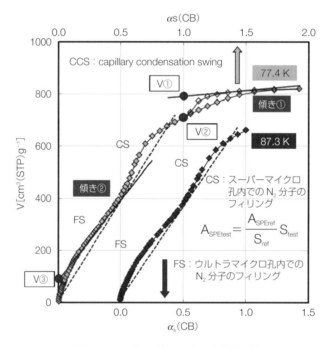

図12 ACFI の $\alpha_s$ 法による細孔構造評価

細孔領域の細孔容量ならびに比表面積を求めるために，各補助線を加えた。原点を通る破線の傾きから全表面積を，CC-Swing から得られる直線の傾き①から，外部表面積ならびに縦軸とこの直線の切片から全細孔容積 V①を，吸着量 $\alpha_s=1.0$ における吸着量からマイクロ孔容積 V②を，F-swing から得られる直線の傾きからスーパーマイクロ孔，メソ孔，外部表面積の和ならびに切片からウルトラマイクロ孔容積 V③を得る事ができた。$\alpha_s$ 法により，各細孔領域における細孔容量（$V_{pore}$），表面積（A）さらにスリット平均細孔幅（$d_w$）を $2V_{pore}/A$ により算出し，細孔容積比をまとめた結果，さらに GCMC から得られた細孔容積比の結果を表2にまとめた。$\alpha_s$ 法で求めた細孔容積比は GCMC 法で求めたそれとほぼ一致していることがわかった。また，$\alpha_s$ 法から，図13 に示した ACF のスリットモデル構造と予測することができた[11]。

表2 ACFの$\alpha_s$法およびGCMC法より得られる各細孔評価

|  | (V) 細孔容積 [$cm^3$(liq.)$g^{-1}$] | (A) 表面積 [$m^2 g^{-1}$] | (dw) 細孔幅 [nm] | $\alpha_s$ 細孔容積比率[%] (細孔容積[$cm^3$(liq)$g^{-1}$]) | GCMC 細孔容積比率[%] (細孔容積[$cm^3$(liq)$g^{-1}$]) |
|---|---|---|---|---|---|
| ウルトラマイクロ孔 (0.4〜0.7 nm $N_2$ 1〜2個) | 0.14 | — | 0.4〜0.7 (0.4〜0.5 nm, 60%) | 11.5 (0.14) | 13 (0.15) |
| スーパーマイクロ孔 (0.7〜3 nm $N_2$ 2〜8個) | 0.95 | 1538 | 1.2 | 77 (0.95) | 65 (0.76) |
| メソ孔 (3〜10 nm $N_2$ 8個以上) | 0.14 | 72 | 3.9 | 11.5 (0.14) | 22 (0.22) |
| 全細孔容積：1.23　外部表面積 40 | | | — | — | — |

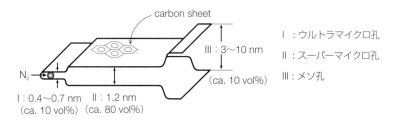

図13　$\alpha_s$法より得られたACFのスリット細孔モデル

## 5 メソポーラスゼオライトの$N_2$(77.4 K)，Ar(87.3 K)の極低圧吸着等温線によるキャラクタリゼーション

　MFI型ならびにFAU型ゼオライトは三次元構造のマイクロ孔を持ち，実用触媒や吸着・分離剤として工業的に重要な材料として用いられている。しかしその入り口径は0.5〜0.6 nm（MFI）ならびに0.7 nm（FAU）（スーパーケージ径：1.3 nm）であり1〜2分子程度の径でしかないため，拡散律速となってしまい工業的に優位ではない。そこで近年，ナノゼオライトやメソ孔を持つゼオライト（メソポーラスゼオライト），またゼオライト膜など，いかに反応場であるマイクロ孔をメソ・マクロ孔や外部表面積に接続させるかに注目が集まっている。そこで，これらのゼオライトの$N_2$(77.4 K)，Ar (87.3 K)極低圧吸着等温線測定を行いGCMC法ならびに$\alpha_s$法による細孔構造評価を行う。

### 5.1　メソポーラスMFI型ゼオライト

　MFI型ゼオライトであるsilicalite-1を合成し，これをアルカリによりエッチングしたNaOH-MFIゼオライトを作成した。各ゼオライトの極低圧（1E-8相対圧）からの窒素ガス吸着等温線からGCMC法により細孔分布解析を行った。図14の等温線（横軸線形および対数）より，両者ともⅠ型の等温線であり，特にNaOH-MFIはメソ，マクロ孔が形成されていることが等温線からわかる。別途，横軸対数軸での等温線において吸着量の立ち上がり（増加）が相対圧1E-6程度に存在する。これらの結果をGCMC法により解析すると，MFIゼオライト結晶構造由来のマイクロポアの細孔径ピーク0.55 nmがあり（図15），さらにその拡大図からアルカリ処理したゼオライトにおいて，数nm程度から数100 nm程度までのブロードなメソ・マクロ孔が形成されていることがわかる。別途，等温線において通常吸着等温線と脱着等温線は大きなネック径がない場合，相対圧0.4程度で重なるはずであるが，この等温線は重ならない。これらは，その結晶構造がmonoclinic（P2$_1$/n.1.1.）からorthorhombic（Pnma）に相転移するためであり，別実験によりSPring-8の放射光を用いて吸着状態（$N_2$@65K, Ar@77K）における構造解析を行ったところ，$N_2$, Arともその

# 第5章 分析

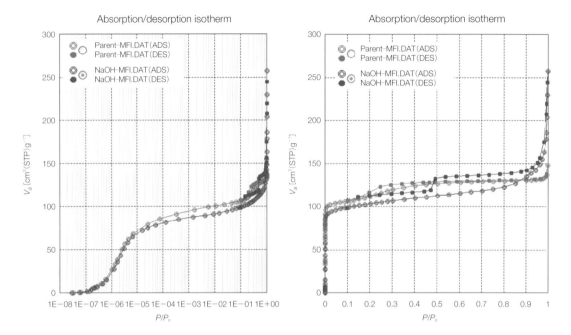

図14 MFI型ゼオライトのN₂(77.4 K)吸着等温線(左：相対圧(対数)右：相対圧(線形))(口絵参照)
(淡：Silicalite-1, 濃：アルカリ処理 silicalite-1)

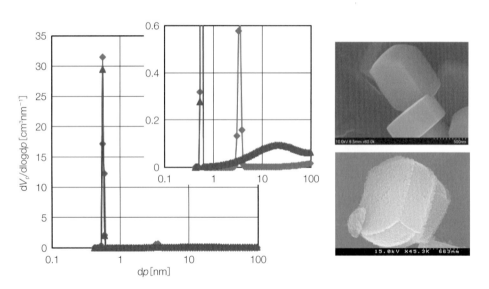

図15 GCMC法による細孔分布(左)(◆：シリカライト, ▲：アルカリ処理)ならびにSEM画像(右)(口絵参照)
(SEM画像は上：シリカライト, 下：アルカリ処理)

飽和吸着量は32個/unit cellであり，吸着分子がゼオライト結晶の酸素原子と規則正しく配列し細孔径が変形すること，さらに，その吸着分子の原子間距離はそれらバルクの固体密度の原子間距離よりも短くマイクロ孔内では超高圧に近い状態で吸着していることが判明していることを付記しておく。このような結果からGCMCにおいて，疑似ピークが現れることとなる。また，SEM画像からも，両ゼオライトともMFIの結晶およびその細孔構造をよく保っているが，アルカリエッチング処理により粒子

表面はメソ孔形成がなされているが，粒子形状が保たれていることがわかる[12]。

## 5.2 メソポーラスFAU型ゼオライト

Y型（FAU）ゼオライトの脱アルミによりメソ・マクロ孔が生成することはよく知られているが，マイクロ孔ならびにメソ・マクロ孔の細孔構造の評価を目的として，$N_2$（77.4 K）・Ar（87.3 K）の吸着等温線の測定を行った。東ソー（株）製Y型ゼオライト320HOA（$SiO_2/Al_2O_3$=5.5）をUSY化ならびに脱アルミ，熱水処理を行ったハイシリカゼオライト360HUA（$SiO_2/Al_2O_3$=14），390HUA（$SiO_2/Al_2O_3$=400）を，300℃ 8 h高真空排気前処理を行った後，$N_2$（77.4 K），Ar（87.3 K）の吸着等温線を極低相対圧（$P/P_0$=1E-8～）から測定し，$α_s$プロットから表面特性，BET法から比表面積，t法からマイクロ孔・メソ・マクロ孔の細孔容量を定量的に確認した。$N_2$（77.4 K），Ar（87.3 K）の$α_s$カーブ（$α_s$=V/$V_{0.4}$）を図16（a），（b）にそれぞれ示す。320HOAの$N_2$の$α_s$カーブは$P/P_0$=1E-7から徐々に立ち上がりが見られる。また360HUAの立ち上がりの相対圧が390HUAに比べて若干低いものの両者の$α_s$カーブはほぼ重なっている。前者は$SiO_2/Al_2O_3$が小さいことから窒素がAlカチオンに強く吸着が起こっており，後者の若干の違いもこの比によるものと考えられる。一方，Arについては窒素ほどの違いはなく，$P/P_0$=1E-3からの立ち上がりがあり，マイクロ孔の細孔径がほぼ一致しているものと示唆される。320HOAにおいて，若干立ち上がり相対圧が低いのは表面の酸量の違いと推測する。別途，各試料において窒素の吸着等温線からBET法による比表面積，t法（脱着）によるマイクロ孔ならびにメソ・マクロ孔の細孔容量を比較した結果を図17に示す。$SiO_2/Al_2O_3$の増加に伴い，マイクロ孔比が減少し，メソ・マクロ孔比ならびに比表面積値が増大している。これは脱アルミ処理によりメソ・マクロ孔が生成したためだと考えられる。このように，極低圧からの$N_2$吸着等温線により，$SiO_2/Al_2O_3$の表面特性違いを明らかにすることができるだけでなく，比表面積だけでなく$α_s$法からの容積比率等を用い，系統的な変化のある材料の評価が可能となる。

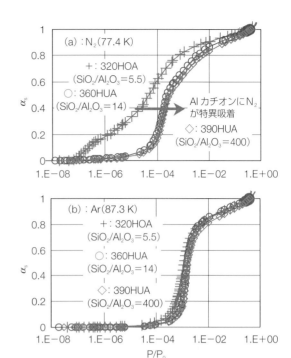

図16 ハイシリカゼオライトの極低相対圧（$P/P_0$＝1E-8⁻）からの$α_s$カーブ
(a)：$N_2$（77.4 K），(b)：Ar（87.3 K）

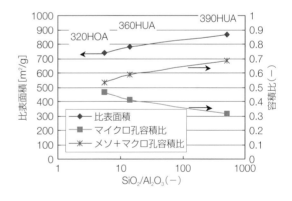

図17 $SiO_2/Al_2O_3$に対するハイシリカゼオライトの比表面積値ならびにマイクロ孔・メソ・マイクロ孔容積比

## 6 おわりに

高い到達真空度や安定した極低圧測定ならびに新規死容積測定技術を備えたBELSORPmaxにより，極低圧（$P/P_0$=1E-8～）からの窒素（77 K）・Ar（87 K）吸着等温線測定が可能になったことで，こ

第5章　分　析

れまで難しかった，GCMC法によるマイクロ孔からメソ・マクロ孔の細孔構造評価の信ぴょう性をはかることが可能となった。本稿ではこれらの測定ならびに解析技術を利用し，ACFならびにメソポーラスゼオライトのキャラクタリゼーションを行う事で，細孔構造の連結性の把握や，表面特性を把握することができるようになっている。今後より多くのアプリケーションに対し本技術並びに弊社製品が用いられることを期待する。

■引用・参考文献■

1) K. Nakai, J.Sonoda, H. Iegami and H. Naono : *Adsorption*, **11**, 227(2005).

2) F. Rouquerol, J. Rouquerol and K. S.W. Sing : Adsorption by powders and porous solids, Academic Press, New York (1999).

3) 吉田将之，仲井和之 : Adsorption News, **21**, No.4, 5-9 (2007).

4) A. V. Neimark : *Langmuir*, **11**, 4183(1995).

5) B. K. Peterson and K. E. Gubbins : *Mol. Phys.*, **62**, 215 (1987).

6) A. V. Neimark and A. Vishnyakov : *Phys. Rev. E*, **62**, 4611 (2000).

7) 宮原稔，田中秀樹 : *C & I Commun.*, **32**, 34-3, (2009).

8) M. Miyahara, R. Numaguchi, T. Hiratsuka, K. Nakai and H. Tanaka : *Adsorption*, **20**, 213-223(2013).

9) K. Nakai, J. Sonoda, M. Yoshida, M. Hakuman and H. Naono : *Adsorption*, **13**, 351-356(2007).

10) K. Nakai, M. Yoshida, J. Sonoda, Y. Nakada, M. Hakuman and H. Naono : *J. Col. & Int. Sci.*, **351**, 507-514(2010).

11) K. Nakai, Y. Nakada, M. Hakuman, M. Yoshida, Y. Senda, Y. Tateishi, J. Sonoda and H. Naono : *J. Col. & Int. Sci.*, **367**, 383-393(2012).

12) K. Nakai, J. Sonoda, M. Yoshida, M. Hakuman and H. Naono : From Zeolites and MOF materials-40th IZC 70, 831 Elsevier(2007).

〈吉田　将之〉

第5章 分 析

## *6*節　蒸気吸着

### *1*　はじめに

多孔質材料の細孔特性評価（細孔径，細孔容積や比表面積など）には，前節で述べられている窒素やアルゴンを用いたガス吸着法が用いられるのが一般的である。一方，水蒸気，低級アルコール，その他有機溶媒等，常温で液体である吸着質を用いた吸着等温線の測定も多孔質材料の表面化学特性を測定することを目的として行われることがある。本稿では，これらの蒸気吸着等温線の測定における留意点や，得られる情報等について整理・解説する。

表1　吸着質として用いられる液体の25℃における沸点と蒸気圧

| 吸着質 | 飽和蒸気圧<br>(298.15 K)<br>[KPa] | 沸点[K] |
|---|---|---|
| 水 (H$_2$O) | 3.169 | 373.15 |
| メタノール (CH$_3$OH) | 17.050 | 337.7 |
| エタノール (C$_2$H$_5$OH) | 7.958 | 351.4 |
| ベンゼン (C$_6$H$_6$) | 12.778 | 353.2 |
| トルエン (C$_6$H$_5$CH$_3$) | 3.822 | 383.8 |
| シクロヘキサン (C$_6$H$_{12}$) | 13.100 | 353.8 |
| 四塩化炭素 (CCl$_4$) | 15.323 | 349.9 |

### *2*　蒸気吸着等温線の測定

窒素やアルゴン等の吸着等温線は通常それぞれの沸点（窒素：77.4 K，アルゴン：87.3 K）で測定されるのが一般的であり，この場合は気体の状態方程式に基づく定容法により行われることが多いが，各種蒸気吸着の等温線測定については，定容法のほか，重量法もよく用いられる。以下で詳しく述べるが，蒸気吸着の等温線測定はいくつかの理由により重量法の方がのぞましいとされていた。しかし，最近では各社から販売されている吸着特性評価装置に蒸気吸着のオプションもついており，定容法においても精度よく各種蒸気の吸着等温線が測定できるようになってきた（同じ試料の吸着等温線を定容法，重量法でそれぞれ測定したものはよく一致する）。

以下本稿では，定容法・重量法それぞれの測定における留意点を述べる。

#### 2.1　定容法における留意点
#### 2.1.1　圧力計の選択

窒素やアルゴンガスは高純度（一般に99.999％以上）のガスボンベから吸着ガスを導入するが，蒸気

吸着の場合には液体を吸着温度と同じか，それよりも高い温度に設定した液溜めから供給する。供給できる蒸気の圧力は液溜めの温度における飽和蒸気圧に等しいため，一般には測定圧力範囲はガス吸着測定と比較して小さくなる。表1に，蒸気吸着等温線の測定によく用いられる液体の298.15 Kにおける飽和蒸気圧をまとめた。例えば，水蒸気吸着等温線の測定の場合，298.15 Kにおける水蒸気の飽和蒸気圧は3.169 kPaであり，沸点における窒素やアルゴンの飽和蒸気圧（101.3 kPa）30分の1以下である。このため，測定に用いる圧力計の選択に注意する必要がある。フルスケールで1000 Torr（≅133.3 kPa）の圧力計しか装備していない測定装置で水蒸気吸着等温線を測定すると，特に低い圧力（相対圧で0.1以下）における圧力測定値に大きな誤差が含まれることになってしまう。このことは水蒸気以外の吸着質を用いた蒸気吸着等温線の測定にも当てはまり，それぞれの測定に適切なスケールの圧力計を使用することが重要である。

#### 2.1.2　温度管理

定容法における蒸気吸着等温線の測定は，室温付

－ 487 －

第5章 分　析

近で行われることが多い。窒素吸着では試料管を液体窒素に浸した状態で測定する（クライオスタットを使う場合を除く）が，この場合は試料管を水または不凍液等の溶液に浸した状態で測定する。温度は循環冷却器により制御して一定に保つが，冷却器の表示温度と実際の試料温度にずれがあること，冷却器の仕様により一定に保てる温度に幅があること，室温の変化により一時的に温度がずれる可能性があること等に留意する必要がある。特に，夏や冬は昼夜での室温変化が激しいため，測定が昼夜にまたがるような場合には，測定室の温度をできる限り一定に保つ方が望ましい。

### 2.1.3　供給蒸気の純度

常温で液体の吸着質は，試薬として購入することが多いが，もし液体に不揮発性の不純物が含まれていると，純物質の場合と比較して液体の蒸気圧が低くなる。特級グレードのアルコールや有機溶媒を購入しても，保証される純度は99.5％程度であり，有機溶媒中には水その他の不純物が含まれていることが多い。そのため，高精度な測定を行うためにはできるだけ純度の高いものを購入し，かつ使用前に精製することが必要となる。また，液体には空気中の酸素等が溶解しているため，測定前に溶存ガスを除去する必要がある。この操作を「脱泡（だっぽう）」と呼んでいるが，具体的には液溜めを液体窒素などで徐々に冷却して固化させながら真空引きを行い，液体に残存している気体成分を除去していく。液溜め管の圧力をモニターしながらこの操作を行うと，はじめ（脱泡1回目）は液体からガスが放出されることによる圧力上昇が見られるが，この操作を繰り返すうちに圧力上昇は見られなくなる。何回行うべきかを一概に言うことはできないが，通常は4〜5回行えば圧力上昇は見られなくなると思ってよい。液溜めには吸着等温線を数回測定できる程度の吸着質を入れることになるが，前回の測定から長期間経過してしまったり，装置を1度大気開放した場合などには，脱泡操作は（吸着質を入れ替えてなくても）再度行うことが望ましい。

### 2.1.4　配管や試料管への吸着の影響

水，アルコールなどの吸着質は，吸着系内の配管や，試料管壁面への吸着も無視できない場合がある。特に複数の蒸気を同一の装置で切り替えて測定する場合には，基準容積部の配管に測定に用いた蒸気が

吸着して残存している可能性がある。測定前には測定系，基準容積部を可能な限り長時間真空引きを行い，かつ可能な範囲で高温に保持することが望ましい（基準容積部の温度は装置によって決まっている場合が多い）。試料管壁面への吸着の影響を除去する方法としては，空の試料管によるブランク測定を行い，得られた吸着等温線を差し引く方法がある。特に試料への蒸気吸着量が小さいものについては，配管や試料管への蒸気吸着の影響が大きくなることが多い。装置の測定誤差を把握する意味でも，ブランク測定は使用する蒸気ごとに一度は行っておくべきである。

### 2.1.5　非理想性の補正

定容法における吸着量の計算では，測定計内の圧力から気体の状態方程式を用いて物質量に変換を行う。蒸気（測定温度における凝縮性の気体）吸着においては，吸着質同士の相互作用も大きく，理想気体からのずれを正しく補正する必要がある。市販されている吸着等温線測定装置では，吸着質と吸着温度を設定すると自動的に非理想性の補正を行ってくれるものもあるが，吸着量計算において正しいパラメータ（ビリアル係数など）が入力されているかどうかは確認するべきである。

## 2.2　重量法における吸着等温線の測定と留意点

### 2.2.1　測定原理

蒸気吸着等温線の測定には，定容法のほか，高精度天秤等を用いた重量法もよく用いられる。重量法による測定では，吸着量は吸着質が吸着することによる試料の重量増加を直接測定することにより求められる。したがって，吸着等温線の分解能と精度は使用する天秤の性能に大きく依存する。使用する天秤として，石英スプリング，電子マイクロバランス，水晶振動子，磁気浮遊天秤などがよく用いられる[1)-3)]。定容法と比較した場合，高圧での測定も行いやすいが，浮力の影響も大きくなるため，後で述べる浮力補正は必須である。一方，平衡圧力は定容法と同じく圧力計により吸着量測定とは独立に測定される。したがって，定容法では原理的に不可避な積算による誤差の蓄積がない。また，特に低温における測定については，試料の温度管理も難しく，測定温度（設定温度）が試料温度と等しくなっているかどうかを検証する必要がある。

－ 488 －

## 2.2.2 測定における留意点

重量法では，試料に吸着した吸着質の重量を直接測定するため，定容法の場合に問題となる吸着系内の配管や試料管壁面への吸着については考慮する必要がない。そのため，凝縮性の吸着質（水蒸気や有機蒸気など）の吸着測定に適した測定方法といえる（ただし，試料を入れる容器や天秤との接続部への吸着は観測される重量に含まれてしまうため，吸着量の少ない試料については，試料以外の部分への吸着量が無視できなくなる場合もある）。その一方で，重量法では浮力の補正が必須となる。吸着質の分子量，圧力，試料の体積が大きくなると浮力の影響が大きくなるので，浮力補正を行わないと正しい吸着等温線を得ることができない。重量法の場合，装置の設置場所によっては振動の影響をうけるため，重量データにノイズが多く含まれてしまうため平衡判断が難しくなったり，測定精度に影響を及ぼす場合がある。

そのほか，供給する蒸気の純度や圧力計の選択等については，定容法と共通であるのでここでは省略する。

## 3 水蒸気吸着

蒸気吸着のなかでも，水蒸気吸着等温線の測定は，多孔体表面の親水性/疎水性の程度を直接的に測定する手段として古くからよく用いられている。また，水分子は窒素分子よりも小さい（Kinetic diameterで比較すると $H_2O$ : 0.27 nm, $N_2$ : 0.36 nm である）ので，窒素分子が侵入できないサイズの細孔を有するミクロ多孔体の細孔特性を評価する際にも用いられる。ここでは，ゼオライトやメソポーラスシリカへの水蒸気吸着等温線の測定例について紹介する。

### 3.1 ゼオライトへの水蒸気吸着

第3章で詳しく述べられているとおり，ゼオライトは結晶性のアルミノシリケートであり，骨格の組成によって親水性/疎水性が大きく変化する。一般には，Si/Al 比が大きいほど疎水性が増加し，Si/Al 比が小さいほど親水性が増大する。例えば，Al が含まれない（つまり Si/Al = ∞）MFI 型ゼオライトとしてシリカライトが有名であるが，疎水性が極めて大きいため水蒸気はほとんど吸着しない。一方，

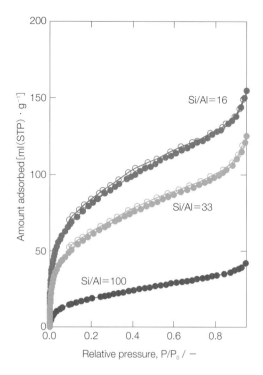

図1 FER型ゼオライトの水蒸気吸着等温線（298.15 K）

Si/Al 比の大きな A 型ゼオライトは，モレキュラーシーブとして実験室でよく有機溶媒の脱水剤として用いられるほど親水性が高い。細孔表面の親水性/疎水性は，触媒活性を議論する上でも重要な因子であり，直接的に測定する水蒸気吸着等温線の測定は非常によく行われている。

図1に，Si/Al 比を変化させた FER 型ゼオライトについての水蒸気吸着等温線の例（測定温度は298.15 K）を示す[4]。Si/Al 比の小さい FER は IUPAC 分類のⅠ型の等温線を示すのに対し，Si/Al 比が大きくなると徐々に疎水性が高くなり，水蒸気の吸着量が減少していくことがよくわかる。

ゼオライトの親水性・疎水性は Si/Al 比以外の因子にも依存するため注意が必要である。図2に市販のハイシリカ ZSM-5 (MFI, Si/Al = 940) およびベータ (*BEA, Si/Al = 250) の 298 K における水蒸気吸着等温線を示す。Si/Al = 940 や Si/Al = 250 という値は，図1の FER の水蒸気吸着等温線の例からもわかるように本来は極めて高い疎水性を示すはずである。実際，シリカライト（MFI型ゼオライトで，骨格がすべて Si と O からなるもの）膜は極め

第5章　分析

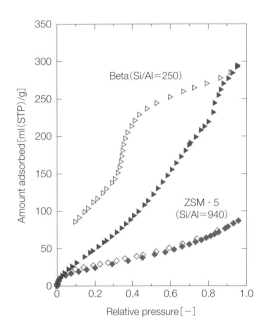

図2　市販のハイシリカZSM-5（MFI, Si/Al=940）およびベータ（*BEA, Si/Al=250）の水蒸気吸着等温線（298.15 K）

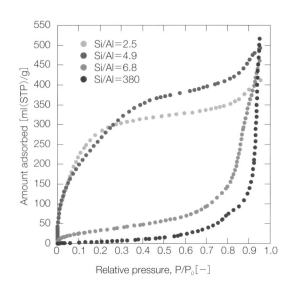

図3　USYゼオライトへの水蒸気吸着等温線（298.15 K）
（口絵参照）

て高い疎水性を示し，アルコールと水の混合物から選択的にアルコールを透過する分離膜としての検討が多くなされている。しかし，図2に見られるようにハイシリカZSM-5およびベータ）のどちらもかなりの量の水蒸気を吸着する。低圧部分の立ち上がりが上に凸の形状となっていることからもわかるようにかなり"親水的"な性質を示している。これは，骨格中に存在するシラノールネスト（構造欠陥）が水蒸気の吸着サイトとして働くためであり，本来は疎水的な挙動を示すはずの組成を持つゼオライトの親水性が増加したと見ることができる。

また，ゼオライト粒子中にメソ孔が存在するような階層構造を持つゼオライトへの水蒸気吸着等温線を測定すると，3.2で述べるメソ孔への毛管凝縮に相当する吸着量の増加が中相対湿度領域で見られることがある。図3は脱アルミニウムによりメソ孔を導入したUSYゼオライトへの水蒸気吸着等温線の例である。低相対圧（相対湿度）では疎水的な挙動を示しているが，中～高相対圧ではメソ孔への水蒸気の毛管凝縮により急激な吸着量の増加が見られる。

このように，一概にSi/Al比のみがゼオライトの

親水性/疎水性を決める要因ではないことは留意しておく必要がある。

モレキュラーシーブとして実験室の脱水剤としてよく用いられるA型のゼオライトは，細孔径が窒素分子よりも小さいため，窒素吸着により細孔特性を評価することができない。図4に，298 Kにおける市販A型ゼオライトへの水蒸気吸着等温線と，77 Kにおける窒素吸着等温線を重ねて示した。水

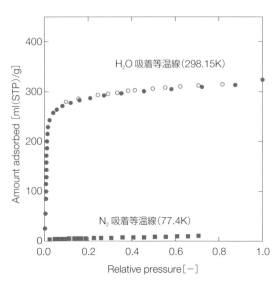

図4　A型ゼオライトの水蒸気吸着等温線（298.15 K）と窒素吸着等温線（77.4 K）

蒸気吸着等温線は，ほかの親水性を持つゼオライトへの水蒸気吸着と同様のⅠ型の等温線を示している。一方，窒素のほうはほとんど吸着が起きていない。このように，水分子の分子径が窒素よりも小さいことを利用し，A型ゼオライト等の細孔サイズの小さな材料の細孔容積評価などに用いることができる。

## 3.2 メソポーラスシリカへの水蒸気吸着

第1章で述べられているメソポーラスシリカへの水蒸気吸着もよく検討されている。メソポーラスシリカの合成が初めて報告された90年代には，水熱安定性や空気中の湿度に対する安定性の観点からの水蒸気吸着等温線の報告が多く行われた。その後，AlやZr等をシリカ骨格に添加することにより水蒸気耐久性の向上[6)7)]や，大量合成法の開発による量産化の実現により，水蒸気を利用した省エネ型空調プロセスへの応用の研究が行われている。

メソポーラスシリカへの水蒸気吸着は，サイズのそろったメソ孔への水蒸気の毛管凝縮が支配的であり，典型的なIUPAC分類のV型となる。図5に，$C_{16}TAC$（Cetyltrimethylammonium Chloride，セチルトリメチルアンモニウムクロライド）をテンプレートとして合成したメソポーラスシリカの298Kにおける水蒸気吸着等温線を示す[8)]。合成直後（テンプレート除去のための高温焼成後）の試料については，低圧（低湿度）では水蒸気の吸着量が少なく，直線的に吸着量が増加した後にメソ細孔内への毛管

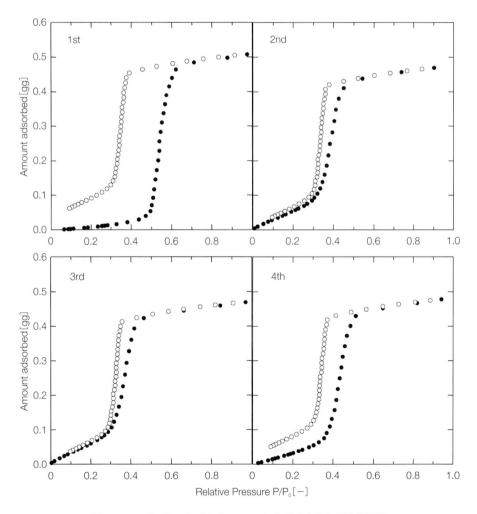

図5　メソポーラスシリカの298Kにおける水蒸気吸着等温線

凝縮に起因する狭い相対湿度範囲における吸着量の急激な増加がみられ，高圧では飽和する。脱着側では大きく非可逆的なヒステリシスが観察される。また，2回目以降の吸着ではシリカ表面の親水化により低圧での吸着量が増加し，毛管凝縮の起こる相対湿度が低湿度側にシフトするとともに，飽和吸着量が若干減少する。前処理条件が同じ場合には2回目以降の水蒸気吸着等温線は一致するが，再度高温で焼成すると，合成直後の等温線に近くなる。このように，メソポーラスシリカへの水蒸気吸着の場合，試料の状態により等温線が大きく変化する。

図6に，Pluronic P123をテンプレートとして合成したメソポーラスシリカ(SBA-15)の水蒸気吸着等温線を示す[9]。等温線の形状はほぼ同じであるが，細孔径が大きくなった分，図5よりも高相対湿度で毛管凝縮が起こっていることがわかる。また，SBA-15特有の細孔構造，すなわちメソ孔をつなぐマイクロ孔の存在により，低湿度での吸着量増加量も大きくなっている。このように，メソポーラスシリカの水蒸気吸着特性は，細孔サイズ・構造と細孔内表面の親水性/疎水性に依存する。同じ方法で作製した試料でも，焼成温度保存状態や測定前の前処理条件によって吸着等温線は大きく変化するので，水蒸気吸着を表面特性評価に用いる際には，上で述べた諸条件をしっかり合わせて比較することが重要である。

## 4 その他の蒸気吸着

### 4.1 VOC吸着

揮発性有機化合物(Volatile Organic Compounds)を含む排ガスの処理や回収を目的として，疎水性ゼオライトを吸着剤として用いたプロセスが利用されている。これまでに多数のゼオライト構造や組成について，ベンゼン，トルエンやメチルエチルケトン等をはじめとしたさまざまなVOCの吸着特性が検討されている[10)-11)]。Al含有量が少ないハイシリカゼオライトは，骨格中に多くAlを含むゼオライトと比較して細孔表面の静電場強度が小さくなり，その結果として極性分子との相互作用が小さくなり疎水性を示すため，炭化水素や芳香族，アルコールといった有機化合物の吸着選択性が高くなる。当然ではあるがVOCの吸着特性はゼオライトの組成(Si/Al

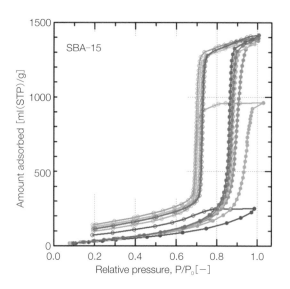

図6 メソポーラスシリカSBA-15の水蒸気吸着等温線の温度依存性

比)や親水/疎水性のみに依存するだけでなく，細孔特性(細孔容積や細孔径分布)にも依存する。メソポーラスシリカも，疎水的な挙動を示し，水蒸気吸着よりも低い相対圧において急激な吸着量の増加がみられる。また細孔容積がゼオライトよりも大きいため，飽和吸着容量も大きくなる。

### 4.2 低級アルコールの吸着

メタノールやエタノール，プロパノール等低級アルコールの吸着等温線の測定も比較的よく行われている。親水性ゼオライトは，有機溶媒中に微量に存在する水分を吸着除去するために用いることができるが，逆にバイオマス由来のアルコールのように水分が多くアルコール濃度が低い場合，アルコールを選択的に吸着できるゼオライトが分離に利用できる。低級アルコールの場合，疎水的な性質と親水的な性質を併せ持つため，疎水性ゼオライトでも親水性ゼオライトでもある程度吸着が起こる。例えば，製法やSi/Alの異なるMFI型ゼオライトへのエタノールの吸着等温線の例をみると，Si/Al比に関わらず親アルコール性の挙動(Ⅰ型に近い等温線)を示す[12)]。これは，水蒸気の吸着等温線のSi/Al比依存性とは対照的である。単成分の蒸気吸着では，本稿で説明した定容法や重量法による吸着等温線の測定が行われることが多いが，実際に水-アルコール

混合溶液をカラムに充填した吸着剤に流すことにより破過曲線の測定を行って吸着特性を評価することも多い[13]。

### 4.3　その他の蒸気の吸着

その他の蒸気吸着として，四塩化炭素（CCl₄）の吸着等温線が行われる場合もある。四塩化炭素はその構造からわかるように無極性分子であり，常温付近での吸着等温線を測定することによりメソポーラスシリカの細孔構造評価に用いることができる。メソポーラスシリカへの四塩化炭素の吸着等温線は，相対圧 0.2 付近まで直線的に吸着量が増加し，その後毛管凝縮による急激な吸着量増加が見られる。Kelvin 式に基づいてこの吸着等温線を解析することにより，メソポーラスシリカの細孔径分布を計算することができる[14]。四塩化炭素吸着等温線の大きな特徴として，窒素吸着（77 K）に比べて毛管凝縮による立ち上がりがシャープになり，かつ相対圧が低くなることが挙げられる。例えば窒素吸着の測定からは評価の難しい（毛管凝縮が起こる相対圧が 0.95 以上）直径 25 nm のメソ孔の場合でもメソ孔分布の評価は難しいが，四塩化炭素であれば毛管凝縮が起こる相対圧は 0.92 であり，比較的容易に測定を行うことができる。

## 5　おわりに

本稿では，蒸気吸着等温線の測定とその留意点，いくつかの具体例について紹介した。蒸気吸着等温線の測定は，原理的にはガス吸着法と同じ部分が多いが，ここで述べたように注意すべき点も多々あるため，ガス吸着よりは難しく感じられるかもしれない。しかし，各種蒸気は細孔の表面の化学特性を直接的に評価できるという点で魅力的なプローブであるので，目的に合わせて積極的に利用したいところである。

■引用・参考文献■

1) J. W. McBain and A. M. Bakr : *J. Am. Chem. Soc.*, **48**, 690 (1926).
2) J. H. Thomas and S. P. Sharma : *J. Vac. Sci. Tech.*, **13**, 549 (1976).
3) J. U. Keller, F. Dreisbach, H. Rave, R. Staudt and M. Tomalla : *Adsorption*, **5**, 205 (1999).
4) K. Kamimura et al. : *Microporous and Mesoporous Mater.*, **181**, 154 (2013).
5) T. Wakihara, R. Ichikawa, J. Tatami, A. Endo, K. Yoshida, Y. Sasaki, K. Komeya and T. Meguro : *Crystal Growth & Design*, **11**, 955 (2011).
6) D. H. Park, M. Matsuda, N. Nishiyama, Y. Egashira and K. Ueyama : *J. Chem. Eng. Jpn.*, **34**, 1321 (2001).
7) A. Endo, Y. Inagi, S. Fujisaki, T. Yamamoto and T. Ohmori : *Stud. Surf. Sci. Catal.*, **165**, 157 (2007).
8) A. Endo, K. Komori, Y. Inagi, S. Fujisaki, T. Ohmori and M. Nakaiwa : *Trans. JSRAE*, **21**, 329 (2004).
9) K. Yamashita et al. : *J. Phys. Chem. C*, **117**, 2096 (2013).
10) X. S. Zhao, Q. Ma and G. Q. Lu : *Energy & Fuels*, **12**, 1051 (1998).
11) K.-J. Kim and Ho-Geun Ahn : *Microporous Mesoporous Mater.*, **152**, 78 (2012).
12) K. Zhang, R. P. Lively, J. D. Noel, M. E. Dose, B. A. McCool, R. R. Chance and W. J. Koros : *Langmuir*, **28**, 8664 (2012).
13) M. Simo, S. Sivashanmugam, C. J. Brown and V. Hlavacek : *Ind. Eng. Chem. Res.*, **48**, 9247 (2009).
14) M. Hakuman and H. Naono : *J. Colloid Interf. Sci.*, **241**, 127 (2001).

〈遠藤　明〉

# 索 引

## 事 項 別

### 英数・アルファベット順

3DOM ···················································· 326
AFSMTM ·············································· 477
Al カチオン ············································ 485
Al 陽極酸化被膜 ····································· 297
Arrhenius プロット ································ 173
Automated electron Diffraction Tomography（ADT）
···························································· 470
BET 法 ··················································· 485
BJH 法 ··················································· 118
BTEX ····················································· 210
C＝C ······················································ 411
C－C ······················································ 411
C－H ······················································ 411
C－H ホウ素化反応 ·································· 99
C1 化学 ·················································· 288
Cab－O－sil M7D ···································· 91
CC－Swing ············································· 481
CCP 構造 ··············································· 443
CD－MOF－1 ··········································· 209
CD－MOF－2 ··········································· 210
CD－MOF－3 ··········································· 210
CH－π 相互作用 ······································ 213
charge flipping 法 ································· 463
Clausius－Clapeyron の関係式 ·············· 172
Condensation swing（C スイング）·········· 481
Corey－Pauling－Koltun（CPK）モデル ········ 223
CTV－POM ············································· 210
D－グルコース ········································· 209
Diels－Alder 反応 ·························· 39, 157
DME ······················································ 291
dual space method ······························· 464
"Edible" MOF ········································ 210
EDS マッピング像 ·································· 437
EELS 法 ················································· 440
EMT ······················································ 300
FAU 型 ··················································· 483

FAU 型ゼオライト ·································· 237
FFC プロセス ········································· 220
Filling swing（F スイング）··················· 481
Gauge Cell 法 ········································ 479
GCMC 法 ··············································· 476
Grid Search 法 ······································ 466
h－BN ····················································· 381
HAAD 法 ··············································· 448
HCP 構造 ··············································· 443
Higuchi 拡散モデル ································· 73
HK 法 ···················································· 479
HOMO/LUMO エネルギー準位 ············· 174
HPLC ····················································· 210
HR－TEM/STEM ····································· 467
HRTEM 法 ············································· 453
HRSEM ·················································· 433
Hummers 法 ·········································· 411
INNES 法 ··············································· 479
Integral Adsorption Equation ············· 479
Kelvin 式 ················································· 31
Kelvin 半径 ············································· 31
kernel ···················································· 479
Lagrangian multiplier 法 ···················· 477
Layer－By－Layer（LBL）法 ·················· 423
LB 法 ····················································· 372
LC－SCD（Liquid Chromatography－Single Crystal
　Diffraction）法 ································· 203
Le Bail 法 ·············································· 463
LEIS 法 ·················································· 374
Lennard－Jones ポテンシャル ·················· 27
Lentzen の最適値 ··································· 458
Li イオン電池 ········································· 116
local isotherm ······································· 479
LTA 型 ··················································· 250
MCM－41 ·················································· 91
metal organic framework（MOF）·· 198, 207, 220, 380
MFI 型 ··················································· 483
MFI 型ゼオライト ·································· 243
MOF－1001 ············································· 208
monoclinic（P21/n.1.1.）························ 483

MRI ··· 84
Nafion® ··· 176
Nb ドープ TiO₂ ··· 327
NLDFT 法 ··· 477
Nyquist 図 ··· 177
o-キノジメタン ··· 39
Onsager 理論 ··· 387
orthorhombic (Pnma) ··· 483
OSDA フリー ··· 240
P25 ··· 382
P5A-MOF-1 ··· 209
PCP ··· 198
Pd(Ⅱ)-Pd(Ⅱ)相互作用 ··· 211
PEO-PPO-PEO ブロックコポリマー ··· 321
Pluronic®F127 ··· 117
pNIPAm ··· 395
pn 接合 ··· 370
p-n 接合界面 ··· 103
Porous Coordination Polymer: PCP ··· 207
Precession Electron Diffraction (PED) 法 ··· 473
QCM センサー ··· 349
Reservoir モデル ··· 73
Rotation Electron Diffraction (RED) ··· 472
SBA-15 ··· 91
Scherzer 条件 ··· 454
SDA 分子 ··· 232
Si/Al 比 ··· 247
Si-C 結合の開裂 ··· 98
SNU-200 ··· 208
$sp^2$ ··· 412
$sp^3$ ··· 412
SPE 法 ··· 481
SrTiO₃ ··· 66
steam-assisted crystallization, SAC ··· 329
Steel 10-4-3 ··· 478
STEM 法 ··· 440, 452
TCP 構造 ··· 441
TEM 法 ··· 440, 451
three-dimensionally ordered macroporous, 3DOM ··· 326
TiO₂ ··· 378
t 法 ··· 485
Valatile Rrganic Compound : VOC ··· 353
van der Waals 半径 ··· 223
Volatile Organic Compounds ··· 492

X線回折 ··· 12, 97, 207
X線吸収微細構造 ··· 45
X線散乱 ··· 134
Y型ゼオライト ··· 485
Zn4O クラスター ··· 208
$\alpha$-CD ··· 209
$\alpha_s$ 法 ··· 480
$\beta$-CD ··· 209
$\beta$型ゼオライト ··· 299
$\gamma$-CD ··· 209
$\pi$-$\pi^*$準位間 ··· 412
$\pi$-$\pi$ 作用 ··· 271
$\pi$-$\pi$ スタッキング ··· 232
$\pi$-$\pi$ 相互作用 ··· 210, 334, 348, 418
$\pi$ 共役系 ··· 418
$\pi$ 共役系有機基 ··· 98
$\pi$ スタック ··· 97

## 五十音順

### あ

アジリジン ··· 41
アミノ酸系界面活性剤 ··· 10
アミン ··· 40
アモルファス前駆体 ··· 110
アルカリエッチング処理 ··· 484
アルカリ金属イオン ··· 210, 339
アルキルアミン ··· 10
アルキルシラン化剤 ··· 61
アルキルトリエチルアンモニウム界面活性剤 ··· 10
アルキルトリメチルアンモニウム (CnTMA) 界面活性剤 ··· 10
アルミノフォスフェート (AlPO₄) ··· 219
安定な液晶相挙動 ··· 387
アンテナ型光触媒 ··· 101
アンモニアボラン ··· 193
イオン液体 ··· 347
イオン拡散抵抗 ··· 123
イオン結合 ··· 334
イオン交換 ··· 81, 339
イオン交換性層状化合物 ··· 355
イオン伝導 ··· 137, 337
鋳型合成法 ··· 187
異性化反応 ··· 281
位相コントラスト伝達関数 (PCTF) ··· 454

| | | | |
|---|---|---|---|
| 位置異性体の選択吸着 | 86 | 解離吸着 | 306, 375 |
| 一重項酸素 | 50 | カウンターカチオン | 458 |
| 一酸化炭素 | 56 | 化学還元 | 414 |
| 移動度 | 176 | 化学気相蒸着（CVD）法 | 300 |
| 異方性 | 386 | 化学吸着 | 25 |
| 異方性ゲル | 386 | 化学水素発生 | 193 |
| イメージングプローブ | 83 | 可逆的な体積変化 | 396 |
| 陰イオン性界面活性剤 | 10 | 架橋型有機シラン化合物 | 37 |
| 印加 | 148 | 架橋配位子 | 170 |
| インクジェットプリント | 16 | 拡散 | 19 |
| ウルトラキャパシタ | 424 | 拡散制限 | 273 |
| ウルトラマイクロポア | 481 | 核生成 | 143 |
| 上澄み溶液 | 249 | 拡張 CS モード | 455 |
| 永久双極子モーメント | 28 | 過酸化水素を酸化剤とした液相酸化反応 | 258 |
| 映進面 | 211 | 可視光応答化 | 380 |
| 液晶 | 386 | 可視光吸収性 | 101 |
| 液晶相 | 386 | 加水分解 | 34, 130, 271 |
| 液相浸潤法 | 187 | 加水分解・重縮合 | 96 |
| 液相転移点 | 479 | 加水分解速度 | 35 |
| エステル化 | 36 | ガス吸着 | 211, 334 |
| エチレン | 289 | ガス遮断性 | 418 |
| エナンチオ選択性 | 156 | ガソリン | 59 |
| エナンチオマー分離 | 160 | 型剤 | 268 |
| エネルギーフィルタ | 433 | カチオン界面活性剤 | 79 |
| エネルギー密度 | 124 | 活性化エネルギー | 177 |
| エポキシ基 | 411 | 活性炭素繊維 | 480 |
| エレクトロスプレーイオン化質量分析 | 244 | 過渡的プロセス | 215 |
| 塩基性質 | 40 | カルボキシル基 | 411 |
| オートクレーブ | 256 | カルボニル基 | 411 |
| オキシラン | 42 | カルボラン類 | 210 |
| オストワルト成長 | 251 | 環境低負荷 | 99 |
| 重みつき逆投影法 | 446 | 還元 | 411 |
| オルトケイ酸エチル | 61 | 還元手法 | 414 |
| オレイン酸 | 66 | 環状ホスト化合物 | 207 |
| オレフィン | 288 | 気液界面 | 479 |
| | | 機械的強度 | 395 |

**か**

| | | | |
|---|---|---|---|
| | | 擬キャパシタ | 424 |
| カーボンナノケージ | 344 | 疑似キャパシタンス | 414 |
| カーボンナノチューブ | 116 | 基準 $\alpha_s$ カーブ | 480 |
| 階層構造 | 349, 389 | 基準容積 | 476 |
| 開放セル法 | 479 | キシリトール | 279 |
| 界面活性剤 | 9, 72, 96, 133, 269 | キシロース | 279 |
| 界面活性剤分子 | 272 | 犠牲試薬 | 101 |
| 界面活性剤ミセル | 117 | キセロゲル | 37 |
| 界面積 | 73 | 気相浸潤法 | 187 |

| | |
|---|---|
| 規則性マクロポーラスカーボン | 297 |
| 規則性ミクロポーラスカーボン | 297 |
| 規則性メソポーラスカーボン | 297 |
| キノン/ハイドロキノン | 308 |
| キノン基 | 308 |
| 揮発性有機化合物 | 492 |
| 逆相関 | 91 |
| キャパシタ | 407 |
| キャパシタ特性 | 420 |
| 吸収 | 24 |
| 球状ミセル | 10 |
| 吸脱着 | 142 |
| 吸着 | 18, 24 |
| 吸着剤 | 86 |
| 吸着質 | 24, 487 |
| 吸着選択性 | 87 |
| 吸着等温線 | 29, 476, 487 |
| 吸着熱 | 25 |
| 吸着媒 | 24 |
| 吸着平衡定数 | 86 |
| 吸着ポテンシャル理論 | 479 |
| 求電子置換反応 | 39, 98 |
| 球面収差 | 448 |
| 球面収差補正器 | 467 |
| 球面収差補正技術 | 452 |
| 共結晶化 | 211 |
| 凝集 | 81 |
| 共縮合法 | 33 |
| 共焦点顕微鏡 | 148 |
| 協奏現象 | 167 |
| 強誘電体 | 407 |
| 共連続構造 | 331, 441 |
| 極小曲面 | 443 |
| 極低圧領域 | 480 |
| キラル | 213 |
| キラル MOF カラム | 160 |
| キレート効果 | 207 |
| キレート配位子 | 99 |
| 金 | 327 |
| 均一な触媒環境 | 99 |
| 金属錯体触媒 | 99 |
| 金属酸化物ナノシート | 423 |
| 金属種の凝集 | 100 |
| 金属ナノ粒子 | 343 |
| 金属微粒子 | 284 |

| | |
|---|---|
| 金属分散度 | 476 |
| 金属有機骨格体（MOF） | 164 |
| 金属リン酸 | 388 |
| 空乏層 | 372 |
| クヌーセン拡散 | 122 |
| クネベナーゲル縮合反応 | 40 |
| クラック | 202 |
| グラファイト | 411 |
| グラファイト層間化合物 | 414 |
| グラフェン | 116, 347, 388, 411, 422 |
| グラフェンの比表面積 | 304 |
| グラフト法 | 93 |
| グランドポテンシャル | 477 |
| グリセリン | 279 |
| クリック反応 | 428 |
| クロスセクションポリッシャー | 434 |
| クロロ基 | 41 |
| ケージ型シリカメソ多孔体 | 441 |
| ゲート型吸着 | 164 |
| ゲートキーパー | 82 |
| 形状選択性 | 17 |
| 軽油 | 59 |
| ゲスト | 219 |
| ゲスト包接 | 199 |
| 欠陥サイト | 257 |
| 結晶化挙動 | 255 |
| 結晶核 | 256 |
| 結晶格子定数 | 146 |
| 結晶構造 | 268 |
| 結晶構造因子 | 444 |
| 結晶子 | 259 |
| 結晶スポンジ法 | 198 |
| 結晶性 | 251 |
| 結晶性多孔体 | 255 |
| 結晶成長速度 | 256 |
| 結晶単位胞 | 270 |
| 結晶面 | 66 |
| ケルビンフォースプローブ顕微鏡 | 373, 383 |
| ゲルマノシリケート | 231 |
| 原子間力顕微鏡 | 369 |
| コア–シェル構造 | 70 |
| コア・シェル粒子 | 404 |
| 光学異性体 | 160 |
| 光学活性 | 213 |
| 光学的性質 | 397 |

高角度散乱暗視野（HAADF：high-angle annular dark-field）法 ·················· 448

高角度散乱暗視野（High-Angle Annular Dark Field：HAADF）-STEM 法 ·········· 453

鉱化剤 ································· 256

高感度検知 ··························· 357

光合成 ······························· 100

交互吸着法 ······················ 347, 404

交互積層体 ··························· 423

交互積層法 ··························· 326

格子酸素 ····························· 40

格子定数 ····························· 258

格子定数解析 ························· 257

光子密度 ····························· 100

合成化学 ····························· 205

構造規則性 ··························· 12

構造規定剤 ·················· 9, 236, 256

構造修飾 ························ 269, 272

構造精密化法 ························· 462

構造補強 ····························· 110

構造ゆらぎ ··························· 441

高速液体クロマトグラフィー（HPLC） ···· 203

高速合成 ····························· 252

光熱応答 ····························· 396

高分解能透過電子顕微鏡（HRTEM）法 ······ 453

高密度活性点 ························· 94

高誘電体 ····························· 407

交流インピーダンス法 ················· 177

交流電気伝導度の温度依存性 ············ 173

交流電場 ····························· 148

コーティング ························· 16

固体-流体相互作用ポテンシャル ········· 478

固体核磁気共鳴法 ····················· 461

固体高分子形燃料電池 ················· 422

固体酸 ······························· 176

骨格形成助剤 ························· 96

骨格構造 ····························· 232

骨格密度 ····························· 237

コハク酸 ····························· 279

コバルト ····························· 59

固溶化 ······························· 133

コロイド ····························· 386

コロイド結晶 ···················· 297, 325

コロイド状メソポーラスシリカ ·········· 328

コンポジットビルディングユニット ······ 242

## さ

サーマルトランスピレーション ·········· 476

再結晶化 ····························· 248

細孔 ·························· 142, 275, 334

細孔-流体間相互ポテンシャル ·········· 478

細孔径 ··························· 96, 280

細孔径分布 ··························· 492

細孔構造 ····························· 255

細孔内ポテンシャル場 ················· 479

細孔閉塞 ····························· 263

細孔壁 ······························· 96

細孔容積 ························ 96, 492

細孔容量 ·························· 14, 24

最大エントロピー法 ··················· 463

最低励起三重項状態 ··················· 50

再分散 ······························· 81

錯形成反応 ··························· 143

錯体化学 ····························· 129

錯体シラン ··························· 94

ザクロ型構造 ························· 332

サポナイト ··························· 384

酸塩基触媒 ··························· 33

酸化還元 ····························· 339

酸化還元電位 ························· 170

酸化グラフェン ··················· 388, 411

酸化グラフェン還元体 ················· 411

酸化剤 ······························· 35

酸化鉄ナノ粒子 ······················· 69

酸化物ナノシート ····················· 402

酸化ルテニウムナノシート ············· 424

酸強度 ······························· 36

三次元結晶構造 ······················· 269

三次元細孔構造 ······················· 440

三次元未知構造解析 ··················· 448

酸触媒 ······························· 214

酸量 ································· 485

ジアミン ····························· 90

シェールガス革命 ····················· 220

四塩化炭素 ··························· 493

ジオール類 ··························· 280

色素 ································· 396

色素吸着 ····························· 396

色素の除去 ··························· 345

シグモイド型カーブ ··················· 229

シクロデキストリン ··················· 82

| | |
|---|---|
| 自己集合能 | 9 |
| 自己組織化 | 5, 325, 404 |
| 自己組織化膜 | 149 |
| 自己保持膜 | 15 |
| 四重極子 | 28 |
| ジスルフィド種 | 35 |
| 磁性 | 414 |
| 事前組織化 | 207 |
| 実空間法 | 464 |
| 湿度依存性 | 417 |
| シナジー効果 | 167 |
| 磁場による配向制御 | 391 |
| 四面体最密充填（TCP：tetrahedrally close-packed）構造 | 441 |
| 弱位相物体近似（Weak Phase Object Approximation；WPOA） | 453 |
| 重縮合 | 34 |
| 収着 | 24 |
| 充填パラメータ | 441 |
| 重量法 | 487 |
| 縮合 | 79 |
| 縮合速度 | 79 |
| 準周期構造 | 442 |
| 小角散乱 | 389 |
| 死容積 | 476 |
| 死容積連続測定法（AFSMTM） | 477 |
| 情報限界 gmax | 455 |
| 初期湿潤法 | 188 |
| 触媒 | 55 |
| 触媒活性 | 414 |
| 触媒活性点 | 269, 273, 284 |
| 触媒作用 | 268 |
| 触媒担体 | 33 |
| 植物油 | 278 |
| 助触媒 | 374 |
| 徐放剤 | 72 |
| シラノール基 | 79 |
| シラノラート | 79 |
| シランカップリング剤 | 96 |
| シリカオパール | 297 |
| シリカナノ粒子 | 327 |
| シリカメソ多孔体 | 440 |
| シリコアルミノフォスフェート（SAPO） | 219 |
| シリル化層間拡張 | 269 |
| ジルコニア | 58 |

| | |
|---|---|
| シロキサン骨格 | 38 |
| 人工強誘電体 | 409 |
| 人工光合成 | 104 |
| 人工光合成システム | 19 |
| 人工酵素 | 104 |
| 親水性 | 12 |
| 親水性/疎水性 | 489 |
| スーパーキャパシタ | 422 |
| スーパーマイクロポア | 481 |
| 水酸化ニッケル | 370 |
| 水晶発振子 | 347 |
| 水素 | 56 |
| 水素化 | 281 |
| 水素化分解反応 | 283 |
| 水素吸脱着等温線 | 307 |
| 水素結合 | 176, 207, 334 |
| 水熱合成 | 15, 132, 229, 236, 268 |
| 水熱合成法 | 66 |
| 水溶性チタン錯体 | 66 |
| 鈴型構造 | 75 |
| 鈴型メソポーラスシリカ | 75 |
| スピルオーバー | 306 |
| スピン-スピン結合 | 88 |
| スメクタイト | 383 |
| スルトン化合物 | 36 |
| スルホ基 | 34 |
| スルホキシド | 157 |
| スルホン化 | 39 |
| スルホン酸 | 213 |
| スルホン酸基 | 177 |
| ゼオライト | 57, 219, 236, 246, 268, 489 |
| ゼオライト鋳型炭素 | 296 |
| ゼオライト水熱転換法 | 236 |
| ゼオライトナノシート | 19 |
| ゼオライト膜 | 330 |
| 積層セラミックコンデンサ | 408 |
| 積分吸着等温式 | 479 |
| 石油精製 | 275 |
| 石油代替資源 | 278 |
| 絶縁体 | 403 |
| 絶対立体配置 | 203 |
| セルロース | 279 |
| ゼロ CS モード | 455 |
| 遷移金属錯体シラン | 93 |
| 遷移金属酸化物 | 106 |

| | |
|---|---|
| 遷移双極子モーメント | 362 |
| 前駆体 | 144 |
| センサー | 352 |
| 剪断による配向制御 | 390 |
| 層間拡張 | 274 |
| 層間距離 | 273 |
| 層間細孔 | 261 |
| 層間剥離 | 269, 273 |
| 層構造 | 260 |
| 相互貫入 | 130 |
| 走査（型）電子顕微鏡 | 14, 433 |
| 走査透過電子顕微鏡（Scanning Transmission Electron Microscope；STEM）法 | 440, 452 |
| 像シミュレーション | 458 |
| 層状化合物 | 367, 402 |
| 層状ケイ酸塩 | 10, 230, 270 |
| 層状シリケート | 466 |
| 層状ゼオライト | 268 |
| 相転移濃度 | 387 |
| 速度論的光学分割 | 156 |
| 束縛エネルギー | 362 |
| 疎水性 | 12 |
| 疎水性相互作用 | 228 |
| ゾル－ゲル反応 | 15 |
| ソルビトール | 279 |

### た

| | |
|---|---|
| 耐久性 | 253 |
| 第四級アンモニウム化合物 | 226 |
| 第四級ホスホニウム化合物 | 233 |
| 多孔性金属錯体 | 142 |
| 多孔性配位高分子（PCP） | 4, 164 |
| 多重散乱 | 473 |
| 多層膜 | 406 |
| 脱アルミニウム | 490 |
| 脱水縮合反応 | 259 |
| 脱水反応 | 281 |
| 多点相互作用 | 200 |
| 種結晶 | 240, 264 |
| 多分子層吸着 | 14 |
| 単位格子容積 | 258 |
| 単結晶X線構造解析 | 198 |
| 単結晶構造解析 | 131 |
| 担持 | 55 |
| 弾性率 | 396 |

| | |
|---|---|
| 炭素材料 | 342 |
| 炭素析出 | 283 |
| 担体 | 55 |
| チオール基 | 35 |
| チタン酸ストロンチウムナノキューブ粒子 | 61 |
| 窒化処理 | 42 |
| 窒素吸着等温線 | 14 |
| 窒素の四級化 | 229 |
| 中空構造 | 70, 145 |
| 中空シェル | 402 |
| 中空ゼオライト | 70 |
| 中空メソポーラスシリカ | 70 |
| 中空粒子 | 326 |
| 超音波処理 | 274 |
| 超高電圧電子顕微鏡 | 452 |
| 超伝導体 | 414 |
| 超分子 | 17 |
| 超分子型錯体 | 101 |
| 直接合成 | 260 |
| 直接シリル化反応 | 98 |
| 直接法 | 463 |
| 直線型構築素子 | 170 |
| 低エネルギーイオン散乱（LEIS）法 | 374 |
| 低磁場シフト | 37 |
| ディスオーダー | 199 |
| 底面間隔 | 389 |
| 定容法 | 487 |
| 定容量法 | 476 |
| 電解液 | 124 |
| 電界効果トランジスタ | 409 |
| 電荷移動 | 123 |
| 電荷移動錯体 | 211 |
| 電荷移動相互作用 | 164 |
| 電荷担体 | 176 |
| 添加物 | 378 |
| 電荷分離 | 374 |
| 電荷補償 | 263 |
| 電気泳動 | 424 |
| 電気化学インピーダンス法 | 123 |
| 電気化学還元 | 414 |
| 電気二重層キャパシタ | 116, 307 |
| 電気二重層容量 | 414 |
| 電極触媒 | 425 |
| 電子移動 | 101 |
| 電子顕微鏡法 | 440 |

索-7

電子線回折（ED）・・・・・・・・・・・・・・・・ 12, 470
電子線結晶学・・・・・・・・・・・・・・・・・・・・・・ 440
電子線損傷・・・・・・・・・・・・・・・・・・・・・・・・ 451
電子線トモグラフィ・・・・・・・・・・・・・・・・ 440
電子伝導・・・・・・・・・・・・・・・・・・・・・・・・・・ 136
電場−永久双極子相互作用・・・・・・・・・・ 28
電場勾配−四重極子相互作用・・・・・・・・ 28
電場−誘起双極子相互作用・・・・・・・・・・ 28
電場による配向制御・・・・・・・・・・・・・・・・ 391
糖アルコール・・・・・・・・・・・・・・・・・・・・・・ 279
透過（型）電子顕微鏡（TEM：transmission electron microscopy）法・・・・・・・・ 9, 39, 97, 440, 451
同型置換・・・・・・・・・・・・・・・・・・・・・・・・・・ 255
動的分子径・・・・・・・・・・・・・・・・・・・・・・・・ 161
等方相・・・・・・・・・・・・・・・・・・・・・・・・・・・・ 386
等網状キラル MOF ・・・・・・・・・・・・・・・・ 156
動力学的効果・・・・・・・・・・・・・・・・・・・・・・ 473
等量微分吸着熱・・・・・・・・・・・・・・・・・・・・ 476
糖類・・・・・・・・・・・・・・・・・・・・・・・・・・・・・・ 278
特異的相互作用・・・・・・・・・・・・・・・・・・・・ 26
特殊反応場・・・・・・・・・・・・・・・・・・・・・・・・ 17
特性 X 線検出器 ・・・・・・・・・・・・・・・・・・ 435
閉じ込め効果・・・・・・・・・・・・・・・・・・・・・・ 194
トポタクティック変換・・・・・・・・・・・・・・ 370
トポロジー・・・・・・・・・・・・・・・・・・・ 270, 289
ドメインの成長制御・・・・・・・・・・・・・・・・ 393
ドラッグデリバリー・・・・・・・・・・・・・・・・ 346
ドラッグデリバリーシステム・・・・・・・・ 18
トリグリセリド・・・・・・・・・・・・・・・・・・・・ 279
トリブロックコポリマー・・・・・・・・・・・・ 117

## な

ナノアーキテクトニクス・・・・・・・・・・・・ 4
ナノカーボン・・・・・・・・・・・・・・・・・・・・・・ 351
ナノカーボン材料・・・・・・・・・・・・・・・・・・ 420
ナノキューブ・・・・・・・・・・・・・・・・・・・・・・ 66
ナノ空間・・・・・・・・・・・・・・・・・・・・・・・・・・ 3
ナノ建築学・・・・・・・・・・・・・・・・・・・・・・・・ 4
ナノシート・・・・・・・・・・・ 352, 367, 386, 402
ナノシート液晶・・・・・・・・・・・・・・・・・・・・ 386
ナノシート液晶の配向制御・・・・・・・・・・ 390
ナノシート分布の粗密・・・・・・・・・・・・・・ 389
ナノチャネル・・・・・・・・・・・・・・・・・・・・・・ 211
ナノテクノロジー・・・・・・・・・・・・・・・・・・ 3
ナノ薄膜・・・・・・・・・・・・・・・・・・・・・・・・・・ 402

ナノ複合体・・・・・・・・・・・・・・・・・・・・・・・・ 402
ナノプレート・・・・・・・・・・・・・・・・・・・・・・ 327
ナノ粒子・・・・・・・・・・・・・・・・・・・・・・・・ 45, 78
ナノ流体効果・・・・・・・・・・・・・・・・・・・・・・ 415
ナフィオン・・・・・・・・・・・・・・・・・・・・・・・・ 416
軟 X 線分光器 ・・・・・・・・・・・・・・・・・・・・ 435
ニオブ・チタン酸・・・・・・・・・・・・・・・・・・ 388
ニオブ酸ナノシート液晶・・・・・・・・・・・・ 386
二元機能触媒・・・・・・・・・・・・・・・・・・・・・・ 275
二元系ナノコロイド結晶・・・・・・・・・・・・ 443
二酸化炭素・・・・・・・・・・・・・・・・・・・・ 56, 334
二次元構造・・・・・・・・・・・・・・・・・・・・・・・・ 271
二次元物質・・・・・・・・・・・・・・・・・・・・・・・・ 402
二次元ポリマー・・・・・・・・・・・・・・・・・・・・ 87
二次電子・・・・・・・・・・・・・・・・・・・・・・・・・・ 434
二相系反応・・・・・・・・・・・・・・・・・・・・・・・・ 73
二対数関数・・・・・・・・・・・・・・・・・・・・・・・・ 134
ニッケル・・・・・・・・・・・・・・・・・・・・・・・・・・ 58
乳酸・・・・・・・・・・・・・・・・・・・・・・・・・・・・・・ 279
熱還元・・・・・・・・・・・・・・・・・・・・・・・・・・・・ 414
熱力学的積分法・・・・・・・・・・・・・・・・・・・・ 479
ネマティック相・・・・・・・・・・・・・・・・・・・・ 388
粘弾性・・・・・・・・・・・・・・・・・・・・・・・・・・・・ 397
粘土鉱物・・・・・・・・・・・・・・・・・・・・・・・・・・ 388
燃料電池・・・・・・・・・・・・・・・・・・・・・・ 56, 176
ノニルフェノール・・・・・・・・・・・・・・・・・・ 64

## は

ハードテンプレート・・・・・・・・・・・・・ 83, 325
配位結合・・・・・・・・・・・・・・・・・・・・・・・・・・ 142
配位高分子・・・・・・・・・・・・・・・・・・・・・・・・ 177
配位受容体・・・・・・・・・・・・・・・・・・・・・・・・ 170
配位状態解析・・・・・・・・・・・・・・・・・・・・・・ 257
配位不飽和金属サイト・・・・・・・・・・ 154, 165
バイオイメージング・・・・・・・・・・・・・・・・ 78
配向性・・・・・・・・・・・・・・・・・・・・・・・・・・・・ 92
配向制御・・・・・・・・・・・・・・・・・・・・・・・・・・ 80
ハイブリッドメソ多孔体・・・・・・・・・・・・ 19
破過曲線・・・・・・・・・・・・・・・・・・・・・・・・・・ 493
薄膜・・・・・・・・・・・・・・・・・・・・・・・・・・・・・・ 15
薄膜コンデンサ素子・・・・・・・・・・・・・・・・ 407
剥離・・・・・・・・・・・・・・・・・・・・・・・・・・ 272, 402
パターニング・・・・・・・・・・・・・・・・・・・・・・ 16
白金・・・・・・・・・・・・・・・・・・・・・・・・・・・・・・ 56
発酵・・・・・・・・・・・・・・・・・・・・・・・・・・・・・・ 278

| | | | |
|---|---|---|---|
| 発光量子効率 | 369 | 賦活処理 | 116 |
| パラジウム | 69 | 不均一系触媒 | 55, 337 |
| 反発相互作用 | 27 | 複合ゲル | 395 |
| 反射電子 | 434 | 不斉エポキシ化反応 | 157 |
| 半導体ナノシート | 362 | 不斉開環反応 | 155 |
| 非鉛系強誘電体 | 410 | 不斉酸化 | 157 |
| ビーズミル | 248 | 不斉酸化反応 | 156 |
| ビオチン | 82 | 不斉シアノシリル化反応 | 158 |
| 光エネルギー変換反応 | 367 | 物質吸着 | 346 |
| 光還元 | 414 | 物質選択分離 | 346 |
| 光酸化還元反応 | 367 | 物質の選択吸着 | 345 |
| 光触媒 | 367, 378, 402 | 物理吸着 | 25, 37 |
| 光触媒反応 | 45 | フラーレン（$C_{60}$） | 116, 210, 350 |
| 光増感剤 | 101 | フラーレン結晶 | 350 |
| 光第二高調波発生 | 361 | フラクタル構造 | 389 |
| 光電気化学デバイス | 427 | フルフラール | 279 |
| 非共有結合 | 211 | ブレンステッド酸 | 34 |
| 非経験的構造解析 | 462 | プローブ分子 | 37 |
| 非結晶 | 138 | プロトン/電子混合伝導体 | 417 |
| 微細加工技術 | 3 | プロトン伝導 | 214, 334 |
| 微細藻類 | 278 | プロトン伝導膜 | 18 |
| 微細粒子 | 246 | プロピレン | 289 |
| 微小液滴 | 144 | 分極率 | 28 |
| 微小角入射X線散乱（GISAXS）法 | 121 | 粉砕・再結晶化法 | 247 |
| 非晶質層 | 250 | 分散エネルギー | 27 |
| ヒステリシス | 492 | 分散性 | 79 |
| ヒステリシスループ | 478 | 分散相互作用 | 26 |
| 非線形光学効果 | 361 | 分散相互作用ポテンシャル | 27 |
| 非線形分極 | 361 | 分子（原子）間相互作用 | 477 |
| 非弾性散乱 | 448 | 分子インプリント法 | 91 |
| 非特異的相互作用 | 26 | 分子性イオン | 334 |
| ヒドラジン | 66 | 分子選択的光触媒機能 | 64 |
| ヒドロキシ基 | 411 | 分子認識性 | 357 |
| ヒドロゲル | 259, 404 | 分子認識能 | 207 |
| 比表面積 | 14, 24 | 分子認識ポケット | 211 |
| 表面修飾法 | 33 | 分子ふるい効果 | 17 |
| 表面密度 | 89 | 粉末中性子回折 | 461 |
| 非理想性 | 476 | 噴霧乾燥 | 16 |
| 非理想性の補正 | 488 | 分離係数 | 160 |
| 微量分析手法 | 201 | 平均曲率一定曲面（CMC：constant mean curvature） | 445 |
| 貧溶媒 | 144 | 平衡過程 | 199 |
| ファインケミカルズ | 275 | ヘテロ元素 | 219 |
| ファンデルワールス力 | 208 | ヘミセルロース | 279 |
| フェノール | 283 | ペロブスカイト | 407 |
| フォトニック結晶 | 445 | | |

索-9

| | |
|---|---|
| ペロブスカイト型ニオブ酸 | 388 |
| ペロブスカイト構造 | 66 |
| ボーア半径 | 362 |
| 芳香族スルホン酸 | 36 |
| 放射光X線 | 461 |
| 棒状ミセル | 10 |
| 包摂 | 142 |
| 母液 | 259 |
| ホール輸送性 | 102 |
| ホスト−ゲスト化学 | 199 |
| ホスト−ゲストケミストリー | 226 |
| ホスト−ゲスト相互作用 | 164, 232 |
| ホスト−ゲスト間のクーロン引力 | 174 |
| ポスト合成法 | 133 |
| ポストシンセシス法 | 183 |
| ホスファゼン（phosphazene）誘導体 | 233 |
| ホスフィン（PH$_3$） | 233 |
| ポテンシャル緩衝場 | 479 |
| ホモキラルMOF | 154 |
| ポリ（$N$−イソプロピルアクリルアミド） | 395 |
| ポリエチレンイミン | 41 |
| ポリオール類 | 284 |
| ポリオキシエチレン−ポリオキシプロピレン−ポリオキシエチレントリブロック共重合体 | 10 |
| ポリオキシエチレンアルキルエーテル | 10 |
| ボロシリケート | 219 |

### ま

| | |
|---|---|
| マイクロ孔 | 477 |
| マイクロ波加熱 | 48 |
| マイクロペンリソグラフィー | 16 |
| マガディアイト | 378 |
| 膜分離 | 18 |
| マクロ孔 | 477 |
| マルチスケールの空間構造 | 394 |
| ミクロ孔 | 24, 226 |
| ミクロ構造 | 269 |
| ミクロ多孔体 | 24 |
| 水の酸化光触媒 | 101 |
| 水分解光触媒 | 369 |
| ミセル | 62 |
| ミラーレス光導波路 | 18 |
| 無機ナノシート−有機化合物ハイブリッド | 363 |
| メソゲン | 390 |
| メソ孔 | 24, 477 |

| | |
|---|---|
| メソ構造 | 269 |
| メソ構造体 | 9 |
| メソ細孔 | 86, 96 |
| メソ多孔質材料 | 440 |
| メソ多孔体 | 9, 24, 220 |
| メソポーラスカーボン | 19, 342 |
| メソポーラスカーボンカプセル | 348 |
| メソポーラス構造 | 106 |
| メソポーラスシリカ | 9, 61, 78, 96, 297, 326, 489 |
| メソポーラスゼオライト | 19 |
| メソポーラスチタニア | 17 |
| メソポーラス窒化炭素 | 343 |
| メソポーラス窒化ホウ素 | 344 |
| メソポーラス物質 | 4, 9 |
| メソポーラス有機シリカ（PMO） | 316 |
| メタ空間構造 | 394 |
| メタロシリケート | 219 |
| メタン | 58 |
| メタン貯蔵 | 134 |
| メチル化 | 42 |
| メニスカス | 479 |
| 毛管凝縮 | 29, 490 |
| 毛管凝縮理論 | 479 |
| 毛細管凝縮 | 14 |
| 木質系バイオマス | 278 |
| モレキュラーシーブ | 224, 490 |
| モンテカルロ計算 | 208 |
| モンモリロナイト | 297, 384 |

### や

| | |
|---|---|
| ヤヌス粒子 | 328 |
| 融解 | 139 |
| 有機−無機ハイブリッド | 80 |
| 有機−無機ハイブリッド多孔体 | 464 |
| 有機アミン | 268 |
| 有機構造規定剤 | 246 |
| 有機修飾 | 19 |
| 有機触媒 | 135 |
| 有機助剤 | 10 |
| 有機ゼオライト | 220 |
| 誘起双極子 | 28 |
| 誘起双極子モーメント | 28 |
| 誘電機能 | 402 |
| 誘電率 | 407 |
| 誘電率の温度依存性測定 | 172 |

四級アンモニウム界面活性剤 ······················ 270

## ら

ラクトース ···························· 82
ラメラ構造 ···························· 396
ラメラ相 ····························· 388
ラングミュア・ブロジェット（LB）法 ······ 372, 404
リートベルト法 ························ 462
力学特性 ····························· 138
リグニン ····························· 279
リポソーム ··························· 82
流体相互作用ポテンシャル Lennard-Jones 12-6
······································ 478
量子井戸構造 ·························· 362
量子効率 ····························· 101
両媒性有機分子 ························ 19
リンカー ····························· 99

りん光 ······························ 50
隣接官能基 ··························· 90
リンモリブデン酸ナトリウム ············· 210
類縁構造体 ··························· 261
ルイス塩基 ··························· 181
ルイス酸 ····························· 181
ルテニウム ··························· 58
励起一重項 ··························· 50
励起エネルギー ······················ 101
励起状態 ····························· 101
劣化 ································· 283
レドックス性 ························· 403
レブリン酸 ··························· 279
六方晶窒化ホウ素 ····················· 381

## わ

ワイドギャップ半導体 ·················· 403

## 用 途 別

### 英数・アルファベット順

1-オクテンのヒドロホルミル化 ··········· 74
1-プロパノールによる酢酸のエステル化 ······ 76
4-chloro-2-methylbenzoate ············· 171
4級アンモニウムイオン ················· 402
AFT ケージ ·························· 231
Al の骨格内分布 ······················ 257
Anderson-Schulz-Flory（ASF）則 ········ 291
ASF（Anderson-Schultz-Flory）分布 ······ 59
atom-planting 法 ····················· 257
Baeyer-Villiger 酸化反応 ··············· 264
Barret-Joyner-Halenda（BJH）法 ········· 447
*BEA 型ゼオライト ···················· 237
C1 化学 ····························· 220
cavity ······························ 231
charge density mismatch ·············· 233
CHA 型ゼオライト ···················· 238
CHA ケージ ·························· 232
CO 選択メタン化反応 ·················· 58

Diamond 曲面 ······················· 443
diquat 型の第四級アンモニウム化合物 ······ 229
double 4-ring（D4R） ················· 230
DTO（DME-To-Olefins） ·············· 288
dual-cycle mechanism ················· 289
Fischer-Tropsch 合成 ·················· 288
Framework Type Code；FTC ··········· 221
FT 合成反応 ························· 58
GME ケージ ························· 231
Graphene Oxide Fuel Cell ·············· 418
Graphene Oxide Lead Battery ··········· 419
Graphene Oxide Super Capacitor ········· 420
Grotthuss 機構 ······················ 176
Gyroid 曲面 ························· 443
Helfrich の自発曲率モデル ·············· 445
"hydrocarbon-pool" メカニズム ·········· 288
IFW ケージ ························· 232
Meerwein-Ponndorf-Verley and Oppenauer 反応
······································ 264
metal-macrocycle framework（MMF） ······ 211
missing wedge ······················ 446
MTB（Methane-To-Benzene） ·········· 288

MTG（Methanol-To-Gasoline）・・・・・・・・・・・・288
MTO（Methanol-To-Olefins）・・・・・・・・・・・・288
MTO 反応・・・・・・・・・・・・・・・・・・・・・・・・・・・・・・263
NH₃ を還元剤とする NOx 選択還元（NH₃-SCR）
・・・・・・・・・・・・・・・・・・・・・・・・・・・・・・・・・・・232
Ni-水素化物電池・・・・・・・・・・・・・・・・・・・・・・331
Nonlocal Density Functional Theory（NLDFT）法
・・・・・・・・・・・・・・・・・・・・・・・・・・・・・・・・・・・447
one-pot 酸化反応・・・・・・・・・・・・・・・・・・・・・・48
paring model・・・・・・・・・・・・・・・・・・・・・・・・・289
pH 応答性・・・・・・・・・・・・・・・・・・・・・・・・・・・・323
pn 接合・・・・・・・・・・・・・・・・・・・・・・・・・・・・・・370
Polymer Electrolyte Fuel Cell・・・・・・・・・・418
PROX 反応・・・・・・・・・・・・・・・・・・・・・・・・・・・・56
SAC 法・・・・・・・・・・・・・・・・・・・・・・・・・・・・・・256
side chain methylation scheme・・・・・・・・・289
structure-directing agent（SDA）・・・・・・222
TEOS・・・・・・・・・・・・・・・・・・・・・・・・・・・・・・・・79
three-dimensionally ordered macroporous, 3DOM
・・・・・・・・・・・・・・・・・・・・・・・・・・・・・・・・・・・326
TMOS・・・・・・・・・・・・・・・・・・・・・・・・・・・・・・・・80
type material・・・・・・・・・・・・・・・・・・・・・・・・221
USY（Ultra Stable Y）・・・・・・・・・・・・・・・・・220
Vehicle 機構・・・・・・・・・・・・・・・・・・・・・・・・・176
VPT 法・・・・・・・・・・・・・・・・・・・・・・・・・・・・・・256
Yolk-shell 型・・・・・・・・・・・・・・・・・・・・・・・・323
zeolite-like material・・・・・・・・・・・・・・・・・・219

## 五十音順

### あ

アップグレーディング・・・・・・・・・・・・・・・・282
アディティブ・・・・・・・・・・・・・・・・・・・・・・・・220
アニオン性界面活性剤・・・・・・・・・・・・・・・・318
アルカリ活性化炭素・・・・・・・・・・・・・・・・・・281
アルキメデスタイリング・・・・・・・・・・・・・442
アルミニウム陽極酸化皮膜・・・・・・・・・・・116
アンモニア水によるシリカ分解反応・・・・・71
イオン結晶・・・・・・・・・・・・・・・・・・・・・・・・・・334
イオン分離膜・・・・・・・・・・・・・・・・・・・・・・・・416
イオンや分子を検知するためのセンサー・・・357
鋳型炭素化法・・・・・・・・・・・・・・・・・・・・・・・・296
異性化反応・・・・・・・・・・・・・・・・・・・・・・・・・・330
位相コントラスト伝達関数・・・・・・・・・・・444
エアロゲル・・・・・・・・・・・・・・・・・・・・・・・・・・313

液相濃度制御還元法・・・・・・・・・・・・・・・・・・190
液中合成法・・・・・・・・・・・・・・・・・・・・・・・・・・・79
エチレン・・・・・・・・・・・・・・・・・・・・・・・・・・・・・57
エナンチオマー分離・・・・・・・・・・・・・・・・・154
エネルギー分散型 X 線分光・・・・・・・・・・・449
オールカーボン燃料電池・・・・・・・・・・・・・418
オリゴシロキサン・・・・・・・・・・・・・・・・・・・313
オルガノシラン・・・・・・・・・・・・・・・・・・・・・・80
オルガノシリカ・・・・・・・・・・・・・・・・・・・・・・82
オルトケイ酸テトラエチル・・・・・・・・・・・・79
オルトケイ酸テトラメチル・・・・・・・・・・・・80

### か

会合乖離・・・・・・・・・・・・・・・・・・・・・・・・・・・・355
回折コントラスト・・・・・・・・・・・・・・・・・・・448
階層型メソポーラス H-ZSM-5・・・・・・・・・292
階層構造材料・・・・・・・・・・・・・・・・・・・・・・・・326
界面活性剤・・・・・・・・・・・・・・・・・・・・・・・・・・・59
解離吸着・・・・・・・・・・・・・・・・・・・・・・・・・・・・306
架橋型有機シラン・・・・・・・・・・・・・・・96, 313
架橋水酸基・・・・・・・・・・・・・・・・・・・・・・・・・・257
拡散・・・・・・・・・・・・・・・・・・・・・・・・・・・・・・・・・56
拡散反射赤外分光・・・・・・・・・・・・・・・・・・・・・56
かご型シロキサン化合物・・・・・・・・・・・・・314
ガス吸着・・・・・・・・・・・・・・・・・・・・・・・・・・・・414
カスケード反応・・・・・・・・・・・・・・・・・・・・・323
ガス状化学物質の濃度基準・・・・・・・・・・・353
ガスセンシング・・・・・・・・・・・・・・・・・・・・・354
カプセル触媒・・・・・・・・・・・・・・・・・・・・・・・・292
カリックスアレーン・・・・・・・・・・・・・・・・・209
カルベニウムカチオン・・・・・・・・・・・・・・・290
環状金属錯体・・・・・・・・・・・・・・・・・・・・・・・・208
環状検出器・・・・・・・・・・・・・・・・・・・・・・・・・・448
環状多孔性結晶・・・・・・・・・・・・・・・・・・・・・・207
疑似容量・・・・・・・・・・・・・・・・・・・・・・・・・・・・307
キセロゲル・・・・・・・・・・・・・・・・・・・・・・・・・・313
規則性メソ多孔体・・・・・・・・・・・・・・・・・・・・・55
揮発性有機化合物（Volatile Organic Compounds：
　VOC）・・・・・・・・・・・・・・・・・・・・・・・・・・・353
逆水性シフト反応・・・・・・・・・・・・・・・・・・・・・58
キューカービチュリル・・・・・・・・・・・・・・・209
吸蔵材料・・・・・・・・・・・・・・・・・・・・・・・・・・・・414
急速熱分解・・・・・・・・・・・・・・・・・・・・・・・・・・282
吸着層の構造相転移・・・・・・・・・・・・・・・・・・・88
凝集・・・・・・・・・・・・・・・・・・・・・・・・・・・・・・・・・55

| | |
|---|---|
| 共縮合 | 316 |
| 曲率弾性エネルギー | 445 |
| キラル固定相 | 160 |
| 金属－有機物構造体 | 207 |
| 金属イオン伝導性 | 411 |
| 金属ナノ粒子@MOF複合体 | 187 |
| クメン法 | 378 |
| クラウンエーテル | 207 |
| グラフティング | 316 |
| クロマトグラフ固定相 | 297 |
| ケイ酸ナトリウム | 80 |
| 形状選択性 | 222, 259 |
| 結晶状PMO | 97 |
| 結晶スポンジ | 198 |
| ゲルマノシリケート | 271 |
| コアシェル構造 | 48 |
| コアシェル触媒 | 292 |
| 合成ガス | 58 |
| 構造規定剤 | 226 |
| 構造や形状の制御法 | 76 |
| 光電変換素子 | 102 |
| 固体NMR | 59 |
| 固体酸触媒 | 281 |
| 固体電解質 | 416 |
| 固体分子系光触媒 | 101 |
| 固体有機分子触媒 | 100 |
| 骨格導入型メソポーラス有機シリカ | 96 |
| 骨格有機基の化学修飾 | 98 |
| 固定化担体 | 99 |
| 固定床流通反応器 | 281 |
| コロイド鋳型法 | 325 |
| コロイド結晶 | 297 |
| コロイド溶液 | 404 |
| コンデンサ | 407 |

**さ**

| | |
|---|---|
| 細孔性錯体結晶 | 198 |
| 再積層 | 404 |
| シクロデキストリン | 209 |
| シクロトリベラトリレン | 209 |
| 自己組織化 | 214 |
| 質量変化 | 354 |
| 柔軟性 | 305 |
| 重金属イオン類を選択的に検知 | 357 |
| 触媒担体 | 326 |

| | |
|---|---|
| シラノール | 272 |
| シラン剤 | 274 |
| シリル化処理 | 274 |
| シルセスキオキサン | 82 |
| シロキサンオリゴマーユニット | 313 |
| シングルサイト光触媒 | 45 |
| 人工強誘電体 | 409 |
| 人工格子的構造構築，制御 | 407 |
| 迅速結晶化法 | 256 |
| 水車型二核金属錯体ユニット | 170 |
| 水素貯蔵 | 305 |
| 水素分離膜 | 418 |
| 水和膨潤 | 402 |
| スーパーキャパシタ | 331, 417, 420 |
| スーパーケージ | 231 |
| ストーバー法 | 320 |
| スプレードライプロセス | 79 |
| 静電相互作用 | 355 |
| 静電ポテンシャル分布 | 444 |
| 静電容量 | 408 |
| ゼオライト | 116, 316 |
| ゼオライト層状前駆体 | 260 |
| ゼオライト分離膜 | 329 |
| 遷移状態規制選択性 | 259 |
| センサーデバイス | 352 |
| 層間拡張ゼオライト | 274 |
| 層間膨潤 | 261 |
| 層状複水酸化物 | 355 |
| 疎水的な水和 | 226 |
| ソフトテンプレート | 321 |
| ソルボサーマル反応 | 158 |

**た**

| | |
|---|---|
| 多孔質シリカナノ粒子 | 320 |
| 多孔性金属有機構造体 | 154 |
| 多孔性配位高分子 | 207 |
| 多孔性分子結晶 | 208 |
| 多重双晶 | 443 |
| 多色発光材料 | 102 |
| 多層光記録 | 361 |
| 炭酸ジメチル（DMC）によるシリカの分解反応 | |
| | 70 |
| 担持金属触媒 | 55 |
| チキソトロピー性 | 383 |
| チタン酸ナノシート | 355 |

索－13

チタン酸バリウム ……………………………… 407
中空シリカナノ粒子 …………………………… 321
直接合成型メソポーラス有機シリカ ………… 97
低誘電率材料 …………………………………… 323
電界効果トランジスタ ………………………… 409
電気化学的な応答 ……………………………… 354
電極材料 ………………………………………… 326
電子エネルギー損失分光（EELS：electron energy-
　loss spectroscopy）法 ……………………… 440
電子伝導性 ……………………………………… 404
デンドリマー …………………………………… 319
同位体トレーサー法 …………………………… 56
導電性薄膜 ……………………………………… 414
等ポテンシャル面 ……………………………… 444
ドラッグデリバリーシステム ……………… 5, 323
トランジスタ …………………………………… 407
トランスエステル化反応 ……………………… 279
トリメチルシリル化 …………………………… 82

## な

ナノシート ……………………………………… 367
ナノ多孔性材料 ………………………………… 4
ナノ流体デバイス ……………………………… 416
鉛蓄電池 ………………………………………… 417
二元機能型触媒 ………………………………… 285
二光子吸収 ……………………………………… 361
二重4員環 ……………………………………… 314
二溶媒法 ………………………………………… 189
燃料電池 ………………………………………… 417
燃料電池自動車 ………………………………… 305

## は

ハードテンプレート …………………………… 321
配位多面体（coordination polyhedra）………… 441
バイオオイル …………………………………… 282
バイオマスリファイナリ ……………………… 278
ハイブリッド …………………………………… 5
薄膜型鉛蓄電池 ………………………………… 420
剥離処理 ………………………………………… 261
パッキングパラメーター ……………………… 317
ハロゲン交換反応 ……………………………… 73
非イオン性界面活性剤 ………………………… 321
光触媒 …………………………………………… 101
光スイッチ ……………………………………… 361
光制限素子 ……………………………………… 361

光捕集アンテナ ………………………………… 100
光誘起超親水性 ………………………………… 52
非特異的相互作用 ……………………………… 26
ヒドロキシメチルフルフラール ……………… 279
表面官能基間距離 ……………………………… 88
表面曲率 ………………………………………… 91
表面修飾型メソポーラス有機シリカ ………… 96
表面積 …………………………………………… 55
表面増強ラマン分光法 ………………………… 196
ピラー［5］アレン ……………………………… 209
ビルディングブロック ………………………… 402
ファンデルワールス力 ………………………… 81
フィッシャー・トロプシュ（FT）合成反応 …… 58
フーリエ回折図形 ……………………………… 444
フォトニック結晶 ……………………………… 326
不斉触媒 ………………………………………… 154
フッ化物法 ……………………………………… 230
プルロニック F127（EO$_{106}$PO$_{70}$EO$_{106}$）ブロックコポ
　リマー …………………………………………… 321
プロトン伝導 …………………………………… 416
プロトン伝導性 ………………………………… 411
プロトン伝導体 ………………………………… 176
分散相互作用 …………………………………… 26
分子鋳型 ………………………………………… 314
分子間相互作用 ………………………………… 199
分子検知センサー ……………………………… 352
噴霧乾燥法 ……………………………………… 79
分離媒体 ………………………………………… 326
ヘテロ集積体 …………………………………… 407
ベンゼン部分酸化 ……………………………… 378
ホモキラル MOF ……………………………… 154
ポリエチレンオキサイド-ポリプロピレンオキサイ
　ド-ポリエチレンオキサイド（PEO-PPO-PEO）
　ブロックコポリマー ………………………… 321
ポリオキソメタレート ………………………… 335
ポリマー修飾 …………………………………… 319

## ま

マイグレーション ……………………………… 262
ミクロ反応容器 ………………………………… 73
水の構造化 ……………………………………… 226
無機鋳型（ハードテンプレート）法 ………… 117
無溶媒固相研磨法 ……………………………… 191
メソ構造 ………………………………………… 78
メソ細孔 ………………………………………… 56

メソチャンネル ……………………………… 80
メソポア ……………………………………… 78
メソポーラス LTA ………………………… 435
メソポーラスカーボン …………………… 116
メソポーラスシリカ ……… 56, 116, 297, 316
メソポーラスシリカテンプレート ……… 83
メソポーラス遷移金属酸化物 …………… 106
メソポーラス有機シリカ ………………… 316
メタルオーガニックフレームワーク …… 435
メタロシリケート ………………………… 255
メチルホスホン酸基 ……………………… 81
メモリ ……………………………………… 407

### や

薬物徐放容器 ……………………………… 72
有機-無機ハイブリッド ………………… 353
有機-無機ハイブリッド材料…………… 313
有機鋳型（ソフトテンプレート）法…… 117
有機金属化学気相成長法 ………………… 190

有機ケージ化合物 ………………………… 211
有機シリカ多孔体 ………………………… 313
有機ゼオライト …………………………… 316
有機リンカー ……………………………… 315
有効酸素含有率…………………………… 258
ヨークシェル材…………………………… 436

### ら

ラポナイト ………………………………… 355
リチウムイオン電池 …………………331, 414
立方最密充填（CCP：cubic close-packed）構造
…………………………………………… 443
立方多孔構造 ……………………………… 81
流動接触分解（FCC）プロセス ………… 220
量子井戸レーザー ………………………… 362
レイヤーバイレイヤープロセス………… 404
レゾルシノール（RF）樹脂 …………… 117
六方最密充填（HCP：hexagonal close-packed）構
造 …………………………………………… 443

# ナノ空間材料ハンドブック
―ナノ多孔性材料，ナノ層状物質等が切り開く新たな応用展開―

| | |
|---|---|
| 発行日 | 2016 年 2 月 8 日　初版第一刷発行 |
| 監修者 | 有賀克彦 |
| 発行者 | 吉田　隆 |
| 発行所 | 株式会社 エヌ・ティー・エス<br>〒 102-0091　東京都千代田区北の丸公園 2-1 科学技術館 2 階<br>TEL：03（5224）5430　http://www.nts-book.co.jp/ |
| 印刷・製本 | 株式会社 双文社印刷 |

ISBN978-4-86043-433-5

Ⓒ 2016　有賀克彦, 他

落丁・乱丁本はお取り替えいたします。無断複写・転写を禁じます。
定価はケースに表示してあります。
本書の内容に関し追加・訂正情報が生じた場合は，㈱エヌ・ティー・エス ホームペー
ジにて掲載いたします。
※ホームページを閲覧する環境のない方は当社営業部（03-5224-5430）へお問い合わ
　せください。